嵌入式数字
媒体处理器原理与开发
——基于 TI 达芬奇 DM8168 系列

罗 钧 编著

北京航空航天大学出版社

内容简介

TMS320DM8168是目前TI推出的DaVinci系列中最先进的数字媒体处理器，高度集成ARM Cortex-A8、TMS320C674x DSP、3D图形加速器、高清视频处理子系统、高清视频编码协处理器以及丰富的外设，其处理速度快，功能强大，是TI推出的DaVinci系列中性能最好的视频SOC。

本书全面介绍了TMS320DM8168的硬件原理、软硬件开发与系统设计，主要内容包括其基本特性、硬件结构、片内外设、开发软件与工具等。同时本书还根据研究团队多年的研发经验，提供了以DM8168为核心处理器的视频编码处理系统的应用开发技术及实例，重点解决应用设计中的关键问题。

本书内容丰富、理论联系实际，可以作为高等院校电子、信息类相关专业嵌入式系统研究方向高年级本科生和研究生的教材，也可以作为从事嵌入式系统研究与应用开发工程技术人员的参考用书。

图书在版编目(CIP)数据

嵌入式数字媒体处理器原理与开发 ：基于TI达芬奇DM8168系列 / 罗钧编著. -- 北京 ：北京航空航天大学出版社，2015.12

ISBN 978-7-5124-1960-5

Ⅰ. ①嵌… Ⅱ. ①罗… Ⅲ. ①微处理器－高等学校－教材 Ⅳ. ①TP332

中国版本图书馆CIP数据核字(2015)第283248号

嵌入式数字媒体处理器原理与开发——基于TI达芬奇DM8168系列

罗 钧 编著

责任编辑 胡晓柏 张 楠

*

北京航空航天大学出版社出版发行

北京市海淀区学院路37号(邮编100191) http://www.buaapress.com.cn

发行部电话：(010)82317024 传真：(010)82328026

读者信箱：emsbook@buaacm.com.cn 邮购电话：(010)82316524

北京泽宇印刷有限公司印装 各地书店经销

*

开本：710×1 000 1/16 印张：58.5 字数：1 247千字

2016年6月第1版 2016年6月第1次印刷 印数：2 000册

ISBN 978-7-5124-1960-5 定价：128.00元

前　言

达芬奇技术是随着数字视频应用日益广泛而迅速发展起来的一种新技术。数字视频应用系统的实现技术难度大、系统复杂，而达芬奇技术就是针对这一需求，专门为高效和引人注目的数字视频而设计的基于DSP的系统解决方案，能为视频设备制造商提供集成处理器、软件、工具和支持，以简化设计进程，加速产品创新。达芬奇数字视频处理器（DaVinci Video Processors）是德州仪器（TI）数字信号处理器的一个系列，专为数字视频、影像和视觉应用而设计，集成有TI高性能核心处理器、视频前端处理器和视频加速器，还有非常丰富的外围设备。视频加速器主要包括视频I/O处理子系统和视频图像加速器。丰富的外设主要包括如数字视频、数字音频、高速网络、DDR2/DDR3高速存储器、SATA硬盘和多种存储卡等接口。

TMS320DM8168属于TMS320DM816x SoC系列之一，是目前TI推出的DaVinci系列中最先进的数字媒体处理器，高度集成ARM Cortex-A8 RISC处理器、TMS320C674x VLIW DSP处理器、3D图形加速器、显示控制器、高清视频处理子系统（HDVPSS）、高清视频编码协处理器（HDVICP2）。此外DM8168还集成了丰富的外设，包括PCI Express、SATA 2.0、千兆以太网、HDMI、DDR2/DDR3接口、NAND/NOR Flash等。ARM Cortex-A8内核采用ARM v7架构，是一种顺序执行的双发射超标量微处理器内核，并且带有NEON向量/浮点协处理器；TMS320C674x浮点超长指令字DSP基于哈佛体系结构，拥有64个通用寄存器和6个ALU功能单元；HDVPSS包括2个165 MHz视频采集通道和2个165 MHz的视频显示通道；HDVICP2负责高清视频的编码处理，支持H.264、MPEG4等最新视频压缩标准，在高清应用中优势突出。作为TI推出的DaVinci系列中性能最佳的视频SoC，TMS320DM8168将视频多通道系统的所有捕获、压缩、显示以及控制功能完美整合于单芯片之上，从而不断满足用户对高集成度、高清视频日益增长的需求，利用TI的DaVinci技术来满足视频编码、解码、转码、速率转换、视频安全、视频会议、视频基础设施、媒体服务器和数字标牌等的应用处理需求。

作者结合多年将TMS320DM8168处理器应用到相关科研项目的开发经验编著本书，书中详细地介绍了该DaVinci平台的内部各功能模块的硬件结构、工作原理、功能特点及其应用开发等内容。作者在DaVinci平台研发过程中也遇到了诸多问题，通过技术攻关对这些问题加以解决。随着软硬件开发经验的不断积累，作者希望结合实际工程开发经验以及多年来的体会，针对TMS320DM8168达芬奇平台，编写以实践应用为目标的教程，为广大嵌入式系统研发人员和高年级本科生和研究生提供实用的参考资料和教材。

本书共分为两大篇。第一篇包括第1章到第14章，主要是对该平台的基本硬件结构及其工作原理进行了详细的阐述；第二篇包括第15章到18章，结合作者多年的开发经验，讲述了以TMS320DM8168为核心的一些应用开发技术以及视频编码处理系统的开发实例，重点解决应用设计中的问题。本书各章节内容安排如下：第1章主要介绍TI及其DSP处理器的发展历程；第2章概述了TMS320DM8168的总体结构和功能特点；第3章详细介绍了该处理器的核心部分，包括ARM子系统、DSP子系统、HDVICP2、3D图像加速引擎，同时讲述处理器之间的内部通信和内存管理；第4章介绍系统互连与内存映射；第5章介绍了该处理器的存储器控制；第6章介绍了DM8168的中断源、中断性能及其控制方法；第7～14章介绍了DM8168的主要片内外设，包括EDMA3控制器、PCIe外围设备互连接口、SPI串行接口、McBSP多通道缓冲串口、多媒体片内外围设备、I2C总线接口、SD接口以及SATA接口；第15章讲述了DM8168的集成开发环境CCSv5；第16章介绍Ubuntu操作系统下的DM8168开发；第17章在作者设计DM8168核心板的经验基础上，介绍DM8168的一些硬件设计参考；第18章介绍了以DM8168为核心处理器的视频编码处理系统的开发实例，以供参考。

本书由罗钧主编，付丽、杨晓花、孟凯和吴文参与编写，黄守国、周东、赵传智、吴先益、杨冰、高增辉在插图、资料搜集、例子程序编写和校稿过程中做了不少工作，在此向他们表示衷心的感谢。

本书在编写过程中得到美国德州仪器公司亚太区大学合作部沈洁总监及潘亚涛、王春容、谢胜祥等人给予的大力支持和帮助，在此，向他们表示衷心的感谢！

由于作者水平有限，书中难免存在不妥之处或错误，恳请广大读者批评指正。

作　者
2016年4月于重庆大学—美国
德州仪器公司DSP联合实验室

目　　录

第1章 概述

20 世纪 60 年代以来，随着计算机和信息技术的飞速发展，数字信号处理(DSP，Digital Signal Processing)技术应运而生并得到迅速的发展。数字信号处理是将信号以数字方式表示并处理的理论和技术，涉及许多学科而又广泛应用于各种领域。进入 21 世纪以来，随着电子技术的发展，DSP 技术得到飞速发展，已广泛应用于通信与信息系统、信号与信息处理、自动控制、雷达、军事、航空航天、医疗、家用电器等许多领域。数字信号处理器(DSP，Digital Signal Processor)是一种特别适合于进行数字信号处理运算的微处理器，其主要应用是实时快速地实现各种数字信号处理算法。德州仪器(TI，Texas Instruments)是目前世界最大的 DSP 芯片厂商之一，从 1982 年推出第一代 DSP 芯片以来，TI 的 DSP 已经发展了若干代。随着科技的发展以及人民生活水平的提高，视频图像以其直观、丰富的表现能力，逐步成为一种普遍使用的多媒体形式。视频技术已经广泛应用在科学研究、军事指挥、实时监控、生产教育和生活娱乐中。与此同时，TI 推出了 DaVinci 数字视频处理器，专为数字视频、影像和视觉应用而设计。

1.1 TI 简介及其发展

1.1.1 简　介

TI 是世界上最大的模拟电路技术部件制造商之一，全球领先的半导体跨国公司，以开发、制造、销售半导体和计算机技术闻名于世，主要从事创新型数字信号处理与模拟电路方面的研究、制造和销售。TI 的模拟器件、嵌入式处理以及无线技术不断深入至生活的方方面面，从数字通信娱乐到医疗服务、汽车系统以及各种广泛的应用，无所不在。除半导体业务外，还提供包括传感与控制、教育产品和数字光源处理解决方案。在 TI 发展之初，公司的目标是利用公司独有的技术能力从根本上颠覆传统市场，创造全新的市场。发展历程中始终贯穿一条清晰的主线，就是运用越来越先进的实时信号处理技术，实现从量变到质变的进步，真真切切地不断改变世界。TI 总部位于美国德克萨斯州的达拉斯，并在全球超过 25 个国家设有制造、设计或销售机构。

1.1.2　历史进程

1930年，地球物理业公司(GSI，Geophysical Service Incorporated)成立，是一家专门研究地球物理侦探反射地震验测法的独立承包商。

1951年，实验室和制造(L&M，Laboratory and Manufacturing)部门凭借其国防方面的合同，迅速超越GSI的地理部门。公司被重新命名为"通用仪器"(General Instrument)，同年，公司再度命名为"德州仪器"，也就是它现在的名字。

1942年，德州仪器凭借潜水艇的探测设备开始进入国防电子领域。

1952年，德州仪器已经开始制造和销售晶体管，保持半导体行业的领先地位。

1954年1月，研制出了第一个可以工作的硅半导体。

1954年2月，独立研制出了第一个商用硅晶体管。

1955年，发明固态杂质扩散的扩散型晶体管。

1958年，研制出了世界上第一款集成电路，并在10月12日展示了世界上第一个能工作的集成电路。

20世纪60年代，开发7400系列晶体管－晶体管逻辑芯片，使计算机逻辑方面的集成电路的使用更加普及。

1967年，发明了手持计算器(当时价格高达2 500美元)。

1971年，研制出了单芯片微型计算机，并在同年的10月4日被授予了单芯片微型计算机的第一个专利证书。

1978年，发明单芯片线性预测编码语音合成器，成为了第一款能够通过电子复制模拟人声的商业产品。

1982年，推出单芯片商用数字信号处理器DSP。

1990年，推出用于成像设备的数字微镜器件，为数字家庭影院带来曙光。

1992年，推出microSPARC单芯片处理器，集成工作站所需的全部系统逻辑。

1995年，启用Online DSP LabTM电子实验室，实现因特网上TI DSP应用的监测。

1996年，宣布推出0.18微米工艺的Timeline技术，可在单芯片上集成1.25亿个晶体管。

1997年，推出每秒执行16亿条指令的TMS320C6x DSP，以全新架构创造DSP性能纪录。

2000年，推出每秒执行近90亿个指令的TMS320C64x DSP芯片，刷新DSP性能记录。推出业界上功耗最低的芯片TMS320C55x DSP，推进DSP的便携式应用。

2003年，推出业界首款非对称数字用户环路(ADSL，Asymmetric Digital Subscriber Line)片上调制解调器AR7。

近年来，TI推出720 MHz DSP，同时演示1GHz DSP，向市场提供的0.13微米产品超过1亿件，采用0.09微米工艺开发新型OMAP处理器。

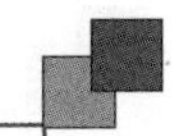

1.2 DSP 技术概述

1.2.1 概 述

当今,电子产品正在发生从模拟到数字的根本性转化,数字化是当前信息领域发展的主流趋势。DSP 的实现方式主要有以下几种:

(1) 在通用的计算机(如 PC 机)上用软件(如 Fortran、C 语言)实现;

(2) 在通用计算机系统中加上专用的加速处理机实现;

(3) 用通用的单片机(如 MCS-51、96 系列等)实现,这种方法可用于一些不太复杂的数字信号处理,如数字控制等;

(4) 用通用的可编程 DSP 实现。与单片机相比,DSP 芯片具有更加适合于数字信号处理的软件和硬件资源,可用于复杂的数字信号处理算法;

(5) 用专用的 DSP 芯片实现。在一些特殊的场合,要求的信号处理速度极高,用通用 DSP 芯片很难实现,例如专用于 FFT、数字滤波、卷积、相关等算法的 DSP 芯片,这种芯片将相应的信号处理算法在芯片内部用硬件实现,无需进行编程。

在上述几种方法中,第 1 种方法的缺点是速度较慢,一般可用于 DSP 算法的模拟;第 2 种和第 5 种方法专用性强,应用受到很大的限制,第 2 种方法也不便于系统的独立运行;第 3 种方法只适用于实现简单的 DSP 算法;只有第 4 种方法才使数字信号处理的应用打开了新的局面。

在这场数字化的革命中,DSP 器件取得了飞速的发展,成为集成电路中继微处理器和微控制器之后,又一个引人注目的产品。DSP 器件是一种专用于数字信号处理的可编程芯片,其主要作用是实时快速实现各种数字信号处理算法。DSP 芯片以其在处理速度、价格和功耗上的无以替代的优势赢得了大多数用户的信任,已经成为许多消费、通信、医疗、军事和工业类产品的核心器件。DSP 技术的迅速发展和提高,已经成为决定电子产品更新换代决定性因素。

1.2.2 DSP 的发展历程

在 DSP 出现之前数字信号处理只能依靠微处理器(MPU,Micro Processor Unit)来完成。但 MPU 较低的处理速度无法满足高速实时的要求。因此,20 世纪 70 年代有人提出了 DSP 的理论和算法基础。而 DSP 仅仅停留在教科书上,即便是研制出来的 DSP 系统也是由分立组件组成的,其应用领域仅局限于军事、航空航天部门。

DSP 是在模拟信号变换成数字信号以后进行高速实时处理的专用处理器,它能够每秒钟处理千万条复杂的指令,其处理速度比最快的 CPU 还快 5~10 倍。在当今数字化时代,业内人士预言,DSP 将是未来集成电路中发展最快的电子产品,并成为电子产品更新换代的决定因素。从20世纪70年代末期第一片DSP芯片诞生至今，DSP技术的发展历经了3个阶段，可以通过图1.1分析DSP的发展演变历程。

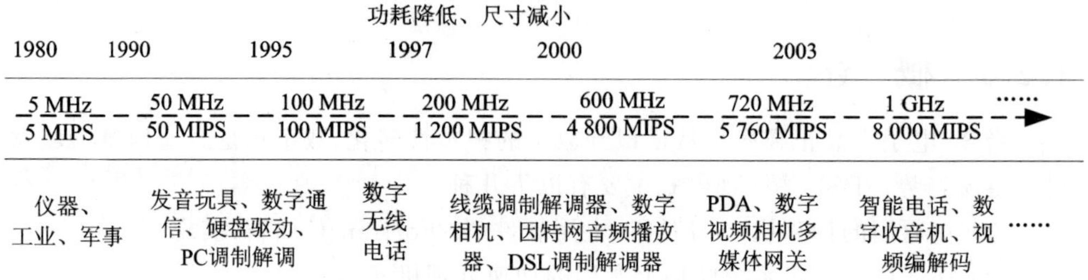

功耗降低、尺寸减小

1980 1990 1995 1997 2000 2003

5 MHz/5 MIPS — 50 MHz/50 MIPS — 100 MHz/100 MIPS — 200 MHz/1 200 MIPS — 600 MHz/4 800 MIPS — 720 MHz/5 760 MIPS — 1 GHz/8 000 MIPS ……

仪器、工业、军事

发音玩具、数字通信、硬盘驱动、PC调制解调

数字无线电话

线缆调制解调器、数字相机、因特网音频播放器、DSL调制解调器

PDA、数字视频相机多媒体网关

智能电话、数字收音机、视频编解码

……

图1.1 DSP发展演变历程

第一阶段：20世纪70年代末期至80年代中期，是DSP的雏形阶段。这一阶段开始出现了不同于通用微处理器的DSP芯片，但由于受当时集成电路制造技术的限制，其功能、运算速度和运算精度受到了很大的限制，运算速度大约为单指令周期200～250 ns，价格昂贵，仅局限于在军事、航空航天等特殊领域应用。

第二阶段：20世纪80年代末期至90年代中期，是DSP的成熟阶段。集成电路制造技术的飞速发展为DSP芯片的发展奠定了基础，数字信号处理技术应用范围不断扩大，推动了DSP技术的发展。DSP在结构上更适合于对数字信号的处理，如硬件乘法器、硬件FFT和单指令滤波处理等，其存储器资源和运算速度得以成倍的提高。应用领域扩大到了通信和计算机领域，并为语音处理、图像处理技术的发展奠定了基础。

第三阶段：20世纪90年代后期至今，是DSP的完善阶段。在这一阶段，各DSP的制造商进一步完善了数字信号的处理功能，将一些通用外设集成到芯片内，进一步提高了运算速度，单指令周期降低到了10 ns。同时在系统开发的方便性、编程及调试的灵活性、功耗降低的节能性等方面进行了大量改进，可在Windows平台上直接使用C语言编程，灵活方便。性能的进一步提高和使用的方便灵活，加上价格的不断下降，使DSP芯片的应用领域迅速扩大，开始进入了普及应用。

1.2.3 DSP芯片分类

1. 按数据格式

DSP按照其数据处理格式主要分为定点DSP和浮点DSP。数据以定点格式工作的DSP芯片为定点DSP芯片。定点DSP芯片进行运算操作时，使用的是小数点位置固定不变的有符号或无符号数。数据以浮点格式工作的DSP芯片叫做浮点DSP芯片。浮点DSP芯片在进行算术操作时，使用的是带有指数的小数，小数点的位置随着具体数据的不同进行浮动。不同浮点DSP芯片采用的浮点格式也不相同，有些DSP芯片采用自定义的浮点格式。

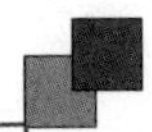

定点 DSP 芯片在硬件结构上比浮点器件要简单，在成本和功耗上占有优势。浮点 DSP 芯片的特点是高精度。不需要进行定标和考虑有限字长效应，但其成本、功耗较高，适合于对数据动态范围和高精度要求的场合。

2. 按用途分

按照 DSP 的用途来分，DSP 可以分为通用 DSP 芯片和专用 DSP 芯片。通用型 DSP 芯片适合普通的 DSP 应用，如 TI 公司的一系列 DSP 芯片。专用 DSP 芯片是为特定的 DSP 运算设计的，更加适合于特定的运算，如数字滤波、卷积和 FFT。

1.3 DSP 特点及结构

1.3.1 特点及优势

根据数字信号处理的要求，DSP 芯片一般具有如下主要特点：

- 在一个指令周期内可完成一次乘法和一次加法；
- 程序和数据空间分开，可以同时访问指令和数据；
- 片内具有快速 RAM，通常可通过独立的数据总线在数据块和程序块中同时访问；
- 具有低开销或无开销循环及跳转的硬件支持；
- 快速的中断处理和硬件 I/O 支持；
- 具有在单周期内操作的多个硬件地址产生器；
- 可以并行执行多个操作；
- 支持流水线操作，使取指、译码和执行等操作可以重叠执行。

数字信号处理作为信号和信息处理的一个分支学科，已经在科学研究、技术开发、工业生产、国防和国民经济的各个领域得到了广泛的应用，并取得了丰硕的成果。数字信号处理系统的优越性表现为：

(1) 精度高：信号处理系统可以通过 A/D 变换的位数、处理器的字长和适当的算法满足精度要求。定点 DSP 芯片字长 16 位，中央算术逻辑单元和累加器字长 32 位，浮点 DSP 芯片字长 32 位，累加器字长 40 位。

(2) 可靠性好：DSP 系统以数字处理为基础，对元件值的容限不敏感，受环境温度、湿度、噪声及电磁场的干扰所造成的影响较小，可靠性高。同时，由于 DSP 系统采用大规模集成电路，其故障率也远比采用分立元件构成的模拟系统的故障率低。

(3) 灵活性好：DSP 系统中的可编程 DSP 芯片可使设计人员在开发过程中灵活方便地对软件进行修改和升级。当处理方法和参数发生变化时，只需通过改变软件设计以适应相应的变化。DSP 系统与其他以现代数字技术为基础的系统或设备都是相互兼容的，与这样的系统接口以实现某种功能要比模拟系统与这些系统接口要容易得多。

(4) 大规模集成：随着半导体集成电路技术、表面贴装技术的发展以及 DSP 系统部件的高度规范性，数字电路的集成度可以做得很高，具有体积小、功耗小、使用灵活性高、性价比高等优点。

(5) 重复性好：模拟系统的性能受元器件参数性能变化影响比较大，而数字系统基本不受影响。

(6) 时分复用：可使用一套 DSP 系统分时处理几个通道的信号，这与每一路都必须花费一套硬件的模拟系统比起来，可以大大降低成本。

除此之外，DSP 还具有模拟处理不能实现的其他功能，比如线性相位、多抽样率处理、级联、易于存储等。

1.3.2 体系结构

为了实现高速数字信号处理以及实时地进行系统控制，DSP 芯片一般都采用了不同于通用 CPU 和 MCU 的特殊软硬件结构，它是微电子、信号处理和计算机共同合作的结晶。DSP 具有极其高速的数字处理能力和很大的运算量。因此，它能满足高效实时信号处理的要求。尽管不同公司的 DSP 其结构不尽相同，但是在处理器结构、指令系统等方面有许多共同点。通常的 DSP 器件都包含以下的结构和特点：

1. 总线结构

DSP 芯片采用哈佛结构(Havard Structure)或改进的哈佛结构，高度并行运算大大提高运算速度。哈佛结构是不同于传统的冯·诺曼(Von Neuman)结构的并行体系结构，其主要特点是将程序和数据存储在不同的存储空间中，即程序存储器和数据存储器是两个相互独立的存储器，每个存储器独立编址，独立访问。与两个存储器相对应的是系统中设置了程序总线和数据总线两条总线，这种分离的程序总线与数据总线允许在一个机器周期内同时获得指令字和操作数，从而提高了执行速度，使数据的吞吐率提高了一倍。而且很多 DSP 甚至有两套或两套以上的数据总线。比如 C6000 系列 DSP 采用一套 256 位的程序总线、两套 32 位的数据总线和一套 32 位 DMA 专用总线。传统的冯·诺曼结构则是将指令、数据、地址存储在同一存储器中，统一编址，依靠指令计数器提供的地址来区分是指令、数据还是地址。取指令和取数据都访问同一存储器，数据吞吐率低。

改进的哈佛结构的程序存储器与数字存储器位于两个独立的空间，但可以相互传递数据，如图 1.2 所示。数据存储器可以通过来自程序存储的固定参数初始化。在一个周期内可以同时准备好指令与操作数。这种高度并行运算内部操作可以使取址、译码、访问数据和执行等操作重叠执行，从而减少了指令执行时间，增强了处理器的处理能力。为了进一步提高运行速度和灵活性，TMS320 系列 DSP 芯片在基本哈佛结构的基础上作了改进，一是允许数据存放在程序存储器中，并被算术运算指令直接使用，增强了芯片的灵活性；二是指令存储在高速缓冲器(Cache)中，当执行此指令时，不需要再从存储器中读取指令，节约了一个指令周期的时间，如 TMS320C30 具有 64 个字的 Cache。

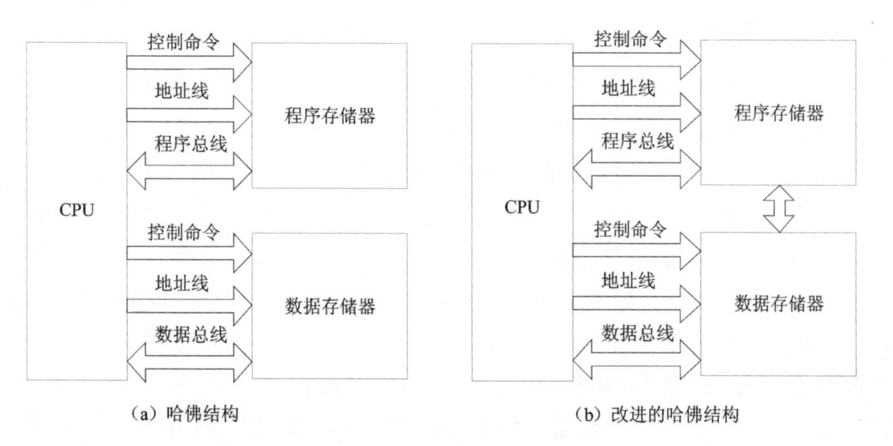

图 1.2 改进前后哈佛结构

2. 流水线技术

DSP 指令系统是流水线操作，减少了指令执行时间，从而增强了处理器的能力。流水线操作就是将一条指令的执行分解成多个阶段，在多条指令同时执行过程中，每个指令的执行阶段可以相互重叠进行。流水线技术是以哈佛结构和内部多总线结构为基础的，增加了处理器的处理能力，把指令周期减小到最小值，同时也就增加了信号处理器的吞吐量。通常指令重叠数也称为流水线深度，从 2～6 级不等。在流水线操作中，取指令、译码、取操作数、执行操作可以独立进行。在 CPU 中由 5～6 个不同功能的电路单元组成一条指令处理流水线，然后将一条指令分成 5～6 步后再由这些电路单元分别执行。如果仅有一条指令运行，那么就不能提高运算速度，当大量指令运行时，就可以充分利用这 5 个功能单元，实现并行操作。

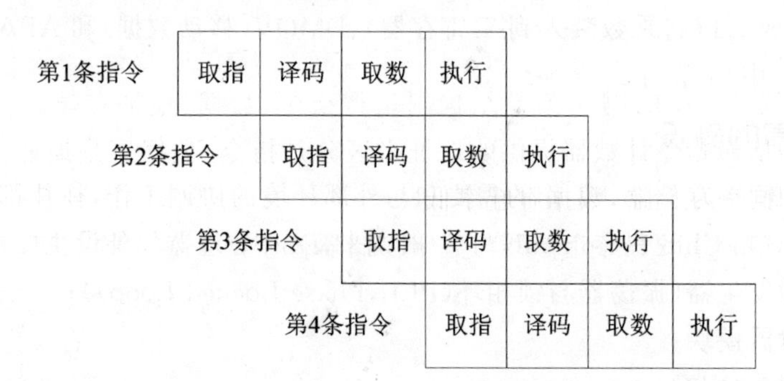

图 1.3 流水线技术示意图

从图 1.3 可以看出，当采用流水线技术时，执行指令的几个步骤是重叠起来进行的，而不是一条指令执行完以后才执行下一条指令，即，第 1 条指令取指后，译码时，

第2条指令取指;第1条指令取数时,第2条指令译码,第3条指令取指,……,依次类推。

3. 专用硬件乘法器

DSP都有独立的硬件乘法器,使乘法运算可以在一个指令周期内完成。在一般的计算机上,算术逻辑单元(ALU,Arithmetic-Logic Unit)只能完成两个操作数的加、减及逻辑运算。在控制系统的算法中,乘法和累加运算是使用率比较高的基本运算。例如,在数字滤波、FFT、卷积、相关、向量和矩阵运算中,都有大量的乘法和累加运算。通用计算机的乘法是用软件来实现的,一次乘法往往需要许多个机器周期才能完成。为了提高DSP处理器的运算速度,在DSP内核当中都集成了硬件乘法器,并且设置了乘法累加器(MAC,Multiply Accumulate)一类的指令。可以在单周期内取两个操作数,然后相乘,并将乘积加到累加器里。如在TMS320C3x系列DSP芯片中,有一个硬件乘法器,在TMS320C6000系列中则有两个硬件乘法器。通常定点DSP中还会设有输入移位寄存器和输出移位寄存器以方便运算过程中的数字定标。

4. 特殊的DSP指令

在DSP中通常设有低开销或无开销循环及跳转的硬件支持,快速的中断处理和硬件I/O支持,并具有在单周期内操作的多个硬件地址发生器。DSP还在硬件上采用了数组处理技术,可以在寄存器、运算单元中处理变量的同时,使用指针访问数据存储器。由于具有特殊的硬件支持,为了更好地满足数字信号处理应用的需要,在DSP芯片的指令系统中设计了一些特殊的DSP指令,以充分发挥DSP算法及各系列芯片的特殊设计功能。这些指令大多是多功能指令,即一条指令可以完成几种不同的操作,或者说一条指令具有几条指令的功能,它相当于通用CPU多条指令。比如TMS32010中的一个特殊指令LTD(操作数加载T寄存器并延迟),它在一个指令周期内完成LT(将乘数装入到T寄存器)、DMOV(移动数据)和APAC(将乘法结果加到ACC中)3条指令。

5. 丰富的外设

DSP处理器为了自身工作的需要和与外部环境的协调工作,往往都设置了丰富的片内外设(On-Chip Peripherals)。一般说来,DSP处理器的外设主要包括:

- 时钟发生器(振荡器与锁相环(PLL,Phase Locked Loop));
- 定时器模块;
- 通用I/O接口;
- 通信模块;
- A/D转换模块;
- 脉宽调制(PWM,Pulse Width Modulation)模块;

● JTAG边界扫描逻辑电路，便于对DSP处理器作片上的在线仿真，以及多DSP处理器条件下的调试。

6. 定点、浮点DSP处理器

定点运算DSP在应用中已取得了极大的成功，而且仍然是DSP应用的主体。然而，随着对DSP处理速度与精度、存储器容量、编程的灵活性和方便性要求的不断提高，自80年代中后期以来，各DSP生产厂家陆续推出了各自的32位浮点运算DSP。和定点运算DSP相比，浮点运算DSP具有许多优越性：

浮点运算DSP比定点运算DSP的动态范围要大很多。定点DSP的字长每增加1位，动态范围扩大6 dB。16位字长的动态范围为96 dB。程序员必须时刻关注溢出的发生。例如，在做图像处理时，图像做旋转、移动等，就很容易产生溢出。这时，要么不断地移位定标，要么做截尾。前者要耗费大量的程序空间和执行时间，后者则很快带来图像质量的劣化。总之，是使整个系统的性能下降。在处理低信噪比信号的场合，例如进行语音识别、雷达和声纳信号处理时，也会发生类似的问题。而32位浮点运算DSP的动态范围可以作到1 536 dB，这不仅大大扩大了动态范围，提高了运算精度，还大大节省了运算时间和存储空间，因而大大减少了定标，移位和溢出检查。

浮点DSP的浮点运算用硬件来实现，可以在单周期内完成，因而其处理速度大大高于定点DSP。这一优点在实现高精度复杂算法时尤为突出，为复杂算法的实时处理提供了保证。

32位浮点DSP的总线宽度较定点DSP宽得多，因而寻址空间也要大得多。这为大型复杂算法提供了可能。

7. 片内存储器

DSP面向的是数据密集型应用，算法的特点是要进行大量的运算，相应地其程序比较短小，因此存储器访问速度对处理器的性能影响很大。DSP的片内存储器可以减少指令的传输时间，并且可以有效缓解芯片外部的总线接口的压力。除此之外，片内集成数据RAM，用于存放参数和数据。片内数据存储器与外部存储器不存在总线竞争问题与访问速度不匹配问题，可以达到很高的访问速度，从而解决DSP的数据瓶颈，充分利用DSP强大的处理能力。C6000系列DSP的内部集成有1 MB～16 MB的程序存储器。对于有些DSP，这些存储器还可以配置为程序Cache或数据Cache。现代微处理器内部一般都集成有Cache，但是由于通用处理器的程序一般都很大，片内存储不会给处理器性能带来明显改善，所以其片内一般没有程序存储器。

8. 专门的寻址方式

DSP处理器往往都支持专门的寻址模式，它们对通常的信号处理操作和算法是很有用的。例如,模块(循环)寻址(对实现数字滤波器延时线很有用)、位倒序寻址(对 FFT 很有用)。这些非常专门的寻址模式在 GPP 中是不常使用的,只有用软件来实现。

1.4 TI 公司的 DSP 芯片

1.4.1 TI 公司 DSP 芯片简介

一般认为,世界上第一个单片 DSP 芯片是 1978 年 AMI 公司发布的 S2811。1979 年美国 Intel 公司发布的商用可编程器件 2920 是 DSP 芯片的一个主要里程碑。这两种芯片内部都没有现代 DSP 芯片所必须有的单周期乘法器。从 20 世纪 80 年代开始,DSP 进入到了一个新的发展阶段,其运用也越来越广泛。随着大规模集成电路的发展,最成功的 DSP 芯片当数美国 TI 的一系列产品。从 1982 年 TI 公司成功推出了第一个定点 DSP 芯片 TMS32010 以来,TI 的 DSP 芯片已经经历了几代产品,研发出了多款高性能的 DSP 产品。

在 1982 年 TI 公司成功推出了其第一代 DSP 芯片 TMS32010 及其系列产品 TMS32011、TMS320C10/C14/C15/C16/C17 等,之后相继推出了第二代 DSP 芯片 TMS32020、TMS320C25/C26/C28,第三代 DSP 芯片 TMS320C30/C31/C32,第四代 DSP 芯片 TMS320C40/C44,第五代 DSP 芯片 TMS320C5X/C54X,第六代 DSP 芯片 TMS320C62X/C67X 等。TI 将常用的 DSP 芯片归纳为三大系列,即:TMS320C2000 系列、TMS320C5000 系列和 TMS320C6000 系列,如图 1.4 所示。TI 公司的一系列产品由于芯片结构先进、功能强大、有配套的开发工具和学习资料,受到了许多爱好者的青睐,其 DSP 产品已经成为当今世界上最有影响的 DSP 芯片之一,TI 公司也成为世界上最大的 DSP 芯片供应商之一。

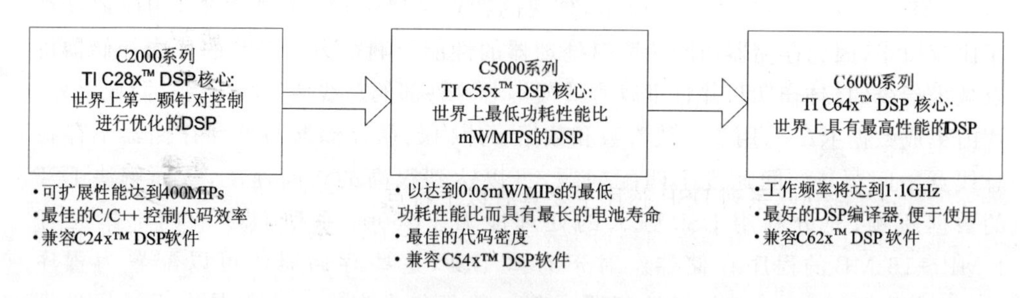

图 1.4 TI 的 3 大 DSP 系列

1.4.2 TMS320C2000 系列 DSP

TMS320C2000 系列 DSP 芯片价格低廉,具有很高的性能和适用于控制领域的功能,可以替代老的 C1x 和 C2x 信号的 DSP。因此,C2000 系列 DSP 以强大的控制和信号处理能力及高性价比优势，具有较高的市场占有率，在电动机控制、工业自动化、变频电源、家用电器和消费电子等很多领域得到了广泛的应用。C2000 系列的 DSP 的发展如图 1.5 所示。

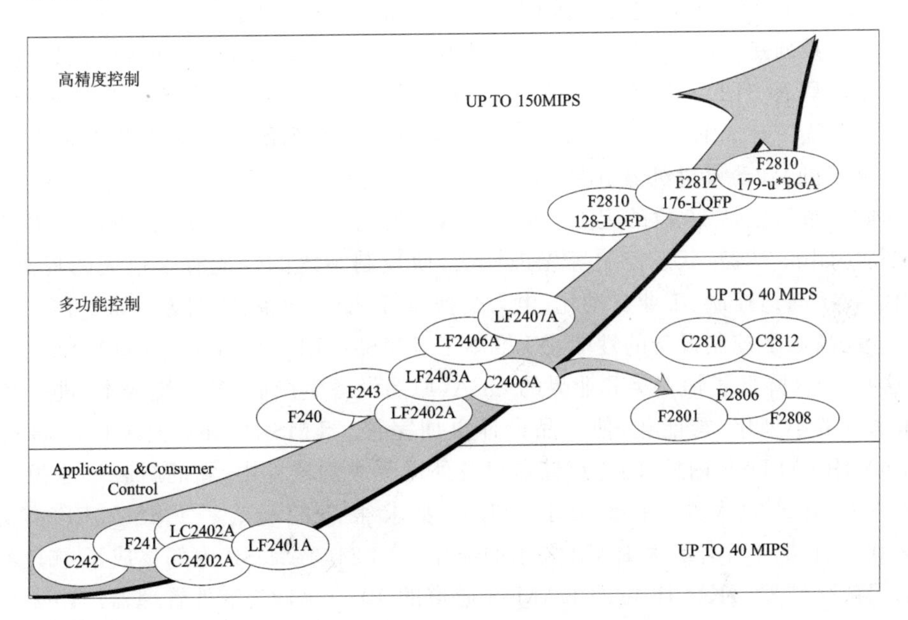

图 1.5 TMS320C2000 系列 DSP 产品

1. 概 述

TI 的 TMS320C2000 系列 DSP 是基于 C/C++高效 32 位 C28x 内核且与原 240x 系列 DSP 控制代码兼容的处理器，片上集成了多路 PWM 通道、正交编码电路接口、SCI 串行通信接口、通用输入输出 I/O 接口、外部中断接口、A/D 转换器、增强的控制局域网络 CAN 模块、多通道缓冲接口、Flash 存储器等多类资源，这为用户进行复杂的数字化控制系统设计提供了很大的方便，省去了较多的外部接口及存储的扩展，在提高目标系统可靠性前提下，降低了系统的开发成本。

2. 特 点

TMS320C2000 系列 DSP 芯片主要具有以下特点：

- 处理能力强。指令周期最短为 25 ns，运算能力达 40 MIPS(每秒执行百万次指令)；
- 片内具有较大的 Flash 存储器。TMS320C2000 是最早使用闪烁存储器的 DSP 芯片，闪烁存储器具有比 ROM 灵活、比 RAM 便宜的特点；
- 功耗低。TMS320C2000 系列 DSP 芯片在 5 V 电压工作时每个 MIPS 消耗 1.9 mA，在 3.3 V 工作时，每个 MIPS 消耗 1.1 mA，使用 DSP 的省电模式可以进一步降低功耗；

● 资源配置灵活。TMS320C2000 系列有 10 多种不同资源配置的芯片。

3. 分 类

TMS320C2000 系列主要包括 C20x、C24x 和 C28x 三类。

C20x 系列是 16 位定点 DSP 芯片，速度为 20～40 MIPS，片内 RAM 比较少，如 C204 片内只有 512 字节的 DRAM。有些型号的 C20x DSP 带有闪烁存储器，如 F206 内部就带有 32K×16 位的闪烁存储器。C20x 系列的主要应用范围是数字电话、数码相机、自动售货机等行业。

C24x 系列也是 16 位的定点 DSP 芯片，速度为 20 MIPS 或更高，可以应用自适应控制、Kalma 滤波、状态控制等先进算法，使控制系统的性能有了很大的提高，一般用于数字马达控制、工业自动化、电力交换系统、变频设备、空调等。为了在有限的空间里提高数字控制设备的性能，TI 推出了 TMS320LF2401A/LF2403A/LC2402A 等，这些 DSP 降低了消费类和业界的 OEA(原始设备生产商)的系统成本，进一步实现了系统的小型化、智能化，使产品设计更加完善。TMS320LF2401A DSP 将速度为 40 MIPS 的 DSP 内核、闪烁存储器以及外设集成到器件中，它的封装尺寸相当于一片隐形眼镜的大小，主要用于实时性要求很高的场合。TMS320LF2403A/LC2402A 主要针对有更大 RAM 要求的应用。LF2403A DSP 内部集成了 16K×16 位的闪烁存储器、1K×16 位的 RAM、8 通道的 10 位 ADC、事件管理器。LF2403A 还具有 CAN2.0B 协议的 CAN 总线控制器、SPI 总线接口及 21 个 GPIO 被全部封装到一个有 64 个引脚的 10 mm×10 mm 芯片中。LC2402A DSP 是与 LF2403A 处理器引脚兼容的处理器，其内部集成了能替代闪存的 6K×16 位的 ROM 存储器，成本较低。

C28x 系列是采用 32 位的定点 DSP 芯片，C28x 内核是目前数字控制应用领域性能最好的 DSP 核之一，可以在单个指令周期完成 32×32 位的乘累加运算，具有增强的电机控制外设，高性能的 A/D 转换能力和改进的通信接口，具有 8 GB 的线性地址空间，采用低电压供电(3.3 V 外设与 1.8 V 内核)，与 C24x 源代码兼容。C28 系列 DSP 以 TMS320F2812 应用最为广泛。TMS320F2812 芯片最高工作频率可达 150 MHz，其指令周期只有 6.67 ns，内部集成了 128K 字的 Flash 和 18K 字的 SRAM，同时还提供高达 1M 字寻址空间的外部存储扩展，这样可以方便用户进行软件开发与升级。处理器自带的 ADC 模块是一个 12 位、具有流水线结构的模数转换器，内部具有双采样保持器，可以在 16 个通道中选择输入信号。同时还包含两个事件中断器模块 EVA 和 EVB。可满足多轴复合运动控制应用。TMS320F2818 是一个 32 位定点处理器，但是它提供了一系列的浮点数学库函数，可以在定点处理器上快速方便地实现浮点运算，解决由于浮点运算占用较长时间导致无法达到控制目的的问题。

1.4.3 TMS320C5000 系列 DSP

1. 概 述

TMS320C5000 系列 DSP 的核心中央处理器是以 TMS320C25 的核心 CPU 为基础。该系列是 16 位定点 DSP 芯片，速度为 40～200 MIPS，其增强型结构大幅度地提高了整体性能。TMS320C5000 系列 DSP 芯片的主要特点是低功耗高性能，TMS320C5000 系列 DSP 的主要用途包括：

- 数字式助听器；
- 调制解调器；
- 有线和无线通信；
- 语音服务器；
- 互联网协议(IP)电话与 IP 电话网关；
- 手机和移动电话基站；
- 便携式声音、数字、视频产品等。
- 小型办公、家庭办公(SOHO)的语音和数据系统。

TMS320C5000 系列 DSP 主要分为 C54x、C54xx 和 C55x 三类。C5000 系列的 DSP 产品发展如图 1.6 所示。

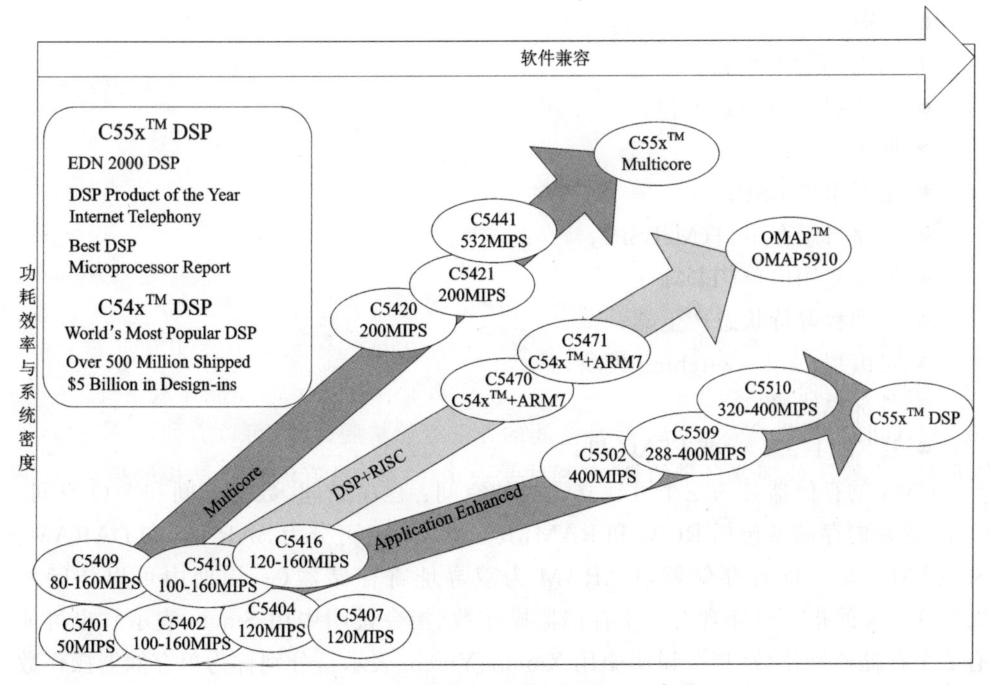

图 1.6 TMS320C5000 系列 DSP 产品

2. TMS320C54x 系列

C54x具有高度的操作灵活性和运行速度，其结构采用改善的哈佛结构(1组程序存储总线、3组数据存储总线和4组地址总线)，有独立的程序空间、数据空间和I/O空间，具有专用硬件逻辑的CPU、片内存储器、片内外设以及高效的指令集。TMS320C54x系列主要包括以下优点：

- 改进的哈佛结构使得性能和多功能性得到提高；
- 高度并行性和专用精简逻辑CPU提高了芯片性能；
- 模块化的结构设计，加快了派生器件的发展；
- 先进的IC制造工艺和静态设计技术，提高了芯片性能并降低了功耗；
- 高效的指令集更适用于快速算法的实现以及高级语音编程的优化。

TMS320C54x具有8组独立的总线，总线宽度为16位，具有两组数据读总线和一组数据写总线。TMS320C54x内部有40位的ALU，包括40位的桶形移位寄存器、两个独立的40位累加器、17×17位并行乘法器和40位专用加法器。可以当作两个16位的配置，完成两个单周期运算。TMS320C54x可寻址存储空间达192K字(程序、数据及I/O各64 64位)，C548还可扩展程序存储器(8M字)。TMS320C54x的外设主要包括：

- 通用I/O引脚，XF和BIO；
- 定时器；
- PLL时钟产生器；
- HPI口：8位或16位；
- 同步串口；
- 缓存串口BSP；
- 多路带缓存串口(McBSP)；
- 时分复用串口(TDM)；
- 可编程等待状态产生器；
- 可编程bank switching模块；
- 外部总线接口；
- IEEE1149.1标准JTAG口；

C54x的存储器分为三个可独立选择的空间：程序空间、数据空间和I/O空间。C54x的片内存储器包括ROM和RAM，其中RAM又可分为SARAM和DARAM：SARAM为单寻址寄存储器，DARAM为双寻址寄存储器(一周期内可以访问两次)。C54x的指令可能含有1个存储器操作数(指令说明中用Smem表示)，也可能有2个存储器操作数(指令说明中用Xmem、Ymem表示)，分别称为单存储器操作数和双存储器操作数。

TMS320C54x系列部分DSP芯片比较如表1.1所列。

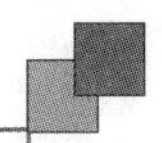

表 1.1 TMS320C54x 的资源配置

TMS320C54x	指令周期/ns	工作电压/V	片 RAM/字	片 ROM/字	串行口	BSP	HPI
C541	20/25	5/3.3/3.0	5K	28K	2 个标准口		
C542	20/25	5/3.3/3.0	10K	2K	1 个 TDM 口	1	1
C543	20/25	3.0/3.0	10K	2K	1 个 TDM 口	1	
C545	20/25	3.0/3.0	6K	48K	1 个标准口	1	1
C546	20/25	3.0/3.0	6K	48K	1 个标准口	1	
C548	15/20/25	3.0/3.0	32K	2K	1 个 TDM 口	2	1
LC/VC549	10/12.5/15	3.3/2.5	32K	16K	1 个 TDM 口	2	1
VC5402	10	3.3/1.8	16K	4K		2	1

3. TMS320C55x 系列

C55x 系列 DSP 比 C54x 在性能上有很大提高，而且功耗大大降低，适用于便携式超低功率场合。C55x 系列的代表产品主要有 TMS320C5509/5502/5510。TMS320C5509 DSP 芯片主要用于网络媒体娱乐终端、个人医疗、图像识别、保密技术、数码相机、个人摄像机等设备。由于具有低功耗、高性能、低系统成本的特点，C55x 主要支持 4 类基本应用：

- 在保持或稍微提高性能的前提下，大大延长电池寿命。比如延长手机、便携式声音播放器、数码相机等的电池寿命。
- 在保持或稍微延长电池寿命的前提下，大大提升性能。比如手机在处理声音、视频等方面的性能提升或系统新功能的增加的同时，不会牺牲系统电池使用时间。
- 小尺寸、低功耗、一般水平性能的 DSP 系统。比如助听器和医疗器械，在要求一定性能同时，更要求电池寿命长达数周或数月。
- 省电的基础设施应用，比如网关、视频对象平面(VOP)等。

C55x 系列 DSP 芯片在硬件结构中采用双 MAC，有 4 个 40 位的累加器，因而在一个周期内可完成更多的任务，还增加了累加器、ALU 和数据寄存器。每个 MAC 单元包含带 32 位或 40 位饱和逻辑的加法器和一个乘法器。三个数据读总线将两个数据流和一个公共系数流传送给两个 MAC 单元。用户可以用 ALU 作 32 位的运算或分开作两个 16 位的运算。除了从数据计算单元(DCU)的 40 位 ACC 寄存器来的输入外，ALU 还从指令缓冲单元(IU)接受立即数，并与存储器、地址数据流单元(ADFU)寄存器、PFU 寄存器作双向通信。

C55x 系列 DSP 的优异性能只要表现在以下几个方面：

(1) 具有更多的"自动并行"指令

为发挥附加的硬件功能，有的指令隐含或装有并行化的能力；另一些指令通过

C55x DSP 核的最佳汇编器和 C 编译器自动安排成并行运行，用户可自行编程达到并行操作，以便充分利用 C55x DSP 芯片的性能。通过增加硬件和操作的并行性，极大地提高了处理器的处理能力。

(2) 附加新的指令，扩展硬件处理能力

例如双 16 位的算术运算、双 MAC、条件移位、条件加或减、比例并选择极值、偶或奇对称的 FIR 滤波、并行移位和存储、寄存器比较或交换等一系列新的指令。

(3) 先进的高级功率管理能力

其一是自动断电能力，C55x DSP 核连续地对内存、外设和核心功能单元进行监视，自动地对不工作单元断电；其二是用户可以自己配置 IDLE 休闲域，C55x 有 64 种休闲方式，通过改变休闲域寄存器对应的状态位就可以改变对应部件电源的通断。

(4) 可变指令长度增加代码密度

指令长度为 8/16/24/40/48 位，选择不同长度可使编码密度达到最佳和有效地利用总线；指令预取由 16 位增加到 32 位；片上指令缓存单元自动地不包装指令，以便最有效地利用每一周期。

(5) 附加总线和扩充地址增加数据流量

C55x 有 1 组程序总线，3 组读总线，2 组写总线，每组总线中的地址线有 24 位，因而极大地扩充了寻址能力。

(6) 外部存储器接口性能比 C54x 有很大提高

采用双字宽(32 位)及高速低价格同步存储器，使存储器操作与 CPU 操作具有相同的速率。

(7) 指令高速缓存减少外部存储器访问

C55x 是第一个采用指令高速缓存的器件，允许几条指令同时加载到高速缓存器中，CPU 不必对每条指令都去访问存储器，并且在时钟速率下利用指令，增加速度，降低功耗。

(8) 改进的控制代码，改善了控制代码的密度

C55x 增加了几个控制代码的附件，包括新的指令缓存单元、数据存储器和 ALU。对条件执行的两种可能性都有准备，使得一旦条件出现，DSP 立即响应。

4. C54x 与 C55x 系列 DSP 的主要性能比较

C54x 与 C55x 系列 DSP 芯片的主要性能比较如表 1.2 所列。

表 1.2 C54x 与 C55x 的比较

	C54x	C55x
MAC	1	2
ACC	2	4
读总线	2	3

续表 1.2

	C54x	C55x
写总线	1	2
程序提取	1	1
地址总线	4	6
指令字大小	16 位	8/16/32/40/48 位
数据字大小	16 位	16 位
辅助寄存器 ALU	2(每个 16 位)	3(每个 24 位)
ALU	1(40 位)	1(40 位),1(16 位)
辅助寄存器	8	8
数据寄存器	0	4
存储器空间	分开的程序/数据存储器	统一空间

1.4.4 TMS320C6000 系列 DSP

1. 概 述

TMS320C6000 系列 DSP 是 TI 公司于 1997 年推出的高性能 DSP。C6000 系列 DSP 采用 TI 公司的 Veloi TI 和超长指令字结构,大大提高了该系列 DSP 芯片的性能。C6000 系列可以分为定点和浮点两类 DSP 芯片,主要面向数据密集型算法,有丰富的内部资源和强大的运算能力,所以广泛应用于数字通信和图像处理等领域。该系列的第一款芯片 C6201,在 200 MHz 钟频时,达到 1 600 MIPS。而 2000 年以后推出的 C64x,在钟频 1.1 GHz 时,可以达到 8 800 MIPS 以上,即每秒执行近 90 亿条指令。C64x 的片内 DMA 引擎和 64 个独立的通道,使其 I/O 带宽可达到 2 GB/s,增大数据的吞吐量。

TMS320C6000 系列 DSP 最初主要是为了移动通信基站的信号处理而推出的处理芯片,200 MHz 时钟的 C6201 完成 1024 定点 FFT 的时间只需要 66 μs,比传统 DSP 要快一个数量级,因此在民用和军用领域都有广泛的应用前景。C6000 系列 DSP 在军事通信、电子对抗、雷达系统、精确制导武器等需要高度智能化的应用领域,具有不可替代的高速处理能力的优势。同时,C6000 系列 DSP 在 ADSL、线缆调制解调、移动通信、数字电视、数字照相机与摄像机、打印机、数字扫描仪及医用图像处理等领域也有广泛的应用。

C6000 系列 DSP 已经推出了 TMS320C62x、TMS320C64x 和 TMS320C67x 三个系列。其中定点 DSP 系列包括 C62x 和 C64x,浮点 DSP 包括 C67x 系列 DSP 芯片。TMS320C6000 系列 DSP 产品的发展如图 1.7 所示。

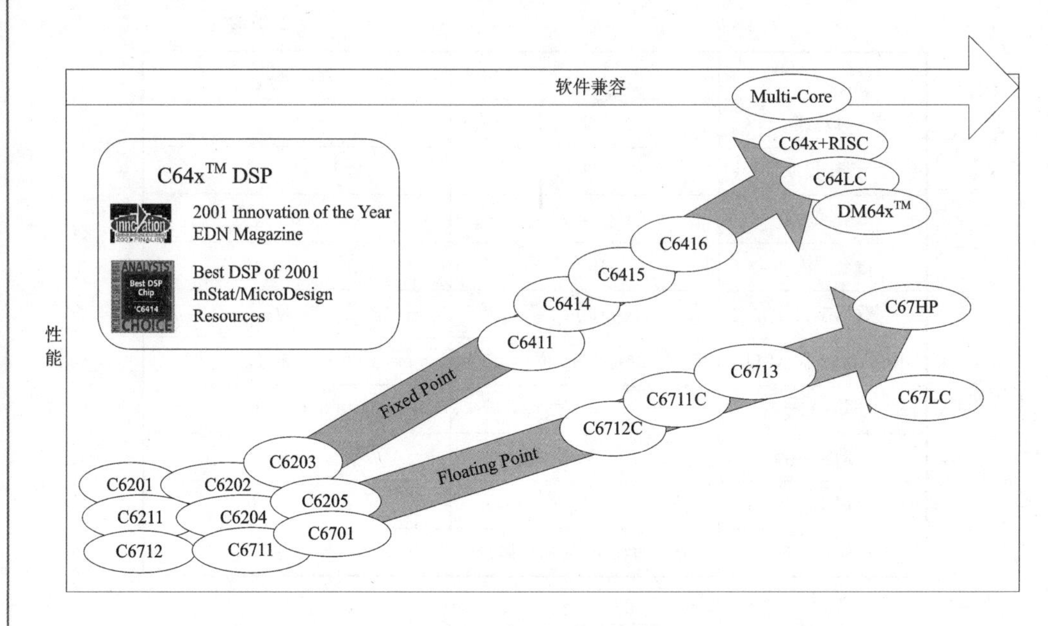

图 1.7 TMS320C6000 系列 DSP 产品

2. 结构及其特点

C6000 系列 DSP 内部具有 8 个并行的处理单元,分为相同的两个组。DSP 的体系结构采用超长指令字(VLIW)结构。单指令字长为 32 位,8 个指令组成一个指令包,及总字长为 256 位。芯片内部设置了专门的指令分布模块,可以将 256 位的指令包同时分配给 8 个处理单元,并且由 8 个处理单元同时执行。通过片内的锁相环将输入时钟倍频,芯片可以达到很高的时钟频率。C2000 系列的 8 个独立功能单元包括 2 个 16 位乘法器和 6 个算术逻辑单元。它采用的是加载/存储体系结构,数据在多处理单元之间的传输依靠 32 个 32 位的通用寄存器。

C6000 系列 DSP 的指令集可以进行字节寻址,获得 8/16/32 位数据,因此存储器得到了充分利用。指令集包括位操作指令,比如位域抽取、设置、清除以及位计数、归一化等。

C6000 的存储器寻址地址为 32 位,其中芯片内部集成了 1M～7Mbit 的片内 SRAM。片内 RAM 被分为两块：一是内部程序/Cache 存储器,二是内部数据/Cache 存储器。32 位的外部存储器接口包括直接同步存储器接口、直接异步存储器接口和直接外部存储器接口。直接同步存储器接口可以与同步动态存储器(SDRAM)、同步突发静态存储器连接(SBSRAM),主要用于大容量和高速存储;直接异步存储器接口可以与静态存储器(SRAM)、只读存储器连接(EPROM),主要用于小容量数据存储和程序存储;直接外部存储器,可以与先进先出寄存器(FIFO)连接,实现控制接口线最少的存储方式。因此 C6000 可以方便地配置不同速度、不同容量、不同复杂程度的存储器。

C6000 系列 DSP 采用一种称为 Veloci TI 的超长指令字 VLIW(Very Long Instruction Word) 结构。Veloci TI 的主要特点包括：

- 指令打包，减小代码长度；
- 所有指令可以条件执行；
- 数据类型灵活，宽度可变；
- 完全流水的跳转指令。

C62x/C64x/C67x 系列 DSP 芯片的主要特点包括：

- Veloci TI 结构，CPU 有 8 个功能单元：2 个乘法器和 6 个算术逻辑单元，每周期可执行 8 条指令；
- 可以开发高效的类 RISC 代码，从而缩短开发时间；
- 指令打包，减小代码长度，缩短程序取指时间，降低功耗；
- 所有指令可条件执行；
- 高效的 C 编译器和汇编优化器；
- 支持 8/16/32 位数操作，也支持 40 位操作；
- 支持饱和和正常溢出运算；
- 定点和浮点 DSP 管脚兼容；
- 大的片内 RAM 空间；
- 32 位片外存储器接口，支持 SDRAM、SBSRAM、SRAM 和其他异步存储器；
- 16 位主机接口(HPI)可以访问 C62x/C67x 存储器空间和外设寄存器；
- 多通道 DMA 控制器；
- 多通道串口；
- 32 位定时器。

对于 C64x 系列 DSP 芯片还具有如下特点：

- 每个乘法器可在一个时钟周期内完成 2 个 16 × 16 运算或 4 个 8 × 8 运算；
- 4 个 8 × 8 或 2 个 16 × 16 指令扩展；
- 支持非定界 32 位和 64 位存储器访问；
- 硬件位计数和旋转支持位级算术；
- 专门的通信指令扩展。

C67x 系列 DSP 芯片还可支持单精度 32 位和双精度 64 位操作，也支持 32×32 整数乘法，结果为 32/64 位。

1.5 达芬奇技术

1.5.1 简 介

达芬奇(DaVinci)技术是随着数字视频应用的迅速增加而发展起来的。数字视频应用系统的实现极其复杂，达芬奇技术就是针对数字视频实现的复杂性、费时行和昂贵性，专门为高效和引人注目的数字视频而设计的基于DSP的系统解决方案，能为视频设备制造商提供集成处理器、软件、工具和支持，以简化设计进程，加速产品创新。达芬奇技术主要包括4个组成部分，即处理器、软件、开发工具套件和支持，如图1.8所示。

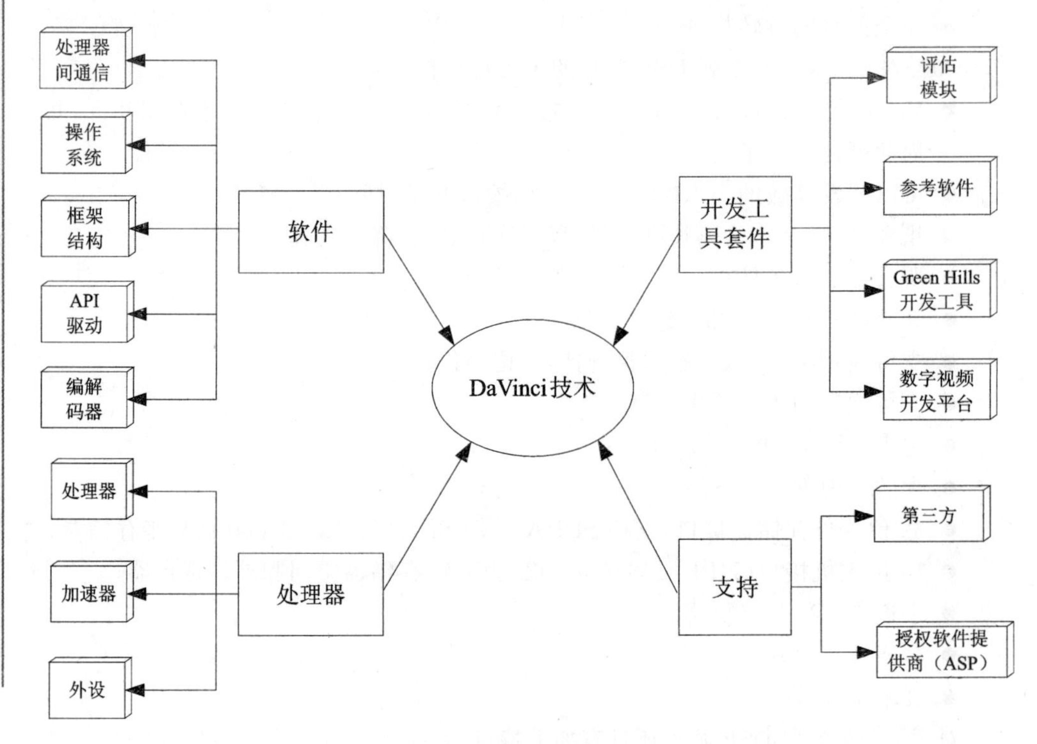

图1.8 达芬奇系统构成

达芬奇处理器集成有TI高性能核心处理器、视频前端处理器和视频加速器，还有非常丰富的外围设备。视频加速器主要包括视频I/O处理子系统和视频图像加速器。丰富的外设主要包括如数字视频、数字音频、高速网络、DDR2高速存储器、SATA硬盘和多种存储卡等接口。

在软件方面达芬奇全面支持由底层到高层的软件系统。达芬奇在嵌入式操作系统方面对Linux的支持极为完善，也有支持WinCE的能力；在数字视频、影像、语音和音频上可以支持H.264、MPEG4/2、H.263、VC1、JPEG、G.711/G.723、MP3、WMA等多种编解码器；通过多媒体框架结构进行数字视频软件系统的集成，并提供API驱动程序支持，同时有助于实现处理器间的通信。标准化编解码器和API使OEM能更轻松地开发可用于其他基于达芬奇的应用的可互操作代码，从而简化将来的开发工作。

达芬奇有多种开发工具套件以满足各种需求，其中评估模块和面向应用的参考设计将有益于硬件设计，缩短 OEM 的产品上市时间。数字视频开发平台和 Green Hills 开发工作将对缩短软件系统集成有很大帮助。ARM/DSP 集成开发环境(IDE)、操作系统以及 DSP 工具，这些使开发者在熟悉的环境里工作。

达芬奇的支持体系很强大，其中既有来自 TI 授权软件提供商(ASP)的支持，也有更为广泛的第三方网络的支持。达芬奇开发商网络成员提供了与达芬奇技术配套的完整组件与工具。开发商网络可为全球范围内的达芬奇产品提供各种级别的视频系统集成、优化以及系统专业技术。

1.5.2 达芬奇技术应用

达芬奇技术是首款基于 DSP 处理器、软件、工具和支持开发各种已优化的数字视频终端设备的集成产品组合。它使得 OEM 商更容易更快地开发一系列有成本效益的数字视频产品，并且改变了消费者体验数字视频的方式。以下是达芬奇应用的一些场合，随着技术和市场的发展，达芬奇技术将会加速革新步伐，扩展数字视频应用市场。

- 数码相机或摄像机；
- 个人媒体播放器；
- 数字机顶盒；
- IP 可视电话与视频会议；
- 数字媒体网关；
- 数字视频服务器；
- IP 网络摄像机；
- 数字硬盘摄像机；
- 汽车视觉及视频信息；
- 医学图像处理；
- 电视广播代码转码；

对原始设备生产商来说，DaVinci 技术为 OEM 提供了一个简单易用的集成数字视频平台，这个平台实际上支持开发所有数字视频应用。DaVinci 技术显著缩短了设计周期，降低了开发成本和生产创新的数字视频终端设备所需的定制量。标准化编解码器和 API 使 OEM 能更轻松地开发可用于其他基于达芬奇的应用的可交互操作代码，从而简化将来的开发工作。达芬奇支持还包括专用开发工具，如开发平台和参考设计，以缩短 OEM 的产品上市时间。集成达芬奇处理器还可显著降低终端产品的成本。

对于消费者而言，DaVinci 技术的灵活性可使消费者在多方面受益，包括不必在口袋中放置过多独立的电子产品、增强设备的互操作性并延长其使用寿命、提供具有价格优势和功能选择且使用简便的产品和易于升级、电池寿命更长的产品。

除了目前包含在我们能想象到的许多消费产品中，在不久的将来，达芬奇技术还将对消费者生活方式产生巨大影响。现在，通过在机器视觉等应用中使用达芬奇技术,消费者能将产品看得更真,这有助于生产诸如高级安防系统、新型汽车控件和更加精密的医疗诊断工具等产品。

1.5.3 达芬奇软件与I/O技术

1. 达芬奇软件技术

与以往的数字视频处理器系统相比,达芬奇的特别之处还在于其强大的软件系统支持基础,因此其目标就是力争加快数字视频产品投入市场的速度。当前的数字视频产品往往需要支持多种媒体格式,在确定新产品思想后要经过两个开发阶段,第一是创建软件基础,第二是产品的特色化设计。在过去前一阶段比后一阶段要长得多,有时因为拖得过长而失去了进入市场的时机。达芬奇的推出就是要从根本上扭转这种局面,这便有可能将软件开发阶段缩一半或几分之一,而为产品的特色化赢得更多的时间。

在具体的软件设计中,对于数字多种媒体系统的设计,围绕用户代码的主线程有四个部分,其一是输入源数据,其二是输出结果,其三是算法处理实体,其四是用户界面(GUI)。达芬奇系统在底层以通用嵌入式实时操作系统为基础,通过构建达芬奇框架结构(Davinci Framework)来协调各部分工作流程,并对数字视频(Video)、影像(Imaging)、语音(Speech)和音频(Audio)类的软件提供相应的应用程序接口,即简称为 VISA API,另外也对简单外设软件接口提供应用程序接口,即 EPSI API。

达芬奇技术的软件技术主要包括以下 4 个部分:

(1) 视频、图像、音频及语音编解码

目前,由 TI 及其合作伙伴设计了标准视频、图像、音频、语音编解码作为软件产品,主要有:H.264、H.263、MPEG-4、MPEG-2、JPEG、WMV9、AAC、MP3、G.711、G.728、G.723.1、G.29 等。

(2) 操作系统

标准操作系统允许这些系统的专业开发人员利用他们的编程知识并同时使达芬奇技术系统集成达到最好状态,集成包括强大的 DSP 引擎和加速器。达芬奇技术系列目前包括很多适合各种应用的操作系统,如开源 Linux、WinCE 等,将来也会支持其他流行操作系统。

(3) 应用程序接口

达芬奇技术系列提供了很多有利于加速数字视频设备革新的 API 类。这些 API 把最好的 DSP 和 ARM 软件开发者带到一起。当 DSP 平台对 DSP 专家开放,ARM 软件开发者用 API 编程并且必须确保流行的下一代数字视频处理所需求的编解码能够一起工作及优化使其适合具体的视频应用。总之,不管开发组的技能和喜好如何,达芬奇 API 集成了 DSP 和加速器并用于高性能视频、音频、图像及语音编解码集。

(4) 框 架

达芬奇软件框架确保所有的硬件软件组件能够无缝地一起工作。通过提供完整的、事先由 OEM 商创建的具体应用的软件解决方案,达芬奇软件框架使得系统开发者不用关心处理器的内部工作。这减少了 OEM 的研发、实现和测试,以致他们能够集中于那些有价值的地方,使产品更具个性。

达芬奇系统的软件框架如图 1.9 所示。

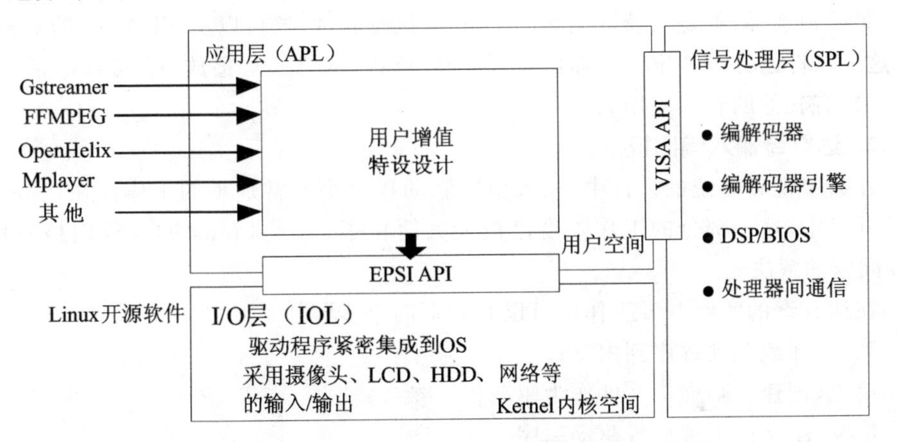

图 1.9 达芬奇软件系统结构框架

为了使 DSP 算法规范化,TI 大力推广 eXpressDSP 的开发理念并获得成功,目前全球上千种由 TI 或第三方提供的算法具有 eXpressDSP 的兼容性。eXpressDSP 算法协同标准(xDAIS, eXpressDSP Algorithm Interoperability Standard)和 eXpressDSP 数字媒体标准(xDM, eXpressDSP Digital Media Standard)集成了 TI DSP 在单个处理器上执行各种媒体功能的能力,通过执行这些标准与 eXpressDSP 保持一致。xDAIS 和 xDM 提供一组编程的规定和 API,使这些算法能够尽快的集成。xDAIS 可以提供为所有兼容性算法与一致化的 API 管理存储器资源的能力,抑制算法之间共享系统资源所引发的问题。xDM 则规定一个标准的 API,用于应用程序调用某种特定种类的算法,使系统的集成者可以迅速地将算法移植到另外的资源。xDM 标准里定义的 API 即是 VISA API。算法的标准化提高了 OEM 使用算法的数量和质量,为帮助开发者生产符合标准的算法,TI 为建立和测试标准化的算法提供了工具和框架。通过使用 xDAIS 和 xDM 标准,具有以下优越性:

- 显著减少集成所需要的时间;
- 在同一个应用里,容易对不同来源的算法进行比较;
- 可以从多个第三方得到符合标准的算法,用户不需要从头开始开发复杂的算法;
- 各种算法都可以和符合 eXpressDSP 多媒体框架的产品一起工作,例如 Codec Engine。

在达芬奇系统的开发中，信号处理内容就存在以下四种选择：

第一种选择，就是自己开发自己的符合 xDM 的算法；

第二种选择，就是去买原始的编解码算法，这也是符合 xDAIS 的软件并以库即.lib 的方式提供；

第三种选择，就是去买封装了的编解码器组件，同样是以.lib 库的方式提供，但已根据需要进行了封装并可由直接集成到应用系统中；

第四种选择，就是去获取完整的 DSP 可执行软件，这可以从 TI 或 TI 的 ASP 得到，这些软件已针对特定市场而优化，如视频监控、网络 AV 播放、IP 可视电话、视频会议，还有其他的新兴应用。

2. 达芬奇输入输出技术

在数字视频系统的设计中，输入输出驱动程序是非常烦琐的工作。在达芬奇系统的开发中，这一部分的工作强度已被大大简化了，基于 Linux 的软件内核有助于 I/O 问题的解决。

在达芬奇的实际开发工作中可以有如下四个步骤：

第一，加载驱动程序到内核；

第二，创建一个虚拟文件作为驱动程序参考；

第三，用文件系统放置驱动程序；

第四，用打开、读取、写入和关闭方式进入资源。

在视频的获取中，有一个名为 V4L2 的标准的 Linux 视频驱动程序，在许多 Linux 系统中也常常用到，在达芬奇系统中同样也有完善的支持。在视频的显示中，有相应的标准 Linux 视频驱动程序，可以将一个显示设备的帧缓冲器映射到用户空间。在达芬奇系统中，可以直观地显示出多个视频和 OSD 的窗口。

1.5.4 TI 达芬奇数字视频处理器

1. 概 述

达芬奇数字视频处理器(DaVinci Video Processors)是德州仪器数字信号处理器的一个系列，专为数字视频、影像和视觉应用而设计。达芬奇平台提供片上系统，包括视频加速器和相关外设。产品包括仅针对 ARM9 的低成本解决方案到基于数字信号处理器的全功能 SoC。针对视频编码和解码应用进行了优化，可升级的达芬奇处理器系列还包括多媒体编解码器、加速器、外设和框架。主要产品包括如下几个系列：

(1) DaVinci TMS320DM64x 视频 DSP

- TMS320DM64x DSP 系列：TMS320DM648、TMS320DM647、TMS320DM643、TMS320DM642、TMS320DM641、TMS320DM640。

(2) 基于 DM81x ARM Cortex-A8 的视频 SoC

- TMS320DM816x SOC 系列：TMS320DM8168、TMS320DM8167、TMS320DM8166、

TMS320DM8165。

- TMS320DM814x SOC 系列：TMS320DM8146、TMS320DM8147、TMS320DM8148。

(3) 基于 DM37x ARM® Cortex™-A8 的视频 SoC

- TMS320DM37x SOC 系列：TMS320DM3730、TMS320DM3725。

(4) DM64x 系列基于 ARM9™的视频 SoC

- TMS320DM646x SOC 系列：TMS320DM6467T、TMS320DM6467。
- TMS320DM644x SOC 系列：TMS320DM6446、TMS320DM6443、TMS320DM6441。
- TMS320DM643x DSP 系列：TMS320DM6437、TMS320DM6435、TMS320DM6433 TMS320DM6431。

(5) 基于 DM3x ARM9 的视频 SoC

- TMS320DM3x ARM SOC 系列：TMS320DM368、TMS320DM365、TMS320DM355、TMS320DM335、TMS320DM355-EP。

TMS320DM644x 处理器采用 TMS320C64x+™ DSP 内核，该内核对广泛范围的数字视频终端设备进行了优化。

高性能 DM8168 处理器提供 3 倍于竞争解决方案的视频流功能，同时支持 3 路 1080p60 帧/秒(fps)的视频流、12 路同步 720p 30 fps 视频流或较低分辨率的流组合。这使客户能够构建视频中心系统，在 3 个独立的显示器上同步采集、编码、解码和分析多个视频流。同时，可让客户借助高级分析功能实现产品差异化。

DM37x 处理器采用了 ARM Cortex-A8 和 TMS320C64x+DSP 内核，该内核针对广泛范围的数字视频终端设备进行了优化。

基于 ARM9™的 DM64x 视频 SoC 系列采用 TMS320C64x+™ DSP 内核，专为广泛的数字视频终端设备而设计。

基于 DM3x ARM9™的视频 SoC 的固定视频加速器卸载了视频压缩，以充分利用 OS。

ARM 和应用处理任务，在 30fps 时可以访问 720p H.264 和 MPEG4 以及符合各种分辨率的其他视频格式，还提供用于工业应用的扩展温度合格版本和用于智能成像应用的脸部识别支持版本。TMS320DM368 处理器包括 ARM9、H.264/MPEG4/MJPEG 视频加速器、VPSS、集成外设和可立即投产的免费多格式编解码器。DM368 处理器最适用于视频监控、高清视频通信、实时 DVR、智能数字标牌等。

2. TI 达芬奇数字视频处理器的应用(视频会议方向)

TI 的达芬奇数字视频处理器系列满足各种视频应用场合，优化的现成软件及其完善的开发工具加速产品的上市进程。TI 实现了整个视频产品链的互操作性，满足从采集到欣赏的各种数字视频产品。TI 达芬奇技术在医疗影像、视频监控、视频会议、视频电话、汽车视觉与车载信息娱乐系统、视频基础设施、摄像机、IP 机顶盒、便携式视频终端产品等有着广泛的应用。下面从视频会议系统简单介绍达芬奇技术的应用。

视频会议系统方案是一种让身处异地的人们通过某种传输介质实现"实时、可视、交互"的多媒体通信技术。它可以通过现有的各种电气通信传输媒体,将人物的静态和动态图像、语音、文字、图片等多种信息分送到各个用户的终端设备上,使得在地理上分散的用户可以共聚一处,通过图形、声音等多种方式交流信息,增加双方对内容的理解能力,使人们犹如身临其境参加在同一会场中的会议一样。采用视频会议系统方案的优势在于节约会议的经费与时间、提高效率、适应某些特殊情况、增加参会人员等。随着视频会议技术的日趋成熟,集音频、图形、图像、文字、数据共享、公文流转等为一体的视频会议,使越来越多的人开始享受到网上办公、远程医疗、远程通信、远程协作、远程培训等全新的工作模式。

视频会议需要交互式视频,TI 通过高清分辨率/帧速率和降低的开发成本,为客户的所有视频会议需求提供完整的解决方案以及高质量的体验。TI 提供基于 IP 的高清(HD)视频会议系统解决方案,以 DM6467 达芬奇平台为例,其系统框图如图 1.10所示。

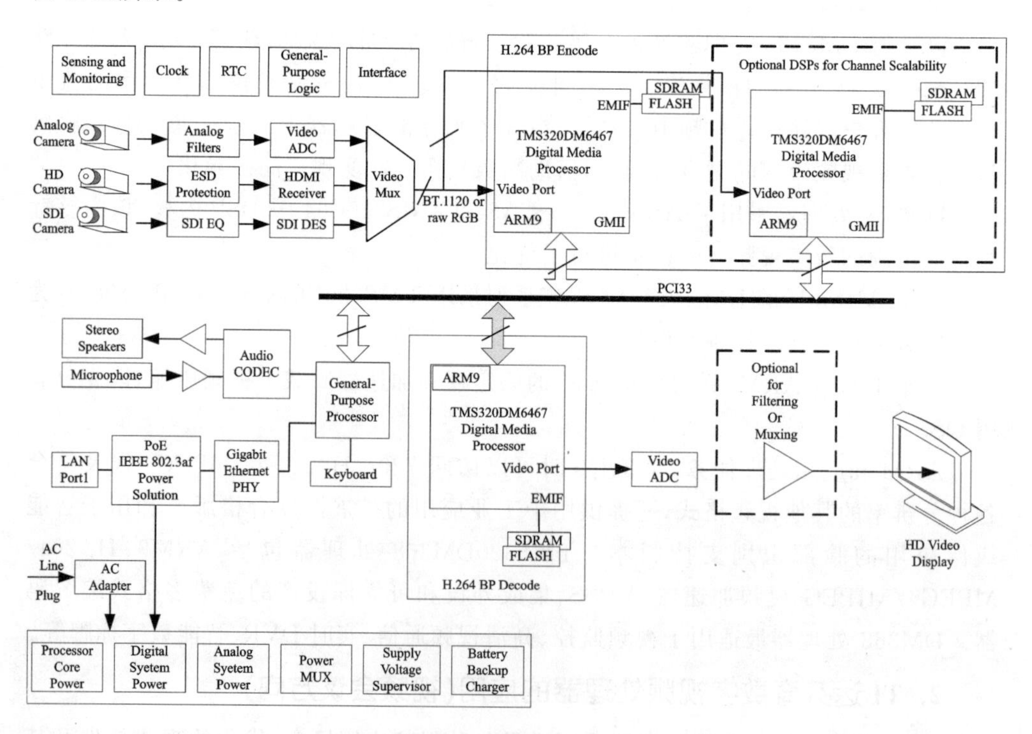

图 1.10 TI 视频会议解决方案系统框图

视频会议系统是支持点对点视频的终端系统。基于 IP 的 HD 视频会议系统包含一路 HD 摄像机基本单元和一路 HD 显示基本单元,两路基本单元通过千兆以太网 IP 网络进行通信。HD 视频单元包含了数字信号处理器,该器件片上集成了音视

频编解码端口。通过视频图像的分辨率和帧速率,可以应用多个处理器。基于TMS320DM6467的设计提供了很好的性能和灵活性,降低了成本,而且可以减少下一代产品的上市时间。

1.6 本章小结

DSP是一种特别适合于进行数字信号处理运算的微处理器,其主要应用是实时快速地实现各种数字信号处理算法。从1982年TI公司成功推出了第一个定点DSP芯片TMS32010以来,TI的DSP芯片已经经历了几代产品,研发出了多款高性能的DSP产品。随着数字视频应用的迅速增长,达芬奇技术也快速发展起来。TI推出了达芬奇数字视频处理器系列产品,为数字视频的设计提供基于DSP的系统解决方案。本章主要介绍了TI的发展历程,对DSP技术的原理及特点进行讲解。介绍TI的几代DSP芯片的特点及其相关技术,最后介绍专为数字媒体处理而设计的达芬奇技术及TI的达芬奇处理器。

1.7 思考题与习题

1. 到目前为止,TI主要推出了哪些数字信号处理器?有哪些特点?
2. 简述DSP的主要特点、分类及其体系结构。
3. 什么是达芬奇技术?有哪些特点?
4. TI推出的达芬奇系列产品主要有哪些?各自的架构是什么样的?
5. 以TI的某一达芬奇平台为例,查阅该平台的技术资料,设计一个数字多媒体处理系统,并简述其原理以及需要的相关软硬件支持。

第2章

TMS320DM8168 总体结构及功能概述

TMS320DM8168 是目前 TI 推出的 DaVinci 系列中最先进的数字媒体处理器。它包含一个主频高达 1.2 GHz 的 ARM Cortex-A8 RISC 处理器和一个最高时钟频率可以达到 1 GHz 的 TMS320C674x 浮点超长指令字(VLIW)DSP。ARM Cortex™-A8 处理器主要负责外围设备控制功能，包括数据读取、存储、控制等功能。C674x DSP 处理器主要负责视频压缩数据处理、高速数据处理。ARM Cortex-A8 内核采用 ARM v7 架构，是一种顺序执行的双发射超标量微处理器内核，并且带有 NEON 向量/浮点协处理器。TMS320C674x 浮点超长指令字 DSP 基于哈佛体系结构，拥有 64 个通用寄存器和 6 个算术逻辑单元（ALU）功能单元。除此之外，TMS320DM8168 集成了丰富的外设，还包含了专门针对高清视频采集与处理的高清视频处理子系统(HDVPSS)和高清视频图像协处理器(HDVICP2)。HDVPSS 包括 2 个 165 MHz 视频采集通道和 2 个 165 MHz 的视频显示通道，HDVICP2 负责高清视频的编码处理，支持 H.264、MPEG4 等最新视频压缩标准，在高清应用中优势突出。

2.1 概　述

2.1.1 简　介

TMS320DM8168 视频处理器属于 TMS320DM816x SoC DaVinci 系列之一，是高度集成、可编程平台，它利用 TI 的 DaVinci 技术来满足下列应用的处理需求：视频编码、解码、转码和速率转换、视频安全、视频会议、视频基础设施、媒体服务器和数字标牌等。

凭借全集成化混合处理器解决方案所具有的极大灵活性，DM8168 使得原始设备制造商(OEM)和原始设计制造商(ODM)能够将拥有稳健的操作系统支持、丰富的用户界面以及高处理性能的设备迅速投放市场。DM8168 将可编程视频及音频处理与高度集成的外设集组合在一起。

DM8168 器件的关键之处在于多达 3 个高分辨率视频和成像协处理器 HD-VICP2。每个协处理器能够执行单个 1080p60fps H.264 编解码或者多个较低分辨率或帧速率的编解码。另外，也可完成多通道 HD 至 HD 或 HD 至标清 SD 代码转换以及多重编码。凭借可同时处理 1080p60fps 数据流的能力，TMS320DM8168 成为满足当今苛刻的 HD 视频应用要求的强大解决方案。

DM8168 的可编程性由一个具有 NEON 扩展的 ARM Cortex-A8 RISC CPU、TI C674x VLIW 浮点 DSP 内核以及高分辨率视频和成像协处理器提供。ARM 使得开发人员能够将控制功能与在 DSP 和协处理器上进行编程的音频和视频算法分离开来，从而降低了系统软件的复杂程度。支持 NEON 浮点扩展的 ARM Cortex-A8 32 位 RISC 处理器包括：32K 字节指令高速缓存、32KB 数据高速缓存、256KB L2 高速缓存、48KB 共享 ROM 和 64KB RAM。

丰富的外设集提供了控制外围设备以及与外部处理器进行通信的功能。如需了解每个外设的详细信息，请参见本书的有关章节。此外设集包括：HD 视频处理子系统 HDVPSS(提供同步 HD 和 SD 模拟视频的输出和双 HD 视频输入)；多达 2 个具有千兆媒体独立接口(GMII)和管理数据输入输出接口(MDIO)的千兆位以太网 MAC(10Mbps、100Mbps、1000 Mbps)；2 个具有集成 2.0 PHY 的 USB 端口；PCIe 端口 x2 线道 GEN2 兼容型接口或设备端点(它使得器件能够充当一个 PCIe 根联合体 root complex)；一个多通道音频串行端口(McASP，具有 DIT 模式)；两个双通道 McASP 音频串行端口(具有 DIT 模式)；一个多通道缓冲串行端口(McBSP)；3 个可支持 IrDA 和 CIR 的 UART；SPI 串行接口；SD 和 SDIO 串行接口；两个 I2C 主控和受控接口；多达 64 个通用 I/O(GPIO)；7 个 32 位定时器；系统安全装置定时器；双 DDR2 和 DDR3 SDRAM 接口；灵活的 8 位和 16 位异步存储器接口；以及多达两个用于两个(或更多，通过采用一个端口乘法器来实现)磁盘驱动器上的外部存储器的 SATA 接口。

DM8168 还包括一个 SGX530 3D 图形引擎来实现精细复杂的用户图形接口 GUI 和富有吸引力的用户接口和交互。此外，它还有一个针对包括 ARM 和 DSP 在内的完整开发工具集，这个工具集包括 C 语言编译器、一个用于简化程序设计和调度的 DSP 汇编优化器、以及旨在将可视性引入源代码执行的 Microsoft Windows 调试程序界面。

C674x DSP 内核是 TMS320C6000 DSP 平台上的高性能浮点 DSP 系列产品。C674x 浮点 DSP 处理器采用 32KB 的 L1 程序内存和 32KB 的 L1 数据内存。多达 32KB 的 L1P 可被配置为程序高速缓存，剩余的是不可高速缓存的无等待状态程序内存。多达 32KB 的 L1D 可被配置为数据高速缓存，剩余的是不可高速缓存的无等待状态数据内存。DSP 具有 256KB 的 L2 RAM，它可被规定为 SRAM、L2 高速缓存或此二者的某种组合。所有的 C674x L3 及片外存储器访问均通过一个系统内存管理单元(MMU)来选定路由。

该器件的封装采用 Via Channel 技术进行了特别设计。此项技术允许在这种 0.65mm 焊球间距封装中使用 0.8mm 间距的 PCB 特征尺寸，并大幅度地降低了

PCB 的成本。由于 Via Channel BGA 技术的分层效率有所提升，因而还允许只在两个信号层中进行 PCB 布线。

2.1.2　系统结构方框图

TMS320DM8168 的系统结构方框图如图 2.1 所示，主要包括 ARM 子系统、DSP 子系统、高清视频图像协处理器、媒体控制器、高清视频处理子系统、系统控制、系统连接以及外设 8 部分。

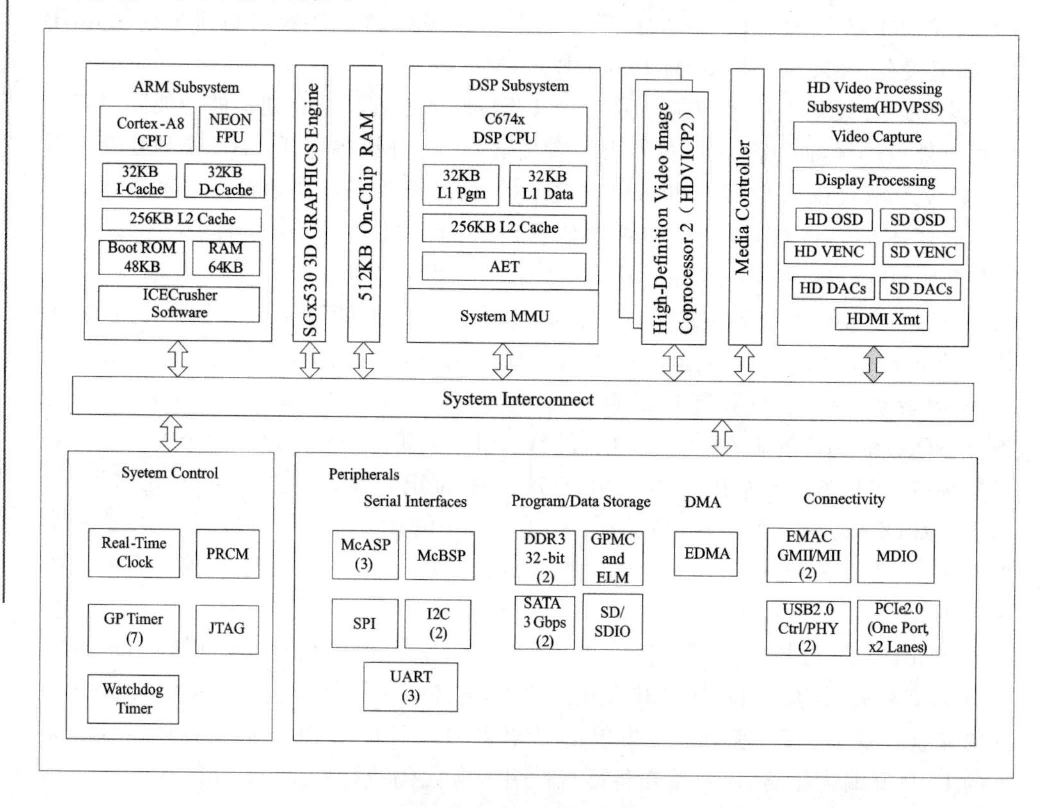

图 2.1　TMS320DM8168 系统结构方框图

TMS320DM816x SoC 系列芯片内部功能模块存在一些不同之处，表 2.1 给出了四种芯片的比较情况。

表 2.1　器件比较

特性	器件类型			
	TMS320DM8168	TMS320DM8167	TMS320DM8166	TMS320DM8165
HDVICP2	3	3	2	2
SGX530	有	无	有	无

2.2 特性及其应用

2.2.1 器件特性

德州仪器宣布推出高性能 TMS320DM8168 达芬奇数字媒体处理器，进一步壮大了其达芬奇数字媒体处理器平台，主要的特点如下所述：

★ 高性能 DaVinci 视频处理器

① ARM Cortex-A8 RISC 处理器

- 高达 1.2 GHz

② C674x 超长命令字数字信号处理器

- 高达 1GHz
- 高达 9000 MIPS 和 6750 MFLOPS
- 软件与 C67x 和 C64x+完全兼容

★ ARM Cortex-A8 内核

① ARMv7 架构

- 顺序、双发射、超标量体系结构处理器内核
- NEON 多媒体处理结构

② 支持整数和浮点运算(符合 VFPv3-IEEE754)

- Jazelle 运行时间编译器目标(RCT)执行环境

★ ARM Cortex-A8 存储器架构

① 32 字节指令和数据高数缓存

② 256K 字节 L2 高速缓存

③ 64K 字节 RAM、48K 字节引导 ROM

★ TMS320C674x 浮点 VLIW DSP

① 64 个通用寄存器(32 位)

② 6 个 ALU(32 位和 40 位)功能单元

- 支持 32 位整数、SP(IEEE 单精度、32 位)和 DP(IEEE 双精度、64 位)浮点
- 每时钟周期支持高达 4 个单精度(SP)加法、每两个时钟支持高达 4 个双精度(DP)加法
- 每时钟周期支持多达 2 个浮点(SP 或 DP)近似、倒数或平方根运算

③ 2 个乘法功能单元

- 混合精度 IEEE 浮点乘法支持高达：

  每时钟 2 SP×SP→SP

  每时钟 2 SP×SP→DP

  每时钟 3 SP×DP→DP

每时钟 4 DP×DP→DP

● 定点乘法支持 2 个 32×32 位乘法器、4 个包括复数乘法的 16×16 位乘法或者 8 个 8×8 位乘法器

★ C674x 2 级存储器

① 32K 字节一级程序(L1P)和一级数据(L1D)RAM 和高速缓存

② 256K 字节 L2 统一映射 RAM 和高速缓存

★ 系统内存管理单元(MMU)

将 C674x DSP 和 EMDA 任务控制(TCB)内存存取映射到系统地址

★ 512K 字节片上内存控制器(OCMC)RAM

★ 多媒体控制器

管理 HDVPSS 和 HDVICP2 模块

★ 多达 3 个可编程高清视频图像协处理器(HDVICP2)引擎

① 编码、解码、转码操作

② H.264、MPEG2、VC1、MPEG4 SP 和 ASP

★ SGX530 3D 图形引擎

① 每秒提高多达 30 MTriangles

② 通用型可扩缩渲染引擎

③ 支持 Direct3D 移动、OpenGL ES1.1 和 2.0、OpenVG 1.1、OpenMax API

④ 高级几何 DMA 驱动操作

⑤ 可编程 HQ 图像抗混叠处理

★ 字节序

ARM、DSP 指令和数据—小端序

★ HD 视频处理子系统 HDVPSS

① 2 个 165MHz HD 视频捕捉通道

● 1 个 16 位或 24 位通道，1 个 16 位通道

● 每个通道可被分成双 8 位捕捉通道

② 2 个 165MHZ HD 视频显示通道

● 1 个 16 位、24 位或 30 位通道，1 个 16 位通道

③ 同步安全数码卡(SD)和 HD 模拟输出

④ 数字高清多媒体接口 HDMI，其物理层 PHY 的 HDCP 高达 165MHz 像素时钟

⑤ 三个图形层

★ 双 32 位 DDR2 和 DDR3 SDRAM 接口

① 支持高达 DDR2-800 和 DDR3-1600 的内存

② 总共最多 8 个×8 器件

③ 2GB 地址空间

④ 动态内存管理器(DMM)

- 可编程多区域内存映射和交错
- 实现了高效 2D 成组存取
- 支持 0°、90°、180°或者 270°取向的平铺对象和镜像
- 优化了交错存取

★ 1 个 PCI Express 2.0 端口(具有集成的 PHY)

① 具有 1 条或 2 条 5.0GT/s 线道的单一端口

② 可配置为根联合体或者断点

★ 具有集成 PHY 的串行 ATA(SATA)3.0Gbps 控制器

① 2 个硬盘的直接接口

② 来自多达 32 个入口的硬件辅助本机命令队列 NCQ

③ 支持端口乘法器和基于命令的交换

★ 2 个 10Mbps、100Mbps 和 1000Mbps 的以太网 MAC(EMAC)

① 与 IEEE 802.3 标准兼容(只适用于 3.3V IO)

② MII 和 GMII 媒介独立接口

③ IO 数据管理(MDIO)模块

★ 具有集成型 PHY 的双 USB2.0 端口

① USB2.0 高速和全速客户端

② USB2.0 高速、全速和低速主机

★ 通用内存控制器(GPMC)

① 8 位和 16 位复用地址和数据总线

② 多达 6 种芯片选择(每个芯片选择引脚具有高达 256M 字节的地址空间)

③ 与 NOR 闪存、NAND 闪存(具有 BCH 和汉明错误码检测功能)、SRAM 和伪 SRAM 的无缝连接

④ 位于 GPMA 外部的错误定位器模块(负责提供用于 NAND 的高达 16 位和 512 字节的硬件 ECC)

⑤ 针对 FPGA、CPLD、ASIC 等接口的灵活异步协议接口

★ 增强型直接内存存取(EDMA)控制器

① 4 个传输控制器

② 64 个独立的 DMA 通道和 8 个 QDMA 通道

★ 7 个 32 位通用定时器

★ 1 个系统安全装置定时器

★ 3 个可配置的 UART、IrDA 和 CIR 模块

① 具有调制解调器(Modem)控制信号的 UART0

② 支持高达 3.6864Mbps 的 UART

③ SIR、MIR、FIR(4.0 MBAUD)以及 CIR

★ 1个具有4种芯片选择的40MHz串行外设接口(SPI)

★ SD和SDIO串行接口(1位和4位)

★ I2C总线端口

★ 3个多通道音频串口

① 1个六串化器发送和接受端口

② 2个双串化器发送和接受端口

③ 针对SDIF和PDIF的DIT功能(所有端口)

★ 多通道缓冲串行端口(McBSP)

① 发送和接受时钟高达48MHz

② 2个时钟区和2个串行数据引脚

③ 支持时分复用(TDM)、I2S和其他相似格式

★ 实时时钟(RTC):一次或者周期性中断产生

★ 多达64个通用IO(GPIO)引脚

★ 片上ARM ROM的引导加载程序(RBL)

★ 电源、复位和时钟管理

① Smart Reflex技术(二级)

② 7个独立内核电源域

③ 针对子系统和外设的时钟引导和禁止控制

★ 可兼容IEEE-1149.1(JTAG)和IEEE-1149.7(cJTAG)

★ 1031引脚无铅型BGA封装(CYG后缀)、0.65mm焊球间距

★ Via Channel技术使得能够采用0.8mm设计规则

★ 40nm CMOS工艺技术

★ 3.3V单端LVCMOS I/O(除了1.5V上的DDR3、1.8V上的DDR2以及1.8V上的DEV_CLKIN)

2.2.2 性能及应用范围

TMS320DM8168视频片上系统(SoC)将高清多通道系统的所有捕获、压缩、显示以及控制功能完美整合于单芯片之上,从而不断满足用户对高集成度、高清视频日益增长的需求。该款业界最佳SoC针对视频安全与视频通信应用进行了精心设计,高度集成了ARM Cortex-A8 RISC处理器与TMS320C674x DSP内核。该集成型DM8168视频SoC不但可将系统电子材料清单(eBOM)成本降低一半,而且还可通过取代十多个分立式器件的功能显著降低板级空间占用与功耗。

DM8168视频SoC可提供业界最佳的性能,与性能已处于业界领先地位的TI前一代产品1GHz时钟的DM6467T相比,视频压缩性能可提升四倍,同时提高了多通道密度,并可支持更高的分辨率。此外,该SoC可显著提高高清视频的预处理与后处理功能,实现前所未有的视频性能,从而能够以更低的比特率支持更高质量的视

频,满足视频安全与视频通信应用的需求。相对于前一代数字视频处理器而言,支持高级视频分析与增强型 2D 与 3D 图形的创新 DM8168 视频 SoC 能够单片实现 16 通道 H.264 等多视频格式 DVR 功能,从而可显著降低 DVR 系统的成本与复杂性。

DM8168 视频 SoC 的主要系统特性与优势:

- 对于混合型安防 DVR 解决方案而言,可同时支持 16 通道 H.264 HP 带 CIF 子码流的 D1 编码与 8 通道 D1 解码,并具有视频混合与图像混合功能,支持多达 3 个独立显示器;
- 对于视频通信应用而言,可同时支持 3 个每秒 60 帧的 1080p 通道,由于编解码器时延低于 50 毫秒,因此片外失效问题得以消除,从而可将点对点时延降至 50 毫秒以下;
- 极高的集成度,集成 ARM Cortex-A8、C674x 浮点 DSP、可编程高清视频影像协处理器、创新型高清视频处理子系统以及综合编解码器支持(包括高清分辨率的 H.264、MPEG4 以及 VC1 支持);
- 包括千兆以太网、PCI Express、SATA2、DDR2、DDR3、USB 2.0、MMC/SD、HDMI 以及 DVI 等多种接口,可支持高度灵活的设计方案实施;
- 无缝接口连接至四个 TI 的多通道视频解码器 TVP5158,可无缝捕获多达十六个 D1 视频通道。TVP5158 可自动控制对比度,降低噪声,提高压缩比与整体视频质量,从而不但可取消额外的 FPGA 与外部存储器,还可简化设计,提高系统灵活性。

基于 TMS320DM8168 处理器的以上性能,DM8168 主要应用在以下领域:

- 视频编码、解码、转码与速率转换;
- 视频安全;
- 电视会议;
- 视频基础设施;
- 媒体服务器;
- 数字标牌;

2.3　封装与引脚分布

2.3.1　封装信息

TMS320DM8168 采用的 1031 引脚无铅型球状矩阵排列封装(BGA)封装,采用 BGA 封装具有以下优点:

- I/O 引脚数增多,但引脚之间的距离远大于 QFP 封装方式,提高了成品率;
- BGA 的功耗增加,但由于采用的是可控塌陷芯片法焊接,从而可以改善电热性能;

- 信号传输延迟小，适应频率大大提高；
- 组装可用共面焊接，可靠性大大提高；

DM8168 器件的封装采用了 Via Channel 技术进行了特别设计。此项技术允许在这种 0.65mm 焊球间距封装中使用 0.8mm 间距的 PCB 特征尺寸，并大幅度地降低了 PCB 的成本。由于 Via Channel BGA 技术的分层效率有所提升，比起常规的 BGA 封装，布线可以更加灵活和开放，通过采用大的通孔还允许在两个信号层和两个电源层中很方便的进行 PCB 布线。DM8168 的封装示意图和封装尺寸如图 2.2 和 2.3 所示。

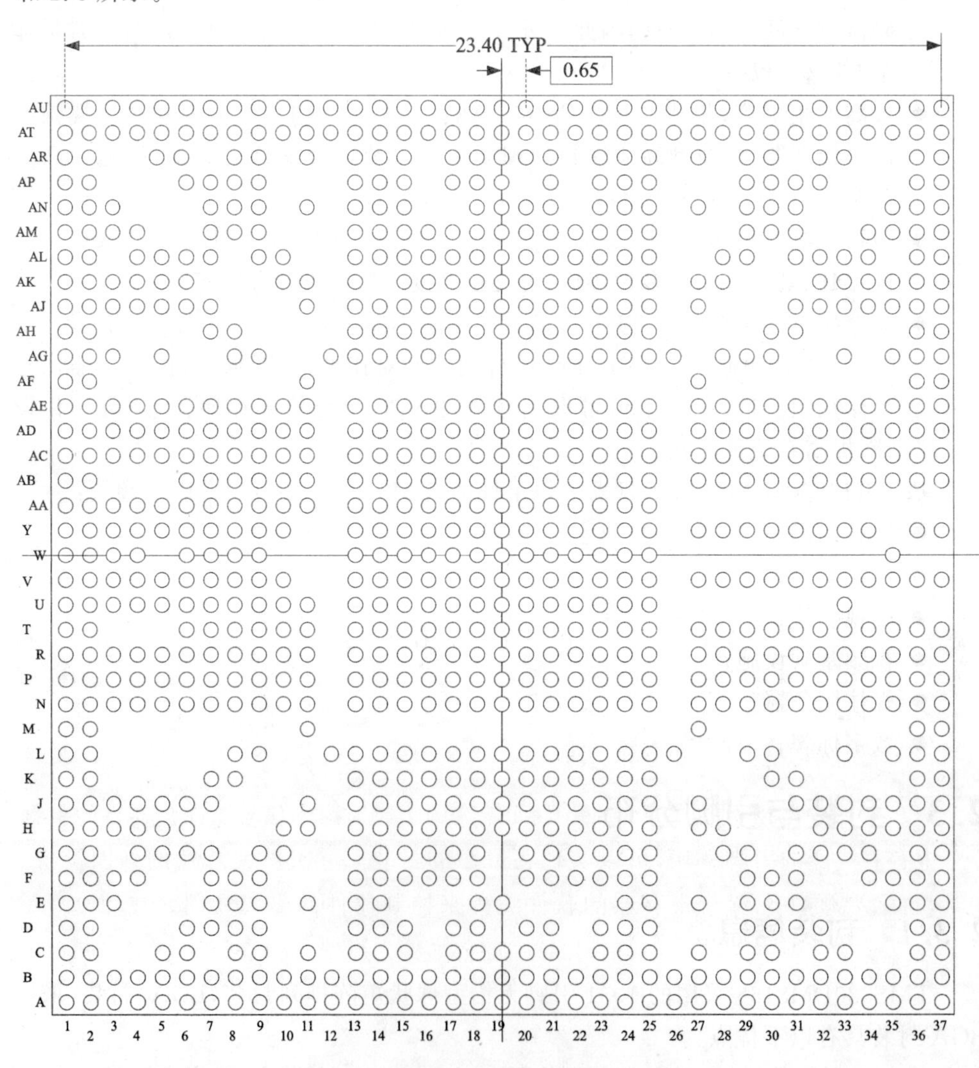

图 2.2 1031 引脚的 BGA 封装底视图

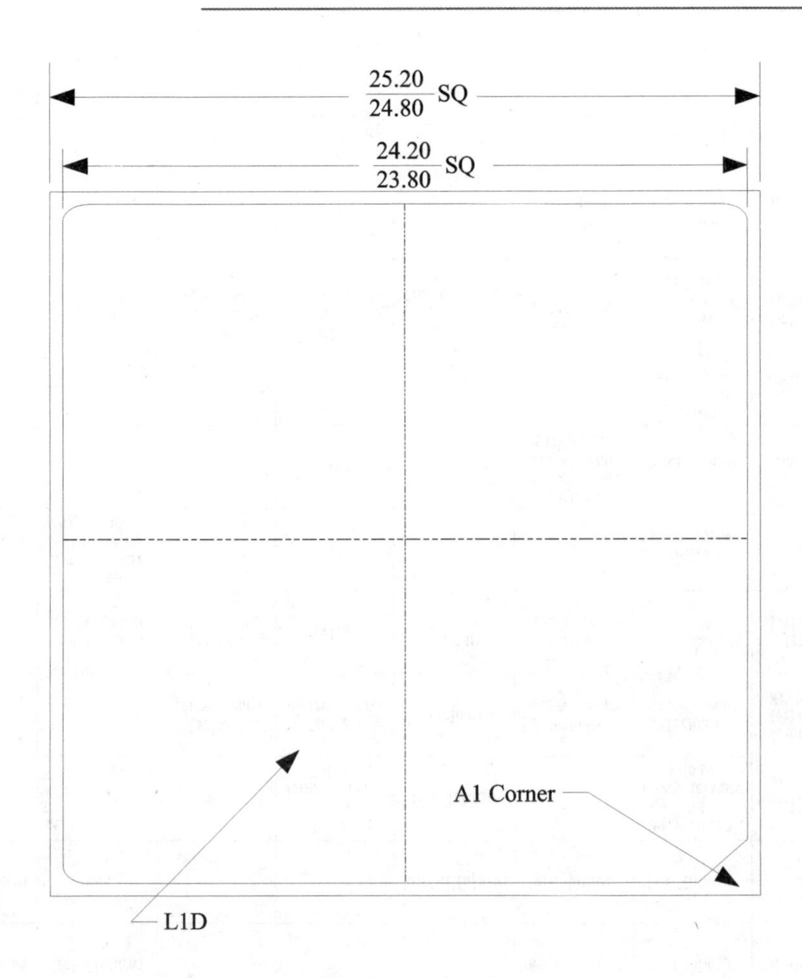

图 2.3　封装尺寸

2.3.2　引脚分布与引脚功能

图 2.4—图 2.22 列出了 TMS320DM8168 的引脚对应的信号。在该器件的引脚分布中有着广泛的引脚复用，可以实现在最小的封装尺寸类扩大芯片的外围设备。同时，也需要硬件配置与寄存器的软件编程来控制器件的引脚复用。在图 2.4—图 2.22中 D、E、K 和 L 部分表示的是器件的硅为 1.x 和 2.x 两种版本的引脚分布。

	1	2	3	4	5	6	7	8
R	SPI_SCS[0]	SPI_SCLK	VSS	VSS	SD_SDWP/GPMC_A[15]/GP1[18]	VSS	VSS	VSS
P	SPI_SCS[3]GPMC_A[21]/GP1[22]	SPI_SCS[1]/GPMC_A[23]	SPI_SCS[2]/GPMC_A[22]	VSS	VSS	VSS	VSS	DVDD_3P3
N	UART1_RXD/GPMC_A[28]/GPMC_A[20]	UART1_TXD/GPMC_A[25]/GPMC_A[19]	UART1_RIN/GPMC_A[17]/GPMC_A[22]/GP1[19]	UART0_DSR/GPMC_A[19]/GPMC_A[24]/GP1[17]	UART0_DCD/GPMC_A[18]/GPMC_A[23]/GP1[18]	UART0_DTR/GPMC_A[20]/GPMC_A[12]/GP1[16]	UART0_CTS GP1[28]	UART0_TXD
M	UART2_RXD	UART1_RTS/GPMC_A[14]/GPMC_A[18]/GP1[25]						
L	DVDD_3P3	UART2_TXD	UART1_CTS/GPMC_A[13]/GPMC_A[17]/GP1[26]		DVDD_3P3			VSS
K	VSS	GPMC_A[22]/GP1[10]					UART2_CTS/GPMC_A[16]/GPMC_A[25]/GP1[24]	GPMC_A[27]/GP1[9]
J	GPMC_A[15]/GP0[22]	GPMC_A[16]/GP0[21]	GPMC_A[24]/GP1[15]	GPMC_A[23]/GP1[14]	GP1[13]	GPMC_A[26]/GP1[11]	GPMC_A[25]/GP1[12]	
H	TIM6_A[15]/GPMC_A[24]/GP0[30]	GPMC_A[12]/GP0[27]	GPMC_A[21]/GP0[26]	GP0[25]	GPMC_A[14]/GP0[23]	GPMC_A[13]/GP0[24]		
G	TIM7_OUT/GPMC_A[12]/GP0[31]	GP0[5]/MCA[2]_AMUTEIN/GPMC_A[24]		DDR[0]_D[3]	GP0[6]/MCA[1]_AMUTEIN/GPMC_A[23]	VSS	VSS	
F	CLKOUT	DDR[0]_D[1]	DDR[0]_D[6]	DDR[0]_DQS[0]			VSS	DDR[0]_D[20]
E	DVDD_DDR[0]	DDR[0]_D[2]	DDR[0]_DQS[0]				DDR[0]_D[23]	DDR[0]_D[27]
D	VSS	DDR[0]_D[4]				DDR[0]_D[11]	DDR[0]_D[9]	DDR[0]_D[21]
C	DDR[0]_D[7]	DDR[0]_DQM[0]			DDR[0]_D[8]	DDR[0]_D[10]		DDR[0]_D[16]
B	DDR[0]_D[0]	DDR[0]_D[5]	DDR[0]_D[15]	DDR[0]_DQS[1]	DDR[0]_DQM[1]	DDR[0]_D[13]	DDR[0]_D[19]	DDR[0]_DQS[2]
A	VSS	DVDD_DDR[0]	DDR[0]_D[14]	DDR[0]_DQS[1]	DDR[0]_D[12]	DDR[0]_VTP	DDR[0]_D[17]	DDR[0]_DQS[2]

图 2.4 引脚映射(A部分)

	9	10	11	12	13	14	15	16
R	DVDD_3P3	DVDD_3P3	DVDD_3P3		SD_SDCD/GPMC_A[16]/GP1[7]	CVDDC	CVDDC	CVDDC
P	DVDD_3P3	DVDD_3P3	DVDD_3P3		SPI_D[1]	CVDDC	CVDDC	CVDDC
N	UART0_RTS/GP1[27]	UART0_RXD	SPI_D[0]		CVDDC	DDR[0]_A[8]	DDR[0]_BA[2]	DDR[0]_A[12]
M			VSS					
L	UART2_RTS/GPMC_A[15]/GPMC_A[26]/GP1[23]			VSS	DDR[0]_A[6]	DVDD_DDR[0]	DVDD_DDR[0]	DVDD_DDR[0]
K					DDR[0]_A[9]	DVDD_DDR[0]	DVDD_DDR[0]	DVDD_DDR[0]
J			DDR[0]_D[30]		DDR[0]_A[5]	DVDD_DDR[0]	DVDD_DDR[0]	DVDD_DDR[0]
H		DDR[0]_D[18]	VSS		DDR[0]_A[4]	VSS	VSS	VSS
G	DDR[0]_DQM[2]	DDR[0]_D[28]			DDR[0]_A[3]	VSS	VSS	VSS
F	DDR[0]_D[22]				DDR[0]_BA[0]	VSS	VSS	VSS
E	DDR[0]_D[24]		DVDD_DDR[0]		DDR[0]_WE	VSS		
D	DDR[0]_DQM[3]				DDR[0]_RAS	RSV20	DDR[0]_A[2]	
C	DDR[0]_D[31]		DDR[0]_D[29]		DDR[0]_CAS	DDR[0]_A[10]	VSS	
B	DDR[0]_DQS[3]	DDR[0]_D[26]	DDR[0]_D[25]	DDR[0]_CLK[0]	DDR[0]_A[11]	DDR[0]_BE[1]	DDR[0]_CLK[1]	DDR[0]_A[13]
A	DDR_DQS[3]	VSS	DVDD_DDR[0]	DDR[0]_CLK[0]	DDR[0]_A[0]	DDR[0]_A[7]	DDR[0]_CLK[1]	DDR[0]_ODT[1]

图 2.5　引脚映射(B 部分)

	17	18	19	20	21	22	23	24
R	CVDD	CVDD	CVDD	CVDD	CVDD	CVDD	CVDD	CVDD
P	CVDD	CVDD	CVDD	CVDD	CVDD	CVDD	CVDD	CVDD
N	DDR_[0]_A[1]	VSS	RSV3	RSV4	DDR_[1]_A[1]	DDR_[1]_A[12]	DDR[1]_BA[2]	DDR_[1]_A[8]
M								
L	DVDD_DDR[0]	DVDD_DDR[0]	DVDD_DDR[0]	DVDD_DDR[1]	DVDD_DDR[1]	DVDD_DDR[1]	DVDD_DDR[1]	DVDD_DDR[1]
K	DVDD_DDR[0]	DVDD_DDR[0]	DVDD_DDR[0]	DVDD_DDR[1]	DVDD_DDR[1]	DVDD_DDR[1]	DVDD_DDR[1]	DVDD_DDR[1]
J	DVDD_DDR[0]	DVDD_DDR[0]	DVDD_DDR[1]	DVDD_DDR[1]	DVDD_DDR[1]	DVDD_DDR[1]	DVDD_DDR[1]	DVDD_DDR[1]
H	VSS	VSS	VSS	VSS	VSS	VSS	VSS	VSS
G	VSS	VSS		VSS	VSS	VSS	VSS	VSS
F	VSS	DDR[0]_CS[1]		DDR[1]_CS[1]	VSS	VSS	VSS	VSS
E		DDR[0]_ODT[0]	DEVOSC_ DVDD18	DDR[1]_ODT[0]				VSS
D	DDR[0]_A[14]	DDR[0]_RST		DDR[0]_RST	DDR[1]_A[14]		DDR[1]_A[2]	RSVB
C	VSS	DDR[0]_CKE	DEV_MXO	DDR[1]_CKE	VSS		VSS	DDR[1]_A[10]
B	DDR[0]_CS[0]	VDDA_PLL	DEVOSC_VSS	VSSA_PLL	DDR[1]_CS[0]	DDR[1]_A[13]	DDR[1]_CLK[1]	DDR[1]_BA[1]
A	VREFSSTL_ DDR[0]	VDDA_PLL	DEV_MXI/ DEV_CLKIN	VSSA_PLL	VREFSSTL_ DDR[1]	DDR[1]_ODT[1]	DDR[1]_CLK[1]	DDR[1]_A[7]

图 2.6　引脚映射(C 部分)

	25	18	27	28	29	30	31	32
R	VDD_USB0_1P8		DVDD_3P3	DVDD_3P3	VDD_USB0_3P3	VDD_USB1_3P3	VSS	VSS
P	RSV2		DVDD_3P3	DVDD_3P3	DVDD_3P3	DVDD_3P3	VSS	RSV19
N	CVDDC		VDD_USB_0P9	RSV10	RSV11	TDO	TMS	I2C[0]_SCL
M			VSS					
L	DDR[1]_A[6]	VSS			GP0[1]	DVDD_3P3		
K	DDR[1]_A[9]					GP0[2]	GP0[0]	
J	DDR[1]_A[5]		DDR[1]_D[30]				GP0[3]/ TCLKIN	GP1[30]/ SATA_ACT0 _LED
H	DDR[1]_A[4]		VSS	DDR[1]_D[18]				GP0[4]
G	DDR[1]_A[3]			DDR[1]_A[28]	DDR[1]_DQM[2]		VSS	VSS
F	DDR[1]_BA[0]				DDR[1]_D[22]	DDR[1]_D[20]	VSS	
E	DDR[1]_WE		DVDD_DDR[1]		DDR[1]_D[24]	DDR[1]_D[27]	DDR[1]_D[23]	
D	DDR[1]_RAS				DDR[1]_DQM[3]	DDR[1]_D[21]	DDR[1]_D[9]	DDR[1]_D[11]
C	DDR[1]_CAS		DDR[1]_D[29]		DDR[1]_D[31]	DDR[1]_D[16]		DDR[1]_D[10]
B	DDR[1]_A[11]	DDR[1]_CLK[0]	DDR[1]_D[25]	DDR[1]_D[26]	DDR[1]_DQS[3]	DDR[1]_DQS[2]	DDR[1]_D[19]	DDR[1]_D[13]
A	DDR[1]_A[0]	DDR[1]_CLK[0]	DVDD_DDR[1]	VSS	DDR[1]_DQS[3]	DDR[1]_DQS[2]	DDR[1]_D[17]	DDR[1]_VTP

图 2.7　引脚映射(D 部分,硅为 1.x 版本)

	25	18	27	28	29	30	31	32
R	VDD_USB0_1P8		DVDD_3P3	DVDD_3P3	VDD_USB0_3P3	VDD_USB1_3P3	VSS	VSS
P	RSV2		DVDD_3P3	DVDD_3P3	DVDD_3P3	DVDD_3P3	VSS	RSV19
N	CVDDC		VDD_USB_0P9	RSV10	RSV11	TDO	TMS	I2C[0]_SCL
M			VSS					
L	DDR[1]_A[6]	VSS			GP0[1]	DVDD_3P3		
K	DDR[1]_A[9]					GP0[2]	GP0[0]	
J	DDR[1]_A[5]		DDR[1]_D[30]				GP0[3]/ TCLKIN	GP1[30]/ SATA_ACT0 _LED
H	DDR[1]_A[4]		VSS	DDR[1]_D[18]				GP0[4]
G	DDR[1]_A[3]			DDR[1]_ D[28]	DDR[1]_DQM[2]		VSS	VSS
G	DDR[1]_A[3]			DDR[1]_ D[28]	DDR[1]_DQM[2]		VSS	VSS
F	DDR[1]_BA[0]				DDR[1]_D[22]	DDR[1]_D[20]	VSS	
E	DDR[1]_WE		DVDD_DDR[1]		DDR[1]_D[24]	DDR[1]_D[27]	DDR[1]_D[23]	
D	DDR[1]_RAS				DDR[1]_DQM[3]	DDR[1]_D[21]	DDR[1]_D[9]	DDR[1]_D[11]
C	DDR[1]_CAS		DDR[1]_D[29]		DDR[1]_D[31]	DDR[1]_D[16]		DDR[1]_D[10]
B	DDR[1]_A[11]	DDR[1]_CLK[0]	DDR[1]_D[25]	DDR[1]_D[26]	DDR[1]_DQS[3]	DDR[1]_DQS[2]	DDR[1]_D[19]	DDR[1]_D[13]
A	DDR[1]_A[0]	DDR[1]_CLK[0]	DVDD_DDR[1]	VSS	DDR[1]_DQS[3]	DDR[1]_DQS[2]	DDR[1]_D[17]	DDR[1]_VTP

图 2.8 引脚映射(D 部分,硅为 2.x 版本)

	33	34	35	36	37
R	VSS	RSV16	USB1_DRWBUS	USB1_DN	USB1_DP
P	RSV18	RSV17	USB0_DRVVBUS	USB0_DN	USB0_DP
N	I2C[0]_SDA	I2C[1]_SCL	I2C[1]_SDA	VDD_USB0 _VBUS	USB0_ R1
M				EMU3	EMU4
L	VSS		DVDD_3P3	EMU1	EMU2
K				TRST	VSS
J	GP1[31]/ SATA_ACT1 _LED	TDI	EMU0	RTCK	TCLK
H	TIM4_OUT/ GP0[28]	TIM5_OUT/ GP0[29]	GP0[7]/ MCA[0]_ AMUTEIN	WD_OUT	CLKIN32
G	RESET	DDR[1]_D[3]		NMI	RSTOUT
F		DDR[1]_DQS[0]	DDR[1]_D[6]	DDR[1]_D[1]	POR
E			DDR[1]_DQS[0]	DDR[1]_D[2]	VSS
D				DDR[1]_D[4]	DVDD_DDR[1]
C	DDR[1]_D[8]			DDR[1]_DQM [0]	DDR[1]_D[7]
B	DDR[1]_DQM[1]	DDR[1]_DQS[1]	DDR[1]_D[15]	DDR[1]_D[5]	DDR[1]_D[0]
A	DDR[1]_D[12]	DDR[1]_DQS[1]	DDR[1]_D[14]	DVDD_DDR[1]	VSS

图 2.9 引脚映射(E 部分,硅为 1.x 版本)

	33	34	35	36	37
R	VSS	RSV16	USB1_DRWBUS	USB1_DN	USB1_DP
P	RSV18	RSV17	USB0_DRVVBUS	USB0_DN	USB0_DP
N	I2C[0]_SDA	I2C[1]_SCL	I2C[1]_SDA	VDD_USB0_VBUS	USB0_R1
M				EMU3	EMU4
L	VSS		DVDD_3P3	EMU1	EMU2
K				TRST	VSS
J	GP1[31]/SATA_ACT0_LED	TDI	EMU0	RTCK	TCLK
H	TIM4_OUT/GP0[28]	TIM5_OUT/GP0[29]	GP0[7]/MCA[0]_AMUTEIN	WD_OUT	CLKIN32
G	RESET	DDR[1]_D[3]		NMI	RSTOUT
F		DDR[1]_DQS[0]	DDR[1]_D[6]	DDR[1]_D[1]	POR
E			DDR[1]_DQS[0]	DDR[1]_D[2]	VSS
D				DDR[1]_D[4]	DVDD_DDR[1]
C	DDR[1]_D[8]			DDR[1]_DQM[0]	DDR[1]_D[7]
B	DDR[1]_DQM[1]	DDR[1]_DQS[1]	DDR[1]_D[15]	DDR[1]_D[5]	DDR[1]_D[0]
A	DDR[1]_D[12]	DDR[1]_DQS[1]	DDR[1]_D[14]	DVDD_DDR[1]	VSS

图 2.10 引脚映射(E 部分,硅为 2.x 版本)

	1	2	3	4	5	6	7	8
AK	RSV31	RSV43	RSV46	VIN[0]A_D[19]/VIN[1]A_DE/VOUT[1]_C[9]	VIN[0]A_D[18]/VIN[1]A_FLD/VOUT[1]_C[8]	VOUT[1]_C[2]/VIN[1]A_D[8]		
AJ	RSV42	RSV45	RSV47	RSV48	RSV49	RSV50	VOUT[1]_Y_YC[5]/VIN[1]A_D[3]	
AH	GPMC_CS[1]	GPMC_CS[2]					GPMC_CS[0]	RSV44
AG	GPMC_CS[5]/GPMC_A[12]	GPMC_WE	GPMC_CS[4]/GP1[21]		VSS			VSS
AF	GPMC_BE1	GPMC_OE_RE						
AE	GPMC_A[4]/GP0[12]/BTMODE[3]	GPMC_A[5]/GP0[13]/BTMODE[4]	GPMC_A[3]/GP0[11]/BTMODE[2]	GPMC_A[2]/GP0[10]/BTMODE[1]	GPMC_A[1]/GP0[9]/BTMODE[0]	GPMC_A[0]/GP0[8]	GPMC_DIR/GP1[20]	GPMC_WAIT
AD	GPMC_A[10]/GP0[18]	GPMC_A[9]/GP0[17]/CS0WAIT	GPMC_A[7]/GP0[15]/CS0MUX[1]	GPMC_A[8]/GP0[16]/CS0BW[1]	VSS	VSS	VSS	GPMC_A[6]/GP0[14]/CS0MUX[0]
AC	GPMC_D[0]	GPMC_A[11]/GP0[19]	VSS	VSS	GPMC_A[27]/GP0[20]	VSS	VSS	VSS
AB	VSS	GPMC_D[2]				VSS	VSS	VSS
AA	DVDD_3P3	GPMC_D[5]	GPMC_D[3]	GPMC_D[1]	VSS	VSS	VSS	VSS
Y	GPMC_D[9]	GPMC_D[7]	GPMC_D[4]	VSS	VSS	VSS	VSS	
W	GPMC_D[11]	GPMC_D[12]	GPMC_D[10]	GPMC_D[8]		VSS	VSS	VSS
V	GPMC_CLK/GP1[29]	GPMC_D[15]	GPMC_D[14]	VSS	VSS	VSS	VSS	VSS
U	SD_DAT[0]/GPMC_A[20]/GP1[3]	SD_CLK/GPMC_A[13]/GP1[1]	SD_CMD/GPMC_A[21]/GP1[2]	SD_POW/GPMC_A[14]/GP1[0]	VSS	VSS	VSS	VSS
T	SD_DAT[1]_SDIRQ/GPMC_A[19]/GP1[4]	SD_DAT[2]_SDRW/GPMC_A[18]/GP1[5]				VSS	VSS	VSS

图 2.11 引脚映射(F部分)

	9	10	11	12	13	14	15	16
AK		VOUT[0]_R_CR[8]/VOUT[0]_B_CB_C[0]/VOUT[1]_Y_YC[8]	VSS		VOUT[0]_B_CB_C[5]		VSS	VSS
AJ			VOUT[0]_R_CR[0]/VOUT[1]_C[8]/VOUT[1]_CLK		VOUT[0]_B_CB_C[6]	DVDD_3P3	DVDD_3P3	DVDD_3P3
AH					VOUT[0]_B_CB_C[8]	DVDD_3P3	DVDD_3P3	DVDD_3P3
AG	GPMC_CS[3]/			VSS	VOUT[0]_R_CR[4]/VOUT[0]_FLD/VOUT[1]_Y_YC[4]	DVDD_3P3	DVDD_3P3	DVDD_3P3
AF			VSS					
AE	GPMC_CS[3]/	GPMC_ADV_ALE	GPMC_BE0_CLE		CVDDC	VOUT[0]_G_Y_YC[6]	VOUT[0]_G_Y_YC[2]	VIN[0]A_D[9]
AD	DVDD_3P3	DVDD_3P3	DVDD_3P3		VOUT[1]_C[7]/VIN[1]A_D[13]	CVDD	CVDD	CVDD
AC	DVDD_3P3	DVDD_3P3	DVDD_3P3		VOUT[1]_Y_YC[6]/VIN[1]A_D[4]	CVDD	CVDD	CVDD
AB	DVDD_3P3	DVDD_3P3	DVDD_3P3		RSV51	CVDD	CVDD	CVDD
AA	DVDD_3P3	DVDD_3P3	DVDD_3P3		VSS	VSS	VSS	VSS
Y	DVDD_3P3	GPMC_D[6]			VSS	VSS	VSS	VSS
W	VSS				VSS	VSS	VSS	VSS
V	VSS	GPMC_D[13]			VSS	VSS	VSS	VSS
U	DVDD_3P3	DVDD_3P3	DVDD_3P3		VSS	VSS	VSS	VSS
T	DVDD_3P3	DVDD_3P3	DVDD_3P3		SD_DAT[3]/GPMCA_A[17]/GP1[6]	CVDD	CVDD	CVDD

图 2.12　引脚映射(G 部分)

	17	18	19	20	21	22	23	24
AK	VSS	VSS	VSS	VSSA_HD	VSSA_HD	RSV57	VSS	VSS
AJ	DVDD_3P3	VSS	VIN[0]A_D[0]	DVDD1P8	VDDA_SD_1P8	VDDA_HD_1P8	RSV56	DVDD1P8
AH	DVDD_3P3	VIN[0]A_D[2]	VDAC_VREF	VDDA_SD_1P8	VDDA_SD_1P8	VDDA_HD_1P8	RSV56	RSV15
AG	DVDD_3P3			VDDA_SD_1P0	VDDA_HD_1P0	RSV53	RSV54	RSV13
AF								
AE	VSS	VSS	VSS	VSS	RSV52	VDAC_RBIAS_HD	RSV7	HDMI_HPDET
AD	CVDD	CVDD	CVDD	CVDD	CVDD	CVDD	CVDDC	CVDDC
AC	CVDD	CVDD	CVDD	CVDD	CVDD	CVDD	CVDDC	CVDDC
AB	CVDD	CVDD	CVDD	CVDD	CVDD	CVDD	CVDD	CVDD
AA	VSS	VSS	VSS	VSS	VSS	VSS	VSS	VSS
Y	VSS	VSS	VSS	VSS	VSS	VSS	VSS	VSS
W	VSS	VSS	VSS	VSS	VSS	VSS	VSS	VSS
V	VSS	VSS	VSS	VSS	VSS	VSS	VSS	VSS
U	VSS	VSS	VSSA_PLL	VSS	VSS	VSS	VSS	VSS
T	CVDD	CVDD	CVDD	CVDD	CVDD	CVDD	CVDD	CVDD

图 2.13　引脚映射(H 部分)

	25	26	27	28	29	30	31	32
AK	HDMI_SDA		VSS	MCA[0]_ACLKR				MCA[1]_AXR[1]
AJ	VSS		MCA[0]_AHCLKR				MCA[0]_AFSX	MCA[0]_AXR[1]
AH	RSV14					MCA[0]_ACLKX	MCA[0]_AHCLKX	
AG	RSV12	VSS		EMAC[0]_TXD[4]	MCA[0]_AFSR	VSS		
AF			VSS					
AE	CVDDC		DVDD_3P3	DVDD_3P3	DVDD_3P3	EMAC[0]_TXD[3]	EMAC[0]_TXD[2]	EMAC[0]_TXD[1]
AD	EMAC[0]_RXD[5]		DVDD_3P3	DVDD_3P3	DVDD_3P3	VSS	VSS	VSS
AC	EMAC[0]_RXD[6]		DVDD_3P3	DVDD_3P3	DVDD_3P3	VSS	VSS	VSS
AB	EMAC[0]_COL		VDDT_PCIE	PCIE_TXN1	VDDT_PCIE	PCIE_TXN0	PCIE_TXP0	VDDT_PCIE
AA	EMAC[0]_CRS							
Y	VDDR_PCIE		PCIE_TXP1	VDDT_PCIE	PCIE_RXP0	VDDT_PCIE	VSS	VSS
W	VDDR_PCIE							
V	VDDR_SATA		VSS	VSS	PCIE_RXN0	PCIE_RXN1	PCIE_RXP1	VDDT_SATA
U	VDDR_SATA							
T	VDD_USB1_1P8		RSV6	RSV5	VDD_USB0_3P3	VDD_USB1_3P3	SATA_TXN0	SATA_TXP0
	25	26	27	28	29	30	31	32

图 2.14 引脚映射(I 部分)

AK	MCA[1]_AMUTE	MCA[1]_AFSX	MCA[1]_AFSR	MCA[1]_ACLKR	MCA[0]_AXR[0]
AJ	MCA[0]_AXR[2]/MCB_FSX	MCA[0]_AXR[3]/MCB_FSR	MCA[0]_AMUTE	MCA[0]_AXR[4]/MCB_DX	MCA[0]_AXR[5]/MCB_DR
AH				MDIO_MDIO	MDIO_MCLK
AG	DVDD_3P3		EMAC[0]_TXD[7]	EMAC[0]_TXD[6]	MCA[0]_TXEN
AF				EMAC[0]_TXD[5]	EMAC[0]_TXCLK
AE	EMAC[0]_TXD[0]	EMAC[0]_RXER	EMAC[0]_RXDV	EMAC[0]_RDX[7]	EMAC[0]_RXCLK
AD	VSS	VSS	EMAC[0]_RXD[3]	EMAC[0]_RXD[1]	EMAC[0]_RXD[0]
AC	VSS	VSS	EMAC[0]_RXD[4]	EMAC[0]_RXD[2]	EMAC[0]_GMTCLK
AB	SERDES_CLKN	SERDES_CLKP	VSS	RSV1	VSS
AA					
Y	VDDR_SATA	VDDR_SATA		VSS	VSS
W			SATA_RXP1		
V	SATA_TXP1	VDDT_SATA	SATA_RXN1	SATA_RXP0	SATA_RXN0
U	SATA_TXN1				
T	VSS	VSS	VSS	VDD_USB1_VBUS	USB1_R1
	33	34	35	36	37

图 2.15　引脚映射(J 部分)

	1	2	3	4	5	6	7	8
AU	VSS	DVDD_3P3	RSV24	VIN[0]A_D[21]/ VIN[0]B_FLD	VIN[0]A_ HSYNC	VOUT[1]_Y_YC[4]/ VIN[1]A_D[2]	VOUT[1]_Y_YC[2]/ VIN[1]A_D[0]	VOUT[0]_G _Y_YC[1]/ VOUT[1]_FLD/ VIN[1]B_FLD
AT	RSV26	VIN[0]A_D[23]/ VIN[0]B_HSYNC	VIN[0]A_DE	VOUT_AVID/ VIN[0]B_CLK	VIN[0]A_D[16]/ VIN[0]A_HSYNC/ VOUT[1]_FLD	VOUT[1]_Y_YC[8]/ VIN[1]A_D[6]	VOUT[1]_CLK/ VIN[1]A_CLK	VOUT[0]_R_CR[1]
AR	RSV27	VIN[0]A_D[22]/ VIN[0]B_VSYNC			VOUT[1]_HSYNC/ VIN[1]_D[15]	VOUT[1]_Y_YC[7]/ VIN[1]A_D[5]		VOUT[0]_AVID
AP	RSV28	RSV23				VOUT[1]_Y_YC[9]/ VIN[1]A_D[7]	VOUT[1]_Y_YC[3]/ VIN[1]A_D[1]	VOUT[1]_C[5]/ VIN[1]A_D[11]
AN	DVDD_3P3	RSV25	VIN[0]A_D[20]/ VIN[0]B_DE				VOUT[1]_C[4]/ VIN[1]A_D[10]	VOUT[1]_C[6]/ VIN[1]A_D[12]
AM	VSS	RSV29	VIN[2]A_D[14]	VIN[0]A_ VSYNC			VSS	VOUT[1]_C[3]/ VIN[1]A_D[9]
AL	RSV32	RSV30		VIN[0]A_FLD	VIN[0]A_D[17]/ VIN[1]A_VSYNC/ VOUT[1]_VSYNC	VSS	VSS	

图2.16 引脚映射(K部分,硅为1.x版本)

	1	2	3	4	5	6	7	8
AU	VSS	DVDD_3P3	RSV24	VIN[0]A_D[21]/ VIN[0]B_FLD	VIN[0]A_HSYNC	VOUT[1]_Y_YC[4]/ VIN[1]A_D[2]	VOUT[1]_Y_YC[2]/ VIN[1]A_D[0]	VOUT[0]_ G_Y_YC[1]/ VOUT[1]_FLD/ VIN[1]B_FLD
AT	RSV26	VIN[0]A_D[23]/ VIN[0]B_HSYNC	VIN[0]A_DE	VOUT_AVID/ VIN[0]B_CLK	VIN[0]A_D[16]/ VIN[0]A_HSYNC/ VOUT[1]_FLD	VOUT[1]_Y_YC[8]/ VIN[1]A_D[6]	VOUT[1]_CLK/ VIN[1]A_CLK	VOUT[0]_R_CR[1]
AR	RSV27	VIN[0]A_D[22]/ VIN[0]B_VSYNC			VOUT[1]_HSYNC/ VIN[1]_D[15]	VOUT[1]_Y_YC[7]/ VIN[1]A_D[5]		VOUT[0]_AVID
AP	RSV28	RSV23				VOUT[1]_Y_YC[9]/ VIN[1]A_D[7]	VOUT[1]_Y_YC[3]/ VIN[1]A_D[1]	VOUT[1]_C[5]/ VIN[1]A_D[11]
AN	DVDD_3P3	RSV25	VIN[0]A_D[20]/ VIN[0]B_DE				VOUT[1]_C[4]/ VIN[1]A_D[10]	VOUT[1]_C[6]/ VIN[1]A_D[12]
AM	VSS	RSV29	VIN[2]A_D[14]	VIN[0]A_VSYNC			VSS	VOUT[1]_C[3]/ VIN[1]A_D[9]
AL	RSV32	RSV30		VIN[0]A_FLD	VIN[0]A_D[17]/ VIN[1]A_VSYNC/ VOUT[1]_VSYNC	VSS	VSS	

图2.17 引脚映射(K部分,硅为2.x版本)

AU	VOUT[0]_R_CR[9]/VOUT[0]_B_CB_C[1]/VOUT[1]_Y_YC[9]	VOUT[0]_R_CR[6]/VOUT[0]_G_Y_YC[0]/VOUT[1]_Y_YC[6]	DVDD_3P3	VSS	VOUT[0]_G_Y_YC[8]	VIN[0]A_D[15]	VIN[0]A_D[14]	VIN[0]A_D[12]
AT	VOUT[0]_B_CB_C[1]/VOUT[1]_HSYNC/VOUT[1]_AVID	VOUT[0]_R_CR[5]/VOUT[0]_AVID/VOUT[1]_Y_YC[5]	VOUT[0]_R_CR[2]/VOUT[0]_HSYNC/VOUT[1]_Y_YC[2]	VOUT[0]_B_CB_C[9]	VOUT[0]_G_Y_YC[7]	VOUT[0]_CLK	VIN[0]A_D[13]	VIN[0]A_D[10]
AR	VOUT[0]_B_CB_C[0]/VOUT[1]_C[9]/VIN[1]B_HSYNC_DE		VOUT[0]_R_CR[3]/VOUT[0]_VSYNC/VOUT[1]_Y_YC[3]		VOUT[0]_G_Y_YC[9]	VIN[0]A_CLK	VSS	
AP	VOUT[0]_G_YC[0]/VOUT[1]_VSYNC/VIN[1]B_VSYNC				VOUT[0]_B_CB_C[2]	VOUT[0]_G_Y_YC[3]	VSS	
AN	VOUT[0]_VSYNC		DVDD_3P3		VOUT[0]_B_CB_C[4]	VSS	VSS	
AM	VOUT[0]_HSYNC				VOUT[0]_B_CB_C[7]	VOUT[0]_G_Y_YC[5]	VSS	VSS
AL	VOUT[0]_FLD	VOUT[0]_R_CR[7]/VOUT[0]_G_Y_YC[1]/VOUT[1]_Y_YC[7]			VOUT[0]_B_CB_C[3]	VOUT[0]_G_Y_YC[4]	VSS	VSS
	9	10	11	12	13	14	15	16

图 2.18　引脚映射(L 部分,硅为 1.x 版本)

AU	VOUT[0]_R_CR[9]/VOUT[0]_B_CB_C[1]/VOUT[1]_Y_YC[9]	VOUT[0]_R_CR[6]/VOUT[0]_G_Y_YC[0]/VOUT[1]_Y_YC[6]	DVDD_3P3	VSS	VOUT[0]_G_Y_YC[8]	VIN[0]A_D[15]	VIN[0]A_D[14]	VIN[0]A_D[12]
AT	VOUT[0]_B_CB_C[1]/VOUT[1]_HSYNC/VOUT[1]_AVID	VOUT[0]_R_CR[5]/VOUT[0]_AVID/VOUT[1]_Y_YC[5]	VOUT[0]_R_CR[2]/VOUT[0]_HSYNC/VOUT[1]_Y_YC[2]	VOUT[0]_B_CB_C[9]	VOUT[0]_G_Y_YC[7]	VOUT[0]_CLK	VIN[0]A_D[13]	VIN[0]A_D[10]
AR	VOUT[0]_B_CB_C[0]/VOUT[1]_C[9]/VIN[1]B_HSYNC_DE		VOUT[0]_R_CR[3]/VOUT[0]_VSYNC/VOUT[1]_Y_YC[3]		VOUT[0]_G_Y_YC[9]	VIN[0]A_CLK	VSS	
AP	VOUT[0]_G_YC[0]/VOUT[1]_VSYNC/VIN[1]B_VSYNC				VOUT[0]_B_CB_C[2]	VOUT[0]_G_Y_YC[3]	VSS	
AN	VOUT[0]_VSYNC		DVDD_3P3		VOUT[0]_B_CB_C[4]	VSS	VSS	
AM	VOUT[0]_HSYNC				VOUT[0]_B_CB_C[7]	VOUT[0]_G_Y_YC[5]	VSS	VSS
AL	DAC_VSYNC_VOUT[0]_FLD	VOUT[0]_R_CR[7]/VOUT[0]_G_Y_YC[1]/VOUT[1]_Y_YC[7]			VOUT[0]_B_CB_C[3]	VOUT[0]_G_Y_YC[4]	VSS	VSS
	9	10	11	12	13	14	15	16

图 2.19　引脚映射(L 部分,硅为 2.x 版本)

	17	18	19	20	21	22	23	24
AU	VIN[0]A_D[11]	VIN[0]A_D[1]	VSSA_SD	IOUTG	RSV41	VSSA_REF_1P8	VSS	HDMI_ TMDSCLKN
AT	VIN[0]A_D[5]	VIN[0]A_D[4]	IOUTE	IOUTF	IOUTA	VDDA_REF_1P8	VSS	HDMI_ TMDSCLKP
AR	VIN[0]A_D[7]	VIN[0]A_D[3]	VIN[0]B_CLK	IOUTD	IOUTB		VSS	VSS
AP	VIN[0]A_D[8]	VIN[0]A_D[6]	VDAC_RBIAS_SD		IOUTC		VDDA_HDMI	VDDA_HDMI
AN		RSV21	RSV22	VSSA_SD	RSV61		VDDA_HDMI	VDDA_HDMI
AM	VSS	VSS	VSS	VSSA_SD	RSV60	RSV59	VSS	VSS
AL	VSS	VSS	VSS	VSSA_SD	VSSA_HD	RSV58	VSS	VSS

图 2.20 引脚映射(M 部分)

	25	26	27	28	29	30	31	32
AU	HDMI_ TMDSDN0	HDMI_TMDSDN1	HDMI_ TMDSDN2	VSS	DVDD_3P3	EMAC[1]_TXEN	EMAC[1]_ TXD[4]	EMAC[1]_ TXD[3]
AT	HDMI_ TMDSDP0	HDMI_TMDSDP1	HDMI_ TMDSDP2	RSV40	RSV39	EMAC[1]_TXCLK	EMAC[1]_ TXD[5]	EMAC[1]_ TXD[2]
AR	VSS		VDDA_HDMI		RSV38	EMAC[1]_COL		EMAC[1]_ TXD[1]
AP	HDMI_CEC				RSV37	EMAC[1]_ TXD[6]	EMAC[1]_ TXD[0]	EMAC[1]_ RXD[7]
AN	HDMI_ EXTSWING		DVDD_3P3		RSV36	EMAC[1]_RXER	EMAC[1]_CRS	
AM	VSS				RSV33	EMAC[1]_ TXD[7]	VSS	
AL	HDMI_SCL			RSV34	RSV35		VSS	VSS

图 2.21 引脚映射(N 部分)

	33	34	35	36	37
AU	EMAC[1]_GMTCLK	EMAC[1]_RXD[6]	EMAC[1]_RXD[4]	EMAC[1]_RXD[2]	RSV9
AT	EMAC[1]_RXDV	EMAC[1]_RXD[3]	EMAC[1]_RXD[0]	EMAC[1]_RXD[0]	EMAC[1]_RXCLK
AR	EMAC[1]_RXD[5]			MCA[2]_AXR[0]	MCA[2]_AXR[1]/ MCB_DX
AP				MCA[2]_AMUTE	VSS
AN			MCA[2]_AFSX/ MCB_CLKS/ MCB_FSX	MCA[2]_AHCLKX/ MCB_CLKR	DVDD_3P3
AM		MCA[2]_AHCLKR/ MCB_CLKS	MCA[2]_AFSR/ MCB_CLKX/ MCB_FSR	MCA[2]_ACLKX/ MCB_CLKX	MCA[1]_AHCLKX
AL	EMAC[1]_AXR[0]	MCA[2]_ACLKR/ MCB_CLKR/ MCB_DR		MCA[1]_ACLKX	MCA[1]_AHCLKR

图2.22 引脚映射(O部分)

2.4 芯片配置

2.4.1 控制模块

芯片的控制模块主要包括一些不属于外围设备或其他基础设备的状态或控制逻辑,这可控制模块主要包括以下几个方面:

- 输入/输出功能的复用;
- 器件状态;
- 芯片的静态配置;
- 开放内核协议(OCP,Open-core Protocol)接口标准用户可编程的电熔丝 e-Fuse 位移位寄存器。

控制器模块主要通过软件实现寄存器访问(读和写)功能以及一些只读寄存器携带的状态信息。大多数寄存器作为其他设备上的逻辑块的输出控制信号,某些控制模块的寄存器有默认值。

读写寄存器主要分为以下几类：

- 芯片的静态配置寄存器；
- 状态配置寄存器；
- 引导寄存器；

表2.2列出了通用寄存器组的偏移地址，同时表2.3-2.6分别给出了每个寄存器组的具体情况。

表2.2　控制模块寄存器映射

偏移地址	寄存器组
0x0000-0x0020	OCP配置寄存器组
0x0024-0x003C	保留
0x0040-0x00FC	芯片引导寄存器组
0x0300-0x03FC	保留
0x0400-0x05FC	PLL控制寄存器组
0x0600-0x07FC	芯片配置寄存器组
0x0800-0x0FFC	PAD控制寄存器组

表2.3　OCP配置寄存器

偏移地址	缩　写	说　明
0x4814 0000	CONTROL_REVISON	控制模块版本修订号
0x4814 0004-0x4814 000C	-	保留
0x4814 0010	CONTROL_SYSCONFIG	空闲模式参数
0x4814 0014-0x4814 003C	-	保留

表2.4　PLL控制寄存器

偏移地址	缩　写	说　明
0x4814 0400	MAINPLL_CTRL	主PLL基频控制
0x4814 0404	MAINPLL_PWD	主PLL时钟输出掉电
0x4814 0408	MAINPLL_FREQ1	主时钟1分数分频器
0x4814 040C	MAINPLL_DIV1	主时钟1后置分频器
0x4814 0410	MAINPLL_FREQ2	主时钟2分数分频器
0x4814 0414	MAINPLL_DIV2	主时钟2后置分频器
0x4814 0418	MAINPLL_FREQ3	主时钟3分数分频器
0x4814 041C	MAINPLL_DIV3	主时钟3后置分频器
0x4814 0420	MAINPLL_FREQ4	主时钟4分数分频器

续表 2.4

偏移地址	缩 写	说 明
0x4814 0424	MAINPLL_DIV4	主时钟 4 后置分频器
0x4814 0428	MAINPLL_FREQ5	主时钟 5 分数分频器
0x4814 042C	MAINPLL_DIV5	主时钟 5 后置分频器
0x4814 0430	-	保留
0x4814 0434	MAINPLL_DIV6	主时钟 6 后置分频器
0x4814 0438	-	保留
0x4814 043C	MAINPLL_DIV7	主时钟 7 后置分频器
0x4814 0440	DDRPLL_CTRL	DDR PLL 基频控制
0x4814 0444	DDRPLL_PWD	DDR PLL 时钟输出掉电
0x4814 0448	-	保留
0x4814 044C	DDR_PLL_DIV1	DDR 时钟 1 后置分频器
0x4814 0450	DDRPLL_FREQ2	DDR 时钟 2 分数分频器
0x4814 0454	DDR_PLL_DIV2	DDR 时钟 2 后置分频器
0x4814 0458	DDRPLL_FREQ3	DDR 时钟 3 分数分频器
0x4814 045C	DDR_PLL_DIV3	DDR 时钟 3 后置分频器
0x4814 0460	DDRPLL_FREQ4	DDR 时钟 4 分数分频器
0x4814 0464	DDR_PLL_DIV4	DDR 时钟 4 后置分频器
0x4814 0468	DDRPLL_FREQ5	DDR 时钟 5 分数分频器
0x4814 046C	DDR_PLL_DIV5	DDR 时钟 5 后置分频器
0x4814 0470	VIDEOPLL_CTRL	Video PLL 基频控制
0x4814 0474	VIDEOPLL_PWD	Video PLL 时钟输出掉电
0x4814 0478	VIDEOPLL_FREQ1	Video 时钟 1 分数分频器
0x4814 047C	VIDEOPLL_DIV1	Video 时钟 1 后置分频器
0x4814 0480	VIDEOPLL_FREQ2	Video 时钟 2 分数分频器
0x4814 0484	VIDEOPLL_DIV2	Video 时钟 2 后置分频器
0x4814 0488	VIDEOPLL_FREQ3	Video 时钟 3 分数分频器
0x4814 048C	VIDEOPLL_DIV3	Video 时钟 3 后置分频器
0x4814 0490-0x4814 049C	-	保留
0x4814 04A0	AUDIOPLL_CTRL	Audio PLL 基频控制
0x4814 04A4	AUDIOPLL_PWD	Audio PLL 时钟输出掉电
0x4814 04A8	-	保留
0x4814 04AC	-	保留
0x4814 04B0	AUDIOPLL_FREQ	Audio 时钟 2 分数分频器

续表 2.4

偏移地址	缩　写	说　明
0x4814 04B4	AUDIOPLL_DIV2	Audio 时钟 2 后置分频器
0x4814 04B8	AUDIOPLL_FREQ3	Audio 时钟 3 分数分频器
0x4814 04BC	AUDIOPLL_DIV3	Audio 时钟 3 后置分频器
0x4814 04C0	AUDIOPLL_FREQ4	Audio 时钟 4 分数分频器
0x4814 04C4	AUDIOPLL_DIV4	Audio 时钟 4 后置分频器
0x4814 04C8	AUDIOPLL_FREQ5	Audio 时钟 5 分数分频器
0x4814 04CC	AUDIOPLL_DIV5	Audio 时钟 5 后置分频器
0x4814 04D0-0x4814 05FC	-	保留

表 2.5　芯片配置寄存器组

偏移地址	缩　写	说　明
0x4814 0600	DEVICE_ID	设备标志
0x4814 0604	-	保留
0x4814 0608	INIT_PRESSURE_0	L3 启动器
0x4814 060C	INIT_PRESSURE_1	L3 启动器
0x4814 0610	MMU_CFG	系统 MMU 配置
0x4814 0614	TPTC_CFG	传输控制器配置
0x4814 0618	DDR_CTRL	DDR 接口控制
0x4814 061C	DSP_IDLE_CFG	DSP 待机和空闲管理配置
0x4814 0620	USB_CTRL	USB 配置
0x4814 0624	USBPHY_CTRL0	USB0 PHY 控制
0x4814 0630	MAC_ID0_LO	以太网 MAC 地址 0
0x4814 0634	MAC_ID0_HI	以太网 MAC 地址 0
0x4814 0638	MAC_ID1_LO	以太网 MAC 地址 1
0x4814 063C	MAC_ID1_HI	以太网 MAC 地址 1
0x4814 0640	PCIE_CFG	PCIe 模块控制
0x4814 0644	-	保留
0x4814 0648	CLK_CTRL	输入振荡器控制
0x4814 064C	AUDIO_CTRL	音频控制
0x4814 0650	DSPMEM_SLEEP	DSP 内存休眠模式配置
0x4814 0654	OCMEM_SLEEP	片上内存休眠模式配置
0x4814 0658-0x4814 065C	-	保留
0x4814 0660	HD_DAC_CTRL	高清 DAC 控制

续表 2.5

偏移地址	缩　写	说　明
0x4814 0664	HD_DACA_CAL	高清 DAC A 校正
0x4814 0668	HD_DACB_CAL	高清 DAC B 校正
0x4814 066C	HD_DACC_CAL	高清 DAC C 校正
0x4814 0670	SD_DAC_CTRL	标清 DAC 控制
0x4814 0674	SD_DACA_CAL	标清 DAC A 校正
0x4814 0678	SD_DACB_CAL	标清 DAC B 校正
0x4814 067CL	SD_DACC_CA	标清 DAC C 校正
0x4814 0680	SD_DACD_CAL	标清 DAC D 校正
0x4814 0684-0x4814 0688	-	保留
0x4814 068C	BANDGAP_CTRLDAC	DAC 带隙控制
0x4814 0690	HW_EVT_SEL_GRP1	系统跟踪硬件事件组 1
0x4814 0690	HW_EVT_SEL_GRP1	系统跟踪硬件事件组 2
0x4814 0694	HW_EVT_SEL_GRP2	系统跟踪硬件事件组 3
0x4814 0698	HW_EVT_SEL_GRP3	系统跟踪硬件事件组 4
0x4814 069C	HW_EVT_SEL_GRP4	系统跟踪硬件事件组 1
0x4814 06A0-0x4814 06F4	-	保留
0x4814 06F8	HDMI_OBSCLK_CTRL	HDMI 观察时钟控制
0x4814 06FC	SERDES_CTRL	串行转换器控制
0x4814 0700	UCB_CLK_CTL	USB 时钟控制
0x4814 0704	PLL_OBSCLK_CTRL	PLL 观察时钟控制
0x4814 0708	-	保留
0x4814 070C	DDR_RCD	RCD 电源使能或禁止
0x4814 0710-0x4814 07FC	-	保留

表 2.6　引导寄存器

偏移地址	缩　写	说　明
0x4814 0040	CONTROL_STATUS	器件状态
0x4814 0044	BOOTSTAT	器件引导状态
0x4814 0048	DSPBOOTADDR	DSP 引导地址向量
0x4814 004C-0x4814 007C	-	保留

2.4.2 引导顺序

芯片的引导优先顺序是一个过程，是通过芯片内部存储器中加载的引导程序数据以及芯片内部寄存器编程初始化实现。在芯片的全局复位之后，引导自动开始。对于芯片复位的详细信息在后面的章节中介绍。引导模式主要有内存和寄存器初始化两种方法，在复位的时候选择相应的引导模式。可以通过多种方法进行器件的启动，首先是内部 ROM 或外部存储器接口(EMIF)的主引导程序，其次是外设或外部存储器的引导程序。Boot image 的最大空间是 255KB(ROM 使用 1KB)。下面介绍启动芯片所需的引导模式、引脚配置以及寄存器配置。

该芯片支持以下引导模式：

- NOR FLASH 引导：复用或非复用，8 位或 16 位；
- NAND FLASH 引导：单层单元(SLC)和多层单元(MLC)架构、8 位或 16 位；
- 单程序引导(SPI)：EEPROM 或 FLASH、SPI 模式 3、24 位；
- SD 引导：SD 卡(Secure Digital Memory Card)；
- EMAC 引导：简单文件传输协议(TFTP)客户端；
- UART 引导：X 调制解调器客户端；
- PCIe 引导：客户端模式、PCIe 32 和 PCIe 64；

当芯片的复位(POR 或 RESET)为无效时，通过采样 BTMODE[4：0]的输入状态，芯片启动之后的状态可以确定。采样值被锁存到 CONTROL_STATUS 寄存器，这是系统配置(SYSCFG)模块的一部分。

BTMODE[4:0]根据表 2.7 确定引导模式的顺序。第一次引导模式下每个 BTMODE [4:0]的配置被设置为主引导模式。如果主引导模式失败，第二、第三、第四引导模式按照顺序依次执行，直到成功完成启动。

表 2.7 引导模式顺序

BTMODE[4]=1 MEMORY BOOTING PREFERRED				BTMODE[4]=0 PERIPHERAL BOOTING PREFERRED				BTMODE[3:0]
FIRST	SECOND	THIRD	FOURTH	FIRST	SECOND	THIRD	FOURTH	
XIP	UART	EMAC	SD	RESERVED	RESERVED	RESERVED	RESERVED	0000
XIPWAIT	UART	EMAC	SD	UART	XIPWAIT	SD	SPI	0001
NAND	NANDI2C	SPI	UART	UART	SPI	NAND	NANDI2C	0010
NAND	NANDI2C	SD	UART	UART	SPI	XIP	NAND	0011
NAND	NANDI2C	SPI	EMAC	EMAC	SPI	NAND	NANDI2C	0100
NANDI2C	SD	EMAC	UART	RESERVED	RESERVED	RESERVED	RESERVED	0101
SPI	SD	UART	EMAC	RESERVED	RESERVED	RESERVED	RESERVED	0110
SD	SPI	UART	EMAC	EMAC	SD	SPI	XIP	0111

续表 2.7

BTMODE[4]=1 MEMORY BOOTING PREFERRED				BTMODE[4]=0 PERIPHERAL BOOTING PREFERRED				BTMODE[3:0]
FIRST	SECOND	THIRD	FOURTH	FIRST	SECOND	THIRD	FOURTH	
SPI	SD	PCIE_32	RESERVED	PCIE_32	RESERVED	RESERVED	RESERVED	1000
SPI	SD	PCIE_64	RESERVED	PCIE_64	RESERVED	RESERVED	RESERVED	1001
RESERVED	RESERVED	RESERVED	RESERVED	RESERVED	RESERVED	RESERVED	RESERVED	1010
RESERVED	RESERVED	RESERVED	RESERVED	RESERVED	RESERVED	RESERVED	RESERVED	1011
RESERVED	RESERVED	RESERVED	RESERVED	RESERVED	RESERVED	RESERVED	RESERVED	1100
RESERVED	RESERVED	RESERVED	RESERVED	RESERVED	RESERVED	RESERVED	RESERVED	1101
RESERVED	RESERVED	RESERVED	RESERVED	RESERVED	RESERVED	RESERVED	RESERVED	1110
GP Fast External Boot	EMAC	UART	PCIE_32	GP Fast External Boot	UART	EMAC	PCIE_64	1111

其他的引导配置引脚确定的系统引导设置如下所示：

- GPMC CS0 默认总线宽度；
- GPMC 待引导；
- GPMC 地址和数据复用；

该 GPMC 的 CS0 默认操作时由 CS0BW、CS0WAIT 和 CS0MUX[1：0]的输入确定的。

表 2.8 列出了引导模式的寄存器的概况。

表 2.8 芯片引导寄存器

地 址	缩 写	寄存器名
0x4814 0040	CONTROL_STATUS	芯片状态
0x4814 0044	BOOTSTAT	芯片引导状态
0x4814 0048	DSPBOOTADDR	DSP 引导地址向量
0x4814 004C-0x4814 007C	-	保留

2.4.3 引脚复用控制

引脚复用是通过 SYSCFG 模块的 PINCTRL1-PINCTRL321 寄存器的 MUXMODE 位来控制的，每一个复用引脚的默认值都是 MUXMODE=0x000，通过引脚复用可以控制多种外设引脚功能的 I/O 缓冲输出数据。不管 MUXMODE 的设置是什么，每一个引脚的输入将被传送给所有共享此引脚的外围设备。更详细的信息参阅表 2.9 所示的引脚控制寄存器描述。

表 2.9　PINCTRLx 寄存器定义

Bit	域	值	描　述
31∶5	Reserved		保留，读取时返回 0
4	PULLTYPESEL	 0 1	填充位上拉或下拉类型选择 上拉选择 下拉选择
3	PULLDIS	 0 1	填充位上拉或下拉禁止 上拉或下拉使能 上拉或下拉禁止
2-0	MUXMODE		填充位功能信号复用选择

2.5　本章小结

本章主要从整体上概述 DM8168 的结构和特点。TMS320DM8168 是目前 TI 推出的 DaVinci 系列中最先进的数字媒体处理器。它包含一个主频高达 1.2GHz 的 ARM Cortex-A8 RISC 处理器和一个最高时钟频率可以达到 1GHz 的 TMS320C674x VLIW DSP。DM8168 集成了丰富的外设，还包含专门针对高清视频采集与处理的高清视频处理子系统和高清视频图像协处理器。本章还介绍 DM8168 的封装，并且给出了所有引脚的分布图。

2.6　思考题与习题

1. 具体描述 DM8168 的双核异构架构，从 ARM 和 DSP 两个方面介绍。
2. 简述达芬奇系列的 DM8168 平台的主要用途，请举例说明。
3. DM8168 的协处理器的主要功能是什么？简述 HDVICP 在数字媒体处理中的作用。
4. 简述 TMS320 C674x DSP 的主要结构。
5. DM8168 的片上存储包括哪些？容量大小有多少？
6. 描述 DM8168 集成的主要外设。
7. 描述 DM8168 的封装特性及其引脚分布。

第 3 章

TMS320DM8168 处理器结构

TMS320DM8168 是高度集成的可编程平台，本章详细介绍其核心部分，包括 ARM 子系统、DSP 子系统、HDVICP2、3D 图像加速引擎的硬件结构和功能，同时讲述处理器的内部通信以及内存管理模块。

3.1 概　述

TMS320DM8168 达芬奇数字视频处理器将 ARM Cortex-A8 RISC 处理器、TMS320C674x DSP 处理器、高清视频图像协处理器、3D 图像加速引擎以及高度集成的外设集组合起来，是满足当今苛刻的 HD 视频应用要求的强大解决方案。本章介绍该处理器的核心部分，包括 ARM 子系统、DSP 子系统、HDVICP2、3D 图像加速引擎等，介绍这种高度集成、可编程设备的架构。DM8168 功能模块主要包括：

- 拥有 NEON 协处理器扩展的 ARM Cortex-A8 微处理器(MPU)子系统；
- C674x DSP 子系统，包括 C674x 和相关存储器；
- 高清视频协处理器子系统(HDVICP2)；
- 系统存储器管理单元(MMU)；
- 用于 3D 图像加速的 SGX530 图像子系统；
- 用于视频捕捉和显示的高清视频处理子系统(HDVPSS)；
- L3、L4 互连；
- 时钟和锁相环(PPL)；
- 通用存储控制器的错误定位模块；
- 处理器间通信的邮箱、自旋锁组件；
- 芯片级控制和配置寄存器；
- 电源、复位和时钟管理模块；
- 中断控制器；
- Boot 模块和 Boot 过程；

3.2　ARM处理器子系统

3.2.1　简　介

TMS320DM8168的微处理器(MPU)子系统处理ARM内核(ARM Cortex-A8处理器)、L3互连和中断处理器(INTC)之间的通信。DM8168的微处理器子系统集成了Cortex-A8处理器及其转换协议的附加逻辑、仿真、中断处理以及调试增强。

ARM Cortex-A8处理器是第一款基于ARMv7架构的应用处理器，且是基于双对称、顺序发射的，拥有13级流水线，带有先进的动态分支预测。Cortex-A8集成了L1和L2两极高速缓存，可以在最大程度上提高性能和降低功耗，集成的NEON SIMD媒体处理单元将NEON用于某些音频、视频和图形工作。

MPU子系统中的中断处理器用于处理系统的主机中断请求，CoreSight兼容逻辑允许调试子系统访问Cortex-A8的调试和仿真资源，包括嵌入式跟踪宏单元。MPU子系统有三个功能时钟域，包括一个Cortex-A8的高频率时钟域，这个高频时钟域通过异步网桥从器件剩余部分分离出来。图3.1显示了MPU的子系统框图。

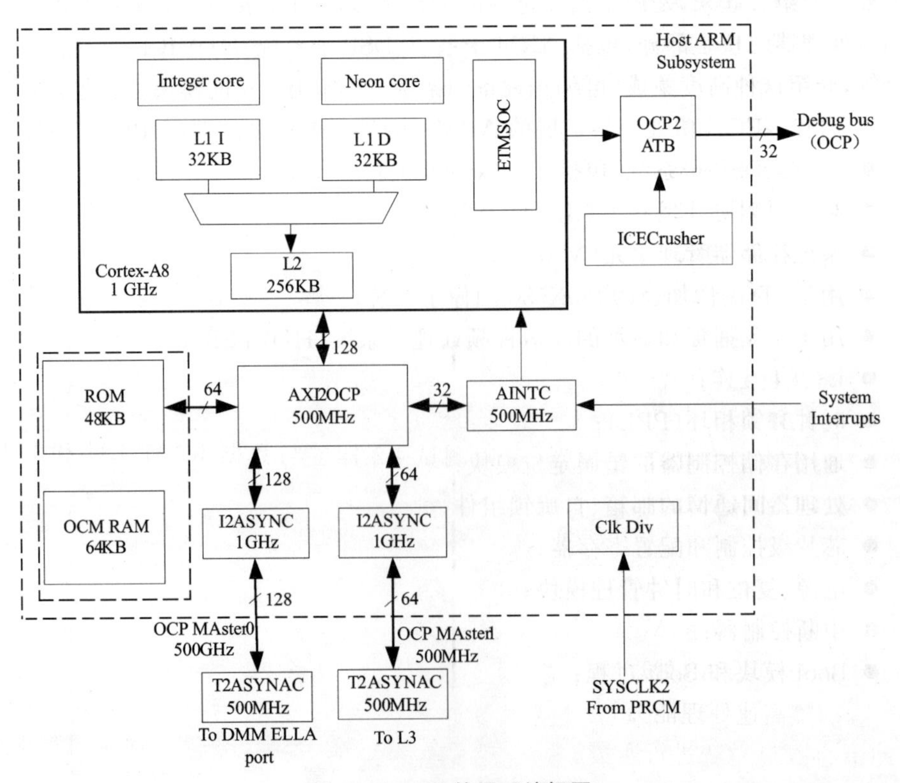

图3.1　MPU的子系统框图

3.2.2 特　性

MPU子系统的主要特性如下所述：

(1) ARM微处理器

- Cortex-A8修订版R3P2；
- ARM的体系架构为7 ISA；
- 双对称、顺序发射；
- 32KB的L1和L2两极指令和数据高速缓存；
- 集成256KB的L2 Cache；
- 采用高级SIMD媒体处理架构的Neon媒体协处理器；
- 向量浮点运算协处理器(VFP)，执行VFPv3架构并且完全与IEEE 754标准兼容；
- 基于AXI总线协议的128bit扩展接口；
- 支持非入侵调试的嵌入式跟踪单元(ETM)；
- 采用观察点和断点寄存器实现ARM v7调试，32bit外围总线(APB)接入片上调试跟踪系统(CoreSight)；

(2) AXI2OCP网桥

- 支持Open Core协议2.2(OCP 2.2)；
- 两个端口上可实现单请求多数据协议；
- 多目标，包括3个OCP端口(128bit、64bit、32bit)；

(3) 中断控制器

- 支持高达128个中断请求；

(4) 仿真/调试

- 与CoreSight架构兼容；

(5) 时钟发生器

- 通过PRCM；

(6) DFT

- 集成了PBIST控制器，可以测试L2标签与数据RAM、L1I和L1D数据RAM、OCM RAM；

3.2.3 MPU集成子系统

如图3.2所示，MPU子系统集成以下模块：

- Cortex-A8处理器

提供高速处理能力，包括对多媒体加速的NEON技术。ARM通过AXI2OCP网桥的AXI总线进行通信，从MPU子系统中断控制器(MPU INTC)接收中断。

● 中断控制器

处理模块中断(详情见 ARM 中断控制器章节)。

● AXI2OCP 网桥

允许 ARM(AXI)、INTC(OCP)以及 OCP L3 模块间相互通信。

● I2Async 网桥

这是一个异步网桥接口,可以给 OCP 接口提供一个异步 OCP 信号。这个接口处于 MPU 子系统内部的 AXI2OCP 网桥与 MPU 子系统外部的 T2Async 网桥之间。

● 时钟驱动

用于给 MPU 子系统内部模块提供必要的时钟。SYSCLK2 有一个由电源、复位电路和设备时钟管理(PRCM)模块产生时钟输入。

● 电路仿真器(ICE)

完全兼容 CoreSight 架构并且具备调试能力。

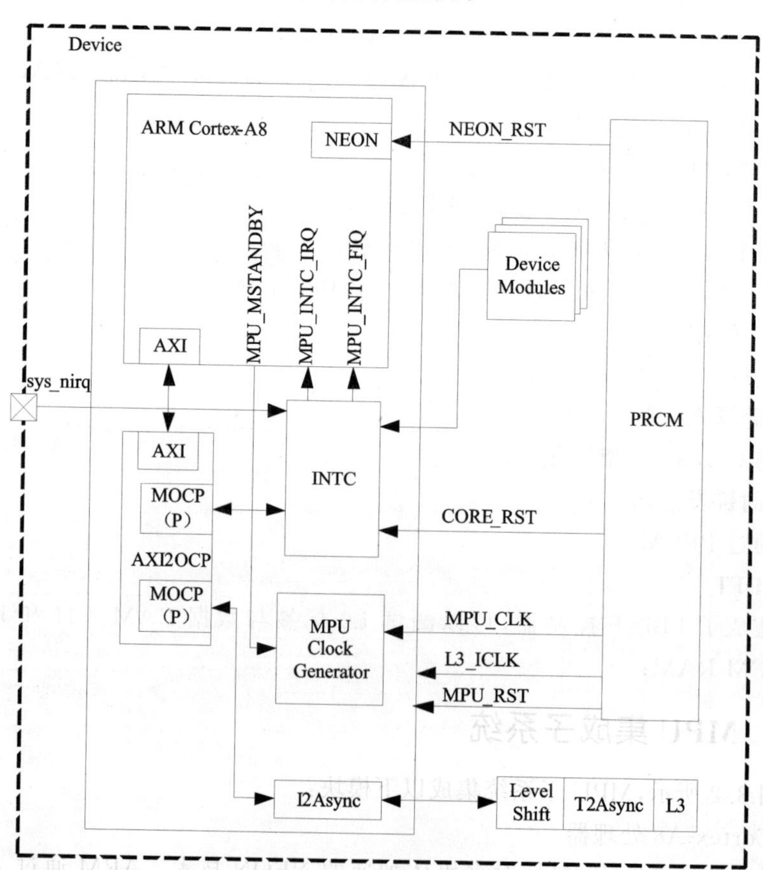

图 3.2 MPU 子系统集成模块

3.2.4 MPU 子系统的时钟和复位

(1) 时 钟

MPU 子系统不包含嵌入式数字锁相环(DPLL)模块。系统时钟源于 PRCM 模块,子系统内的时钟驱动用于为其他内部模块提供时钟。MPU 子系统内的其他主要模块的时钟频率都为 ARM 时钟频率的一半。可以通过 PRCM. CM_CLKSEL2_PLL_MPU[4:0] MPU_DPLL_CLKOUT_DIV 寄存器对输出时钟驱动进行编程,该时钟频率与 ARM 内核有关。详情见电源,复位电路和时钟管理(PRCM)模块章节。如图 3.3 所示,时钟发生器主要包括以下模块:

- ARM 内核时钟(ARM_FCLK)

该时钟是快速基本时钟,负责 ARM 逻辑块和内部 RAM,包括 NEON、L2 高速缓存、ETM 核(仿真)和 ARM 内核。

- AXI2OCP 时钟(AXI_FCLK)

AXI2OCP 时钟频率是 ARM 时钟(ARM_FCLK)频率的一半,因此 OCP 接口以一半的 ARM 时钟频率运行。

- 中断控制器功能时钟(MPU_INTC_FCLK)

作为 INTC 模块一部分,这个时钟也是 ARM 时钟(ARM_FCLK)频率的一半。

- ICE-Crusher 功能时钟(ICECRUSHER_FCLK)

ICE-Crusher 时钟通过 ARM 核时钟运行在 APB 接口上,这个时钟是 ARM 时钟(ARM_FCLK)频率的一半。

- I2Async 时钟(I2ASYNC_FCLK)

该时钟是 ARM 时钟(ARM_FCLK)频率的一半,与 AXI2OCP 网桥的 OCP 接

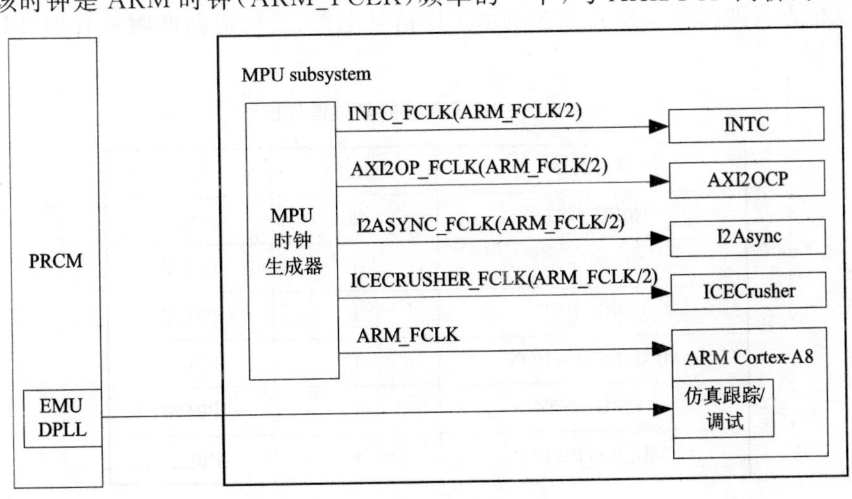

图 3.3 MPU 子系统时钟模块

口匹配。

注：异步网桥(T2ASYNC)的后半部分通过内核时钟的PRCM模型供给时钟，T2ASYNC不是MPU子系统的一部分。

● 仿真时钟

仿真时钟是通过PRCM模型分配时钟，与ARM核时钟是异步的且最大频率为1/3 ARM核时钟频率。

表3.1和表3.2总结了MPU子系统内部时钟发生器生成的时钟。

表3.1 MPU子系统时钟频率

时钟信号	频率	注释
Cortex_A8内核功能时钟	MPUCLK	来自PRCM的最大1GHzSYSCLK2
AXIsOCP网桥功能时钟	MPUCLK/2	
IceCrusher时钟	MPUCLK/2	
I2Async网桥功能时钟	MPUCLK/2	

表3.2 MPU子系统时钟输入信号

时钟信号	最大频率	参考/源时钟	注释
MPU时钟	1GHz	来自PRCM的非选通SYSCLK2	
Async网桥时钟	500MHz	来自PRCM的的选通SYSSCLK6	T2ASYNC网桥

(2) 复 位

MPU子系统的复位由PRCM模块提供，且由时钟发生器模块控制。MPU子系统的复位方案如图3.4和表3.3所示。详情见电源、复位电路和时钟管理(PRCM)模块章节。

表3.3 MPU子系统的复位信号描述

信号名称	I/O	接口
MPU_RST	I	PRCM
NEON_RST	I	PRCM
CORE_RST	I	PRCM
MPU_RSTPWRON	I	PRCM
EMU_RST	I	PRCM
EMU_RSTPWRON	I	PRCM

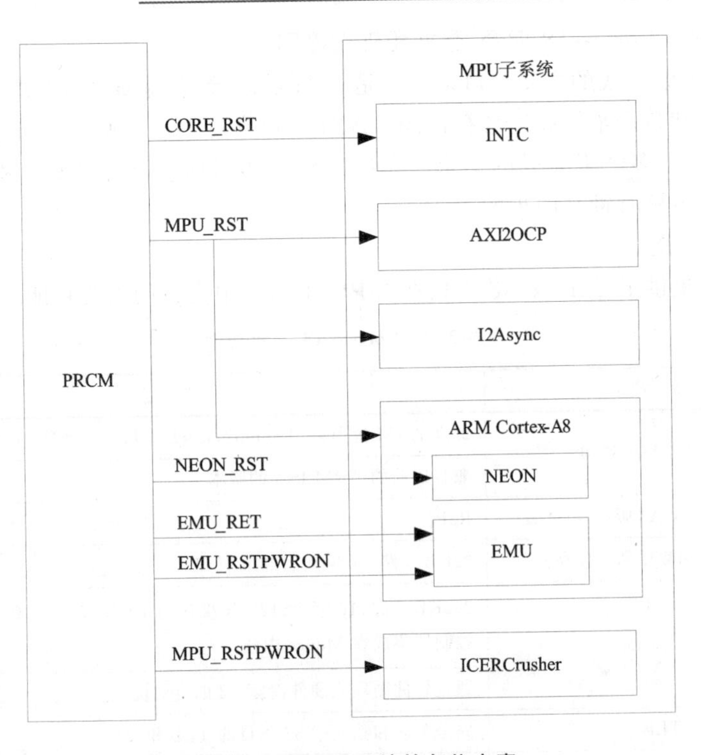

图 3.4　MPU 子系统的复位方案

3.2.5　ARM Cortex-A8 处理器

ARM Cortex-A8 是基于 ARMv7 架构的处理器，其结构框图如图 3.5 所示，关键技术包括基于多媒体和信号处理的 NEON 技术、用于最优化即时(JIT)编译和动态自适应编译(DAC)的 Jazelle RCT Java-加速技术、用于代码密度和 VFPv3 浮点架构的 Thumb-2 技术。

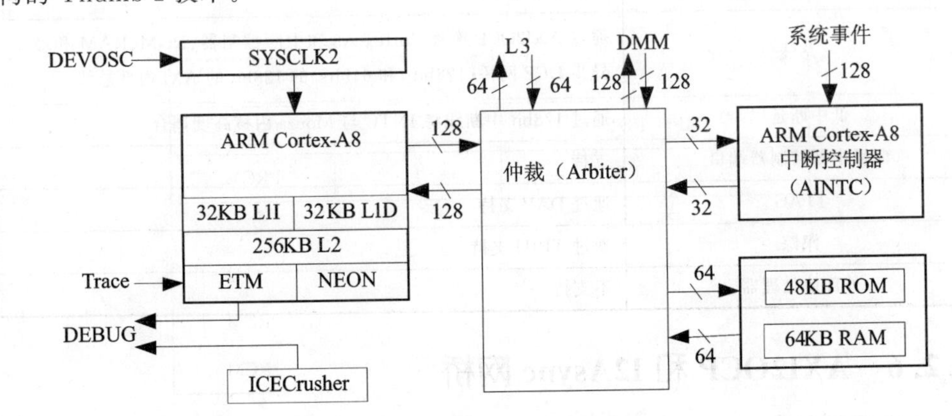

图 3.5　ARM Cortex-A8 处理器架构

(1) ARM Cortex-A8 指令、数据和外设接口

ARM 系统总线的主要接口采用的是 AXI 总线接口，集成了 L2 高速缓存，不能同时对指令和数据采取高速缓存访问。AXI 接口支持 128 位和 64 位输入/输出数据总线，同时支持多个未完成的请求。总线时钟有多种时钟频率比（与内核时钟频率比），而且与内核时钟是同步的。

(2) 功 能

表 3.4 提供了 Cortex-A8 内核在 MPU 子系统中支持的主要功能。

表 3.4 Cortex-A8 主要功能

特 性	描 述
ARM v7 ISA 架构	标准 ARM 指令集、Thumb2，Jazellex Java 加速器、多媒体扩展
	兼容以前的 ARM ISA 的版本
Cortex-A8 版本	R3P2
L1 指令和数据高速缓存	32KB、4 路、16 字线、128 位接口
L2 Cache	256KB、8 路、16 字线、128bit 接口与 L1 连接。L2 高速缓存和缓存控制器集成在 Monza 内核
	通过软件循环或硬件清除 L2 的有效位
TLB	完全关联和独立的 32 条目的 TLB 和 DTLB
CoreSight ETM	CoreSight ETM 嵌入在 Monza 内核中，32bit 缓冲区(ETB)在片级
Branch Target Address Cache	512 条目
EDMA 单元	映射大小为 4KB、64KB、1MB 和 16MB(Monza MMU 增加了扩展的物理地址范围)
NEON	大大提高多媒体工作的吞吐量，支持 VFP-Lite
闪存	176K 字节的 ROM
	64K 字节的 RAM
总线	通过 AXI2OCP 连接 Cortex-A8 和中断控制器、ROM、RAM 和 3 个异步 OCP 网桥(128bits 和 64bits)的 128bit 的 AXI 内部总线
低中断延迟	通过 128bit 中断线将 INTC 与 Monza 内核高度耦合
向量中断控制器端口	支持
JTAG	通过 DAP 支持
跟踪	通过 TPIU 支持
外部协处理器	不支持

3.2.6 AXI2OCP 和 I2Async 网桥

(1) 网桥简介

AXI2OCP 网桥用于将 ARM A8 上的 AXI 总线与 OCP 本地 L3 互连(64bit)、

EMIF OCP 端口(128bit)以及中断控制器连接,可以进行 AXI 与 OCP 间协议的转换并保持 AXI 标签到 OCP 标签 ID 的映射。对于中断处理器,必须预留一个存储区,网桥做一些最起码的地址解码,从而决定向谁发送请求。

AXI2OCP 网桥和目标模型(EMIF,L3)在不同的时钟域工作。AXI2OCP 网桥与 EMIF/L3 的接口必需通过异步网桥使信号与相反的时钟域保持同步。网桥通过一个异步接口与 L3 互连,该异步接口包含了 I2Async 与 T2Async 模块。MPU 子系统的 I2Async 模块有一个 OCP 端口,这个端口与 T2Async 模块之间是异步传输,并且与 L3 连接。T2Async 模块独立于 MPU 子系统。

注:I2Async 与 T2Async 间的接口协议不是 OCP 协议。

AXI2OCP 和 L3 网桥的框图如图 3.6 所示。

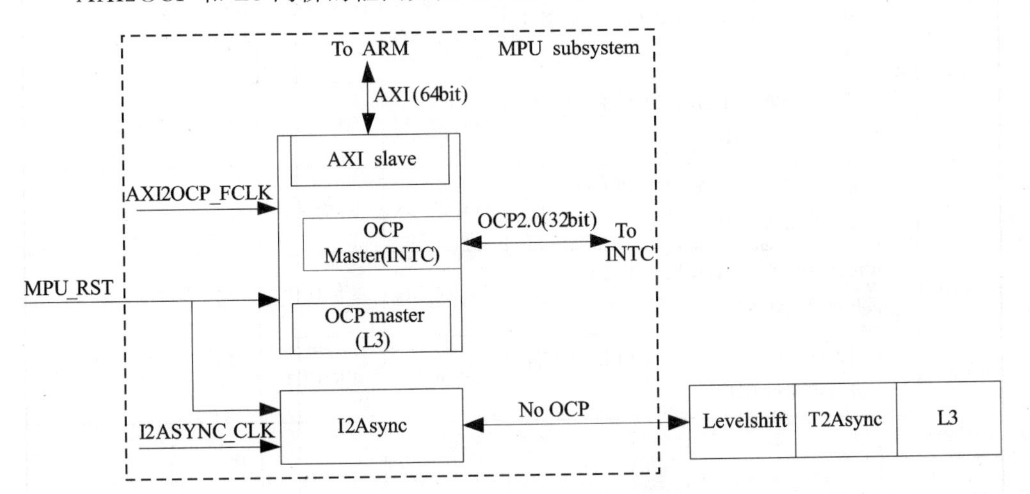

图 3.6 AXI2OCP 和 L3 网桥的框图

(2) 关键性能

- 1V 工作电压、500MHz 工作频率;
- 通过一个 128bit OCP 端口和异步网桥连接到外部存储器接口(EMIF);
- 通过 64bit OCP 端口和异步网桥实现与 L3 互连的连接;
- 通过一个 32 位 OCP 端口连接到中断控制器(只支持一条事件的处理);
- 支持单请求多数据(数据握手)触发模式来传递请求;
- 支持多个未完成的请求;
- 支持仿真和启动模式的转换;
- 网桥独占访问被转化为非独占的读/写;

(3) AXI 到 OCP 的标签映射

表 3.5 和表 3.6 给出了 AXI 到 OCP 的标签映射的读和写通道。

表 3.5　AXI ID 到 OCP 标签映射的读通道

AXI ID	请求类型	OCP 线程	OCP 标签	未完成的请求
4'b0000	NC/SO 数据加载	Thread_Mx	5'b00000	9(1 个整数和 8 个 NEON)
4'b0001	数据加载	Thread_Mx	5'b00001	
4'b0011	外设	n/a	n/a	
4'b1110	可缓存行填充到 L1D	Thread_Mx	5'b01110	
4'b0100	NC/SO 指令提取	Thread_Mx	5'b00100	1
4'b0101	指令提取	Thread_Mx	5'b00101	
4'b1111	行填充到 L1I	Thread_Mx	5'b01111	
4'b0110	NC/SO Table-walk 请求(指令、数据或 PLE)	Thread_Mx	5'b00110	1
4'b1000	可缓存行填充(I,D,TLB,PLE)#1,除开行填充到 L1D	Thread_Mx	5'b01000	1
4'b1001	可缓存行填充(I,D,TLB,PLE)#2,除开行填充到 L1D	Thread_Mx	5'b01001	1
4'b1010	可缓存行填充(I,D,TLB,PLE)#3,除开行填充到 L1D	Thread_Mx	5'b01010	1
4'b1011	可缓存行填充(I,D,TLB,PLE)#4,除开行填充到 L1D	Thread_Mx	5'b01011	1
4'b0010	保留	n/a	n/a	n/a
4'b0111				
4'b1100				
4'b1101				

表 3.6　AXI ID 到 OCP 标签映射的写通道

AXI ID	请求类型	OCP 线程	OCP 标签	未完成的请求
4'b0000	NC/SO 或 WT 存储	Thread_Mx	5'b10000	高达 8
4'b0001	器件写请求	Thread_Mx	5'b10001	
4'b0011	外设写请求	n/a	n/a	
4'b1000	Evicition #1(包括 PLE)	Thread_Mx	5'b11000	1
4'b1001	Eviction #2(包括 PLE)	Thread_Mx	5'b11001	1
4'b1010	Eviction #3(包括 PLE)	Thread_Mx	5'b11010	1
4'b1011	Eviction #4(包括 PLE)	Thread_Mx	5'b11011	1

续表3.6

AXI ID	请求类型	OCP线程	OCP标签	未完成的请求
4'b0010	保留	n/a	n/a	n/a
4'b0100				
4'b0101				
4'b0110				
4'b0111				
4'b1100				
4'b1101				
4'b1110				
4'b1111				

3.2.7 中断控制器

Host ARM 中断控制器(AINTC)是负责确定从系统的外围设备的所有服务请求的优先次序,并产生NIRQ或NFIQ到Host。中断类型(nIRQ或nFIQ)以及终端优先级都是可编程的。AINTC接口通过AXI端口和AXI2OCP网桥连接到Monza,并且运行速度是处理器的一半。AINTC与Monza处理器的接口通过AXI端口指向HASS。它有能力处理128个请求,它能进行引导和优先级处理作为nFIQ或nIRQ中断请求。AINTC的总的特点:

- 多达128级的中断输入源;
- 每个中断的单独优先级;
- 每个中断能引导到nFIQ或nIRQ;
- nFIQ和nIRQ的独立的优先级排序;

3.2.8 电源管理

(1) 电源域

MPU子系统有5个电源域,由PRCM控制,如图3.7和表3.7所示。设备级电源管理为MPU子系统管理电源域并且与电压域是一致的,从而可以被表示为不同的电压域的交叉引用。注:仿真域和内核域不完全包含在MPU系统中,L1和L2的阵列存储器在MPU子系统中有独立的控制信号,所以直接由PRCM模块控制。

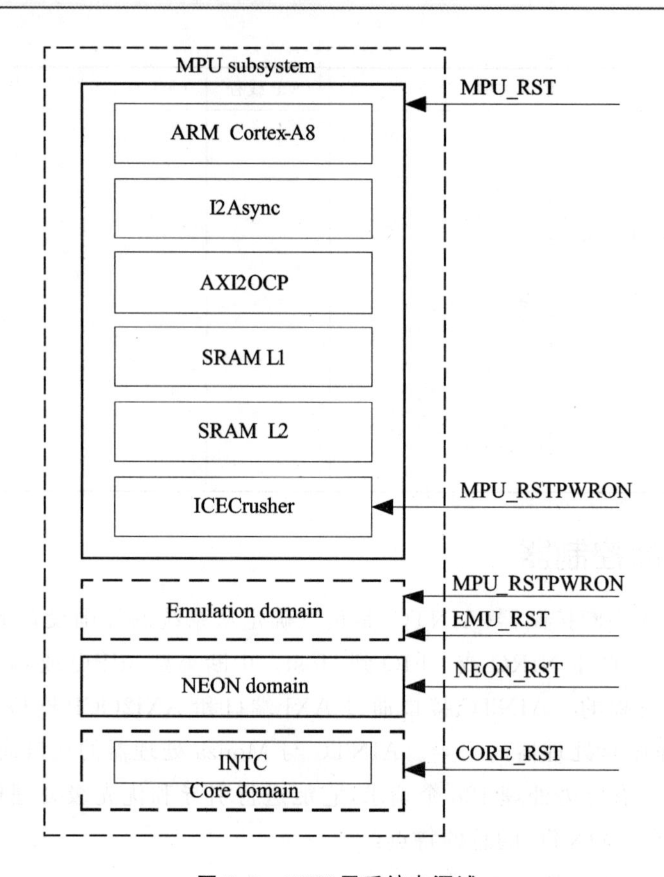

图 3.7 MPU 子系统电源域

表 3.7 MPU 子系统电源概述

功能电源域	系统/模块物理电源域
MPU 子系统	ARM、AXI2OCP、I2Async 网桥、ARM 的 L1 和 L2 的外围逻辑和阵列、ICE-Crusher、ETM、APB 模块
MPU NEON 协处理器	ARM NEON 加速器
内核	MPU 中断控制器
EMU	EMU(ETB、DAP)

(2) 电源状态

PRCM 模块依据不同的功能模式需求可以用 4 种不同的状态驱动每一个电压域,并通过控制域时钟、域复位、域逻辑电源开关和记忆电源开关来管理所有的转换。MPU 子系统的电源状态如表 3.8 所示。

表 3.8 MPU 子系统电源状态

电源状态	逻辑电源	内存电源	时 钟
有效	打开	打开或关闭	打开(至少一个时钟)
无效	打开	打开或关闭	关闭
关闭	关闭	关闭	关闭(所有时钟)

(3) 电源模式

MPU 子系统的主要部分属于 MPU 电源域。当 ARM 处理器处于 OFF 或待命模式时,电源域中的这个模块会关闭。时钟发生器模块管理控制 IDLE/WAKEUP,由 PRCM 模块进行初始化。MPU Standby 状态可以通过 PRCM. CM_IDLEST_MPU[0] ST_MPU 位检测。当 MPU 处于运行状态时,必须打开内核电源。当 MPU 域打开时,设备电源管理模块不允许 INTC 进入 OFF 状态。当没有运行 NEON 时,NEON 核有独立的电源模式,而且可以通过软件控制确定是否使用 NEON。

注: MPU 的 L1 缓存不支持保持模式,它的阵列开关一起被 MPU 控制。默认情况下,L1 保持控制信号在 PRCM 模块边缘存在,但不被使用。ARM L2 能独立于其他域而进入保持模式。

表 3.9 描述了支持的电源操作模式,所有其他的组合操作都是非法的。可以独立地打开或关闭 ARM L2、NEON 和 ETM/Debug。APB/ATB ETM/Debug 一栏指以下三个特征: ARM 仿真、跟踪与调试。

表 3.9 MPU 子系统操作电源模式

模 式	MPU 和 ARM 内核逻辑	ARM L2 RAM	NEON INTC	器件内核和 ETM	APB/ATB 调试
1	有效	有效	有效	有效	禁止或使能
2	有效	有效	关闭	有效	禁止或使能
3	有效	置位	有效	有效	禁止或使能
4	有效	置位	关闭	有效	禁止或使能
5	有效	关闭	有效	有效	禁止或使能
6	有效	关闭	关闭	有效	禁止或使能
7	关闭	置位	关闭	关闭	禁止或使能
8	旁路	有效	旁路	有效	禁止或使能
9	旁路	有效	关闭	有效	禁止或使能
10	旁路	置位	旁路	有效	禁止或使能
11	旁路	置位	关闭	有效	禁止或使能
12	旁路	关闭	旁路	有效	禁止或使能
13	旁路	关闭	关闭	有效	禁止或使能
14	关闭	关闭	关闭	关闭	禁止或使能

3.2.9 Host ARM 地址映射

Host ARM 的地址映射如表 3.10 所示。

表 3.10 MPU 子系统的地址映射

区 域	地址范围	大 小
内部存储器(不能连接到外部 OCP 端口的访问)		
保留	0x4000_0000-0x4001_FFFF	1MB
ROM(48KB)	0x4002_0000-0x4002_BFFF	
保留	0x4002_C000-0x400F_FFFF	
保留	0x4020_0000-0x402E_FFFF	1MB
SRAM(64KB)	0x402F_0000-0x402F_FFFF	
专用外设映射(不能连接到外部 OCP 端口的访问)		
ARM 中断控制器(AINTC)	0x4820_0000-0x4820_0FFF	4KB
保留	0x4820_1000-0x4827_FFFF	508KB
保留	0x4828_1000-0x482F_FFFF	508KB
128bit OCP 主端口 0(通过 DMM 连接到 EMIFs)		
EMIF0/EMIF1 CS0	0x8000_0000-0xBFFF_FFFF	1GB
保留(EMIF0/EMIF1 CS1)	0xC000_0000-0xFFFF_FFFF	1GB
64bit OCP 主端口 1(连接到 L3)		
Boot 空间	0x0000_0000-0x00FF_FFFF	1MB
L3	0x0000_0000-0x5FFF_FFFF	(1.5GB-1MB)
Tiler	0x6000_0000-0x7FFF_FFFF	256MB

3.3 C674x DSP 子系统

3.3.1 简 介

DSP 子系统(如图 3.8 所示)包括 TI 标准的 TMS320C674x 宏模块和一些内部模块(L1P、L1D 和 L2),支持一个从端口和一个主端口,并且连接到 L3 互连。DSP 子系统还包含三个主端口,用于 HDVICP2 子系统(HDVICP2 和 HDVICP2 SL2 端口)的直接存取。

- 内存映射；
- 中断；
- 电源管理；

DSP 子系统的内部结构是下面这些组件的组合：

- 集成在宏模块内部的高性能 DSP，包括本地 L1 和 L2 Cache、用于音频处理和图像视频处理的内存控制器。
- L1 和 L2 共享 Cache；
- 专用的增强型直接内存存取（EDMA）引擎，用于内存和该子系统连接外设的数据传输；
- 专用的内存管理（MMU），用于 L3 互联地址空间；
- 本地互联网络；
- 专用的 SYSC 和唤醒产生器（WUGEN）模块，负责电源管理、时钟产生以及与电源、复位、时钟管理模块（PRCM）的连接；

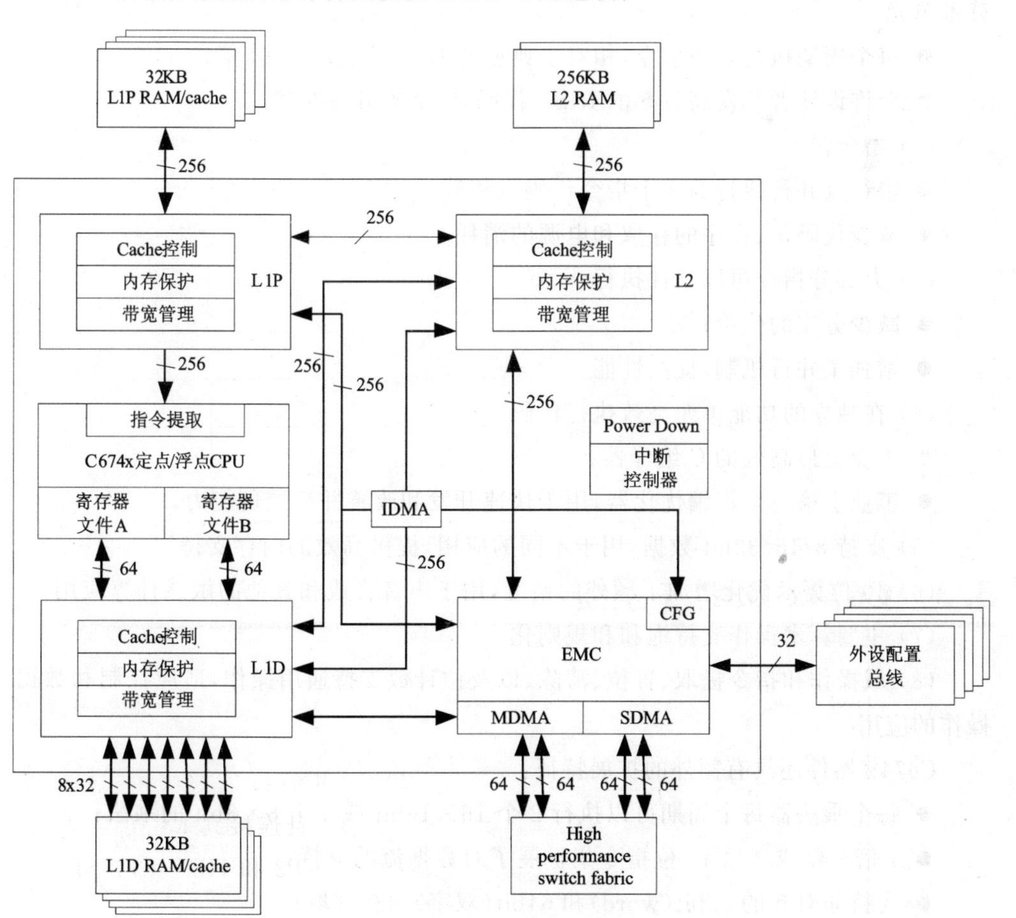

图 3.8　TMS320C674x DSP 框图

3.3.2 C674x DSP特征

C6000DSP系列器件每个周期执行8个32位指令。C674x CPU包括64个通用32位寄存器和8个功能单元。这个8个功能单元包含:

- 两个乘法器;
- 6个算术逻辑单元(ALU);

C6000系列有一个完整优化的开发工具,包括高效的C编译器、用于简化汇编语言编程的汇编优化器以及基于Windows操作系统的调试接口(用于可视化代码执行特征)。同时C6000系列也包含一个硬件仿真板(兼容TI XDS510和XDS560模拟器接口)。这个开发包符合IEEE标准1149.1-1990、IEEE标准测试访问和边界扫描结构。C6000DSP系列器件的特点如下:

(1) 先进的超长指令字(VLIW),CPU有8个功能单元,包括两个乘法器和6个算术单元

- 每个周期执行8条指令,相对于典型的DSP性能高出10倍;
- 允许设计者开发高效率的RISC代码,以节省开发时间。

(2) 指令包

- 串行或并行执行的8个指令代码量相等;
- 减少代码量、程序的存取和电源的消耗。

(3) 大部分指令可以条件执行

- 减少分支的代价;
- 增强了并行机制,提高性能。

(4) 在独立的功能单元高效执行代码

- 工业上最高效的C编译器;
- 工业上第一个汇编优化器,用于快速开发和改善并行处理能力。

(5) 支持8/16/32bit数据,用于不同的应用,提供高效的内存支持

(6) 40位算术优化增加了额外的精度,用于声音合成和其他的敏感计算应用

(7) 主要算术操作支持饱和和规则化

(8) 域操作和指令提取、置位、清除、以及位计数支持通用操作,适应控制和数据操作的应用。

C674x器件还具有额外的扩展特征:

- 每个乘法器每个周期可以执行2个16×16bit或4个8×8bit的乘法;
- 4倍8位或2倍16位指令集扩展了对数据流的支持;
- 支持非对齐的32bit(word)和64bit(双字)内存存取;
- 特殊的通信设置指令用于增加寻址通用操作和误差校正代码;

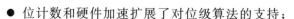

- 位计数和硬件加速扩展了对位级算法的支持；
- 紧凑指令：通用指令(AND、ADD、LD、MPY)有16位版本以减少代码量；
- 保护模式操作：拥有特权程序执行的2级系统，用以支持高性能的操作系统和系统特征，比如内存保护；
- 支持错误检测和程序重定向，提供鲁棒代码运行支持；
- 硬件支持循环操作以减少代码量；
- 每个乘法器能执行32×32bit的乘法；
- 增加的指令用于支持复数乘法，以允许每个周期多达8个16位乘/加/减运算；
- SPLOOP，实现硬件控制管线的硬件缓冲区，导致更小的代码量和可中断的紧凑循环，以改善决策。

C674x器件通过改善代码量和增加浮点运算使得性能得以增强和扩展：

- 单精度(32bit)和双精度(64bit)IEEE浮点运算的硬件支持；
- 执行包能跨界存取；
- 增加到64个寄存器(每个数据通道32个)；
- S单元的浮点型加减；
- 混合精度的乘法指令；
- 32×32bit的整数乘法运算，结果为32bit或64bit。

C6000系列DSP的VelociTI结构使得它们成为第一款使用先进VLIW架构的DSP，并通过增加指令级的并行机制获得更高性能。传统的VLIW结构包括并行运行的多个执行单元以及单周期执行乘法指令。并行机制是实现高性能的关键，它使得DSP的性能超过传统DSP。VelociTI是一款高精度的结构，对指令的存取、执行、和存储限制较少，其灵活的结构有利于TMS320C6000优化编译器的效率。VelociTI的优异性能还包括：

- 指令打包：减少代码长度；
- 所有指令都可以条件执行；
- 可变宽度指令：数据类型的灵活性；
- 全管线分支：0系统开销分支。

3.3.3 DSP子系统的结构

DSP子系统如图3.9所示，包括一个DSP宏模块(Megamodule)和器件内部的一些子模块，提供一个主端口(Master Port)和一个从端口(Slave Port)与L3互连连接。同时也提供了3个主端口，可以直接访问HDVICP2子系统(通过HDVICP2 SL2端口)。

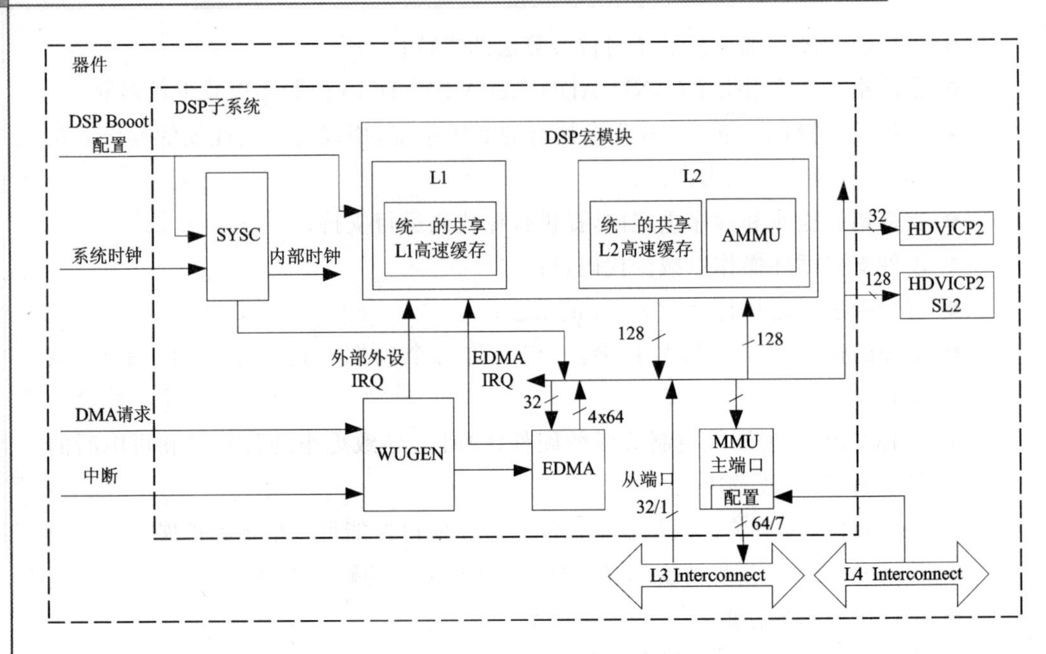

图 3.9 DSP 子系统功能框图

3.3.4 TMS320C674x 宏模块

如图 3.10 所示，TMS320C674x 宏模块由以下模块组成：

① TMS320C674x CPU

② 内存控制器

- L1 程序内存控制器(PMC)；
- L1 数据内存控制器(DMC)；
- 统一的 L1/L2 高速缓存。

③ 内部外设

- 内部直接内存访问(IDMA)控制器；
- 中断控制器(INTC)；
- PDC(Power-down 控制器)；
- 带宽管理(BWM)。

④ 高级事件触发(AET)

1. L1 程序内存控制器(PMC)

PMC 为 DSP 提供其请求的程序数据包，PMC 支持以下功能：

- 每个指令周期有一个 256 位的获取数据包(持续存在)；
- DMA 与 L1、L2 高速缓存之间的相互传输；
- DSP、DMA 和高速缓存访问 SRAM 的优先权的仲裁；

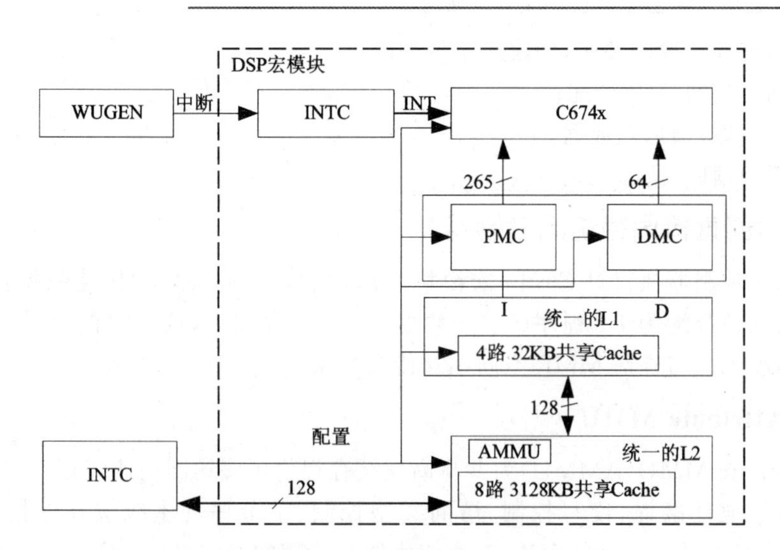

图 3.10 DSP 宏模块组成

- 支持局部和全局程序启动的高速缓存一致性(无效性);
- 冻结模式。

2. L1 数据内存控制器(DMC)

当DSP有请求,DMC从本地存储器读写数据,DMC支持以下功能:

- 每个指令周期一个64位的内存访问(持续性);
- 可以进行读写任意组合的内存访问,不会引起错误;
- DMA与L1、L2高速缓存之间的相互传输;
- DSP、DMA和高速缓存访问SRAM的优先权的仲裁;
- 与L2保持硬件一致性;
- 支持局部和全局程序启动的高速缓存一致性(回写、无效性、回写无效性);
- 冻结模式和旁路模式。

3. 统一的 L1/L2 高速缓存

统一高速缓存支持以下功能:

- 32KB的L1统一高速缓存实现高性能的位单元,从而达到全速运行;
- 128KB的L2统一高速缓存实现高密度位单元;
- L1是具有32B的4路集合关联的Cache,被组合成16-bank;
- L2是具有32B的8路集合关联Cache;
- L1 Cache支持窥探(Snooping);
- L2 Cache从端口支持来自EDMA访问的Snooping;
- 全流水线/支持关键字优先;
- 合并写;

- 填充和释放缓冲区，创建填充缓冲区；
- 动态空间，I/D分配；
- 预读取/预加载数据；
- 后台预取/清除。

4. 内部直接内存访问控制器

IDMA控制器执行对C674x宏模块内部任意两个局部块的快速数据传输。局部存储空间被分配为L1程序区、L2数据区和L2存储区，或外设配置（CFG）存储区。IDMA不能与外部MMR空间相互传递数据。

5. Attribute MMU

Attribute MMU（AMMU）为共享高速缓存提供了多访问高速缓存，这种缓存拥有基于区域地址翻译、读写控制、访问类型控制、字节序和多级缓存保持的功能。AMMU直接与共享高速缓存连接，有流水线写管理的专门接口。Cache分配控制时需查询L1原则，主机接口查询L2原则。为了灵活运用，不论有无地址翻译，AMMU可以用做L1或L2高速缓存配置，或用作L1/L2 Cache结合。

AMMU支持不同大小的分页：大尺寸、中尺寸和小尺寸。在设计时可以定义大尺寸页的数目，中尺寸页数目等等。大尺寸页的最大数目是八，其地址空间包含所有八个区域的地址。但假如DSP子系统仅被定义为五个大尺寸页，那么就只有前五个地址是有效的。

6. 中断控制器

DSP的INTC可以处理来自内部或外部的128个系统事件，能接收12个可屏蔽/1个异常输入。INTC包含一个中断选择器、异常组合器和事件组合器。中断选择器可以允许128个系统事件（或它们的一个组合事件）的任意一个给DSP CPU的12个可屏蔽中断发送请求，且它们的优先权通过软件确定。为了处理中断冲突，这12个CPU中断有固定的优先级。异常组合器允许128个系统事件的任意组合作为DSP CPU的单异常输入。

图3.11表示的是DSP INTC宏模块的框图。

除开128个中断，DSP也支持一种特殊的异常中断，即非屏蔽中断（NMI）。在系统配置模块中，NMI中断由两个寄存器控制：芯片信号寄存器（CHIPSIG）和芯片信号清除寄存器（CHIPSIG_CLR）。通过对CHIPSIG的CHIPSIG4位写1，NMI中断有效；通过对CHIPSIG _CLR的CHIPSIG4位写1，NMI中断清除。

7. Power-down 控制器

C674x宏模块包含有一个掉电控制器（PDC）。PDC能关闭所有以下C674x宏模块内部组件和DSP子系统内存：

- C674x CPU；

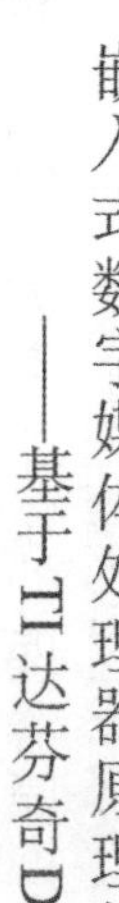

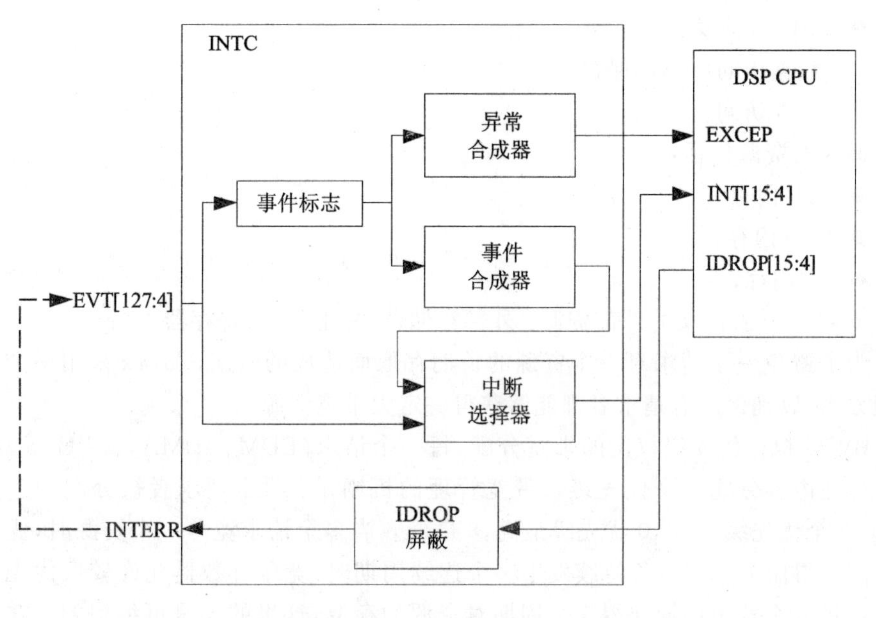

图 3.11 DSP INTC 框图

- 程序内存控制器(PMC);
- 数据内存控制器(DMC);
- 统一内存控制器(UMC);
- 扩展内存控制器(EMC);
- 内部直接内存访问控制器(IDMA);
- L1P 内存;
- L1D 内存;
- L2 内存。

PDC 控制器支持 C674x 宏模块的静态掉电功能:PDC 启动 C674x 宏模块掉电,则所有的内部存储器立刻执行命令。静态掉电(时钟门控)影响所有 C674x 宏模块内部组件和所有内部存储器。可以通过设置 PDC 中的命令寄存器(PDCCMD)来发起静态掉电命令。

8. 带宽管理

带宽管理(BWM)为资源请求的带宽优化提供了一个可编程接口。这些请求包括:

- EDMA 发起的 DMA 传输(引起一致性操作);
- EDMA 发起的传输(引起一致性操作);
- 可编程高速缓存的连续操作:
  -基于块的一致性操作;
  -全局的一致性操作。

- CPU 直接发起的传输：
  -数据访问(加载/保存)；
  -程序访问。

请求的资源包括：

- L1P 内存；
- L1D 内存；
- L2 内存；
- C674x 宏模块的外部资源：外部存储器、片上外设、寄存器。

为了避免一个请求对一个资源的长期存取而造成的阻塞，C674x 采用一个带宽管理方案，以确保所有请求者都能够获得一定大带宽资源。

BWM 执行优先级权衡的带宽分配，每一个请求(EDM、IDMA、、CPU 等)都根据其传递内容分配一个优先级。带宽管理的机制是：每个请求者被分配一个优先级，共 9 个优先级：0-8，0 优先级最高，8 最低。当多个请求竞争一个资源时，优先级最高的获得服务。当竞争持续发生多个连续周期时，竞争计数器允许较低优先级请求者在每 n 个竞争周期获得 1 个周期对资源的存取，这里的 n 是可编程的。在竞争发生时，BWM 通过每个周期使竞争计数器+1，当请求被允许时，这个计数器 1 复位到 0。当这个计数器到达 n 时，较低优先级请求者的优先级设为－1，从而获得至少一次存取。

3.3.5 高级事件触发

C674x 宏模块支持高级事件触发(AET)，用来了解用户应用程序的性能以及调试复杂问题。AET 提供以下功能：

- 硬件程序断点：指定能产生事件的地址或地址范围，如停止处理器或触发跟踪捕获；
- 数据监视：指定能产生事件的数据变量地址、地址范围或数据值，如停止处理器或触发跟踪捕获；
- 计数器：为监视程序执行性能记录一个事件的发生或周期；
- 状态顺序：允许使用硬件程序断点和数据监视为复杂序列准确产生事件；

3.4 高清视频图像协处理器子系统

HDVICP2 是高清图像视频协处理器，支持高达 1080p/i 60fps(或 120 场)的分辨率精度。HDVICP2 子系统支持以下的编解码(Codec)标准，可以加速编解码标准的所有功能，不需要 DSP 干预。

- H.264：BP/MP/HP 编码和解码；
- H.264：Fast Profile/ECDO 编码和解码；

- MPEG-4：SP/ASP 编码/解码(不支持低版本，如 3.11 和 4.x)；
- H.263：Profile 0 和 3 解码，Profile 0 编码；
- Soreson Spark：V0 和 V1 解码(不支持编码)；
- MPEG-2 SP/MP 编码和解码；
- MPEG-1 编码和解码；
- VC1/WMV9/RTV：SP/MP/AP 编码和解码；
- ON2 VP6/VP7 解码；
- RV 8/9/10 解码；
- AVS 1.0 编码和解码；
- JPEG(也包括 MJPEG)Baseline 编码和解码；
- H264-Annex H(MVC)。

HDVCP2 子系统由以下部分组成：

- 1 个主和 1 个辅管理器：ICONT1 和 ICONT2，包括内存和中断控制，ICONT1 和 ICONT2 是等同的；
- 1 个视频 DMA 引擎：vDMA；
- 1 个熵编码/解码：ECD3；
- 1 个运动补偿引擎：MC3；
- 1 个变换和量化计算引擎：CALC3；
- 1 个环路滤波加速引擎：iLF3；
- 1 个运动估计加速引擎：iME3；
- 1 个帧内预测引擎：iPE3；
- 共享级(L2)接口和内存(256KB)；
- 局部互连；
- 消息接口，用于在同步盒之间进行通信；
- 邮箱(MailBox)；
- 调试模块，用于跟踪事件和软件测试：SMSET。

TI 选择 eXpress DSP Digital Media(xDM)标准作为与 HDVICP2 的主要软件接口，该标准定义了应用程序编程接口(APIs)。通过 APIs 应用程序启动 Codec，比如视频、图像、语音和音频(又称 VISA(Video、Image、Speech、Audio)的编解码。

(1) HDVICP2 功能描述

图 3.12 为 HDVICP2 子系统的框图。

(2) 同步盒

同步盒(SyncBox)是一个可配置的模块，负责调度内置在 HDVICP2 子系统里的所有硬件模块，并处理所有的同步、数据共享、各加速器之间的参数传递。同步盒还提供了使用异步消息的可能。

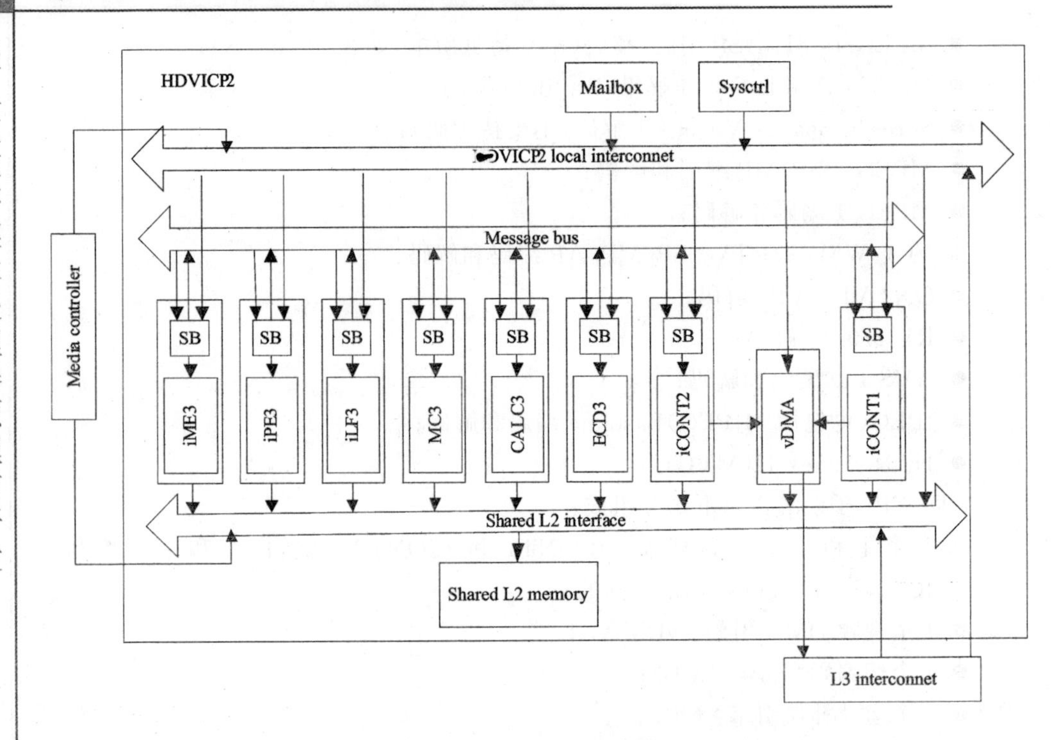

图 3.12 HDVICP2 框图

(3) ICONT 模块

ICONT 模块是一个基于 ARM968E-S 的微处理器，带有 32KB 紧耦合的指令内存(TCM)和 16KB 紧耦合的数据内存。ICONT 包括一个中断控制器(INTC)、一个局部数据搬移器(mover)、用于同步其他模块的任务的 SyncBox 模块及相关的 SyncBox 处理者(handler)。

ICONT1 和 ICONT2 存在 HDVICP2 子系统中，用于执行高级处理(在帧或片级)，控制宏块级的边界框计算和其他 vDMA 处理任务。对于任何一个 ICONT，软件能做等同的映射处理。

(4) 视频 DMA 引擎

vDMA 是一个视频 DMA 引擎，执行外部内存到共享 L2 内存的数据传输。vDMA 还能够执行在 SL2 里的内存和在外部的内存之间的复制。

(5) 运动估计加速引擎

iME3 加速器执行视频编码的运动估计。iME3 有自己的内置 SyncBox 模块，用于同其他模块的任务进行同步。

iME3 通过比较当前宏块和参考区域，提供参考区域中的一个匹配区域，使得这个区域同当前宏块的差异最小。iME3 还支持半像素或 1/4 像素精度插值，用于产生 1/2 和 1/4 像素块。另外，iME3 支持在插值块中搜索最佳匹配块，即支持 1/2 和 1/4 像素精度的运动估计。

(6) 帧内预测引擎

iPE3 加速器用来执行视频编码的帧内预测。iPE3 有自己的内置 SyncBox 模块,用来同其他模块进行任务的同步,有用于内部内存到共享 L2 内存之间的数据传输的 LSE。

iPE3 支持 2 种模式,取决于不同的视频标准:

① H.264 和 AVS 的空间预测模式:根据帧内模式在原宏块区域中创建帧内预测宏块并计算出原宏块和参考宏块之间的代价,选取计算代价最小的预测模式作为最优的预测模式。

② MPEG-1/2/4 和 VC-1 的空间活动性:按照特定的块尺寸来计算原始亮度样本的空间活动。这个模式用来提供原始亮度像素信息,用来确定编码方式,比如编码模式和量化参数。

(7) 运动补偿引擎

MC3 加速引擎用于运动补偿。MC3 模块含有内部 SyncBox 模块,用于与其他模块同步任务。LSE 模块用于内存与二级缓存(L2)之间的数据交换。MC3 通过参考数据的运动矢量和运动模式创建新的预测宏块。

(8) 变换和量化计算引擎

CALC3 加速器用来执行变换和量化的正反计算,有自己的内置 SyncBox 模块,用于其他 HWA 的任务同步,有用于内部内存到共享 L2 内存之间的数据传输的 LSE。CALC3 能执行变换/反变换、Q/iQ、DC/AC 预测。

(9) 环路滤波加速引擎

iLF3 加速器用来执行去方块滤波和边缘增强。iLF3 有自己的内置 SyncBox 模块,用于与其他 HWAs 的任务的同步。

(10) 熵编码/解码

ECD3 加速器是用来完成数据流的编码和解码,有自己的内置 SyncBox 模块,用来同别的 HWAs 同步任务,有用于内部内存到共享 L2 内存之间的数据传输的 LSE。ECD3 支持 Huffman 编码和算数编码。对于编码,ECD3 将编码宏块信息和残差数据编码成位流;对于解码来说,ECD3 解码位流,恢复宏块信息和残差数据。

(11) 邮箱

MailBox 功能是支持 Host 之间通过中断的 2 路通信,允许软件在处理器之间通过一组寄存器和相关中断来收发信息,以建立一个通信通道。MailBox 内置在 HDVICP2 子系统中,在 2 个外部用户和一个内部用户之间实现 2 路通信。通过每个消息队列的 3 对 MailBox 和 4 个消息 FIFO 深度来确保这个通信。

注意:内部用户是 2 个 ICONTs 之一,ICONT1 和 ICONT2 连接在一个共享中断线上,在 ICONT1 和 ICONT2 之间的选择是通过屏蔽 ICONT1 和 ICONT2 邮箱中断来实现的。ICONT1 和 ICONT2 能通过 HDVICP2 局部互联进行对邮箱的访问。

(12) SL2 接口

共享 L2 接口(SL2IF)用于仲裁最多 18 路对 8 个内存块的存取申请,它含有两种类型的接口:

① 18 路 128 位接口,用于从模块读取数据到 L2 中;

② 8 个 128 位存储器接口,用于将数据直接存储到存储器块中。

(13) 消息总线

消息总线是一个仲裁器,允许 8 个申请者存取 8 个目标,它用来发放不同 IPs 的 SyncBox 产生的消息。

(14) HDVICP2 局部互连

HDVICP2 局部互连提供 2 个外部 Host 互连(媒体控制器和 L3)之间的连接、2 个本地序列(ICONT1 和 ICONT2)、硬件加速器(iME3、iLF3、ECD3、CALC3、Mc3、iPE3)、视频 DMA 引擎(vDMA)和局部模块(MailBox 和 SysCtrl)。

(15) HDVICP2 系统控制

HDVICP2 的 SYSCTRL 模块的功能如下:

① 通过软件和硬件电源握手状态控制模块的时钟;

② 控制电源、复位、时钟管理(PRCM)模块电源握手;

③ 提供上面操作的状态;

④ 通过外部事件支持同步。

3.5 SGX530 图形加速器

3.5.1 概 述

SGX530 是 TMS320DM8168 的 2D/3D 图形加速器。SGX 子系统是基于 Imagination Technologies 公司的 POWERVR SGX 核,是 POWERVR 可编程图形内核的新一代产品。POWERVR SGX530 v1.2.5 版架构是可扩展的,而且针对从主流移动设备到高端台式机各个市场需求。目标应用主要包括功能手机、PDA 和手持式游戏机。图 3.13 为 DM8168 的 3D SGX 子系统框图。

通过采用多线程架构,使用两级调度和数据分区来达到零开销任务切换,SGX 图像加速器可以同时处理不同类型的多媒体数据:

- 像素数据;
- 顶点数据;
- 视频数据;
- 通用目的处理。

SGX 子系统通过一个 128bit 的主机和一个 32bit 的从接口与 L3 连接。

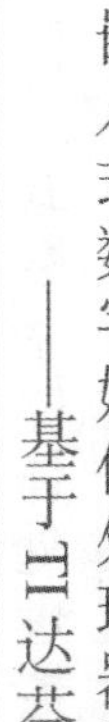

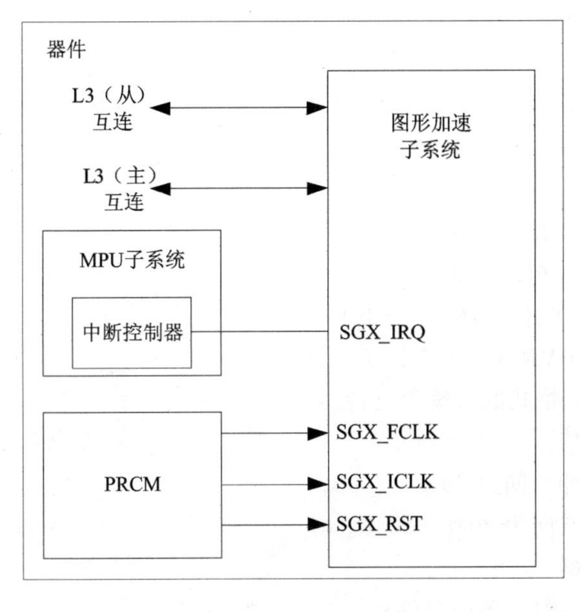

图 3.13　SGX 子系统框图

(1) POWERVR SGX 主要特性

- 支持 2D/3D 图形、矢量图形，支持 GP-GPU 功能的编程；
- 平铺(Tile-based)架构；
- 通用可扩展着色引擎(USSE)：融合像素和顶点着色功能的多线程引擎；
- 高级着色功能集：超过了 Microsoft VS. 3. 0、PS3. 0 以及 OpenGL2. 0；
- 支持工业 SPI 标准：Direct3D(D3D)、OpenGL ES 1. 1 和 2. 0、OpenVG v1. 1；
- 细粒度的任务切换、负载平衡和电源管理；
- 最小 CPU 交互的高级几何直接存储器(DMA)驱动操作；
- 可编程的高品质图像边缘柔化；
- POWERVR SGX 核心 MMU，用于内核虚拟地址到外部物理地址的转换；
- 统一内存架构中 OS 的完全虚拟化的内存寻址；
- 高级和标准的 2D 操作(比如向量图形、宏块级传输 BLTs、光栅操作 ROPs)。

(2) SGX 的 3D 特性

① 延迟像素渲染

② 片上浮点深度缓冲

③ 片上 8 位模板缓冲

④ 每时钟 8 个并行的深度/模板测试

⑤ 剪切测试

⑥ 纹理支持

● 立方体纹理；
● 纹理投影；
● 2D纹理；
● 非方纹理。

⑦ 纹理格式
● RGB8888、565、1555；
● 单色8、16、16f、32f、32int；
● 双通道8∶8、16∶16、16f∶16f；
● 压缩纹理PVR-TC1、PVR-TC2、ETC1；
● 所有YUV格式的可编程支持。

⑧ 分辨率支持
● 最大帧缓冲空间为2048×2048；
● 最大纹理空间为2048×2048。

⑨ 纹理滤波器
● 双线性、三线性、各向异性；
● 独立的最大最小控制。

⑩ 抗混叠
● 4倍多重采样；
● 高达16倍的全屏抗锯齿(FSAA)；
● 采样点可编程。

⑪ 支持索引原始列表

⑫ 可编程顶点DMA

⑬ 纹理渲染
● 自动生成MipMap；
● twiddled格式。

⑭ 多片上渲染目标(MRT)

(3) 通用可扩展着色引擎

通用可扩展着色引擎(USSE)是POWERVR SGX架构的核心引擎，并且有广泛的指令。

① 单一的编程模式
● 支持16个线程同步执行、高达64个同步数据实例的多线程；
● 进入线程与释放线程不消耗资源；
● 缓存程序执行模型；
● 专用像素处理指令；
● 专用视频编解码指令。

② 单指令多数据流执行单元

- 32bit IEEE 浮点；
- 2 路 16bit 定点；
- 4 路 8bit 整数；
- 32bit 位操作(仅限于逻辑)。

③ 静态流和动态流控制

- 子程序调用；
- 循环；
- 条件分支；
- 零成本的指令预测。

④ 程序几何

- 允许生成原语；
- 高效的几何压缩；
- 高界面支持。

⑤ 外部数据访问

- 允许通过高速缓存主存储器中读取；
- 允许写入到主存储器中；
- 数据保护措施。

3.5.2　SGX 集成与功能描述

图 3.14 为 SGX 子系统在 DM8168 中的集成。SGX 子系统向 MPU 子系统中断控制器产生一个中断(SGX_IRQ)并映射到 M_IRQ_37。

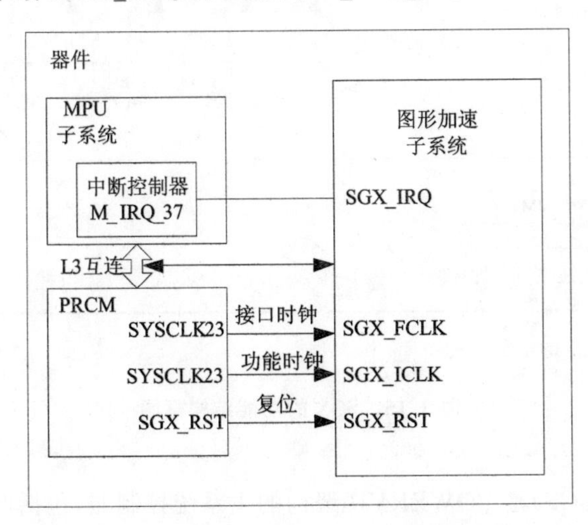

图 3.14　SGX 在 DM8168 的集成

如图 3.15 所示为 SGX 的功能结构框图。SGX 子系统是基于 Imagination

Technologies 的 POWERVR SGX530 内核。SGX 架构通过可编程的硬件编解码来满足 2D、3D 和视频处理的不同处理要求。SGX 架构包括以下组成元素：

① 粗粒度调用(CGS)
- 程控数据序列(PDS)；
- 数据主选择器(DMS)。

② 顶点数据处理器(VDM)
③ 像素数据处理器(PDM)
④ 通用数据处理器
⑤ USSE
⑥ tiling 协处理器
⑦ 像素协处理器
⑧ 纹理协处理器
⑨ 多级高速缓存

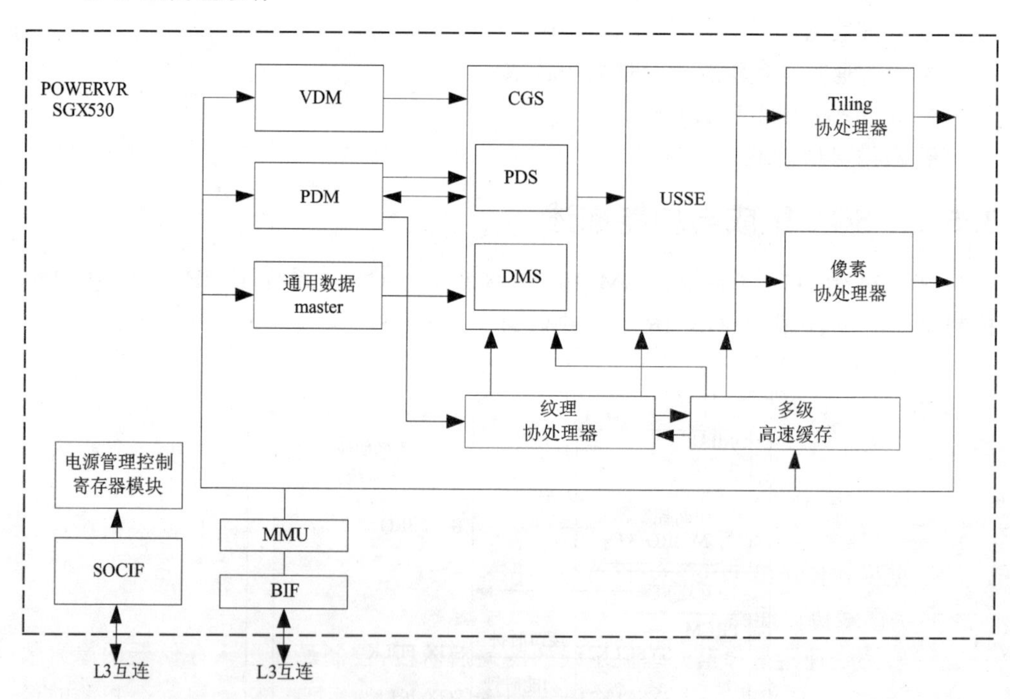

图 3.15　SGX 的功能结构框图

(1) CGS

粗粒度调用(CGS)是 POWERVR 架构的主系统控制器，包括两个阶段，即 DMS 和 PDS。DMS 处理来自数据处理器的请求并且确定哪些任务可以被执行而且获得请求的资源。PDS 负责控制 USSE 上的数据加载和处理。

(2) SGX 内核数据处理器

在SGX内核有三种数据处理器：

① VDM

VDM是系统内的变换和亮度处理的启动器。VDM读取输入的控制流数据，该数据流包含有索引数据和状态数据。状态数据指示了PDS程序、顶点大小和供VDM使用的USSE输出缓存资源。所有这些通过驱动提供的配置组合在一起并且提交给DMS。

② PDM

PDM是系统内光栅化处理的启动器。每一个像素流水线处理像素，允许在局部数据前提下获得最佳效率。PDM决定USSE内部为每一个任务的资源分配。为了在USSE上执行，PDM兼容了状态地址和向DMS的事件请求。

③ 通用目的数据处理器

通用数据处理器对系统内部事件作出回应，每个事件向主机产生一个中断或在PDS上同步执行程序，这个程序可能会引起在USSE执行一个后续任务。

(3) 通用可扩展着色引擎

USSE是用户可编程处理单元，在属性上具有一般性，但是它有三种类型的优化指令和特性：处理顶点(顶点着色)、处理像素(像素着色)以及视频/图像处理。

(4) 多级高速缓存

多级高速缓存是一个2级高速缓存，由两个模块组成：主高速缓存和多路复用/仲裁/多路分配/解压缩单元(MADD)。MADD是一个围绕主高速缓存的模块，用于管理和格式化高速缓存的请求，同时也为纹理和USSE请求提供零级(L0)缓存。MADD可以接收来自PDS、USSE和纹理地址生成器模块的请求，对三种数据流进行纹理解压的同时实行仲裁。

(5) 纹理协处理器

纹理协处理器负责纹理地址生成和纹理数据格式，接收迭代器或USSE模块的请求，并将这些请求转换成多级高速缓存请求。从高速缓存返回的数据根据选择的纹理数据格式传送给USSE进行着色操作。

(6) 像素协处理器

像素协处理器是像素处理流水线的的最后阶段，控制最终进入存储器的像素数据格式，为USSE提供一个进入输出缓冲区的地址，然后USSE返回一个相关的像素数据。地址顺序是由帧缓冲模式决定的。像素协处理器还包含一个混色和打包功能。

3.5.3 SGX寄存器

表3.11提供了SGX的寄存器汇总。在以下寄存器描述中：R/W=读/写，R=只读，—n=复位后的值。

表 3.11 SGX 寄存器

偏移地址	缩 写	寄存器描述
FE00h	OCP_REVISION	OCP 修订寄存器
FE04h	OCP_HWINFO	硬件启动信息寄存器
FE10h	OCP_SYSCONFIG	系统配置寄存器
FE24h	OCP_IRQSTATUS_RAW_0	RAW IRQ 0 状态寄存器
FE28h	OCP_IRQSTATUS_RAW_1	RAW IRQ 1 状态寄存器
FE2Ch	OCP_IRQSTATUS_RAW_2	RAW IRQ 2 状态寄存器
FE30h	OCP_IRQSTATUS_0	中断 0 状态事件寄存器
FE34h	OCP_IRQSTATUS_1	中断 1 状态事件寄存器
FE38h	OCP_IRQSTATUS_2	中断 2 状态事件寄存器
FE3Ch	OCP_IRQENABLE_SET_0	使能中断 0 寄存器
FE40h	OCP_IRQENABLE_SET_1	使能中断 1 寄存器
FE44h	OCP_IRQENABLE_SET_2	使能中断 2 寄存器
FE48h	OCP_IRQENABLE_CLR_0	禁止中断 0 寄存器
FE4Ch	OCP_IRQENABLE_CLR_1	禁止中断 1 寄存器
FE50h	OCP_IRQENABLE_CLR_2	禁止中断 2 寄存器
FF00h	OCP_PAGE_CONFIG	配置内存页寄存器
FF04h	OCP_INTERRUPT_EVENT	中断事件寄存器
FF08h	OCP_DEBUG_CONFIG	调试模式配置寄存器
FF0Ch	OCP_DEBUG_STATUS	调试状态寄存器

1. OCP 修订寄存器(OCP_REVISION)

OCP_REVISIONID 寄存器如图 3.16 和表 3.12 所示。

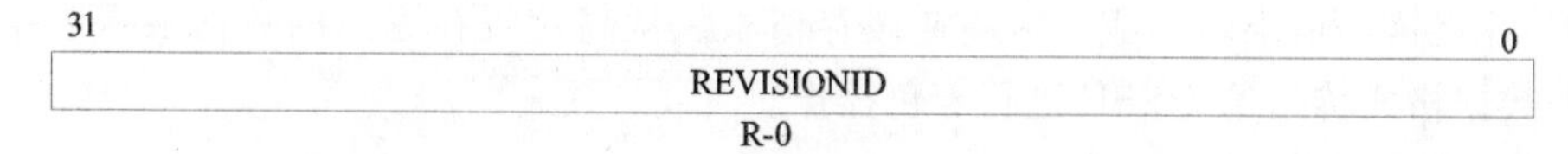

图 3.16 OCP_REVISION 寄存器

表 3.12 OCP_REVISION 寄存器描述

位	域	值	描 述
31-0	REVISIONID	0-FFFF FFFFh	修订值

2. 硬件启用信息寄存器(OCP_HWINFO)

OCP_HWINFO 寄存器如图 3.17 和表 3.13 所示。

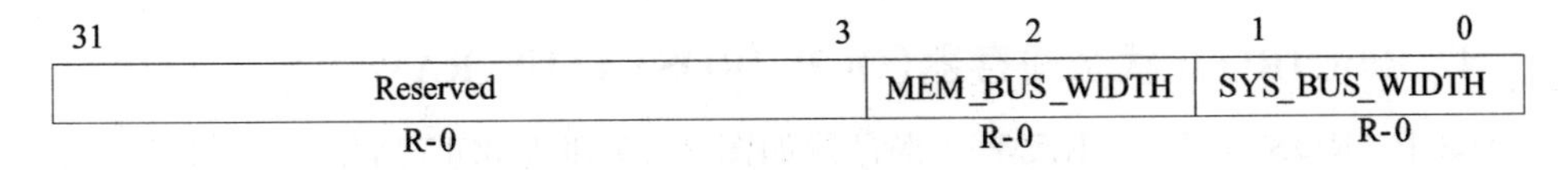

图 3.17 OCP_HWINFO 寄存器

表 3.13 OCP_HWINFO 寄存器描述

位	域	值	描 述
31-3	Reserved	0	保留
2	MEM_BUS_WIDTH	 0 1	内存总线宽度 64bits 128bits
1-0	SYS_BUS_WIDTH	 0 1h 2h 3h	系统总线宽度 32bits 64bits 128bits 保留

3. 系统配置寄存器(OCP_SYSCONFIG)

系统配置寄存器如图 3.18 和表 3.14 所示。

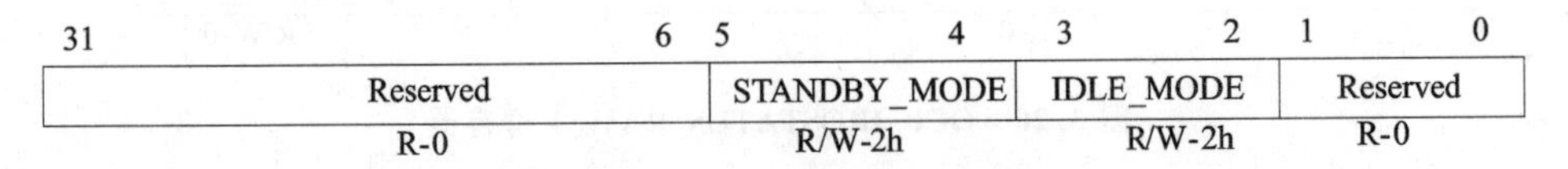

图 3.18 OCP_SYSCONFIG 寄存器

表 3.14 OCP_SYSCONFIG 寄存器描述

位	域	值	描 述
31-6	Reserved	0	保留
5-4	STANDBY_MODE	 0 1h 2h 3h	时钟旁路模式 强制旁路模式 非旁路模式 智能旁路模式 智能旁路模式
3-2	IDLE_MODE	 0 1h 2h 3h	系统空闲模式 强制空闲模式 非空闲模式 智能空闲模式 智能空闲模式
1-0	Reserved	0	保留

4. Raw IRQ 0 状态寄存器(OCP_IRQSTATUS_RAW_0)

OCP_IRQSTATUS_RAW_0 寄存器如图 3.19 和表 3.15 所示。

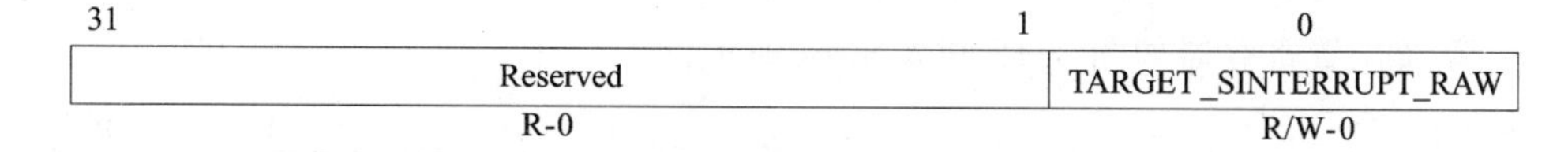

图 3.19 OCP_IRQSTATUS_RAW_0 寄存器

表 3.15 OCP_IRQSTATUS_RAW_0 寄存器描述

位	域	值	描 述
31-1	Reserved	0	保留
0	INIT_MINTERRUPT_RAW	 0 1	中断 0-主端口 raw 状态 读：没有中断挂起;写：没有影响 读：事件挂起;写：设置事件(用于调试)

5. Raw IRQ 2 状态寄存器(OCP_IRQSTATUS_RAW_2)

OCP_IRQSTATUS_RAW_0 寄存器如图 3.20 和表 3.16 所示。

31 1 0

Reserved	TARGET_SINTERRUPT_RAW
R-0	R/W-0

图 3.20 OCP_IRQSTATUS_RAW_1 寄存器

表 3.16 OCP_IRQSTATUS_RAW_1 寄存器描述

位	域	值	描 述
31-1	Reserved	0	保留
0	TARGET_SINTERRUPT_RAW	 0 1	中断 1-从端口原始状态 读：没有中断挂起;写：没有影响 读：事件挂起;写：设置事件(用于调试)

6. Raw IRQ 2 状态寄存器(OCP_IRQSTATUS_RAW_2)

OCP_IRQSTATUS_RAW_0 寄存器如图 3.21 和表 3.17 所示。

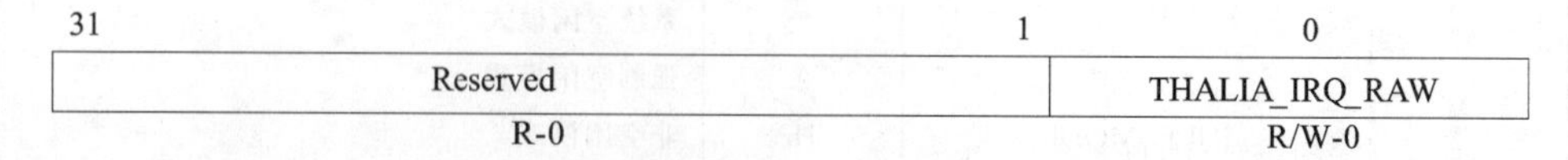

图 3.21 OCP_IRQSTATUS_RAW_2 寄存器

表 3.17　OCP_IRQSTATUS_RAW_2 寄存器描述

位	域	值	描　述
31-1	Reserved	0	保留
0	THALIA_IRQ_RAW	 0 1	中断 2-Thalia raw 状态 读：没有中断挂起；写：没有影响 读：事件挂起；写：设置事件(用于调试)

7. 中断 0 状态事件寄存器(OCP_IRQSTATUS_0)

OCP_IRQSTATUS_0 寄存器如图 3.22 和表 3.18 所示。

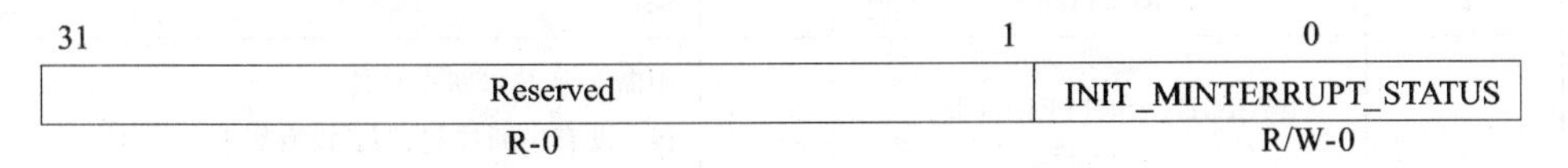

图 3.22　OCP_IRQSTATUS_0 寄存器

表 3.18　OCP_IRQSTATUS_0 寄存器描述

位	域	值	描　述
31-1	Reserved	0	保留
0	INIT_MINTERRUPT_STATUS	 0 1	中断 0-主端口状态事件 读：没有中断挂起；写：没有影响 读：事件挂起且中断使能；写：清除事件

8. 中断 1 状态事件寄存器(OCP_IRQSTATUS_1)

OCP_IRQSTATUS_0 寄存器如图 3.23 和表 3.19 所示。

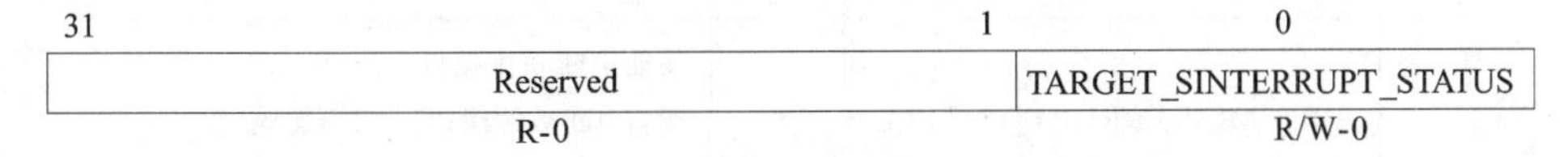

图 3.23　OCP_IRQSTATUS_1 寄存器

表 3.19　OCP_IRQSTATUS_1 寄存器描述

位	域	值	描　述
31-1	Reserved	0	保留
0	TARGET_SINTERRUPT_STATUS	 0 1	中断 1-从端口状态事件 读：没有中断挂起；写：没有影响 读：事件挂起且中断使能；写：清除事件

9. 中断 2 状态事件寄存器(OCP_IRQSTATUS_2)

OCP_IRQSTATUS_0 寄存器如图 3.24 和表 3.20 所示。

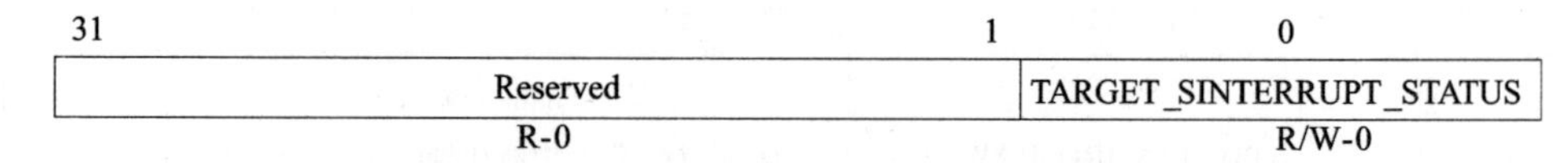

图 3.24　OCP_IRQSTATUS_2 寄存器

表 3.20　OCP_IRQSTATUS_2 寄存器描述

位	域	值	描　述
31-1	Reserved	0	保留
0	TARGET_SINTERRUPT_STATUS	 0 1	中断 2-从端口状态事件 读：没有中断挂起；写：没有影响 读：事件挂起且中断使能；写：清除事件

10. 使能中断 0 寄存器(OCP_IRQENABLE_SET_0)

OCP_IRQENABLE_SET_0 寄存器如图 3.25 和表 3.21 所示。

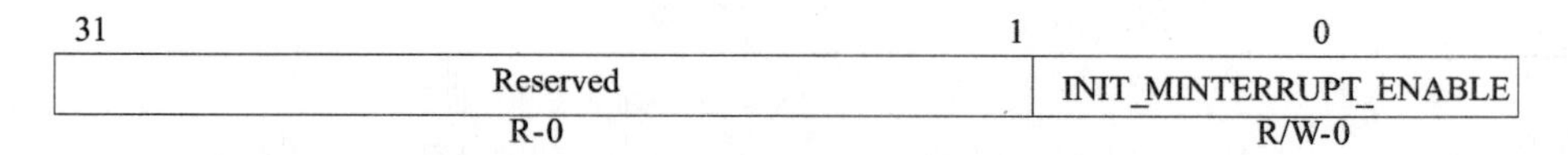

图 3.25　OCP_IRQENABLE_SET_0 寄存器

表 3.21　OCP_IRQENABLE_SET_0 寄存器描述

位	域	值	描　述
31-1	Reserved	0	保留
0	INIT_MINTERRUPT_ENABLE	 0 1	使能中断 0-主端口 读：中断被使能；写：没有影响 读：中断被禁止；写：使能中断

11. 使能中断 1 寄存器(OCP_IRQENABLE_SET_1)

OCP_IRQENABLE_SET_1 寄存器如图 3.26 和表 3.22 所示。

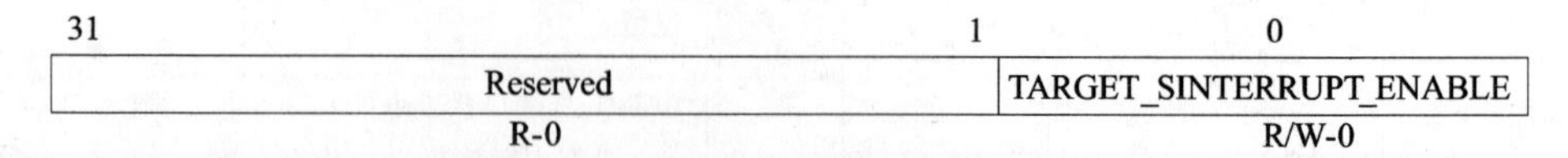

图 3.26　OCP_IRQENABLE_SET_1 寄存器

表 3.22 OCP_IRQENABLE_SET_1 寄存器描述

位	域	值	描 述
31-1	Reserved	0	保留
0	TARGET_SINTERRUPT_ENABLE	 0 1	使能中断 1-从端口中断 读：中断被使能；写：没有影响 读：中断被禁止；写：使能中断

12. 使能中断 2 寄存器(OCP_IRQENABLE_SET_2)

OCP_IRQENABLE_SET_2 寄存器如图 3.27 和表 3.23 所示。

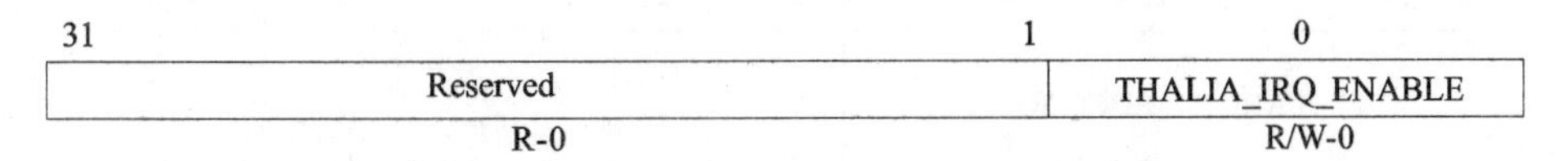

图 3.27 OCP_IRQENABLE_SET_2 寄存器

表 3.23 OCP_IRQENABLE_SET_2 寄存器描述

位	域	值	描 述
31-1	Reserved	0	保留
0	THALIA_IRQ_ENABLE	 0 1	使能中断 2-Thalia 中断 读：中断被使能；写：没有影响 读：中断被禁止；写：使能中断

13. 禁止中断 0 寄存器(OCP_IRQENABLE_CLR_0)

OCP_IRQENABLE_CLR_0 寄存器如图 3.28 和表 3.24 所示。

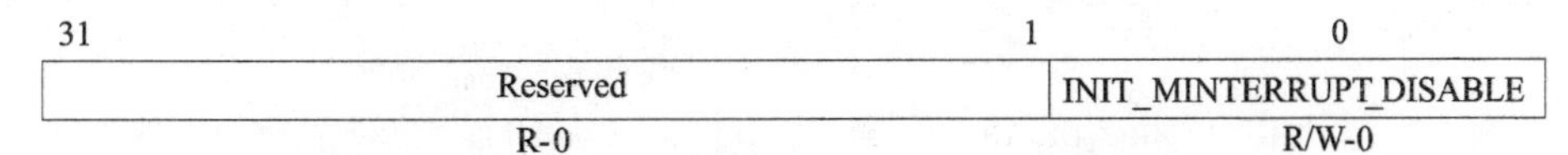

图 3.28 OCP_IRQENABLE_CLR_0 寄存器

表 3.24 OCP_IRQENABLE_CLR_0 寄存器描述

位	域	值	描 述
31-1	Reserved	0	保留
0	INIT_MINTERRUPT_DISABLE	 0 1	禁止中断 0-主端口 读：中断被使能；写：没有影响 读：中断被禁止；写：禁止中断

14. 禁止中断1寄存器(OCP_IRQENABLE_CLR_1)

OCP_IRQENABLE_CLR_1寄存器如图3.29和表3.25所示。

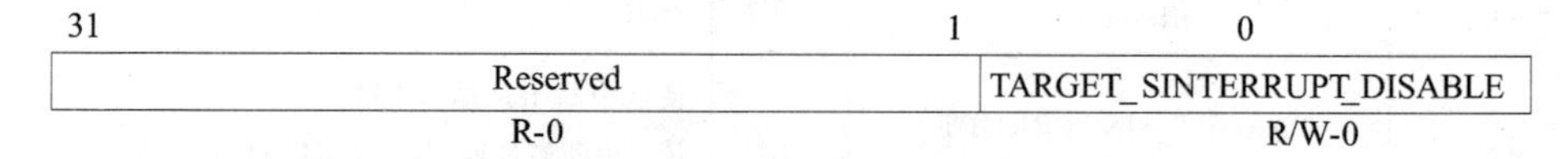

图3.29　OCP_IRQENABLE_CLR_1寄存器

表3.25　OCP_IRQENABLE_CLR_1寄存器描述

位	域	值	描　述
31-1	Reserved	0	保留
0	TARGET_SINTERRUPT_DISABLE	 0 1	禁止中断1-从端口 读：中断被使能；写：没有影响 读：中断被禁止；写：禁止中断

15. 禁止中断2寄存器(OCP_IRQENABLE_CLR_2)

OCP_IRQENABLE_CLR_2寄存器如图3.30和表3.26所示。

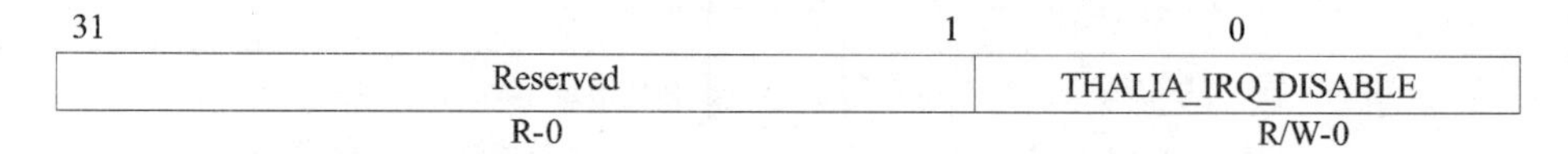

图3.30　OCP_IRQENABLE_CLR_2寄存器

表3.26　OCP_IRQENABLE_CLR_2寄存器描述

位	域	值	描　述
31-1	Reserved	0	保留
0	THALIA_IRQ_DISABLE	 0 1	禁止中断2-Thalia中断 读：中断被使能；写：没有影响 读：中断被禁止；写：禁止中断

16. 配置内存页寄存器(OCP_PAGE_CONFIG)

OCP_PAGE_CONFIG寄存器如图3.31和表3.27所示。

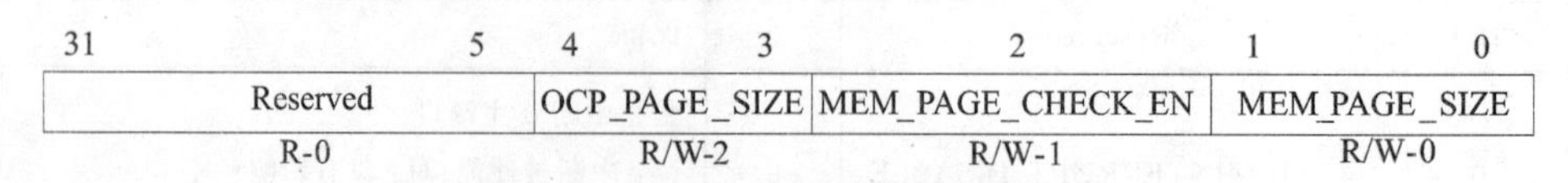

图3.31　OCP_PAGE_CONFIG寄存器

表 3.27 OCP_PAGE_CONFIG 寄存器描述

位	域	值	描 述
31-5	Reserved	0	保留
4-3	OCP_PAGE_SIZE	 0 1h 2h 3h	定义 OCP 内存接口上的页大小 4KB 2KB 1KB 512B
2	MEM_PAGE_CHECK_EN	 0 1	使能页边缘检测 禁止 使能
1-0	MEM_PAGE_SIZE	 0 1h 2h 3h	定义内部内存接口上的页大小 4KB 2KB 1KB 512B

17. 中断事件寄存器(OCP_INTERRUPT_EVENT)

OCP_INTERRUPT_EVENT 寄存器如图 3.32 和表 3.28 所示。

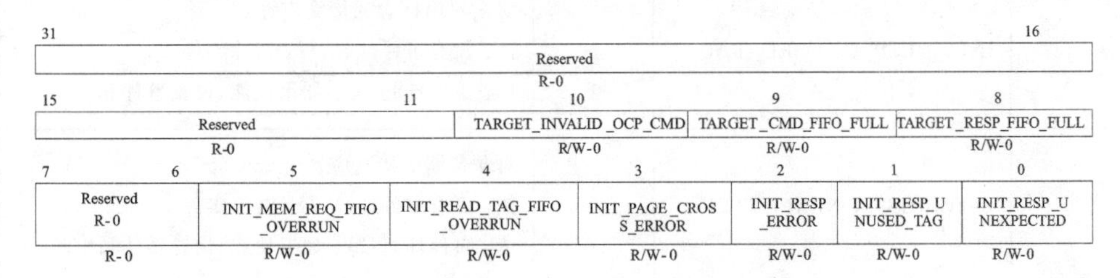

图 3.32 OCP_INTERRUPT_EVENT 寄存器

表 3.28 OCP_INTERRUPT_EVENT 寄存器描述

位	域	值	描 述
31-11	Reserved	0	保留
10	TARGET _ INVALID _ OCP _CMD	 0 1	来自 OCP 的无效命令 读：没有事件挂起；写：清除事件 读：事件挂起；写：如果使能，设置事件和中断

续表 3.28

位	域	值	描 述
9	TARGET_CMD_FIFO_FULL	 0 1	命令 FIFO 满 读：没有事件挂起；写：清除事件 读：事件挂起；写：如果使能，设置事件和中断
7-6	Reserved	0	保留
5	INIT_MEM_REQ_FIFO_OVERRUN	 0 1	内存请求 FIFO 超限 读：没有事件挂起；写：清除事件 读：事件挂起；写：如果使能，设置事件和中断
4	INIT_READ_TAG_FIFO_OVERRUN	 0 1	读标志 FIFO 超限 读：没有事件挂起；写：清除事件 读：事件挂起；写：如果使能，设置事件和中断
3	INIT_PAGE_CROSS_ERROR	 0 1	在突发期间内存页交叉 读：没有事件挂起；写：清除事件 读：事件挂起；写：如果使能，设置事件和中断
2	INIT_RESP_ERROR	 0 1	接受错误应答 读：没有事件挂起；写：清除事件 读：事件挂起；写：如果使能，设置事件和中断
1	INIT_RESP_UNUSED_TAG	 0 1	对未使用标志的接受应答 读：没有事件挂起；写：清除事件 读：事件挂起；写：如果使能，设置事件和中断
0	INIT_RESP_UNEXPECTED	 0 1	对非预期的接受应答 读：没有事件挂起；写：清除事件 读：事件挂起；写：如果使能，设置事件和中断

18. 调试模式配置寄存器(OCP_DEBUG_CONFIG)

OCP_DEBUG_CONFIG 寄存器如图 3.33 和表 3.29 所示。

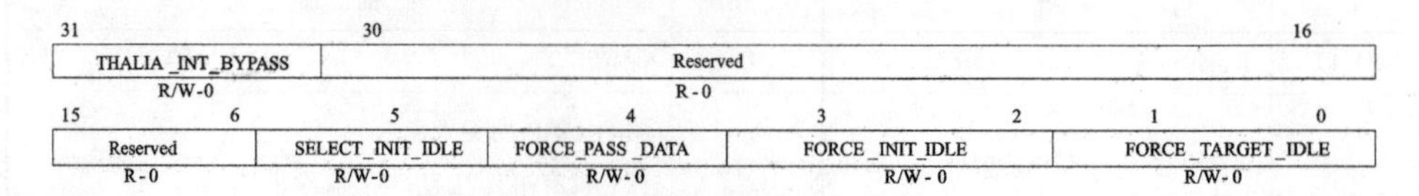

图 3.33 OCP_DEBUG_CONFIG 寄存器

表 3.29　OCP_DEBUG_CONFIG 寄存器描述

位	域	值	描　述
31	THALIA_INT_BYPASS	 0 1	旁路 OCP 中断逻辑 不能旁路 旁路内核中断
30-6	Reserved	0	保留
5	SELECT_INIT_IDLE	 0 1	选择中断协议执行哪种空闲模式 所有 SGX 空闲 OCP 启动器空闲
4	FORCE_PASS_DATA	 0 1	强制启动程序通过数据。独立于中断程序 正常模式 不阻止向 OCP 请求
3-2	FORCE_INIT_IDLE	 0 1h 2h 3h	强制 OCP 主端口空闲 正常模式 强制端口总是空闲 强制目标端口从来不处于空闲模式 正常模式
1-0	FORCE_TARGET_IDLE	 0 1h 2h 3h	强制 OCP 主端口空闲 正常模式 强制端口总是空闲 强制目标端口从来不处于空闲模式 正常模式

19. 调试状态寄存器(OCP_DEBUG_STATUS)

OCP_DEBUG_STATUS 寄存器如图 3.34 所示。

31	30	29	28	27	26	25　24
CMD DEBUG STATE	CMD RESP DEBUG STATE	TARGET IDLE	RESP FIFO FULL	CMD FIFO FULL	RESP ERROR	WHICH TARGET REGISTER
R/W-0	R/W-0	R-0	R-0	R-0	R-0	R/W-0

23　21	20　18	17	16	15　14	13	12	11
WHICH TARGET REGISTER	TARGET CMD OUT	INIT MSTANDBY	INIT MWAIT	INIT MDISCREQ	INIT MDISCACK	INIT SCONNECT2	INIT SCONNECT1
R/W-0	R-0	R-0	R-0	R-0	R/W-0	R-0	R-0

10	9　8	7　6	5　4	3	2	1　0
INIT_SCONNECT0	INIT_MCONNECT	TARGET_SIDLEACK	TARGET_SDISCACK	TARGET_SIDLEREQ	TARGET_SCONNECT	TARGET_MCONNECT
R-0	R-0	R-0	R-0	R-0	R-0	

图 3.34　OCP_DEBUG_CONFIG 寄存器

3.6 内部处理器通信

DM8168是一个多核SoC设备，因此需要软件实现对各个处理器的有效的管理和通信，即实现内部处理器通信（IPC）。该软件必须具备以下功能：

- 主处理器端能对从处理器进行管理；
- 实现内部处理器之间信息的传输和交换。

DM8168的主处理器是Cortex-A8，该处理器通常引导并加载各个从处理器（视频媒体控制器（Video-Medio Controller）、视频处理子系统媒体控制器（VPSS-Media Controller）、C674xDSP），HDVICP2协处理器由Video-Media Controller负责管理。引导加载过程包括从处理器的电源管理（电源加电/断电以及其他的电源管理）、复位控制（复位/释放从处理器）以及在合适的寄存器中写入从处理器执行的入口点。

为了实现多处理器之间的通信，DM8168设计了以下硬件功能：

- 邮箱中断（Mail box interrupts）；
- 硬件自旋锁（Hardware Spinlocks）。

3.6.1 复位请求

DM8168有上电复位（POR复位）和热复位（Warm复位）两种复位方式。对于POR复位，Cortex-A8不进行复位，它从Boot ROM中启动。Cortex-A8启动后会加载C674x DSP、VPSS-Media Controller和Video-Media Controller，如果有需要，Video-Media Controller会加载3个HDVICP2模块。

3.6.2 IPC特性

DM8168 SoC的各个处理器单元之间使用不同的IPC方法：

① 通用IPC：这是不使用任何标准的通用IPC软件。

② SysLink：这是一种新的DSP/BIOS Link实现，它允许SoC处理器之间的通信。SysLink包括ProcMgr模块，该模块负责对从处理器（Video-Media Controller、VPSS-Media Controller、C674xDSP）进行管理。Notify方法是对响应中断的API函数。SysLink同样具有完整的内部处理器通信的特性（MessageQ、RingIO和FrameQ）。

3.6.3 IPC组成及其策略

图3.35为DM8168 IPC的组成结构框图。DM8168 SoC通过使用Mailbox和Spinlock硬件来简化IPC机制。

Mailbox为处理器提供了通过写寄存器向其他处理器发送中断的机制。Cortex-A8、C674x DSP和Media Controller之间通过系统级的Mailbox进行通信（即IPC）。3个HDVICP2的IP模块有各自独立的Mailbox。DM8168 SoC通过自旋锁方便实

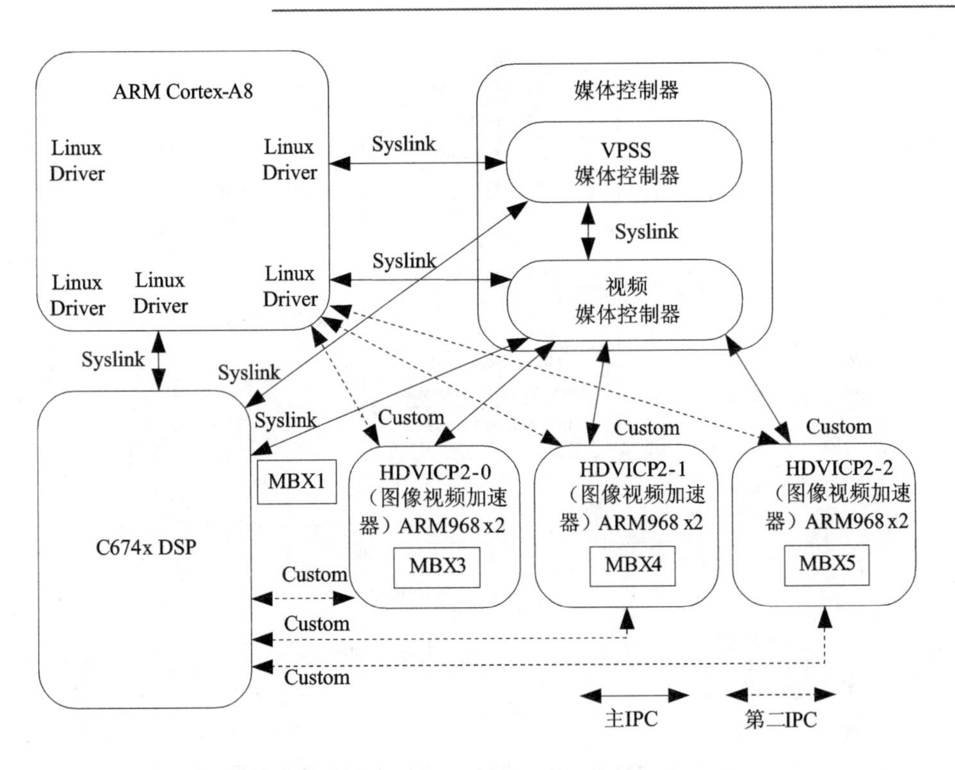

图 3.35 DM8168 IPC 的组成结构框图

现了系统共享资源的互斥。

不同的处理器之间通过以下 IPC 机制实现通信：

① SysLink/IPC

- Cortex-A8 与 C674x DSP 通信
- Cortex-A8 与 Video-Media Controller 通信
- Cortex-A8 与 VPSS-Media Controller 通信
- Video-Media Controller 与 VPSS-Media Controller 通信
- C674x DSP 与 Video-Media Controller 通信
- C674x DSP 与 VPSS-Media Controller 通信

② 自定义

- Video-Media Controller 与 HDVICP2 通信

(1) 系统 IPC

图 3.36 描述了 Mailbox1(MBX1)在系统 IPC 的使用情况。Mailbox 通过 4 个不同的中断使得 Cortex-A8、C674x DSP、Video-Media Controller 和 VPSS-Media Controller 之间可以进行通信。DDR 被用来作为共享内存共享的接口。IPC 可以在图 3.36 的任意处理之间建立。Cortx-A8 可以通过 SysLink 与 C674x、Video-Media Controller 以及 VPSS-Media Controller 进行通信。

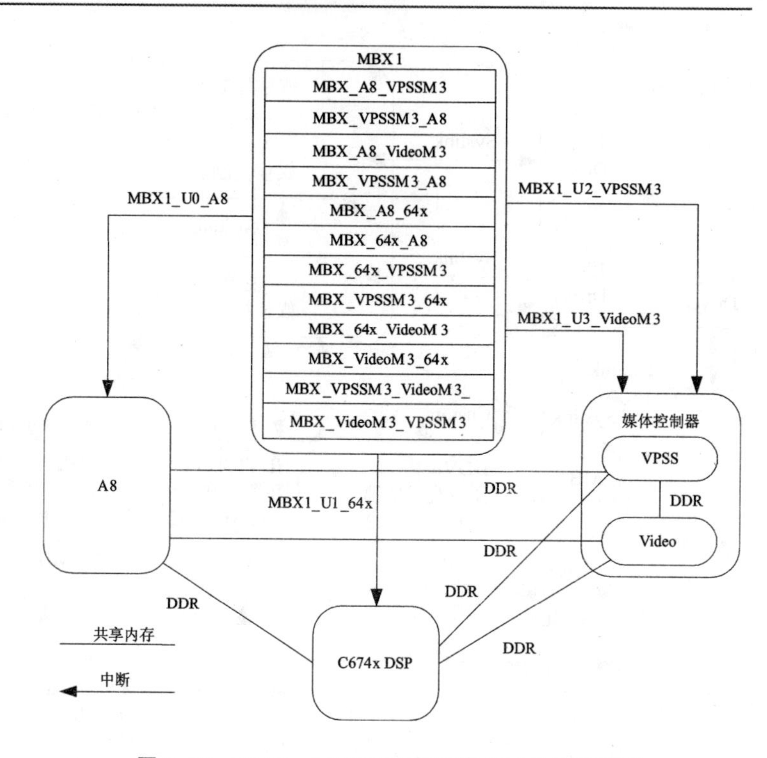

图 3.36　Mailbox1(MBX1)在系统 IPC 的使用情况

(2) HDVICP2-0 IPC

图 3.37 为 Mailbox3(MBX3)用于 HDVICP2-0 与其他处理器之间的通信。每

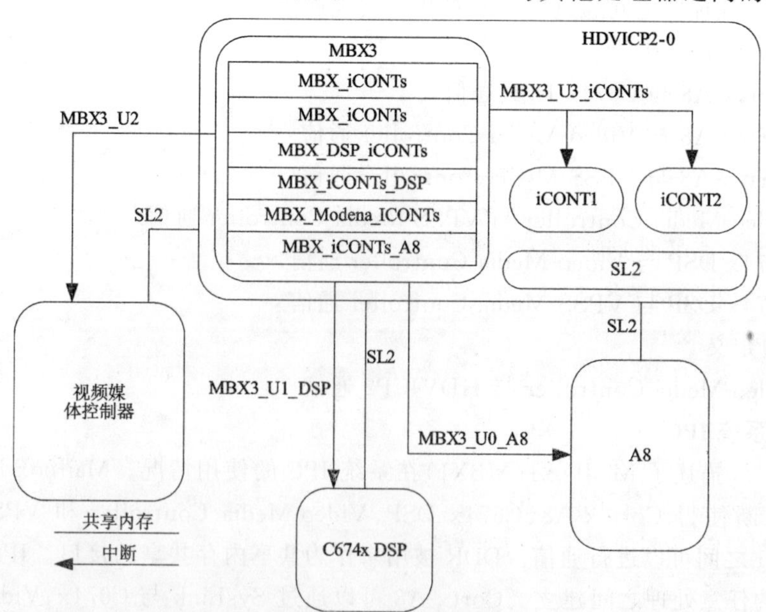

图 3.37　HDVICP2-0 与其他处理器之间的通信

一次只能有一个处理器控制 HDVICP2。Video-Media Comntroller 是 HDVICP2 的主控制器,从该图中可以看到 Mailbox 的中断。HDVICP2 无法通过访问 DDR 或者 L3/L4 交换结构,所以 IPCs 通过 L2 级共享内存与其他处理器共享数据。HDVICP2 软件封装在 xDM 的 API 函数中。

(3) HDVICP2-1 IPC 与 HDVICP2-2 IPC

HDVICP2-1 和 HDVICP2-2 与其他处理器之间的通信分别使用 Mailbox4(MBX4)和 Mailbox5(MBX5),HDVICP-1 和 HDVICP-02 的控制方式与 HDVICP2-0,只需要将其中的 MBX3 分别更改为 MBX4 和 MBX5。

3.6.4 IPC 配置

(1) 共享存储器

共享存储器作为 IPC 系统的必要组成部分,必须注意高速缓存的一致性。

(2) IPC 邮箱中断模块

IPC 的中断由邮箱模块生成。所有邮箱都采用有效的高电平和低电平中断,根据处理器类型的特性分别连接适当类型的中断。每个邮箱的邮箱子模块可以提供 2 条消息。

(3) 硬件自旋锁

自旋锁是专为防止多处理器并发而引入的一种锁,提供直接访问互斥支持,大量应用在内核中断处理等部分。自旋锁是一种非常有效的保护机制,可以保护共享内存中可能会被多个处理器同时访问的数据结构。如果满足下列条件,可以使用自旋锁:

① 持有该锁的时间是可以预测且短暂的。(考虑软硬件系统设计的规模大小,比如最大占有时间小于 200 个 CPU 周期时钟)

② 当持有该锁时候不能被中断或打断。(使得保持时间变长且不可预知)

③ 当某一个执行单元持有锁时,其他进程或处理器试图获得锁的机会比较小。

如果这些条件成立,则锁代码可以获得一次失败的尝试,直到成功获取锁。自旋锁单元为器件的多处理器的进程同步运行提供硬件支持:

- 应用处理器 ARM Cortex-A8;
- C674x DSP。

注意:HDVICP2 不能访问 L3/L4 交换结构,因此 IPC 的 HDVICP2 不能使用自旋锁。

硬件自旋锁用于 SysLink 和 IPC 产品,为 SoC 的处理器提供多核多进程运行模式,保护对共享内存控制的访问。除此之外,自旋锁可以为系统级资源管理提供互斥机制。DM8168 SoC 系统具有 64 个自旋锁。

3.6.5 邮 箱

1. 概 述

片上处理器之间的通信是通过有序的邮箱中断机制实现的。有序邮箱中断机制通过一组寄存器和相关的中断信号发送/接收消息，允许两个处理器之间建立通信通道。DM8168有两种邮箱模块实例：

① 系统邮箱：用于Cortex-A8微处理器(Cortex-A8 CPU)和C674x数字信号处理器(C674x DSP)通信。

② HDVICP2邮箱：用于一个内部处理器与HDVICP2子系统用户(ICONT1和ICONT2)的通信，并且用于三个外部处理器与HDVICP2子系统(Cortex-A8的MPU、C674x DSP和Video-Media Controller)。这些通信通过3对邮箱来保障。

邮箱模块的主要特性包括：

① 系统邮箱实例的4个用户(Cortex-A8的MPU、C674x DSP和媒体控制器子系统)，HDVICP2邮箱实例的4个用户(ICONT1/ICONT2、Cortex-A8 MPU、C674xDSP以及Video-Media Controller MPU)。

② 系统邮箱有4个消息队列、HDVICP2邮箱有6个消息队列。

③ 每个邮箱可以通过中断配置实现接收器和发送器的灵活分配。

④ 系统邮箱有4个中断(一个用户一个)，HDVICP2邮箱有4个中断(一个用户一个)；

⑤ 32bit的消息带宽；

⑥ 每个消息队列的FIFO深度为4。

⑦ 使用中断通知消息接收与队列使用未满；

⑧ 支持16bit/32bit的寻址方案；

⑨ 支持电源管理。

2. 系统邮箱集成

图3.38和表3.30-3.32为系统邮箱集成。

表3.30 集成属性

模块实例	属性	
	电源域	互连
SYSTEM_MAILBOX	PD_ALWAYS_ON	L4_STANDARD

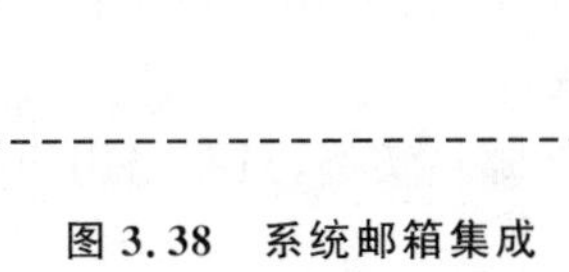
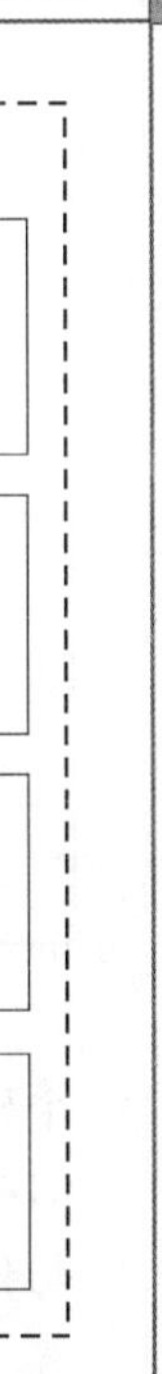

图 3.38　系统邮箱集成

表 3.31　时钟和复位

时钟				
模块实例	目标信号	源信号	源	描　述
SYSTEM_MAILBOX	MAILBOX_FCLK	SYSCLK6	PRCM	邮箱互连时钟，用于所有接口和功能操作
复位				
模块实例	目标信号源信号	源信号	源	描　述
SYSTEM_MAILBOX	MAILBOX_RST	ALW_DOM_RST_N	PRCM	邮箱硬件复位。寄存器复位异步复位

表 3.32　硬件请求

模块实例	源信号	目标信号	目　标	描　述
SYSTEM_MAILBOX	MAIL_U0_IRQ	A_IRQ_77	Cortex-A8	系统邮箱使用中断 0
	MAIL_U1_IRQ	D_IRQ_56	DSP	系统邮箱使用中断 1

3. 功能描述

DM8168 具有以下邮箱实例：

- 系统邮箱；

- HDVICP2-0 邮箱；
- HDVIVP2-1 邮箱；
- HDVICP2-2 邮箱。

表 3.33 所列为邮箱在 DM8168 的实现，其中 u 是用户号、m 是邮箱号。

表 3.33 邮箱在 DM8168 中的实现

邮箱类型	用户号(u)	邮箱号(m)	每个邮箱的消息
系统邮箱	0-3	0-11	4
HDVICP2-0 邮箱	0-3	0-5	4
HDVICP2-1 邮箱	0-3	0-5	4
HDVICP2-2 邮箱	0-3	0-5	4

邮箱模块通过用户之间的消息队列提供了一种通信方法（根据邮箱模块实例），个别邮箱模块（系统邮箱实例的 12 与每一个 HDVICP2 邮箱实例的 6）可以通过 MAILBOX_IRQENABLE_SET_u（或者 MAILBOX_IRQENABLE_CLR_u）寄存器与任何一个处理器关联（去关联）。

注：对于每一个 HDVICP2 邮箱实例，只有当用户是 ICONT1 或 ICONT2 才可以通信。

系统邮箱模块包含以下用户子系统：

- 用户 0：Cortex-A8 子系统（u=0）；
- 用户 1：DSP 子系统（u=1）；

每个 HDVICP2 邮箱模块包含以下用户子系统，其中 x=0,1,2：

- 用户 0：Cortex-A8 MPU 子系统（u=0）；
- 用户 1：DSP 子系统（u=1）；
- 用户 3：HDVICP2 子系统—仅仅只对 HDVICP2 邮箱实例可用（u=3）。

每一个用户有一个来自对应的邮箱模块实例的专门的中断信号、专门的中断使能和状态寄存器。每个 MAILBOX_IRQENABLE_CLR_u 中断寄存器对应一个特定的用户。对于系统邮箱实例，用户可以通过 L4_STANDARD（L4 STD）互连来查询它的中断状态寄存器。对于 HDVICP2 邮箱实例，用户可以通过以下方式查询中断状态寄存器：

- Cortex-A8 MPU 和 DSP：通过 L3 互连；
- ICONT1/ICONT2 和 DSP：私有访问（直接通过 HDVICP2 和 DSP 本地互连）。

图 3.39 为邮箱的框图。

① 软件复位

邮箱模块支持通过 MAILBOX_SYSCONFIG[0]. SOFTRRESET 位的软件复位功能，将这位设置为 1 就使能软件复位，在功能上与硬件复位一样。通过读取 MAILBOX_ SYSCONFIG[0]. SOFTRRESET 位可以得到软件复位的状态：

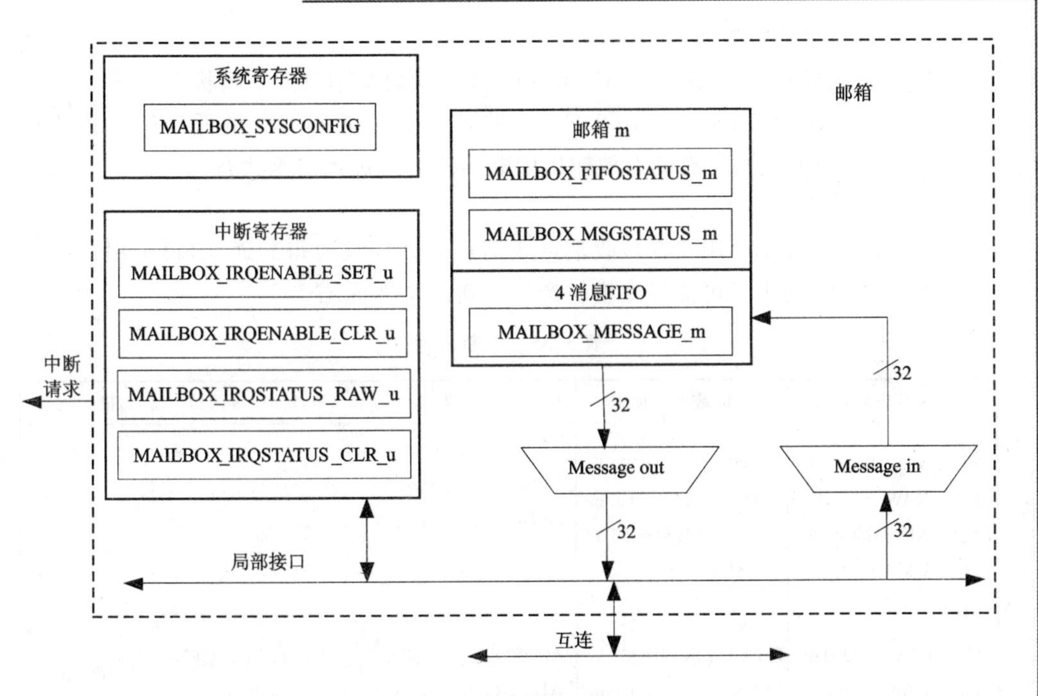

图 3.39　邮箱系统框图

- 1：正在进行软件复位；
- 0：软件复位完成。

必须保证软件复位在邮箱操作之前完成。

② 电源管理

表 3.34 描述了邮箱模块的电源管理特性。

表 3.34　电源管理特性

特　性	寄存器	描　述
时钟选通	NA	功能不可用
Slave 空闲模式	MAILBOX_SYSCONFIG[3：2]. SIDLEMODE	强制空闲、非空闲和智能空闲模式的功能都可用
时钟有效	NA	功能不可用
Master 旁路模式	NA	功能不可用
Global 唤醒模式	NA	功能不可用
唤醒源使能	NA	功能不可用

采用 MAILBOX_SYSCONFIG[3：2] SIDLEMODE 位字段可以将邮箱模块配置成以下模式：

- 强制空闲模式(SIDLEMODE＝0x0)：当 PRCM 模块发出低功耗模式请求，邮箱模块立即进入空闲状态。在这种状态下，软件必须确保在请求进入空闲转状态之前没有有效的中断输出。

- 非空闲模式(SIDLEMODE=0x1):邮箱模块从不进入空闲状态。
- 智能空闲模式(SIDLEMODE=0x2):在接收到 PRCM 的低功耗模式请求后,邮箱模块在所有的有效输出中断确认之后进入空闲状态。

③ 中断请求

中断请求允许邮箱用户在接收消息或消息队列未满时得到通知,每个用户有一个中断,表 3.35 列出了可能导致模块产生中断的事件标志。

表 3.35 中断事件

不可屏蔽中断标志	可屏蔽事件标志	事件屏蔽位	事件不可屏蔽位	描 述
MAILBOX_IRQSTATUS_RAW_u[0+m*2].NEWMSGSTATUSUUMBm	MAILBOX_IRQSTATUS_CLR_u[0+m*2].NEWMSGSTATUSUUMBm	MAILBOX_IRQENABLE_CLR_u[0+m*2]		
MAILBOX_IRQSTATUS_RAW_u[0+m*2].NEWMSGSTATUSUUMBm	MAILBOX_IRQSTATUS_CLR_u[0+m*2].NEWMSGSTATUSUUMBm	MAILBOX_IRQENABLE_CLR_u[0+m*2].NEWMSGSTATUSUUMBm	MAILBOX_IRQENABLE_SET_u[0+m*2].NEWMSGSTATUSUUMBm	邮箱 m 接受一个新消息
MAILBOX_IRQSTATUS_RAW_u[1+m*2].NOTFULLSTATUSUUMBm	MAILBOX_IRQSTATUS_CLR_u[1+m*2].NOTFULLSTATUSUUMBm	MAILBOX_IRQENABLE_CLR_u[1+m*2].NOTFULLSTATUSUUMBm	MAILBOX_IRQENABLE_SET_u[1+m*2].NOTFULLSTATUSUUMBm	邮箱 m 的消息队列未满

注:如果软件已经处理事件产生的中断,必须在 MAILBOX_IRQSTATUS_CLR_u 寄存器相应的位写上逻辑 1 来清除,在 MAILBOX_IRQSTATUS_CLR_u 相应位写 1 会使对应的 MAILBOX_IRQSTATUS_RAW_u 寄存器位为 0。

当在对应的 MAILBOX_IRQENABLE_SET_u 寄存器的非屏蔽位写 1,事件就会产生中断请求,MAILBOX_IRQSTATUS_CLR_u 寄存器和 MAILBOX_IRQSTATUS_RAW_u 寄存器接收到事件的报告。当 MAILBOX_IRQSTATUS_CLR_u 寄存器对应的屏蔽位被写 1,事件就不能生成中断请求,只有 MAILBOX_IRQSTATUS_RAW_u 寄存器接收到事件的报告,即使该事件的中断请求没有使能。

④ 接收器/发送器分配

为一个邮箱分配接收器,在 MAILBOX_IRQENABLE_SET_u 寄存器中将新的消息中断使能位设置为与所需的邮箱一致。接收器读取 MAILBOX_MESSAGE_m

寄存器，获取邮箱消息。邮箱接收器不使用中断，采用轮流交替的方法查询 MAILBOX_FIFOSTATUS_m 和(或)MAILBOX_MEGSTATUS_m 寄存器知道什么时候从邮箱接收或发送消息。这个方法不需要为邮箱分配接收器，因为该方法不包括邮箱的具体分配，软件必须避免多个接收器采用同一个邮箱(可能会导致不连续性)。

为邮箱分配发送器，在 MAILBOX_IRQENABLE_u 寄存器中设置设计邮箱的队列未满中断使能位，其中 u 表示发送用户号。但是不建议直接为邮箱分配发送器，因为可能会引起处理器的连续中断。建议采用寄存器轮询：

- 检测 MAILBOX_FIFOSTATUS_m 和 MAILBOX_MEGSTATUS_m 寄存器的状态；
- 如果空间允许，向相应的 MAILBOX_MESSAGE_m 寄存器写消息。

当初始邮箱状态检测表明邮箱已满，发送器可能使用队列未满中断。在这种情况下，发送器可以在 MAILBOX_IRQENABLE_SET_u 的合适位使队列未满中断使能，允许发送器在 FIFO 队列至少有一个进入的时候接收到中断。

通过读取 MAILBOX_IRQSTATUS_CLR_u 寄存器决定特定用户的新消息状态以及队列未满中断。向 MAILBOX_IRQSTATUS_CLR_u 寄存器相应位写 1 并且随后产生中断。

注意：不推荐给同一个邮箱分配多个发送器和接收器。

⑤ 消息接收与发送

向 MAILBOX_MESSAGE_m 写入 32bit 消息时，该消息被附加到 FIFO 消息队列。该队列拥有 4 项消息，如果队列已满，该消息将被丢弃。可以通过首先读取 MAILBOX_FIFOSTATUS_m 寄存器来检测邮箱消息队列是否已满来避免队列溢出。读取 MAILBOX_MESSAGE_m 寄存器返回 FIFO 队列的第一个消息，并且将其从队列移除。如果读取 MAILBOX_MESSAGE_m 寄存器时，FIFO 队列是空的，将返回 0 值。当邮箱消息 FIFO 队列中至少有一条消息时才可以产生新消息中断，可以通过读取 MAILBOX_MSGSTATUS_m 寄存器来知道邮箱消息队列的消息数目。

⑥ 16bit 访问

16bit 寄存器处理器可以访问邮箱模块，该模块允许 16bit 寄存器的读写访问。16bit 半字寄存器采用低字节序方式，即地址低位存储值的低 16 位，地址高位存储值的高 16 位。除开 MAILBOX_MESSAGE_m 寄存器(必须始终由单个 32bit 访问或两个连续的 16bit 访问)，可以采用独立的无交叉存取 16 位访问(读取或写入)所有的邮箱模块寄存器。

4. 邮箱寄存器

表 3.36 列出了 DM8168 邮箱寄存器。

表 3.36 邮箱寄存器

偏移地址	缩 写	寄存器描述
0h	MAILBOX_REVISION	邮箱修订寄存器
10h	MAILBOX_SYSCONFIG	邮箱系统配置寄存器
40h+(4h × m)	MAILBOX_MESSAGE_m	邮箱消息寄存器
80h+(4h × m)	MAILBOX_FIFOSTATUS_m	邮箱 FIFO 状态寄存器
C0h+(4h × m)	MAILBOX_MSGSTATUS_m	邮箱消息状态寄存器
100h+(10h × u)	MAILBOX_IRQSTATUS_RAW_u	邮箱 IRQ RAW 状态寄存器
104h+(10h × u)	MAILBOX_IRQSTATUS_CLR_u	邮箱 IRQ 清除状态寄存器
108h+(10h × u)	MAILBOX_IRQENABLE_SET_u	邮箱 IRQ 使能设置寄存器
10Ch+(10h × u)	MAILBOX_IRQENABLE_CLR_u	邮箱 IRQ 使能清除寄存器

(1) 系统配置寄存器(MAILBOX_SYSCONFIG)

该寄存器控制通信接口的各种参数,如图 3.40 和表 3.37 所示。

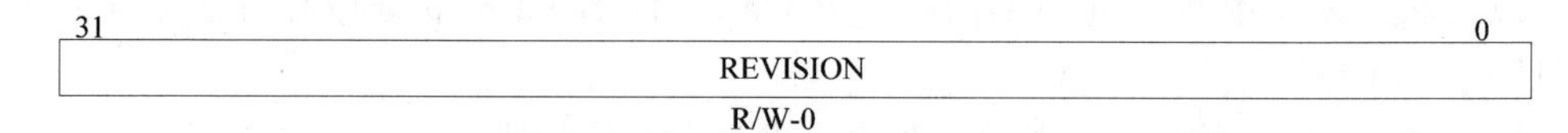

图 3.40 MAILBOX_SYSCONFIG 寄存器

表 3.37 MAILBOX_SYSCONFIG 寄存器描述

位	域	值	描 述
31 -0	REVISIONID	0-FFFF FFFFh	IP 版本

(2) 消息寄存器(MAILBOX_MESSAGE_m)

如图 3.41 和表 3.38 所示,MAILBOX_MESSAGE_m 寄存器存储下一个邮箱被读取的消息,从 FIFO 队列中读取消息。

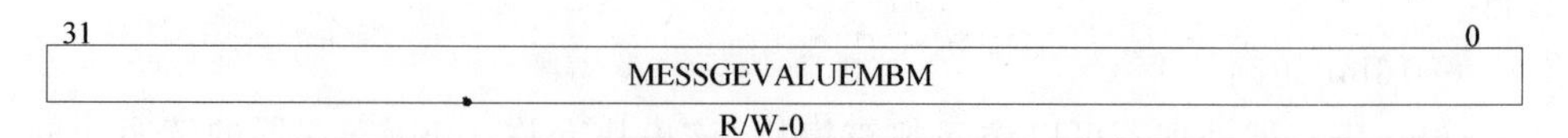

图 3.41 MAILBOX_MESSAGE_m 寄存器

表 3.38 MAILBOX_MESSAGE_m 寄存器描述

位	域	值	描 述
31 -0	MESSAGEVALUEMBM	0-FFFF FFFFh	邮箱消息

(3) FIFO 状态寄存器(MAILBOX_FIFOSTATUS_m)

如图 3.42 和表 3.39 所示,FIFO 状态寄存器存储邮箱内部 FIFO 相关的状态。

图 3.42 MAILBOX_FIFOSTATUS_m 寄存器

表 3.39 MAILBOX_FIFOSTATUS_m 寄存器描述

位	域	值	描　述
31-1	MESSAGEVALUEMBM	0-7FFF FFFFh	邮箱消息
0	FIFOFULLMBM		邮箱满的标志
		0	邮箱 FIFO 没有满
		1	邮箱 FIFO 已满

(4) 消息状态寄存器(MAILBOX_MSGSTATUS_m)

如图 3.43 和表 3.40 所示,消息状态寄存器存储邮箱消息状态。

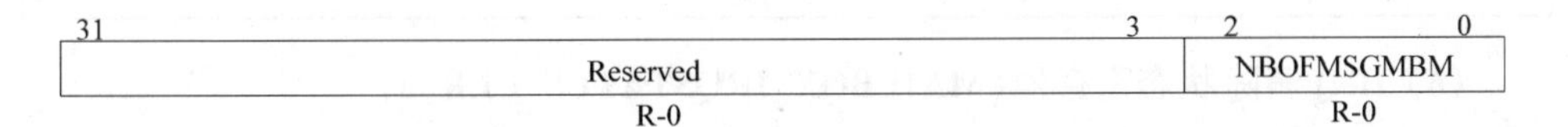

图 3.43 MAILBOX_MSGSTATUS_m 寄存器

表 3.40 MAILBOX_MSGSTATUS_m 寄存器描述

位	域	值	描　述
31-3	Reserved	0	保留
0	NBOFMSGMBM	0-7h	邮箱内未被读取的消息数,每个邮箱最多有 4 个消息

(5) IRQ RAW 状态寄存器(MAILBOX_IRQSTATUS_RAW_u)

如图 3.44 和表 3.41 所示,中断状态寄存器存储存储每个未处理事件的状态,这些事件可能会向相应的用户产生中断(向对应的位写 1)。这个寄存器主要用于调试。

31-24							
Reserved							
R/W-0							
23	22	21	20	19	18	17	16
NOTFULLSTATUSUUMB11	NEWMSGSTATUSUUMB11	NOTFULLSTATUSUUMB10	NEWMSGSTATUSUUMB10	NOTFULLSTATUSUUMB9	NEWMSGSTATUSUUMB9	NOTFULLSTATUSUUMB8	NEWMSGSTATUSUUMB8
R/W-0	R/W-0	R/W-0	R/W-0	R/W-0	R/W-0	R/W-0	R/W-0
15	14	13	12	11	10	9	8
NOTFULLSTATUSUUMB7	NEWMSGSTATUSUUMB7	NOTFULLSTATUSUUMB6	NEWMSGSTATUSUUMB6	NOTFULLSTATUSUUMB5	NEWMSGSTATUSUUMB5	NOTFULLSTATUSUUMB4	NEWMSGSTATUSUUMB4
R/W-0	R/W-0	R/W-0	R/W-0	R/W-0	R/W-0	R/W-0	R/W-0
7	6	5	4	3	2	1	0
NOTFULLSTATUSUUMB3	NEWMSGSTATUSUUMB3	NOTFULLSTATUSUUMB2	NEWMSGSTATUSUUMB2	NOTFULLSTATUSUUMB1	NEWMSGSTATUSUUMB1	NOTFULLSTATUSUUMB0	NEWMSGSTATUSUUMB0
R/W-0	R/W-0	R/W-0	R/W-0	R/W-0	R/W-0	R/W-0	R/W-0

图 3.44 MAILBOX_IRQSTATUS_RAW_u 寄存器

表 3.41　MAILBOX_IRQSTATUS_RAW_u 寄存器描述

位	域	值	描　述
31-24	Reserved	0	保留
23 21 … 3 1	NOTFULLSTATUSUUMB11 NOTFULLSTATUSUUMB10 … NOTFULLSTATUSUUMB1 NOTFULLSTATUSUUMB0	0 1	用户 u,邮箱 11、10…1、0 未满状态位 读:没有事件挂起(消息队列满); 写:没有影响; 读:事件挂起(消息队列未满); 写:设置事件(用于调试)
22 20 … 2 0	NOTFULLSTATUSUUMB11 NOTFULLSTATUSUUMB10 … NOTFULLSTATUSUUMB1 NOTFULLSTATUSUUMB0	0 1	用户 u,邮箱 11、10…1、0 新消息状态位 读:没有事件(消息)挂起; 写:没有影响; 读:事件(消息)挂起; 写:设置事件(用于调试)

(6) IRQ 清除状态寄存器(MAILBOX_IRQSTATUS_CLR_u)

该中断状态寄存器存储中断使能的的状态,这些可能向对应的用户产生中断(向对应的位写 1 复位)。寄存器的描述如图 3.44 和表 3.41 所示。

(7) IRQ 使能设置寄存器(MAILBOX_IRQENABLE_SET_u)

该中断使能寄存器使能,用于让对应用户的中断源不被屏蔽。寄存器的描述如图 3.44 和表 3.41 所示。

(8) IRQ 使能清除寄存器(MAILBOX_IRQENABLE_CLR_u)

该中断使能寄存器使能,用于屏蔽对应用户的中断源。寄存器的描述如图 3.44 和表 3.41 所示。

3.6.6　自旋锁

1. 概　述

如图 3.45 所示的自旋锁模块图,DM8168 自旋锁模块为器件多核处理器的同步运行提供硬件支持:

- Cortex-A8 微处理器系统;
- DSP 子系统;
- 媒体控制器子系统。

自旋锁模块有 64 个硬件信号,可以为器件资源提供高效的单一读访问的锁定操作,避免了可编程内核不能实现的总线读写修改。

自旋锁可以为异构处理器和非单一、共享操作系统之间的同步和互斥提供需求,没有可以替代的机制来实现不同处理器之间的通信操作。自旋锁不是用来同步一个

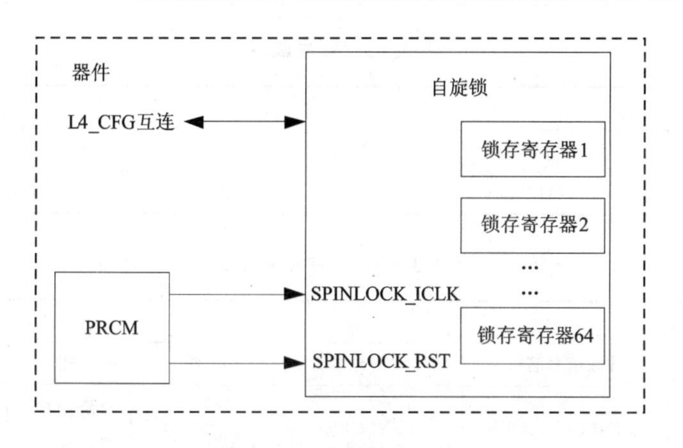

图 3.45　旋锁模块框图

CPU 的任务和线程的最好的方式，相反，自旋锁是用来同步该器件的不同子系统，而且该器件没有其他基于硬件的同步方法。自旋锁不解决系统的所有同步问题，它们的应用是受限制，而且为了实现高级同步协议应该谨慎使用。共享数据结构访问互斥的时候，自旋锁可以在以下条件使用：

- 锁的持有时间是可预测且不会很长（比如最大占有时间小于 200 个 CPU 周期时钟）；
- 当持有该锁时候不能被中断或打断（使得保持时间变长且不可预知）；
- 当某一个执行单元持有锁时，其他进程或处理器试图获得锁的机会比较小。

如果这些条件成立，则锁代码可以获得一次失败的尝试，直到成功获取锁。如果条件不满足，那么就不适合使用自旋锁。可以将自旋锁用于关键部分控制，实现一个高级信号，支持抢占、通知、超时或更高级别的属性。

2. 自旋锁集成

图 3.46 以及表 3.42、表 3.43 为自旋锁在 DM8168 内部的集成。注意：自旋锁模块不支持任何中断和 DMA 请求。

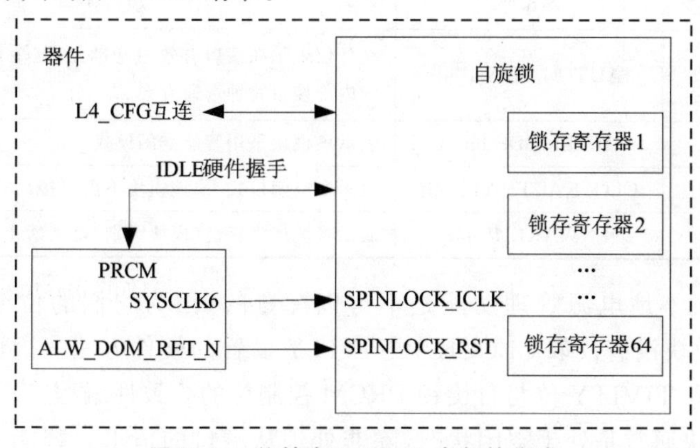

图 3.46　旋锁在 DM8168 内部的集成

表 3.42 集成属性

模块实例	属性	
	电源域	互连
SPINLOCK	PD_ALWAYS_ON	L4_STANDARD

表 3.43 时钟和复位

时钟				
模块实例	目标信号名称	源信号名称	源	描　述
SPINLOCK	SPINLOCK_ICLK	SYSCLK6	PRCM	自旋锁接口时钟,用于所有接口和功能操作
复位				
模块实例	目标信号名称	源信号名称	源	描　述
SPINLOCK	SPINLOCK_RST	ALW_DOM_RST_N	PRCM	自旋锁硬件复位,用于自旋锁寄存器异步复位

3. 功能描述

① 软件复位

自旋锁模块可以通过 SPINLOCK_SYSCONFIG[1] SOFTRESET 位实现软件复位。将这一位设置为 1 将软件复位功能使能,与硬件复位有同等的功能。当该位设置为 0 时,表明软件复位已经完成。必须确保在做自旋锁操作之前软件复位已经完成。

② 电源管理

表 3.44 描述了自旋锁模块的电源管理功能。

表 3.44 电源管理功能

功能	寄存器	描　述
时钟自动选通	AUTOGATING bit	这一位表示在接口有效的基础上,这个模块使用了自动的内部接口时钟选通方案
Slave 空闲模式	SIDLEMODE bit 域	表示该模块采用智能空闲模式
时钟有效	CLOCKACTIVITY bit	表示在空闲模式下,该模块不需要接口时钟,可以关闭
Global 唤醒使能	ENWAKEUP bit	表示唤醒产生特性(模块级别)是被禁止的

注:所有的本地电源管理功能是不可以配置的(因为它们的位或位段是只读的)。PRCM 模块没有读取 CLOCKACTIVITY 设置的硬件方法。因此。软件必须保证 CLOCKACTIVITY 位与自旋锁 PRCM 控制位的一致性编程。

自旋锁模块通常是处于空闲状态,除非处理从端口的请求。智能空闲模式在模块准备好进入空闲状态时才会识别 PRCM 模块的空闲模式请求。如果自旋锁没有任何正在处理的请求,自旋锁模块总是准备好进入空闲模式。自旋锁模块采用保持触发器来保持状态,包括锁存寄存器的状态。这就意味着自旋锁模块在它没有处理请求的任何时候都可以处于保持状态而且知道系统不需要进入该模块。

软件必须确保只有在不会丢锁时才可以掉电。一般情况下自旋锁模块的掉电步骤包括:

- 检查所有可能使用自旋锁模块的主机:
  - 已经断电;
  - 通知自旋锁模块不再被使用而且通知被识别。
- 如果需要,检查自旋锁模块目前没持有锁。64 个锁的每一个 bank 状态都可以从寄存器读取。如果持有任何锁,它们就是独立的,因为不会被任何激活的主机持有。同时,也可以决定等待一个超时周期,允许任何有效的主机在掉电之前清除所有的锁。
- 可以通过在 PRCM 模块写入相应的状态让自旋锁模块掉电。在整个系统掉电的情况下,这些步骤是不必要的。

③ 功能操作

自旋锁模块支持 64 个自旋锁,一次只接受一个单一的命令,在接受下一个命令之前需要完成之前的命令。通过读取 SPINLOCK_LOCK_REG_i[0] TAKEN 位获取锁定请求,有两种状态:

锁定(Taken):SPINLOCK_LOCK_REG_i[0] TAKEN=1;

没有锁定(Not Taken):SPINLOCK_LOCK_REG_i[0] TAKEN=0。

当锁 i(i=0,1…63)的状态是 Not Taken(未锁定)的,SPINLOCK_LOCK_REG_i 返回 0 值,而且将锁的状态设置为 Taken(锁定)。当锁 i 的状态时 Taken 的,则保持该状态不被改变。向 SPINLOCK_LOCK_REG_i 寄存器写不会改变锁的状态,除非锁的状态是 Taken 时,写入 0 释放锁。SPINLOCK_LOCK_REG_i 寄存器的状态框图如图 3.47 所示。

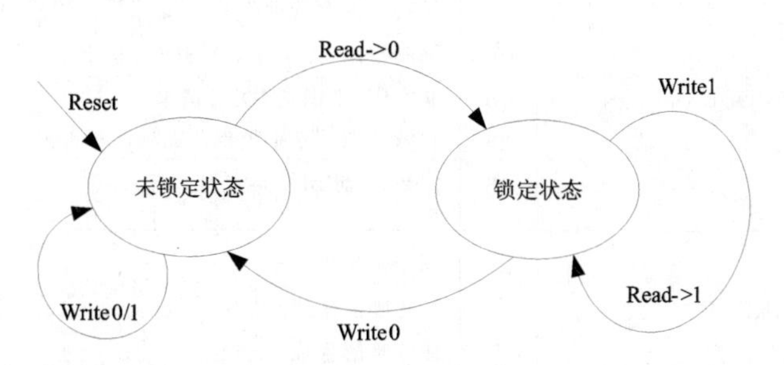

图 3.47　SPINLOCK_LOCK_REG_i 寄存器的状态框图

注意:自旋锁只支持 32bit 的读写操作。

4. 自旋锁寄存器

表3.45列出了自旋锁模块寄存器。

表3.45 自旋锁寄存器

偏移地址	缩写	寄存器描述
00h	SPINLOCK_REV	修订寄存器
010h	SPINLOCK_SYSCFG	系统配置寄存器
014h	SPINLOCK_SYSSTAT	系统状态寄存器
800h+(4h × i)	SPINLOCK_LOCK_REG_i	锁存寄存器

(1) 系统配置寄存器(SPINLOCK_SYS_CFG)

自旋锁系统配置寄存器如图3.48和表3.46所示。

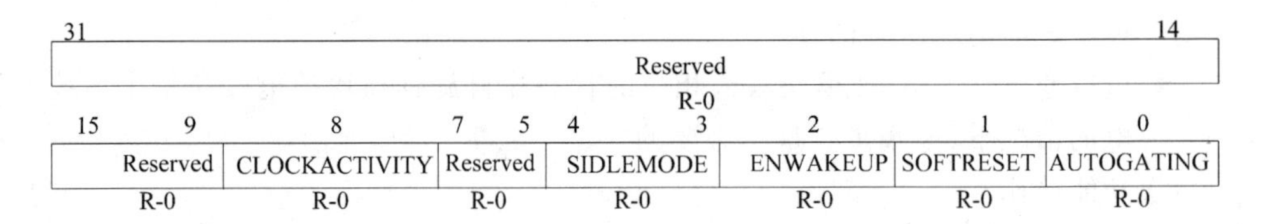

图3.48 SPINLOCK_SYS_CFG寄存器

表3.46 SPINLOCK_SYS_CFG寄存器描述

位	域	值	描述
31-9	Reserved	0	保留
8	CLOCKACTIVITY	 0 1	表明在IDLE模式下。该模块是否需要接口时钟 不需要接口时钟且可能会被关闭 即使在空闲模式下也需要接口时钟
7-5	Reserved	0	保留
4-3	SIDLEMODE	 0 1h 2h 3h	从接口电源管理(TDLE请求/应答控制) 强制空闲,无条件应答IDLE请求 非空闲,不识别IDLE请求 智能空闲。基于内部活动确认是否识别IDLE请求 保留,不使用
2	ENWAKEUP	 0 1	同步唤醒生成 禁止唤醒生成 使能唤醒生成

续表 3.46

位	域	值	描 述
1	SOFTRESET	 0 1	模块软件复位 没有影响 开始软件复位序列
0	AUTOGATING	 0 1	内部接口时钟门控方案 当 L4 标准互连处于空闲,接口时钟不选通 L4-CFG 接口有效时,采用自动内部接口时钟门控方案

(2) 系统状态寄存器(SPINLOCK_SYSSTAT)

自旋锁系统状态寄存器如图 3.49 和表 3.47 所示。

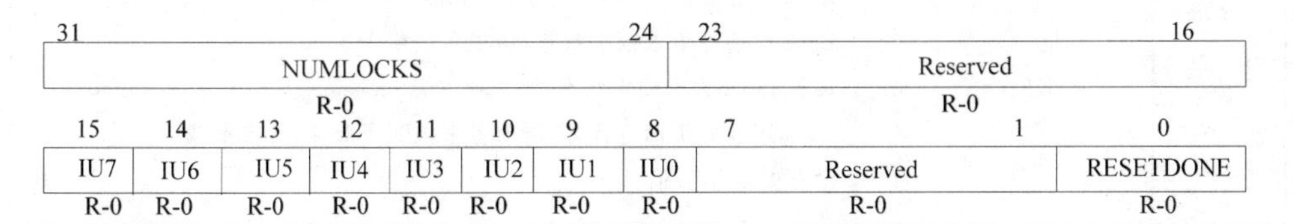

图 3.49 SPINLOCK_SYSSTAT 寄存器

表 3.47 SPINLOCK_SYSSTAT 寄存器描述

位	域	值	描 述
31-24	NUMLOCKS	 1h 2h 4h 8h	锁存寄存器数量 32 个锁存寄存器 64 个锁存寄存器 128 个锁存寄存器 256 个锁存寄存器
23-16	Reserved	0	保留
15-10	IU7-IU2	0	使用标志 7-2,读取总是返回 0
9	IU1	 0 1	使用标志 1。包括锁存寄存器 0-31 所有锁存寄存器 0-31 都在未锁定状态 0-31 锁存寄存器中至少一个处于锁定状态
8	IU0	 0 1	使用标志 1。包括锁存寄存器 32-63 所有锁存寄存器 0-31 都在未锁定状态 32-63 锁存寄存器中至少一个处于锁定状态
7-1	Reserved	0	保留
0	RESETDONE	 0 1	复位结束状态 复位正在进行 复位完成

(3) 锁存寄存器(SPINLOCK_LOCK_REG_i))

锁存寄存器如图 3.50 和表 3.48 所示,其中 i=0-63。

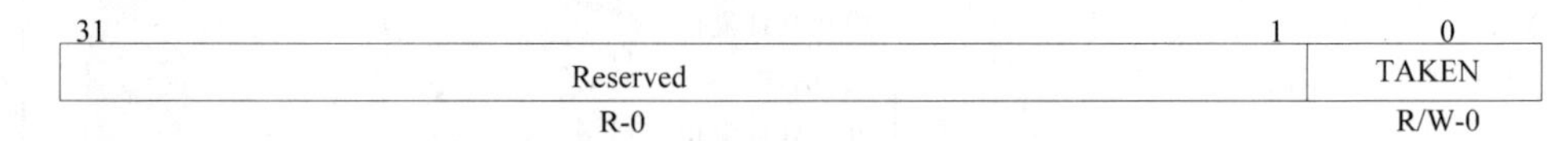

图 3.50 SPINLOCK_LOCK_REG_i 寄存器

表 3.48 SPINLOCK_LOCK_REG_i 寄存器描述

位	域	值	描 述
31-1	Reserved	0	保留
0	TAKEN	 0 0 1 1	Lock 状态 Lock 以前处于未锁定状态,请求者被赋予 lock 设置 Lock 为未锁定状态 Lock 以前处于锁定状态,请求者未被赋予 lock,需要重试 没有更新 lock 值

3.7 内存管理

3.7.1 概 述

内存管理单元(MMU,Memory Management Unit)是一个硬件电路,负责操作来自处理器对内存操作的请求,主要功能是将虚拟地址翻译成物理地址(即虚拟内存的管理)。TMS320DM8168 包含了以下的 MMU:

- 为 C674x DSP 或其他请求服务的系统 MMU;
- 媒体控制器里的 L1 共享 MMU 和 L2 MMU;
- ARM Cortex-A8 MMU;
- 图形加速器 SGX4530 MMU。

3.7.2 系统 MMU

C674x 或 Cortex-A8 的通信请求通过 MMU 与 L3 互连进行通信,实现虚拟地址到物理地址的转换。所有的 MMU 都通过 L3 互连进行编程。

系统 MMU 专指服务于 C674x DSP 和 MDMA 和别的请求者的 MMU,可以通过 MMU_CFG 寄存器来配置。MMU_CFG 寄存器用于选择哪些请求者使用系统 MMU 来路由,C674x DSP MDMA 端口总是通过系统 MMU 来路由的,所以系统 MMU 没有为 C674x DSP 配置设置位。典型的系统 MMU 集成如图 3.51 所示。

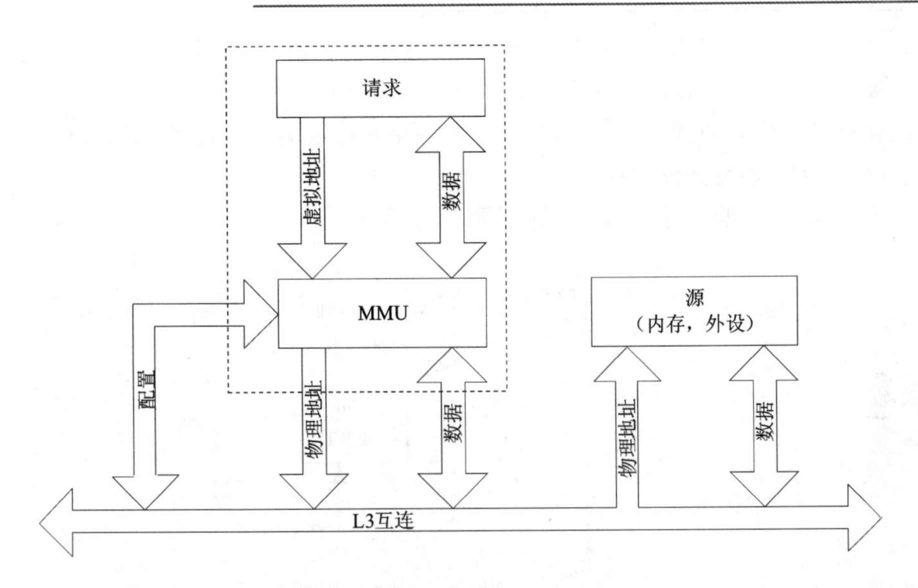

图 3.51 MMU 系统集成框图

3.7.3 MMU 原理

1. MMU 功能模块

MMU 管理着虚拟地址到物理地址的映射以及字节序模式的转换。MMU 可以通过 L3 互连来编程，其原理框图如图 3.52 所示。

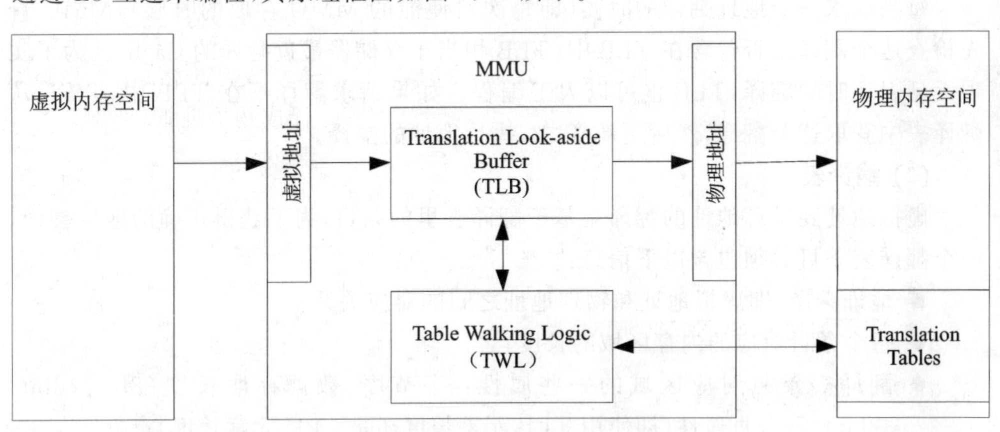

图 3.52 MMU 原理框图

每一个表条目描述一个连续的内存区域的翻译。翻译表（Translation Tables）的结构在后面介绍。在 MMU 中有两个重要的单元：

● TWL（Table Walking Logic）

为一个翻译表获取一个正确的翻译表条目。如果是两级翻译（用于小的内存

页),TBL也会自动读取请求的第二级翻译表条目。两级翻译在后面会作详细介绍;

- TLB(Translation Look-aside Buffer)

存储最近使用的翻译表条目,实际充当一个翻译表的高速缓存Cache;

(1) MMU地址翻译过程

图3.53清晰地描述了MMU地址翻译过程。

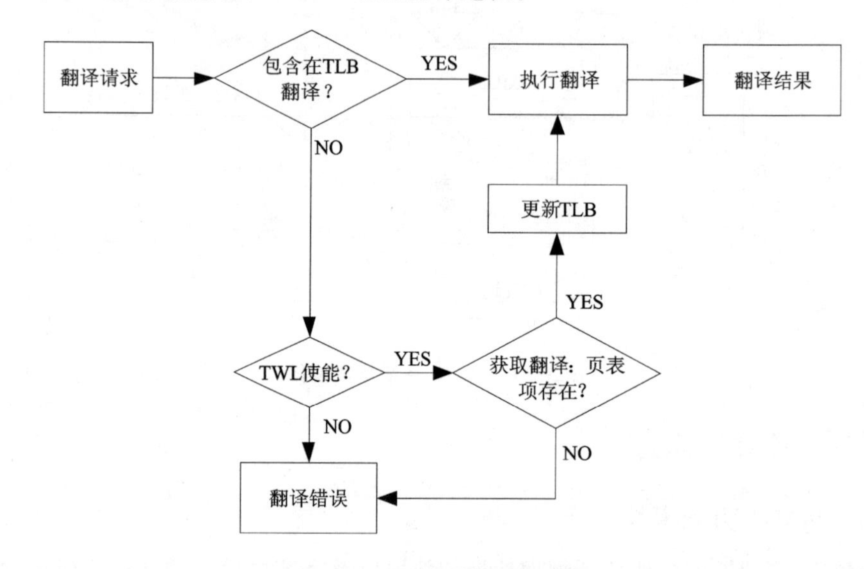

图3.53 MMU地址翻译过程

每当请求一个地址翻译的时候(即每次对使能的MMU存取的时候),MMU首先检查这个翻译是否包含在TLB中,TLB相当于存储器最近翻译的Cache。为了实现无延迟实时的翻译,TLB也可以人工编程。如果请求翻译不在TLB中,TWL从翻译表中获取这个翻译,然后更新TLB,执行地址的翻译。

(2) 翻译表

虚拟地址到物理地址的翻译是基于翻译表里的条目,为了获得正确的地址翻译,一个翻译表条目必须包含以下信息:

- 地址翻译,即虚拟地址和物理地址之间的对应关系;
- 每个条目对应的内存区域的长度;
- 翻译表条目对应区域的一些属性:字节序、数据存取长度(8bit、16bit、32bit)、混合页属性(即使用TLB元素长度还是CPU元素长度);

★ 翻译表分级

虚拟地址是翻译表的索引,在翻译表中每一个虚拟地址对应一个确定的条目。如果页小而多,那么还需要分级的翻译表。

每个翻译表条目描述的内存页的大小是非常重要的参数。显然页尺寸越小,翻译表越庞大。但是使用较小的页可以增加动态内存分配的效率和减少碎片,所以一般操作系统使用4KB的页表尺寸。较小的尺寸会导致页表结构复杂，但是较大的页尺寸会降低操作系统内存管理的性能。因此，可以使用两极翻译表来平衡这个矛盾，在这种树形结构中，一级翻译表是基于1MB内存区域来描述翻译属性。

系统MMU支持4KB和64KB页尺寸，支持1MB和16MB的超级段。

在一级翻译表条目中可以设计如下：

- 一级翻译表条目是针对大内存段的，这个内存段大小可以是1MB(段)或16MB(段)，所有的翻译参数都定义在一级翻译表条目中；
- 指向第二级翻译表的指针定义了基于1MB内存页内的较小尺寸页属性，这些页可以使用64KB(大页)或4KB(小页)。实际的翻译表参数定义在第二级翻译表条目中，一级翻译表条目仅定义第二级翻译表的基地址；

这种分级技术意味着对于小尺寸内存页的翻译信息只有在这个内存页被用到时才会提供。翻译表分级示意图如图3.54所示。

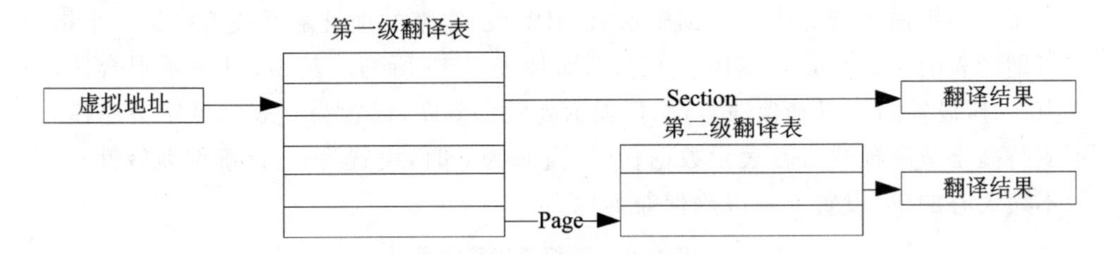

图3.54 翻译表分级示意图

★ 一级翻译

一级翻译表描述1MB(段)的翻译属性，要描述一个4GB的地址区域需要4096的32bit的翻译条目(即所谓的一级描述符)。一级翻译表的起始地址必须与128字节翻译表的倍数位置对齐。所以，一个完整的4096条目表必须至少为16KB，即，过去的至少14个地址位必须为零。一级翻译表的起始地址是由翻译表基地址确定的，是通过虚拟地址的高12位来索引的。图3.55表示的是一级描述符的地址计算。

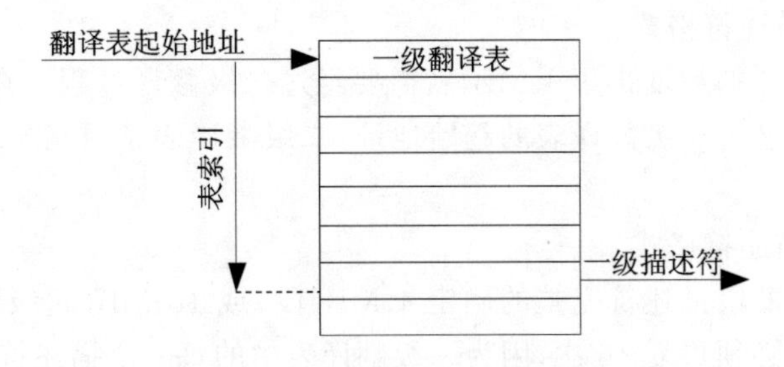

图3.55 一级描述符的地址计算

综上所述，一级描述符是由翻译表基地址和翻译表索引共同决定的，图3.56更加精确的展示了这个地址的计算机理。

如上图所示，比如翻译表基地址是0x8000：0000，虚拟地址为0x1234:5678，那

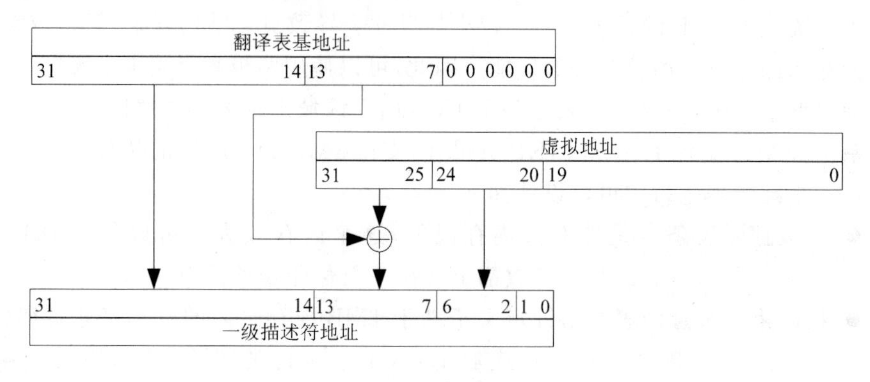

图 3.56　一级描述符地址的具体计算

么一级描述符的地址为：0x8000：0000＋(0x123≪2)＝0x8000：048C。

★ 一级翻译表格式

每个一级描述符提供了 1 MB 或 16 MB(段)完整的地址翻译或者提供一个指向二级翻译表的 4 KB 或 64 KB(页)的指针，如表 3.49 所列。其中，M 表示混合区，当 E 为 0 时，设置为 0 以确保兼容性；E 表示高低字节序，设置为 0 表示低字节序模式，不支持高字节序模式；ES 表示数据长度，当 E 为 0 时，设置为 00 以确保兼容性；X 表示不用关心的位，设置为 0 以确保兼容性。

表 3.49　一级描述符格式

31：24	23：20	19	18	17	16	15	14：12	11：10	9：2	1	0	
X										0	0	Fault
二级翻译表基地址									X	0	1	页
段基地址		X	0	M	X	E	X	ES	X	1	0	段
超级段基地址		X	1	M	X	E	X	ES	X	1	0	超级段
X										1	1	Fault

★ 一级页描述符格式

如果需要翻译的粒度小于 1 MB，就需要经过二级翻译过程。在这种情况下，一级描述符仅仅定义了二级翻译表的起始地址，二级翻译表条目指定实际的地址翻译属性。

★ 一级段描述符格式

一级翻译表的段描述符完整的确定 1 MB(段)或 16 MB(超级段)的翻译属性。超级段的描述符必须重复 16 次，因为一级翻译表中的每一个描述符描述了 1 MB 的内存空间。如果在描述符中的一个接入点没有被初始化的话，MMU 将产生一个不可预知的行为。

除了地址翻译，在段描述符中还要定义 3 个参数：

● 字节序：字节序参数定义内存段中使用的是高字节序或低字节序数据格式。

如果这个参数被指定为了低字节序，则不支持高字节序；

- 数据存取尺寸：数据存取尺寸参数可以定义所有确定段中的数据存取大小（8位、16位、32位）；
- 混合区参数：混合区参数主要是确定数据访问大小的信息是从访问本身检测（基于访问的检测）或是采用指定的数据大小（基于页面的访问）。例如，当几个较小规模访问被打包成一个更大尺寸的访问（比如两个16位访问打包成一个32位的访问）时，指定数据大小可以被采用。在这种情况下，如果没有指定的数据访问大小，32位将会被检测成访问大小，导致不正确的结果。为了避免这样的问题，可以为内存段指定数据访问大小。

如图3.57所示，可以仅仅通过一级翻译表的信息进行段地址翻译。

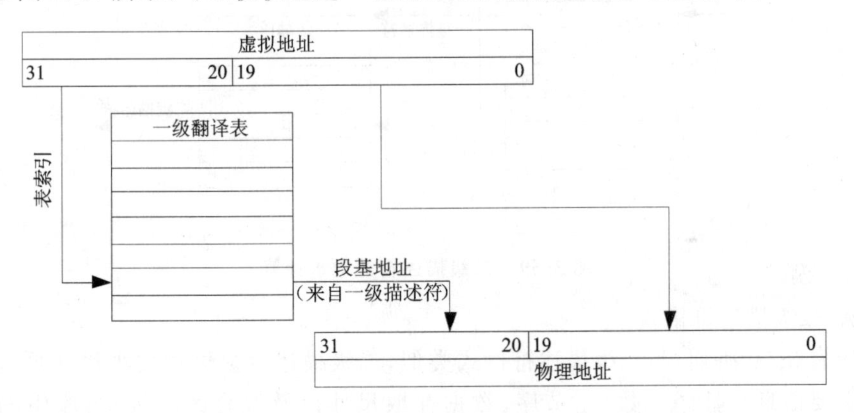

图3.57 段地址翻译

如图3.58所示，超级段的翻译与段翻译是一致的，不同的是一个超级段只需要第31～24位来索引到一级翻译表，索引表最后的4位被隐含且假设成零，因为超级段有16个相同的连续条目。

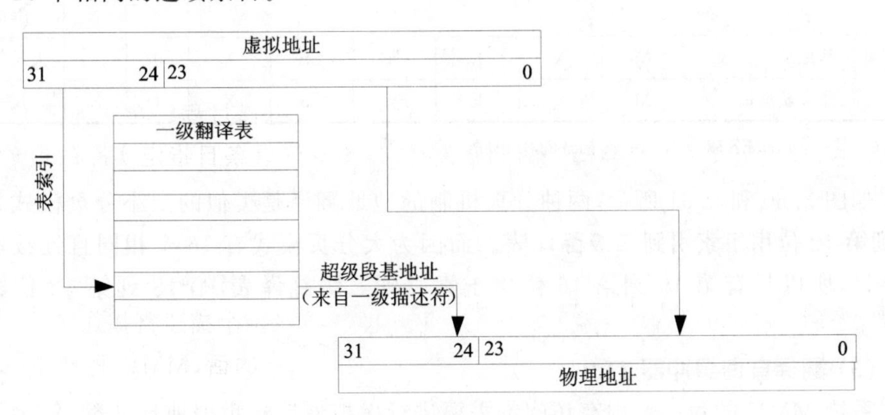

图3.58 超级段地址翻译

★ 二级翻译

当要求细粒度的时候,即当内存段小于1 MB时,就需要二级翻译。在这种情况下,一级描述符提供一个指向二级翻译表的指针。二级翻译表通过虚拟地址的第19～12位索引,如图3.59所示。

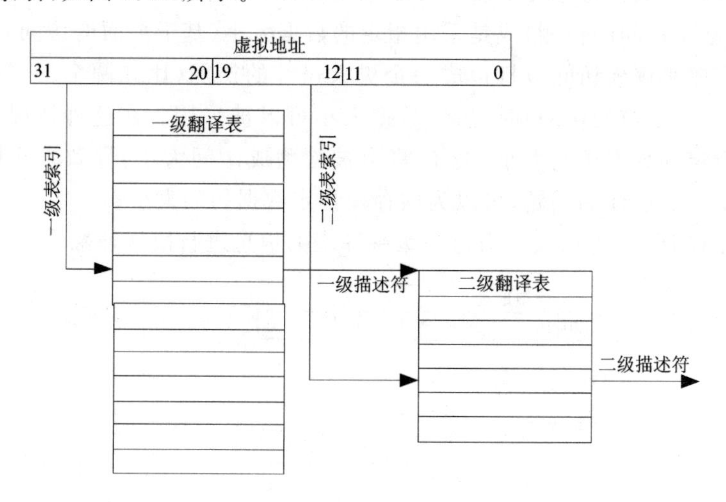

图3.59 二级描述符的地址计算

★ 二级描述符格式

如表3.50所列,与一级描述符格式类似,二级描述符提供对大小尺寸页进行翻译的必要信息。翻译参数(字节序、数据存取尺寸以及混合区参数)与段中的定义相同。

表3.50 二级描述符格式

31：16	15：12	11	10	9	8：6	5：4	3：2	1	0	
			X					0	0	Fault
大尺寸页基地址	X	M	X	E	X	ES	X	0	1	大尺寸页
小尺寸页基地址		M	X	E	X	ES	X	1	X	小尺寸页

注:其中M、E、ES以及X与一级描述符中相同。

如图3.60和3.61所示,两种分页机制的地址翻译是类似的。小分页模式是第19到第12位用于索引到二级翻译表。而因为大分页模式有16个相同且连续的翻译条目,所以只有第19到第16位用于索引到二级翻译表,第15到第12位默认为零。

(3) 翻译查询缓冲器TLB

系统MMU的每一个内存访问都需要进行虚拟地址到物理地址的翻译,为了加速这个翻译过程,高速缓存Cache或者TLB用来保存最近的地址翻译信息。MMU的内部逻辑模块检测每一地址翻译是否包含在TLB中。如果这个翻译信息已经被

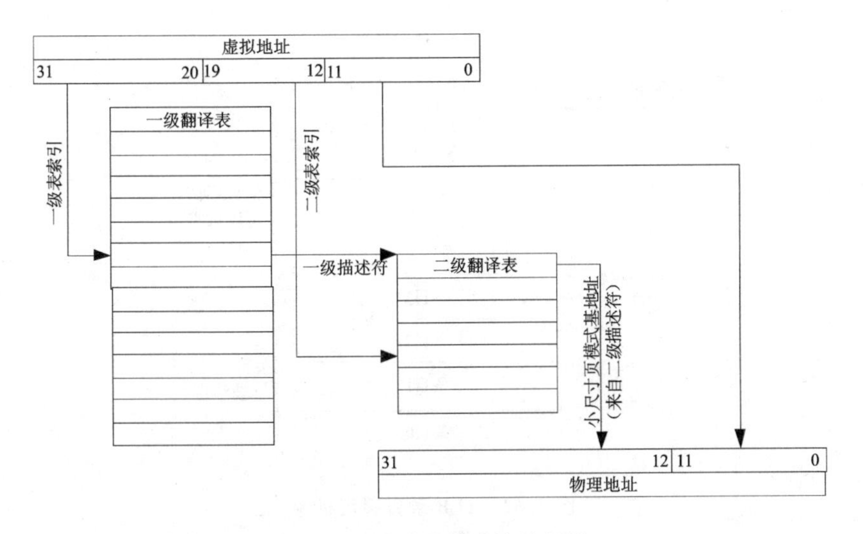

图3.60 小分页模式地址翻译

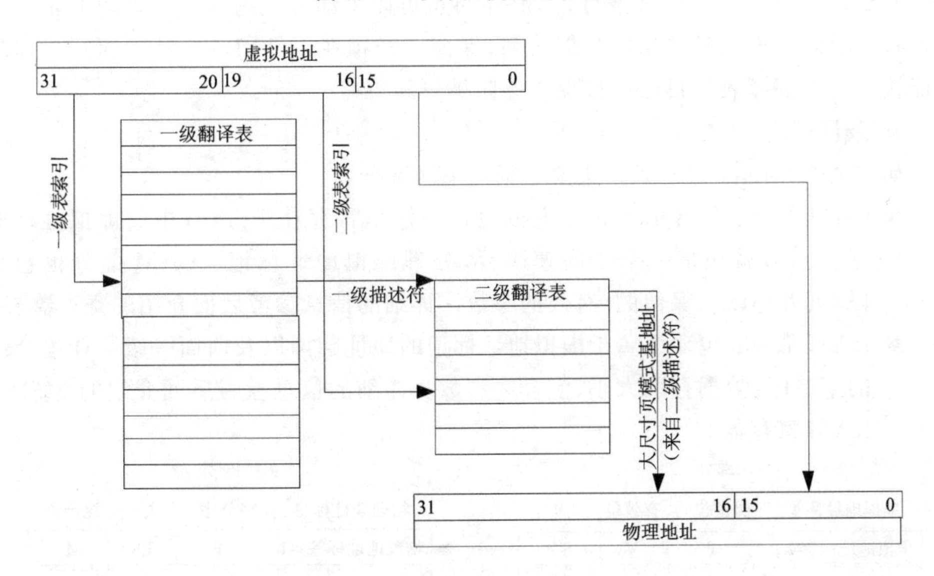

图3.61 大分页模式地址翻译

存储在Cache中，说明已经翻译过这个地址。否则，从翻译表中检索该地址并更新TLB。如果TLB已满，必须删除其中的某一条目，删除原则采用的是随机选取。MMU系统的TLB的前n个条目(n小于TLB的总条目数N)可以通过采用保护或锁定，即将TLB的基指针(base pointer)指向n，防止被重写。当采用这个保护机制时，只有未被保护的条目才可以被重写。Victim指针表明下一个条目可以被重写。图3.62展示了具有N个TLB条目(0到$N-1$)的一个例子。基指针包含数字“3”，保护条目1、2、3不被重写，victim指针指向的下一个TLB条目是可以被更新的。注意最后一个TLB条目总是不被保护的。

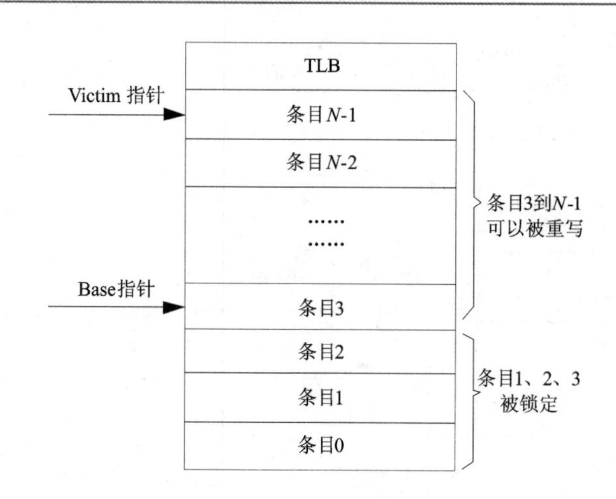

图 3.62 TLB 条目锁定机制

TWL 可以自动写 TLB 条目，TLB 条目也可以手动方式写入。手动写通常是针对那些对时间要求比较严格的数据访问，保证已经存在于 TLB 中，从而执行可以尽可能快。这类翻译表条目必须被保护以防被更新重写。

★ 条目格式

如图 3.63 所示，TLB 条目主要包括以下两部分：

- CAM 部分：包含用于确定虚拟地址翻译是否存在于 TLB 中的虚拟地址标记。TLB 就像是一个全高速缓存，处理虚拟地址标记。CAM 部分也包括段/页大小以及保留的、有效的参数。详细的信息参考后面介绍的寄存器表。
- RAM 部分：包含了属于虚拟地址标记的地址翻译以及前面一级翻译里介绍的字节序、数据存取大小、混合区参数。详细的信息参考后面介绍的 MMU_RAM 寄存器。

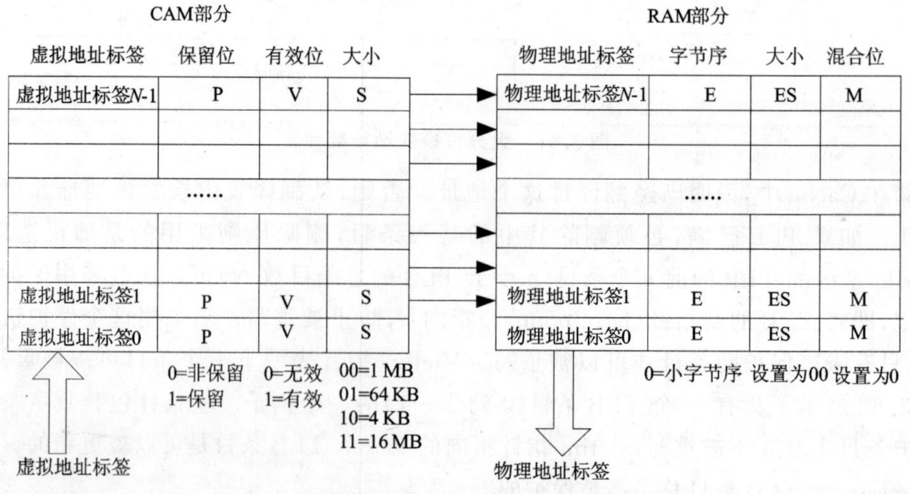

图 3.63 TLB 条目结构

2. MMU控制与寄存器

(1) MMU的时钟配置

MMU包括两个时钟域,即MMU的功能时钟域(主要是与主从处理器访问接口时钟同步)以及用于从处理器端口互连的时钟域。这些时钟都是匹配的,所以每个时钟域有一个单一的输入时钟。MMU还有两个时钟使能信号,一个是使主从处理器的数据互连使能,另一个使L3互连端口的时钟使能。通过MMU_SYSCONFIG寄存器对时钟信号进行设置,MMU_SYSCONFIG寄存器是一个控制L3接口各种参数的系统配置寄存器。

(2) MMU的软件复位模块

MMU的各个配置随着它们各自的复位域复位。为了实现软件复位,在MMU_SYSCONFIG[1] SOFTRESET位写1。当软件复位完成时,MMU_SYSCONFIG[1] SOFTRESET位自动重置。软件复位必须在MMU操作之前完成。当MMU从复位状态释放时,TLB也被置空且MMU被禁止。

(3) MMU的电源管理

作为全系统设备电源管理方案的一部分,每一个MMU实例支持与PRCM(Power Reset Control Module)模块的通信协议,允许PRCM模块向MMU实例请求进入低功耗状态。当MMU识别了从PRCM发送的低功耗模式请求,PRCM的时钟发生器就会关闭MMU实例的时钟。因为时钟源被禁用,与内部时钟门控方法相比,这种低功耗模式管理就可以有更低的功耗。

(4) MMU本地电源管理功能

电源管理功能如表3.51所列。

表3.51 电源管理功能

功 能	寄存器
空闲模式	MMU_SYSCONFIG[4:3] IDLEMODE
时钟有效	MMU_SYSCONFIG[9:8] CLOCKACTIVITY
时钟自动选通	MMU_SYSCONFIG[0] AUTOIDLE

注:MMU_SYSCONFIG[9:8] CLOCKACTIVITY位是只读类型的。

(5) MMU的中断请求

MMU的中断请求如表3.52所列。

表3.52 中断事件

事件标签	事件屏蔽	同 步	映 射	描 述
MMU_IRQSTATUS[4] MULTIHITFAULT	MMU_IRQSTATUS[4] MULTIHITFAULT	Yes	M3_IRQ_0	由于TLB的多次匹配而导致的L2 MMU的错误

续表3-52

事件标签	事件屏蔽	同 步	映 射	描 述
MMU_IRQSTATUS[3] TABLEWALKFAULT	MMU_IRQSTATUS[4] TABLEWALKFAULT	Yes	M3_IRQ_0	TWL期间接受的错误回应引起的L2 MMU错误
MMU_IRQSTATUS[2] EMUMISS	MMU_IRQSTATUS[2] EMUMISS			
MMU_IRQSTATUS[1] TRANSLATIONFAULT	MMU_IRQSTATUS[1] TRANSLATIONFAULT	Yes	M3_IRQ_0	由于翻译表的无效描述符引起的L2 MMU错误
MMU_IRQSTATUS[1] TLBMISS	MMU_IRQSTATUS[1] TLBMISS	Yes	M3_IRQ_0	由于不可恢复的TLB丢失引起的L2 MMU错误

3.7.4 MMU寄存器

表3.53给出了MMU寄存器的一个汇总。

表3.53 MMU寄存器

偏移地址	缩 写	类 型
00h	MMU_REVISION	R
10h	MMU_SYSCONFIG	RW
14h	MMU_SYSSTATUS	R
18h	MMU_IRQSTATUS	RW
1Ch	MMU_IRQENABLE	RW
40h	MMU_WALKING_ST	R
44h	MMU_CNTL	RW
48h	MMU_FAULT_AD	R
4Ch	MMU_TTB	RW
50h	MMU_LOCK	RW
54h	MMU_LD_TLB	RW
58h	MMU_CAM	RW
5Ch	MMU_RAM	RW
60h	MMU_GFLUSH	RW
64h	MMU_FLUSH_ENTRY	RW
68h	MMU_READ_CAM	R
6Ch	MMU_READ_RAM	R
70h	MMU_EMU_FAULT_AD	R
80h	MMU_FAULT_PC	R

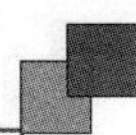

(1) MMU_REVISION

MMU_REVISION寄存器的具体字段及描述如图3.64和表3.54所示。

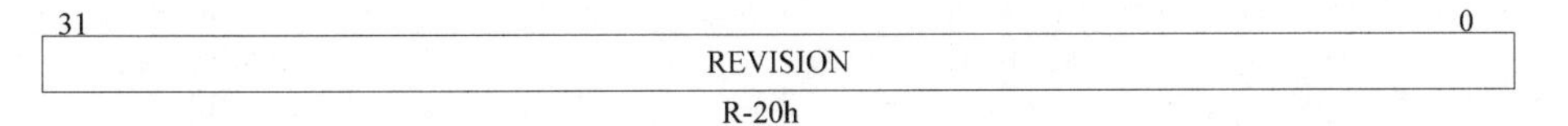

图3.64　MMU_REVISION寄存器

表3.54　MMU_REVISION寄存器描述

位	域	值	描　述
31～0	REVISION	20h	IP修订

(2) MMU_SYSCONFIG

MMU_SYSCONFIG寄存器的字段及描述如图3.65和表3.55所示。

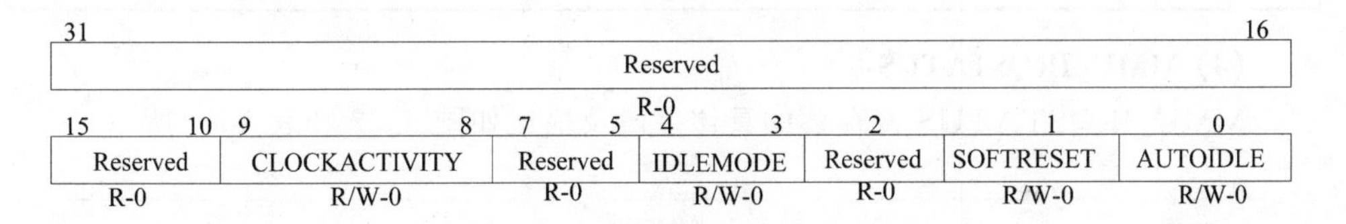

图3.65　MMU_SYSCONFIG寄存器

表3.55　MMU_SYSCONFIG寄存器描述

位	域	值	描　述
31-16	Reserved	0	写0便于后续的兼容性,读返回0值
9-8	CLOCKACTIVITY	0	在唤醒模式00下时钟有效,可以关闭功能和互连时钟
7-5	Reserved	0	写0便于后续的兼容性,读返回0值
4-3	IDLEMODE	 0 1h 2h 3h	空闲模式 强制空闲,无条件确认空闲请求 非空闲模式,从不确认空闲请求 智能空闲,基于该模块内部的有效性来确认空闲请求 保留
2	Reserved	0	写0便于后续的兼容性,读返回0值
1	SOFTRESET	 0 1	软件复位,该位通过硬件自动复位,读始终返回0 读总返回0;写没有功能影响 读从不发生;写该模块复位
0	AUTOIDLE	 0 1	内部互连时钟门控方案 互连时钟自由运行 采用自动互连时钟门控方案

(3) MMU_SYSSTATUS

MMU_SYSSTATUS 寄存器的具体字段及描述如图 3.66 和表 3.56 所示。

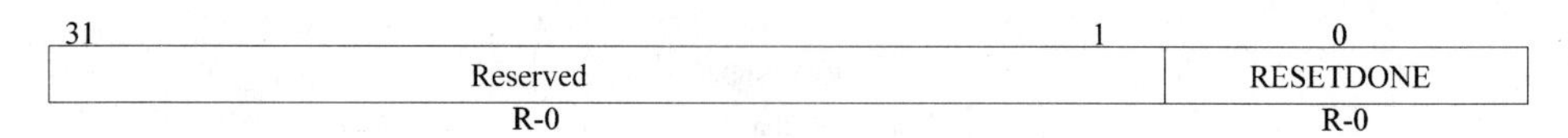

图 3.66 MMU_SYSSTATUS 寄存器

表 3.56 MMU_SYSSTATUS 寄存器描述

位	域	值	描 述
31~1	Reserved	0	读返回 0 值
0	RESETDONE	 0 1	内部复位监测 内部正在进行模块复位 复位完成

(4) MMU_IRQSTATUS

MMU_IRQSTATUS 寄存器的具体字段及描述如图 3.67 和表 3.57 所示。

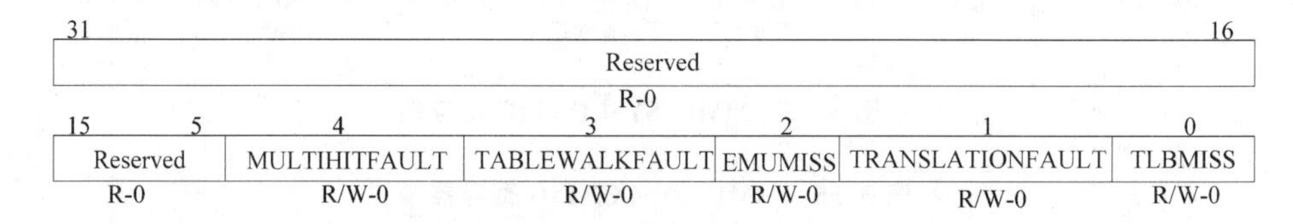

图 3.67 MMU_IRQSTATUS 寄存器

表 3.57 MMU_IRQSTATUS 寄存器描述

位	域	值	描 述
31~5	Reserved	0	读返回 0 值
4	MULTIHITFAULT	 0 1	由于 TLB 多匹配引起的错误 读：MultiHitFault 为假；写：MultiHitFault 状态位没变 读：MultiHitFault 为真；写：MultiHitFault 状态位复位
3	TABLEWALKFAULT	 0 1	Table Walk 期间的错误应答接收 读：TableWalkFault 为假；写：TableWalkFault 状态位没变 读：TableWalkFault 为真；写：TableWalkFault 状态位复位
2	EMUMISS	 0 1	调试期间不可恢复的 TLB 丢失(硬件 TWL 禁止) 读：EMUMiss 为假；写：EMUMiss 状态位没变 读：EMUmiss 为真；写：EMUMiss 状态位复位

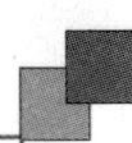

续表 3.57

位	域	值	描　述
1	TRANSLATION-FAULT	 0 1	翻译表中的无效描述符 读：TranslationFault 为假；写：TranslationFault 状态位没变 读：TranslationFault 为真；写：TranslationFault 状态位复位
0	TLBMISS	 0 1	不可恢复的 TLB 丢失（硬件 TWL 禁止） 读：TLBMiss 为假；写：TLBMiss 状态位没变 读：TLBMiss 为真；写：TLBMiss 状态位复位

（5）MMU_IRQENABLE

MMU_IRQENABLE 寄存器的具体字段及描述如图 3.68 和表 3.58 所示。

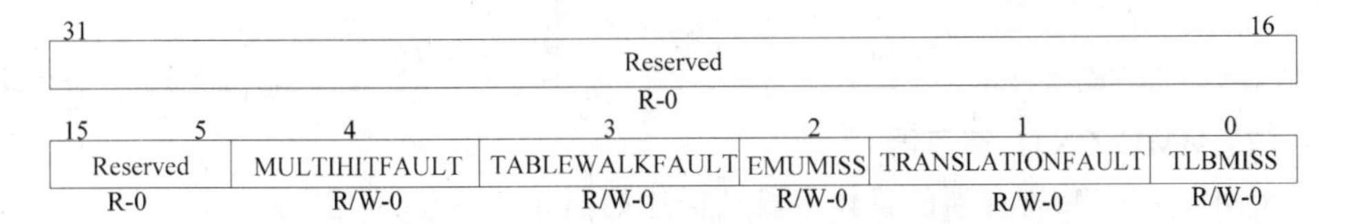

图 3.68　MMU_IRQENABLE 寄存器

表 3.58　MMU_IRQENABLE 寄存器描述

位	域	值	描　述
31～5	Reserved	0	读返回 0 值
4	MULTIHITFAULT	 0 1	由于 TLB 多匹配引起的错误 MultiHitFault 被屏蔽 MultiHitFault 事件产生中断
3	TABLEWALKFAULT	 0 1	Table Walk 期间的错误应答接收 TableWalkFault 被屏蔽 TableWalkFault 事件产生中断
2	EMUMISS	 0 1	调试期间不可恢复的 TLB 丢失（硬件 TWL 禁止） EMUMiss 中断被屏蔽 EMUMiss 事件产生中断
1	TRANSLATIONFAULT	 0 1	翻译表中的无效描述符 TranslationFault 被屏蔽 TranslationFault 事件产生中断
0	TLBMISS	 0 1	不可恢复的 TLB 丢失（硬件 TWL 禁止） TLBMiss 中断被屏蔽 TLBMiss 事件产生中断

(6) MMU_WALKING_ST 寄存器

MMU_WALKING_ST 寄存器的具体字段及描述如图 3.69 和表 3.59 所示。

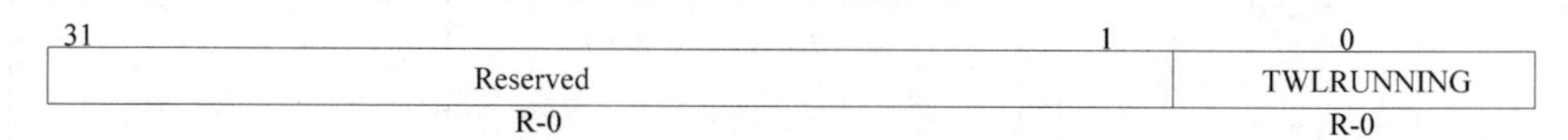

图 3.69 MMU_WALKING_ST 寄存器

表 3.59 MMU_WALKING_ST 寄存器描述

位	域	值	描 述
31~1	Reserved	0	读返回 0 值
0	TWLRUNNING		TWL 正在运行
		0	TWL 完成
		1	TWL 运行

(7) MMU_CNTL 寄存器

MMU_CNTL 寄存器的具体字段及描述如图 3.70 和 3.60 所示。

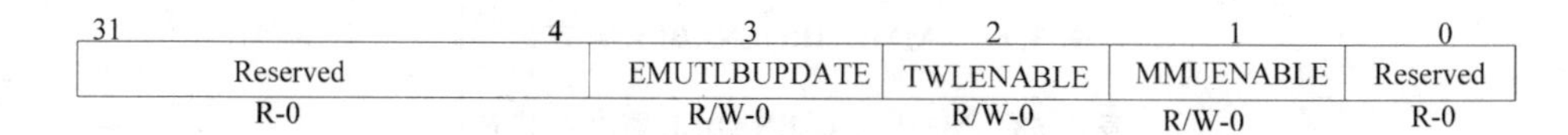

图 3.70 MMU_CNTL 寄存器

表 3.60 MMU_CNTL 寄存器描述

位	域	值	描 述
31~4	Reserved	0	写 0 便于后续的兼容性,读返回 0 值
3	EMUTLBUPDATE		使能 Emulator TLB 更新
		0	Emulator TLB 更新禁止
		1	Emulator TLB 更新使能
2			TWL 使能
		0	TWL 禁止
		1	TWL 使能
1			MMU 使能
		0	MMU 禁止
		1	MMU 使能
0	Reserved	0	写 0 便于后续的兼容性,读返回 0 值

(8) MMU_FAULT_AD

MMU_FAULT_AD 寄存器的具体字段及描述如图 3.71 和表 3.61 所示。

31	0
FAULTADDRESS	
R-0	

图 3.71　MMU_FAULT_AD 寄存器

表 3.61　MMU_FAULT_AD 寄存器描述

位	域	值	描　述
31～1	FAULTADDRESS	0～FFFF FFFFh	错误访问的虚拟地址

(9) MMU_TTB

MMU_TTB 寄存器的具体字段及描述如图 3.72 和表 3.62 所示。

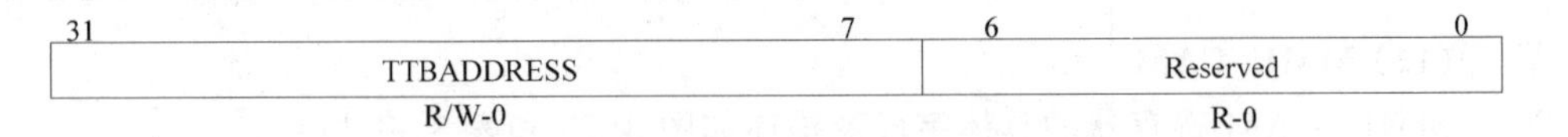

图 3.72　MMU_TTB 寄存器

表 3.62　MMU_TTB 寄存器描述

位	域	值	描　述
31～7	TTBADDRESS	0～3FF FFFFh	翻译表基地址
6～0	Reserved	0	写 0 便于后续的兼容性，读返回 0 值

(10) MMU_LOCK

MMU_LOCK 寄存器的具体字段及描述如图 3.73 和表 3.63 所示。

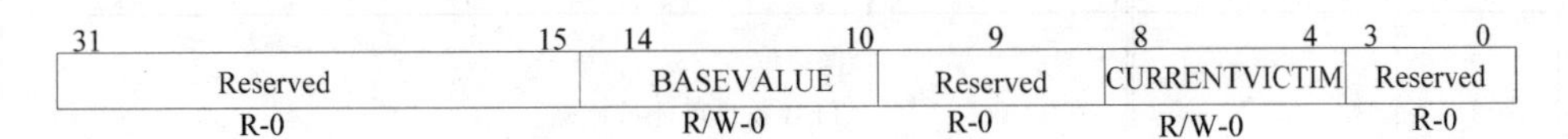

图 3.73　MMU_LOCK 寄存器

表 3.63　MMU_LOCK 寄存器描述

位	域	值	描　述
31～15	Reserved	0	写 0 便于后续的兼容性，读返回 0 值
14～10	BASEVALUE	0～1Fh	已锁定的条目基值
9	Reserved	0	写 0 便于后续的兼容性，读返回 0 值
8～4	CURRENTVICTIM	0～1Fh	当前需要被 TWL 或 SW 写更新的条目
3～0	Reserved	0	写 0 便于后续的兼容性，读返回 0 值

(11) MMU_LD_TLB

MMU_LD_TLB 寄存器的具体字段及描述如图 3.74 和表 3.64 所示。

31　　　　1	0
Reserved	LDTLBITEM
R-0	R-0

图 3.74　MMU_LD_TLB 寄存器

表 3.64　MMU_LD_TLB 寄存器描述

位	域	值	描　述
31～1	Reserved	0	写 0 便于后续的兼容性，读返回 0 值
0	LDTLBITEM	 0 1	写(加载)数据到 TLB 读：总返回 0；写：没有功能效果 读：从不发生；写：加载 TLB 数据

(12) MMU_CAM

MMU_CAM 寄存器的具体字段及描述如图 3.75 和表 3.65 所示。

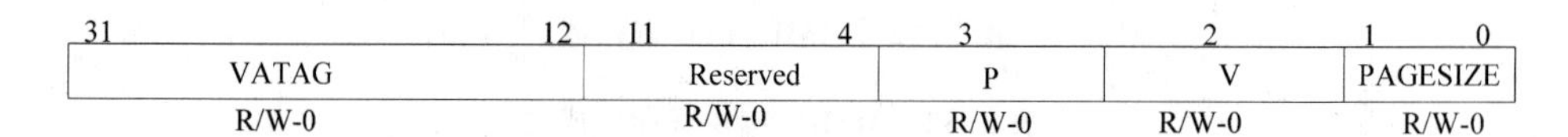

图 3.75　MMU_CAM 寄存器

表 3.65　MMU_CAM 寄存器描述

位	域	值	描　述
31～12	VATAG	0～F FFFFh	虚拟地址标志
11～4	Reserved	0	写 0 便于后续的兼容性，读返回 0 值
3	P	 0 1	保留位 TLB 条目可能被刷新 TLB 条目被保护，不允许刷新
2	V	 0 1	有效位 TLB 无效 TLB 有效
1～0	PAGESIZE	 0 1h 2h 3h	页大小 段(1 MB) 大页(64 KB) 小页(4 KB) 超级段(16 MB)

(13) MMU_RAM

MMU_RAM 寄存器的具体字段及描述如图 3.76 和表 3.66 所示。

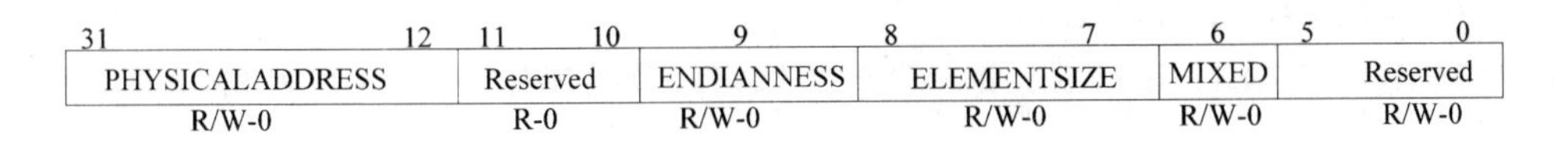

图 3.76　MMU_RAM 寄存器

表 3.66　MMU_RAM 寄存器描述

位	域	值	描　述
31～12	PHYSICALADDRESS	0～F FFFFh	页物理地址
11～10	Reserved	0	写 0 便于后续的兼容性，读返回 0 值
9	ENDIANNESS	 0 1	页的字节序 小字节序 大字节序
8～7	ELEMENTSIZE	 0 1h 2h 3h	页的元素大小 8 位 16 位 32 位 没有翻译
6	MIXED	 0 1	混合页属性 采用 TLB 元素大小 采用 CPU 元素大小
5～0	Reserved	0	写 0 便于后续的兼容性，读返回 0 值

(14) MMU_GFLUSH

MMU_GFLUSH 寄存器的具体字段及描述如图 3.77 和表 3.67 所示。

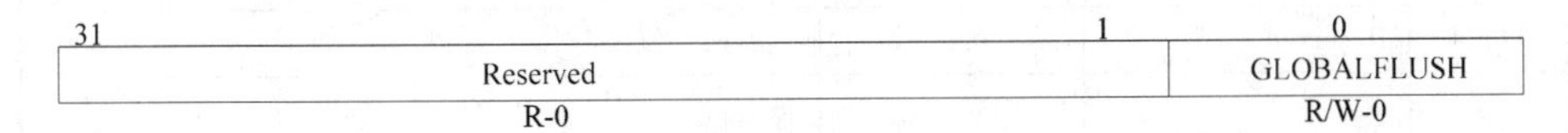

图 3.77　MMU_ GFLUSH 寄存器

表 3.67　MMU_GFLUSH 寄存器描述

位	域	值	描　述
31～1	Reserved	0	写 0 便于后续的兼容性，读返回 0 值
0	GLOBALFLUSH	 0 1	刷新所有未被保护的 TLB 条目 读：总返回 0；写：没有功能效果 读：从不发生；写：刷新未被保护的 TLB 条目

(15) MMU_FLUSH_ENTRY

MMU_FLUSH_ENTRY 寄存器的具体字段及描述如图 3.78 和表 3.68 所示。

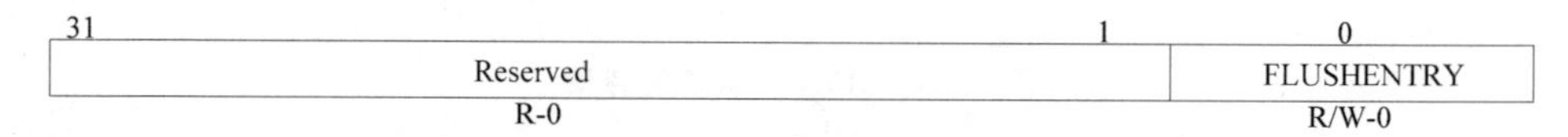

图 3.78 MMU_FLUSH_ENTRY 寄存器

表 3.68 MMU_FLUSH_ENTRY 寄存器描述

位	域	值	描 述
31～1	Reserved	0	写 0 便于后续的兼容性,读返回 0 值
0	FLUSHENTRY	 0 1	刷新由 MMU_CAM 寄存器 VATag 指向的虚拟地址的 TLB 条目,即使这个条目被写保护 读:总返回 0;写:没有功能效果 读:从不发生;写:刷新 CAM 寄存器指定的 TLB 条目

(16) MMU_READ_CAM

MMU_READ_CAM 寄存器的具体字段及描述如图 3.79 和表 3.69 所示。

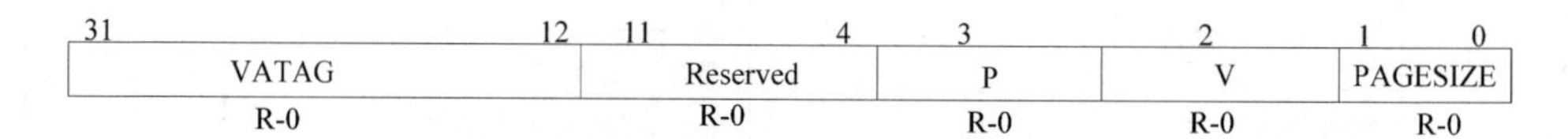

图 3.79 MMU_READ_CAM 寄存器

表 3.69 MMU_READ_CAM 寄存器描述

位	域	值	描 述
31～12	VATAG	0～F FFFFh	虚拟地址标志
11～4	Reserved	0	读返回 0 值
3	P	 0 1	保留位 TLB 条目可能被刷新 TLB 条目被保护,不允许刷新
2	V	 0 1	有效位 TLB 无效 TLB 有效
1～0	PAGESIZE	 0 1h 2h 3h	页大小 段(1 MB) 大页(64 KB) 小页(4 KB) 超级段(16 MB)

(17) MMU_READ_RAM

MMU_READ_RAM 寄存器的具体字段及描述如图 3.80 和表 3.70 所示。

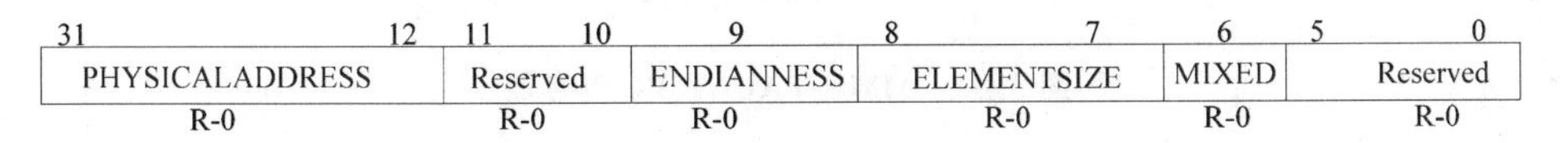

图 3.80 MMU_READ_CAM 寄存器

表 3.70 MMU_READ_CAM 寄存器描述

位	域	值	描 述
31～12	PHYSICALADDRESS	0～F FFFFh	页物理地址
11～10	Reserved	0	写 0 便于后续的兼容性，读返回 0 值
9	ENDIANNESS	 0 1	页的字节序 小字节序 大字节序
8～7	ELEMENTSIZE	 0 1h 2h 3h	页的元素大小 8 位 16 位 32 位 没有翻译
6	MIXED	 0 1	混合页属性 采用 TLB 元素大小 采用 CPU 元素大小
5～0	Reserved	0	写 0 便于后续的兼容性，读返回 0 值

(18) MMU_EMU_FAULT_AD

MMU_EMU_FAULT_AD 寄存器的具体字段及描述如图 3.81 和表 3.71 所示。

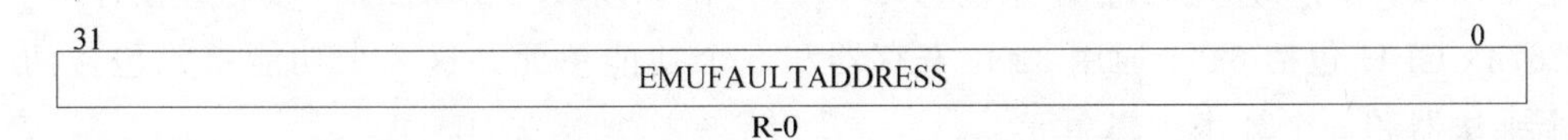

图 3.81 MMU_EMU_FAULT_AD 寄存器

表 3.71 MMU_EMU_FAULT_AD 寄存器描述

位	域	值	描 述
31～0	EMUFAULTADDRESS	0～FFFF FFFFh	最后一个产生错误的访问虚拟地址 2

(19) MMU_FAULT_PC

MMU_FAULT_PC 寄存器的具体字段及描述如图 3.82 和表 3.72 所示。

31	0
PC	
R-0	

图 3.82　MMU_FAULT_PC 寄存器

表 3.72　MMU_FAULT_PC 寄存器描述

位	域	值	描　述
31～0	PC	0～FFFF FFFFh	产生 MMU 错误的 CPU 编程计数器值，在 MMU_EMU _FAULT _AD EMUFAULTADDRESS 位域捕捉到这个地址 数据读取访问：对应的 PC 数据写访问：由于 Posted-write 不是很精确

3.8　本章小结

本章主要介绍 DM8168 的 ARM 和 DSP 处理器的结构及功能特点，同时介绍了 DM8168 集成的 HDVICP 协处理器和图像加速器的结构和功能，最后讲述该多核处理器的内部通信机制及其内存管理结构。

DM8168 的微处理器子系统集成了 ARM Cortex-A8 处理，Cortex-A8 处理器是第一款基于 ARMv7 架构的应用处理器，且是基于双对称、顺序发射的，拥有 13 级流水线，带有先进的动态分支预测。Cortex-A8 集成 L1 和 L2 两极高速缓存，可以在最大程度上提高性能和降低功耗，集成的 NEON SIMD 媒体处理单元将 NEON 用于某些音频、视频和图形工作。

DSP 子系统包括 TI 标准的 TMS320C674x 宏模块和一些内部模块（L1P、L1D 和 L2），支持一个从端口和一个主端口，并且连接到 L3 互连。DSP 子系统还包含 3 个主端口，用于 HDVICP2 子系统（HDVICP2 和 HDVICP2 SL2 端口）的直接存取。C674x CPU 包括 64 个通用 32 位寄存器和 8 个功能单元。这 8 个功能单元包含两个乘法器和 6 个算术逻辑单元。

3.9　思考题与习题

1. 简述 ARM Cortex-A8 的架构以及功能特点，该处理器在 DM8168 中主要负责什么？

2. NEON SIMD 处理单元的主要作用是什么？

3. 简述 ARM 子系统的时钟复位信号的产生机制。

4. AXI2OCP 网桥在 ARM 子系统的作用是什么？

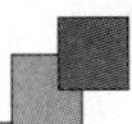

5. 描述 C674x DSP 的结构及其特点。

6. 什么是高级事件触发？有什么功能？

7. 简述 DM8168 的 HDVICP 的组成部分以及实现方式。

8. 从软件和硬件层面描述 DM8168 多核处理器的内部通信机制的基本原理。

9. 邮箱中断机制和自旋锁模块在系统中的作用是什么？

10. 简述 DM8168 MMU 单元的作用。

11. 简述 MMU 的地址翻译过程及其分级机制。

第 4 章

TMS320DM8168 系统互连与内存映射

DM8168 是多处理器系统，每个子系统或处理器都有自己的内存和内存映射的寄存器。为了简化软件开发，使用统一的内存映射，这样从所有总线 Master 来看芯片资源具有一致性。同时，DM8168 使用一种互连技术将多处理器和子系统连接到一起。互连是模块之间实现访问的一种技术。本章介绍 DM8168 的系统互连与内存映射技术。

4.1 内存映射

4.1.1 概　述

DM8168 整个系统内存映射被划分为 4 个 1 GB 的象限（Quadrant），用于目标地址空间的定位。这 4 个象限是 Q0、Q1、Q2 和 Q3，总计 4 GB 的 32 位地址空间（HD-VPSS 包括一个 33 位的地址位，用于附加的 4 GB 地址范围，这用作虚拟寻址和非物理内存寻址）。在每个象限内部，系统目标以 4 MB 为边界进行映射（除了 EDMA 目标降低到 1 MB 范围）。

4.1.2 L3 内存映射

L3 高性能互连是基于片上网络（Network-on-Chip，NoC）互连基础架构的。NoC 使用一个基于包的内部通信协议，用作前向（读命令、带数据负荷的写命令）和后向（带数据负荷的读响应、写响应）处理。所有公开的 NoC 互连接口（对目标和发起者）满足 OCP IP2.2 参考标准。

表 4.1 显示了 DM8168 的 L3 内存映射，表中呈现了 L3 基础架构使用的物理地址。某些处理器（如 Cortex A8 ARM、C674x DSP）可以通过内部或外部 MMU 将这些目标重新映射到不同的虚拟地址。没有 MMU 的处理器和其他总线 Master 使用这些物理地址访问 L3 区域。注意，并不是所有 Master 都会对 L3 区域进行访问，而只是那些有明确连接的访问。任何发起者如果企图访问一个没有连接的目标，L3 互连会返回一个地址空洞错误。

表4.1 L3内存映射

QUAD	模块名称	起始地址	结束地址	大 小	描 述
Q0	GPMC	0x0000 0000	0x1FFF FFFF	512 MB	GPMC
Q0	PCIe Gen2	0x2000 0000	0x2FFF FFFF	256 MB	PCIe Gen2 Targets
Q0	Reserved	0x3000 0000	0x3FFF FFFF	256 MB	保留
Q1	Reserved	0x4000 0000	0x402F FFFF	3 MB	保留
Q1	L3 OCMC0	0x4030 0000	0x4033 FFFF	256 MB	OCMC SRAM
Q1	Reserved	0x4034 0000	0x403F FFFF	768 KB	保留
Q1	L3 OCMC1	0x4040 0000	0x4043 FFFF	256 KB	OCMC SRAM
Q1	Reserved	0x4044 0000	0x404F FFFF	768 KB	Reserved (OCMC RAM1)
Q1	Reserved	0x4050 0000	0x407F FFFF	3 MB	保留
Q1	C674x	0x4080 0000	0x4083 FFFF	256 KB	C674x UMAP0(L2 RAM)
Q1	Reserved	0x4084 0000	0x40DF FFFF	5 888 KB	保留
Q1	C674x	0x40E0 0000	0x40E0 7FFF	32 KB	C674x L1P Cache/RAM
Q1	Reserved	0x40E0 8000	0x40EF FFFF	992 KB	保留
Q1	C674x	0x40F0 0000	0x40F0 7FFF	32 KB	C674x L1D Cache/RAM
Q1	Reserved	0x40F0 8000	0x40FF FFFF	992 KB	保留
Q1	Reserved	0x4100 0000	0x41FF FFFF	16 MB	保留
Q1	Reserved	0x4200 0000	0x43FF FFFF	32 MB	保留
Q1	L3 CFG Regs	0x4400 0000	0x44BF FFFF	12 MB	L3配置寄存器
Q1	Reserved	0x44C0 0000	0c45FF FFFF	20 MB	保留
Q1	McASP0	0x4600 0000	0x463F FFFF	4 MB	McASP0
Q1	McASP1	0x4640 0000	0x467F FFFF	4 MB	McASP01
Q1	McASP2	0x4680 0000	0x46BF FFFF	4 MB	McASP02
Q1	HDMI1.3 Tx	0x46C0 0000	0x46FF FFFF	4 MB	HDMI1.3 Tx
Q1	McBsp	0x4700 0000	0x473F FFFF	4 MB	McBsp
Q1	USB2.0	0x4740 0000	0x477F FFFF	4 MB	USB2.0寄存器/CPPI
Q1	Reserved	0x4780 0000	0x47BF FFFF	4 MB	保留
Q1	Reserved	0x47C0 0000	0x47FF FFFF	4 MB	保留
Q1	L4 Standard domain	0x4800 0000	0x48FF FFFF	16 MB	标准外设域
Q1	EDMA TPCC	0x4900 0000	0x490F FFFF	1 MB	EDMA TPCC寄存器
Q1	Reserved	0x4910 0000	0x497F FFFF	7 MB	保留
Q1	EDMA TPTC0	0x4980 0000	0x498F FFFF	1 MB	EDMA TPCC0寄存器

续表 4.1

QUAD	模块名称	起始地址	结束地址	大 小	描 述
Q1	EDMA TPTC1	0x4990 0000	0x499F FFFF	1 MB	EDMA TPCC1 寄存器
Q1	EDMA TPTC2	0x49A0 0000	0x49AF FFFF	1 MB	EDMA TPCC2 寄存器
Q1	EDMA TPTC3	0x49B0 0000	0x49BF FFFF	1 MB	EDMA TPCC3 寄存器
Q1	Reserved	0x49C0 0000	0x49FF FFFF	4 MB	保留
Q1	L4 High-Speed Domain	0x4A00 0000	0x4AFF FFFF	16 MB	高速外设域
Q1	Instrumentation	0x4B00 0000	0x4BFF FFFF	16 MB	EMU 子系统区域
Q1	DDR EMIF0 register	0x4C00 0000	0x4CFF FFFF	16 MB	配置寄存器
Q1	DDR EMIF1 register	0x4D00 0000	0x4DFF FFFF	16 MB	配置寄存器
Q1	DDR DMM Register	0x4E00 0000	0x4FFF FFFF	32 MB	配置寄存器
Q1	GPMC Register	0x5000 0000	0x50FF FFFF	16 MB	配置寄存器
Q1	PCIe Gen2 Register	0x5100 0000	0x51FF FFFF	16 MB	配置寄存器
Q1	Reserved	0x5200 0000	0x52FF FFFF	16 MB	保留
Q1	HDVICP2-2 Config	0x5300 0000	0x53FF FFFF	16 MB	HDVICP2-2 Host 端口
Q1	HDVICP2-2 SL2	0x5400 0000	0x54FF FFFF	16 MB	HDVICP2-2 SL2 端口
Q1	Reserved	0x5500 0000	0x55FF FFFF	16 MB	保留
Q1	SGX530	0x5600 0000	0x56FF FFFF	16 MB	SGX530 从端口
Q1	Reserved	0x5700 0000	0x57FF FFFF	16 MB	保留
Q1	HDVICP2-0 Config	0x5800 0000	0x58FF FFFF	16 MB	HDVICP2-0 Host 端口
Q1	HDVICP2-0 SL2	0x5900 0000	0x59FF FFFF	16 MB	HDVICP2-0 SL2 端口
Q1	HDVICP2-1 Config	0x5A00 0000	0x5AFF FFFF	16 MB	HDVICP2-1 Host 端口
Q1	HDVICP2-1 SL2	0x5B00 0000	0x5BFF FFFF	16 MB	HDVICP2-1 SL2 端口
Q1	Reserved	0x5C00 0000	0x5CFF FFFF	32 Mb	保留
Q1	Reserved	0x5E00 0000	0x5FFF FFFF	32 MB	保留
Q1	Tiler	0x6000 0000	0x7FFF FFFF	512 MB	虚拟 Tiled 地址空间
Q2	DDR EMIF0/1 SDRAM	0x8000 0000	0xBFFF FFFF	1 GB	DDR
Q3	DDR EMIF0/1 SDRAM	0xC000 0000	0xFFFF FFFF	1 GB	DDR
Q4-7	DDR DMM	0x1 0000 0000	0x1 FFFF FFFF	4 GB	DDR DMM Tiler 扩展地址映射虚拟视图(仅 HDVPPS)

4.1.3　L4内存映射

1. L4标准外设

L4标准外设总线访问标准外设和IP配置寄存器，L4内存映射表如表4.2所示。

表4.2　L4标准外设内存映射

器件名称	起始地址	结束地址	大　小	描　述
L4标准配置	0x4800 0000	0x4800 07FF	2 KB	地址/保护(AP)
	0x4800 0800	0x4800 0FFF	2 KB	连接代理(LA)
	0x4800 1000	0x4800 13FF	1 KB	启动端口(IP0)
	0x4800 1400	0x4800 17FF	1 KB	启动端口(IP1)
	0x4800 1800	0x4800 1FFF	2 KB	保留(IP2-IP3)
Reserved	0x4800 2000	0x4800 7FFF	24 KB	保留
e-Fuse控制器	0x4800 8000	0x4800 8FFF	4 KB	外设寄存器
	0x4800 9000	0x4800 9FFF	4 KB	支持寄存器
Reserved	0x4800 A000	0x4800 FFFF	24 KB	保留
DEMMU	0x4801 0000	0x4801 0FFF	4 KB	外设寄存器
	0x4801 1000	0x4801 1FFF	4 KB	支持寄存器
Reserved	0x4801 2000	0x4801 FFFF	56 KB	保留
UART0	0x4802 0000	0x4802 0FFF	4 KB	外设寄存器
	0x4802 1000	0x4802 1FFF	4 KB	支持寄存器
UART1	0x4802 2000	0x4802 2FFF	4 KB	外设寄存器
	0x4802 3000	0x4802 3FFF	4 KB	支持寄存器
UART2	0x4802 4000	0x4802 4FFF	4 KB	外设寄存器
	0x4802 5000	0x4802 5FFF	4 KB	支持寄存器
Reserved	0x4802 6000	0x4802 7FFF	8 KB	保留
I2C0	0x4802 8000	0x4802 8FFF	4 KB	外设寄存器
	0x4802 9000	0x4802 9FFF	4 KB	支持寄存器
I2C1	0x4802 A000	0x4802 AFFF	4 KB	外设寄存器
	0x4802 B000	0x4802 BFFF	4 KB	支持寄存器
Reserved	0x4802 C000	0x4802 DFFF	8 KB	保留
TIMER1	0x4802 E000	0x4802 EFFF	4 KB	外设寄存器
	0x4802 F000	0x4802 FFFF	4 KB	支持寄存器
SPIOCP	0x4803 0000	0x4803 0FFF	4 KB	外设寄存器

续表 4.2

器件名称	起始地址	结束地址	大小	描述
	0x4803 1000	0x4803 1FFF	4 KB	支持寄存器
GPIO0	0x4803 2000	0x4803 2FFF	4 KB	外设寄存器
	0x4803 3000	0x4803 3FFF	4 KB	支持寄存器
Reserved	0x4803 4000	0x4803 7FFF	16 KB	保留
McASP0 CFG	0x4803 8000	0x4803 9FFF	8 KB	外设寄存器
	0x4803 A000	0x4803 AFFF	4 KB	支持寄存器
Reserved	0x4803 B000	0x4803 BFFF	4 KB	保留
McASP1 CFG	0x4803 C000	0x4803 DFFF	8 KB	外设寄存器
	0x4803 E000	0x4803 EFFF	4 KB	支持寄存器
Reserved	0x4803 F000	0x4803 FFFF	4 KB	保留
TIMER2	0x4804 0000	0x4804 0FFF	4 KB	外设寄存器
	0x4804 1000	0x4804 1FFF	4 KB	支持寄存器
TIMER3	0x4804 2000	0x4804 2FFF	4 KB	外设寄存器
	0x4804 3000	0x4804 3FFF	4 KB	支持寄存器
TIMER4	0x4804 4000	0x4804 4FFF	4 KB	外设寄存器
	0x4804 5000	0x4804 5FFF	4 KB	支持寄存器
TIMER5	0x4804 6000	0x4804 6FFF	4 KB	外设寄存器
	0x4804 7000	0x4804 7FFF	4 KB	支持寄存器
TIMER6	0x4804 8000	0x4804 8FFF	4 KB	外设寄存器
	0x4804 9000	0x4804 9FFF	4 KB	支持寄存器
TIMER7	0x4804 A000	0x4804 AFFF	4 KB	外设寄存器
	0x4804 B000	0x4804 BFFF	4 KB	支持寄存器
GPIO1	0x4804 C000	0x4804 CFFF	4 KB	外设寄存器
	0x4804 D000	0x4804 DFFF	4 KB	支持寄存器
Reserved	0x4804 E000	0x4804 FFFF	8 KB	保留
McASP2 CFG	0x4805 0000	0x4805 1FFF	8 KB	外设寄存器
	0x4805 2000	0x4805 2FFF	4 KB	支持寄存器
Reserved	0x4805 3000	0x4805 FFFF	52 KB	保留
SD/SDIO	0x4806 0000	0x4806 FFFF	64 KB	寄存器
	0x4807 0000	0x4807 0FFF	4 KB	支持寄存器
Reserved	0x4807 1000	0x4807 FFFF	60 KB	保留
ELM	0x4808 0000	0x4808 FFFF	64 KB	错误定位模块
	0x4809 0000	0x4809 0FFF	4 KB	支持寄存器

续表 4.2

器件名称	起始地址	结束地址	大　小	描　述
Reserved	0x4809 1000	0x480B FFFF	188 KB	保留
RTC	0x480C 0000	0x480C 0FFF	4 KB	外设寄存器
	0x480C 1000	0x480C 1FFF	4 KB	支持寄存器
WDT1	0x480C 2000	0x480C 2FFF	4 KB	外设寄存器
	0x480C 3000	0x480C 3FFF	4 KB	支持寄存器
Reserved	0x480C 4000	0x480C 7FFF	16 KB	保留
Mailbox	0x480C 8000	0x480C 8FFF	4 KB	外设寄存器
	0x480C 9000	0x480C 9FFF	4 KB	支持寄存器
Spinlock	0x480C A000	0x480C AFFF	4 KB	外设寄存器
	0x480C B000	0x480C BFFF	4 KB	支持寄存器
Reserved	0x480C C000	0x480F FFFF	208 KB	保留
HDVPSS	0x4810 0000	0x4811 FFFF	128 KB	外设寄存器
	0x4812 0000	0x4812 0FFF	4 KB	支持寄存器
Reserved	0x4812 1000	0x4812 1FFF	4 KB	保留
HDMI1.3Tx	0x4812 2000	0x4812 2FFF	4 KB	外设寄存器
	0x4812 3000	0x4812 3FFF	4 KB	支持寄存器
Reserved	0x4812 4000	0x4812 FFFF	112 KB	保留
控制模块	0x4814 0000	0x4815 FFFF	128 KB	外设寄存器
	0x4816 0000	0x4816 0FFF	4 KB	支持寄存器
Reserved	0x4816 1000	0x4817 FFFF	124 KB	保留
PRCM	0x4818 0000	0x4818 2FFF	12 KB	外设寄存器
	0x4818 3000	0x4818 3FFF	4 KB	支持寄存器
Reserved	0x4818 4000	0x4818 7FFF	16 KB	保留
SmartReflex0	0x4818 8000	0x4818 8FFF	4 KB	外设寄存器
	0x4818 9000	0x4818 9FFF	4 KB	支持寄存器
SmartReflex1	0x4818 A000	0x4818 AFFF	4 KB	外设寄存器
	0x4818 B000	0x4818 BFFF	4 KB	支持寄存器
OCP Watchpoint	0x4818 C000	0x4818 CFFF	4 KB	外设寄存器
	0x4818 D000	0x4818 DFFF	4 KB	支持寄存器
Reserved	0x4818 E000	0x4818 EFFF	4 KB	保留
	0x4818 F000	0x4818 FFFF	4 KB	保留
Reserved	0x4819 0000	0x4819 0FFF	4 KB	保留
	0x4819 1000	0x4819 1FFF	4 KB	保留

续表 4.2

器件名称	起始地址	结束地址	大　小	描　述
Reserved	0x4819 2000	0x4819 2FFF	4 KB	保留
	0x4819 3000	0x4819 3FFF	4 KB	保留
Reserved	0x4819 4000	0x4819 4FFF	4 KB	保留
	0x4819 5000	0x4819 5FFF	4 KB	保留
Reserved	0x4819 6000	0x4819 6FFF	4 KB	保留
	0x4819 7000	0x4819 7FFF	4 KB	保留
DDR0 Phy Ctrl Regs	0x4819 8000	0x4819 8FFF	4 KB	外设寄存器
	0x4819 9000	0x4819 9FFF	4 KB	支持寄存器
DDR1 Phy Ctrl Regs	0x4819 A000	0x4819 AFFF	4 KB	外设寄存器
	0x4819 B000	0x4819 BFFF	4 KB	支持寄存器
Reserved	0x4819 C000	0x481F FFFF	400 KB	保留
中断控制器(注 1)	0x4820 0000	0x4820 0FFF	4 KB	仅 Cortex-A8 可以访问
Reserved(注 1)	0x4820 1000	0x4823 FFFF	252 KB	仅 Cortex-A8 可以访问
MPUSS config Register(注 1)	0x4824 0000	0x4824 0FFF	4 KB	仅 Cortex-A8 可以访问
Reserved(注 1)	0x4824 1000	0x4827 FFFF	252 KB	仅 Cortex-A8 可以访问
Reserved(注 1)	0x4828 1000	0x482F FFFF	508 KB	仅 Cortex-A8 可以访问
Reserved	0x4830 0000	0x48FF FFFF	13 MB	保留

注 1：表示这些区域在 Cortex A8 子系统内部译码，物理上不是 L4 的一部分。此处，仅是为了考虑 Cortex A8 内存映射的时候作为参考。对于除了 Cortex A8 外的 Master，这些区域是保留的。

2. L4 高速外设

L4 高速外设总线访问 L3 中高速外设的 IP 配置寄存器。内存映射如表 4.3 所示。

表 4.3　L4 高速外设内存映射

器件名称	起始地址	结束地址	大　小	描　述
L4 高速配置	0x4A00 0000	0x4A00 07FF	2 KB	地址/保护(AP)
	0x4A00 0800	0x4A00 0FFF	2 KB	连接代理(LA)
	0x4A00 1000	0x4A00 13FF	1 KB	启动端口(IP0)
	0x4A00 1400	0x4A00 17FF	1 KB	启动端口(IP1)
	0x4A00 1800	0x4A00 1FFF	2 KB	保留(IP2-IP3)
Reserved	0x4A00 2000	0x4A07 FFFF	504 KB	保留
Reserved	0x4A08 0000	0x4A0A 0FFF	132 KB	保留
Reserved	0x4A0A 0000	0x4A0F FFFF	380 KB	保留

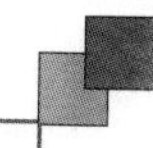

续表 4.3

器件名称	起始地址	结束地址	大 小	描 述
EMAC0	0x4A10 0000	0x4A10 3FFF	16 KB	外设寄存器
	0x4A10 4000	0x4A10 4FFF	4 KB	支持寄存器
Reserved	0x4A10 5000	0x4A11 FFFF	108 KB	保留
EMAC1	0x4A12 0000	0x4A12 3FFF	16 KB	外设寄存器
	0x4A12 4000	0x4A12 4FFF	4 KB	支持寄存器
Reserved	0x4A12 5000	0x4A13 FFFF	108 KB	保留
SATA	0x4A14 0000	0x4A14 FFFF	64 KB	外设寄存器
	0x4A15 0000	0x4A15 0FFF	4 KB	支持寄存器
Reserved	0x4A15 1000	0x4A17 FFFF	188 KB	保留
Reserved	0x4A18 0000	0x4A19 FFFF	128 KB	保留
	0x4A1A 0000	0x4A1A 0FFF	4 KB	保留
Reserved	0x4A1A 1000	0x4AFF FFFF	1 4716 KB	保留

3. TILER扩展地址映射

平铺等容积轻量级旋转引擎(Tiling and Isometric Lightweight Engine for Rotation,TILER)端口主要用于优化的2D块访问。TILER也支持图形缓存器0°、90°、180°和270°的旋转以及水平垂直镜像。TILER包括一个4 GB的寻址范围来访问这些旋转和镜像视图中的帧缓冲器。这个范围需要33位地址,而且只能让那些需要访问多视图的外设访问。在DM8168器件上,这个仅限于高清视频处理子系统(HDVPSS)。基于ConnID的其他外设可以通过512 MB TILER窗口区域访问任意一个单视图。HDVPSS可能使用4 GB(0x1:0000:0000-0x1:FFFF:FFFF)的虚拟地址空间,因为HDVPSS的各种VPDM客户端可能需要同步访问图像缓冲器不同方向的多个2D图像。顶部的4 GB地址空间被分为8个512 MB部分,这8部分对应8个不同的方向,如表4.4所示。

表 4.4 TILER扩展地址内存映射

块名称	起始地址	结束地址	尺 寸	描 述
Tiler 视图 0	1 0000 0000h	1 1FFF FFFFh	512 MB	0°视图
Tiler 视图 1	1 2000 0000h	1 3FFF FFFFh	512 MB	垂直镜像0°视图
Tiler 视图 2	1 4000 0000h	1 5FFF FFFFh	512 MB	水平镜像0°视图
Tiler 视图 3	1 6000 0000h	1 7FFF FFFFh	512 MB	180°视图
Tiler 视图 4	1 8000 0000h	1 9FFF FFFFh	512 MB	垂直镜像90°视图
Tiler 视图 5	1 A000 0000h	1 BFFF FFFFh	512 MB	270°视图
Tiler 视图 6	1 C000 0000h	1 DFFF FFFFh	512 MB	90°视图
Tiler 视图 7	1 E000 0000h	1 FFFF FFFFh	512 MB	水平镜像90°视图

4.1.4 Cortex-A8 内存映射

从 Cortex-A8 的结构框图可以看出：

- Cortex-A8 内部有 48 KB ROM 和 64 KB RAM；
- Cortex-A8 与其他模块互连通过 DMM 和 L3 端口；
- Cortex-A8 通过 DMM 端口(128bit)直接访问 DDR；
- Cortex-A8 通过 L3 互连端口(64bit)访问芯片的其他模块。

Cortex-A8 包含内存管理单元(MMU)，用于把虚拟地址翻译成物理地址，在 Host ARM 内解码。Cortex-A8 子系统有自己的 ROM 和 RAM，同时也有用于中断控制器的配置寄存器。除此之外，上面部分的 2 GB 地址空间被路由到一个特殊的端口(Master 0)，用于 DDR 内存的低延迟访问。所有其他的物理地址被路由到 L3 端口(Master 1)，并且在此端口进行解码。Cortex-A8 的内存映射如表 4.5 所示。

表 4.5 Cortex-A8 内存映射

块名称	起始地址	结束地址	尺 寸	描 述
Boot Space	0x0000 0000	0x000F FFFF	1 MB	Boot Space
L3 目标空间	0x0000 0000	0x1FFF FFFF	512 MB	GPMC
	0x2000 0000	0x2FFF FFFF	256 MB	PCIe Gen2 Targets
	0x3000 0000	0x3FFF FFFF	256 MB	保留
内部 ROM(注 1)	0x4000 0000	0x4001 FFFF	128 KB	保留
	0x4002 0000	0x4002 BFFF	48 KB	ROM Public
	0x4002 C000	0x40F FFFF	848 KB	保留
Reserved(注 1)	0x4010 0000	0x401F FFFF	1 MB	保留
Reserved(注 1)	0x4020 0000	0x402E FFFF	960 KB	保留
Reserved(注 1)	0x402F 0000	0x402F FFFF	64 KB	SRAM(64 KB)Secure/Public
L3 目标空间	0x4030 0000	0x4033 FFFF	256 MB	OCMC SRAM
	0x4034 0000	0x403F FFFF	768 KB	保留
	0x4040 0000	0x4043 FFFF	256 KB	OCMC SRAM
	0x4044 0000	0x404F FFFF	768 KB	Reserved(OCMC RAM1)
	0x4050 0000	0x407F FFFF	3 MB	保留
	0x4080 0000	0x4083 FFFF	256 KB	C674x UMAP0(L2 RAM)
	0x4084 0000	0x40DF FFFF	5 888 KB	Reserved
	0x40E0 0000	0x40E0 7FFF	32 KB	C674x L1P Cache/RAM
	0x40E0 8000	0x40EF FFFF	992 KB	保留
	0x40F0 0000	0x40F0 7FFF	32 KB	C674x L1D Cache/RAM

续表 4.5

块名称	起始地址	结束地址	尺 寸	描 述
	0x40F0 8000	0x40FF FFFF	992 KB	Reserved
	0x4100 0000	0x41FF FFFF	16 MB	保留
	0x4200 0000	0x43FF FFFF	32 MB	Reserved
	0x4400 0000	0x44BF FFFF	12 MB	L3 配置寄存器
	0x44C0 0000	0c45FF FFFF	20 MB	保留
	0x4600 0000	0x463F FFFF	4 MB	McASP0
	0x4640 0000	0x467F FFFF	4 MB	McASP01
	0x4680 0000	0x46BF FFFF	4 MB	McASP02
	0x46C0 0000	0x46FF FFFF	4 MB	HDMI1.3 Tx
	0x4700 0000	0x473F FFFF	4 MB	McBSP
	0x4740 0000	0x477F FFFF	4 MB	USB2.0 寄存器/CPPI
	0x4780 0000	0x47BF FFFF	4 MB	Reserved
	0x47C0 0000	0x47FF FFFF	4 MB	保留
	0x4800 0000	0x481F FFFF	2 MB	L4 标准外设域
ARM Subsystem INTC (注 1)	0x4820 0000	0x4820 FFFF	4 KB	仅由 Contex-A8 访问
Reserved(注 1)	0x4820 1000	0x4823 FFFF	252 KB	仅由 Contex-A8 访问
MPUSS config register (注 1)	0x4824 0000	0x4824 FFFF	4 KB	仅由 Contex-A8 访问
Reserved(注 1)	0x4824 1000	0x4827 FFFF	252 KB	仅由 Contex-A8 访问
Reserved(注 1)	0x4828 1000	0x482F FFFF	508 KB	仅由 Contex-A8 访问
L3 目标空间	0x4830 0000	0x48FF FFFF	13 MB	L4 标准外设域
	0x4900 0000	0x490F FFFF	1 MB	EDMA TPCC 寄存器
	0x4910 0000	0x497F FFFF	7 MB	保留
	0x4980 0000	0x498F FFFF	1 MB	EDMA TPCC0 寄存器
	0x4990 0000	0x499F FFFF	1 MB	EDMA TPCC1 寄存器
	0x49A0 0000	0x49AF FFFF	1 MB	EDMA TPCC2 寄存器
	0x49B0 0000	0x49BF FFFF	1 MB	EDMA TPCC3 寄存器
	0x49C0 0000	0x49FF FFFF	4 MB	保留
	0x4A00 0000	0x4AFF FFFF	16 MB	L4 高速外设域
	0x4B00 0000	0x4BFF FFFF	16 MB	EMU 子系统区域
	0x4C00 0000	0x4CFF FFFF	16 MB	DDR EMIF0 配置寄存器(注 2)
	0x4D00 0000	0x4DFF FFFF	16 MB	DDR EMIF1 配置寄存器(注 2)

续表 4.5

块名称	起始地址	结束地址	尺 寸	描 述
	0x4E00 0000	0x4FFF FFFF	32 MB	DDR DMM 配置寄存器(注 2)
	0x5000 0000	0x50FF FFFF	16 MB	GMPC 配置寄存器
	0x5100 0000	0x51FF FFFF	16 MB	PCIE 配置寄存器
	0x5200 0000	0x52FF FFFF	16 MB	保留
	0x5300 0000	0x53FF FFFF	16 MB	HDVICP2-2 Host 端口
	0x5400 0000	0x54FF FFFF	16 MB	HDVICP2-2 SL2 端口
	0x5500 0000	0x55FF FFFF	16 MB	保留
	0x5600 0000	0x56FF FFFF	16 MB	SGX530 从端口
	0x5700 0000	0x57FF FFFF	16 MB	保留
	0x5800 0000	0x58FF FFFF	16 MB	HDVICP2-0 Host 端口
	0x5900 0000	0x59FF FFFF	16 MB	HDVICP2-0 SL2 端口
	0x5A00 0000	0x5AFF FFFF	16 MB	HDVICP2-1 Host 端口
	0x5B00 0000	0x5BFF FFFF	16 MB	HDVICP2-1 SL2 端口
	0x5C00 0000	0x5CFF FFFF	32 MB	保留
	0x5E00 0000	0x5FFF FFFF	32 MB	保留
	0x6000 0000	0x7FFF FFFF	512 MB	TILER 窗口
DDR EMIF0/1 SDRAM(注 3、4)	0x8000 0000	0xBFFF FFFF	1 GB	DDR
DDR EMIF0/1 SDRAM(注 3、4)	0xC000 0000	0xFFFF FFFF	1 GB	DDR

注 1：表示这些部分在 Corex-A8 内部解码；

注 2：这些访问通过 DDR DMM TILER 端口实现。DDR DMM 内部分开寻址 DDR EMIF 和 DDR DMM 控制寄存器的地址范围；

注 3：这些地址路由到 Master0 端口，用于与 DDR DMM ELLA 端口直接相连；

注 4：DDR EMIF0 和 DDR EMIF1 地址可以连续或 BANK 交错，取决于 DDR DMM 的配置。

4.1.5 C674x DSP 内存映射

从 C674x DSP 的结构框图可以看出，EMC(Extend Memory Controller)是一个桥，用于将宏模块与芯片的其他部分连接起来。它包括 3 个端口：

(1) 配置端口(CFG)。这个端口用于对内存映射寄存器(这些寄存器控制不同的外设和资源)的访问，但并不支持对 CPU 和宏模块(DSP 的宏模块)内部的内存映

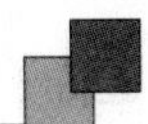

射寄存器的访问。CFG 总线是 32 位，应该使用 32 位加载/存储指令或者 IDMA 来访问。

(2) Master DMA(MDMA)。MDA 提供对宏模块外部资源的访问，传输的发起者是宏模块。MDMA 常用于 CPU/Cache 对 L2 以外的内存访问。这些访问可能是对系统内存的缓存行的分配、回写、非高速缓存加载/存储。

(3) Slave DMA(SDMA)。SDMA 用于宏模块外部的其他 Masters 对宏模块内部资源的访问。这些其他的 Master，如：DMA 控制器、HPI 等，也就是说这些传输是宏模块外部 Master 发起的，而宏模块在交易中是处于 Slave 地位。

C674x DSP 还有 3 个 Master 端口，用于直接访问 HDVICP2 SL2（仅 HDVICP2-0 和 HDVICP2-1）内存。C6474x DSP 通过 MDMA 端口进行的访问是通过 DSP/EDMA 内存管理单元（DEMMU）来路由的。DEMMU 重新映射物理系统地址，这样做可以保护 ARM Cortex A8 内存区域避免被 C674x 代码意外破坏，并允许在用户空间里直接定位缓冲区而不需要在 ARM 和 DSP 之间进行翻译。另外，EDMA TC0 进行的访问可以选择通过 DEMMU 来路由，这允许 DSP 使用 EDMA 通道 0 进行传输的时候，仅使用相关缓冲区的已知虚拟地址来执行传输。EDMA_TC 通过控制模块里的 MMU_CFG 寄存器来使能/禁止 DSP/EDMA MMU。

C674x DSP 内置有特定的硬连接地址译码，因此它的内存映射与 Cortex-A8 稍微有些不同。C674x DSP 有一个独立的 CFG 总线用来访问 L4 外设，它的 UMAP1 总线直接连接到 HDVICP2 SL2（仅 HDVICP2-0 和 HDVICP2-1）存储器。所有的 C674x MDMA 端口访问都通过系统 MMU 地址转换。C674x DSP 的内存映射如表 4.6所示。

表 4.6　C674x DSP 内存映射

区域名称	起始地址	结束地址	尺　寸	描　述
保留(注 1)	0x0000 0000	0x003F FFFF	4 MB	保留
UMAP1(注 1)	0x0040 0000	0x0043 FFFF	256 KB	C674x UMAP1(HDVICP2-0 SL2)
保留(UMAP1)(注 1)	0x0044 0000	0x004F FFFF	768 KB	保留
UMAP1(注 1)	0x0050 0000	0x0053 FFFF	256 KB	C674x UMAP (HDVICP2-1 SL2)
保留(UMAP1) (注 1)	0x0054 0000	0x005F FFFF	768 KB	保留
保留(注 1)	0x0060 0000	0x007F FFFF	2 MB	保留
L2 SRAM(注 1)	0x0080 0000	0x0083 FFFF	256 KB	C674x UMAP0(L2 RAM)
保留(注 1)	0x0084 0000	0x00DF FFFF	5 888 KB	保留
L1P SRAM(注 1)	0x00E0 0000	0x00E0 7FFF	32 KB	C674x L1P Cache/RAM
保留(注 1)	0x00E0 8000	0x00EF FFFF	992 KB	保留

续表 4.6

区域名称	起始地址	结束地址	尺 寸	描 述
L1D SRAM(注 1)	0x00F0 0000	0x00F0 7FFF	32 KB	C674x L1D Cache/RAM
保留(注 1)	0x00F0 8000	0x017F FFFF	9 184 KB	保留
内部 CFG(注 2、3)	0x0180 0000	0x01BF FFFF	4 MB	C674x 内部 CFG 寄存器
保留(注 3)	0x01C0 0000	0x07FF FFFF	100 MB	保留
L4 标准域(注 3)	0x0800 0000	0x08FF FFFF	16 MB	外设域
EDMA TPCC(注 3)	0x0900 0000	0x090F FFFF	1 MB	EDMA TPCC 寄存器
保留(注 3)	0x0910 0000	0x097F FFFF	7 MB	保留
EDMA TPTC0(注 3)	0x0980 0000	0x098F FFFF	1 MB	EDMA TPTC0 寄存器
EDMA TPTC1(注 3)	0x0990 0000	0x099F FFFF	1 MB	EDMA TPTC1 寄存器
EDMA TPTC2(注 3)	0x09A0 0000	0x09AFFFFF	1 MB	EDMA TPTC2 寄存器
EDMA TPTC3(注 3)	0x09B0 0000	0x09BF FFFF	1 MB	EDMA TPTC3 寄存器
保留(注 3)	0x09C0 0000	0x09FF FFFF	4 MB	保留
L4 高速域(注 3)	0x0A00 0000	0x0AFF FFFF	16 MB	外设域
保留(注 3)	0x0B00 0000	0x0FFF FFFF	80 MB	保留
C674x L1/L2(注 4)	0x1000 0000	0x10FF FFFF	16 MB	C674x 内部全局地址
MDMA(注 5)	0x1100 0000	0xFFFF FFFF	3 824 MB	DEMMU 映射 L3 域

注 1：地址 0x0000 0000-0x017F FFFF 在 C674x 器件内部；

注 2：地址 0x0180 0000-0x01BF FFFF 保留，用于 C674x 内部 CFG 寄存器；

注 3：地址 0x01C0 0000-0x0FFF FFFF 映射到 C674x CFG 总线；

注 4：地址 0x1000 0000-0x10FF FFFF 映射到 C674x 内部地址 0x0000 0000-0x00FF FFFF；

注 5：这些访问通过 DEMMU 路由，DEMMU 通过页表将这些地址翻译到 L3 物理地址。

4.1.6 内存测试程序

```
#include "evm816x.h"
#include "stdio.h"
Uint32 memfill32( Uint32 start, Uint32 len, Uint32 val )
{
    register Uint32 *pdata, *end;
    /* 写模式 */
    pdata = (Uint32 *)start;
    end = (Uint32 *)(start + len);
    while(pdata < end)
```

```
        * pdata + + = (Uint32)val;
    /* 读模式 */
    pdata = (Uint32 * )start;
    while(pdata < end)
    {
        if ( * pdata ! = (Uint32)val)
        {
            printf("Error at %08x\n", (Uint32)pdata);
            return (Uint32)pdata;
        }
        pdata + + ;
    }
    return 0;
}

Uint32 memaddr32( Uint32 start, Uint32 len )
{
    register Uint32 * pdata, * end;
    /* 写模式 */
    pdata = (Uint32 * )start;
    end = (Uint32 * )(start + len);
    while(pdata < end)
        * pdata + + = (Uint32)pdata;
    /* 读模式 */
    pdata = (Uint32 * )start;
    while(pdata < end)
    {
        if ( * pdata ! = (Uint32)pdata)
        {
            printf("Error at %08x\n", (Uint32)pdata);
            return (Uint32)pdata;
        }
        pdata + + ;
    }
    return 0;
}

Uint32 meminvaddr32( Uint32 start, Uint32 len )
{
```

```
    register Uint32 *pdata, *end;
    /* 写模式 */
    pdata = (Uint32 *)start;
    end = (Uint32 *)(start + len);
    while(pdata < end)
        *pdata++ = ~(Uint32)pdata;
    /* 读模式 */
    pdata = (Uint32 *)start;
    while(pdata < end)
    {
        if (*pdata != ~(Uint32)pdata)
        {
            printf("Error at %08x\n", (Uint32)pdata);
            return (Uint32)pdata;
        }
        pdata++;
    }
    return 0;
}
```


4.2　系统互连

4.2.1　概　述

DM8168 的互连基于一种分层架构(L3,L4)。L3 互连允许平台所有发起者(Initiators：向互连发起读写请求。如：处理器、DMA)之间的资源共享,比如外设和片上扩展存储器。L4 互连控制外围设备的访问。平台之间的发起者与目标(Targets：不向互连发出读写请求,但是能响应这些请求,还可以向系统产生中断和 DMA 请求,如：外设、内存控制器)之间进行传输,而且通过芯片互连实现传输的物理条件。

4.2.2　L3 互连

L3 拓扑结构是由性能要求、总线类型和定时器结构驱动的。图 4.1 显示了器件互连以及平台的主要模块和子系统。注意箭头并不是表示数据流的方向,而是表示 Master/Slave(或者 Initiator/Target)关系。Master 与 Slave 的连接关系如表 4.7 所示。

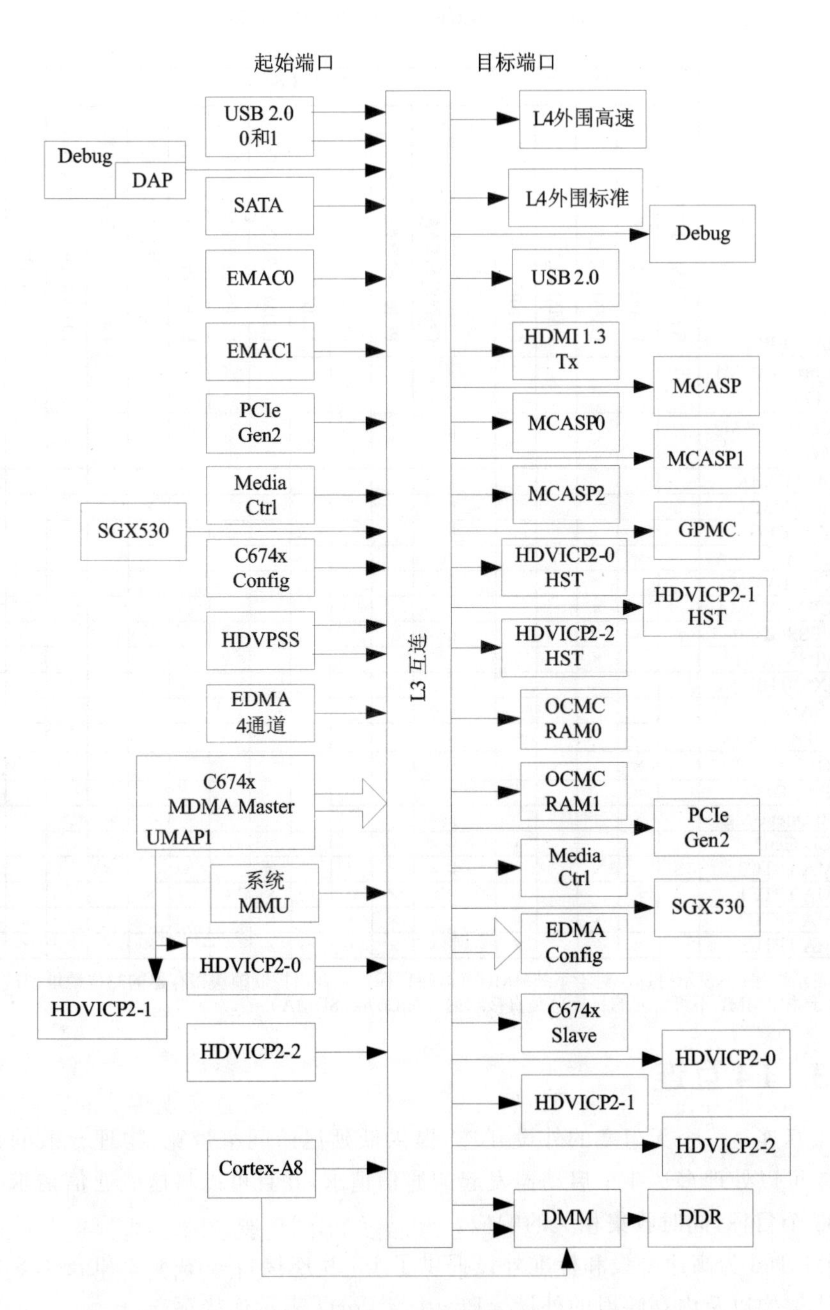
起始端口
目标端口
USB 2.0
0和1
Debug
DAP
SATA
EMAC0
EMAC1
PCIe
Gen2
Media
Ctrl
SGX530
C674x
Config
HDVPSS
EDMA
4通道
C674x
MDMA Master
UMAP1
系统
MMU
HDVICP2-0
HDVICP2-1
HDVICP2-2
Cortex-A8
L3 互连
L4外围高速
L4外围标准
Debug
USB 2.0
HDMI 1.3
Tx
MCASP
MCASP0
MCASP1
MCASP2
GPMC
HDVICP2-0
HST
HDVICP2-1
HST
HDVICP2-2
HST
OCMC
RAM0
OCMC
RAM1
PCIe
Gen2
Media
Ctrl
SGX530
EDMA
Config
C674x
Slave
HDVICP2-0
HDVICP2-1
HDVICP2-2
DMM
DDR

图4.1 互连结构框图

表 4.7 Master 与 Slave 的连接关系

MASTERS	SLAVES																		
	SYSTEM MMU	DMM TILER0	DMM TILER1	DMM ELLA	GPMC	SGX530	C674x_SDMA	PCIe GEN2 SLAVE	McASP	McBSP	HDMI 1.3 TX AUDIO	L4 HS PERIPH PORT0	L4 HS PERIPH PORT1	L4 STD PERIPH PORT0	L4 STD PERIPH PORT1	EDMA TPTC0-3 CFG	EDMA TPTC	OCMC RAM0-1	USB2.0 CFG
ARM Cortex-A8 M1（128位）				×															
ARM Cortex-A8 M2（64位）			×		×	×	×	×	×	×	×	×		×		×	×	×	×
C674x MDMA	×																		
System MMU			×											×			×	×	
C674x CFG														×			×		
HDVICP2-0 VDMA		×																×	
HDVICP2-1 VDMA			×															×	
HDVICP2-2 VDMA			×															×	
HDVPSS Mstr0		×																×	
HDVPSS Mstr1			×															×	
SGX530 BIF			×																
SATA		×																×	
EMAC0 Rx 和 Tx		×																×	
EMAC1 Rx 和 Tx		×																×	
USB2.0 DMA		×																	
USB2.0 Queue Mgr		×																×	
PCIe Gen2		×			×		×											×	
EDMA TPTC0	S		×		×		×	×	×	×	×		×		×		×	×	
EDMA TPTC1		×			×		×	×	×	×	×	×		×			×	×	
EDMA TPTC2			×		×		×	×	×	×	×		×		×		×	×	
EDMA TPTC3		×			×		×	×	×	×	×	×		×			×	×	

注：X表示连接；S表示可选，对于系统MMU可访问目标，主要由控制模块寄存器的33位地址位决定。对于系统MMU不可访问的目标总是直接映射（如C674x SDMA）的。

4.2.3 L4 互连

L4 互连是一个无阻塞的外设互连，提供低延迟访问窄带宽、物理分散的目标内核。L4 可以处理多达 4 个启动器发起的通信请求，并且可以将这些通信请求分散到多达 63 个目标，同时收集相关的响应。

DM8168 为高速外设和标准外设提供了 L3 互连接口。图 4.2 和表 4.8 显示了 L4 总线架构以及内存映射的外设。Port0 与 Port1 表示连接存在。

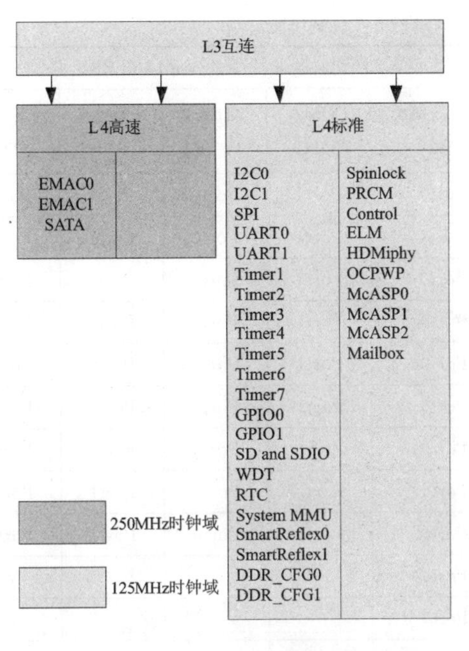

图 4.2　L4 总线架构

表 4.8　L4 外设连接

L4 外设	MASTERS						
	Cortex-A8 M2	EDMA TPTC0	EDMA TPTC1	EDMA TPTC2	EDMA TPTC3	C674x CONFIG	SYSTEM MMU
L4 高速外设端 Port0 和 Port1							
EMAC0	Port0	Port1	Port0	Port1	Port0		
EMAC1	Port0	Port1	Port0	Port1	Port0		
SATA	Port0	Port1	Port0	Port1	Port0		
L4 高速外设端 Port0 和 Port1							
I2C0	Port0	Port1	Port0	Port1	Port0		
I2C1	Port0	Port1	Port0	Port1	Port0		
SPI	Port0	Port1	Port0	Port1	Port0		
UART0	Port0	Port1	Port0	Port1	Port0		
UART1	Port0	Port1	Port0	Port1	Port0		
Timer1	Port0	Port1	Port0	Port1	Port0		
Timer2	Port0	Port1	Port0	Port1	Port0		
Timer3	Port0	Port1	Port0	Port1	Port0		
Timer4	Port0	Port1	Port0	Port1	Port0	Port0	

续表 4.8

L4 外设	MASTERS						
	Cortex-A8 M2	EDMA TPTC0	EDMA TPTC1	EDMA TPTC2	EDMA TPTC3	C674x CONFIG	SYSTEM MMU
Timer5	Port0	Port1	Port0	Port1	Port0	Port0	
Timer6	Port0	Port1	Port0	Port1	Port0	Port0	
Timer7	Port0	Port1	Port0	Port1	Port0		
GPIO0	Port0	Port1	Port0	Port1	Port0		
GPIO1	Port0	Port1	Port0	Port1	Port0		
SD、SDIO	Port0	Port1	Port0	Port1	Port0		
WDT	Port0	Port1	Port0	Port1	Port0		
RTC	Port0	Port1	Port0	Port1	Port0		
System MMU	Port0	Port1	Port0	Port1	Port0		
SmartReflex0	Port0						
SmartReflex1	Port0						
DDR_CFG0	Port0						
DDR_CFG1	Port0						
Spinlock	Port0					Port0	Port0
PRCM	Port0						
Control 和 Top Regs	Port0						
ELM	Port0						
HDMIphy	Port0						
OCPWP	Port0						
McASp0	Port0	Port1	Port0	Port1	Port0		
McASP1	Port0	Port1	Port0	Port1	Port0		
McASP2	Port0	Port1	Port0	Port1	Port0		
Mailbox	Port0	Port1	Port0	Port1	Port0	Port0	Port0

4.3　本章小结

每个子系统或处理器都有自己的内存和内存映射的寄存器。为了简化软件开发，使用一个统一的内存映射，DM8168 采用统一的内存映射。本章介绍了 DM8168 的 L3、L4 内存映射机制。同时，DM8168 使用一种基于分层架构的互连技术，将多处理器和子系统连接到一起。L3 互连允许平台所有发起者（Initiators：向互连发起读写请求。如：处理器、DMA）之间的资源共享，比如外设和片上扩展存储器；L4 互连控制外围设备的访问。

4.4　思考题与习题

1. DM8168 采用统一内存映射的原因是什么？
2. 描述 Cortex-A8 和 C674x DSP 两者的内存映射及其区别。
3. 简述 DM8168 的系统互连技术。
4. L3 互连与 L4 互连是如何实现 DM8168 模块之间的访问？

第 5 章

TMS320DM8168 存储器控制

本章介绍 TMS320DM8168 的存储器控制系统，包括动态内存管理、通用内存控制器以及 DDR2/3 内存控制器。DDR SDRAM 是 Double Data Rate SDRAM 的缩写，简称 DDR，是双倍速率同步动态随机存储器的意思。SDRAM 在一个时钟周期内只传输一次数据，它在时钟的上升期进行数据传输；而 DDR 一个时钟周期内传输两次数据，它可以在时钟的上升期和下降期各传输一次数据，因此称为双倍速率同步动态随机存储器。DDR 内存可以在与 SDRAM 相同的总线频率下达到更高的数据传输率。

5.1 动态内存管理

5.1.1 概 述

如图 5.1 所示，动态内存管理器(DMM)位于 SDRAM 控制器的前端，它是所有启动器产生的内存访问接口。

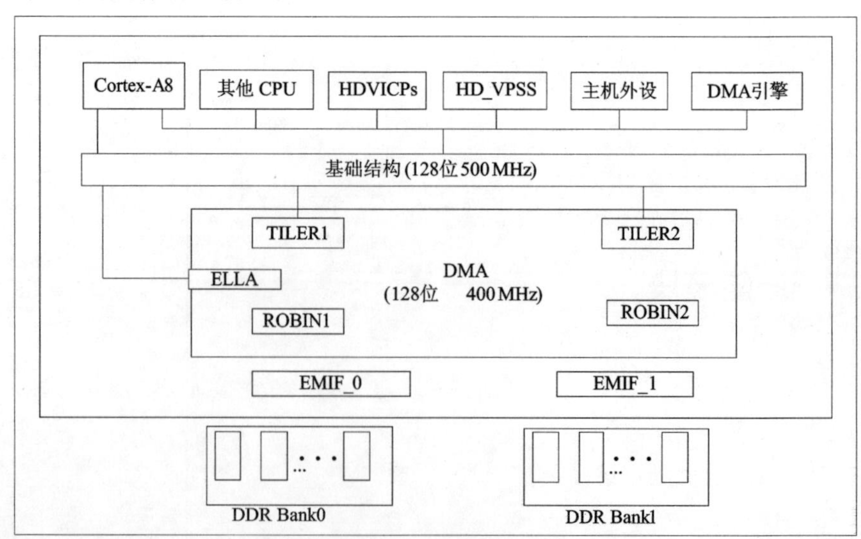

图 5.1 DMM 结构图

DMM是一个专门的管理模块，广义上说，包括内存访问的各个方面，比如：

- 启动器索引的优先级产生；
- 多段SDRAM内存交错配置；
- 块目标传输优化：tiling和子tiling；
- 集中的低延迟页翻译：类似于MMU。

内存的动态管理表现为软件可配置，运行时由DMM操作的内存管理有4个方面：

- 给输入请求添加基于启动器的优先级；
- 执行tiled请求的tiling转换；
- 提供优化的低延迟页翻译，以便管理内存碎片：MMU；
- 在两个内存控制器间按照交错配置进行分配。

TILER是DMM内的一个子模块，目的是高效操作2D数据，比如HDVICP2通过使用tiled格式进行视频/图像访问。

- 优化管理内存碎片，通过页粒度的翻译实现0-copy物理帧缓冲交换；
- 产生高速0开销的变换，比如带水平或垂直镜像的90/180/270度旋转。

5.1.2 特　性

DMM主要包含以下特性：

- 低延迟的ELLA互连端口，仅用于Cortex A8的访问；
- 在两个EMIF bank之间的DDR数据可以是交错的，使用可编程的多段DRAM内存映射，这增加了2倍内存通过率，支持多达4个独立的内存段(Section)；
- 基于优先级请求扩展的可编程启动器，有多达16个启动器组；
- 支持tiled数据的地址翻译，在4KB页粒度中使用PAT，这有助于管理内存碎片；
- 2个内部地址查找表(LUT)，每个有256×128个入口；4个带自动同步重加载的可重填引擎，用于LUTs编程；
- 支持4个独立的PAT视窗。

5.1.3 功能模块

图5.2显示了DMM的宏结构，DMM组成包括6个模块：

- PEG。优先级扩展产生器，用来产生SDRAM控制器要求的优先级。注意这些优先级并不在DMM中使用；
- ELLA。极低延迟访问，它有自己的互连从端口，用来提供对内存的极低延迟访问；
- LISA。局部互连和同步代理，用来同步所有的DMM子系统并提供对配置寄存器的访问；

- PAT。物理地址翻译，用来管理内存碎片；
- ROBIN。2个重定序缓冲与启动器节点，它们有自己的互连主端口，用来向SDRAM控制器发出请求，允许tiled数据、tiled响应和分裂的响应重构，ROBIN模块仅能管理重定序缓冲以及由于定向而需要执行的数据重定序；
- TILER。2个，有自己的互连从端口，用于在输入虚拟地址模式和输出物理地址之间进行转换请求。注意，tiling请求转换、写数据和响应完全由TILER模块执行。

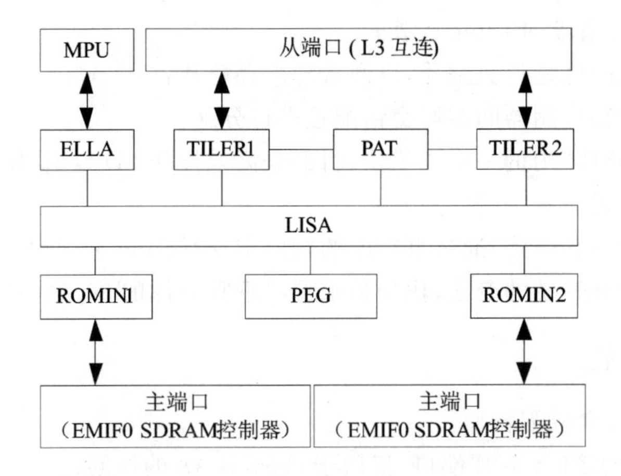

图 5.2 DMM 的结构图

5.1.4 关键词和缩写词

bpp：每个像素占用的位数；

DMM：动态内存管理；

ELLA：极底延迟访问；

GB/GiB：千兆字节。

Initiator：启动器。器件里的一个节点，可以是CPI、外设、或DMA等，它可以是内部总线管理者(MASTER)。每个启动器由一个连接ID(ConnID：connection ID)来标识，ConnID最大限制是16，某些启动器被分组在一起，使用同一个ConnID号；

Interlaced：可以跳行交错访问；

IVA：视频图像加速器IVA_HD，又称HDVICP2；

LISA：本地互连和同步代理；

KB/KiB：表示千字节；

LUT：查找表；

MMU：内存管理单元；

MPU：主处理器，这里指Cortex A8；

PAT：物理地址翻译；

PEG：优先级扩展发生器；

Progressive：与 Interlaced 相反，必须一行行地连续访问；

ROBIN：重新定序缓冲与启动器节点；

Tiled access：对 tiled 段以 1D 或者 2D 访问，此处图像以 2D 方式读出和写入，改善了 2D 访问的效率。例如对图像的宏块访问，TILER 简化为一个简单的 1D 线性读写请求，DMM 负责在连续内存中完成请求中指定的地址读写；

2D access：HDVICP2 和 HDVPSS 能对 2D 图像缓存产生一个带有读/写请求、高度和宽度信息的特殊访问。DMM-TILER 可以利用高度、宽度和地址来译码访问类型，并负责(从)读/写数据(到)基于子粒度的物理内存。

5.1.5　DMM 功能描述

1. PEG

优先级扩展发生器(PEG)是一个关于优先级的动态软件可编程启动器索引表，为 DMM 向 SDAM 控制器发出的每个访问赋予优先级。启动器并不产生自己的传输优先级，而是将表中的优先级分配给启动器产生的 SDRAM 访问。DMM 不使用这些优先级进行内部仲裁。PEG 通过寄存器 DMM_PEF_PRIO0/1 来编程 16 个优先级入口，每个优先级占 3 位，范围为 0～7，0 是最高优先级。

当请求发送到 SDRAM 控制器的时候，与启动器对应的 DMM_PEG_PRIOx 字段的优先级也被送到 SDRAM。例如，来自 C674x DSP 的访问送到 SDRAM，同时在 DMM_PEG_ PRIONn 中获得的优先级也被送到 SDRAM。注意，这个优先级并不影响 DMM 本身的行为，优先级传送给 SDRAM 控制器，控制器使用它来组织请求的优先级别。然而，对于 HDVPSS，外设本身会产生一个优先级，DMM_PEG_PRIOn 对应的优先级被忽略，HDVPSS 自定义的优先级直接被送到 SDRAM 控制器。

2. ELLA

极低延迟访问(ELLA)是一个简单的端口，用于 Cortex-A8 产生的所有访问。其接口简单，延迟极低：

- 仅限于 1D 突发传输；
- 不能执行 tiling 转换；
- 不与 PAT 模块交互。

ELLA 的主要作用是将输入请求在 DMM 单元边界进行分割，以确保发送到 SDRAM 控制器的请求占单个 SDRAM 页。具体来说，ELLA 负责：

- 定位一个内部响应的上下文，以实时产生相应的响应；
- 在 DMM 单元边界对输入请求进行分割；
- 在相应的 ROBIN 里请求内部缓存分配；

- 写请求时，定位和更新内部写上下文，以便随后将输入数据送到相关的重定序缓冲。

注：在 DM8168 平台，Cortex-A8 访问系统地址空间 80000000h-FFFFFFFFh 只通过 ELLA 端口路由。由 Cortex-A8 产生的所有 4 个 tiled 模式（包括页模式）的访问，会通过 TILER 端口路由，因此与 ELLA 端口没有关系。ELLA 子模块软件是不可编程的。

3. LISA

局部互连和系统同步代理（LISA）是一个用于设置优先级、管理标签和内存映射的硬件互连模块。LISA 将来自 DMM 请求的系统地址映射到 SDRAM 地址，LISA 互连包括：

- ELLA 和 TILER 在 ROBIN 启动器节点上的请求；
- ELLA 和 TILER 在 ROBIN 写缓冲上的写数据；
- ROBIN 对相关的 TILER 启动器或 ELLA 启动器的读数据。

LISA 模块管理所有对 ELLA、TILER 和 PAT 的输入请求，然后将请求翻译到寄存器和 ROBIN 端口。对 ELLA 端口的访问拥有最高优先级，当 DMM 和 ROBIN 端口同时使用时，LISA 模块在一个可编程边界（128 KB 或更大，由 DMM_LISA_MAPn 寄存器来编程）让两个端口交错。设置 DMM_LISA_LOCK 寄存器用来锁定配置，如果将配置位写 1，就可以阻止所有 DMM_LISA_MAP_i 寄存器的再次配置。LOCK 位不能写回到 0，必须通过复位才可以。用户总是希望 LISA MAP 在系统设置之后就不要改变，LOCK 的这一特征有助于实现这个目的。

4. PAT

物理地址翻译引擎（PAT）包括两个 32 K 条目的物理地址翻译矢量表和 1 组 4 重填引擎，重填引擎专门用于重填物理地址翻译表内容的 DMA。地址翻译机制仅在输入请求命令处于页模式或 tiled 模式时可用，即仅在输入地址目标处于系统地址空间里的 TILER 或混叠视窗的时候可用。PAT 支持多地址翻译框架，又称为视窗，能通过视窗映射机制绑定到一个或多个启动器。

(1) PAT 视窗

PAT 视窗为每个 tiled 模式（页、8/16/32 位）访问定义一种物理地址翻译。每个 PAT 视窗的每一个模式可以被设置为使用 PAT 直接访问或 PAT 间接访问翻译。通过设置 DMM_PAT_VIEW_MAP[0..3]寄存器，PAT 支持多达 4 个独立的视窗。

(2) PAT 视窗映射

DM8168 的 16 组启动器都有自己的 Connld 标志。从启动器到 PAT 视窗的连接是通过 DMM_PAT_VIEW 寄存器产生的，DMM_PAT_VIEW0 寄存器用于前 8 组启动器，DMM_PAT_ VIEW1 用于后 8 组。这样每一个启动器能选择系统中的 4 个可配置 PAT 的其中一个。

(3) PAT 视窗映射基地址

PAT 视窗映射基地址定义所有的 PAT 翻译地址的基地址，所有 PAT 翻译地址的 bit31 设置为 BASE_ADDR。在 DM8168 中，bit31 应该设置为 1，这对应于分配给系统内存映射的外部 SDRAM 的顶部 2 GB。因此由 PAT 翻译的地址范围是 8000 000h-FFFF FFFFh。

(4) PAT 查找表 LUT

PAT 包含两个查找表(LUT)，每个 LUT 有 32 K(256×128)的入口。PAT 仅在 PAT 间接寻址翻译时才使用 LUT。这种结构与虚拟 TILER 容器是相对应的，输入地址映射到 LUT 中的实际地址，然后 PAT 会把它翻译成映射到 4 K 页 DDR 的物理内存。每个 PAT 地址入口对应到有同样位置的 DMM 容器的页，例如，表中入口(74,42)与任意一个 DMM 页(74,42)对应。每个入口指向内存 4 K 页，总共 128 MB 的 tiled 内存能使用一个 LUT 来映射，DM8168 支持 2 G 的 DDR 空间，每个 LUT 入口的宽为 19 位。DMM 查找表如表 5.3 所示。

$E_{0,0}$	$E_{1,0}$	$E_{2,0}$	$E_{3,0}$	$E_{4,0}$	$E_{251,0}$	$E_{252,0}$	$E_{253,0}$	$E_{254,0}$	$E_{255,0}$
$E_{0,1}$	$E_{1,1}$	$E_{2,1}$	$E_{3,1}$	$E_{4,1}$	$E_{251,1}$	$E_{252,1}$	$E_{253,1}$	$E_{254,1}$	$E_{255,1}$
$P_{3,0}$	$E_{1,2}$	$E_{2,2}$	$E_{3,2}$	$E_{4,2}$	$E_{251,2}$	$E_{252,2}$	$E_{253,2}$	$E_{254,2}$	$E_{255,2}$
$E_{0,125}$	$E_{1,125}$	$E_{2,125}$	$E_{3,125}$	$E_{4,125}$	$E_{251,125}$	$E_{252,125}$	$E_{253,125}$	$E_{254,125}$	$E_{255,125}$
$E_{0,0}$	$E_{1,126}$	$E_{2,126}$	$E_{3,126}$	$E_{4,126}$	$E_{251,126}$	$E_{252,126}$	$E_{253,126}$	$E_{254,126}$	$E_{255,126}$
$E_{0,0}$	$E_{1,127}$	$E_{2,127}$	$E_{3,127}$	$E_{4,127}$	$E_{251,127}$	$E_{252,127}$	$E_{253,127}$	$E_{254,127}$	$E_{255,127}$

$E_{X,Y}$

4-Kb页条目

图 5.3　DMM 查找表

(5) PAT 直接存取翻译

基于粒度的地址翻译被叫做直接存取，在这个模式下，翻译矢量由存取模式(8 位/16 位/32 位/页模式)对应的 DMM_PAT_VIEW_MAP 寄存器的 CONT_x 字段直接给出。PAT 直接访问翻译，通过定义基地址，所有 4 个模式的 128 MB 虚拟容器(8 位/16 位/32 位/页模式)能映射到它们唯一的系统地址。图 5.4 描述了实际的翻译过程。

(6) PAT 间接访问翻译：页模式访问

设置 DMM_PAT_VIEW[0..3]可以指定是直接还是间接访问翻译。对于每个模式(8 位/16 位/32 位/页模式)，用户可以通过 DMM_PAT_VIEW_MAP 寄存器的 CONTx 字段指定 LUT 用来做地址查询，然后输入地址位[19..12]和位[26..20]分别指定 LUT 入口的 x 坐标和 y 坐标。PAT 代替输入地址的位[30..12]，用 19 位值

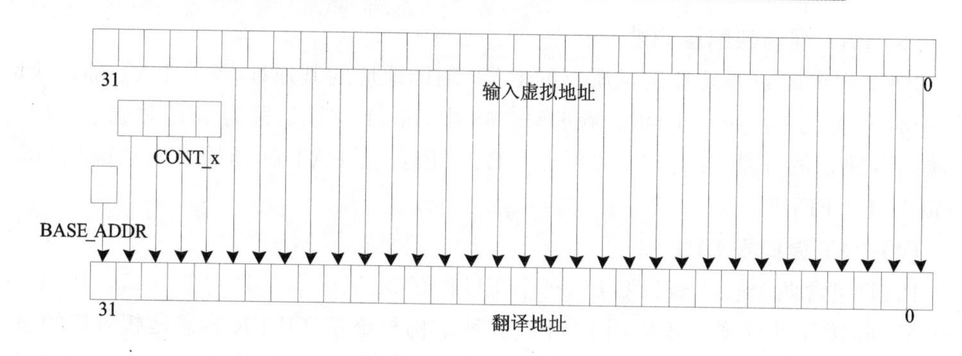

图 5.4 DMM PAT 翻译过程

指定入口地址。这个翻译发生在4K页边界,因此低12位不被翻译,图5.5描述了实际的翻译过程。

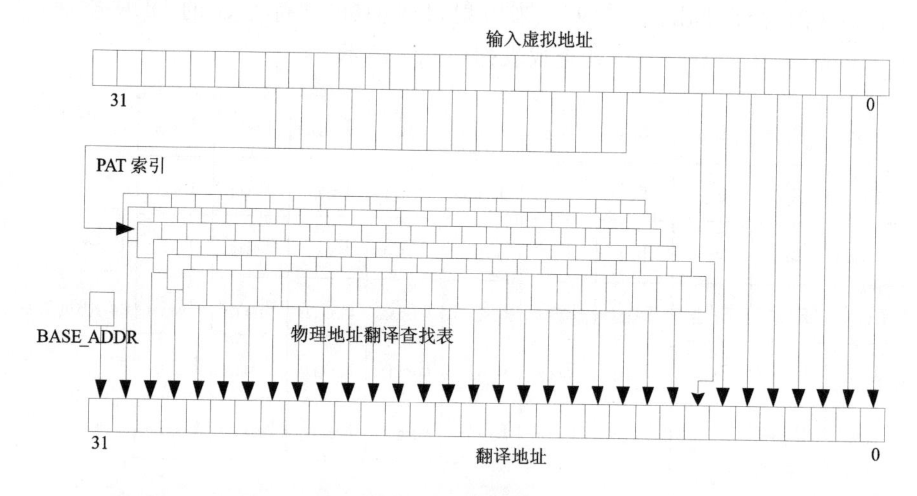

图 5.5 翻译过程

(7) PAT 间接寻址访问翻译: 8/16/32 位模式

设置 DMM_PAT_VIEW[0..3]可以指定是直接还是间接访问翻译。对于每个模式(8位/16位/32位/页模式),用户可以通过 DMM_PAT_VIEW_MAP 寄存器的 CONTx 字段指定 LUT 用来做地址查询。对于 8/16/32 位模式,由 PAT 翻译的输入虚拟地址的低26位是不同的,同前面介绍的页模式访问相比也不一样。

8位模式访问的虚拟地址译码:

- 位 0~5: 页的水平行6位偏移;
- 位 6~13: 选择 tiler 的水平页,也称为 LUT 表的 x 坐标;
- 位 14~19: 用于选择页内行的6位偏移;
- 位 20~26: 选择 tiler 的虚拟页,也称为 LUT 表的 y 坐标;
- 位 27~31: 在8位模式中,它们的值为01100,也就是地址范围: 60000000h-67FFFFFFh。

16位模式访问的虚拟地址译码：

- 位0：总是0，访问至少以16位对齐；
- 位1～6：页的水平行的6位偏移；
- 位7～14：选择tiled的水平页，也称LUT的x坐标；
- 位15～19：5位偏移，用于选择页内的行；
- 位20～26：选择tiled的虚拟页，也称为LUT的y坐标；
- 位27～31：在16位模式里，它们的值是01101，地址范围为：68000000h-6FFFFFFFh。

32位模式访问的虚拟地址翻译：

- 位0～1：总是0，访问至少以32位对齐；
- 位2～6：页的水平行的5位偏移；
- 位7～14：选择tiled的水平页，也称LUT的x坐标；
- 位15～19：5位偏移，用于选择页内行；
- 位20～26：选择tiled的虚拟页，也称LUT的y坐标；
- 位27～31：在32位模式中，它们的值为01101，地址范围为：70000000h-77FFFFFFh。

5. ROBIN

ROBIN(重定序缓冲和启动器节点)模块主要为转换数据提供一些工作缓冲，并负责光栅(raster)和tiled之间的进出。ROBIN作为主端口连接到SDRAM控制器，其作用是：

- 前向请求；
- 写访问数据缓冲和读访问响应数据缓冲；
- 保持写数据顺序；
- 方向转换；
- Tag操作。

注意：ROBIN子模块不可以进行软件配置。

6. 段(Section)映射

在DM8168中，DMM支持2个SDRAM控制器，在两个BANK间以128/256/512KB粒度进行数据交错。当以8/16/32位模式访问tiled数据时，在内存交错段的1 KB边界会发生交错，让过载交错段过载。为了优化系统性能，推荐在2个EMIF BANK之间让交错使能，这样在两个EMIF BANK里有同样大小的内存，例如EMIF BANK0 DDR3里的512 MB和EMIF BANK1 DDR3里的512 MB，用于总共1 GB的系统DDR3内存。注意只有连接到两个SDRAM控制器上的DDR系统有相同的电气特性时，该交错才会被支持。

如果为了节省成本，在两个EMIF BANK上选择使用异步内存，那么可以通过

DMM 的 LISA 编程来支持一些配置。DMM 中的地址映射可以配置多达 4 个段，每个段的定义基于：

- 系统地址：段译码范围的基地址，这个地址是向 DMM 输入的访问地址。
- 大小：编码实际使用输入系统地址的高 8 位，因此，这部分的尺寸可能是 16 MB～2 GB。交错使能的时候，这部分的最小尺寸是 32 MB。
- 物理地址：外部内存控制器中的内存访问范围的基地址，也称 SDRC 地址。
- 目标内存控制器：两个 EMIF BANK 之一或者两个。
- 交错定义：以 128/256/512 KB 交错或不交错。

LISA 段：

- 内存段的尺寸是 16 MB～2 GB 中 2 的幂次，并对齐到系统映射尺寸，如果段配置为两个 EMIF 交错数据，那么最小尺寸为 32 MB。
- 采取固定交错粒度且恒定交错段的方案。对于这个段，也可以禁止 2 个 EMIF 之间的交错。
- 如果两个段覆盖，那么会采用顶层段的属性，如图 5.6 所示，总共有 4 个独立段定义在 DMM 中。

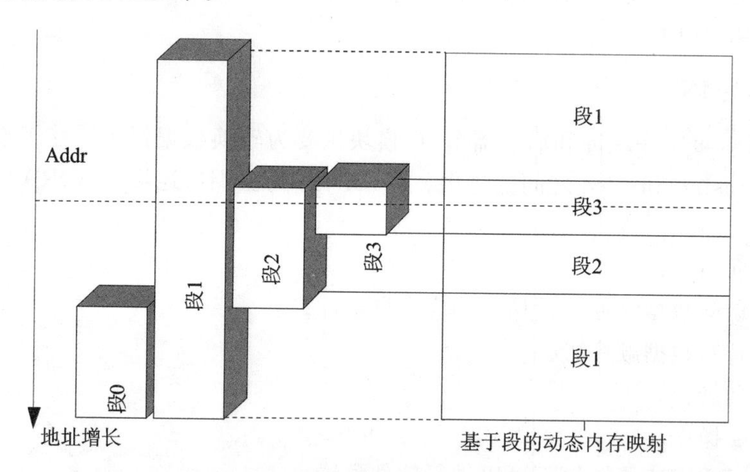

图 5.6　DMM 段和内存映射

在图 5.6 中，系统地址的一个请求虽然选择了段 1、2、3，但是还是会采取段 3 的交错方案。同理，DMM 配置也会阻止任何使用段 0 交错方案的请求，因为段 0 完全被段 1 屏蔽，而且段 1 有较高的优先级。

DMM 段指定输入到 DMM 的系统地址范围(粒度是 16 MB)以及它如何使用类似的对齐粒度映射到 EMIF0 和/或 EMIF1 的物理 SDRC 地址。在 2 个 EMIF BANK 之间的数据交错，对所有的启动器是透明的，并不要求特定的地址转换，图 5.7和图 5.8 给出了所有交错方案的例子。

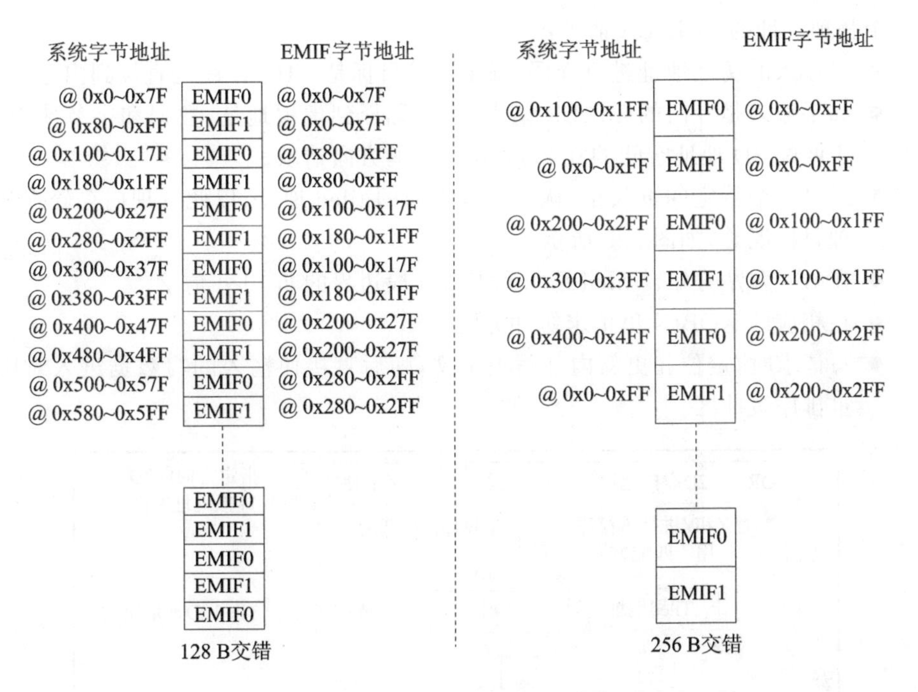

图 5.7　128 B 和 256 B 交错

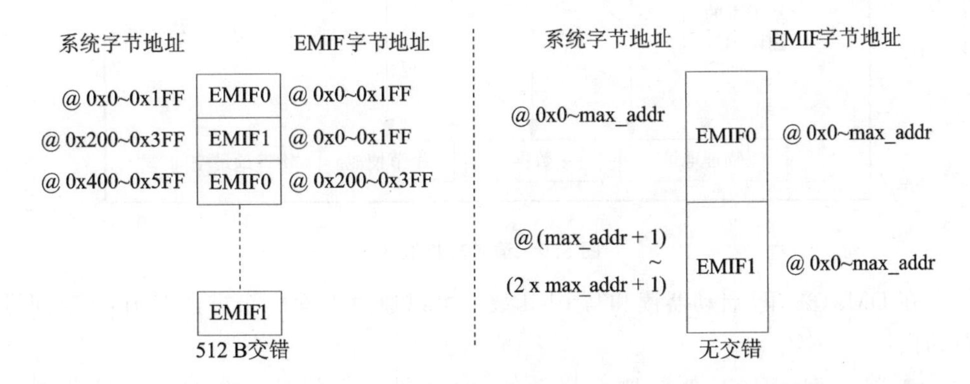

图 5.8　512 KB 和 1 KB 交错

7. TILER

如图 5.2 所示，2 个 TILER 端口用于访问 DMM，用于增加 2D tiled 块的访问效率，tiled 模块的主要功能如下：

- 高效处理以 tiles 映射的 2D 数据，比如视频或图像的宏块。
- 优化内存碎片管理，在交换帧内存时，通过 4 KB 页粒度的页翻译实现 0-copy。
- 无需消耗任何资源就可以实现刚体变换（体积不变、距离不变）：90/180/270°旋转，且带水平和垂直镜像。

当写的时候，有些不同，TILER 功能是将 2D 虚拟地址输入请求映射成一个或者更多个物理寻址的 SDRAM 请求：

- 对输入的访问地址进行译码，确定请求目标是 TILER 还是直接到内存。
- 如果输入是专门的 TILER 请求，然后翻译到虚拟地址，数据和字节使能，用于匹配 2D 地址空间的 0/90/180/270°的方向请求。
- 通过一个特定的页矢量，优化翻译定向的 tiled 地址，以此管理内存碎片和物理目标混叠，如图 5.9 所示。
- 在 tile 边界的分裂 tiled 请求和 DMM 段边界的非 tiled 请求。
- 在相应的 ROBIN 里请求缓冲分配。
- 写请求时，定位和更新内部写上下文，随后直接使输入的写数据进入对应的重排序缓冲区。

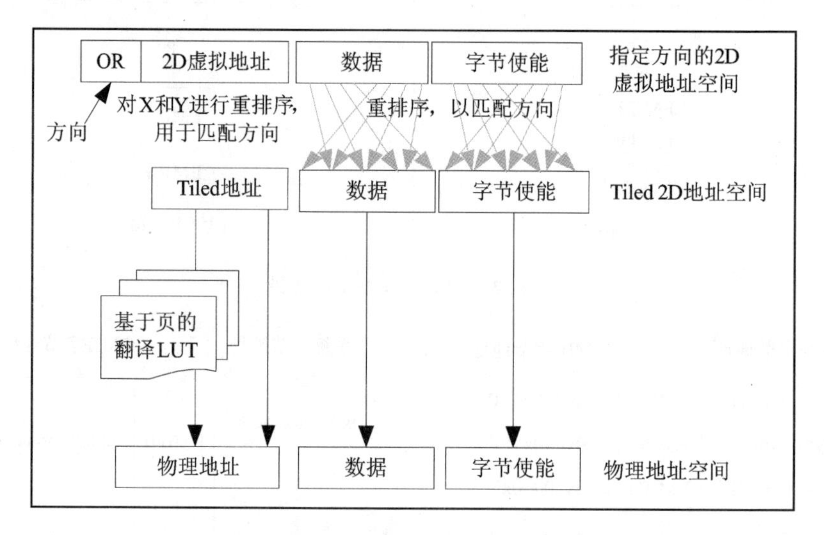

图 5.9 请求转换概述

在 DM8168 里，启动器读和写 tiled 数据可以通过下面 2 个方法对 tiled 空间进行访问：

- 除了 HDVPSS 外的所有启动器，tiled 寻址空间是 512 MB，地址范围是 60000000h～7FFFFFFFh。通过使用对应的 DMM_TILER_OR0 或者 DMM_TILEROR1 寄存器，这些启动器可以访问 8 个视窗中的任意一个。
- 对于 HDVPSS，TILER 模块支持它自己的 4 GB 虚拟寻址空间(10000000h～1FFFFFFFh)，允许在系统虚拟地址空间里重新映射 8 个大小为 512 MB 的方向化子空间中的任何一个或视窗。

注意：尽管虚拟窗口在系统内存映射是 512 MB，在 TILER 内存映射是 4 GB，但是最大物理 tiled 数据大小仅为 128 MB。如果使用 PAT 直接访问翻译，此时这 128 MB 是连续的。如果使用可选 PAT 间接访问翻译，通过使用 LUT 表，这 128 MB可以以 4 KB 的页粒度映射到 SDRAM 的任何位置。

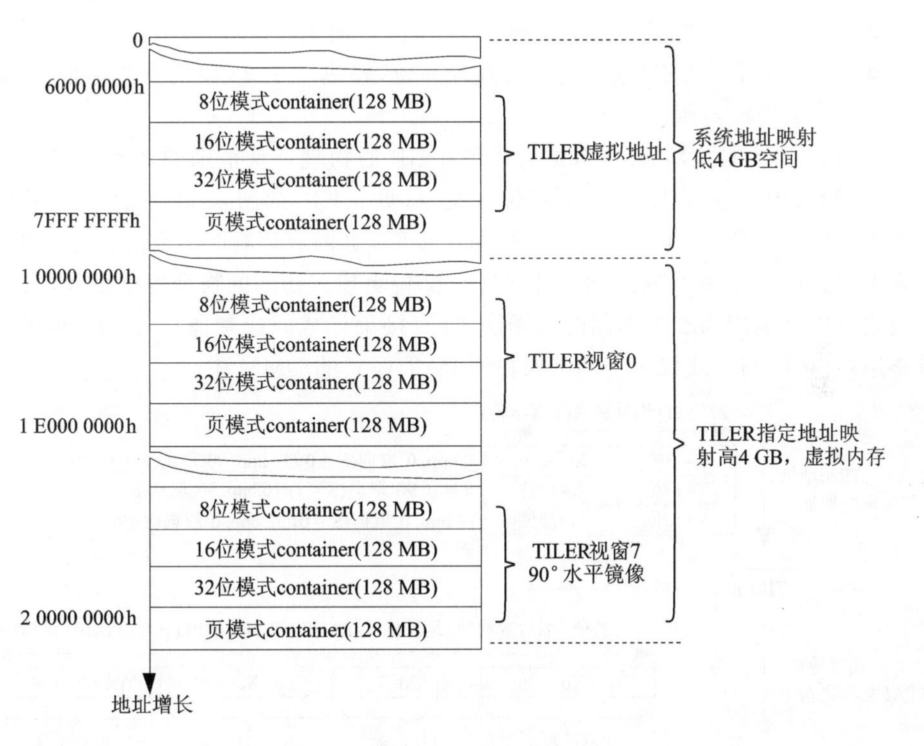

图 5.10　内存映射

8. 时钟与中断

DMM 逻辑设计是同步逻辑，与内部 L3 互连采用同一个时钟，所有定时使用这个时钟作为参考。DMM 模块能向 Corex-A8 产生中断，报告关于 PAT 重填引擎的状态与错误。有 8 个条件可以单独使能和禁止。4 个重填引擎，总共有 32 个独立的中断源。每一个重填引擎，有如下的状态和错误情况：

- FILL_DSCn：引擎 n 完成任何描述符的重填；
- FILL_LSTn：引擎 n 完成最后的描述符的重填；
- ERR_INV_DSCn：引擎 n 的非法描述符指针；
- ERR_INV_DATAn：引擎 n 的非法数据指针；
- ERR_UPD_AREAn：引擎 n 重填的时候，段寄存器的更新引起错误；
- ERR_UPD_CTRn：引擎 n 重填的时候，控制寄存器的更新引起的错误；
- ERR_UPD_DATAn：引擎 n 重填的时候，数据寄存器的更新引起的错误；
- ERR_LUT_MISSn：引擎 n 段重填的时候，对未被填充的入口的访问。

在各自的 DMM_PAT_STATUSn 寄存器中也会报告上面的 6 个错误情况。

9. Tiled 访问：DMM 地址翻译

从用户角度看，PAT 可以被看作 TILER 应用 tiled 地址过程中的附加步骤。

- TILER 首先将 tiled 地址转换成 27 位的物理地址，地址范围为 128 MB；
- PAT 处理 TILER 输出的物理地址高位，输出一个 32 位的物理地址，覆盖 4 GB 的地址范围。

PAT 以页为粒度将 tiled 数据映射到 4 GB 的物理地址范围的任何位置。TILER 页是物理内存在 TILER 中的定位粒度，每页 4 KB，如图 5.11 所示。PAT 仅修改物理地址的高位，低 12 位保持不变，即每 4 KB 页内数据顺序不变，仍然由 TILER 计算得到。PAT 视图定义一种用于 8/16/32 位页模式访问的物理地址翻译，它的每个模式可以被编程为 2 种不同的翻译模式（直接翻译或间接翻译）。注意，间接模式最常用，直接访问模式仅用于调试或在无 PAT 模式的 DMM 中。

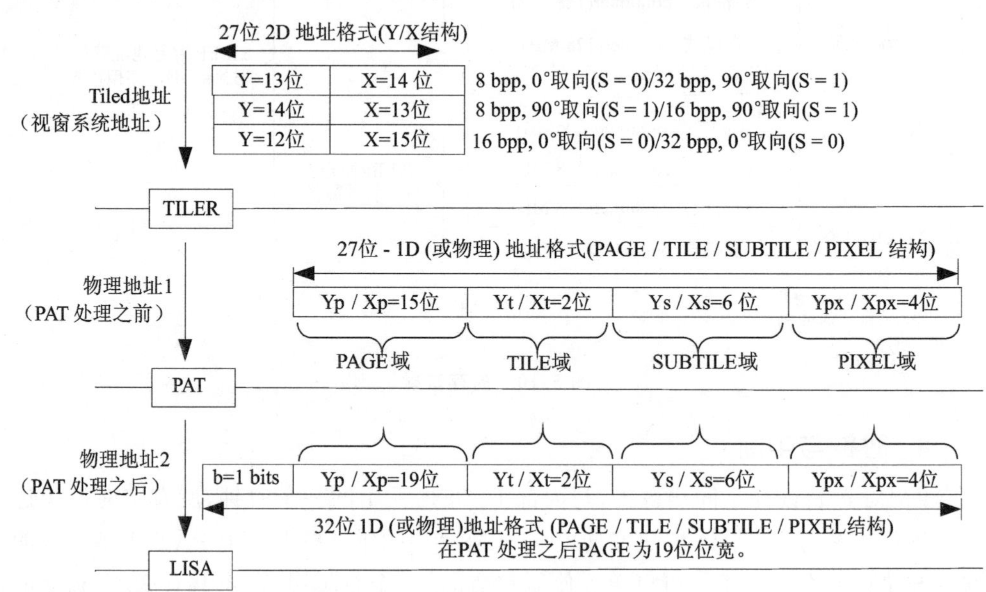

图 5.11 DMM 地址翻译

5.1.6 TILER 功能描述

1. TILER 介绍

很多图像处理算法（比如 H.264 编解码算法）都基于图像空间的局部相关特性。访问局部图像都是 2 维的，比如处理对象为 16×16 相邻像素组成的宏块。图像在存储器中一般是按照图像的行顺序自上而下自左而右线性存储，如图 5.12 所示。这种情况下，为了访问一个 16×16 的宏块，要求对内存进行多次访问，而器件的每次内存访问可以是连续的 128 MB 字节，这样就需要废弃一些数据，导致图像的局部宏块的访问效率极低。

相反，如果用 2 维方式取代 1 维线性方式来访问图像，那么会大大提高宏块的访问效率。2 维访问包括以下优点：

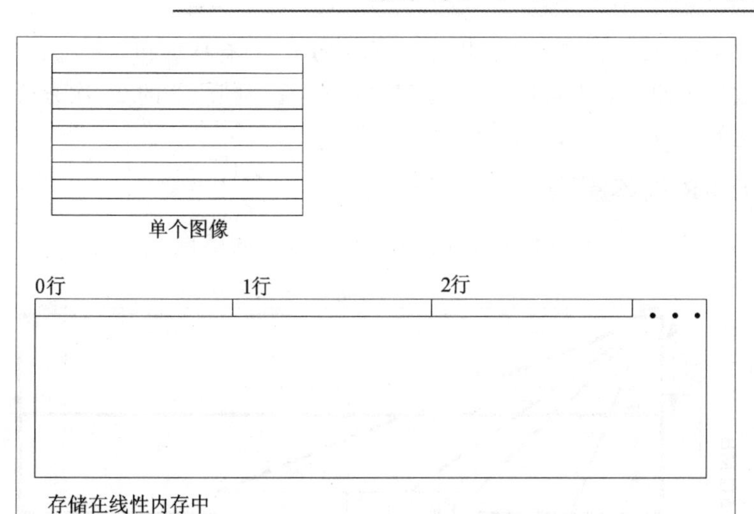

图 5.12　图像的线性存储

- 更快速的算法处理能力；
- 打开更少的 SDRAM 页；
- 降低系统内存的带宽消耗；

如图 5.13 所示，tiled 格式存储图像的基本思路如同铺瓷砖一样，所以叫 tile。

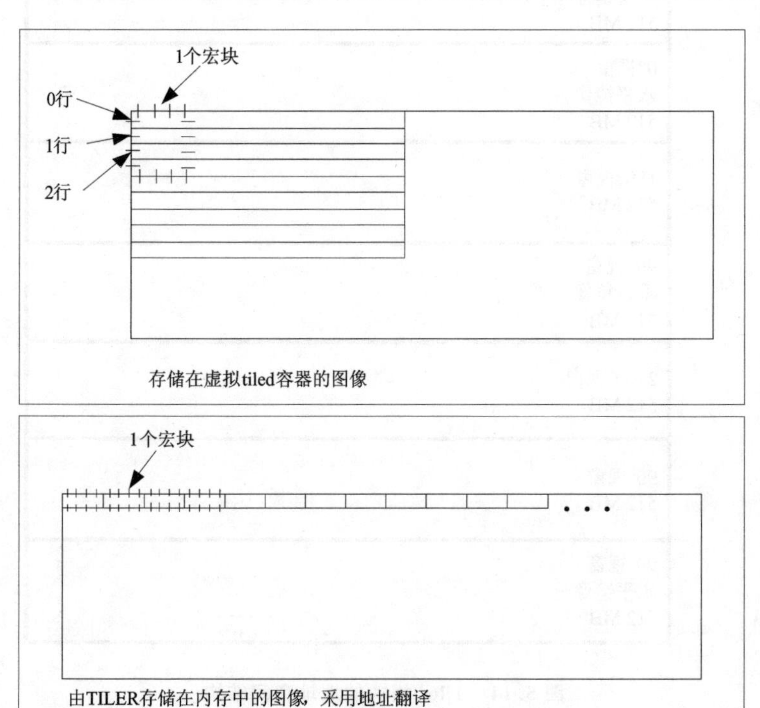

图 5.13　由 TILER 存储图像到内存中

DM8168 的 HDVPSS DMA 引擎(又称 VPDMA)有捕捉和显示通道(又称客户)的内部行数据缓冲。对于每次 tiled 访问,当处理完一帧或 2 的 2n 次方行时,它确保访问光栅化的 tiled 数据的开销为零。

2. TILER 基本原理

如图 5.14 所示为 tiled 模式下的 TILER 地址空间结构。

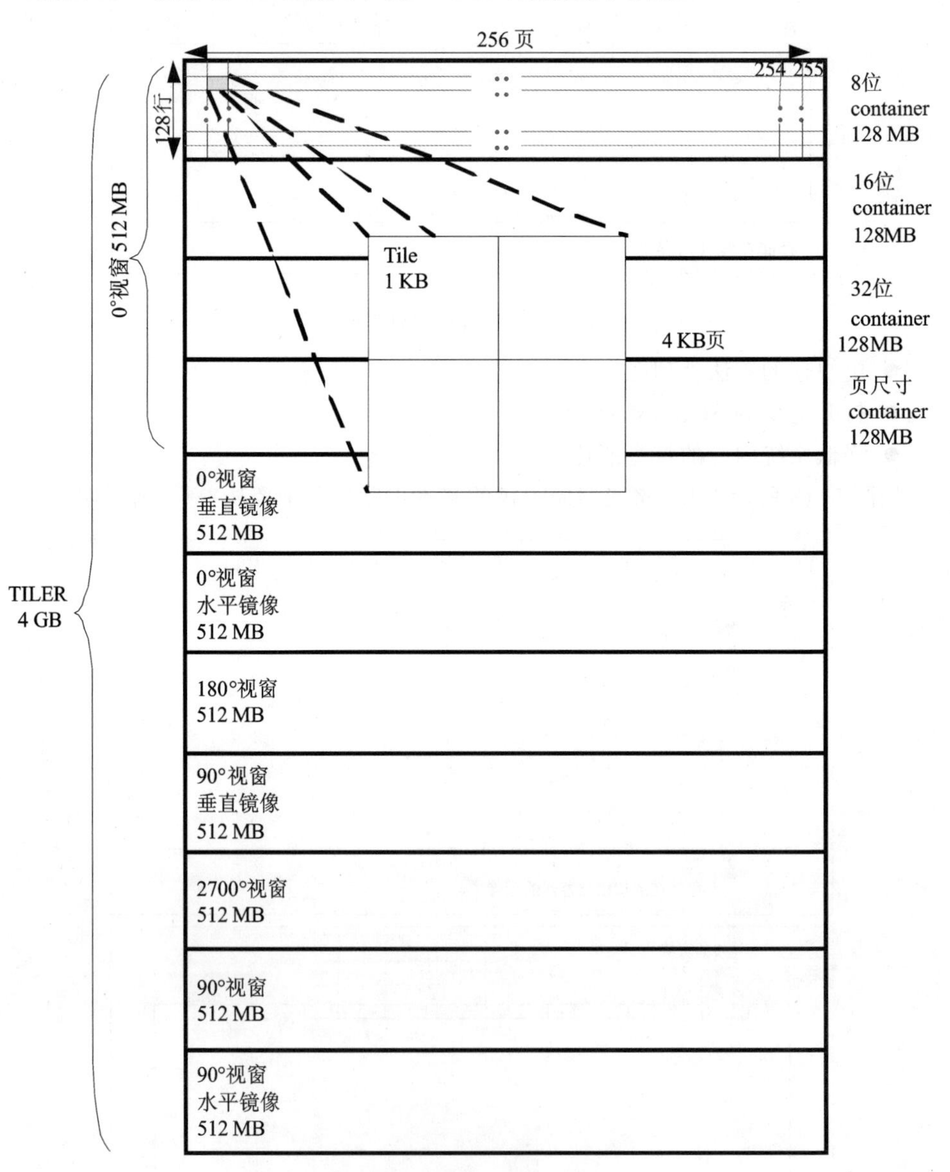

图 5.14 Tiled 模式的地址空间结构

(1) TILER 是由 8 个视窗组成的 4 GB 虚拟地址空间

TILER 的寻址空间为 4 GB,包含 8 个独立的 512 MB 方向视窗,对应 8 个可能的帧缓存扫描方式:

- 从左到右然后从上到下;
- 从右到左然后从上到下;
- 从左到右然后从下到上;
- 从右到左然后从下到上;
- 从上到下然后从左到右;
- 从上到下然后从右到左;
- 从下到上然后从左到右;
- 从下到上然后从右到左。

(2) 视窗是由 4 个容器组成的 512 MB 虚拟地址空间

每种元素尺寸都有一个视窗,以便允许 8 个可能方向的访问方式。容器是个实体,所有给定元素类型的目标都定位在这里。元素是最大尺寸实体: 8 位、16 位、32 位或页尺寸,它们在任何方向都是不变的。

(3) 容器是一个 128 MB 虚拟地址空间

一个 128 MB 的容器可以被看作为 128×256 页,每页 4 KB。页定义了通过 MMU 进行地址翻译的物理内存定位的粒度。

(4) 页是一个 4 KB 的虚拟地址空间

1 页由 2 行组成,1 行由 2 个 tile 组成,如图 5.15、5.16 和 5.17 描述的 8 位、16 位、32 位页的几种情况。

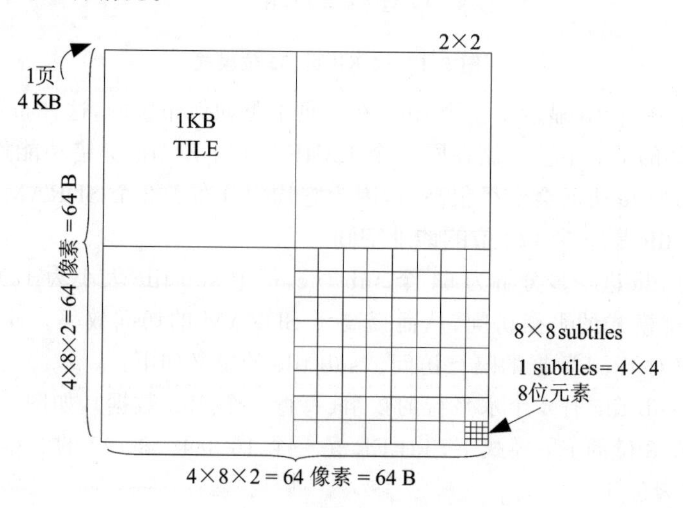

图 5.15　4 KB 页,8 位模式

(5) tile 是一个 1 KB 的地址空间

Tile 用于在单个 SDRAM 页中提供 2 维数据位置,长度是 1 KB,也就是最小

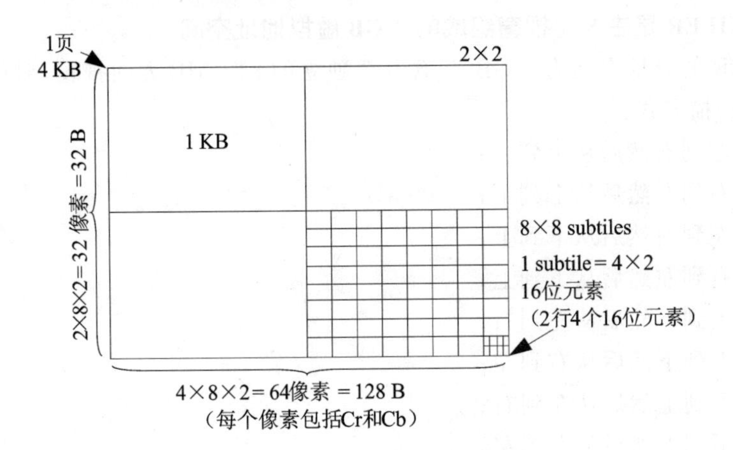

图 5.16　4 KB 页,16 位模式

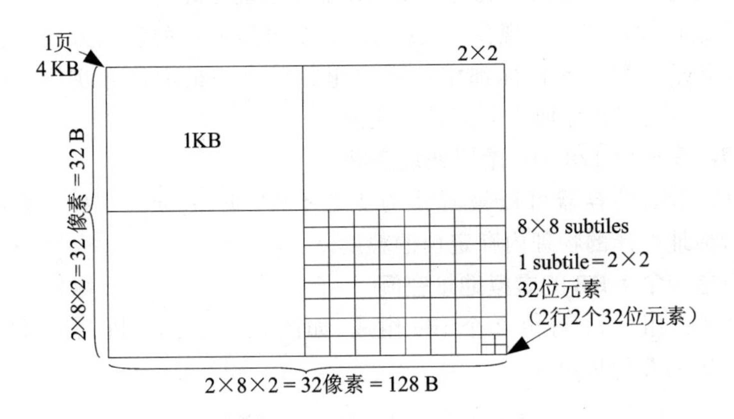

图 5.17　4 KB 页,32 位模式

SDRAM 页。图 5.18 显示了 4 个 tiles 在 1 页中是如何布置的,这种布置确保 1 页中任何 2 个相邻的 tile 不会存储在同一个 EMIF 中(当 EMIF 交错功能使能的时候)。这样一个大的 tile 访问会变得很高效,因为它均匀分布于 2 个 SDRAM 控制器中。

(6) sub-tile 是一个 128 位的地址空间

1 KB 的 tile 进一步分解为 64 个 sub-tile,每个 sub-tile 大小为 128 位。sub-tile 结构支持 2 维模式的平衡访问,从而提高了 SDRAM 的访问效率。此外,使用 sub-tile 可以改善对 tiled 数据的隔行访问。sub-tile 的定义如下:

- 8 位 sub-tile 有 4 个水平行的数组(每行 4 个 8bit 数据),如图 5.19 所示。因此,在 8 位的 tile 模式下,TILER 是一个 16 384×8 192 的 2 维数组,数组元素是 8 位。
- 16 位 sub-tile 有 2 个水平行的数组(每行 4 个 16bit 数据),如图 5.20 所示。因此,在 16 位的 tile 模式下,TILER 是一个 16 384×4 096 的 2 维数组,数组元素是 16 位。

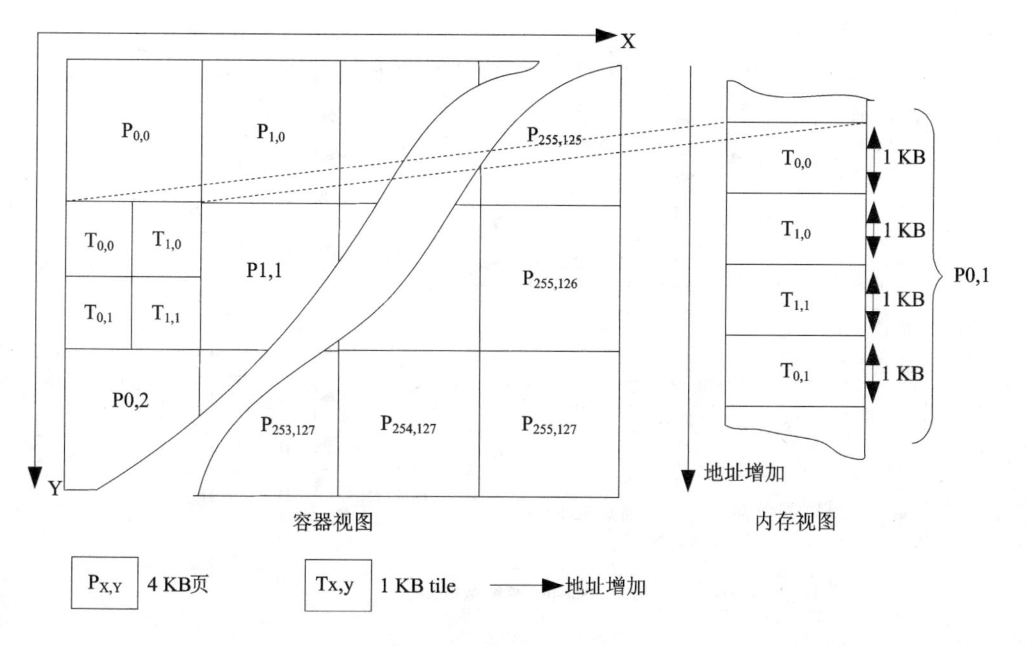

图 5.18　一个 4 KB 页的 4 个 1 KB Tile

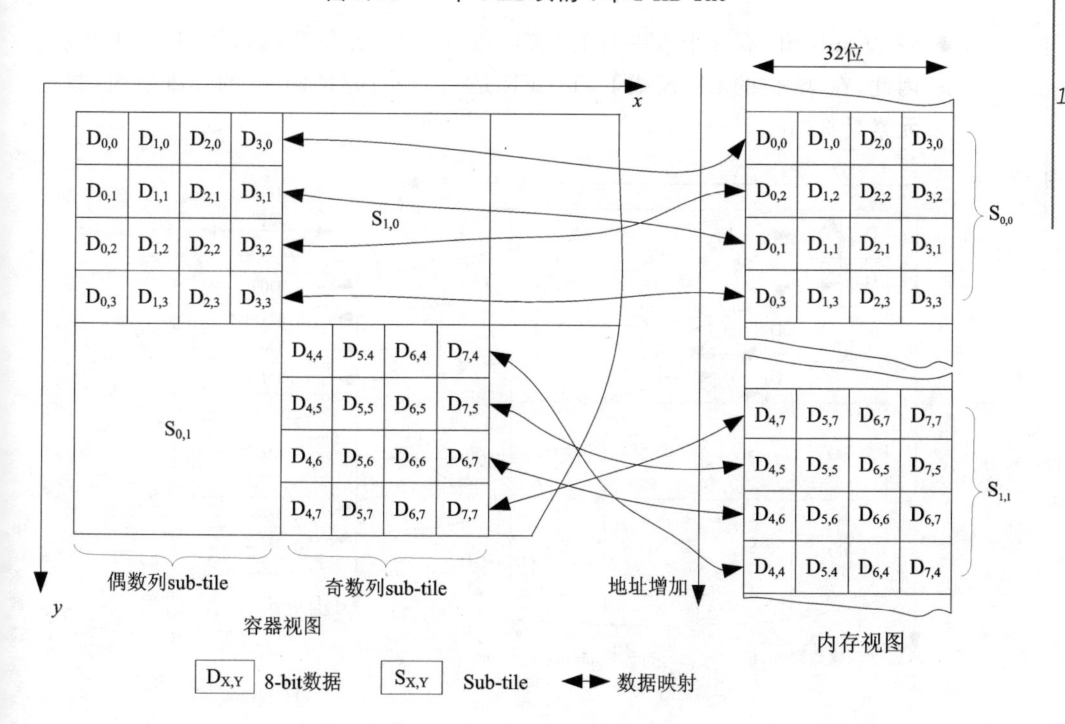

图 5.19　8 位 sub-tile

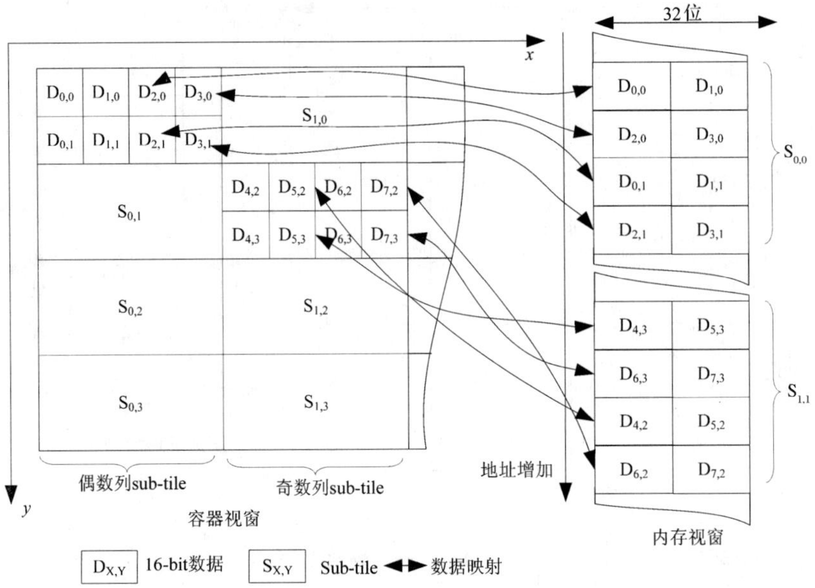

图 5.20 16 位 sub-tile

- 32 位 sub-tile 有 2 个水平行的数组(每行 2 个 32 位数据),如图 5.21 所示。因此,在 32 位的 tile 模式下,TILER 是一个 8 192×4 096 的 2 维数组,数组元素是 32 位。

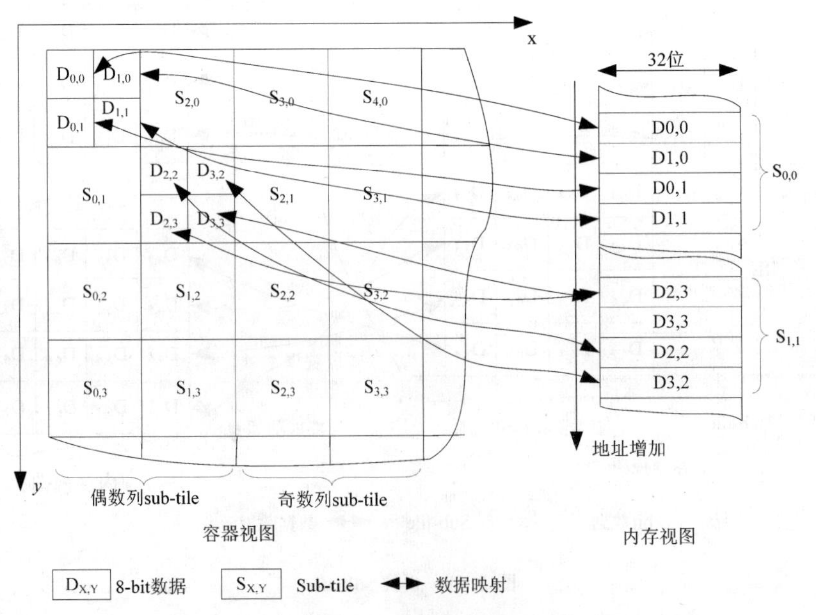

图 5.21 32 位 sub-tile

3. TILER 小结

TILER 是一个 128 MB 的虚拟容器，包含 256×128 页，每页 4 KB，以 2 维方式组织数据。每个 4 KB 有 4 个 tile，每个 1 KB 的 tile 有 64 个 sub-tile，每个 sub-tile 有 128 位。8/16/32 位的数据访问模式可以以不同的方式对齐。

(1) Tiled 数据的存储

PAT 直接访问翻译：通过旁路 LUT，整个 128 MB 空间的物理内存中必须是连续的，那么每个 8/16/32 位的 128 MB 虚拟容器或页容器，能够映射到同样的 128 MB 空间或者不同的位置。PAT_VIEW_MAP 寄存器定义 128 MB 空间的基地址，这个基地址是与 256 MB 对齐的。

PAT 间接访问翻译：最常规的使用方式是使用 DMM 中的 2 个 LUT，以 4 KB 的粒度将虚拟数据映射到物理地址中。这样的 128 MB 物理内存不需要连续，系统的 2 个 LUT 只能是 256 MB 数据。因此，8/16/32 位或页容器可能需要关联到相同的页，例如，使用 1 个 LUT 映射 8/16/32 位容器，它们需要对应同样的物理内存页，另一个 LUT 在页访问时映射 128 MB 容器，如图 5.22 所示。

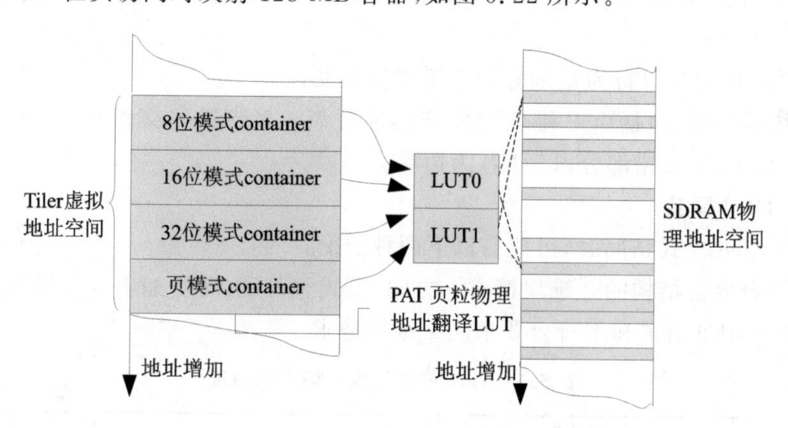

图 5.22　采用 LUT 进行 Tiled 虚拟地址到物理 SDRC 地址的转换

(2) 寻址格式

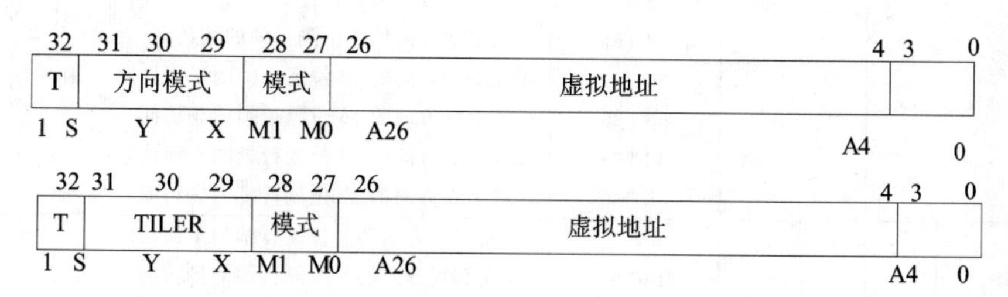

图 5.23　地址格式

- 第 33 位(T)是为了区分标准的 4 GB 系统地址和 TILER 特定地址映射。在 DM8168 中，只有 HDVPSS 能产生在后面空间中的访问；

- 方向位(S、Y、X)定义请求的方向；
- 模式位(M1、M0)；
- 余下的27位(A0～A26)定义特定模式和方向下对应的虚拟地址。

4. TILER 模式

TILER 支持3种主要的访问模式：旁路(bypass)、页(page)和 tiled，每种模式都产生特定的输出请求。

(1) 旁路模式

从 TILER 角度来看，这种模式是透明的。旁路模式用于启动器以虚拟 tiled 地址范围以外的系统地址产生的访问。TILER 会旁路 PAT，因为从 DMM 的角度来看：

- 2维块突发以行为基础分为一组增量突发；
- 增量突发，包括由2维块突发产生的分裂：交错段的交错粒度为128/256/512 B；非交错部分以1 KB为边界。

(2) 页模式

页模式的作用是对非 tiled 访问使用 DMM PAT 地址翻译机制，这点与旁路模式类似：

- 2维块突发以行为基础分为一组增量突发；
- 增量突发，包括由2维块突发产生的分裂：交错段的交错粒度为128/256/512 B；非交错部分以1 KB为边界。

(3) Tiled 模式

当以 tiled 模式访问时，可能有以下两种情况：

- 符合数据结构的2维块请求—方向、模式和跨度，跨度如表5.1所列；
- 1维增量请求和不符合要求的2维块请求。

表5.1 Tiled 模式二维块请求的跨度

方向			模式		跨度/B	描　述
S	Y	X	M1	M0		
0	x	x	0	0	16 384	0°或180°方向的8位逐行帧的平面访问
					32 768	0°或180°方向的8位隔行帧的场访问
			0	1	32 768	0°或180°方向的16位逐行帧的平面访问
					65 536	0°或180°方向的16位隔行帧的场访问
			1	0	32 768	0°或180°方向的32位逐行帧的平面访问
					65 536	0°或180°方向的32位隔行帧的场访问
1	x	x	0	0	8 192	90°或270°方向的8位逐行帧的平面访问
					16 384	90°或270°方向的8位隔行帧的场访问
			0	1	8 192	90°或270°方向的16位逐行帧的平面访问
					16 384	90°或270°方向的16位隔行帧的场访问
			1	0	16 384	90°或270°方向的32位逐行帧的平面访问
					32 768	90°或270°方向的32位隔行帧的场访问

5. 目标容器

目标容器是唯一的TILER可寻址入口点，是一个128 MB的虚拟地址空间，用于定位所有类型和方向相同的目标。TILER有4个主要类型的容器，每种模式引用一类：

- 8位元素模式：高效访问2维8位数据阵列，例如，8位图像亮度缓冲；
- 16位元素模式：高效访问2维16位数据阵列，例如，16位图像色度CbCr缓冲；
- 32位元素模式：高效访问2维32位数据阵列，例如，16位图像RGB缓冲；
- 页模式：用于高效1维访问。

图5.24为TILER目标容器和视窗。

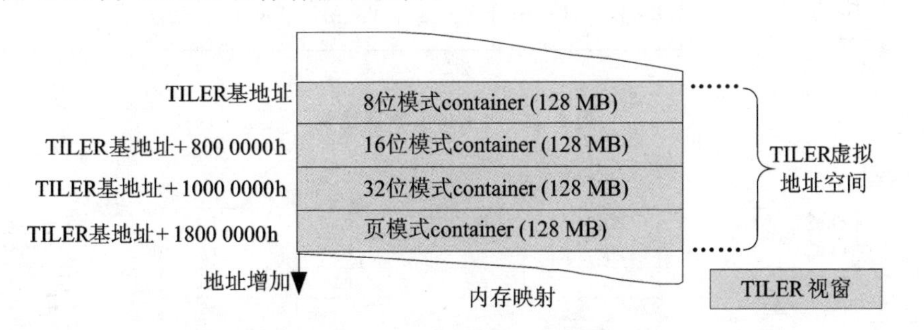

图5.24　TILER目标容器和视窗

在DM8168中，PAT里有两个LUT，每个LUT能以4 KB的页粒度来映射多达128 MB的目标。4个模式共享这两个LUT。图5.22显示了一种常用的用法：1个LUT用于8/16/32位模式，另一个LUT用于页模式访问。在这个方案里，多达128 MB的目标能以8/16/32位模式同时获得，另一个128 MB的目标作为页模式来访问。注意，分配在特定容器模式中的目标不能与其他任何容器模式（同种或不同）的目标有物理重叠。

6. 页

TILER页定义了虚拟TILER容器中的目标粒度。子页结构由模式确定，4 KB对所有模式来说都是最小的粒度，是在TILER资源管理器中考虑目标的粒度。

(1) 4 KB页容器结构

页尺寸是4 KB，任何128 MB目标容器是一组页（256×128=32 768），按照256列和128行来构建，如图5.25所示。

这个阵列映射到如图5.26所示的系统地址空间。

任何128 MB的目标容器中，位于行$x(0\leqslant x<256)$和列$y(0\leqslant y<128)$的4 KB $P_{x,y}$页在对应目标容器基地址的偏移地址为$4\,096\times(x+256y)$。同理，位于行$x(0\leqslant x<256)$和列$y(0\leqslant x<128)$）的页$P_{x,y}$的翻译是通过索引值为$x+256y$的LUT入口E_x+256y完成的。

(2) 容器结构及页映射小结

TILER页尺寸是4 KB，页$P_{x,y}$满足：

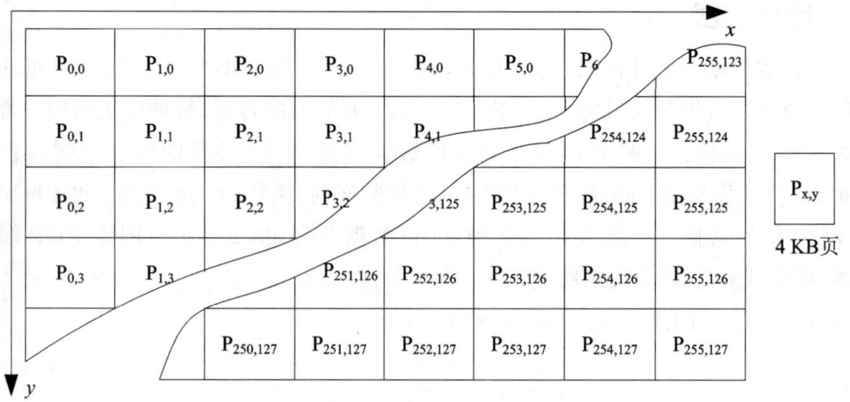

图 5.25 4 KB 页容器结构

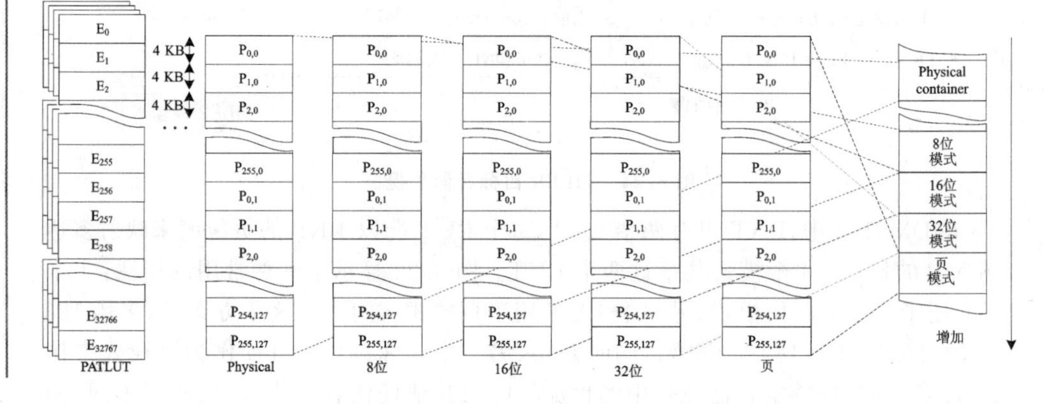

图 5.26 采用 4 KB 页时 TILER 页映射

- x 范围是 0～256，y 范围为 0～128；
- 距离对应的目标容器基地址的偏移量为 $4\,096\times(x+256y)$B；
- 通过 LUT 表翻译，入口在 LUT 表的索引为 $x+256y$。

7. 方　向

在 TILER 容器的 2 维空间里，有 8 个快速旋转相关的几何变换对应于所有的正交变换。图 5.27 描述了 TILER 的几何变换。

从数学的概念来表述，所有这些变换对应 0/90/180/270°的旋转组合，这些旋转属性基于下面 3 个二进制参数：

- X，改变 TILER 容器的 x 轴方向；
- Y，改变 TILER 容器的 y 轴方向；
- S，变换修改的 x 和 y 轴。

方向指的是一个象限旋转，这个旋转带有一个可选的水平或垂直镜像。方向的

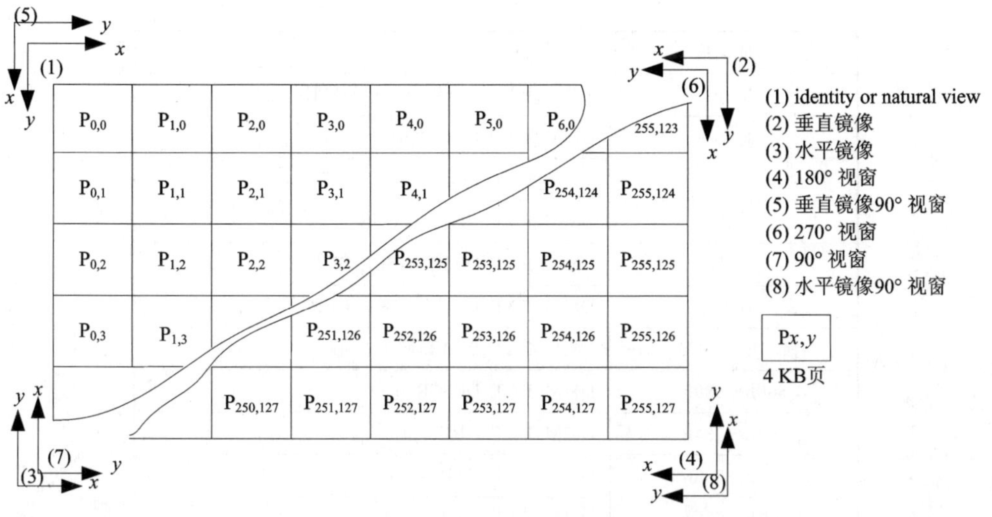

图 5.27　TILER 的几何变换

选择包括：

- 除了 HDVPSS 以外的所有启动器，tiled 空间访问地址范围是 512 MB（60000000h～7FFFFFFh）。这些启动器通过使用对应的 DMM_TILER_OR0 或 DMM_TILER_OR1 寄存器来访问 8 个视窗的任意一个。
- 对于 HDVPSS，TILER 支持它自己的 4 GB 虚拟地址空间（10000000h～1FFFFFFh）。这 8 个 512 MB 的空间对应 8 个可获得的视窗。对于多个显示捕捉或码转换通道，使用各自的 512 MB 地址空间，这些 HDVPSS 端口可以同时产生对 8 个视窗的访问。

5.1.7　DMM/TILER 寄存器

表 5.2 列出了 DMM/TILER 的寄存器。

表 5.2　DMM/TILER 寄存器

地址偏移	寄存器名
0	DMM_REVISION
10h	DMM_SYSCONFIG
1Ch	DMM_LISA_LOCK
40h～4Ch	DMM_LISA_MAP_0-3
220h～224h	DMM_TILER_OR_0-1
410h	DMM_PAT_CONFIG
420h～424h	DMM_PAT_VIEW_0-3
440h～44Ch	DMM_PAT_VIEW_MAP_0-3

续表 5.2

地址偏移	寄存器名
460h	DMM_PAT_VIEW_MAP_BASE
478h	DMM_PAT_IRQ_EOI
480h	DMM_PAT_IRQSTATUS_RAW
490h	DMM_PAT_IRQSTATUS
4A0h	DMM_PAT_IRQENABLE_SET
4B0h	DMM_PAT_IRQENABLE_CLR
4C0h～4CCh	DMM_PAT_STATUS_0-3
500h～530h	DMM_PAT_DESCR_0-3
504h～534h	DMM_PAT_AREA_0-3
508h～538h	DMM_PAT_CTRL_0-3
50Ch～53Ch	DMM_PAT_DATA_0-3
620h～624h	DMM_PEG_PRIO_0-1
640h	DMM_PEG_PRIO_PAT

1. DMM 时钟管理配置寄存器：DMM_SYSCONFIG

DMM 时钟管理配置寄存器及其描述如图 5.28 和表 5.3 所示。

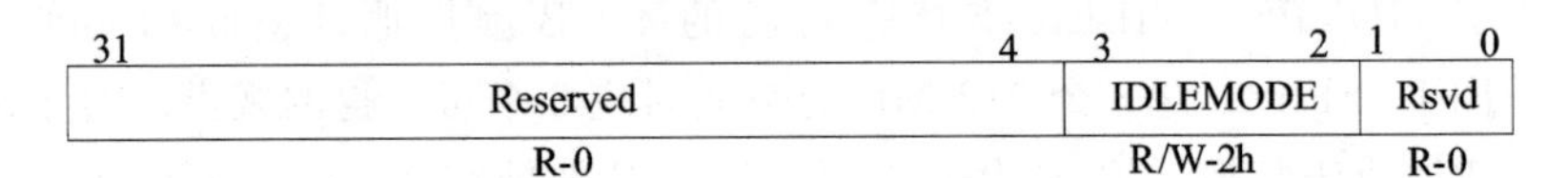

图 5.28 DMM_SYSCONFIG 寄存器

表 5.3 DMM_SYSCONFIG 寄存器描述

位	字 段	值	描 述	类 型
31～4	Reserved	0	保留	R
3～2	IDLEMODE	 0 1h 2h 3h	配置本地目标状态管理模式 强制空闲模式 没有空闲模式 智能空闲模式 保留	R/W
11～0	Reserved	0	保留	R

2. LISA 配置锁存寄存器：DMM_LISA_LOCK

LISA 配置锁存寄存器字段及其描述如图 5.29 和表 5.4 所示。

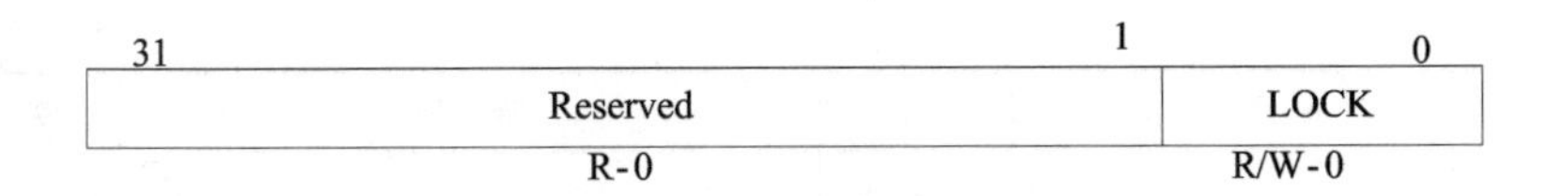

图 5.29　DMM_ LISA_LOCK 寄存器

表 5.4　DMM_ LISA_LOCK 寄存器描述

位	字　段	值	描　述	类　型
31～1	Reserved	0	保留	R
0	LOCK	 R0 W0 R1 W1	DMM 锁映射 没有锁定 D MM_LISA_MAP_x 没有影响(只清除复位) 锁定 DMM_LISA_MAP_x 锁定 DMM_LISA_MAP_x 寄存器	R/W

3. DMM LISA 映射寄存器：DMM_LISA_MAP_0-DMM_LISA_MAP_3

DMM LISA 映射寄存器字段及其描述如图 5.3 和表 5.5 所示。

31　24	23	22　20	19　18	17　16
SYS_ADDR	Rsvd	SYS_SIZE	SDRC_INTL	SDRC_ADDRSPC
R/W-0	R-0	R/W-0	R/W-0	R/W-0

16　10	9　8	7　0
Reserved	SDRC_MAP	SDRC_ADDR
R-0	R/W-0	R/W-0

图 5.30　DMM_ _MAP_0-DMM_LISA_MAP_3 寄存器

表 5.5　DMM_ _MAP_0-DMM_LISA_MAP_3 寄存器描述

位	字　段	值	描　述	类　型
31～24	SYS_ADDR	0	保留	R
23	Reserved	0	保留	R
22～20	SYS_SIZE	 0h 1h 2h 3h 4h 5h 6h 7h	DMM 系统段的大小 段大小为 16 MB 段大小为 32 MB 段大小为 64 MB 段大小为 128 MB 段大小为 256 MB 段大小为 512 MB 段大小为 1 GB 段大小为 2 GB	R/W

续表 5.5

位	字　段	值	描　述	类　型
19～18	SDRC_INTL	 0h 1h 2h 3h	SDRAM 控制器的交错模式 无交错 128 B 交错 256 B 交错 512 B 交错	R/W
17～16	SDRC_ADDRSPC	0h	保留，应该为 0	R/W
15～10	Reserved	0	保留	R
9～8	SDRC_MAP	 0h 1h 2h 3h	SDRAM 控制器的映射 没有映射 只映射到 SDRC 0（不交错） 只映射到 SDRC 1（不交错） 映射到 SDRC 0 和 SDRC 1（交错）	R/W
7～0	SDRC_ADDR	0h	SDRAM 控制器 MSB 地址	R/W

4. DMM TILER 方向寄存器：DMM_TILER_OR0-DMM_TILER_OR1

DMM TILER 方向寄存器字段及其描述如图 5.31 和表 5.6 所示。

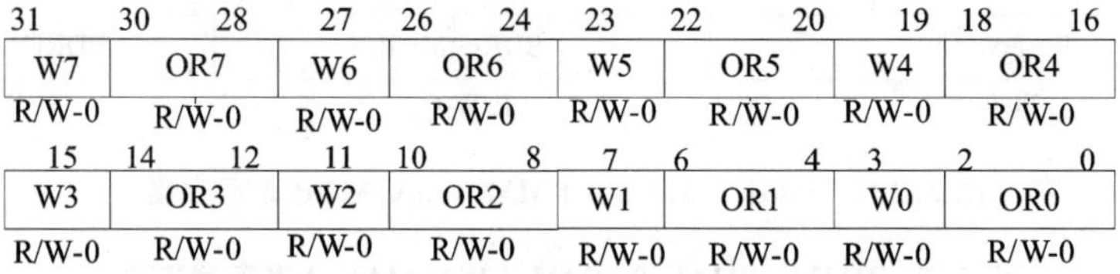

31	30　28	27	26　24	23	22　20	19	18　16
W7	OR7	W6	OR6	W5	OR5	W4	OR4
R/W-0	R/W-0	R/W-0	R/W-0	R/W-0	R/W-0	R/W-0	R/W-0

15	14　12	11	10　8	7	6　4	3	2　0
W3	OR3	W2	OR2	W1	OR1	W0	OR0
R/W-0	R/W-0	R/W-0	R/W-0	R/W-0	R/W-0	R/W-0	R/W-0

图 5.31　DMM_TILER_OR0-DMM_TILER_OR1 寄存器

表 5.6　DMM_TILER_OR0-DMM_TILER_OR1 寄存器描述

位	字　段	值	描　述	类　型
31	W7	0	OR7 字段的写使能，OR7 不变	R/W
30～28	OR7	0	启动器 8.n+7 的方向	R/W
27	W6	0	OR6 字段的写使能，OR6 不变	R/W
26～24	OR6	0	启动器 8.n+6 的方向	R/W
23	W5	0	OR5 字段的写使能，OR5 不变	R/W
22～20	OR5	0	启动器 8.n+5 的方向	R/W
19	W4	0	OR5 字段的写使能，OR5 不变	R/W
18～16	OR4	0	启动器 8.n+5 的方向	R/W

续表 5.6

位	字　段	值	描　述	类　型
15	W3	0	OR4 字段的写使能,OR4 不变	R/W
14～12	OR3	0	启动器 8.n+4 的方向	R/W
11	W2	0	OR3 字段的写使能,OR3 不变	R/W
10～8	OR2	0	启动器 8.n+3 的方向	R/W
7	W1	0	OR2 字段的写使能,OR2 不变	R/W
6～4	OR1	0	启动器 8.n+2 的方向	R/W
3	W0	0	OR1 字段的写使能,OR1 不变	R/W
2～0	OR0	0	启动器 8.n+1 的方向	R/W

5. DMM PAT 配置寄存器：DMM_PAT_CONFIG

DMM PAT 配置寄存器字段及其描述如图 5.32 和表 5.7 所示。

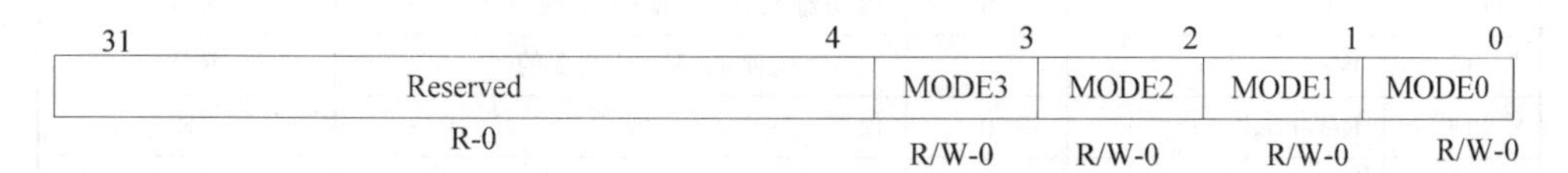

图 5.32　DMM_PAT_CONFIG 寄存器

表 5.7　DMM_PAT_CONFIG 寄存器描述

位	字　段	值	描　述	类　型
31～4	Reserved	0	保留	R
3	MODE3	0	填充引擎模式 3,0 表示正常模式;1h 表示直接 LUT 的访问	R/W
2	MODE2	0	填充引擎模式 1,0 表示正常模式;1h 表示直接 LUT 的访问	R/W
1	MODE1	0	填充引擎模式 2,0 表示正常模式;1h 表示直接 LUT 的访问	R/W
0	MODE0	0	填充引擎模式 0,0 表示正常模式;1h 表示直接 LUT 的访问	R/W

6. DMM PAT 视窗寄存器：DMM_PAT_VIEW_0-DMM_PAT_VIEW_2

DMM PAT 视窗寄存器字段及其描述如图 5.33 和表 5.8 所示。

31	30	29　28	27	26	25　24	23	22	21　20	19	18	17　16
W7	Rsvd	V7	W6	Rsvd	V6	W5	Rsvd	V5	W4	Rsvd	V4
R/W-0	R-0	R/W-0	R/W-0	R-0	R/W-0	R/W-0	R-0	R/W-0	R/W-0	R-0	R/W-0

15	14	13　12	16	10	9　8	7	6	5　4	3	2	1　0
W3	Rsvd	V3	W2	Rsvd	V2	W1	Rsvd	V1	W0	Rsvd	V0
R/W-0	R-0	R/W-0	R/W-0	R-0	R/W-0	R/W-0	R-0	R/W-0	R/W-0	R-0	R/W-0

图 5.33　DMM_PAT_VIEW_0-DMM_PAT_VIEW_2 寄存器

表5.8 DMM_PAT_VIEW_0-DMM_PAT_VIEW_2寄存器

位	字 段	值	描 述	类 型
31	W7	0	写V7位写使能;V7是不变的	R/W
30	Reserved	0	保留	R
29~28	V7	0	启动器8.n+7的PAT视窗	R/W
27	W6	0	写V6位使能;V6是不变的	R/W
26	Reserved	0	保留	R
25~24	V6	0	启动器8.n+6的PAT视窗	R/W
23	W5	0	写V5位使能;V5是不变的	R/W
22	Reserved	0	保留	R
21~20	V5	0	启动器8.n+5的PAT视窗	R/W
19	W4	0	写V4位使能;V4是不变的	R/W
18	Reserved	0	保留	R
17~16	V4	0	启动器8.n+4的PAT视窗	R/W
15	W3	0	写V3位使能;V3是不变的	R/W
14	Reserved	0	保留	R
13~12	V3	0	启动器8.n+3的PAT视窗	R/W
11	W2	0	写V2位使能;V2是不变的	R/W
10	Reserved	0	保留	R
9~8	V2	0	启动器8.n+2的PAT视窗	R/W
7	W1	0	写V1位使能;V1是不变的	R/W
6	Reserved	0	保留	R
5~4	V1	0	启动器8.n+1的PAT视窗	R/W
3	W0	0	写V0位使能;V0是不变的	R/W
2	Reserved	0	保留	R
1~0	V0	0	启动器8.n+0的PAT视窗	R/W

7. DMM视窗映射寄存器:DMM_PAT_VIEW_MAP_0-DMM_PAT_VIEW_MAP_4

DMM视窗映射寄存器字段及其描述如图5.34和表5.9所示。

31	30~28	27~24	23	22~20	19~16
ACCESS_PAGE	Reserved	CONT_PAGE	ACCESS_32	Reserved	CONT_32
R/W-0	R-0	R/W-0	R/W-0	R-0	R/W-0

15	14~12	11~8	7	6~4	3~0
ACCESS_16	Reserved	CONT_16	ACCESS_8	Reserved	CONT_8
R/W-0	R-0	R/W-0	R/W-0	R-0	R/W-0

图5.34 DMM_PAT_VIEW_MAP_0-DMM_PAT_VIEW_MAP_4寄存器

表 5.9 DMM_PAT_VIEW_MAP_0-DMM_PAT_VIEW_MAP_4 寄存器描述

位	字 段	值	描 述	类 型
31	ACCESS_PAGE	 0 1	页模式容器的访问模式 直接访问，CONT_PAGE 定义容器基地址 通过 CONT_PAGE 的 LUT 索引间接访问	R/W
30～28	Reserved	0	保留	R
27～24	CONT_PAGE	0	页模式或 LUT 索引的容器基地址	R/W
23	ACCESS_32	 0 1	32 位模式容器的访问 直接访问，容器基地址由 CONT_32 给出 通过 CONT_32 的 LUT 索引间接访问	R/W
22～20	Reserved	0	保留	R
19～16	CONT_32	0	32 位模式或 LUT 索引的容器基地址	R/W
15	ACCESS_16	 0 1	16 位模式容器的访问 直接访问，容器基地址由 CONT_16 给出 通过 CONT_16 的 LUT 索引间接访问	R/W
14～12	Reserved	0	保留	R
11～8	CONT_16	0	16 位模式或 LUT 索引的容器基地址	R/W
7	ACCESS_8	 0 1h	8 位模式容器的访问 直接访问，容器基地址由 CONT_8 给出 通过 CONT_8 的 LUT 索引间接访问	R/W
6～4	Reserved	0	保留	R
3～0	CONT_8	0	8 位模式或 LUT 索引的容器基地址	R/W

8. DMM PAT 视窗映射基地址寄存器：DMM_PAT_VIEW_MAP_BASE

DMM PAT 视窗映射基地址寄存器字段及其描述如图 5.35 和表 5.10 所示。

31	30　　　　　　　　　　　　　　　　　　　　0
BASEADDR	Reserved
R/W-0	R-0

图 5.35 DMM_PAT_VIEW_MAP_BASE 寄存器

表 5.10 DMM_PAT_VIEW_MAP_BASE 寄存器描述

位	字 段	值	描 述	类 型
31	BASEADDR	0	PAT 视窗映射 MAB 基地址	R/W
30～0	Reserved	0	保留	R

9. DMM PAT 中断结束寄存器：DMM_PAT_IRQ_EOI

DMM_PAT_IRQ_EOI 寄存器表示每个事件的原始状态向量，主要用于调试。即使没有使能相关事件，原始状态也总是被设置的。写入 1 来设置相关的原始状态。其字段及描述如图 5.36 和表 5.11 所示。

31	30	29	28	27	26	25	24
ERR_LUT_MISS3	ERR_UPD_DATA3	ERR_UPD_CTRL3	ERR_UPD_AREA3	ERR_INV_DATA3	ERR_INV_DSC3	FILL_LST3	FILL_DSC3
R/W1S-0	R/W1S-0	R/W1S-0	R/W1S-0	R/W1S-0	R/W1S-0	R/W1S-0	R/W1S-0
23	**22**	**21**	**20**	**19**	**18**	**17**	**16**
ERR_LUT_MISS2	ERR_UPD_DATA2	ERR_UPD_CTRL2	ERR_UPD_AREA2	ERR_INV_DATA2	ERR_INV_DSC2	FILL_LST2	FILL_DSC2
R/W1S-0	R/W1S-0	R/W1S-0	R/W1S-0	R/W1S-0	R/W1S-0	R/W1S-0	R/W1S-0
15	**14**	**13**	**12**	**11**	**10**	**9**	**8**
ERR_LUT_MISS1	ERR_UPD_DATA1	ERR_UPD_CTRL1	ERR_UPD_AREA1	ERR_INV_DATA1	ERR_INV_DSC1	FILL_LST1	FILL_DSC1
R/W1S-0	R/W1S-0	R/W1S-0	R/W1S-0	R/W1S-0	R/W1S-0	R/W1S-0	R/W1S-0
7	**6**	**5**	**4**	**3**	**2**	**1**	**0**
ERR_LUT_MISS0	ERR_UPD_DATA0	ERR_UPD_CTRL0	ERR_UPD_AREA0	ERR_INV_DATA0	ERR_INV_DSC0	FILL_LST0	FILL_DSC0
R/W1S-0	R/W1S-0	R/W1S-0	R/W1S-0	R/W1S-0	R/W1S-0	R/W1S-0	R/W1S-0

图 5.36 DMM_PAT_IRQ_EOI 寄存器

表 5.11 DMM_PAT_IRQ_EOI 寄存器描述

位	字 段	值	描 述	类 型
31/23/15/7	ERR_LUT_MISS3～0	0	对区域 3/2/1/0 的还未填充区域事件的非预期访问	R/W1S
30/22/14/6	ERR_UPD_DATA3～0	0	数据寄存器更新，同时重填充区域 3/2/1/0 的错误事件	R/W1S
29/21/13/5	ERR_UPD_CTRL3～0	0	控制寄存器更新，同时重填充区域 3/2/1/0 的错误事件	R/W1S
28/20/12/4	ERR_UPD_AREA3～0	0	区域寄存器更新，同时重填充区域 3/2/1/0 的错误事件	R/W1S
27/19/11/3	ERR_INV_DATA3～0	0	区域 3/2/1/0 的无效条目表指针错误事件	R/W1S
26/18/10/2	ERR_INV_DSC3～0	0	区域 3/2/1/0 的无效描述符指针错误事件	R/W1S

续表 5.11

位	字 段	值	描 述	类 型
25/17/9/1	FILL_LST3～0	0	区域3/2/1/0的最后一个描述符的填充事件结束	R/W1S
24/16/8/0	FILL_DSC3～0	0	区域3/2/1/0的任何描述符的填充事件结束	R/W1S

10. DMM PAT RAW 中断状态寄存器：DMM_PAT_IRQSTATUS_RAW

DMM_PAT_IRQSTATUS_RAW 寄存器的具体位字段及其描述如图 5.36 和表 5.11 所示。

11. DMM PAT 中断状态寄存器：DMM_PAT_IRQSTATUS

DMM PAT 中断状态寄存器的具体字段及描述如图 5.37 和表 5.12 所示。

31	30	29	28	27	26	25	24
ERR_LUT_MISS3	ERR_UPD_DATA3	ERR_UPD_CTRL3	ERR_UPD_AREA3	ERR_INV_DATA3	ERR_INV_DSC3	FILL_LST3	FILL_DSC3
R/W1C-0	R/W1C-0	R/W1C-0	R/W1C-0	R/W1C-0	R/W1C-0	R/W1C-0	R/W1C-0
23	22	21	20	19	18	17	16
ERR_LUT_MISS2	ERR_UPD_DATA2	ERR_UPD_CTRL2	ERR_UPD_AREA2	ERR_INV_DATA2	ERR_INV_DSC2	FILL_LST2	FILL_DSC2
R/W1C-0	R/W1C-0	R/W1C-0	R/W1C-0	R/W1C-0	R/W1C-0	R/W1C-0	R/W1C-0
15	14	13	12	11	10	9	8
ERR_LUT_MISS1	ERR_UPD_DATA1	ERR_UPD_CTRL1	ERR_UPD_AREA1	ERR_INV_DATA1	ERR_INV_DSC1	FILL_LST1	FILL_DSC1
R/W1C-0	R/W1C-0	R/W1C-0	R/W1C-0	R/W1C-0	R/W1C-0	R/W1C-0	R/W1C-0
7	6	5	4	3	2	1	0
ERR_LUT_MISS0	ERR_UPD_DATA0	ERR_UPD_CTRL0	ERR_UPD_AREA0	ERR_INV_DATA0	ERR_INV_DSC0	FILL_LST0	FILL_DSC0
R/W1C-0	R/W1C-0	R/W1C-0	R/W1C-0	R/W1C-0	R/W1C-0	R/W1C-0	R/W1C-0

图 5.37 DMM_PAT_IRQSTATUS 寄存器

表 5.12 DMM_PAT_IRQSTATUS 寄存器描述

位	字 段	值	描 述	类 型
31/23/15/7	ERR_LUT_MISS3-0	0	对区域3/2/1/0的还未填充区域事件的非预期访问	R/W1C
30/22/14/6	ERR_UPD_DATA3-0	0	数据寄存器更新，同时重填充区域3/2/1/0的错误事件	R/W1C
29/21/13/5	ERR_UPD_CTRL3-0	0	控制寄存器更新，同时重填充区域3/2/1/0的错误事件	R/W1C
28/20/12/4	ERR_UPD_AREA3-0	0	区域寄存器更新，同时重填充区域3/2/1/0的错误事件	R/W1C

续表 5.12

位	字 段	值	描 述	类 型
27/19/11/3	ERR_INV_DATA3-0	0	区域 3/2/1/0 的无效条目表指针错误事件	R/W1C
26/18/10/2	ERR_INV_DSC3-0	0	区域 3/2/1/0 的无效描述符指针错误事件	R/W1C
25/17/9/1	FILL_LST3-0	0	区域 3/2/1/0 的最后一个描述符的填充事件结束	R/W1C
24/16/8/0	FILL_DSC3-0	0	区域 3/2/1/0 的任何描述符的填充事件结束	R/W1C

12. DMM PAT 中断使能寄存器：DMM_PAT_IRQENABLE_SET

DMM_PAT_IRQENABLE_SET 寄存器的具体位字段及其描述如图 5.36 和表 5.11 所示。

13. DMM PAT 中断禁止寄存器：DMM_PAT_IRQENABLE_CLR

DMM_PAT_IRQENABLE_CLR 寄存器的具体位字段及其描述如图 5.37 和表 5.12所示。

14. DMM PAT 状态寄存器：DMM_PAT_STATUS_0-DMM_PAT_STATUS_3

DMM PAT 状态寄存器的具体字段及描述如图 5.38 和表 5.13 所示。

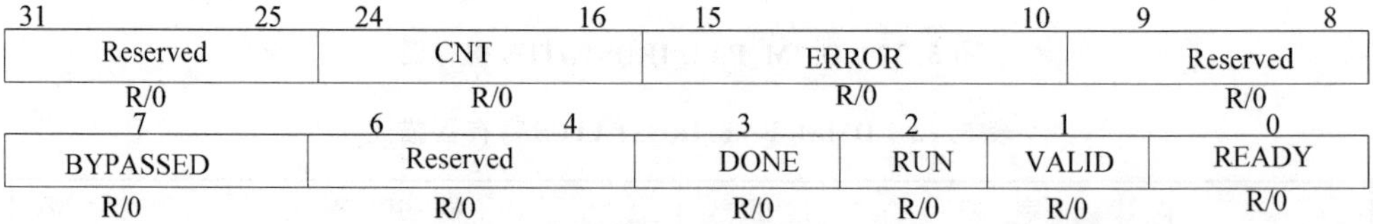

31～25	24～16	15～10	9～8
Reserved	CNT	ERROR	Reserved
R/0	R/0	R/0	R/0

7	6～4	3	2	1	0
BYPASSED	Reserved	DONE	RUN	VALID	READY
R/0	R/0	R/0	R/0	R/0	R/0

图 5.38　DMM_PAT_STATUS_0-DMM_PAT_STATUS_3 寄存器

表 5.13　DMM_PAT_STATUS_0-DMM_PAT_STATUS_3 寄存器描述

位	字 段	值	描 述	类 型
31～25	Reserved	0	保留	R
24～16	CNT	0	引擎 n 重新加载剩余行计数器	R

续表 5.13

位	字 段	值	描 述	类 型
15～10	ERROR	 0 1h 2h 4h 8h 10h 20h	引擎 n 出错 没有错误 提供的无效描述符 提供的无效数据指针 重新填充的同时有非预期的区域寄存器更新 重新填充的同时有非预期的控制寄存器更新 重新填充的同时有非预期的数据寄存器更新 对没有完成重填充位的非预期访问	R
9～8	Reserved	0	保留	
7	BYPASSED	0	引擎 n 被旁路，可以直接访问 LUT	
6～4	Reserved	0	保留	
3	DONE	0	完成引擎 n 的区域重载	
2	RUN	0	正在进行引擎 n 的区域重载	
1	VALID	0	引擎 n 的有效区描述	
0	READY	0	引擎 n 的区域寄存器准备完成	

15. DMM PAT 描述符寄存器：DMM_PAT_DESCR_0-DMM_PAT_DESCR_3

DMM PAT 描述符寄存器的具体字段及描述如图 5.39 和表 5.14 所示。该寄存器功能如下：

- 下一个填充描述符的物理地址；
- 写该寄存器可以中止当前正在进行的区域重载；
- 写该寄存器可以复位对应的 DMM_PAT_AREA_x、DMM_PAT_CTRL_x 以及 DMM_PAT_DATA_x 寄存器；
- 描述符地址必须存储在 DDR，不能在其他存储器中。

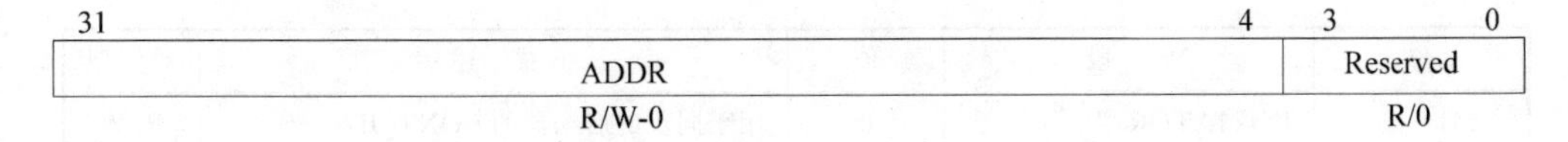

图 5.39 DMM_PAT_DESCR_0-DMM_PAT_DESCR_3 寄存器

表 5.14 DMM_PAT_DESCR_0-DMM_PAT_DESCR_3 寄存器描述

位	字 段	值	描 述	类 型
31～4	ADDR	0	下一个填充描述符的物理地址	R/W
3～0	Reserved	0	保留	R

16. DMM PAT 段几何寄存器：DMM_PAT_AREA_0-DMM_PAT_AREA_3

DMM PAT 段几何寄存器的具体字段及描述如图 5.40 和表 5.15 所示。

31	30～24	23～16	15	14～8	7～0
Rsvd	Y1	X1	Rsvd	Y0	X0
R/0	R/W-0	R/W-0	R/0	R/W-0	R/W-0

图 5.40 DMM_PAT_AREA_0-DMM_PAT_AREA_3 寄存器

表 5.15 DMM_PAT_AREA_0-DMM_PAT_AREA_3 寄存器描述

位	字 段	值	描 述	类 型
31	Reserved	0	保留	R
30～24	Y1	0	PAT 区域右下角 Y 坐标	R/W
23～16	X1	0	PAT 区域右下角 X 坐标	R/W
15	Reserved	0	保留	R
14～8	Y0	0	PAT 区域左上角角 Y 坐标	R/W
7～0	X0	0	PAT 区域左上角 X 坐标	R/W

17. DMM PAT 控制寄存器：DMM_PAT_CTRL_0-DMM_PAT_CTRL_3

DMM PAT 控制寄存器的具体字段及描述如图 5.41 和表 5.16 所示。

31～28	27～17	16
INITIATOR	Reserved	SYNC
R/W-0	R/0	R/W-0

15～10	9～8	7	6～4	3～1	0
Reserved	LUT_ID	Rsvd	DIRECTION	Reserved	START
R/0	R/W-0	R/0	R/W-0	R/0	R/W-0

图 5.41 DMM_PAT_CTRL_0-DMM_PAT_CTRL_3 寄存器

表 5.16 DMM_PAT_CTRL_0-DMM_PAT_CTRL_3 寄存器描述

位	字 段	值	描 述	类 型
31～28	INITIATOR	0	用于同步的启动器的 CONT_ID	R/W
27～17	Reserved	0	保留	R
16	SYNCDIM		DMM PAT 表重载同步	R/W
		0	没有同步	
		1	同步	
15～10	Reserved	0	保留	R
9～8	LUT_ID	0	PAT LUT 索引	R/W

续表 5.16

位	字 段	值	描 述	类 型
7	Reserved	0	保留	R
6～4	DIRECTION	0	PAT 表重填充的方向	R/W
3～1	Reserved	0	保留	R
0	START	0	开始 PAT 表重填充	R/W

18. DMM PAT 区域条目数据集寄存器：DMM_PAT_DATA_0-DMM_PAT_DATA_3

DMM PAT 区域条目数据集寄存器的具体字段及描述如图 5.42 和表 5.17 所示。

- 当前表填充条目数据的物理地址；
- 条目数据表必须存储在 DDR，而且必须是 32 位对齐。

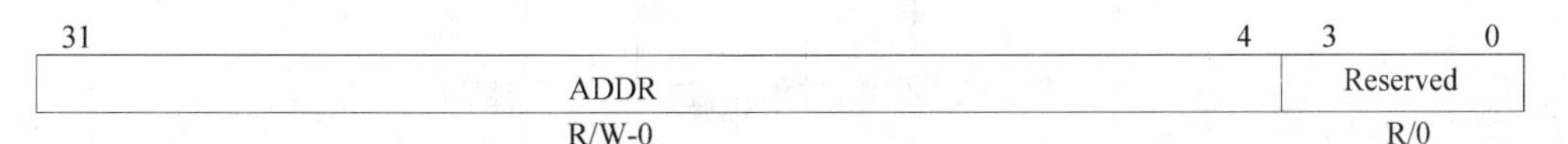

图 5.42 DMM_PAT_DATA_0-DMM_PAT_DATA_3 寄存器

表 5.17 DMM_PAT_DATA_0-DMM_PAT_DATA_3 寄存器描述

位	字 段	值	描 述	类 型
31～4	ADDR	0	当前表填充条目数据的物理地址	R/W
3～0	Reserved	0	保留	R

5.2 通用内存控制器

5.2.1 概 述

通用内存控制器(GPMC)是一个统一的内存控制器，用于连接外部存储设备：

- 异步 SDRAM 记忆存储和专用集成电路(ASIC)；
- 异步、同步和页模式(仅适用于非复用模式)突发 NOR 闪存；
- NAND 闪存；
- 伪 SRAM。

GPMC 通过 L3 互连访问外部设备，灵活的编程模型允许不同类型的连接设备和访问类型。通过 GPMC 寄存器可编程配置位字段，GPMC 可以产生不同连接设备和访问类型的所有控制信号时序。给定片选解码和相应的配置寄存器，GPMC 选

择对应的设备类型的控制信号时序。图5.43为GPMC的功能模块图,GPMC主要包括6个模块:

- 互连接口;
- 地址译码器、GPMC配置和片选配置寄存器文件;
- 访问引擎;
- 预读取文件夹(Prefetch)和写write-posting引擎;
- 错误检查和纠正(ECC);
- 外部器件/存储器端口接口。

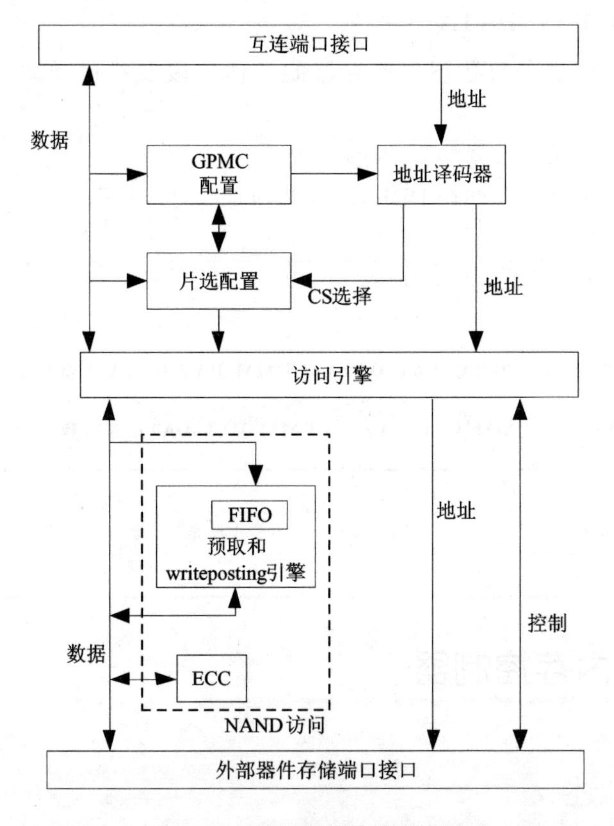

图5.43 GPMC的功能模块图

5.2.2 结构

1. GPMC模式

GPMC有3种外部连接选项:

- 图5.44显示的是GPMC与16位同步地址/数据复用(或AAD复用,但该协议很少使用地址引脚)外部存储设备之间的连接;
- 图5.45为GPMC与16位同步非复用外部存储设备之间的连接;

- 图 5.46 为 GPMC 与 8 位 NAND 设备的连接。

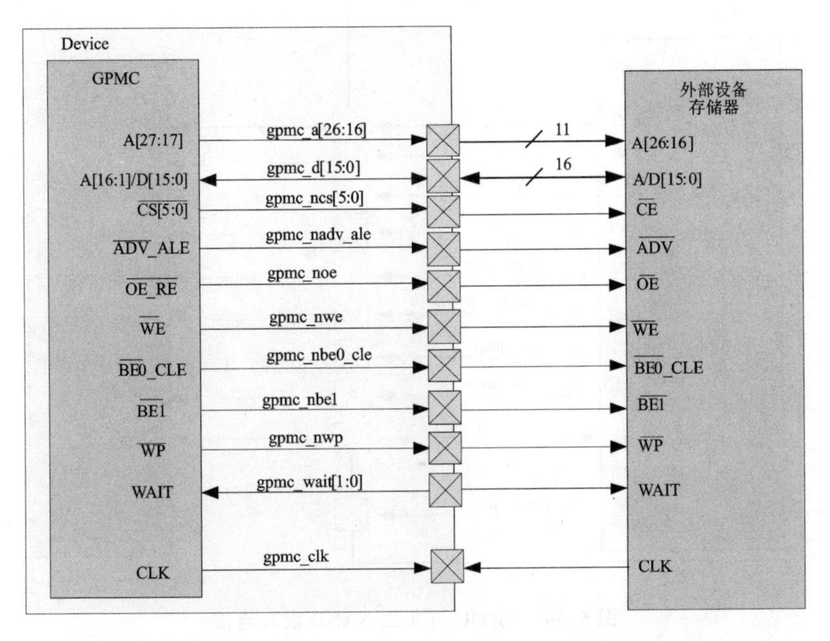

图 5.44 GPMC 与 16 位同步地址/数据复用外部存储器的连接

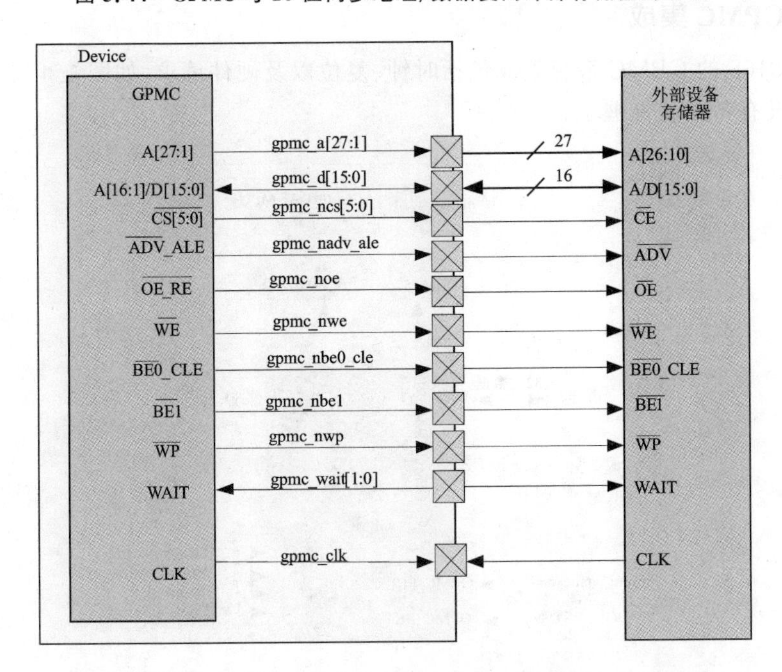

图 5.45 GPMC 与 16 位同步非复用外部存储设备之间的连接

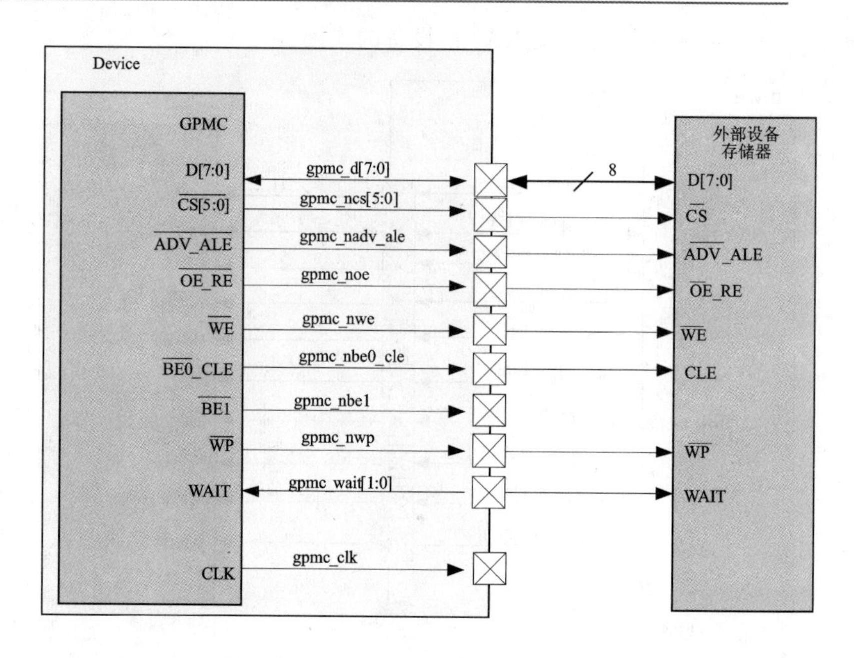

图5.46 GPMC与8位NAND设备连接

2. GPMC集成

DM8168的GPMC系统集成包括时钟、复位以及硬件请求，如图5.47所示：

- 没有备用硬件握手；

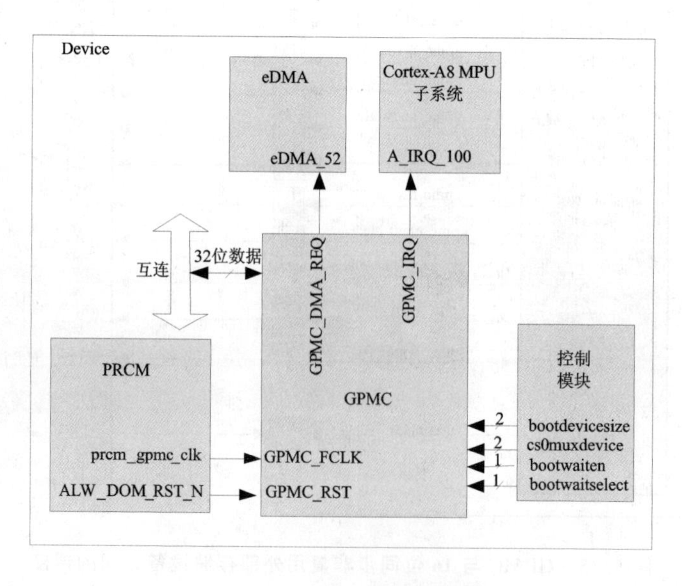

图5.47 GPMC集成系统

- 无唤醒请求；
- 系统 DMA 请求；
- Cortex-A8 MPU 中断控制器(MA_IRQ)的中断请求；
- 功能和接口时钟。

3. GPMC 功能描述

GPMC 基本编程模式提供了很大的灵活性，支持 8 个可配置片选的多种访问协议。通过外部设备的特点，采用最优的片选设置：

- 可以选择不同的协议，支持通用异步或同步随机访问设备(NOR 闪存、SRAM)，也支持特定的 NAND 设备；
- 地址和数据总线可以在同一个外部总线上复用；
- 独立定义读写访问为同步或异步；
- 通过单个或多个访问执行系统请求(字节、16 位字或突发)；
- 系统读写突发请求是同步突发(多重读或写)。当外部存储器或 ASIC 设备不支持突发模式和页模式时，系统突发读写请求会被转换为连续的单个同步或异步访问(单次读或写)。只有在单一同步或异步读写模式下才会支持 8 位设备；
- 为了模拟一个可编程内部等待状态，通过监测外部等待引脚，实现动态控制突发访问开始(初始化访问时间)和中间的外部访问。

每一个片选的控制信号被独立控制，GPMC 的内部功能时钟(GPMC_FCLK)用来作为以下的时间参考：

- 读写访问的持续时间；
- 大多数 GPMC 外部接口控制信号的有效或无效时间；
- 读访问期间的数据采集时间；
- 外部等待引脚的监测时间；
- 访问之间的空闲持续时间。

(1) L3 低速互连单元接口

GPMC L3 低速互连接口是一个带有 16×32 位(字)写缓冲的流水线接口。任何系统主机可以通过 GPMC 发出外部访问请求。DM8168 可以通过 GPMC 互连接口发出以下请求：

- 1 个 8/16/32 位的互连单元访问(读/写)请求；
- 2 个递增型(incrementing)32 位互连访问(读/写)；
- 2 个 wrap 型 32 位互连访问(读/写)；
- 4 个递增型(incrementing)32 位互连访问(读/写)；
- 4 个 wrap 型 32 位互连访问(读/写)；

- 8个递增型(incrementing)32位互连访问(读/写);
- 8个wrap型32位互连访问(读/写);

只支持线性突发处理,不支持交错式处理。GPMC支持基址总突发大小(burst size)对齐且长度为二次幂的突发(2×32、4×32 、8×32或16×32)(这种限制只适用于递增型突发)。此外,这个接口还提供一条中断请求线和一条DMA请求线,用于控制特殊事件。推荐根据所连器件有效的页面长度对GPMC_CONFIG1_i ATTACHEDDEVICEPAGELENGTH字段(GPMC_CONFIG1_i[24:23])进行编程,并且如果所连器件支持wrap型突发请将WRAPBURST位(GPMC_CONFIG1_i[31])使能。也可以通过在页内提供相关地址或者拆分事务处理,实现在非wrap型存储器上仿真wrap型突发。长度大于存储器页面长度的突发被分割成多个突发事务处理。由于需要对齐,因此不允许跨过页边界。

(2) GPMC地址和数据总线

当前应用支持GPMC与NAND设备、地址/数据复用存储器或设备的连接。根据每个片选的GPMC配置,不需要特定访问协议的地址和数据总线不会被更新,输入时也不会被采样。

- 对于地址/数据复用设备和AAD复用NOR设备,在数据总线上复用地址;
- 8位NOR设备不使用GPMC I/O: GPMC_D[15-8]用于数据(如果需要可以用于地址);
- 16位NAND设备不使用GPMC I/O: GPMC_A[27-0];
- 8位NAND设备不使用GPMC I/O: GPMC_A[27-0]和GPMC I/O: GPMC_D[15-8]。

为了选择NAND设备,需要对以下寄存器字段进行设置:

- GPMC_CONFIG1_i[11-10] DEVICETYPE字段为10;
- GPMC_CONFIG1_i[9-8] MUXADDDATA位为00。

为了选择地址/数据复用设备,需要对以下寄存器进行设置:

- GPMC_CONFIG1_i[11-10] DEVICETYPE字段为00;
- GPMC_CONFIG1_i[9-8] MUXADDDATA位为10。

为了选择地址/数据复用设备,需要对以下寄存器进行设置:

- GPMC_CONFIG1_i[11-10] DEVICETYPE字段为00;
- GPMC_CONFIG1_i[9-8] MUXADDDATA位为01。

为了选择地址/数据非复用设备,需要对以下寄存器进行设置:

- GPMC_CONFIG1_i[11-10] DEVICETYPE字段为00;
- GPMC_CONFIG1_i[9-8] MUXADDDATA位为00。

(3) 地址译码和片选配置

地址译码与片选的地址请求以及片选基地址寄存器文件的内容是对应的，片选基地址寄存器文件包含了1组GPMC配置寄存器和8组片选配置寄存器。GPMC配置寄存器文件映射到内存，可以实现字节、16位字或32位字的读写访问。不能把寄存器文件配置为高速缓存或缓冲段，避免主机的执行(写请求)与配置寄存器的完成(写寄存器更新完成)之间不同步。片选配置完成之后，访问引擎访问外部设备，驱动外部接口控制信号，并根据用户定义的时序参数和设置采用相应的接口协议。

(4) NOR访问

对于每一个片选配置，通过设置GPMC_CONFIG1_i[29] READTYPE位和GPMC_ CONFIG1_i[27] WRITETYPE位(i=0到5)分别把读和写访问指定为同步或异步。同步与异步读写访问时间及其对应的控制信号通过时序参数GPMC_FCLK控制。同步模式最主要的区别就是有用于控制外部设备的可配置时钟接口(GPMC_CLK)，对读访问的数据采集和等待引脚监测都有影响。地址总线和$\overline{BE}$[1：0]根据同步突发读访问持续时间来设置的，但是它们会随着每个异步页读取访问的节拍而更新。

在异步操作处理中：

- 对地址/数据复用设备的异步单一读取/写入操作；
- 对AAD复用设备的异步单一读取/写入操作；
- 对非复用设备的异步多个(页)读取操作。

在异步操作处理中，在GPMC外部不提供GPMC_CLK，而且保持为低电平。

在同步操作处理中：

- 当访问存储器设备时，GPMC外部提供GPMC_CLK时钟；
- 通过设置GPMC_CONFIG1_i[1-0] GPMCFCLKDIVIDER字段，可以从GPMC_FCLK时钟得到GPMC_CLK时钟；
- GPMC_CONFIG1_i[26-25] CLKACTIVATIONTIME字段指定在开始访问后的0、1或2个GPMC_FCLK周期之后(直到RDCYCLETIME或WRCYCLETIME完成后)，在GPMC外部提供GPMC_CLK。

支持页模式和突发模式：片选配置之后，可以将系统单一或突发请求处理为连续单一访问或异步页/同步突发访问。根据外部设备的页/突发能力，可以通过GPMC独立配置读/写访问。GPMC_CONFIG1_i[30] READMULTIPLE、GPMC_CONFIG1_i[28] WRITEMULTIPLE位(i=0～5)与READTYPE、WRITETYPE参数是对应的：

- 不支持异步写页模式；

- 8位设备仅限于非突发设备(READMULTIPLE和WRITEMULTIPLE都被忽略);
- 不适用于NAND设备接口。

(5) pSRAM的访问特性

pSRAM是与SRAM引脚兼容的低功耗存储器设备,包括自刷新的DRAM存储器阵列。GPMC_CONFIG1_i[11-10] DEVICETYPE字段(i=0～3)应该被清除为0b00。pSRAM设备采用NOR协议,支持以下操作:

- 异步单一读取;
- 异步页模式读取;
- 异步单一写入;
- 同步单一读/写;
- 同步突发读取;
- 同步突发写入(NOR闪存存储器不支持)。

必须根据相应的设备规格,采用预定义方式对pSRAM设备进行启动和初始化。pSRAM可以被编程为固定或可变延迟模式。pSRAM可以自动调度自动刷新操作,在内部自刷新操作过程中发生读写操作时,强制GPMC采用WAIT信号。pSRAM在访问时自动包含自刷新操作。这些设备不需要额外的WAIT信号或连续访问之间的最小CS高脉冲宽度,可以保证正确的内部刷新操作。

(6) NAND访问

NAND(8位/16位)存储器采用标准的NAND异步地址/数据复用方案,可以在任何异步配置设置的片选上得到支持。对于与GPMC接口兼容的其他任何存储器,在访问NAND设备片选时,可以交错访问其他片选设备。这种交错访问功能使系统的芯片使能,而不关注NAND设备,因为如果其他片选访问得到请求,那么NAND设备的片选就不能被确定。

5.2.3 基本编程模型

高级的编程模型引入了一个自上而下的方法配置GPMC模块。如图5.48所示,包括GPMC初始化和GPMC NOR、NAND配置两大部分。NOR模式配置包括存储器类型、片选、时序、等待引脚以及片选使能。NAND模式配置包括NAND存储器类型、片选、读/写操作(异步)、ECC引擎、预取和Write-Posting引擎、等待引脚以及片选使能。

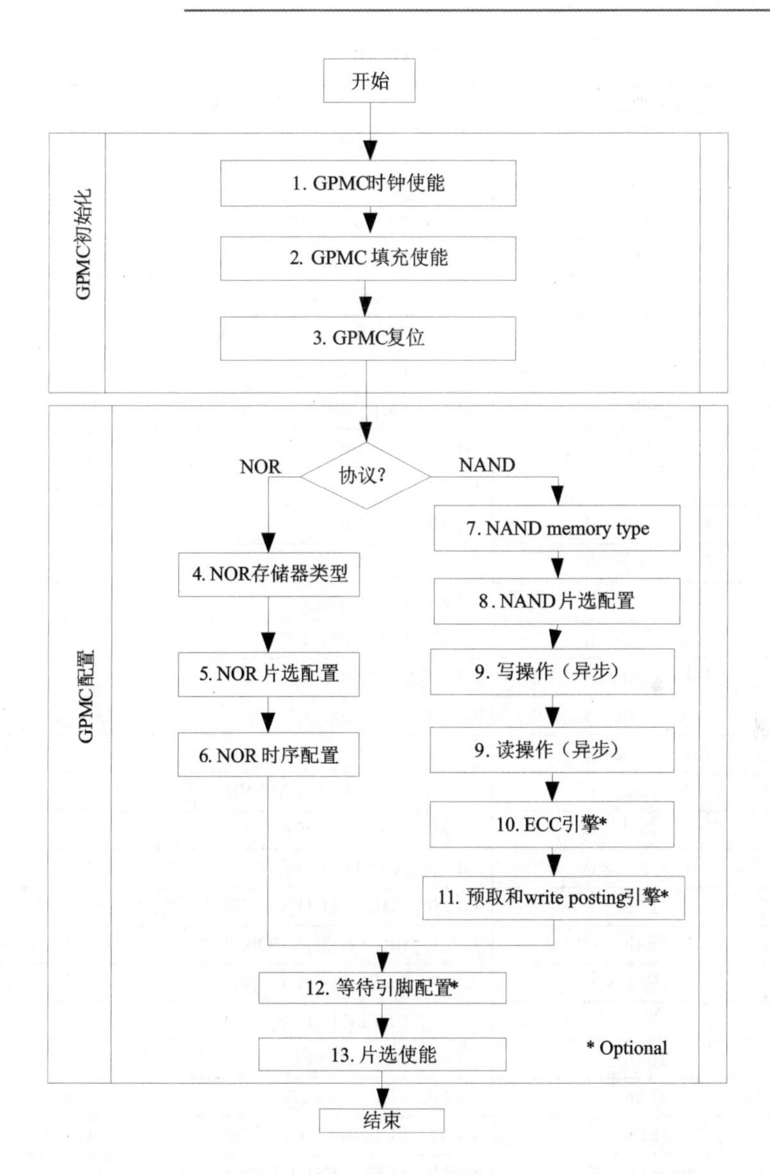

图 5.48　高级别的编程模型

5.2.4　GPMC 寄存器

表 5.18 为 GPMC 寄存器的一个概述，所有的寄存器与 32 位地址边界对齐，所有的寄存器文件访问(除开 GPMC_NAND_DATA_i 寄存器)都是小端存储模式。如果访问 GPMC_NAND_DATA_i 寄存器，存储方式是独立的。

表 5.18 GPMC 寄存器

偏移地址	名　称
0h	GPMC_REVISION
10h	GPMC_SYSCONFIG
14h	GPMC_SY244h+(10h × i) SSTATUS
18h	GPMC_IRQSTATUS
1Ch	GPMC_IRQENABLE
40h	GPMC_TIMEOUT_CONTROL
44h	GPMC_ERR_ADDRESS
48h	GPMC_ERR_TYPE
50h	GPMC_CONFIG
54h	GPMC_STATUS
60h+(30h×i)	GPMC_CONFIG1_i
64h+(30h×i)	GPMC_CONFIG2_i
68h+(30h×i)	GPMC_CONFIG3_i
6Ch+(30h×i)	GPMC_CONFIG4_i
70h+(30h×i)	GPMC_CONFIG5_i
74h+(30h×i)	GPMC_CONFIG6_i
78h+(30h×i)	GPMC_CONFIG7_i
7Ch+(30h×i)	GPMC_NAND_COMMAND_i
80h+(30h×i)	GPMC_NAND_ADDRESS_i
84h+(30h×i)	GPMC_NAND_DATA_i
1E0h	GPMC_PREFETCH_CONFIG1
1E4h	GPMC_PREFETCH_CONFIG2
1ECh	GPMC_PREFETCH_CONTROL
1F0h	GPMC_PREFETCH_STATUS
1F4h	GPMC_ECC_CONFIG
1F8h	GPMC_ECC_CONTROL
1FCh	GPMC_ECC_SIZE_CONFIG
200h+(4h×j)	GPMC_ECCj_RESULT(2)
240h+(10h×i)	GPMC_BCH_RESULT0_i
244h+(10h×i)	GPMC_BCH_RESULT1_i
248h+(10h×i)	GPMC_BCH_RESULT2_i
24Ch+(10h×i)	GPMC_BCH_RESULT3_i
300h+(10h×i)	GPMC_BCH_RESULT4_i
304h+(10h×i)	GPMC_BCH_RESULT5_i
308h+(10h×i)	GPMC_BCH_RESULT6_i
2D0h	GPMC_BCH_SWDATA

5.3　DDR2/3 内存控制器

5.3.1　概　述

DDR2/3 内存控制器用于与 JESD79-2E/JESD79-3C 标准兼容的 DDR2/3 SDRAM 设备相连，是程序和数据的主要存储单元，不支持 DDR1 SDRAM，SDR SDRAM，SBSRAM 和异步内存。DDR2/3 内存控制器的特性如下：

- 与 JESD79-2E 标准兼容的 DDR2 SDRAM；
- 与 JESD79-3C 标准兼容的 DDR3 SDRAM；
- 1 024 MB 内存空间；
- 32/16 位数据总线；
- CAS 延迟(DDR2)：3、4、5、6 和 7；
- CAS 延迟(DDR3)：5、6、7、8、9、10 和 11；
- 内部 banks：1、2、4、8；
- 两个片选信号(CS)；
- 突发长度：8；
- 突发类型：连续的；
- 页大小：256、512、1 024 和 2 048；
- SDRAM 初始化配置设定；
- 低电源下自动刷新和省电模式；
- 定期 ZQ 校准(只用于 DDR3)；
- 自动刷新模式；
- 优先刷新；
- 刷新率和积压计数器可编程；
- 定时参数可编程；
- 小端模式；
- 支持 DDR3 接口的飞越拓扑(Fly-By-Topology)电路板布线；
- 软件读/写校准。

DDR2/3 内存控制器不支持以下特点：

- 突发长度大于 8；
- 交错突发类型；
- DDR3 OCD 校准。

DDR2/3 内存控制器子系统支持 JEDEC 标准，并兼容 DDR2(JESD79-2E)和 DDR3(JESD79-3C)。由于数据和命令宏限制，DDR2/3 内存控制器子系统不支持 DDR2 CAS 延迟 2。该子系统支持便于编程的内核 128 位 OCP 接口，可与 16 位或

32 位存储设备连接。

5.3.2　体系结构

1. 信号描述

图 5.49 和表 5.19 分别展示和描述了 DDR2/3 内存控制器信号。它包括以下特点：

- 最大数据总线宽度为 32 位(DDR[x]_D[31：0])；
- 地址总线(DDR[x]_A[14：0])为 15 位，其中包含增加的 3 个 bank 地址引脚(DDR[x]_BA[2：0])；
- 两个内部时钟源驱动的差分输出时钟：DDR[x]_CLK[y]和DDR[x]_CLK[y]；
- 命令信号：行和列地址选通(DDR[x]_RAS和DDR[x]_CAS)，写使能选通(DDR[x]_CAS)，数据选通(DDR[x]_DQS[3：0]和DDR[x]_DQS[3：0])和数据屏蔽(DDR[x]_DQM[3：0])；
- 两个片选信号DDR[x]_CS[1：0]和一个时钟使能信号(DDR[x]_CKE)；
- 两个片上终端输出信号(DDR[x]_ODT[1：0])。

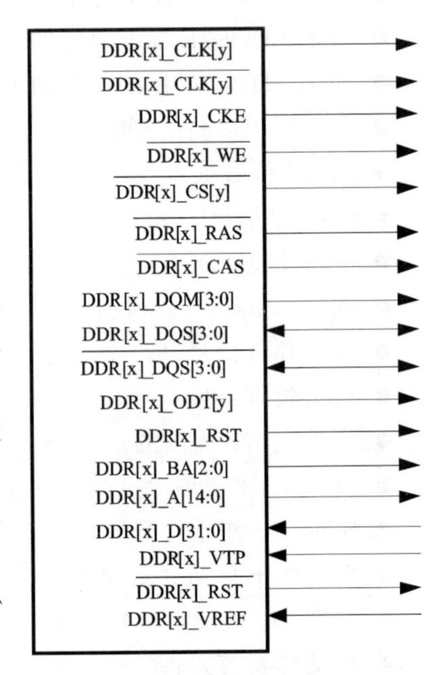

图 5.49　DDR2/3 内存控制器信号

其中：

x=0 表示支持一个 DDR2/3 内存控制器；

x=1：0 表示支持两个 DDR2/3 内存控制器；

y=0 表示一个 DDR2/3 内存控制器支持一个片选或一个等级；

y=0：1 表示一个 DDR2/3 内存控制器支持两个片选或两个等级。

表 5.19　DDR2/3 内存控制器信号

引　脚	描　述
DDR[x]_D[31：0]	双向数据总线
DDR[x]_A[14：0]	外部地址输出
DDR[x]_CS[y]	芯片选择输出
DDR[x]_DQM[3：0]	低电平有效输出数据屏蔽
DDR[x]_CLK[y]/DDR[x]_CLK[y]	差分时钟输出，所有 DDR2/3 信号与这些时钟同步

续表 5.19

引　脚	描　述
DDR[x]_CKE	时钟使能,用于选择关闭电源和自刷新操作
DDR[x]_CAS	低电平有效行地址选通
DDR[x]_RAS	低电平有效列地址选通
DDR[x]_WE	低电平有效写使能
DDR[x]_DQS[3：0]/DDR[x]_DQS[3：0]	差分数据选通双向信号,读取边缘对齐输入和写入中心对齐输出
DDR[x]_ODT[1：0]	外部 DDR2/3 SDRAM 片上终端信号
DDR[x]_BA[2：0]	Bank 地址控制输出
DDR[x]_VREF	内存控制器的参考电压。必须在外部提供这个电压
DDR[x]_VTP	DDR2/3 VTP 补偿电阻连接
DDR[x]_RST	复位输出。对 DDR3 设备异步复位

2. 时钟控制

DDR2/3 时钟直接来自于 DDR PLL 的 VCO 输出。可用以下公式确定 DDR[x]_CLK[y]频率：

DDR[x]_CLK[y]频率=(DDRPLL 输入时钟频率×倍频数)/(分频数×后分频数)

第二个 DDR2/3 内存控制器输出时钟DDR[x]_CLK[y]是 DDR[x]_CLK[y]的反向,用户可以改变倍频数,预分频数和后分频数得到想要的 DDR[x]_CLK[y]频率。

3. DDR2/3 内存控制器子系统概述

DDR2/3 内存控制器可以与大部分 DDR2/3 SDRAM 设备相连且支持自刷新模式和优先级刷新功能。另外,通过改变可编程参数如：刷新率、CAS 延迟和 SDRAM 定时,可使对 DDR2/3 内存控制器的操作变得灵活。DDR2/3 内存控制器子系统的组成有：

- DDR2/3 内存控制器；
- 命令宏(Command macro)；
- 数据宏(Data macro)；
- VTP 控制器宏(VTP controller macro)；
- DQS 选通 I/O。

图 5.50 展示了 DDR2/3 子系统结构图。

此处：fifo_we_out：DQS 使能输出,用于 DQS 与系统(内存)时钟的时序匹配；fifo_we_in：DQS 使能输入,用于 DQS 与系统(内存)时钟的时序匹配。

(1) DDR2/3 内存控制器

DDR2/3 内存控制器采用 1 个命令 FIFO、1 个写数据 FIFO 、1 个返回命令

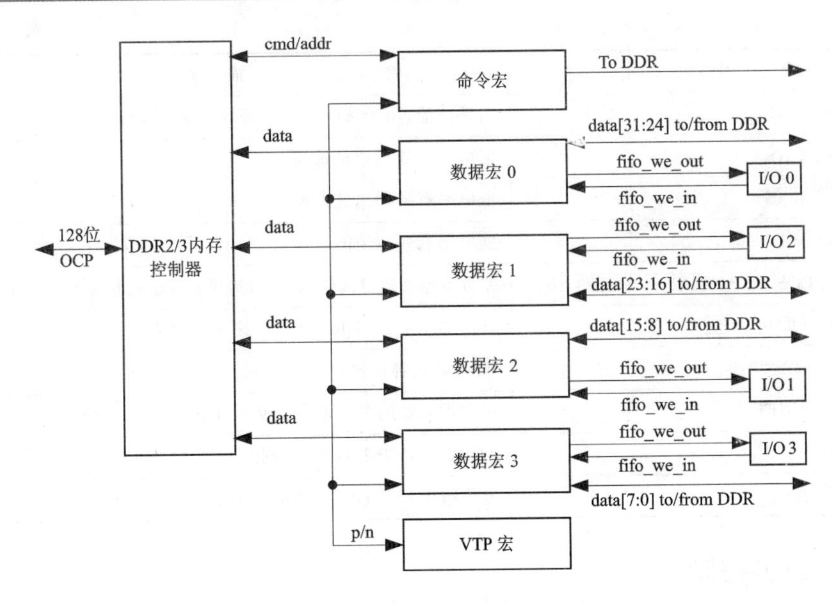

图 5.50 DDR2/3 子系统结构图

FIFO 和 2 个读数据 FIFO，把片上资源有效地移到外部 DDR2/3 SDRAM 设备上。图 5.51 展示了 DDR2/3 内存控制器 FIFO 的结构图。到达 DDR2/3 内存控制器的命令，写数据和读数据彼此是并行的。同类外围设备总线用于从外部存储器和内部存储器映射寄存器中读写数据。

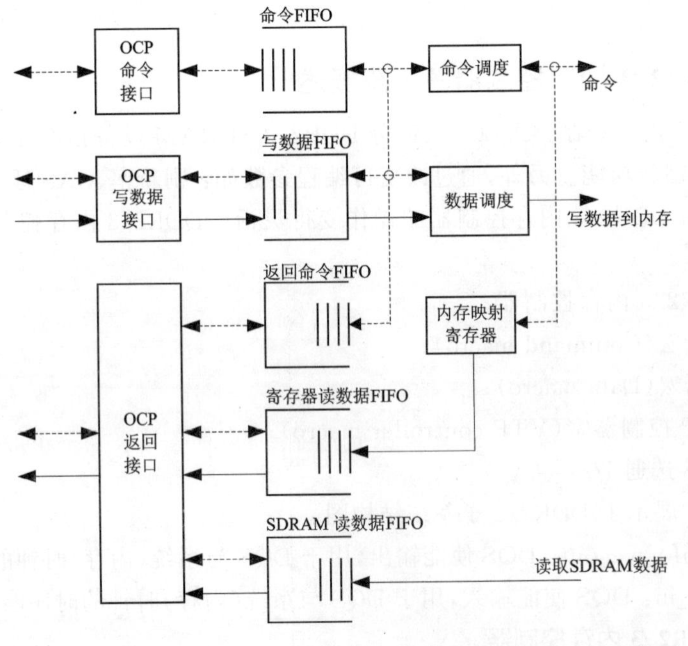

图 5.51 DDR2/3 内存控制器 FIFO 的结构图

- 命令FIFO存储所有来自OCP命令接口的命令；
- 写数据FIFO存储所有来自OCP写数据接口的数据；
- 返回命令FIFO存储所有即将发布给OCP返回接口的数据，包括写状态返回和读数据返回命令；
- 有两个读数据FIFO，用于存储发送给OCP返回接口的读数据。一个读数据FIFO存储来自内存映射寄存器的读数据，而另一个FIFO存储来自外存的读数据。

(2) 数据宏

数据宏是一个双向接口，由8个数据通道、1对互补选通(8位数据)和1个数据屏蔽通道(8位数据)组成，包括PHY数据宏(PHY Data Macro)、DLL和1个I/O集成宏。在写操作和从存储器接收数据期间，以及把从存储器接收的数据传输给内存控制器的读操作期间，数据宏被用于从内存控制器传输数据给外存。

在写操作期间，数据宏把内存控制器的32/16位字转化为8位字，并且以双倍位速率把它们同选通信号一起传输给内存，可通过使用数据屏蔽信号阻止数据写入内存；在读操作期间，数据宏接收8位DDR数据以及选通信号，然后转换为32/16位字并把它们与读有效信号一起传输给内存控制器。

(3) 命令宏

命令宏由PHY命令宏、DLL和I/O集成组成，作为单向宏将地址位和控制位从内存控制器发送到存储器芯片。在传输通道上传输命令和地址需利用时钟DDR[x]_CLK[y]和$\overline{\mathrm{DDR[x]_CLK[y]}}$，所有地址和控制信号都以DDR[x]_CLK[y]和$\overline{\mathrm{DDR[x]_CLK[y]}}$时钟为中心传输。在DDR[x]_CLK[y]上升沿和$\overline{\mathrm{DDR[x]_CLK[y]}}$下降沿，内存分别对所有的地址和控制信号进行采样。

(4) VTP控制器宏(VTP Controller Macro)

VTP控制器宏评估芯片在当前电压、温度和进程(VTP)下的硅片性能，从而使能驱动设定恒定的预定输出驱动阻抗。该控制器把驱动阻抗和外部参考电阻对比并调节驱动阻抗，以获得阻抗匹配。VTP控制器支持以下特征：

- VTP控制器产生与片上电压、温度和VTP进程有关的信息并与ASIC外围驱动共享；
- 需要一个20 MHz或更小的内核时钟输入；
- 复位被移除后需要110个时钟周期来确保VTP输出的初始化设置；
- 可用于静态或动态刷新操作模式；
- VTP控制器有内部噪声过滤器，从而为I/O宏提供持续的VTP位刷新。

驱动阻抗和终端必须经常刷新，甚至是在操作中也需要，即动态刷新系统。相反对于要刷新的阻抗，静态刷新需要总线停止发送数据。

(5) DQS-Gate IOs

为有效模拟读请求(DQS接收器和CLK驱动I/O)期间DQS选通信号上的I/O

延时，希望信号处于单个连接 fifo_we_in 与 fifo_we_out 的 I/O 回路上。通过采用补偿延迟线，在数据和命令宏中对板子和内存延迟进行校准，这个板子和内存延迟在整个 PTV 变化中都很稳定。这个延时不需要模拟，而且可以在芯片级完成这个回环信号而不把信号带到数据包。每 8 位数据和命令宏需要一个用于 fifo_we_in 和 fifo_we_out 的 I/O。

数据和命令宏需要补偿系统级运行时间。DDR2/3 控制器子系统支持以下控制：

- 在写周期内，把 DDR[x]_DQS 与 DDR[x]_CLK[y]时钟对齐：对于 DDR3 操作，在每个等级启动写入状态机，依次获取合适的延时设置，从而将每个内存芯片的 DDR[x]_DQS 与 DDR[x]_CLK[y]时钟对齐。如果用户想手动操作，可写控制 DDR[x]_DQS 延时的控制寄存器。
- 在写操作期间，把 DDR[x]_DQ[31：0]与 DDR[x]_DQS 对齐。

对于每个 SDRAM，需把 DDR[x]_DQS 与 DDR[x]_D 位中心对齐。设置合适的控制器位来改变 DDR[x]_D 信号延时，这样 DDR[x]_DQS 与 DQ 中心对齐，从而有合适的设置和保持空间。如果用户想手动操作，可写控制 DDR[x]_D 延时的控制寄存器。为了产生给出的时钟偏移，在 SDRAM 中把 DDR[x]_D 与 DDR[x]_DQS 中心对齐，下面的寄存器需被编程：

对齐 FIFO WE 窗口(Read DQS Gate)。FIFO WE(写使能)信号作为读操作期间控制 DDR[x]_DQS 有效进入控制器的时间输入，从而找到无错误获取读数据的延时设置。在 PHY 控制器内部完成 FIFO WE 与有效读周期的 DDR[x]_DQS 窗口的对齐。为调整 FIFO_WE 延时与 FIFO_WE 中心对齐，需要对 SDRAM 的 DDR[x]_DQS 有效窗口和数据宏 0/1/2/3 DQS 选通从比率寄存器编程。

4. 地址映射

DDR2/3 内存控制器把外部 DDR2/3 SDRAM 看作一个连续的存储块。DDR2/3 内存控制器接收 DDR2/3 内存访问请求和来自其余系统的 32 位逻辑地址。反之，DDR2/3 内存控制器利用这个 32 位逻辑地址为 DDR2/3 SDRAM 产生行/页、列和 bank 地址。列、行和 bank 地址使用的位数通过 IBANK、RSIZE 和 PAGESIZE 确定。对于行/页地址，DDR2/3 内存控制器需使用 15 位。

当对 SDRAM 寻址时，假如 SDRCR 中的 IBANK_POS 被清除为 0，则 DDR2/3 内存控制器需使用 3 个字段(SDRCR 中的 IBANK、EBANK 和 PAGESIZE)来决定从源地址到 DDR2/3 内存设备行、列、bank 和片选的映射。假如 IBANK_POS 设置为 1，2 或 3，则 DDR2/3 内存控制器需使用 4 个字段(SDRCR 中的 IBANK、EBANK、PAGESIZE 和 RSIZE)来决定从源地址到 DDR2/3 内存设备行、列、bank 和片选的映射。在所有的情况下，不管物理设备数是多少或设备是否被映射到 1 个片选或 2 个 DDR2/3 控制器片选上，DDR2/3 控制器都把它的 DDR2/3 内存设备地址空间看作一个逻辑块。当 IBANK_POS=0 或 EBANK_POS=0 时，尽管 DDR2/3

内存控制器会在少数几个 bank 中交错使用，但与 IBANK_POS=0 的情况相比，这种情况比较少。

（1）IBANK_POS=0 且 EBANK_POS=0 时的地址映射

对于 IBANK_POS=0 且 EBANK_POS=0（见表 5.20）的情况，地址映射的效果是随着源地址增加到 DDR2/3 内存设备页边界时，DDR2/3 控制器会移动到当前设备 DDR[x]_CS[0]的下一个 bank 的同一页上。这个移动会随着当前 bank 进入下一设备（假如 EBANK＝1，DDR[x]_CS[1]）的同一页，并且在进入第一个设备（DDR[x]_CS[0]）的下一页前通过它所有 bank 的同一页。因此 DDR2/3 控制器一次可以最大运行 16 个 bank（8 个穿过 2 个片选的内部 bank）且可以在它们中交错。

表 5.20 IBANK_POS=0 且 EBANK_POS=0 时 OCP 到 DDR2/3 的地址映射

逻辑地址			
行地址	片 选	Bank 地址	列地址
15 bits	SDRC 的 EBANK 定义比特数： EBANK=0=>0 位 EBANK=1=>1 位	SDRCR 的 IBANK 定义比特数： IBANK=0=>0 位 IBANK=1=>1 位 IBANK=2=>2 位 IBANK=3=>3 位	SDRCR 的 PAGESIZE 定义比特数： PAGESIZE=0=>8 位 PAGESIZE=1=>9 位 PAGESIZE=2=>10 位 PAGESIZE=3=>11 位

（2）IBANK_POS=1 且 EBANK_POS=0 时的地址映射

对于 IBANK_POS=1 且 EBANK_POS=0（见表 5.21），设备（一个片选）中的 bank 交错数限制为 4 个 bank。但两个片选间仍然可以交错 bank，所以 DDR2/3 控制器一次可以最大运行 16 个 bank（穿过 2 个片选的 8 个内部 bank）但只可以在它们中的 8 个交错。

表 5.21 IBANK_POS=1 且 EBANK_POS=0 时的地址映射

逻辑地址				
Bank 地址	行地址	片 选	Bank 地址[1:0]	列地址
SDRCR 的 IBANK 定义比特数：	SDRCR 的 RSIZE 定义比特数：	SDRCR 的 EBANK 定义比特数：	SDRCR 的 IBANK 定义比特数：	SDRCR 的 PAGESIZE 定义比特数：
IBANK=0=>0 位	RSIZE=0=>9 位	EBANK=0=>0 位	IBANK=0=>0 位	PAGESIZE=0=>8 位
IBANK=1=>0 位	RSIZE=1=>10 位	EBANK=1=>1 位	IBANK=1=>1 位	PAGESIZE=1=>9 位
IBANK=2=>0 位	RSIZE=2=>11 位		IBANK=2=>2 位	PAGESIZE=2=>10 位
IBANK=3=>1 bit	RSIZE=3=>12 位		IBANK=3=>2 位	PAGESIZE=3=>11 位
	RSIZE=4=>13 位			
	RSIZE=5=>14 位			
	RSIZE=6=>15 位			

(3) IBANK_POS=2且EBANK_POS=0时的地址映射

对于IBANK_POS=2且EBANK_POS=0(见表5.22),设备(一个片选)中的bank交错数限制为2个bank。但两个片选间仍然可以交错bank。所以DDR2/3控制器一次可以最大运行16个bank(穿过2个片选的8个内部bank)但只可以在它们中的4个交错。

表5.22 IBANK_POS=2且EBANK_POS=0时的地址映射

逻辑地址				
Bank地址	行地址	片 选	Bank地址[0]	列地址
SDRCR的IBANK定义比特数:	SDRCR的RSIZE定义比特数:	SDRCR的EBANK定义比特数:	SDRCR的IBANK定义比特数:	SDRCR的PAGESIZE定义比特数:
IBANK=0=>0位	RSIZE=0=>9位	EBANK=0=>0位	IBANK=0=>0位	PAGESIZE=0=>8位
IBANK=1=>0位	RSIZE=1=>10位	EBANK=1=>1位	IBANK=1=>1位	PAGESIZE=1=>9位
IBANK=2=>1位	RSIZE=2=>11位		IBANK=2=>1位	PAGESIZE=2=>10位
IBANK=3=>2 bit	RSIZE=3=>12位		IBANK=3=>1位	PAGESIZE=3=>11位
	RSIZE=4=>13位			
	RSIZE=5=>14位			
	RSIZE=6=>15位			

(4) IBANK_POS=3且EBANK_POS=0时的地址映射

对于IBANK_POS=3且EBANK_POS=0(见表5.23),设备(一个片选)中的bank不能交错。但两个片选间仍然可以交错bank,所以DDR2/3控制器一次可以最大运行16个bank(穿过2个片选的8个内部bank)但只可以在它们中的2个交错。

表5.23 IBANK_POS=3且EBANK_POS=0时的地址映射

逻辑地址			
Bank地址	行地址	片 选	列地址
SDRCR的IBANK定义比特数:	SDRCR的RSIZE定义比特数:	SDRCR的EBANK定义比特数:	SDRCR的PAGESIZE定义比特数:
IBANK=0=>0位	RSIZE=0=>9位	EBANK=0=>0位	PAGESIZE=0=>8位
IBANK=1=>1位	RSIZE=1=>10位	EBANK=1=>1位	PAGESIZE=1=>9位
IBANK=2=>2位	RSIZE=2=>11位		PAGESIZE=2=>10位
IBANK=3=>3 bit	RSIZE=3=>12位		PAGESIZE=3=>11位
	RSIZE=4=>13位		
	RSIZE=5=>14位		
	RSIZE=6=>15位		

(5) IBANK_POS=0 且 EBANK_POS=1 时的地址映射

对于 IBANK_POS=0 且 EBANK_POS=1(见表 5.24),设备(一个片选)中的每个 bank 都可以交错。但内存控制器在两个片选间不可以交错 bank,所以 DDR2/3 控制器一次可以最大运行 16 个 bank(穿过 2 个片选的 8 个内部 bank)但只可以在它们中的 8 个交错。

表 5.24　IBANK_POS=0 且 EBANK_POS=1 时的地址映射

逻辑地址			
芯片选择	行地址	Bank 地址	列地址
SDRCR 的 EBANK 定义比特数:	SDRCR 的 RSIZE 定义比特数:	SDRCR 的 IBANK 定义比特数:	SDRCR 的 PAGESIZE 定义比特数:
EBANK=0=>0 位	RSIZE=0=>9 位	IBANK=0=>0 位	PAGESIZE=0=>8 位
EBANK=1=>1 位	RSIZE=1=>10 位	IBANK=1=>1 位	PAGESIZE=1=>9 位
	RSIZE=2=>11 位	IBANK=2=>2 位	PAGESIZE=2=>10 位
	RSIZE=3=>12 位	IBANK=3=>3 位	PAGESIZE=3=>11 位
	RSIZE=4=>13 位		
	RSIZE=5=>14 位		
	RSIZE=6=>15 位		

(6) IBANK_POS=1 且 EBANK_POS=1 时的地址映射

对于 IBANK_POS=1 且 EBANK_POS=1(见表 5.25),设备(一个片选)中的 bank 交错数限制为 4 个 bank。且 DDR2/3 内存控制器在两个片选间不可以交错 bank。所以 DDR2/3 控制器一次可以最大运行 16 个 bank(8 个穿过 2 个片选的内部 bank)但只可以在它们中 4 个间交错。

表 5.25　IBANK_POS=1 且 EBANK_POS=1 时的地址映射

逻辑地址				
片　选	Bank 地址[2]	行地址	Bank 地址[0]	列地址
SDRCR 的 EBANK 定义比特数:	SDRCR 的 IBANK 定义比特数:	SDRCR 的 RSIZE 定义比特数:	SDRCR 的 IBANK 定义比特数:	SDRCR 的 PAGESIZE 定义比特数:
EBANK=0=>0 位	IBANK=0=>0 位	RSIZE=0=>9 位	IBANK=0=>0 位	PAGESIZE=0=>8 位
EBANK=1=>1 位	IBANK=1=>0 位	RSIZE=1=>10 位	IBANK=1=>1 位	PAGESIZE=1=>9 位
	IBANK=2=>0 位	RSIZE=2=>11 位	IBANK=2=>2 位	PAGESIZE=2=>10 位
	IBANK=3=>1 bit	RSIZE=3=>12 位	IBANK=3=>2 位	PAGESIZE=3=>11 位
		RSIZE=4=>13 位		
		RSIZE=5=>14 位		
		RSIZE=6=>15 位		

(7) IBANK_POS=2 且 EBANK_POS=1 时的地址映射

对于 IBANK_POS=2 且 EBANK_POS=1(见表 5.26)，设备(一个片选)中的 bank 交错数限制为 2，且 DDR2/3 内存控制器在两个片选间不可以交错 bank。所以 DDR2/3 控制器一次可以最大运行 16 个 bank(穿过 2 个片选的 8 个内部 bank)但只可以在它们中的 2 个交错。

表 5.26 IBANK_POS=2 且 EBANK_POS=1 时的地址映射

逻辑地址				
芯片选择	Bank 地址[2]	行地址	Bank 地址[0]	列地址
SDRCR EBANK 定义比特数：	SDRCR IBANK 定义比特数：	SDRCR 的 RSIZE 定义比特数：	SDRCR 的 IBANK 定义比特数：	SDRCR PAGESIZE 定义比特数：
EBANK=0=>0 位	IBANK=0=>0 位	RSIZE=0=>9 位	IBANK=0=>0 位	PAGESIZE=0=>8 位
EBANK=1=>1 位	IBANK=1=>0 位	RSIZE=1=>10 位	IBANK=1=>1 位	PAGESIZE=1=>9 位
	IBANK=2=>1 位	RSIZE=2=>11 位	IBANK=2=>1 位	PAGESIZE=2=>10 位
	IBANK=3=>2 位	RSIZE=3=>12 位	IBANK=3=>1 位	PAGESIZE=3=>11 位
		RSIZE=4=>13 位		
		RSIZE=5=>14 位		
		RSIZE=6=>15 位		

(8) IBANK_POS=3 且 EBANK_POS=1 时的地址映射

对于 IBANK_POS=3 且 EBANK_POS=1(见表 5.27)，设备(一个片选)中或两个片选间的 DDR2/3 控制器不能交错 bank。所以 DDR2/3 控制器一次可以最大运行 16 个 bank(穿过 2 个片选的 8 个内部 bank)，但它们中任何两个不可以交错。

表 5.27 IBANK_POS=3 且 EBANK_POS=1 时的地址映射

逻辑地址			
芯片选择	Bank 地址	行地址	列地址
SDRCR 的 EBANK 定义比特数：	SDRCR 的 IBANK 定义比特数：	SDRCR 的 RSIZE 定义比特数：	SDRCR 的 PAGESIZE 定义比特数：
EBANK=0=>0 位	IBANK=0=>0 位	RSIZE=0=>9 位	PAGESIZE=0=>8 位
EBANK=1=>1 位	IBANK=1=>1 位	RSIZE=1=>10 位	PAGESIZE=1=>9 位
	IBANK=2=>2 位	RSIZE=2=>11 位	PAGESIZE=2=>10 位
	IBANK=3=>3 位	RSIZE=3=>12 位	PAGESIZE=3=>11 位
		RSIZE=4=>13 位	
		RSIZE=5=>14 位	
		RSIZE=6=>15 位	

5. 性能管理

(1) 命令排序和调度

DDR2/3控制器执行一次指令重排序和调度，实现以最大吞吐量进行有效传输。这样做的目的是在隐藏打开和关闭DDR2/3 SDRAM的行开销的同时，使得数据、地址和命令总线的利用率最大。指令重排序发生在命令FIFO中。

DDR2/3控制器检查所有存储在命令FIFO中的命令来给外存配置发布命令。对于每个主机，DDR2/3控制器对命令进行重排序遵循以下规则：

- 选择最先的命令；
- 假如读操作是针对不同的块地址(2.48字节)并且读优先级与写优先级相等或更高，则读命令会在先前的写命令之前。

对于单独的主机，它所有的命令都从最旧到最新的顺序来完成，除非读操作可以比先前的相等优先级写操作优先。基于这种调度，每个控制器可有一个待执行的命令。

接下来DDR2/3控制器检查各自主机选择的各个命令并进行以下重新调度：

- 在所有挂起的读操作中，选择已经开启的对行的读取。在所有挂起的写操作中，选择已经开启的对行的写入。
- 从挂起的读和写操作中选择最高优先级命令进行对行的读写。假如多个命令有最高优先级，此时DDR2/3控制器选择最先的命令。

DDR2/3控制器现在可能有一个最终的读写命令。假如读FIFO还没满，此时该读命令会优先于写命令；否则写命令优先。

除了从片上资源接收的命令，DDR2/3内存控制器也会发布刷新命令。DDR2/3内存控制器试图延迟刷新命令，尽可能在满足SDRAM刷新请求时提高性能。当DDR2/3内存控制器发布读、写和刷新命令给DDR2/3 SDRAM时，遵循以下优先级调度：

① 由于Refresh Must级刷新紧急到达引起的(最高优先级)SDRAM刷新请求；
② 读或写请求；
③ SDRAM激活命令；
④ SDRAM禁用命令；
⑤ SDRAM深度掉电请求；
⑥ SDRAM时钟停止或掉电请求；
⑦ 由于Refresh May或Release级刷新紧急到达引起的SDRAM刷新请求；
⑧(最低优先级)SDRAM自刷新请求；

(2) 指令饥饿

重排序和调度规则可能导致指令饥饿，即阻止DDR2/3内存控制器正在处理的指令。以下情况会导致指令饥饿：

- 持续的高优先级读命令会阻塞低优先级写命令；

- 在一个bank中打开行的持续DDR2/3 SDRAM命令流会阻塞同一个bank中关闭行的命令。

为了避免这种情况,DDR2/3内存控制器可以在一组数据传输后,暂时提高命令FIFO中最先命令的优先级。在DDR2/3内存控制器提高最先命令优先级前,外围总线突发优先级寄存器(PBBPR)的PR_OLD_COUNT字段必须先设置传输数。

(3) 竞争情况

当某个主机给DDR2/3内存控制器写入数据时,可能会存在竞争情况。比如,如果主机A通过一个DDR2/3内存缓冲器发送一个软件信息且还没等到写完成应答,此时主机B试图读取该软件信息,它可能会读到旧数据因而接收到不正确的信息。为了确保主机A的写操作在主机B读操作之前完成,主机A必须在告诉主机B数据已经准备好之前,等待DDR2/3内存控制器的写完成状态。假如主机A没有等到写完成指示,它必须执行以下操作:

① 执行写请求;

② 对DDR2内存控制器模块ID和修正寄存器执行伪写操作;

③ 对DDR2内存控制器模块ID和修正寄存器执行伪读操作;

④ 在步骤3中读完成后指示主机B数据已准备好被读取。

(4) 刷新调度

DDR2/3内存控制器以SDRAM刷新控制寄存器(SDRRCR)的刷新速率(RR)字段定义的速率给DDR2/3 SDRAM设备发布AUTO REFRESH命令。该控制器利用两个计数器安排AUTO REFRESH命令:一个13位的自减刷新时间间隔计数器和一个4位的刷新积压计数器。刷新时间间隔计数器载入RR字段值,该载入的值每个周期减去1直到为零。一旦刷新时间间隔计数器为零,它就重新载入RR字段值。刷新时间间隔计数器每次终止时,刷新积压计数器就加1。相反,DDR2/3内存控制器每执行一次AUTO REFRESH命令,刷新积压计数器就减1。这表示刷新积压计数器记录内存控制器当前正常的AUTO REFRESH命令数。对于积压计数器可选取值的范围,内存控制器在一个自动刷新周期中应该处理表5.28列举的3个级别的紧急状况。当内存控制器处于自刷新模式时,刷新计数器不会工作。

表5.28 刷新方案

紧急程度	描 述
可能刷新	每当积压计数大于0,表明有一个刷新积压,所以如果控制器不忙而且所有SDRAM bank都没打开,它应该执行自动刷新周期
释放刷新	每当积压计数大于4,表明刷新积压越来越高,所以如果该控制器不忙,它应该执行自动刷新周期,即使bank打开
必须刷新	每当积压计数大于7,表示刷新积压越来越多。在服务其他任何内存访问请求之前,控制器应该执行自动刷新周期。在刷新释放被清除之后,控制器开始服务新的内存访问

(5) 计数器执行过程

PRFCNT1 和 PRFCNT2 寄存器用于监视或计算 DDR2/3 控制器带宽和效率。这些计数器可以计数 SDRAM 访问、SDRAM 有效、读、写和其他事件的总次数，而且每个计数器都是彼此独立计数。为了增加计数事件的能力，计数器也可从一个指定的主机或地址空间中过滤事件。利用 PRFCNTCFG 寄存器配置事件计数和过滤使能，通过 PRFCNTSEL 寄存器配置使用的过滤值。表 5.29 列举了所有可以计数的事件以及过滤器是否可以运用到某个指定事件。如果以下的这些位为某事件设置为 0x01，那就可以有运用到该事件上的过滤器：

- 性能计数器 1：CNTR1_MCONNID_EN PRFCNTCFG[15] 和 CNTR1_REGION_EN PRFCNTCFG[14]；
- 性能计数器 2：CNTR2_MCONNID_EN PRFCNTCFG[31]和 CNTR2_REGION_EN PRFCNTCFG[30]；

表 5.29　性能计数过滤器配置

CNTRn_CFG	CNTRn_REGION_EN	CNTRn_MCONNID_EN	
0x0	0x0	0x0 或 0x1	SDRAM 总的访问数
0x1	0x0	0x0 或 0x1	SDRAM 总的有效数
0x2	0x0 或 0x1	0x0 或 0x1	读取总数
0x3	0x0 或 0x1	0x0 或 0x1	写总数
0x4	0x0	0x0	L3 命令 FIFO 满期间，DDR2 或 DDR3 计数控制器功能时钟周期数
0x5	0x0	0x0	L3 数据写 FIFO 满期间，DDR2 或 DDR3 计数控制器功能时钟周期数
0x6	0x0	0x0	L3 数据读 FIFO 满期间，DDR2 或 DDR3 计数控制器功能时钟周期数
0x7	0x0	0x0	L3 返回指令 FIFO 满期间，DDR2 或 DDR3 计数控制器功能时钟周期数
0x8	0x0 或 0x1	0x0 或 0x1	优先级升高次数
0x9	0x0	0x0	指令挂起期间，DDR2/DDR3 控制器功能时钟周期数
0xA	0x0	0x0	内存数据总线传输数据期间，DDR2 或 DDR3 计数控制器功能时钟周期数
0xB-0xF	0x0	0x0	保留供将来使用

- 对所有写访问计数

PRFCNT1 寄存器需要计数来自连接 ID 为 0xA 的主机的写访问。为了使能写计数，PRFCNTCFG[3：0] CNTR1_CFG 位字段必须设置为 0x3，PRFCNTSEL[15：8]

MCONNID1 位字段必须设置为 0xA。最后为了使能过滤，PRFCNTCFG[15] CNTR1_MCONNID_EN 位必须设置为 0x1。在这种配置下，PRFCNT1 可以对每一个从主机 0xA 到任何地址空间的写访问进行计数。这个计数不包括从其他主机的访问和除了写的其他命令。

● 对所有访问计数

不管地址空间或主机，PRFCNT2 寄存器可以对 SDRAM 的所有访问总数计数。为了使能对 SDRAM 的所有访问的计数，PRFCNTCFG[19：16] CNTR2_CFG 位必须设置为 0x0。为了取消过滤，PRFCNTCFG[31] CNTR2_MCONNID_EN 和 PRFCNTCFG[30] CNTR2_ REGION_EN 位都必须设置为 0x0。在这种设置下，PRFCNT2 可以计数每一个对 SDRAM 的访问。这个计数包括从所有主机到任何地址空间的访问。

● 对所有读访问计数

PRFCNT1 寄存器需要计数来自连接 ID 为 0xA 的主机对地址空间为 0x0 的读访问。为了使能读计数，PRFCNTCFG[3：0] CNTR1_CFG 位必须设置为 0x2，PRFCNTSEL[15：8] MCONNID1 位必须设置为 0xA 且 PRFCNTSEL[1：0] REGION_SEL1 位必须设置为 0x0。最后为了使能过滤，PRFCNTCFG[15] CNTR1_MCONNID_EN 和 PRFCNTCFG[14] CNTR1_ REGION_EN 位都必须设置为 0x1。在这种配置下，PRFCNT1 可以对所有从主机 0xA 到地址空间 0x0 的读访问进行计数。这个计数不包括从其他主机对其他地址的访问，也不包括其他除了读的命令。

6. DDR2/3 内存控制器的 PRCM 次序

以下是对 DDR2/3 内存控制器使能时钟时的电源，复位和时钟管理(PRCM)模块次序：

① 对 PRCM CM_DEFAULT_FW_CLKCTRL 寄存器写入 2h 使能 DDR2/3 时钟；

② 对 PRCM CM_DEFAULT_L3_FAST_CLKSTCTRL 寄存器写入 2h 使能 L3 互连快速时钟；

③ 对 PRCM CM_DEFAULT_EMIF_0_CLKCTRL 寄存器写入 2h 使能 DDR2/3 控制器 0 接口时钟；

④ 对 PRCM CM_DEFAULT_EMIF_1_CLKCTRL 寄存器写入 2h 使能 DDR2/3 控制器 1 接口时钟；

⑤ CM_DEFAULT_L3_FAST_CLKSTCTRL 寄存器的 CLKACTIVITY_L3_FAST_GCLK 和 CLKACTIVITY_DDR_GCLK 中轮询 1(表示时钟处于有效状态)；

⑥ 在 PRCM CM_DEFAULT_EMIF_0_CLKCTRL 寄存器的 IDLEST 位中轮询 0(表示模块功能完整，包括 OCP)；

⑦ 在 PRCM CM_DEFAULT_EMIF_1_CLKCTRL 寄存器的 IDLEST 位中轮询 0(表示模块功能完整,包括 OCP);

⑧ 对 PRCM CM_DEFAULT_DMM_CLKCTRL 寄存器写入 2h 使能 DMM 模块时钟;

⑨ 在 PRCM CM_DEFAULT_DMM_CLKCTRL 寄存器的 IDLEST 位中轮询 0(表示模块功能完整,包括 OCP)。

7. 电源管理

(1) 自刷新模式

DDR2/3 内存控制器支持低功耗自刷新模式。当内存控制器空闲了 SR_TIM 个 DDR 时钟周期且 LP_MODE 被设置为 2h 后,内存控制器会自动使 SDRAM 自刷新。在电源管理控制寄存器(PMCR)中,LP_MODE 和 SR_TIM 位是可编程的。在内存控制器使 DRAM 自刷新前,内存控制器会完成所有挂起的刷新。因此当 reg_sr_tim 终止后,内存控制器开始发布刷新来完成积压刷新,然后向 SDRAM 发布 SELF-REFRESH 命令。

在自刷新模式中,内存控制器会自动停止 SDRAM 的 DDR[x]_CLK[y]时钟。内存控制器保持 DDR[x]_CKE 为低电平来维持自刷新状态。当 SDRAM 处于自刷新状态时,内存控制器服务寄存器正常访问。假如 LP_MODE 位不为 2 或当 SDRAM 处于自刷新状态时有 SDRAM 访问请求,并且 SELF-REFRESH 命令发布后经过了 T_CKE+1 个周期,内存控制器就取消了 SDRAM 自刷新。T_CKE 值可从 SDRAM 定时器 2 寄存器(SDRTIM2)中得到。

DDR2 设备自刷新模式退出顺序:

- 使能时钟;
- 驱动 DDR[x]_CKE 为高电平;
- 等待 T_XSNR+1 个周期。从 SDRAM 定时器 2 寄存器(SDRTIM2)得到 T_XSNR;
- 假如 SDRAM 配置寄存器(SDRCR)的 DLL 位为 1,向扩充模式寄存器 1 发布 LOAD MODE REGISTER 命令,此时 DDR[x]_A[15:0]位设置如表 5.30所示。

表 5.30 DDR[x]_A[15:0]位设置

位	值	描 述
DDR[x]_A[15:13]	0	保留
DDR[x]_A[12]	0	输出缓冲区使能
DDR[x]_A[11]	0	保留
DDR[x]_A[10]	DDQS	差分 DQS 从 SDRAM 配置寄存器使能

续表 5.30

位	值	描 述
DDR[x]_A[9:7]	0	退出OCD校准模式
DDR[x]_A[6]	DDRTERM[1]	从SDRAM寄存器配置DDR2终端电阻值
DDR[x]_A[5:3]	0	附加延迟=0
DDR[x]_A[2]	DDRTERM[0]	从SDRAM寄存器配置DDR2的终端电阻值
DDR[x]_A[1]	DRIVE	从SDRAM寄存器配置SDRAM的驱动强度
DDR[x]_A[0]	1	禁用DLL

- 在下一个周期发起自刷新周期;
- 进入空闲状态并且可以发布除了写和读外的其他任何命令。只有当DDR[x]_CKE驱动为高电平T_XSRD+1个时钟周期之后才可以发布写或读命令。从SDRTIM2获取T_XSRD值。

DDR3设备自刷新模式退出顺序:

- 使能时钟;
- 高电平驱动DDR[x]_CKE;
- 等待T_XSNR+1个周期。从SDRAM定时器2寄存器(SDRTIM2)取出T_XSNR;
- 假如SDRAM配置寄存器(SDRCR)的DLL位为1,发布一个LOAD MODE REGISTER命令给扩充模式寄存器1,此时pad_a_o位设置如表5.31所示。

表 5.31 pad_a_o位设置

位	值	描 述
DDR[x]_A[15:13]	0	保留
DDR[x]_A[12]	0	输出缓冲区启用
DDR[x]_A[11]	0	保留
DDR[x]_A[10]	0	保留
DDR[x]_A[9]	DDRTERM[2]	从SDRAM寄存器配置DDR3终端电阻值
DDR[x]_A[8]	0	保留
DDR[x]_A[7]	0	禁用写
DDR[x]_A[6]	DDRTERM[1]	从SDRAM寄存器配置DDR3终端电阻值
DDR[x]_A[5]	DRIVE[1]	从SDRAM寄存器配置SDRAM驱动强度
DDR[x]_A[4:3]	0	附加延迟=0
DDR[x]_A[2]	DDRTERM[0]	从SDRAM寄存器配置DDR3终端电阻值
DDR[x]_A[1]	DRIVE	从SDRAM寄存器配置SDRAM驱动强度
DDR[x]_A[0]	1	禁用DLL

- 在下一个周期发起自刷新周期；
- 执行一个写入均衡(write leveling)；
- 执行读DQS训练；
- 执行读数据训练；
- 进入空闲状态并且可以发布除了写和读的任何其他命令。只有当DDR[x]_CKE高电平驱动T_XSRD+1个时钟周期之后才可以发布写或读命令。从SDRTIM2获取T_XSRD值；

(2) 省电模式

内存控制器也支持低功耗的省电模式。当内存控制器空闲了PD_TIM个DDR时钟周期且LP_MODE被设置为4h后，内存控制器会自动使SDRAM进入省电模式。在电源管理控制寄存器(PMCR)中，LP_MODE和PD_TIM位是可编程的。假如进入省电模式前Refresh Must Level电平还没到达，内存控制器就不能在省电命令发布前对所有bank预充电，这会导致SDRAM进入省电激活(Active Power-Down)模式。

假如进入省电模式前Refresh Must Level电平到达，内存控制器会一直对所有bank预充电且发布刷新命令，直到在发布省电命令Refresh Release Level电平到达。这会导致SDRAM进入预充电省电激活(Precharge Power-Down)模式。

在省电模式中，内存控制器不会停止SDRAM DDR[x]_CLK[y]时钟，会保持DDR[x]_ CKE为低电平来维持省电状态。

当SDRAM处于省电模式时，内存控制器服务寄存器正常访问。假如LP_MODE位没被设置为4h或有SDRAM访问请求或当SDRAM处于省电模式时Refresh Must level电平到达，内存控制器会取消SDRAM省电模式。对于DDR3，内存控制器也会退出省电模式。

DDR2和DDR3省电模式退出顺序：

- 当省电(POWER-DOWN)命令发布T_CKE+1个周期后，高电平驱动DDR[x]_CKE；从SDRAM定时器2寄存器(SDRTIM2)取出T_XSNR值；
- 等待T_XP+1个周期，从SDRTIM2中取出T_XP值；
- 进入空闲状态且可以发布任何命令。

(3) 保存与恢复模式

DDR2/3内存控制器支持保存与恢复机制来完全切断给DDR2/3内存控制器的电源。以下操作会使DDR2/3内存控制器进入关闭模式：

- 外部主机读取以下内存映射寄存器且保存它们的值到DDR2/3内存控制器：
  - SDRAM配置寄存器(SDRCR)；
  - SDRAM配置寄存器2(SDRCR2)；
  - SDRAM刷新控制影子寄存器(SDRRCSR)；
  - SDRAM定时器1寄存器(SDRTIM1)；

– SDRAM 定时器 1 影子寄存器(SDRTIM1SR);
– SDRAM 定时器 2 寄存器(SDRTIM2);
– SDRAM 定时器 2 影子寄存器(SDRTIM2SR);
– SDRAM 定时器 3 寄存器(SDRTIM3);
– SDRAM 定时器 3 影子寄存器(SDRTIM3SR);
– 电源管理控制寄存器(PMCR);
– 电源管理控制影子寄存器(PMCSR);
– 外围总线突发优先级寄存器(PBBPR);
– 系统 OCP 中断使能设置寄存器(SOIESR);
– DDR PHY 控制寄存器(DDRPHYCR);
– DDR PHY 控制影子寄存器(DDRPHYCSR)。

- 内存控制器完成所有未定事务且清空其所有的 FIFO;
- 内存控制器使 SDRAM 进入自刷新模式;
- 内存控制器复制所有内存映射寄存器到它的主寄存器。假设影子寄存器总是有与其对应的主寄存器相同的值;
- 内存控制器等待所有中断被服务;
- 内存控制器获取内部省电请求确认;
- 内部模块复位信号被确认。

可以关闭内存控制器的时钟和电源。

为了恢复给内存控制器的电源供应,需执行以下操作:

- 打开内存控制器的时钟和电源;
- 取消内部模块复位信号,表明内存控制器正从关闭模式唤醒;
- 内存控制器不执行 SDRAM 初始化,迫使它的状态机处于自刷新模式;
- 外部主机恢复上述所有内存映射寄存器;
- 内存控制器退出自刷新模式。

5.3.3 DDR PHY

1. 功能综述

DDR PHY 是从它们的内存接口获取最终性能的一种纯数字的、灵活的先进方法。DDR PHY 支持:

- 双向 DQS;
- 软件读/写均衡。

对于 DDR3,此时与 DDR2 标准保持向后兼容。DDR PHY 由 3 个分离块组成:

- 地址和命令块;
- 字节数据块;

- 主DLL块。

数据片段或宏包括数据信号通道和从DLL，从PLL用于写数据、写DQS和读DQS。比率逻辑功能用于调节每个信号边缘的信号时序，并且这些功能通过主DLL控制。

2. 数据片块

数据片块包含支持用于单个8位数据片读和写接口的所有逻辑，处理DQ、DM、DQS和FIFO_WE信号。数据片块由以下模块组成：

- 数据宏；
- 写数据/DQS训练FSM；
- 读数据训练FSM；
- 读门训练FSM；
- 多级比率逻辑（Multi-Rank Ratio Logic）。

3. 主DLL

主DLL依据抽头数测量循环周期并通过比率逻辑把这个数字传递给从延时线。DLL由一根延时线、一个FSM、一个时钟驱动、一个相位检测器和输出过滤器组成。FSM发送不同的控制值给延时线，直到相位检测器检测到0到1的跳变。当检测到跳变时，控制值提供给输出过滤器，该过滤器会产生DLL锁存以及最后的全周期延时值。主DLL管理OCV并且持续监视PVT上的内核时钟。

4. 比率逻辑块

比率逻辑块获取主DLL的输出并且按照输入比率值进行缩放，主DLL用于表示形成一个完整周期移位所需延时抽头数，缩放比率范围为0～511个时钟周期的1/256。从比率逻辑得到的结果就是用于从延时线的延时抽头数。

5. 地址命令写、读写操作

(1) 地址命令写

DDR[x]_CLK[y]必须对DDR[x]_DQS[3：0]适当延时来启动写入均衡（write leveling）。否则不能保证写均衡操作顺利完成。为了确保合适的功能，专门有一个在半个周期送出DDR[x]_CLK[y]和对应地址/命令的功能，该功能通过确认CMD0/1/2_REG_PHY_INVERT _CLKOUT_0寄存器来使能。如果满足以下条件就不需配置该寄存器：

- 板上没有fly-by拓扑结构布线；
- DDR[x]_CLK[y]上没有多重扇出（多级）。

(2) 写操作

在写操作中，IDID接收与内核或来自控制器的内存时钟同步的信号。在IDID中产生DDR[x]_CLK[y]/$\overline{\text{DDR[x]_CLK[y]}}$并且发送出该信号。对于DDR2操作，

DDR[x]_CLK[y]/DDR[x]_CLK[y]边沿对齐；对于 DDR3 操作，通过写均衡从内核时钟延时。DDR[x]_D[31：0]和 DDR[x]_DQM[3：0]在 DDR[x]_DQS[3：0]上会发生约 90°相移。

(3) 读操作

在读操作中，通过内存发送的 DDR[x]_D[31：0]信号与 DDR[x]_DQS[3：0]边沿对齐，所以 DDR[x]_DQS[3：0]必须通过 PHY 数据段的移位与 DDR[x]_D[31：0]中心对齐。这个移位大约是 90°的相移，准确的相移值由 DDR3 应用中读 DQS 眼训练或 DDR2 应用寄存器编程结果决定。DDR[x]_D[31：0]被 DDR[x]_DQS[3：0]采样并且从 DDR 转换为 SDR 字段后，通过 FIFO，采样数据通过内核时钟重新同步。然后读数据与一个数据有效信号一起被发送给控制器。

5.3.4　DDR2/3 SDRAM 初始化

1. DDR2 SDRAM 初始化

早期设备(如 TMS320DM648 处理器)上的 DQSGATE 信号是通过电路板循回的。但 DM8168 的 DQSGATE 信号是在设备内部循回，采用延时线调节电路板上信号来回延时，获取的延时值存储于寄存器中。该延时值是根据 DDR2 时钟周期确定的 10 位数据，延时值为 100h，等价于一个 DDR2 时钟循环周期。比如，假设 DDR2 时钟(周期为 2.5 ns)为 400 MHz 时，板上的来回延时是 1.25 ns，此时表示半个周期延时，因此编程值为 80h。该值与具体的电路板有关。I/O 缓冲器阻抗推荐设置为：

① 对于所有的命令信号 DDR[x]_A[14：0]、DDR[x]_BA[2：0]、DDR[x]_CAS、DDR[x]_WE、DDR[x]_CS[1：0] 和 DDR[x]_CLK[y]/DDR[x]_CLK[y]：编程为常值 5h，该值与电路板和 DDR2 内存芯片无关。

② 对于所有的数据信号 DDR[x]_D[31：0]，DDR[x]_DQM[3：0]，DDR[x]_DQS[3：0]/DDR[x]_CQS[3：0]和 DQSGATE(内部信号)：编程为一个常值 4h，该值与电路板和 DDR2 内存芯片无关。

DDR2 SDRAM 包含对它操作模式配置的模式和扩展模式寄存器，控制突发类型、突发长度和 CAS 延迟等参数。在初始化期间，DDR2/3 内存控制器通过发布 MRS 和 EMRS 命令对 DDR2 内存模式和扩展模式寄存器编程。通过 DDR2/3 内存控制器执行的初始化与 DDR2 JESD79-2E 规范兼容。

DDR2/3 内存控制器基于以下条件执行 DDR2 初始化：在冷复位后 DDR2 自动初始化还没有完成，并通过对 SDRRCR 中的 INITREF_DIS 位编程为 0 触发自动初始化。

在初始化后，DDR2 内存控制器执行一个自动刷新周期，从而致使 DDR2 内存控制器处于所有 bank 都无效的空闲状态。

(1) DDR2 SDRAM 模式寄存器配置

DDR2 内存控制器以表 5.32、表 5.33 和表 5.34 中的值初始化它的模式寄存器、扩展模式寄存器 1 和扩展模式寄存器 2。DDR2 SDRAM 扩展模式寄存器 3 配置为 0。

表 5.32 DDR2 SDRAM 模式寄存器配置

模式寄存器位	模式寄存器位字段	初始值	描　述
12	Power-down Mode	0	主动掉电退出时间位，用于快速退出
11～9	Write Recovery	SDRTIM1. T_WR	用于自动预充电的写恢复位，用 T_WR 位初始化
8	DLL Reset	1h	DLL 的复位
7	Mode	0	操作模式位，总是选择正常操作模式
6～4	CAS Latency	SDRCR. CL	CAS 延迟位，利用 SDRAM 配置寄存器(SDRCR)的 CL 位初始化
3	Burst Type	0	突发类型位，总是使用连续的突发模式
2～0	Burst Length	3h	突发长度位，使用突发长度为 8

表 5.33 DDR2 SDRAM 扩展模式寄存器 1 配置

模式寄存器位	模式寄存器位字段	初始值	描　述
12	Output Buffer	0	输出缓冲使能位，输出缓冲区始终使能
11	RDQS Enable	0	初始值总是为 0
10	! DQS Enable	SDRCR. DDQS	DQS 使能
9～7	OCD Operation	0	片外驱动器的阻抗校准位，初始值为 0
6	ODT Value(Rtt)/ DDRTERM	SDRCR. DDRTERM[1]	片上有效终端电阻(Rtt)位
5～3	Additive Latency	0	附加延迟位，初始值总是为 0
2	ODT Value(Rtt)/ DDRTERM[0]	SDRCR. DDRTERM[0]	片上有效终端电阻(Rtt)位
1	Output Driver Impedance	SDRCR. DRIVE	输出驱动器的阻抗控制位，使用 SDRAM 配置寄存器(SDRCR)的 DRIVE 位初始化
0	Enable DLL	0	DLL 启用/禁用位，DLL 始终使能

表5.34 DDR2 SDRAM扩展模式寄存器2配置

模式寄存器位	模式寄存器位字段	初始值	描　述
7	Self-Refresh Temperature	0	正常的工作温度范围
6～4	Reserved	0	保留
3	DCC	0	DCC禁止
2～0	Partial array self-refresh	0	初始值总是为0

(2) 寄存器配置后

可以通过对SDRAM刷新控制寄存器(SDRRCR)中的INITREF_DIS位编程为0来启动DDR2初始化。执行以下步骤启动初始化：

① 对DDRPLL编程以获得需要的DDR2内存目标频率；

② 对DDR_RCD写1以终止对复位时钟分配模块复位；

③ 参照PRCM编程,启动DDR2/3内存控制器时钟；

④ 对DDR PHY编程；

⑤ 启动DMM寄存器DMM_LISA_MAP_0/1/2/3以访问DDR；

⑥ 以满足DDR2 SDRAM定时需求的值对SDRTIM1和SDRTIM1SR寄存器编程；

⑦ 以满足DDR2 SDRAM定时需求的值对SDRTIM2和SDRTIM2SR寄存器编程；

⑧ 以满足DDR2 SDRAM定时需求的值对SDRTIM3和SDRTIM3SR寄存器编程；

⑨ 以满足DDR2 SDRAM的值对SDCFG寄存器编程；

⑩ 用期望值对DDRPHYCR寄存器的RL和RD_LODT位编程；

⑪ 用满足DDR3 SDRAM刷新需求的值对SDRRCR寄存器的RR位编程；

⑫ 对SDRRCR寄存器的ASR位写1,使能DDR3自刷新；

⑬ SDRRCR寄存器的INITREF_DIS位写0,使能DDR3初始化。

2. DDR3 SDRAM内存初始化

DDR3支持以下模式来实现对从延时线的计算：

- 用户自定义DDR3时钟比率延时模式。该模式确保延时自动跟踪时钟。
- 自动模式：使用均衡状态机结果。

(1) DDR3 SDRAM模式寄存器配置值

DDR3内存控制器以表5.35、表5.36和表5.37的值对它的模式寄存器、扩展模式寄存器1和扩展模式寄存器2初始化。

表 5.35　DDR3 SDRAM 模式寄存器配置

模式寄存器位	模式寄存器位字段	初始值	描　述
12	Power-down Mode	0	主动掉电退出时间位，用于快速退出
11～9	Write Recovery	SDRTIM1. T_WR	用于自动预充电的写恢复位，用 T_WR 位初始化
8	DLL Reset	1h	DLL 的复位
7	Mode	0	操作模式位，总是选择正常操作模式
6～4	CAS Latency	SDRCR. CL[3：1]	CAS 延迟位，用 SDRAM 配置寄存器（SDRCR）的 CL 位初始化
3	Burst Type	0	突发类型位，总是使用连续的突发模式
2	CAS Latency	SDRCR. CL[0]	CAS 延迟位，用 SDRAM 配置寄存器（SDRCR）的 CL 位初始化
1～0	Burst Length	0	突发长度位，使用突发长度为 8

表 5.36　DDR3 SDRAM 扩展模式寄存器 1 配置

模式寄存器位	模式寄存器位字段	初始值	描　述
12	Output Buffer	0	输出缓冲使能位，输出缓冲区是始终使能
11	TDQS Enable	0	TDQS 禁止
10	Reserved	0	保留
9	ODT Value(Rtt)/DDRTERM[2]	SDRCR. DDRTERM[2]	片上有效终端电阻（Rtt）位
8	Reserved	0	保留
7	Write Leveling	1h	写使能
6	ODT Value(Rtt)/DDRTERM[1]	SDRCR. DDRTERM[1]	片上有效终端电阻（Rtt）位
5	Output Driver Impedance	SDRCR. DRIVE[1]	输出驱动器的阻抗控制位，使用 SDRAM 配置寄存器（SDRCR）的 DRIVE 位初始化
4～3	Additive Latency	0	附加延迟位，初始值总是为 0
2	ODT Value(Rtt)/DDRTERM[0]	SDRCR. DDRTERM[0]	片上有效终端电阻（Rtt）位
1	Output Driver Impedance	SDRCR. DRIVE	输出驱动器的阻抗控制位，使用 SDRAM 配置寄存器（SDRCR）的 DRIVE 位初始化
0	Enable DLL	0	DLL 启用/禁用比特，DLL 始终使能

表 5.37 DDR3 SDRAM 扩展模式寄存器 2 配置

模式寄存器位	模式寄存器位字段	初始值	描 述
10～9	Dynamic ODT	SDRCR. DYNODT	SDRAM 配置寄存器中的动态 ODT 值
8	Reserved	0	保留
70	Self-Refresh Range	0	正常的自刷新
6	Auto Self-Refresh Enable	SDRCR. ASR	来自 SDRAM 刷新控制寄存器(SDRRCR)的自动自刷新控制寄存器
5	Reserved	0	保留
4～3	CAS Write Latency	SDRCR. CWL	SDRAM 配置寄存器中的 CAS 写延迟时间
2～0	Partial array self-refresh	0	初始值总是为 0

(2) 寄存器配置后

① 对 DDRPLL 编程以获得需要的 DDR3 内存对象频率。

② 对 DDR_RCD 写 1 以终止对复位时钟分配模块复位。

③ 参照 PRCM 编程,启动 DDR2/3 内存控制器时钟。

④ 对 DDR PHY 编程。

⑤ 启动 DMM 寄存器 DMM_LISA_MAP_0/1/2/3 以访问 DDR。

⑥ 以满足 DDR3 SDRAM 定时需求的值对 SDRTIM1 和 SDRTIM1SR 寄存器编程。

⑦ 以满足 DDR3 SDRAM 定时需求的值对 SDRTIM2 和 SDRTIM2SR 寄存器编程。

⑧ 以满足 DDR3 SDRAM 定时需求的值对 SDRTIM3 和 SDRTIM3SR 寄存器编程。

⑨ 以满足 DDR3 SDRAM 的值对 SDCFG 寄存器编程。

⑩ 用期望值对 DDRPHYCR 寄存器的 RL 和 RD_LODT 位编程。

⑪ 用满足 DDR3 SDRAM 刷新需求的值对 SDRRCR 寄存器的 RR 位编程。

⑫ 对 SDRRCR 寄存器的 ASR 位写 1,使能 DDR3 自动自刷新。

⑬ 对 SDRRCR 寄存器的 INITREF_DIS 位写 0,使能 DDR3 初始化。

⑭ 对 DDR_VTP_CTRL_0 寄存器的 WR_LEVEL 位写 0,选取从比率支持。

⑮ 计算 Read DQS Gate,Read DQS 和 Write DQS 参数:

(a) 用 Read DQS Gate 参数对 DATA 0/1/2/3_REG_PHY_FIFO_WE_SLAVE_RATIO_0 寄存器编程;

(b) 用 Write DQS 参数对 DATA0/1/2/3_REG_PHY_WR_DQS_SLAVE_RATIO_0 寄存器编程;

(c) 用(Write DQS 参数＋40h)对 DATA0/1/2/3_REG_PHY_WR_DATA_SLAVE_RATIO_0 寄存器编程;

(d) 用 Read DQS 参数对 DATA0/1/2/3_REG_PHY_RD_DQS_SLAVE_RATIO_0 寄存器编程。

5.3.5 DDR2/3 内存控制器的使用

1. 配置 DDR2/3 内存控制器以满足 DDR2 SDRAM 规范

DDR2/3 内存控制器允许最大程度地编程来对 DDR2 访问修整,使得 DDR2/3 内存控制器可以灵活地与各类 DDR2 设备连接。通过对 SDRAM 配置寄存器(SDRCR),SDRAM 刷新控制寄存器(SDRRCR),SDRAM 定时器 1 寄存器(SDRTIM1),SDRAM 定时器 2 寄存器(SDRTIM2)和 SDRAM 定时器 3 寄存器(SDRTIM3)编程,将 DDR2/3 内存控制器配置成满足与 DDR2 SDRAM 兼容的 JESD79-2E 数据手册规范的配置。

以下部分作为一个例子,描述怎样对这些寄存器进行配置,对两个 1 Gb,16 位 DDR2 SDRAM 设备访问。两个设备都有以下配置:

- 最大数据率:800 MHz;
- Bank 数:8;
- 页大小:1 024 字;
- CAS 延迟:5。

(1) 对 SDRAM 配置寄存器(SDRCR)编程

SDRAM 配置寄存器(SDRCR)包含用于配置 DDR2 内存控制器与数据总线线宽匹配、CAS 延迟,Bank 数、连接的 DDR2 内存页大小的字段。表 5.38 展示了 SDRCR 配置。

表 5.38 SDRCR 配置

位字段	值	功能选择
MEMTYPE	2h	选择 DDR2 存储类型
DDRTERM	3h	选择 50Ω 的终端寄存器
DQS	1h	选择差分 DQS
DLL	0h	用于正常操作的 DLL 使能
DRIVE	0h	选择满幅驱动强度
NM	0h	为 32 位数据设置 DDR2 存储控制器
CL	5h	选择 CAS 等待时间为 5
IBANK	8h	选择 8 个内部 DDR2 banks
EBANK	0h	选择 CS0
PAGESIZE	2h	选择 1024 字的页大小

(2) 对 SDRAM 刷新控制寄存器(SDRRCR)编程

SDRAM 刷新控制寄存器(SDRRCR)用于配置 DDR2 内存控制器以满足 DDR2

附加设备的刷新需求。SDRRCR也允许DDR2内存控制器进入和退出自刷新操作。在以下例子中假设DDR2内存控制器没有处于自刷新模式。

SDRRCR的RR位段表示连接设备在DDR2周期中的刷新速率。该位的值可以用以下公式计算：RR=DDR2时钟频率(MHz)×DDR2内存刷新率(μs)。DDR2-800刷新率规格如表5.39所示。

表5.39 DDR2-800刷新率

符号	描述	值
tREF	平均刷新时间间隔周期	7.8 μs

因此，刷新率RR为：RR=400 MHz×7.8 μs=2078.7=C30h。表5.40展示了SDRRCR配置。

表5.40 SDRRCR配置

字段	值	功能选择
INITREF_DIS	0	使能DDR2的初始化和刷新
ASR	1	使能自动刷新
RR	C30h	设置C30h DDR2时钟周期，用于满足DDR2存储刷新频率的要求

(3) 配置SDRAM时序寄存器(SDRTIM1，SDRTIM2和SDTIM3)

SDRAM时序1寄存器(SDRTIM1)，SDRAM时序2寄存器(SDRTIM2)和SDRAM时序3寄存器(SDRTIM3)用于配置DDR2内存寄存器以满足DDR2连接设备的时序参数要求。SDRTIM1，SDRTIM2和SDTIM3中的各个位段对应于DDR2相应的某个参数。表5.41，表5.42和表5.43列出了各寄存器段位名和对应的DDR2数据手册参数名以及其数值。这些表也提供了计算寄存器段位值的公式并给出了计算结果。每个等式都包含一个“−1”，这是因为寄存器位段是根据DDR2时钟周期减1定义的。

表5.41 SDRTIM1配置

寄存器位字段	DDR2 SDRAM数据表参数	描述	值	单位	公式	字段值
T_RP	tRP	预充电刷新命令或激活命令	13.125	ns	(tRP × fDDR[x]_CLK)−1	5
T_RCD	tRCD	激活写/读命令	13.125	ns	(tRCD × fDDR[x]_CLK)−1	5
T_WR	tWR	写恢复时间	15	ns	(tWR × fDDR[x]_CLK)−1	5
T_RAS	tRAS	主动预充电命令	45	ns	(tRAS × fDDR[x]_CLK)−1	17
T_RC	tRC	同一bank中的激活命令	58.125	ns	(tRC × fDDR[x]_CLK)−1	23

续表 5.41

寄存器位字段	DDR2 SDRAM数据表参数	描　述	值	单　位	公　式	字段值
T_RRD	tRRD/tFAW	不同 bank 中的激活命令	45	ns	(tFAW × fDDR[x]_CLK/4) - 1	4
T_WTR	tWTR	写入读命令延迟	7.5	ns	(tWTR × fDDR[x]_CLK)－1	3

表 5.42　SDRTIM2 配置

寄存器位字段	DDR2 SDRAM数据表参数	描　述	值	单　位	公　式	字段值
T_XP	tXP	非读取命令退出预充电掉电	3	ns	(tXP × fDDR[y]_CLK)－1	2
T_XSNR	tXSNR	非读取命令退出自刷新	137.5	ns	(tXSNR × fDDR[y]_CLK)－1	54
T_XSRD	tXSRD	非读取命令退出自刷新	200	tCK	(tXSRD－1)	199
T_RTP	tRTP	读取预充电命令延迟	7.5	ns	(tRTP × fDDR[y]_CLK)－1	2
T_CKE	tCKE	CKE 最小脉冲宽度	3	tCK	(tCKE－1)	2

表 5.43　SDRTIM3 配置

寄存器位字段	DDR2 SDRAM数据表参数	描　述	值	单　位	公　式	字段值
T_RFC	tRFC	自动刷新激活/自动刷新命令事件	127.5	ns	(tRFC × fDDR[y]_CLK)－1	43
T_RASMAX		从主动到预充电命令的最大刷新率时间间隔				15

(4) 配置 DDR PHY 控制寄存器

DDR2/3 内存控制器的控制寄存器(DDRPHYCR)包含读延迟(RL)位段，用于 DDR2 内存控制器确定什么时候采集读数据，如表 5.44 所示。

表5.44 DDRPHYCR配置

字段	值	描述
RD_LODT	3	读访问期间的终端电阻，对于DDR2控制线(Retx)和其他DDR2控制线(0.8Retx)，此处的Retx是VTP的电阻值
RL	11	最大RL=CL+7−1；最小RL=CL+1−1 对于400 MHz DDR2时钟，CL=5

2. 配置DDR2/3内存控制器寄存器以满足DDR3 SDRAM规范要求

DDR2/3内存控制器允许最大程度地编程来对DDR3访问修整。这就使DDR2/3内存控制器可以灵活地与各类DDR3设备连接。通过对SDRAM配置寄存器(SDRCR)，SDRAM刷新控制寄存器(SDRRCR)，SDRAM定时器1寄存器(SDRTIM1)，SDRAM定时器2寄存器(SDRTIM2)和SDRAM定时器3寄存器(SDRTIM3)编程，DDR2/3内存控制器可以配置成满足与DDR3 SDRAM兼容的JESD79-3C数据手册规范的配置。

以下部分作为一个例子，描述怎样对这些寄存器进行配置，对两个1Gb，16位DDR3 SDRAM设备访问，两个设备都有以下配置：

- 最大数据率：1 593 MHz；
- Bank数：8；
- 页大小：1 024字；
- CAS延迟：11。

(1) 对SDRAM配置寄存器(SDRCR)编程

SDRAM配置寄存器(SDRCR)包含用于配置DDR3内存控制器与数据总线线宽匹配、CAS延迟，Bank数、连接的DDR3内存页大小的字段。表5.45展示了SDRCR配置。

表5.45 SDRCR配置

字 段	值	描 述
MEMTYPE	3h	选择DDR3操作
IBANKPOS	0h	如果为0，RSIZE字段值被忽略
DDRTERM	2h	240 (ZQ值)/2，120 Ω终端阻抗
DDQS	1h	差分DQS，DDR3只支持差分DQS
DYNODT	1h	选择60 Ω的动态ODT
DLL	0h	用于正常操作的DLL使能
DRIVE	1h	选择34 Ω的输出驱动阻抗
CWL	3h	选择CAS写等待时间8

续表 5.45

字 段	值	描 述
NW	0h	设置 DDR2/3 存储控制器为 32 位带宽
CL	Eh	选择 CAS 写等待时间 11
RSIZE	0h	如果 IBANKPOS=0,RSIZE 字段无效
IBANK	3h	选择 8 个内部 DDR3 banks
EBANK	0h	选择片选 1
PAGESIZE	2h	选择 1024 字的页大小

(2) 对 SDRAM 刷新控制寄存器(SDRRCR)编程

SDRAM 刷新控制寄存器(SDRRCR)用于配置 DDR3 内存控制器以满足 DDR3 连接设备的刷新需求。SDRRCR 也允许 DDR3 内存控制器进入和退出自刷新操作。以下例子假设 DDR3 内存控制器没有处于自刷新模式。SDRRCR 的 RR 位段定义 DDR3 连接设备在 DDR3 周期中的刷新速率。该位的值可以用以下公式计算：RR=DDR3 时钟频率(MHz)×DDR3 内存刷新率(μs)。DDR3-1600 刷新率规格如表 5.46 所示。

表 5.46 DDR3-1600 刷新率规格

符号	描 述	值
tREF	平均刷新时间间隔周期	7.8 μs

因此,刷新率 RR 为：RR=796.5 MHz×7.8 μs=6212.7=1844h。表 5.47 展示了 SDRRCR 配置。

表 5.47 SDRRCR 配置

字 段	值	功能选择
INITREF_DIS	0	使能 DDR3 的初始化和刷新
ASR	1	使能自动刷新
RR	1844h	设置 1844hDDR3 时钟周期,用于满足 DDR3 刷新率要求

(3) 配置 SDRAM 时序寄存器(SDRTIM1、SDRTIM2 和 SDTIM3)

SDRAM 时序 1 寄存器(SDRTIM1),SDRAM 时序 2 寄存器(SDRTIM2)和 SDRAM 时序 3 寄存器(SDRTIM3)用于配置 DDR3 内存寄存器以满足 DDR3 连接设备的数据手册时序参数要求。SDRTIM1,SDRTIM2 和 SDTIM3 中的各个位段对应于 DDR3 数据手册说明书中相应的某个参数。表 5.48,表 5.49 和表 5.50 列出了各寄存器段位名和对应的 DDR3 数据手册参数名以及其数值。这些表也提供了计算寄存器段位值的公式并给出计算结果。每个等式都包含一个“-1”,这是因为寄存器位段是根据 DDR2 时钟周期减 1 定义的。

表 5.48　SDRTIM1 配置

寄存器位字段	DDR2 SDRAM 数据表参数	描　述	值	单　位	公　式	字段值
T_RP	tRP	预充电刷新命令或激活命令	13.125	ns	(tRP × fDDR[x]_CLK)－1	10
T_RCD	tRCD	激活写/读命令	13.125	ns	(tRCD × fDDR[x]_CLK)－1	10
T_WR	tWR	写恢复时间	15	ns	(tWR × fDDR[x]_CLK)－1	11
T_RAS	tRAS	主动预充电命令	35	ns	(tRAS × fDDR[x]_CLK)－1	27
T_RC	tRC	使同一 bank 中的激活命令	48.125	ns	(tRC × fDDR[x]_CLK)－1	38
T_RRD	tRRD/tFAW	使不同 bank 中的激活命令	30 (×8) 40 (×16)	ns	(tFAW × fDDR[x]_CLK/4)－1	5 (×8) 7 (×16)
T_WTR	tWTR	写入读命令延迟	7.5	ns	(Max((T_WTR× fDDR[x]_CLK),4))－1	5

表 5.49　SDRTIM2 配置

寄存器位字段	DDR2 SDRAM 数据表参数	描　述	值	单　位	公　式	字段值
T_XP	tXP	非读取命令退出预充电掉电	6	ns	MAX((T_XP× fDDR[x]_CLK),3)－1	4
T_XSNR	tXSNR	非读取命令退出自刷新	120	ns	(tXSNR × fDDR[x]_CLK)－1	95
T_XSRD	tXSRD	非读取命令退出自刷新	512	tCK	(tXSRD－1)	511
T_RTP	tRTP	读取预充电命令延迟	7.5	ns	(tRTP ×fDDR[x]_CLK)－1	5
T_CKE	tCKE	CKE 最小脉冲宽度	5	tCK	MAX((T_CKE × fDDR[x]_CLK), 3)－ 1	3

表 5.50 SDRTIM3 配置

寄存器位字段	DDR2 SDRAM数据表参数	描 述	值	单 位	公 式	字段值
T_CKESR	tCKESR	自刷新进入到退出时间的最小 CKE 低脉冲宽度	6.25	ns	MAX((T_CKESR×fDDR[x]_CLK), 3)−1	5
T_ZQCS	tZQCS	正常操作的短路校正时间	64	tCK	(T_ZQCS−1)	63
T_RFC	tRFC	自动刷新到主动/自动刷新命令的时间	110	ns	(T_RFC×fDDR[x]_CLK)−1	87
T_RAS_MAX		从主动到预充电命令的最大刷新率间隔,这个位字段应被编程到15				15

(4) 配置 DDR PHY 控制寄存器

DDR2/3 内存控制器的控制寄存器(DDRPHYCR)包含读延迟(RL)位段,用于 DDR3 内存控制器确定什么时候采集读数据,如表 5.51 所示。

表 5.51 DDRPHYCR 配置

字 段	值	描 述
RD_LODT	1	读访问期间的终端阻抗,对于 DDR3 控制线(Retx)和其他 DDR3 控制线(0.8Retx),此处的 Retx 是 VTP 的电阻值
RL	17	最大 RL=CL+7−1;最小 RL=CL+1−1 对于 800 MHz DDR3 时钟,CL=11

5.3.6 DDR2/3 寄存器

1. DDR2/3 内存控制器寄存器

表 5.52 列出了 DDR2/3 内存控制器的内存映射寄存器。

表 5.52 DDR2/3 内存控制器寄存器

偏移地址	缩 写	寄存器描述
4h	SDRSTAT	SDRAM 状态寄存器
8h	SDRCR	SDRAM 配置寄存器
Ch	SDRCR2	SDRAM 配置寄存器 2
10h	SDRRCR	SDRAM 刷新控制寄存器
14h	SDRRCSR	SDRAM 刷新控制影子寄存器

续表 5.52

偏移地址	缩　写	寄存器描述
18h	SDRTIM1	SDRAM 定时 1 寄存器
1Ch	SDRTIM1SR	SDRAM 定时 1 影子寄存器
20h	SDRTIM2	SDRAM 定时 2 寄存器
24h	SDRTIM2SR	SDRAM 定时 2 影子寄存器
28h	SDRTIM3	SDRAM 定时 3 寄存器
2Ch	SDRTIM3SR	SDRAM 定时 3 影子寄存器
38h	PMCR	电源管理控制寄存器
3Ch	PMCSR	电源管理控制影子寄存器
54h	PBBPR	外设总线突发优先寄存器
80h	PRFCNT1	性能计数器 1 寄存器
84h	PRFCNT2	性能计数器 2 寄存器
88h	PRFCNTCFG	性能计数器配置寄存器
8Ch	PRFCNTSEL	性能计数器主段选择寄存器
90h	PRFCNTTIM	性能计数器定时寄存器
A0h	EOI	中断终止寄存器
A4h	SOIRSR	系统 OCP 中断源状态寄存器
ACh	SOISR	系统 OCP 中断状态寄存器
B4h	SOIESR	系统 OCP 中断使能设置寄存器
BCh	SOIECR	系统 OCP 中断使能清除寄存器
C8h	ZQCR	SDRAM 输出阻抗校正配置寄存器
E4h	DDRPHYCR	DDR PHY 控制寄存器
E8h	DDRPHYCSR	DDR PHY 控制影子寄存器

2. DDR2/3 PHY 寄存器

表 5.53 列出了 DDR2/3 PHY 的内存映射寄存器。

表 5.53　DDR2/3 PHY 的内存映射寄存器

偏移地址	缩　写	寄存器描述
Ch/40h/74h	CMD0/1/2_IO_CONFIG_I_0	命令 0/1/2 地址/命令端口配置寄存器
10h/44h/78h	CMD0/1/2_IO_CONFIG_I_CLK_0	命令 0/1/2 时钟端口配置寄存器
14h/48h/7Ch	CMD0/1/2_IO_CONFIG_SR_0	命令 0/1/2 地址/命令转换率配置寄存器

续表 5.53

偏移地址	缩　写	寄存器描述
18h/4Ch/80h	CMD0/1/2_IO_CONFIG_SR_CLK_0	命令 0/1/2 时钟端口转换率配置寄存器
1Ch/50h/84h	CMD0/1/2_REG_PHY_CTRL_SLAVE_RATIO_0	命令 0/1/2 地址/命令比率寄存器
2Ch/60h/94h	CMD0/1/2_REG_PHY_INVERT_CLKOUT_0	命令 0/1/2 反转时钟输出选择寄存器
A8h/14Ch/1F0h/294h	DATA0/1/2/3_IO_CONFIG_I_0	数据宏 0/1/2/3 数据端口配置寄存器
Ach/150h/1F4h/298h	DATA0/1/2/3_IO_CONFIG_I_CLK_0	数据宏 0/1/2/3 选通配置寄存器
B0h/154h/1F8h/29Ch	DATA0/1/2/3_IO_CONFIG_SR_0	数据宏 0/1/2/3 数据转换率配置寄存器
B4h/158h/1FCh/2A0h	DATA0/1/2/3_IO_CONFIG_SR_CLK_0	数据宏 0/1/2/3 数据选通转换率配置寄存器
C8h/16Ch/210h/2B4h	DATA0/1/2/3 _ REG _ PHY _ RD _ DQS _ SLAVE_RATIO_0	数据宏 0/1/2/3 读 DQS 比率寄存器
DCh/180h/224h/2C8h	DATA0/1/2/3 _ REG _ PHY _ WR _ DQS _ SLAVE_RATIO_0	数据宏 0/1/2/3 写 DQS 比率寄存器
108h/1Ach/250h/2F4h	DATA0/1/2/3 _ REG _ PHY _ FIFO _ WE _ SLAVE_RATIO_0	数据宏 0/1/2/3DQS 门控比率寄存器
120h/1C4h/268h/30Ch	DATA0/1/2/3 _ REG _ PHY _ WR _ DATA _ SLAVE_RATIO_0	数据宏 0/1/2/3 写数据比率寄存器
134h/1D8h/27Ch/320h	DATA 0/1/2/3_REG_PHY_USE_RANK0_DELAYS	数据宏 0 延迟选择寄存器
358h	DDR_VTP_CTRL_0	DDR VTP 控制寄存器

5.3.7　DDR2 测试程序

下面这段程序是对 DDR2 的测试：

```
#include "evm816x.h"
#define DDR_BASE_0   (Uint32)0x80000000
#define DDR_BASE_1   (Uint32)0xC0000000
extern memfill32( Uint32 start, Uint32 len, Uint32 val );
extern memaddr32( Uint32 start, Uint32 len );
extern meminvaddr32( Uint32 start, Uint32 len );
/* 测试 DDR 内存,检测数据和地址线的正确性 */
```

```
Int16 ddr_test( )
{
    Int16 errors = 0;
    Uint32 ddr_base;
    Uint32 ddr_size;
    /* 快速测试 */
    ddr_base = DDR_BASE_0;
    ddr_size = 0x1000;     // 0x20000000;整个 DDR2 内存范围
    if ( meminvaddr32( ddr_base, ddr_size ) )
        errors + = 0xff;
    if (errors)
        return errors;
    /* 数据线测试 */
    ddr_base = DDR_BASE_0;
    ddr_size = 0x010000;     // 部分内存范围
    if ( memfill32( ddr_base, ddr_size, 0xffffffff ) )
        errors + = 0x01;
    if ( memfill32( ddr_base, ddr_size, 0xaaaaaaaa ) )
        errors + = 0x02;
    if ( memfill32( ddr_base, ddr_size, 0x55555555 ) )
        errors + = 0x04;
    if ( memfill32( ddr_base, ddr_size, 0x00000000 ) )
        errors + = 0x08;
    if (errors)
        return errors;
    /* 地址线测试 */
    ddr_base = DDR_BASE_0;
    ddr_size = 0x40000000;   //整个 DDR2 内存范围
    if ( meminvaddr32( ddr_base, ddr_size ) )
        errors + = 0x20;
    return errors;
}
```

5.4 本章小结

本章主要从动态内存管理、通用内存控制器、DDR2/3 内存控制器 3 个方面讲述了 DM8168 的存储器控制结构体系。DMM 是一个专门的管理模块，包括内存访问的各个方面，位于 SDRAM 控制器的前端，它是所有启动器产生的内存访问接口；通用内存控制器是一个统一的内存控制器，用于连接外部存储设备，通过 L3 互连访问外部设备，灵活的编程模型允许不同类型的连接设备和访问类型；DDR2/3 内存控制

器用于JESD79-2E/JESD79-3C标准兼容的DDR2/3 SDRAM设备相连。

5.5　思考题与习题

1. 动态内存管理主要包括内存访问的哪些方面？有哪些特性？
2. 试说明DMM的TILER子模块的作用。
3. 用2维方式取代1维线性方式来访问图像的优点有哪些？
4. 简述tiled模式下的TILER地址空间结构。
5. GPMC的意图是什么？组成部分包括哪些？
6. 描述GPMC的外部连接选项及其基本编码模型。
7. 简述DDR2/3内存控制器的用途及其基本特性。
8. DDR2/3内存控制器的配置包括哪些方面？

第6章

TMS320DM8168 系统控制与中断

本章介绍了 TMS320DM8168 的系统控制与中断，包括平台的电源、复位时钟管理模块以及看门狗模块的基本原理和功能，同时也介绍了该处理器的两个中断控制器模块：ARM Cortex-A8 和 C674x DSP。中断就是要求 CPU 暂停当前的工作去处理一个中断服务程序，处理完之后，再回到被中断的地方继续原来的工作。这些中断源可以是片内的，也可以是片外的。显然，一个中断服务包括保存当前处理现场、完成中断任务、恢复各寄存器和现场，然后返回继续执行被暂时中断的程序，这就是整个中断执行的过程。

6.1 电源、复位和时钟管理模块

6.1.1 电源管理

DM8168 的电源管理架构确保达到用户满意度（支持音视频）的最高性能和运行时间，同时根据应用需求提供多功能电源管理技术，实现最大的设计灵活性。PRCM 模块（Power、Reset and Clock Management Module）管理 DM8168 设备电源的打开和关闭。为了尽量减少设备的功耗，在不使用的时候可以关掉电源。DM8168 各模块的独立电源控制允许 PRCM 关掉指定部分的电源，并且不影响其他部分。

1. 概　述

DM8168 有以下的电压域（Voltage Domains），如图 6.1 所示：

- 1 V 自适应域（AVS）：所有模块的主电压域；
- 1 V 恒定电压域：内存、PLLs（锁相环）、DACs、DDR IOs、HDMI 和 USB PHYs；
- 1.8 V 恒定电压域：PLLs、DACs、HDMI 和 USB PHYs；
- 3.3 V 恒定电压域：IOs、和 USB PHYs；
- 1.5 V 恒定电压域：DDR IOs、PCIe 和 SATA SERDES；
- 0.9 V 恒定电压域：USB PHY。

这些电压域定义了内核逻辑共享相同电源电压的模块组合，每个电压域由专用

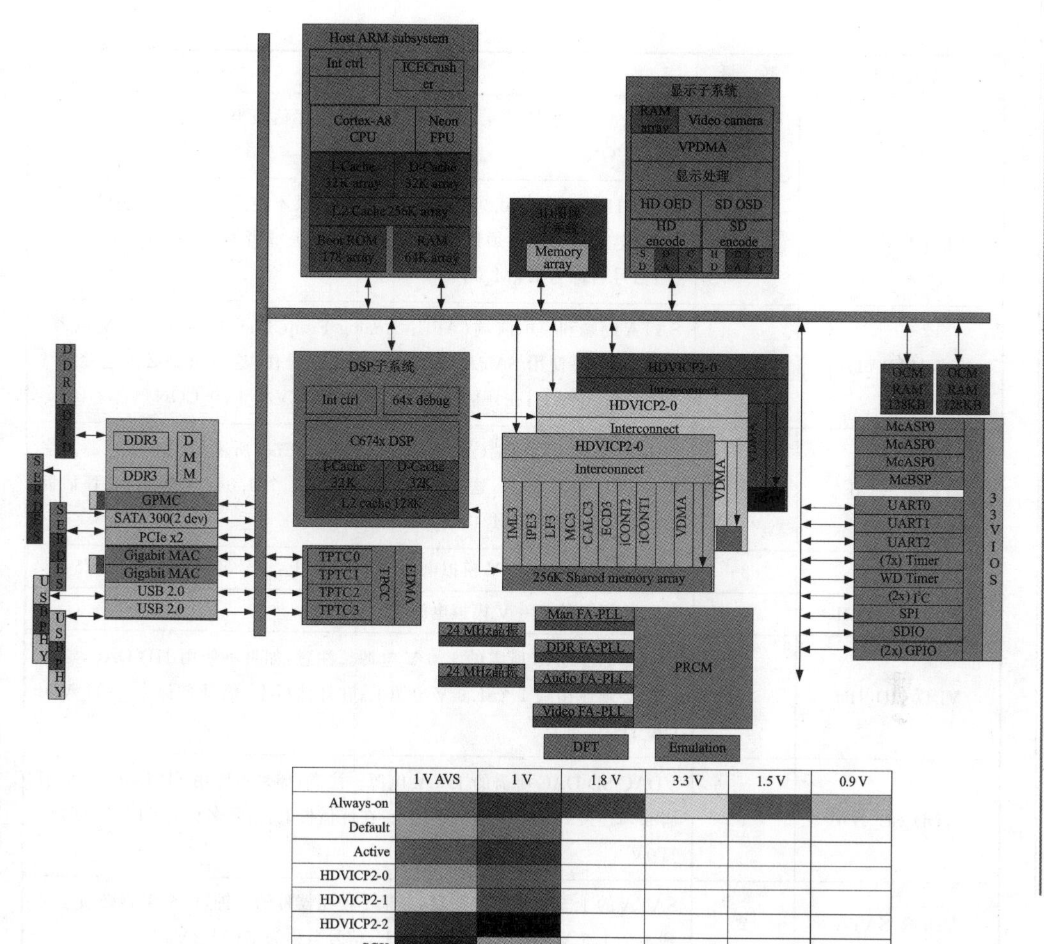

图6.1 电压和电源域

的供电电压通道来供电，电压域与每个电源引脚之间的对应关系如表6.1所示。注意：不管电源域的状态如何，在任何时候，每个电压域的电源必须都接上。

表6.1 电压域与每个电源引脚之间的对应关系

信号名称	数 量	描 述
VREFSSTL_DDR[0]	1	DDR[0]的参考电源：对DDR3是0.75 V，对DDR2是0.9 V；在评估板上：信号名称为EVM_DDR_REF_OUT
VREFSSTL_DDR[1]	1	DDR[1]的参考电源：对DDR3是0.75 V，对DDR2是0.9 V；在评估板上：信号名称为EVM_DDR_REF_OUT
CVDD	50	Always On域的可变内核电源；在评估板上：信号名称为EVM_1V0_AVS

续表 6.1

信号名称	数 量	描 述
CVDDC	20	内存和 PLLs 所需的 1.0 V 恒定电源;在评估板上:信号名称为 EVM_1V0_ CON
VDD_USB_0P9	1	USB PHYs 所需的 0.9 V 电源。注意:如果不使用 USB,为了使器件正常操作,这个引脚必须连接到 0.9 V 电源上或者 CVDDC 上;在评估板上:信号名称为 EVM_0V9
VDDT_SATA	4	SATA 终端和模拟前端(AFE: Analog Front End)所需的 1.0 V 电源。注意:如果不使用 SATA,为了使器件正常操作,这些引脚必须连接到 1 个 1.0 V 电源上;在评估板上:信号名称为 EVM_1V0_CON
VDDT_PCIE	5	PCIe 终端和模拟前端(AFE: Analog Front End)所需的 1.0 V 电源。注意:如果不使用 PCIe,这些引脚必须连接到 1 个 1.0 V 电源上;在评估板上:信号名称为 EVM_1V0_CON
VDDA_PLL	2	PLLs 所需要的 1.5 V 模拟电源;在评估板上:信号名称为 EVM_1V5
VDDA_HDMI	5	HDMI 所需的 1.0 V 模拟电源
VDD_HD_1P0	1	VDAC HD DAC 所需的 1.0 V 电源。注意:如果不使用 HD DAC,这个引脚必须连接到 1 个 1.0 V 电源上;在评估板上:信号名称为 CPU_VDDA_1P0V
VDD_SD_1P0	1	VDAC SD DAC 所需的 1.0 V 电源。注意:如果不使用 SD DAC,这个引脚必须连接到 1 个 1.0 V 电源上;在评估板上:信号名称为 CPU_VDDA_1P0V
VDDR_SATA	2	SATA 的 1.5 V 电源。注意:如果不使用器件的时钟,这个引脚必须连接到 1 个 1.5 V 电源上;在评估板上:信号名称为 EVM_1V5
VDDR_PCIE	2	PCIe 的 1.5 V 电源。注意:如果不使用器件的时钟,这个引脚必须连接到 1 个 1.5 V 电源上;在评估板上:信号名称为 EVM_1V5
DVDD_DDR[0]	21	DDR[0] I/Os 的电源:对 DDR3 是 1.5 V;对 DDR2 是 1.8 V;在评估板上:信号名称为 EVM_1V5
DVDD_DDR[1]	20	DDR[1] I/Os 的电源:对 DDR3 是 1.5 V;对 DDR2 是 1.8 V;在评估板上:信号名称为 EVM_1V5
DEVOSC_DVDD18	1	器件时钟的 1.8 V 电源。注意:如果不使用器件的时钟,这个引脚必须连接到 1 个 1.8 V 电源(DVDD1P8)上;在评估板上:信号名称为 CPU_DEVOSC
VDD_USB0_1P8	1	USB0 所需的 1.8 V 电源。注意:如果不使用 USB,为了使器件正常操作,这个引脚必须连接到 1.8 V 电源上,或者当 USB PHY 不使用的时候,这个引脚可选连接到 CVDDC 上;在评估板上:信号名称为 CPU_VDDA18USB

续表 6.1

信号名称	数 量	描 述
VDD_USB1_1P8	1	USB1 所需的 1.8 V 电源。注意:如果不使用 USB,为了使器件正常操作,这个引脚必须连接到 1.8 V 电源上,或者当 USB PHY 不使用的时候,这个引脚可选连接到 CVDDC 上;在评估板上:信号名称为 CPU_VDDA18USB
DVDD1P8	2	1.8 V 电源;在评估板上:信号名称为 CPU_VDDA_1P8V
VDDA_REF_1P8	1	VDAC 的参考电源 1.8 V。注意:如果 VDAC 不使用,这个引脚应该连接到一个 1.8 V 电源上。在评估板上:信号名称为 CPU_VDDA_1P8V
VDDA_HD_1P8	2	VDAC HD DAC 所需的 1.8 V 电源。注意:如果不使用 HD DAC,这些引脚必须连接到 1 个 1.8 V 电源上;在评估板上:信号名称为 CPU_VDDA_1P8V
VDDA_SD_1P8	3	VDAC SD DAC 所需的 1.8 V 电源。注意:如果不使用 SD DAC,这些引脚必须连接到 1 个 1.8 V 电源上;在评估板上:信号名称为 CPU_VDDA_1P8V
DVDD_3P3	66	3.3 V 电源;在评估板上:信号名称为 EVM_3V3
VDD_USP0_3P3	2	USB0 的 3.3 V 电源;在评估板上:信号名称为 CPU_VDDA33USB
VDD_USB1_3P3	2	USB1 的 3.3 V 电源;在评估板上:信号名称为 CPU_VDDA33USB

2. 电源域

DM8168 的 1 V AVS(自适应域)和 1 V 恒定电压域有 7 个电源域,这 7 个域给它们相应模块中的内核逻辑和 SRAM 供电。其他电压域仅有 Always-on 电源域。

在 1 V AVS 和 1 V 恒定电压域里内,每个电源域(除了 Always-on 电源域之外)都有一个内部的电源开关,以便实现对这个区域供电与否的控制。在上电时,除了 Always-On 域外的所有域电源会被切断。因为每个电压域都会有一个 Always-On 域,所以在器件工作过程中,需要将所有电源都提供上。

1-V AVS 和 1-V 恒定电源域:

- HDVICP2-0 域:这个电源域包含 HDVICP2-0。如果 HDVICP2-0 不使用,它的电源可以被禁止。
- HDVICP2-1 域:这个电源域包含 HDVICP2-1。如果 HDVICP2-1 不使用,它的电源可以被禁止。
- HDVICP2-2 域:这个电源域包含 HDVICP2-2。如果 HDVICP2-2 不使用,它的电源可以被禁止。
- 图形域:这个域包含 SGX350。
- Active 域:这个域是指当系统处于有效状态才需要的模块。在任何待机状态下,都是不需要这些模块的,这个域包含 C674x DSP 和 HDVPSS。

- Default 域：这个域包含即使在待机模式也可能需要的域，让它们处于独立的电源域，这就允许当处于待机模式时，用户关掉这些电源。这个域有 DDR、SATA、PCIe、媒体控制器和 USB 外设。
- Always-On 域：这个域包含即使系统处于待机模式也需要供电的模块，它包括 Host ARM 和产生唤醒中断的模块（如：UART、RTC、GPIO、EMAC 等）以及其他的低电源 I/O。

3. SmartReflex

DM8168 器件包含 SmartReflex 模块，通过调整外部供电电源的电源，实现功耗最小化。基于器件的处理、温度和期望的性能，SmartReflex 模块给 Host 处理器建议提高或降低每个域的电源电压，以降低功耗。在 Host 处理器与外部可调电源之间的通信链路是一个系统级决策，可以通过 GPIO 或 I2C 来实现。

SmartReflex 的核心是自适应电源（adaptive voltage scaling，AVS）。基于硅处理和温度，SmartReflex 模块控制软件调整内核的 1V 电源在一个期望的范围，这个技术称为 AVS，AVS 有助于在不同操作条件下减少器件功耗。

4. 内存电源管理

当内存不使用的时候，器件内存提供 3 个不同的模式以降低功耗，如表 6.2 所示。

表 6.2 内存电源管理模式

模 式	省 电	唤醒延迟时间	内存内容
轻度休眠	60%	低	保留
深度休眠	75%	中等	保留
关机	95%	长	丢失

DM8168 器件提供一个特征，允许通过软件使芯片内存（C674x L2、OCMC RAMs）处于 3 个状态之一：轻度休眠（LS）、深度休眠（DS）和关机（SD）。在控制模块里由控制寄存器来控制 C674x L2、OCMC RAM0 和 OCMC RAM1 的掉电状态，还有状态寄存器能被用作上电期间检查内存是否上电。

每当电源域变为 OFF 状态时，可切换域中的内存进入掉电（SD）状态，随着该区域上电，内存返回有效状态。为了减少 SRAM 泄漏，许多 SRAM 块能从有效模式切换到掉电模式，当 SRAM 处于掉电模式时，电源自动被移去，SRAM 中的所有数据丢失。当 SRAM 所在电源域变为 OFF 状态时，该域的所有 SRAM 会自动进入关机模式，当对应的电源域返回到 ON 状态时，SRAM 返回有效状态。

5. 电源掉电顺序

当默认的电源域电源切断的时候，DDR3 I/O 会自动进入掉电模式。HDMI

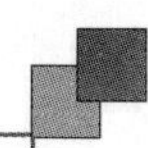

PHY控制器处于Always-On域，所以软件必须配置PHY进入掉电模式。对于别的3.3 V I/Os，没有掉电模式。

在下面描述的电源掉电顺序中，假设带有待机接口的IP已经处于智能待机模式，且待机已经由IP确认。

（1）通过编程模块控制寄存器为禁止（PRCM. CM_<电源域>_<模块>_CLKCTR[x] MODULEMODE＝0(DISABLE)），软件请求PRCM模块将指定电源域的所有模块禁止。

（2）PRCM开始与IPs的电源管理握手（IdleReq/IdleAck）。

（3）通过PRCM关闭所有功能时钟域（ICLK和FCLK）的时钟，使得FCLKEN变成低电平。

（4）通过设置功能时钟域寄存器PRCM. CM（时钟域）_CLKSTCTRL[x]＝1，使得软件向PRCM请求将所有指定的电源域的接口时钟域处于强制休眠模式。

（5）通过编程MMR（PWRSTCTRL：OFF）（PRCM. CM_<电源域>_PWRSTCTRL [POWERSTATE]＝0(OFF)），软件向PRCM请求关闭指定电源域。

（6）PRCM内部指定的PSCON将确认控制寄存器，用于使能隔离单元。

（7）PRCM确认电源域的复位。

（8）PSCON确认控制寄存器关闭实际的电源供给。

（9）开关提供控制电源域的实际电源并将确认信息反馈给PRCM。

6. 电源上电顺序

（1）Always-0n域IPs的其中一个向Cortex-A8发送唤醒中断（所有可以生成唤醒功能的IPs总是使能的）。

（2）通过编程便功能时钟域控制寄存器为强制唤醒（PRCM. CM_<时钟域>_CLKSTCTRL [x]. CLKTRCTRL＝2h(SW_WKUP)），软件向PRCM请求将指定电源域的所有接收时钟域强制为唤醒状态。

（3）使能接收时钟的同时使能电源。

（4）PRCM内部指定的PSCON确认控制信号，用于打开实际电源。

（5）打开提供到电源域的开关。

（6）一旦电源提供已经打开，确认信息将会反馈到PSCON。

（7）PRCM将电源域从复位状态退出。

（8）PRCM关闭隔离单元。

（9）通过编程使模块控制寄存器为使能（PRCM. CM_<电源域>_<模块>_CLKCTRL[x] MODULEMODE＝2h(ENABLE)），软件向CPU请求将指定电源域的所有模块使能。

（10）PRCM取消对模块的IdleReq。

7. 电源电压去耦

推荐的去耦电容都是0.1 μF的，去耦电容的封装尺寸越小，效果越好，0402尺寸的电容肯定会获得比0603的效果更好。表6.3为推荐的电源去耦电容。

表6.3 推荐的电源去耦电容

电 源	最小电容数目	电 源	最小电容数目
VDDA_PLL	2	CVDDC	20
DVDD1P8	2	DVDD_3p3	64
VDDT_SATA	2	CVDD	28
VDDT_PCIE	3		

- 每10个小电容加一个15 μF的大电容，并尽可能靠近器件。
- PLL电源应该使用滤波或者磁珠以便减少时钟噪声。可以使用L型（电源经过一个磁珠再到一个接地的电容，只好去PLL引脚）或PI型（电容＋磁珠＋电容）滤波器结构，相距较远的PLL引脚可能需要自己的滤波电容，而相距较近的PLL引脚可以合用一样的电源；在PCB上与器件同一面的电容最重要，应当尽可能靠近器件。如果PLL引脚之间相距很近，则可以使用同一个电源（滤波器），如果PLL引脚相距较远，可能每个PLL引脚需要有各自的滤波器。

8. DM8168的电源设计

DM8168 EVM通过J1输入单一的12 V交流电压，这是所有供电电源的源，如图6.2所示，由这12 V电压产生以下所需的电源：

- EVM_12V：12 V输入，来自外部电源插座J1；
- EVM_5V0：5 V输出，来自U16：TPS65232；
- EVM_3V3：3.3 V输出，来自U16：TPS65632，可以派生出CPU_VDDA33USB；
- EVM_1V8_A：1.8 V模拟电源输出，来自U10：TPS65001，可以派生出CPU_VDDA_ 1P8V；
- EVM_1V8_D：1.8 V数字电源输出，来自U10：TPS65001，可以派生出CPU_VDDA18USB；
- EVM_1V5：1.5 V输出，来自U33：TPS54620；
- EVM_1V0_AVS：1.0 V输出，内核使用电源，来自U29：TPS40041；
- EVM_1V0_CON：1.0 V输出，非内核使用电源，来自U16：TPS65232，可以派生CPU_ VDDA_1P0V；
- EVM_0V9：0.9 V输出，作为USB PHY电源，来自U10：TPS65001；
- EVM_DDR_VTT：0.75 V输出，作为DDR3终端稳压器，来自U58：TPS51200；

- EVM_DDR_REF_OUT：0.75 V 输出，作为 DDR 参考电源，来自 U58：TPS51200；
- CPU_DEVOSC：1.8 V 输出，作为时钟电源的来源，来自 U55：TPS77001DBV。

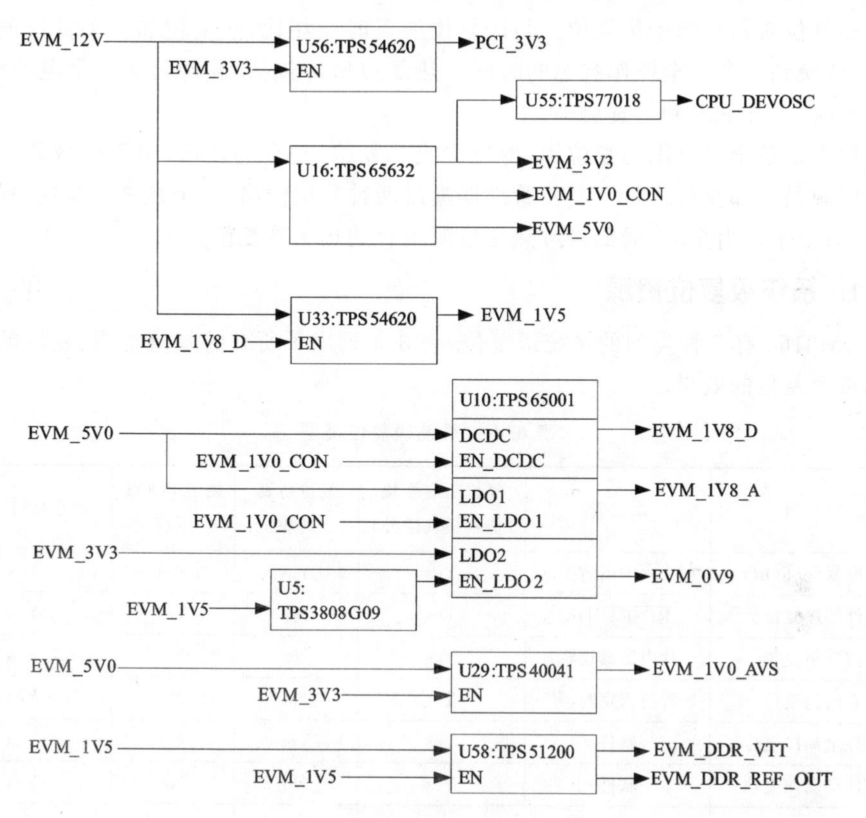

图 6.2　DM8168 电源设计

6.1.2　复　位

PRCM 管理 DM8168 内部所有电源域的复位，并且可以通过引脚 SYS_RESWARM_RST 产生用于外部的单复位输出信号。所有 PRCM 复位输出为异步，除 DLL 复位外，所有输出为低电平有效。PRCM 有许多复位来源，以下列出了几种复位源：

- 冷复位：影响所有给定模块的所有逻辑。
- 热复位：它是一个部分复位，不影响给定模块的所有逻辑。
- 全局复位：影响整个 DM8168 器件。
- 局部复位：影响 DM8168 的一部分。
- 软件复位：由软件启动。
- 硬件复位：由硬件驱动。

每个复位源被指定为冷或热复位。冷复位与上电复位(POR)是同一个意思，冷复位对每个接收模块(子系统、模块、微单元)都是可行的,冷复位事件包括设备上电、电源域上电和EFuse编程失败。热复位不是对所有接收模块可用的,一个模块可能采用热复位对其中的子集复位。与冷复位所需时间相比,热复位加快了复位恢复时间,即转换到一个安全操作状态的时间。热复位事件包括:软件启动每个电源域、看门狗超时、外部触发和仿真启动。

用于设备全局范围的复位源(冷复位或热复位)是全局复位,用于区域效果复位的复位源是局部复位。每个复位管理器提供两种复位输出,一个是来自全局/局部冷复位,另一个是由全局/局部、冷/热复位源组合的热+冷复位。

1. 系统级复位资源

DM8168有7种类型的系统级复位,表6.4列出了所有的复位类型、复位的发起者和每个复位的效果。

表6.4 系统级复位类型

类　型	发起者	复位所有模块(仿真模块除外)	复位仿真模块	锁定BOOT引脚	产生$\overline{\text{RSTOUT}}$
上电复位(POR)	$\overline{\text{POR}}$引脚	Yes	Yes	Yes	Yes
外部热复位	$\overline{\text{RESET}}$引脚	Yes	No	Yes	Yes
仿真热复位	片内仿真逻辑	Yes	No	No	Yes
看门狗复位	看门狗定时器	Yes	No	No	Yes
软件全局冷复位	软件	Yes	Yes	No	Yes
软件全局热复位	软件	Yes	No	No	Yes
测试复位	TRST引脚	No	Yes	No	No

2. 上电复位(POR引脚)

上电复位(POR)由$\overline{\text{POR}}$引脚发起,用来复位整个芯片,包括测试和仿真逻辑。POR常被称为冷复位,因为在芯片上电周期中,必须保持$\overline{\text{POR}}$为低,但是,发起一个上电复位,并不需要芯片处于上电周期。

在上电复位期间,必须按照下面的顺序:

(1) 等待电源达到正常的操作条件,同时保持$\overline{\text{POR}}$为低。

(2) 等待输入时钟源SERDES_CLKN/P稳定(如果被系统使用),同时保持$\overline{\text{POR}}$为低。

(3) 一旦电源和输入时钟稳定,$\overline{\text{POR}}$必须继续保持至少32个DEV_MXI周期的低电平,在$\overline{\text{POR}}$为低电平期间,会发生以下情况:

- 所有的引脚进入高阻模式;
- PRCM确认芯片内的所有模块复位;
- PRCM开始用旁路模式的PLLs传递这些时钟。

(4) $\overline{\text{POR}}$可以变为高电平，一旦$\overline{\text{POR}}$变高，随之会发生：

- BOOT 引脚被锁定；
- 对 ARM Cortex-A8 的复位会被解除，MPU 时钟运行；
- 所有其他域的复位被解除，域时钟开始运行；
- 每个外设的时钟、复位、掉电状态由 PRCM 默认配置来决定；
- ARM Cortex-A8 开始从默认的地址(Boot ROM)执行程序。

3. 外部热复位

外部热复位由$\overline{\text{RESET}}$引脚发起，将设备中除了 ARM Cortex-A8 中断控制器、测试和仿真模块以外的所有部分进行复位。在热复位期间，仿真任务继续有效。

在热复位期间，必须按照下面的顺序：

(1) 电源供电和输入时钟都稳定。

(2) $\overline{\text{RESET}}$引脚必须保持至少 32 个 DEV_MXI 周期的低电平。在$\overline{\text{RESET}}$引脚为低电平期间，会发生下面事件：

- 所有引脚，除了测试和仿真引脚外，进入高阻模式；
- 确认 PRCM 为芯片内所有模块复位(除了 ARM Cortex-A8 中断控制器、测试和仿真)；
- 确认$\overline{\text{RESET}}$。

(3) $\overline{\text{RESET}}$引脚可以变为高电平，一旦$\overline{\text{RESET}}$引脚变高，随之会发生：

- BOOT 引脚被锁定；
- 除了 ARM Cortex-A8 中断控制器、测试和仿真，对 ARM Cortex-A8 和不具有局部处理模块的复位会被解除；
- 解除$\overline{\text{RESET}}$；
- 每个外设的时钟、复位、掉电状态由 PRCM 默认配置来决定；
- ARM Cortex-A8 开始从默认的地址(Boot ROM)执行程序；
- 由于 ARM Cortex-A8 中断控制器不受热复位的影响，应用软件必须清除 ARM Cortex-A8 所有的悬挂中断。

4. 仿真热复位

仿真热复位由片上仿真模块发起，除了不锁定 BOOT 引脚以外，它与外部热复位($\overline{\text{RESET}}$)具有相同的效果和条件。需要通过仿真器及 CCS IDE 菜单操作来发起仿真热复位。

5. 看门狗复位

看门狗复位在看门狗定时器达到 0 时产生，除了不锁定 BOOT 引脚以外，它与外部热复位($\overline{\text{RESET}}$)具有相同的效果和条件。另外，看门狗复位总会使$\overline{\text{RSTOUT}}$有效。

6. 软件全局冷复位

软件全局冷复位是在软件的控制下产生的，除了不重新锁定 BOOT 引脚以外，它与上电复位($\overline{\text{POR}}$)具有相同的效果和条件。软件通过写 PRM_RST_CTRL 寄存器的 RST_GLOBAL_COLD_SW 来产生软件全局冷复位。

7. 软件全局热复位

软件全局热复位是在软件的控制下产生的，除了不锁定 BOOT 引脚以外，它与外部热复位($\overline{\text{RESET}}$)具有相同的效果和条件。软件通过写 PRM_RST_CTRL 寄存器的 RST_GLOBAL_WARM_SW 来产生软件全局热复位。

8. 测试复位

仿真器确认$\overline{\text{TRST}}$引脚有效，就会产生测试复位，它的唯一效果是复位仿真逻辑。

9. 局部复位

通过编程 PRCM 或模块的内部寄存器来产生芯片内不同模块的局部复位。局部复位仅影响与之相关的模块，对芯片的其余部分没有影响。

10. 复位优先级

当上面说的复位源同时发生的时候，芯片仅处理优先级最高的复位请求，复位请求的优先级由高到低的顺序如下：$\overline{\text{POR}}$、$\overline{\text{TRST}}$、$\overline{\text{RESET}}$、仿真热复位、看门狗复位、软件全局冷/热复位。

11. 复位状态寄存器

复位状态寄存器(PRM_RSTST)包含系统最近发生的复位的信息。

12. PCIe 复位隔离

DM8168 支持 PCIe 模块的复位隔离，这意味着 PCIe 子系统的复位，不会导致器件其他部分复位。当设备作为一个 PCIe RC 使用的时候，可以通过软件操作 PRCM 来对 PCIe 子系统进行复位。软件在确认这个复位之前，首先通过编程 PRCM 的寄存器 CM_DEFAULT _PCI_ CLKCTRL 使 PCIe 子系统进入 IDLE 状态，以确保不会再有 PCIe 操作发生。PCIe 子系统退出复位后，应该重新执行总线枚举，把所有端点(EP)看作是刚刚被连接的。当芯片作为 PCIe 端点(EP)的时候，当收到一个复位时，PCIe 子系统产生中断。软件应该处理这个中断，使 PCIe 子系统进入 IDLE 状态，然后通过 PRCM 确认 PCIe 局部复位。除了测试复位，前面提到的所有芯片级复位都会对 PCIe 子系统复位，因此芯片应该向所有下游芯片发布热复位，并随着复位的退出，重新枚举总线。

13. RSTOUT

DM8168 的$\overline{\text{RESET}}$引脚反映芯片复位状态。当芯片退出复位状态的时候，这个信号引脚为高。另外，当$\overline{\text{POR}}$和/或$\overline{\text{RESET}}$确认时，这个输出引脚总是 3 态并且在这个引脚上的内部上拉电阻被禁止，因此，一个外部上/下拉用来设置这个引脚在$\overline{\text{POR}}$或/和$\overline{\text{RESET}}$确认时的状态（高电平/低电平）。当下面的复位发生时，这个输出总是确认为低电平：

- $\overline{\text{POR}}$；
- 外部热复位；
- 仿真热复位；
- 软件全局冷/热复位；
- 看门狗复位。

$\overline{\text{RSTOUT}}$引脚保持确认，直到 PRCM 将 ARM Cortex-A8 处理器从复位状态释放出来。

14. 复位对仿真和跟踪的影响

芯片仿真和跟踪仅由下面复位源来复位：

- $\overline{\text{POR}}$；
- 软件全局冷复位；
- $\overline{\text{TRST}}$。

除了这 3 种复位，其他任何复位都不会影响仿真和跟踪调试功能。

15. 电源域切换期间的复位

每个电源域有一个专用的热复位和冷复位，满足以下两个条件会确认电源域的热复位：

- 上电复位，外部热复位，仿真热复位或软件全局冷/热复位发生时；
- 当电源域从 ON 状态切换到 OFF 状态的时候。

满足以下两个条件会确认电源域的冷复位：

- 上电复位、或软件全局冷复位；
- 当电源域从 ON 状态切换到 OFF 状态的时候。

6.1.3 时　钟

PRCM 提供了 DM8168 的时钟生成、分布和大多数时钟的选通控制。DM8168 时钟是由几个外部反馈到片上 PLLS 的参考时钟以及 PRCM 模块内部和外部的分频器生成。图 6.3 给出了 DM8168 系统级的时钟结构。为了减小复杂性，图中没有给出所有的时钟连接。PRCM 模块负责管理系统的时钟生成。

PRCM 提供两种类型的时钟：接口时钟和功能时钟。

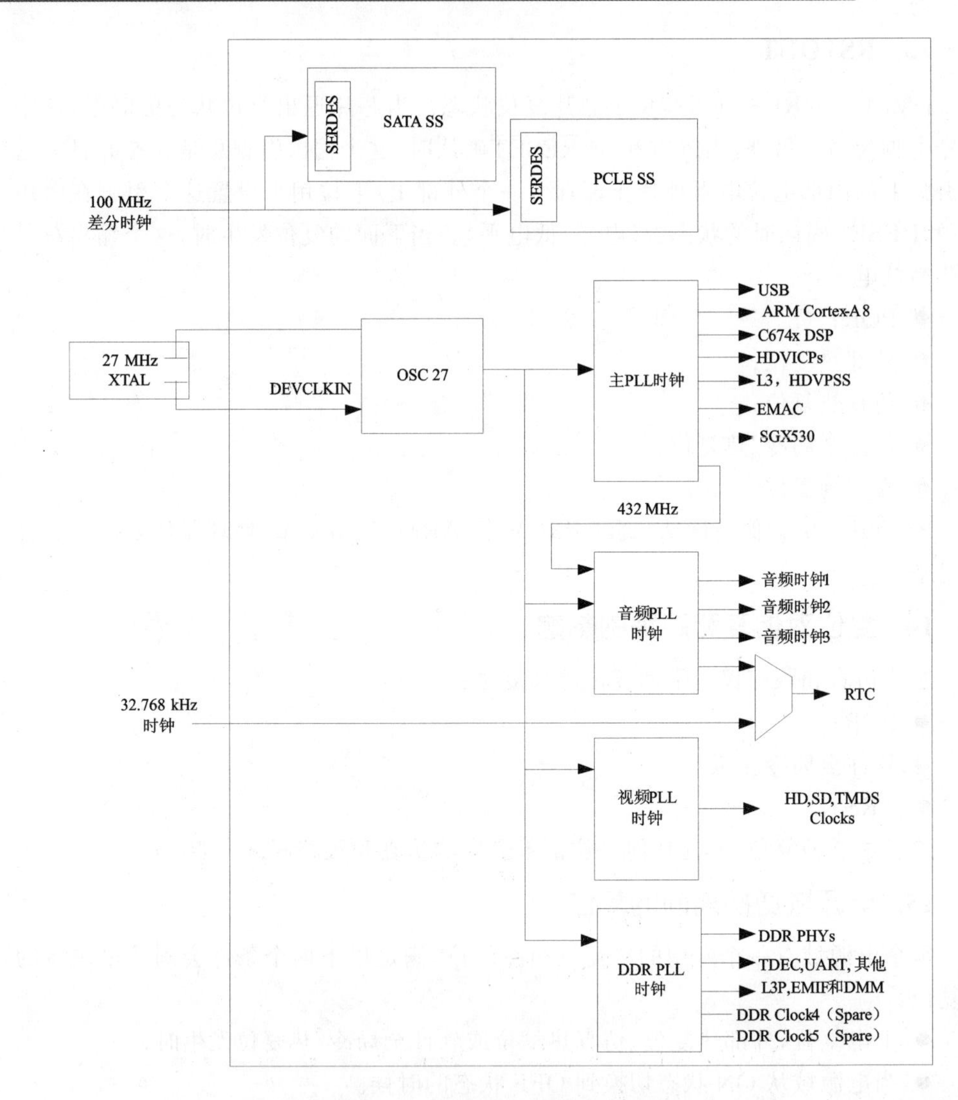

图 6.3　DM8168 系统级的时钟结构

接口时钟：这些时钟主要为系统互连模块和连接到系统互连模块的系统功能模块提供时钟。在大多数情况下，接口时钟也可用于功能时钟。

功能时钟：这些时钟为模块/子系统的功能部分提供时钟。在某些情况下，一个模块或子系统需要多个功能时钟：1 个或多个主功能时钟，1 个或多个选择时钟。主功能时钟用于模块运行，选择时钟用于特定的功能，可以在不停止模块时关闭选择时钟。

DM8168 有由片上振荡器产生的 4 个片上 PLLs 和 1 个参考时钟。除开 27 MHz 参考时钟，SATA 和 PCIe 需要 100 MHz 的差分时钟输入，RTC 需要一个可选的 32.768 kHz 时钟输入（非片上振荡器）。DM8168 的时钟输入（DEV_MXI 和

DEV_CLKIN)用于生成大部分内部参考时钟,并且 DEV_CLKIN 可以采用外部方波而不是晶体输入。

1. 外部时钟源

DM8168 需要以下时钟:32 kHz 时钟用于低频操作,它给 RTC 提供时钟;MAIN PLL CLOCKs 是 C674 DSP、Coretx-A8、HDVICP2 和所有互连时钟的时钟源;DDR PLL CLOCKs 是 DDR 的源时钟;VIDEO PLL CLOCKs 是 HD_DSS 的时钟源;AUDIO PLL CLOCKs 是 McASPs 和 McBSPs 的时钟源。PRCM 的外部时钟源如表 6.5 所示。

表 6.5　PRCM 的外部时钟源

时钟名称	源	目　的	描　述
Main_pll_clock1	主 PLL	PRCM	来自主 PLL 的时钟输入(Flying adder Synthesizer 2)
Main_pll_clock2	主 PLL	PRCM	来自主 PLL 的时钟输入(Flying adder Synthesizer 2)
Main_pll_clock3	主 PLL	PRCM	来自主 PLL 的时钟输入(Flying adder Synthesizer 3)
Main_pll_clock4	主 PLL	PRCM	来自主 PLL 的时钟输入(Flying adder Synthesizer 4)
DDR_pll_clock1	DDR PLL	PRCM	来自 DDR PLL 的时钟输入(Flying adder Synthesizer 1)
DDR_pll_clock2	DDR PLL	PRCM	来自 DDR PLL 的时钟输入(Flying adder Synthesizer 2)
DDR_pll_clock3	DDR PLL	PRCM	来自 DDR PLL 的时钟输入(Flying adder Synthesizer 3)
Video_pll_clock1	视频 PLL	PRCM	来自视频 PLL 的时钟输入(Flying adder Synthesizer 1)
Video_pll_clock2	视频 PLL	PRCM	来自视频 PLL 的时钟输入(Flying adder Synthesizer 2)
Video_pll_clock3	视频 PLL	PRCM	来自视频 PLL 的时钟输入(Flying adder Synthesizer 3)
Audio_pll_clock1	音频 PLL	PRCM	来自音频 PLL 的时钟输入(Flying adder Synthesizer 1)
Audio_pll_clock2	音频 PLL	PRCM	来自音频 PLL 的时钟输入(Flying adder Synthesizer 2)
Audio_pll_clock3	音频 PLL	PRCM	来自音频 PLL 的时钟输入(Flying adder Synthesizer 3)
Audio_pll_clock4	音频 PLL	PRCM	来自音频 PLL 的时钟输入(Flying adder Synthesizer 4)
Audio_pll_clock5	音频 PLL	PRCM	来自音频 PLL 的时钟输入(Flying adder Synthesizer 5)
32KHz	外部	PRCM	32 kHz 时钟
CLKIN	外部	PRCM	27 MHz 时钟
TCLKIN	外部	PRCM	定时器时钟
PCL_KIN	外部	PRCM	来自主 PLL 的时钟输入(Flying adder Synthesizer 5)
SYSCLK_OUT	PRCM	外部	观测时钟

2. 内部时钟源

DM8168 的内部时钟源如表 6.6 所示。

表 6.6 内部时钟源

时钟名称	频 率	描 述
SYSCLK1	～1 GHz	用于 C674x DSP
SYSCLK2	～1.2 GHz	用于 Cortex-A8
SYSCLK3	～600 MHz	用于 HDVICP2
SYSCLK4	～500 MHz	互连时钟:HD DSS、TPTCs、TPCC、DMM
SYSCLK5	～250 MHz	互连时钟:SGX530、USB SS、10/100/1000EMAC、SATA、PCIe、OCMC RAM
SYSCLK6	～125 MHz	互连时钟:UART、I2C、SPI、SDIO、TIMER、GPIO、McASP、MsBSP、GPMC
SYSCLK7	125 MHz	保留
SYSCLK8	800 MHz	DDR 时钟
SYSCLK9	48 MHz	保留
SYSCLK10	48 MHz	SPI、I2C、SDIO 和 UART 功能时钟
SYSCLK11	216 MHz	保留
SYSCLK13	165 MHz	HDVPSS
SYSCLK14	27 MHz	保留
SYSCLK15	165 MHz	HDVPSS
SYSCLK16	27 MHz	保留
SYSCLK17	54 MHz	HDVPSS
SYSCLK18	32 MHz	RTC
SYSCLK19	62.5 MHz	保留
McASP0_CLK		McASP0 AUX 时钟
McASP1_CLK		McASP1 AUX 时钟
McASP2_CLK		McASP2 AUX 时钟
TIMER1_CLK		定时器 1 的定时时钟
TIMER2_CLK		定时器 2 的定时时钟
TIMER3_CLK		定时器 3 的定时时钟
TIMER4_CLK		定时器 4 的定时时钟
TIMER5_CLK		定时器 5 的定时时钟
TIMER6_CLK		定时器 6 的定时时钟
TIMER7_CLK		定时器 7 的定时时钟

3. 时钟生成

(1) PLL

DM8168 包含 4 个内嵌的 PLL(Main、Audio、Video 和 DDR),分别为系统的不同部分提供时钟。图 6.3 给出了 DM8168 的时钟结构,包括 PLL 参考时钟源和连接。大多数 PLLs 的参考时钟来源于 DEV_CLKIN 输入引脚。同时,每个 PLL 支持旁路模式,参考时钟可以直接传输到 PLL CLKOUT。除 DDR PLL 外的所有 PLLs 在复位之后都为旁路模式。FAPLL 用于所有片上 PLLs。图 6.4 给出了 FAPLL 的基本结构。

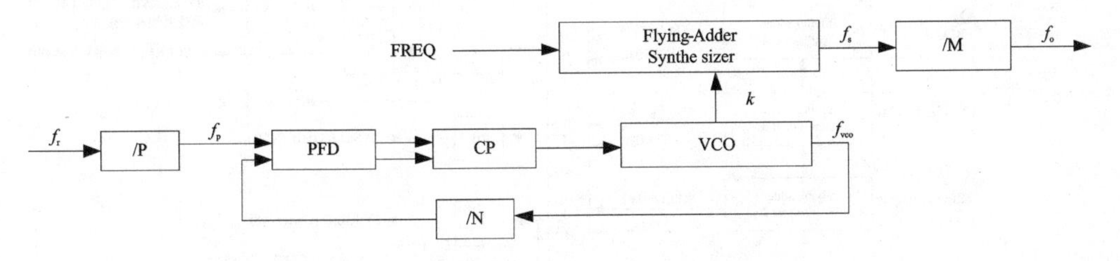

图 6.4 FAPLL 结构

APLL 有两个主要的组件:多相位 PLL 和 Flying_adder 合成器。多相位 PLL 将输入参考时钟乘以参数 N,并给 Flying_adder 合成器提供 k 相位输出。Flying_adder 合成器的输入为多相位时钟,并且产生一个可变频的时钟(f_s),可以对时钟 f_s 有一个后续的分频器产生输出时钟 f_o。时钟输出的频率由下式决定:

$$f_o=[(N*k)/FREQ*P*M]*f_r$$

可以有多个 Flying_adder 合成器连接到一个多相位 PFF,用于产生不同频率。在这种情况下,每个时钟可以根据频率需求分别对 FREQ(整数为 4 位、分数为 24 位)和 M 的值进行调整。在 DM8168 中采用的多相位 PLL 的 k 值为 8。

(2) PRCM 的主 FAPLL 接口

图 6.5 为在主 FAPLL 和 PRCM 之间的接口。表 6.7 为主 FAPLL 分频器。

表 6.7 主 FAPLL 分频器

控制位	分频器	支持的分频比	默认值
CM_SYSCLK4_CLKSEL.[CLKSEL]	A	1/1、1/2	1/1
CM_SYSCLK3_CLKSEL.[CLKSEL]	B	1/1、1/2、1/3、1/4、1/5、1/6、1/7、1/8	1/1
CM_SYSCLK2_CLKSEL.[CLKSEL]	C	1/1、1/2、1/3、1/4、1/5、1/6、1/7、1/8	1/1
CM_SYSCLK23_CLKSEL.[CLKSEL]	D	1/1、1/2、1/3、1/4、1/5、1/6、1/7、1/8	1/3
CM_SYSCLK1_CLKSEL.[CLKSEL]	E	1/1、1/2、1/3、1/4、1/5、1/6、1/7、1/8	1/1
CM_SYSCLK7_CLKSEL.[CLKSEL]	V	、1/5、1/6、1/8、1/16	1/5
CM_SYSCLK24_CLKSEL.[CLKSEL]	F	1/1、1/2、1/3、1/4、1/5、1/6、1/7、1/8	1/1

续表 6.7

控制位	分频器	支持的分频比	默认值
Main PLL Divider 7 Register (MAINPLL_DIV7)	K	0～FFh	1/4
Main PLL Divider 6 Register) (MAINPLL_DIV6)	M	0～FFh	1/72

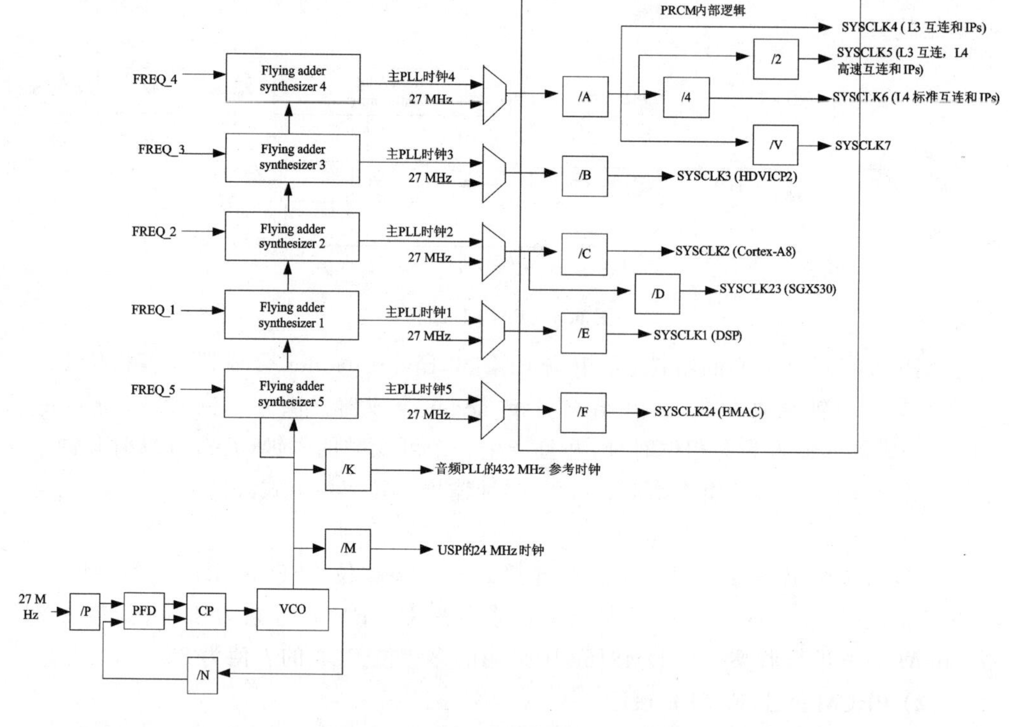

图 6.5 主 FAPLL 到 PRCM 的接口

(3) PRCM 的 DDR FAPLL 接口

图 6.6 为 DDR FAPLL 与 PRCM 之间的接口。表 6.8 为 DDR PLL 分频器。

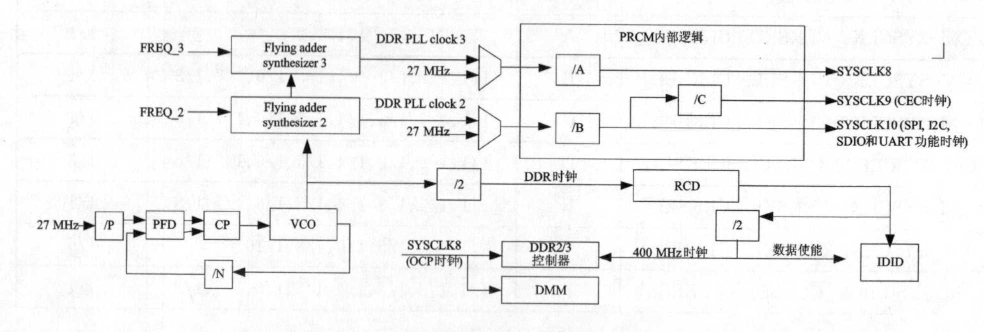

图 6.6 DDR FAPLL 与 PRCM 的接口

表 6.8　DDR PLL 分频器

控制位	分频器	支持的分频比	默认值
CM_SYSCLK10_CLKSEL[CLKSEL]	A	1/1	1/1
	B	1/1、1/2、1/3、1/4、1/5、1/6、1/7、1/8	1/1
	C	1/3	1/3

(4) PRCM 的视频 FAPLL 接口

图 6.7 为视频 FAPLL 和 PRCM 之间的接口。表 6.9 为视频 PLL 分频器。

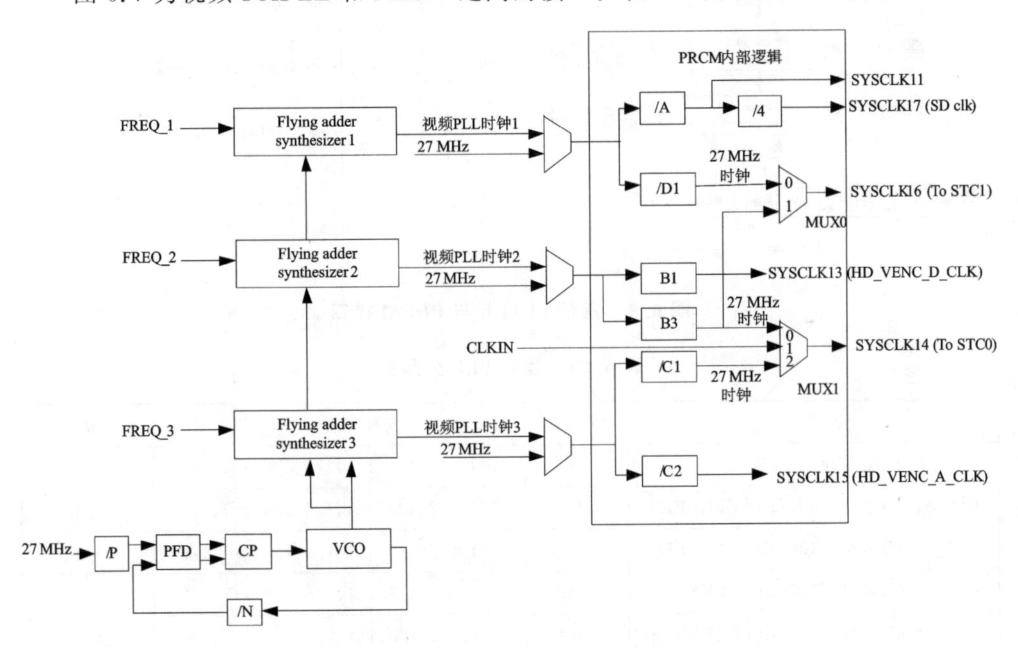

图 6.7　视频 FAPLL 与 PRCM 的接口

表 6.9　视频 PLL 分频器

控制位	分频器	支持的分频比	默认值
CM_SYSCLK11_CLKSEL[CLKSEL]	A	1/1、1/2	1/1
CM_VPD1_CLKSEL [CLKSEL]	D1	1/1、1/2、1/3、1/4、1/5、1/6、1/7、1/8	1/8
CM_SYSCLK13_CLKSEL [CLKSEL]	B1	1/1、1/2、1/3、1/4、1/5、1/6、1/7、1/8	1/8
CM_VPB3_CLKSEL [CLKSEL]	B3	1/1、1/2、1/22	1/22
CM_VPC1_CLKSEL [CLKSEL]	C1	1/1、1/2、1/22	1/22
CM_SYSCLK15_CLKSEL [CLKSEL]	C2	1/1、1/2、1/3、1/4、1/5、1/6、1/7、1/8	1/4
CM_SYSCLK16_CLKSEL[CLKSEL]	MUX0	0、1	0
CM_SYSCLK14_CLKSEL[CLKSEL]	MUX1	0、1、2	0

(5) PRCM 的音频 FAPLL 接口

图 6.8 为音频 FAPLL 与 PRCM 之间的接口。表 6.10 为音频 PLL 分频器。

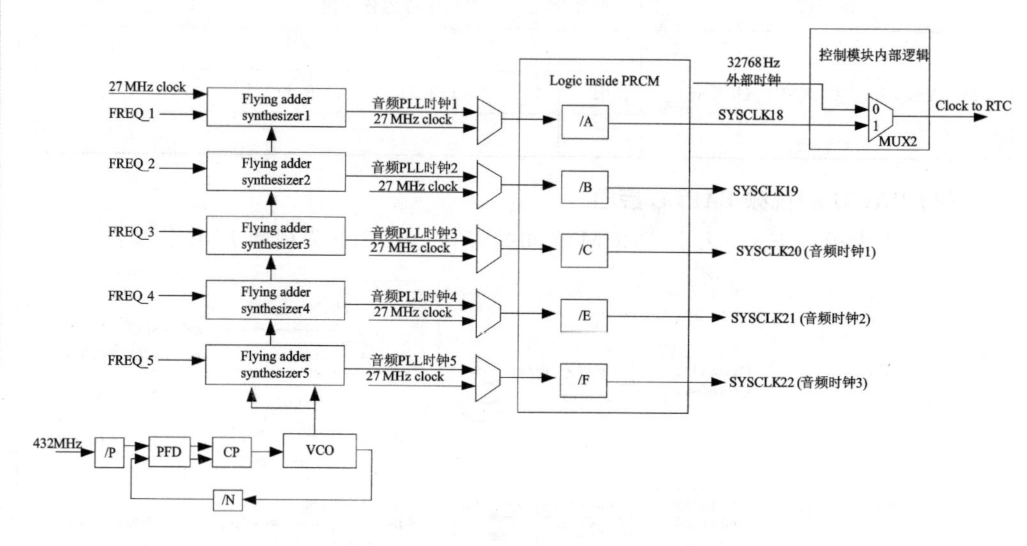

图 6.8　音频 FPALL 与 PRCM 接口

表 6.10　音频 PLL 分频器

控制位	分频器	支持的分频比	默认值
CM_APA_CLKSEL[CLKSEL]	A	1/1、1/2、1/3、1/4、1/5、1/6、1/7、1/8	1/1
CM_SYSCLK19_CLKSEL[CLKSEL]	B	1/1、1/2、1/3、1/4、1/5、1/6、1/7、1/8	1/1
CM_SYSCLK20_CLKSEL[CLKSEL]	C	1/1、1/2、1/3、1/4、1/5、1/6、1/7、1/8	1/1
CM_SYSCLK21_CLKSEL[CLKSEL]	D	1/1、1/2、1/3、1/4、1/5、1/6、1/7、1/8	1/1
CM_SYSCLK22_CLKSEL[CLKSEL]	E	1/1、1/2、1/3、1/4、1/5、1/6、1/7、1/8	1/1
CM_SYSCLK18_CLKSEL[CLKSEL]	MUX2	0、1	0

(6) 定时器功能时钟多路复用

图 6.9 为定时器功能时钟多路复用器。表 6.11 为定时器功能时钟多路复用器选择。

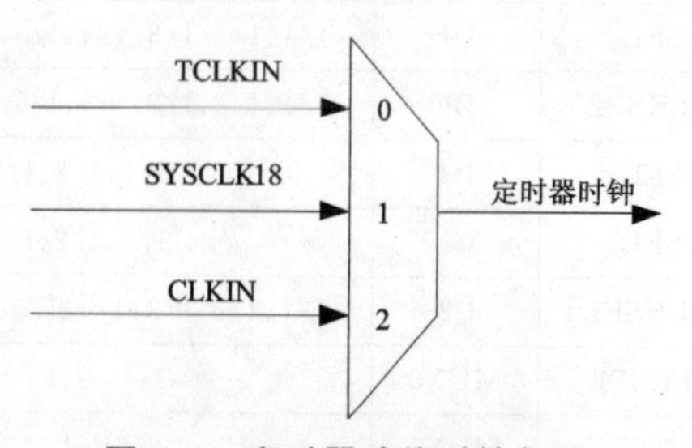

图 6.9　定时器功能时钟复用

表 6.11　定时器功能时钟多路复用器选择

控制位	多路选择	默认值
CM_TIMER1_CLKSEL[CLKSEL]	0、1、2	1
CM_TIMER2_CLKSEL[CLKSEL]	0、1、2	1
CM_TIMER3_CLKSEL[CLKSEL]	0、1、2	1
CM_TIMER4_CLKSEL[CLKSEL]	0、1、2	1
CM_TIMER5_CLKSEL[CLKSEL]	0、1、2	1
CM_TIMER6_CLKSEL[CLKSEL]	0、1、2	1

(7) McASP 和 McBSP 的时钟选择

图 6.10 为 McASP 和 McBSP 的时钟选择方案。表 6.12 为 McASP 和 McBSP 的时钟选择。

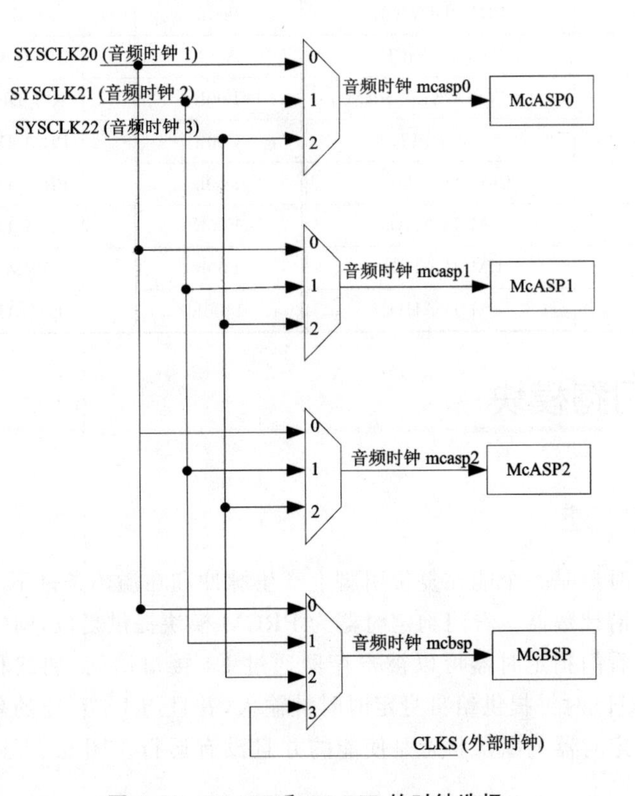

图 6.10　McASP 和 McBSP 的时钟选择

表 6.12　McASP 和 McBSP 的时钟选择

控制位	多路选择	默认值
CM_AUDIOCLK_MCASP0_CLKSEL [CLKSEL]	0、1、2	1
CM_AUDIOCLK_MCASP1_CLKSEL [CLKSEL]	0、1、2	1
CM_AUDIOCLK_MCASP2_CLKSEL [CLKSEL]	0、1、2	1
CM_AUDIOCLK_MCBSP_CLKSEL [CLKSEL]	0、1、2、3	1

6.1.4　PRCM 寄存器

表 6.13 为 PRCM 模块的基地址偏移。

表 6.13　PRCM 模块寄存器

基地址偏移	模块名称	基地址偏移	模块名称
000h	PRM_DEVICE	900h	CM_SGX
100h	CM_DEVICE	A00h	PRM_ACTIVE
300h	OCP_SOCKET_PRM	B00h	PRM_DEFAULT
400h	CM_DPLL	C00h	PRM_IVAHD0
500h	CM_DEFAULT	D00h	PRM_IVAHD1
600h	CM_IVAHD0	E00h	PRM_IVAHD2
700h	CM_IVAHD1	F00h	PRM_SGX
800h	CM_IVAHD2	1400h	CM_ALWON

6.2　看门狗模块

6.2.1　概　述

看门狗定时器是一个能在复位引脚上产生脉冲和在溢出条件下生成系统设备模块中断的上升沿计数器。看门狗定时器为 PRCM 模块提供复位，向主机子系统提供看门狗中断。看门狗定时器可以被寄存器通过 L4 接口访问、加载和清除。看门狗定时器有 32 kHz 时钟提供给自身定时时钟输入，并且与 L4 互连的单目标代理端口连接。看门狗定时器的默认状态是使能的并且没有运行。图 6.11 显示了看门狗定时器的框图。

看门狗定时控制器的主要特点有：

- 支持 L4 从接口：
  - 32 位带宽数据总线；
  - 支持 32/16 位访问；

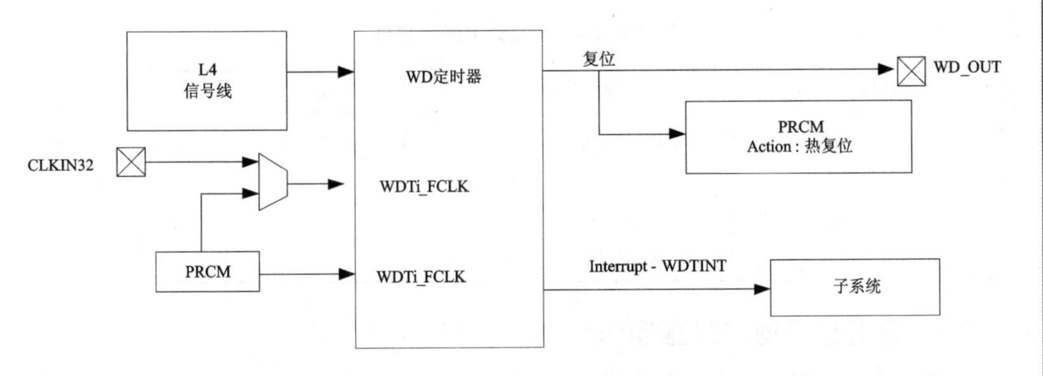

图 6.11 看门狗定时器框图

- 不支持 8 位访问;
- 11 位带宽地址总线;
- 不支持突发模式。

● 独立的 32 位上升沿计数器。
● 可编程分频时钟源(2^n,n=0～7)。
● 定时器的子集编程模式。
● 看门狗定时器有两种复位方式:上电或在开始计数前的一个热复位。
● 当定时器溢出后,将出现复位或产生中断。
● 看门狗定时器在其硬件中生成复位或中断。

6.2.2 结 构

1. 电源管理

看门狗定时器中有两个时钟域:

功能时钟域:WDTi_FCLK 是一个 32 kHz 看门狗定时器功能时钟,用来为看门狗定时器的内部逻辑提供时钟。

接口时钟域:WDTi_ICLK 是 125 MHz 的看门狗定时器界面时钟,用来同步看门狗定时器 L4 接口到 L4 的连接。所有来自互连接口的访问都同步到 WDTi_ICLK。

在 DM8168 中,看门狗定时器时钟通常是打开的,即使在不用看门狗定时器的时候也不能被关闭。

2. 中 断

表 6.14 列出了引起模块中断的事件标志和屏蔽。

表 6.14 看门狗定时器事件

事件标志	事件屏蔽	映射	注释
WDT_WIRQSTAT[0] EVENT_OVF	WDT_WIRQSTAT[1] EVENT_DLY OVF_IT_ENA	WDTINT	看门狗定时器溢出
WDT_WIRQSTAT[1] EVENT_DLY	WDT_WIRQENSET/WDT_ WIRQENCLR[1] DLY_IT_ENA	WDTINT	达到看门狗延时值

3. 通用看门狗定时器操作

看门狗定时器是带有分频器的 32 位加法计数器。这个计数器通过两个独立信号来标志溢出:一个简单的复位信号和一个中断信号,两者都是低电平有效。图 6.12是看门狗定时器的功能框图。

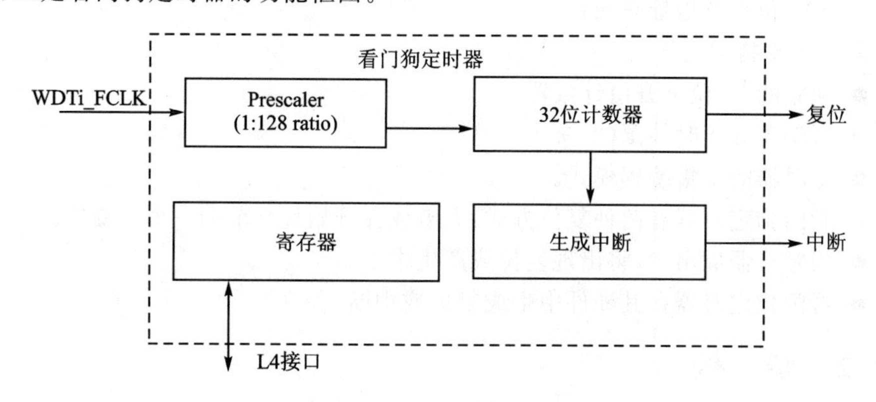

图 6.12 32 位看门狗定时器功能框图

中断生成器由 WDT_WIRQENSET/WDT_WIRQENCLR 和 WDT_WIRQSTAT 寄存器控制。分频器比率可以通过访问看门狗控制寄存器 WDT_WCLR 的 WDT_WCLR[4:2] PTV 位和 WDT_WCLR[5] PRE 位设置成 1～128 的值。当前定时器的值可以在信号传输过程中通过读控制寄存器访问,也可以通过访问看门狗定时装载寄存器改变,或者可以通过看门狗定时触发寄存器的重载命令重载。看门狗定时器的开始/停止寄存器的"开始/停止命令"可以开始/停止看门狗定时器。

4. 复 位

看门狗定时器在复位后是使能的。表 6.15 列出了两个看门狗定时装载寄存器和分频器的复位默认值。为了获取这个值,软件必须读 WDT_WCLR[4:2] PTV 位和 32 位寄存器来获取模块的静态配置。

表 6.15　定时装载寄存器和分频器的复位默认值

定时器	WDT_WLDR 初始值	PTV 初始值
WDT	FFFF FFBEh	0

5. 溢出或复位的生成

当看门狗定时控制寄存器溢出时，就会向 PRCM 模块发出一个有效的低复位脉冲。这个复位脉冲使 PRCM 模块生成 DM8168 的整体热复位信号，它也可以通过 WD_OUT 引脚发出。这个脉冲是分频器定时时钟宽度，且在定时计数器溢出的时候生成。

在复位信号生成之后，计数器自动重载看门狗装载寄存器中存储的值并且复位分频器。当生成复位脉冲输出时，定时计数器开始再次递增。图 6.13 显示了看门狗定时器的功能。

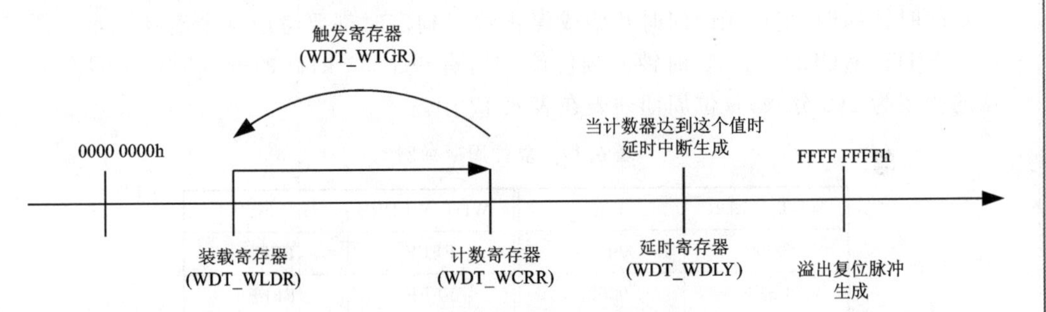

图 6.13　看门狗定时器功能图

6. 分频器值/定时器复位频率

每个看门狗定时器由一个分频器和一个定时计数器组成。定时器的频率由下面的值决定：

- 分频器的值(WDT_WCLR[5] PRE 位和 WDT_WCLR[4：2] PTV 位)；
- 定时器装载寄存器的值(WDT_WLDR)。

分频器用定时时钟作为时钟，并且作为定时计数器的时钟分频器。分频比率通过访问 WDT_WCLR[4：2] PTV 位进行控制，而且由 WDT_WCLR[5] PRE 位使能。表 6.16 列出了分频器的时钟频率。

表 6.16　分频器的时钟频率

WDT_WCLR[5]	PRE	WDT_WCLR[4：2]
0	X	1
1	0	1
1	1	2

续表 6.16

WDT_WCLR[5]	PRE	WDT_WCLR[4:2]
1	2	4
1	3	8
1	4	16
1	5	32
1	6	64
1	7	128

看门狗定时器的溢出率为:(FFFF FFFFh-WDT_WLDR+1)×(wd-功能时钟周期)×PS,其中:wd-功能时钟周期=1/(wd-功能时钟频率)且 PS=$2^{(PTV)}$。

注意:内部的重新同步导致任何软件在 WDT_WSPR 用编程值更新之前对 WDT_WSPR 的写的延迟:1.5×功能时钟周期≤write_WDT_WSPR_latency≤2.5×功能时钟周期,记得无论何时开始或停止看门狗定时都要考虑这个潜在因素。假设在 WDT_WCLR[5]=1(时钟分频使能)时,有一个 32 kHz 的输入时钟为且分频器的比率为1(2分频)复位周期列表在表6.17中。

表 6.17 复位周期举例

WDT_WLDR	值	WDT_WLDR	值
0000	0000h	FFFF	FFF0h
FFFF	0000h	FFFF	FFFFh

注意:

- 确保重载的值允许正确的操作应用。当看门狗定时器被使能,软件必须在计数器溢出之前按时触发一个重载信号。因此,WDT_WLDR[31:0]位的值必须根据上述看门狗装载器中正在运行的有效值进行选择。
- 由于设计的原因,WDT_WLDR[31:0]=FFFF FFFFh 是个特殊情况,虽然这个值对于 WDT_WLDR 无意义。当 WDT_WLDR 被编程为溢出值,即使看门狗定时停止,触发事件在一个功能时钟周期后会生成复位/中断。

表6.18列出了看门狗定时器的默认复位周期。

表 6.18 看门狗定时器的默认复位周期

看门狗	定时器	时 钟
WDT	32 kHz	2 s

7. 触发定时器重载

为了重载定时计数器和在溢出前复位分频器,重载命令通过访问看门狗定时触发寄存器,使用特殊重载命令来执行。当 WDT_WTGR 寄存器写入的值与以前的值

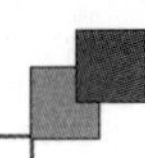

不同时，这个特殊的重载命令有效。在这种情况下，重载的执行和溢出后自动重载的方式一样，但没有生成复位脉冲。定时计数器装载看门狗定时器装载寄存器的值，而且分频器被复位。

8. 开始/停止序列

为了开始/停止看门狗定时器，必须用指定的序列通过开始/停止寄存器访问。

禁止定时器用以下序列：

- 向 WDT_WSPR 寄存器写 XXXX AAAAh；
- 向 WDT_WSPR 寄存器写 XXXX 5555h。

使能定时器用下列序列：

- 向 WDT_WSPR 寄存器写 XXXX BBBBh；
- 向 WDT_WSPR 寄存器写 XXXX 4444h。

向 WDT_WSPR 写入其他命令对于开始/停止的功能没任何作用。

9. 改变定时器计数/装载值和分频器设置

为了改变定时计数器的值（WDT_WCRR 寄存器）、分频器比率（WDT_WCLR[4：2] PTV 位）、延迟配置（WDT_WDLY[31：0] DLY_VALUE 位）或装载数值（WDT_WLDR[31：0] TIMER_LOAD 位），必须通过开始/停止序列禁止看门狗定时器。

在写访问之后，装载寄存器和分频器比率寄存器立刻被更新，但新的值只有在下一个连续计数溢出后或者新的触发命令发布后才会有效。

10. 看门狗定时计数寄存器的访问限制

因为 WDT_WCRR 寄存器直接与定时计数器的值相关，而且由定时时钟更新，所以一个 32 位影子寄存器用来执行读 WDT_WCRR 寄存器连续的值。这个影子寄存器由 16 位 LSB 读命令更新。

注意：虽然 L4 时钟和定时器时钟完全异步，但可以执行一些同步来保证 WDT_WCRR 寄存器的值不会在增加时被读出。

当执行 32 位读访问时，这个影子寄存器不被更新。读访问直接对寄存器进行操作。为保证在 WDT_WCRR 中读出正确的值，应首先访问低 16 位，然后再访问高 16 位。

11. 看门狗定时器中断生成

当一个中断源出现，这个中断状态位被置 1。在状态位和使能标志被设置成 1 时，输出中断线有效，向这个使能位写入 1 也可触发中断。在 WDT_WIRQSTAT 寄存器的写入命令对设置状态位重写 1 时，可以清除悬挂的中断事件。读 WDT_WIRQSTAT 寄存器并且将读取的值回写以允许快速中断识别处理。

如果这个中断在看门狗中断寄存器中（WDT_WIRQENSET[0] OVF_IT_ENA=1）是

使能的，则看门狗定时器发出溢出中断。当产生溢出，中断状态位（WDT_WIRQSTAT[0] EVENT_OVF位）被置1。当状态位（EVENT_OVF）和使能标志（OVF_IT_ENA）被设置成1时，输出中断线（WDT_IRQ）有效。这个中断可以通过设置WDT_WIRQENCLR[0] OVF_IT_ENA为1禁止。

如果中断寄存器是使能（WDT_WIRQENSET[1] DLY_IT_ENA=1））的，看门狗可以发出延迟中断。当计数器正在运行且计数器的值与延时配置寄存器中存储的值相匹配时，看门狗状态寄存器中的相应中断状态位被置位，而且输出中断线在WDT_WIRQSTAT和WDT_WIRQENSET寄存器中相应的标志和使能位为1时有效。这个中断可以通过将WDT_WIRQENCLR[1] DLY_IT_ENA置1禁止。

注意：向WDT_WIRQSTAT[0] EVENT_OVF位或WDT_WIRQSTAT[1]EVENT_DLY位写入0无效。

这两个时钟域是同步的，在中断状态寄存器（WDT_WIRQSTAT））更新期间，在功能时钟域（WDTi_FCLK）中生成中断事件。WDT_WDLY寄存器用来决定延时配置寄存器的值。计数装载寄存器（WDT_WLDR）的装载值和程序编入寄存器（WDT_WDLY）的值定义的中断延时是不一样的。用下列方式来估算延时时间：

延迟时间=（WDT_WDLY-WDT_WLDR+1）× 定时器时钟周期 × 时钟分频

此处：

- 定时器时钟周期=1/定时器时钟频率；
- 时钟分频=2PTV。

如果计数器的值达到编程值，则中断状态位寄存器中的状态位就被置位。同时，如果中断使能寄存器中相应的使能位是置位的，则将产生中断。注意：如果重载事件发生在编程值到达之前，就不会有中断产生；同样的，如果延时配置寄存器中的值比计数装载寄存器中存储的值小，也不会有中断产生。

12. 看门狗定时器仿真

在仿真模式下，看门狗定时器根据系统配置寄存器中的WDT_WDSC[5] EMUFREE值决定是否继续运行。

- 当EMUFREE为1，看门狗定时器的执行命令不停止且溢出时仍生成复位脉冲。
- 当EMUFREE为0，计数器冻结且在退出仿真模式后重新开始增加。

13. 访问看门狗定时器寄存器

Posted/nonposted的选择只针对需要与定时器功能时钟同步的功能寄存器。对于读/写操作，下列寄存器都会受到影响：WDT_WCLR、WDT_WCRR、WDT_WLDR、WDT_WTGR、WDT_WDLY和WDT_WSPR。

定时器内部时钟域同步寄存器不受posted/nonposted的选择影响。在一个有效的WDT_ICLK循环后的读/写操作都是有效且可识别的。定时器内部时钟域同步寄存器有：WDT_WIDR、WDT_WDSC、WDT_WDST、WDT_WIRQSTATRAW、WDT_WIRQSTAT、WDT_WIRQENSET、WDT_WIRQENCLR 和 WDT_WWPS。

6.2.3　看门狗定时寄存器

表 6.19 列出了看门狗定时器的寄存器。看门狗定时寄存器只允许 16 位或 32 位访问，不允许 8 位访问，这可能破坏寄存器内容。在以下描述中：R/W＝读/写；R＝只读；-n＝复位后的值。

注意：

- WDT_WISR 和 WDT_WIRQSTATRAW 寄存器有相同的功能。WDT_WISR 寄存器用于软件回写的兼容性；
- WDT_WIER 和 WDT_WIRQENSET/WDT_WIRQENCLR 有相同的功能。WDT_ WIER 寄存器用于软件回写的兼容性；
- WDT_WIRQSTATRAW 和 WDT_WIRQSTAT 寄存器在被读时给出相同的信息。WDT_WIRQSTATRAW 用于调试。

表 6.19　看门狗定时器的寄存器

偏　移	缩　写	寄存器名
0h	WDT_WIDR	WDT_WIDR
10h	WDT_WDSC	WDT_WDSC
14h	WDT_WDST	WDT_WDST
18h	WDT_WISR	WDT_WISR
1Ch	WDT_WIER	WDT_WIER
24h	WDT_WCLR	WDT_WCLR
28h	WDT_WCRR	WDT_WCRR
2Ch	WDT_WLDR	WDT_WLDR
30h	WDT_WTGR	WDT_WTGR
34h	WDT_WWPS	WDT_WWPS
44h	WDT_WDLY	WDT_WDLY
48h	WDT_WSPR	WDT_WSPR
54h	WDT_WIRQSTATRAW	WDT_WIRQSTATRAW
58h	WDT_WIRQSTAT	WDT_WIRQSTAT
5Ch	WDT_WIRQENSET	WDT_WIRQENSET
60h	WDT_WIRQENCLR	WDT_WIRQENCLR

(1) WDT_WIDR 寄存器

图 6.14 和表 6.20 描述 WDT_WIDR 寄存器。

31	0
REVISION	
R-0	

图 6.14 WDT_WIDR 寄存器

表 6.20 WDT_WIDR 寄存器的描述

位	域	类 型	复位	描 述
31～0	REVISION	R	0	IP 修订版本

(2) WDT_WDSC 寄存器

图 6.15 和表 6.21 描述 WDT_WDSC 寄存器，这个寄存器控制 L4 接口的性能参数的变化。

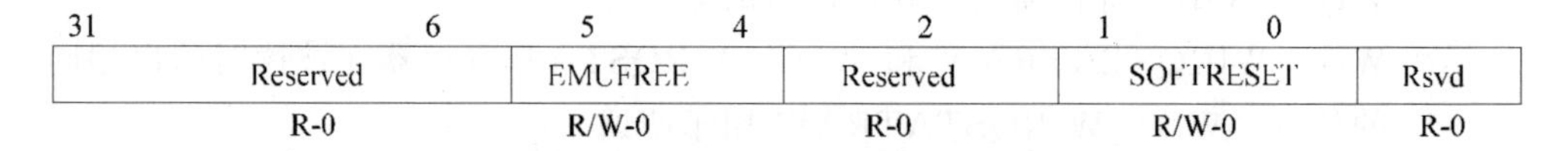

图 6.15 WDT_WDSC 寄存器

表 6.21 WDT_WDSC 寄存器的描述

位	域	类 型	复 位	描 述
31～6	Reserved	R	0	为了后续的兼容性，写入 0；读返回 0
5	EMUFREE	R/W	0	仿真模式 0＝在仿真器中定时器冻结 1＝在仿真器中定时器自由运行
4～2	Reserved	R	0	为了后续的兼容性，写入 0；读返回 0
1	SOFTRESET	R/W	0	软件复位 读出 0＝复位完成，无挂起的动作 写入 0＝无操作 写入 1＝开始软件复位 读出 1＝复位正在进行中
0	Reserved	R	0	为了后续的兼容性，写入 0；读返回 0

(3) WDT_WDST 寄存器

WDT_WDST 寄存器提供了模块的状态信息，图 6.16 和表 6.22 描述此寄存器。

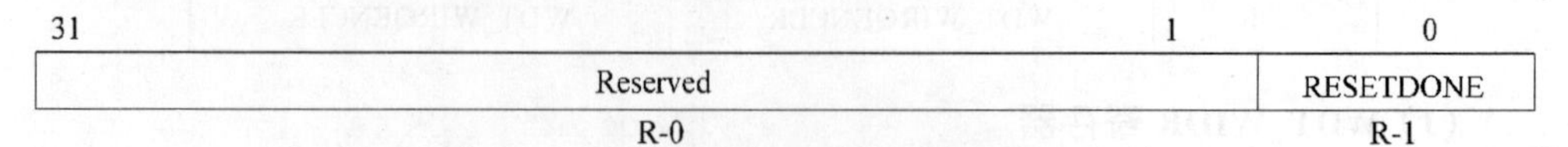

图 6.16 WDT_WDST 寄存器

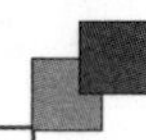

表 6.22 WDT_WDST 寄存器的描述

位	域	类 型	复 位	描 述
31～1	Reserved	R	0	读返回 0
0	RESETDONE	R	1	内部模块复位监测 读出 0=内部模块正在复位 读出 1=复位完成

(4) WDT_WISE 寄存器

WDT_WISE 寄存器显示了模块内部悬挂的中断事件，图 6.17 和表 6.23 描述此寄存器。

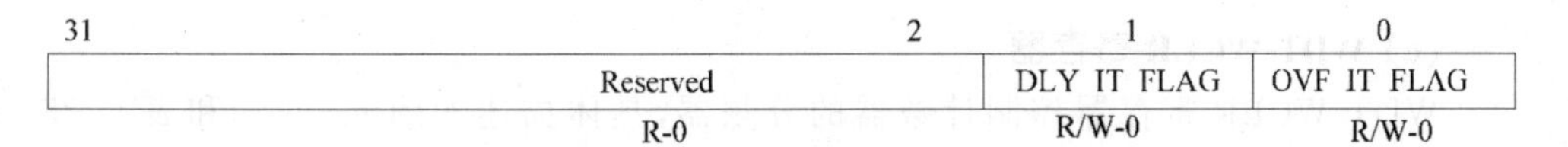

图 6.17 WDT_WISR 寄存器

表 6.23 WDT_WISR 寄存器的描述

位	域	类 型	复 位	描 述
31～2	Reserved	R	0	读出值为 0
1	DLY_IT_FLAG	R/W	0	等待中的延时中断状态 读出 0=没有等待中的延时中断 写入 0=状态位没改变 写入 1=清除状态位 读出 1=延时中断挂起
0	OVF_IT_FLAG	R/W	0	等待中的溢出中断状态 读出 0=无等待中的溢出中断 写入 0=状态位没改变 写入 1=清除状态位 读出 1=溢出中断挂起

(5) WDT_WIER 寄存器

WDT_WIER 寄存器控制(启动/禁用)中断事件，具体描述如图 6.18 和表 6.24 所示。

31 ～ 2	1	0
Reserved	DLY IT ENA	OVF IT ENA
R-0	R/W-0	R/W-0

图 6.18 WDT_WIER 寄存器

表6.24 WDT_WIER寄存器字段描述

位	字 段	类 型	复 位	描 述
32～2	保留位	R	0	读取返回0
1	DLY IT ENA	R/W	0	延时中断启动/禁用 0＝禁用延时中断 1＝使能延时中断
0	OVF IT ENA	R/W	0	溢出中断启动/禁用 0＝禁用溢出中断 1＝使能溢出中断

(6) WDT WCLR寄存器

WDT WCLR寄存器控制计数器的分频器,具体描述如图6.19和和表6.25所示。

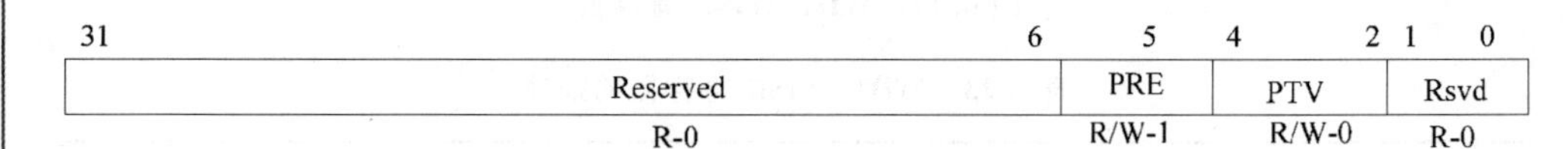

图6.19 WDT WCLR寄存器

表6.25 WDT WCLR寄存器字段描述

位	字 段	类 型	复 位	描 述
31～6	保留位	R	0	读取返回0
5	PRE	R/W	1	分频器使能/禁止配置 0＝禁止分频器 1＝使能分频器
4～2	PTV	R/W	0	分频器值,定时器计数器以2^{PTV}进行分频。
1～0	保留位	W	0	为了后续的兼容性,写入0;读返回0

(7) WDT WCRR寄存器

WDT WCRR寄存器包含有内部计数器的值,具体描述如图6.20和表6.26所示。

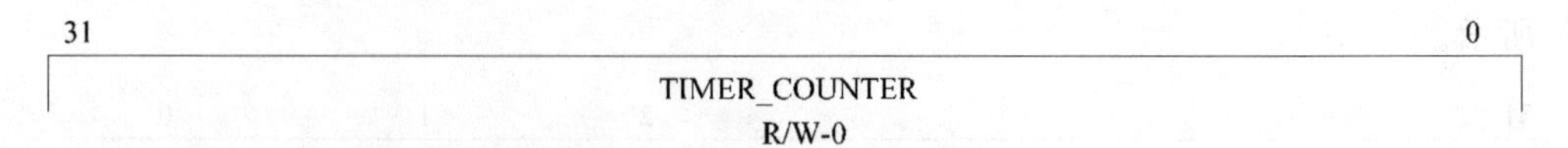

图6.20 WDT_WCRR寄存器

表 6.26　WDT WCRR 寄存器字段描述

位	字　段	类　型	复　位	描　述
31～0	TIMER_COUNTER	R/W	0	定时计数器的值

(8) WDT WLDR 寄存器

WDT WLDR 寄存器包含有计时器的负载值，具体描述如图 6.21 和表 6.27 所示。

31　　0

TIMER_LOAD

R/W-0

图 6.21　WDT_WLDR 寄存器

表 6.27　WDT WLDR 寄存器字段描述

位	字　段	类　型	复　位	描　述
31～0	TIMER_LOAD	R/W	0	定时器加载寄存器的值

(9) WDT WTGR 寄存器

WDT WTGR 寄存器如图 6.22 和表 6.28 所示。

TIMER_VALUE

R/W-0

图 6.22　WDT_WTGR 寄存器

表 6.28　WDT WTGR 寄存器字段描述

位	字　段	类　型	复　位	描　述
31～0	TTGR_VALUE	R/W	0	触发寄存器的值

(10) WDT WWPS 寄存器

这个寄存器包含所有寄存器写入功能的写标志位。

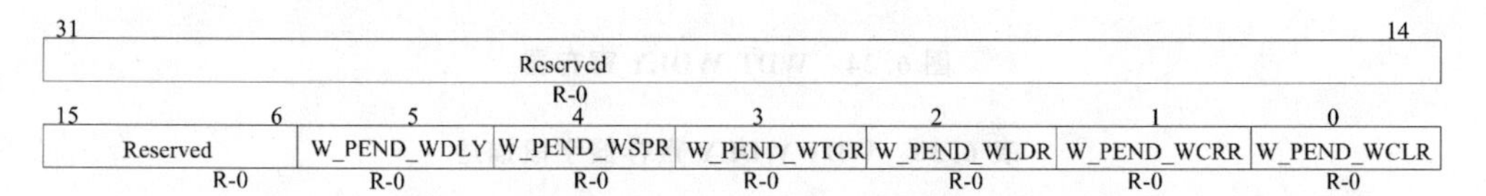

图 6.23　WDT WWPS 寄存器

表 6.29 WDT WWPS 寄存器字段描述

位	字 段	类 型	复 位	描 述
31～6	保留位	R	0	为了后续的兼容性，写入 0；读返回 0
5	W_PEND_WDLY	R	0	WDLY 寄存器的写操作挂起 读取 0＝没有寄存器写操作挂起 读取 1＝有寄存器写操作挂起
4	W_PEND_WSPR	R	0	WSPR 寄存器的写操作挂起 读取 0＝没有寄存器写操作挂起 读取 1＝有寄存器写操作挂起
3	W_PEND_WTGR	R	0	WTGR 寄存器的写操作挂起 读取 0＝没有寄存器写操作挂起 读取 1＝有寄存器写操作挂起
2	W_PEND_WLDR	R	0	WLDR 寄存器的写操作挂起 读取 0＝没有寄存器写操作挂起 读取 1＝有寄存器写操作挂起
1	W_PEND_WCRR	R	0	WCRR 寄存器的写操作挂起 读取 0＝没有寄存器写操作挂起 读取 1＝有寄存器写操作挂起
0	W_PEND_WCLR	R	0	WCLR 寄存器的写操作挂起 读取 0＝没有寄存器写操作挂起 读取 1＝有寄存器写操作挂起

(11) WDT WDLY 寄存器

WDT WDLY 寄存器包含有控制内部预溢出事件检测的延时值。其具体字段和描述如图 6.24 和表 6.30 所示。

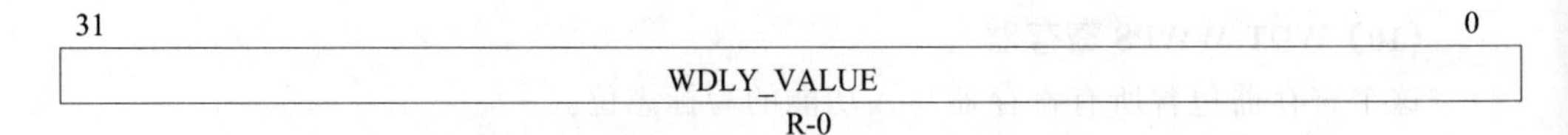

图 6.24 WDT WDLY 寄存器

表 6.30 WDT WDLY 寄存器字段描述

位	字 段	类 型	复 位	描 述
31～0	WDLY_VALUE	R/W	0	延时寄存器的值

(12) WDT WSPR 寄存器

这个寄存器有控制内部的启停状态机的启动停止值。其具体字段和描述如

图 6.25和表 6.31 所示。

31 ... 0
WSPR_VALUE
R-0

图 6.25　WDT WSPR 寄存器

表 6.31　WDT WSPR 寄存器字段描述

位	字　段	类　型	复　位	描　述
31～0	WSPR_VALUE	R/W	0	开始停止寄存器的值

(13) WDT_WIRQSTATRAW 寄存器

WDT_WIRQSTATRAW 寄存器具体字段及描述如图 6.26 和表 6.32 所示。

31 ... 2	1	0
Reserved	EVENT_DLY	EVENT_OVF
R-0	R/W1S-0	R/W1S-0

图 6.26　WDT WIRQSTATRAW 寄存器

表 6.32　WDT WIRQSTATRAW 寄存器字段描述

位	字　段	类　型	复　位	描　述
31～2	保留位	R	0	为了后续的兼容性，写入 0；读返回 0
1	EVENT_DLY	R/W1S	0	设置延时事件原始状态 读 0＝没有挂起的事件 写 0＝没有动作 写 1＝设置事件(用于调试) 读 1＝有挂起的事件
0	EVENT_OVF	R/W1S	0	设置溢出事件原始状态 读 0＝没有挂起的事件 写 0＝没有动作 写 1＝设置事件(用于调试) 读 1＝有挂起的事件

(14) WDT_ WIRQSTAT 寄存器

中断屏蔽状态写 0。在中断服务后写 1 清除状态。其具体字段及描述如图 6.27 和表 6.33 所示。

31 ... 2	1	0
Reserved	EVENT_DLY	EVENT_OVF
R-0	R/W1C-0	R/W1C-0

图 6.27 WDT_WIRQSTAT 寄存器

表 6.33 WDT_WIRQSTAT 寄存器字段描述

位	字 段	类 型	复 位	描 述
31～2	保留位	R	0	为了后续的兼容性，写入0；读返回0
1	EVENT_DLY	R/W1C	0	清除延时事件使能状态 读0＝没有挂起的事件 写0＝没有动作 写1＝清除事件 读1＝有挂起的事件
0	EVENT_OVF	R/W1C	0	清除溢出事件使能状态 读0＝没有挂起的事件 写0＝没有动作 写1＝清除事件 读1＝有挂起的事件

(15) WDT_WIRQENSET 寄存器

写1使能中断，读可得到相应的_CLR寄存器的值。其具体字段及描述如图6.28和表6.34所示。

31 ... 2	1	0
Reserved	ENABLE_DLY	ENABLE_OVF
R-0	R/W1S-0	R/W1S-0

图 6.28 WDT_WIRQENSET 寄存器

表 6.34 WDT_WIRQENSET 寄存器字段描述

位	字 段	类 型	复 位	描 述
31～2	保留位	R	0	为了后续的兼容性，写入0；读返回0
1	ENABLE_DLY	R/W1S	0	使能延时事件 读0＝禁止中断(屏蔽) 写0＝没有动作 写1＝允许中断 读1＝中断使能

续表 6.34

位	字 段	类 型	复 位	描 述
0	ENABLE_OVF	R/W1S	0	使能溢出事件 读 0=禁止中断(屏蔽) 写 0=没有动作 写 1=允许中断 读 1=中断使能

(16) WDT_WIRQENCLR 寄存器

写1禁止中断。读可得到相应的_SET寄存器的值。其字段及描述如图6.29和表6.35所示。

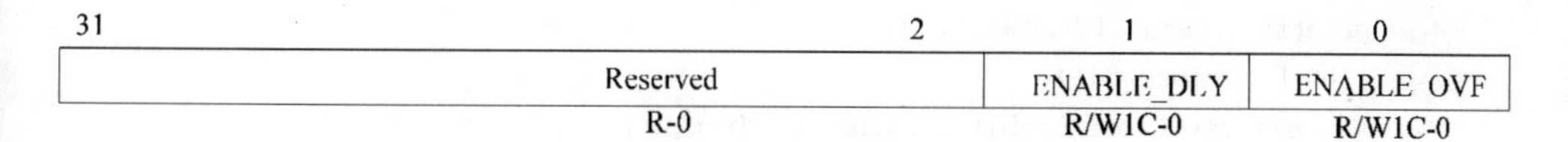

图 6.29 WDT_WIRQENCLR 寄存器

表 6.35 WDT_WIRQENCLR 寄存器字段描述

位	字 段	类 型	复 位	描 述
31～2	保留位	R	0	为了后续的兼容性,写入0;读返回0
1	ENABLE_DLY	R/W1C	0	使能延时事件 读 0=禁止中断(屏蔽) 写 0=没有动作 写 1=允许中断 读 1=中断使能
0	ENABLE_OVF	R/W1C	0	使能溢出事件 读 0=禁止中断(屏蔽) 写 0=没有动作 写 1=允许中断 读 1=中断使能

6.2.4 软件程序设计

(1) 下面的代码为测试TI816X看门狗定时器的部分应用程序。用户需输入系统睡眠时间sleep_time,系统在睡眠sleep_time秒时等待看门狗定时时间(data=10)到后复位。

```
#include<stdio.h>
#include<linux/rtc.h>
#include<sys/ioctl.h>
```

```
#include<sys/time.h>
#include<sys/types.h>
#include<fcntl.h>
#include<unistd.h>
#include<errno.h>
#include<asm/types.h>
#include<linux/watchdog.h>
#include<sys/stat.h>
#include<signal.h>
int fd;
void catch_int(int signum)                          //信号量处理函数
{
    signal(SIGINT, catch_int);
    printf("In signal handler\n");
    if(0 ! = close(fd))
        printf("Close failed in signal handler\n");
    else
        printf("Close succeeded in signal handler\n");
}
int main(int argc, const char * argv[]) {
    int sleep_time = atoi(argv[1]);                 //赋值系统睡眠时间
    int data = 0;
    int ret_val;
    signal(SIGINT, catch_int);
        fd = open("/dev/watchdog",O_WRONLY); //打开看门狗设备
        if (fd = = -1) {
                perror("watchdog");
                return 1;
        }
/* 获取当前看门狗定时时间并赋给变量 data */
ret_val = ioctl (fd, WDIOC_GETTIMEOUT, &data);
if (ret_val) {
    printf ("\nWatchdog Timer : WDIOC_GETTIMEOUT failed");
}
else {
    printf ("\nCurrent timeout value is : %d seconds\n", data);
}
    data = 10;
       /* 设置看门狗定时时间为 data = 10 */
        ret_val = ioctl (fd, WDIOC_SETTIMEOUT, &data);
        if (ret_val) {
            printf ("\nWatchdog Timer : WDIOC_SETTIMEOUT failed");
        }
        else {
            printf ("\nNew timeout value is : %d seconds", data);
```

```
        }
        /* 检测看门狗定时时间是否设置成功 */
        ret_val = ioctl (fd, WDIOC_GETTIMEOUT, &data);
        if (ret_val) {
            printf ("\nWatchdog Timer : WDIOC_GETTIMEOUT failed");
        }
        else {
            printf ("\nCurrent timeout value is : %d seconds\n", data);
        }
        while(1)
        {
                if (1 ! =write(fd, "\0", 1))
        {
            printf("Write failed\n");
            break;
        }
        else
            printf("Write succeeded\n");
         sleep(sleep_time);    //系统睡眠 sleep_time 秒,等待看门狗定时时间到后复位
        }
        if (0 ! =close (fd))                         //关闭设备
        printf("Close failed\n");
    else
        printf("Close succeeded\n");
    return 0;
}
```

(2) 基于 Cortex-A8 的 S5PC100 处理器要实现看门狗的功能,只需要对看门狗的寄存器组进行操作,即对看门狗的控制寄存器(WTCON)、看门狗数据寄存器(WTDAT)和看门狗计数寄存器(WTCNT)进行操作。

```
/* WATCHDOG 寄存器的定义 */
typedef struct{
            unsigned int WTCON ;
            unsigned int WTDAT ;
            unsigned int WTCNT ;
            unsigned int WTCLRINT ;
            }wdt;
#define WDT ( * (volatile wdt * )0xEA200000 )
/* 看门狗定时器的初始化 */
void wdt_init( )
    {
    WDT.WTCNT = 0X277e;
    WDT.WTCON = (1<<0)|(3<<3)|(1<<5)|(255<<8);
```

```
    //66 MHz 预分频 255 得到 255 824 Hz 再进行 128 分频得到 f = 2 022 Hz
    //data * 1/f = 5 延时 5 s 得到 data = 0x277e
    }
/*看门狗主程序的编写*/
#include "s5pc100.h"
int main()
{
int i;
GPG3.GPG3CON = (~(0xf<<4)&GPG3.GPG3CON) | (0X1<<4);
GPG3.GPG3DAT = 0x2; //点亮 LED 用来测试看门狗的复位功能
wdt_init();
while(1);
return 0;
}
```

6.3 中断系统

DM8168有大量的中断,包括两种中断控制器(INTC)模块,用于控制设备级别的中断:ARM Cortex-A8和C674x DSP。图6.30给出了DM8168的中断控制器框图。

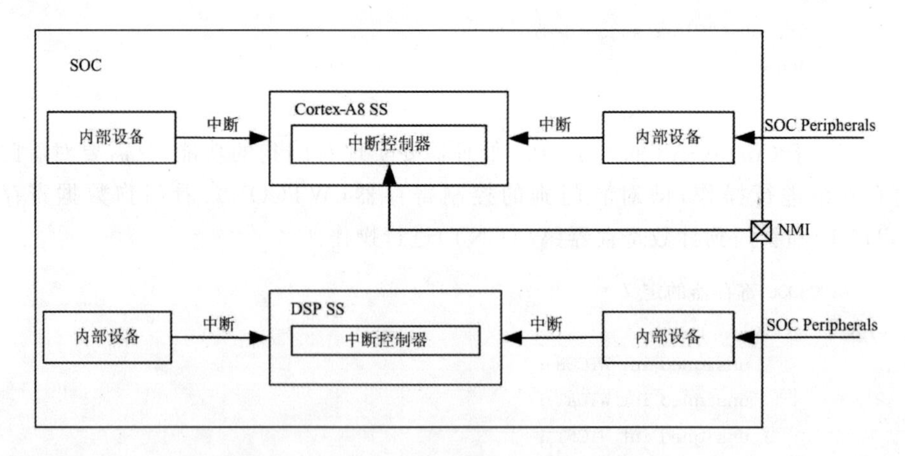

图6.30 DM8168的中断控制器框图

6.3.1 中断一览表

表6.36给出了DM8168所有的设备中断,并且指明了中断的目的地:ARM Cortex-A8和C674x DSP。

表 6.36 系统模块中断

中断模块	中 断	目的地		描 述
		Cortex-A8	C674x DSP	
HDVICP2-0	POMBINTRREQ0			邮箱中断 0
	POMBINTRPEND0	×		
	POMBINTRREQ1			邮箱中断 1
	POMBINTRPEND1		×	
	POMBINTRREQ2			邮箱中断 2
	POMBINTRPEND2			
	POSYNCINTRREQ0			iCONT1 同步中断
	POSYNCINTRPEND0	×	×	
	POSYNCINTRREQ1			iCONT2 同步中断
	POSYNCINTRPEND1	×	×	
HDVICP-1	POMBINTRREQ0			邮箱中断 0
	POMBINTRPEND0	×		
	POMBINTRREQ1			邮箱中断 1
	POMBINTRPEND1		×	
	POMBINTRREQ2			邮箱中断 2
	POMBINTRPEND2			
	POSYNCINTRREQ0			iCONT1 同步中断
	POSYNCINTRPEND0	×	×	
	POSYNCINTRREQ1			iCONT2 同步中断
	POSYNCINTRPEND1	×	×	
HDVICP-2	POMBINTRREQ0			邮箱中断 0
	POMBINTRPEND0	×		
	POMBINTRREQ1			邮箱中断 1
	POMBINTRPEND1		×	
	POMBINTRREQ2			邮箱中断 2
	POMBINTRPEND2			
	POSYNCINTRREQ0			iCONT1 同步中断
	POSYNCINTRPEND0	×	×	
	POSYNCINTRREQ1			iCONT2 同步中断
	POSYNCINTRPEND1	×	×	

续表 6.36

中断模块	中　断	目的地		描　述
		Cortex-A8	C674x DSP	
SATA	INTRQ			SATA 模块中断
	INTRQ_PEND_N	×		
EMAC SS0	C0_RX_THRESH_INTR_REQ			接收阈值
	C0_RX_THRESH_INTR_PEND	×	×	
	C0_RX_INTR_REQ			接收挂起中断
	C0_RX_INTR_PEND	×	×	
	C0_TX_INTR_REQ			发送挂起中断
	C0_TX_INTR_PEND	×	×	
	C0_MISC_INTR_REQ			Stat、Host、MDIO LINKINT 或 MDIO USERINT
	C0_MISC_INTR_PEND	×	×	
EMAC SS1	C0_RX_THRESH_INTR_REQ			接收阈值
	C0_RX_THRESH_INTR_PEND	×	×	
	C0_RX_INTR_REQ			接收挂起中断
	C0_RX_INTR_PEND	×	×	
	C0_TX_INTR_REQ			发送挂起中断
	C0_TX_INTR_PEND	×	×	
	C0_MISC_INTR_REQ			Stat、Host、MDIO LINKINT 或 MDIO USERINT
	C0_MISC_INTR_PEND	×	×	
USB2.0 SS	USBSS_INTR_RE			队列 MGR 或 CPPI 完成中断
	USBSS_INTR_PEND	×	×	
	USB0_INTR_REQ			RX 和 TX DMA 端点就绪或错误，或者 USB2.0 中断
	USB0_INTR_PEND	×		
	USB1_INTR_REQ			
	USB1_INTR_PEND	×		
	SLV0P_SWAKEUP	×		USB 唤醒

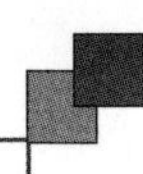

续表 6.36

中断模块	中　断	目的地		描　述
		Cortex-A8	C674x DSP	
PCIe Gen2	PCIE_INT_I_INTR0			传统模式中断(仅 RC 模式)
	PCIE_INT_I_INTR_PEND_N0	×		
	PCIE_INT_I_INTR1			MSI 中断(仅 RC 模式)
	PCIE_INT_I_INTR_PEND_N1	×		
	PCIE_INT_I_INTR2			电源管理中断
	PCIE_INT_I_INTR_PEND_N2	×		
	PCIE_INT_I_INTR3			保留
	PCIE_INT_I_INTR_PEND_N3	×		
	PCIE_INT_I_INTR4			
	PCIE_INT_I_INTR_PEND_N4			
	PCIE_INT_I_INTR5			
	PCIE_INT_I_INTR_PEND_N5			
	PCIE_INT_I_INTR6			
	PCIE_INT_I_INTR_PEND_N6			
	PCIE_INT_I_INTR7			
	PCIE_INT_I_INTR_PEND_N7			
	PCIE_INT_I_INTR8			
	PCIE_INT_I_INTR_PEND_N8			
	PCIE_INT_I_INTR9			
	PCIE_INT_I_INTR_PEND_N9			
	PCIE_INT_I_INTR10			
	PCIE_INT_I_INTR_PEND_N10			
	PCIE_INT_I_INTR11			
	PCIE_INT_I_INTR_PEND_N11	×		
	PCIE_INT_I_INTR12			
	PCIE_INT_I_INTR_PEND_N12	×		
	PCIE_INT_I_INTR13			
	PCIE_INT_I_INTR_PEND_N13	×		
	PCIE_INT_I_INTR14			
	PCIE_INT_I_INTR_PEND_N14	×		
	PCIE_INT_I_INTR15			
	PCIE_INT_I_INTR_PEND_N15	×		
	SLE_IDLEP_SWAKEPUP	×		PCIe 唤醒

续表 6.36

中断模块	中　断	目的地		描　述
		Cortex-A8	C674x DSP	
TPCC	TPCC_INT_PO[0]	×		区域 0 DMA 完成
	TPCC_INT_PEND_N[0]			
	TPCC_INT_PO[1]		×	区域 1 DMA 完成
	TPCC_INT_PEND_N[1			
	TPCC_INT_PO[2]			区域 2 DMA 完成
	TPCC_INT_PEND_N[2]			
	TPCC_INT_PO[3]			区域 3 DMA 完成
	TPCC_INT_PEND_N[3]			
	TPCC_INT_PO[4]			区域 4 DMA 完成
	TPCC_INT_PEND_N[4]			
	TPCC_INT_PO[5]			区域 5 DMA 完成
	TPCC_INT_PEND_N[5]			
	TPCC_INT_PO[6]			区域 6 DMA 完成
	TPCC_INT_PEND_N[6]			
	TPCC_INT_PO[7]			区域 7 DMA 完成
	TPCC_INT_PEND_N[7]			
	TPCC_MPINT_PO			内存保护错误
	TPCC_MPINT_PEND_N	×		
	TPCC_ERRINT_PO			TPCC 错误
	TPCC_ERRINT_PEND_N	×	×	
	TPCC_INTG_PO			DMA 全局完成
	TPCC_INTG_PEND_N			
TPTC0	TPTC_ERRINT_PO			TPTC0 错误
	TPTC_LERRINT_PO	×	×	
	TPTC_INT_PO			TPTC0 完成
	TPTC_LINT_PO			
TPTC1	TPTC_ERRINT_PO			TPTC1 错误
	TPTC_LERRINT_PO	×		
	TPTC_INT_PO			TPTC1 完成
	TPTC_LINT_PO			

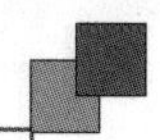

续表 6.36

中断模块	中　断	目的地		描　述
		Cortex-A8	C674x DSP	
TPTC2	TPTC_ERRINT_PO			TPTC2 错误
	TPTC_LERRINT_PO	×		
	TPTC_INT_PO			TPTC2 完成
	TPTC_LINT_PO			
TPTC3	TPTC_ERRINT_PO			TPTC3 错误
	TPTC_LERRINT_PO	×		
	TPTC_INT_PO			TPTC3 完成
	TPTC_LINT_PO			
DDR EMIF4d 0	SYS_ERR_INTR			EMIF 错误
	SYS_ERR_INTR_PEND_N	×		
DDR EMIF4d 1	SYS_ERR_INTR			
	SYS_ERR_INTR_PEND_N	×		
GPMC	GPMC_SINTERRUPT	×		GPMC 中断
UART 0	NIRQ	×	×	UART 和 IrDA 0 中断
UART 1	NIRQ	×	×	UART 和 IrDA 1 中断
UART 2	NIRQ	×	×	UART 和 IrDA 2 中断
Timer 1	POINTR_REQ			32 位 Timer1 中断
	POINTR_PEND	×	×	
Timer2	POINTR_REQ			32 位 Timer2 中断
	POINTR_PEND	×	×	
Timer 3	POINTR_REQ			32 位 Timer3 中断
	POINTR_PEND	×	×	
Timer4	POINTR_REQ			32 位 Timer4 中断
	POINTR_PEND	×	×	
Timer 5	POINTR_REQ			32 位 Timer5 中断
	POINTR_PEND	×	×	
Timer6	POINTR_REQ			32 位 Timer6 中断
	POINTR_PEND	×	×	
Timer7	POINTR_REQ			32 位 Timer7 中断
	POINTR_PEND	×	×	
WDTimer1	PO_INT_REQ	×	×	看门狗定时器

续表 6.36

中断模块	中　断	目的地		描　述
		Cortex-A8	C674x DSP	
I2C 0	POINTRREQ			I2C 总线中断
	POINTRPEND	×	×	
I2C 1	POINTRREQ			
	POINTRPEND	×	×	
SPI	SINTERRUPTN	×	×	SPI 中断
SDIO	IRQOQN	×	×	SDIO 中断
McASP0	MCASP_X_INTR_REQ			McASP 0 接收中断
	MCASP_X_INTR_PEND	×	×	
	MCASP_R_INTR_REQ			
	MCASP_R_INTR_PEND	×	×	
McASP1	MCASP_X_INTR_REQ			McASP 1 发送中断
	MCASP_X_INTR_PEND	×	×	
	MCASP_R_INTR_REQ			McASP 1 接收中断
	MCASP_R_INTR_PEND	×	×	
McASP2	MCASP_X_INTR_REQ			McASP 2 发送中断
	MCASP_X_INTR_PEND	×	×	
	MCASP_R_INTR_REQ			McASP 2 接收中断
	MCASP_R_INTR_PEND	×	×	
McBSP	PORRINTERRUPT			McBSP 接收中断
	PORXINTERRUPT			McBSP 发送中断
	PORROVFLINTERRUPT			McBSP 溢出中断
	PORCOMMONIRQ	×	×	McBSP 通用中断
RTC	TIMER_INTR_REQ			定时器中断
	TIMER_INTR_PEND	×		
	ALARM_INTR_REQ			报警中断
	ALARM_INTR_PEND	×		
GPIO 0	POINTRREQ1			GPIO 0 中断 1
	POINTRPEND1	×	×	
	POINTRREQ2			GPIO 0 中断 2
	POINTRPEND2	×	×	

续表 6.36

中断模块	中 断	目的地		描 述
		Cortex-A8	C674x DSP	
GPIO 1	POINTRREQ1			GPIO 1 中断 1
	POINTRPEND1	×	×	
	POINTRREQ2			GPIO 1 中断 2
	POINTRPEND2	×	×	
PRCM				保留
HDVPSS	INTR0_INTR			Intr0 脉冲版本
	INTR0_INTR_PEND_N	×		Intr0 级别版本
	INTR1_INTR			Intr1 脉冲版本
	INTR1_INTR_PEND_N		×	Intr1 级别版本
	INTR2_INTR			Intr2 脉冲版本
	INTR2_INTR_PEND_N			Intr2 级别版本
	INTR3_INTR			Intr3 脉冲版本
	INTR3_INTR_PEND_N			Intr3 级别版本
SGX530	THALIAIRQ	×		IMG 总线错误
	TARGETSINTERRUPT			Target Slave 错误中断
	INITMINTERRUPT			启动 Master 错误中断
HDMI 1.3 传输	INTR0_INTR			Intr0 脉冲版本
	INTR0_INTR_PEND_N	×	×	Intr0 级别版本
SmartReflex0	INTRREQ			SVT SmartReflex 中断脉冲版本
	INTRPEND	×		SVT SmartReflex 中断级别版本
SmartReflex1	INTRREQ			HVT SmartReflex 中断脉冲版本
	INTRPEND	×		HVT SmartReflex 中断级别版本
PBIST				保留
Mailbox	MAIL_U0_IRQ	×		邮箱中断
	MAIL_U1_IRQ		×	
	MAIL_U2_IRQ			
	MAIL_U3_IRQ			
NMI	NMI_INT	×		NMI 中断

续表 6.36

中断模块	中　断	目的地		描　述
		Cortex-A8	C674x DSP	
Infrastructure	L3_DBG_IRQ	×		L3 调试错误
	L3_APP_IRQ	×		L3 应用错误
MMU	MMU_INTR	×		Table walk 异常中断
Cortex-A8 SS	COMMTX	×		ARM ICECrusher 中断
	COMMRX	×		
	BENCH	×		ARM NPMUIRQ
	ELM_IRQ	×		错误位置处理完成
	EMUINT	×		E2ICE 中断
C674x (Int Ctrl)	EVT0		×	C674x 内部
	EVT1		×	
	EVT2		×	
	EVT3		×	
	INTERR		×	
C674x(ECM)	EMU_DTDMA		×	
C674x(RTDX)	EMU_RTDXRX		×	
	EMU_RTDXTX		×	
C674x(EMC)	IDMAINT0		×	
	IDMAINT1		×	
	EMC_IDMAERR		×	
C674x(PBIST)	PBISTINT		×	
C674x(EFI A)	EFIINTA		×	
C674x(EFI B)	EFIINTB		×	
C674x(PMC)	PMC_ED		×	
C674x(UMC)	UMC_ED1		×	
	UMC_ED2		×	
C674x(PDC)	PDC_INT		×	
SYS	SYS_CMPA		×	Sys

续表 6.36

中断模块	中　断	目的地		描　述
		Cortex-A8	C674x DSP	
C674x(PMC)	PMC_CMPA		×	C674x 内部
	PMC_DMPA		×	
C674x(DMC)	DMC_CMPA		×	
	DMC_DMPA		×	
C674x(UMC)	UMC_CMPA		×	
	UMC_DMPA		×	
C674x(EMC)	EMC_CMPA		×	
	EMC_BUSERR		×	

6.3.2 Cortex-A8 MPU 中断控制器

中断控制器模块(INTC)与 Cortex-A8 处理器一起集成在 Cortex-A8 内核中，Cortex-A8 中断控制器(AINTC)控制 ARM 设备的中断，并且将中断(带有不同的优先级)映射到 ARM 的中断请求(IRQ)或快速中断请求(FIQ)。AINTC 中断为低电平有效，AINTC 负责所有外设向 Cortex-A8 子系统发送的服务请求优先级确定，并且向主机产生 nIRQ 或 nFIQ。中断的类型(nIRQ 和 nFIQ)和优先级是可编程的。AINTC 可以处理多达 128 个请求，并分别定义为 nFIRQ 或 nFIQ 及其优先级顺序。INTC 主要提供以下功能：

- 128 个硬件中断输入；
- 软件生成中断；
- 中断的优先级；
- 中断的类型(nIRQ 或 nFIQ)；
- 中断的屏蔽；
- 将中断分布到目标 Cortex-A8 处理器；
- 跟踪中断的状态。

图 6.31 为 Cortex-A8 的中断机制。

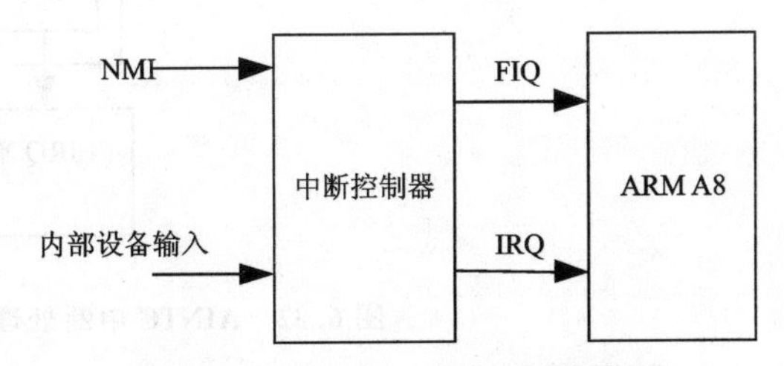

图 6.31　Cortex-A8 的中断机制框图

1. 功能框图

中断控制器通过屏蔽和优先级排序来处理中断，并且向其连接的处理器产生中断信号。图 6.32 为 AINTC 中断处理的功能框图。

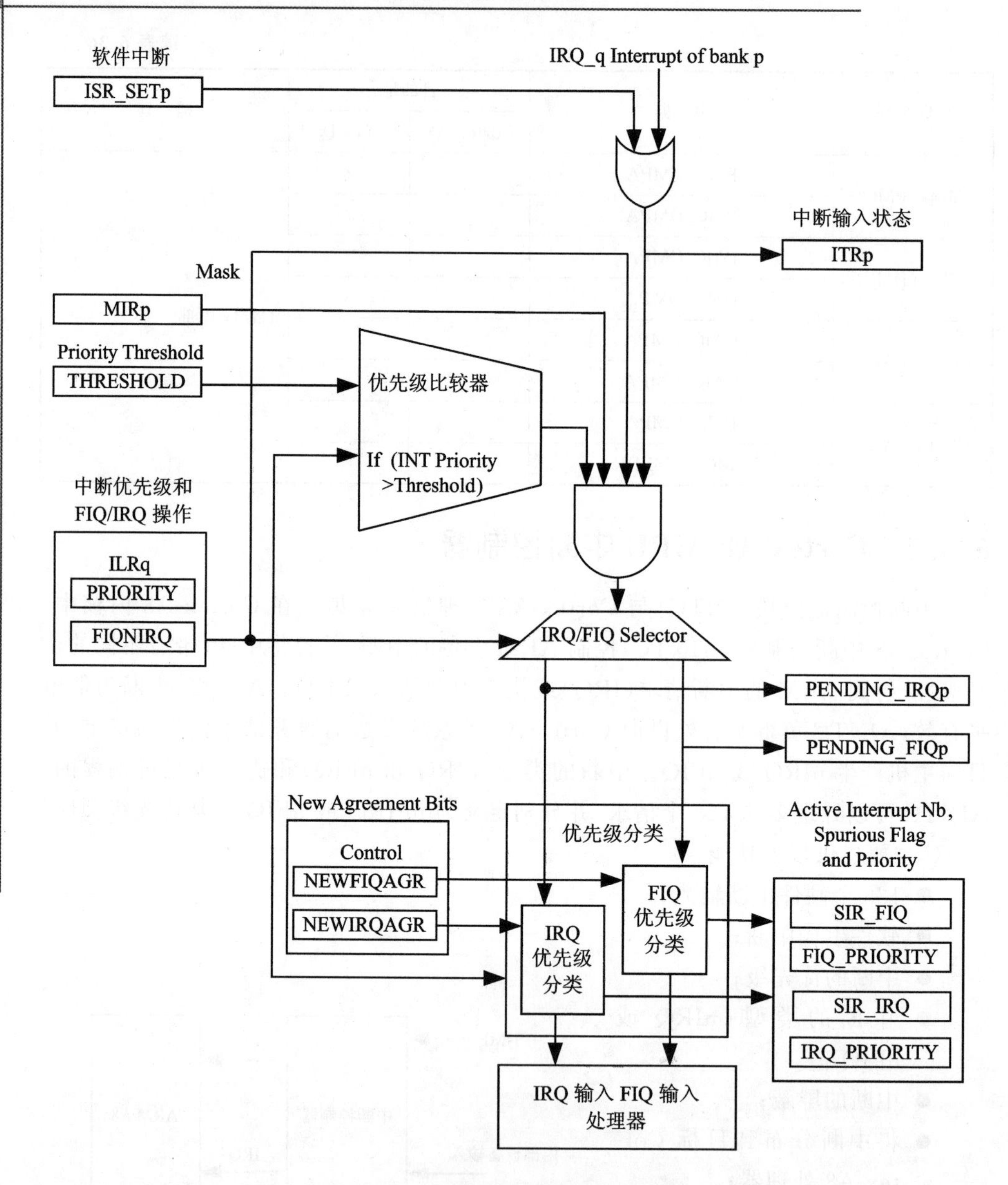

图 6.32 AINTC 中断处理功能框图

AINTC 的中断源如下：

- 通过 NMI 引脚的外部中断。注意来自外部 SOC 外设的中断需要通过 GPIO 连接。
- SOC 和 ARM A8 内部的外设中断。

所有非屏蔽中断都可以唤醒中断控制器。

2. AINTC集成

ARM中断控制器是许多中断与ARM Cortex-A8的两个中断输入之间的接口。ARM Cortex-A8的两个中断输入为FIQ和IRQ。图6.33给出了ARM A8子系统的中断控制器的集成。ARM子系统中断控制器通过一个ARM外设端口直接连接到ARM Cortex-A8。因此,ARM Cortex-A8中断控制器仅仅只能被A8访问。

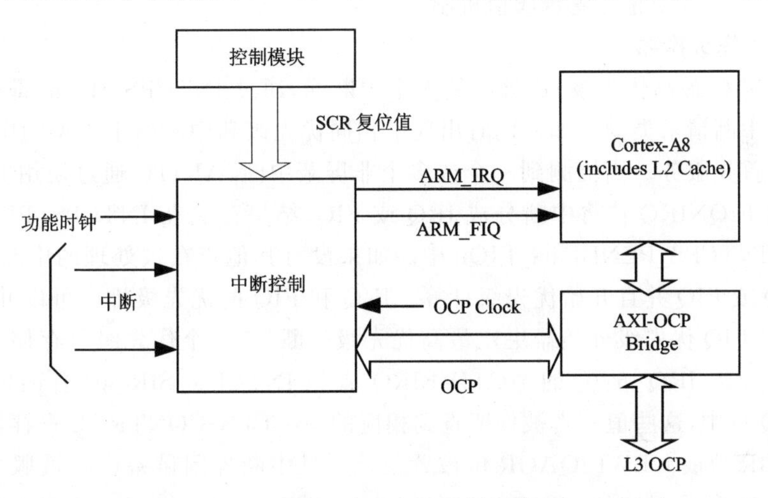

图6.33 ARM A8子系统的中断控制器集成

3. 中断处理

(1) 输入选择

AINTC只支持电平触发的中断检测。外设必须一直保持中断有效,直至软件已经处理中断并且指示外设可以让中断无效。如果INTCPS_ISR_SETn寄存器中对应位被置位,就可以产生软件中断。当INTCPS_ISR_CLEARn寄存器中对应位被置位时,软件中断就被清除,软件调试就是这一特性的典型应用。

(2) 屏　蔽

每个中断线的中断检测可以通过INTCPS_MIRn中断屏蔽寄存器分别使能或禁止。对于非屏蔽中断,ANITC可以向处理器产生以下两种类型中的一种中断请求:

- IRQ:低优先级的中断请求;
- FIQ:快速中断请求。

中断请求的类型是由INTCPS_ILRm[0]的FIQNIRQ位(m=[0,127])决定的。在被屏蔽之前,可以从INTCPS_ITRn寄存器读取当前中断的状态;在被屏蔽或选择为IRQ/FIQ之后,且在优先级排序之前,可以从INTCPS_PENDING_IRQn和INTCPS_PENDING_FIQn寄存器读取中断状态。

为了实现更快的处理高优先级中断，AINTC 提供了可编程的优先屏蔽阈值。优先级阈值允许高优先级中断的抢占，所有比优先级阈值低(或相等)的中断被屏蔽。但是，优先级 0 永远不会被优先级阈值屏蔽，优先级阈值 0 和优先级阈值 1 的处理方式是一样的。PRIORITY 和 PRIORITYTHRESHOLD 的值可以设定在 0～7Fh 之间，0 代表最高优先级，7Fh 代表最低优先级。当不需要优先屏蔽时，将优先级阈值设置为 FFh 可以禁止优先级阈值机制。

(3) 优先级排序

优先级 0(最高优先级)被分配给多个中断线，通过 INTCPS_ILRm 寄存器配置优先级和中断请求类型。如果同时出现了相同优先级和中断请求类型的中断，中断号最高的首先服务。当检测到一个或多个非屏蔽中断，AINTC 通过使用 INTCPS_ILRm[0] FIQNIRQ 位将中断分成 IRQ 或 FIQ，结果存储在 INTCPS_PENDING_IRQn 或 INTCPS_PENDING_FIQn 中。如果没有其他正在被处理的中断，AINTC 确认 IRQ 或 FIQ 并且开始优先级计算。IRQ 和 FIQ 的优先级排序可以并行执行，每个 IRQ/FIQ 优先级分类器决定最高优先级中断号，每个优先级号存储在对应的 INTCPS_SIR_IRQ[6:0]的 ACTIVEIRQ 域和 INTCPS_SIR_FIQ[6:0]的 ACTIVEFIQ 域中，这些值一直被保留直到相应的 INTCPS_CONTROL 寄存器的 NEWIRQAGR 位或 NEWFIQAGR 位被置位。一旦中断外围设备已经被服务且中断无效，用户必须写对应的 NEWIRQAGR 或 NEWFIQAGR 位，向 AINTC 表示中断已经被处理。如果这类中断请求还有其他挂起的非屏蔽中断，AINTC 重新启动对应的优先级排序，否则 IRQ 或 FIQ 中断线将会被置为无效。

4. 中断延时

如果 INTCPS_IDLEE[1]的 TURBO 被清零，IRQ/FIQ 的中断生成需要 4 个 AINTC 功能时钟周期。如果 TURBO 位置 1，中断生成需要 6 个周期，但是等待中断同时可以降低功耗。这些延迟可以通过禁止一个自动空闲功能时钟来减少，但是功耗会增加。当出现非屏蔽中断时，为了减少中断延迟，在优先级排序完成之前生成 IRQ 或 FIQ 中断。优先级排序需要 10 个功能时钟周期，这个比 MPU 在接受 IRQ/FIQ 事件之后用于转换到中断内容所需的最少时钟周期少。

在优先级排序处理期间不断读取 INTCPS_SIR_IRQ 或 INTCPS_SIR_FIQ 寄存器直到优先级排序完成而且对应的寄存器被更新。然而，优先级排序总是在读取 INTCPS_SIR_IRQ[6:0]或 INTCPS_SIR_FIQ[6:0]寄存器之前完成。

5. 中断控制器连接

Cortex-A8 中断控制器的连接如表 6.37 所示。

表6.37　Cortex-A8中断控制器连接

中断号	中断缩写	中断源	中断号	中断缩写	中断源
0	EMUINT	内部	1	COMMTX	内部
2	COMMRX	内部	3	BENCH	内部
4	ELM_IRQ	ELM	5～6	-	-
7	NMI	外部引脚	8	-	-
9	L3DEBUG	L3	10	L3APPINT	L3
11	-	-	12	EDMACOMPINT	TPCC
13	EDMAMPERR	TPCC	14	EDMAERRINT	TPCC
15	-	-	16	SATAINT	SATA
17	USBSSINT	USBSS	18	USBINT0	USBSS
19	USBINT1	USBSS	20～33	-	-
34	USBWAKEUP	USBSS	35	PCIeWAKEUP	PCIe
36	DSSINT	HDVPSS	37	GFXINT	SGX530
38	HDMIINT	HDMI	39	-	-
40	MACRXTHR0	EMAC0	41	MACRXINT0	EMAC0
42	MACTXINT0	EMAC0	43	MACMISC0	EMAC1
44	MACRXTHR1	EMAC1	45	MACRXINT1	EMAC1
46	MACTXINT1	EMAC1	47	MACMISC1	EMAC1
48	PCIINT0	PCIe	49	PCIINT1	PCIe
50	PCIINT2	PCIe	51	PCIINT3	PCIe
52～63	-	-	64	SDINT	SD、SDIO
65	SPIINT	SPI	66	-	-
67	TINT1	定时器1	68	TINT2	定时器2
69	TINT3	定时器3	70	I2CINT0	I2C0
71	I2CINT1	I2C1	72	UARTINT0	UART0
73	UARTINT1	UART1	74	UARTINT2	UART2
75	RTCINT	RTC	76	RTCALARMINT	RTC
77	MBINT	Mailbox	78～79	-	-
80	MCATXINT0	McASP0	81	MCARXINT0	McASP0
82	MCATXINT1	McASP1	83	MCARXINT1	McASP1
84	MCATXINT2	McASP2	85	MCARXINT2	McASP2
86	MCBSPINT	McBSP	87～90	-	-
91	WDTINT	WDTIMER1	92	TINT4	定时器4

续表 6.37

中断号	中断缩写	中断源	中断号	中断缩写	中断源
93	TINT5	定时器 5	94	TINT6	定时器 6
95	TINT7	定时器 7	96	GPIOINT0A	GPIO 0
97	GPIOINT0B	GPIO 0	98	GPIOINT1A	GPIO 1
99	GPIOINT1B	GPIO 1	100	GPMCINT	GPMC
101	DDRERR0	DDREMIF0	102	DDRERR1	DDREMIF1
103	HDVICP0CONT1SYNC	HDVICP2-0	104	HDVICP0CONT2SYNC	HDVICP2-0
105	HDVICP1CONT1SYNC	HDVICP2-1	106	HDVICP1CONT2SYNC	HDVICP2-1
107	HDVICP0MBOXINT	HDVICP-0	108	HDVICP1MBOXINT	HDVICP-1
109	HDVICP2MBOXINT	HDVICP-2	110	HDVICP2CONT1SYNC	HDVICP-2
111	HDVICP2CONT2SYNC	HDVICP-2	112	TCERRINT0	TOTC0
113	TCERRINT1	TOTC1	114	TCERRINT2	TOTC2
115	TCERRINT3	TOTC3	116～119	-	-
120	SMRFLX0	SmartReflex0	121	SMRFLX1	SmartReflex1
122	SYSMMUINT	MMU	123	-	-
124	DMMINT	DMM	125～127	-	-

6.3.3 C674x DSP 中断控制器

C674x DSP 中断控制器包含于 C674x 模块内部，包括一个事件组合器、中断选择器、异常组合器和高级事件生成器，高级事件生成器允许将大量的系统中断连接至12 个可屏蔽中断，组合在一起用于异常输入或事件触发器。

C674x DSP 中断控制器将设备事件组合成 12 个 CPU 中断，同时也控制 CPU 异常和仿真中断的产生以及 AEG 事件的产生。C674x 中断控制器在上升沿采集所有事件，因此 C674x 的中断输入必须为高脉冲有效中断。在 DM8168 中，只有 IP 模块级别的中断在连接到 C674x 中断输入之前被使用而且通过芯片级逻辑转换成脉冲中断。

1. 结构框图

C674x DSP 的 INTC 将多达 128 个系统事件连接至 DSP CPU 中断线。DSP CPU 有 12 个可屏蔽中断和一个异常输入。在 C674x 中断控制器中，中断选择器包含了相关的寄存器，允许用户对 12 个 CPU 中断源进行编程，允许用户将 128 个系统事件的任意一个连接到 12 个可屏蔽中断，并且可以由软件确定这些系统事件的优先级，有些事件源来源于 C674x 模块本身。为了处理潜在的冲突，12 个 CPU 中断都有固定的优先级。异常组合器允许将 128 个系统事件任意组合成 DSP CPU 的单个异常输入。

图 6.34 为 DSP INTC 模块的框图。

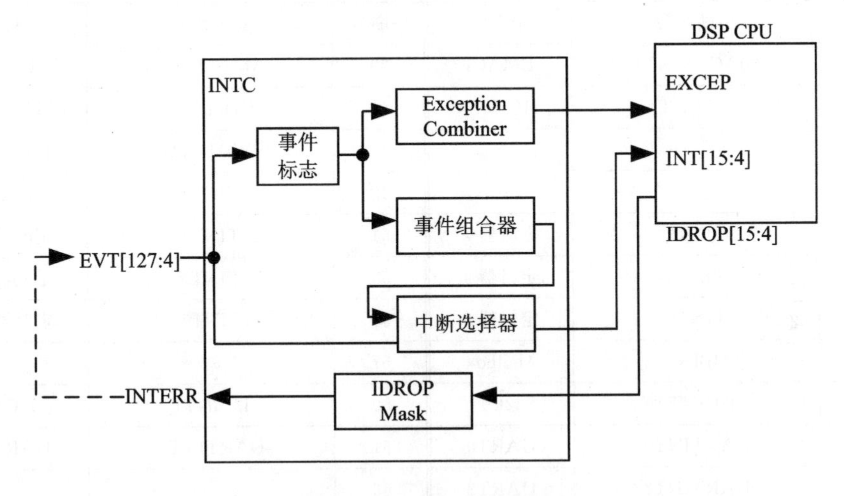

图 6.34 DSP INTC 模块框图

除 128 个中断外,DSP 也支持一种特殊的异常中断,即非屏蔽中断(NMI)。在系统配置模块中,NMI 中断由两个寄存器控制,即芯片信号寄存器(CHIPSIG)和芯片信号清除寄存器(CHIPSIG_CLR)。通过对 CHIPSIG 的 CHIPSIG4 位写 1,NMI 中断有效。通过对 CHIPSIG _CLR 的 CHIPSIG4 位写 1,NMI 中断清除。

2. C674x 中断控制器连接

C674x 中断控制器的连接如表 6.38 所示:

表 6.38 C674x 中断控制器连接

中断号	中断缩写	中断源	中断号	中断缩写	中断源
0	EVT0	C674x(INTC)	1	EVT1	C674x(INTC)
2	EVT2	C674x(INTC)	3	EVT3	C674x(INTC)
4~8	-	-	9	EMU_DTDMA	C674x (ECM)
10	保留	C674x	11	EMU_RTDXRX	C674x (RTDX)
12	EMU_RTDXTX	C674x (RTDX)	13	IDMAINT0	C674x (EMC)
14	IDMAINT1 C674x	C674x (EMC)	15	SDINT	SD、SDIO
16	SPIINT	SPI	17~19	-	-
20	EDMAINT	TPCC	21	EDMAERRINT	TPCC
22	TCERRINT0	TPTC0	23~31	-	-
32	MACRXTHR0	EMAC0	33	MACRXINT0	EMAC0
34	MACTXINT0	EMAC0	35	MACMISC0	EMAC0
36	MACRXTHR1	EMAC1	37	MACRXINT1	EMAC1

续表 6.38

中断号	中断缩写	中断源	中断号	中断缩写	中断源
38	MACTXINT1	EMAC1	39	MACMISC1	EMAC1
40	DSSINT	HDVPSS	41	HDMIINT	HDMI
42～46	-	-	47	WDTINT	WDTIMER1
48	-	-	49	TINT1	定时器 1
50	TINT2	定时器 2	51	TINT3	定时器 3
52	TINT4	定时器 4	53	TINT5	定时器 5
54	TINT6	定时器 6	55	TINT7	定时器 7
56	MBINT	Mailbox	57	-	-
58	I2CINT0	I2C0	59	I2CINT1	I2C1
60	UARTINT0	UART0	61	UARTINT1	UART1
62	UARTINT2	UART2	63	-	-
64	GPIOINT0A	GPIO 0	65	GPIOINT0B	GPIO 0
66	GPIOINT1B	GPIO 1	67	GPIOINT1B	GPIO 1
68～69	-	-	70	MCATXINT0	McASP0
71	MCARXINT0	McASP0	72	MCATXINT1	McASP1
73	MCARXINT1	McASP1	74	MCATXINT2	McASP2
75	MCARXINT2	McASP2	76	MCBSPINT	McBSP
77～86	-	-	87	HDVICP2CONT1SYNC	HDVICP2-2
88	HDVICP2CONT2SYNC	HDVICP2-2	89	HDVICP2MBOXINT	HDVICP2-2
90	HDVICP0CONT1SYNC	HDVICP2-0	91	HDVICP0CONT2SYNC	HDVICP2-0
92	HDVICP1CONT1SYNC	HDVICP2-1	93	HDVICP1CONT2SYNC	HDVICP2-1
94	HDVICP0MBOXINT	HDVICP2-0	95	HDVICP1MBOXINT	HDVICP2-1
96	INTERR	C674x (INTC)	97	EMC_IDMAERR	C674x (EMC)
98	PBISTINT	C674x (PBIST)	99	保留	C674x
100	EFIINTA	C674x (EFI A)	101	EFIINTB	C674x (EFI B)
102～112	保留	C674x	113	PMC_ED	C674x (PMC)
114～115	保留	C674x	116	UMC_ED1	C674x (UMC)
117	UMC_ED2	C674x (UMC)	118	PDC_INT	C674x (PDC)
119	SYS_CMPA	SYS	120	PMC_CMPA	C674x (PMC)
121	PMC_DMPA	C674x (PMC)	122	DMC_CMPA	C674x (DMC)
123	DMC_DMPA	C674x (DMC)	124	UMC_CMPA	C674x (UMC)
125	UMC_DMPA	C674x (UMC)	126	EMC_CMPA	C674x (EMC)
127	EMC_BUSERR	C674x (EMC)	-	-	-

6.3.4 应用实例

下面这段程序为EMAC的中断服务程序。

```
#include "emac.h"
volatile Int32 RxCount = 0;                  //RX 计数
volatile Int32 TxCount = 0;                  //TX 计数
volatile Int32 ErrCount = 0;                 //Error 计数
volatile Int32 ErrCode = 0;                  //错误码
volatile EMAC_Desc *pDescRx;                 //ISR中到ACK的下一个描述符
volatile EMAC_Desc *pDescTx;                 //ISR中到ACK的下一个描述符
/*中断服务程序*/
void EMAC_isr( )
{
    Uint32 intr_flags;
    Uint32 tmp;
    EMAC_EWRXEN = 0x00000000;                //禁止 RX 中断
    EMAC_EWTXEN = 0x00000000;                //禁止 TX 中断
    intr_flags = EMAC_MACINVECTOR;           //检查中断标记
    if ( intr_flags & EMAC_MACINVECTOR_HOSTPEND )
    {
        ErrCode = EMAC_MACSTATUS;            //Error code
        ErrCount++;
        return;
    }
    /*查找统计中断*/
    if ( intr_flags & EMAC_MACINVECTOR_STATPEND )
    {
        ErrCode = EMAC_MACSTATUS;            //错误码
        ErrCount++;
        return;
    }
    /*查找TX中断*/
    if ( intr_flags & EMAC_MACINVECTOR_TXPEND )
    {
        tmp = EMAC_TX0CP;
        EMAC_TX0CP = tmp;
        /* 当ACK有多个递减时才用到这个while循环*/
        while ( tmp != ( Uint32 )pDescTx )
        {
            if ( pDescTx->PktFlgLen & EMAC_DSC_FLAG_OWNER )
            {
```

```
                ErrCount + + ;
                return;
            }
            pDescTx + + ;
            TxCount + + ;
        }
        if ( pDescTx - >PktFlgLen & EMAC_DSC_FLAG_OWNER )
        {
            ErrCount + + ;
            return;
        }
        pDescTx + + ;
        TxCount + + ;
    }
    /* 查找 RX 中断 */
    if ( intr_flags & EMAC_MACINVECTOR_RXPEND )
    {
        tmp = EMAC_RX0CP;
        EMAC_RX0CP = tmp;
        /* 当 ACK 有多个递减时才用到这个 while 循环 */
        while ( tmp ! = ( Uint32 )pDescRx )
        {
            pDescRx + + ;
            RxCount + + ;
        }
        pDescRx + + ;
        RxCount + + ;
    }
    /* 使能 EMAC/MDIO 的中断 */
    EMAC_EWRXEN = 0x00000001;                   //使能通道 0 的 RX 中断
    EMAC_EWTXEN = 0x00000001;                   //使能通道 0 的 TX 中断
    return;
}
```


6.4 本章小结

本章介绍了 TMS320DM8168 的系统控制与中断，包括平台的电源、复位时钟管理模块以及看门狗模块的基本原理和功能。DM8168 的电源、复位和时钟管理架构确保达到用户满意度(支持音视频)的最高性能和运行时间，同时根据应用需求提供多功能 PRCM 技术，实现最大的设计灵活性；看门狗定时器是一个能在复位引脚上

产生脉冲和在溢出条件下生成系统设备模块中断的上升沿计数器，为 PRCM 模块提供复位，向主机子系统提供看门狗中断。同时本章也介绍了该处理器的两个中断控制器模块：ARM Cortex-A8 和 C674x DSP。

6.5　思考题与习题

1. 描述 DM8168 的 PRCM 模块的作用。
2. DM8168 有哪些电压域？
3. SmartReflex 模块的主要用途是什么？
4. PRCM 模块的复位源主要有哪几个？
5. 简述 PRCM 的两种类型的时钟：接口时钟和功能时钟。
6. 看门狗定时器的主要作用包括哪些？
7. 简述 ARM Cortex-A8 中断控制器的中断源和中断处理过程。

第7章

TMS320DM8168 EDMA3 控制器

增强型直接内存访问(EDMA)是 DSP 中一种高效的数据传输模块,能够不依赖 CPU 就可进行数据的搬移,是高速接口的使用中一个十分重要的设备。EDMA 控制器处理内存与从外设之间的所有数据传输,包括高速缓存服务、非高速缓存访问、用户可编程数据传输以及 Master 访问。与之前的 EDMA 模块相比,EDMA3 在传输的同步方式、地址跳变、触发方式上都变得更为灵活。本章主要介绍 TMS320DM8168 的 EDMA3 控制器,包括 EDMA3 的功能结构、寄存器等。

7.1 简　介

7.1.1 概　述

DM8168 采用 L3 互连架构控制处理器、子系统和外设之间的访问,包括 4 个第三方 DMA 传输控制器(TPTC),提供 4 个 EDMA 通道进行 L3 互连结构的数据传输。DM8168 采用第三方通道控制器(TPCC),提供 EDMA 的用户和事件接口,包含多达 64 个事件通道和 8 个自动快速直接(QDMA)内存访问,而且所有的系统同步事件都可以被映射。

EDMA3 控制器的基本作用是在器件上的两个内存映射从终端之间完成用户可编程数据的传输。EDMA3 的典型用途(但不限于)如下:

- 服务软件驱动的页传输(例如:从外部内存(如:DDR2)传输到芯片内的内存(如:DSP L2 SRAM));
- 服务事件驱动的外设,比如:串口;
- 减轻 CPU 或 DSP 的数据传输任务。

EDMA3 控制器在结构上与先前的 EDMA2(在 TMS320C621x/671x DSP 和 TMS320C64x DSP 上)控制器有所不同。EDMA3 控制器由 2 个主要模块组成:

- EDMA3 通道控制器(EDMA3CC:EDMA3 channel controller);
- EDMA3 传输控制器(EDMA3TC:EDMA3 transfer controller)。

EDMA3 通道控制器(EDMA3CC)充当 EDMA3 控制器的用户接口,负责软件请求或外设事件的优先级管理,向传输控制器发布传输请求(TRs)。EDMA3CC 包括:参数RAM(PaRAM)通道控制寄存器、中断控制寄存器。EDMA3CC支持两种传输方式:A同步传输指单次事件进行1维的传输,AB同步传输指单次事件进行2维的传输。

EDMA3传输控制器(EDMA3TC)依附于EDMA3通道控制器,负责数据传输。EDMA3TC向编程传输的源和目的地址发布读写请求。这些操作对用户来说是透明的。

7.1.2　特　性

1. EDMA3通道控制器特点

- 全正交(Fully Orthogonal)传输:
  - 3维(3D)传输;
  - A同步传输:每个事件有1维(1D)服务;
  - AB同步传输:每个事件有2维(2D)服务;
  - 有独立的源和目的索引;
  - 连接特征,使得可以进行基于一个事件的3D传输。
- 灵活的传输:
  - 增量或FIFO传输寻址模式;
  - 连接机制支持自动PaRAM集的更新;
  - 连接特征支持对一次事件响应多次传输。
- 产生中断:
  - 传输完成;
  - 错误条件;
  - 错误条件仅路由到Cortex-A8。
- 多达8个中断输出,以支持多核。
- 调试可见性:
  - 队列水标(Water Marking)/阈值(Threshold);
  - 错误和状态记录以方便调试。
- 64个DMA通道:
  - 事件同步;
  - 人工同步(CPU写事件设置寄存器);
  - 连接同步(一个传输的完成触发另一个传输);
  - 支持可编程DMA通道到PaRAM的映射。
- 8个QDMA通道:
  - 随着将参数写到PaRAM集入口,QDMA通道自动触发;
  - 支持可编程QDMA通道到PaRAM的映射。

- 512 个 PaRAM 集：
  - 每个 PaRAM 集对应一个 DMA 通道、QDMA 通道或连接集。
- 4 个传输控制器/事件队列，可以编程这些队列的系统级优先级。
- 每个事件队列有 16 个事件入口。
- 支持内存保护：
  - 代理内存保护，用于发布 TR；
  - 主动内存保护，用于 PaRAM 和寄存器的存取。

2. EDMA3 传输控制器特点

- 4 个传输控制器(TC0～TC3)。
- 每个 TC 有 128 位宽的读写端口。
- 多达 4 个 in-flight 传输请求(TRs)。
- 优先级可编程。
- 在源和目的上支持带独立索引的 2 维传输(EDMA3CC 管理 3 维传输)。
- 支持增量地址或固定地址模式的传输。
- 支持中断和错误报告。
- 内存映射寄存器(MMR)位字段的位置在 32 位 MMR 里是固定的，不随端模式(Endianness)的变化而改变。

7.1.3 关键词及其解释

A synchronized transfer：一种传输类型，每个同步事件进行 1 维传输。

A Bsynchronized transfer：一种传输类型，每个同步事件进行 2 维传输。

Chaining：连接(注意不是连接 Linking)是一种触发机制，一个传输或子传输完成之后，触发另一个传输。

CPU(s)：主处理引擎或者芯片上的引擎，CPU 通常是一个 DSP 或通用处理器。

DMA 通道：有 64 个 DMA 通道，外部、人工或连接事件可以触发，所有的 DMA 通道存在于 EDMA3CC 中。

Dummy set or dummy PaRAM set：至少一个计数字段为 0，同时至少有一个计数字段为非 0 的 PaRAM 集。如果所有的计数字段都为 0，则称为 Null PaRAM 集。

Dummy transfer：dummy 集控制的 EDMA3CC 传输称为 Dummy 传输，这不会引起错误，而 Null 传输会产生一个错误条件。

EDMA3 channel controller(EDMA3CC)：EDMA3 的重要部分，充当 EDMA3 控制器的用户编程接口，EDMA3CC 包括：参数 RAM(PaRAM)、事件处理逻辑、DMA/QDMA 通道、事件队列。EDMA3CC 服务外部、人工、连接和 QDMA 事件，向传输控制器(EDMA3TC)发布传输请求(TRs)。EDMA3TC 执行实际的传输。通俗地说，EDMA3CC 是管理者，EDMA3TC 是工人，工人的工作是透明的。

EDMA3 programmer：芯片上任何可以读写 EDMA 寄存器并能编程 EDMA3 传输的实体。

EDMA3 transfer controller(EDMA3TC)：EDMA3 的传输引擎，传输的真正执行者，受控于 EDMA3CC。

Enhanced direct memory access(EDMA3) controller：EDMA3 由 EDMA3CC 和 EDMA3TC 组成。

L3：系统总线架构，为多主和多从设备的交易进行仲裁、译码等。

Link parameter set：用于连接的 PaRAM 集。

Linking：重新装入 PaRAM 集的一种机制，即当前传输完成，自动设置新的传输参数。

Memory-mapped slave：指的是所有片内、片外内存和从设备，响应 EDMA3(或别的主外设)对它们的传输(输入或者输出)行为。

Master peripherals：Master 外设指的是自己有能力发起对系统的读写传输，而不仅仅是响应 EDMA3 对它们的数据传输。

Null set or null PaRAM set：所有计数字段(除了连接字段)为 0 的 PaRAM 集。

Null transfer：null PaRAM 集的触发事件引起 EDMA3CC 执行一个 null 传输，这是一个错误条件，而 dummy 传输不是一个错误条件。

Parameter RAM(PaRAM)：不是一个普通的 RAM，用于存储 DMA 通道、QDMA 通道或用于连接的 PaRAM 集。

Parameter RAM(PaRAM) set：PaRAM 集是一个 32B 的 EDMA3 通道传输的定义，每个参数集由 8 个字组成，每个字由 4 个字节组成，它包含有 DAM/QDMA/连接传输的上下文。一个 PaRAM 集包括源地址、目的地址、计数、索引和选项。

QDMA channel：QDMA 通道触发条件是向 PaRAM 集写入触发字。所有 QDMA 通道都存在于 EDMA3CC 中。

Slave end points：从终端指的是片内、片外内存和从设备，响应 EDMA3 对它们的传输行为。

Transfer request(TR)：由 EDMA3CC 发向 EDMA3TC 的数据传输命令，包括源地址、目的地址、计数、索引和选项。

Trigger event：触发事件是一个行为，这个行为引起 EDMA3CC 服务这个通道并向 EDMA3TC 发布传输请求。DMA 通道的触发事件包括：人工触发、外部触发、连接触发。QDMA 通道的触发事件包括自动触发以及连接触发。

Trigger word：对 QDMA 通道来说的，触发字指引起 QDMA 触发事件的 PaRAM 项。触发字通过 QDMA 通道映射寄存器(QCHMAP)来编程，并能够指向任何 PaRAM 设置项。

7.2 EDMA3 结构

7.2.1 功能概述

1. EDMA3 控制器方框图

图 7.1 描述了 EDMA3 的功能框图。

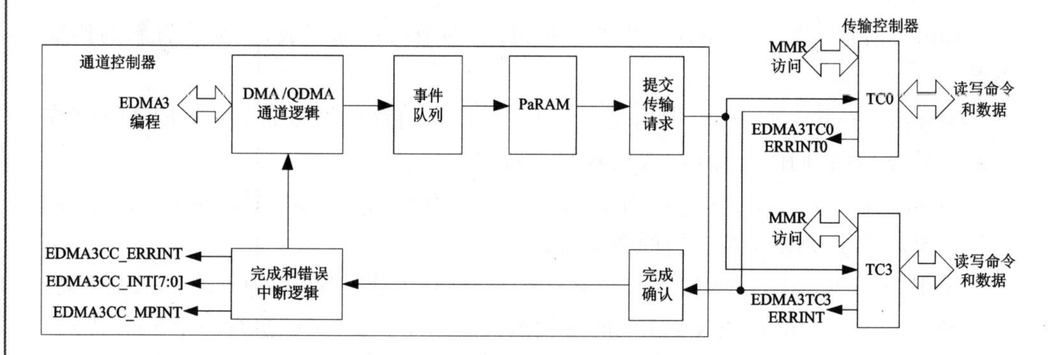

图 7.1 EDMA3 框图

2. EDMA3 通道控制器

图 7.2 是 EDMA3 通道控制器的功能结构框图。

EDMA3CC 控制器的主要模块如下：

① PaRAM：PaRAM 维护通道参数集并重载参数集。对于用户期望编程的通道，用户必须将传输上下文及连接参数集写到 PaRAM 中，EDMA3CC 基于触发事件来处理参数集，并发布一个传输请求（TR）给传输控制器。

② EDMA3 事件和中断处理寄存器：实现事件与参数集的映射，使能/禁止事件、使能/禁止中断条件、清除中断。

③ 完成检测：完成检测模块检测 EDMA3TC 和/或从设备传输是否完成，用户可以有选择地使用传输完成来连接触发新的传输，或者确认一个中断。

④ 事件队列：事件队列形成事件检测逻辑和传输发布逻辑之间的接口。

⑤ 内存保护寄存器：内存保护寄存器为 DMA 通道影子区域视图和 PaRAM 区域的存取定义了优先级和请求者。

其他功能包括：

① 区域寄存器：区域寄存器允许分配 DMA 资源给特定的区域，即归不同的 EDMA3 编程者所有（如：ARM 或 DSP）。

② 调试寄存器：通过寄存器来读队列状态、控制器状态和丢失事件状态，调试寄存器允许调试可见。

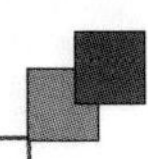

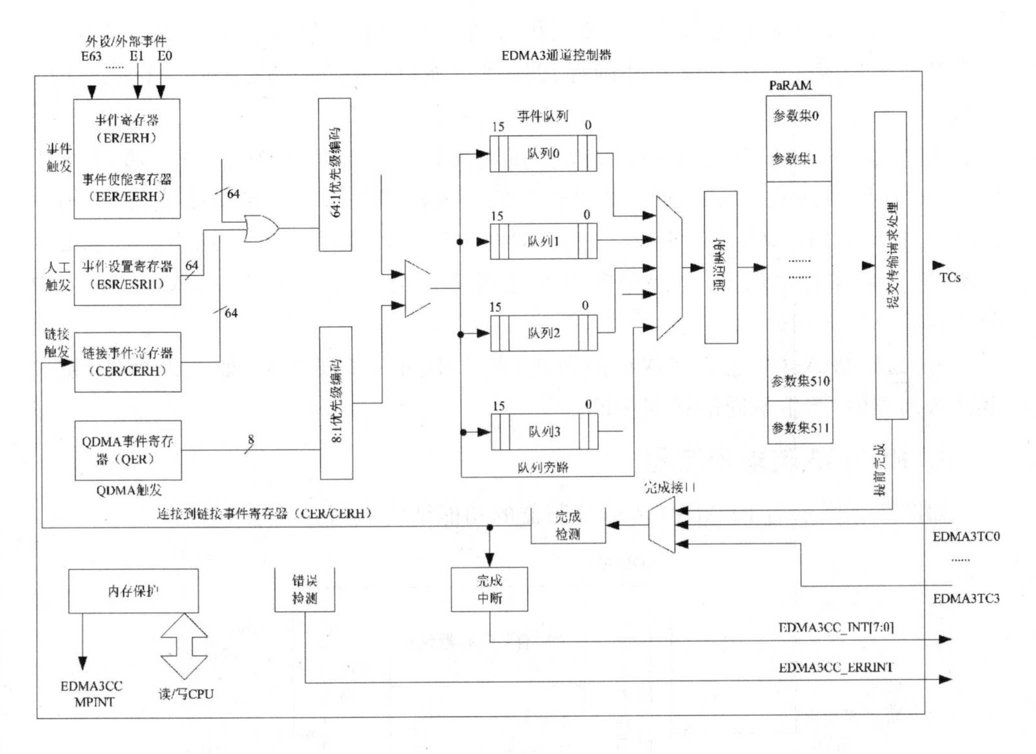

图 7.2　EDMA3 通道控制器

EDMA3CC 包括两种类型的通道：DMA 通道(64 个通道)和 QDMA 通道(8 个通道)。每个通道有对应的事件队列/传输控制器，并关联相应的 PaRAM。DMA 通道与 QDMA 通道主要的不同是触发方式不一样。

传输需要触发事件来启动，触发事件可能是由外部事件、人工写事件设置寄存器、或 DMA 通道的连接事件引起的。当用户在对应的 PaRAM 集中写触发字的时候，QDMA 通道会自动触发。所有这些触发事件被识别并且记录到相应的寄存器里。触发事件得到确认后进入 EDMA3CC 事件队列中排队。每个事件分配到的事件队列是可编程的，每个队列深度是 16 个事件，因此在 EDMA3CC 里一个队列可以同时保存 16 个事件，映射到已满队列的悬挂事件在事件队列有空余的时候会进入队列。

如果不同通道同时检测到触发事件，那么基于固定优先级仲裁方案对事件进行排队。这个固定优先级是 DMA 通道比 QDMA 通道优先级高，并且通道号越小，优先级越高。

事件队列中的每个事件按照 FIFO 顺序处理，当队列头到达的时候，读出相关通道的 PaRAM 集，以确定传输的详细信息。TR 发布逻辑评估 TR 的有效性，并负责发布有效的 TR 给相应的 EDMA3TC(基于事件队列与 EDMA3TC 的关系，Q0 对应 TC0，Q1 对应 TC1，Q2 对应 TC2，Q3 对应 TC3)。

EDMA3TC接收传输请求，并按照传输请求包(TRP)的规定负责数据传输，也负责其他类似缓冲的必要任务并确保传输尽可能以优化的方式进行。详情见EDMA3TC介绍。

如果用户决定接收一个中断，或者在当前传输完成后连接另一个通道，EDMA3TC在传输完成之后会向EDMA3CC的完成检测逻辑发布传输完成信号，用户也可以选择当TR离开EDMA3CC边界时触发完成，而不是等传输结束。基于EDMA3CC中断寄存器设置，完成中断产生逻辑负责给CPU产生EDMA3CC完成中断。见后文的详细介绍。

另外，EDMA3CC也有错误检测逻辑，基于不同的错误条件(如丢失事件，超过事件队列阈值)产生不同的错误中断。

3. EDMA3传输控制器

如图7.3所示为EDMA3传输控制器的功能结构框图。

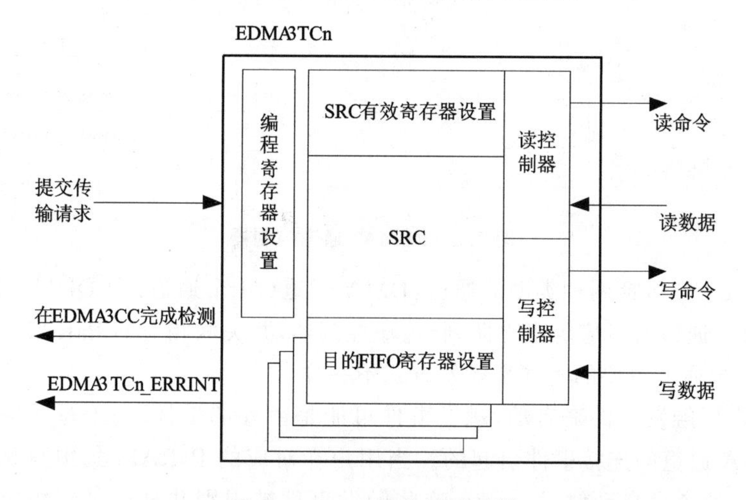

图7.3　EDMA3传输控制器

EDMA3TC的主要模块有：

① DMA程序寄存器集(DMA program register set)：存储来自EDMA3通道控制器(EDMA3CC)的传输请求。

② DMA源有效寄存器集(DMA source active register set)：存储当前正在读控制器里进行的DMA传输请求上下文。

③ 读控制器(Read controller)：向源地址发布读命令。

④ 目的FIFO寄存器集(destination FIFO register set)：存储当前正在写控制器里进行的DMA传输请求上下文。

⑤ 写控制器(write controller)：向目的从发布写命令和写数据。

⑥ 数据FIFO：保持暂时正在运行的数据。

⑦ 完成接口(Completion interface)：当传输完成的时候，完成接口发送完成代

码给EDMA3CC,用于产生中断和连接事件。

当EDMA3TC空闲且接收它的第一个TR时,DMA程序寄存器集接收TR,并且立刻转换到DMA源有效集和目的FIFO寄存器集。第二个TR(如果悬挂在EDMA3CC)被装载进DMA程序集,这样确保有效传输完成就立即启动执行下一个TR。只要当前有效集被耗尽,TR就从DMA程序寄存器集中装载到DMA源有效寄存器集中和目的FIFO寄存器相应的入口。

当数据FIFO有空间可用于数据读的时候,读控制器按照命令拆解和优化规则发布读命令。当有足够的数据在数据FIFO时,写控制器按照命令拆解和优化规则再次启动发布一个写命令。

7.2.2 EDMA3传输类型

EDMA3传输总是以三维来定义,图7.4显示EDMA3传输使用的3维,这3维定义为:

- 第1维或数组(A):传输的第1维由ACNT个连续字节组成。
- 第2维或帧(B):传输的第2维由BCNT个ACNT字节的数组组成。第2维里的每个数组传输都通过索引值彼此分开,这个索引值通过SRCBIDX和DSTBIDX来配置。
- 第3维或块(C):传输的第3维由CCNT个帧组成,每帧由BCNT个阵列组成,而每个阵列有ACNT个连续字节。第2维里的每个传输由一个索引值同前一个分开,这个索引值通过SRCCIDX或DSTCIDX来配置。

注意,索引的参考点取决于同步类型,传输的数据量由同步类型(在OPT里的SYNCDIM位)来控制的。在该三维传输中,仅支持2种同步类型:A同步传输和AB同步传输。

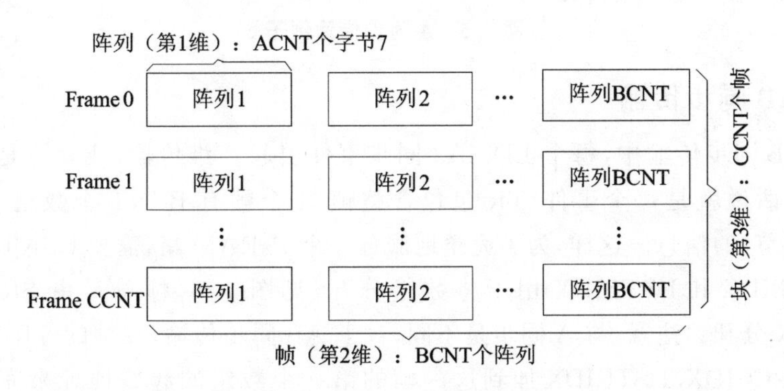

图7.4 EDMA3的三维传输

1. A同步传输

在A同步传输中,每个EDMA3同步事件引起ACNT字节的第1维传输,或者说ACNT字节的一个数组。换句话说,每个事件/TR包仅传递一个数组的传输信息。这样,为了完整地服务一个PaRAM集,需要BCNT × CCNT个事件。

SRCBIDX和DSTBIDX用于将数组分开,见图7.5,数组N的起始地址等于数组$N-1$的起始地址加源地址或目的地址BIDX。帧总是由SRCCIDX和DSTCIDX来分开。对于A同步传输,在帧耗尽之后,通过把SRCCIDX/DSTCIDX加到这一帧最后一个数组的起始地址完成地址更新,如图7.5所示,SRCCIDX/DSTCIDX是帧0数组3与帧1数组0之间的差。图7.5所示显示了3(CCNT)个帧,每帧4(BCNT)个数组,每个数组n(ACNT)个字节的A同步传输。在这个例子里,为了完成PaRAM集的传输需要12个同步事件(BCNT ×CCNT)。

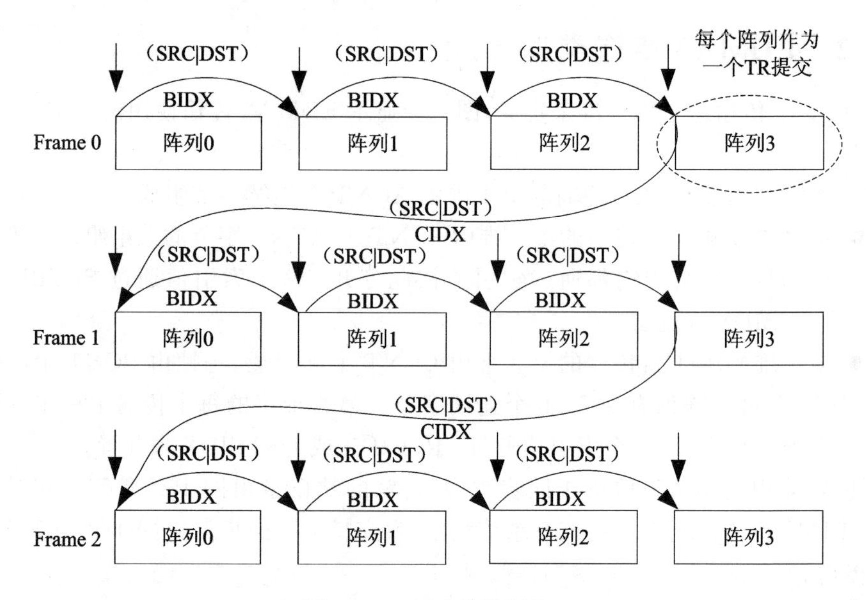

图7.5 A同步传输例子c

2. AB同步传输

在AB同步传输中,每个EDMA3同步事件引起2维传输,或者说是一帧的传输。换句话说就是每个事件/TR包包含整帧(1个帧有BCNT个数组,每个数组ACNT字节)的信息。这样,为了完整地服务一个PaRAM集,需要CCNT个事件。

SRCBIDX和DSTBIDX用于将数组分开,见图7.6,帧总是由SRCCIDX和DSTCIDX分开。注意,与A同步是不同,对于AB同步传输,在帧的TR发布之后,通过把SRCCIDX/DSTCIDX加到这一帧的第一个数组的起始地址来完成地址更新。也就是说,在A同步传输和AB同步传输中,SRCCIDX/DSTCIDX的意义是完全不一样的,这一点务必注意。图7.6显示了3(CCNT)个帧,每帧4(BCNT)个数组,每数组n(ACNT)个字节的AB同步传输。在这个例子里,为了完成一个PaRAM集的传输需要3(CCNT)个同步事件。

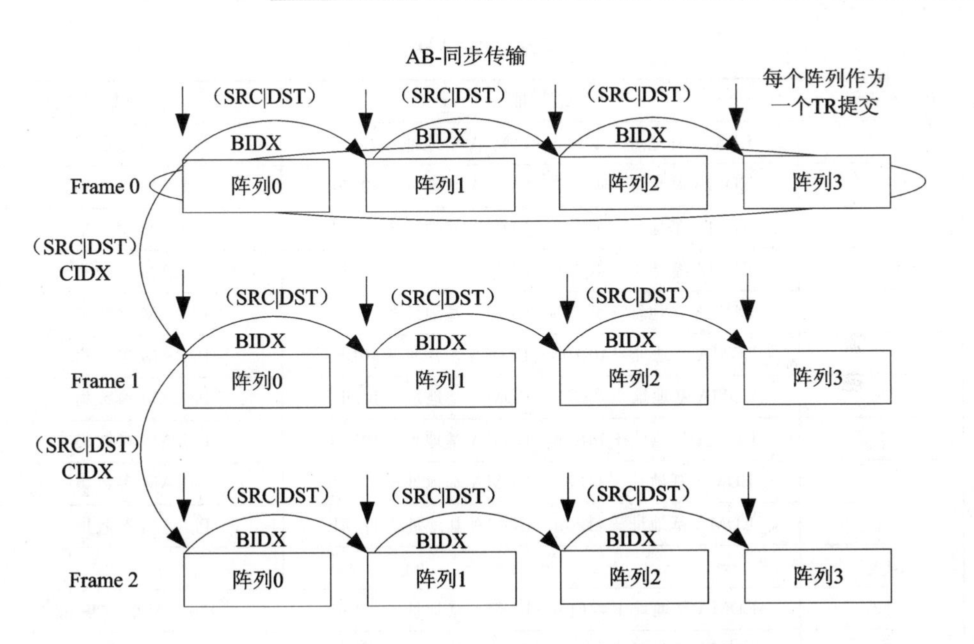

图 7.6 AB 同步传输例子(ACNT=n,BCNT=4,CCNT=3)

注意,并不直接支持 ABC 同步传输,但是逻辑上可以通过在多个 AB 同步传输之间的连接来实现。

7.2.3 参数 RAM

EDMA3 控制器是基于 RAM 结构的。DMA 或 QDMA 通道的传输上下文(源/目的地址、计数、索引等)用一个参数 RAM 表来编程,这个 RAM 表在 EDMA3CC 中,被称之为参数 RAM(PaRAM)。PaRAM 表被分段成多个 PaRAM 集,每个 PaRAM 集包括 8 个 4 字节的 PaRAM 集入口(也就是说每个 PaRAM 集总共 32 个字节),包括典型的 DMA 传输参数,如:源地址、目的地址、传输个数、索引、选项等。PaRAM 结构支持灵活的 Ping-Pong、循环缓冲、通道连接和自动加载。如表 7.1 所示,PaRAM 内容包括:

- 512 个 PaRAM 集。
- 如果不用于 DMA 通道,直接映射的 64 个通道能被用作 Link 或 QDMA 集。
- 64 通道可作为 Link 或 QDMA 集。

默认情况下,所有通道映射到 PaRAM 集 0,这些通道在使用前应该被重新映射,更为详细的信息见后面介绍的(DCHMAP 寄存器)和(CHMAP 寄存器)。

表 7.1 PaRAM 内容

PaRAM 编号	地 址	参数集
0	EDMA 基地址＋4000h～EDMA 基地址＋401Fh	PaRAM 参数集 0
1	EDMA 基地址＋4020h～EDMA 基地址＋403Fh	PaRAM 参数集 1
2	EDMA 基地址＋4040h～EDMA 基地址＋405Fh	PaRAM 参数集 2
3	EDMA 基地址＋4060h～EDMA 基地址＋407Fh	PaRAM 参数集 3
4	EDMA 基地址＋4080h～EDMA 基地址＋409Fh	PaRAM 参数集 4
5	EDMA 基地址＋40A0h～EDMA 基地址＋40BFh	PaRAM 参数集 5
6	EDMA 基地址＋40C0h～EDMA 基地址＋40DFh	PaRAM 参数集 6
7	EDMA 基地址＋40E0h～EDMA 基地址＋40FFh	PaRAM 参数集 7
8	EDMA 基地址＋4100h～EDMA 基地址＋411Fh	PaRAM 参数集 8
9	EDMA 基地址＋4120h～EDMA 基地址＋413Fh	PaRAM 参数集 9
…	…	…
63	EDMA 基地址＋47E0h～EDMA 基地址＋47FFh	PaRAM 参数集 63
64	EDMA 基地址＋4800h～EDMA 基地址＋481Fh	PaRAM 参数集 64
65	EDMA 基地址＋4820h～EDMA 基地址＋483Fh	PaRAM 参数集 65
…	…	…
510	EDMA 基地址＋7FC0h～EDMA 基地址＋7FDFh	PaRAM 参数集 510
511	EDMA 基地址＋7FE0h～EDMA 基地址＋7FFFh	PaRAM 参数集 511

注：DM8168 的 8 个 QDMA 通道可以映射到 0～511 中的任意一个参数集。

1. PaRAM

每个 PaRAM 参数集是 8 个 32 位的字结构，如图 7.7 和表 7.2 的描述，每个 PaRAM集由 16 位和 32 位的参数构成。

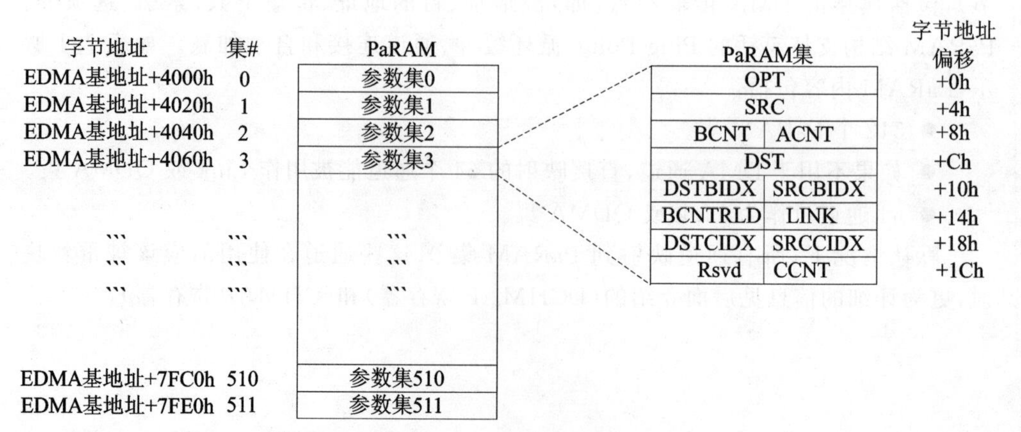

图 7.7 PaRAM 参数集

表 7.2 EDMA3通道参数集描述

偏移地址	缩　写	参　数	描　述
0h	OPT	通道选择	传输配置选择
4h	SRC	通道源地址	传输数据的源字节地址
8h	ACNT	第一维计数	无符号值,指定数组(传输的第一维)的连续字节数,有效值为1～65 535
	BCNT	第二维计数	无符号值,指定一帧的数组数,一个数组为ACNT字节,有效值为1～65 535
Ch	DST	通道目的地址	传输数据的目的字节地址
10h	SRCBIDX	源BCNT索引	有符号值,指定一帧中的源数组之间的字节偏移地址,有效值为－32 768～32 767
	DSTBIDX	目的BCNT索引	有符号值,指定一帧中的目的数组之间的字节偏移地址,有效值为－32 768～32 767
14h	LINK	Link地址	PaRAM地址(当前PaRAM将要耗尽时指定要连接的PaRAM参数集),FFFFh表示空连接
	BCNTRLD	BCNT重载	当BCNT减小至0的时候(发送完最后一个数组传输请求),重载BCNT计数值。只在A同步传输中有用
18h	SRCCIDX	源CCNT索引	有符号值,指定一块(第三维)中的帧之间的字节地址偏移,有效值为－32 768～32 767 A同步传输:表示一帧的最后一个源数组的开始与下一帧的第一个源数组的开始之间的字节地址偏移 AB同步传输:表示一帧的第一个源数组的开始与下一帧的第一个源数组的开始之间的字节地址偏移
	DSTCIDX	目的CCNT索引	有符号值,指定一块(第三维)中的帧之间的字节地址偏移,有效值为－32 768～32 767 A同步传输:表示一帧的最后一个目的数组的开始与下一帧的第一个目的数组的开始之间的字节地址偏移 AB同步传输:表示一帧的第一个目的数组的开始与下一帧的第一个目的数组的开始之间的字节地址偏移
1Ch	CCNT	第三维计数	无符号值,指定一块的帧数,其中一帧有BCNT个数组,一个数组有ACNT字节。有效值范围为1～65 535
	RSVD	保留	保留。总是向该位写0,不支持向该位写1,如果写入1会导致不可预知的行为

2. EDMA3 通道 PaRAM 集

(1) 通道选项参数:OPT

如图 7.8 和表 7.3 所示为 DM8168 的通道选项参数(Channel Options Parameter, OPT)。

31	30～28	27～24	23	22	21	20	19～18	17～16
PRIV	Rserved	PRIVID	ITCCHEN	TCCHEN	ITCINTEN	TCINTEN	Reserved	TCC
R-0	R-0	R-0	R/W-0	R/W-0	R/W-0	R/W-0	R/W-0	R/W-0

15～12	11	10～8	7～4	3	2	1	0
TCC	TCCMOD	FWID	Reserved	STATIC	SYNCDIM	DAM	SAM
R/W-0	R/W-0	R/W-0	R/W-0	R/W-0	R/W-0	R/W-0	R/W-0

图 7.8　通道选择参数(OPT)

表 7.3　通道选择参数(OPT)描述

位	域	值	描　述
31	PRIV	 0 1	对该 PaRAM 参数集编程的 host/CPU/DMA 的权限级别(管理者与用户)。当该 PaRAM 参数集的任何一部分被写的时候,该值随着 EDMA3 主机的权限一起设置。 用户级权限。 管理级权限。
30～28	Revesed	0	保留。总是向该位写 0,不支持写 1,如果写入 1 会导致不可预知的行为。
27～24	PRIVID	0～Fh	对该 PaRAM 参数集编程的 host/CPU/DMA 的权限认证。当该 PaRAM 参数集的任何一部分被写的时候,该值随着 EDMA3 主机的权限认证一起设置。
23	ITCCHEN	 0 1	中间传输完成连接使能 中间传输完成连接禁止 中间传输完成连接使能 当使能的时候,每一个中间连接传输的连接事件寄存器(CER/CERH)位被设置(PaRAM 参数集的每一个中间传输 TR,除开 PaRAM 参数集的最终 TR)。CER/CERH 设置的位是由 TCC 值指定的。
22	TCCHEN	 0 1	传输完成连接使能 传输完成连接禁止 传输完成连接使能 当使能的时候,每一个最终连接传输的连接事件寄存器(CER/CERH)位被设置(PaRAM 参数集的最终传输 TR)。CER/CERH 设置的位是由 TCC 值指定的

续表 7.3

位	域	值	描 述
21	ITCINTEN	 0 1	中间传输完成中断使能 中间传输完成中断禁止 中间传输完成中断使能 当使能的时候，每一个中间传输完成的中断挂起寄存器寄存器(IPR/IPRH)位被置位(PaRAM参数集的每一个中间传输TR的完成，除开PaRAM参数集的最终TR)。IPR/IPRH设置的位是由TCC值指定的。为了向CPU产生一个完成中断，对应的IEC[TCC]/IECH[TCC]位必须被设置
20	TCINTEN		传输完成中断使能 传输完成中断禁止 传输完成中断使能 当使能的时候，每一个传输完成的中断挂起寄存器寄存器(IPR/IPRH)位被设置(PaRAM参数集的最终传输TR的完成)。IPR/IPRH设置的位是由TCC值指定的。为了向CPU产生一个完成中断，对应的IEC[TCC]/IECH[TCC]位必须被设置
19～18	保留	0	保留。总是向该位写0，不支持写1，如果写入1会导致不可预知的行为
17～12	TCC	0～3Fh	传输完成码。这个6位码设置连接使能寄存器(CER[TCC]/CERH[TCC])相关的位或者中断挂起寄存器(IPR[TCC]/IPRH[IPRH])相关的位
11	TCCMODE	 0 1	传输完成码模式。表明连接和中断产生完成的具体位置 正常完成：在数据传输完之后认为传输完成 提前完成：在EDMA3CC向EDMA3CC提交一个传输请求TR之后认为传输完成。当中断/连接触发之后，TC可能仍然在传输数据
10～8	FWID	0～7h 0 1h 2h 3h 4h 5h 6h～7h	FIFO宽度。如果SAM或DMA设置成恒定地址模式时使用 FIFO宽度为8位 FIFO宽度为16位 FIFO宽度为32位 FIFO宽度为64位 FIFO宽度为128位 FIFO宽度为256位 保留。总是向该位写0，不支持写1，如果写入1会导致不可预知的行为
7～4	保留	0	保留。总是向该位写0，不支持写1，如果写入1会导致不可预知的行为

续表 7.3

位	域	值	描 述
3	STATIC		静态设置
		0	设置是非静态的。PaRAM参数集在TR提交之后被更新或者连接。DMA传输和QDMA传输链表的非最终传输应该采用0值
		1	设置是静态的。aRAM参数集在TR提交之后不被更新或者连接。独立的QDMA传输或QDMA传输链表的最终传输应该采用1值
2	SYNCDIM		传输同步维度
		0	A同步传输。每个事件触发单个数组(一个数组有ACNT字节)的传输
		1	AB同步传输。每个事件触发BCNT个数组的传输
1	DAM		目的地址模式
		0	增量(INCR)地址模式。目的不是FIFO,目的地址在数组范围内
		1	恒定地址模式
0	SAM		源地址模式
		0	增量(INCR)地址模式。源不是FIFO。源地址在数组范围内
		1	恒定地址模式

(2) 通道源地址:SRC

32位SRC(Channel Source Address)参数指定源地址的起始字节地址。对于SAM增量模式,没有对齐限制强加给EDMA3。对SAM固定地址模式,用户必须对源地址编程使其对齐到256位对齐地址(即地址的低5位必须为0),如果违反这个规则,EDMA3TC会检测出错误。

(3) 通道目的地址:DET

32位DET(Channel Destination Address)参数,指定目的起始字节地址。对于DAM增量模式,没有对齐限制强加给EDMA3。对DAM固定地址模式,用户必须对目的地址编程使其对齐到256位对齐地址(即地址的低5位必须为0),如果违反这个规则,EDMA3TC会检测出错误。

(4) 第1维计数:ACNT

ACNT(Count for 1st Dimension)代表传输的第1维的字节数。ACNT是16位无符号整数,有效值在0～65535之间,因此一个数组的最大字节数是65 535B(64K-1字节)。传送给EDMA3TC的TR中的ACNT必须大于等于1,ACNT＝0的传输会被认为是NULL或Dummy传输。根据OPT的位字段的设置,Dummy或NULL传输会产生一个完成码。

(5) 第2维计数:BCNT

BCNT(Count for 2nd Dimension)是16位无符号整数,表示数组的个数。对于正常的操作,其有效值在1～65535之间,因此一帧中最多有65 535个数组(64K-1

数组)。BCNT=0的传输会被认为是NULL或Dummy传输,根据OPT的位字段的设置,Dummy或NULL传输会产生一个完成码。

(6) 第3维计数:CCNT

CCNT(Count for 3rd Dimension)是16位无符号整数,表示块中帧的个数。对于正常的操作,其有效值在1～65535之间,因此一个块中最多有65 535个帧(64K-1帧),CCNT=0的传输会被认为是NULL或Dummy传输,根据OPT的位字段的设置,Dummy或NULL传输会产生一个完成码。

(7) BCNT重载:BCNTRLD

BCNTRLD(BCNT Reload)是16位无符号整数,用于在第2维的最后一个数组被传输后,自动重载仅应用于A同步传输的BCNT字段。此时,EDMA3CC每次发布TR后将BCNT减1,当BCNT减到0后,EDMA3CC将CCNT减1,并使用BCNTRLD重新初始化BCNT。

(8) 源B索引:SRCBIDX

SRCBIDX(Source B Index)是16位有符号整数,用于第2维里的每个数组之间的源地址修正。SRCBIDX的有效范围在−32 768～32 767之间,它提供源数组的首地址到下一个源数组的首地址的字节地址偏移,应用于A同步和AB同步传输,例如:

- SRCBIDX=0000h(0):数组间无地址偏移,也就是说所有数组都是同一个首地址。
- SRCBIDX=0003h(+3):同一帧内的相邻数组首地址偏移是3个字节。例如,如果当前帧首地址是1000h,则下个数组首地址是1003h。
- SRCBIDX=FFFFh(−1):同帧内的相邻数组首地址偏移是−1个字节。例如,如果当前帧首地址是5054h,则下个数组首地址是5053h。

(9) 目的B索引:DSTBIDX

DSTBIDX(Destination B Index)是16位有符号整数(2的补码),用于第2维里的每个数组之间的源地址修正。DSTBIDX的有效范围在−32 768～32 767之间,它提供目的数组的首地址到下个目的数组的首地址的字节地址偏移,它应用于A同步和AB同步传输。

(10) 源C索引:SRCCIDX

SRCCIDX(Source C Index)是16位有符号整数(2的补码),用于第3维源地址修正。SRCCIDX的有效范围在−32 768～32 767之间,它提供从当前数组的首地址(由SRC地址指向的)到下一帧第一个数组的首地址之间的字节地址偏移,它应用于A同步和AB同步传输。注意,对A同步传输,当应用SRCCIDX的时候,当前数组是指帧里的最后一个数组,而对AB同步传输,则指帧的第一个数组。见图7.5和图7.6所示。

(11) 目的C索引:DETCIDX

DETCIDX(Destination C Index)是16位有符号整数(2的补码),用于第3维目的地址修正。DSTCIDX的有效范围在−32 768到32 767之间,它提供从当前数组的首地址(由DST地址指向的)到下一帧第一个目的数组TR的首地址之间的字节地址偏移,它应用于A同步和AB同步传输。注意,对A同步传输,当应用DSTCIDX的时候,当前数组是指帧里的最后一个数组,而对AB同步传输,则指帧的第一个数组。见图7.5和图7.6。

(12) 连接地址:LINK

EDMA3CC提供一种称为Linking机制用来在自然结束后自动用一个新的PaRAM集来重载当前PaRAM集(也就是说在计数域都减到0后)。这16位的参数LINK指定PaRAM里的字节地址偏移,从这个偏移处,EDMA3CC在连接期间装载/重载下个PaRAM集。必须对连接地址编程使其指向一个有效对齐的32字节PaRAM集,LINK字段的最低5位必须是0。

EDMA3CC忽略LINK入口的高2位,使得编程者对连接地址编程的时候具有灵活性:连接地址既可以是一个绝对直观的字节地址,也可以是一个PaRAM-base-relative偏移地址。因此,如果使用绝对地址范围是4000h～7FFFh,那实际上它被看作范围是0000h～3FFFh的PaRAM-base-relative值。应确保正确地对LINK字段编程,以便连接更新请求PaRAM地址,这个地址处于可用的PaRAM地址范围之中。

如果LINK值是FFFFh,则成为一个NULL连接,将引起EDMA3CC向当前PARAM集写入0(但LINK字段还是被设置为FFFFH)。

3. Null PaRAM集

空参数集(Null PaRAM)的所有计数字段(如ACNT、BCNT、CCNT)都被清零。如果与通道关联的PaRAM集是空集,则在EDMA3CC执行服务时,与通道对应的位将会在相关事件丢失寄存器(Event Missed Register:EMR、EMRH或QEMR)中被设置,并且在次级事件寄存器(Secondary Event Register:SER、SERH或QSER)中设置。这就意味着同一通道的任何事件都被EDMA3CC忽略,而且需要将通道SER、SERH或QSER寄存器的该位清除。这种配置被认为是一个错误状况,因为不希望事件在一个配置为空传输的通道中传输。

4. Dummy PaRAM集

Dummy参数RAM至少一个计数字段(ACNT、BCNT或CCNT)被清零且至少一个计数字段不为零。如果一个与通道相关的PaRAM集是一个Dummy集,则当EDMA3运行服务时,在事件丢失寄存器中将不会置位与通道(DMA/QDMA)对应的位,而且跟普通的传输一样,寄存器SER、SERH或QSER会被清除。该通道上的未来事件可以得到服务。Dummy传输是合法的0字节传输。

5. Dummy 与 Null 传输比较

Dummy PaRAM 集中 ACNT、BCNT 和 CCNT 这 3 个计数域中至少有一个为 0,并且不全是 0。EDMA3CC 在处理 Dummy 和 Null 传输请求上有一些不同之处。Null 传输请求属于错误状况,但是 Dummy 传输请求是合法的 0 字节传输。Null 传输请求引起 EMR 寄存器的错误位(En)被置 1,从根本上防止该通道(没有清除对应的丢失寄存器)的任何进一步传输。表 7.4 总结了 Dummy 和 Null 传输请求的条件和影响。

表 7.4　Dummy 和 Null 传输请求

特　性	Null TR	Dummy TR
EMR/EMRH/QEMR 被置位	Yes	No
SER/SERH/QSER 保持置位	Yes	No
连接更新(OPT 的 STATIC=0)	Yes	No
QER 被置位	Yes	No
IPR/IPRH CER/CERH 被置位,采用提前完成	Yes	No

6. 参数集更新

当 TR 被提交给 DMA/QDMA 通道和对应的 PaRAM 集时,EDMA3CC 将负责更新 PaRAM 集以预计下一个触发事件。对于不是最终的 TR 事件,这包括地址和计数字段更新;对于最终的 TR 事件,包括连接更新。根据通道的同步类型(A 同步或 B 同步)和当前 PaRAM 的状态对具体的 PaRAM 集进行更新。B-update 指的是在 A 同步前提下,提交连续传输请求之后 BCNT 递减。C-update 指的是在 A 同步前提下,在提交 ACNT 字节传输的 BCNT 传输请求之后 CCNT 递减。对于 AB 同步传输,C-update 指的是每一个传输请求提交之后 CCNT 递减。

参数更新的详细信息和条件参见表 7.5。当 PaRAM 集耗尽的时候,将会出现 Link 更新。从 PaRAM 读取 TR 之后(包括 TR 提交到 EDMA3TC 过程),如果需要进行以下更新:

- A 同步:BCNT、CCNT、SRC、DST;
- AB 同步:CCNT、SRC、DST。

表 7.5　EDMA3CC 参数更新细节(对于 Non-Null,Non-Dummy PaRAM 集)

	A 同步传输			AB 同步传输		
	B-Update	C-Update	Link Update	B-Update	C-Update	Link Update
条件:	BCNT>1	BCNT==1&& CCNT>1	BCNT==1&& CCNT==1	N/A	CCNT>1	CCNT==1
SRC	+=SRCBIDX	+=SRCCIDX	=Link. SRC	iEDMA3TC	+=SRCCIDX	=Link. SRC

续表 7.5

	A 同步传输			AB 同步传输		
	B-Update	C-Update	Link Update	B-Update	C-Update	Link Update
DST	+=DSTBIDX	+=DSTCIDX	=Link. DST	EDMA3TC	+=DSTCIDX	=Link. DST
ACNT	无	无	=Link. ACNT	无	无	=Link. ACNT
BCNT	-=1	=BCNTRLD	=Link. BCNT	EDMA3TC	N/A	=Link. BCNT
CCNT	无	-=1	=Link. CCNT	iEDMA3TC	-=1	=Link. CCNT
SRCBIDX	无	无	=Link. SRCBIDX	iEDMA3TC	无	=Link. SRCBIDX
DSTBIDX	无	无	=Link. DSTBIDX	无	无	=Link. DSTBIDXX
SRCCIDX	无	无	=Link. SRCCIDX	EDMA3TC	无	=Link. SRCCIDX
DSTCIDX	无	无	-Link. DSTCIDX	无	无	-Link. DSTCIDX
LINK	无	无	=LINK. LINK	无	无	=LINK. LINK
BCNTRLD	无	无	=LINK. LINK	无	无	=LINK. LINK
OPT	无	无	=LINK. OPT	无	无	=LINK. OPT

注意：EDMA3CC没有特殊的硬件来检测什么时候索引地址更新并计算溢出/未溢出。地址更新将会在用户编程下跨越边界。必须确保没有允许传输穿过外设之间的内部端口边界。单一的TR必须针对单一的源/目的从端点。

以下字段不允许更新(除非在连接过程中，所有的字段被LINK PaRAM覆盖)：

- A同步：ACNT、BCNTRLD、SRCBIDX、DSTBIDX、SRCCIDX、DSTCIDX、OPT、LINK；
- AB同步：ACNT、BCNT、BCNTRLD、SRCBIDX、DSTBIDX、SRCCIDX、DSTCIDX、OPT、LINK；

注意：PaRAM更新只涉及到需要的信息，这些信息用于正确的向EDMA3TC提交下一个传输请求。当传输控制器跟踪到数据携带了传输请求就会出现更新。对于A同步传输，EDMA3CC总是为ACNT(BCNT=1且CCNT=1)字节提交一个TRP；对于AB同步，EDMA3CC总是为BCNT数组(CCNT=1)的ACNT字节提交一个TRP。基于ACNT和FWID(OPT中)的数组，EDMA3TC负责更新源和目的地址。对于AB同步，EDMA3TC也负责更新在SRCBIDX和DSTBIDX数组之间的源/目的地址。表7.5显示了EDMA3CC在A同步和AB同步下的详细参数更新。

7. 连接传输

EDMA3CC提供了一种Link机制，允许从PaRAM集内存映射(两个DMA和QDMA通道)的某个位置重新加载整个PaRAM集，这对于保持乒乓缓存和循环缓存特别有用。同时在无需CPU干预下，连接对于重复/连续传输也是特别有用的。在传输完成之后，当前传输参数将会被重新加载，加载当前传输参数的16位连接地址字段指向的参数集。只有在OPT的STATIC位被清除时才会出现Linking。注意必须将EDMA3或QDMA传输器与另外一个可用的传输器连接。如果一定要终止传输器，则必须将传输器与 NULL 参数集连接。

当前 PaRAM 集事件参数已经耗尽时，Link 就会更新。EDMA3CC 提交所有与 PaRAM 集相关的传输参数时，事件的参数有效期也就截至。根据 OPT 的 STATIC 位状态和 Link 域的状态，可以决定 NULL 传输和 Dummy 传输是否会产生 Link 更新。在两种情况下（Null 或 Dummy），如果 LINK 值是 FFFFh，则在当前 PaRAM 集中写空 PaRAM 集（全 0 而且 Link 为 FFFFh）。同理，如果 LINK 是 FFFFh 以外的其他值，则 Link 指向的 PaRAM 集的某适当位置参数将会被复制到当前 PaRAM 集。

当事件的通道完成条件满足时，连接地址对应的传输参数就会被加载到当前 DMA 或 QDMA 通道关联的参数集。这表明 EDMA3CC 读取了 LINK 指定的 PaRAM集的全部内容（8 个字），并将这 8 个字写入当前的通道 PaRAM 集。图 7.9 显示了连接传输的例子。

7.2.4 DMA 传输启动

通过使用 EDMA3 通道控制器，可以用 3 种方法启动 DMA 通道传输器：

- 事件触发传输请求（Event-triggered transfer request）：外设、系统、外部事件产生的传输请求。
- 手动触发传输请求（Manually-triggered transfer request）：CPU 向相应的事件置位寄存器（ESR/ESRH）中写 1 来触发传输。
- 链触发传输请求（Chain-triggered transfer request）：另一传输或子传输完成时触发的传输。

QDMA 通道传输器有两种启动方法：

- 自动触发传输请求（Auto-triggered transfer request）：通过向程序触发字写触发的传输。
- 连接触发传输请求（Link-triggered transfer request）：当连接出现时，通过写触发器字来触发传输。

1. DMA 通道

当 DM8168 外设或设备引脚的事件被置为有效时，它就会被锁定到事件寄存器的对应位（ER. En=1）。如果事件使能寄存器（EER）中对应的事件被使能（EER. En=1），EDMA3CC 就会为事件队列的事件排序并赋予优先权。

CPU 或任何 EDMA 程序员还可以通过写事件设置寄存器（ESR）来初始化/启动 DMA 传输。如果对 ESR 的事件位写 1，则无论 EER. En 的状态是什么，在对应的事件队列中就会给事件排序并赋予优先权。

连接是一种机制，通过完成一个传输且自动设置另一个通道的事件来实现。当检测到一个连接完成代码（取值由 PaRAM 集的 OPT 传输完成代码 TCC[5:0]决定）时，表明连接事件寄存器（CFR）的对应位被置 1（CFR. E[TCC]=1）。CER 寄存

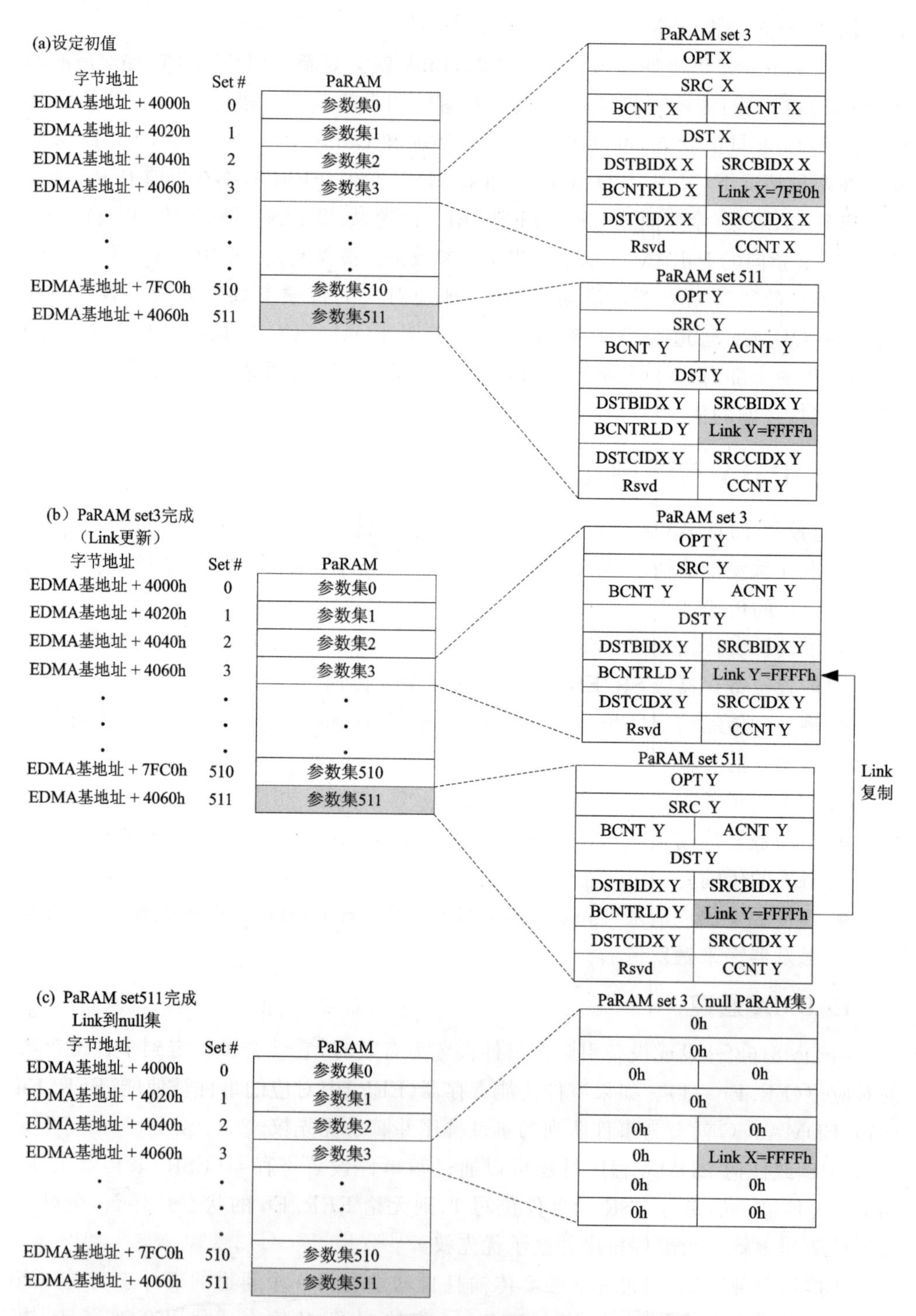

图 7.9　Link 传输例子

器相应的位一旦被设置，EDMA3CC 就会对事件队列进行事件区分并排序。

当某个事件处于队列的最前面时，这个事件就被认为是向传输控制器发送的传输请求。如果 PaRAM 集是有效的(非 Null 集)，传输请求包(TRP)就会被提交给 EDMA3TC，而且 ER 的 En 位也会被清除。此时，EDMA3CC 可以接收新事件。如果通道的 PaRAM 集被设置为 Null 集，就不会提交 TRP，ER 寄存器的相关位 En 也会被清除，与此同时，事件丢失寄存器的对应位(EMR. En)会设置对应的通道位，表明由于 Null TR 丢失了事件的传输请求。所以，应该在重新触发 DMA 通道之前清除事件丢失错误。

如果某个连接事件正在被处理(优先或在事件队列中)，且在原始数据被清除(CER. En！＝0)前同一个通道也正接收其他连接事件，那么第二个事件将会在事件丢失寄存器的相应位被标记为丢失事件(EMR. En＝1)。

2. QDMA 通道

当 QDMA 事件被锁存在 QDMA 事件寄存器(QER. En＝1)中时，就会采取 QDMA 传输。当出现以下情况就需要设置 QER 寄存器对应的 QDMA 通道位：

- CPU(或 EDMA3 编程器)写 PaRAM 地址，该地址用于定义特定 QDMA 通道的触发字(QDMA 通道映射寄存器(QCHMAPn)。通过 QDMA 事件使能寄存器(QEER. En＝1)来使能 QDMA 通道。
- 在被配置为 QDMA 通道(匹配 QCHMAPn 设置)的 PaRAM 集地址，EDMA3CC 执行 Link 更新。

QER 寄存器的相应位一旦被置位，EDMA3CC 就会对事件队列进行事件区分并排序。当某个事件处于队列的最前面时，这个事件就被认为是向传输控制器发送的传输请求。如果 PaRAM 集是有效的(非 Null 集)，传输请求包(TRP)就会被提交给 EDMA3TC，而且 ER 的 En 位也会被清除。此时，EDMA3CC 可以接收新事件。

3. DMA 和 QDMA 通道的比较

DMA 和 QDMA 通道之间的主要区别是事件/通道是否同步。QDMA 事件是自动触发或者连接触发。自动触发允许 QDMA 通道通过 CPU 的最小数线性写 PaRAM 来触发。连接触发允许执行传输器的连接表，使用单 QDMA PaRAM 集和多 QDMA PaRAM 集。当 CPU(或其他 EDMA3 编程器)写 QDMA 通道参数集的触发字(自动触发)或者当 EDMA3CC 进行 PaRAM 集(被映射到 QDMA 通道)的连接更新(连接触发)时，QDMA 传输就被触发。请注意，对于 CPU 触发 DMA(手动触发)，除了写 PaRAM 集，还需要写事件设置寄存器(ESR)来触发传输请求。QDMA 通道特别适用于单一事件完成一个完整传输的情况，因为 CPU(或 EDMA3 编程器)为了触发通道，必须对 QDMA PaRAM 集的某些部分重新编程，即 QDMA 传输为了 A 同步传输需要通过编程 BCNT＝CCNT＝1，而为了 AB 同步传输需要 CCNT＝1。

此外，QDMA 支持连接(如果 OPT 的 STATIC＝0)，允许启动一个 QDMA 连接表。所以，当 EDMA3CC 复制连接 PaRAM 集(包括写触发字)时，当前映射到 QDMA 通道的 PaRAM 集会被自动认为是有效的 QDMA 事件，并启动另一个连接指定的传输集。

7.2.5 DMA 传输完成

当提交了所有传输请求(基于接收同步事件的数目)时，对于一个给定通道的参数集就完成了。对于非 Null 和非 Dummy 传输，期望的请求数如表 7.6 所示，同时从表可以知道同步类型以及最终提交 TR 之前的 PaRAM 集状态。当计数域(BCNT 与/或 CCNT)的值如表 7.6 所示时，导致下一个 TR：

- 传输控制器传送最终连接和中断码。
- 连接更新(连接到 Null 或其他有效的连接集)。

表 7.6 非 Null 和非 Dummy 传输期望的请求数

同步模式	在时间 0 计数	全部传输	最终 TR 之前的计数
A 同步模式	ACNT、BCNT、CCNT	(BCNT×CCNT)个 TRs，每个 ACNT 个字节	BCNT==1&&CCNT==1
AB 同步模式	ACNT、BCNT、CCNT	CCNT 个 TRs，每个(ACNT×BCNT)个字节	CCNT==1

为了表明采用完成码来生成连接事件和/或生成传输完成中断，与其他 OPT 字段(TCCHEN、TCINTEN、ITCCHEN 和 ITCINTEN)一起，必须对 PaRAM OPT 字段进行特定的传输完成码(TCC)编程。具体的 TCC 编程值(6 位二进制)可以指定连接事件寄存器(CER[TCC])和/或中断挂起寄存器(IPR[TCC])的哪一个 64 位被设置，也可以选择是否在完成参数集(TCCHEN 或 TCINTEN)的最后 TR 之后发送回完成码。

在 EDMA3CC 和 EDMA3TC 之间有一个 TR 完成检测接口。这个接口从传输控制器向通道控制器传送信息，表明指定的传输已经完成。传输完成用来生成连接事件和/或向 CPU 产生中断。所有的 DMA/QDMA PaRAM 集必须指定一个连接地址，对于重复的乒乓缓存，连接地址值应该指向另一个 PaRAM 集。另外，对于非重复的传输应该设置连接地址到 Null 连接值。Null 连接值定义为 FFFFh。注意，如果事件被映射到一个 Null PaRAM 集会导致错误，它必须在相应通道再次使用之前被清除。

EDMA3CC 通过 3 种方式来更新或通知传输完成：正常完成、提前完成和 Dummy/Null 完成，对于连接事件和完成中断产生都适用。

(1) 正常完成

在正常完成模式下(OPT 中 TCCMODE=0)，当 EDMA3CC 接收到 EDMA3TC 的完成码时，认为传输或子传输已经完成。在这种模式下，传输控制器在接收到目标外设的信号之后就会给通道控制器发送完成码。正常完成是向 CPU 通知已经完成好一组数据处理的典型方式。

(2) 提前完成

在提前完成模式下(OPT 中的 TCCMODE=1),当 EDMA3CC 向 EDMA3TC 发送传输请求时,传输就认为已经完成。在这种模式下,通道控制器在内部生成完成码。提前完成是连接的典型方式,因为它允许后续传输在传输控制器处理先前的传输时被连接触发,可以让传输集达到最大吞吐量。

(3) Dummy /Null 完成

这是一个变化的提前完成,与 Dummy 集或 Null 集有关。在这两种情况下,EDMA3 通道控制器不给 EDMA3 传输控制器发送相关的传输请求。然而,如果 OPT 字段编程让 Dummy/Null 集返回完成码(中间体、最终中断、连接完成),则它会设置中断挂起寄存器(IPR/IPRH)或连接事件寄存器(CER/CERH)中对应的位。这种内部提前完成方法被通道控制器用来返回内部完成码(即 EDMA3CC 生成完成码)。

7.2.6 事件、通道和 PaRAM 映射

64 个 DMA 通道中的一些通道连接到一个指定的硬件事件,以允许 DM8168 外设事件或外部硬件事件触发传输器。当 DMA 接收到事件(除手动触发、连接触发和其他传输以外)时,DMA 通道通常会请求数据传输。每一个同步事件传输的数据量取决于通道的配置(ACNT、BCNT、CCNT 等)和同步类型(A 同步或 AB 同步)。

事件与通道之间的关联是固定的,每一个 DMA 通道有一个指定的事件与之相关联。如表 7.7 所示,每一个 DMA 通道映射到一个默认的 DMA 同步事件。

表 7.7 EDMA3 默认的同步事件

事件号	默认事件名	默认事件描述	事件号	默认事件名	默认事件描述
0～7	-	未使用	26	UTXEVT0	UART0 发送
8	AXEVT0	McASP0 发送	27	URXEVT0	UART0 接收
9	AREVT0	McASP0 接收	28	UTXEVT1	UART1 发送
10	AXEVT1	McASP1 发送	29	URXEVT1	UART1 接收
11	AREVT1	McASP1 接收	30	UTXEVT2	UART2 发送
12	AXEVT2	McASP2 发送	31	URXEVT2	UART2 接收
13	AREVT2	McASP2 接收	32～47	-	未使用
14	BXEVT	McBSP 发送	48	TINT4	定时器 4
15	BREVT	McBSP 接收	49	TINT5	定时器 5
16	SPIXEVT0	SPI0 发送 0	50	TINT6	定时器 6
17	SPIREVT0	SPI0 接收 0	51	TINT7	定时器 7
18	SPIXEVT1	SPI0 发送 1	52	GPMCEVT	GPMC

续表 7.7

事件号	默认事件名	默认事件描述	事件号	默认事件名	默认事件描述
19	SPIREVT1	SPI0 接收 1	53	HDMIEVT	HDMI
20	SPIXEVT2	SPI0 发送 2	54～57	-	未使用
21	SPIREVT2	SPI0 接收 2	58	I2CTXEVT0	I2C0 发送
22	SPIXEVT3	SPI0 发送 3	59	I2CRXEVT0	I2C0 接收
23	SPIREVT3	SPI0 接收 3	60	I2CTXEVT1	I2C1 发送
24	SDTXEVT	SD0 发送	61	I2CRXEVT1	I2C1 接收
25	SDRXEVT	SD0 接收	62-63	-	未使用

在应用程序中,如果通道不使用相关联的同步事件,或者通道没有相关联的同步事件(通道未使用),则该通道可以用来做手动触发或链触发传输、连接/重载或者作为 QDMA 通道。

1. DMA 通道与 PaRAM 的映射

DMA 通道与 PaRAM 集之间的映射是可编程的。EDMA3CC 的 DMA 通道映射寄存器(DCHMAPn)提供可编程,允许 DMA 通道映射到 PaRAM 内存映射的任何一个 PaRAM 集。图 7.10 说明了 DCHMAP 的使用。每个通道都有一个 DCHMAP 寄存器。

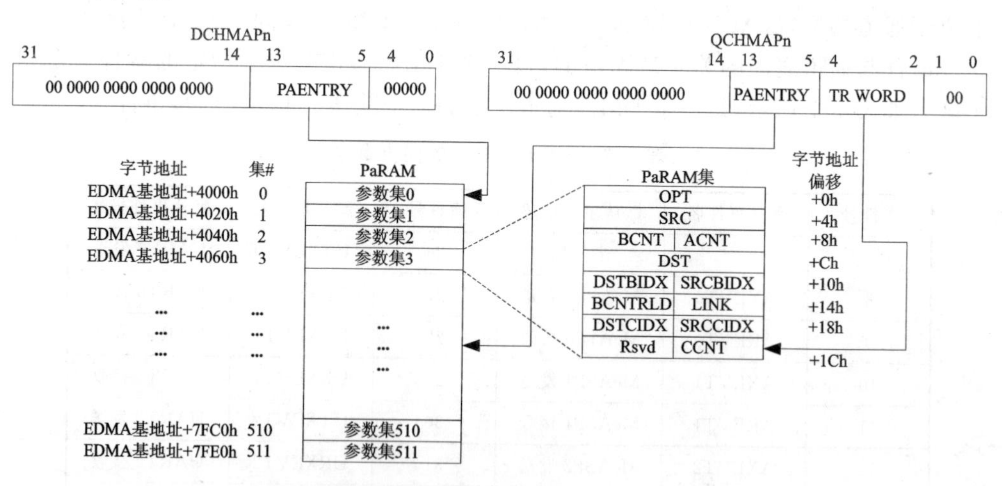

图 7.10 DMA 和 QDMA 通道到 PaRAM 的映射

2. QDMA 通道与 PaRAM 的映射

QDMA 通道与 PaRAM 之间的映射是可编程的。EDMA3CC 的 QDMA 通道映射寄存器(QCHMAP)允许将 QDMA 通道映射到任意一个 PaRAM 内存映射的 PaRAM集。图 7.11 说明了 QCHMAP 的使用。

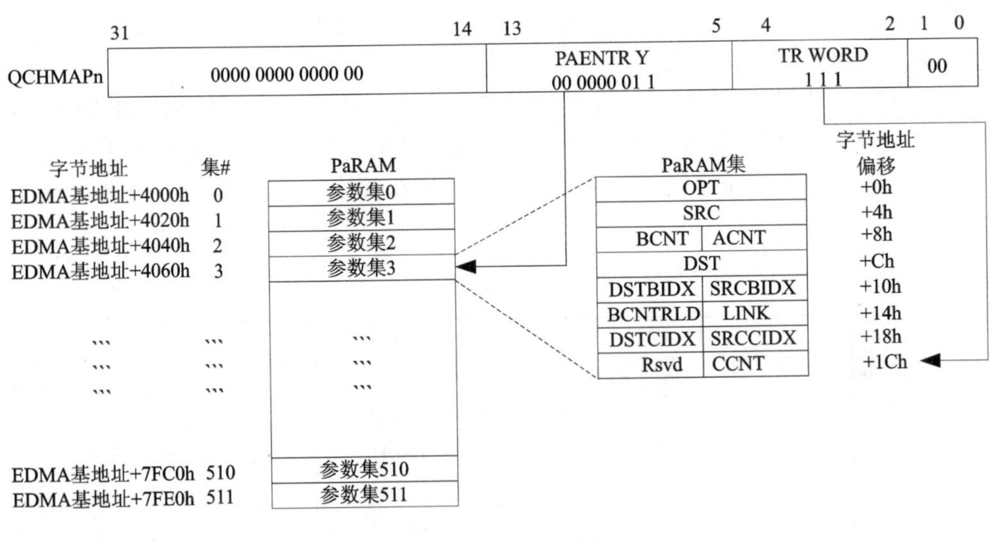

图 7.11　QCHMAP 的使用

除此之外，QCHMAP 允许为 QDMA 通道在 PaRAM 中对触发字进行编程。触发字是 PaRAM 集中的 8 个字。对于 QDMA 传输发生，EDMA3CC 的一个有效的 TR 同步事件被写入到 PaRAM 集指向的触发字。默认情况下，QDMA 通道被映射到 PaRAM 集 0，必须在使用之前重新映射到 PaRAM 集 0。

7.2.7　EDMA3 通道控制区域

EDMA3 通道控制器将地址空间划分为 8 个区域，每一个通道资源被分配到一个指定的区域，每一个区域通常又被分配给一个特定的 EDMA 编程器，必须通过设计应用软件来使用这些区域或者全部忽略。可以通过采用主动内存保护与区域联合，从而仅有特定的 EDMA 编程（比如特权标志）或特权级别（比如用户与监督员）才允许访问给定的区域以及给定的 DMA 或 QDMA 通道。EDMA 编程人员仅需修改分配资源的状态，这样就使得系统级 DMA 代码变得强大。

1. 区域概述

EDMA3 通道控制内存映射寄存器分为以下 3 类：

- 全局寄存器；
- 全局区域通道寄存器；
- 阴影区域通道寄存器。

全局寄存器处于 EDMA3CC 内存映射的一个单一/固定位置，这些寄存器控制 EDMA3 资源映射并提供调试可见和错误跟踪信息。通过全局寄存器地址范围或阴影 n 通道区域地址范围访问通道寄存器（包括 DMA、QDMA 和中断寄存器）。例如，事件使能寄存器（EER）在 EDMA 基地址＋1020h 的全局地址或 EDMA 基地址＋

2020h 的区域地址 0、EDMA 基地址＋2220h 的区域地址 1，…，EDMA 基地址＋2E20h 的区域地址 7 是可见的。

DMA 区域访问使能寄存器(DRAEm)和 QDMA 区域访问使能寄存器(QRAEn)控制底层控制寄存器位，这些位是通过阴影区域地址空间(除开 IEVALn)来访问的。表 7.8 列出了阴影区域内存映射的寄存器。图 7.12 显示了这些区域的框图。

表 7.8 阴影区寄存器

DRAEm	DRAEHm	QRAEn
ER	ERH	QER
ECR	ECRH	QEER
ESR	ESRH	QEECR
CER	CERH	
EER	EERH	
EECR	EECRH	
EESR	EESRH	
SER	SERH	
SECR	SECRH	
IER	IERH	
IECR	IECRH	
IESR	IESRH	
IPR	IPRH	
ICR	ICRH	
不受 DRAE/DRAEH 影响的寄存器		
IEVL		

2. 通道控制区域

DM8168 有 8 个 EDMA3 阴影区(及其相关的内存映射)。与每一个阴影区相关联的是一组寄存器，用来定义与阴影区对应的通道和中断完成码。这些寄存器是用户可编程的，可以为区域分配 DMA/QDMA 的所有权：

(1) DRAEm 和 DRAEHm

每一个阴影区都存在这样一对寄存器：寄存器的位数都与 DMA 通道(64DMA 通道)相匹配。这些寄存器需要编程来实现为各自区域分配 DMA 通道和中断(或 TCC 码)的所有权。通过阴影区地址试图访问 DMA 通道和中断寄存器会被 DRAEm 和 DRAEHm 过滤。DRAE(H)对应位为 1 表明关联的 DMA/中断通道是可以访问的，如果为 0 丢弃强制写入而且返回一个 0 值用来读取。

(2) QRAEn

每一个区域都有一个这样的寄存器：寄存器的位数与 QDMA 通道(4 个 QDMA

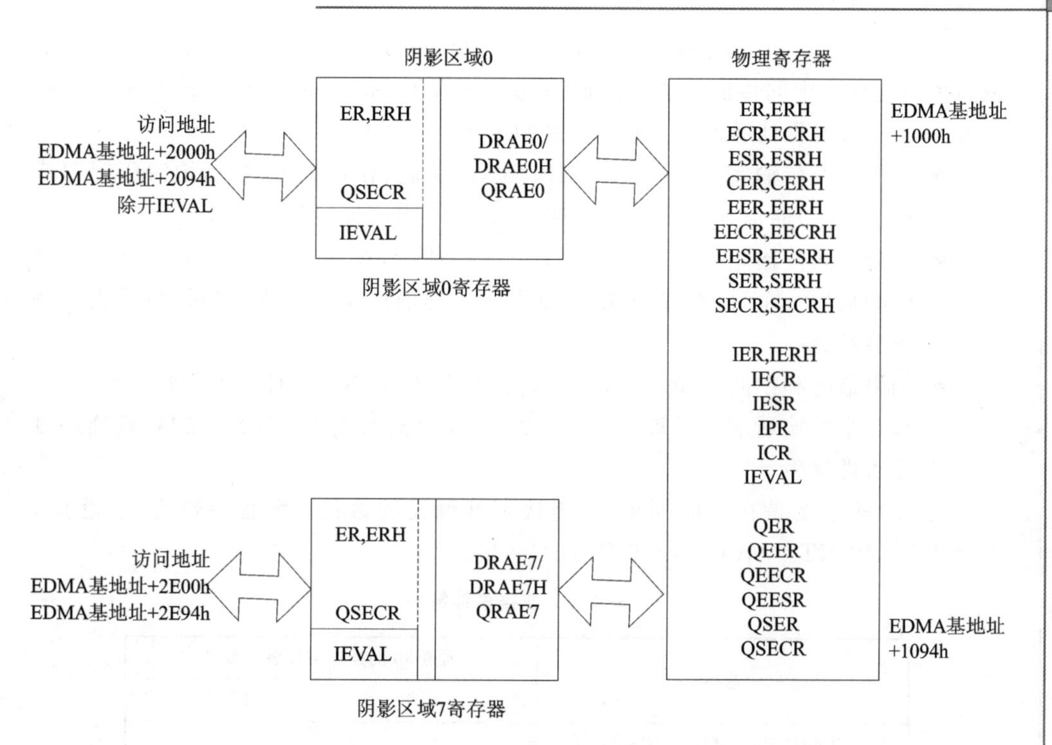

图 7.12　阴影区域寄存器

通道)是相匹配的。这些寄存器需要编程来实现为各自区域分配 DMA 通道的所有权。为了采用阴影区域 0 QEER 来使能阴影区通道,QRAE 的各个位必须被设置,写入 QEESR 将不会有预期的效果。

(3) MPPAn 和 MPPAG

这些寄存器定义权限级别、请求以及对区域的内存映射寄存器允许的访问类型。

对于给定的区域通常会分配特定的 DMA/QDMA 通道。使用阴影区允许通过置位或清除 DRAE/ORAE 寄存器,在系统里实现用任务来限制对 EDMA3 资源(DMA 通道、QDMA 通道、TCC、中断)的访问。如果分区需要对给定通道/TCC 码分配独占访问权,那么只有该区域的 DRAE/ORAE 可以使相关的位被置位。

3. 区域中断

除了 EDMA3CC 的全局完成中断,每一个阴影区还有一个额外的完成中断线。DRAE 与中断使能寄存器(IER)一起作为各自阴影区域中断的二级中断使能。

7.2.8　EDMA3 通道连接

EDMA3 的通道连接允许 EDMA3 通道传输完成触发另一个 EDMA3 通道传输,目的是通过一个事件发生连接几个事件。连接(Chaining)与连接(Linking)是不一样的。EDMA3 连接功能重载当前通道参数集。EDMA3 连接不会修改或更新任何一个通道参数集，它给连接通道提供一个同步事件。连接可以出现在当前通道的最后传输完成或中间传输完成时。通道 *m*(DMA/QDMA)需要连接到通道 *n*，需将编号 *n*(0～63)编程到通道 *m* OPT 集的 TCC 位。

- 如果最终传输完成连接(TCCHEN=1)使能，在提交或完成(取决于提前或正常完成)通道 *m* 上最后的传输请求之后，出现连接触发事件。
- 如果中间传输完成连接(ITCCHEN=1)使能，在每一个传输请求(除开通道 *m* 的最后一个)已经提交或完成(取决于提前或正常完成)之后，出现连接触发事件。
- 如果最终和中间传输完成连接都使能(TCCHEN=1 且 ITCCHEN=1)，在每一个传输请求已经被发送或完成(取决于提前或正常完成)之后，则连接触发事件发生。

表7.9表示的是在不同同步下，连接事件触发的数目。编程参数为：通道31，ACNT=3，BCNT=4，CCNT=5 且 TCC=30。

表7.9 连接事件触发

选择	通道30的连接事件触发数目	
	A同步	B同步
TCCHEN=1，ITCCHEN=0	1	1
TCCHEN=0，ITCCHEN=1	19	4
TCCHEN=1，ITCCHEN=1	20	5

7.2.9 EDMA3中断

EDMA3中断分为两类：传输完成中断和错误中断，共有9个区域中断(8个阴影区和1个全局区域)。表7.10和表7.11列出了传输完成中断和错误中断。传输控制器的传输完成中断和错误中断被路由到DSP和ARM中断控制器。

表7.10 EDMA3传输完成中断

名 称	描 述
EDMA3CC_INT0	EDMA3CC传输完成中断阴影区域0
EDMA3CC_INT1	EDMA3CC传输完成中断阴影区域1
EDMA3CC_INT2	EDMA3CC传输完成中断阴影区域2
EDMA3CC_INT3	EDMA3CC传输完成中断阴影区域3
EDMA3CC_INT4	EDMA3CC传输完成中断阴影区域4
EDMA3CC_INT5	EDMA3CC传输完成中断阴影区域5
EDMA3CC_INT6	EDMA3CC传输完成中断阴影区域6
EDMA3CC_INT7	EDMA3CC传输完成中断阴影区域7

表 7.11 EDMA3 错误中断

名 称	描 述
EDMA3CC_ERRINT	EDMA3CC 错误中断
EDMA3CC_MPINT	EDMA3CC 内存保护中断
EDMA3CC0_ERRINT	TC0 错误中断
EDMA3CC1_ERRINT	TC1 错误中断
EDMA3CC2_ERRINT	TC2 错误中断
EDMA3CC3_ERRINT	TC3 错误中断

1. 传输完成中断

EDMA3CC 负责向 CPU(其他主 EDMA3)产生传输完成中断。对于每一个阴影区,EDMA3 产生单个完成中断,同时也为全局区域(代表 64 个通道)产生一个中断。软件编程使用全局中断或者阴影中断,但是不能同时使用。

传输完成码(TCC)直接映射到中断挂起寄存器(IPR/IPRH),如表 7.12 所示。例如,如果 TCC=10 0001b,传输完成之后就会设置 IPRH[1]位。如果 CPU 的完成中断是使能的,还会导致向 CPU 发送中断。

表 7.12 传输完成码(TCC)到 EDMA3CC 中断的映射

OPT 的 TCC 位 (TCINTEN/ITCINTEN=1)	IPR 位设置	OPT 的 TCC 位 (TCINTEN/ITCINTEN=1)	IPRH 位设置
0	IPR0	20h	IPR32/IPRH0
1	IPR1	21h	IPR33/IPRH1
2h	IPR02	22h	IPR34/IPRH2
3h	IPR3	23h	IPR35/IPRH3
4h	IPR4	24h	IPR36/IPRH4
…		…	…
1Eh	IPR30	3Eh	IPR62/IPRH30
1Fh	IPR31	3Fh	IPR63/IPRH31

当返回一个完成码时(作为提前或正常完成的结构),如果 PaRAM 集通道选择参数(OPT)的传输完成中断是使能的,则设置 IPR/IPRH 对应位。对于 DMA/QDMA 通道,可以将 TCC 编程为任意一个值。通道号和传输完成码之间不需要存在直接的关系,这就允许多个通道拥有相同的传输完成码,导致 CPU 在不同的通道中执行相同的中断服务程序(ISR)。如果通道用于阴影区而且确定了阴影区中断,就需要确保 IER/IERH 以及关联的阴影区 DMA 访问寄存器(DRAE/DRAEH)中与 TCC 相关的位是使能的。

不管是最终传输完成还是中间传输完成，都可以启用中断生成，以通道 m 为例：

- 如果最终传输中断（TCCINT＝1）是使能的，则在最后一个传输请求被发送或完成之后产生中断。
- 如果中间传输中断是使能的（ITCCINT＝1），则在每一个传输请求（除开通道 m 的最后一个 TR）被发送或完成时候产生中断。
- 如果最终和中间传输中断都是使能的（TCCINT＝1 且 ITCCINT＝1），则在每一个传输请求被发送或完成之后产生中断。

表 7.13 展示在不同同步方式下通道 31 的中断数：ACNT＝3，BCNT＝4，CCNT＝5，TCC＝30。

表 7.13 通道 31 的中断数目

选择	A 同步	B 同步
TCINTEN＝1，ITCINTEN＝0	1（最后一个 TR）	1（最后一个 TR）
TCINTEN＝0，ITCINTEN＝1	19（除开最后一个 TR）	4（除开最后一个 TR）
TCINTEN＝1，ITCINTEN＝1	20（所有 TRs）	5（所有 TRs）

(1) 使能传输完成中断

用 EDMA3 通道控制器确定外部环境的传输完成，除了设置相关 PaRAM 集 OPT 的 TCINTEN 和 ITCINTEN 位，EDMA3CC 的中断也必须使能。EDMA3 通道控制器有中断使能寄存器（IER/IERH），而且 IER/IERH 寄存器的每一位作为对应的中断挂起寄存器（IPR/IPRH）的主要使能位。所有中断寄存器（IESR、IER、IECR、IPR）通过全局 DMA 通道区域或 DMA 通道阴影区域来操作，阴影区域提供与全局区域相同的一组物理寄存器。

EDMA3 通道控制器实行分层次完成中断方案，采用一组中断挂起寄存器（IPR/IPRH）和一组中断使能寄存器（IER/IERH）。可编程 DMA 区域访问使能寄存器（DRAE/DRAEH）提供二级中断屏蔽。全局区域中断输出门控基于 IER/IERH 提供的使能掩模。如图 7.13 所示，区域中断输出门控是通过 IER 和对应的 DRAE/DRAEH 实现的。

对于 EDMA3CC 产生以及每个阴影区相关的传输完成中断，下面的条件必须为真：

- EDMA3CC_INT0：(IPR. E0 & IER. E0 & DRAE0. E0))|(IPR. E1 & IER. E1 & DRAE0. E1)| …|(IPRH. E63 &IERH. E63 & DRAHE0. E63)
- EDMA3CC_INT1：(IPR. E0 & IER. E0 & DRAE1. E0)|(IPR. E1 & IER. E1 & DRAE1. E1)| …| (IPRH. E63& IERH. E63 & DRAHE1. E63)
- EDMA3CC_INT2：(IPR. E0 & IER. E0 & DRAE2. E0)|(IPR. E1 & IER. E1 & DRAE2. E1)| …|(IPRH. E63& IERH. E63 & DRAHE2. E63)…
- Up to EDMA3CC_INT7：(IPR. E0 & IER. E0 & DRAE7. E0)|(IPR. E1 &

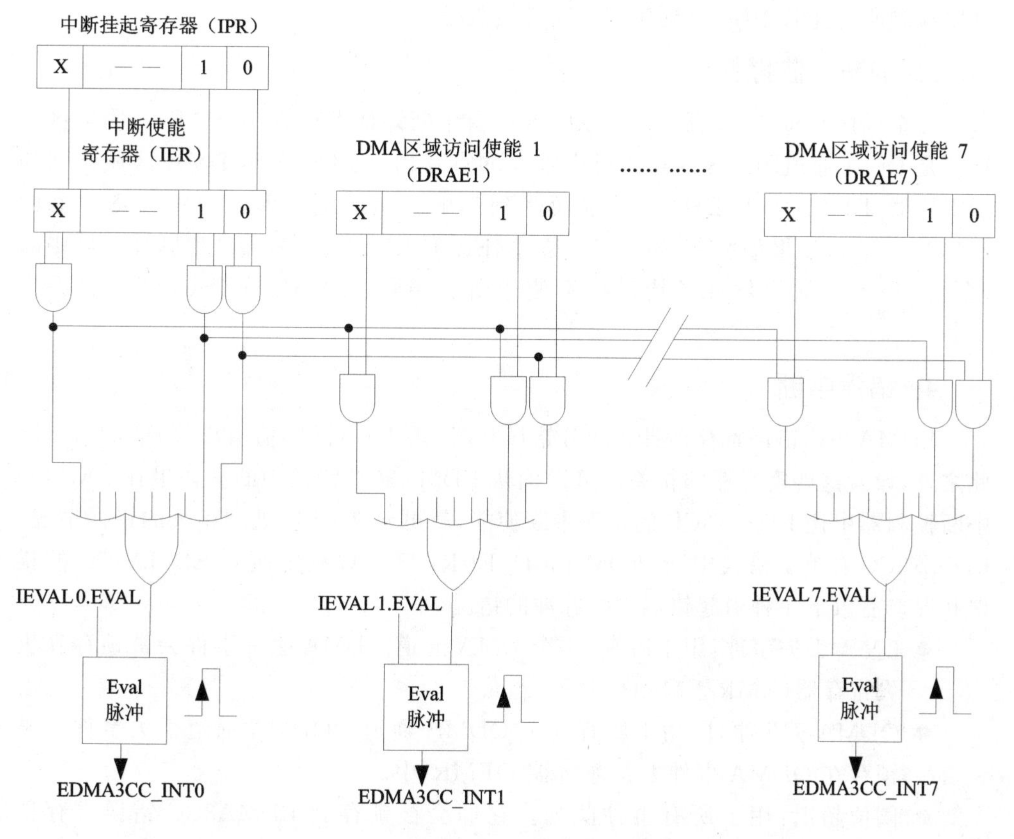

图 7.13　中断框图

IER. E1 & DRAE7. E1) | …|(IPRH. E63 & IERH. E63 & DRAEH7. E63)

(2) 清除传输完成中断

在挂起寄存器(ICR/ICRH)的对应位写1,可以清除锁存在挂起寄存器上的传输完成中断。例如,写1到ICR. E0就清除IPR. E0挂起中断。如果传输完成码(TCC)被锁存到IPR/IPRH的某一位,则其他位(根据后续的传输完成设置)不会声明EDMA3CC完成传输。为了完成中断脉冲,需要从没有使能中断设置状态到至少一个使能中断设置状态的转换。

2. EDMA3 中断服务

传输完成时(提前或正常完成),EDMA3通道控制器由传输完成码来设置中断挂起寄存器对应位。如果完成中断在合适时被启用,那么当完成中断访问时CPU就执行中断服务程序(ISR)。中断服务结束后,ISR应该清除IPR/IPRH,从而识别下一个中断。只有当所有IPR/IPRH被清除之后,EDMA3CC才会确认额外的完成中断。当一个中断服务多个传输完成中断时,可能会引起IPR/IPRH额外的位被置位,从而导致额外的中断。IPR/IPRH的每一位可能需要不同类型的服务,因此ISR

可以检测所有挂起中断,直到所有中断都被服务为止。

3. 中断评估操作

在全局区和每一个阴影区,EDMA3CC有中断评估寄存器(IEVAL)。阴影区寄存器是DMA通道阴影区内存映射中唯一的寄存器,它不会因为DMA区域访问使能寄存器(DRAE/DRAEH)的设置而受到影响。在指定阴影区的相关寄存器的EVAL位写1,如果仍然有使能中断(通过IER/IERH)挂起,就会产生脉冲区域中断(全局/阴影)。如果软件结构选择不使用所有中断,IEVAL确保CPU不会丢失中断。

4. 错误中断

EDMA3CC错误寄存器具有区分错误状况(丢失事件、阈值溢出等)的能力。除此之外,设置这些寄存器的相关位可以确认EDMA3CC错误中断。如果在DM8168中断控制器中让EDMA3CC的错误中断使能,就可允许CPU处理相关的错误情况。EDMA3CC有单个错误中断(EDMA3CC_ERRINT),以确定所有EDMA3CC的错误状况。有以下4种引起错误中断脉冲的情况:

- DMA丢失事件:用于所有64个DMA通道。DMA丢失事件会被锁存在丢失寄存器(EMR/EMRH)中。
- QDMA丢失事件:用于所有8个QDMA通道。QDMA通道丢失事件会被锁存在QDMA事件丢失寄存器(QEMR)中。
- 阈值超出:用于所有事件队列。它们会被锁存到EDMA3CC错误寄存器(CCERR)。
- TCC错误:对于期望返回完成码(TCCHEN或TCINTEN位被设置为1)的重要传输请求,超过了最大限制63,就会被锁定在EDMA3CC的错误寄存器(CCERR)。

图7.14展示了EDMA3CC错误中断产生的操作。

如果任何一个错误引起的错误寄存器位被置位,则EDMA3CC_ERRINT总是有效的,因为没有使能屏蔽这些错误事件。与传输完成中断一样(EDMA3CC_INT),当错误中断状态从没有错误设置到至少有一个错误设置的转换时,就会产生错误中断脉冲。如果额外的错误事件被优先锁定到原来的错误位,EDMA3CC就不会产生额外的中断脉冲。

为了减少软件编程的压力,与中断评估寄存器(IEVAL)一样,错误评估寄存器(EEVAL)允许对挂起的错误事件/位进行重估。通过这样,CPU不会丢失任何事件。在DM8168的中断控制器中,让错误中断使能并且让它与中断服务程序相关联是一个很好的做法。通过这样可以给软件带来较少的负担(错误状态轮询),除此之外,还为不可预知的错误状态提供好的调试机制。

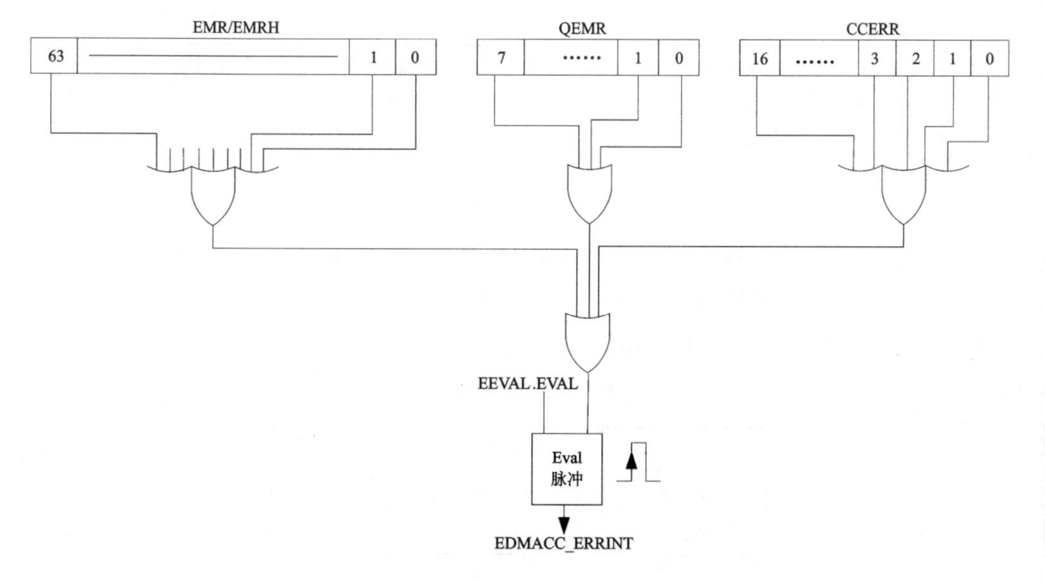

图7.14　EDMA3CC错误中断操作

7.2.10　EDMA3内存保护

EDMA3通道控制器支持两种类型的内存保护:主动和代理。

1. 主动内存保护

主动内存保护允许或禁止对EDMA3CC寄存器的读写(根据编程的权限特征)。主动内存保护是通过一组内存保护权限属性寄存器(MPPA)来实现的。EDMA3CC寄存器映射被划分为了3类:1个全局区、1个全局通道区和8个阴影区。每个阴影区都有一个MPPA用来定义允许访问这些区域资源的请求及其类型。全局通道区通过一个内存映射寄存器(MPPAG)来保护,MPPAG也适用于全局区和全局通道区。寄存器内存映射表7.14说明了每一个区的寄存器的详细情况。基于区域的MPPA寄存器用于保护对DMA阴影区和关联的PaRAM的访问。

表7.14　MPPA寄存器映射

寄存器	寄存器保护	地址范围	PaRAM保护	地址范围
MPPAG	全局范围	0000h-1FFCh	N/A	N/A
MPPA0	DMA阴影区0	2000h-21FCh	1st分区	4000h-47FCh
MPPA1	DMA阴影区1	2200h-23FCh	2nd分区	4800h-4FFCh
MPPA2	DMA阴影区2	2400h-25FCh	3rd分区	5000h-57FCh
MPPA3	DMA阴影区3	2600h-27FCh	4th分区	5800h-5FFCh
MPPA4	DMA阴影区4	2800h-29FCh	5th分区	6000h-67FCh

续表 7.14

寄存器	寄存器保护	地址范围	PaRAM 保护	地址范围
MPPA5	DMA 阴影区 5	2A00h-2BFCh	6th 分区	6800h-6FFCh
MPPA6	DMA 阴影区 6	2C00h-2DFCh	7th 分区	7000h-77FCh
MPPA7	DMA 阴影区 7	2E00h-2FFCh	8th 分区	7800h-7FFCh

表 7.15 显示的是对 MPPAG 和 MPPA 允许/不允许的访问。主动内存保护采用 EDMA3 编程的 PRIV 和 PRIVID 属性。PRIV 是用户特权级,PRIVID 参考特权 ID 号,该 ID 有与 EDMA3 编程相关的号。

表 7.15 访问限制

访问	管理者	用户
Read	Yes	No
Write	Yes	No

拒绝访问例子(如表 7.16 所示):写阴影区 7 的事件使能设置寄存器(EESR)。

(1) 事件使能寄存器 EER 在 1020h 地址偏移处的原始值是 0;

(2) MPPA[7] 设置为防止用户级访问(UW=0,UR=0),但是它允许管理员级(SW=1,SR=1)拥有特权级 ID 0(AID0=1);

(3) 拥有特权级 ID 0 的 EDMA3 编程在阴影区 7 的 EESR 寄存器(偏移地址 2E30h 位置)实现用户级写 FF00 FF00h。注意 EER 是只读寄存器,只能通过写 EESR 实现写 EER,而且 EER、EESR 只有一个物理寄存器,阴影区仅仅提供相同的物理集;

(4) 因为 MPPA[7] UW=0,虽然写访问的特权级 ID 被设置成 0,但还是不允许访问且不允许写 EER。

表 7.16 拒绝访问的例子

寄存器	值	描述
EER 偏移地址 1020h	0000 0000h	EER 的初始值。
EESR 偏移地址 2E30h	FF00 FF00h	准备写入阴影区 7 EESR 的值,这是通过拥有用户权限(特权级 ID 为 0)的 EDMA3 编程实现。
MPPA[7] 偏移地址 082Ch	0000 04B0h	内存保护滤波 AID0=1,UW=0,UR=0,SW=1,SR=1
EER 偏移地址 1020h	0000 0000h	访问拒绝 EER 的最终值

允许访问例子(如表 7.17 所示):写阴影区 7 的事件使能设置寄存器(EESR)

(1) 事件使能寄存器 EER 在 1020h 地址偏移处的原始值是 0;

(2) MPPA[7]设置成允许用户级访问(UW=1,UR=1),且允许拥有特权级 ID 0(AID0=1)的管理员级访问(SW=1,SR=1);

(3) 拥有特权级 ID 0 的 EDMA3 编程尝试在阴影区 7 的 EESR 寄存器(偏移地址 2E30h 位置)实现用户级写 ABCD 0123h。注意 EER 是只读寄存器,只能通过写 EESR 实现写 EER,而且 EER、EESR 只有一个物理寄存器,阴影区仅提供相同的物理集;

(4) 因为 MPPA[7] UW=1 且 AID0=1,允许用户级的写访问;

(5) 注意,阴影区寄存器的访问被它们各自的 DRAE 寄存器屏蔽。在这个例子中,DRAE[7]为 9FF0 0FC2h;

(6) 写入到 EER 的值为 8BC0 0102h。

表 7.17 允许访问的例子

寄存器	值	描述
EER 偏移地址为 1020h	0000 0000h	EER 的初始值
EESR 偏移地址为 2E30h	FF00h FF00h	准备写入阴影区 7 EESR 的值,这是通过拥有用户权限(特权级 ID 为 0)的 EDMA3 编程实现
MPPA[7] 偏移地址为 082Ch	0000 0483h	内存保护滤波 AID=1,UW=1,UR=1,SW=1,SR=1
DRAE[7] 偏移地址为 0378h	9FF0 0FC2h	DMA 区域访问使能滤波
EESR 偏移地址 2E30h	88C0 0102h	写入到阴影区 7 EESR 的值,这是通过拥有用户权限(特权级 ID 为 0)的 EDMA3 编程实现
EER 偏移地址 1020h	BC0 0102h	EER 的最终值

2. 代理内存保护

代理内存保护允许给定的 EDMA3 编程器对 EDMA3 传输进行编程,通过 EDMA3TC 拥有传输的权限,该权限与读资源和写目标是一起的。当 PaRAM 集被写入时,使用 EDMA3 编程器的 PRIV 值和 PRIVID 值分别设置通道选择参数(OPT)的 PRIV 位和 PRIVID 位。PRIV 拥有特权级,PRIVID 参考优先级 ID,该 ID 号与 EDMA3 编程相关。这些都是发送给传输控制器传输请求的一部分。传输控制器使用这些值分别读写命令总线,实现目标内存的保护检测。为了实现 L2 页的源缓冲区和 L1D 页的目标缓冲区之间的简单传输,可以考虑用户权限级的 CPU 参数集编程。对于用户级,PRIV 是 0,对于 CPU,PRIVID 是 0。PaRAM 参数集如图 7.15 所示。

EDMA3参数

参数内容		参数	
0010 0007h		通道选择参数（OPT）	
009F 0000h		通道源地址（SRC）	
0001h	0004h	第二维计数（BCNT）	第一维计数（ACNT）
00F0 7800h		通道目的地址（DST）	
0001h	0001h	目的BSNT索引（DSTBIDX）	源BCNT索引（SRCBIDX）
0000h	FFFFh	BCNT重载（BCNTRLD）	连接地址（LINK）
0001h	1000h	目的CCNT索引（BCNTRLD）	源CCNT索引（SRCCIDX）
0000h	0001h	保留	第三维计数（CCNT）

通道选择参数（OPT）内容

31	30～28	27～24	23	22	21	20	19～18	17～16
0	000	0000	0	0	0	1	00	00
PRIV	Reserved	PRIVID	ITCCHEN	TCCHEN	ITCINTEN	TCINTEN	RESERVED	TCC

15～12	11	10～8	7～4	3	2	1	0
0000	0	000	0000	0	1	1	1
TCC	TCCMOD	FWID	RESERVED	STATIC	SYNCDIM	DMA	SAM

图 7.15　PaRAM 参数集

例如，如果与源缓冲区 L2 页相关的访问属性只允许管理级别的读写(SR、SW)，那么用户级的读请求会被拒绝。同样，如果与目标缓冲区 L1D 页相关的访问属性只允许管理级读写(SR、SW)，那么用户级写请求就会被拒绝。对于成功的传输，与允许 PRIVID 0 访问一起，源和目标页分别应该有用户读和写权限。由于编程的权限级别和读写请求的权限识别，EDMA3 充当了代理。图 7.16 展示了所有交互实体(CPU、EDMA3CC、EDMA3TC 和从内存)的 PRIV 和 PRIVID 传输。

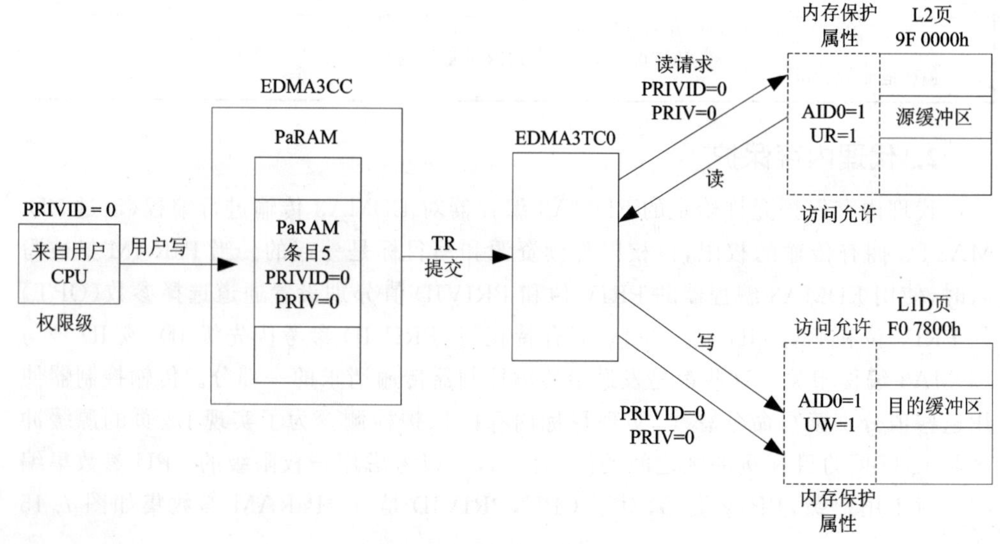

图 7.16　内存保护实例

7.2.11 事件队列

事件队列是EDMA3通道控制器的一部分，是EDMA3CC的事件检测逻辑与传输请求发布逻辑之间的接口。每个队列事件深度为16，每个事件队列能最多给16个事件排队，如果超过了16个事件，超出的事件不能在队列中找到一个位置，但仍然会置位相应的事件寄存器且不会阻塞CPU。总共有4个队列：Queue0、Queue1、Queue2和Queue3，Queue0中的事件发布传输请求（TRs）给TC0，类似，Queue1给TC1…

事件如果在其他DMA或/和QDMA悬挂事件仲裁中优先胜出，它就会被放到对应的队列尾部（Tail）。每个事件队列是以FIFO顺序来服务的，一旦事件到达它的队列头部且对应的传输控制器准备接收TR时，事件会从队列中移出，并且对应的PaRAM集作为一个请求包（TRP）发给相应的EDMA3TC。

Queue0优先级最高，Queue3最低。如果Queue0和Queue1都至少有一个事件，且TC0和TC1都能接收传输请求，那么Queue0中的事件先从队列中移出，与它相关的PaRAM集被处理并向TC0发布一个TR。

通过访问寄存器Q0E0、Q0E1…Q0E15等，事件队列中的所有事件条目是通过软件可读的，但不可写。每个事件条目寄存器从事件类型（人工、事件、连接或自动触发）和事件号两个方面将排队的事件特征化。

1. DMA /QDMA通道与事件队列的映射

通过使用DMA队列号寄存器（DMAQNUM）和QDMA队列号寄存器（QDMANUM），64个DMA通道和8个QDMA通道可以独立编程映射到特定的队列。DMA/QDMA通道的映射对获得期望的EDMA传输性能是非常重要的。

如果一个事件准备好要排队，且事件队列和这个队列的EDMA3TC也是空的，那么事件会旁路事件队列并且移动PaRAM处理逻辑，最终向EMDA3TC发布传输请求。这种情况下，事件并不记录在事件队列状态寄存器中。

2. 队列RAM调试可见

4个队列的每个队列深度是16，这16个条目的管理方式是使用循环FIFO。每个队列有一个队列状态寄存器（QSTAT），每个队列的所有16个条目都可以通过寄存器QSTATn和QxEy来读出。这些寄存器为用户提供了可见性，有助于调试。事件队列条目寄存器（QxEy）唯一地标识了队列中或从队列中移出的特定事件类型（事件触发、手工触发、连接触发和QDMA事件）和事件号（事件通道）。

事件队列中的16个条目的每个都可以通过EDMA3CC内存映射寄存器来读。通过读事件队列，可看到EDMA3处理的最后16个TRs的历史，这提供了用户/软件可见性，有助于调试，包括多事件和事件源。

队列状态寄存器（QSTATn）有一个起始指针（STRTPTR）字段，用于提供事件距离队列头的偏移，还包括NUMVAL字段，提供给定时刻事件队列中的有效条目数。STRTPTR可以做为16个事件的索引,起始于STRTPTR的NUMVAL个事件还停留在队列中排队。读取余下的条目,可以确定哪些条目已经从队列中移出并发布给相应的传输控制器。

3. 队列资源跟踪

EDMA3CC事件队列包括水印(Watermarking)/阈值(Threshold)逻辑,可以保持对所有事件队列的最大使用的跟踪,这对调试EDMA3事件队列的阻塞是非常有用的。

通过给队列水印阈值A寄存器(QWMTHRA)设置一个阈值数(0~0.5之间),可以编程事件队列排队的最多事件数。队列最大使用被记录在队列状态寄存器(QSTATn)的水印(WM)字段中,通过不断比较队列中的有效条目数,WM值会不断更新。队列的有效条目数也可见于QSTATn的NUMVAL位中和最大条目数中(QSTATn的WM位)。

如果队列的使用超过设定值,可以在EDMA3CC寄存器中看到这个状态:通道控制错误寄存器(CCERR)的QTHRXCDn位以及QSTAn的THRXCD位,这里n表示事件队列号。CCER里的任意位也会产生EDMA3CC错误中断。

4. 性能考虑

主系统总线架构(L3)仲裁来自所有Master(TCs、CPUs、PCIe及其他总线Master)对共享从资源(外设和内存)的总线请求。相对于系统里的其他Master,来自EDMA3TC的传输请求优先级(读和写命令)使用队列优先级寄存器(QUEPRI)来编程。QUEPRI直接对事件队列优先级进行编程。因此,同EDMA3TC执行传输的优先级相比,未加载队列的优先级的影响不是最重要的,因为它们由EDMA3T来执行。

7.2.12　EDMA3传输控制器

EDMA3CC是EDMA3的用户接口,而EDMA3TC是EDMA3的数据移动引擎。EDMA3CC向EDMA3TC发送传输请求,EDMA3TC的数据传输取决于传输请求TR,所以EDMA3TC从属于EDMA3CC。

1. TR流水线

TR流水线从本质上讲就是在先前写入的TR还没完成时,就已经开始读取给定的TR。目标FIFO条目数限制了传输请求的数目,对于保持背对背(Back-to-back)的吞吐量,TR流水线是非常有用的,它最大限度地减少了启动开销,因为在先前TR写的后台已经开始读取下一个TR。

2. 性能优化

默认情况下,读要尽可能的快。在某些情况下,由EDMA3TC发出的读会填满

从命令缓存，从而延迟其他(更高优先权)主机向从机成功发送命令。EDMA3TC 读取命令的速度由 RDRATE 寄存器控制，EDMA3TC 为给定的 TR 发布后续命令之前，RDRATE 寄存器定义读控制器的等待周期数，从而减小 EDMA3TC 耗费所有可用从资源的机会。如果传输控制器用于高优先级传输，RDRATE 应该设置为相对较小的值，相反，如果传输控制器用于优先级低的传输，RDRATE 应该设置为较大的值。

3. 内存保护

EDMA3TC 在处理代理内存保护中起重要的作用。对于一个传输，有两种访问保护：主机的特权级 ID 启动传输和权限级(用户和管理者)传输编程。当在通道控制器中编程时，这些信息都会保持在 PaRAM 集中。当发送一个传输请求给传输控制器时，这些信息对于 EDMA3TC 是可用的。当 EDMA3TC 发布读写命令时也会用到这些信息。读和写命令具有相同的权限级别，在通道控制器中进行这些权限级的编程。

4. 错误生成

如果以下 3 种条件使能就会产生错误：

- 源或目的地址错误信号的 EDMA3TC 检测；
- 试图读写配置内存映射中无效的地址；
- 检测到恒定寻址模式 TR 违反恒定寻址模式的传输规则(源/目的地址和索引必须对齐到 32 字)；

所有的错误类型都必须被禁用，如果一个错误位被设置且使能，就会产生相关传输控制器的中断脉冲。

5. 调试特性

DMA 编程寄存器组、DMA 源活动寄存器组和目的 FIFO 寄存器组用来获得通过传输控制器服务的 TR 的历史信息。除此之外，EDMA3TC 状态寄存器(TCSTAT)有一个检测位字段，用来指示传输控制器不同部分正在进行的活动：

- SRCACTV 位：表示源寄存器活动组是否有活动；
- DSTACTV 位：表示一个实例中目的寄存器活动组中的传输请求数；
- PROGBUSY 位：表示 DMA 编程组的传输请求是否有效；

如果传输请求在进程中，则从 EDMA3TC 状态寄存器读取的值可能会不一致，因为 EDMA3TC 可能会因为正在进行的活动改变这些寄存器的值。建议确保没有额外的传输请求提交给 EDMA3TC，以便于调试。

目的 FIFO 寄存器指针用来作为 DFSTRTPTR 起始指针的循环缓冲区，也用作深度缓冲区(通常为 2 或 4)。EDMA3TC 在 TCSTAT 中维持两个重要的状态细节，这些细节信息可能用于高级调试。DFSTRTPTR 是一个起始指针，即是目的 FIFO

寄存器的头部索引。DSTACTV 是一个计数器,实现对有效(占用)条目的计数。寄存器字段的值及其解释如下:

- DFSTRTPTR=0 且 DSTACTV=0 表示在目的 FIFO 寄存器没有传输请求;
- DFSTRTPTR=1 且 DSTACTV=2 表示有两个传输请求,从目的 FIFO 寄存器条目 1 读取第一个挂起 TR,从第二个条目读取第二个挂起 TR;
- DFSTRTPTR=3h 且 DSTACTV 的=2h 表示有两个传输请求,从目的 FIFO 寄存器条目 3 读取第一个挂起 TR,从条目 0 读取第二个挂起 TR;

6. EDMA3 配置

表 7.18 提供了 DM8168 设备上的 EDMA3 传输控制器的配置信息,采用芯片控制模块的 TPTC_CFG 寄存器配置每一个传输控制器的 DBS。

表 7.18 EDMA3 传输控制器的配置

名称	TC0	TC1	TC2	TC3
FIFOSIZE	1 026B	1 026B	1 026B	1 026B
BUSWIDTH	16B	16B	16B	16B
DETRGDEPTH	4 条目	4 条目	4 条目	4 条目
DBS	可配置	可配置	可配置	可配置

7.2.13 EDMA3 优先级

对于并发的事件/通道、传输等,EDMA3 控制器有许多处理规则,下面详细介绍出现并发处理情况下的仲裁细节,图 7.17 展示了 EDMA3 优先级顺序的实现。

1. 通道优先级

DMA 事件寄存器(ER 和 ERH)可以捕捉多达 64 个事件,同样 QDMA 事件寄存器(QER)捕捉所有 QDMA 通道的 QDMA 事件,因此不同事件可能在 DMA/QDMA 的事件输入端同时发生。对于这些同时到达的事件请求,优先将低通道号的事件传输到事件队列中(对于 DMA 事件,通道 0 优先级最高,通道 63 优先级最低;同理,对于 QDMA 事件,通道 0 优先级最高,通道 7 优先级最低),这种机制只有在传输并发事件到事件队列情况下才会实行。

如果 DMA 和 QDMA 事件同时发生,则 DAM 事件的优先级高于 QDMA 事件。

2. 触发源优先级

如果 DMA 通道的触发源不止一个(事件触发、手动触发、链触发),而且同一通道被同时设置了多个事件(ER. En=1,ESR. En=1,CER. En=1),那么 EDMA3 通常按照以下优先级顺序处理事件:事件触发(通过 ER)的优先级最高,其次是链触发

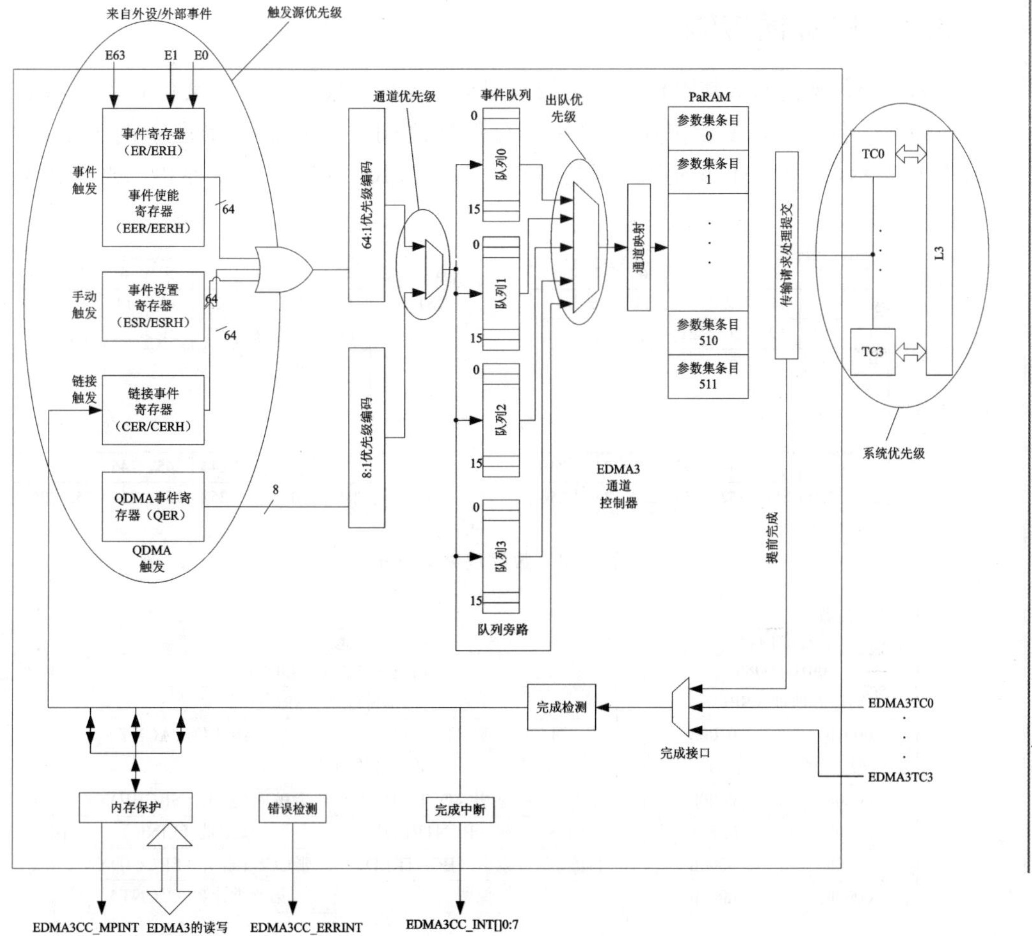

图7.17 EDMA3优先级顺序

（通过CER），优先级最低的是手动触发（通过ESR）。这就意味着对于通道0，ER.E0和CER.E0在同一时刻都为1，那么ER.E0事件总是比CER.E0事件优先排队。

3. 系统（传输控制器）优先级

芯片配置模块的INIT_PRIORITY_0和INIT_PRIORITY_1寄存器通过系统总线基础架构配置EDMA传输控制器优先级。此外，DDR内存访问优先级设置是通过动态内存管理（DMM）实现的。

7.3 EDMA3传输实例

EDMA3通道控制器通过参数配置完成一系列的传输，下面说明典型的使用情况及其PaRAM配置。

7.3.1　块数据传输

EDMA3 执行的最基本传输就是块移动，在操作过程中需要将某位置的块数据传输到另一位置，通常会在片上和片外存储区之间进行传输。在这个例子中，如图 7.18所示，需要将外部内存数据复制到内部 L2 SRAM。图 7.19 给出了这个传输的参数配置。

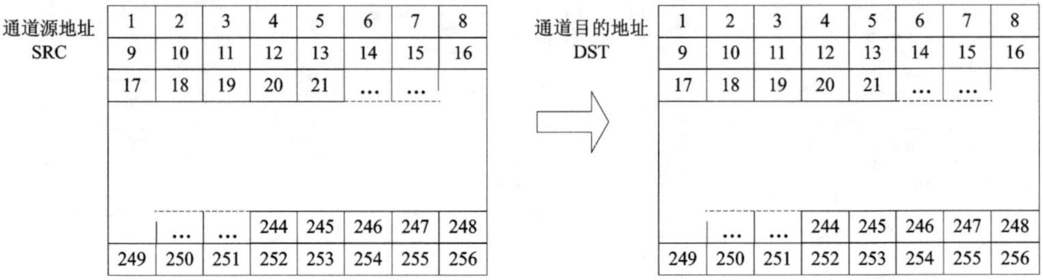

通道源地址 SRC

1	2	3	4	5	6	7	8
9	10	11	12	13	14	15	16
17	18	19	20	21	…	…	
	…	…	244	245	246	247	248
249	250	251	252	253	254	255	256

通道目的地址 DST

1	2	3	4	5	6	7	8
9	10	11	12	13	14	15	16
17	18	19	20	21	…	…	
	…	…	244	245	246	247	248
249	250	251	252	253	254	255	256

图 7.18　数据块移动例子

EDMA3参数

参数内容		参数	
0010 0008h		通道选择参数（OPT）	
通道源地址（SRC）		通道源地址（SRC）	
0001h	0100h	第二维计数（BCNT）	第一维计数（ACNT）
通道目的地址（DST）		通道目的地址（DST）	
0000h	0000h	目的BSNT索引（DSTBIDX）	源BCNT索引（SRCBIDX）
0000h	FFFFh	BCNT重载（BCNTRLD）	连接地址（LINK）
0000h	0000h	目的CCNT索引（BCNTRLD）	源CCNT索引（SRCCIDX）
0000h	0001h	保留	第三维计数（CCNT）

通道选择参数（OPT）内容

31	30～28	27～24	23	22	21	20	19～18	17～16
0	000	0000	0	0	0	1	00	00
PRIV	Reserved	PRIVID	ITCCHEN	TCCHEN	ITCINTEN	TCINTEN	RESERVED	TCC

15～12	11	10～8	7～4	3	2	1	0
0000	0	000	0000	1	0	0	0
TCC	TCCMOD	FWID	RESERVED	STATIC	SYNCDIM	DMA	SAM

图 7.19　PaRAM 配置

7.3.2　子帧获取

EDMA3 可以从大的帧数据中提取出小的帧数据。通过 2 维(2D)到 1 维(1D)的传输，EDMA3 检索 CPU 处理数据的一部分。在这个例子中，一帧 640×480 的视频数据存储在外部内存中，每一个像素由一个 16 位的半字表示，CPU 提取一个 16×12 的子帧数据做处理。为了让 CPU 更方便高效地处理，EDMA3 将子帧数据放在内部 L2 SRAM 中。图 7.20 展示了将子帧数据从外部内存传输到 L2 的过程，图 7.21为传输控制的参数配置。

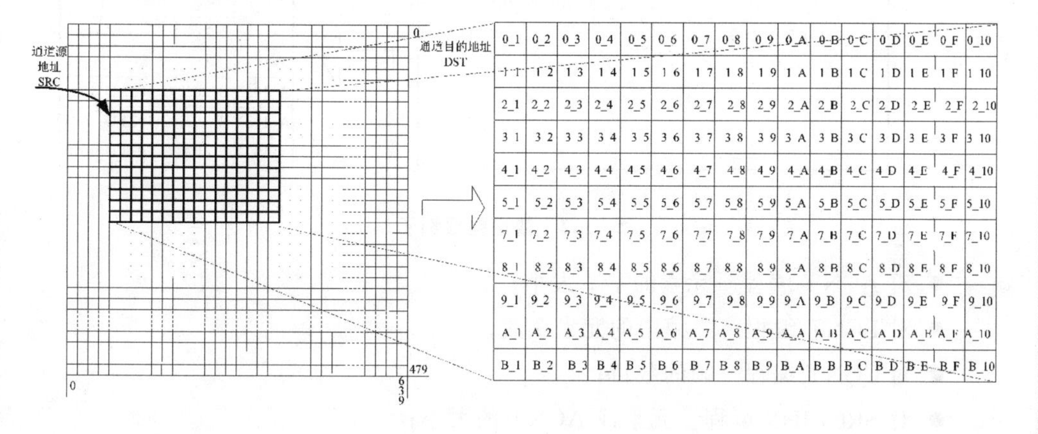

图 7.20　子帧提取

EDMA3参数

参数内容		参数	
0010 000Ch		通道选择参数（OPT）	
通道源地址（SRC）		通道源地址（SRC）	
000Ch	0020h	第二维计数（BCNT）	第一维计数（ACNT）
通道目的地址（DST）		通道目的地址（DST）	
0020h	0500h	目的BSNT索引（DSTBIDX）	源BCNT索引（SRCBIDX）
0000h	FFFFh	BCNT重载（BCNTRLD）	连接地址（LINK）
0000h	0000h	目的CCNT索引（BCNTRLD）	源CCNT索引（SRCCIDX）
0000h	0001h	保留	第三维计数（CCNT）

通道选择参数（OPT）内容

31	30～28	27～24	23	22	21	20	19～18	17～16
0	000	0000	0	0	0	1	00	00
PRIV	Reserved	PRIVID	ITCCHEN	TCCHEN	ITCINTEN	TCINTEN	RESERVED	TCC

15～12	11	10～8	7～4	3	2	1	0
0000	0	000	0000	1	1	0	0
TCC	TCCMOD	FWID	RESERVED	STATIC	SYNCDIM	DMA	SAM

图 7.21　子帧提取例子的 PaRAM 配置

7.3.3　数据排序

许多应用都需要使用多个数据数组，通常希望将数据数组进行整理排序，使得每个数组的第一个元素是相邻的，第二个元素是相邻的，以此类推。数据要么通过外围数据数组一个接一个的传输或者数据数组直接在内存中占用一部分连续的内存空间。EDMA3 可以将数据重新组织成所需要的格式，如图 7.22 所示。

为了确定 PaRAM 的值，需要考虑：

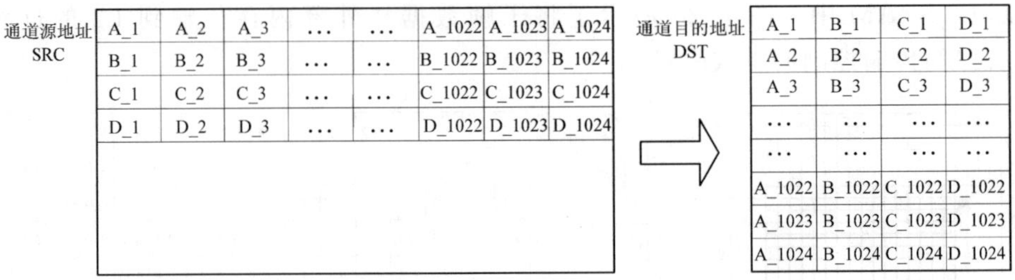

通道源地址SRC

A_1	A_2	A_3	…	…	A_1022	A_1023	A_1024
B_1	B_2	B_3	…	…	B_1022	B_1023	B_1024
C_1	C_2	C_3	…	…	C_1022	C_1023	C_1024
D_1	D_2	D_3	…	…	D_1022	D_1023	D_1024

通道目的地址DST

A_1	B_1	C_1	D_1
A_2	B_2	C_2	D_2
A_3	B_3	C_3	D_3
…	…	…	…
…	…	…	…
A_1022	B_1022	C_1022	D_1022
A_1023	B_1023	C_1023	D_1023
A_1024	B_1024	C_1024	D_1024

图7.22 数据整理例子

- 对ACNT编程—元素的字节大小；
- 对BCNT编程——帧中的元素个数；
- 对CCNT编程—帧的数目；
- 对SRCBIDX编程—元素或ACNT的大小；
- 对DSTBIDX编程—CCNT×ACNT；
- 对SRCCDX编程—ACNT×BCNT；
- 对DSTCIDX编程—ACNT。

为了进行参数集更新，同步类型需要AB同步，而且STATIC位为0。建议使用普通EDMA3进行排序。单触发事件是不可能进行排序的，相反，通道可以被编程连接到其自身。在BCNT元素排序之后，中间链可以被用来再次触发通道，引起下一个BCNT元素的传输。图7.23为这个传输的参数集编程，假设为通道0且元素大小为4B。

EDMA3参数

参数内容		参数	
0090 0004h		通道选择参数（OPT）	
通道源地址（SRC）		通道源地址（SRC）	
0400h	0004h	第二维计数（BCNT）	第一维计数（ACNT）
通道目的地址（DST）		通道目的地址（DST）	
0010h	0001h	目的BSNT索引（DSTBIDX）	源BCNT索引（SRCBIDX）
0000h	FFFFh	BCNT重载（BCNTRLD）	连接地址（LINK）
0001h	1000h	目的CCNT索引（BCNTRLD）	源CCNT索引（SRCCIDX）
0000h	0004h	保留	第三维计数（CCNT）

通道选择参数（OPT）内容

31	30–28	27–24	23	22	21	20	19–18	17–16
0	000	0000	1	0	0	1	00	00
PRIV	Reserved	PRIVID	ITCCHEN	TCCHEN	ITCINTEN	TCINTEN	RESERVED	TCC

15–12	11	10–8	7–4	3	2	1	0
0000	0	000	0000	0	1	0	0
TCC	TCCMOD	FWID	RESERVED	STATIC	SYNCDIM	DMA	SAM

图7.23 数据整理例子的PaRAM配置

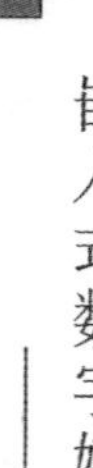

7.4　EDMA3 寄存器

7.4.1　EDMA3CC 寄存器

表 7.19 列出了 EDMA3CC 内存映射寄存器，其中没有列出寄存器偏移地址的表示是保留而且其内容是不能修改的。

表 7.19　EDMA3CC 寄存器

偏移地址	缩　写	寄存器描述
00h	PID	外设识别寄存器
04h	CCCFG	EDMA3CC 配置寄存器
0100h-01FCh	DCHMAP0～63	DMA 通道 0～63 映射寄存器
0200h	QCHMAP0	QDMA 通道 0 映射寄存器
0204h	QCHMAP1	QDMA 通道 1 映射寄存器
0208h	QCHMAP2	QDMA 通道 2 映射寄存器
020Ch	QCHMAP3	QDMA 通道 3 映射寄存器
0210h	QCHMAP4	QDMA 通道 4 映射寄存器
0214h	QCHMAP5	QDMA 通道 5 映射寄存器
0218h	QCHMAP6	QDMA 通道 6 映射寄存器
021Ch	QCHMAP7	QDMA 通道 7 映射寄存器
0240h	DMAQNUM0	DMA 队列数寄存器 0
0244h	DMAQNUM1	DMA 队列数寄存器 1
0248h	DMAQNUM2	DMA 队列数寄存器 2
024Ch	DMAQNUM3	DMA 队列数寄存器 3
0250h	DMAQNUM4	DMA 队列数寄存器 4
0254h	DMAQNUM5	DMA 队列数寄存器 5
0258h	DMAQNUM6	DMA 队列数寄存器 6
025Ch	DMAQNUM7	DMA 队列数寄存器 7
0260h	QDMAQNUM	QDMA 队列数寄存器
0284h	QUEPRI	队列优先级寄存器
0300h	EMR	事件丢失寄存器
0304h	EMRH	事件丢失寄存器高
0308h	EMCR	事件丢失清除寄存器
030Ch	EMCRH	事件丢失清除寄存器高

续表 7.19

偏移地址	缩　写	寄存器描述
0310h	QEMR	QDMA 事件丢失寄存器
0314h	QEMCR	QDMA 事件丢失清除寄存器
0318h	CCERR	EDMA3CC 错误寄存器
031Ch	CCERRCLR	EDMA3CC 错误清除寄存器
0320h	EEVAL	错误评估寄存器
0340 h	DRAE0	DMA 区域 0 访问使能寄存器
0344h	DRAEH0	DMA 区域 0 访问使能寄存器高
0348h	DRAE1	DMA 区域 1 访问使能寄存器
034C	DRAEH1	DMA 区域 1 访问使能寄存器高
0350h	DRAE2	DMA 区域 2 访问使能寄存器
0354h	DRAEH2	DMA 区域 2 访问使能寄存器高
0358h	DRAE3	DMA 区域 3 访问使能寄存器
035Ch	DRAEH3	DMA 区域 3 访问使能寄存器高
0360h	DRAE4	DMA 区域 4 访问使能寄存器
0364h	DRAEH4	DMA 区域 4 访问使能寄存器高
0368h	DRAE5	DMA 区域 5 访问使能寄存器
036Ch	DRAEH5	DMA 区域 5 访问使能寄存器高
0370h	DRAE6	DMA 区域 6 访问使能寄存器
0374h	DRAEH6	DMA 区域 6 访问使能寄存器高
0378h	DRAE7	DMA 区域 7 访问使能寄存器
037Ch	DRAEH7	DMA 区域 7 访问使能寄存器高
0380h-039Ch	QRAE0～7	QDMA 区域 0～7 访问使能寄存器
0400h-04FCh	Q0E0～Q3E15	事件队列条目寄存器 Q0E0～Q3E15
0600h-060Ch	QSTAT0～3	队列状态寄存器 0～3
0620h	QWMTHRA	队列标识阈值 A 寄存器
0640h	CCSTAT	EDMA3CC 状态寄存器
0800h	MPFAR	内存保护错误地址寄存器
0804h	MPFSR	内存保护错误状态寄存器
0808h	MPFCR	内存保护错误命令寄存器
080Ch	MPP AG	内存保护页寄存器 Global
0810h-082Ch	MPPA0-7	内存保护页寄存器 0～7
1000h	ER	事件寄存器
1004h	ERH	事件寄存器高

续表 7.19

偏移地址	缩　写	寄存器描述
1008h	ECR	事件清除寄存器
100Ch	ECRH	事件清除寄存器高
1010h	ESR	事件设置寄存器
1014h	ESRH	事件设置寄存器高
1018h	CER	连接事件寄存器
101Ch	CERH	连接事件寄存器高
1020h	EER	事件使能寄存器
1024h	EERH	事件使能寄存器高
1028h	EECR	事件使能清除寄存器
102Ch	EECRH	事件使能清除寄存器高
1030h	EESR	事件使能设置寄存器
1034h	EESRH	事件使能设置寄存器高
1038h	SER	第二事件寄存器
103Ch	SERH	第二事件寄存器高
1040h	SECR	第二事件清除寄存器
1044h	SECRH	第二事件清除寄存器高
1050h	IER	中断使能寄存器
1054h	IERH	中断使能寄存器高
1058h	IECR	中断使能清除寄存器
105Ch	IECRH	中断使能清除寄存器高
1060h	IESR	中断使能设置寄存器
1064h	IESRH	中断使能设置寄存器高
1068h	IPR	中断挂起寄存器
106Ch	IPRH	中断挂起寄存器高
1070h	ICR	中断清除寄存器
1074h	ICRH	中断清除寄存器高
1078h	IEVAL	中断评估寄存器
1080h	QER	QDMA 事件寄存器
1084h	QEER	QDMA 事件使能寄存器
1088h	QEECR	QDMA 事件使能清除寄存器
108Ch	QEESR	QDMA 事件使能设置寄存器
1090h	QSER	QDMA 第二事件寄存器
1094h	QSECR	QDMA 第二事件清除寄存器

续表 7.19

偏移地址	缩　写	寄存器描述
		阴影区 0 通道寄存器
2000h	ER	事件寄存器
2004h	ERH	事件寄存器高
2008h	ECR	事件清除寄存器
200Ch	ECRH	事件清除寄存器高
2010h	ESR	事件设置寄存器
2014h	ESRH	事件设置寄存器高
2018h	CER	连接事件寄存器
201Ch	CERH	连接事件寄存器高
2020h	EER	事件使能寄存器
2024h	EERH	事件使能寄存器高
2028h	EECR	事件使能清除寄存器
202Ch	EECRH	事件使能清除寄存器高
2030h	EESR	事件使能设置寄存器
2034h	EESRH	事件使能设置寄存器高
2038h	SER	第二事件寄存器
203Ch	SERH	第二事件寄存器高
2040h	SECR	第二事件清除寄存器
2044h	SECRH	第二事件清除寄存器高
2050h	IER	中断使能寄存器
2054h	IERH	中断使能寄存器高
2058h	IECR	中断使能清除寄存器
205Ch	IE CRH	中断使能清除寄存器高
2060h	IESR	中断时能设置寄存器
2064h	IESRH	中断使能设置寄存器高
2068h	IPR	中断挂起寄存器
206Ch	IPRH	中断挂起寄存器高
2070h	ICR	中断清除寄存器
2074h	ICRH	中断清除寄存器高
2078h	IEVAL	中断评估寄存器
2080h	QER	QDMA 事件寄存器
2084h	QEER	QDMA 事件使能寄存器
2088h	QEECR	QDMA 事件使能清除寄存器

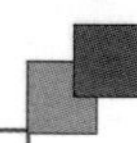

续表 7.19

偏移地址	缩　写	寄存器描述
208Ch	QEESR	QDMA 事件使能设置寄存器
2090h	QSER	QDMA 第二事件寄存器
2094h	QSECR	QDMA 第二事件清除寄存器
2200h-2294h	-	阴影区 1 通道寄存器
2400h-2494h	-	阴影区 2 通道寄存器
…		…
2E00h-2E94h		MP 空间 7 的阴影通道寄存器

7.4.2　EDMA3TC 寄存器

表 7.20 列出了 EDMA3 传输控制器的寄存器。

表 7.20　EDMA3TC 控制寄存器

偏移地址	缩　写	寄存器描述
00h	PID	外设识别寄存器
04h	TCCFG	EDMA3TC 配置寄存器
0100h	TCSTAT	EDMA3TC 通道状态寄存器
0120h	ERRSTAT	错误寄存器
0124h	ERREN	错误使能寄存器
0128h	ERRCLR	错误清除寄存器
012Ch	ERRDET	错误细节寄存器
0130h	ERR CMD	错误中断命令寄存器
0140h	RDRATE	读速率寄存器
0240h	SAOPT	源有效选项寄存器
0244h	SASRC	源有效源地址寄存器
0248h	SA CNT	源有效计数寄存器
024Ch	SADST	源有效目的地址寄存器
0250h	SABIDX	源有效计数 B-索引寄存器
0254h	SAMPPRXY	源有效内存保护代理寄存器
0258h	SACNTRLD	源有效计数重载寄存器
025Ch	SASRCBREF	源有效源地址 B 参考寄存器
0260h	SADSTBREF	源有效目的地址 B 参考寄存器
0280h	DFCNTRLD	目的 FIFO 设置计数寄存器
0284h	DFSRCBREF	目的 FIFO 设置源地址 B 参考寄存器

续表 7.20

偏移地址	缩　写	寄存器描述
0288h	DFDSTBREF	目的 FIFO 设置目的地址 B 参考寄存器
0300h	DFOPT0	目的 FIFO 选项寄存器 0
0304h	DFSRC0	目的 FIFO 源地址寄存器 0
0308h	DFCNT0	目的 FIFO 计数 寄存器 0
030Ch	DFDST0	目的 FIFO 目的地址寄存器 0
0310h	DFBIDX0	目的 FIFO BIDX 寄存器 0
0314h	DFMPPRXY0	目的 FIFO 内存保护代理寄存器 0
0340h	DFOPT1	目的 FIFO 选项寄存器 1
0344h	DFSRC1	目的 FIFO 源地址寄存器 1
0348h	DFCNT1	目的 FIFO 计数 寄存器 1
034Ch	DFDST1	目的 FIFO 目的地址寄存器 1
0350h	DFBIDX1	目的 FIFO BIDX 寄存器 1
0354h	DFMPPRXY1	目的 FIFO 内存保护代理寄存器 1
0380h	DFOPT2	目的 FIFO 选项寄存器 2
0384h	DFSRC2	目的 FIFO 源地址寄存器 2
0388h	DFCNT2	目的 FIFO 计数寄存器 2
038Ch	DFDST2	目的 FIFO 目的地址寄存器 2
0390h	DFBIDX2	目的 FIFO BIDX 寄存器 2
0394h	DFMPPRXY2	目的 FIFO 内存保护代理寄存器 2
03C0h	DFOPT3	目的 FIFO 选项寄存器 3
03C4h	DFSRC3	目的 FIFO 源地址寄存器 3
03C8h	DFCNT3	目的 FIFO 计数寄存器 3
03CCh	DFDST3	目的 FIFO 目的地址寄存器 3
03D0h	DFBIDX3	目的 FIFO BIDX 寄存器 3
03D4h	DFMPPRXY3	目的 FIFO 内存保护代理寄存器 3

7.5 应用实例

1. EDMA 传输时的参数及中断设置的代码

```
int edma3_memtomemcpytest_dma (int acnt, int bcnt, int ccnt, int sync_mode, int event_
queue)
{
```

```
int result = 0;
unsigned int dma_ch = 0;
int i;
int count = 0;
unsigned int Istestpassed = 0u;
unsigned int numenabled = 0;
unsigned int BRCnt = 0;
int srcbidx = 0;
int desbidx = 0;
int srccidx = 0;
int descidx = 0;
struct edmacc_param param_set;
/* 源缓冲区和目标缓冲区的初始化 */
for (count = 0u; count<(acnt * bcnt * ccnt); count++) {
    dmabufsrc1[count] = 'A' + (count % 26);
    dmabufdest1[count] = 0;
}
/* 设置 B 计数重载为 bcnt */
BRCnt = bcnt;
/* 设置 SRC/DES 索引 */
srcbidx = acnt;
desbidx = acnt;
/* A 同步传输模式 */
srccidx = acnt;
descidx = acnt;
result = edma_alloc_channel (EDMA_CHANNEL_ANY, callback1, NULL, event_queue);
if (result<0) {
            DMA_PRINTK ("\nedma3_memtomemcpytest_dma::edma_alloc_channel
    failed for dma_ch, error: %d\n", result);
    return result;
}
dma_ch = result;
edma_set_src (dma_ch, (unsigned long)(dmaphyssrc1), INCR, W8BIT);
edma_set_dest (dma_ch, (unsigned long)(dmaphysdest1), INCR, W8BIT);
edma_set_src_index (dma_ch, srcbidx, srccidx);
edma_set_dest_index (dma_ch, desbidx, descidx);
/* A 同步传输模式 */
edma_set_transfer_params (dma_ch, acnt, bcnt, ccnt, BRCnt, ASYNC);
/* 使能通道 1 的中断 */
edma_read_slot (dma_ch, &param_set);
param_set.opt |= (1<<ITCINTEN_SHIFT);
param_set.opt |= (1<<TCINTEN_SHIFT);
```

```
    param_set.opt |= EDMA_TCC(EDMA_CHAN_SLOT(dma_ch));
    edma_write_slot (dma_ch, &param_set);
    numenabled = bcnt * ccnt;
    for (i = 0; i<numenabled; i++) {
        irqraised1 = 0;
        /* 现在按照上面的计算次数使能传输 */
        result = edma_start(dma_ch);
        if (result != 0) {
            DMA_PRINTK ("edma3_memtomemcpytest_dma: davinci_start_dma failed \n");
            break;
        }
        /* 等待 ISR 的完成 */
        while (irqraised1 == 0u);
        /* 检测完成的传输的状态 r */
        if (irqraised1<0) {
            /* Some error occured, break from the FOR loop. */
            DMA_PRINTK ("edma3_memtomemcpytest_dma: Event Miss Occured!!! \n");
            break;
        }
    }
    if (0 == result) {
        for (i = 0; i<(acnt * bcnt * ccnt); i++) {
            if (dmabufsrc1[i] != dmabufdest1[i]) {
                DMA_PRINTK ("\n edma3_memtomemcpytest_dma: Data write-read matching
        failed at = %u\n",i);
                Istestpassed = 0u;
                break;
            }
        }
        if (i == (acnt * bcnt * ccnt))
            Istestpassed = 1u;
        edma_stop(dma_ch);
        edma_free_channel(dma_ch);
    }
    if (Istestpassed == 1u) {
        DMA_PRINTK ("\nedma3_memtomemcpytest_dma: EDMA Data Transfer Successfull \
n");
    } else {
        DMA_PRINTK ("\nedma3_memtomemcpytest_dma: EDMA Data Transfer Failed \n");
    }
    return result;
}
```

2. 测试实例

下面的代码是以 Cortex-A8 的应用处理器—s5pc 100 为核心的测试例子，实现内存间的数据复制。对于 S5PC100，有 3 个 DMA 控制器，要实现内存间的 DMA 访问，需要使用 DMA_mem。

(1) 相关的宏定义。

```
#define MAX 100
#define Inp(addr)      (*(volatileunsigned int *)(addr))
#define Outp(addr, data)   (*(volatileunsigned int *)(addr) = (data))
extern void printf(const char *fmt, ...);
void int_dma();
volatile char sour[32] = "0123456789012345678901234567 89\n";
volatile char dest[32] = "bbbbbbbbbbbbbbbbbbbbbbbbbbbbbbb\n";
//最终实现将 32 个字节从 sour 传输到 dest
```

(2) 设置 SAR、CCR、DAR 寄存器。

```
//main 函数开始
uart0_init();
volatile char instr_seq[MAX];
int size = 0, x;
int loopstart, loopnum = 2;                          //每个循环传输 16 个字节，传输 2 次
unsigned int source, destination,start, temp;
source = (unsigned int)sour;
destination = (unsigned int)dest;
start = (unsigned int)instr_seq;                     //记录 DMA 指令的首地址
/* DMAMOV SAR0 */
instr_seq[size + 0] = (char)(0xbc);
instr_seq[size + 1] = (char)(0x0);
instr_seq[size + 2] = (char)((source>>0) & 0xff);          //设置数据源地址
instr_seq[size + 3] = (char)((source>>8) & 0xff);
instr_seq[size + 4] = (char)((source>>16) & 0xff);
instr_seq[size + 5] = (char)((source>>24) & 0xff);
size = 6;
/* DMAMOV DAR0 */
instr_seq[size + 0] = (char)(0xbc);
instr_seq[size + 1] = (char)(0x2);
instr_seq[size + 2] = (char)((destination>>0) & 0xff);     //设置数据目标地址
instr_seq[size + 3] = (char)((destination>>8) & 0xff);
instr_seq[size + 4] = (char)((destination>>16) & 0xff);
instr_seq[size + 5] = (char)((destination>>24)& 0xff);
size+ =6;
```

```
/ * DMAMOV CC0. burst_size 8byte,burst_len 2 * /
instr_seq[size + 0] = (char)(0xbc);
instr_seq[size + 1] = (char)(0x1);
//设置数据传输规则,每个循环传输 burst_size *  burst_len、源和目标地址变化规则、burst 操作等
instr_seq[size + 2] = (char)(0x17);
instr_seq[size + 3] = (char)(0xc0);
instr_seq[size + 4] = (char)(0x5);
instr_seq[size + 5] = (char)(0x0);
size + = 6;
```

(3) 设置指令段的起始地址及执行第一次数据装载并输出 FIFO。

```
/ * DMALP LC0 * /
instr_seq[size + 0] = (char)(0x20);
instr_seq[size + 1] = (char)(loopnum - 1);              //高记录循环的次数
size + = 2;
loopstart = size;
/ * DMALD * /
instr_seq[size + 0] = (char)(0x04);                      //从源读数据
size + = 1;
/ * DMARMB * /
instr_seq[size + 0] = (char)(0x12);
size + = 1;
/ * DMAST * /
instr_seq[size + 0] = (char)(0x08);                      //写数据到目标地址
size + = 1;
/ * DMAWMB * /
instr_seq[size + 0] = (char)(0x13);
size + = 1;
```

(4) 产生中断,并延时一段时间。

```
/ * 可以在 DMA 指令执行过程中做延时。此处可以利用延时保证 DMA 传输完成后再停止 DMA * /
/ * DMALP LC0 * /
instr_seq[size + 0] = (char)(0x20);
instr_seq[size + 1] = (char)(250);              //循环次数
size + = 2;
loopstart = size;
/ * DMANOP * /
instr_seq[size + 0] = (char)(0x18);             //DMA 的 NOP 空指令,可以实现延时
size + = 1;
/ * DMALPEND 0 * /
instr_seq[size + 0] = (char)(0x38);
```

```
instr_seq[size + 1] = (char)(size-loopstart);
size + = 2;
/ * DMASEV * /
instr_seq[size + 0] = (char)(0x34);
instr_seq[size + 1] = (char)(1<<3);        //通过 DMA 通道 1 发出中断申请,也可以选择
                                           ///其他的通道
size + = 2;
# endif
```

(5) 结束 DMAC 控制。

```
/ * DMAEND * /
instr_seq[size + 0] = (char)(0x0);
size + = 1;
```

(6) 开始 DMAC 控制,设置相应的中断处理,并进行测试结果。

```
VIC0VECADDR18 = (unsigned int)int_dma;       //DMA_mem 的处理函数
INTERRUPT.VIC0INTENABLE | = 1<<18;           //使能中断控制器对应的中断位
Outp(0xE8100000 + 0x20, 0x2);                //使能控制器的 1 中断通道,此处可以选择其
                                             //他的通道,要和 DMASEV 对应
/ * DMAGO * /
do{
    x = Inp(0xE8100D00);//检测 DMA 状态,确认可以操作
} while ((x&0x1) = = 0x1);
Outp(0xE8100D00 + 0x8,(0<<24)|(0xa0<<16)|(0<<8)|(0<<0));//DBGINST0? 通道 1
Outp(0xE8100D00 + 0xC, start);               //DBGINST1
Outp(0xE8100D00 + 0x4, 0);                   //DBGCMD 执行 DBGINST0、1 中的 DMAGO 指令,
                                             //start 为开始地址
while(1);
//main 函数结束
```

(7) ISR 函数的实现如下。

```
void do_irq()
{
printf("in do_irq\n");
((void ( * )(void))VIC0ADDRESS)();
}
/ * ISR * /
void int_dma()
{
VIC0ADDRESS = 0;
Outp(0xE8100000 + 0x2C, 0x2);          //清除 DMA 中断挂起位,因为上面选择的是通道 1,
                                       //所以清除对应的位
```

```
printf("DMA Ending! \n");
printf("sour = %s", sour);
printf("dest = %s", dest);
}
```

7.6 本章小结

本章主要介绍TMS320DM8168的EDMA3控制器，包括EDMA3的功能结构、寄存器等。EDMA3控制器的基本作用是在器件上的两个内存映射从终端之间完成用户可编程数据传输，能够不依赖CPU就可进行数据的搬移，是高速接口使用中的一个十分重要的设备。本章介绍了EDMA3的组成结构及功能特性，主要包括EDMA3的传输类型、参数RAM、传输的启动与完成、通道映射、中断、事件队列、传输优先级等各个方面，最后给出了EDMA3的传输实例和寄存器。

7.7 思考题与习题

1. 描述EDMA3的主要用途及其主要组成模块，简述各个模块的主要作用。

2. 阐述EDMA3的3维传输定义，区分两种不同的传输类型。

3. EDMA3设置PaRAM的作用是什么？EDMA3通道PaRAM包括哪些部分？

4. DMA和QDMA分别有哪些启动方式？DMA和QDMA的主要区别是什么？

5. DMA的传输完成有哪几种方式？分别需要满足什么条件？

6. 说明EDMA3的通道连接机制原理及用途。

7. 什么是TR流水线？主要作用是什么？

8. 对于并发的事件/通道、传输等，EDMA3控制器按照什么规则进行处理？

9. 根据本章列出的EDMA3传输实例或其他实例，在熟悉相应寄存器的描述之后，完成对EDMA3或其中某一功能部分的配置，请编写相应的程序代码。

第8章

通用 I/O 接口与定时器

TMS320DM8168 包含 2 个 GPIO 模块,每个 GPIO 有 32 个相同的通道。通用输入/输出简称 GPIO,或总线扩展器,利用工业标准 I2C、SMBus 或 SPI 接口简化了 I/O 口的扩展。当微控制器或芯片组没有足够的 I/O 端口,或当系统需要采用远端串行通信或控制时,GPIO 产品能够提供额外的控制和监视功能。TMS320DM8168 具有 7 个 32 位通用定时器。本章介绍 TMS320DM8168 的 GPIO 和通用定时器模块。

8.1 通用 I/O 接口

8.1.1 概 述

通用 I/O 接口(GPIO)包括两个通用输入输出端口模块,每个 GPIO 模块提供 32 个带有输入输出功能的通用引脚。因此,通用接口最多支持 64 个引脚(2×32),这些引脚可以配置为以下应用:

- 数据的输入(采集)/输出(驱动);
- 有防抖单元的键盘接口;
- 当检测到外部事件时,在有效模式下产生中断。检测到的事件由两个并行的独立中断产生子模块处理,以支持双核处理器操作。

每个 GPIO 模块的通道都有以下特性:

- 输出使能寄存器(GPIO_OE)控制每个引脚的输出能力;
- 输出电平反映通过外围总线写入数据输出寄存器(GPIO_DATAOUT)的值;
- 输入线可以通过可选配置去抖单元输入到 GPIO 模块中;
- 输入的值被采样到数据输入寄存器(GPIO_DATAIN),并可以从外设总线上读出;
- 在有效模式下,输入线可通过电平和边沿检测器来触发同步中断。在使用时是可以配置为边沿(上升沿、下降沿)或电平(逻辑 0、逻辑 1)触发。

GPIO 模块的全局特征:两个相同的中断产生子模块处理每个通道的同步中断请求,以便独立运用于双处理器结构环境中。每个子模块控制自己的同步中断请求线并有自己的中断使能和中断状态寄存器。中断使能寄存器(GPIO_IRQENABLE_SET_x)负责选择通道产生中断请求,中断状态寄存器(GPIO_IRQSTATUS_RAW_x)决定哪个通道激活中断请求,GPIO 通道的事件检测会从中断使能寄存器独立映射到中断状态寄存器中。

图 8.1 是 GPIO 的详细框图,包含其配置寄存器和主要功能:

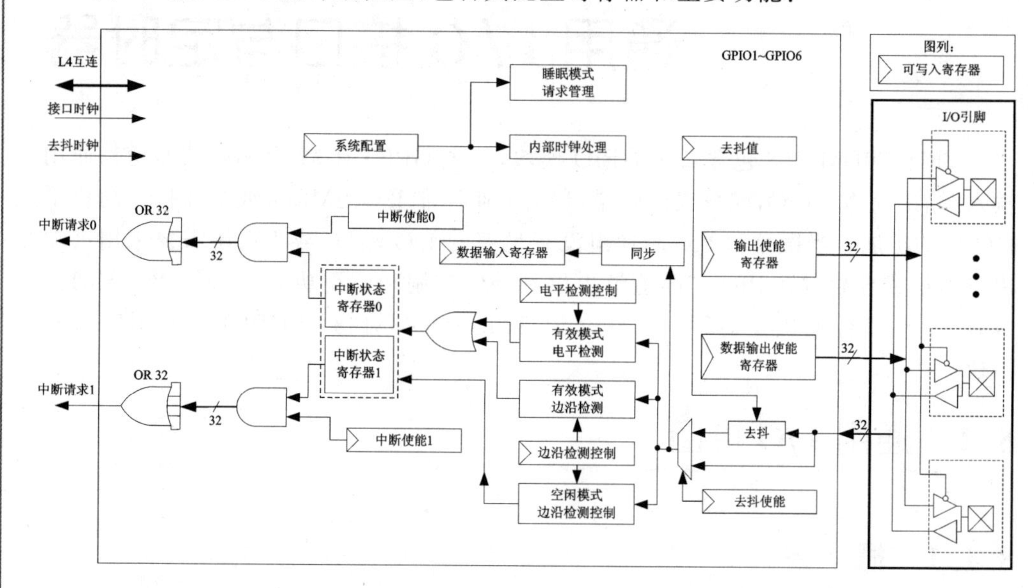

图 8.1　GPIO 框图

如图 8.2 所示,在任何输入 GPIO 上检测到预期事件时,同步路径(对于有效模式操作)用于产生同步中断请求。根据相应的中断使能 0 和 1 寄存器,同步中断请求线 0 和 1 是有效的。

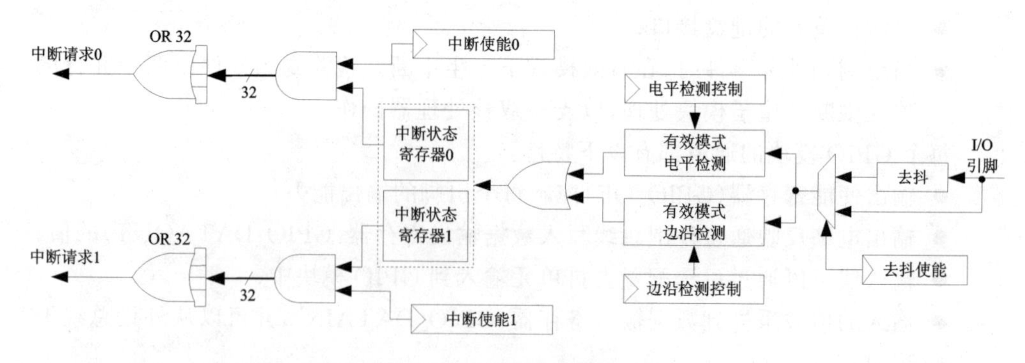

图 8.2　同步路径结构图

块处理内部时钟(时钟门控)并管理睡眠模式请求/应答协议(使能有效模式下的同步路径)。

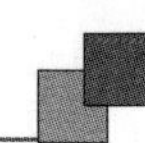

8.1.2 操作模式

模块定义的4种操作模式如下。

有效模式:模块与接口时钟同步运行,可以根据配置和外部信号产生中断。

空闲模式:模块处于等待状态,接口时钟可以停止,没有中断可以生成。

无效模式:该模块没有活动,接口时钟可以停止,没有中断可以产生。

禁止模式:该模块没被使用,内部时钟路径是关闭的,没有中断请求可以产生。

在模块内部配置空闲和无效模式,并通过系统接口的边带信号由主处理器激活请求。由软件通过专用配置位设置禁止模式,并且该模式无条件关闭内部时钟路径,使其不用于系统接口。所有模块寄存器可通过OCP兼容接口(小端编码)进行8位,16位或32位访问。在有效模式下,事件检测在使用接口时钟的GPIO模块中进行,检测精度由该时钟频率和选定的内部门控方案来决定。

8.1.3 时钟和复位方案

1. 时 钟

GPIO模块的运行使用两个时钟:

- 去抖时钟用于去抖子模块逻辑(无相应配置寄存器)。该模块可以对输入线进行采样,并且通过可编程的延迟对输入电平进行滤波。
- 在整个GPIO模块中使用外设总线(与OCP兼容的系统接口)提供的接口时钟(除开去抖子模块)。它为OCP接口和内部逻辑提供时钟。时钟门控功能允许模块功耗与模块内部活动相适应。

2. 时钟、门控和有效边沿定义

外设总线(与OCP兼容的系统接口)提供的接口时钟用于整个GPIO模块。两个时钟域的定义如下:OCP接口和内部逻辑。每个时钟域可以被独立控制。使用上升沿完成对数据采集和事件检测的采样操作。在接口时钟上升沿到来时,将数据输出寄存器(GPIO_ DATAOUT)加载的数据同步设置在GPIO输出引脚。

可用的5种时钟门控功能如下:

- 如果系统配置寄存器(GPIO_SYSCONFIG)的AUTOIDLE配置位被置位,则当该模块没有被访问时,就可以选通系统接口逻辑时钟。否则,该逻辑可在接口时钟上自由运行。
- 当寄存器中的数据没有被访问时,就可选通输入数据采样逻辑时钟。
- 同步事件检测逻辑采用了4个时钟组。每个8输入GPIO_V2引脚组根据边沿/电平检测寄存器的设置会有一个单独的使能信号。如果某一组不需要检测,那么相应的时钟会被关闭。
- 在无效模式中,所有内部时钟路径被选通。

- 在禁止模式中，所有不用于系统接口的内部时钟路径都会被选通。所有GPIO寄存器在接口时钟的同步下被访问。

3. 睡眠模式请求与应答

在主处理器发出睡眠模式请求时，GPIO模块根据系统配置寄存器（GPIO_SYSCONFIG）的IDLEMODE字段进入空闲模式。

- IDLEMODE＝0（强制空闲模式）：GPIO进入无效模式且独立于内部模块状态，并无条件发送空闲应答。在强制空闲模式下，模块处于无效模式。
- IDLEMODE＝1h（非空闲模式）：GPIO不进入空闲模式，始终不发送空闲应答。
- IDLEMODE＝2h/3h（智能空闲模式）：GPIO模块评估其内部性能以关闭接口时钟。只要没有更多的内部活动（数据输入寄存器完成GPIO输入引脚的数据采集，没有挂起的中断，所有的中断状态位被清零，没有对GPIO_DEBOUNCINGTIME寄存器挂起的同步写访问），空闲应答有效且GPIO进入空闲模式。当系统被唤醒时，空闲请求变为无效，空闲应答信号也立即置为无效。

注意：空闲模式请求和空闲应答是系统接口的单边带信号。只要GPIO确认了睡眠模式请求（空闲应答已发送），接口时钟就可以随时被停止。在主机处理器发出睡眠模式请求时，只有当GPIO_IRQSTATUS_RAW_n寄存器不存在有效位时，GPIO模块才进入空闲模式。

4. 复　位

OCP硬件复位信号对GPIO有全局复位效果。当OCP硬件复位有效（低电平）时，所有配置寄存器、所有接口时钟或去抖时钟的DFF以及所有内部状态机都被复位。系统状态寄存器（GPIO_SYSSTATUS）的RESETDONE位监测内部复位状态：当OCP和去抖时钟域上的复位完成时，它就被置位。软件复位（系统配置寄存器的SOFTRESET位）具有与OCP硬件复位信号相同的效果，并在相同的条件下更新GPIO_SYSSTATUS的RESETDONE位。

8.1.4 中断特性

1. 功能描述

为了GPIO引脚上的事件（电平或逻辑转换）向主机处理器产生中断请求，GPIO配置寄存器需按照如下所述编程：

- GPIO通道的中断必须在GPIO_IRQENABLE_SET_0和/或PIO_IRQENABLE_SET_1寄存器中使能。
- GPIO输入引脚上触发中断请求的预期事件需要在GPIO_LEVELDE-

TECT0、GPIO_ LEVELDETECT1、GPIO_ RISINGDETECT 和 GPIO_ FALLINGDETECT 寄存器中被选中。

例如，通过将 GPIO_RISINGDETECT 和 GPIO_FALLINGDETECT 寄存器的第 k 位设置为 1，可以在输入 k 的两个边沿配置中断产生。同时，中断线 GPIO_IRQENABLE_SET_n 的其中一个或两个需要中断使能。

注意：所有中断源（32 位输入 GPIO 通道）融合在一起，然后发布两个同步中断请求 0 和 1。

2. 同步路径：中断请求产生

在有效模式下，一旦设置 GPIO 配置寄存器来使能中断产生，同步路径（如图 8.3所示）就会用内部门控接口时钟对 GPIO 输入的转换和电平进行采样。当一个事件与编程设置匹配时，GPIO_IRQSTATUS_RAW_n 寄存器中相应位就会被置 1，并在下一个接口时钟周期激活中断线 0 和/或 1（取决于 GPIO_IRQENABLE_SET_n 寄存器）。由于采样操作，输入 GPIO 上触发同步中断请求的最小脉冲宽度是内部门控接口时钟周期的两倍（内部门控接口时钟周期等于接口时钟周期的 N 倍）。这最小脉冲宽度出现在任何所期待的电平转换检测的前面或后面。电平检测要求所选择的电平必须是稳定的，至少是内部门控接口时钟周期的两倍，以便触发一个同步中断。

由于模块是同步的，预期的事件发生和中断线激活之间的延时会很小。当不使用去抖动功能时，该延时不超过 3 个内部门控接口时钟周期＋2 个接口时钟周期。当去抖功能处于激活状态时，该延时取决于 GPIO_DEBOUNCINGTIME 寄存器的值并且应该应小于 3 个内部门控接口时钟周期＋2 个接口时钟周期＋GPIO_DEBOUNCINGTIME 个去抖动时钟周期＋3 个去抖动时钟周期。

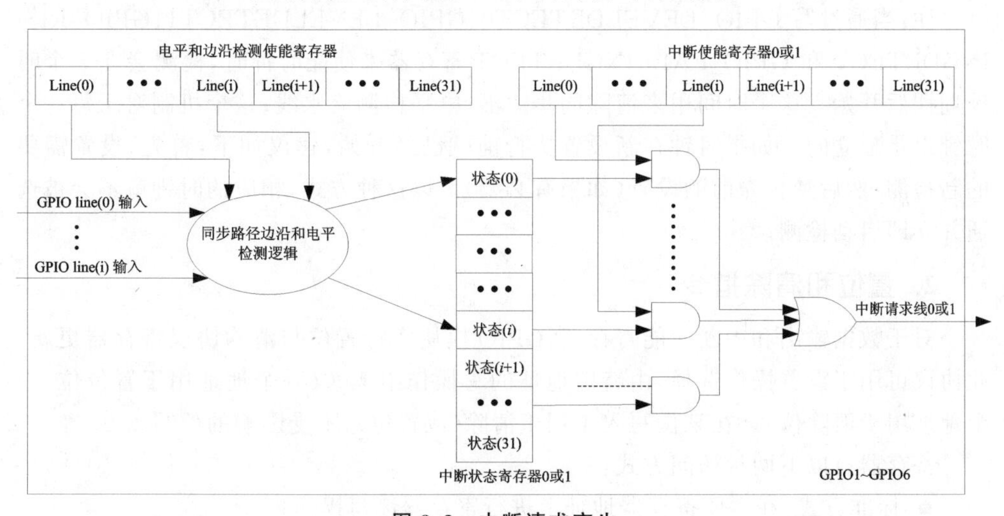

图 8.3　中断请求产生

3. 释放中断线

当主处理器接收到来自 GPIO 模块的中断请求时,可以读取对应寄存器 GPIO_IRQSTATUS_n,找出哪一个输入 GPIO 触发了中断。中断服务完成后,处理器将状态位复位,并通过在 GPIO_IRQSTATUS_n 寄存器的相应位写 1 来释放中断。如果仍有挂起的中断请求需要服务(GPIO_IRQSTATUS_RAW_n 寄存器的所有位没有被 GPIO_IRQENABLE_ SET_n 屏蔽,即没有通过设置 GPIO_IRQENABLE_CLR_n 来清除 GPIO_ IRQENABLE _SET_n),则中断将被重新确认。

8.1.5 通用接口基本编程模型

1. 通过对边沿 /电平检测分组来省电

为了省电,每个 GPIO 模块实现 4 个用于边沿/电平检测逻辑的门控时钟。根据边沿/电平检测寄存器的设置(因为输入是 32 位,每个 GPIO 模块定义了 4 个 8 输入组),每 8 个一组的输入 GPIO 引脚产生单独的使能信号。如果某组不需要边沿/电平检测,则相应的时钟会被选通(关闭)。对边沿/电平使能分组可以节省模块能耗。

如果任何以下寄存器:

- GPIO_LEVELDETECT0;
- GPIO_LEVELDETECT1;
- GPIO_RISINGDETECT;
- GPIO_FALLINGDETECT。

被设置为 0101 0101h,则所有的时钟都被激活(能耗会很高);如果被设置为 0000 00ffh,则只有 1 个时钟有效。

注:当通过写 GPIO_LEVELDETECT0、GPIO_LEVELDETECT1、GPIO_RISINGDETECT 和 GPIO_FALLINGDETECT 寄存器来使能时钟时,检测会在 5 个时钟周期后开始。这个时间用来清除同步边沿/电平检测流水线;这个机制对于每一个时钟组是独立的。如果时钟在新设置执行前就已经开始,建议如下:首先,设置需要的新检测;然后禁止先前的设置(如果有必要)。以这种方式,相应的时钟就不会被选通并立即启动检测。

2. 置位和清除指令

对于数据输出和中断使能寄存器,GPIO 模块实行置位与清除协议寄存器更新。此协议可用于设置操作选择,由特定地址的写操作组成。(一个地址用于置位位,一个地址用于清除位)。在某位写入 1 用于清除(或置位),不受影响的位写入 0。

寄存器有以下两种访问方式:

- 标准方式:在主要寄存器地址上进行寄存器读写操作;
- 置位和清除(推荐)方式:提供单独的地址来置位(和清除)寄存器的位。向这

些地址写1用于置位(或清除)相应的位,写0没有影响。

因此,对于这些寄存器,一个物理寄存器定义了3个地址。读取这些地址具有相同的效果,并返回寄存器值。

(1) 清除指令

清除中断使能寄存器(GPIO_IRQENABLE_CLR_0 和 GPIO_IRQENABLE_CLR_1):

- 当被写入的位为1时,清除中断使能0(或使能1)寄存器的写操作会清除中断使能0(或使能1)相应位;
- 读清除中断使能0(或使能1)寄存器将返回中断使能0(或使能1)寄存器的值。

② 清除数据输出寄存器(GPIO_CLEARDATAOUT):

- 当被写入的位为1时,清除数据输出寄存器的写操作会清除数据输出寄存器相应的位;0位上的写入是没有作用的。
- 读取清除数据输出寄存器将返回数据输出寄存器值。

清除指令例子:

假设数据输出寄存器(或其中一个中断使能寄存器)包含二进制值0000 0001 00000001 h,而用户想清除位0。

运用清除指令,在清除数据输出寄存器的地址(或在清除中断使能寄存器的地址)写入00000000 0000 0001h。该写操作完成后,读取数据输出寄存器(或中断使能寄存器)将返回0000 0001 00000000 h,位0被清零。

注:虽然通用接口寄存器是32位的,在本例中只呈现16位LSB,如图8.4所示。

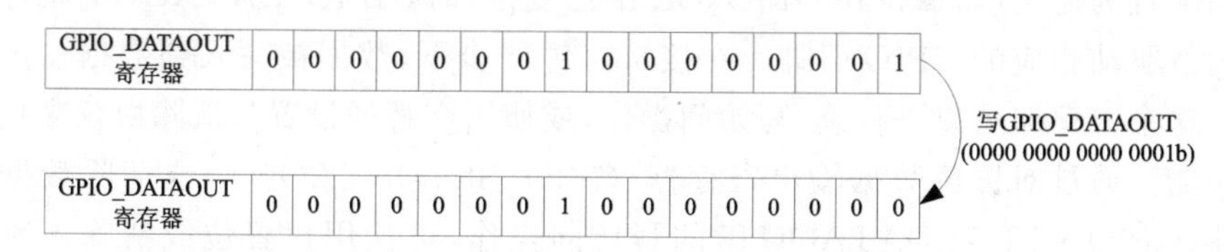

图8.4 写GPIO_DATAOUT寄存器例子

(2) 置位指令

置位中断使能寄存器(GPIO_IRQENABLE_SET_0 和 GPIO_IRQENABLE_SET_1):

- 当写入1时,置位中断使能0(或使能1)寄存器的写操作会置位中断使能0(或使能1)寄存器的相应位;0位上的写入是没有作用的。
- 读取置位中断使能0(或使能1)寄存器将返回中断使能0(或使能1)寄存器的值。

置位数据输出寄存器(GPIO_SETDATAOUT):

- 当写入位是1时,置位数据输出寄存器中的写操作会置位数据输出寄存器的相应位;0位上的写入是没有作用的。

- 读取置位数据输出寄存器将返回数据输出寄存器的值。

置位指令例子:

假设中断使能0(或者使能1)寄存器(或者数据输出寄存器)包含二进制值0000 0001 0000 0000h,而用户要对位15、3、2和1进行置位。

运用置位指令,在置位中断使能0(或者使能1)寄存器的地址(或者设置数据输出寄存器的地址)写入1000 0000 0000 1110h。该写操作完成后,读取中断使能0(或者使能1)寄存器(或者数据输出寄存器)将返回1000 0001 0000 1110h,位15、3、2和1已被置1。

注:虽然通用接口寄存器是32位的,在本例中只呈现16位LSB。

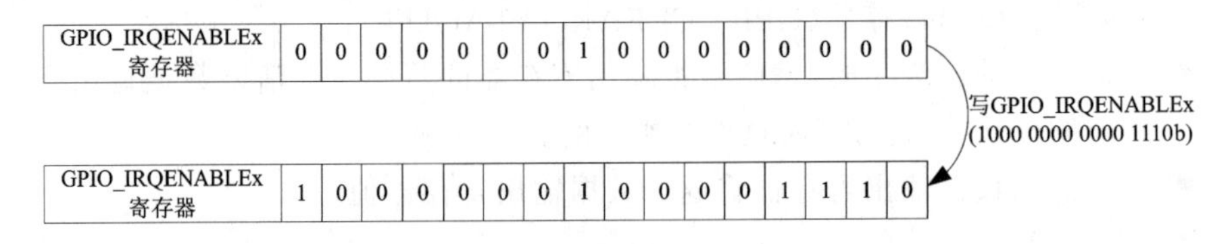

图8.5 写GPIO_IRQENABLEx寄存器例子

3. 数据输入/输出

输出使能寄存器(GPIO_OE)控制每个引脚的输出/输入功能。在复位时,所有GPIO相关的引脚被配置为输入而输出功能被禁止。模块内没有使用该寄存器,唯一的功能是进行填充配置。

当配置为输出(所需位在GPIO_OE中已复位)时,GPIO_DATAOUT寄存器相应位的值驱动相应的GPIO引脚。在接口时钟同步下,数据被写入到数据输出寄存器中。这个寄存器可以进行读/写访问操作,或使用交替的设置与清除协议来更新寄存器功能。通过对置位数据输出寄存器(GPIO_SETDATAOUT)或清除数据输出寄存器(GPIO_CLEARDATAOUT)的写访问操作,可让用户置位或清除该寄存器的指定位。如果应用程序使用1个引脚作为输出,不希望从这个引脚产生中断,则应用程序必须正确配置中断使能寄存器。

当被配置为输入时(GPIO_OE中所需的位设置为1),输入的状态可以从GPIO_DATAIN寄存器中相应的位读出。在接口时钟同步下,对输入数据进行采样,然后数据输入寄存器采集数据。当GPIO引脚的电平发生变化,在两个接口时钟周期(同步和数据写入所需的周期)后,变化被采集到这个寄存器中。如果应用程序使用1个引脚作为输入,应用程序必须正确配置中断使能寄存器。

4. 去抖时间

要使能引脚的去抖功能,GPIO配置寄存器必须设置如下:

- GPIO引脚必须在输出使能寄存器中被配置为输入(GPIO_OE寄存器相应

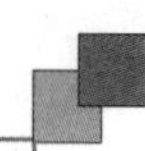

位写 1)。

- 必须在去抖时间寄存器(GPIO_DEBOUNCINGTIME)中设置去抖时间。GPIO_ DEBOUNCINGTIME 寄存器用来设置 GPIO 模块中所有输入线的去抖时间。GPIO 模块的所有端口值是全局的,所以有 6 种不同的去抖时间。去抖单元在 32 kHz 去抖时钟下运行,该寄存器表示使用的时钟周期数(1 个周期是 31 μs)。下面的公式描述了需要的输入稳定时间:

$$消除抖动的时间=(DEBOUNCETIME+1)\times 31\ \mu s$$

其中 GPIO_DEBOUNCINGTIME 寄存器的 DEBOUNCETIME 字段范围为 0~255。

- 去抖功能必须在去抖使能寄存器中使能(写 1 到 GPIO_DEBOUNCENABLE 寄存器中相应的 DEBOUNCEENABLE 位)。

5. GPIO 作为键盘接口

通用接口可以用来做键盘接口(如图 8.6 所示),用户可以在键盘矩阵大小的基础上指定通道。如图 8.6 所示,在输入去抖功能启用下将行通道配置为输入,外部上拉驱动行通道为高电平,列通道配置为输出,驱动为低电平。

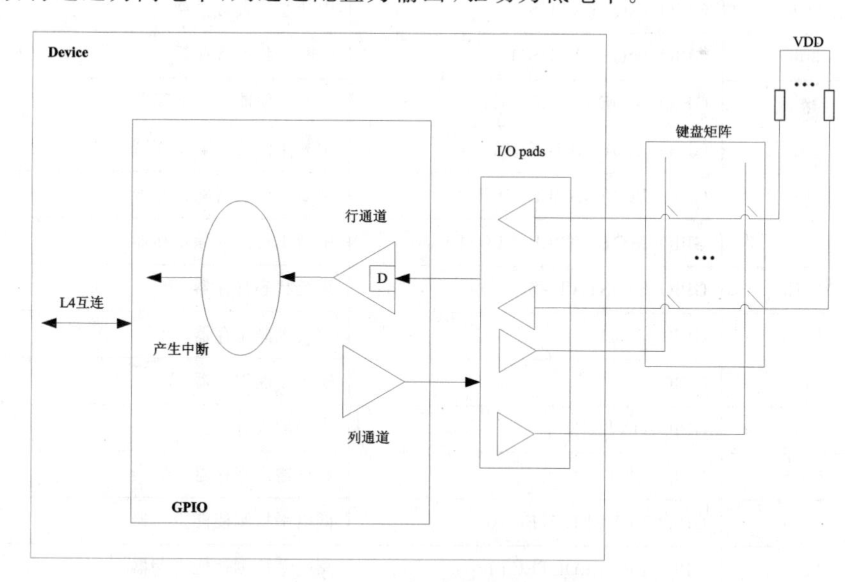

图 8.6　GPIO 作为键盘使用

当一个矩阵键盘的键被按下时,相应的行线和列线短接在一起并且相应的行通道变低,在合适的配置下会产生中断。当接收到键盘中断时,处理器可以禁用键盘中断和扫描列通道的键盘坐标。

- 与列通道一样,扫描序列有很多状态:对于序列中的每一步,处理器驱动列通道为低电平,其他为高电平。
- 处理器读取行通道的值并且检测在哪个列通道上的键被按下。

在扫描序列的最后，处理器确定哪个键被按下。键盘接口就可以重新配置为中断等待状态。

8.1.6　GPIO 寄存器

通过 L4 互连（小端编码），可以对所有模块寄存器进行 8、16 或 32 位访问。对寄存器进行直接访问，不执行影子寄存器。表 8.1 列出了所有的 GPIO 寄存器。

表 8.1　GPIO 寄存器

偏移地址	缩　写	寄存器名
0h	GPIO_REVISION	GPIO 修订寄存器
10h	GPIO_SYSCONFIG	系统配置寄存器
20h	GPIO_EOI	中断结束寄存器
24h	GPIO_IRQSTATUS_RAW_0	中断 0 原始状态寄存器
28h	GPIO_IRQSTATUS_RAW_1	中断 1 原始状态寄存器
2Ch	GPIO_IRQSTATUS_0	中断 0 状态寄存器
30h	GPIO_IRQSTATUS_1	中断 1 状态寄存器
34h	GPIO_IRQENABLE_SET_0	中断 0 使能设置寄存器
38h	GPIO_IRQENABLE_SET_1	中断 1 使能设置寄存器
3Ch	GPIO_IRQENABLE_CLR_0	中断 0 使能清除寄存器
40h	GPIO_IRQENABLE_CLR_1	中断 1 使能清除寄存器
114h	GPIO_SYSSTATUS	系统状态寄存器
130h	GPIO_CTRL	模块控制寄存器
134h	GPIO_OE	输出使能寄存器
138h	GPIO_DATAIN	数据输入寄存器
13Ch	GPIO_DATAOUT	数据输出寄存器
140h	GPIO_LEVELDETECT0	低电平检测使能寄存器
144h	GPIO_LEVELDETECT1	高电平检测使能寄存器
148h	GPIO_RISINGDETECT	上升沿检测使能寄存器
14Ch	GPIO_FALLINGDETECT	下降沿检测使能寄存器
150h	GPIO_DEBOUNCENABLE	去抖使能寄存器
154h	GPIO_DEBOUNCINGTIME	去抖时间寄存器
190h	GPIO_CLEARDATAOUT	清除数据输出寄存器
194h	GPIO_SETDATAOUT	设置数据输出寄存器

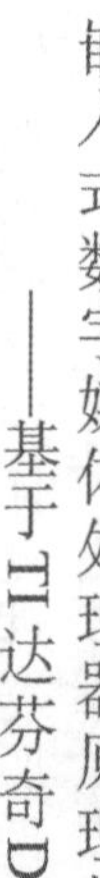

1. GPIO_REVISION 寄存器

该GPIO修订寄存器是一个包含GPIO模块版本号的只读寄存器。写操作命令和复位对该寄存器没有任何效果。其字段及描述如图8.7和表8.2所示。

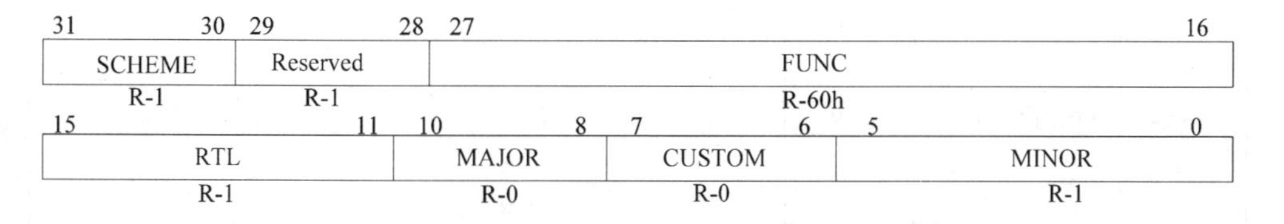

图8.7 GPIO_REVISION 寄存器

表8.2 GPIO_REVISION 寄存器描述

位	字 段	类 型	复 位	描 述
31～30	SCHEME	R	1h	用于区分旧方案与当前方案
29～28	Reserved	R	1h	保留
27～16	FUNC	R	60h	表示一个软件兼容的模块系列
15～11	RTL	R	1Fh	RTL版本号
10～8	MAJOR	R	0h	大修版本号
7～6	CUSTOM	R	0h	表示一个特殊设备的专门版本号
5～0	MINOR	R	1Fh	小修版本号

2. GPIO_SYSCONFIG 寄存器

GPIO_SYSCONFIG寄存器控制L4互连的各项参数。注意：当AUTOIDLE位被设置时，由于数据的采样门控机制，GPIO_DATAIN读取命令有3个OCP周期延迟。当没有设置AUTOIDLE位时，GPIO_DATAIN读命令有2个OCP周期延迟。其具体字段及描述如图8.8和表8.3所示。

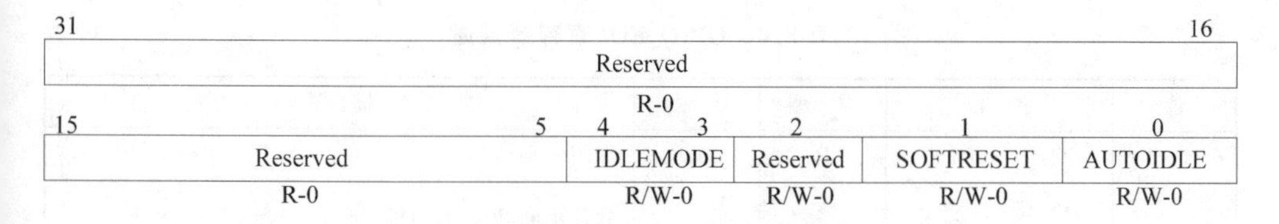

图8.8 GPIO_SYSCONFIG 寄存器

表 8.3　GPIO_SYSCONFIG 寄存器描述

位	字　段	类　型	复　位	描　述
31～5	Reserved	R	0h	保留
4～3	IDLEMODE	R/W	0h	电源管理,Req/Ack 控制 0＝强制空闲 1＝非空闲 2＝智能空闲 3＝智能空闲
2	Reserved	R/W	0h	保留,总是写默认值以兼容后续设备
1	SOFTRESET	R/W	0h	软件复位 0＝正常模式 1＝模块被复位
0	AUTOIDLE	R/W	0h	中断接口时钟门控策略 0＝内部接口 OCP 时钟自由运行 1＝基于 OCP 接口有效性,采用自动内部 OCP 时钟门控方案

3. GPIO_EOI 寄存器

该 GPIO_EOI 寄存器提供软件中断结束(EOI)控制。其具体字段及描述如图 8.9 和表 8.4 所示。

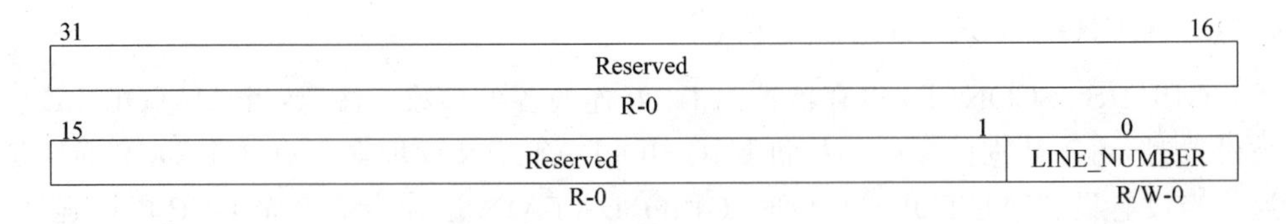

图 8.9　GPIO_EOI 寄存器

表 8.4　GPIO_EOI 寄存器描述

位	字　段	类　型	复　位	描　述
31～1	Reserved	R	0h	保留
0	LINE_NUMBER	R/W	0h	软件中断结束(EOI)控制 写 0＝用于中断输出线＃0 的 EOI 写 1＝用于中断输出线＃1 的 EOI 读 0＝读取值总是 0(没有 EOI 存储)

4. GPIO_IRQSTATUS_RAW_0-1 寄存器

GPIO_IRQSTATUS_RAW_0-1 寄存器为中断处理提供内核状态信息，用以显示当前所有有效事件（使能的和未使能的）。该寄存器各字段是可读写的。写1到某一位将其设置为1，即触发IRQ（主要用于调试）。写0没有效果，寄存器的值不会被修改。只有使能的时候，有效事件才会在IRQ输出线上触发实际中断请求。其具体字段及描述如图8.10和表8.5所示。

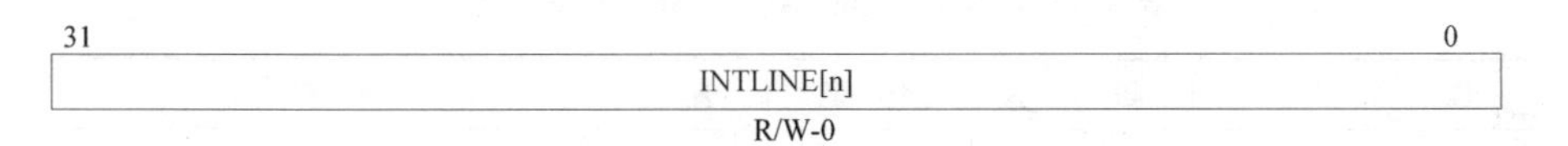

图8.10　GPIO_IRQSTATUS_RAW_0 寄存器

表8.5　GPIO_IRQSTATUS_RAW_0 寄存器描述

位	字　段	类　型	复　位	描　述
31～0	INTLINE[n]	R/W	0h	中断 n 状态 0=没有影响 1=触发IRQ

5. GPIO_IRQSTATUS_0-1 寄存器

GPIO_IRQSTATUS_0-1 寄存器为中断处理提供内核状态信息，用于显示所有使能的事件（只能是使能的中断）。该寄存器各字段是可读写的。写1到某一位清除该位，即清除IRQ。写0没有任何效果，寄存器的值不会被修改。只有使能的时候，活动事件才会在IRQ输出线上触发实际中断请求。其具体字段及描述如图8.11和表8.6所示。

图8.11　GPIO_IRQSTATUS_0 寄存器

表8.6　GPIO_IRQSTATUS_0 寄存器描述

位	字　段	类　型	复　位	描　述
31～0	INTLINE[n]	R/W1C	0h	中断 n 状态 0=没有影响 1=触发IRQ

6. GPIO_IRQENABLE_SET_0-1 寄存器

GPIO_IRQENABLE_SET_0-1 寄存器中的所有1位字段可使能一个特定的中

断事件，用于触发中断请求。写 1 到某一位使能该中断字段。写 0 没有任何效果，寄存器的值不会被修改。其具体字段及描述如图 8.12 和表 8.7 所示。

图 8.12　GPIO_IRQENABLE_SET_0 寄存器

表 8.7　GPIO_IRQENABLE_SET_0 寄存器描述

位	字　段	类　型	复　位	描　述
31～0	INTLINE[n]	R/W	0h	中断 n 使能 0=没有影响 1=使能 IRQ 产生

7. GPIO_IRQENABLE_CLR_0-1 寄存器

GPIO_IRQENABLE_CLR_0-1 寄存器中所有 1 位字段清除一个专门的中断事件。对一个位写 1 可禁用该中断字段，写 0 不改变寄存器的值。其具体字段及描述如图 8.13 和表 8.8 所示。

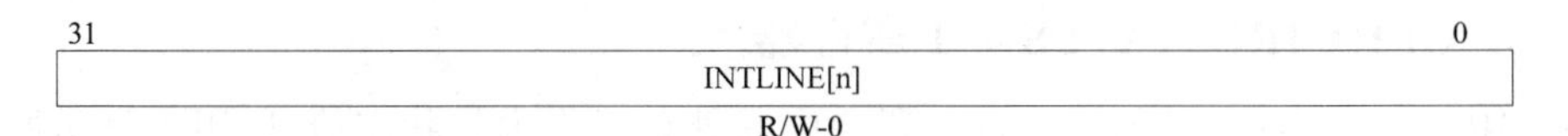

图 8.13　GPIO_IRQENABLE_CLR_0 寄存器

表 8.8　GPIO_IRQENABLE_CLR_0 寄存器描述

位	字　段	类　型	复　位	描　述
31～0	INTLINE[n]	R/W	0h	中断 n 禁用 0=没有影响 1=禁止 IRQ 产生

8. GPIO_SYSSTATUS 寄存器

GPIO_SYSSTATUS 寄存器提供与 GPIO 模块有关的复位状态信息。这是一个只读寄存器，写对该寄存器没有任何效果。其具体字段及描述如图 8.14 和表 8.9 所示。

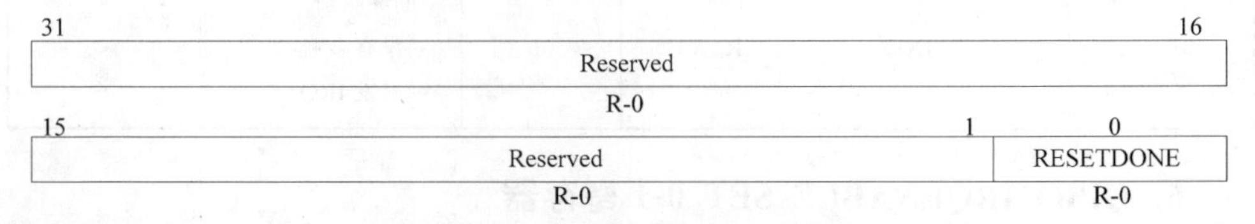

图 8.14　GPIO_SYSSTATUS 寄存器

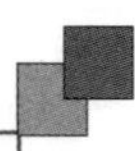

表 8.9　GPIO_SYSSTATUS 寄存器描述

位	字　段	类　型	复　位	描　述
31～1	Reserved	R	0h	保留
0	RESETDONE	R	0h	复位状态信息 0＝正在进行内部复位 1＝复位完成

9. GPIO_CTRL 寄存器

GPIO_CTR 寄存器控制时钟门控功能。DISABLEMODULE 位控制模块级时钟门控功能，当被置位时，此位强制时钟关闭所有内部时钟路径，模块内部活动就被暂停。系统接口不受此位的影响。系统接口时钟门控由系统配置寄存器(GPIO_SYSCONFIG)中的 AUTOIDLE 位控制。当该模块由于芯片级的多路复用配置没有被使用时，该位就用于省电。该位比所有其他内部配置位优先级都高。其具体字段及描述如图 8.15 和表 8.10 所示。

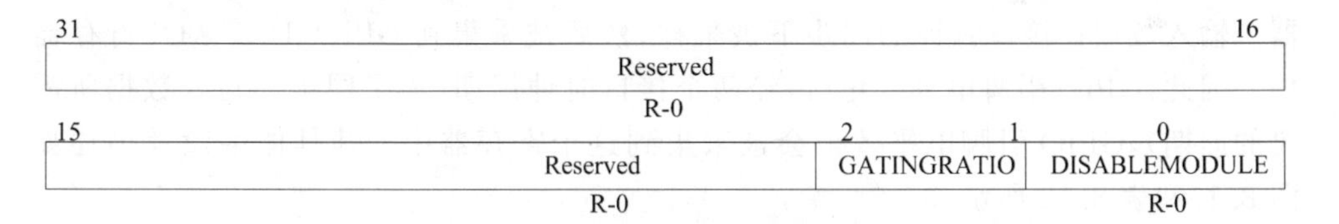

图 8.15　GPIO_CTRL 寄存器

表 8.10　GPIO_CTRL 寄存器描述

位	字　段	类　型	复　位	描　述
31～3	Reserved	R	0h	保留
2～1	GATINGRATIO	R/W	1h	门控比率，控制事件检测逻辑的时钟门控 0＝功能时钟也是接口时钟 1＝功能时钟为接口时钟的 2 分频 2＝功能时钟为接口时钟的 4 分频 3＝功能时钟为接口时钟的 8 分频
0	DISABLEMODULE	R/W	0h	模块禁止 0＝模块被使能，没有关闭时钟 1＝模块被禁止，时钟被关闭

10. GPIO_OE 寄存器

GPIO_OE 寄存器是用来使能引脚输出。复位后，所有 GPIO 相关引脚配置为输入并禁用输出功能。该寄存器不会在模块内部使用，唯一功能是进行填充配置。当应用程序使用一个引脚为输出而又不希望该引脚产生中断时，应用程序可以/必须正确配置中断使能寄存器。其具体字段及描述如图8.16和表8.11所示。

31　　　　0

OUTPUTEN[n]

R/W-FFFF FFFFh

图8.16　GPIO_OE寄存器

表8.11　GPIO_OE寄存器描述

位	字　段	类　型	复　位	描　述
31～0	OUTPUTEN[n]	R/W	FFFF FFFF h	输出数据使能 0=对应的GPIO端口被配置成输出 1=对应的GPIO端口被配置成输入

11. GPIO_DATAIN寄存器

GPIO_DATAIN寄存器用于记录从GPIO引脚读取的数据，是一个只读寄存器。输入数据在接口时钟的同步下被采样，然后被采集到GPIO_DATAIN寄存器中。因此，GPIO引脚电平变化后，经两个接口时钟周期（为了同步和写入数据所需要的周期），GPIO引脚电平才被会被采集到这个寄存器中。其具体字段及描述如图8.17和表8.12所示。

注意：当系统配置寄存器（GPIO_SYSCONFIG）中的AUTOIDLE位被置1时，由于数据的采样门控机制，GPIO_DATAIN读取命令有3个OCP周期的延迟。当没有置位AUTOIDLE位时，GPIO_DATAIN读命令有2个OCP周期的延迟。

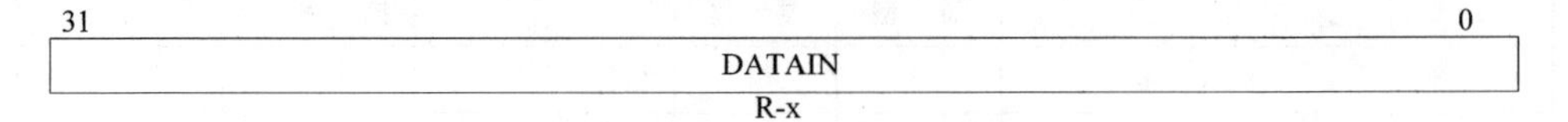

图8.17　GPIO_DATAIN寄存器

表8.12　GPIO_DATAIN寄存器描述

位	字　段	类　型	复　位	描　述
31～0	DATAIN	R	x	被采样的输入数据

12. GPIO_DATAOUT寄存器

GPIO_DATAOUT寄存器用于设置GPIO输出引脚值。在接口时钟的同步下，数据被写入GPIO_DATAOUT寄存器中。对寄存器可以直接进行读/写操作或使用“置位/清除”功能。通过置位数据输出寄存器（GPIO_SETDATAOUT）或清除数据输出寄存器（GPIO_SETDATAOUT）的写访问，这个功能可以置位或者清除寄存

器的特定位。其具体字段及描述如图8.18和表8.13所示。

图8.18　GPIO_DATAOUT寄存器

表8.13　GPIO_DATAOUT寄存器描述

位	字　段	类　型	复　位	描　述
31～0	DATAOUT	R/W	0	输出引脚上设置的数据

13．GPIO_LEVELDETECT0-1寄存器

GPIO_LEVELDETECT0-1寄存器用于使能/禁止输入线上的低/高电平检测产生中断请求。注意:对于一个给定的引脚,同一时间使能高电平检测和低电平检测将产生一个持续的中断。其具体字段及描述如图8.19和表8.14所示。

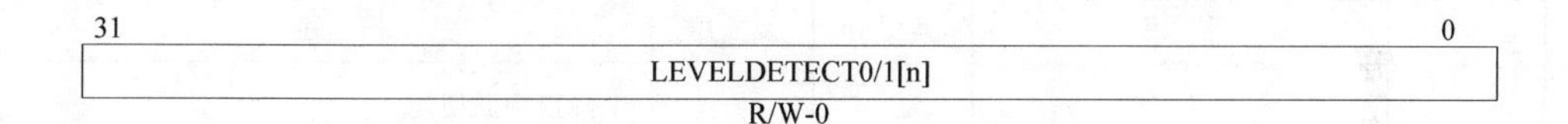

图8.19　GPIO_LEVELDETECT0寄存器

表8.14　GPIO_LEVELDETECT0寄存器描述

位	字　段	类　型	复　位	描　述
31～0	LEVELDETECT0/1[n]	R/W	0h	低电平中断使能 0＝禁止低/高电平检测的IRQ 1＝使能低/高电平检测的IRQ

14．GPIO_RISINGDETECT寄存器

GPIO_RISINGDETECT寄存器用于使能/禁用输入线上的上升沿(从0变换为1)检测产生中断请求。其具体字段及描述如图8.20和表8.15所示。

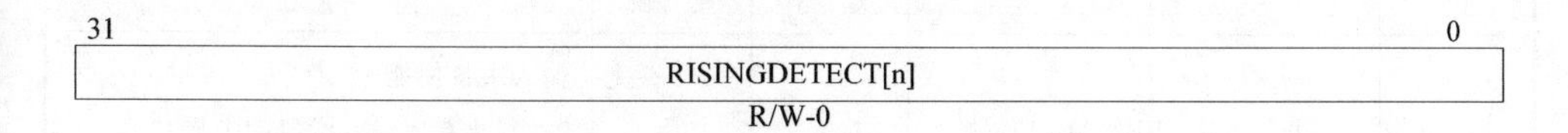

图8.20　GPIO_RISINGDETECT寄存器

表 8.15 GPIO_RISINGDETECT 寄存器描述

位	字 段	类 型	复 位	描 述
31～0	RISINGDETECT[n]	R/W	0h	上升沿中断使能 0=禁止上升沿检测的 IRQ 1=使能上升沿检测的 IRQ

15. GPIO_FALLINGDETECT 寄存器

GPIO_FALLINGDETECT 寄存器用于使能/禁用各自输入线上的下降沿(从 1 变换为 0)检测产生中断请求。其具体字段及描述如图 8.21 和表 8.16 所示。

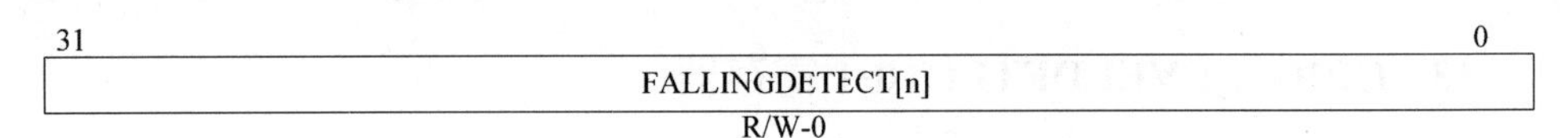

图 8.21 GPIO_FALLINGDETECT 寄存器

表 8.16 GPIO_FALLINGDETECT 寄存器描述

位	字 段	类 型	复 位	描 述
31～0	FALLINGDETECT[n]	R/W	0h	下降沿中断使能 0=禁止下降沿检测到的 IRQ 1=使能下降沿检测到的 IRQ

16. GPIO_DEBOUNCENABLE 寄存器

GPIO_DEBOUNCENABLE 寄存器用于使能/禁止输入线的去抖功能。其具体字段及描述如图 8.22 和表 8.17 所示。

图 8.22 GPIO_DEBOUNCENABLE 寄存器

表 8.17 GPIO_DEBOUNCENABLE 寄存器描述

位	字 段	类 型	复 位	描 述
31～0	DEBOUNCEENABLE[n]	R/W	0h	输入去抖使能 0=禁止对应输入端口的去抖功能 1=使能对应输入端口的去抖功能

17. GPIO_DEBOUNCINGTIME 寄存器

GPIO_DEBOUNCINGTIME 寄存器控制去抖时间(该值对所有端口有效)。去

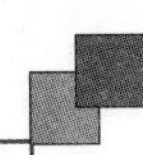

抖单元在 32 kHz 的去抖时钟下运行，该寄存器表示去抖使用的时钟周期（31 μs）数。其具体字段及描述如图 8.23 和表 8.18 所示。

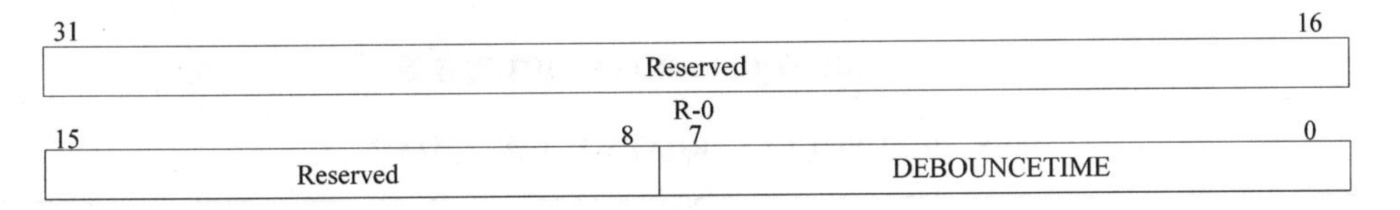

图 8.23　GPIO_DEBOUNCINGTIME 寄存器

表 8.18　GPIO_DEBOUNCINGTIME 寄存器描述

位	字　段	类　型	复　位	描　述
31～8	Reserved	R/W	0h	保留
7～0	DEBOUNCETIME	R/W	0h	输入去抖值(DEBOUNCETIME＋1)× 31us

18. GPIO_CLEARDATAOUT 寄存器

对 GPIO_CLEARDATAOUT 寄存器中的一位写 1 可以让 GPIO_DATAOUT 寄存器对应的位清零，写 0 没有任何效果。读 GPIO_CLEARDATAOUT 寄存器将返回数据输出寄存器（GPIO_DATAOUT））的值。其具体字段及描述如图 8.24 和表 8.19 所示。

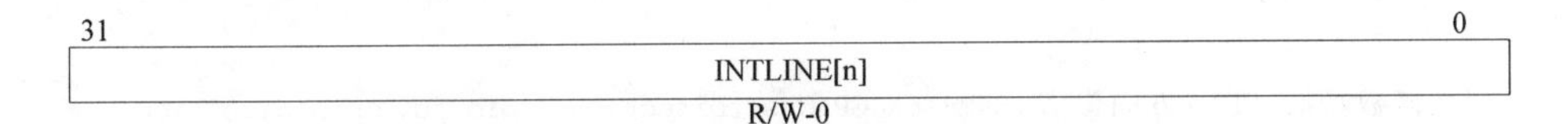

图 8.24　GPIO_CLEARDATAOUT 寄存器

表 8.19　GPIO_CLEARDATAOUT 寄存器描述

位	字　段	类　型	复　位	描　述
31-0	INTLINE [n]	R/W	0h	清除数据输出寄存器。 0＝没有影响 1＝清除 GPIO_DATAOUT 寄存器对应的位

19. GPIO_SETDATAOUT 寄存器

对 GPIO_SETDATAOUT 寄存器中的一位写 1 可以把 GPIO_DATAOUT 寄存器的对应位设置为 1，写 0 没有任何效果。读 GPIO_SETDATAOUT 寄存器将返回数据输出寄存器（GPIO_DATAOUT）的值。其具体字段及描述如图 8.25 和表 8.20所示。

31	0
INTLINE[n]	
R/W-0	

图 8.25 GPIO_CLEARDATAOUT 寄存器

表 8.20 GPIO_CLEARDATAOUT 寄存器描述

位	字 段	类 型	复 位	描 述
31-0	INTLINE[n]	R/W	0h	设置数据输出寄存器 0=没有影响 1=设置 GPIO_DATAOUT 寄存器对应的位

8.1.7 应用举例

下面的程序为 GPIO 模块的初始化代码。

```
/* 函数功能:GPIO 初始化,EVM816X_GPIO_init( ) */
Int16 EVM816X_GPIO_init( )
{
/*将 GPIO 从仿真中释放出来 */
GPIO_PCR = 1;
    return 0;
}
/*函数功能:GPIO 方向设置,EVM816X_GPIO_setDirection( gpio_id, gpio_direction ) *
*   输入:                                                                     *
*   gpio_id< - GPIO#                                                          *
*   gpio_direction< - GPIO_OUT or GPIO_IN                                     */
Int16 EVM816X_GPIO_setDirection( Uint16 gpio_id, Uint8 gpio_direction )
{
    Uint32 bank_id = ( ( gpio_id >> 5 ) & 1 );
    Uint32 pin_id = ( 1<<( gpio_id & 0x1f ) );
    GPIO_Handle gpio = GPIO_Table[bank_id];
    gpio_direction = ( gpio_direction & 1 );
    /* 设置 GPIO 为输出 */
    if ( gpio_direction = = GPIO_OUT )
        gpio - >regs - >DIR &= ( ~pin_id );
    /* 设置 GPIO 为输入 */
    if ( gpio_direction = = GPIO_IN )
        gpio - >regs - >DIR | = ( pin_id );
    return 0;
}
/*函数功能:设置 GPIO 输出,EVM816X_GPIO_setOutput( gpio_id, output_value )      *
```

```
*   输入:                                                                          *
*   gpio_id<-GPIO#                                                                 *
*   output_value<-0 or 1                                                           */
Int16 EVM816X_GPIO_setOutput( Uint16 gpio_id, Uint8 output_value )
{
    Uint32 bank_id = ( ( gpio_id >> 5 ) & 1 );
    Uint32 pin_id = ( 1<<( gpio_id & 0x1f ) );
    GPIO_Handle gpio = GPIO_Table[bank_id];
    if ( output_value = = 0 )
        /* GPIO输出低电平 */
        gpio->regs->CLR_DATA = pin_id;
    else
        /* GPIO输出高电平 */
        gpio->regs->SET_DATA = pin_id;
    return 0;
}
/* 函数功能:设置GPIO输入,EVM816X_GPIO_getInput( gpio_id )      *
*   输入:                                                      *
*   gpio_id<-GPIO#                                             *
*   Returns:                                                   *
*   [0:LOW][1:HIGH]                                            */
Int16 EVM816X_GPIO_getInput( Uint16 gpio_id )
{
    Uint32 gpio_input;
    Uint32 bank_id = ( ( gpio_id >> 5 ) & 1 );
    Uint32 pin_id = ( gpio_id & 0x1f );
    GPIO_Handle gpio = GPIO_Table[bank_id];
    gpio_input = gpio->regs->IN_DATA;
    gpio_input = ( gpio_input >> pin_id ) & 1;
    return gpio_input;
}
```

8.2 定时器

8.2.1 概 述

定时器模块包含一个自由运行的向上计数的计数器,并且该计数器有溢出自动重载和实时读写功能。定时器模块包含比较逻辑,用于允许一个中断事件。指定的输出信号可以是溢出和匹配事件的脉冲或翻转,可以作为一个定时触发信号或PWM(脉宽调制)的信号源。附属的专用输出信号(PORGPOCFG)可用于通用I/O,

并且直接由定时器控制寄存器(TCHR)的14位驱动。基于可编程输入信号的转换类型,可以采用专门的信号触发自动定时计数器采集事件并产生中断。可编程时钟分频器允许降低定时器输入时钟频率。所有内部定时器中断源合并成在模块的一个中断线和唤醒线上,可以独立地使能或禁止每个内部中断源。

定时器模块可通过OCP外设总线来控制。由于该模块的内部管理两个时钟域,所以再同步需通过OCP时钟域和定时器时钟域之间的特殊逻辑来实现。在复位时,同步逻辑允许使用OCP时钟和定时器时钟之间的所有比率。这种模式的缺点是完全重新同步路径会受OCP时钟周期有关的访问延迟性能的影响。为了减少模块访问延迟并且满足时钟比率的限制条件,可以通过设置定时器同步接口控制寄存器(TSICR)的POSTED位来使用write-posted模式。在posted模式下,在定时器时钟域内的写过程完成之前确认OCP写命令。这个模式允许软件在双重模式定时器寄存器上做并行写入,并且通过读取TWPS寄存器的独立write-posted状态位,在软件层观察写过程的完成(同步)情况。定时器包括以下特点:

- 有比较和采集模式的计数器定时器;
- 自动重载模式;
- 启动-停止模式;
- 可编程分频器时钟源;
- 16～32位寻址;
- 溢出,比较和采集中断产生;
- 中断使能;
- 唤醒使能;
- Write-posted模式;
- 用于采集模式的专用输入触发以及专用输出触发/PWM信号;
- 用于通用输出的指定输出信号PORGPOCFG;
- OCP接口兼容。

定时器分辨率和中断周期取决于选定的输入时钟和时钟分频值,定时器分频如表8.21所示。

表8.21　定时器分辨率和最大范围

时　钟	分频器	分辨率	中断周期范围
32 kHz	1(min) 256(max)	31.25 μs 8 ms	62.5 μs—～37 h 17 m 16 ms—397 d 16 h 22 m
27 kHz	1(min) 256(max)	～37 ns ～9.48 ns	～74 ns—159 s ～18.9 μs—11 h 18 m
38.4 kHz	1(min) 256(max)	～26 ns ～6.7 ns	～52 ns—112 s ～13.3 μs—7 h 57 m

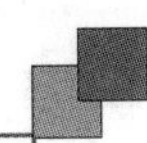

图 8.26 为定时器的方框图。

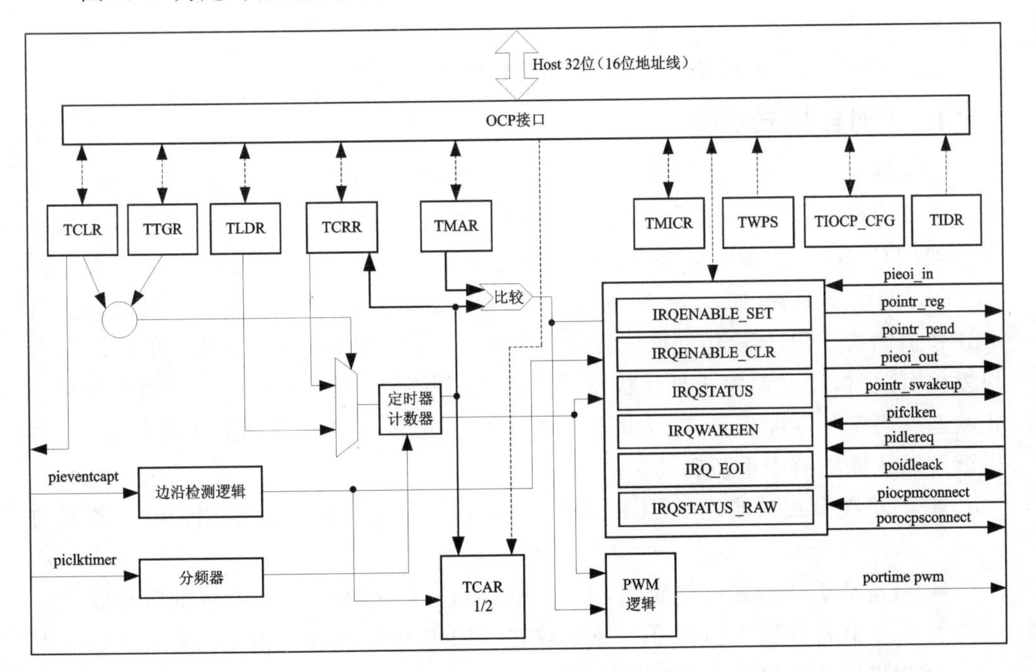

图 8.26　定时器框图

通用定时器可以发送或接收外部(片外)系统信号。然而,在该设备中只有某些定时器是为输出 PWM 脉冲或接收的外部事件信号而配置的,并且该外部事件用于触发采集当前定时器计数。图 8.27 为通用定时器的外部系统的接口。

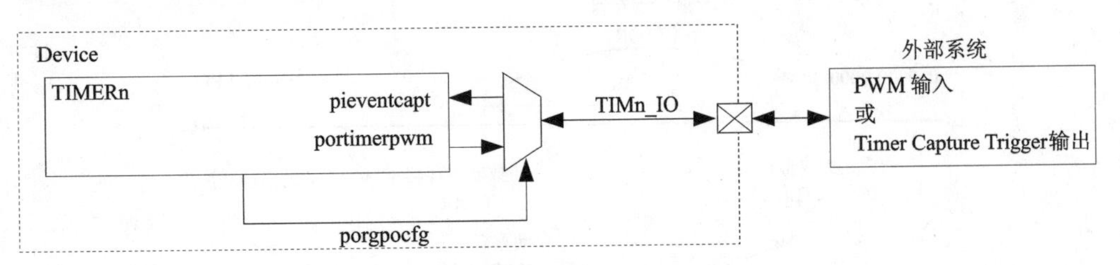

图 8.27　通用定时器的外部系统接口

注意:对于有 I/O 功能的定时器,该 PORGPOCFG 输出信号可选择定时器 PWM 输出或定时器采集输入信号,并输出到电路板顶层的 TIMn_IO。当 TCLR[GPO_CFG]=1 时,TIMn_ IO 作为采集输入。当 TCLR[GPO_CFG]=0 时,TIMn_IO 作为 PWM 输出。

8.2.2　功能描述

通用定时器是一个向上的计数器。它支持 3 种工作模式:

- 定时器模式;

- 采集模式；
- 比较模式。

默认情况下，在内核复位下，采集和比较模式是禁止的。

1. 定时器模式功能

定时器是一个向上计数器，可以通过定时器控制寄存器(TCLR)的ST位控制在任何时间启动和停止。在停止或者运行过程中(计数期间)，可以加载定时器计数器寄存器(TCRR)。TCRR可以直接写入新值来加载，也可以通过定时器加载寄存器(TLDR)的值来加载，如图8.28所示。TCRR的加载与TCGR的写入值无关。当TCRR值因为TCRR读访问或运行过程中被采集而停止时，就可读取它的值。该模块复位有效时，计时器停止且计数器的值被清除为"0"。复位释放后定时器保持在停止状态。当定时器停止时，TCRR就不再增加。除非TCRR重新装入新的值，计数器就可以从冻结值中重新启动。

- 当单次模式被使能(TCLR[AR]=0)时，该计数器计数溢出后停止(计数器的值保持为0)。
- 当自动重载模式被使能(TCLR[AR]=1)时，TCRR在溢出后重新装载定时器加载寄存器TLDR值。不建议在TLDR中加载溢出值FFFF FFFFH，因为这可能会导致不希望的结果。

如果定时器IRQENABLE设置寄存器的溢出中断使能位被置位(IRQENABLE_SET [OVF_EN_FLAG]=1)，就可以发布溢出中断。此外，当溢出发生时，可以用专用输出引脚产生正脉冲或翻转当前值。

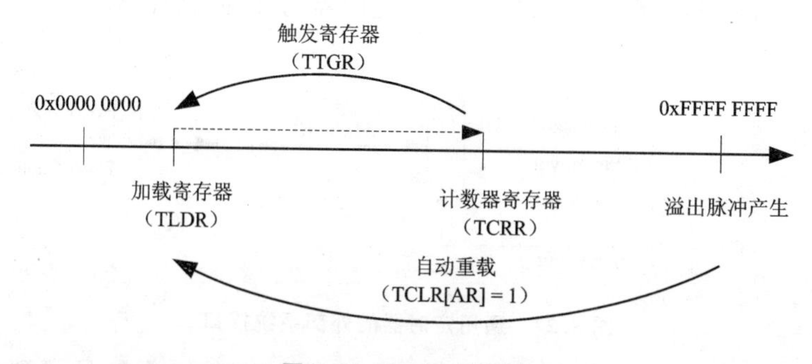

图8.28 TCRR定时值

2. 采集模式功能

当检测到模块输入引脚(PIEVENTCAPT)上发生电平转变时，可以采集TCRR中的定时器值并存储在的TCAR1和TCAR2功能模式中，通过位于TCLR的CAPT_MODE字段选择这两种功能模式。边沿检测电路监测输入引脚(PIEVENT-CAPT)上的变化。

TCLR(TCM位)可以选择上升沿转换、下降沿转换或两者，用于触发定时计数器采集模式。当检测到有效的电平转换，同时计数器值 TCRR 被存储在定时器采集寄存器 TCAR1 或 TCAR2 的其中一个时，这时模块会设置 IRQSTATUS(TCAR_IT_FLAG 位)。

- 如果 TCLR 的 CAPT MODE 位为 0，则在第一次使能采集事件时，计数器寄存器的值会被保存在 TCAR1 寄存器中，同时接下来的所有事件都会被忽略(TCAR1 不再更新且没有中断触发)直到检测逻辑复位或中断状态寄存器被清除，即在 TCAR 的位置写 1。
- 如果 TCLR 的 CAPT MODE 位为 1，则在第一次使能采集事件时，计数器寄存器的值会被保存在 TCAR1 寄存器中；在第二次使能采集事件时，计数器寄存器的值会被保存在 TCAR2 寄存器中。所有的其他事件都会被忽略(TCAR1/2 都不会更新且没有中断触发)直到检测逻辑复位或中断状态寄存器被清除，即在 TCAR 位置写 1。

当有效的采集中断被服务且 IRQSTATUS 寄存器的 TCAR_IT_FLAG 被清 0 时，边缘检测逻辑就会复位。定时器功能时钟(输入到分频器)用于采样输入引脚(PIEVENTCAPT)。当脉冲周期超过功能时钟周期时，就可以检测到输入的正负脉冲。如果采集中断使能位在定时器中断使能寄存器 IRQENABLE_SET(TCAR_IT-FLAG 位)中被置位，就可以在转换检测上发布中断。

在图 8.29 中，TCM 值为 01 且 CAPT_MODE 值为 0。只有 PIEVENTCAPT 引脚的上升沿可以触发 TCAR 采集且只更新 TCAR1。在图 8.30 中，TCM 值为 01

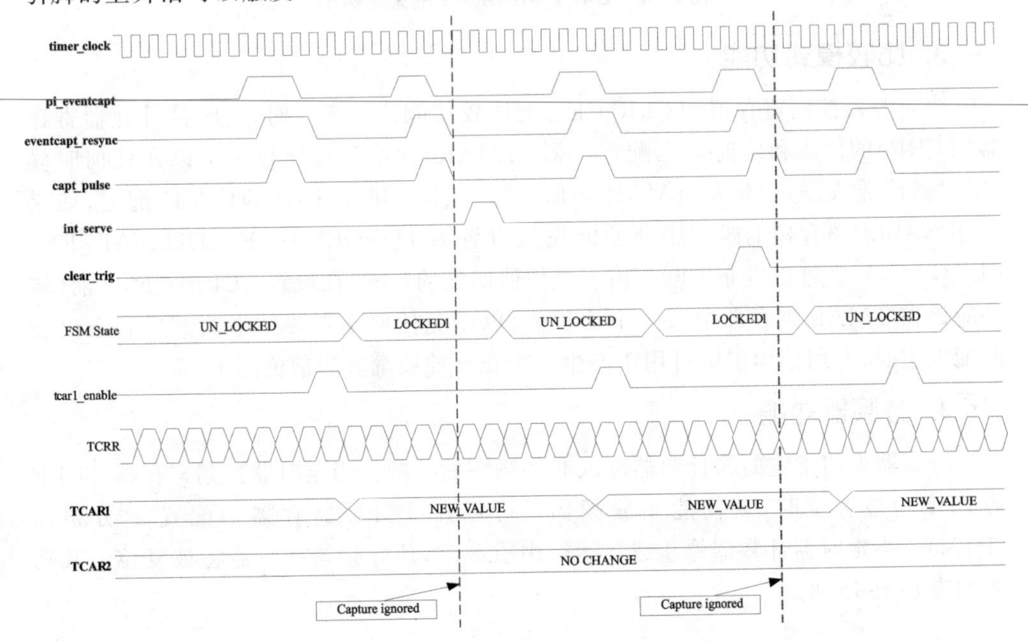

图 8.29 CAPT_MODE=0 的采集例子

而CAPT_MODE值为1。在第一次使能事件中只有PIEVENTCAPT引脚的上升沿可以触发TCAR1采集,而TCAR2会在第二个使能事件被更新。

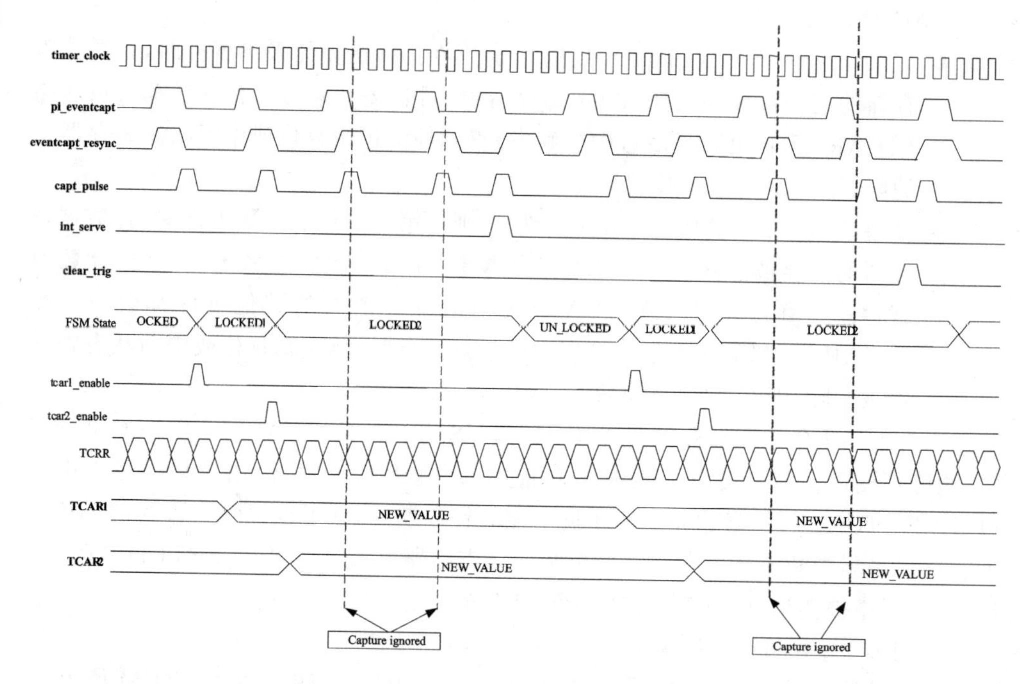

图8.30 CAPT_MODE=1的采集例子

3. 比较模式功能

当定时器控制寄存器(TCLR[CE])的比较使能位被置1时,定时器计数器寄存器(TCRR)的值将和定时器匹配寄存器(TMAR)的值进行比较。可以在任何时候(定时器计数或停止)加载TMAR的值。当TCRR和TMAR的值相匹配时,如果IRQENABLE寄存器的匹配中断使能位被设置为1(IRQENABLE_SET[MAT_EN_FLAG]=1),就可以发布中断。由于复位值匹配的影响,在设置TCLR[CE]之前,软件应该在TMAR寄存器中写一个比较值,以避免任何不必要的中断。当有溢出和匹配发生时,专用输出引脚可用于产生一个正脉冲或翻转当前值。

4. 分频器功能

分频器可用于定时器计数器输入时钟频率的分频。当定时器控制寄存器TCLR的PRE位被置位时,就使能预分频器。可以在TCLR寄存器中配置2^n分频比(PTV)。当定时器计数器停止或在运行中重载时,预分频器计数器将被复位。其功能如表8.22所列。

表 8.22　分频器功能

环境	分频器计数器	定时器计数器
溢出	复位	TLDR
TCRR 写	复位	TCRR
TTGR 写	复位	TLDR
停止	复位	冻结

5. 脉宽调制

定时器可被配置来提供一个可编程的脉冲宽度调制(PWM)并在一个专用的输出引脚(PORTIMERPWM)输出，也可以将 PORTIMERPWM 输出引脚配置触发指定事件。当 PORTIMERPWM 引脚触发时，定时器控制寄存器(TCLR[TRG])的 TRG 位确定触发事件。无论是溢出还是溢出和匹配两者相结合，它们都可以用来触发 PORTIMERPWM 引脚。当溢出和匹配都被配置来触发 PWM 引脚时，匹配的事件将在模式建立时被忽略，直到第一次溢出事件发生。

只有当计数器停止或触发禁止时，TCLR 寄存器里的 SCPWM 位可编程来置位或清除 PORTIMERPWM 输出信号。调制停止时就可允许固定的确定输出引脚状态。当 TRG 位被清除且发生溢出时，调制也会被同步停止。

在下面的时序图中(图 8.36 和图 8.37)，TCRR 寄存器每次溢出都会设置内部溢出脉冲，并且当计数器达到定时器匹配寄存器(TMAR)值时，就会设置内部匹配脉冲。根据 TCLR 寄存器内 TRG 和 PT 位配置的值，定时器可在输出引脚 PORTIMERPWM 上产生脉冲或者反转当前值。

定时器加载寄存器(TLDR)和定时器匹配寄存器(TMAR)必须保持其值小于溢出值(FFFF FFFFh)至少 2 个单位。如果 PWM 触发事件都溢出并匹配，TLDR 和 TMAR 寄存器的值之间的差就必须保持至少 2 个单位。当匹配事件被使用时，必须设置 TCLR 寄存器的 CE 位。在图 8.31 中，TCLR[SCPWM]被清 0。在图 8.32 中，TCLR[SCPWM]被置为 1。

6. 定时器计数比率

定时器计数器由一个预分频器和一个计数器组成。预分频器的时钟由定时器输入时钟提供，并且作为定时计数器阶段的时钟分频器。该比率可以通过访问控制寄存器的比率定义字段来管理，如表 8.23 所列。

定时器比率由以下定义：

- 预分频器的字段(TCLR 寄存器的 PRE 和 PTV)；
- 加载到定时器加载寄存器(TLDR)的值。

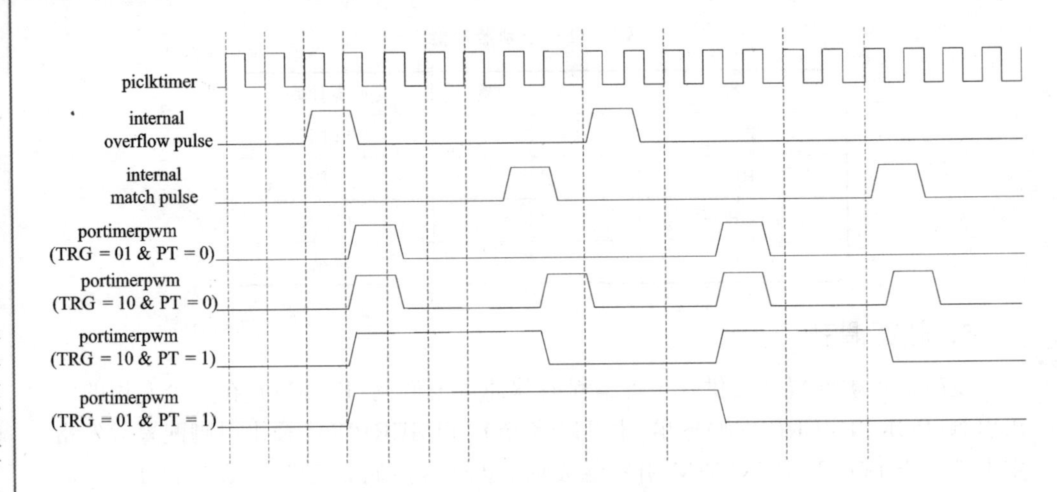

图 8.31 脉宽调制的时序图(SCPWM=0)

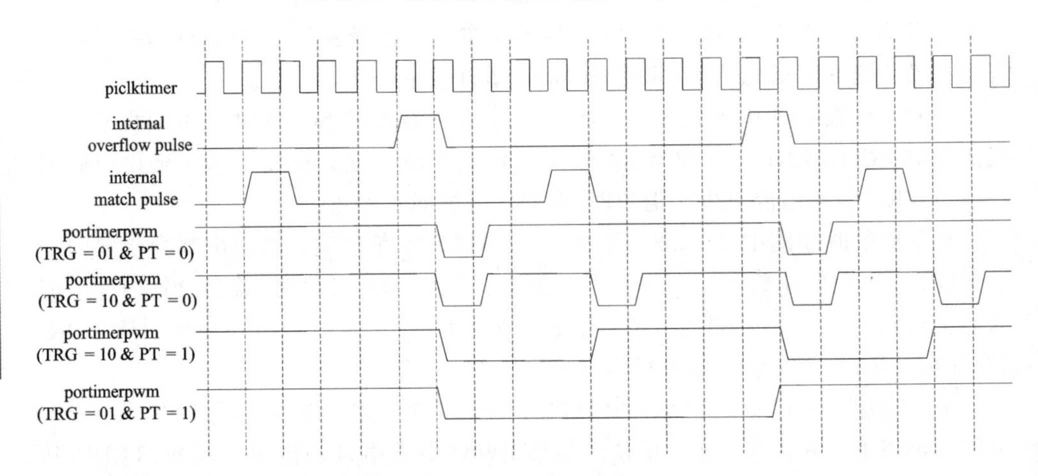

图 8.32 脉宽调制的时序图(SCPWM=1)

表 8.23 分频器时钟比率值

PRE	PTV	分 频	PRE	PTV	分 频
0	X	1	1	4	32
1	0	2	1	5	64
1	1	4	1	6	128
1	2	8	1	7	256
1	3	16			

定时器的比率计算如下：

(FFFF FFFFh－TLDR＋1)× 定时器时钟周期×时钟分频值(PS)

其中:定时器时钟周期＝1/定时器时钟频率；PS＝$2^{(PTV+1)}$。假如一个时钟输入频率

为 32 kHz，PRE 为 0，定时器的输出周期如表 8.24 所示。

表 8.24　TLDR 值和对应的中断周期

TLDR	中断周期	TLDR	中断周期
0000 000h	～37 h	FFFF FFFh	500 μs
FFFF 0000h	～2 s	FFFF FFFFh	62.5 μs

7. 仿真模式下的双模式定时器

在仿真模式下（此时 PINSUSPENDN 信号有效），根据定时器的 OCP 配置寄存器（TIOCP_CFG）EmuFree 位的值，定时器能/不能继续运行。

如果 EmuFree 是 1，则无论 PINSUSPENDN 信号值是多少，定时器都不会停止，并且溢出达到时仍然可以产生中断。

如果 EmuFree 是 0，只要 PINSUSPENDN 无效，计数器（预分频器/定时器）就被冻结并且会再次开始出现增量。异步输入引脚会在 2 个定时器时钟上升沿后被内部同步。

8.2.3　访问寄存器

所有的寄存器都是 32 位的，可以通过 16 位或 32 位 OCP 接口访问（读/写）。在 16 位访问中，32 位寄存器写更新必须首先是 16 位 LSB，然后是 16 位 MSB。对于写操作，除了 OCP 寄存器（TIDR、TIOCP_CFG、IRQ_EOI、IRQSTATUS_RAW、IRQSTATUS、IRQENABLE_SET、IRQENABLE_CLR、IRQWAKEEN 和 TSICR），如果用户不需要更新寄存器的 16 位 MSB，该模块就允许跳过 MSB 访问。对任何功能寄存器（TCLR、TCRR、TLDR、TTGR 和 TMAR）的写操作必须全部完成（即使 MSB 数据不被使用也要完成对 MSB 的写操作）。

1. 定时寄存器编程

在 OCP 时钟同步下，通过主机使用 OCP 总线协议完成 TLDR、TCRR、TCLR、TIOCP_ CFG、IRQ_EOI、IRQSTATUS、IRQENABLE_SET、IRQENABLE_CLR，IRQWAKEEN、TTGR、、TSICR 和 TMAR 寄存器的写操作。

2. 定时寄存器的读取

计数器寄存器（TCRR）是一个 32 位的"原子数据"，首先是 16 位 LSB 的采集，允许 LSB16＋MSB16 同时采集。这种方式也适用于 TCAR1 和 TCAR2 寄存器，因为它们可能会由于内部处理而改变。DSP 的 16 位访问可以和 MCU 的 32 位访问交错。

3. OCP 错误生成

下列情况下定时器会报错，如表 8.25 所示。

写操作错误：

- 在同一周期内，把 PORSRESP=ERR 信号同时又作为 PORSCMDACCEPTED。
- 在响应阶段对 PORSRESP 使用 ERR 码。

读操作错误：

- 在同一周期内，把 PORSRESP=ERR 信号同时又作为 PORSCMDACCEPTED。
- 在响应阶段对 PORSRESP 使用 ERR 码，PORSDATA 在这种情况是无效的。

表 8.25 OCP 错误报告

错误类型	应答：SRESP=ERR
不支持的 PIOCPMCMD 命令	Yes
地址错误：对不存在的内部地址进行读或写操作	No
对只写寄存器进行了读操作和对只读寄存器进行了写操作	No
地址未对齐(PIOCPMADDR ≠ 00)	Yes
读写操作时不支持的 PIOCPMBYTEEN	Yes

8.2.4 Posted 模式选择

在不影响整体性能的情况下，两个同步模式之间的选择要考虑分频比和停滞周期。Posted 模式只适用于需要与定时器时钟域同步的功能寄存器。对于写操作，受 Posted/non-Posted 模式选择影响的寄存器有：TCLR、TLDR，TCRR，TTGR 和 TMAR；对于读操作，受 Posted/non-Posted 模式选择影响的寄存器有：TCRR、TCAR1 和 TCAR2。OCP 时钟域同步寄存器如 TIDR、TIOCP_CFG、TISTAT、IRQ_EOI、IRQSTATUS、IRQSTATUS_RAW、IRQENABLE_SET、IRQENABLE_CLR、IRQWAKEEN、TWPS 和 TSICR 不受 Posted/non-Posted 模式选择影响。从命令确定开始的 1 个 OCP 时钟周期后，读/写操作是有效的(命令接受)。

Posted/non-Posted 的配置是在模块集成时通过设置 PIFREQRATIO 来完成的。当定时器频率＜OCP 频率/4，PIFREQRATIO 信号应保持为 1；当定时器频率＞ OCP 频率/4，PIFREQRATIO 信号应保持为 0。PIFREQRATIO 表示 TSICR (POSTED 位)的复位值。通过软件写 TSICR (POSTED 位)，可以改变(重写)该配置。

以下情况是可能的：

- 当功能频率范围是定时器频率＜OCP 频率/4 时，Posted 模式可以使用。
- 不管在什么频率范围，Non-Posted 模式都可以使用。推荐频率：定时器频率＞=OCP 频率/4。

注：当定时器频率＜OCP 频率/4 时，Non-Posted 模式也可以使用，但推荐使用 Posted 模式。使用 Non-Posted 模式将延迟命令接收。Posted 模式提供了 OCP 接

口延迟改进，并且仅仅当频率满足定时器频率<OCP 频率/4 时，才能使用。

8.2.5 写寄存器访问

1. Write Posted

仅当功能频率范围满足定时器频率<OCP 频率/4 时，才能使用 Write Posted 模式。当定时控制寄存器中的 TSICR (POSTED 位)设置为 1 时，该模式才被使用。

该模式使用了 posted-write 方案来更新所有内部寄存器。由于定时器时钟域中的再同步，即使有效的写操作将随后才会发生，但在 OCP 接口也会立刻应答写操作。这样的好处是既不拖延互连系统，也不延迟需要写操作的 CPU。每个寄存器都提供一个状态位，在寄存器有挂起的写访问时，该状态位会被置位。

在这种模式下，在任何写访问之前 CPU 会强制检查状态位，以防在先前访问未完成情况下对寄存器尝试写操作，前面的访问被丢弃而不被通知(这可能会导致意想不到的结果)。每个寄存器中都有一个状态位，定时器 Write-Posted 状态寄存器可以访问该状态位。当定时器模块运行在这种模式下，在 OCP 同步采集寄存器中可以自动对定时器计数器的当前值进行采样。因此，任何对定时器计数器寄存器的读操作不会增加任何重新同步延迟，当前值总是可用的。如果 write posted 的过程没有完成，不能保证对寄存器的读操作是读取之前写的值。应该使用软件同步来避免不确定的读操作。

这个自动更新机制的缺点是它假定一个 OCP 接口频率和定时器功能的频率之间满足给定关系。Posted 周期定义为 posted 写访问请求与 TWPS 寄存器中的 posted 位复位之间的间隔时间，并可以量化为：

$$T=3\text{ 个 OCP 时钟}+2.5\text{ 个定时器时钟}$$

写操作完成的时间周期为：

$$T=1\text{ 个 OCP 时钟}+2.5\text{ 个定时器时钟}$$

2. Write-Non-Posted

不管 OCP 接口频率和功能时钟频率的比值是多少，Write Non-Posted 模式都是可工作的。但推荐的功能频率范围是定时器频率>=OCP 频率/4。如果定时器控制寄存器的 TSICR(POSTED 位)被清零，该模式就被使用。此模式使用 non posted-write 方案更新任何内部寄存器。这意味着定时器时钟域再次同步后，OCP 接口将不会应答写操作，直到有效的写操作发生为止。这样做的缺点是在这期间互连系统和 CPU 都会被延迟。

- 中断服务的延迟会增加，因为互连系统和 CPU 被延迟了。
- 互连逻辑，包括检测错误操作的超时逻辑，会产生一个不必要的系统中断事件。

延迟周期定义为 non-posted 写访问请求和命令接收信号上升沿之间的间隔，并可以量化为：

$$T=3\text{ 个 OCP 时钟}+2.5\text{ 个定时器时钟}$$

写操作完成的时间周期为：

$$T=1\text{ 个 OCP 时钟}+2.5\text{ 个定时器时钟}$$

8.2.6 读寄存器访问

1. Read Posted

功能频率范围满足定时器频率＜OCP 频率/4 时，该模式才可用。如果定时器控制寄存器 TSICR(POSTED 位)被置为 1，该模式才被使用。此模式使用 posted-read 方案读取任何内部寄存器。读操作在 OCP 接口会立即被接收，被读取的值已提前重新同步。这种模式的优势是对于互连系统或请求读操作的 CPU 都没有延迟。

2. Read Non-Posted

不管 OCP 接口频率和功能时钟频率的比值大小是多少，Read Non-Posted 模式都会启动。但推荐的功能频率范围为定时器频率＞＝OCP 频率/4。如果定时器控制寄存器 TSICR(POSTED 位)被清零，该模式才被使用。Read Non-Posted 模式仅适用于 3 个寄存器：TCRR，TCAR1 和 TCAR2，这些寄存器需要从功能到 OCP 时钟域进行再同步。

这个模式使用 non posted-read 方法读取任何内部寄存器。定时器时钟域再次同步后，OCP 接口将不会应答读操作，直到有效的读操作发生为止。这样做的缺点是在这期间互连系统和 CPU 都会被延迟。

- 中断服务的延迟会增加，因为互连系统和 CPU 被延迟了。
- 互连逻辑，包括暂停逻辑检测错误的操作，会产生不必要的系统中断事件。

延迟周期定义为 non-posted read 访问请求和命令接收信号上升沿之间的时间间隔，并可以量化为：

$$T=3\text{ 个 OCP 时钟}+2.5\text{ 个定时器时钟}$$

数据采样的时间周期为：

$$T=1\text{ 个 OCP 时钟}+2.5\text{ 个定时器时钟}$$

8.2.7 定时器寄存器

表 8.26 列出了定时器寄存器，所有的寄存器：

- 32 位寄存器，16 位访问模式
- 小端寻址

R＝只读；－n＝复位后的值。

表 8.26　定时器寄存器

偏移地址	缩写名	寄存器名
00h	TIDR	识别寄存器
10h	TIOCP_CFG	定时器 OCP 配置寄存器
20h	IRQ_EOI	定时器 IRQ 中断结束寄存器
24h	IRQ_STATTUSRAW	定时器 IRQSTATUS Raw 寄存器
28h	IRQ_STATUS	定时器 IRQSTATUS 寄存器
2Ch	IRQENABLE_SET	定时器 IRQENABLE 设置寄存器
30h	IRQENABLE_CLR	定时器 IRQENABLE 清除寄存器
34h	IRQWAKEEN	定时器 IRQ 唤醒使能寄存器
38h	TCLR	定时器控制寄存器
3Ch	TCRR	定时器计数器寄存器
40h	TLDR	定时器加载寄存器
44h	TTGR	定时器触发寄存器
48h	TWPS	定时器 write Posted 状态寄存器
4Ch	TMAR	定时器匹配寄存器
50h	TCAR1	定制器采集寄存器
54h	TSICR	定时器同步接口控制寄存器
58h	TCAR2	定制器采集寄存器

1. TIDR 寄存器

此只读寄存器包含模块的修订版本号，写这个寄存器没有影响。这个寄存器用于软件跟踪功能、错误和兼容性。其具体字段及描述如图 8.33 和表 8.27 所示。

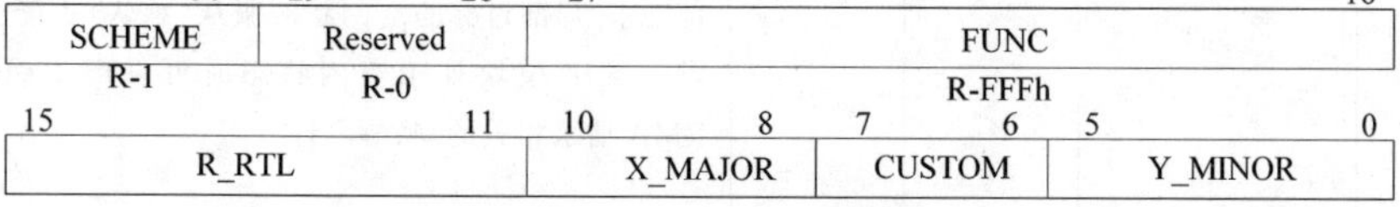

31–30	29–28	27–16
SCHEME	Reserved	FUNC
R-1	R-0	R-FFFh

15–11	10–8	7–6	5–0
R_RTL	X_MAJOR	CUSTOM	Y_MINOR

图 8.33　TIDR 寄存器

表 8.27　TIDR 寄存器描述

位	字　段	类　型	复　位	描　述
31～30	SCHEME	R	1	用来区分旧方案与当前方案
29～28	Reserved	R	0	读取返回 0
27～26	FUNC	R	FFFh	用于说明软件兼容的模块系列

续表 8.27

位	字　段	类　型	复　位	描　述
15～11	R-RTL	R	2h	RTL 版本(R)
10～8	X-MAJOR	R	3h	主修版本(x)
7～6	CUSTOM	R	0	表示特定设备的指定版本号
5～0	Y-MINOR	R	1	小修版本(Y)

2. TIOCP_CFG 寄存器

这个寄存器允许控制 OCP 接口的各种参数。其具体字段的描述如图 8.34 和表 8.28所示。

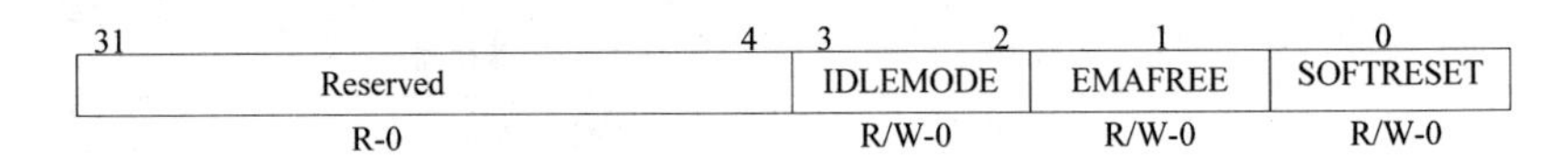

图 8.34　TIOCP_CFG 寄存器

表 8.28　TIOCP_CFG 寄存器的描述

位	字　段	类　型	复　位	描　述
31～4	Reserved	R	0	保留
3～2	IDLEMODE	R/W	0	电源管理,请求/应答控制 0=强制空闲模式:局部目标的空闲状态无条件服从(承认)系统的空闲请求 1h=禁止空闲模式:本地目标从不进入空闲状态 2h=智能空闲模式:根据 IP 模块的内部需求,局部目标的空闲状态服从(承认) 3h=具有唤醒功能的智能空闲模式:根据 IP 模块的内部需求,局部目标的空闲状态服从(承认)系统空闲请求。当 IP 模块处于空闲状态时可以产生(IRQ 或 DMA 请求相关的)唤醒事件
1	EMUFREE	R/W	0	仿真模式 0=定时器被冻结在仿真模式(PINSUSPENDN 信号有效)中 1=定时器忽略 PINSUSPENDN 值,自由运行

续表 8.28

位	字　段	类　型	复　位	描　述
0	SOFTRESET	R/W	0	软件复位 读 0=复位完成，没有挂起动作 写 0=没有动作 读 1= 复位进行中 写 1=启动软件复位

3. IRQ_EOI 寄存器

软件中断结束：当使用脉冲输出时，如果有新挂起的中断事件，中断线上就允许产生后续脉冲。使用电平中断线时，不能使用该寄存器。其具体字段及描述如图 8.35和表 8.29 所示。

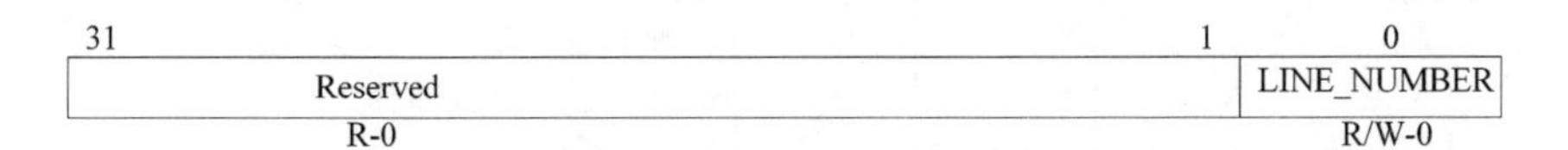

图 8.35　IRQ_EOI 寄存器

表 8.29　IRQ_EOI 寄存器的描述

位	字　段	类　型	复　位	描　述
31～1	Reserved	R	0	保留
0	LINE_NUMBER	R/W	0	写要使用 SW EOI 的中断线号 读 0=总是返回 0 写 0=SW EOI 在中断线上 写 1=没有动作

4. IRQSTATUS_RAW 寄存器

组件中断请求状态。检查相应的二级状态寄存器。如果事件没有使能，写 1 设置状态原始状态，主要用于调试。其具体字段的描述如图 8.36 和表 8.30 所示。

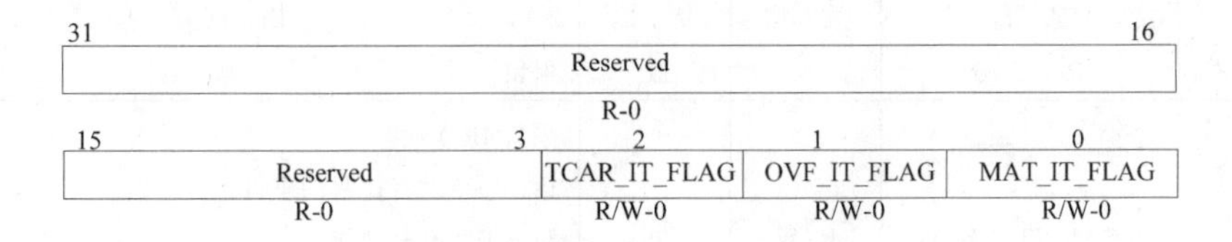

图 8.36　IRQSTATUS_RAW 寄存器

表 8.30　IRQSTATUS_RAW 寄存器的描述

位	字　段	类　型	复　位	描　述
31～3	Reserved	R	0	保留
2	TCAR_IT_FLAG	R/W	0	采集 IRQ 状态 读 0＝没有挂起的事件 写 0＝没有动作 读 1＝有挂起的 IRQ 事 写 1＝软件触发 IRQ 事件
1	OVF_IT_FLAG	R/W	0	溢出 IRQ 状态 读 0＝没有挂起的事件 写 0＝没有动作 读 1＝有挂起的 IRQ 事 写 1＝软件触发 IRQ 事件
0	MAT_IT_FLAG	R/W	0	匹配 IRQ 状态 读 0＝没有挂起的事件 写 0＝没有动作 读 1＝有挂起的 IRQ 事 写 1＝软件触发 IRQ 事件

5. IRQSTATUS 寄存器

组件中断请求状态。检查对应的二级状态寄存器。只有中断事件使能时，这个状态才能被设置。写入1来清除已被服务过的中断。其具体字段及描述如图8.37和表8.31所示。

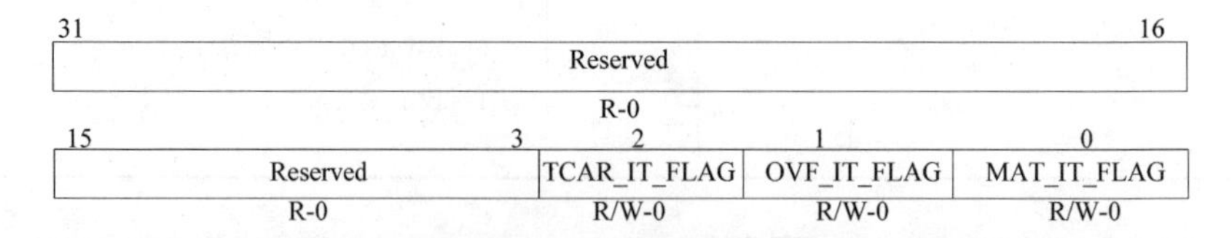

图 8.37　IRQSTATUS 寄存器

表 8.31　IRQSTATUS 寄存器的描述

位	字　段	类　型	复　位	描　述
31～3	Reserved	R	0	保留
2	TCAR_IT_FLAG	R/W	0	采集 IRQ 状态 读出 0＝没有挂起的事件 写入 0＝没有动作 读出 1＝有挂起的事件 写入 1＝清除挂起的事件

续表 8.31

位	字　段	类　型	复　位	描　述
1	OVF_IT_FLAG	R/W	0	溢出 IRQ 状态 读出 0=没有挂起的事件 写入 0=没有动作 读出 1=有挂起的事件 写入 1=清除挂起的事件
0	MAT_IT_FLAG	R/W	0	匹配 IRQ 状态 读出 0=没有挂起的事件 写入 0=没有动作 读出 1=有挂起的事件 写入 1=清除挂起的事件

6. IRQENABLE_SET 寄存器

组件中断请求使能，写入 1 进行设置(使能中断)。其具体字段如图 8.38 和表 8.32 所示。

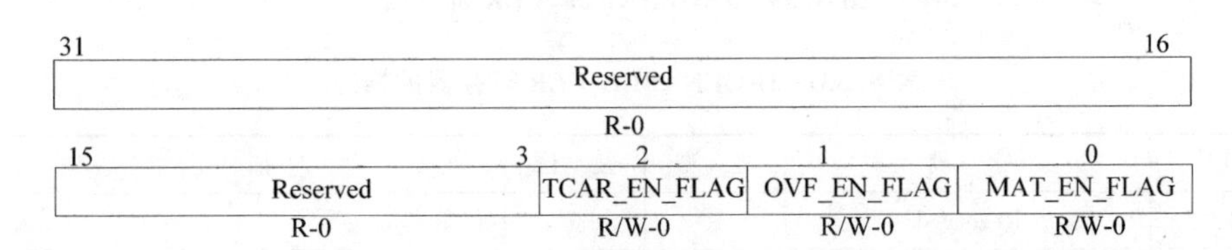

图 8.38　IRQENABLE_SET 寄存器

表 8.32　IRQENABLE_SET 寄存器的描述

位	字　段	类　型	复　位	描　述
31～3	Reserved	R	0	保留
2	TCAR_EN_FLAG	R/W	0	比较 IRQ 使能 读出 0=禁止 IRQ 事件 写入 0=没有动作 读出 1=使能 IRQ 事件 写入 1=设置 IRQ 使能
1	OVF_EN_FLAG	R/W	0	溢出 IRQ 使能 读出 0=禁止 IRQ 事件 写入 0=没有动作 读出 1=使能 IRQ 事件 写入 1=设置 IRQ 使能

续表 8.32

位	字　段	类　型	复　位	描　述
0	MAT_EN_FLAG	R/W	0	匹配 IRQ 使能 读出 0=禁止 IRQ 事件 写入 0=没有动作 读出 1=使能 IRQ 事件 写入 1=设置 IRQ 使能

7. IRQENABLE_CLR 寄存器

组件中断请求使能，写入 1 清除，读出值与对应_SET 寄存器相等。其具体字段及描述如图 8.39 和表 8.33 所示。

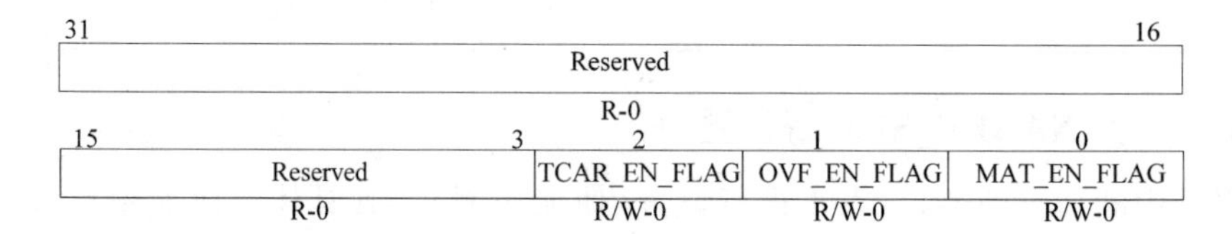

图 8.39　IRQENABLE_CLR 寄存器

表 8.33　IRQENABLE_CLR 寄存器的描述

位	字　段	类　型	复　位	描　述
31～3	Reserved	R	0	保留
2	TCAR_EN_FLAG	R/W	0	比较 IRQ 使能 读出 0=禁止 IRQ 事件 写入 0=没有动作 读出 1=使能 IRQ 事件 写入 1=设置 IRQ 使能
1	OVF_EN_FLAG	R/W	0	溢出 IRQ 使能 读出 0=禁止 IRQ 事件 写入 0=没有动作 读出 1=使能 IRQ 事件 写入 1=设置 IRQ 使能
0	MAT_EN_FLAG	R/W	0	匹配 IRQ 使能 读出 0=禁止 IRQ 事件 写入 0=没有动作 读出 1=使能 IRQ 事件 写入 1=设置 IRQ 使能

8. IRQWAKEEN 寄存器

模块处于空闲模式时发生的唤醒使能事件会产生一个异步唤醒信号。其具体字段及描述如图 8.40 和表 8.34 所法。

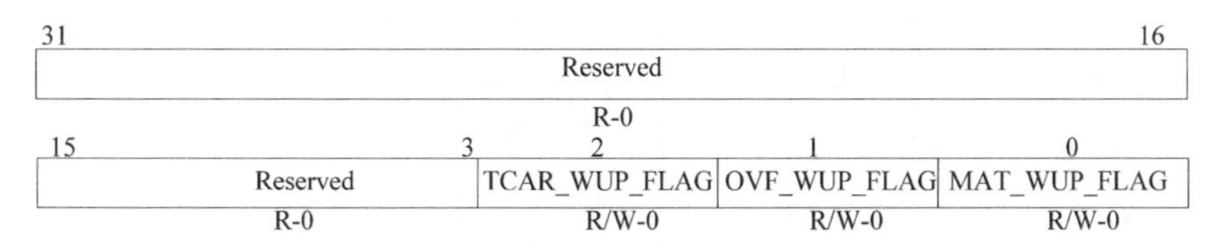

图 8.40　IRQWAKEEN 寄存器

表 8.34　IRQWAKEEN 寄存器的描述

位	字　段	类　型	复　位	描述
31～3	Reserved	R	0	保留
2	TCAR_WUP_FLAG	R/W	0	比较唤醒产生 0=禁止唤醒 1=使能唤醒
1	OVF_WUP_FLAG	R/W	0	溢出唤醒产生 0=禁止唤醒 1=使能唤醒
0	MAT_WUP_FLAG	R/W	0	匹配唤醒产生 0=禁止唤醒 1=使能唤醒

9. TCLR 寄存器

当 TCM 字段从 00 转换到其他组合时，TCAR_IT_FLAG 和边沿逻辑检测就会被清除。TCLR 寄存器的 ST 位可能从 OCP 接口更新，或者由于单次溢出复位，OCP 接口的更新具有优先级。其具体字段及描述如图 8.41 和表 8.35 所示。

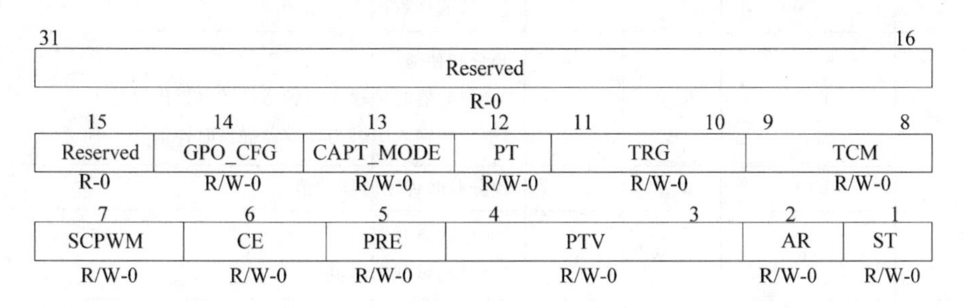

图 8.41　TCLR 寄存器

表 8.35 TCLR 寄存器字段描述

位	字 段	类 型	复 位	描 述
31～15	Reserved	R	0	保留
14	GPO_CFG	R/W	0	通用输出寄存器直接驱动 PORGPOCFG 输出引脚 0＝驱动 PORGPOCFG 为 0 1＝驱动 PORGPOCFG 为 1
13	CAPT_MODE	R/W	0	采集模式 0＝单次采集 1＝第二事件采集
12	PT	R/W	0	PORTIMERPWM 输出引脚上的脉冲或触发模式 0＝脉冲 1＝触发
11～10	TRG	R/W	0	PORTIMERPWM 输出引脚上的触发输出模式 0＝没有触发 1h＝溢出触发 2h＝溢出和匹配触发 3h＝保留
9～8	TCM	R/W	0	PIEVENTCAPT 输入引脚上的传输采集模式 0＝没有采集 1h＝在上升沿传输上采集 2h＝在下降沿传输上采集 3h＝在上升沿和下降沿传输上采集
7	SCPWM	R/W	0	当定时器停止或触发器关闭时，该位应该被置位或清除 0＝清除 PORTIMERPWM 输出引脚并选择正脉冲模式 1＝置位 PORTIMERPWM 输出引脚并选择负脉冲模式
6	CE	R/W	0	0＝禁止比较模式 1＝使能比较模式
5	PRE	R/W	0	预分频使能 0＝定时器时钟输入引脚为计数器提供时钟 1＝分频输入引脚为计数器提供时钟信号
4～2	PTV	R/W	0	预分频时钟定时器的值
1	AR	R/W	0	0＝单次定时器 1＝自动重载定时器

续表 8.35

位	字 段	类 型	复 位	描 述
0	ST	R/W	0	在选择的单次定时模式中(AR=0),当计数器溢出时,该位会被内部逻辑自动复位 0=停止定时器:只有计数器是冻结的 1=启动定时器

10. TCRR 寄存器

TCRR 寄存器是16位寻址的32位寄存器。当DSP执行两个连续的16位操作时,MCU可以进行32位或两个16位地址的寄存器访问。注意:当OCP时钟与定时器时钟完全异步时,为了保证TCRR在增加时其值没有被读出,需要进行同步。其具体字段及描述如图8.42和表8.36所示。

图 8.42　TCRR 寄存器

表 8.36　TCRR 寄存器的描述

位	字 段	类 型	复 位	描 述
31-0	TIMER_COUNTER	R/W	0	定时计数器值

在16位模式中,优先读TCRR寄存器必须遵循下述步骤:

(1) 执行对TCRR寄存器低16位的OCP读操作。当TCRR被访问且同步时,低16位LSB被转移到OCP输出总线上,并且TCCR寄存器的高16位MSB被存储到一个临时的寄存器中。

(2) 执行对TCRR寄存器高16位的OCP读操作。在读期间,被存储到临时寄存器的高16位MSB值会被转移到OCP输出总线上。

因此,为了正确地读出TCRR的值,OCP的首次读操作必须是对低16位进行的,然后对高16位进行读访问。由于TCRR的更新会用到更多的资源,所以定义了如下优先级:

- 第一优先级是OCP的更新;
- 第二优先级是重载方式;
- 第三优先级是单次溢出复位到0;
- 最低优先级是值的增长。

11. TLDR 寄存器

LOAD_VALUE必须与溢出的值不同(FFFF FFFFh)。其具体字段及描述如

图 8.43 和表 8.37 所示。

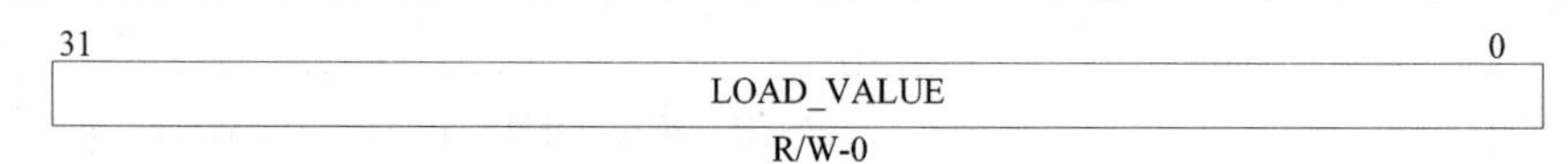

图 8.43　TLDR 寄存器

表 8.37　TLDR 寄存器的描述

位	字　段	类　型	复　位	描　述
31～0	LOAD_VALUE	R/W	0	在自动重载模式或 TTGR 写访问中，定时计数器值会在溢出时加载

12. TTGR 寄存器

这个寄存器的读取值通常是 FFFF FFFFh。其具体字段及描述如图 8.44 和表 8.38所示。

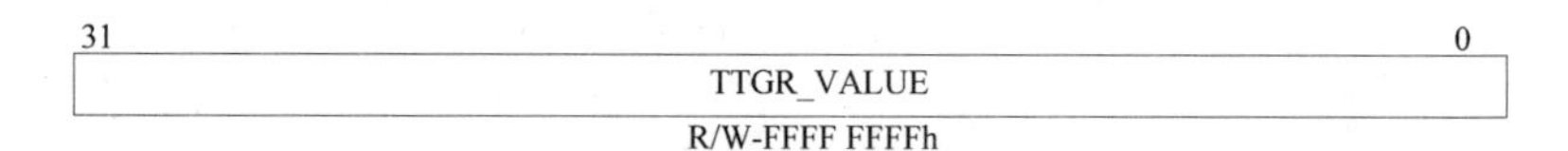

图 8.44　TTGR 寄存器

表 8.38　TTGR 寄存器的描述

位	字　段	类　型	复　位	描　述
31～0	TTGR_VALUE	R/W	FFFF FFFFh	不管 TCLR 寄存器的 AR 字段的值，对 TTGR 寄存器的任何写操作会将 TLDR 中的值加载到 TCRR 中并清除预分频计数器。对 TTGR 的读访问将总是返回 FFFF FFFFh

13. TWPS 寄存器

在 posted 模式中，软件必须读取挂起的写状态位（TWPS[4:0]）来保证接下来的写操作将不会因为正在写入的同步过程而被丢弃。当对应寄存器的写操作被应答时，这些位会自动被内部逻辑清零。其具体字段及描述如图 8.45 和表 8.39 所示。

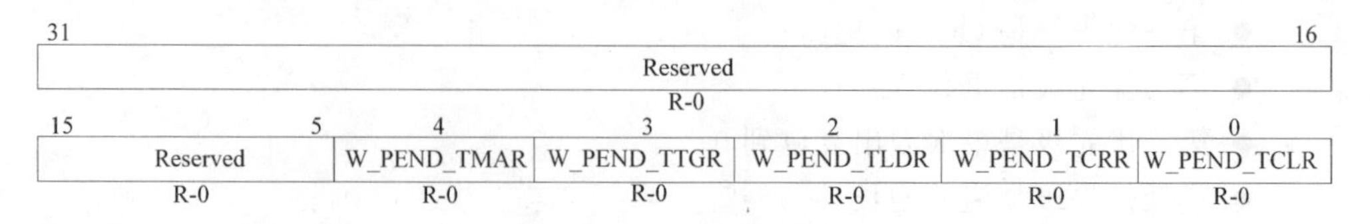

图 8.45　TWPS 寄存器

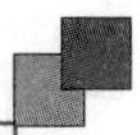

表 8.39　TWPS 寄存器的字段描述

位	字　段	类　型	复　位	描　述
31～5	Reserved	R	0	保留
4	W_PEND_TMAR	R	0	等于 1 时，将向 TMAR 寄存器写入数据
3	W_PEND_TTGR	R	0	等于 1 时，将向 TTGR 寄存器写入数据
2	W_PEND_TLDR	R	0	等于 1 时，将向 TLDR 寄存器写入数据
1	W_PEND_TCRR	R	0	等于 1 时，将向 TCRR 寄存器写入数据
0	W_PEND_TCLR	R	0	等于 1 时，将向 TCLR 寄存器写入数据

14. TMAR 寄存器

TMAR 寄存器存储与计数器当前值比较的值，采用定时器对比逻辑进行比较。其具体字段及描述如图 8.46 和表 8.40 所示。

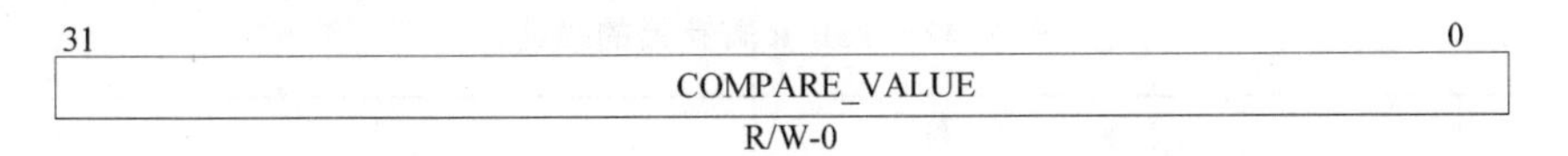

图 8.46　TMAR 寄存器

表 8.40　TMAR 寄存器的描述

位	字　段	类　型	复　位	描　述
31～0	COMPARE_VALUE	R/W	0	与定时计数器进行比较的值

15. TCAR1 寄存器

当边沿检测逻辑检测到合适的转变时，当前计数器值将被存入 TCAR1 寄存器中。注意，因为 OCP 时钟完全与定时器异步，所以必须进行同步操作，以确保 TCAR1 的值在采集事件更新时不会被读取。其具体字段及描述如图 8.47 和表 8.41 所示。

在 16 位模式中，必须遵循以下 TCAR1 寄存器读取操作顺序：

(1) 执行对 TCAR1 寄存器的低 16 位地址的 OCP 读操作。

(2) 执行对 TCAR1 寄存器的高 16 位地址的 OCP 读操作。

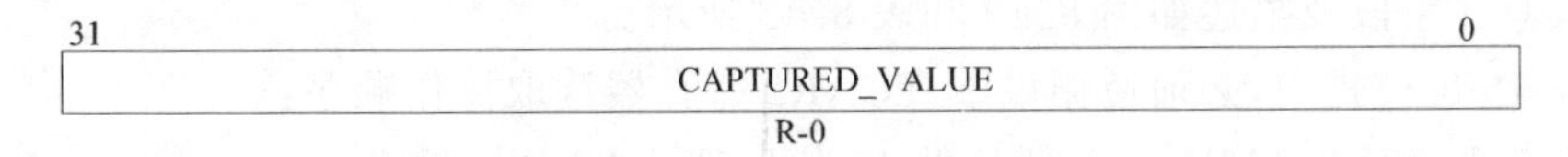

图 8.47　TCAR1 寄存器

表 8.41　TCAR1 寄存器的字段描述

位	字　段	类　型	复　位	描　述
31～0	COPTURED_VALUE	R	0	外部事件触发时采集的定时计数器值

16. TSICR寄存器

即使定时器处于non-posted模式,也不会延迟对该寄存器的访问。为了停止任何错误的动作,软件可以持续对模块的功能部分进行复位。即使在错误的硬件PIFREQRATIO绑定情况下,POSTED字段的也可以重新编程运行,从而保证不会发生死锁。其具体字段及描述如图8.48和表8.42所示。

POSTED复位后的值由硬件集成模块设计时决定。软件必须读POSTED字段的值来得到硬件模块的配置。

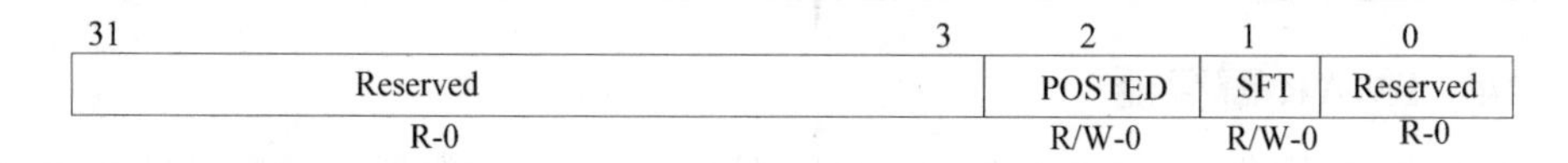

图8.48 TSICR寄存器

表8.42 TSICR寄存器的描述

位	字 段	类 型	复 位	描 述
31～3	Reserved	R	0	保留
2	POSTED	R/W	0	PIFREQRATIO 0=POSTED模式无效:将延迟命令接收输出信号 1=POSTED模式有效
1	SFT	R/W	0	此位复位模块的所有功能部分。读此位总是返回0 0=禁止软件复位 1=使能软件复位
0	Reserved	R	0	保留

17. TCAR2寄存器

当边沿检测逻辑检测到合适的转变且控制寄存器(TCLR)激活了对第二事件的采集,那么当前计数器的值将被存储到TCAR2寄存器中。注意因为OCP时钟与定时器完全异步,所以必须进行同步操作,以确保更新采集事件时不会读取TCAR2值。其具体字段及描述如图8.49和表8.43所示。

在16位模式中,必须遵循以下TCAR2寄存器读取操作顺序:

(1) 执行对TCAR2寄存器的低16位地址的OCP读操作。

(2) 执行对TCAR2寄存器的高16位地址的OCP读操作。

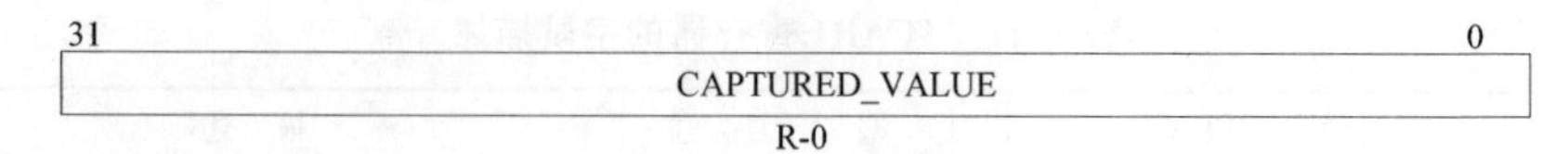

图8.49 TCAR2寄存器

表 8.43　TCAR2 寄存器的描述

位	字　段	类　型	复　位	描　述
31～0	COPTURED_VALUE	R	0	外部事件触发时采集到的定时计数器值

8.3　本章小结

本章主要介绍了 DM8168 的 GPIO 模块和定时器模块。GPIO 结合两个通用输入输出端口模块，每个 GPIO 模块提供 32 个带有输入输出功能的通用引脚。因此，通用接口最多支持 64 个引脚(2×32)，这些引脚可以配置为许多其他的应用。本章从操作模式、时钟与复位、中断以及编程模型几个方面详细讲解了 GPIO 子系统的原理及应用。DM8168 具有 7 个 32 位通用定时器，本章也详细介绍了定时器的内部结构和工作原理。

8.4　思考题与习题

1. 简述 GPIO 的组成模块及其主要的应用。
2. GPIO 模块的操作模式有哪些？它的两个时钟的主要用途分别是什么？
3. 描述 3 种工作模式下定时器的工作状态。
4. 简述写寄存器访问的 Write Posted 与 Write Non-posted，读寄存器的 Read Posted 与 Read Non-posted 的原理及其区别。

第9章

TMS320DM8168 外围设备互联接口

PCI Express 是最新的总线与接口标准，属于高速串行点对点双通道高带宽传输，主要支持主动电源管理、错误报告、端对端的可靠性传输、热插拔以及服务质量(QOS)等功能。所连接的设备分配独享通道带宽，不共享总线带宽。它的主要优势就是数据传输速率高，目前最高的 16X 2.0 版本可达到 10 GB/s，而且还有相当大的发展潜力。本章介绍 DM8168 的 PCIe 接口及特点。

9.1 简 介

9.1.1 概 述

TMS320DM8168 外围设备互联接口(PCI Express，PCIe)模块是一个多通道 I/O接口，采用了目前业内流行的点对点串行连接，比起 PCI 以及更早期的计算机总线的共享并行架构，每个设备都有自己的专用连接，不需要向整个总线请求带宽，而且可以把数据传输率提高到一个很高的频率，达到 PCI 所不能提供的高带宽。对每个通道的每个方向提供高达 5.0Gbps 的高可靠高速数据传输。PCIe 是第三代通用 I/O 连接技术，延续了 PCI 和 ISA 总线技术特点，可用于通用串行 I/O 连接，包括桌面计算机、移动设备、服务器、存储器和嵌入式通信。PCIe 也可用作其他内部连接，如 SATA、USB2/3.0、GbE MAC 等。

PCIe 子系统(PCIESS)包含 Synopsys DesignWare 核(DWC)，即 PCIe 双重模式内核和 TI 的 SERDES PHY。双重模式(DM)核可作为 Endpoint(EP)模式，也可作为 Root Complex(RC)端口模式来操作。DM 支持单个输入和单个输出。根据 BOOTMODE[4:0]引脚采样的值以及应用软件对 PCIE_CFG[PCIE_DEVTYPE]寄存器的配置，就可以配置 PCIe 的 EP 或 RC 功能。

PCI 的并行总线架构增加了带宽扩展的难度，带宽扩展通常通过增加数据信号线来解决。数据信号线的增多会使得时钟信号从时钟引脚到达每个数据引脚的时间差值(这个差值叫做 skew)的管理变得困难。这需要使用复杂的 PCB 布线规则，使得采用 FR4 技术成本变高，同时也增加了功率消耗。PCIe 架构的开发用于减少系统的 I/O 总线瓶颈，并对系统中的高速、芯片对芯片以及板对板的通信提供必要的带宽。与 PCI 总线共享并行架构相比，PCIe 总线是一种点对点串行连接的设备连接方式，点对点意味着每一个 PCI Express 设备都拥有自己独立的数据连接，各个设备之间并发的数据传输互不影响。而对于过去 PCI 的共享总线方式，PCI 总线上只能有一个设备进行通信，一旦 PCI 总线上挂接的设备增多，每个设备的实际传输速率就会下降，性能得不到保证。PCIe 具有成本、性能和可扩展性的优势，在应用、系统设计和投资开发中的生命周期较长。

PCIe 是基于串行技术的接口，采用低压差分数据信号线（LVDS）来减少两个设备在点对点连接时的数据信号线和高频时钟信号，也可以避免同一总线上出现多个主机。除开锁存的内存读请求和后续的完成锁存应答以外，支持所有定义的 Posted 和 Non-Posted 的 PCIe 处理。对内的 I/O 读写请求也不被支持。支持的 PCIe 交换层信息包如表 9.1 所示。

表 9.1　支持的 PCIe 交换层（Transaction Layer Packets，TLP）信息包

传输包类型	Posted/Non-posted
读内存	Non-posted
写内存	Posted
I/O 读（在 RC 模式中支持对外）	Non-posted
I/O 写（在 RC 模式中支持对外）	Non-posted
读配置（类型 0 和类型 1）	Non-posted
写配置（类型 0 和类型 1）	Non-posted
无数据的消息请求	Posted
有数据的信息请求	Posted
无数据的完成	-
有数据的完成	-

9.1.2　特　征

DM8168 的 PCIESS 支持×2 通道的接口带宽，其特性如下：

- 250 MHz 功能时钟频率（PIPE 时钟频率）；
- 支持单个双向连接接口（即一个输入端口和一个输出段口）。可以只用 1 或 2 个双向通道直接与设备连接；
- 每个通道在每个方向上的传输速率为 2.5 Gbps 或 5.0 Gbps；
- 最大有效输出负载为 128B；
- 最大有效输入负载为 256B；
- 最大远程读请求为 256B；
- 超低延迟的发送与接收；
- 支持动态带宽转变；

- 自动反转通道；
- 接收极性反转；
- 单个虚拟通道(VC)；
- 单个传输类别(TC)；
- EP 模式中的单功能；
- ECRC 的产生与检测；
- PCI 设备电源管理；
- PCIe 活动状态电源管理(ASPM)：L0s 和 L1；
- 除 L2 状态的 PCIe 连接电源管理状态；
- PCIe 高级错误报告；
- 用于发送与接收的 PCIe 消息；
- 对 Posted、Non-Posted 和完成传输的滤波；
- 可配置的 BAR 滤波、I/O 滤波、配置滤波和完成查找/超时；
- 通过 BAR0 和配置访问来对配置空间寄存器和外部存储器映射寄存器进行访问；
- Legacy 中断的接收(连接 CPU/内存和外部设备的枢纽 Root Complex，RC)与产生(EP)；
- MSI 的产生与接收；
- RC 模式的 PHY 回环。

PCIe 不支持的功能如下：

- 多个 VC；
- 多个 TC；
- 少于 4B 的输出处理；
- 功能级复位；
- 内置硬件支持热拔插；
- 把×2 链路当作 2 个×1 链路使用；
- 用于保持控制器状态产生 D3 冷却状态的辅助电源；
- 链路状态 L2。

9.1.3 功能结构

图 9.1 展示了 PCIESS 结构框图。

(1) PCIe 内核

PCIe 内核实现 3 个 PCIe 协议层(交换层、数据连接层和物理层)，是允许 RC 或 EP 操作模式的双模式核。作为 EP，PCIe 可以作为传统的终端(Legacy Endpoint)或本地 PCIe 终端。根据 PCIe 配置寄存器的位字段 PCIE_CFG [1:0] PCIE_DEVTYPE＝00b/ 01b/ 10b 分别设置 PCIe 的 EP/ Legacy Endpoint/ RC 功能，采用用户

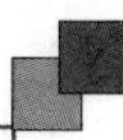

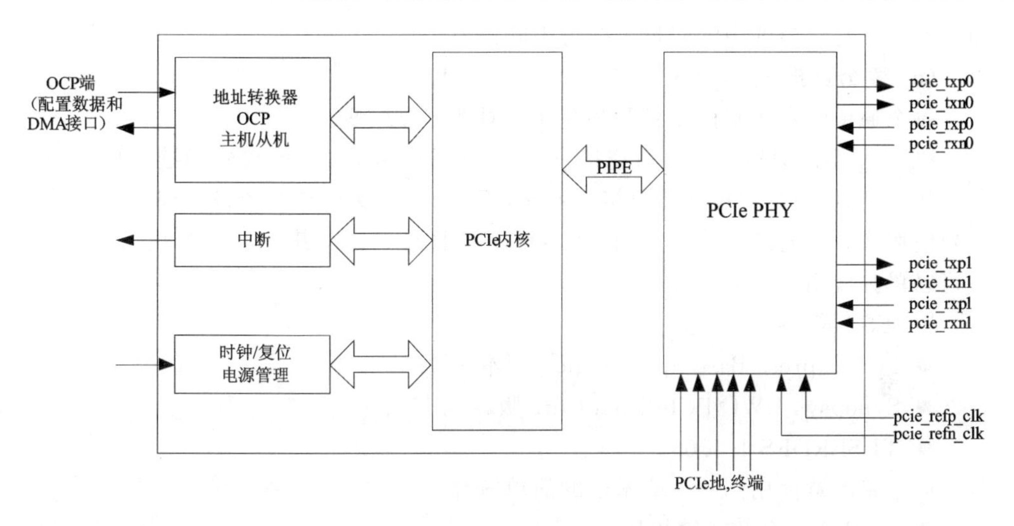

图 9.1　PCIe 子系统框图

软件或 BOOTROM 来初始化这个字段。在 PCIe 用作引导设备期间，Bootmode 引脚状态将决定使用的引导类型（此处为 PCIe 类型）和使用的地址大小，该地址可以是 32 位或 64 位寻址。引导程序配置 PCIe 核在 EP 模式下操作，不支持 RC 引导模式。

(2) PCIe PHY

PCI PHY(SERDES)包含用于发送和接收数据的传输线通道 PHY 的模拟部分，包含相位锁相环、模拟收发器、基于时钟/数据恢复的相位插入、并行转串行转换器，串行转并行转换器、加扰器以及配置测试逻辑。

(3) OCP(配置和 DMA 访问接口)

CPU 端访问、配置寄存器、数据访问和远程 EP DMA 访问是通过配置和 DMA 访问接口实现的。通过这个端口实现的最大突发数据访问量是 128B。

(4) 时钟、复位、电源控制逻辑

PCIESS 中有几个时钟域，这些时钟是 PCIe 控制器与接口桥的功能时钟，同时也分别是用于输入输出数据的接收和发送时钟。数据时钟和 PHY 功能时钟需要的时钟由 PHY 通过外部时钟输入产生，该外部时钟是不超过 300 ppm 误差的 100 MHz 时钟。在内部 PLL 中产生 PCIe 控制器功能时钟频率，而且应该编程产生 250 MHz 的时钟频率。

PCIESS 支持 PCIe 规范中指定的常规复位机制。图 9.1 中展示的复位属于硬件复位（冷或热复位）。当没有活动出现时，除了通过硬件实现的自动掉电模式，PCIESS 还支持更高级别的由软件控制的省电模式。

(5) 中　断

PCIESS 可以通过 4 条连接到中断控制器的中断线（INTA/B/C/D：Legacy Interrupts Combined、MSI、Error 和 PM/Reset）来产生多个中断。用户软件需要向

EOI 寄存器写对应的中断向量来获得中断服务。

(6) 差分数据线

每个通道的发送和接收线路都存在一对差分数据线。

PCIe 子系统只有一个接口连接,这个连接可以用于 x1 或 x2 通道连接到单个设备。换而言之,因为它仅支持单接口连接,所以 x1 不支持与两个设备连接。无论是单独使用或者与通道 1 结合使用,都必须连接通道 0 且使其处于工作状态。通道 1 不可以单独使用。

PCIESS 兼容以下标准:

- PCI Express Base Specification 版本 2.0;
- Synopsys DWC PCIe Dual Core 版本 3.15a;
- TI SERDES 1.1.03。

以下是本章使用到的一些术语的简单解释:

- ADPLL—全数字锁相环;
- ASPM—活动状态电源管理;
- AXI—AMBA AXI 总线协议;
- DBI—直接总线接口;
- EP— 终端;
- LVDS—低压差分信号;
- MMR—内存映射寄存器;
- OCP—开放内核协议;
- OCM—片上内存;
- OCMC—片上内存控制器;
- PCI—外围设备互连;
- PCIe—高速 PCI;
- PCIESS—PCIe 子系统;
- PIPE—PCIe 物理层接口;
- PME—电源管理事件;
- RC—连接 CPU/内存和外部设备的枢纽;
- TC—传输类型;
- TLP—交换层信息包;
- VC—虚拟通道。

9.2 时钟与总线控制

1. 时钟控制

PCIESS 使用了多个时钟域,顶层有两个相关的功能时钟:1 个 PCIE PHY 参考时钟和1个OCP接口时钟。OCP接口功能时钟从主PLL中产生,主PLL使用27 MHz晶振输入。SYSCLK5的功能时钟频率为250 MHz,这样对PLL进行合理的编程方式是很重要的。PCIESS的另外一个100 MHz差分时钟输入的最大偏差为300 ppm,而且PHY PLL使用这个差分时钟产生PHY需要的功能和位时钟。

PCIESS操作完全依赖于时钟的可用性和稳定性,更重要的是PHY中的PLL产生的时钟的精确性。PCIESS的所有寄存器都位于时钟域中,该时钟域依赖于PLL正确的配置和PCIe处于活动状态前的锁存状态。在确认PLL锁存状态之前的数据处理将引起PCIe子系统不可预知的操作。SoC级寄存器用于使能PLL和校验锁存状态。

2. 总线控制

End Point想要成为总线控制器并在上游发起数据传输,必须设置配置空间寄存器(STATUS_COMMAND[BUS_MASTER])的Bus Master Enable位。假如在总线控制功能激活前发起处理(此时假设为RC或EP功能),那么直到总线控制使能位被设置时,才会开始数据处理。如果由于没有设置总线控制位而导致数据处理不能启动,这不会产生超时或错误应答。

9.3 地址翻译与地址空间

9.3.1 地址翻译

为适应PCIe地址和本地OCP/内部地址之间的映射请求,采用内置硬件地址翻译机制。假如发送或接收TLP的“Type”字段表示使用地址路由,那么就需要对外或对内地址翻译,并且应用硬件地址翻译器将OCP/内部地址映射到PCIe地址或将PCIe地址映射到OCP/内部地址。

PCIe能识别4种地址空间:存储器、I/O、配置和消息。消息不消耗任何存储空间或I/O资源,并且不需要任何类型的翻译。PCIe对外访问Legacy EP(只在RC模式中支持)需要使用I/O寻址。这不是PCIe必须的特征,而且当支持I/O空间时,这是映射到系统内存的存储器。这意味着需要映射两种类型的设备地址空间以及配置和存储地址空间。地址译码器用于翻译PCIe地址与OCP/内部地址之间的配置和存储地址。物理设备的地址空间分为两部分(Range 0和Range 1),Range 0称为配置空间,用于PCI配置任务;Range 1称为存储空间,用于访问存储器。

注意:所有I/O访问都使用了地址路由,不支持对内I/O访问。也就是说,当需要执行I/O访问时,只支持对外处理的TLP。

1. 对外地址翻译

对外交换层信息包(TLP)需使用对外地址译码器(Outbound Address Translator),此译码器在 OCP/内部存储器/地址与外部 PCIe 设备存储器/地址之间进行映射。PCIe 子系统允许将物理设备地址映射到 PCIe 地址,这需通过使用对外地址翻译逻辑来完成。对于每个对外的读/写请求,PCIESS 中的地址翻译模块把 OCP 地址(OCP/内部地址)转换到 PCIe 地址。地址翻译逻辑使用地址翻译寄存器的编程信息来执行地址映射。在对外地址翻译器中要使用 OB_SIZE、OB_OFFSET_INDEXn 和 OB_OFFSETn_HI 寄存器。

PCIESS 在设备内部地址占有的物理存储范围分为 32 个相同大小的转换区域(区域 0～31)。这些相等大小的区域可以编程为 1 MB、2 MB、4 MB 或 8 MB,而且可通过 OB_SIZE 寄存器传送给对外地址译码器。每个区域(OCP/内部地址)都可以重新映射到与转换区域自身大小相同的 PCIe 地址范围。地址翻译逻辑从 OCP/内部地址识别并提取 5 位(32 个区域),并且用这个值作为索引来识别 32 个区域中的其中一个。区域大小决定了这 5 位的位地址位置。只要识别某个区域,地址翻译逻辑就以该区域对应的配置寄存器提供的值产生 PCIe 基地址,该配置寄存器就是 OB_OFFSET_INDEXn 和 OB_OFFSETn_HI [n＝0-31]。假如使用 32 位寻址,OB_OFFSETn_HI 将总是被编程为 0。

只要确定了 PCIe 基地址,OCP/内部地址的低位和与区域大小相关的位域一起组成偏移地址并且与基地址相加。应用软件需识别 PCIe 模块访问的物理内存,并且在使能 PCIe 处理之前初始化对应的寄存器。下面介绍对外转换时用到的寄存器及其初始化,如图 9.2 所示。

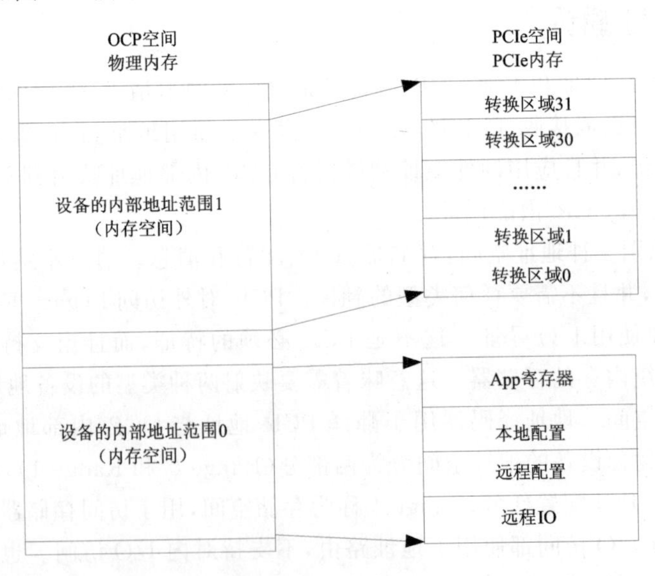

图 9.2　对外地址翻译

对外尺寸寄存器(OB_SIZE):应用软件可以将这个寄存器初始化为所有 32 个区域都可应用的值。对于 1 MB、2 MB、4 MB 和 8 MB 的区域大小,OB_SIZE＝0,1,2

和3，而且可从OCP/内部地址确定这些值对应的索引区域。OCP/内部地址的[24:20]、[25:21]、[26:22]和[27:23]位保存着索引值，分别用于识别32个区域中某一区域的大小。区域大小也影响OB_OFFSET_INDEXn [$n=0\sim31$]寄存器各位的意义。区域大小对应的低位字段被屏蔽且不会用于映射。

- 对外转换区域n的偏移量低位和索引寄存器(OB_OFFSET_INDEXn [$n=0\sim31$])：应用软件用32位PCIe地址初始化该寄存器。区域大小决定对外转换器使用到的这个寄存器的有用地址字段位。假如区域大小是1 MB、2 MB、4 MB或8 MB，那么用于产生PCIe地址的相关地址为高位地址，分别为[31:20]、[31:21]、[31:22]和[31:23]。
- 对外地址高位偏移量(OB_OFFSETn_HI [$n=0\sim31$])：假如使用32位的高位地址进行64位寻址，应用软件就初始化这个寄存器。假如使用32位寻址，那么将这个寄存器编程为0。

以下例子用于将给定的OCP/内部地址映射到PCIe地址。

例1：假设OCP/内部地址为9D3A_1234h，那么应用于输出TLP Header的PCIe地址会是什么(假设是一个2 MB的区域大小)？对于这个例子，进一步的假设如下：用于区域9的64位寻址，且应用软件已经分别用33445566h和56Ex xxxxh(这里'x'是一个不用关心的十六进制数)对OBOFFSET9_H和OB_OFFSET9进行了初始化。注意：OB_OFFSET9寄存器的位[31:21]对这个例子是有意义的，因为这个区域的大小是2 MB。

把这个OCP/内部地址映射到PCIe地址的步骤如下：

① 从给定输入的OCP/内部地址9D31 1234h中提取5位索引值和偏移量：因为给定区域大小为2 MB，所以提取地址9D3A 1234h的位[25:21]作为索引值，也就是01001b，即9。因为所有区域的大小是2 MB，所以这个偏移地址对应于OCP/内部地址的[20:00]位。注意：OCP/内部地址的偏移量[20:00]位，直接映射到PCIe地址；即位[20:00]会被翻译为XX1A 1234h。因为检索值是9，所以会用到区域9的转换寄存器内容。现在检索值对应区域9且偏移量是001A 1234h。

② 产生PCIe基地址：使用上面识别的索引值9，从寄存器OBOFFSET9_HI(bits[63:32])和寄存器OB_OFFSET9(bits[31:20])中产生基地址，用于64位寻址。此例的PCIe基地址是：3344 5566 56E0 0000h。

③ 计算转换的地址，即PCIe地址：使用产生的基地址和偏移量，对应9D3A 1234h OCP/内部地址的PCIe地址是3344 5566 56FA 1234h。

注意：此例中，2 MB大小的区域允许对物理地址值0000 0000h～03FF FFFFh的唯一地址映射。这允许总共2 MB × 32＝64MB的物理地址区域到对应虚拟PCIe地址上的唯一地址映射，该64 MB空间以外的任何物理地址都不会被唯一映射，而且这个物理地址将被截断为64 MB，而此例碰巧遇到这种情况。换句话说，给定的这个例子中，输入/物理地址的位[31:26]被屏蔽了且不会用于产生PCIe地址。

此例中，OCP/内部地址 9D3A 1234h、913A 1234h、953A 1234h、993A 1234h 等可以映射到相同 PCIe 地址 3344 5566 56FA 1234h。

2. 对内地址翻译

无错误接收转换层数据包(TLP)需使用对内地址译码器，将接收到的 PCIe 地址映射到 OCP/内部地址。

PCIe 子系统允许使用对内地址翻译逻辑，把接收到的 PCIe 地址映射到设备内的物理设备地址。对于每一个产生 TLP 的对内读/写请求，PCIESS 中的地址翻译模块可以将 PCIe 地址转变为 OCP（内部/物理）地址，用于存储器或配置读/写类型的数据处理。PCIESS 能识别设备中的两种 OCP 地址空间：内部存储空间（地址空间 0）和物理存储空间（地址空间 1）。地址空间 0（也叫做区域 0）专门用于本地应用寄存器、本地配置访问、远程配置访问和远程 I/O 访问（只用于 RC 模式）。地址空间 1（也叫作区域 1）专门用于数据传输。

地址空间 0 占据一个连续的 16 KB 区域，其中的第一个 4 KB 空间是配置空间。地址空间 1 用于数据缓冲，空间大且不必是连续的。为执行 PCIe 地址到地址空间 1 的映射，对内地址翻译器需要采用 4 个专门区域（区域 0～3）。注意：对外地址翻译有 32 个区域，而对内地址翻译有 4 个区域。

这意味着，任何一个接收到的 TLP 可以在 BAR[0～5]中找到与之相匹配的，而且将会映射到其中一个地址空间（地址空间 0 或地址空间 1）。BAR0 专门用于地址空间 0，表示映射已经完成并且不需要关联区域。然而 BARs[1～5]专门用于地址空间 1，并且需要和其中一个区域（区域[0～3]）关联。注意：对接收的 32 位寻址的 TLP 是有效的。假如使用 64 位寻址，因为需要一对邻近连接的 BARs 来保存 64 位地址，所以 6 个 BARs 的关联会变成 3 个。这意味着 BAR0 和 BAR1 将保存 64 位地址，即 BAR0 保存 PCIe 要匹配的低 32 位地址而 BAR1 保存 PCIe 要匹配的高 32 位地址（与地址空间 0 相关）。这对于地址空间 1 关联也是一样的。BARs[2～3]和 BARs[4～5]将保存接收的 64 位地址，这个地址将会与地址空间 1 关联，而且地址空间 1 发生 BARs 到区域[0～3]的映射。

因为内部区域是唯一且连续的，所以不需要对地址空间 0 进行地址翻译。需要做的就是接收的 TLP PCIe 地址中的 PCIe 地址与 BAR0 匹配，用于 32 位寻址；用于 64 位寻址时，还要与 BARs[0:1] 匹配。可是，对地址空间 1 的地址翻译需使用区域[0～3]中的一个区域，将接收的 TLPs 映射到内部/物理内存地址。

通过对应的 IB_BARn [n=0～3]寄存器可设置区域[0-3]与 BARs 之间的关联。IB_STARTn_HI [n=0～3]和 IB_STARTn_LO [n=0～3]用于保存 64 位 PCIe 地址的起始地址，IB_OFFSETn [n=0～3]用于保存指定区域的偏移量（注意：此处的偏移量可视为物理内存基址）。注意：对于 32 位寻址，IB_STARTn_HI[0～3]需编程为零。

以下是对内地址译码器将PCIe地址映射到地址空间1的步骤：

(1) 提取偏移量：PCIe地址(IB_STARTn_HI：IB_STARTn_LO)。

(2) 计算绝对OCP/内部地址：增加基址IB_OFFSETn到步骤1提取的偏移量。

注意：当对TLPs进行64位寻址时，会使用到一对相邻的BARs，用于联合保存该64位地址。这意味着BAR0和BAR1将用于保存这64位地址，即BAR1保存需匹配的高32位PCIe地址，而BAR0保存需匹配的低32位PCIe匹配地址。对于BAR3和BAR4、BAR5和BAR6，该协议也成立。此时BAR3和BAR5保存64位地址的低32位。

例2：接收的64位PCIe地址1234 5678 ABC5 0000h对应映射的内部(物理)设备地址是什么？假设区域1寄存器被编程来匹配BAR2、BAR3 RC编程的地址，进一步假设：应用软件已经按照以下设置对区域1的寄存器进行了编程。

- IB_BAR1=2。这个步骤用于把区域1与BAR2或BAR3联合，用于64位寻址。这个编程为2的值关联区域1(IB_BAR1)与配置寄存器BAR2/ BAR3之间的匹配。
- IB_START1_HI=1234 5678h。
- IB_START1_LO=ABC0 0000h。
- IB_OFFSET1=3340 0000h。

减去PCIe基地址，并且从PCIe地址(TLP Header中的地址)中提取偏移量就可计算出OCP/内部地址，再把结果加到OCP/内部地址的起始地址上。

从PCIe地址提取偏移量：提取的偏移量={PCIe地址-(IB_STARTn_HI：IB_STARTn_LO)}=>提取的偏移量=1234 5678 ABC5 0000h-1234 5678 ABC0 0000h=0005 0000h

计算绝对OCP/内部地址：把提取的偏移量加到内部基地址：内部/物理绝对地址=3340 0000h+0005 0000h=3345 0000h

因此，PCIe地址1234 5678 ABC5 0000h转换或映射成的OCP/内部地址是3345 0000h。

(1) 对内地址翻译的BAR0例外情况

对内方向的BAR0覆盖的内存空间全部用于访问地址空间0的应用寄存器。这意味着除了应用寄存器，BAR0不能被重新映射到其他位置。任何与BAR0区域匹配的远程对内访问将被自动路由到这些寄存器。在没专门软件运行于EP的情况下，允许RC设备控制EP设备。对于RC和EP，BAR0对寄存器的映射允许消息信号中断。不支持应用寄存器对禁止BAR0的访问。

(2) 映射多个不连续的内存到1个区域

例3：在这个例子中，两个BARs (BAR1和BAR2)被重新映射到4个分离的区域，这些区域是不连续区域且使用32位寻址。前两个区域(区域0和区域1)重新映射访问到BAR1空间，而剩余的两个区域(区域2和区域3)重新映射访问到BAR2

空间。每一个BAR都作为一个32位BAR,如表9.2所示。

假设在配置空间中,基地址寄存器的RC编程值为:

- BAR1:1111 0000h;
- BAR2:2222 0000h。

表9.2 非连续的存储器映射到一个区域的例子

区域(IB_BAR)	BAR	IB_Start_LO	IB_Offset	TLP Address	地址翻译值
0	1	1111 0000h	1111 0080h	1111 0080h	[11110080h－11110000h]＋33330000h＝33330080h
1	1	1111 8000h	1111 9000h	1111 9000h	[11119000h－11118000h]＋44444000h＝44441000h
2	2	2222 0000h	2222 0400h	2222 0400h	[22220400h－22220000h]＋55550000h＝55550400h
3	2	2222 0800h	2223 1000h	2223 1000h	[22231000h－22220800h]＋66660000h＝66670800h

(3) 把BAR1值作为起始地址

BAR1的对内地址翻译可以使用BAR1寄存器(从PCIe配置空间)值作为起始地址进行对内地址翻译。该功能可通过舍弃编程为0的对内转换区域(4个区域的其中一个与BAR1关联)的起始地址来激活。当到来的读/写访问与BAR1匹配,并且将起始地址编程为0的对内区域的BAR匹配位(IB_BARn)设置为1,BAR1值就可用于计算转换地址。注意:假如使用了这个功能,则只有一个对内转换窗口可以使用,而且用于BAR1编程值。假如BAR1被指定为对内地址翻译参考,则不能使用其他的BARs或对内转换窗口。

(4) BAR屏蔽寄存器

执行枚举和设备检测时,在PCI配置期间,EP设备中的PCI配置寄存器BARs由RC进行编程。因为PCIESS是一个双模式核,所以在启动PCI配置之前,PCIESS EP设备固件/应用软件可以在RC启动枚举处理和PCIe基址分配之前修改BAR寄存器行为。使用覆盖于BAR寄存器之上的BAR屏蔽寄存器,在配置BARs期间,EP设备上的软件可以配置EP从RC请求的地址空间。软件可以修改BAR类型,也可以使能/禁止BARs。即配置寄存器BARs的只读位字段是用户可编程的,它需要在枚举或设备搜索启动之前被编程。

注意:BAR屏蔽寄存器用于BARs配置时,只有当作EP操作而且只有当CMD_STATUS[DBI_CS2]被设置/使能时才可以访问。为确保写已经完成,固件需要读回修改之后写入的数据,因为直到确认写完成之后才会确认读操作,这样可以保证寄存器更新之后才被使用。初始化配置之后,固件需在启动RC枚举之前清除CMD_STATUS[DBI_CS2]。不要试图在串行连接端修改BAR屏蔽寄存器,因为这样会发生无法预料的动作且系统可能变得不稳定，甚至会遭到严重损坏。

3. 地址对齐请求

作为每个 PCIe 的标准，数据处理不能穿过 4 KB 对齐的地址边界。在内部总线接口(OCP)上，数据处理的大小限制为 128B。所以在内部总线接口上，数据处理必须是 128 字节或更小。假如对内方向接收的处理请求穿过了 128B 对齐的地址，此时 PCIESS 主机接口可以把这个处理请求以 128B 边界分成多个。

4. 字节选通使用请求

对于任何类型的写处理，字节使能只可以有 1 s 的单连续字符串。换句话说，在一个数据处理中，假如设置了一个字节的写选通，那么所有后续的字节都必须写选通设置，直到最后一个字节写使能。不允许字节使能之间有“Holes”或“Zeros”。内部总线宽度大于 32 位，TLP 大小不会是 1(PCIe 以 32 位单元计数)，因此通过使用 FBE/LBE(First/Last Byte Enable)就可以控制实际数据的传输大小。

5. 零长度的读/写处理

PCIESS 不支持 0 字节读数据处理。PCIESS 将发布读取设置为 Fh 的 PCIe TLP 的 FBE 字段。支持 0 字节写。

6. 超过 4 KB 边界的处理

由 PCIe 标准可知，任何一个在区域上超过 4 KB 对齐地址的读/写数据处理都是无效的。假如向 PCIESS 从机发送了这种读操作，就会在串行连接上产生两个数据处理，从而不违反 PCIe 协议。但是假如数据处理完成后没有从远程 PCIe 连接端依次返回，此时就会引发冲突。

7. 少于 4B 的对外处理

PCIESS 对最小对外处理访问数据增加了一个 4B 宽的限制，不能访问少于 4B 的数据。这会有一个潜在的问题，当访问非预取内存时，会导致访问一个非预想的内存地址。

8. 处理地址对齐

PCIESS 增加了最大对外读/写命令为 128B 的限制。可是，假如起始地址没有与 8B 边界对齐，最大处理数据会减少到 120B。假如对外方向的未对齐的数据处理没有限制在最大 120 字节，就会发生不确定行为。

9. 读交错

读交错就是从多重处理中返回分开的读应答的过程。这意味着不能保证按顺序地发送读取的数据(在下一数据前完整发送某一处理的数据)。假如对外读命令/处理的大小没有超过 PCIE 内核设定的最大处理大小，PCIE 内核就可以保证不产生交错读响应。

10. 端模式

PCIESS 被配置在小端模式下操作。设备中的大多数外围也被配置为小端模式。

9.3.2　地址空间

从 PCIESS 来看，内部设备可用的地址资源被划分为两个独立的空间，即 PCIESS 有两个 OCP 地址空间或区域。第一个空间专门用于本地应用寄存器、本地配置访问、远程配置访问和远程 I/O 访问（只用于 RC），也被称作地址空间 0。第二个空间用于数据传输，称作地址空间 1。

1. 地址空间 0

地址空间 0 由 16 KB 的连续存储组成，划分成 4 个相等大小的段/区域（每个大小为 4 KB）。这些区域是：

(1) PCIESS 应用寄存器；

(2) PCIe 本地配置寄存器；

(3) PCIe 远程配置寄存器；

(4) PCIe IO 访问窗口。

图 9.3 展示了地址空间 0 的各种地址区域的关系。

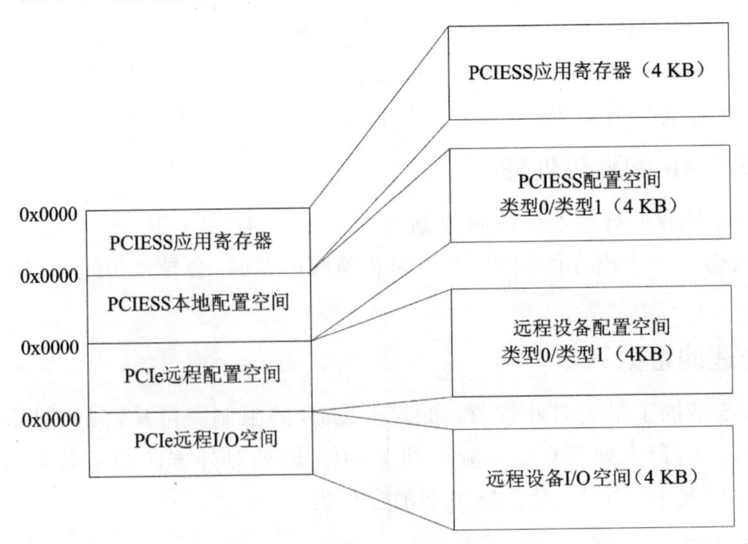

图 9.3　地址空间 0 的关系

地址空间 0 的每一个区域都对应一组寄存器的访问。

(1) PCIESS 应用寄存器——用于配置和监测 PCIESS 的各种设置。专用于应用需求并且与PCIE配置寄存器无关。注意:所有的PCIESS应用寄存器都应该以32位模式进行访问。

(2) PCIe本地配置寄存器——用于读取本地PCIE设备配置寄存器的设置。在PCIe配置完成之前,也可以对这些寄存器写入数据。依据PCIESS配置为RC或EP,这些寄存器的配置可以是配置空间类型0或类型1。注意:所有对PCIe本地配置寄存器的访问都必须以32位模式进行。

(3) PCIe远程配置寄存器——通过对其中一个应用寄存器中的总线号、设备号以及远程PCIE设备功能号编程,假设它是单个PCIE功能的PCIE配置空间并访问PCI远程配置寄存器,就可以对PCI远程配置寄存器进行访问。依据设备是End Point还是PCIe Switch,远程配置寄存器的配置不同。

(4) PCIe I/O访问窗口——当PCIESS处于RC模式时,有专门用于远程I/O访问的4 KB区域。任何在此空间上的访问都会成为I/O访问。通过IO_BASE寄存器值得到基地址,并直接由这个4 KB空间的OCP/VBUM访问地址得到偏移量,就可以得到TLP的有效地址。

上面描述的4个地址范围都不支持突发数据处理。所以只有单个32位数据处理可以发布给这些地址。这些地址也应该配置成非高速缓存地址空间。

2. 地址空间1

第二地址空间/区域用于数据传输。PCIe本地配置寄存器中设定BAR的值,该值用于定义End Points位于Root Complex边上的CPU内存映射的位置。除了End Points的BAR寄存器设定的区域,所有区域都处于Root Complex边上。在RC模式中,地址空间1被映射到多个设备上,可以给每个远程设备分配一段内存空间,而且任何作用于这个地址空间的处理会转变为作用于相应远程PCIe设备的PCIe处理。

如表9.3所示,各种PCIe功能的寄存器通过寄存器指定的偏移地址相互连接。

表9.3 PCIe配置寄存器的寄存器块

从配置空间起始位置的偏移量	寄存器块
00h	与PCI兼容的头信息(类型0/1)
40h	电源管理功能寄存器
50h	MSI功能寄存器
70h	PCIe功能寄存器
100h	PCIe扩展功能寄存器
700h	端口逻辑寄存器

9.4 PCIe回环

PCIe规范提供两种方式的回环：通过PIPE接口(链路层)和通过PHY回环功能(物理层)。

在回环主机和回环从机配置中，PIPE接口回环需要两个PCIe设备/组件相互连接。回环主机是需要回环的组件，而回环从机是能回环数据的组件。注意：不管PCIESS处于RC或EP模式，都可以假定作为回环主机或从机。处于PHY层的回环不需要另外一个组件。

1. PIPE回环

PIPE的回环步骤是根据设备处于RC模式或EP模式来确定的。在任何一种情况中，PCIESS都可以像PCIe规范中描述的一样作为回环主机或回环从机。注意：PIPE回环模式不能用于回环处理，只有在符号级回环时，PCIe测试设备才使用这些回环模式。

(1) PCIESS作为回环主机时的回环步骤

① RC模式：

- 设置端口逻辑寄存器空间中的端口连接控制寄存器的回环使能；
- 必须对连接控制寄存器的连接再训练字段进行写操作，从而启动连接再训练序列。

② EP模式：

- 设置端口连接控制寄存器的回环使能；
- 通过端口逻辑寄存器中的端口强制连接寄存器，强制LTSSM处于恢复状态；
- 设置端口逻辑寄存器中的端口强制连接寄存器的强制连接位为高。

只要完成这些步骤，PCIe连接末端的设备就进入PCIe LTSSM回环状态。回环状态的发起者是回环主机，其他设备是回环从机。注意：在这个模式中不可以发送TLPs，并且又通过其他设备的回环状态来返回TLPs。

(2) PCIESS作为回环从机时的回环入口步骤

假如PCIESS作为回环从机，按照每个PCIe的回环要求，串口数据从PIPE接口回发给原始设备。一般而言，PCIe测试设备将用作回环主机，并把PCIESS转变为回环从机状态，然后对内数据处理将回环给测试设备。PCIESS进入回环从机模式没有编程要求，且使用这个回环模式时不需要PHY支持。

2. PHY回环

PHY回环是通过将PHY转换到回环实现的，其中发送数据回发给PHY的接收路径。即使没有连接对象，这种模式也可以用于TLP回环。但只有当PCIESS处

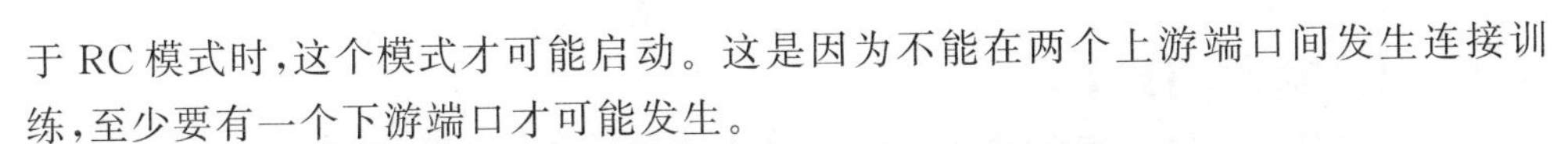

于RC模式时，这个模式才可能启动。这是因为不能在两个上游端口间发生连接训练，至少要有一个下游端口才可能发生。

PHY回环步骤与PIPE(链路层)接口回环相似，但是采用PHY编程。通过配置SERDES配置寄存器进入这个模式。发送和接收通道都必须设置为回环模式才能使能PHY回环模式。注意：还要满足几个其他要求，才能保证PHY回环正常工作：

(1) 在发送任何一个数据处理之前，PHY应该配置为回环操作模式。推荐方法是在连接训练前设置回环。否则，任何不回环的数据处理将引起发送器的序列号的增加而不是接收器，并且所有后续处理都会因为序列号不匹配而被丢弃。

(2) BAR0和BAR1值(已编程好)不应该与发布在从机接口上的处理地址匹配。否则，它将不会到达主机端口而到达内部寄存器。

(3) 不应该配置内存基地址/限制寄存器，使得处理地址位于内存基地址/限制寄存器指定的范围。否则，该数据处理将被当作错误路由数据包。

(4) 因为RC不能成为配置处理的目标，所以在这个模式中不能配置处理类型。这种数据处理是非法的且回环将不会工作。

9.5 L3内存映射

为了目标地址空间分配有更好的地址译码性能，设备的系统内存映射分为3个粒度等级(等级1、2和3)。用于PCIe使用的地址空间需要位于L3内存/区域，设备中的一些处理器可能通过内部或外部MMU把这些目标重新映射到不同的PCIe地址。没有MMU的处理器和其他总线控制器将使用这些OCP/内部地址来访问L3区域。注意：除了那些定义的连接，不是所有的控制器都必须访问所有的L3区域。

通过PCIESS访问的OCP/内部地址大小为256 MB，起始地址为2000 0000h，结束地址为2FFF FFFFh(在L3区域中)，这也叫作PCIe的地址空间1；通过PCIESS访问的另一个OCP/内部地址大小为16 MB(L3区域内)，起始地址为5100 0000h，结束地址为51FF FFFFh，这也叫作PCIe中的地址空间0。

PCIe使用控制模块(L3区域中)中的PCIE_CFG和PCIE_TEST_CTRL两个寄存器，用于配置PHY PLL、PCIe操作模式、测试方法模式等。电源复位和控制模块(L3区域)中的至少4个寄存器用于控制PCIe控制器的复位状态与释放状态，同时也用于控制时钟使能/禁止功能。PM_DEFAULT_PWRSTST和RM_DEFAULT_RSTCTRL寄存器用于控制复位相关的工作，同时CM_DEFAULT_PCI_CLKSTCTRL和CM_DEFAULT_PCI_CLKCTRL用于控制时钟相关的功能。

9.6 中断和DMA

9.6.1 中断支持

PCIESS可以向设备中断控制器提供4种中断,即产生4个中断事件集合。换句话说,每个中断都有多个底层事件。只要所有挂起中断已经被清除,将会产生用于中断通用的硬件EOI。PCIESS可以控制消息信号中断(MSI)和传统(Legacy)中断。当PCIESS处于EP模式时,根据它所呈现的特征就可以产生MSI或Legacy中断。注意:一个PCIe组件不能产生两种类型的中断,只能产生其中一种。在配置期间配置EP产生的中断类型。当PCIESS处于RC模式时,它可以处理MSI和Legacy中断。这是因为当处于RC操作模式时,PCIESS可以为PCIe端点和Legacy端点提供服务。

1. 中断事件和请求

PCIESS总共支持4种中断事件。中断事件的意义是基于PCIESS所处的模式(RC或EP)。表9.4列举了RC和EP都支持的中断事件。

表9.4 PCIe子系统的中断事件

中 断	中断描述
0	PCIE快速传统中断模式(只用于RC模式)
	[0] INTA
	[1] INTB
	[2] INTC
	[3] INTD
1	PCI快速模式(EP/RC模式)下的MSI中断0～中断31
	[0] MSI中断0
	[1..30] MSI中断1～中断30
	[31] MSI中断31
2	错误中断(EP,RC)
	[0] 系统错误(致命的、非致命的或可修正的错误)
	[1] PCIe致命错误
	[2] PCIe非致命错误
	[3] PCIe可修正的错误
	[4] AXI桥上致命状况导致的AXI错误
	[5] PCIe高级错误

续表 9.4

中　断	中断描述
3	电源管理与复位事件中断(EP,RC)
	[0] 电源管理关闭消息中断(只用于 EP 模式)
	[1] 电源管理应答消息中断
	[2] 电源管理事件中断
	[3] 连接请求复位中断(热复位或断开)

2. 中断产生

因为 PCIESS 可以工作于 RC 或 EP 模式,所以中断的产生取决于 PCIESS 的工作模式。

(1) RC 模式下的中断产生

与每个 PCIe 基本规范一样,RC 端口只接收中断。没有像每个 PCIe 规范一样可从 RC 端口到 EP 模式的中断产生机制,但 PCIESS 支持从 RC 到 EP 的中断产生。除了在 EP 模式下这个功能也可使能启动外,其他与 RC 模式下的 MSI 中断产生和接收相似。

RC 设备可以通过 PCIe 连接执行内存写 MSI IRQ 寄存器,从而产生 32 个 EP 中断的其中一个。注意:PCIESS 遵守 MSI IRQ 规定,并且不一定会向同个 MSI 向量积聚多个写。只能保证执行其中一个写操作,并且在中断状态被清除前,后续的对同个向量的写操作会被清除,可能会丢失。

(2) EP 模式下的中断产生

当 PCIESS 处于 EP 模式时,Legacy 中断或 MSI 中断都可以被触发到上游端口(最后引起 RC 中断)。如每个 PCIe 规范一样,每个 PCIe 功能可产生唯一的 Legacy 或 MSI 中断类型(配置时决定)。

EP 模式的 Legacy 中断产生:

通过 Assert_INTx / Deassert_INTx PCIe 消息,端点在根联合体(Root Complex)处产生 PCI Legacy 中断。RC 端口产生的实际中断是基于产生中断的 EP 的配置,而且该中断可能是 INTA、INTB、INTC 或 INTD 中的一个。详情见配置空间寄存器中的中断相关寄存器。为了产生中断,需要以下步骤:

① 通过 EP_LEGACY_CONFIG 寄存器使能 Legacy 中断产生;

② 写 1h 到 EP_IRQ_SET 寄存器来使能 Legacy 中断;

③ 自动发送 ASSERT INTA/B/C/D 消息;

④ 通过发送 DEASSERT INT A/B/C/D 消息,写 1h 到 EP_IRQ_CLR 寄存器来禁止 Legacy 中断。

只要已经产生确认消息,中断就不可以再次产生直到产生无效消息。因此一次只能有一个挂起的中断可通过 EP_IRQ_STATUS 寄存器检测挂起状态。注意:中

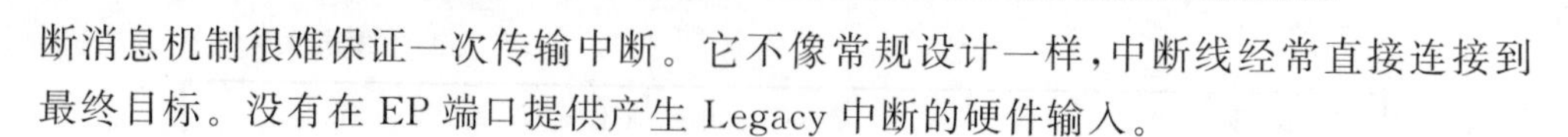

断消息机制很难保证一次传输中断。它不像常规设计一样，中断线经常直接连接到最终目标。没有在EP端口提供产生Legacy中断的硬件输入。

EP模式的MSI中断产生：

MSI中断是通过PCIe写产生的，这个处理完成32位内存对预先确定地址写预先确定的数据。在初始化EP设备时，PCIe系统软件配置用于内存写操作的地址和数据。MSI支持多中断，而且尽管被分配的中断可能少于被请求的数目，但是每个设备可以请求多达32个中断向量。为了产生中断，需要以下步骤：

① 确保设备的MSI支持已经使能。

② 读取本地PCIe配置空间的MSI地址寄存器值。

③ 读取本地PCIe配置空间的MSI数据寄存器值。

④ 确定分配给设备的MSI向量号。

⑤ 依据分配的MSI中断号，发布对MSI地址寄存器定义地址的内存写操作。可以修改数据的LSB位，用于反映通告给Root Complex的MSI事件。

⑥ 假如PCIe目的地址不能直接获取，可以通过对外地址处理接口路由内存写操作。

3. 中断接收

中断接收性能与PCIESS的RC或EP模式有关。

(1) EP模式下的中断接收

PCIe规范没有规定为End Points提供Legacy中断接收，这样只有除PCIe相关的事件才可以产生中断。PCIe规范不支持EP设备的MSI中断，但PCIESS支持这些中断。通过RC写MSI_IRQ寄存器触发32个事件中的一个，从而产生MSI中断。在串行链路上通过写寄存器传送这些中断，同时这些中断也可以来自另外一个端点，并且该端点完成对EP的BAR0空间的相关寄存器的写操作。实际中断源的确定方法是由软件设计决定的。

EP模式下的主机复位中断接收：

当连接完成时，上游端口可能请求端点的复位。这个请求作为对端点主机软件的中断被终止。PCIESS通过使CMD_STATUS寄存器中的app_ltssm_enable位无效，自动禁止LTSSM，并且暂停DETECT QUIET状态中的LTSSM。此时所有未完成的处理在从机端口出现错误，且主机端口不会产生进一步的数据处理。只要通过OCP断开协议彻底停止了处理事务，软件就会给PCIESS发送本地复位信号，然后会重新开始初始化。

(2) RC模式下的中断接收

当PCIESS处于RC模式时，PCI上的端点可以作为交换机、PCIe EP或Legacy EP。因此，RC模式下可以处理MSI和Legacy中断。

RC模式下的MSI中断接收：

下游设备可以产生所有32个MSI中断。在PCIe配置/枚举过程中，这些MSI中断表示已经分配给各种下游设备的MSI中断。在EP设备可以发布MSI中断前，必须配置MSI地址和数据寄存器。每个EP设备可以用于MSI中断或Legacy中断，但不能同时用于这两种中断。与Legacy中断一样，MSI有相同的竞争冒险情况，所以软件驱动应该预防这种情况。

RC模式下的Legacy中断：

可以通过PCIESS产生4个Legacy中断的任何一个，每个中断都可以从多个EP设备中产生。通过查询每个下游设备配置空间中的中断寄存器，软件应该服务这些中断。当服务所有设备后，最后服务的设备将发送一个可清除中断消息，用于清除中断。PCIESS边界的中断请求信号是一个脉冲信号，每次接收到确认中断消息时就触发一个脉冲信号。只要中断还没有被服务且中断状态还没通过写寄存器来清除，中断挂起信号就将是高电平信号。

注意：尽管传统的EOI程序已经实现，但是如果在EOI发布后解除消息到达，EOI不能按照预期进行操作。只有在发布EOI前通过读下游中断寄存器，这种情况才能修正。假如在解除消息到达中断逻辑之前，EOI寄存器被写入，则中断挂起状态将不会被清除且将重新触发中断。

除此之外，下游设备的软件驱动必须保证已经完成RC设备的CPU数据处理，并且数据处理期望在中断触发之前完成。因为发布PCIe写操作后，在MSI中断产生寄存器的写操作完成前，RC模式下没有必要完成EP对系统内存的写操作。这会产生潜在的竞争冒险。在PCIe(non-legacy)设备中对Legacy的中断支持是可选的。

9.6.2 DMA支持

PCIESS没有内置DMA，利用EDMA在没有CPU干涉下进行数据的移入移出。只有当PCIESS是数据处理的发起者且正在访问其他PCIe组件时，才可以使用EDMA。当另一个PCIe组件正在访问PCIESS资源时，在这种情况下PCIe作为主机并利用主机端口直接访问对EDMA使用无要求的必要资源。作为事件发起者，只有Cortex™-A8和EDMA可以用于移动数据进出设备资源。作为主机(即外部PCIe组件访问设备资源)，它可以访问DDR(通过DMM)、Async EMIF(GPMC)、C674x L2内存和片上内存。

注意：这里提及的主机/从机不是所谓的RC/EP模式。作为RC或EP，PCIESS可以作为主机和从机使用。假如PCIESS正在产生请求，这意味着一个外部PCIe组件是产生请求的实际实体且PCIESS此时作为主机。假如PCIESS正在访问外部PCIe组件，PCIESS就作为从机且只有Cortex-A8或EDMA可以移动数据进出内部资源。

1. RC模式下的DMA支持

当处于RC模式下，EDMA控制器可以执行设备内部资源与任何位于PCIe架构中的远程设备间的DMA传输。这种设备的内存地址也可以通过PCIe总线枚举供软件使用。除此之外，PCIe子系统的对外请求也可以进行内存地址翻译。因此，软件可以将不同的内存区域映射到PCIe侧对应的不同地址(不同的访问字节)。

使用外部DMA时会对带宽产生影响。假如PCIe核已经编程建立PCIe 2.5 Gbps速率的连接，则此时驱动PCIESS从机端口的DMA控制器必须能够每次以2 Gbps带宽85%的连接速率来读/写数据。对于5.0 Gbps的PCIe连接速率，DMA必须能够给每个PCIe连接提供大约4 Gbps的85%的带宽。

另外，位于PCIe端口上的主机端口可以发布由远程PCIe设备初始化的读/写访问。互连结构应该提供足够的能力使得PCIe连接在每个传输方向上提供大约2 Gbps的85%的服务。

2. EP模式下的DMA支持

当PCIe作为EP模式操作时，设备位于PCIe内存映射表中，其位置通过PCIe Root设备编程的基地址寄存器编程决定。在EP模式中，PCIESS提供地址翻译功能，可以把PCIe侧的I/O、配置和原始内存访问映射到内存中，并且由OCP侧的不同地址访问。这些地址范围通过应用寄存器来配置。在每个PCIe通道的每个方向上，这些处理的数据传输率大约是2 Gbps(Gen2模式下是4Gbps)的85%。

9.7 复位和电源

9.7.1 复位注意事项

PCIESS支持PCI Express规范指定的传统复位机制，支持硬件和软件复位。PCIESS支持单个功能，因此不需要提供功能级复位支持。

(1) 软件复位注意事项

通过TS1序集传输发布软件复位。

(2) 硬件复位注意事项

当电源正给设备供电时就会触发硬件复位。SoC级上电复位作为对PCIESS的上电复位。

(3) PCIe引导功能

设备支持PCIe引导功能作为一个端点。不支持RC引导模式。

(4) PCIe系统模块寄存器

PCIE_CFG和PCIE_TEST_CTRL两个寄存器用于配置PCIe，从而进行PCIe操作和产生测试模式。这些寄存器存在于控制模块空间中，而且只能在监测模式下

访问。控制模块寄存器的基地址是 4814 0000h。

PRCM 模块的 4 个寄存器用于控制 PCIe 控制器的复位状态、复位释放和 PCIe 时钟使能/禁止功能。RM_DEFAULT_RSTST 和 RM_DEFAULT_RSTCTRL 用于控制复位相关的控制功能，而 CM_DEFAULT_PCI_CLKSTCTRL 和 CM_DEFAULT_PCI_CLKCTRL 用于控制与时钟相关的工作。PRCM 寄存器的基地址是 4818 0000h。

① PCIe 配置寄存器(PCIE_CFG)

控制模块中的 PCIE_CFG 寄存器偏移量是 640h，寄存器格式见图 9.4。PCIE_CFG 寄存器用于配置 PCIe 工作在 RC 或 EP 模式，也用于配置 PHY PLL 乘法器值。

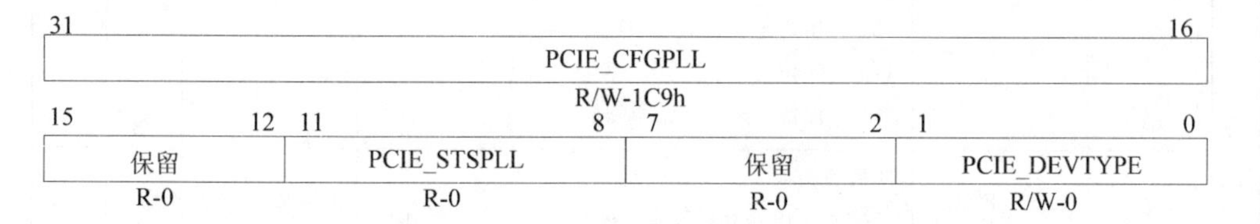

图 9.4 PCIe 配置寄存器(PCIE_CFG)

② PCIe 测试模式控制寄存器(PCIE_TEST_CTRL)

控制模块中的 PCIE_TEST_CTRL 寄存器的偏移地址为 718h。该寄存器格式和描述见图 9.5 和表 9.5。

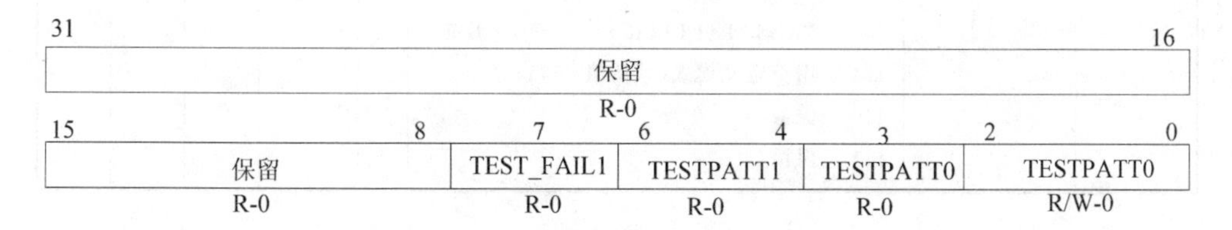

图 9.5 PCIe 测试模块控制寄存器(PCIE_TEST_CTRL)

表 9.5 PCIe 测试模块控制寄存器(PCIE_TEST_CTRL)描述

位	字 段	描 述	复 位		访 问		
					锁存位		
			值	类 型	0		1
					Priv	ELSE	
31～8	Reserved	保留位，读返回 0	0	GWR	R	R	NA
7	TEST_FAIL1	测试失败 通道 1 的串转并转换器不匹配	0	GWR	R/W	R	NA

续表 9.5

位	字 段	描 述	复位 值	复位 类 型	访问 锁存位 0 Priv	访问 锁存位 0 ELSE	访问 锁存位 1
6～4	TESTPATT1	PCIe 通道 1(Ch1)测试模式选择 000 测试模式禁止 001 0/1 交错模式 010 PRBS 7 位 LFSR x^7+x^6+1 反馈 011 PRBS 23 位 LFSR $x^{23}+x^{18}+1$ 反馈 100 PRBS 31 位 LFSR $x^{31}+x^{28}+1$ 反馈 101 用户定义模式(默认值 66666h) 110 保留 111 保留	0	GWR	R/W	R	NA
3	TEST_FAIL0	测试失败 通道 0 的串转并转换器不匹配	0	GWR	R	R	NA
2～0	TESTPATT0	PCIe 通道 0(Ch0)测试模式选择 000 测试模式禁止 001 0/1 交错模式 010 PRBS 7 位 LFSR x^7+x^6+1 反馈 011 PRBS 23 位 LFSR $x^{23}+x^{18}+1$ 反馈 100 PRBS 31 位 LFSR $x^{31}+x^{28}+1$ 反馈 101 用户定义模式(默认值 66666h) 110 保留 111 保留	0	GWR	R/W	R	NA

③ RM_DEFAULT_RSTCTRL 寄存器

PRCM 模块中的 RM_DEFAULT_RSTCTRL 寄存器偏移地址是 B10h。该寄存器格式和描述见图 9.6 和表 9.6。RM_DEFAULT_RSTCTRL 寄存器控制默认子系统复位的释放。

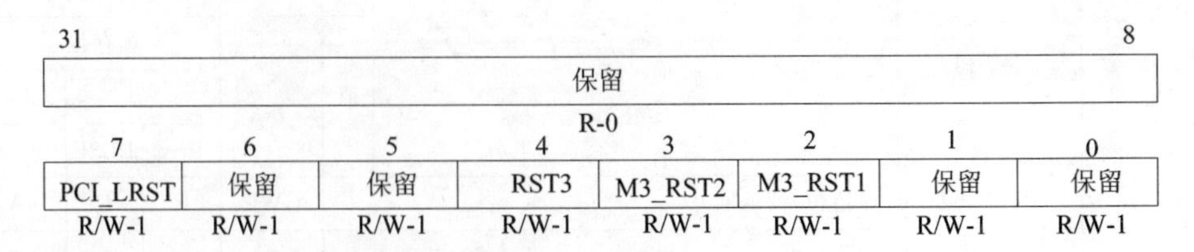

图 9.6 RM_DEFAULT_RSTCTRL 寄存器

表 9.6　RM_DEFAULT_RSTCTRL 寄存器描述

位	字　段	值	描　述
31～8	保留	0	读返回 0
7	PCI_LRST	 0 1	活动域 PCI 本地复位控制 PCIe 复位被清除 PCIe 复位被确认
6～5	保留	3h	保留位,经常写入默认值以兼容后续设备
4	RST3	 0 1	逻辑和 MMU 复位控制 逻辑和 MMU 的复位被清除 确认逻辑和 MMU 的复位
3	M3_RST2	 0 1	第二 M3 复位控制 ALWON 音序器 CPU2 的复位被清除 确认 ALWON 音序器 CPU2 的复位
2	M3_RST1	 0 1	第一 M3 复位控制 ALWON 音序器 CPU1 的复位被清除 确认 ALWON 音序器 CPU1 的复位
1～0	保留	3h	保留位,经常写入默认值以兼容后续设备

④ RM_DEFAULT_RSTST 寄存器

PRCM 模块中的 RM_DEFAULT_RSTST 寄存器偏移地址是 B14h,该寄存器格式和描述见图 9.7 和表 9.7。RM_DEFAULT_RSTST 标记 DEFAULT 域的不同复位源。当复位信号释放时,每一位都被置位,且必须在设置状态位之前通过软件利用 RM_DEFAULT_ RSTCTRL 寄存器来清除。

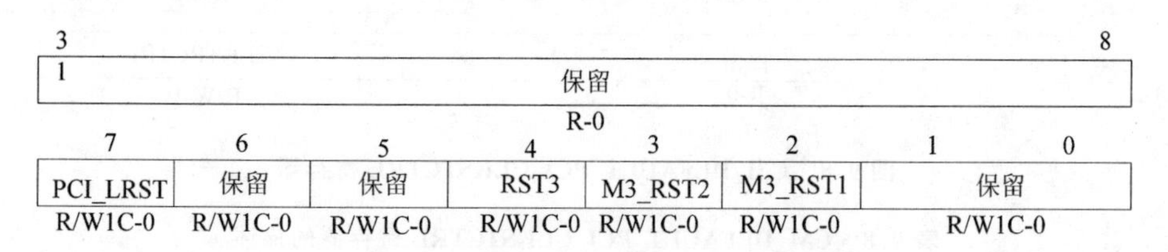

图 9.7　RM_DEFAULT_RSTST 寄存器

表 9.7　RM_DEFAULT_RSTST 寄存器的描述

位	字　段	值	描　述
31～8	保留	0	保留
7	PCI_LRST	 0 1	PCI 局部软件复位 无软件复位发生 PCIe 在软件复位时已经复位

续表 9.7

位	字　段	值	描　述
6～5	保留	0	保留位，经常写入默认值以兼容后续设备
4	RST3	 0 1	逻辑与 MMU 软件复位 无软件复位发生 逻辑与 MMU 在软件复位时已经复位
3	M3_RST2	 0 1	第二 M3 软件复位 无软件复位发生 M3_2 在软件复位时已经复位
2	M3_RST1	 0 1	第一 M3 软件复位 无软件复位发生 M3_1 在软件复位时已经复位
1～0	保留	0	保留位，经常写入默认值以兼容后续设备

⑤ CM_DEFAULT_PCI_CLKSTCTRL 寄存器

PRCM 模块中的 CM_DEFAULT_PCI_CLKSTCTRL 寄存器偏移地址是 4818_0510h，该寄存器格式和描述如图 9.8 和表 9.8。该寄存器使能电源域状态转换，并且控制软件监测时钟域状态在 ON-ACTIVE 和 ON-INACTIVE 之间转换，同时也保存每个域时钟输入的状态位。

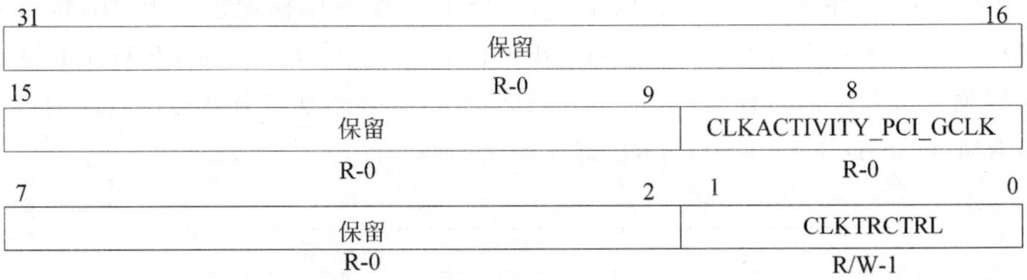

31～16
保留
R-0

15～9	8
保留	CLKACTIVITY_PCI_GCLK
R-0	R-0

7～2	1～0
保留	CLKTRCTRL
R-0	R/W-1

图 9.8　CM_DEFAULT_PCI_CLKSTCTRL 寄存器

表 9.8　CM_DEFAULT_PCI_CLKSTCTRL 寄存器的描述

位	字　段	值	描　述
31～9	保留	0	读取后返回 0
8	CLKACTIVITY_PCI_GCLK	 0 1	域中 PCI_GCLK 时钟状态 相应时钟被锁闭 相应时钟被激活
7～2	保留	0	读取后返回 0

续表 9.8

位	字　段	值	描　述
1～0	CLKTRCTRL	 0 1h 2h 3h	控制默认电源域中的PCI时钟域的时钟状态转换 保留 SW_SLEEP:在该域上启动软件强制睡眠转换 SW_WKUP:在该域上启动软件强制唤醒转换 保留

⑥ CM_DEFAULT_PCI_CLKCTRL寄存器

PRCM模块中的CM_DEFAULT_PCI_CLKCTRL寄存器偏移地址是4818_0578h,该寄存器格式和描述如图9.9和表9.9所示。该寄存器管理PCIe时钟。

31～19	18	17～16
保留	STBYST	IDLEST
R-0	R-1	R-0

15～2	1～0
保留	MODULEMODE
R-0	R/W-0

图9.9　CM_DEFAULT_PCI_CLKCTRL寄存器

表9.9　CM_DEFAULT_PCI_CLKCTRL寄存器的描述

位	字　段	值	描　述
31～21	保留	0	读取后返回0
18	STBYST	 0 1	模块待机状态 模块可以使用(不在待机状态) 模块处于待机状态
17～16	IDLEST	 0 1h 2h 3h	模块空闲状态 模块可完全使用,包括OCP功能 模块正执行转换:唤醒,睡眠或睡眠中止 模块处于空闲状态(只是OCP部分)。假如使用分离的功能时钟,它就可以使用。 模块被禁止,不能被访问
15～2	保留	0	读取后返回0
1～0	MODULEMODE	 0 1h 2h 3h	控制强制时钟被管理的方式 模块通过软件禁止。任何对模块的OCP访问都会导致错误,除非引起了模块唤醒(异步唤醒) 保留 模块被明确地使能。接口时钟(假如没有功能性使用)会根据时钟域状态被选通。功能时钟保证保持现状。只要是这种配置,电源域睡眠转换就不会发生 保留

9.7.2 电源管理

PCI Express有多种电源管理方案,其中一些只能通过硬件来调用,即Advanced State Power Management(ASPM)功能,而其他的需通过软件以高电平来激活。

1. 设备电源管理

PCI Express协议与PCI电源管理功能兼容。电源状态指定为D0、D1、D2、D3Hot和D3cold,所有功能必须支持D0和D3状态。

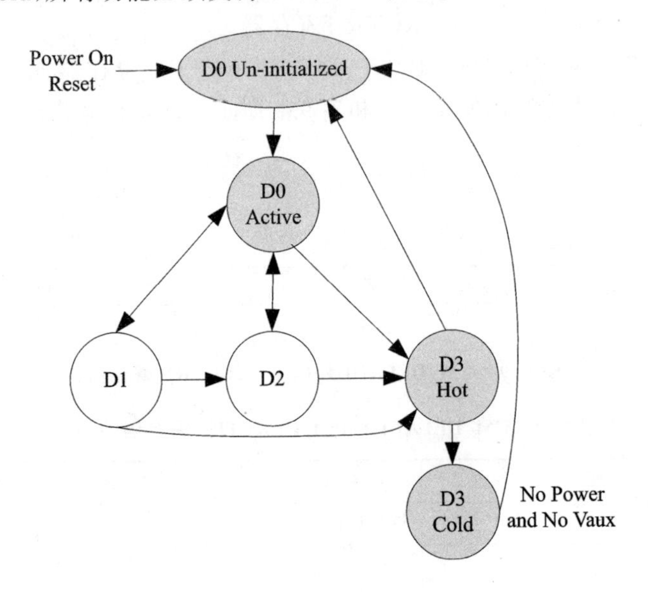

图9.10 设备电源管理状态

(1) D0电源状态

完成上电或热复位时,这个功能就被认为是D0未初始化状态。只要枚举、配置这个功能且至少一个内存空间被使能,就可设置I/O空间使能或总线控制器使能位,则此时称为D0激活状态。D0激活状态是PCIe功能完整的状态。

(2) D1电源状态

D1状态的支持是可选的且主要由软件来驱动。这种状态称作浅睡眠状态,与D0状态相比,D1状态提供一些省电,但是仍然允许转换到D0状态。当处于D1状态时,除了PME消息,功能组件不能在连接上发起任何TLPs请求,只能接收配置和消息请求TLPs。所有其他接收的请求必须作为不支持的请求来处理,而且可选择性地将所有接收完成处理为非预期完成。功能软件驱动通过存储功能状态(如果需要)并且准备转换到D1的功能,参与从D0到D1功能转变的处理。作为静态处理的一部分,功能软件驱动必须确保在处理对系统配置软件的控制之前,完成所有中间处理TLPs,然后该系统配置软件会完成到D1电源状态的转换。

(3) D2 电源状态

PCIe 中对 D2 电源状态的支持是可选的，并且主要是由软件驱动的。D2 电源状态下可以显著节省功耗，同时具有转换到原始状态的能力。在这个状态中，PCI 功能可以只启动电源管理事件且它只能响应配置访问。

(4) D3Hot 和 D3Cold 电源状态

所有 PCIe 功能都支持 D3 电源状态。在 D3Hot 状态，电源仍然供应；然而 D3Cold 状态就没电源供应。处于 D3Hot 状态的设备可以转变回 D0 状态，然而处于 D3Cold 状态的设备需要重新初始化才能回到 D0 状态。只要有电源和时钟供应，处于 D3hot 状态的功能才应答配置空间访问，这样可以通过软件返回到 D0 状态。当编程为 D0 状态后，在没有 PCIe 复位有效情况下，将会返回到 D0 初始化状态或 D0 非初始化状态。内部复位的执行与否是可以选择的。假如没有执行内部复位，在 D3Hot 状态到 D0 初始化状态完成时，除了写电源状态位，不需要操作系统的额外干涉。假如执行了内部复位，设备返回未初始化的 D0 状态且重新执行完整的初始化操作。当恢复正常操作后，重新执行完整初始化序列可使设备返回 D0 状态。

2. 连接状态电源管理

物理层有多种状态——L0、L0s、L1、L2 和 L3，当从状态 L0 转变为 L3 时，这些状态会降低更多的电源消耗。PCIESS 支持 L0、L0s 和 L1 状态。L3 是掉电状态且是默认支持的状态。PCIESS 不支持 L2 掉电状态。

通过硬件自动管理一些连接电源状态，即活动状态电源管理(ASPM)。图 9.11 展示了 ASPM 管理的 L0、L0s 和 L1 状态间的转换，ASPM 支持图中灰色状态间的转换。这些转换可以通过 PCIe 配置空间中的寄存器来激活，从而允许 L0s 转换或 L0s 和 L1 同时转换。也可以通过软件控制进入 L1 电源状态。当设备电源状态是 D1、D2 或 D3hot 时，电源连接状态必须转换为 L1 状态。图 9.12 展示了这种状态转换。

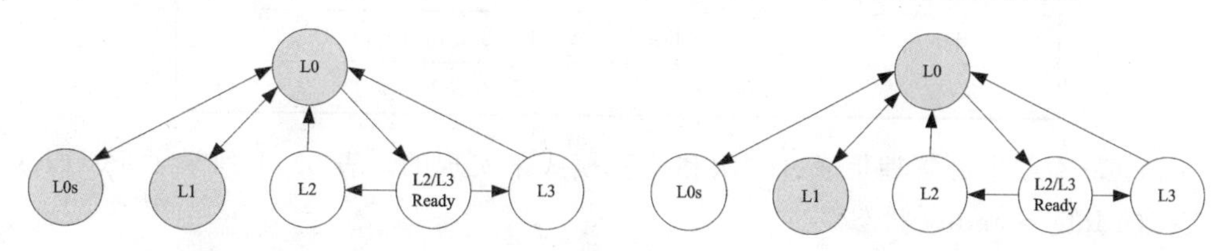

图 9.11　连接状态之间的转换　　**图 9.12　连接状态到 L1 状态的转换**

(1) L0s 状态

L0s 状态是通过 ASPM 使能的低功耗状态。每个设备都可以控制其发射器的 L0s 转换，通过远程设备控制接收器端。

(2) L1 状态

L1 状态可以通过 ASPM 定时器机制实现，也可以通过软件发起到 D 状态(除开 D0)的转换来实现。在 L1 状态中，连接处于闲置状态，而且连接两端的接收器和发送器都可以节省功耗。

(3) L2 /L3 准备状态

这个状态是连接中的 L1 转变为 L2 或 L3 状态时的过渡状态。L3 状态是一个完全掉电的状态。除了 WAKE 信号被 EP 设备用来从系统请求电源和时钟外，L2 状态也是一个掉电状态。

(4) L2 状态

当处于深层掉电模式的设备需要监测外部事件时，L2 状态是最合适的。在 L2 状态中，可以提供辅助电源，并且从电源获得最小电流。此时绝大多数逻辑部件缺乏电源，为了恢复状态需要用到唤醒信号。

(5) L3 状态

在这个状态中，设备不能从 PCIe 架构得到电源。在 L3 状态下没有通信机制。为了恢复状态，系统必须在基本复位之后重新建立电源和时钟参考。

9.7.3 设备与连接电源状态间的关系

设备 D 状态与连接电源状态是相互关联的。对于每个 D 状态，PCIe 连接或互连都能转换到指定的状态。表 9.10 给出了允许的状态组合。

表 9.10 设备电源状态和连接电源状态的关系

下游设备状态	允许的上游设备状态	允许的连接状态
D0	D0	L0（必需的）
		L0s（必需的）
		L1 ASPM（可选的）
D1	D0－D1	L1
D2	D0－D2	L1
D3hot	D0－D3hot	L1、L2/L3 Ready
D3cold	D0－D3cold	L2aux、L3

OCP 总线电源管理是通过空闲和待机模式来实现的。表 9.11 列举了 PCIESS 支持的 Idle/Standby 状态。

表 9.11 支持的 Idle/Stand-by 状态

IDLE/STANDBY 模式	备 注
NO IDLE	支持
SMART IDLE	默认状态
SMART IDLE w/ WAKE-UP	支持
FORCE IDLE	支持
NO STANDBY	支持

续表 9.11

IDLE/STANDBY 模式	备 注
SMART STANDBY	默认状态
SMART STANDBY w/ WAKE	不支持
FORCE STANDBY	支持

注意:假如空闲模式进入默认状态,处于空闲模式的硬件就不会请求唤醒。软件必须确保通过退出 IDLE 状态来唤醒硬件。表 9.12 列举了各种状态的兼容性。

表 9.12 电源状态和连接状态之间的关系

STANDBY 模式	IDLE 测试模式	连接状态与转换
NO STANDBY	NO IDLE	状态:L0 和 L1 转换:L0&L1、L1&L0
SMART STANDBY	SMART IDLE WITH WAKE	状态:L0、L1 测试状态的有效转换 转换:L0&L1、L1&L0、L0&L2/L3 Ready 状态 L2 和 L3 需要功能复位才能恢复
SMART STANDBY	SMART IDLE	状态:L0、L1、L2/L3 Ready 转换:L0&L1、L0&L2/L3 Ready 测试状态的有效转换
SMART STANDBY	NO IDLE	状态:L0、L1 转换:L0&L1 只有主端口会进入待机模式。在该配置下能使用时钟选通
SMART STANDBY w/ WAKE	NA	不支持
FORCE STANDBY	FORCE IDLE	状态:未初始化的连接,L0 转换:无 不推荐把 OCP 保持在待机/空闲模式而连接保持在初始化状态

9.8 使用情况

9.8.1 PCIe Root Complex

当希望把 PCIESS 作为一个 Root Complex(RC)使用时,推荐使用下列初始化步骤。

1. PCIe Root Complex 初始化步骤

● 将 PCIE_CFG. PCIE_DEVTYPE 编程为 2h,配置 PCIe 操作模式从而进入

RC 模式;

- 通过设备的电平复位控制器使 PCIESS 退出复位状态;
- 使能和配置 PCIe 时钟。注意:假如用 100 MHz 的时钟输入,则可能用到默认的 PLL 乘法器配置(PCIE_CFG. PCIE_CFGPLL=1C9h);
- 等待 PCIe PHY PLL 锁存;等待 PCIe PHY PLL 状态(PCIE_CFG. PCIE_STSPLL)变为 1h;
- 确保连接处于空闲状态。通过禁止 PCIESS 控制寄存器的 LTSSM 位,禁止链路训练。复位时,通过硬件自动取消 LTSSM 使能,即 CMD_STATUS. LTSSM_EN 等于零;
- 通过 OCP 从机接口地址空间 0 配置内核寄存器;
- 通过确认 PCIESS 控制寄存器的 LTSSM 使能位,即 CMD_STATUS. LTSSM_EN 编程为 1,从而来发起链路训练;
- 通过监视 DEBUG0. LTSSM_STATE 字段变为 11h 来确认链路训练成功完成;
- 联合系统软件,发起总线枚举并启动下游端口的配置空间;
- 继续软件握手和远程设备上的初始化。这包括建立 DMA 协议、中断程序等;
- 随着软件初始化的完成,各种端点可以开始 DMA 访问。

2. PCIe Root Complex 配置访问

通过每个下游 EP 设备中独立功能的 RC 端口来实现配置访问,从而对 PCIe 特定操作参数进行编程。特别地,配置访问用于对每个下游设备分配内存范围,配置这些内存范围作为 I/O 或内存类型。假如需要的话使能总线控制器功能,并且也可以建立关于 PCIE 属性和每个下游设备功能的数据库。可以通过 PCIESS 的配置访问区域来配置每个下游设备。PCIESS 把 OCP 接口上的配置区域内存读写转化为串行连接上的配置访问。

3. PCIe Root Complex 内存访问

PCIe RC 有两种内存访问:PCIESS 从机端口上 DMA 发起的对外内存访问和 PCIESS 主机端口发起的用于 OCP 互连内存区域的对内内存访问。

PCIESS 从机端口通过专用数据传输的设备内存区域实现对外 PCIe 内存的读写访问。PCIESS 结合对外地址翻译机制,将这个区域上的读写访问直接映射到 PCIe 空间。当 PCIESS 接收到远程设备的完成信号时,PCIESS 产生总线事务完成信号,并且在错误或超时情况下提供错误响应。如果没有发生读操作错误,错误响应会跨越尽可能多的数据相位。

在串行连接上通过 PCIESS 接收对内内存访问,并且该访问是通过远程 PCIe 端点启动的,该端点有能力掌握总线主控权。这种访问转变为 PCIESS 主机端口上的总线传输，并且只要接收到 Response/Completion，PCIESS 就通过串行连接将数据/应答回发到 PCIe 总线控制器。一般情况下，对内访问的目的地是 RC 端口总线的内存空间。软件确定对内内存访问映射的位置，还必须通知远程设备遵循的协议，这样远程设备将访问相关内存区域并读写其数据/控制信息。不是所有的 EP 都能够启动对内访问，PCIe 规范规定一个对内访问不能跨越 4 KB 范围。另外，设备内存映射中任何跨越 128B 的访问可以以 128B 为边界分为多个处理。

4. PCIe Root Complex I/O 访问

PCIe 中的 I/O 访问是可选的。在 PCIESS 中，可通过 1 个 4 KB 内存空间和 1 个可编程寄存器完成这些访问。所有对 4 KB 空间的访问变成了 I/O 访问且 I/O 基地址寄存器决定这种访问的目的地址。这种 I/O 访问不能把超过 32 位的数据对齐到 4B 边界。

9.8.2　PCIe End Point

如果用户想让 PCIESS 作为 Endpoint(EP)使用时，推荐使用以下初始化步骤。

1. PCIe End Point 初始化步骤

复位取消时，通过 PCIESS 输入的片级设定将 PCIESS 配置为 EP。在允许 Root Complex 访问 EP 的配置空间前，需执行以下初始化步骤：

- 通过把 PCIE_CFG. PCIE_DEVTYPE 编程为 0 来配置 PCIe 操作模式为 EP 模式；
- 通过设备级复位控制器将 PCIESS 退出复位状态；
- 使能和配置 PCIe 时钟。注意：假如使用 100 MHz 输入时钟，则可能用到默认的 PLL 乘法器配置(PCIE_CFG. PCIE_CFGPLL＝1C9h)；
- 等待 PCIe PHY PLL 锁闭；等待 PCIe PLL 状态(PCIE_CFG. PCIE_STSPLL)变为 1h；
- 确保连接处于空闲状态。通过禁止 PCIESS 控制寄存器的 LTSSM 位，禁止链路训练。复位时，通过硬件自动取消 LTSSM 使能，即 CMD_STATUS. LTSSM_EN 等于零；
- 将 PCIESS 中的配置寄存器编程为期望值；
- 通过确认 PCIESS 控制寄存器中的 LTSSM 使能位启动链路训练；此时把 CMD_ STATUS. LTSSM_EN 编程为 1；
- 通过观测 DEBUG0. LTSSM_STATE 字段转变为 11h 确保链路训练成功完成；
- 假如需要进一步初始化配置寄存器，需设置应用请求重试位(Application Request Retry)，这样重试响应会响应到来的访问。在 Root Port 假设设备为无效状态前，这个特征允许给慢速设备提供额外的时间。只要完成编程，就取消 Application Request Retry 字段，从而允许 Root Complex 数据处理；

- 只要完成配置，就可以开始 DMA 数据处理；
- 对内 PCIe 处理到达 PCIESS EP 主机端口。通过目标从设应答这个访问，并且 PCIESS 将这个应答返回到发起这个处理的 PCIE 设备；
- 对外 PCIe 处理的目的地是 PCIESS EP 从机端口。只有当 PCIESS EP 通过 Root Complex 拥有总线控制能力时，这些数据处理才会被服务。

2. PCIe End Point 配置访问

作为一个端点，PCIESS 只能是上游配置访问的目标。直到链路建立且 APP_RETRY_EN 被禁止，PCIESS 才会应答配置访问。使能 PCIESS 时，PCIESS 自动应答配置访问且这些访问不会返回到设备互连控制端口。

EP 不能访问其他设备的配置空间。在链路训练启动前，系统软件可以通过从机端口初始化 PCIESS 配置空间上的只读字段。只要通过 PCIe Root Complex 完成配置，系统软件就不应修改 PCIESS 配置参数，虽然没有明确的硬件阻止机制来禁止这种访问。

3. PCIe End Point 内存访问

PCIe End Point 有两种内存访问：对内和对外内存访问。

对内访问一般可以通过 Root Complex 端口或另外一个端点来启动，该端点通过支持对等访问的 PCIe 交换机连接到 PCIESS。在任何一种情况下，到来的 PCIe 处理都会引起 PCIESS 控制端口上的访问。对这种访问的响应会返回到原始 PCIe 设备。

在对外访问中，DMA 模块或主 CPU 发起 PCIESS 从机端口上的读/写访问。通过 PCIE 链路，这个请求转变为 PCIe 内存读/写数据处理。只要 PCIESS 接收到来自远程设备的完成信号，就在 OCP 从机端口上产生完成信号。在从机端口上发起请求的软件/硬件必须在内存区域中执行，该内存区域是先前通过软件协议定义的。例如，软件可以从运行于 Root Complex 设备上的软件获得应用内存区域的信息。

4. PCIe End Point I/O 访问

PCIESS 操作为 PCIe End Point 模式时不支持 I/O 访问。

9.9　PCIe 寄存器

9.9.1　访问配置空间的只读寄存器

在总线枚举前，可以通过 PCIESS 从机接口对配置空间提供的一些寄存器字段进行写操作。注意：总线枚举后硬件不会阻止修改只读字段，但强烈推荐只要总线枚

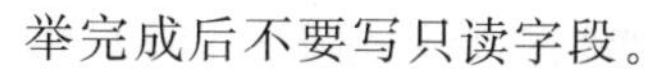
举完成后不要写只读字段。

另外，也可以通过使能 DBI_CS2 位并写 BAR 寄存器，从而实现对 BAR 屏蔽寄存器的编程。BAR 屏蔽寄存器与 BAR 寄存器重叠。对于可写的 BAR 屏蔽寄存器，必须首先使能对应的 BAR。

9.9.2 PCIe RC 访问 EP 应用寄存器

在配置空间中，应用寄存器也可以映射到 2K 及其以上地址。RC 软件可以通过 PCIe 链路来访问这些寄存器，PCIe 主设备的引导码提供这些寄存器编程的默认值，同时也使能链路训练和 TLP 交换。

9.9.3 DEBUG 寄存器的 LTSSM 状态

从 DEBUG 寄存器读取的 LTSSM 状态是一个编码值。表 9.13 列出了 LTSSM 状态对应的编码值。

表 9.13 编码调试寄存器内容与 LTSSM 状态对应关系

编　码	LTSSM 状态	编　码	LTSSM 状态
0h	DETECTQUIET	10h	RCVRYIDLE
1h	DETECTACT	11h	L0
2h	POLLACTIVE	12h	L0S
3h	POLLCOMPLIANCE	13h	L123SENDEIDLE
4h	POLLCONFIG	14h	L1IDLE
5h	PREDETECTQUIET	15h	L2IDLE
6h	DETECTWAIT	16h	L2WAKE
7h	CFGLINKWDSTART	17h	DISABLEDENTRY
8h	CFGLINKWDACEPT	18h	DISABLEDIDLE
9h	CFGLANENUMWAIT	19h	DISABLED
Ah	CFGLANENUMACEPT	1Ah	LPBKENTRY
Bh	CFGCOMPLETE	1Bh	LPBKACTIVE
Ch	CFGIDLE	1Ch	LPBKEXIT
Dh	RCVRYLOCK	1Dh	LPBKEXITTIMEOUT
Eh	RCVRYSPEED	1Eh	HOTRESETENTRY
Fh	RCVRYRCVRCFG	1Fh	HOTRESET

9.9.4 PCIe 应用寄存器

依据访问的源不同，可以通过多种方式访问 PCIe 应用寄存器。当从 OCP 端访问时（板上 CPU 或 EDMA 执行访问），通过地址空间或地址区域 0 的 4 KB 空间访问这些寄存器。当从 PCIe 串行连接端访问时,这些寄存器就被映射到 EP 和 RC 的 BAR0 上。换句话说,假如 PCIe 组件希望访问这些应用寄存器,基于使用的地址类型(内存或配置)自动访问对应的内存块。另外,RC 可以通过 PCIe 配置空间的上层 1 KB 空间访问这些寄存器。不管采取什么样的访问方法,这些寄存器的偏移量保持不变。表 9.14 列出了 PCIe 应用寄存器。

表 9.14 PCIe 应用寄存器

偏移量	缩 写	寄存器名
0h	PID	外设版本与 ID 寄存器
4h	CMD_STATUS	命令状态寄存器
8h	CFG_SETUP	配置处理设置寄存器
Ch	IOBASE	I/O TLP 基地址寄存器
10h	TLPCFG	TLP 属性配置
14h	RSTCMD	复位命令与状态寄存器
20h	PMCMD	电源管理命令寄存器
24h	PMCFG	电源管理配置寄存器
28h	ACT_STATUS	活动状态寄存器
30h	OB_SIZE	对外大小寄存器
34h	DIAG_CTRL	诊断控制寄存器
38h	RESERVED	保留
3Ch	PRIORITY	CBA 处理优先级寄存器
50h	IRQ_EOI	中断结束寄存器
54h	MSI_IRQ	MSI 中断寄存器
64h	EP_IRQ_SET	端点中断请求设置寄存器
68h	EP_IRQ_CLR	端点中断请求清除寄存器
6Ch	EP_IRQ_STATUS	端点中断状态寄存器
70h	GPR0	通用寄存器 0
74h	GPR1	通用寄存器 1
78h	GPR2	通用寄存器 2
7Ch	GPR3	通用寄存器 3
100h	MSI0_IRQ_STATUS_RAW	MSI 0 中断原始状态寄存器
104h	MSI0_IRQ_STATUS	MSI 0 中断使能状态寄存器
108h	MSI0_IRQ_ENABLE_SET	MSI 0 中断使能设置寄存器
10Ch	MSI0_IRQ_ENABLE_CLR	MSI 0 中断使能清除寄存器
180h	IRQ_STATUS_RAW	中断原始状态寄存器

续表 9.14

偏移量	缩　写	寄存器名
184h	IRQ_STATUS	中断使能状态寄存器
188h	IRQ_ENABLE_SET	中断使能设置寄存器
18Ch	IRQ_ENABLE_CLR	中断使能清除寄存器
1C0h	ERR_IRQ_STATUS_RAW	ERR 中断原始状态寄存器
1C4h	ERR_IRQ_STATUS	ERR 中断使能状态寄存器
1C8h	ERR_IRQ_ENABLE_SET	ERR 中断使能设置寄存器
1CCh	ERR_IRQ_ENABLE_CLR	ERR 中断使能清除寄存器
1D0h	PMRST_IRQ_STATUS_RAW	电源管理与复位中断原始状态寄存器
1D4h	PMRST_IRQ_STATUS	电源管理与复位中断使能状态寄存器
1D8h	PMRST_ENABLE_SET	电源管理与复位中断使能设置寄存器
1DCh	PMRST_ENABLE_CLR	电源管理与复位中断使能清除寄存器
200h	OB_OFFSET_INDEXn	对外翻译区域 *n* 偏移量低位与索引寄存器
204h	OB_OFFSETn_HI	对外翻译区域 *n* 偏移量高位寄存器
300h	IB_BAR0	对内翻译 Bar 匹配寄存器 0
304h	IB_START0_LO	对内翻译起始地址低位寄存器 0
308h	IB_START0_HI	对内翻译起始地址高位寄存器 0
30Ch	IB_OFFSET0	对内翻译地址偏移量寄存器 0
310h	IB_BAR1	对内翻译 Bar 匹配寄存器 1
314h	IB_START1_LO	对内翻译起始地址低位寄存器 1
318h	IB_START1_HI	对内翻译起始地址高位寄存器 1
31Ch	IB_OFFSET1	对内翻译地址偏移量寄存器 1
320h	IB_BAR2	对内翻译 Bar 匹配寄存器 2
324h	IB_START2_LO	对内翻译起始地址低位寄存器 2
328h	IB_START2_HI	对内翻译起始地址高位寄存器 2
32Ch	IB_OFFSET2	对内翻译地址偏移量寄存器 2
330h	IB_BAR3	对内翻译 Bar 匹配寄存器 3
334h	IB_START3_LO	对内翻译起始地址低位寄存器 3
338h	IB_START3_HI	对内翻译起始地址高位寄存器 3
33Ch	IB_OFFSET3	对内翻译地址偏移量寄存器 3
380h	PCS_CFG0	PCS 配置寄存器 0
384h	PCS_CFG1	PCS 配置寄存器 1
388h	PCS_STATUS	PCS 状态寄存器
390h	SERDES_CFG0	通道 0 SerDes 配置寄存器
394h	SERDES_CFG1	通道 1 SerDes 配置寄存器

(1) CMD_STATUS 寄存器

CMD_STATUS 寄存器的具体及描述如图 9.13 和表 9.15 所示。

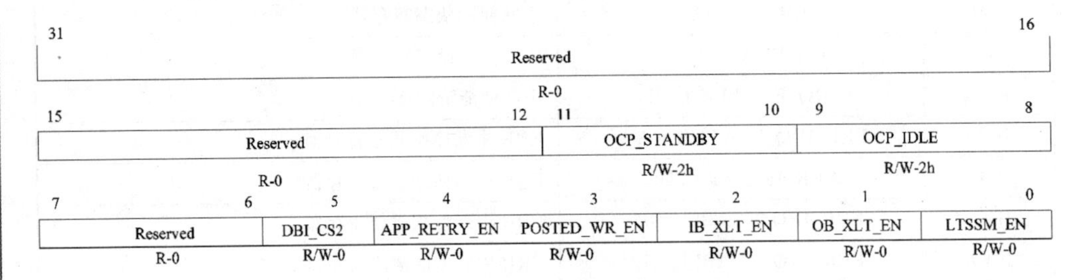

图 9.13　CMD_STATUS 寄存器

表 9.15　CMD_STATUS 寄存器字段描述

位	字段	值	描　述
31～12	Reserved	0	保留
11～10	OCP_STANDBY	0～3h	OCP 待机模式
			0h:强制待机。不管其内部的操作如何,都会无条件确认 PRCM 模块的待机请求
			1h:非待机。不管其内部的操作如何,都不会确认 PRCM 模块的待机请求
			2h:智能待机。基于内部的活动状态确认待机请求
			3h:保留
9～8	OCP_IDLE	0～3h	OCP 空闲模式位
			0h:强制空闲。不管其内部的操作如何,都会无条件应答来自 PRCM 模块的空闲请求
			1h:非空闲。从不响应任何来自 PRCM 模块的空闲请求
			2h:智能空闲。基于内部活动状态应答空闲请求
			3h:智能空闲(可唤醒)。基于内部活动状态应答空闲请求
7～6	Reserved	0	保留
5	DBI_CS2	0	设置对 BAR 寄存器(与 BAR 屏蔽寄存器重叠)的写使能
4	APP_RETRY_EN	0	应用请求重试使能
3	POSTED_WR_EN	0	Posted Write 使能。设置该位会导致 OCP 主机使用 posted write 命令
2	IB_XLT_EN	0	对内地址翻译使能
1	OB_XLT_EN	0	对外地址翻译使能
0	LTSSM_EN	0	连接转换使能

(2) CFG_SETUP 寄存器

CFG_SETUP 寄存器的具体字段及描述如图 9.14 和表 9.16 所示。

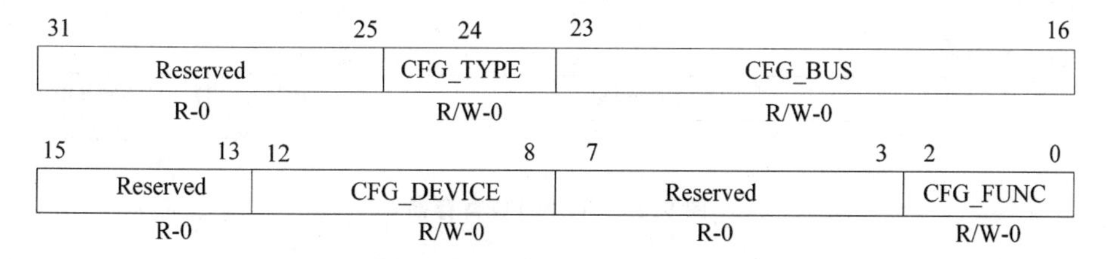

图 9.14　CFG_SETUP 寄存器

表 9.16　CFG_SETUP 寄存器字段描述

位	字　段	值	描　述
31～25	Reserved	0	保留
24	CFG_TYPE	0	对外配置访问的配置类型
23～16	CFG_BUS	0～FFh	用于对外配置访问的 PCIe 总线号
15～13	Reserved	0	保留
12～8	CFG_DEVICE	0～1Fh	用于对外配置访问的 PCIe 设备号
7～3	Reserved	0	保留
2～0	CFG_FUNC	0～7h	用于对外配置访问的 PCIe 功能号

(3) IOBASE 寄存器

IOBASE 寄存器的具体字段及描述如图 9.15 和表 9.17 所示。

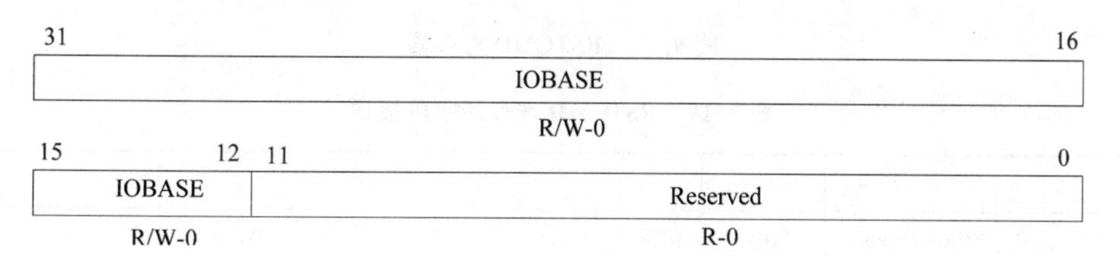

图 9.15　IOBASE 寄存器

表 9.17　IOBASE 寄存器字段描述

位	字　段	值	描　述
31～12	IOBASE	0～F FFFFh	即将发出的 IO TLP 的 31～12 位。只用于 RC 模式
11～0	Reserved	0	保留

(4) TLPCFG 寄存器

TLPCFG 寄存器的具体字段及描述如图 9.16 和表 9.18 所示。

31	16
Reserved	
R-0	

15　　2	1	0
Reserved	RELAXED	NO_SNOOP
R-0	R/W-0	R/W-0

图 9.16　TLPCFG 寄存器

表 9.18　TLPCFG 寄存器字段描述

位	字段	值	描　述
31～2	Reserved	0	保留
1	RELAXED	0	对所有运行的 TLP 使能无约束排序
0	NO_SNOOP	0	使能所有运行的 TLP 的无监听属性

(5) RSTCMD 寄存器

RSTCMD 寄存器的具体字段及描述如图 9.17 和表 9.19 所示。

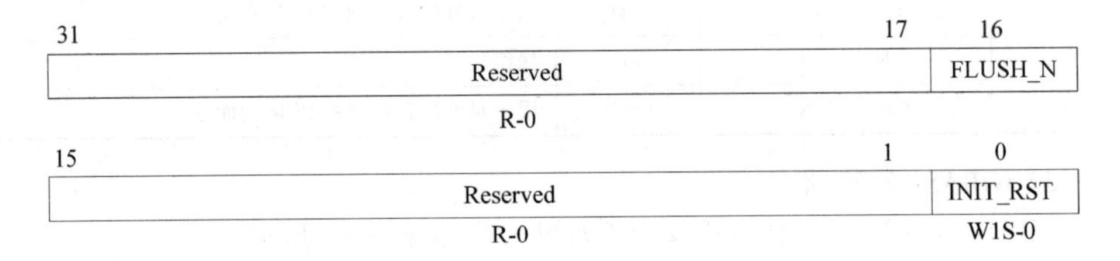

图 9.17　RSTCMD 寄存器

表 9.19　RSTCMD 寄存器字段描述

位	字　段	值	描　述
31～17	Reserved	0	保留
16	FLUSH_N	1	Bridge Flush 状态：当没有事务挂起时，读取一个 0。用于在发布热复位前确保没有挂起的事务
15～1	Reserved	0	保留
0	INIT_RST	0	为了在下游发起下游热复位序列，写入 1

(6) PMCMD 寄存器

PMCMD 寄存器的具体字段及描述如图 9.18 和表 9.20 所示。

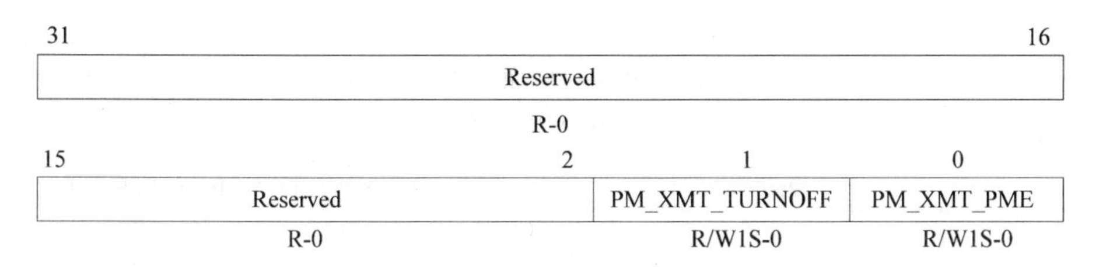

图 9.18　PMCMD 寄存器

表 9.20　PMCMD 寄存器字段描述

位	字段	值	描　述
31～2	Reserved	0	保留
1	PM_XMT_TURNOFF	0	写 1 以发送 PM_TURNOFF 消息。读取值为 0。只用于 RC 模式
0	PM_XMT_PME	0	写 1 以发送 PM_PME 消息。读取值为 0。只用于 EP 模式

(7) PMCFG 寄存器

PMCFG 寄存器的具体字段及描述如图 9.19 和表 9.21 所示。

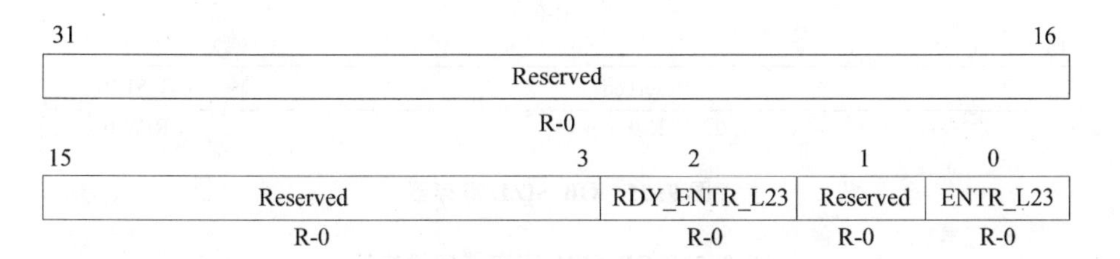

图 9.19　PMCFG 寄存器

表 9.21　PMCFG 寄存器字段描述

位	字　段	值	描　述
31～3	Reserved	0	保留
2	RDY_ENTR_L23	0	读取 L2/L3 入口准备。用于 RC 和 EP 模式
1	Reserved	0	保留
0	ENTR_L23	0	写 1 使能 L2/L3 准备状态入口。用于 RC 和 EP 模式

(8) ACT_STATUS 寄存器

ACT_STATUS 寄存器的具体字段及描述如图 9.20 和表 9.22 所示。

31		16
Reserved		
R-0		

15 ~ 2	1	0
Reserved	OB_NOT_EMPTY	IB_NOT_EMPTY
R-0	R-0	R-0

图 9.20　ACT_STATUS 寄存器

表 9.22　ACT_STATUS 寄存器字段描述

位	字　段	值	描　述
31～2	Reserved	0	保留
1	OB_NOT_EMPTY	0	假如该位的读取值为 0,则对外缓冲区为空
0	IB_NOT_EMPTY	0	假如该位的读取值为 1,则对内缓冲区为为空

(9) OB_SIZE 寄存器

OB_SIZE 寄存器的具体字段及描述如图 9.21 和表 9.23 所示。

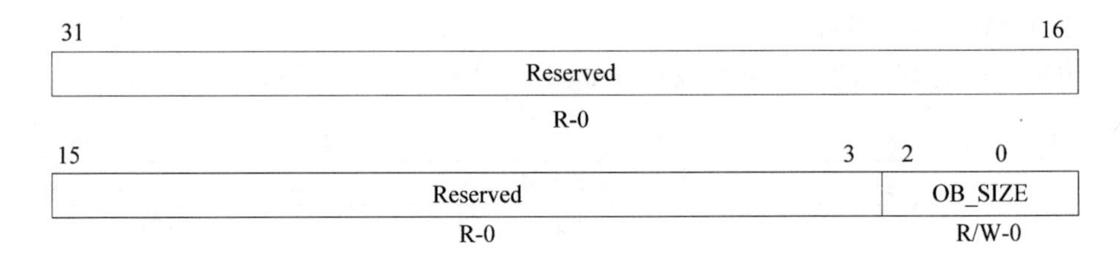

图 9.21　OB_SIZE 寄存器

表 9.23　OB_SIZE 寄存器字段描述

位	字　段	值	描　述
31～3	Reserved	0	保留
2～0	OB_SIZE	0～7h	写入 0、1、2 等值,设置每个对外转换窗口大小为 1，2，4 MB 等

(10) DIAG_CTRL 寄存器

DIAG_CTRL 寄存器的具体字段及描述如图 9.22 和表 9.24 所示。

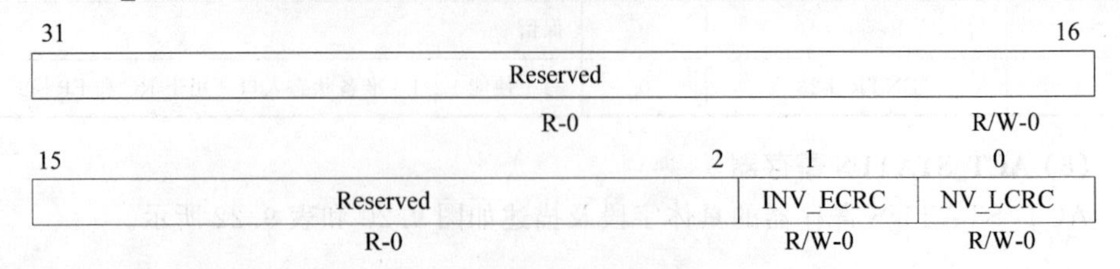

图 9.22　DIAG_CTRL 寄存器

表 9.24 DIAG_CTRL 寄存器字段描述

位	字 段	值	描 述
31～2	Reserved	0	保留
1	INV_ECRC	0	写入1以强制取反 ECRC 的 LSB 位，用于下一个信息包。当 TLP 中有 ECRC 错误时，它会被自动清除
0	INV_LCRC	0	写入1以强制取反 LCRC 的 LSB 位，用于下一个信息包。当 TLP 中有 ECRC 错误时，它会被自动清除

(11) PRIORITY 寄存器

PRIORITY 寄存器的具体字段及描述如图 9.23 和表 9.25 所示。

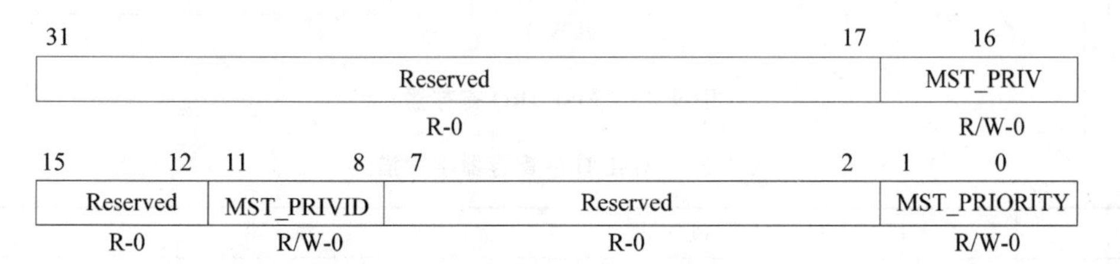

图 9.23 PRIORITY 寄存器

表 9.25 PRIORITY 寄存器字段描述

位	字 段	值	描 述
31～17	Reserved	0	保留
16	MST_PRIV	0	主机处理的值
15～12	Reserved	0	保留
11～8	MST_PRIVID	0～Fh	主机处理的值
7～2	Reserved	0	保留
1～0	MST_PRIORITY	0～3h	CBA 主端口上每个对内处理的优先级。该字段不能用于 OCP 接口

(12) IRQ_EOI 寄存器

IRQ_EOI 寄存器的具体字段及描述如图 9.24 和表 9.26 所示。

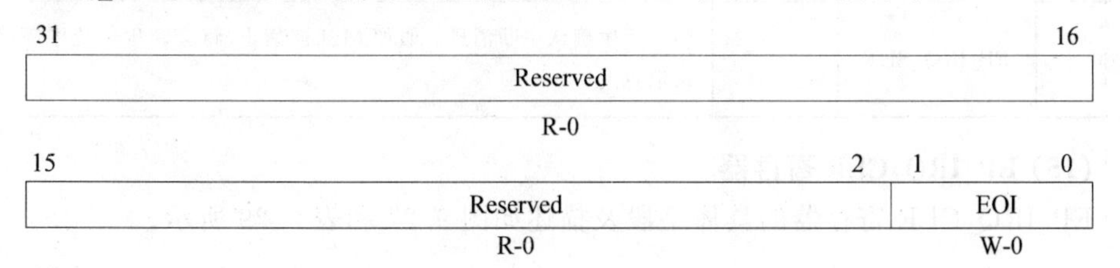

图 9.24 IRQ_EOI 寄存器

表 9.26　IRQ_EOI 寄存器字段描述

位	字　段	值	描　述
31～2	Reserved	0	保留
1～0	EOI	0～3h	用于每个中断的 EOI。写指定的 EOI 可表示中断结束。写 0 为 INTA/INTB/INTC/INTD 屏蔽 EOI，写 1 为 MSI 等中断屏蔽 EOI

(13) MSI_IRQ 寄存器

MSI_IRQ 寄存器的具体字段及描述如图 9.25 和表 9.27 所示。

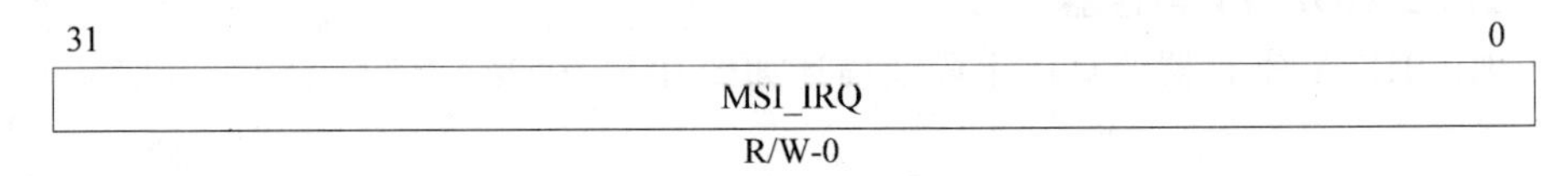

图 9.25　MSI_IRQ 寄存器

表 9.27　MSI_IRQ 寄存器字段描述

位	字　段	值	描　述
31～0	MSI_IRQ	0～FFFF FFFFh	该寄存器由远程设备写入

(14) EP_IRQ_SET 寄存器

EP_IRQ_SET 寄存器的具体字段及描述如图 9.26 和表 9.28 所示。

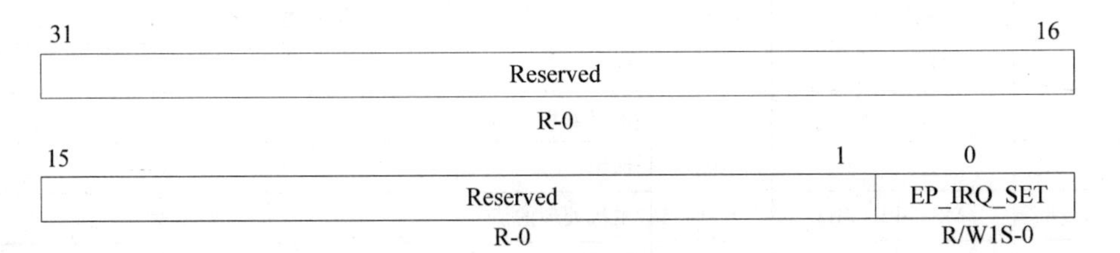

图 9.26　EP_IRQ_SET 寄存器

表 9.28　EP_IRQ_SET 寄存器字段描述

位	字　段	值	描　述
31～1	Reserved	0	保留
0	EP_IRQ_SET	0	写 1 产生确认中断消息。假如 MSI 被禁止，将会产生传统中断确认消息

(15) EP_IRQ_CLR 寄存器

EP_IRQ_CLR 寄存器的具体字段及描述如图 9.27 和表 9.29 所示。

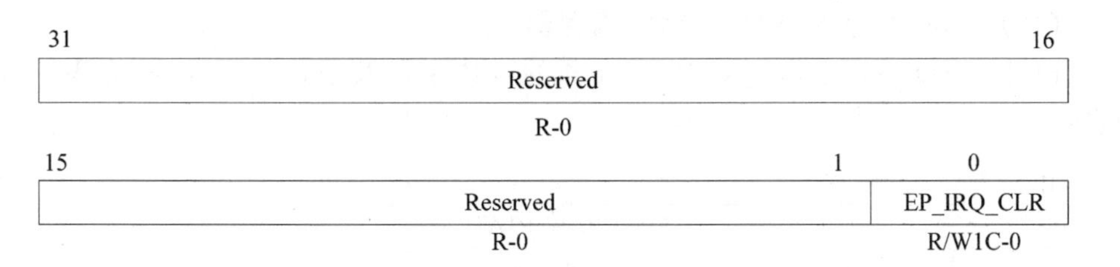

图 9.27 EP_IRQ_CLR 寄存器

表 9.29 EP_IRQ_CLR 寄存器字段描述

位	字 段	值	描 述
31～1	Reserved	0	保留
0	EP_IRQ_CLR	0	写1产生禁止中断消息。假如MSI被禁止,将会产生传统中断禁止消息

(16) EP_IRQ_STATUS 寄存器

EP_IRQ_STATUS 寄存器的具体字段及描述如图 9.28 和表 9.30 所示。

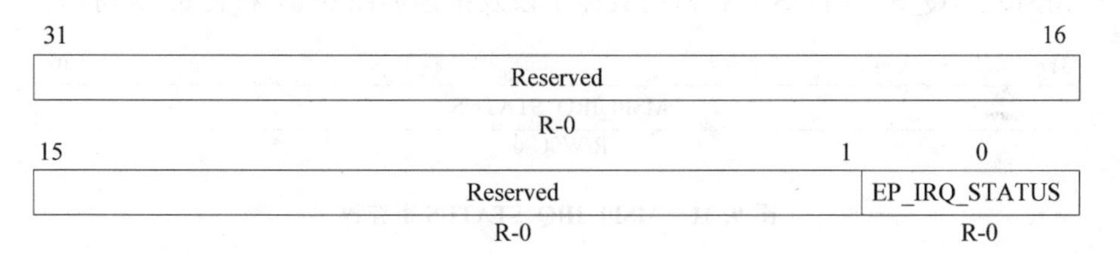

图 9.28 EP_IRQ_STATUS 寄存器

表 9.30 EP_IRQ_STATUS 寄存器字段描述

位	字 段	值	描 述
31～1	Reserved	0	保留
0	EP_IRQ_STATUS	0	表明功能0的中断是否有效

(17) GPR0-4 寄存器

GPR0-4 寄存器的具体字段及描述见图 9.29 和表 9.31。

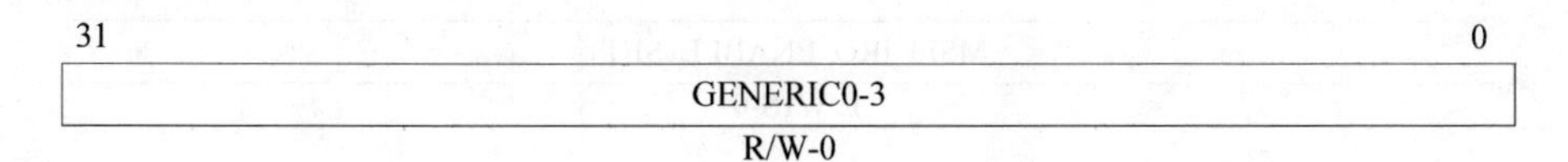

图 9.29 GPR0-4 寄存器

表 9.31 GPR0-4 寄存器字段描述

位	字 段	值	描 述
31～0	GENERIC0/1/2/3	0～FFFF FFFFh	通用信息字段 0/1/2/3

(18) MSI0_IRQ_STATUS_RAW寄存器

MSI0_IRQ_STATUS_RAW寄存器的具体字段及描述如图9.30和表9.32所示。

31	0
MSI0_RAW_STATUS	
R/W1S-0	

图9.30 MSI0_IRQ_STATUS_RAW寄存器

表9.32 MSI0_IRQ_STATUS_RAW寄存器字段描述

位	字 段	值	描 述
31～0	MSI0_RAW_STATUS	0～FFFF FFFFh	每一位都表示与该位相关的MSI向量的初始状态。写该寄存器一般只用于调试目的

(19) MSI0_IRQ_STATUS寄存器

MSI0_IRQ_STATUS寄存器的具体字段及描述如图9.31和表9.33所示。

31	0
MSI0_IRQ_STATUS	
R/W0C-0	

图9.31 MSI0_IRQ_STATUS寄存器

表9.33 MSI0_IRQ_STATUS寄存器字段描述

位	字 段	值	描 述
31～0	MSI0_IRQ_STATUS	0～FFFF FFFFh	每一位都表示与该位相关的MSI向量的初始状态 每一位都可以写入0来清除各自的中断位

(20) MSI0_IRQ_ENABLE_SET寄存器

MSI0_IRQ_ENABLE_SET寄存器的具体字段及描述如图9.32和表9.34所示。

31	0
MSI0_IRQ_ENABLE_SET	
R/W1S-0	

图9.32 MSI0_IRQ_ENABLE_SET寄存器

表9.34 MSI0_IRQ_ENABLE_SET寄存器字段描述

位	字 段	值	描 述
31～0	MSI0_IRQ_ENABLE_SET	0～FFFF FFFFh	写入1时，对应位的MSI中断就会被使能

(21) MSI0_IRQ_ENABLE_CLR寄存器

MSI0_IRQ_ENABLE_CLR寄存器的具体字段及描述如图9.33和表9.35所示。

31～0
MSI0_IRQ_ENABLE_CLR
R/W1C-0

图9.33 MSI0_IRQ_ENABLE_CLR寄存器

表9.35 MSI0_IRQ_ENABLE_CLR寄存器字段描述

位	字 段	值	描 述
31～0	MSI0_IRQ_ENABLE_CLR	0～FFFF FFFFh	写入1时,对应位的MSI中断就会被禁止

(22) IRQ_STATUS_RAW寄存器

IRQ_STATUS_RAW寄存器的具体字段及描述如图9.34和表9.36所示。

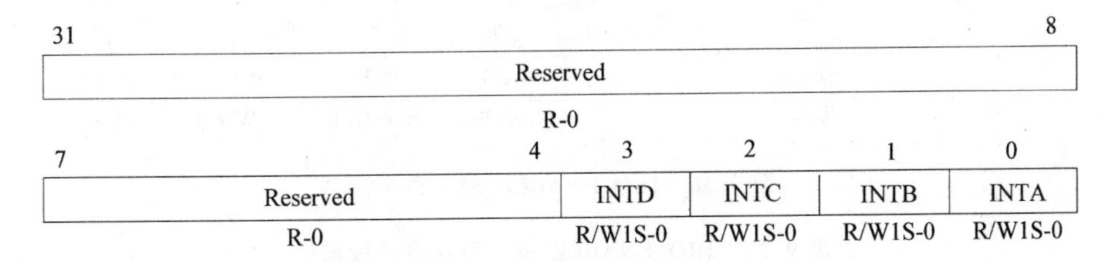

图9.34 IRQ_STATUS_RAW寄存器

表9.36 IRQ_STATUS_RAW寄存器字段描述

位	字 段	值	描 述
31～4	Reserved	0	保留
3	INTD	0	传统中断D初始状态。只用于RC模式
2	INTC	0	传统中断C初始状态。只用于RC模式
1	INTB	0	传统中断B初始状态。只用于RC模式
0	INTA	0	传统中断A初始状态。只用于RC模式

(23) IRQ_STATUS寄存器

IRQ_STATUS寄存器的具体字段及描述如图9.35和表9.37所示。

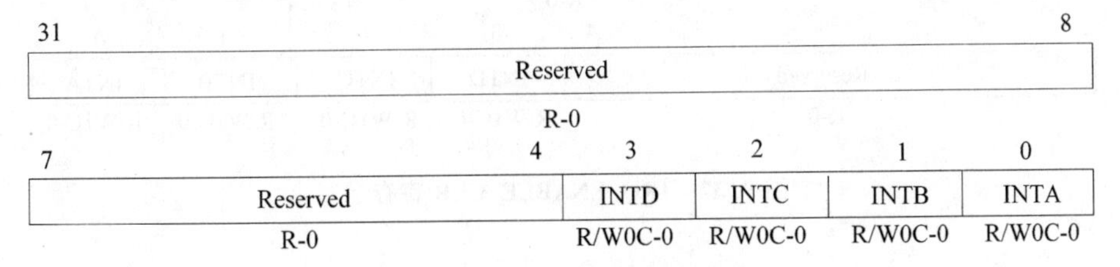

图9.35 IRQ_STATUS寄存器

表 9.37 IRQ_STATUS 寄存器字段描述

位	字 段	值	描 述
31～4	Reserved	0	保留
3	INTD	0	传统中断 D 状态。当中断活动时被设置,写 0 清除中断
2	INTC	0	传统中断 C 状态。当中断活动时被设置,写 0 清除中断
1	INTB	0	传统中断 B 状态。当中断活动时被设置,写 0 清除中断
0	INTA	0	传统中断 A 状态。当中断活动时被设置,写 0 清除中断

(24) IRQ_ENABLE_SET 寄存器

IRQ_ENABLE_SET 寄存器的具体字段及描述如图 9.36 和表 9.38 所示。

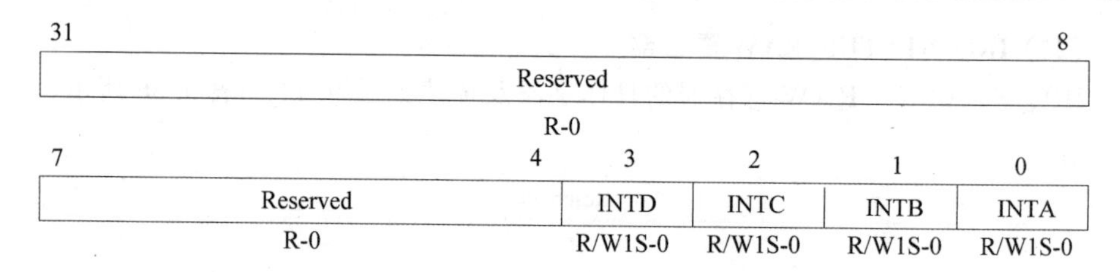

图 9.36 IRQ_ENABLE_SET 寄存器

表 9.38 IRQ_ENABLE_SET 寄存器字段描述

位	字 段	值	描 述
31～4	Reserved	0	保留
3	INTD	0	传统中断 D 状态。设置用于使能中断,读取的 1/0 表示中断使能/禁止
2	INTC	0	传统中断 C 状态。设置用于使能中断,读取的 1/0 表示中断使能/禁止
1	INTB	0	传统中断 B 状态。设置用于使能中断,读取的 1/0 表示中断使能/禁止
0	INTA	0	传统中断 A 状态。设置用于使能中断,读取的 1/0 表示中断使能/禁止

(25) IRQ_ENABLE_CLR 寄存器

IRQ_ENABLE_CLR 寄存器的具体字段及描述如图 9.37 和表 9.39 所示。

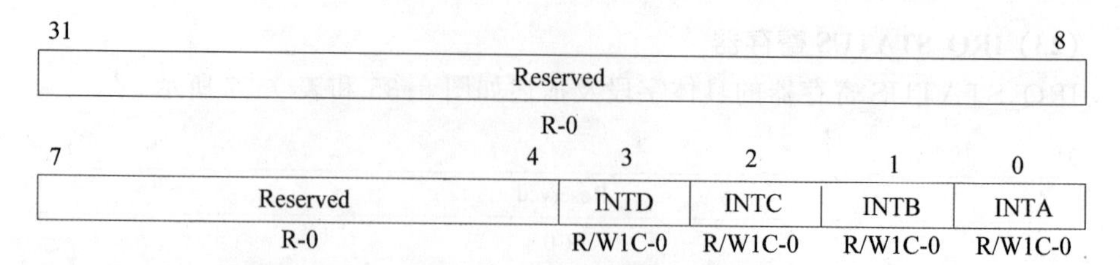

图 9.37 IRQ_ENABLE_CLR 寄存器

表 9.39 IRQ_ENABLE_CLR 寄存器字段描述

位	字 段	值	描 述
31～4	Reserved	0	保留
3	INTD	0	传统中断 D 禁止。设置用于使能中断,读取的 1/0 表示中断使能/禁止
2	INTC	0	传统中断 C 禁止。设置用于使能中断,读取的 1/0 表示中断使能/禁止
1	INTB	0	传统中断 B 禁止。设置用于使能中断,读取的 1/0 表示中断使能/禁止
0	INTA	0	传统中断 A 禁止。设置用于使能中断,读取的 1/0 表示中断使能/禁止

(26) ERR_IRQ_STATUS_RAW 寄存器

ERR_IRQ_STATUS _RAW 寄存器的具体字段及描述如图 9.38 和表 9.40 所示。

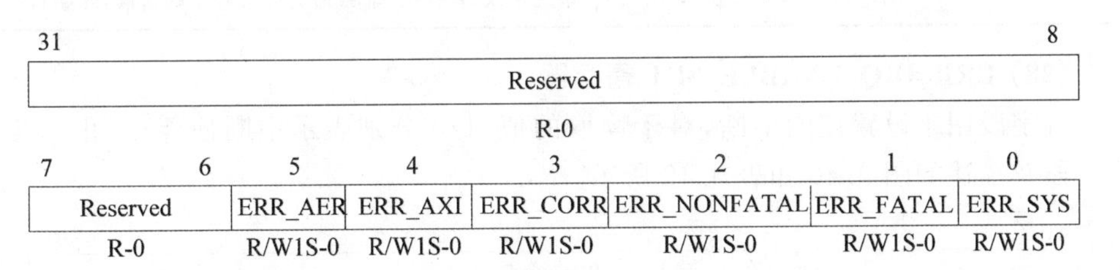

图 9.38 ERR_IRQ_STATUS_RAW 寄存器

表 9.40 ERR_IRQ_STATUS_RAW 寄存器

位	字 段	值	描 述
31～6	Reserved	0	保留
5	ERR_AER	0	ECRC 错误原始状态
4	ERR_AXI	0	AXI 标记查找致命错误原始状态
3	ERR_CORR	0	可修正错误原始状态
2	ERR_NONFATAL	0	非致命错误原始状态
1	ERR_FATAL	0	致命错误原始状态
0	ERR_SYS	0	系统错误(致命的、非致命的或可修正的错误)原始状态

(27) ERR_IRQ_STATUS 寄存器

ERR_IRQ_STATUS 寄存器的具体字段及描述如图 9.39 和表 9.41 所示。

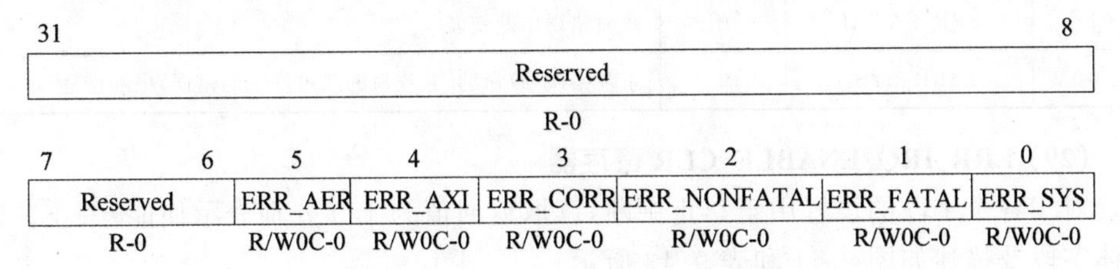

图 9.39 ERR_IRQ_STATUS 寄存器

表 9.41 ERR_IRQ_STATUS 寄存器字段描述

位	字 段	值	描 述
31～6	Reserved	0	保留
5	ERR_AER	0	ECRC 错误原始状态
4	ERR_AXI	0	AXI 标记查找致命错误原始状态
3	ERR_CORR	0	可修正错误原始状态
2	ERR_NONFATAL	0	非致命错误原始状态
1	ERR_FATAL	0	致命错误原始状态
0	ERR_SYS	0	系统错误(致命的、非致命的或可修止的错误)原始状态

(28) ERR_IRQ_ENABLE_SET 寄存器

各字段用于设置使能中断，对于读取的值，1/0 分别表示中断使能/禁止。其具体字段及描述如图 9.40 和表 9.42 所示。

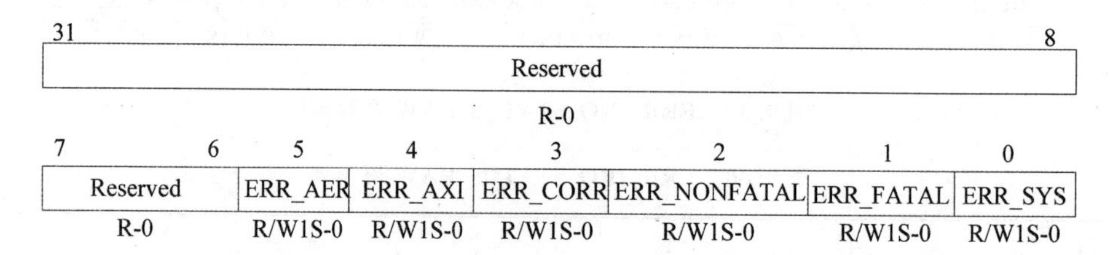

图 9.40 ERR_IRQ_ENABLE_SET 寄存器

表 9.42 ERR_IRQ_ENABLE_SET 寄存器字段描述

位	字 段	值	描 述
31～6	Reserved	0	保留
5	ERR_AER	0	ECRC 错误中断使能
4	ERR_AXI	0	AXI 标记查找致命错误中断使能
3	ERR_CORR	0	可修正错误中断使能
2	ERR_NONFATAL	0	非致命错误中断使能
1	ERR_FATAL	0	致命错误中断使能
0	ERR_SYS	0	系统错误(致命的、非致命的或可修正的错误)中断使能

(29) ERR_IRQ_ENABLE_CLR 寄存器

对于各个字段的设置用于禁止中断，读取返回值为 1/0 分别表示使能/禁止。其具体字段及描述如图 9.41 和表 9.43 所示。

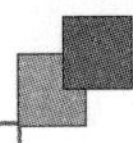

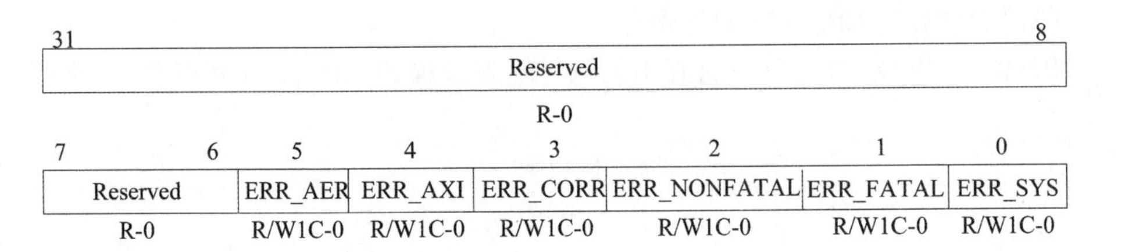

图 9.41　ERR_IRQ_ENABLE_CLR 寄存器

表 9.43　ERR_IRQ_ENABLE_CLR 寄存器字段描述

位	字　段	值	描　述
31～6	Reserved	0	保留
5	ERR_AER	0	ECRC 错误中断禁止
4	ERR_AXI	0	AXI 标记查找致命错误中断禁止
3	ERR_CORR	0	可修正错误中断禁止
2	ERR_NONFATAL	0	非致命错误中断禁止
1	ERR_FATAL	0	致命错误中断禁止
0	ERR_SYS	0	系统错误(致命的,非致命的或可修正的错误)中断禁止

(30) PMRST_IRQ_STATUS_RAW 寄存器

PMRST_IRQ_STATUS_RAW 寄存器的具体字段及描述如图 9.42 和表 9.44 所示。

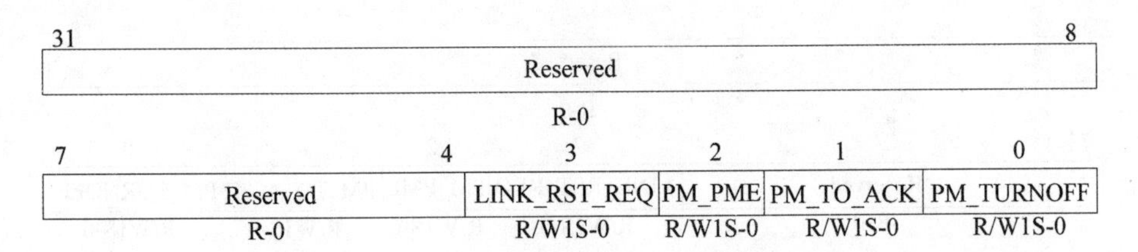

图 9.42　PMRST_IRQ_STATUS_RAW 寄存器

表 9.44　PMRST_IRQ_STATUS_RAW 寄存器字段描述

位	字　段	值	描　述
31～4	Reserved	0	保留
3	LINK_RST_REQ	0	连接请求复位中断原始状态
2	PM_PME	0	电源管理 PME 消息接收中断原始状态
1	PM_TO_ACK	0	电源管理 ACK 接收中断原始状态
0	PM_TURNOFF	0	电源管理关闭消息接收原始中断

(31) PMRST_IRQ_STATUS 寄存器

PMRST_IRQ_STATUS 寄存器的具体字段及描述见图 9.43 和表 9.45 所示。

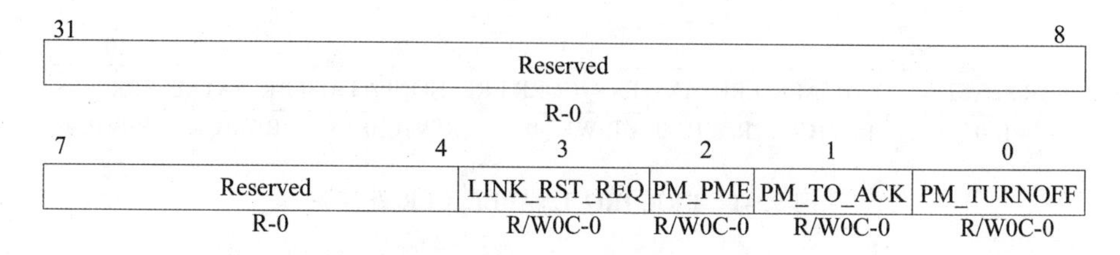

图 9.43　PMRST_IRQ_STATUS 寄存器

表 9.45　PMRST_IRQ_STATUS 寄存器字段描述

位	字　段	值	描　述
31～4	Reserved	0	保留
3	LINK_RST_REQ	0	连接请求复位中断原始状态
2	PM_PME	0	电源管理 PME 消息接收中断原始状态
1	PM_TO_ACK	0	电源管理 ACK 接收中断原始状态
0	PM_TURNOFF	0	电源管理关闭消息接收原始中断

(32) PMRST_ENABLE_SET 寄存器

各字段用于设置使能中断,对于读取的值,1/0 分别表示中断使能/禁止。其具体字段及描述如图 9.44 和表 9.46 所示。

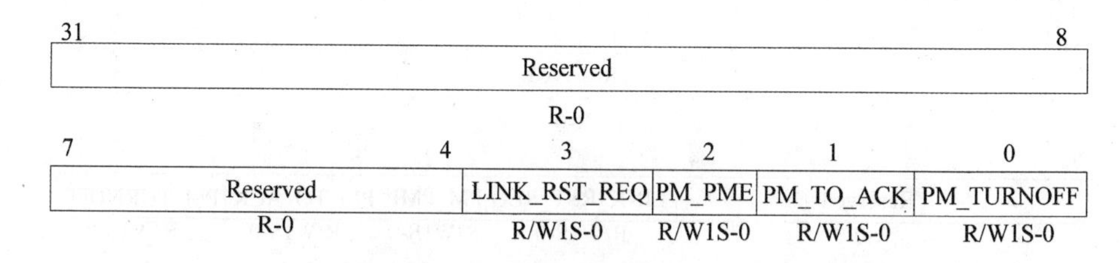

图 9.44　PMRST_ENABLE_SET 寄存器

表 9.46　PMRST_ENABLE_SET 寄存器字段描述

位	字　段	值	描　述
31～4	Reserved	0	保留
3	LINK_RST_REQ	0	连接请求复位中断使能
2	PM_PME	0	电源管理 PME 消息接收中断使能
1	PM_TO_ACK	0	电源管理 ACK 接收中断使能
0	PM_TURNOFF	0	电源管理关闭消息接收使能

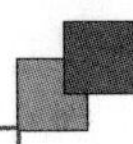

(33) PMRST_ENABLE_CLR 寄存器

各字段用于设置禁止中断,对于读取的值,1/0 分别表示中断使能/禁止。其具体字段及描述见图 9.45 和表 9.47 所示。

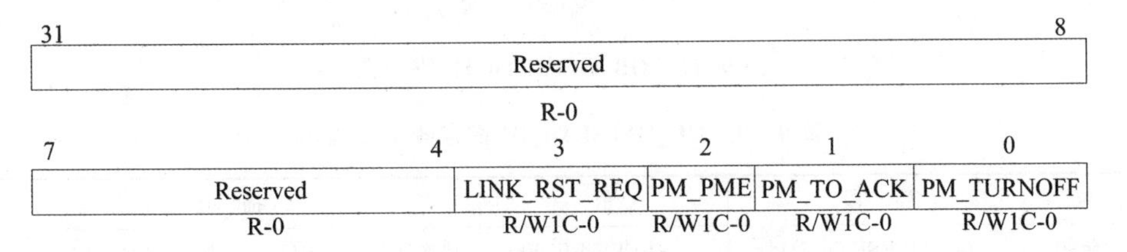

图 9.45 PMRST_ENABLE_CLR 寄存器

表 9.47 PMRST_ENABLE_CLR 寄存器字段描述

位	字 段	值	描 述
31～4	Reserved	0	保留
3	LINK_RST_REQ	0	连接请求复位中断禁止
2	PM_PME	0	电源管理 PME 消息接收中断禁止
1	PM_TO_ACK	0	电源管理 ACK 接收中断禁止
0	PM_TURNOFF	0	电源管理关闭消息接收禁止

(34) OB_OFFSET_INDEXn 寄存器

图 9.46 和表 9.48 对对外翻译区域 n 偏移量低位与索引寄存器(OB_OFFSET_INDEXn)的描述如下。

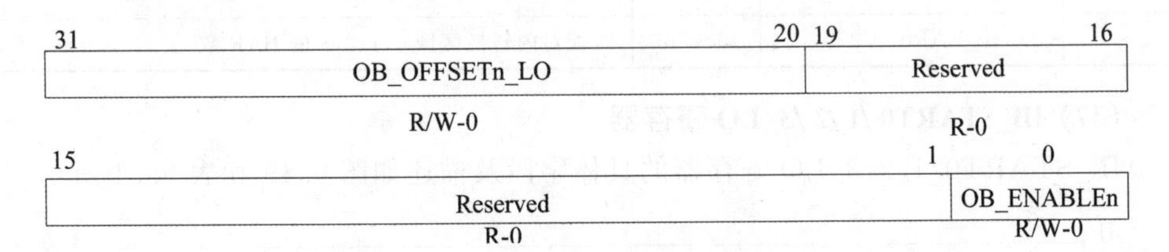

图 9.46 OB_OFFSET_INDEXn 寄存器

表 9.48 OB_OFFSET_INDEXn 寄存器字段描述

位	字 段	值	描 述
31～20	OB_OFFSETn_LO	0～FFFh	转换区域 N (N=0～31)的偏移地址位 31～20
19～1	Reserved	0	保留
0	OB_ENABLEn	0	使能转换区域 N (N=0～31)

(35) OB_OFFSETn_HI 寄存器

图 9.47 和表 9.49 对对外转换区域 n 偏移量高位寄存器(OB_OFFSETn_HI)的

描述如下。

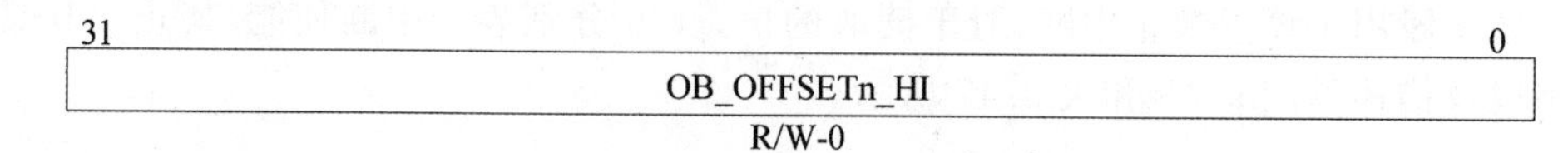

图 9.47 OB_OFFSETn_HI 寄存器

表 9.49 OB_OFFSETn_HI 寄存器字段描述

位	字 段	值	描 述
31～0	OB_OFFSETn_HI	0～FFFF FFFFh	转换区域 N（N=0-31）的偏移地址位 31～0

(36) IB_BAR0/1/2/3 寄存器

IB_BAR0/1/2/3 寄存器的具体字段及描述如图 9.48 和表 9.50 所示。

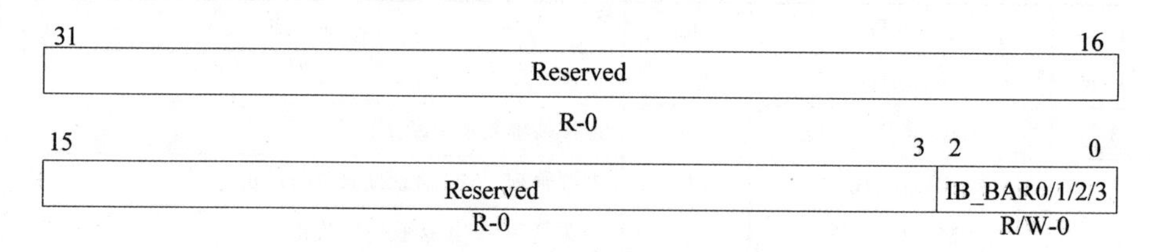

图 9.48 IB_BAR0/1/2/3 寄存器

表 9.50 IB_BAR0/1/2/3 寄存器字段描述

位	字 段	值	描 述
31～3	Reserved	0	保留
2～0	IB_BAR0/1/2/3	0～7h	匹配对内转换区域 0/1/2/3 的 BAR 数

(37) IB_START0/1/2/3_LO 寄存器

IB_START0/1/2/3_LO 寄存器的具体字段及描述如图 9.49 和表 9.51 所示。

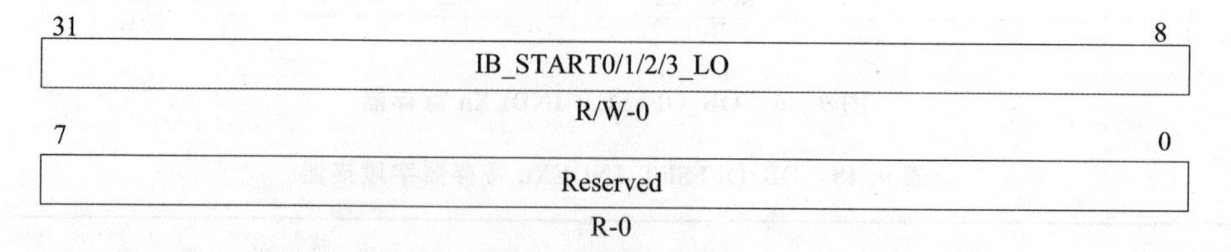

图 9.49 IB_START0/1/2/3_LO 寄存器

表 9.51 IB_START0/1/2/3_LO 寄存器字段描述

位	字 段	值	描 述
31～8	IB_START0/1/2/3_LO	0～FF FFFFh	对内转换区域 0/1/2/3 的起始地址位 31～8
7～0	Reserved	0	保留

(38) IB_START0 /1 /2 /3_HI 寄存器

IB_START0/1/2/3_HI 寄存器的具体字段及描述如图 9.50 和表 9.52 所示。

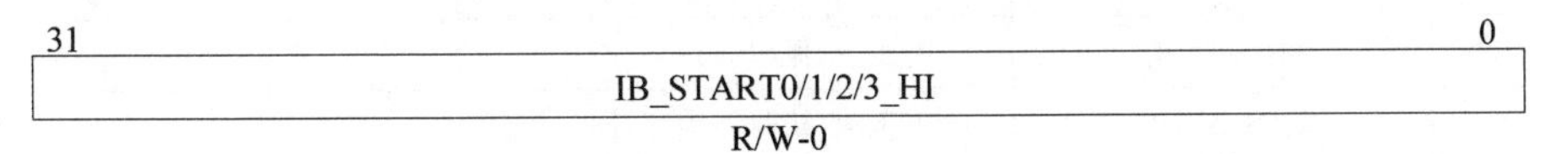

图 9.50　IB_START0/1/2/3_HI 寄存器

表 9.52　IB_START0/1/2/3_HI 寄存器字段描述

位	字　段	值	描　述
31～0	IB_START0_HI	0～FFFF FFFFh	对内转换区域 0 的起始地址位 63～0

(39) IB_OFFSET0 /1 /2 /3 寄存器

IB_OFFSET0/1/2/3 寄存器的具体字段及描述如图 9.51 和表 9.53 所示。

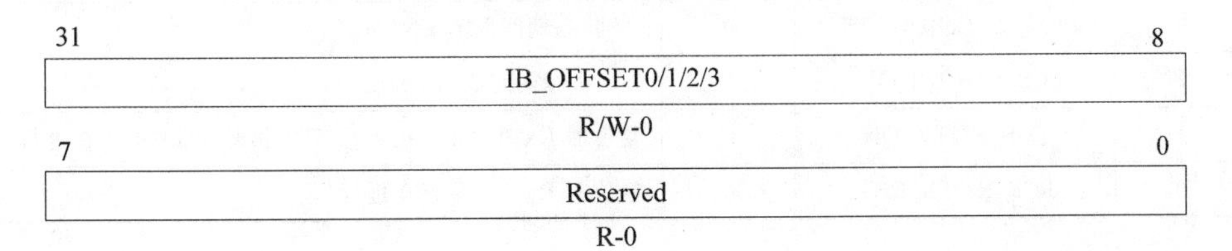

图 9.51　IB_OFFSET0/1/2/3 寄存器

表 9.53　IB_OFFSET0/1/2/3 寄存器字段描述

位	字　段	值	描　述
31～8	IB_OFFSET0/1/2/3	0～FF FFFFh	对内转换区域 0/1/2/3 的偏移地址位 31～8
7～0	Reserved	0	保留

(40) PCS_CFG0 寄存器

PCS_CFG0 寄存器的具体字段及描述如图 9.52 和表 9.54 所示。

31～29	28～24	23～16
Reserved	IB_OFFSET3	PCS_HOLDOFF
R-0	R/W-0	R/W-0

15～14	13～12	11～8
Reserved	PCS_RC_DELAY	PCS_DET_DELAY
R-0	R/W-2h	R/W-1

7	6	5	4	3	2	1	0
PCS_SHRT_TM	PCS_STAT186	PCS_FIX_TERM	PCS_FIX_STD	PCS_L2_ENIDL_OFF	PCS_L0S_RX_OFF	PCS_RXTX_ON	PCS_RXTX_RST
R/W-0	R/W-0	R/W-0	R/W-1	R/W-0	R/W-0	R/W-0	R/W-0

图 9.52　PCS_CFG0 寄存器

表 9.54　PCS_CFG0 寄存器字段描述

位	字　段	值	描　述
31～29	Reserved	0	保留
28～24	PCS_SYNC	0～1Fh	接收器锁存/同步控制
23～16	PCS_HOLDOFF	0～FFh	接收器初始化延迟控制
15～14	Reserved	0	保留
13～12	PCS_RC_DELAY	0～3h	速率变化延迟
11～8	PCS_DET_DELAY	0～Fh	延时检测
7	PCS_SHRT_TM	0	使能用于调试的短暂时间
6	PCS_STAT186	0	对 PHY 状态行为使能 PIPE 规范 1.86
5	PCS_FIX_TERM	0	复位期间对 3'b100D 的反馈项输出
4	PCS_FIX_STD	0	对 2'b10 修复标准输出
3	PCS_L2_ENIDL_OFF	0	L2 状态期间取消 ENIDL
2	PCS_L0S_RX_OFF	0	L0s 状态期间取消 Rx 使能
1	PCS_RXTX_ON	0	复位时 Rx 和 Tx 正在进行。P1 状态时 Tx 也正在进行
0	PCS_RXTX_RST	0	复位时 Rx 和 Tx 正在进行。

(41) PCS_CFG1 寄存器

PCS_CFG1 寄存器的具体字段及描述如图 9.53 和表 9.55 所示。

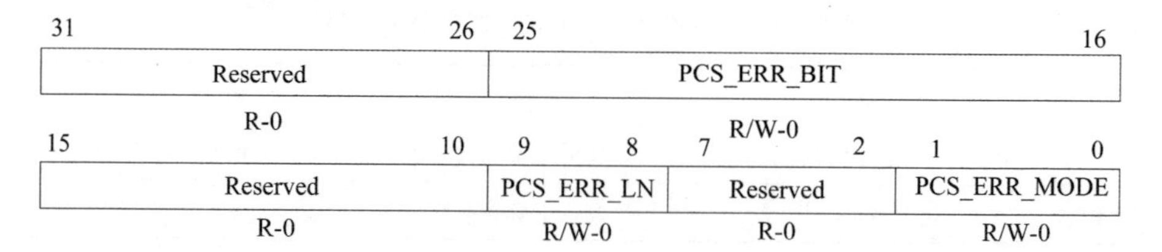

图 9.53　PCS_CFG1 寄存器

表 9.55　PCS_CFG1 寄存器字段描述

位	字　段	值	描　述
31～26	Reserved	0	保留
25～16	PCS_ERR_BIT	0～3FFh	误差位使能
15～10	Reserved	0	保留
9～8	PCS_ERR_LN	0～3h	误差通道使能
7～2	Reserved	0	保留
1～0	PCS_ERR_MODE	0～3h	差错注入模式

(42) PCS_STATUS 寄存器

PCS_STATUS 寄存器的具体字段及描述如图 9.54 和表 9.56 所示。

31–16
Reserved
R-0

15	14–12	11–10	9–8	7–6	5–4	3–2	1–0
Rsvd	PCS_REV	Rsvd	PCS_LN_EN	Rsvd	PCS_TX_EN	Rsvd	PCS_RX_EN
R-0	R-1	R-0	R-3h	R-0	R-0	R-0	R-0

图 9.54　PCS_STATUS 寄存器

表 9.56　PCS_STATUS 寄存器字段描述

位	字　段	值	描　述
31～15	Reserved	0	保留
14～12	PCS_REV	0～7h	PCS RTL 版本
11～10	Reserved	0	保留
9～8	PCS_LN_EN	0～3h	PCS 通道使能状态
7～6	Reserved	0	保留
5～4	PCS_TX_EN	0～3h	PCS 发送器使能状态
3～2	Reserved	0	保留
1～0	PCS_RX_EN	0～3h	PCS 接收器使能状态

(43) SERDES_CFG0 /1 寄存器

SERDES_CFG0/1 寄存器的具体字段及描述如图 9.55 和表 9.57 所示。

31–21	20–19	18	17	16
Reserved	TX_LOOPBACK	TX_MSYNC	TX_CM	TX_INVPAIR
R-0	R/W-0	R/W-1	R/W-1	R/W-0

15–14	13	12–9	8–6	5–3	2–1	0
RX_LOOPBACK	RX_ENOC	RX_EQ	RX_CDR	RX_LOS	RX_ALIGN	RX_INVPAIR
R/W-0	R/W-1	R/W-1	R/W-2h	R/W-4h	R/W-0	R/W-0

图 9.55　SERDES_CFG0/1 寄存器

表 9.57　SERDES_CFG0/1 寄存器字段描述

位	字　段	值	描　述
31～21	Reserved	0	保留
20～19	TX_LOOPBACK	0～3h	使能 TX 回写。将两位都设置为高，用于使能(CFGTX0[28:27])
18	TX_MSYNC	0	同步主机模式(CFGTX0[22])

续表 9.57

位	字　段	值	描　述
17	TX_CM	0	使能共模调整(CFGTX0[8])
16	TX_INVPAIR	0	反转 TX 极性(CFGTX0[7])
15～14	RX_LOOPBACK	0	使能 TX 回写。将两位都设置为高,用于使能(CFGRX0[28:27])
13	RX_ENOC	0	使能 RX 偏移补偿(CFGRX0[23])
12～9	RX_EQ	0～Fh	使能 RX 自适应均衡(CFGRX0[22:19])
8～6	RX_CDR	0～7h	使能 RX 时钟数据恢复(CFGRX0[18:16])
5～3	RX_LOS	0～7h	使能 RX 信号丢失检测(CFGRX0[15:13])
2～1	RX_ALIGN	0～3h	使能 RX 符号对齐(CFGRX0[12:11])
0	RX_INVPAIR	0	反转 RX 极性(CFGRX0[7])

9.9.5　配置类型0寄存器

配置类型0寄存器如表9.58所示。

表 9.58　配置类型0寄存器

偏移量	缩　写	偏移量	缩　写
Ch	BIST_HEADER	24h	BAR5
10h	BAR0	2Ch	SUBSYS_VNDR_ID
14h	BAR1	30h	EXPNSN_ROM
18h	BAR2	34h	CAP_PTR
1Ch	BAR3	3Ch	INT_PIN
20h	BAR4		

(1) BIST_HEADER寄存器

BIST、头类型、延迟时间与高速缓存行大小寄存器(BIST_HEADER)的描述如图9.56和表9.59所示。

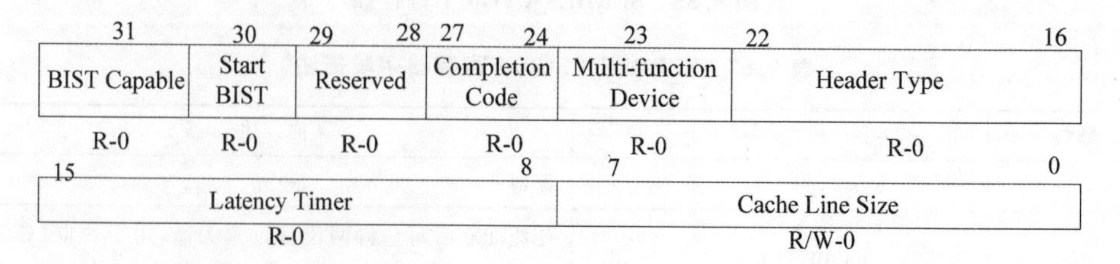

图 9.56　BIST_HEADER寄存器

表 9.59　BIST_HEADER 寄存器字段描述

位	字　段	值	描　述
31	BIST Capable	0	BIST 功能返回 1,其他功能返回 0。PCIESS 不支持
30	Start BIST	0	写 1 来启动 BIST。PCIESS 不支持
29～28	Reserved	0	保留
27～24	Completion Mode	0～Fh	完成码。PCIESS 不支持
23	Multi～function Device	0	假如是多功能设备就返回 1。可从内部总线接口写入
22～16	Header Type	0～7Fh	头信息配置格式。RC 模式设置为 1 而 EP 模式设置为 0
15～8	Latency Timer	0～FFh	PCIe 不适用
7～0	Cache Line Size	0～FFh	PCIe 不适用

(2) BAR0 /1 /2 /3 /4 /5 寄存器

BAR0/1/2/3/4/5 寄存器的具体字段及描述如图 9.57 和表 9.60 所示。

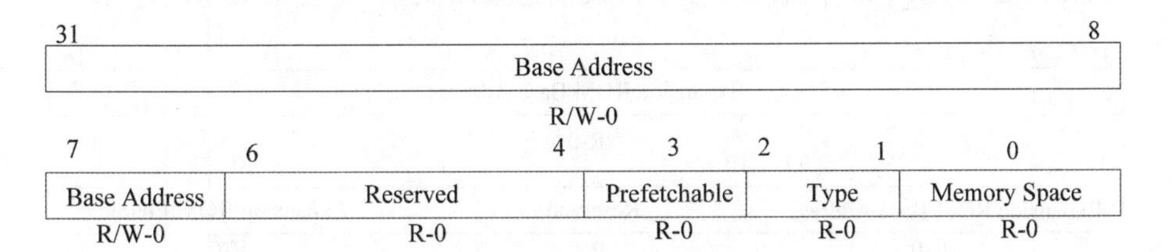

图 9.57　BAR0/1/2/3/4/5 寄存器

表 9.60　BAR0/1/2/3/4/5 寄存器字段描述

位	字　段	值	描　述
31～7	Base Address	0～1FF FFFFh	基地址
6～4	Reserved	0	保留
3	Prefetchable	0	对于内存 BARs,它表示是否可以预取该区域。对于 IO BARs,它作为基地址的第二 LSB 位。可从内部总线写入
2～1	Type	0～3h	解码类型。可从内部总线写入
		0	32 位解码
		1h	保留
		2h	64 位解码
		3h	保留
0	Memory Space	0	设置用于表示内存空间。可从内部总线写入

(3) SUBSYS_VNDR_ID寄存器

SUBSYS_VNDR_ID寄存器的具体字段及描述如图9.58和表9.61所示。

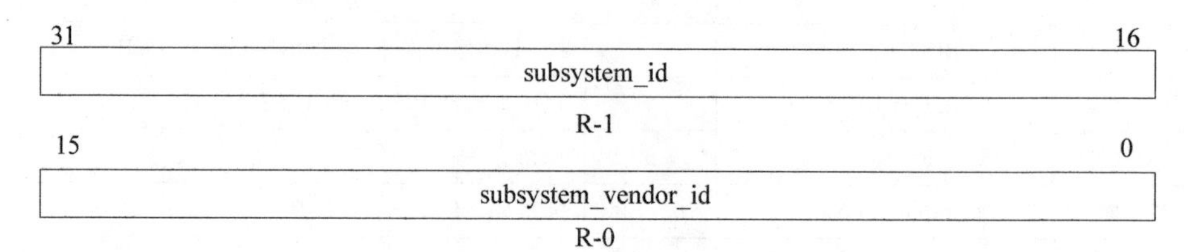

图9.58 SUBSYS_VNDR_ID寄存器

表9.61 SUBSYS_VNDR_ID寄存器字段描述

位	字段	值	描述
31~16	subsystem_id	0~FFFFh	PCIe子系统ID(TBD)。可从内部总线接口写入
15~0	subsystem_vendor_id	0~FFFFh	PCIe子系统供应厂商ID(TBD)。可从内部总线接口写入

(4) EXPNSN_ROM寄存器

EXPNSN_ROM寄存器的具体字段及描述如图9.59和表9.62所示。

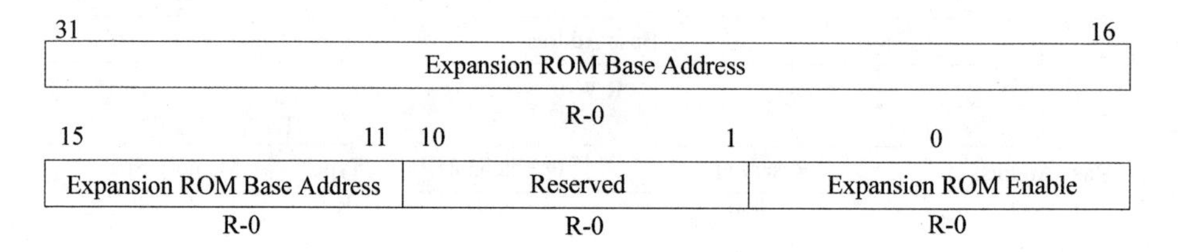

图9.59 EXPNSN_ROM寄存器

表9.62 EXPNSN_ROM寄存器字段描述

位	字段	值	描述
31~11	Expansion ROM Base Address	0~1F FFFFh	扩展ROM地址
10~1	Reserved	0	保留
0	Expansion ROM Enable	0	扩展ROM使能

(5) CAP_PTR寄存器

CAP_PTR寄存器的具体字段及描述如图9.60和表9.63所示。

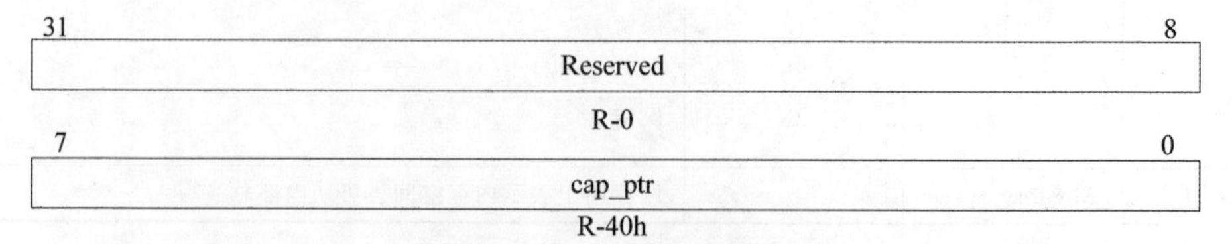

图9.60 CAP_PTR寄存器

表 9.63　CAP_PTR 寄存器字段描述

位	字　段	值	描　述
31～8	Reserved	0	保留
7～0	cap_ptr	0-FFh	第一功能指针。默认指向电源管理功能结构。可从内部总线接口写入

(6) INT_PIN 寄存器

INT_PIN 寄存器的具体字段及描述如图 9.61 和表 9.64 所示。

31–24	23–16
max_latency	min_grant
R-0	R-0

15–8	7–0
int_pin	int_line
R-1	R/W-FFh

图 9.61　INT_PIN 寄存器

表 9.64　INT_PIN 寄存器字段描述

位	字　段	值	描　述
31～24	max_latency	0～FFh	不能用于 PCIe
23～16	min_grant	0～FFh	不能用于 PCIe
15～8	int_pin	0～FFh	中断引脚。对于不常用的传统中断，INTA、INTB、INTC 或 INTD 的有效值分别为 00h、01h、02h、03h 和 04h。对于单个功能配置，内核只用 INTA。可从内部总线接口写入
7～0	int_line	0～FFh	中断线

9.9.6　配置类型 1 寄存器

配置类型 1 寄存器如表 9.65 所示。

表 9.65　配置类型 1 寄存器

偏移量	缩写词	偏移量	缩写词
Ch	BIST_HEADER	28h	PREFETCH_BASE
10h	BAR0	2Ch	PREFETCH_LIMIT
14h	BAR1	30h	IOSPACE
18h	BUSNUM	34h	CAP_PTR
1Ch	SECSTAT	38h	EXPNSN_ROM
20h	MEMSPACE	3Ch	BRIDGE_INT
24h	PREFETCH_MEM		

(1) BIST_HEADER 寄存器

BIST_HEADER 寄存器的具体字段及描述如图 9.62 和表 9.66 所示。

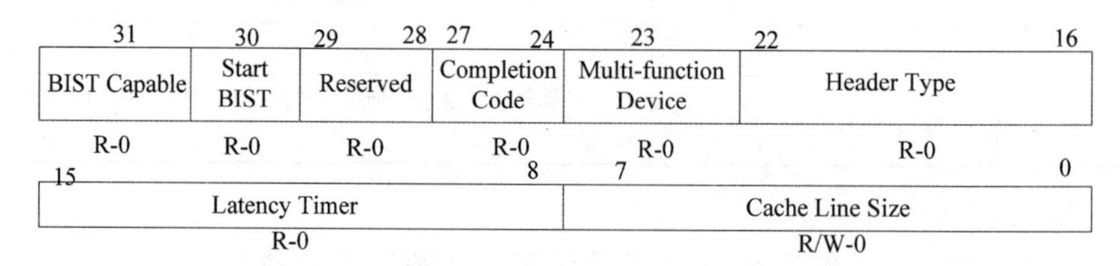

图 9.62 BIST_HEADER 寄存器

表 9.66 BIST_HEADER 寄存器字段描述

位	字 段	值	描 述
31	BIST Capable	0	BIST 功能返回 1,其他功能返回 0。PCIESS 不支持
30	Start BIST	0	写 1 来启动 BIST。PCIESS 不支持
29～28	Reserved	0	保留
27～24	Completion Code	0～Fh	完成码。PCIESS 不支持
23	Multi～function Device	0	假如是多功能设备就返回 1。可从内部总线接口写入
22～16	Header Type	0～7Fh	头信息配置格式。RC 模式设置为 1 而 EP 模式设置为 0
15～8	Latency Timer	0～FFh	PCIe 不适用
7～0	Cache Line Size	0～FFh	PCIe 不适用

(2) BAR0/1 寄存器

BAR0/1 寄存器的具体字段及描述如图 9.63 和表 9.67 所示。

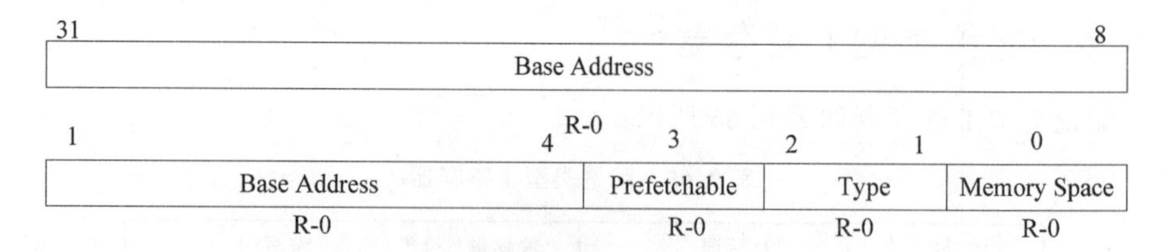

图 9.63 BAR0/1 寄存器

表 9.67 BAR0/1 寄存器字段描述

位	字 段	值	描 述
31～4	Base Address	0～FFF FFFFh	基地址。BAR0/1 屏蔽寄存器确定的实际可写入的位
3	Prefetchable	0	设置表示预取空间。可从内部总线写入

续表 9.67

位	字　段	值	描　述
2～1	Type	0～3h 0 1h 2h 3h	解码类型。可从内部总线写入 32 位解码 保留 64 位解码 保留
0	Memory Space	0	设置用于表示内存空间。可从内部总线写入

(3) BUSNUM 寄存器

BUSNUM 寄存器的具体字段及描述如图 9.64 和表 9.68 所示。

31–24	23–16
Secondary Latency Timer	Subordinate Bus Number
R-0	R/W-0

15–8	7–0
Secondary Bus Number	Primary Bus Number
R/W-0	R/W-0

图 9.64　BUSNUM 寄存器

表 9.68　BUSNUM 寄存器字段描述

位	字　段	值	描　述
31～24	Secondary Latency Timer	0～FFh	不适用于 PCIe
23～16	Subordinate Bus Number	0～FFh	下级总线号。这是上下游接口上的最大总线号
15～8	Secondary Bus Number	0～FFh	次级总线号。用于 RC 模式的值为 1h
7～0	Primary Bus Number	0～FFh	初级总线号。用于 RC 模式的值为 0，而非 0 值只用于交换机设备

(4) SECSTAT 寄存器

SECSTAT 寄存器的具体字段及描述如图 9.65 和表 9.69 所示。

31	30	29	28	27	26–25	24
DTCT_PERROR	RX_SYS_ERROR	RX_MST_ABORT	RX_TGT_ABORT	TX_TGT_ABORT	Reserved	MST_DPERR
R/W1C-0	R/W1C-0	R/W1C-0	R/W1C-0	R/W1C-0	R-0	R/W1C-0

23–16
Reserved
R-0

15–12	11–9	8
IO Limit	Reserved	IO Addressing
R/W-0	R-0	R-0

7–4	3–1	0
IO Base	Reserved	IO Addressing
R/W-0	R/W-0	R-0

图 9.65　SECSTAT 寄存器

表 9.69 SECSTAT 寄存器字段描述

位	字 段	值	描 述
31	DTCT_PERROR	0	检测到的奇偶检验错误
30	RX_SYS_ERROR	0	接收到的系统错误
29	RX_MST_ABORT	0	接收到的主机异常
28	RX_TGT_ABORT	0	接收到的目标异常
27	TX_TGT_ABORT	0	信号目标异常
26～25	Reserved	0	保留
24	MST_DPERR	0	主数据奇偶检验错误
23～16	Reserved	0	保留
15～12	IO Limit	0～Fh	I/O 空间限制
11～9	Reserved	0	保留
8	IO Addressing	0	用于 I/O 限制寄存器的 32 位 I/O 空间指示。0 和 1 分别表示 16 位和 32 位寻址
7～4	IO Base	0～Fh	I/O 空间基址
3～1	Reserved	0	保留
0	IO Addressing	0	0 和 1 分别表示 I/O 基寄存器的 16 位和 32 位寻址。可从内部总线接口写入

(5) MEMSPACE 寄存器

MEMSPACE 寄存器的具体字段及描述如图 9.66 和表 9.70 所示。

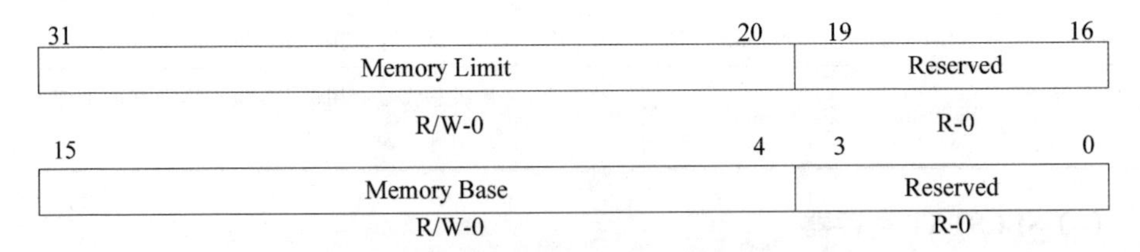

图 9.66 MEMSPACE 寄存器

表 9.70 MEMSPACE 寄存器字段描述

位	字 段	值	描 述
31～20	Memory Limit	0～FFFh	内存限制地址
19～16	Reserved	0	保留
15～4	Memory Base	0～FFFh	内存基址
3～0	Reserved	0	保留

(6) PREFETCH_MEM 寄存器

PREFETCH_MEM 寄存器的具体字段及描述如图 9.67 和表 9.71 所示。

31～20	19～17	16
End Address	Reserved	Memory Addressing
R/W-0	R-0	R-0

15～4	3～1	0
Start Address	Reserved	Memory Addressing
R/W-0	R-0	R-0

图 9.67　PREFETCH_MEM 寄存器

表 9.71　PREFETCH_MEM 寄存器字段描述

位	字　段	值	描　述
31～20	End Address	0～FFFh	32 位预取内存结束地址的高 12 位
19～17	Reserved	0	保留
16	Memory Addressing		内存寻址。可从内部总线接口写入
		0	32 位内存寻址
		1	64 位内存寻址
15～4	Start Address	0～FFFh	32 位预取内存起始地址的高 12 位
3～1	Reserved	0	保留
0	Memory Addressing		内存寻址。可从内部总线接口写入
		0	32 位内存寻址
		1	64 位内存寻址

(7) PREFETCH_BASE 寄存器

PREFETCH_BASE 寄存器的具体字段及描述如图 9.68 和表 9.72 所示。

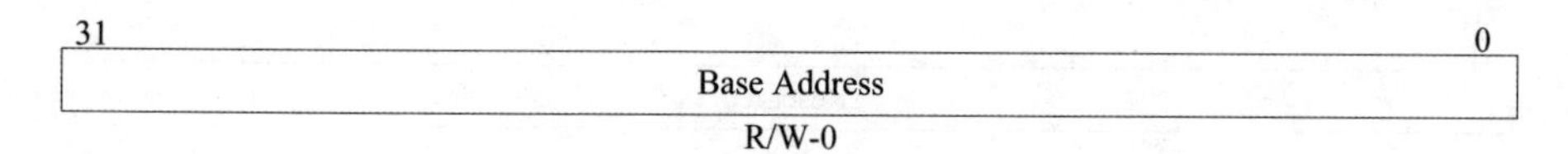

图 9.68　PREFETCH_BASE 寄存器

表 9.72　PREFETCH_BASE 寄存器字段描述

位	字　段	值	描　述
31～0	Base Address	0～FFFF FFFFh	预取内存空间基地址的高 32 位。当 64 位寻址使能时采用

(8) PREFETCH_LIMIT 寄存器

PREFETCH_LIMIT 寄存器的具体字段及描述如图 9.69 和表 9.73 所示。

31 0
Base Address
R/W-0

图 9.69 PREFETCH_LIMIT 寄存器

表 9.73 PREFETCH_LIMIT 寄存器字段描述

位	字 段	值	描 述
31～0	Limit Address	0～FFFF FFFFh	预取内存空间限制地址的高 32 位。只用于 64 位预取内存寻址

(9) IOSPACE 寄存器

IOSPACE 寄存器的具体字段及描述如图 9.70 和表 9.74 所示。

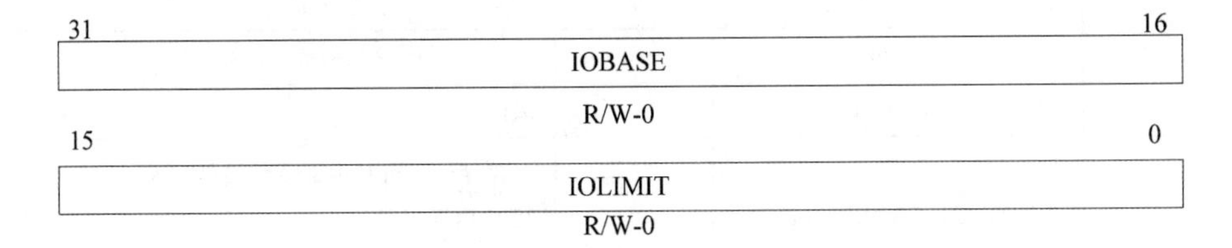

图 9.70 IOSPACE 寄存器

表 9.74 IOSPACE 寄存器字段描述

位	字 段	值	描 述
31～16	IOBASE	0～FFFFh	I/O 基址的高 16 位
15～0	IOLIMIT	0～FFFFh	I/O 限制的高 16 位

(10) CAP_PTR 寄存器

CAP_PTR 寄存器的具体字段及描述如图 9.71 和表 9.75 所示。

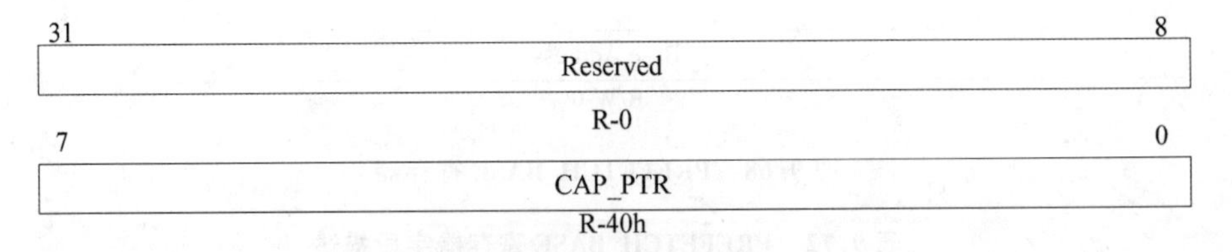

图 9.71 CAP_PTR 寄存器

表 9.75 CAP_PTR 寄存器字段描述

位	字 段	值	描 述
31～8	Reserved	0	保留
7～0	CAP_PTR	0～FFh	第一功能指针。默认指向电源管理功能结构。可从内部总线接口写入

(11) EXPNSN_ROM 寄存器

EXPNSN_ROM 寄存器的具体字段及描述如图 9.72 和表 9.76 所示。

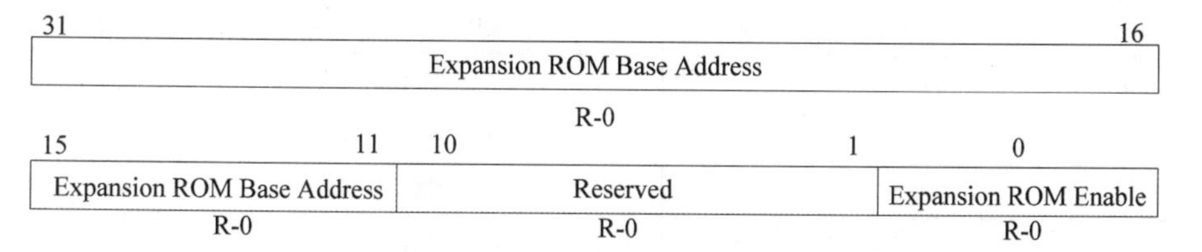

图 9.72　EXPNSN_ROM 寄存器

表 9.76　EXPNSN_ROM 寄存器字段描述

位	字　段	值	描　述
31～11	Expansion ROM Base Address	0～1F FFFFh	扩展 ROM 地址
10～1	Reserved	0	保留
0	Expansion ROM Enable	0	扩展 ROM 使能

(12) BRIDGE_INT 寄存器

BRIDGE_INT 寄存器的具体字段及描述如图 9.73 和表 9.77 所示。

31～28	27	26	25	24
Reserved	SERREN_STATUS	TIMER_STATUS	SEC_TIMER	PRI_TIMER
R-0	R-0	R-0	R-0	R-0

23	22	21	20	19	18	17	16
B2B_EN	SEC_BUS_RST	MST_ABORT_MODE	VGA_DECODE	VGA_EN	ISA_EN	SERR_EN	PERR_RESP_EN
R-0	R/W-0	R-0	R/W-0	R/W-0	R/W-0	R/W-0	R/W-0

15～8
INT_PIN
R-1

7～0
INT_LINE
R/W-FFh

图 9.73　BRIDGE_INT 寄存器

表 9.77　BRIDGE_INT 寄存器字段描述

位	字　段	值	描　述
31～28	Reserved	0	保留
27	SERREN_STATUS	0	丢弃定时器 SWRR 使能状态。不适用于 PCIe
26	TIMER_STATUS	0	丢弃定时器状态。不适用于 PCIe
25	SEC_TIMER	0	二级丢弃计时器。不适用于 PCIe
24	PRI_TIMER	0	初级丢弃计时器。不适用于 PCIe
23	B2B_EN	0	快速背对背处理使能。不适用于 PCIe
22	SEC_BUS_RST	0	二级总线复位

续表 9.77

位	字 段	值	描 述
21	MST_ABORT_MODE	0	主机异常模式。不适用于PCIe。其值总是0
20	VGA_DECODE	0	VGA 16位解码
19	VGA_EN	0	VGA使能
18	ISA_EN	0	ISA使能
17	SERR_EN	0	SERR使能
16	PERR_RESP_EN	0	奇偶校验错误应答使能
15～8	INT_PIN	0～FFh	中断引脚。它会识别设备使用的传统中断消息。00h为传统中断不使用时的有效值,而INTA,INTB,INTC或INTD的有效值分别为01h,02h,03h和04h。对于单功能配置,内核只使用INTA。该寄存器可从内部总线接口写入
7～0	INT_LINE	0～FFh	中断线。其值由系统软件指定

9.9.7 PCIe功能寄存器

PCIe功能寄存器如表9.78所示。

表 9.78 PCIe性能寄存器

偏移量	缩写词	偏移量	缩写词
0h	PCIE_CAP	18h	SLOT_STAT_CTRL
4h	DEVICE_CAP	1Ch	ROOT_CTRL_CAP
8h	DEV_STAT_CTRL	20h	ROOT_STATUS
Ch	LINK_CAP	24h	DEV_CAP2
10h	LINK_STAT_CTRL	28h	DEV_STAT_CTRL2
14h	SLOT_CAP	30h	LINK_CTRL2

(1) PCIE_CAP寄存器

PCIE_CAP寄存器的具体字段及描述如图9.74和表9.79所示。

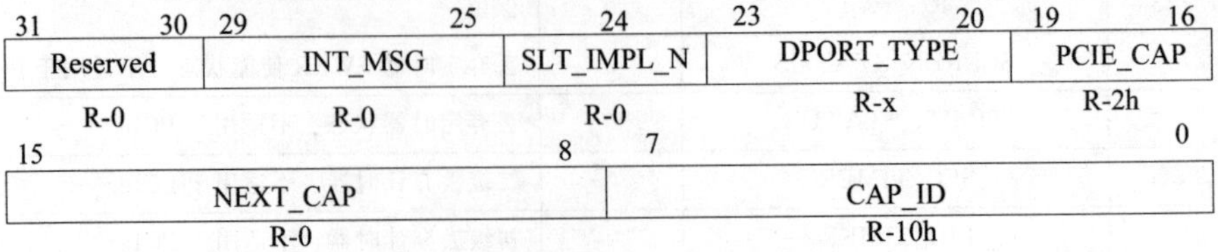

31–30	29–25	24	23–20	19–16
Reserved	INT_MSG	SLT_IMPL_N	DPORT_TYPE	PCIE_CAP
R-0	R-0	R-0	R-x	R-2h

15–8	7–0
NEXT_CAP	CAP_ID
R-0	R-10h

图 9.74 PCIE_CAP寄存器

表 9.79 PCIE_CAP 寄存器字段描述

位	字 段	值	描 述
31～30	Reserved	0	保留
29～25	INT_MSG	0～1F	中断消息号。通过硬件更新且可通过内部总线接口写入
24	SLT_IMPL_N	0	Slot 实施。可通过内部总线接口写入
23～20	DPORT_TYPE	0～Fh	设备端口类型(RC 为 4h，而 EP 为 0)
19～16	PCIE_CAP	0～Fh	PCIe 功能版本
15～8	NEXT_CAP	0～FFh	下一功能指针，包含下一功能结构的偏移。可从内部总线接口写入
7～0	CAP_ID	0～FFh	PCIe 性能 ID

(2) DEVICE_CAP 寄存器

DEVICE_CAP 寄存器的具体字段及描述如图 9.75 和表 9.80 所示。

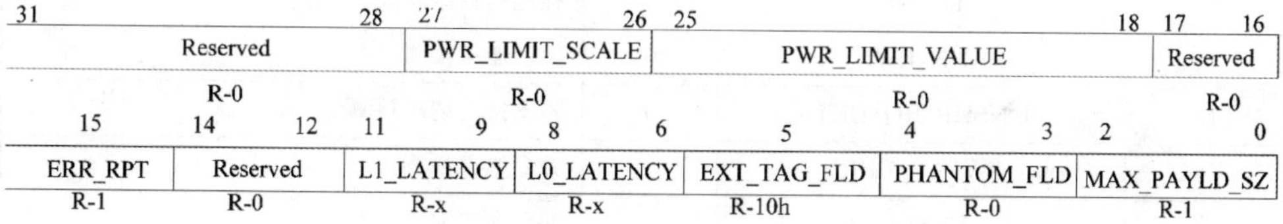

31～28	27～26	25～18	17～16
Reserved	PWR_LIMIT_SCALE	PWR_LIMIT_VALUE	Reserved
R-0	R-0	R-0	R-0

15	14～12	11～9	8～6	5	4～3	2～0
ERR_RPT	Reserved	L1_LATENCY	L0_LATENCY	EXT_TAG_FLD	PHANTOM_FLD	MAX_PAYLD_SZ
R-1	R-0	R-x	R-x	R-10h	R-0	R-1

图 9.75 DEVICE_CAP 寄存器

表 9.80 DEVICE_CAP 寄存器字段描述

位	字 段	值	描 述
31～28	Reserved	0	保留
27～26	PWR_LIMIT_SCALE	0～3h	捕获的插槽电源限制等级
25～18	PWR_LIMIT_VALUE	0～FFh	捕获的低速功率极限值
17～16	Reserved	0	保留
15	ERR_RPT	0	基于错误报告的作用。可从内部总线接口写入
14～12	Reserved	0	保留
11～9	L1_LATENCY	0～7h	端点 L1 可接受的延迟(RC 模式为 0，而端点为 3h)
8～6	L0_LATENCY	0～7h	端点 L0 可接受的延迟(RC 模式为 0，而端点为 4h)
5	EXT_TAG_FLD	0	支持的扩展标签字段。可从内部总线接口写入
4～3	PHANTOM_FLD	0～3h	支持的虚拟字段。可从内部总线接口写入
2～0	MAX_PAYLD_SZ	0～7h	支持的最大有效负荷。可从内部总线接口写入

(3) DEV_STAT_CTRL 寄存器

DEV_STAT_CTRL 寄存器的具体字段及描述如图 9.76 和表 9.81 所示。

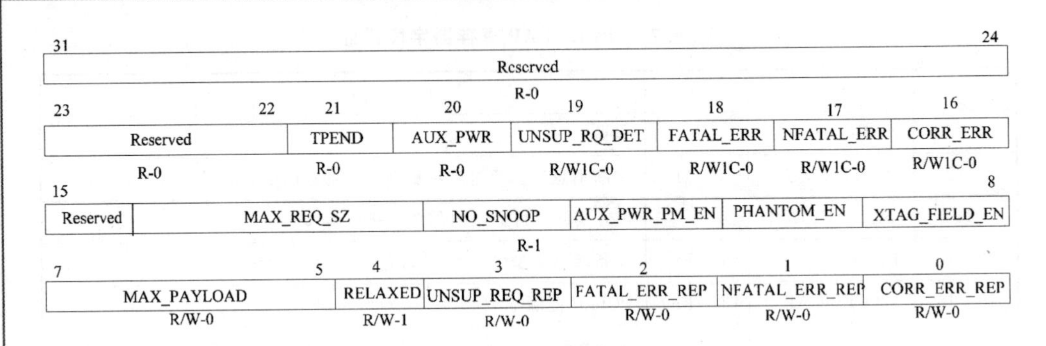

图 9.76 DEV_STAT_CTRL 寄存器

表 9.81 DEV_STAT_CTRL 寄存器字段描述

位	字 段	值	描 述
31～22	Reserved	0	保留
21	TPEND	0	挂起的数据处理
20	AUX_PWR	0	辅助能耗检测
19	UNSUP_RQ_DET	0	不支持的请求检测
18	FATAL_ERR	0	致命错误检测
17	NFATAL_ERR	0	非致命错误检测
16	CORR_ERR	0	可修正错误检测
15	Reserved	0	保留
14～12	MAX_REQ_SZ	0～7h	最大读请求大小
11	NO_SNOOP	0	使能非探测
10	AUX_PWR_PM_EN	0	辅助能耗 PM 使能
9	PHANTOM_EN	0	虚拟功能使能
8	XTAG_FIELD_EN	0	扩展标记字段使能
7～5	MAX_PAYLOAD	0～7h	最大有效负荷大小
4	RELAXED	0	使能无约束排序
3	UNSUP_REQ_REP	0	使能不支持的请求报告
2	FATAL_ERR_REP	0	致命错误报告使能
1	NFATAL_ERR_REP	0	非致命错误报告使能
0	CORR_ERR_REP	0	可修正的错误报告使能

(4) LINK_CAP 寄存器

LINK_CAP 寄存器的具体字段及描述如图 9.77 和表 9.82 所示。

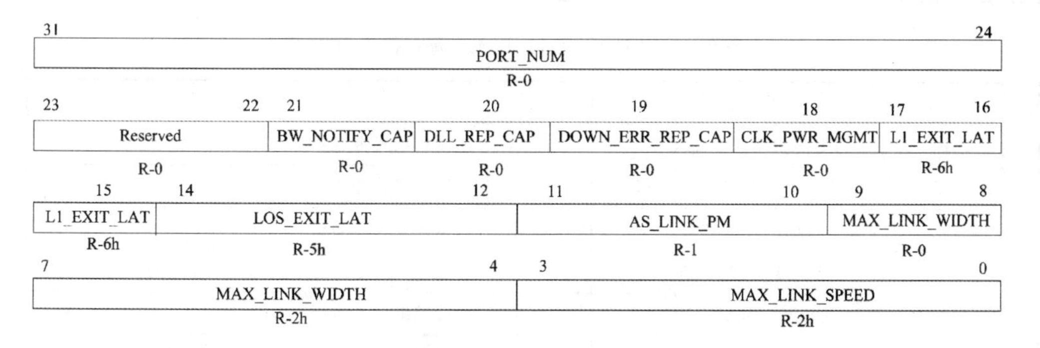

图 9.77　LINK_CAP 寄存器

表 9.82　LINK_CAP 寄存器字段描述

位	字　段	值	描　述
31～24	PORT_NUM	0～FFh	端口号。可从内部总线接口写入
23～22	Reserved	0	保留
21	BW_NOTIFY_CAP	0	连接带宽通知功能。下游总是为 1，而上游为 0
20	DLL_REP_CAP	0	数据连接层活动报告功能。总是下游为 1，而上游为 0
19	DOWN_ERR_REP_CAP	0	突发向下错误报告功能。不支持，值总是为 0
18	CLK_PWR_MGMT	0	时钟能耗管理。下游端口为 0。可从内部总线写入
17～15	L1_EXIT_LAT	0～7h	使用通用时钟时，L1 退出延迟，可从内部总线写入
14～12	LOS_EXIT_LAT	0～7h	L0s 退出延迟，可从内部总线写入
11～10	AS_LINK_PM	0～7h	支持活动状态连接 PM。可从内部总线写入。默认为 L0s 使能，而 L1 禁止
9～4	MAX_LINK_WIDTH	0～3Fh	最大连接宽度。可从内部总线写入
3～0	MAX_LINK_SPEED	0～Fh	最大连接速度。可从内部总线写入

(5) LINK_STAT_CTRL 寄存器

LINK_STAT_CTRL 寄存器的具体字段及描述如图 9.78 和表 9.83 所示。

31	30	29	28	27	26	25～24
LINK_BW_STATUS	LINK_BW_MGMT_STATUS	DLL_ACTIVE	SLOT_CLK_CFG	LINK_TRAINING	UNDEF	NEGOTIATED_LINK_WD
R/W1C-0	R/W1C-0	R-0	R-1	R-0	R-0	R-0

23～20	19～16
NEGOTIATED_LINK_WD	LINK_SPEED
R-1	R-1

15～12	11	10	9	8
Reserved	LINK_BW_INIT_EN	LINK_BW_MGMT_INT_EN	HW_AUTO_WIDTH_DIS	CLK_PWR_MGMT_EN
R-0	R-0	R-0	R-0	R/W-0

7	6	5	4	3	2	1～0
EXT_SYNC	COMMON_CLK_CFG	RETRAIN_LINK	LINK_DISABLE	RCB	Reserved	ACTIVE_LINK_PM
R/W-0	R/W-0	R/W-0	R/W-0	R-1	R-0	R/W-0

图 9.78　LINK_STAT_CTRL 寄存器

表 9.83 LINK_STAT_CTRL 寄存器字段描述

位	字 段	值	描 述
31	LINK_BW_STATUS	0	连接自主式带宽状态
30	LINK_BW_MGMT_STATUS	0	连接带宽管理状态
29	DLL_ACTIVE	0	数据连接层活动
28	SLOT_CLK_CFG	0	时隙时钟配置。可从内部总线接口写入
27	LINK_TRAINING	0	连接训练。不适用于 RC
26	UNDEF	0	对 PCIe 未定义
25～20	NEGOTIATED_LINK_WD	0～3Fh	协商连接宽度，连接初始化后通过硬件自动设置
19～16	LINK_SPEED	0～Fh	连接速度。连接初始化后通过硬件自动设置
15～12	Reserved	0	保留
11	LINK_BW_INT_EN	0	连接自主式带宽中断使能
10	LINK_BW_MGMT_INT_EN	0	连接带宽管理中断使能
9	HW_AUTO_WIDTH_DIS	0	硬件自主带宽中断禁止
8	CLK_PWR_MGMT_EN	0	使能时钟电源管理
7	EXT_SYNC	0	扩展同步
6	COMMON_CLK_CFG	0	通用时钟配置
5	RETRAIN_LINK	0	重新训练连接。对 EP 不可用并保留
4	LINK_DISABLE	0	连接禁止
3	RCB	0	读完成边界。对于 RC，可通过内部总线接口写入
2	Reserve	0	保留
1～0	ACTIVE_LINK_PM	0～3h	活动状态连接 PM 控制

(6) SLOT_CAP 寄存器

SLOT_CAP 寄存器的具体字段及描述如图 9.79 和表 9.84 所示。

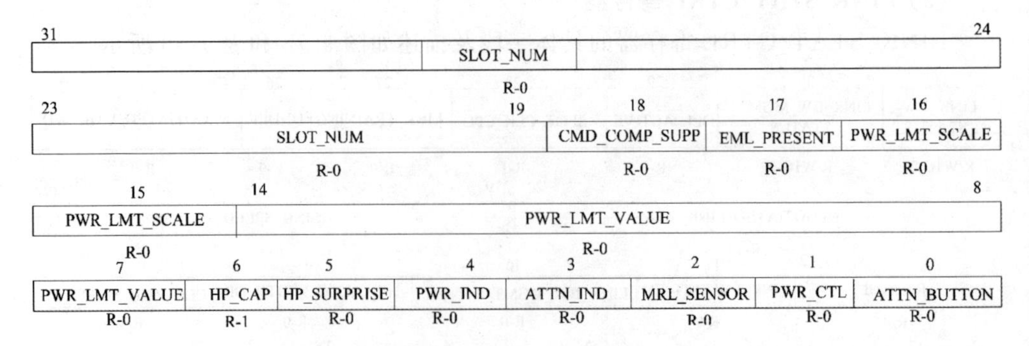

图 9.79 SLOT_CAP 寄存器

表 9.84 SLOT_CAP 寄存器字段描述

位	字 段	值	描 述
31～19	SLOT_NUM	0～1FFF	物理时隙号。可从内部总线接口写入
18	CMD_COMP_SUPP	0	支持非命令完成。可从内部总线接口写入
17	EML_PRESENT	0	机电互锁状态。可从内部总线接口写入
16～15	PWR_LMT_SCALE	0～3h	低速功率限制等级。可从内部总线接口写入
14～7	PWR_LMT_VALUE	0～FFh	低速功率极限值。可从内部总线接口写入
6	HP_CAP	0	热拔插功能。可从内部总线接口写入
5	HP_SURPRISE	0	突发热拔插功能。可从内部总线接口写入
4	PWR_IND	0	功率指示器状态。可从内部总线接口写入
3	ATTN_IND	0	指示器状态。可从内部总线接口写入
2	MRL_SENSOR	0	MRL 传感器状态。可从内部总线接口写入
1	PWR_CTL	0	功率控制器状态。可从内部总线接口写入。假如没有功率控制器，软件在读取当前检测状态前，必须保证打开系统电源
0	ATTN_BUTTON	0	指示器状态。可从内部总线接口写入

(7) SLOT_STAT_CTRL 寄存器

SLOT_STAT_CTRL 寄存器的具体字段及描述如图 9.80 和表 9.85 所示。

31～25	24
SLOT_NUM	DLL_STATE
R-0	R/W1C-0

23	22	21	20	19	18	17	16
EM_LOCK	PRESENCE_DET	MRL_STATE	CMD_COMLETE	PRESENCE_CHG	MRL_CHANGE	PWR_FAULT	ATTN_PRESSED
R-0	R-1	R-0	R/W1C-0	R/W1C-0	R/W1C-0	R/W1C-0	R/W1C-0

15～13	12	11	10	9～8
Reserved	DLL_CHG_EN	EM_LOCK_CTL	PM_CTL	PM_IND_CTL
R-0	R/W-0	R/W-0	R/W-0	R/W-3h

7～6	5	4	3	2	1	0
ATTN_IND_CTL	HP_INT_EN	CMD_CMP_INT_EN	PRS_DET_CHG_EN	MRL_CHG_EN	PWR_FLT_DET_EN	ATTN_BUTT_EN
R/W-3h	R/W-0	R/W-0	R/W-0	R/W-0	R/W-0	R/W-0

图 9.80 SLOT_STAT_CTRL 寄存器

表 9.85 SLOT_STAT_CTRL 寄存器字段描述

位	字 段	值	描 述
31～25	Reserved	0	保留
24	EM_LOCK	0	数据连接层状态改变
23	EM_LOCK	0	机电锁状态
22	PRESENCE_DET	0	检测状态

续表 9.85

位	字　段	值	描　述
21	MRL_STATE	0	MRL 传感器状态
20	CMD_COMLETE	0	命令完成
19	PRESENCE_CHG	0	存在检测改变
18	MRL_CHANGE	0	MRL 传感器改变
17	PWR_FAULT	0	电源故障检测
16	ATTN_PRESSED	0	按下警示按钮
15～13	Reserved	0	保留
12	DLL_CHG_EN	0	数据连接层状态改变使能
11	EM_LOCK_CTL	0	机电互锁控制
10	PM_CTL	0	功率控制器控制
9～8	PM_IND_CTL	0～3h	功率指示器控制
7～6	ATTN_IND_CTL	0～3h	警示指示器控制
5	HP_INT_EN	0	热拔插中断使能
4	CMD_CMP_INT_EN	0	命令完成中断使能
3	PRS_DET_CHG_EN	0	存在检测改变使能
2	MRL_CHG_EN	0	MRL 传感器改变使能
1	PWR_FLT_DET_EN	0	电源故障检测使能
0	ATTN_BUTT_EN	0	警示按钮按下使能

(8) ROOT_CTRL_CAP 寄存器

ROOT_CTRL_CAP 寄存器的具体字段及描述如图 9.81 和表 9.86 所示。

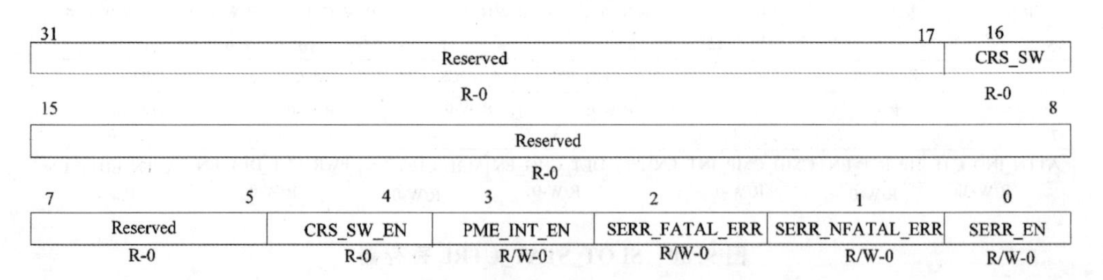

图 9.81　ROOT_CTRL_CAP 寄存器

表 9.86　ROOT_CTRL_CAP 寄存器字段描述

位	字　段	值	描　述
31～17	Reserved	0	保留
16	CRS_SW	0	CRS 软件可见度。不支持。硬件连接到 0

续表 9.86

位	字 段	值	描 述
15～5	Reserved	0	保留
4	CRS_SW_EN	0	CRS 软件可见度使能。不支持并设置为 0
3	PME_INT_EN	0	PME 中断使能
2	SERR_FATAL_ERR	0	系统致命错误使能
1	SERR_NFATAL_ERR	0	系统非致命错误使能
0	SERR_EN	0	系统可修正错误使能

(9) ROOT_STATUS 寄存器

ROOT_STATUS 寄存器的具体字段及描述如图 9.82 和表 9.87 所示。

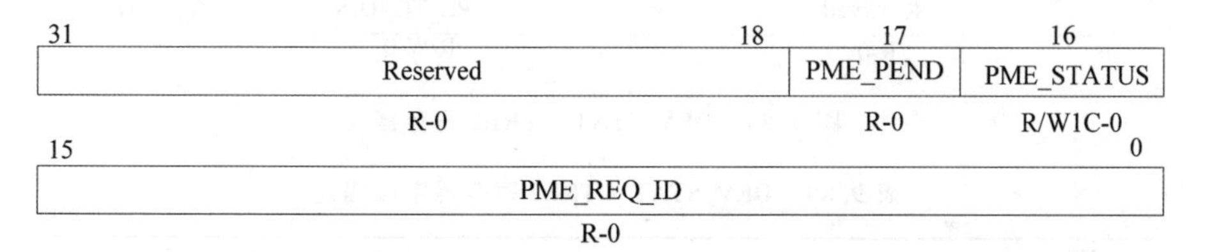

图 9.82　ROOT_STATUS 寄存器

表 9.87　ROOT_STATUS 寄存器字段描述

位	字 段	值	描 述
31～18	Reserved	0	保留
17	PME_PEND	0	PME 挂起
16	PME_STATUS	0	表示 PME 请求者确认 PME
15～0	PME_REQ_ID	0	最后一个 PME 请求者的 ID

(10) DEV_CAP2 寄存器

DEV_CAP2 寄存器的具体字段及描述如图 9.83 和表 9.88 所示。

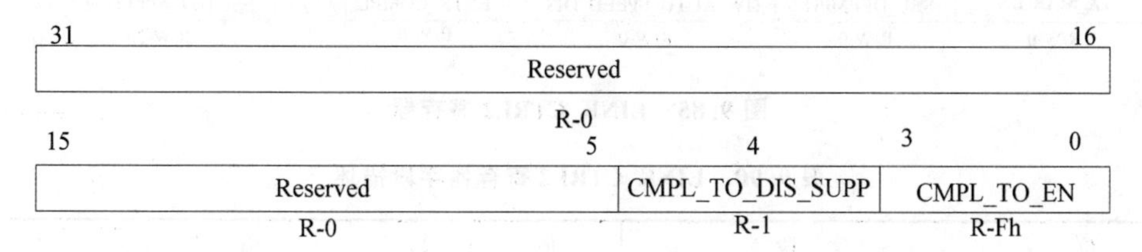

图 9.83　DEV_CAP2 寄存器

表 9.88 DEV_CAP2 寄存器字段描述

位	字 段	值	描 述
31～5	Reserved	0	保留
4	CMPL_TO_DIS_SUPP	0	完成超时禁止支持
3～0	CMPL_TO_EN	0～Fh	完成超时范围支持。用于 RC/EP 模式

(11) DEV_STAT_CTRL2 寄存器

DEV_STAT_CTRL2 寄存器的具体字段及描述如图 9.84 和表 9.89 所示。

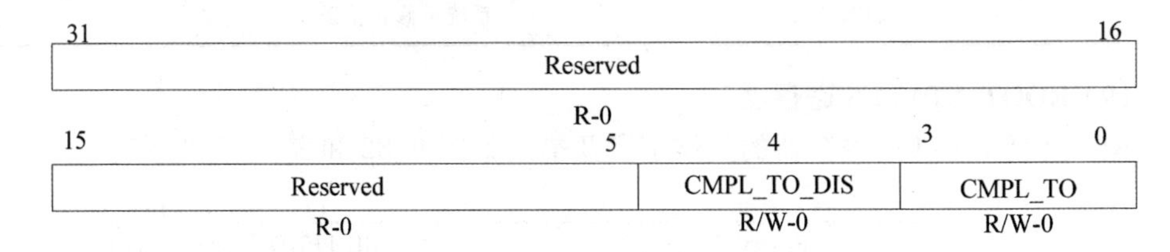

图 9.84 DEV_STAT_CTRL2 寄存器

表 9.89 DEV_STAT_CTRL2 寄存器字段描述

位	字 段	值	描 述
31～5	Reserved	0	保留
4	CMPL_TO_DIS	0	禁止完成超时
3～0	CMPL_TO	0～Fh	完成的超时值

(12) LINK_CTRL2 寄存器

LINK_CTRL2 寄存器的具体字段及描述如图 9.85 和表 9.90 所示。

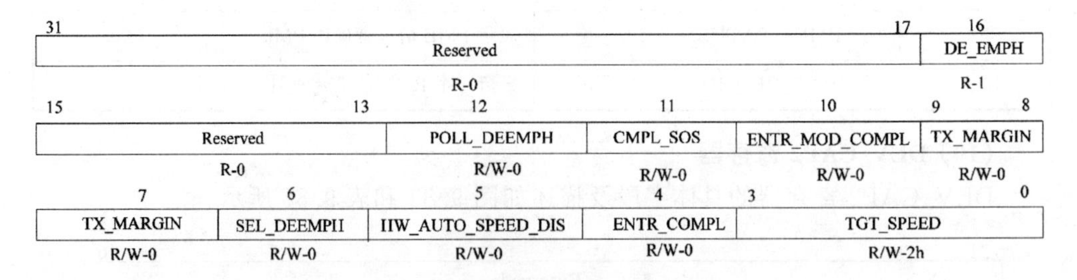

图 9.85 LINK_CTRL2 寄存器

表 9.90 LINK_CTRL2 寄存器字段描述

位	字 段	值	描 述
31～17	Reserved	0	保留
16	DE_EMPH	0	当前去加重电平

续表 9.90

位	字　段	值	描　述
15～13	Reserved	0	保留
12	POLL_DEEMPH	0	轮询状态的去加重电平
11	CMPL_SOS	0	符合 SOS
10	ENTR_MOD_COMPL	0	进入改进后的规则
9～7	TX_MARGIN	0～7h	发送器引脚上无去加重电压电平值
6	SEL_DEEMPH	0	可选的去加重(6 dB 为 0,而 3.5 dB 为 1)
5	HW_AUTO_SPEED_DIS	0	硬件自主加速禁止
4	ENTR_COMPL	0	进入合规
3～0	TGT_SPEED	0～Fh	Gen-1 是 1h,而 Gen-2 是 2h

9.9.8　PCIe 扩展功能寄存器

PCIe 扩展功能寄存器如表 9.91 所示。

表 9.91　PCIe 扩展性能寄存器字段描述

偏移量	缩写词	偏移量	缩写词
100h	PCIE_EXTCAP	11Ch	HDR_LOG0
104h	PCIE_UNCERR	120h	HDR_LOG1
108h	PCIE_UNCERR_MASK	124h	HDR_LOG2
10Ch	PCIE_UNCERR_SVRTY	128h	HDR_LOG3
110h	PCIE_CERR	12Ch	RC_ERR_CMD
114h	PCIE_CERR_MASK	130h	RC_ERR_ST
118h	PCIE_ACCR	134h	ERR_SRC_ID

(1) PCIE_UNCERR 寄存器

PCIE_UNCERR 寄存器的具体字段及描述如图 9.86 和表 9.92 所示。

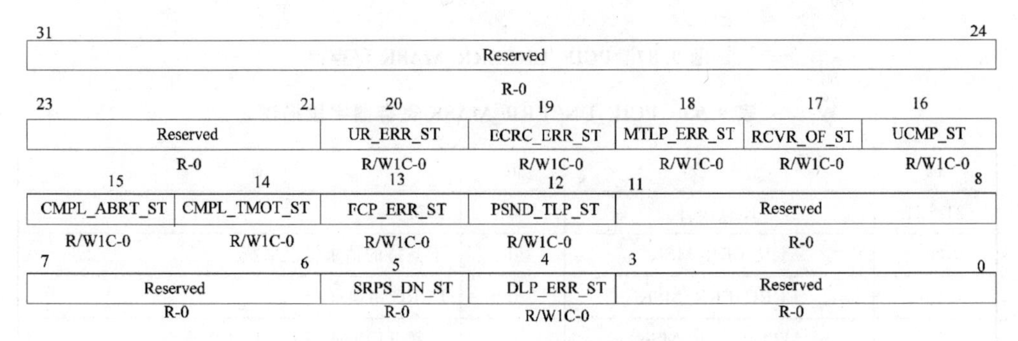

图 9.86　PCIE_UNCERR 寄存器

表 9.92 PCIE_UNCERR 寄存器字段描述

位	字 段	值	描 述
31～21	Reserved	0	保留
20	UR_ERR_ST	0	不支持的请求错误状态
19	ECRC_ERR_ST	0	ECRC 错误状态
18	MTLP_ERR_ST	0	异常 TLP(Malformed TLP)状态
17	RCVR_OF_ST	0	接收器溢出状态
16	UCMP_ST	0	意外完成状态
15	CMPL_ABRT_ST	0	完成中止状态
14	CMPL_TMOT_ST	0	完成超时状态
13	FCP_ERR_ST	0	流控协议错误状态
12	PSND_TLP_ST	0	破坏的 TLP 状态
11～6	Reserved	0	保留
5	SRPS_DN_ST	0	意外向下错误状态(不支持)
4	DLP_ERR_ST	0	数据连接协议错误状态
3-0	Reserved	0	保留

(2) PCIE_UNCERR_MASK 寄存器

PCIE_UNCERR_MASK 寄存器的具体字段及描述如图 9.87 和表 9.93 所示。

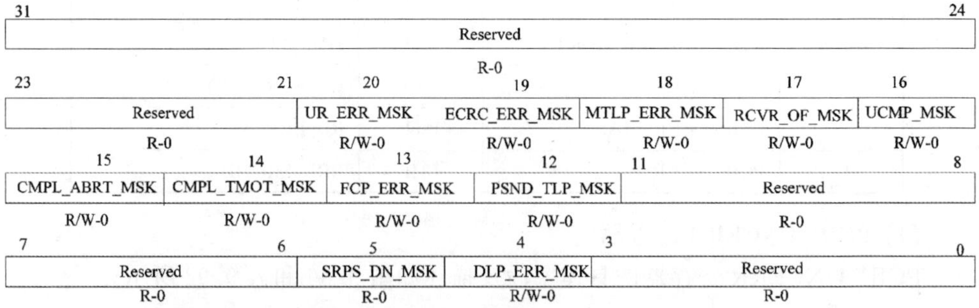

31～24
Reserved
R-0

23～21	20	19	18	17	16
Reserved	UR_ERR_MSK	ECRC_ERR_MSK	MTLP_ERR_MSK	RCVR_OF_MSK	UCMP_MSK
R-0	R/W-0	R/W-0	R/W-0	R/W-0	R/W-0

15	14	13	12	11～8
CMPL_ABRT_MSK	CMPL_TMOT_MSK	FCP_ERR_MSK	PSND_TLP_MSK	Reserved
R/W-0	R/W-0	R/W-0	R/W-0	R-0

7～6	5	4	3～0
Reserved	SRPS_DN_MSK	DLP_ERR_MSK	Reserved
R-0	R-0	R/W-0	R-0

图 9.87 PCIE_UNCERR_MASK 寄存器

表 9.93 PCIE_UNCERR_MASK 寄存器字段描述

位	字 段	值	描 述
31～21	Reserved	0	保留
20	UR_ERR_MSK	0	不支持的请求错误屏蔽
19	ECRC_ERR_MSK	0	ECRC 错误屏蔽
18	MTLP_ERR_MSK	0	异常 TLP(Malformed TLP)屏蔽

续表 9.93

位	字 段	值	描 述
17	RCVR_OF_MSK	0	接收器溢出屏蔽
16	UCMP_MSK	0	意外完成屏蔽
15	CMPL_ABRT_MSK	0	完成中止屏蔽
14	CMPL_TMOT_MSK	0	完成超时屏蔽
13	FCP_ERR_MSK	0	流控协议错误屏蔽
12	PSND_TLP_MSK	0	破坏的 TLP 屏蔽
11～6	Reserved	0	保留
5	SRPS_DN_MSK	0	意外向下错误屏蔽(不支持)
4	DLP_ERR_MSK	0	数据连接协议错误屏蔽
3-0	Reserved	0	保留

(3) PCIE_UNCERR_SVRTY 寄存器

PCIE_UNCERR_SVRTY 寄存器的具体字段及描述如图 9.88 和表 9.94 所示。

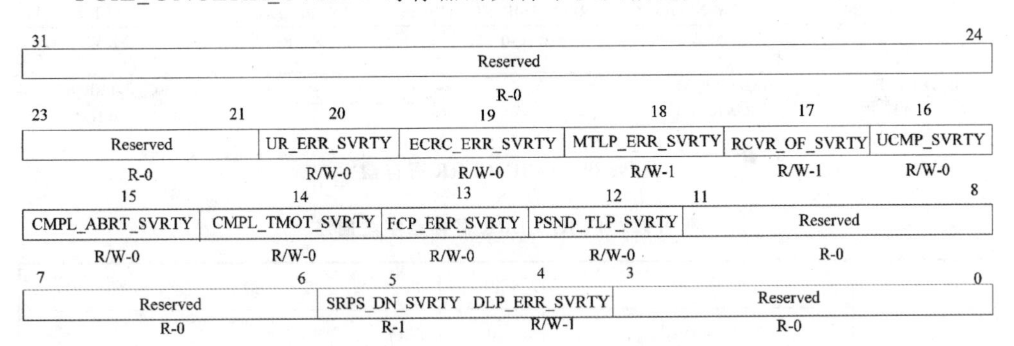

图 9.88 PCIE_UNCERR_MASK 寄存器

表 9.94 PCIE_UNCERR_MASK 寄存器字段描述

位	字 段	值	描 述
31～21	Reserved	0	保留
20	UR_ERR_SVRTY	0	不支持的请求错误的严重度
19	ECRC_ERR_SVRTY	0	ECRC 错误严重度
18	MTLP_ERR_SVRTY	1	异常 TLP 严重度
17	RCVR_OF_SVRTY	1	接收器溢出严重度
16	UCMP_SVRTY	0	意外完成严重度
15	CMPL_ABRT_SVRTY	0	完成中止严重度
14	CMPL_TMOT_SVRTY	0	完成超时严重度

续表 9.94

位	字　段	值	描　述
13	FCP_ERR_SVRTY	1	流控协议错误严重度
12	PSND_TLP_SVRTY	0	破坏的 TLP 严重度
11～6	Reserved	0	保留
5	SRPS_DN_SVRTY	1	意外向下错误严重度(不支持)
4	DLP_ERR_SVRTY	1	数据连接协议错误严重度
3～0	Reserved	0	保留

(4) PCIE_CERR 寄存器

PCIE_CERR 寄存器的具体字段及描述如图 9.89 和表 9.95 所示。

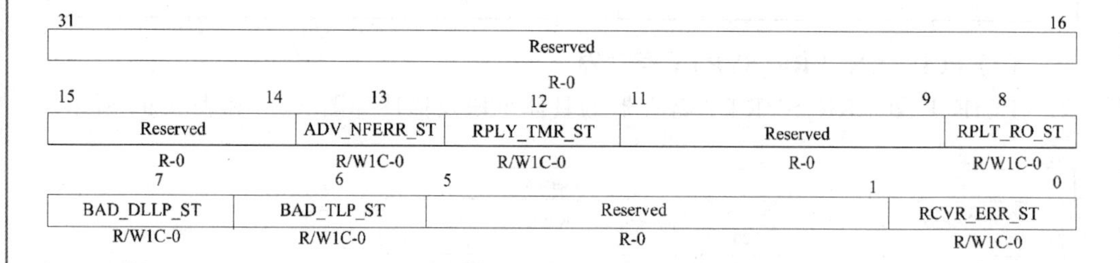

图 9.89　PCIE_CERR 寄存器

表 9.95　PCIE_CERR 寄存器字段描述

位	字　段	值	描　述
31～14	Reserved	0	保留
13	ADV_NFERR_ST	0	咨询非致命错误屏蔽
12	RPLY_TMR_ST	0	应答定时器超时屏蔽
11～9	Reserved	0	保留
8	RPLT_RO_ST	0	REPLAY_NUM 翻转屏蔽
7	BAD_DLLP_ST	0	Bad DLLP 屏蔽
6	BAD_TLP_ST	0	Bad TLP 屏蔽
5～1	Reserved	0	保留
0	RCVR_ERR_ST	0	接收器错误屏蔽

(5) PCIE_CERR_MASK 寄存器

PCIE_CERR_MASK 寄存器的具体字段及描述如图 9.90 和表 9.96 所示。

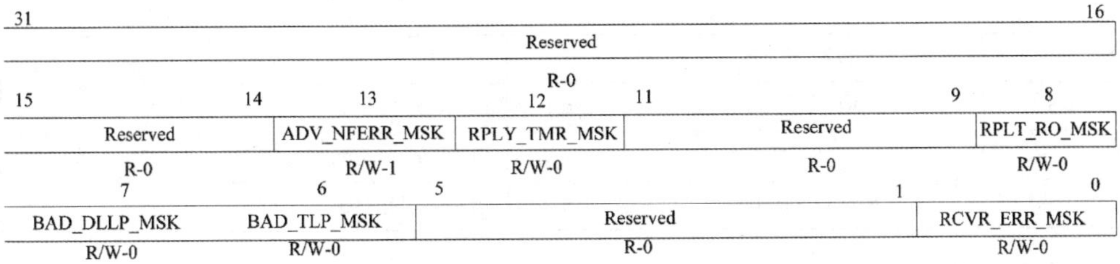

31–16
Reserved
R-0

15–14	13	12	11–9	8
Reserved	ADV_NFERR_MSK	RPLY_TMR_MSK	Reserved	RPLT_RO_MSK
R-0	R/W-1	R/W-0	R-0	R/W-0

7	6	5–1	0
BAD_DLLP_MSK	BAD_TLP_MSK	Reserved	RCVR_ERR_MSK
R/W-0	R/W-0	R-0	R/W-0

图 9.90 PCIE_CERR_MASK 寄存器

表 9.96 PCIE_CERR_MASK 寄存器字段描述

位	字 段	值	描 述
31～14	Reserved	0	保留
13	ADV_NFERR_MSK	1	咨询非致命错误屏蔽
12	RPLY_TMR_MSK	0	应答定时器超时屏蔽
11～9	Reserved	0	保留
8	RPLT_RO_MSK	0	REPLAY_NUM 翻转屏蔽
7	BAD_DLLP_MSK	0	Bad DLLP 屏蔽
6	BAD_TLP_MSK	0	Bad TLP 屏蔽
5～1	Reserved	0	保留
0	RCVR_ERR_MSK	0	接收器错误屏蔽

(6) PCIE_ACCR 寄存器

PCIE_ACCR 寄存器的具体字段及描述如图 9.91 和表 9.97 所示。

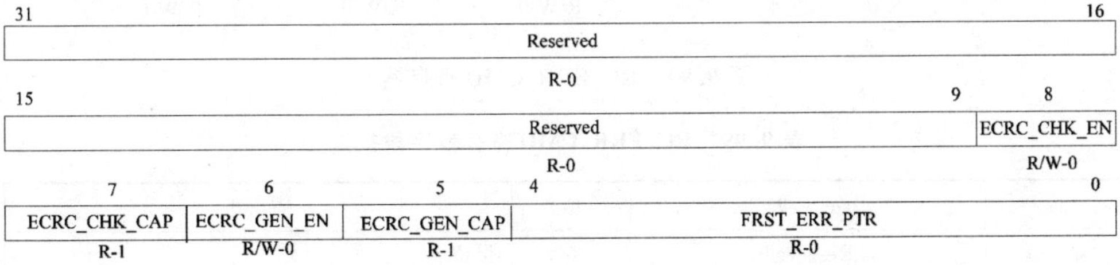

31–16
Reserved
R-0

15–9	8
Reserved	ECRC_CHK_EN
R-0	R/W-0

7	6	5	4–0
ECRC_CHK_CAP	ECRC_GEN_EN	ECRC_GEN_CAP	FRST_ERR_PTR
R-1	R/W-0	R-1	R-0

图 9.91 PCIE_ACCR 寄存器

表 9.97 PCIE_ACCR 寄存器字段描述

位	字 段	值	描 述
31～9	Reserved	0	保留
8	ECRC_CHK_EN	0	ECRC 检测使能
7	ECRC_CHK_CAP	1	ECRC 检测功能

续表 9.97

位	字 段	值	描 述
6	ECRC_GEN_EN	0	ECRC 产生使能
5	ECRC_GEN_CAP	1	ECRC 产生功能
4～0	FRST_ERR_PTR	0	第一错误指针

(7) HDR_LOG0/1/2/3 寄存器

HDR_LOG0/1/2/3 寄存器的具体字段及描述如图 9.92 和表 9.98 所示。

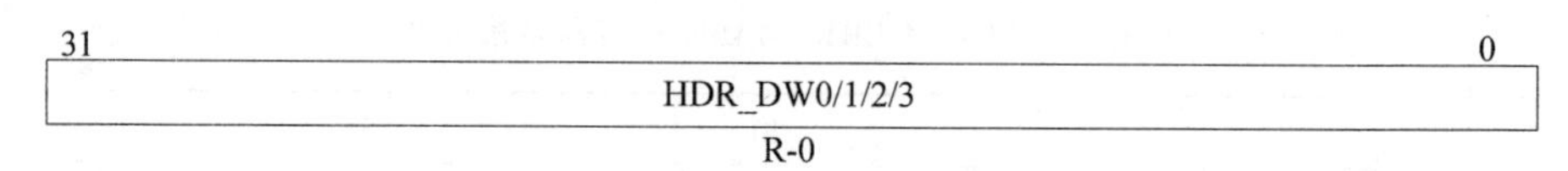

图 9.92 HDR_LOG0/1/2/3 寄存器

表 9.98 HDR_LOG0/1/2/3 寄存器字段描述

位	字 段	值	描 述
31～0	HDR_DW0	0～FFFF FFFFh	检测错误的头信息的第 1/2/3/4 个 DWORD

(8) RC_ERR_CMD 寄存器

RC_ERR_CMD 寄存器的具体字段及描述如图 9.93 和表 9.99 所示。

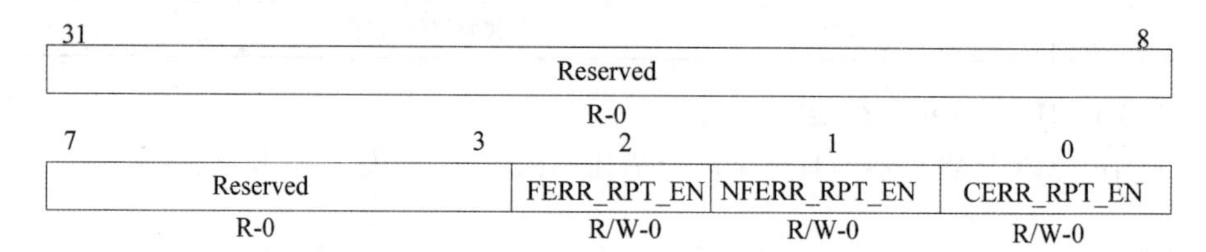

图 9.93 RC_ERR_CMD 寄存器

表 9.99 RC_ERR_CMD 寄存器字段描述

位	字 段	值	描 述
31～3	Reserved	0	保留
2	FERR_RPT_EN	0	致命错误报告使能
1	NFERR_RPT_EN	0	非致命错误报告使能
0	CERR_RPT_EN	0	可修正的错误报告使能

(9) RC_ERR_ST 寄存器

RC_ERR_ST 寄存器的具体字段及描述如图 9.94 和表 9.100 所示。

31~27	26~16
AER_INT_MSG	Reserved
R-0	R-0

15~8
Reserved
R-0

7	6	5	4	3	2	1	0
Reserved	FERR_RCV	NFERR	UNCOR_FATAL	MULT_FNF	ERR_FNF	MULT_COR	CORR_ERR
R-0	R/W1C-0	R/W1C-0	R/W1C-0	R/W1C-0	R/W1C-0	R/W1C-0	R/W1C-0

图 9.94 RC_ERR_ST 寄存器

表 9.100 RC_ERR_ST 寄存器字段描述

位	字 段	值	描 述
31~27	AER_INT_MSG	0~1Fh	AER 中断消息号。可通过内部总线接口写入
26~7	Reserved	0	保留
6	FERR_RCV	0	致命错误消息接收
5	NFERR	0	0h 非致命错误消息接收
4	UNCOR_FATAL	0	第一个不可修改致命错误
3	MULT_FNF	0	接收的多 ERR_FATAL/NONFATAL
2	ERR_FNF	0	接收的 ERR_FATAL/NONFATAL
1	MULT_COR	0	接收的多 ERR_COR
0	CORR_ERR	0	接收的 ERR_COR

(10) ERR_SRC_ID 寄存器

ERR_SRC_ID 寄存器的具体字段及描述如图 9.95 和表 9.101 所示。

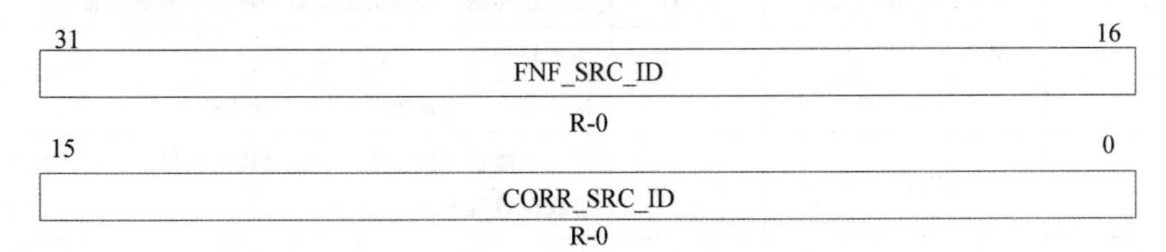

图 9.95 ERR_SRC_ID 寄存器

表 9.101 ERR_SRC_ID 寄存器字段描述

位	字 段	值	描 述
31~16	FNF_SRC_ID	0~FFFFh	致命或非致命错误源识别
15~0	CORR_SRC_ID	0~FFFFh	可修正错误源识别

9.9.9 中断消息发送寄存器

中断消息发送寄存器如表 9.102 所示。

表 9.102 中断消息发送寄存器

偏移量	缩写词	偏移量	缩写词
0h	MSI_CAP	8h	MSI_UP32
4h	MSI_LOW32	Ch	MSI_DATA

(1) MSI_CAP 寄存器

MSI_CAP 寄存器的具体字段及描述如图 9.96 和表 9.103 所示。

31～24	23	22～20	19～17	16
Reserved	64BIT_EN	MULT_MSG_EN	MULT_MSG_CAP	MSI_EN
R-0	R-1	R/W-0	R-0	R/W-0

15～8	7～0
NEXT_CAP	CAP_ID
R-70h	R-5h

图 9.96 MSI_CAP 寄存器

表 9.103 MSI_CAP 寄存器字段描述

位	字 段	值	描 述
31～24	Reserved	0	保留
23	64BIT_EN	0	64 位寻址使能。可从内部总线接口写入
22～20	MULT_MSG_EN	0～7h	多消息使能。使能的消息数不得大于多消息能力值
19～17	MULT_MSG_CAP	0～7h	多消息功能。可从内部总线接口写入
16	MSI_EN	0	MSI 使能。当设置时，必须禁止 INTx
15～8	NEXT_CAP	0～FFh	下一功能指针包含下一功能结构的偏移量。可从内部总线接口写入
7～0	CAP_ID	0～FFh	MSI 功能 ID

(2) MSI_LOW32 寄存器

MSI_LOW32 寄存器的具体字段及描述如图 9.97 和表 9.104 所示。

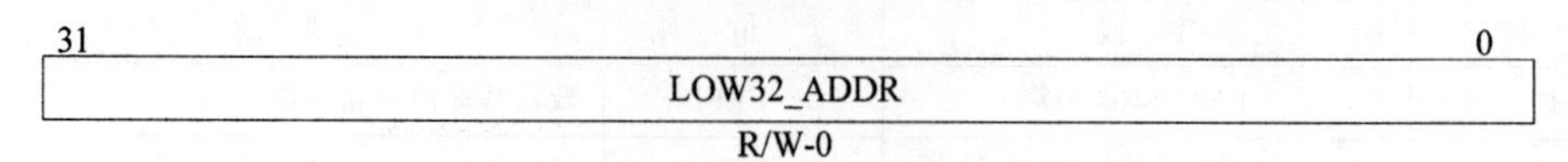

图 9.97 MSI_LOW32 寄存器

表 9.104 MSI_LOW32 寄存器字段描述

位	字 段	值	描 述
31～0	LOW32_ADDR	0-FFFF FFFFh	低 32 位地址

(3) MSI_UP32 寄存器

MSI_UP32 寄存器的具体字段及描述如图 9.98 和表 9.105 所示。

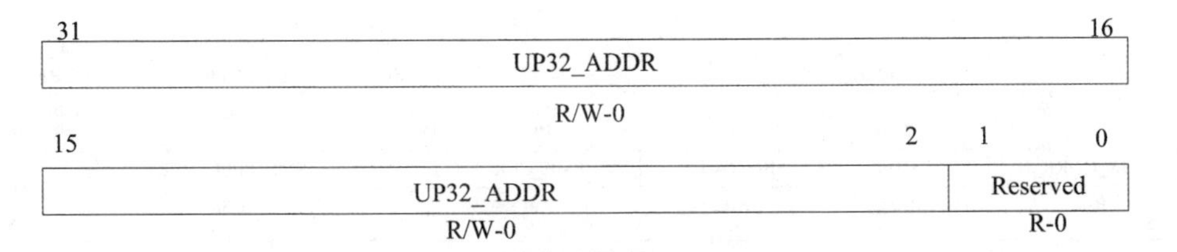

图 9.98 MSI_UP32 寄存器

表 9.105 MSI_UP32 寄存器字段描述

位	字 段	值	描 述
31～5	UP32_ADDR	0～3FFF FFFFh	高 32 位地址
1～0	Reserved	0	保留

(4) MSI_DATA 寄存器

MSI_DATA 寄存器的具体字段及描述如图 9.99 和表 9.106 所示。

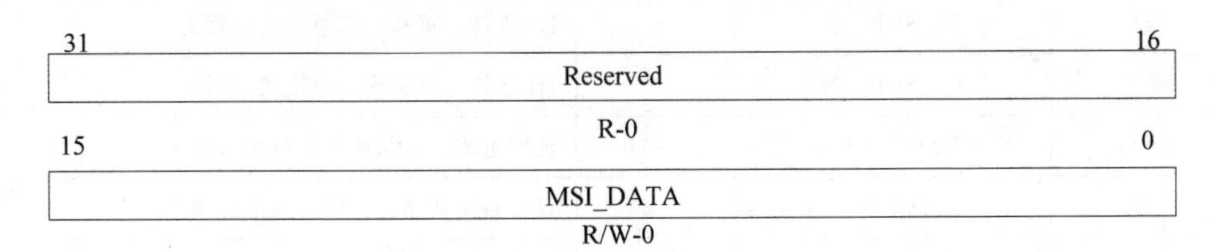

图 9.99 MSI_DATA 寄存器

表 9.106 MSI_DATA 寄存器字段描述

位	字 段	值	描 述
31～16	Reserved	0	保留
15～0	MSI_DATA	0～FFFFh	MSI 数据

9.9.10 电源管理功能寄存器

电源管理功能寄存器如表 9.107 所示。

表 9.107 电源管理性能寄存器

偏移量	缩写词	偏移量	缩写词
0h	PMCAP	4h	PM_CTL_STAT

(1) PMCAP 寄存器

PMCAP 寄存器的具体字段及描述如图 9.100 和表 9.108 所示。

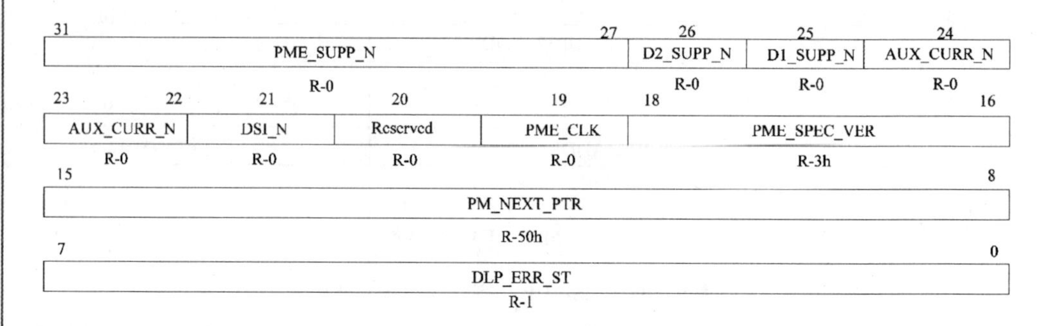

图 9.100 PMCAP 寄存器

表 9.108 PMCAP 寄存器字段描述

位	字 段	值	描 述
31～27	PME_SUPP_N	0～1Fh	PME 支持。可从内部总线接口写入
26	D2_SUPP_N	0	D2 支持。可从内部总线接口写入
25	D1_SUPP_N	0	D1 支持。可从内部总线接口写入
24～22	AUX_CURR_N	0～7h	辅助电流。可从内部总线接口写入
21	DSI_N	0	设备特定初始化。可从内部总线接口写入
20	Reserved	0	保留
19	PME_CLK	0	PME 时钟。硬件连接到 0
18～16	PME_SPEC_VER	0～7h	电源管理规范版本。可从内部总线接口写入
15～8	PM_NEXT_PTR	0～FFh	下一个功能指针。可从内部总线接口写入
7～0	PM_CAP_ID	0～FFh	电源管理功能 ID

(2) PM_CTL_STAT 寄存器

PM_CTL_STAT 寄存器的具体字段及描述如图 9.101 和表 9.109 所示。

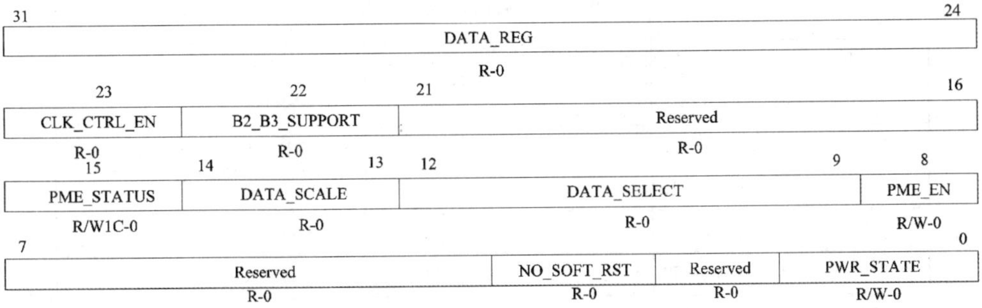

图 9.101 PM_CTL_STAT 寄存器

表 9.109 PM_CTL_STAT 寄存器字段描述

位	字 段	值	描 述
31～24	DATA_REG	0～FFh	用于附加信息的数据寄存器。不支持
23	CLK_CTRL_EN	0	总线电源/时钟控制使能。硬件连接至 0
22	BW_B3_SUPPORT	0	支持 B2 和 B3。硬件连接至 0
21～16	Reserved	0	保留
15	PME_STATUS	0	PME 状态。表示是否有激活的 PME 事件发生
14～13	DATA_SCALE	0-3h	数据缩放。不支持
12～9	DATA_SELECT	0-Fh	数据选择。不支持
8	PME_EN	0	PME 使能。1 表示设备使能产生 PME。可从内部总线接口写入
7～4	Reserved	0	保留
3	NO_SOFT_RST	0	无软件复位。用于在从 D3 到 D0 的转换期间禁止复位。可从内部总线接口写入
2	Reserved	0	保留
1～0	PWR_STATE	0-3h	电源状态。控制设备电源状态。可从内部总线接口写入
		0	D0 电源状态
		1h	D1 电源状态
		2h	D2 电源状态
		3h	D3 电源状态

9.9.11 端口逻辑寄存器

端口逻辑寄存器如表 9.110 所示。

表 9.110 端口逻辑寄存器

偏移量	缩写词	偏移量	缩写词
700h	PL_ACKTIMER	718h	SYM_NUM
704h	PL_OMSG	71Ch	SYMTIMER_FLTMASK
708h	PL_FORCE_LINK	720h	FLT_MASK2
70Ch	ACK_FREQ	728h	DEBUG0
710h	PL_LINK_CTRL	72Ch	DEBUG1
714h	LANE_SKEW	80Ch	PL_GEN2

(1) PL_ACKTIMER 寄存器

PL_ACKTIMER 寄存器的具体字段及描述如图 9.102 和表 9。111 所示。

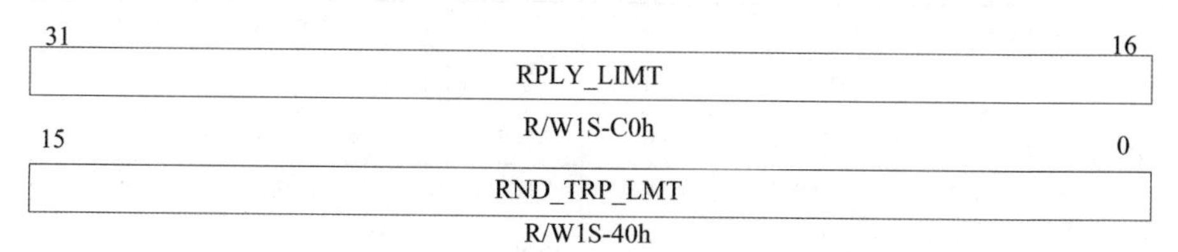

图 9.102 PL_ACKTIMER 寄存器

表 9.111 PL_ACKTIMER 寄存器字段描述

位	字 段	值	描 述
31～16	RPLY_LIMT	0～FFFFh	重播时间限制
15～0	RND_TRP_LMT	0～FFFFh	往返延迟时间限制

(2) PL_OMSG 寄存器

PL_OMSG 寄存器的具体字段及描述如图 9.103 和表 9.112 所示。

图 9.103 PL_OMSG 寄存器

表 9.112 PL_OMSG 寄存器字段描述

位	字 段	值	描 述
31～0	OMSG	0-FFFF FFFFh	其他消息寄存器。可用于发送特定的 PCIe 消息，此时寄存器编入有效负载，且设置端口连接控制寄存器的 0 位，用于发送该消息

(3) PL_FORCE_LINK 寄存器

PL_FORCE_LINK 寄存器的具体字段及描述如图 9.104 和表 9.113 所示。

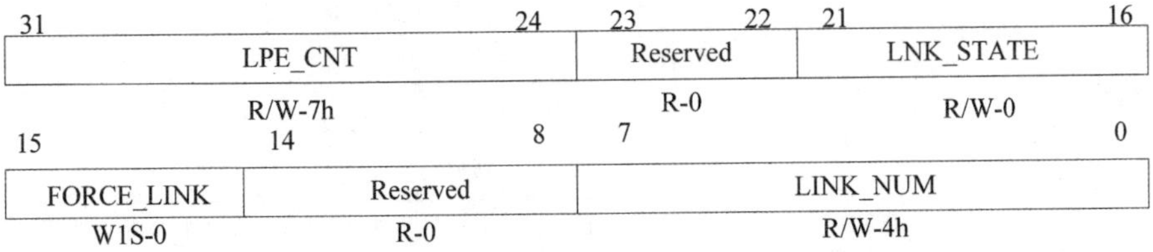

31　　　　24	23　　22	21　　　　16
LPE_CNT	Reserved	LNK_STATE
R/W-7h	R-0	R/W-0

15	14　　　　8	7　　　　0
FORCE_LINK	Reserved	LINK_NUM
W1S-0	R-0	R/W-4h

图 9.104　PL_FORCE_LINK 寄存器

表 9.113　PL_FORCE_LINK 寄存器字段描述

位	字　段	值	描　述
31～24	LPE_CNT	0～FFh	低功耗入口计数
23～22	Reserved	0	保留
21～16	LNK_STATE	0～3Fh	连接状态
15	FORCE_LINK	0	强制连接
14～8	Reserved	0	保留
7～0	LINK_NUM	0～FFh	连接号

(4) ACK_FREQ 寄存器

ACK_FREQ 寄存器的具体字段及描述如图 9.105 和表 9.114 所示。

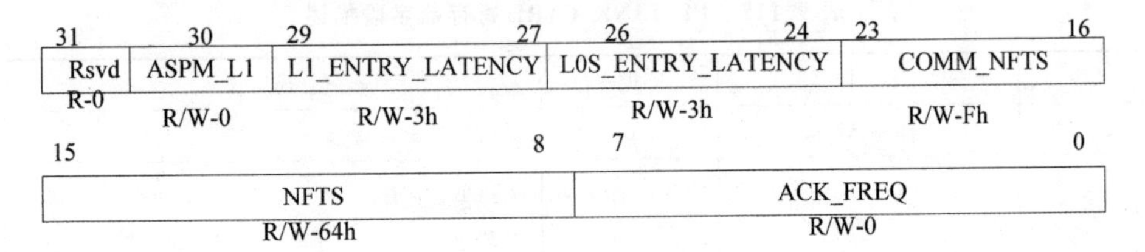

图 9.105　ACK_FREQ 寄存器

表 9.114　ACK_FREQ 寄存器字段描述

位	字　段	值	描　述
31	Reserved	0	保留
30	ASPM_L1	0	设置以允许进入 ASPM L1，即使连接部分还没进入 L0s。当该位被清零后，只有在 RX 和 TX 都处于 L0s 的空闲时期之后才能进入 ASPM L1 状态
29～27	L1_ENTRY_LATENCY	0～7h	L1 进入延迟。设置延迟值为 L0S_ENTRY_LATENCY+1 微妙，最大为 7 μs

续表 9.114

位	字　段	值	描　述
26～24	L0S_ENTRY_LATENCY	0～7h	L0s 进入延迟。延迟值被设置为 $2^{L1\_ENTRY\_LATENCY}$ μs,最大为 64 μs
23～16	COMM_NFTS	0～FFh	当使用通用时钟且 L0s 转变为 L0 时的快速训练序列数
15～8	NFTS	0～FFh	当 L0s 转变为 L0 时,要发送的快速训练序列数
7～0	ACK_FREQ	0～FFh	应答频率。默认情况下等到第 255 个 Ack DLLP 挂起时才发送它

(5) PL_LINK_CTRL 寄存器

PL_LINK_CTRL 寄存器的具体字段及描述如图 9.106 和表 9.115 所示。

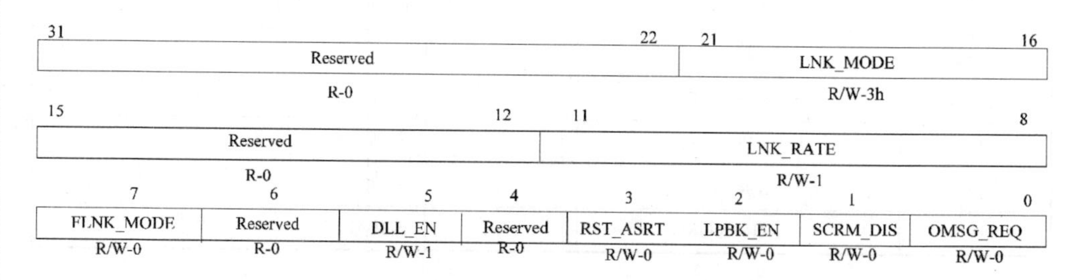

图 9.106　PL_LINK_CTRL 寄存器

表 9.115　PL_LINK_CTRL 寄存器字段描述

位	字　段	值	描　述
31～22	Reserved	0	保留
21～16	LNK_MODE	0～3Fh	连接模式使能
		0	保留
		1h	×1
		2h	保留
		3h	×2
		4h～6h	保留
		7h	×4
		8h～Eh	保留
		Fh	×8
		10h～1Eh	保留
		1Fh	×16
		20h～3Eh	保留
		3Fh	×32
15～12	Reserved	0	保留

续表 9.115

位	字 段	值	描 述
11～8	LNK_RATE	0-Fh	默认连接速率。对于 2.5 Gbps，该字段为 1h。该寄存器不影响任何功能
7	FLNK_MODE	0	快速连接模式
6	Reserved	0	保留
5	DLL_EN	1	DLL 连接使能
4	Reserved	0	保留
3	RST_ASRT	0	复位确认
2	LPBK_EN	0	回写使能
1	SCRM_DIS	0	加扰禁止
0	OMSG_REQ	0	其他消息请求

(6) LANE_SKEW 寄存器

LANE_SKEW 寄存器的具体字段及描述如图 9.107 和表 9.116 所示。

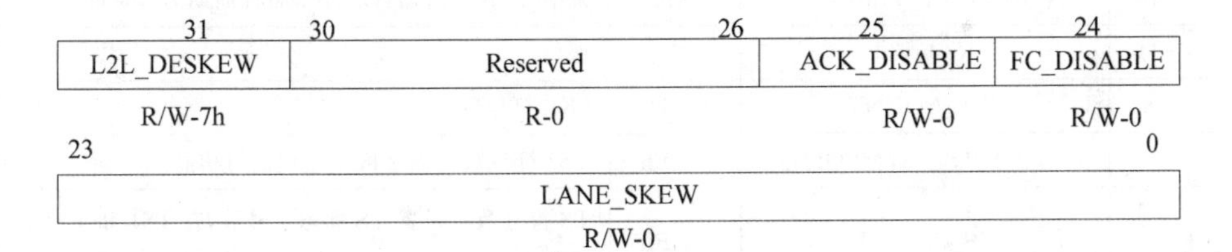

图 9.107 LANE_SKEW 寄存器

表 9.116 LANE_SKEW 寄存器字段描述

位	字 段	值	描 述
31	L2L_DESKEW	0	禁止通道到通道的去偏移
30～26	Reserved	0	保留
25	ACK_DISABLE	0	禁止 Ack 和 Nak DLLP 传输
24	FC_DISABLE	0	流控禁止。用于禁止流控 DLLP 的传输
23～0	LANE_SKEW	0～FF FFFFh	对传输插入通道偏移量。该值以时间符号位单位。因此 02h 表示此通道的偏移为 2 个时间符号，允许的最大偏移为 5 个符号时间。该位域用于对 8 个通道进行偏移编程，每个通道对应其中的 3 位

(7) SYM_NUM 寄存器

SYM_NUM 寄存器的具体字段及描述如图 9.108 和表 9.117 所示。

31～29	28～24	23～19	18～16
MAX_FUNC	FCWATCH_TIMER	ACK_LATENCY_TIMER	REPLAY_TIMER
R/W-0	R/W-0	R/W-0	R/W-4h

15～14	13～11	10～8	7～4	3～0
REPLAY_TIMER	Reserved	SKP_COUNT	NUM_TS2_SYMBOLS	TS_COUNT
R/W-4h	R/W-0	R/W-3h	R/W-Ah	R/W-Ah

图 9.108　SYM_NUM 寄存器

表 9.117　SYM_NUM 寄存器字段描述

位	字　段	值	描　述
31～29	MAX_FUNC	0～7h	以该值的功能号配置请求，将会引起 UR 应答
28～24	FCWATCH_TIMER	0～1Fh	流控看门狗定时器的定时器修饰符。以 16 个时钟周期为增量，对流控看门狗定时器增加定时值
23～19	ACK_LATENCY_TIMER	0～1Fh	Ack/Nak 延迟定时器的定时器修饰符，以 64 个时钟周期为增量
18～14	REPLAY_TIMER	0～1Fh	重播 TLP 定时器，以 64 个时钟周期为增量的
13～11	Reserved	0	保留
10～8	SKP_COUNT	0～7h	SKP 符号数
7～4	NUM_TS2_SYMBOLS	0～Fh	TS2 符号数。该字段不影响任何功能
3～0	TS_COUNT	0～Fh	TS 符号数。设置 TS 标志符号数，在 TS1 和 TS2 有序集中发送

(8) SYMTIMER_FLTMASK 寄存器

SYMTIMER_FLTMASK 寄存器的具体字段及描述如图 9.109 和表 9.118 所示。

31	30	29	28	27	26	25	24
F1_CFG_DROP	F1_IO_DROP	F1_MSG_DROP	F1_CPL_ECRC_DROP	F1_ECRC_DROP	F1_CPL_LEN_TEST	F1_CPL_ATTR_TEST	F1_CPL_TC_TEST
R/W-0	R/W-0	R/W-0	R/W-0	R/W-0	R/W-0	R/W-0	R/W-0

23	22	21	20	19	18	17	16
F1_CPL_FUNC_TEST	F1_CPL_REQID_TEST	F1_CPL_TAGERR_TEST	F1_LOCKED_RD_AS_UR	F1_CFG1_RE_AS_US	F1_UR_OUT OF BAR	F1_UR_POISON	F1_UR_FUN_MISMATCH
R/W-0	R/W-0	R/W-0	R/W-0	R/W-0	R/W-0	R/W-0	R/W-0

15	14～11	10～0
FC_WDOG_DISABLE	Reserved	SKP_VALUE
R-0	R-0	R/W-500h

图 9.109　SYMTIMER_FLTMASK 寄存器

表 9.118　SYMTIMER_FLTMASK 寄存器字段描述

位	字　段	值	描　述
31	F1_CFG_DROP	0	设置允许 RC 模式的 CFG TLPs
30	F1_IO_DROP	0	设置允许模式的 I/O TLPs
29	F1_MSG_DROP	0	设置允许模式的 MSG TLPs
28	F1_CPL_ECRC_DROP	0	设置允许带有 ECRC 的 TLPs 传输的完成
27	F1_ECRC_DROP	0	设置在 ECRC 错过的情况下允许 TLPs
26	F1_CPL_LEN_TEST	0	对接收到的完成 TLPs，设置屏蔽长度匹配
25	F1_CPL_ATTR_TEST	0	对接收到的完成 TLPs，设置掩码属性匹配
24	F1_CPL_TC_TEST	0	对接收到的完成 TLPs，设置掩码流量类匹配
23	F1_CPL_FUNC_TEST	0	对接收到的完成 TLPs，设置掩码功能匹配
22	F1_CPL_REQID_TEST	0	对接收到的完成 TLPs，设置掩码请求 ID 匹配
21	F1_CPL_TAGERR_TEST	0	对接收到的完成 TLPs，设置掩码标记错误规则
20	F1_LOCKED_RD_AS_UR	0	设置锁定的读 TLPs 为 EP 和 RC 的 UR 支持
19	F1_CFG1_RE_AS_US	0	设置 CFG TLPs 类型 1 为 EP 和 RC 的 UR 支持
18	F1_UR_OUT_OF_BAR	0	设置把 BAR 外面的 TLPs 作为支持的请求
17	F1_UR_POISON	0	设置把破坏的 TLPs 作为支持的请求
16	F1_UR_FUN_MISMATCH	0	设置把不匹配的 TLPs 作为支持的 TLPs
15	FC_WDOG_DISABLE	0	禁用 FC 看门狗定时器
14～11	Reserved	0	保留
10～0	SKP_VALUE	0～7FFh	发送 SKP 有序集之间的等待符号次数

(9) FLT_MASK2 寄存器

FLT_MASK2 寄存器的具体字段及描述如图 9.110 和表 9.119 所示。

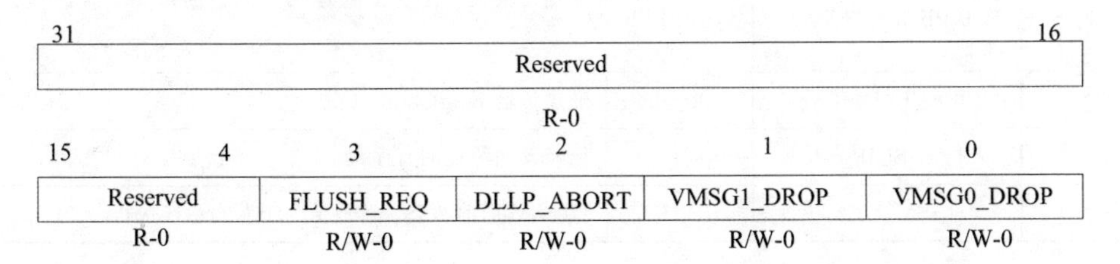

图 9.110　FLT_MASK2 寄存器

表 9.119　FLT_MASK2 寄存器字段描述

位	字　段	值	描　述
31～4	Reserved	0	保留
3	FLUSH_REQ	0	设置使能过滤器,用于处理刷新请求
2	DLLP_ABORT	0	对意外的 CPL,设置禁用 DLLP 异常中止
1	VMSG1_DROP	0	设置禁止丢弃供应商 MSG 类型 1
0	VMSG0_DROP	0	设置禁止丢弃带有 UR 报告的供应商 MSG 类型 0

(10) DEBUG0 寄存器

DEBUG0 寄存器的具体字段及描述如图 9.111 和表 9.120 所示。

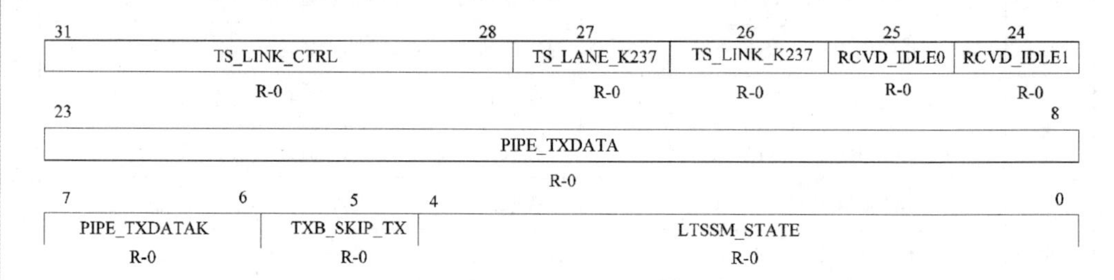

图 9.111　DEBUG0 寄存器

表 9.120　DEBUG0 寄存器字段描述

位	字　段	值	描　述
31～28	TS_LINK_CTRL	0～Fh	连接 partner 发布的连接控制位
27	TX_LANE_K237	0	当前正在接收的 k237 (PAD)用于替换通道号
26	TS_LINK_K237	0	当前正在接收的 k237 (PAD)用于替换连接号
25	RCVD_IDLE0	0	接收器正接收逻辑空闲
24	RCVD_IDLE1	0	第二个符号也处于空闲状态(只用于 16 位 PHY 接口)
23～8	PIPE_TXDATA	0～FFFFh	通道传输数据。复位值为 0,但之后的每一个时钟都会改变
7～6	PIPE_TXDATAK	0～3h	通道传输 K 指示
5	TXB_SKIP_TX	0	已经发送跳过的有序集
4～0	LTSSM_STATE	0～1Fh	LTSSM 当前状态。读取值为 11h 表示连接状态

(11) DEBUG1 寄存器

DEBUG1 寄存器的具体字段及描述如图 9.112 和表 9.121 所示。

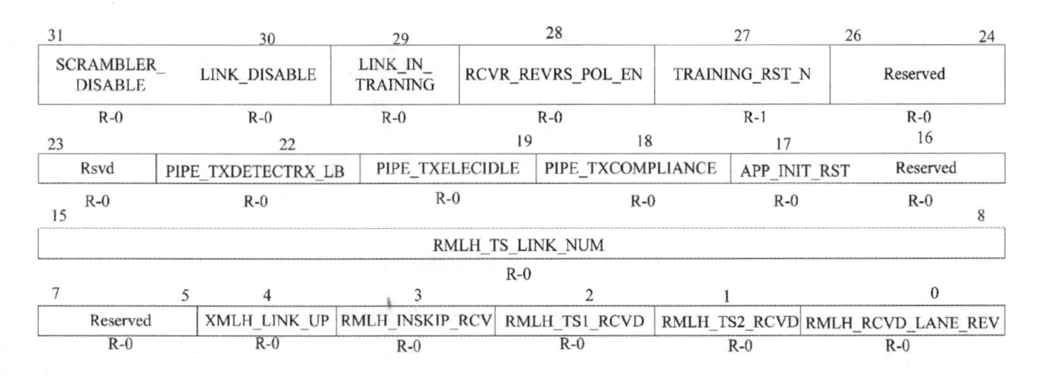

图 9.112　DEBUG1 寄存器

表 9.121　DEBUG1 寄存器字段描述

位	字　段	值	描　述
31	SCRAMBLER_DISABLE	0	禁止连接加扰
30	LINK_DISABLE	0	LTSSM 处于禁止状态。连接不可用
29	LINK_IN_TRAINING	0	LTSSM 执行连接训练
28	RCVR_REVRS_POL_EN	0	极性反向的 LTSSM 测试
27	TRAINING_RST_N	1	LTSSM 协商连接复位
26～23	Reserved	0	保留
22	PIPE_TXDETECTRX_LB	0	通道接收器检测/回写请求
21	PIPE_TXELECIDLE	1	通道发送器电气空闲请求
20	PIPE_TXCOMPLIANCE	0	通道发送器符合要求
19	APP_INIT_RST	0	应用请求以发起训练复位
18～16	Reserved	0	保留
15～8	RMLH_TS_LINK_NUM	0～FFh	连接 partner 通知/确认的连接号
7～5	Reserved	0	保留
4	XMLH_LINK_UP	0	LTSSM 报告 PHY 连通
3	RMLH_INSKIP_RCV	0	接收器报告跳过的接收
2	RMLH_TS1_RCVD	0	接收到的 TS1 训练序列(脉冲)
1	RMLH_TS2_RCVD	0	接收到的 TS2 训练序列(脉冲)
0	RMLH_RCVD_LANE_REV	0	接收器检测到通道反转

(12) PL_GEN2 寄存器

PL_GEN2 寄存器的具体字段及描述如图 9.113 和表 9.122 所示。

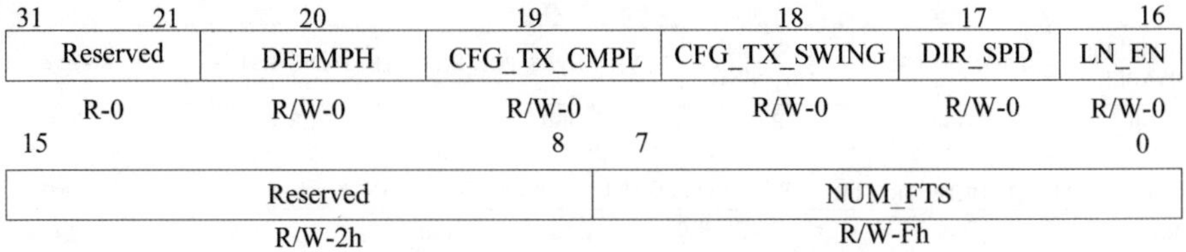

31　　21	20	19	18	17	16
Reserved	DEEMPH	CFG_TX_CMPL	CFG_TX_SWING	DIR_SPD	LN_EN
R-0	R/W-0	R/W-0	R/W-0	R/W-0	R/W-0

15　　8	7　　0
Reserved	NUM_FTS
R/W-2h	R/W-Fh

图 9.113　PL_GEN2 寄存器

表 9.122　PL_GEN2 寄存器字段描述

位	字　段	值	描　述
31～21	Reserved	0	保留
20	DEEMPH	0	对上游端口设置去加重电平
19	CFG_TX_CMPL	0	配置 TX 符合接收位
18	CFG_TX_SWING	0	配置 PHY TX 摆幅
17	DIR_SPD	0	定向变速
16～8	LN_EN	0～1FFh	通道使能。即 1 表示×1、2 表示×2 等
7～0	NUM_FTS	0～FFh	快速训练序列号

9.10　应用实例

下面的代码为将 PCIe 子模块配置成 Root Complex 时进行读写的部分配置源代码。

```
/* ti81xx_pci_io_read()-执行 PCI I/O 从一个设备的读操作 */
int ti81xx_pci_io_read(u32 addr, int size, u32 *value)
{
    unsigned long flags;
    if (! IS_ALIGNED(addr, size))
        return -1;
    pr_debug(DRIVER_NAME ": IO read @%#x = ", addr);
    spin_lock_irqsave(&ti81xx_pci_io_lock, flags);
    __raw_writel(addr & 0xfffff000, reg_virt + IOBASE);
    /* 获取 I/O 空间的实际地址 */
    addr = reg_virt + SPACE0_IO_OFFSET + (addr & 0xffc);
    *value = __raw_readl(addr);
    *value >>= ((addr & 3) * 8);
    spin_unlock_irqrestore(&ti81xx_pci_io_lock, flags);
```

```
    pr_debug("%#x\n", *value);
    return 0;
}

/* ti81xx_pci_io_write()-执行 PCI I/O 对一个设备的写操作 */
int ti81xx_pci_io_write(u32 addr, int size, u32 value)
{
    unsigned long flags;
    u32 iospace_addr;
    if (! IS_ALIGNED(addr, size))
        return -1;
    pr_debug(DRIVER_NAME ": IO write @%#x = %#x\n", addr, value);
    spin_lock_irqsave(&ti81xx_pci_io_lock, flags);
    __raw_writel(addr & 0xfffff000, reg_virt + IOBASE);
    /* 获取 I/O 空间的实际地址 */
    iospace_addr = reg_virt + SPACE0_IO_OFFSET + (addr & 0xffc);
    if (size != 4) {
        u32 shift = (addr & 3) * 8;
        u32 mask = (size == 1 ? 0xff : 0xffff)<<shift;
        u32 readval = __raw_readl(iospace_addr);
        value = ((value<<shift) & mask) | (readval & ~mask);
    }
    __raw_writel(value, iospace_addr);
    spin_unlock_irqrestore(&ti81xx_pci_io_lock, flags);
    return 0;
}

/* ti81xx_pci_read_config()-读设备的 PCI 配置 */
static int ti81xx_pci_read_config(struct pci_bus *bus, unsigned int devfn,
                int where, int size, u32 *value)
{
    u8 bus_num = bus->number;
    pr_debug(DRIVER_NAME ": Reading config[%x] for device %04x:%02x:%02x..",
            where, bus_num, PCI_SLOT(devfn), PCI_FUNC(devfn));
    if (! check_device(bus, PCI_SLOT(devfn))) {
        *value = ~0;
        pr_debug("failed. No link/device.\n");
        return PCIBIOS_DEVICE_NOT_FOUND;
    }
```

```
    * value = __raw_readl(setup_config_addr(bus_num, PCI_SLOT(devfn),PCI_FUNC(devfn)) +
(where &~3));
        if (size = = 1)
            * value = ( * value >> (8 * (where & 3))) & 0xff;
        else if (size = = 2)
            * value = ( * value >> (8 * (where & 3))) & 0xffff;
        pr_debug("done. value = % #x\n", * value);
        return PCIBIOS_SUCCESSFUL;
    }

    / * ti81xx_pci_write_config() - 写设备的 PCI 配置 * /
    static int ti81xx_pci_write_config(struct pci_bus * bus, unsigned int devfn,int where,
int size, u32 value)
    {
        u8 bus_num = bus - >number;
        u32 addr;
        pr_debug(DRIVER_NAME": Writing config[ % x] = % x " "for device % 04x: % 02x: % 02x
...",where,
    value,bus_num, PCI_SLOT(devfn), PCI_FUNC(devfn));
        if (! check_device(bus, PCI_SLOT(devfn))) {
            pr_debug("failed. No link/device.\n");
            return PCIBIOS_DEVICE_NOT_FOUND;
        }
        addr = setup_config_addr(bus_num, PCI_SLOT(devfn), PCI_FUNC(devfn));
        if (size = = 4)
            __raw_writel(value, addr + where);
        else if (size = = 2)
            __raw_writew(value, addr + where);
        else
            __raw_writeb(value, addr + where);
        get_and_clear_err();
        pr_debug("done.\n");
        return PCIBIOS_SUCCESSFUL;
    }
```


9.11 本章小结

本章主要介绍DM8168的外围设备互连接口PCIe。PCIe总线是一种点对点串

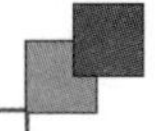

行连接的设备连接方式，每个设备都有自己的专用连接，不需要向整个总线请求带宽，而且可以把数据传输率提高到一个很高的频率。本章详细介绍 PCIe 的功能结构、时钟域和总线控制、地址翻译与地址空间、中断和 DMA 请求等。

9.12　思考题与习题

1. PCIe 可以提高数据传输率的根本原因是什么？与 PCI 的并行结构相比，PCIe 架构的显著优点是什么？

2. 简述 PCIe 的 RC 和 EP 的双模式机制。

3. PCIe 采用硬件地址翻译机制的目的是什么？

4. 从 PCIESS 来看，简述内部设备可用地址资源划分的两个地址空间。

5. 说明 PCIe 规范提供的两种回环模式。

6. 分别简述 RC 和 EP 模式下的中断产生和 DMA 请求。

7. 根据本章介绍的 PCIe 的双核模式的使用以及 PCIe 的寄存器，试完成对相关寄存器的编程配置，分别将 PCIe 设置为 RC 或 EP 模式。

第10章

TMS320DM8168串行外围设备接口

TMS320DM8168串行外围设备接口(SPI)是一种同步串行外设接口,它可以使MCU与各种外围设备以串行方式进行通信以交换信息,主要应用在EEPROM、FLASH、实时时钟、AD转换器,还有数字信号处理器和数字信号解码器之间。SPI是一种高速、全双工、同步的通信总线,并且在芯片的引脚上只占用4根线,节约了芯片引脚,同时为PCB的布局节省了空间。正是基于这种简单易用的特点,现在越来越多的芯片集成了这种通信协议。本章介绍DM8168的SPI接口及其特点。

10.1 概 述

串行外围设备接口(SPI)是一个通用收发主从控制器,最多能与4个从外设或一个外部主机连接,支持与SPI兼容的外设之间的全双工、同步、串行通信。图10.1为SPI系统框图。

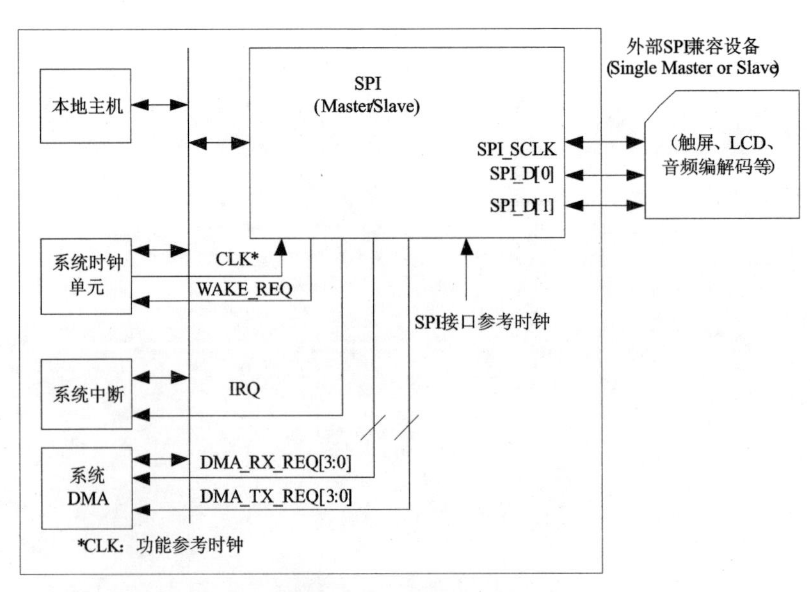

图10.1 SPI系统框图

SPI 的特性如下所述：

- 频率、极性和相位可编程的串行时钟。
- 最大支持 48 MHz 频率。
- 可调的时钟频率粒度：两个或一个单时钟周期源。
- SPI 使能产生是可编程的。
- SPI 使能极性是可编程的。
- SPI 字长变化范围可以从 4 位到 32 位。
- 主从模式。
- 主机多通道模式：
  - SPI 接口最多能和 4 个通道通信；
  - 基于循环仲裁的 SPI 字收发时隙分配；
  - 每个通道的 SPI 配置(时钟定义，使能极性和字宽)；
  - 全双工/半双工；
  - 只发送/只接收/收发模式；
  - 各通道灵活的 I/O 端口控制；
  - 可编程的时钟粒度。
- 每个通道独立的 DMA 请求(读/写)。
- 用于多中断源事件的单中断线。
- 用于系统配置与数据传输的 32 位总线。
- 第一个 SPI 字发送前的可编程延时。
- 在从机模式下，两个连续字间无死循环。
- 利用 FIFO 使能实现多 SPI 字的单通道访问。
- 片选与外部时钟产生之间的可编程定时控制。
- 当用到 FIFO 时，支持 DMA 提供 256 位地址 。
- 单通道内置 FIFO，支持最多 64B 的 FIFO。

SPI 接口名及其描述如表 10.1 所示，SPI 总共有 7 个外部 SPI 信号。

表 10.1　SPI 接口引脚信号

引　脚	类　型	描　述
SPI_SCLK	I/O	SPI 串口时钟(主机为输出，从机为输入)
SPI_D[0]	I/O	可配置输入或输出(MOSI 或 MISO)
SPI_D[1]	I/O	可配置输入或输出(MOSI 或 MISO)
$\overline{\text{SPI\_SCS[0]}}$	I/O	主机为 SPI 片选 0 输出，从机为 SPI 片选 0 输入(低电平)
$\overline{\text{SPI\_SCS[1]}}$	I/O	主机为 SPI 片选 1 输出，从机为 SPI 片选 1 输入(低电平)
$\overline{\text{SPI\_SCS[2]}}$	I/O	主机为 SPI 片选 2 输出，从机为 SPI 片选 2 输入(低电平)
$\overline{\text{SPI\_SCS[3]}}$	I/O	主机为 SPI 片选 3 输出，从机为 SPI 片选 3 输入(低电平)

10.2　SPI 传输模式

SPI 协议是一个同步协议，允许主机对从机发起串行通信。数据在这些设备中进行交换，从机选择线($\overline{\text{SPI\_SCS[n]}}$)用来单独选择 SPI 从机，而且没被选择的从机不能与 SPI 总线活动连接。与多个外设连接时，SPI 通过两种模式一次与单个 SPI 设备交换数据：

- 两数据引脚接口模式；
- 单数据引脚接口模式(推荐半双工发送模式)。

1. 两数据引脚接口模式

两数据引脚接口模式允许全双工 SPI 发送，从而同时在 SPI_D[0] 和 SPI_D[1] 两条分离的数据线上发送(串行移出)和接收(串行移入)数据。数据从主机接口输出到发送串行数据线也被叫做 MOSI(MasterOutSlaveIn)；数据从从机接口输出到接收数据线也被叫做 MISO(MasterInSlaveOut)。

SPI 有统一的 SPI 控制端口，可以将 SPI_D[1:0]设置成接收或发送线。根据外部从机和主机的连接，用户必须编程决定使用的数据线及其传输方向(接收或发送)。串行时钟(SPI_SCLK)同步转换并采集两条串行数据线(SPI_D[1:0])上的数据。每次 1 位数据从主机传出，1 位数据传入到从机。

图 10.2 展示了一个全双工系统实例，系统中主机在左，从机在右。8 个串行时钟 SPI_SCLK 过后，字 A 已从主机发送给了从机。同时字 B 已从从机传送给了主机。对于主机，控制模块发送 SPI_SCLK 时钟信号和$\overline{\text{SPI_SCS[n]}}$使能信号(取决于 MCSPI_MODULECTRL [PIN34]位字段)。

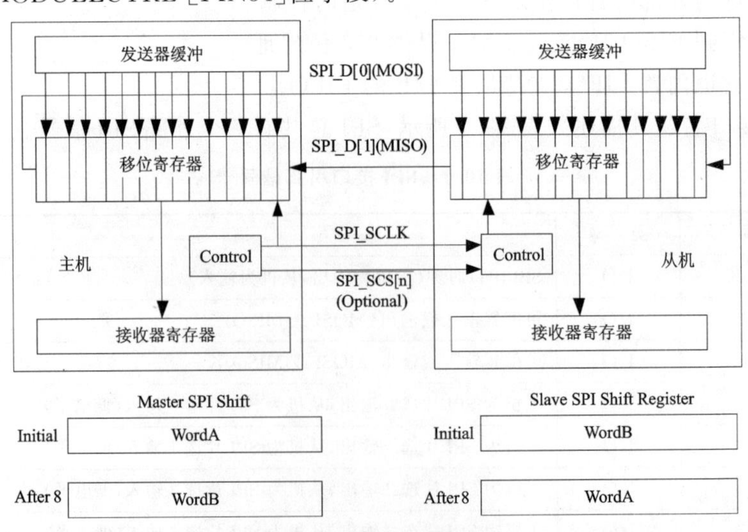

图 10.2　SPI 全双工发送

2. 单数据引脚接口模式

单数据引脚接口模式中，在软件控制下，选中一条数据线用于收发数据(半双工发送)。

SPI 有统一的 SPI 控制端口，可以将 SPI_D[1:0]设置成接收或发送线。根据外部从机和主机的连接，用户必须编程决定使用的数据线及其传输方向(接收或发送)。作为一个全双工发送，串行时钟(SPI_SCLK)同步转换并采集单条串行数据线(SPI_D[1:0])上的数据。

(1) 只接收数据的从机

图 10.3 展示了一个半双工系统，系统中主机在左而只接收数据的从机在右。每次 1 位数据从主机传出，1 位数据传入到从机。8 个串行时钟 SPI_SCLK 过后，字 A 已从主机发送给从机。

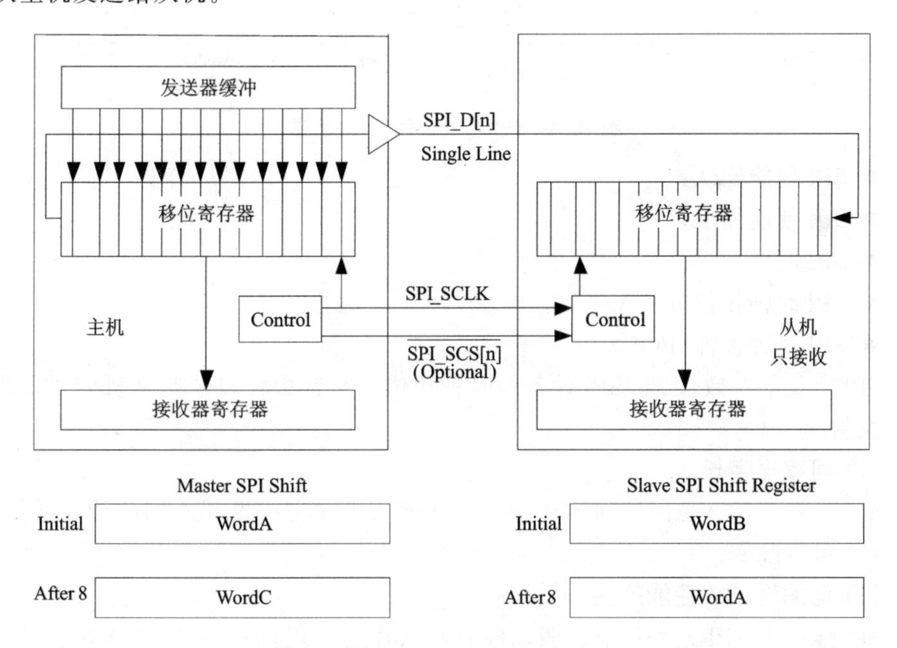

图 10.3　SPI 半双工发送(只接收)

(2) 只发送数据的从机

图 10.4 展示了一个半双工系统，系统中主机在左而只发送数据的从机在右。每次 1 位数据从主机传出，1 位数据传入到从机。8 个串行时钟 SPI_SCLK 过后，字 A 已从从机发送给主机。

3. 传输格式

SPI 的灵活性允许设置以下 SPI 传输参数：

- SPI 字长；
- SPI 使能产生可编程；

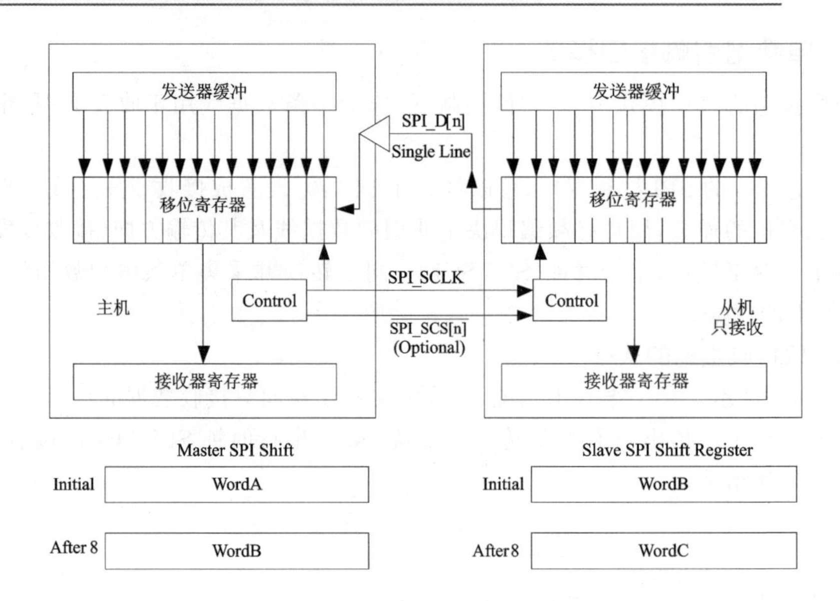

图 10.4 SPI 半双工发送(只发送)

- SPI 使能确认；
- SPI 使能极性；
- SPI 时钟频率；
- SPI 时钟相位(PHA)；
- SPI 时钟极性(POL)。

SPI 字长的一致性、主 SPI 设备的时钟相位和时钟极性以及与从机的通信都由软件控制。

(1) 可编程字长

SPI 支持 4～32 位的任何 SPI 字长。外围从机向主机发起不同的请求通信时，SPI 字长可以改变。

(2) 可编程 SPI 使能产生

SPI 能产生 SPI 是否使能。假如没有确认片选管理，那么点对点连接会是强制性的。SPI 总线上只能有一个从外设主机。

(3) 可编程 SPI 使能($\overline{\text{SPI\_SCS[n]}}$)

$\overline{\text{SPI_SCS[n]}}$信号的极性是可编程的。$\overline{\text{SPI_SCS[n]}}$信号可以高电平有效或低电平有效。$\overline{\text{SPI_SCS[n]}}$信号的确认是可编程的：$\overline{\text{SPI_SCS[n]}}$信号可以人为确认或自动确认。两个不同从机的两个连续字可以与不同极性的有效$\overline{\text{SPI_SCS[n]}}$信号联合在一起。

(4) 可编程 SPI 时钟(SPI_SCLK)

当 SPI 作为 SPI 主机或从机时，SPI 串行时钟的相位与极性是可编程的。当 SPI 作为 SPI 主机时，SPI 串行时钟的波特率是可编程的。当 SPI 作为 SPI 从机时，SPI

串行时钟 SPI_SCLK 从主机输入。

(5) 比特率

在主机模式下,内部参考时钟 CLKSPIREF 被用作可编程分频器的输入,从而产生串行时钟 SPI_SCLK 的比特率。这个时钟分频器的粒度可以改变。

(6) 极性和相位

依据 SPI 串行时钟 SPI_SCLK 的极性和相位,SPI 支持 4 种 SPI 发送子模式。表 10.2 和图 10.5 总结了这 4 种子模式。软件选择 4 种串行时钟相位与极性相结合的其中一种。两个不同从机的两个连续字可以与不同极性的有效 $\overline{\text{SPI\_SCS[n]}}$ 信号结合在一起。

表 10.2　相位和极性的结合

极性(POL)	相位(PHA)	SPI 模式	注　释
0	0	模式 0	SPI_SCLK 为高电平,在上升沿采样
0	1	模式 1	SPI_SCLK 为高电平,在下降沿采样
1	0	模式 2	SPI_SCLK 为低电平,在下降沿采样
1	1	模式 3	SPI_SCLK 为低电平,在上升沿采样

(7) 时钟相位为 0 的数据传输格式

在 0 时钟相位传输格式中,$\overline{\text{SPI\_SCS[n]}}$ 的运行比第一个 SPI_SCLK 超前半个 SPI_SCLK 周期。在主机和从机两种模式下,当 $\overline{\text{SPI\_SCS[n]}}$ 信号线被选中时,SPI 开始驱动数据线。

每个数据帧都从 MSB 开始发送。在两种 SPI 数据线的末端,选中 $\overline{\text{SPI\_SCS[n]}}$ 后的半个 SPI_SCLK 周期中 SPI 字的第一位是有效的。因此,主机在 SPI_SCLK 的第一个跳变沿采集从机发送的第一位数据。在相同的跳变沿处,从机也对主机发送的第一位数据进行采集。在下一个的 SPI_SCLK 时钟跳变沿,将接收数据位移入移位寄存器中,并且串行数据线已经开始传输新的数据。SPI 字长定义的 SPI_SCLK 的所有脉冲都会持续这个过程。主机设备可以对 SPI 字长编程,在奇数跳变沿处锁存数据,然后在偶数跳变沿移出数据。

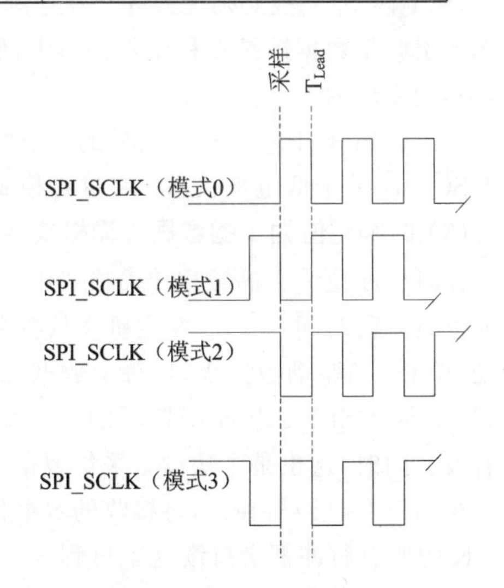

图 10.5　相位和极性的结合

图 10.6 是 SPI 作为主机或从机在模式 0 和模式 2 下的 SPI 数据传输时序图,SPI_SCLK 频率和 CLKSPIREF 频率相等。

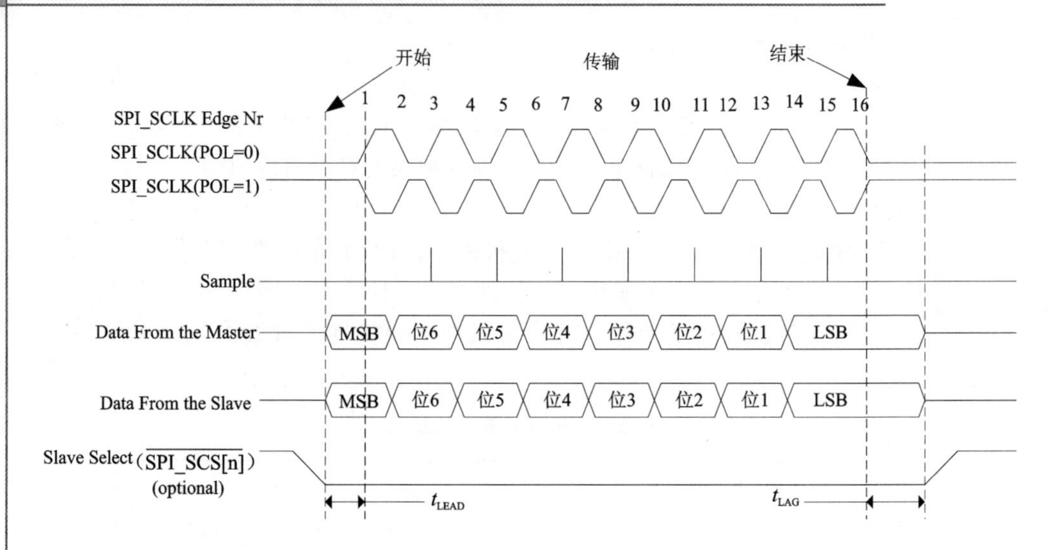

图 10.6 模式 0 和模式 2 下的 SPI 数据发送时序图

当 SPI 处于从机模式下时，假如在连续的数据传输中没选中SPI_SCS[n]，那么发送寄存器的内容不能被发送，相反发送最后接收的 SPI 字。当 SPI 处于主机模式下时，SPI_SCS[n]线必须无效并且在连续发送 SPI 消息时被重新选中。这是因为从机选择引脚把数据冻结在移位寄存器中，假如时钟相位(PHA)是 0 则此时发送的数据是不能变化的。

在没有用到SPI_SCS[n]信号的 3 引脚模式中，控制器提供同样的波形但需保证SPI_SCS[n]处于低电平状态。在这种模式中，SPI_SCS[n]是无用的。

(8) 时钟相位为 1 的数据传输格式

在时钟相位为 1 的数据传输格式中，SPI_SCS[n]要求在第一个 SPI_SCLK 时钟沿前延时一段时间(t_{lead})。在主机和从机两种模式下，在第一个 SPI_SCLK 时钟跳变沿处，SPI 开始驱动数据线，且每个数据都从 MSB 开始发送。在两种 SPI 数据线的末端，在半个 SPI_SCLK 周期后的下一个 SPI_SCLK 时钟跳变沿处，SPI 字的第一位有效。同时，这也是主从设备采集数据的跳变沿。

当第三个时钟沿到达，将接收的数据位移入移位寄存器。SPI 字长定义的 SPI_SCLK 的所有脉冲都会持续这个过程。在主机设备中可以对 SPI 字长编程，在奇数跳变沿处锁存数据，然后在偶数跳变沿移出数据。

图 10.7 是 SPI 作为主机或从机在模式 1 和模式 3 下的 SPI 数据传输时序图，SPI_SCLK 频率和 CLKSPIREF 频率相等。SPI_SCS[n]在连续的传输之间应该保持有效。在没有用到SPI_SCS[n]信号的 3 引脚模式中，控制器提供同样的波形但需保证SPI_SCS[n]处于低电平状态。在这种模式中，SPI_SCS[n]是无用的。

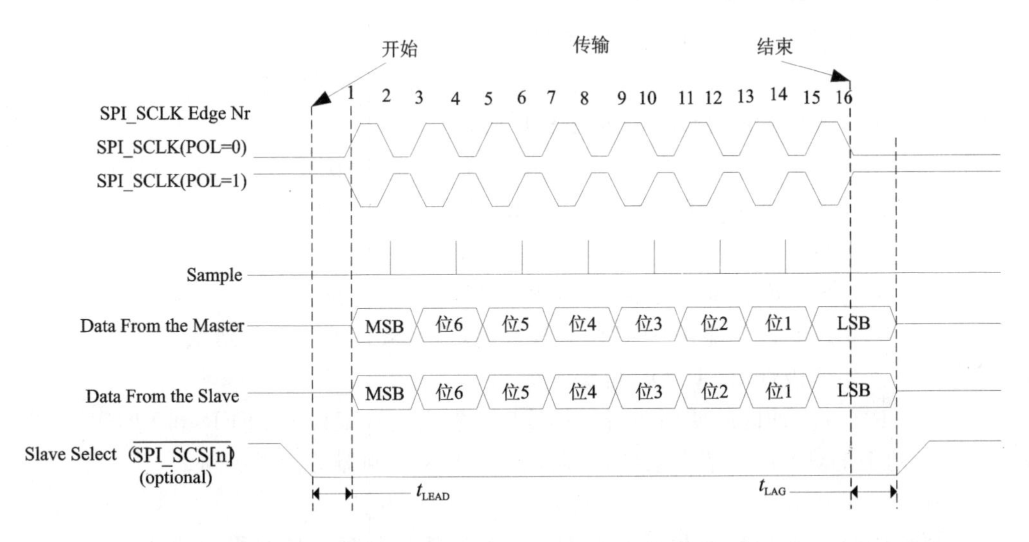

图 10.7 模式 1 和模式 3 下的数据 SPI 发送时序图

10.3 主机模式

当寄存器 MCSPI_MODULCTRL 的 MS 位被清除时，SPI 处于主机模式。在主机模式下，SPI 支持多达 4 路的多通道通信。SPI 启动数据线（SPI_D[1:0]）上的数据传输并产生 SPI 从机的时钟（SPI_SCLK）与控制信号 $\overline{\text{SPI\_SCS[n]}}$。

1. 通道专用资源

在接下来的描述中，字母“I”代表通道号，它可以是 0、1、2 或 3。每个通道有以下专用资源：

- 可以用寄存器 MCSPI_CH(I)CTRL 的 EN 位编程控制通道使能，可以使通道和外部数据传输无效。
- 处于通用移位寄存器顶部的发送寄存器 MCSPI_TX。假如发送寄存器是空的，则置位寄存器 MCSPI_CH(I)STAT 的状态位 TXS。
- 处于通用移位寄存器顶部的接收寄存器 MCSPI_RX，假如接收寄存器是满的，则置位寄存器 MCSPI_CH(I)STAT 的状态位 RXS。
- 固定的 SPI ENABLE 线配置（通道 I 的 $\overline{\text{SPI\_SCS[n]}}$ 端口），SPI 使能管理是可选的。
- 通过(I)CONF 寄存器配置以下参数：
  - 发送/接收模式可通过 TRM 位编程控制；
  - 接口模式（两数据引脚或单数据引脚）和数据引脚配置，两个都可以通过 IS 位和 DPE 位编程控制；
  - SPI 字长由 WL 位编程控制；

- SPI_SCS[n]极性由EPOL位编程控制；
- SPI_SCS[n]在消息中保持使能由FORCE位编程控制；
- Turbo模式由TURBO位编程控制；
- SPI_SCLK频率，由CLKD位编程控制。时钟粒度可以用CLKG位改变，这时时钟率与MCSPI_CHCTRL[EXTCLK]值有关；
- SPI_SCLK极性由POL位编程控制；
- SPI_SCLK相位由PHA位编程控制；
- 开始位扩展使能由SBE位编程控制，从而支持LoSSI发送规范；
- 开始位极性由SBPOL位编程控制；
- FIFO缓冲区的使用与否根据TRM发送模式编程为FFER和FFEW。

● 两个DMA读写请求事件，从而同步DMA控制器的读写访问。

● 3个中断事件。

数据传输将用到最新加载的(I)CONF寄存器参数。只有当通道无效时，(I)CONF寄存器才能加载配置参数SPI_SCS[n]极性、Turbo模式、SPI_SCLK相位和SPI_SCLK极性。当SPI接口没有数据传输时，用户需改变(I)CONF寄存器的其他参数。

2. 主机模式下的中断事件

在主机模式下，与发送器寄存器状态相关的中断事件是TX_empty和TX_underflow。与接收器寄存器状态相关的中断事件是RX_full。

(1) TX_empty

当通道是使能的且数据发送寄存器变成空TX_empty时，TX_empty事件被激活。除了只接收数据的主机模式，使能通道会自动发起这个事件。当FIFO缓冲器使能时(MCSPI_CH(I)CONF[FFEW] 被设置为1)，只要设备有足够的缓冲空间来写由MCSPI_XFERLEVEL [AEL]定义的数据时，TX_empty事件就成立。必须加载发送寄存器来移除中断源，并且必须清除TX_empty中断状态位来取消中断线的选取。

当FIFO使能时，只要CPU向发送器寄存器写的数据没有达到MCSPI_XFERLEVEL [AEL]定义的数目，新的TX_empty事件就不会成立。CPU需要负责执行正确地写数据。

(2) TX_underflow

当通道是使能的并且配置移位寄存器时，假如数据发送寄存器或FIFO变成空(无新数据更新)，事件TX_underflow就被激活。

在主机模式下事件TX_underflow是无害的警告。如果自通道使能以来，发送器寄存器没有加载数据，那么为了避免开始发送时就有TX_underflow事件发生，不激活TX_ underflow事件。为了避免发生TX_underflow事件，发送寄存器必须装

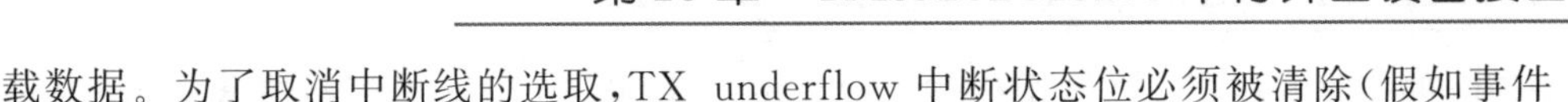

载数据。为了取消中断线的选取，TX_underflow 中断状态位必须被清除（假如事件使能作为中断源）。

注：当不止一个通道有 FIFO 使能位字段 FFER 和 FFEW 设置时，模块会强制不使用 FIFO，软件必须注意只配置了一个使能通道可以采用 FIFO 缓冲器。

(3) RX_ full

当使能通道且接收寄存器已满时，事件 RX_ full 就会被激活。当 FIFO 缓冲器使能（MCSPI_CH(I)CONF[FFER] 设置为 1）时，只要缓冲区中保持有 MCSPI_XFERLEVEL[AFL] 定义数目的字节时，事件 RX_ full 就会被激活。必须通过读取接收寄存器来移除中断源，为了取消中断线的选取，RX_full 中断状态位必须被清除（假如事件使能作为中断源）。

当 FIFO 使能时，只要 CPU 向接收寄存器写的数据没有达到 MCSPI_XFERLEVEL[AEL]定义的数目时，新的 RX_ full 事件就不会成立。CPU 需要负责执行正确地读数据。

(4) 字计数结束

当使能通道并配置使用内置 FIFO 时，字计数结束事件（EOW）就会被激活。当控制器已经执行由 MCSPI_XFERLEVEL[WCNT]寄存器定义的发送数据时，就会发生这个中断。假如 MCSPI_XFERLEVEL[WCNT]寄存器的值编程为 0000h，则计数器无效且不会产生这个中断。字计数结束中断也说明只要 MCSPI_XFERLEVEL[WCNT]寄存器没有重载且通道没有重新使能，SPI 发送停滞在使用 FIFO 的通道上。为了取消中断线的选取，字计数结束中断必须被清除（假如事件使能作为中断源）。

3. 主机收发模式

每个通道的这个模式是可编程的（由寄存器(I)CONF 的 TRM 位控制）。对于发送器和接收器，通道访问移位寄存器是基于发送与接收寄存器的状态和循环仲裁。满足以下规则的通道包含在有效通道的循环列表中，该列表用于发送和接收。仲裁器忽略不满足规则的通道，然后循环寻找下一个使能通道。

规则 1：只有使能通道（寄存器 MCSPI_CH(I)CTRL 的 EN 位）才能用于发送或接收数据。

规则 2：假如使能通道的发送寄存器不是空的（MCSPI_CH(I)STAT 寄存器 的 TXS 位），并且用于对应通道的 FIFO 缓冲区不是空的（MCSPI_CH(I)STAT 寄存器的 FFE 位），那么就可以安排该使能通道，该通道在分配移位寄存器的时候更新数据。假如发送寄存器或 FIFO 是空的，在分配移位寄存器时，事件 TX_underflow 被激活并且可以安排接下来的使能通道发送新数据。

规则 3：假如使能通道的接收寄存器不是满的（MCSPI_CH(I)STAT 寄存器 的 RXS 位），并且用于对应通道的 FIFO 缓冲区不是满的（MCSPI_CH(I)STAT 寄存器的 FFF 位），那么在分配移位寄存器时就可以安排该使能通道。因此不能重写

FIFO的接收寄存器。在这个模式中,MCSPI_IRQSTATUS寄存器的RX_overflow位决不可被设置。

在SPI字发送完成时(MCSPI_CH(I)STAT寄存器的EOT位被设置),下一个选择通道的更新发送寄存器的内容被加载到移位寄存器。当缓冲器用于这个通道时,该位是无意义的。根据通道通信配置,开始串行数据的发送和接收。当串行化完成之后,接收的数据发送给通道接收寄存器。

在这个模式中内置FIFO是可用的且能被配置成发送或接收数据传输方向,这时FIFO被看作唯一的FFNBYTE字节缓冲器。FIFO也可以被配置成发送和接收两个数据方向,这时FIFO分成两个独立的FFNBYTE/2字节,并且拥有自己的地址空间管理。在后一种情况中,AEL和AFL是基于FFNBYTE/2字节的且处于CPU的控制之下。

4. 主机只发送模式

当只有发送是有意义时,这个模式禁止CPU读取接收寄存器(使数据移动最小化)。每个通道的主机只发送模式是可编程的(由寄存器(I)CONF的TRM位控制)。

在主机只发送模式中,当数据被加载到发送寄存器后开始发送。在主机只发送模式中,接收寄存器或FIFO的full状态不会阻止数据发送,且接收寄存器总是用新的SPI字重写。所以在这个模式中,不会设置MCSPI_IRQSTATUS寄存器的RX_overflow位。在这个模式中,SPI模块自动禁止RX_full中断,并且不会产生相应的中断请求和DMA读请求。

寄存器MCSPI_CH(I)STAT的EOT位给出串行完成的状态,当使这个通道使用缓冲区时,该位是无意义的。在这个模式中,内置FIFO是可用的且可以由MCSPI_CH(I)CONF寄存器中的FFEW位字段配置,这时FIFO被看作唯一的FFNBYTE字节缓冲器。

5. 主机只接收模式

当只有接收是有意义时,这个模式避免CPU再填充发送寄存器(使数据移动最小化)。每个通道的主机只接收模式是可编程的(由寄存器(I)CONF的TRM位控制)。只有在接收寄存器状态为空,主机只接收模式才可以安排通道。

在主机只接收模式中,使能通道的发送寄存器加载第一个数据后,发送寄存器保持充满状态。当分配移位寄存器时,发送寄存器的内容总是被加载到移位寄存器中。所以在这个模式中,发送寄存器的第一个加载之后,不用设置MCSPI_IRQSTATUS寄存器中的TX_empty和TX_underflow位。

寄存器MCSPI_CH(I)STAT的EOT位给出串行完成的状态。当一个接收的数据从移位寄存器加载到接收寄存器时,MCSPI_IRQSTATUS寄存器的RX_full位就被设置。当这个通道使用缓冲器时,该位是无意义的。在这个模式中内置FIFO是可用的且可以由MCSPI_ CH(I)CONF寄存器的FFER位配置,这时FIFO

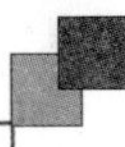

被看作唯一的 FFNBYTE 字节缓冲器。

6. 单通道主机模式

当配置 SPI 为单通道主机时，SPIM_CSX 信号的确认可用以下两种方式来控制：

- 3 引脚模式：MCSPI_MODULCTRL[1] PIN34 和 MCSPI_MODULCTRL[0] SINGLE 位设置为 1，只要发送寄存器或 FIFO 为空，控制器就可以发送 SPI 字；
- 4 引脚模式：MCSPI_MODULCTRL[1] PIN34 位被清除为 0，而 MCSPI_MODULCTRL [0] SINGLE 位被设置为 1，SPI_SCS[n]的确认由软件控制。

(1) 通道变换时的编程

当单通道在使用且正进行数据传输时：

- 在取消当前通道并使能另一不同通道前，等待 SPI 字发送完成(寄存器 MCSPI_CH(I)STAT 的 EOT 位被置 1；
- 先禁止当前通道再使能另一通道。

(2) 保持SPI_SCS[n]激活状态模式(强制SPI_SCS[n])

通过保持SPI_SCS[n]信号处于激活状态，可以人为控制数据的持续发送以实现连续的 SPI 字发送。在没复位SPI_SCS[n]的情况下，系统会运行几个命令序列(配置/使能/禁止通道)。所有通道支持这个模式且任何主机模式都能被用到(发送-接收、只发送和只接收)。

当处于以下情况时，可以保持SPI_SCS[n]激活状态模式：

- 只采用一个通道(MCSPI_MODULCTRL[Single]位被设置为 1)。
- 在适当的通道中，数据传输的传输参数被加载到配置寄存器(MCSPI_CH(I)CONF)。SPI_SCS[n]信号的状态是可编程的。
  - 当 MCSPI_CHCONF(I)[EPOL]被清除为 0 时，写 1 到 MCSPI_CH(I)CONF 寄存器的 FORCE 位，驱动SPI_SCS[n]线为高电平，然后当 MCSPI_CHCONF(I)[EPOL] 被设置时，变为低电平。
  - 当 MCSPI_CHCONF(I)[EPOL]被清除为 0 时，写 0 到 MCSPI_CH(I)CONF 寄存器的 FORCE 位，驱动SPI_SCS[n]线为低电平，然后当 MCSPI_CHCONF(I)[EPOL]被设置时，变为高电平。
- 使能单个通道(MCSPI_CH(I)CTRL[En]被设置为 1)。第一个使能通道激活SPI_SCS[n]线。

一旦通道被使能，SPI_SCS[n]信号被激活，且带有可编程极性。在多通道主机模式中，传输开始依赖于发送寄存器的状态、接收寄存器的状态和使能通道的配置寄存器(只发送、只接收或发送与接收)的 TRM 位定义的模式。

MCSPI_CH(I)STAT 寄存器的 EOT 位给出每个 SPI 字的串行完成状态。当需要接收的数据从移位寄存器加载到接收寄存器时，寄存器 MCSPI_IRQSTATUS 的 RX_full 位被置 1。配置参数的变化直接由 SPI 接口传输。假如SPI_SCS[n]信号被激活，那么用户必须确保配置参数只在 SPI 字间变化，以避免破坏当前传输。

注：当SPI_SCS[n]信号被激活时，禁止修改SPI_SCS[n]极性、SPI_SCLK 相位和 SPI_SCLK 极性。只有通道被取消时，才可以修改发送/接收模式和可编程的 TRM 位。当SPI_SCS[n]信号激活时，通道才可以使能或禁止。

SPI 字之间的延迟需要连接的 SPI 从机从一个配置（如只发送配置）转换到另一个配置（如只接收配置），且这个延迟由软件控制。在最后一个 SPI 字的末尾，必须取消通道（MCSPI_ CH(I)CTRL[En]位被清除为 0），且可以强制转换SPI_SCS[n]为无效状态（MCSPI_ CH(I)CONF[Force]）。

图 10.8 和图 10.9 展示了SPI_SCS[n]保持低电平时的持续数据传输，其中 SPI 字分别有单数据引脚接口模式和两数据引脚接口模式两种不同配置。箭头表示在配置参数变化前，通道被禁止然后又被使能的位置。

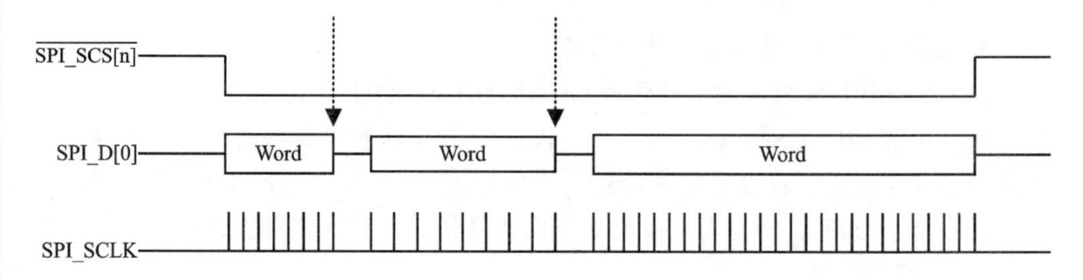

图 10.8 SPI_SCS[n]有效期间的连续发送（单数据引脚接口模式）

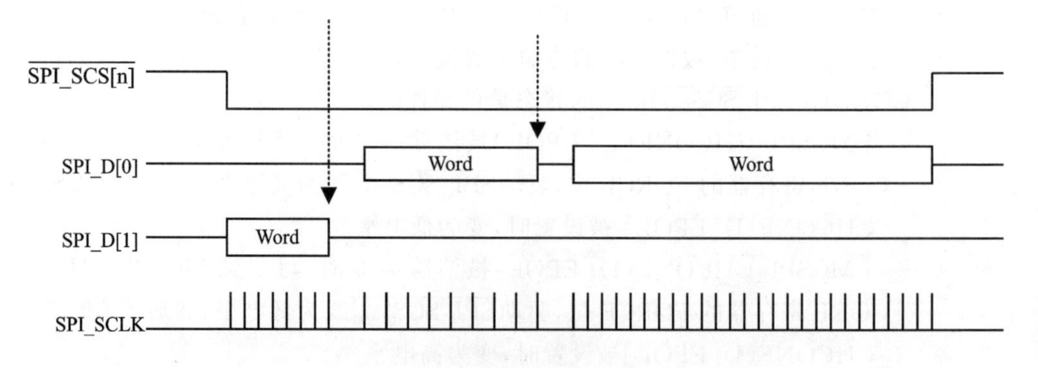

图 10.9 SPI_SCS[n]有效期间的连续发送（双数据引脚接口模式）

注：当满足以下条件时，对于保持SPI_SCS[n]有效模式也支持 turbo 模式：

- 明确使用单通道（MCSPI_MODULCTRL[Single]位设置为 1）；
- 在通道配置中 turbo 模式是激活的（(I)CONF 寄存器的 Turbo 位）。

(3) Turbo 模式

在单通道使能情况下，Turbo 模式可以提高 SPI 接口的吞吐率，通过在移位寄存

器和接收寄存器为满时才允许传输实现这一目的。

每个通道的这个模式是可编程的((I)CON F寄存器的Turbo位)。当几个通道被激活时,寄存器MCSPI_CH(I)CONF的Turbo位是没受影响的。在Turbo模式中,规则1和规则2是可用的,但规则3是不可用的。假如在分配移位寄存器时,移位寄存器满的时候接收寄存器也满,那么就可以安排使能的通道(MCSPI_CH(I)STAT寄存器的RXS位)为Turbo模式,接收寄存器不能被重写。在这个模式中,不能设置MCSPI_IRQSTATUS寄存器的RX_overflow位。

7. 开始位模式

开始位模式的目的是在指定字长为WL的SPI字发送之前增加一个扩展位(见图10.10)。这个特点只适用于主机模式,而且遵从LoSSI协议规定的写命令/数据格式。

每个通道的这个模式由寄存器MCSPI_CH(I)(CONF)的起始使能位SBE编程控制。每个通道的扩展位的极性是可编程的,它表示当SBPOL被清除为0时,下一个SPI字必须被处理为命令,或当SBPOL被设置为1时,下一个SPI字必须被处理为数据或参数。此外,在开始位模式传输期间,开始位极性SBPOL可以被动态修改,从而不必取消通道来重新配置。在这种情况下,在传输TX寄存器写SPI字之前,用户需配置SBPOL位。

起始位模式同样也可以用作turbo模式或手工片选模式。在这种情况下,只能使用一个通道,而且没有循环仲裁。

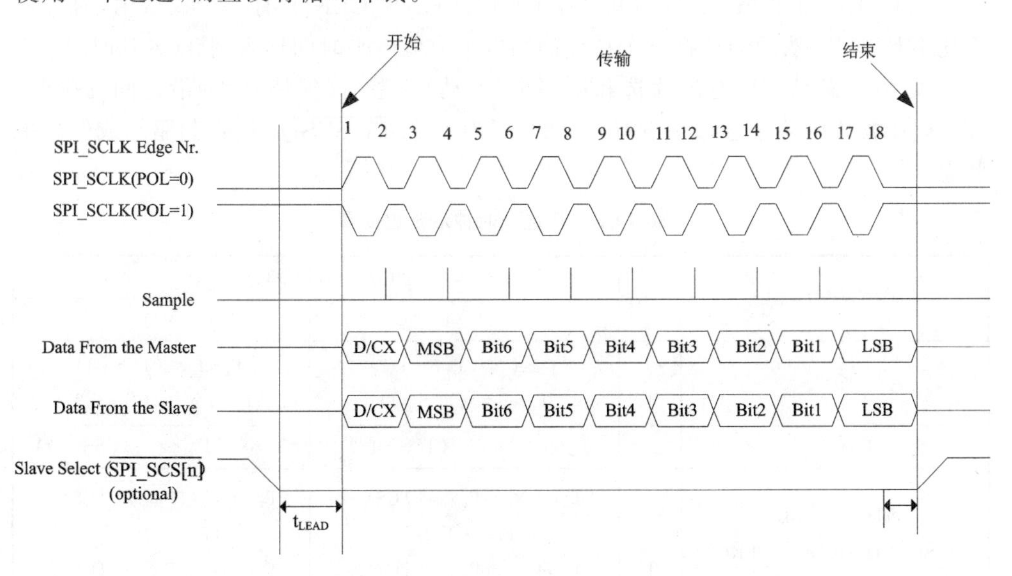

图10.10 起始位扩展SPI发送(PHA=1)

8. 片选时序控制

片选时序控制只适用于自动片选产生的主机模式(FORCE位字段被清除为0),从而在片选确认和第一个时钟沿之间,或在片选移除与最后一个时钟沿之间,增加一个可编程延时。这种选择只适用于MCSPI_MODULCTRL[1] PIN34被清除为0的4引脚模式。

每个通道的这种模式是可编程的(由寄存器MCSPI_CH(I)CONF的TCS位控制)。图10.11展示了片选$\overline{\text{SPI_SCS[n]}}$的时序控制。

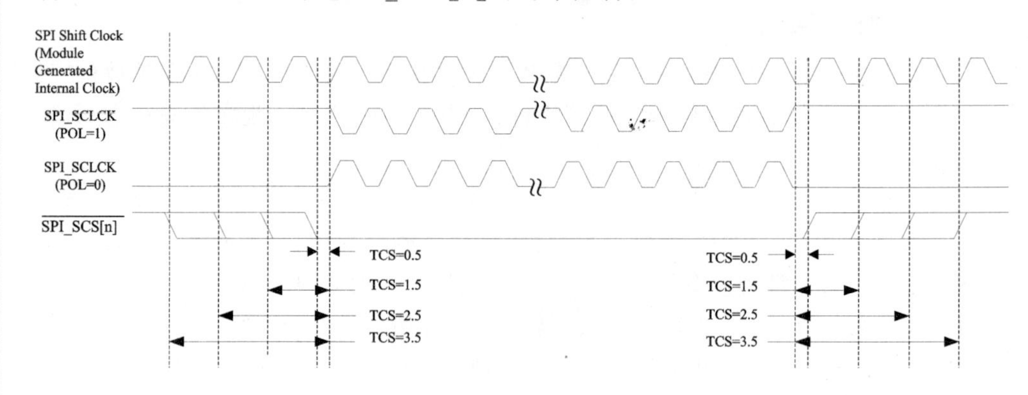

图10.11 片选$\overline{\text{SPI_SCS[n]}}$时序控制

当时钟粒度为一个时钟周期时,奇数时钟频率比的发生意味着MCSPI_CH(I)CONF[CLKG]被设置为1且MCSPI_CH(I)CONF[CLKD]有一个偶数值,时钟占空比不是50%,然后会选择一个持续的高电平或低电平时间加入到TCS延时中。

表10.3总结了所有的片选和第一个(启动)或最后(保持)时钟沿之间的延时。在3引脚模式中这个选择是没有意义的,因为片选$\overline{\text{SPI_SCS[n]}}$被强制驱动成低电平状态。

表10.3 片选↔时钟沿延迟配置

时钟频率 F_{ratio}	PHA	片选↔时钟沿延时	
		启动	保持
1	0 1	T_ref × (TCS+1/2) T_ref × (TCS+1)	T_ref × (TCS+1) T_ref × (TCS+1/2)
Even≥2	x	T_ref ×F_{ratio}× (TCS+1/2)	T_ref ×F_{ratio}× (TCS+1/2)
Odd ≥ 3(仅仅MCSPI_CH(I)CONF[CLKG]设置为1)	0 1	T_ref × [(F_{ratio}× TCS)+(F_{ratio}+1/2)] T_ref × [(F_{ratio}× TCS)+(F_{ratio}−1/2)]	T_ref × [{F_{ratio}× TCS)+(F_{ratio}+1/2)] T_ref × [{F_{ratio}× TCS)+(F_{ratio}−1/2)]

T_ref=CLKSPIREF周期;F_{ratio}=SPI时钟分频比;时钟分频比与分频粒度

MCSPI_CH(I)CONF[CLKG]有关：

- MCSPI_CH(I)CONF[CLKG]=0：时钟粒度是 2 的幂次方

  $F_{ratio}=2^{MCSPI\_CH(I)CONF[CLKD]}$

- MCSPI_CH(I)CONF[CLKG]=0：时钟粒度是 2 的幂次方

  F_{ratio}=MCSPI_CH (I) CNTRL [EXTCLK]. MCSPI_CH(I)CONF[CLKD]+1

9. 时钟比率粒度

默认情况下寄存器 MCSPI_CH(I)CONF[CLKD]定义时钟分频比为 2 个粒度的 2 次方，从而使时钟分频范围为 1～32 768，在这种情况下占空比总是 50%。随着 MCSPI_CH(I)CONF[CLKG]的改变，时钟分频粒度可以变成一个时钟周期，在这种情况下寄存器 MCSPI_CH(I)CTRL[EXTCLK]与寄存器 MCSPI_CH(I)CONF[CLKD]相结合产生一个 12 位宽、范围从 1 到 4096 的分频比。

当时钟粒度是一个时钟周期(MCSPI_CH(I)CONF[CLKG]被设置为 1)时，对于奇数值的时钟比，采用时钟参考 CLKSPIREF 的下降沿，时钟占空比保持在 50-50。

表 10.4　CLKSPIO 高低电平时间计算

时钟频率 F_{ratio}	CLKSPIO 高电平持续时间	CLKSPIO 低电平持续时间
1	T_{high}_ref	T_{low}_ref
Even ≥ 2	t_ref × (F_{ratio}/2)	t_ref × (F_{ratio}/2)
Odd ≥ 3	t_ref × (F_{ratio}/2)	t_ref × (F_{ratio}/2)

T_ref=CLKSPIREF 周期：T_{high}_ref=CLKSPIREF，以 ns 为单位的高电平周期时间；T_{low}_ref=CLKSPIREF，以 ns 为单位的低电平周期时间；F_{ratio}=SPI 时钟分频比；F_{ratio}=MCSPI_CH (I) CTRL [EXTCLK]. MCSPI_CH(I)CONF[CLKD]+1。对于奇数比率值，占空比算法是 Duty_cycle=1/2。

表 10.5　时钟粒度(时钟源频率为 48 MHz)

MCSPI_CH (I)CTRL	MCSPI_CH (I)CONF	MCSPI_CH (I)CONF	F_{ratio}	MCSPI_CH (I)CONF	MCSPI_CH (I)CONF	Thigh (ns)	Tlow (ns)	Tperiod (ns)	Duty Cycle	Fout (MHz)
EXTCLK	CLKD	CLKG		PHA	POL					
X	0	0	1	X	X	10.4	10.4	20.8	50-50	48
X	1	0	2	X	X	20.8	20.8	41.6	50-50	24
X	2	0	4	X	X	41.6	41.6	83.2	50-50	12
X	3	0	8	X	X	83.2	83.2	166.4	50-50	6
0	0	1	1	X	X	10.4	10.4	20.8	50-50	48
0	1	1	2	X	X	20.8	20.8	41.6	50-50	24

续表 10.5

MCSPI_CH(I)CTRL	MCSPI_CH(I)CONF	MCSPI_CH(I)CONF	F_{ratio}	MCSPI_CH(I)CONF	MCSPI_CH(I)CONF	Thigh (ns)	Tlow (ns)	Tperiod (ns)	Duty Cycle	Fout (MHz)
EXTCLK	CLKD	CLKG		PHA	POL					
0	2	1	3	1	0	31.2	31.2	62.4	50-50	16
0	2	1	3	1	1	31.2	31.2	62.4	50-50	16
0	3	1	4	X	X	41.6	41.6	83.2	50-50	12
5	0	1	81	1	0	842.4	842.4	1 684.8	50-50	0.592
5	7	1	88	X	X	915.2	915.2	1830.4	50-50	0.545

10. FIFO缓冲器管理(USEFIFO=1)

SPI控制器有一个内置FFNBYTE字节缓冲器,用来卸载DMA或中断处理器并提高数据吞吐率。该缓冲器的执行是可选择的,依赖于一个通用参数USEFIFO。当USEFIFO设置为1时,就选择使用FIFO。FIFO的深度高达64字节,而且是由通用参数FFNBYTE定义的。如果FIFO没被选择,写寄存器MCSPI_XFERLEVEL、MCSPI_CH(I)CONF[FFER]和MCSPI_CH(I)CONF[FFEW]没有功能影响,但也允许回读来检测写入的值。

这个缓冲区一次只能被一个通道使用且通过设置MCSPI_CH(I)CONF[FFER]或MCSPI_CH(I)CONF[FFEW]为1来选取。如果选择了几个使能的通道,并且有几个FIFO使能字段被设置为1,控制器就会强制不使用缓冲区。驱动器负责只让一个FIFO使能位被设置。这个缓冲区可以用于以下定义的模式:

- 主机或从机模式;
- 只发送、只接收或发送/接收模式;
- 单通道或turbo模式,或普通循环模式。在普通循环模式中缓冲区只能被一个通道使用;
- 支持每个字长为MCSPI_CH(I)CONF[WL]。

MCSPI_XFERLEVEL寄存器的AEL和AFL两级负责缓冲区管理。AEL和AFL的长度是一个字节,此时它没和SPI字长对齐。驱动器负责按照MCSPI_CH(I)CONF[WL]定义的SPI字长设置这些值。写入FIFO中的字节数由字长决定(见表10.6)。

表 10.6 FIFO的字长

写入FIFO的字节数	SPI字长WL		
	3 ≤WL ≤7	8 ≤WL ≤15	16 ≤WL ≤31
	1字节	2字节	4字节

(1) FIFO 的分解

当模块配置成发送/接收模式时，FIFO 可以被分成两部分。MCSPI_CH(I)CONF[TRM]被清除为 0，并且 MCSPI_CH(I)CONF[FFER] 和 MCSPI_CH(I)CONF[FFEW] 被确认。此时系统可以从两个方向访问 FFNBYTE/2 字节长度的 FIFO。当对应通道被激活或 FIFO 配置改变时，FIFO 缓冲区指针就被复位。

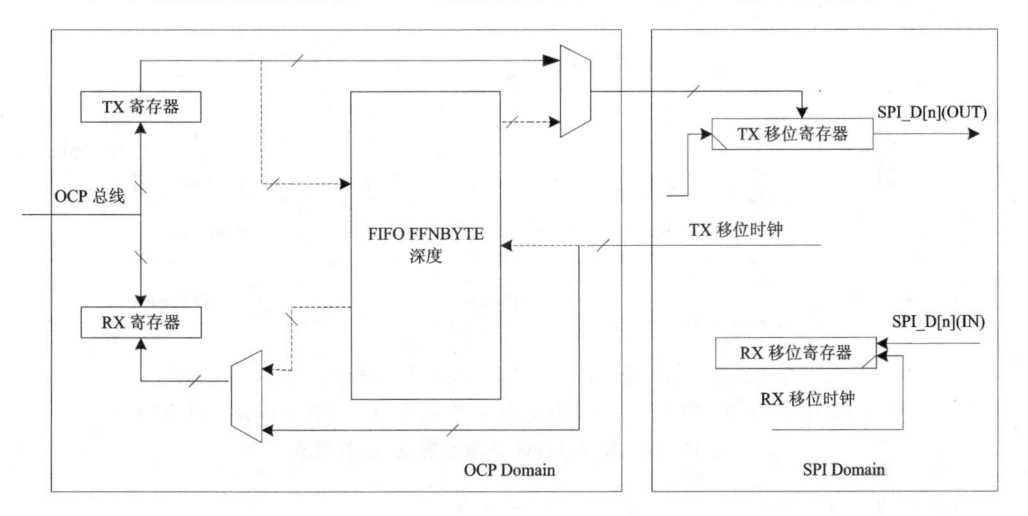

(发送/接收模式：MCSPI_CH(i)CONF[TRM]=0；接收路径 FIFO 禁止：
MCSPI_CH(i)CONF[FFER]=0；发送路径 FIFO 禁止：MCSPI_CH(i)CONF[FFEW]=0)

图 10.12　不采用 FIFO 的发送/接收模式

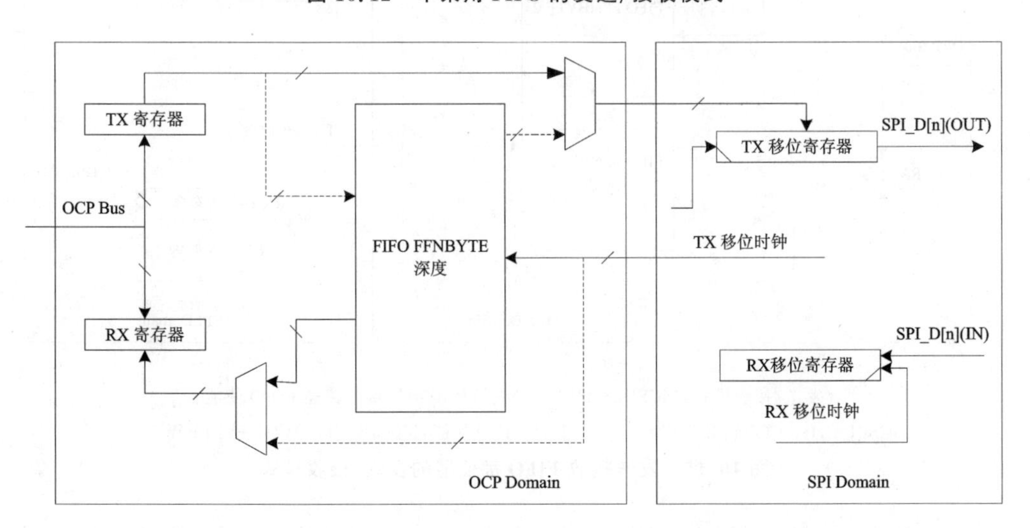

(发送/接收模式：MCSPI_CH(i)CONF[TRM]=0；接收路径 FIFO 使能：
MCSPI_CH(i)CONF[FFER]=1；发送路径 FIFO 禁止：MCSPI_CH(i)CONF[FFEW]=0)

图 10.13　接收 FIFO 使能的发送/接收模式

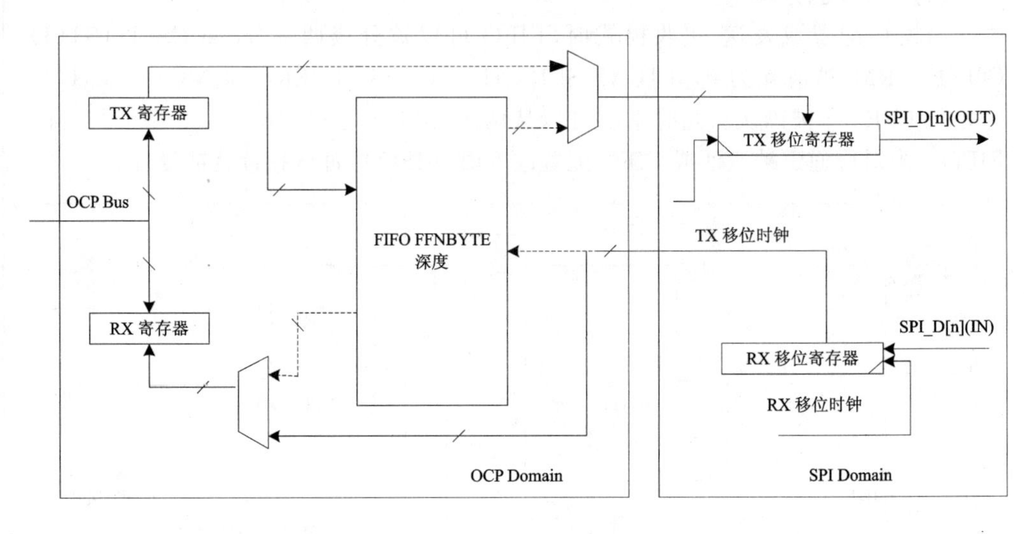

(发送/接收模式:MCSPI_CH(i)CONF[TRM]=0;接收路径 FIFO 禁止:
MCSPI_CH(i)CONF[FFER]=0;发送路径 FIFO 使能:MCSPI_CH(i)CONF[FFEW]=1)

图 10.14 发送 FIFO 使能的发送/接收模式

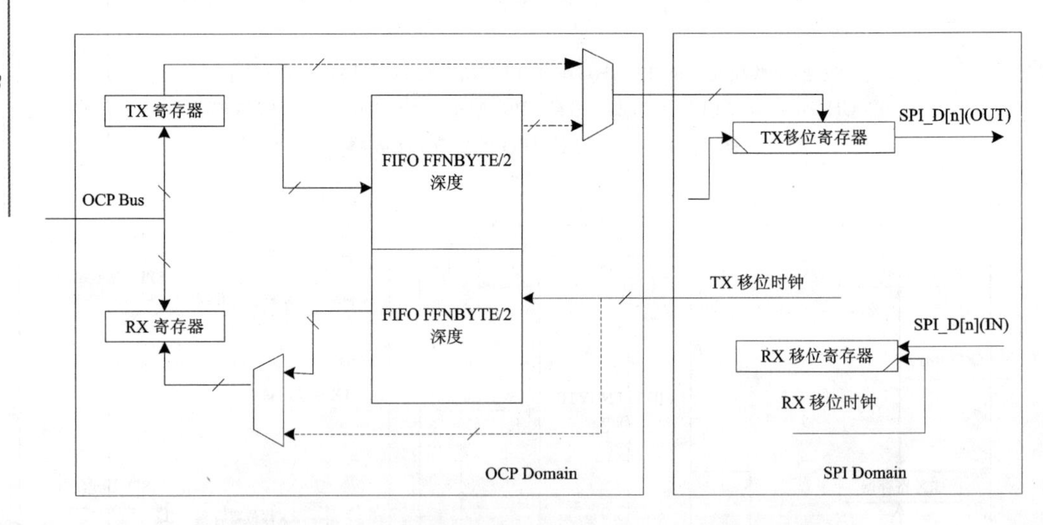

(发送/接收模式:MCSPI_CH(i)CONF[TRM]=0;接收路径 FIFO 使能:
MCSPI_CH(i)CONF[FFER]=1;发送路径 FIFO 使能:MCSPI_CH(i)CONF[FFEW]=1)

图 10.15 发送接收 FIFO 都使能的发送/接收模式

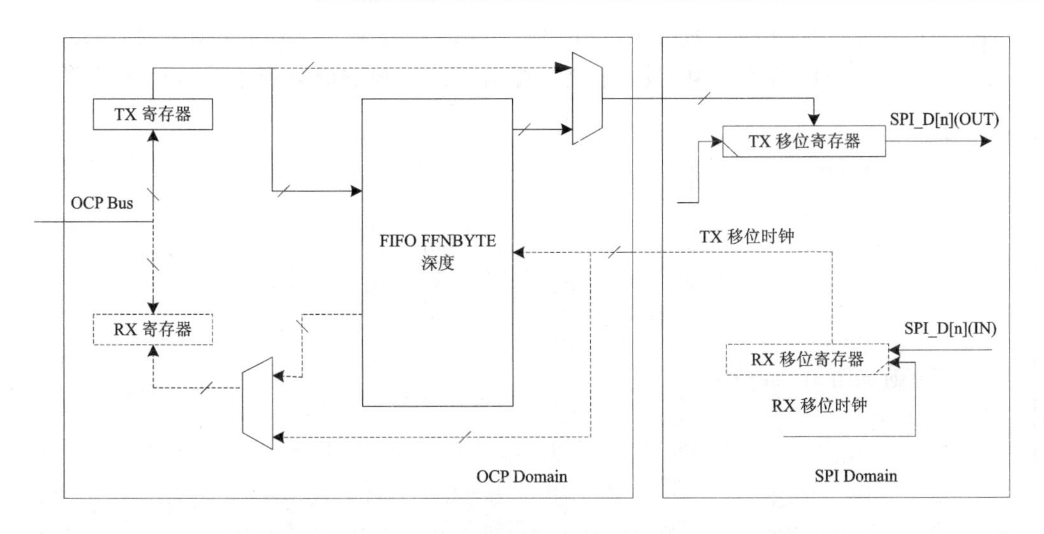

(发送模式:MCSPI_CH(i)CONF[TRM]=2h;发送路径 FIFO 使能:
MCSPI_CH(i)CONF[FFER]=1;不采用 FIFO:MCSPI_CH(i)CONF[FFEW])

图 10.16 采用 FIFO 只发送模式

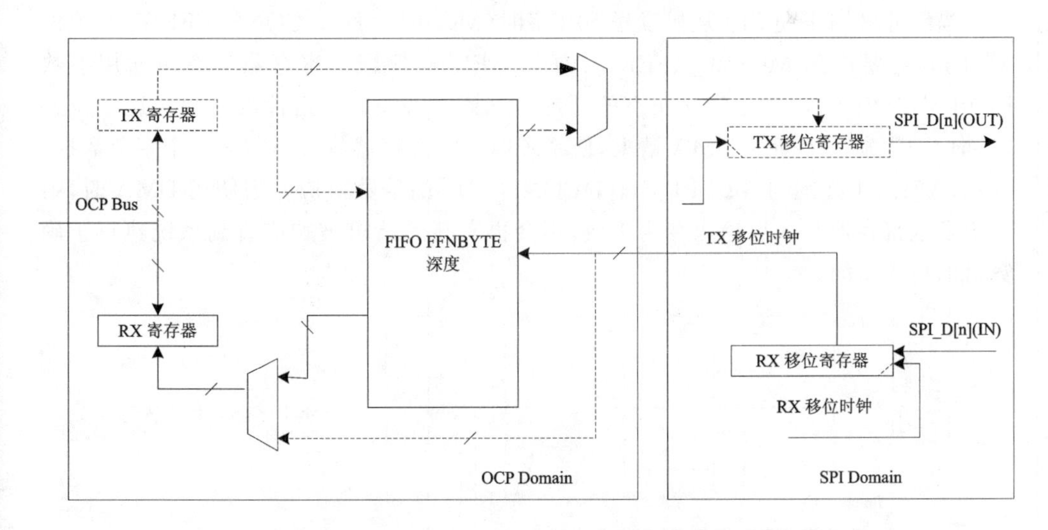

(接收模式:MCSPI_CH(i)CONF[TRM]=1;接收路径 FIFO 使能:
MCSPI_CH(i)CONF[FFER]=1;不采用 FIFO:MCSPI_CH(i)CONF[FFEW])

图 10.17 采用 FIFO 只接收模式

(2) 缓冲区装满

当缓冲区用于接收来自从机(MCSPI_CH(I)CONF[FFER]必须设置为1)的SPI字时,需要用到 MCSPI_XFERLEVEL[AFL]位字段。寄存器字宽由通用参数FFNBYTE值控制,它定义快要满的缓冲区状态。当 FIFO 指针到达这个位置时,向CPU 发送中断或 DMA 请求,让系统从接收寄存器读取 AFL+1 个字节数据。注意

AFL+1必须与MCSPI_CH(I)CONF[WL]的倍数对应。当使用DMA时,读取第一个接收寄存器后请求变为无效,不会再有新的请求被响应直到系统执行正确数目的读取访问。

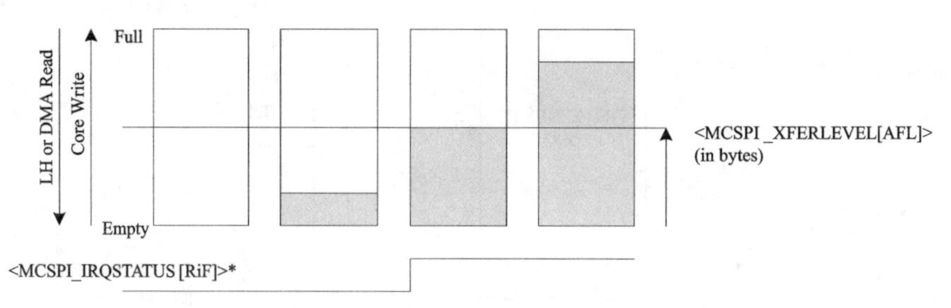

图 10.18 AFL(Buffer Almost Full Level)

注意:SPI_IRQSTATUS 寄存器位不适用于 DMA 模式。在 DMA 模式中,SPIm_DMA_ RXn 请求和 SPI_IRQSTATUS RXn_FULL 标志在相同的条件下被响应。

(3) 缓冲区为空

当缓冲区用于向SPI从机发送SPI字时(MCSPI_CH(I)CONF[FFEW]必须设置为1),需要用到MCSPI_XFERLEVEL[AEL]位字段。寄存器字宽由通用参数FFNBYTE值控制,用于定义快空的缓冲区状态。当FIFO指针没有到达这个位置时,向CPU发送中断或DMA请求,使系统向接收寄存器写入AFL+1个字节数据。注意,AFL+1必须与MCSPI_CH(I)CONF[WL]的倍数对应。当使用DMA时,第一个发送寄存器写入后请求变为无效,不会再有新的请求被响应直到系统执行正确数目的写入访问。

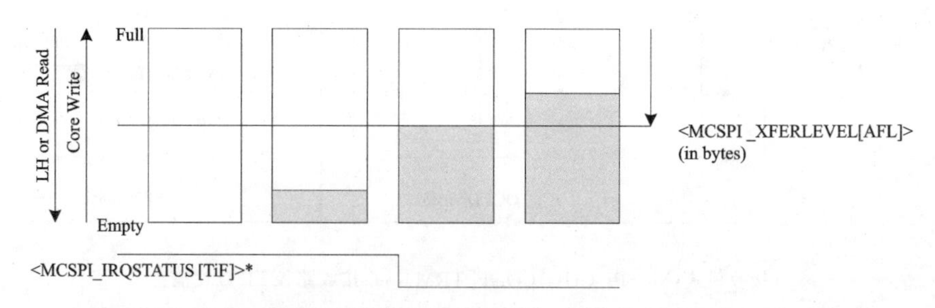

图 10.19 AEL(Buffer Almost Empty Level)

(4) 传输管理结束

当FIFO缓冲区被使能用于一个通道时,用户应该提前配置MCSPI_XFERLEVEL寄存器,包括AEL和AFL。在使能通道前,特别要配置用于定义SPI字数的WCNT位字段,该字段采用FIFO来传输。

在定义的SPI字数传输完成之后,这个计数器允许控制器停止数据传输。假如WCNT被清除为0,计数器就没被使用且用户必须通过手动禁止通道来停止数据传输。在这种情况下,用户不知道还有多少SPI发送没完成。对于接收传输,软件应该轮询对应的FFE位字段并读取接收寄存器来清空FIFO缓冲区。当产生字计数结束中断时,用户可以禁止通道,并查询MCSPI_CH(I)STAT[FFE]寄存器来确定SPI字是否仍然在FIFO缓冲区,并读取最后的SPI字。

注意:假如FIFO缓冲区被使能,在主机模式下可以配置该模块使用WCNT特性,且软件用TX_EMPTY中断将数据加载到FIFO,此时WCNT值必须是AEL的倍数。

(5) 多SPI字访问

CPU可以执行对接收或发送寄存器的多SPI字来访问,在指定的条件下,通过设置MCSPI_MODULCTRL[MOA]位字段为1采用单个32位OCP访问:

- 选择的通道有FIFO使能;
- 只有FIFO使能的通道支持这种访问;
- MCSPI_MODULCTRL[MOA]位字段被设置为1;
- 接收或发送寄存器只能执行32位的OCP访问与数据宽度。对于其他访问,CPU必须使MCSPI_MODULCTRL[MOA]位字段无效;
- MCSPI_XFERLEVEL[AEL]和MCSPI_XFERLEVEL[AFL]必须为32位对齐,即AEL[0]=AEL[1]=1或AFL[0]=AFL[1]=1;
- 假如采用MCSPI_XFERLEVEL[WCNT],必须根据SPI字长配置WCNT;
- SPI字长允许执行多SPI访问,即MCSPI_CH(I)CONF[WL]<16。

SPI字访问数依赖于SPI字长:

- 3≤WL≤7,SPI字长小于或等于字节长,那么32位OCP读写就有4个SPI字。假如使用字计数器(MCSPI_XFERLEVEL[WCNT]),设置位字段WCNT[0]=WCNT[1]=0;
- 8≤WL≤15,SPI字长比字节长或等于16位,那么32位OCP读写就有2个SPI字。假如使用字计数器(MCSPI_XFERLEVEL[WCNT]),设置位字段WCNT[0]=0;
- 16≤WL,多SPI字访问不适用。

11. 第一个SPI字延时

SPI控制器可以延时传输第一个SPI字,用于给系统时间以完成并行处理或填充FIFO,从而提高传输带宽。这个延时只适用于激活SPI通道后的第一个SPI字和发送寄存器的第一次写入。这个延时与输出时钟频率有关,并且在主机模式和MCSPI_MODULECTRL[SINGLE]定义的单通道模式中很有意义。

只有几个延时值是可用的:0延时、4/8/16/32 SPI周期延迟。在时钟旁路模式下,延时精度为半周期且依赖于时钟极性和相位。

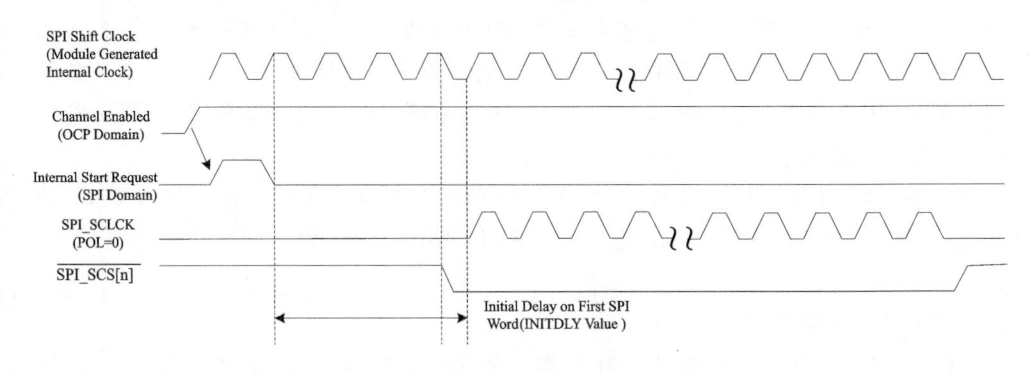

图 10.20　单通道启动延迟

12. 3引脚或4引脚模式

通过采用 MCSPI_MODULCTRL[1] PIN34 的配置并且根据目标应用，可以被配置外部 SPI 总线接口使用一组有限的引脚：

- 假如 MCSPI_MODULECTRL[34]被清除为 0(默认值)，那么控制器处于 4 引脚模式，使用到的 4 个 SPI 引脚有：SPI_SCLK、SPI_D[0]，SPI_D[1]、SPI_SCS[n]；
- 假如 MCSPI_MODULECTRL[34]被设置为 1，那么控制器处于 3 引脚模式，使用到的 3 个 SPI 引脚有：SPI_SCLK、SPI_D[0]、SPI_D[1]。

在这个模式中，系统强制使控制器处于单通道主机模式(MCSPI_MODULECTRL [SINGLE] 被确认)且控制器只能连接总线上的一个 SPI 设备。

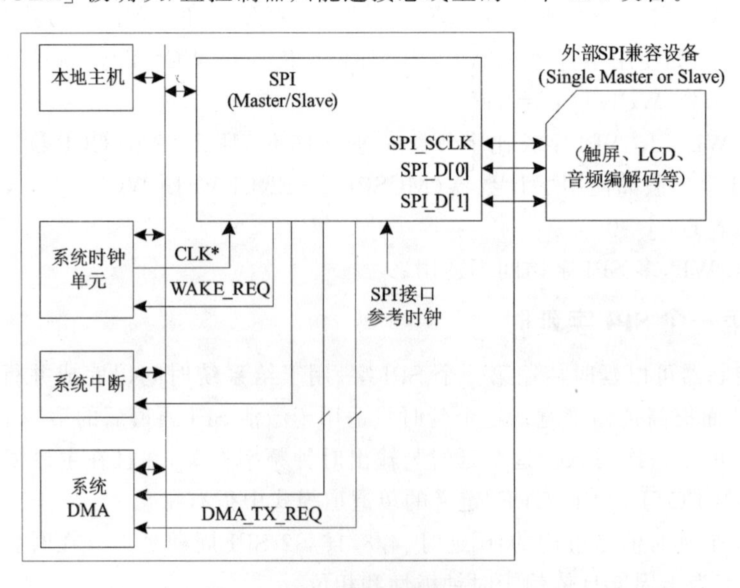

图 10.21　3引脚模式系统

在 3 引脚模式中，所有与片选管理有关的选项都是无意义的：

- MCSPI_CHxCONF[EPOL]
- MCSPI_CHxCONF[TCS0]
- MCSPI_CHxCONF[FORCE]

在这个模式中片选引脚$\overline{\text{SPI_SCS[n]}}$被强制为 0。

10.4　从机模式

当寄存器 MCSPI_MODULCTRL 的 MS 位被置位时，SPI 就处于从机模式。在从机模式中，SPI 可以最多连接 4 个外部 SPI 主机，SPI 每次与单个 SPI 主设备进行数据处理。

在从机模式中，当 SPI 接收来自外部 SPI 主设备的 SPI 时钟(SPI_SCLK)时，SPI 就发起在数据线(SPI_D[1:0])上的数据传输。MCSPI_MODULCTRL[1] PIN34 位的设置决定控制器的工作是否需要片选$\overline{\text{SPI_SCS[n]}}$。这个模式也支持两个连续字间无死循环的传输。

1. 专用资源

在从机模式中，使能除开通道 0 以外的通道是没有作用的。只有通道 0 可以被使能，且通道 0 在从机模式中有以下资源：

- 由寄存器 MCSPI_CH0CTRL 的 EN 位编程来使能。该通道应该在发送和接收前被激活。用户仍可以取消通道并控制外部数据字发送。
- 4 个$\overline{\text{SPI_SCS[n]}}$端口的任何一个都可以用作从 SPI 设备使能。这是由寄存器 MCSPI_ CH0CONF 的 SPIENSLV 位的编程来控制。
- 处于通用移位寄存器顶部的发送寄存器 MCSPI_TX。假如发送寄存器是空的，那么 MCSPI_CH0STAT 寄存器的状态位 TXS 就会被置 1。当外部主机选择了 SPI(处于被分配给通道 0 的$\overline{\text{SPI_SCS[n]}}$端口信号)，则不管通道 0 的发送寄存器的内容是否已更新，总是被加载到移位寄存器中。在选择 SPI 为主机之前，应该加载发送寄存器。
- 处于通用移位寄存器顶部的发送寄存器 MCSPI_RX。假如接收寄存器已满，那么寄存器 MCSPI_CH0STAT 的状态位 RXS 就会被置位。

  注意：其他通道的发送寄存器和接收寄存器是不可用的。非通道 0 的寄存器的读写是没有作用的。

- 通过寄存器 MCSPI_CH0CONF，配置以下通信参数。
  - 发送/接收模式，由 TRM 位可编程控制；
  - 接口模式(两数据引脚或单数据引脚)和数据引脚分配，两个都由 IS 位和 DPE 位编程控制；

- SPI 字长，由 WL 位编程控制；
- $\overline{\text{SPI_SCS[n]}}$极性，由 EPOL 位编程控制；
- SPI_SCLK 极性，由 POL 位编程控制；
- SPI_SCLK 相位，由 PHA 位编程控制；
- FIFO 缓冲区的选取。依据传输模式 TRM 值的不同，由 FFER 和 FFEW 编程控制。

SPI_SCLK 频率是由连接到 SPI 的外部 SPI 主设备控制的。在从模式下，没有使用 0CONF 寄存器的 CLKD0 位。

注意：只有当通道被取消时，通道的配置才可以被载入到 0CONF 寄存器。

- 两个 DMA 读写请求事件。DMA 请求由寄存器 0CONF 的 DMAR 和 DMAW 控制；
- 4 个中断事件。

图 10.22 展示了连接在单个主机上的 4 个从机的例子。

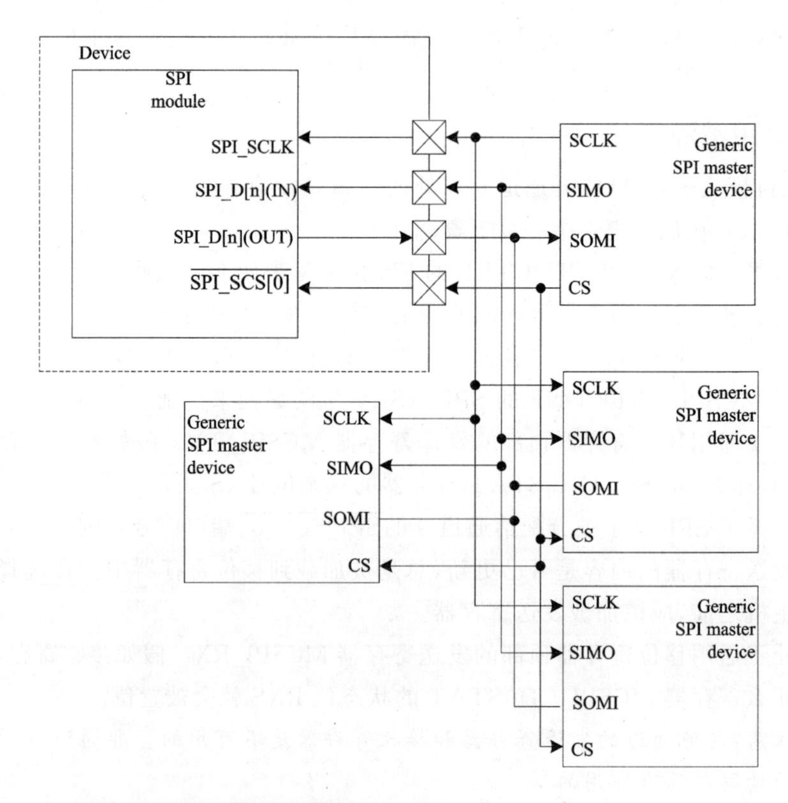

图 10.22 连接在 1 个主机上的 4 个从机

2. 从机模式中的中断事件

与发送寄存器状态有关的中断事件是 TX_empty 和 TX_underflow。与接收寄存器状态有关的中断事件是 RX_full 和 RX_overflow。

(1) TX_EMPTY

当通道被激活且它的发送寄存器变空，事件 TX_empty 被激活，且使能通道自动发起这个事件。当 FIFO 缓冲区被激活时(MCSPI_CH(I)CONF[FFEW] 被设置为 1)，只要有足够的缓存空间来写由寄存器 MCSPI_XFERLEVEL[AEL]定义的字节数据，TX_empty 事件就被确认。必须加载发送寄存器从而移除中断源，并且必须清除 TX_empty 中断状态位来取消中断线的选取(假如事件使能作为中断源)。

当 FIFO 使能时，只要本地主机向发送器寄存器写的数据没有达到 MCSPI_XFERLEVEL [AEL]定义的数目，新的 TX_empty 事件就不会成立。本地主机负责执行正确地写数据。

(2) TX_UNDERFLOW

当通道被激活，而且外部主设备开始 SPI 数据传输时(发送或接收)，发送器寄存器或 FIFO(使能 FIFO 的使用)还是空的，那么 TX_underflow 事件被激活。

当 FIFO 被激活时，在 Underflow 事件发起时发出的数据不是最后写入 FIFO 的数据。TX_underflow 表示在从机模式中的数据丢失错误。如果自通道使能以来，发送器寄存器没有加载数据，那么为了避免开始发送时就有 TX_underflow 事件发生，不会激活 TX_underflow 事件。必须清除 TX_empty 中断状态位来取消中断线的选取(假如事件使能作为中断源)。

(3) RX_FULL

当使能通道且 RX_FULL 接收寄存器已满时(发送事件)，事件 RX_ full 就会被激活。当 FIFO 缓冲器使能(MCSPI_CH(I)CONF[FFER] 设置为 1)时，只要缓冲区中保持有 MCSPI_XFERLEVEL[AFL] 定义数目的字节时，事件 RX_ full 就会被激活。必须通过读取接收寄存器来移除中断源，为了取消中断线的选取，RX_full 中断状态位必须被清除(假如事件使能作为中断源)。

当 FIFO 使能时，只要本地主机向接收寄存器写的数据没有达到 MCSPI_XFERLEVEL [AEL]定义的数目时，新的 RX_ full 事件就不会成立。本地主机负责执行正确地读数据。

(4) RX_OVERFLOW

当一个通道被激活，而且接收新的 SPI 字时 SPI_RXn 寄存器或 FIFO 已满，在从机模式下的发送与接收模式或只接收模式中的 RX0_OVERFLOW 事件被激活。SPI_RXn 寄存器总是被新的 SPI 字重写。假如 FIFO 被激活且 FIFO 中的数据被重写，那这种情况必须被看作对数据的破坏。RX0_OVERFLOW 事件不应该出现在使用 FIFO 的从机模式中。

RX0_OVERFLOW 事件表示在从机模式中有数据丢失错误。为了取消中断线的选取，SPI_IRQSTATUS[3] RX0_OVERFLOW 中断状态位必须被清除(假如事件使能作为中断源)。

(5) 字计数结束

当使能通道并配置使用内置 FIFO 时，字计数结束事件(EOW)就会被激活。当控制器已经执行由 MCSPI_XFERLEVEL[WCNT]寄存器定义的发送数据时，就会发生这个中断。假如 MCSPI_XFERLEVEL[WCNT]寄存器的值编程为 0000h，则计数器无效且这个中断不会产生。字计数结束中断也说明只要 MCSPI_XFERLEVEL[WCNT]寄存器没有重载且通道没有重新使能，SPI 发送停滞在使用 FIFO 的通道上。为了取消中断线的选取，字计数结束中断必须被清除(假如事件使能作为中断源)。

3. 从机收发模式

从机发送与接收模式是可编程的(MCSPI_CH(I)CONF 寄存器的 TRM 位被清除为 0)。通道被激活后，中断和 DMA 请求事件处理发送和接收。在从发送与接收模式中，在外部 SPI 主机选中 SPI 之前，应该加载发送寄存器。

不管发送寄存器或 FIFO(假如缓冲区的使用被激活)的内容是否被更新，总是被加载到移位寄存器。TX_underflow 事件因此被激活，但不会阻止数据传输。

SPI 字发送完成时(寄存器 MCSPI_CH(I)STAT 的位 EOT 被设置)，接收的数据被发送给通道接收寄存器。当这个通道采用缓冲区时，这一位是无意义的。内置 FIFO 在这个模式中是可用的且可配置成数据发送或接收，此时 FIFO 被看作唯一的 FFNBYTE 字节缓冲区。FIFO 也可被配置为发送与接收两个数据方向，此时 FIFO 被分解成两个 FFNBYTE/2 字节的缓冲区，每个缓冲区有自己地址空间管理功能。在后一种情况中，AEL 和 AFL 是基于 FFNBYTE 字节的且处于 Local Host 的控制之下。

4. 从机只接收模式

从接收模式是可编程的(寄存器(I)CONF 的位 TRM 设置为 01)。在只接收模式中，外部 SPI 主机选中 SPI 之前，应该加载发送寄存器。不管发送寄存器或 FIFO(假如缓冲区的使用被激活)的内容是否被更新，总是被加载到移位寄存器。事件 TX_underflow 因此被激活，但不会阻止数据传输。为了使 MCSPI_CH(I)CONF[TRM]＝00，从而把 SPI 当作一个从只接收设备，用户需禁止由于发送器寄存器状态引起的 TX_empty 与 TX_underflow 中断和 DMA 写请求。

SPI 字发送完成时(寄存器 MCSPI_CH(I)STAT 的位 EOT 被设置)，接收的数据被发送给通道接收寄存器。当这个通道使用缓冲区时，这一位是无意义的。内置 FIFO 在这个模式中是可用的且可通过 MCSPI_CH(I)CONF 寄存器的 FFER 位字段来配置,此时 FIFO 被视为唯一的 FFNBYTE 字节缓冲区。图 10.23 展示了一个半双工系统的例子,其中主机在左而只负责接收的从机在右。每次从主机传出 1 位,而 1 位传入从机。8 个串行时钟 spim_clk 周期过后,Word A 从主机发送给从机。

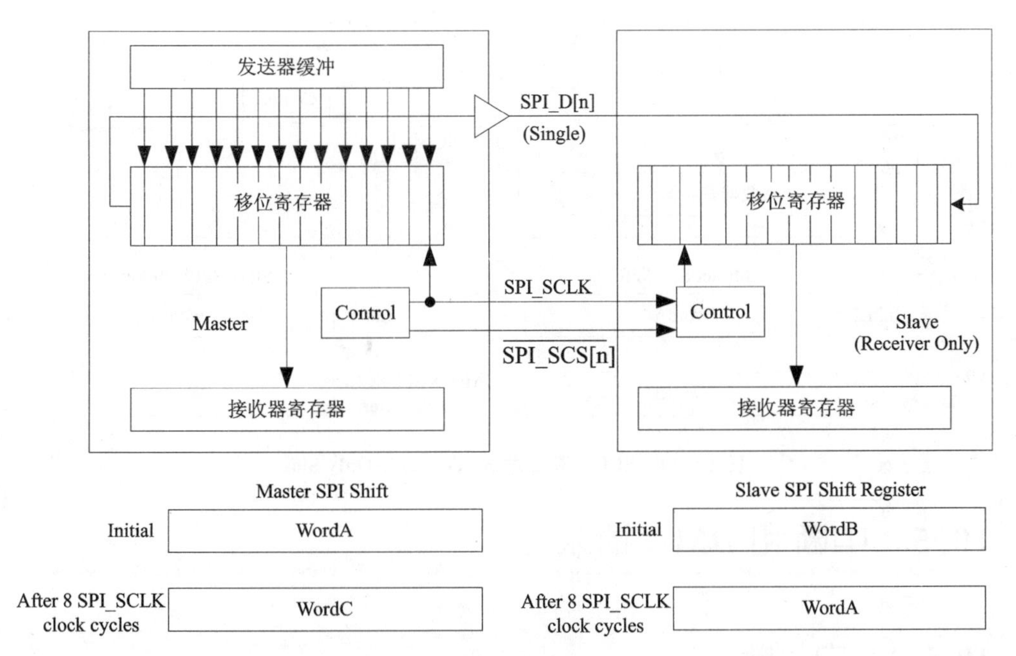

图 10.23　SPI 半双工发送(Receive-Only Slave)

5. 从只发送模式

从只发送模式是可编程的(MCSPI_CH(I)CONF 寄存器的 TRM 位设置为 10)。当只有发送是有意义时,这个模式可以避免 CPU 读取接收寄存器(减少数据移动)。为把 SPI 当作从只发送模式设备且(I)CONF[TRM]=00,由于接收寄存器的状态,用户需要禁止 RX_full 与 RX_overflow 中断以及 DMA 读请求。SPI 字发送完成后,寄存器 MCSPI_CH(I)STAT 的 EOT 位就被置位。当这个通道采用缓冲区时,这一位是无意义的。在这个模式中内置 FIFO 是可用的且可通过寄存器 MCSPI_CH(I)CONF 的 FFER 位字段配置,此时 FIFO 被看作是唯一的 FFNBYTE 字节缓冲区。

图 10.24 展示了一个半双工系统,其中主机在左而只发送从机在右。当从机传出 1 位数据,则主机接收 1 位数据。8 个串行 spim_clk 时钟周期过后,Word B 从从机传入主机。

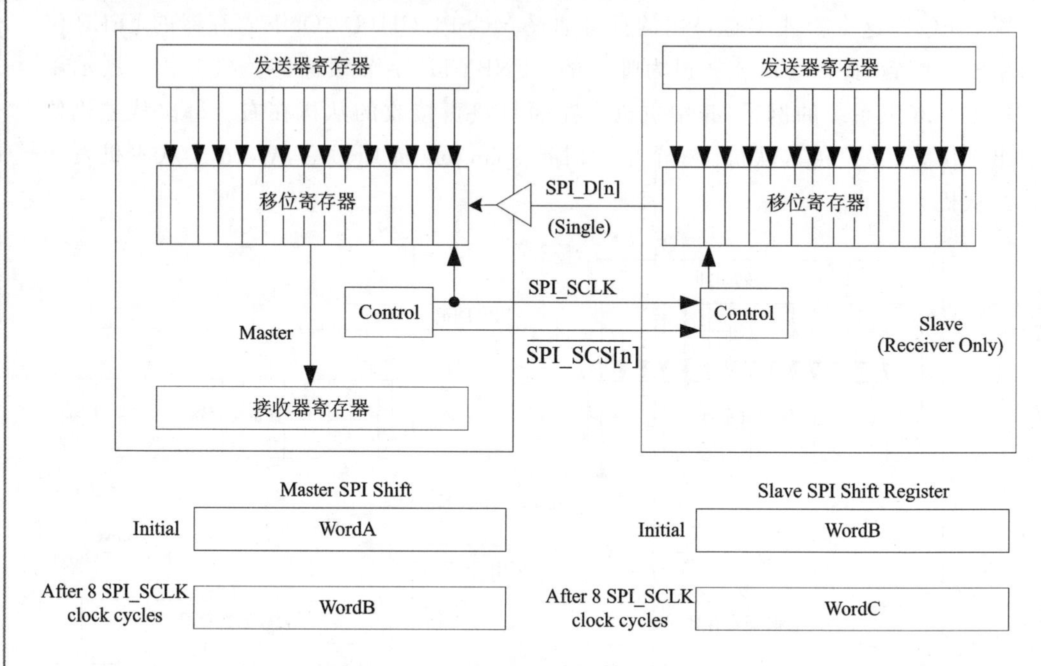

图 10.24 SPI 半双工发送(Transmit-Only Slave)

10.5 中断和 DMA 请求

10.5.1 中 断

根据发送寄存器和接收寄存器状态，假如每个通道都被激活，该通道就可以发出中断事件。每个中断事件都有位于 MCSPI_IRQSTATUS 寄存器的 1 个状态位，用于表示请求的服务。每个中断事件也有位于 MCSPI_IRQENABLE 寄存器的 1 个中断使能位，用于促使这个状态产生硬件中断请求。当产生中断并且产生对应的屏蔽(IRQENABLE)，尽管中断源还没有被服务，但中断线不再有效。SPI 支持中断驱动操作和查询。

1. 中断驱动操作

当事件产生时，设置 MCSPI_IRQENABLE 寄存器的中断使能位来使能每个事件，用于产生对应事件的中断请求。硬件逻辑条件自动设置状态位。当发生中断事件时，CPU 必须：

- 读 MCSPI_IRQSTATUS 寄存器来判断哪个事件发生了；
- 读对应事件的接收寄存器来移除 RX_full 事件源，或者写对应事件的发送寄存器来移除 TX_empty 事件源。不需移除 TX_underflow 和 RX_overflow 事件源；

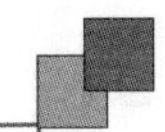

- 写 1 到 MCSPI_IRQSTATUS 寄存器的对应位，用于清除中断状态并释放中断线。

在通道激活之后，同时事件作为中断源被激活之前，中断状态位应该总是处于复位状态。

2. 查　询

当在 MCSPI_IRQENABLE 寄存器中禁止事件的中断功能，则中断线不会被确认且：

- 可以通过软件查询 MCSPI_IRQSTATUS 寄存器的状态位，检测出事件的发生时间；
- 当期待的事件发生时，CPU 必须：读对应事件的接收寄存器来移除 RX_full 事件源，或者写对应事件的发送寄存器来移除 TX_empty 事件源，不需移除 TX_underflow 和 RX_overflow 事件源；
- 写 1 到 MCSPI_IRQSTATUS 寄存器的对应位，用于清除中断状态，但不会影响中断线的状态。

10.5.2　DMA 请求

SPI 可以与 DMA 控制器连接。在系统级上，其优点在于取消了局部主机数据传输。假如每个通道被激活，则根据它的发送寄存器状态、接收寄存器状态或 FIFO 级(假如缓冲区用于这个通道)，它们都可以发布 DMA 请求。

为了得到 TX 和 RX 中断并定义以下各种模式下的传输结束或最后发送字，需要禁用 DMA 请求。

- 主机只发送模式；
- 主机正常只接收模式；
- 主机 turbo 只接收模式；
- 从机只发送模式。

每个通道有 2 个 DMA 请求线。根据是否采用 FIFO 缓冲区，DMA 请求的管理也不同。

1. 禁止 FIFO 缓冲区

当通道被激活且通道的接收寄存器有一个新的数据时，DMA 读请求线被确认。DMA 读请求可以用 MCSPI_CH(I)CONF 寄存器的 DMAR 位单独进行屏蔽。在通道接收寄存器读完成后，DMA 读请求线不再有效(适合 OCP)。

当通道被激活且通道的发送寄存器是空的，则 DMA 写请求线有效。DMA 写请求可以用 MCSPI_CH(I)CONF 寄存器的位 DMAW 单独进行屏蔽。在通道发送寄存器加载完成后，DMA 写请求线不再有效(适合 OCP)。

对于每个读/写发送或接收寄存器的 OCP 总线访问，可以发送/接收 1 个

SPI 字。

2. 使能 FIFO 缓冲区

当通道被使能且通道接收寄存器的缓冲区中保持有 MCSPI_XFERLEVEL[AFL] 定义数目的字节时，DMA 读请求线有效。DMA 读请求可以用 MCSPI_CH(I)CONF 寄存器的 DMAR 位单独进行屏蔽。当通道接收寄存器的第一个 SPI 字读完成后，DMA 读请求线不再有效(适合 OCP)。只要用户还没正确执行由 MCSPI_XFERLEVEL[AFL]寄存器定义的读访问数据，就不会产生新的有效 DMA 请求。

当通道被使能且 FIFO 缓冲区中保存的字节数小于 MCSPI_XFERLEVEL[AFL] 定义的数目时，DMA 写请求线就有效。DMA 写请求可以用 MCSPI_CH(I)CONF 寄存器的 DMAW 位单独进行屏蔽。当通道发送寄存器的第一个 SPI 字加载完成后，DMA 写请求线不再有效(适合 OCP)。只要用户还没正确执行由 MCSPI_XFERLEVEL[AEL]寄存器定义的写访问数据，就不会产生新的有效 DMA 请求。

对于每个读/写发送或接收寄存器的 OCP 总线访问，可以发送/接收 1 个 SPI 字。

3. DMA 256 位对齐地址

当 MCSPI_MODULCTRL[8] FDAA 位被置 1 且只有 1 个使能通道的 MCSPI_CH(I)CONF[27] FFE(I)W 或 MCSPI_CH(I)CONF[28] FFE(I)R 使能时，这个功能才有效。在这种情况下，不使用 MCSPI_TX(I) 和 MCSPI_RX(I)寄存器，并且通过 MCSPI_DAFTX 和 MCSPI_DAFRX 寄存器管理数据。

10.6 仿真和系统测试模式

10.6.1 仿真模式

MReqDebug 输入将仿真访问区别于处理器(应用访问)的常规访问。

如果是应用访问，MReqDebug 为 0。在功能模式，读取接收寄存器 MCSPI_RX(i)的结果如下：

- 移除 MCSPI_IRQSTATUS 寄存器的 RXi_Full 事件源。假设事件在 MCSPI_IRQENABLE 寄存器中有效；
  清除 MCSPI_IRQSTATUS 寄存器的 RXiS 状态位。
- 在主模式中，依靠循环仲裁和发送寄存器状态，通道可以访问移位寄存器，用于数据的发送/接收。

如果是仿真访问，MReqDebug 为 1。在仿真模式中，SPI 的动作和在功能模式中是一样的，但读取接收寄存器 MCSPI_RX(i)产生的结果不同：

- MCSPI_RX(i)仍然视为没有被读取。当 FIFO 缓冲区被使能时，不会更新指针。

- 没有移除在 MCSPI_IRQSTATUS 寄存器的 RXi_Full 事件源。MCSPI_CH(i)STAT 寄存器的 RXiS 位仍然保持稳定。

与功能模式一样，在仿真模式中，根据正在进行的数据传输，可以选择性地更新 MCSPI_CH(i)STAT 寄存器的状态位，也可以选择性地确认中断和 DMA 请求线。

10.6.2　系统测试模式

当设置寄存器 MCSPI_MODULCTRL 的 System_Test 位时，SPI 就进入系统测试模式(SYSTEST)。SYSTEST 模式用于以一种非常简单的办法来检查系统内部连接的正确性，包括中断处理器的内部连接、对电源管理的内部连接或对 SPI I/O 的外部连接。在测试模式下，可以通过触发输出或采集输入的逻辑状态，执行 I/O 的验证。

10.7　复位与省电管理

10.7.1　复　位

当与 OCP 接口时钟同步的低电平复位信号在输出引脚 RESETN 上有效时，模块就会通过硬件进行复位。硬件复位信号在该模块上有全局复位效果。在所有的时钟域中，所有的寄存器配置和所有的状态机都会被复位。

另外，模块可以通过 MCSPI_SYSCONFIG 寄存器的 SoftReset 位进行软件复位，并且与硬件 RESETN 信号有相同的作用。软件复位对 MCSPI_SYSCONFIG 寄存器无效。SoftReset 控制位是高电平有效，该位通过硬件自动复位为 0。

状态寄存器 MCSPI_SYSSTATUS 提供一个全局 ResetDone 状态位。当所有不同的时钟域复位(OCP 域和 SPI 域)已经被释放(逻辑与)，这一位就会被置 1。全局 ResetDone 状态位可以通过软件来控制，从而检查模块是否准备用于接下来的复位(硬件或软件复位)。必须给该模块提供 CLKSPIREF 时钟，从而允许设置全局 ResetDone 状态位。在从机模式下，只需在复位相位期间使用时钟 CLKSPIREF。ResetDone 状态位被置 1 后，就可以关闭 CLKSPIREF 时钟。

10.7.2　省电管理

发送操作模式和接收操作模式相互独立，而常规模式和空闲模式这两种操作模式是从电源管理的角度来定义的。这两种模式在时间上是完全互斥的，SPI 与空闲模式下的配置文件“IdleReq / SIdleAck / Swakup”是相兼容的。

1. 常规模式

在主从模式下，OCP 时钟和提供给 SPI 的 SPI 时钟(CLKSPIREF)两个时钟都

必须有效。当满足以下条件时,模块的 OCP 时钟和 SPI 时钟将会自动选通:

- MCSPI_SYSCONFIG 寄存器的 AutoIdle 位被置位;
- 在主模式中,所有通道都没有发送或接收的数据;
- 在从模式中,外部 SPI 主机没选中 SPI 且没有 OCP 访问。

当满足以下条件时,停止自动选通模块的 OCP 时钟和 SPI 时钟:

- 在主模式中,发生个 OCP 访问;
- 在从模式中,发生 OCP 访问或外部 SPI 主机选中 SPI。

2. 空闲模式

可以在系统电源管理请求中关掉 OCP 时钟和 SPI 时钟,也可在模块请求中重新打开。SPI 与电源管理握手协议是兼容的:来自系统电源管理的空闲请求,来自 SPI 的空闲应答。

根据 MCSPI_SYSCONFIG 寄存器中的可编程模式,用于应答来自系统电源管理的空闲请求的空闲应答可以分为:无空闲模式、强制空闲模式和智能空闲模式。

- 当编程为无空闲模式时(MCSPI_SYSCONFIG 寄存器的 SIdleMode 位被设置为 01),模块忽视系统的电源管理请求,并正常工作,就好像这个请求无效一样;
- 当编程为智能空闲模式时(MCSPI_SYSCONFIG 寄存器的 SIdleMode 位被设置为 10),根据其内部的状态,模块响应系统的电源管理请求;
- 当编程为强制空闲模式时(MCSPI_SYSCONFIG 寄存器的 SIdleMode 位被清除为 00),模块无条件响应系统的电源管理请求。

假如 MCSPI_SYSCONFIG 寄存器的 ClockActivity 位被置位,在智能空闲模式期间,可以选择性地关闭 OCP 时钟。不管 MCSPI_SYSCONFIG 寄存器的 ClockActivity 位设置,SPI 可以关闭两个时钟。

(1) 从常规模式到智能空闲模式的转换

当同步信号 IdleReq 有效时,模块会检测到空闲请求。当 IdleReq 有效时,只要 OCP 时钟没停止,模块的任何访问都会产生错误。

当 SPI 被配置为从机时,只有在当前传输(SPI_SCS[n]从选择信号被外部主机释放)完成后,并且假如没有有效的中断或 DMA 请求,SPI 才会通过使 SIdleAck 信号有效(空闲应答)来响应空闲请求。

当 SPI 被配置为主机时,只有在所有通道数据发送完成后,并且假如没有有效的中断或 DMA 请求,SPI 才会通过使 SIdleAck 信号有效(空闲应答)来响应空闲请求。

只要 SIdleAck 信号无效,假如有事件发生,模块仍然可以在 IdleReq 有效之后产生中断或 DMA 请求。在这种情况下,模块忽视空闲请求且 SIdleAck 信号将不会有效:系统电源管理将中止电源模式发送进程。此时系统需在访问 ldleReq 模块之前使 ldleReq 无效。当 SIdleAck 有效时,模块不会确认任何新的中断或 DMA 请求。

(2) 从智能空闲模式到常规模式的转换

当空闲请求信号(IdleReq)无效时,SPI 会检测空闲周期的结束。在 IdleReq 无效时,模块转换到常规模式并使 SIdleAck 信号无效。

(3) 强制空闲模式

通过将寄存器 MCSPI_SYSCONFIG 的 SIdleMode 位清除为 00(强制空闲),强制空闲模式就被激活。

强制空闲模式是一种空闲模式,在这种模式中通过确认 SIdleAck 信号,并且如果中断与 DMA 请求线有效,无条件禁止中断和 DMA 请求线,从而使 SPI 无条件响应空闲请求。从常规模式到空闲模式的转换不会影响 MCSPI_IRQSTATUS 寄存器的中断事件位。

在强制空闲模式中,此时认为模块是禁止的,所以中断和 DMA 请求线可能不会被确认,可以关闭 OCP 时钟和供给 SPI 的 SPI 时钟。SPI 数据发送期间的空闲请求可以导致一个意想不到的结果,而且可以通过软件控制。在强制空闲模式中,只要 OCP 时钟没停止且 IdleReq 有效,对模块的任何访问都会产生错误。

当空闲请求信号(IdleReq)无效时,模块退出强制空闲模式。在 IdleReq 无效时,模块转换到常规模式并使 SIdleAck 信号无效。一个时钟周期过后,可选择性地使中断和 DMA 请求线有效。

10.8 对数据寄存器的访问

数据接收寄存器 MCSPI_RX(i)和数据发送寄存器 MCSPI_TX(i)之间的数据访问(读/写)有:

- SPI 支持每个寄存器的 1 个 SPI 字访问,而且单个 SPI 字不支持连续的 8 位或 16 位访问;
- 接收的 SPI 字总是与 32 位寄存器 MCSPI_RX(i)的 LSB 位右对齐,而发送的 SPI 字总是与 32 位寄存器 MCSPI_TX(i)的 LSB 位右对齐;
- 超出 SPI 字长的位会被忽略,而且在 SPI 数据传输之间,数据寄存器中内容没有被复位;
- 用户需保持 SPI 字长的位数,访问位数与使能字节之间的一致性,只支持对齐访问;
- 在主机模式中,当通道被禁止时,数据不应该写入发送寄存器。

10.9 SPI 模块编程

1. 模块初始化

- 硬件或软件复位;

- 读 MCSPI_SYSSTATUS 寄存器;
- 检查复位是否完成;
- 模块配置:(a)写 MCSPI_MODULCTRL 寄存器;(b)写 MCSPI_SYSCONFIG 寄存器;
- 在 ResetDone 位置位之前,必须给模块提供 CLK 和 CLKSPIREF 时钟;
- 为避免破坏性行为发生,建议在主从模式互变前进行模块复位。

2. SPI 操作模式配置

通过 MCSPI_CHxCONF 寄存器(这里 x=0,1,2 和 3)选择工作模式。表 10.7 到表 10.9 列出了可能的操作模式及其配置。

表 10.7 SPI 接收模式初始化

步 骤	寄存器/位字段/编程模式	值
设置接收模式	MCSPI_CHxCONF[13:12] TRM	0x1
设置字长	MCSPI_CHxCONF[11:7] WL	0x8
时钟初始化和通道使能	MCSPI_MODULCTRL[2] MS MCSPI_CHxCTRL[0] EN	0x0 0x1
通道在活动状态下为低电平	MCSPI_CHxCONF[6] EPOL	0x1
时钟在活动状态下为高电平	MCSPI_CHxCONF[1] POL	0x0
在 SPI 时钟的奇数跳变沿锁存数据	MCSPI_CHxCONF[0] PHA	0x0
复位状态位	MCSPI_IRQSTATUS	0x0

表 10.8 SPI 发送模式初始化

步 骤	寄存器/位字段/编程模式	值
设置接收模式	MCSPI_CHxCONF[13:12] TRM	0x2
设置字长	MCSPI_CHxCONF[11:7] WL	0x8
时钟初始化和通道使能	MCSPI_MODULCTRL[2] MS MCSPI_CHxCTRL[0] EN	0x0 0x1
通道在活动状态下为低电平	MCSPI_CHxCONF[6] EPOL	0x1
时钟在活动状态下为高电平	MCSPI_CHxCONF[1] POL	0x0
在 SPI 时钟的奇数跳变沿锁存数据	MCSPI_CHxCONF[0] PHA	0x0
复位状态位	MCSPI_IRQSTATUS	0x0

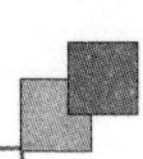

表 10.9 SPI 接收发送模式初始化

步 骤	寄存器/位字段/编程模式	值
设置接收模式	MCSPI_CHxCONF[13:12] TRM	0x0
设置字长	MCSPI_CHxCONF[11:7] WL	0x8
时钟初始化和通道使能	MCSPI_MODULCTRL[2] MS MCSPI_CHxCTRL[0] EN	0x0 0x1
通道在活动状态下为低电平	MCSPI_CHxCONF[6] EPOL	0x1
时钟在活动状态下为高电平	MCSPI_CHxCONF[1] POL	0x0
在 SPI 时钟的奇数跳变沿锁存数据	MCSPI_CHxCONF[0] PHA	0x0
复位状态位	MCSPI_IRQSTATUS	0x0

(1)不采用 FIFO 的通用发送步骤—Polling 法

① 只接收步骤—Polling 法

表 10.10 列出了使用 Polling 法的只接收步骤。SPI 作为从机工作。

表 10.10 只接收步骤-Polling 方法

步 骤	寄存器/位字段/编程模式	值
根据模式配置通道	见表 10.7	
启动通道	MCSPI_CHxCTRL[0] EN	0x1
等待接收寄存器满	MCSPI_RXx	=0x1
停止通道	MCSPI_CHxCTRL[0] EN	0x0

② 只接收步骤—中断法

表 10.11 列出了使用中断法的只接收步骤。SPI 作为从机工作,通道 0 被使用。对于剩余的通道(1,2 和 3)运用同样的逻辑。

表 10.11 只接收步骤-中断方法

步 骤	寄存器/位字段/编程模式	值
根据模式配置通道	见表 10.7	0x1
启动通道	MCSPI_CHxCTRL[0] EN	0x1
为接收寄存器使能中断	MCSPI_IRQENABLE[2] RX0_FULL_ENABLE	0x0
读状态寄存器	MCSPI_IRQSTATUS[2] RX0_FULL	0x0
禁止中断	MCSPI_IRQENABLE[2] RX0_FULL_ENABLE	0x0
停止通道	MCSPI_CHxCTRL[0] EN	0x0
读接收寄存器	MCSPI_RX0	xxxx

③ 只发送步骤—Polling 法

表 10.12 列出了使用 Polling 法的只发送步骤。SPI 作为主机工作。

表 10.12 只发送步骤-Polling 方法

步 骤	寄存器/位字段/编程模式	值
通过模式配置通道	见表 10.8	
启动通道	MCSPI_CHxCTRL[0] EN	0x1
等待发送结束	MCSPI_CHxSTAT[2:1]	=0x2
停止通道	MCSPI_CHxCTRL[0] EN	0x0

④ 发送与接收步骤—Polling 法

表 10.13 列出了使用 Polling 法的发送与接收步骤。SPI 作为主机和从机工作。

表 10.13 发送与接收步骤-Polling 方法

步 骤	寄存器/位字段/编程模式	值
通过模式配置通道	见表 10.9	
启动通道	MCSPI_CHxCTRL[0] EN	0x1
等待发送/接收到字	MCSPI_CHxSTAT[2:0]	=0x3
停止通道	MCSPI_CHxCTRL[0] EN	0x0

(2) 使用 FIFO 的通用发送步骤—Polling 法

当使用 FIFO 时,只有通过写寄存器 MCSPI_TXx(这里 x=0,1,2 和 3),将第一个写请求释放后,SPI 模块才能开始传输。第一个写请求可以通过 IRQ 程序或 DMA 处理器来管理。传输的结束更复杂,与发送的类型相关。

在多通道主机模式中,当初始化 MCSPI_IRQSTATUS 和 MCSPI_IRQENABLE 寄存器时,注意不要重写其他通道的位。

① 带有字计数的只接收步骤—Polling 法

表 10.14 带有字计数的只接收步骤—Polling 法

步 骤	寄存器/位字段/编程模式	值
通过模式配置通道	见表 10.7	
启动通道	MCSPI_CHxCTRL[0] EN	0x1
等待字计数结束	MCSPI_IRQSTATUS[17] EOW	=0x1
停止通道	MCSPI_CHxCTRL[0] EN	0x0
从接收寄存器读	MCSPI_RXx	xxxx

② 不带字计数的只发送步骤— Polling 法

表10.15 不带字计数的只发送发送步骤— Polling 法

步　骤	寄存器/位字段/编程模式	值
通过模式配置通道	见表10.8	
启动通道	MCSPI_CHxCTRL[0] EN	0x1
等待字计数结束	MCSPI_IRQSTATUS[17] EOW	=0x1
等待发送结束	MCSPI_CHxSTAT[2] EOT MCSPI_CHxSTAT[3] TXFFE	=0x1 =0x1
停止通道	MCSPI_CHxCTRL[0] EN	0x0

③ 带有字计数的只发送步骤—中断法

表10.16 带有字计数的只发送步骤—中断法

步　骤	寄存器/位字段/编程模式	值
根据模式配置通道	见表10.8	0x1
启动通道	MCSPI_CHxCTRL[0] EN	0x1
使能发送寄存器中断	MCSPI_IRQENABLE[4] TX1_EMPTY_ENABLE	=0x1
计数结束	MCSPI_IRQSTATUS[17] EOW	=0x1
传输结束	MCSPI_CHxSTAT[2] EOT MCSPI_CHxSTAT[3] TXFFE	=0x1
清除中断	MCSPI_IRQENABLE[17] EOWKE	=0x0
禁止发送寄存器中断	MCSPI_IRQENABLE[4] TX1_EMPTY_ENABLE	0x0
停止通道	MCSPI_CHxCTRL[0] EN	0x0

④ 带有字计数的发送-接收步骤—Polling 法

表10.17 带有字计数发送-接收步骤—Polling 法

步　骤	寄存器/位字段/编程模式	值
根据模式配置通道	见表10.9	
启动通道	MCSPI_CHxCTRL[0] EN	0x1
等待字计数结束	MCSPI_IRQSTATUS[17] EOW	=0x1
停止通道	MCSPI_CHxCTRL[0] EN	0x0
读取从接收寄存器	MCSPI_RXx	xxxx

⑤ 带有字计数的发送与接收步骤—中断法

表 10.18 带有字计数的发送与接收步骤—中断法

步　骤	寄存器/位字段/编程模式	值
根据模式配置通道	见表 10.9	
启动通道	MCSPI_CHxCTRL[0] EN	0x1
使能接收寄存器中断	MCSPI_IRQENABLE[2] RX0_FULL_ENABLE	0x1
使能发送寄存器中断	MCSPI_IRQENABLE[4] TX1_EMPTY_ENABLE	0x1
字计数结束	MCSPI_IRQSTATUS[17] EOW	=0x1
清除中断	MCSPI_IRQENABLE[17] EOWKE	=0x0
禁止接收寄存器中断	MCSPI_IRQENABLE[2] RX0_FULL_ENABLE	0x0
禁止发送寄存器中断	MCSPI_IRQENABLE[4] TX1_EMPTY_ENABLE	0x0
停止通道	MCSPI_CHxCTRL[0] EN	0x0
从接收寄存器读	MCSPI_RXx	xxxx

⑥ 不带有字计数的发送与接收步骤—Polling 法

表 10.19 不带有字计数的发送与接收步骤—Polling 法

步　骤	寄存器/位字段/编程模式	值
根据模式配置通道	见表 10.9	
启动通道	MCSPI_CHxCTRL[0] EN	0x1
等待发送结束	MCSPI_CHxSTAT[2] EOT MCSPI_CHxSTAT[3] TXFFE	=0x1 =0x1
停止通道	MCSPI_CHxCTRL[0] EN	0x0
从接收寄存器读	MCSPI_RXx	xxxx

10.10 SPI 寄存器

表 10.20 列出了 SPI 寄存器。以下描述中 R=Read only，n=复位后的值，R/W=Read/Write。

表 10.20 SPI 寄存器

偏移地址	缩　写	寄存器名
0h	MCSPI_HL_REV	McSPI IP 版本寄存器
4h	MCSPI_HL_HWINFO	McSPI IP 硬件信息寄存器
10h	MCSPI_HL_SYSCONFIG	McSPI IP 系统配置寄存器
100h	MCSPI_REVISION	McSPI 版本寄存器
110h	MCSPI_SYSCONFIG	McSPI 系统配置寄存器

续表 10.20

偏移地址	缩　写	寄存器名
114h	MCSPI_SYSSTATUS	McSPI 状态寄存器
118h	MCSPI_IRQSTATUS	McSPI 中断状态寄存器
11Ch	MCSPI_IRQENABLE	McSPI 中断使能寄存器
120h	MCSPI_WAKEUPENABLE	McSPI 唤醒使能寄存器
124h	MCSPI_SYST	McSPI 系统测试寄存器
128h	MCSPI_MODULCTRL	McSPI 模块控制寄存器
12Ch	MCSPI_CH0CONF	McSPI 通道 0 配置寄存器
130h	MCSPI_CH0STAT	McSPI 通道 0 状态寄存器
134h	MCSPI_CH0CTRL	McSPI 通道 0 控制寄存器
138h	MCSPI_TX0	McSPI 通道 0 FIFO 发送缓存寄存器
13Ch	MCSPI_RX0	McSPI 通道 0 FIFO 接收缓存寄存器
140h	MCSPI_CH1CONF	McSPI 通道 1 配置寄存器
144h	MCSPI_CH1STAT	McSPI 通道 1 状态寄存器
148h	MCSPI_CH1CTRL	McSPI 通道 1 控制寄存器
14Ch	MCSPI_TX1	McSPI 通道 1 FIFO 发送缓存寄存器
150h	MCSPI_RX1	McSPI 通道 1 FIFO 接收缓存寄存器
154h	MCSPI_CH2CONF	McSPI 通道 2 配置寄存器
158h	MCSPI_CH2STAT	McSPI 通道 2 状态寄存器
15Ch	MCSPI_CH2CTRL	McSPI 通道 2 控制寄存器
160h	MCSPI_TX2	McSPI 通道 2 FIFO 发送缓存寄存器
164h	MCSPI_RX2	McSPI 通道 2 FIFO 接收缓存寄存器
168h	MCSPI_CH3CONF	McSPI 通道 3 配置寄存器
16Ch	MCSPI_CH3STAT	McSPI 通道 3 状态寄存器
170h	MCSPI_CH3CTRL	McSPI 通道 3 控制寄存器
174h	MCSPI_TX3	McSPI 通道 3 FIFO 发送缓存寄存器
178h	MCSPI_RX3	McSPI 通道 3 FIFO 接收缓存寄存器
17Ch	MCSPI_XFERLEVE	McSPI 发送等级寄存器
180h	MCSPI_DAFTX	DMA 地址对齐 FIFO 发送寄存器
1A0h	MCSPI_DAFRX	DMA 地址对齐 FIFO 接收寄存器

1. McSPI IP 硬件信息寄存器(MCSPI_HL_HWINFO)

MCSPI_HL_HWINFO 寄存器提供 IP 硬件配置信息,如图 10.25 和表 10.21 所示。

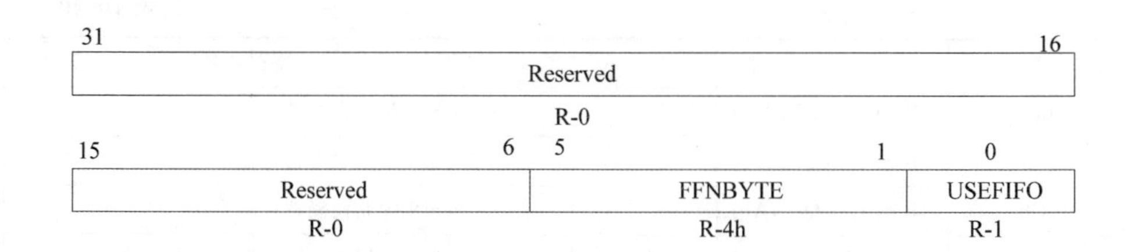

图 10.25 MCSPI_HL_HWINFO 寄存器

表 10.21 MCSPI_HL_HWINFO 寄存器描述

位	字 段	值	描 述
31～6	Reserved	0	保留
5～1	FFNBYTE		FIFO 普通参数字节数。定义 FFNBYTE 普通参数值
		0	保留
		1h	FIFO 16 字节深度
		2h	FIFO 32 字节深度
		3h	保留
		4h	FIFO 64 字节深度
		5h-7h	保留
		8h	FIFO 128 字节深度
		9h-Fh	保留
		10h	FIFO 256 字节深度
		11h-1Fh	保留
0	USEFIFO		FIFO 使用使能
		0	没使用 FIFO
		1	按照 FFNBYTE 定义的深度设计 FIFO 及其操作

2. McSPI IP 系统配置寄存器(MCSPI_HL_SYSCONFIG)

MCSPI_HL_SYSCONFIG 寄存器允许控制时钟管理,如图 10.26 和表 10.22 所示。

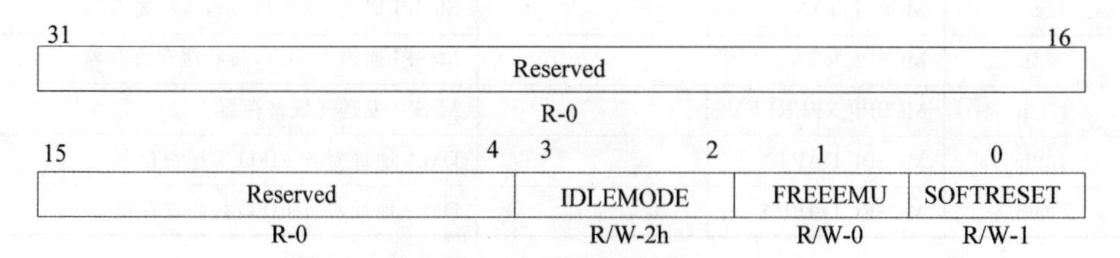

图 10.26 MCSPI_HL_SYSCONFIG 寄存器

表 10.22　MCSPI_HL_SYSCONFIG 寄存器描述

位	字　段	值	描　述
31～4	Reserved	0	保留
3-2	IDLEMODE	 0 1h 2h 3h	本地目标状态管理模式配置 强制空闲(Force-idle)模式 非空闲(No-idle)模式 智能空闲(Smart-idle)模式 具有唤醒功能的智能空闲模式
1	FREEEMU	 0 1	对仿真(调试)暂停输入信号的灵敏度 IP 模块对仿真暂停敏感 IP 模块对仿真暂停不敏感
0	SOFTRESET	 写 0 读 0 写 1 读 1	软件复位 无动作 复位完成，无挂起动作 发起软件复位 正在运行(软件或其他的)复位

3. McSPI 系统配置寄存器(MCSPI_SYSCONFIG)

MCSPI_SYSCONFIG 寄存器实现接口的各种参数控制。不受软件复位的影响，如图 10.27 和表 10.23 所示。

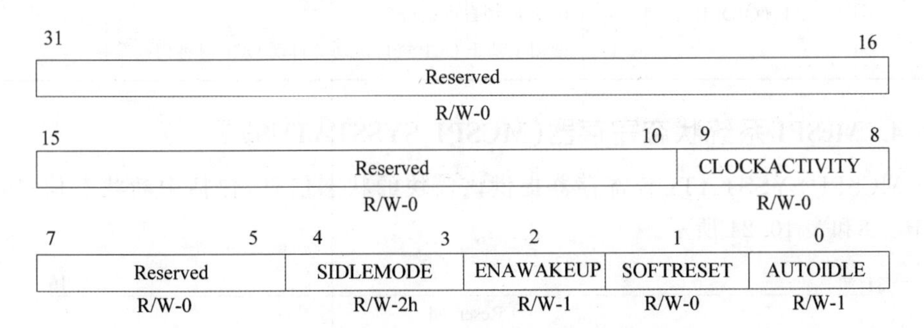

图 10.27　MCSPI_SYSCONFIG 寄存器

表 10.23 MCSPI_SYSCONFIG 寄存器描述

位	字 段	值	描 述
31-10	Reserved	0	保留
9-8	CLOCKACTIVITY	 0 1h 2h 3h	唤醒模式期间的时钟有效性 OCP 和功能时钟可能会被关闭 保持 OCP 时钟,功能时钟可能会被关闭 保持功能时钟,OCP 时钟可能会被关闭 保持 OCP 和功能时钟
7-5	Reserved	0	读返回 0
4-3	SIDLEMODE	 0 1h 2h 3h	能耗管理 假如检测到空闲请求,McSPI 就会无条件承认它并进入无效模式 无条件禁止中断和 DMA 请求 假如检测到空闲请求,忽略该请求并保持正常运行 智能空闲模式 保留
2	ENAWAKEUP	 0 1	唤醒使能 禁止唤醒能力 使能唤醒能力
1	SOFTRESET	 0 1	软件复位 (写)正常模式 (写)设置该位为 1 会触发模块复位。该位会通过硬件自动复位
0	AUTOIDLE	 0 1	内部 OCP 时钟门控策略 OCP 时钟自由运行 使用了基于 OCP 接口活动的自动 OCP 时钟门控策略

4. McSPI 系统状态寄存器(MCSPI_SYSSTATUS)

MCSPI_SYSSTATUS 寄存器提供该模块的状态信息,包括中断状态信息,如图 10.28和表 10.24 所示。

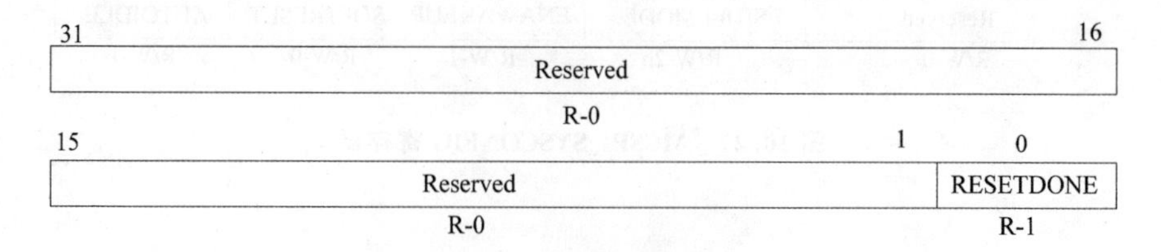

图 10.28 MCSPI_SYSSTATUS 寄存器

表 10.24 MCSPI_SYSSTATUS 寄存器描述

位	字段	值	描述
31-1	Reserved	0	保留用于模块特定状态信息。读返回 0
0	RESETDONE	 0 1	内部复位监控 内部模块复位还在进行 复位完成

5. McSPI 中断状态寄存器(MCSPI_IRQSTATUS)

MCSPI_IRQSTATUS 寄存器将该模块内部的所有能产生中断的事件重新分组,如图 10.29 和表 10.25 所示。注意,在 SYSTEST 模式中,这个寄存器的所有位都没有意义且为 0。

31-18	17	16
Reserved	EOW	Rsvd
R/W-0	R/W-0	R-0

15	14	13	12	11	10	9	8
Rsvd	RX3_FULL	TX3_UNDERFLOW	TX3_EMPTY	Reserved	RX2_FULL	TX2_UNDERFLOW	TX2_EMPTY
R/W-0	R/W-0	R/W-0	R/W-0	R/W-0	R/W-0	R/W-0	R/W-0

7	6	5	4	3	2	1	0
Rsvd	RX1_FULL	TX1_UNDERFLOW	TX1_EMPTY	RX0_OVERFLOW	RX0_FULL	TX0_UNDERFLOW	TX0_EMPTY
R/W-0	R/W-0	R/W-0	R/W-0	R/W-0	R/W-0	R/W-0	R/W-0

图 10.29 MCSPI_IRQSTATUS 寄存器

表 10.25 MCSPI_IRQSTATUS 寄存器描述

位	字段	值	描述
31-18	Reserved	0	读返回 0
17	EOW	 写 0 读 0 写 1 读 1	字计数结束(EOW)事件 事件状态位未改变 事件错误 事件状态位被复位 事件处于未决状态
16	Reserved	0	保留
15	Reserved	0	读返回 0
14	RX3_FULL	 写 0 读 0 写 1 读 1	接收寄存器已满或快满。此时只有通道 3 可用 事件状态位未改变 事件错误 事件状态位被复位 事件处于未决状态

续表 10.25

位	字 段	值	描 述
13	TX3_UNDERFLOW	 写 0 读 0 写 1 读 1	发送寄存器下溢。此时只有通道 3 可用 事件状态位未改变 事件错误 事件状态位被复位 事件处于未决状态
12	TX3_EMPTY	 写 0 读 0 写 1 读 1	发送寄存器已空或快空 事件状态位未改变 事件错误 事件状态位被复位 事件处于未决状态
11	Reserved	0	读返回 0
10	RX2_FULL	 写 0 读 0 写 1 读 1	通道 2 的该位表示接收寄存器已满或快满 事件状态位未改变 事件错误 事件状态位被复位 事件处于未决状态
9	TX2_UNDERFLOW	 写 0 读 0 写 1 读 1	通道 2 的该位表示发送寄存器下溢 事件状态位未改变 事件错误 事件状态位被复位 事件处于未决状态
8	TX2_EMPTY	 写 0 读 0 写 1 读 1	通道 2 的该位表示发送寄存器已空或快空 事件状态位未改变 事件错误 事件状态位被复位 事件处于未决状态
7	Reserved	0	读返回 0
6	RX1_FULL	 写 0 读 0 写 1 读 1	通道 1 的该位表示接收寄存器已满或快满 事件状态位未改变 事件错误 事件状态位被复位 事件处于未决状态

续表 10.25

位	字　段	值	描　述
5	TX1_UNDERFLOW	 写 0 读 0 写 1 读 1	通道 1 的该位表示发送寄存器下溢 事件状态位未改变 事件错误 事件状态位被复位 事件处于未决状态
4	TX1_EMPTY	 写 0 读 0 写 1 读 1	通道 1 的该位表示发送寄存器已空或快空 事件状态位未改变 事件错误 事件状态位被复位 事件处于未决状态
3	RX0_OVERFLOW	 写 0 读 0 写 1 读 1	通道 0 的该位表示接收寄存器溢出(只用于从机模式) 事件状态位未改变 事件错误 事件状态位被复位 事件处于未决状态
2	RX0_FULL	 写 0 读 0 写 1 读 1	接收寄存器已满或快满。控制通道 0 事件状态位未改变 事件错误 事件状态位被复位 事件处于未决状态
1	TX0_UNDERFLOW	 写 0 读 0 写 1 读 1	通道-的该位表示发送寄存器下溢 事件状态位未改变 事件错误 事件状态位被复位 事件处于未决状态
0	TX0_EMPTY	 写 0 读 0 写 1 读 1	通道 0 的该位表示发送寄存器已空或快空 事件状态位未改变 事件错误 事件状态位被复位 事件处于未决状态

6. McSPI 中断使能寄存器(MCSPI_IRQENABLE)

MCSPI_IRQENABLE 寄存器使能/禁止该模块中断的中断源，如图 10.30 和

表10.26所示。

31–18	17	16
Reserved	EOWKE	Rsvd
R/W-0	R/W-0	R-0

15	14	13	12	11	10	9	8
Rsvd	RX3_FULL_ENABLE	TX3_UNDERFLOW_ENABLE	TX3_EMPTY_ENABLE	Reserved	RX2_FULL_ENABLE	TX2_UNDERFLOW_ENABLE	TX2_EMPTY_ENABLE
R/W-0	R/W-0	R/W-0	R/W-0	R/W-0	R/W-0	R/W-0	R/W-0

7	6	5	4	3	2	1	0
Rsvd	RX1_FULL_ENABLE	TX1_UNDERFLOW_ENABLE	TX1_EMPTY_ENABLE	RX0_OVERFLOW_ENABLE	RX0_FULL_ENABLE	TX0_UNDERFLOW_ENABLE	TX0_EMPTY_ENABLE
R/W-0	R/W-0	R/W-0	R/W-0	R/W-0	R/W-0	R/W-0	R/W-0

图10.30 MCSPI_IRQENABLE寄存器

表10.26 MCSPI_IRQENABLE寄存器描述

位	字 段	值	描 述
31-18	Reserved	0	读返回0
17	EOWKE	 0 1	字计数结束中断使能 中断被禁止 中断被使能
16	Reserved		保留
15	Reserved	0	读返回0
14/10/6/2	RX3/2/1/0_FULL_ ENABLE	 0 1	MCSPI_RX3/2/1/0接收寄存器已满或快满中断使能(通道3/2/1/0) 中断被禁止 中断被使能
13/9/5/1	TX3/2/1/0_UNDERFLOW_ ENABLE	 0 1	MCSPI_TX3/2/1/0发送寄存器下溢中断使能(通道3/2/1/0) 中断被禁止 中断被使能
12/8/4/0	TX3/2/1/0_EMPTY_ ENABLE	 0 1	MCSPI_TX3/2/1/0发送寄存器已空或快空中断使能(通道3/2/1/0) 中断被禁止 中断被使能
11/7	Reserved	0	读返回0
3	RX0_OVERFLOW_ ENABLE	 0 1	MCSPI_RX0发送寄存器溢出中断使能(通道0) 中断被禁止 中断被使能

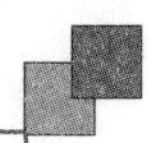

7. McSPI 唤醒使能寄存器(MCSPI_WAKEUPENABLE)

MCSPI_WAKEUPENABLE 寄存器允许使能/禁止该模块的唤醒内部中断源，如图 10.31 和表 10.27 所示。

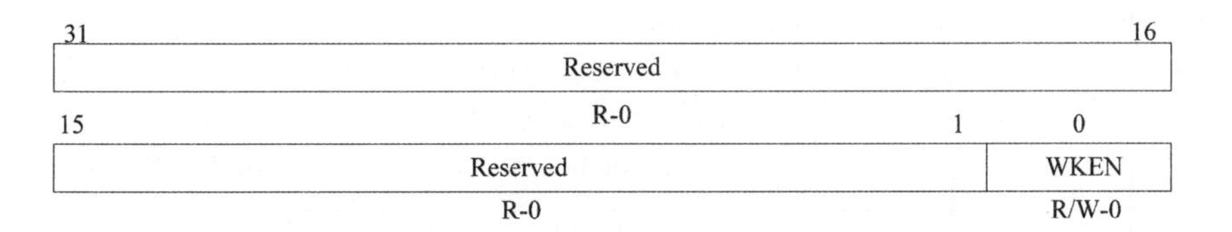

图 10.31 MCSPI_WAKEUPENABLE 寄存器

表 10.27 MCSPI_WAKEUPENABLE 寄存器描述

位	字 段	值	描 述
31-1	Reserved	0	保留。读返回 0
0	WKEN	 0 1	当在$\overline{\text{SPI_SCS[n]}}$线上检测到有效控制信号时，从机模式下的唤醒功能 即使 MCSPI_SYSCONFIG[ENAWAKEUP]被设置为了 1，不允许该事件唤醒系统 假如 MCSPI_SYSCONFIG[ENAWAKEUP]被设置为了 1，允许该事件唤醒系统

8. McSPI 系统测试寄存器(MCSPI_SYST)

当该模块被配置成系统测试(SYSTEST)模式时，MCSPI_SYST 寄存器用于配置系统与外围总线或设备 I/O 的连接，MCSPI_SYST 寄存器如图 10.32 和表 10.28 所示。

31–16							
Reserved							
R/W-0							
15–12				11	10	9	8
Reserved				SSB	SPIENDIR	SPIDATDIR1	SPIDATDIR0
R/W-0				R/W-0	R/W-0	R/W-0	R/W-0
7	6	5	4	3	2	1	0
Reserved	SPICLK	SPIDAT_1	SPIDAT_0	SPIEN_3	SPIEN_2	SPIEN_1	SPIEN_0
R-0	R/W-0	R/W-0	R/W-0	R/W-0	R/W-0	R/W-0	R/W-0

图 10.32 MCSPI_SYST 寄存器

表 10.28 MCSPI_SYST 寄存器描述

位	字 段	值	描 述
31-12	Reserved	0	读返回 0
11	SSB	0 1	设置状态位 无动作。写 0 不会清除已设置好的状态位 在清除<MCSPI_IRQSTATUS>寄存器的状态位前,必须清除该位 写 1 将 MCSPI_IRQSTATUS 寄存器包含的所有状态位设置为 1
10	SPIENDIR	0 1	设置SPI_SCS[3:0]和 SPI_SCLK 的方向 输出(主模式) 输入(从模式)
9/8	SPIDATDIR1/0	0 1	设置 SPI_D[1/0]方向 输出 输入
7	Reserved	0	保留
6	SPICLK		SPI_SCLK 线(信号数据值) 假如 MCSPI_SYST[SPIENDIR]=1(输入模式方向),该位返回 CLKSPI 线(高或低)上的值,对该位的写是没有作用的 假如 MCSPI_SYST[SPIENDIR]=0(输出模式方向),CLKSPI 线会根据写入该寄存器的值被拉高或拉低
5/4	SPIDAT_1/0		SPI_D[1] 线(信号数据值) 假如 MCSPI_SYST[SPIDATDIR1/0]=0(输出模式方向),SPI_D[1/0] 线会根据写入该寄存器的值被拉高或拉低 假如 MCSPI_SYST[SPIDATDIR1/0]=1(输入模式方向),该位返回 SPI_D[1/0]线(高或低)上的值,对该位的写是没有作用的
3/2/1/0	SPIEN_3/2/1/0		SPI_SCS[3/2/1/0]线(信号数据值) 假如 MCSPI_SYST[SPIENDIR]=0(输出模式方向),SPI_SCS[3/2/1/0]线会根据写入该寄存器的值被拉高或拉低 假如 MCSPI_SYST[SPIENDIR]=1(输入模式方向),该位返回 SPI_SCS[3/2/1/0]线(高或低)上的值,对该位的写是没有作用的

9. McSPI 模块控制寄存器(MCSPI_MODULCTRL)

MCSPI_MODULCTRL 寄存器用于配置穿行端口,如图 10.33 和表 10.29 所示。

31-16					
Reserved R/W-0					

15-9	8
Reserved R/W-0	FDAA R/W-0

7	6-4	3	2	1	0
MOA	INITDLY	SYSTEM_TEST	MS	PIN34	SINGLE
R/W-0	R/W-0	R/W-0	R/W-0	R/W-0	R/W-0

图 10.33　MCSPI_MODULCTRL 寄存器

表 10.29　MCSPI_MODULCTRL 寄存器描述

位	字　段	值	描　述
31-9	Reserved	0	保留
8	FDAA		FIFO DMA 地址 256 位对齐
		0	FIFO 数据通过 MCSPI_TX(i)和 MCSPI_RX(i)寄存器管理
		1	FIFO 数据通过 MCSPI_DAFTX 和 MCSPI_DAFRX 寄存器管理
7	MOA		多字 OCP 访问
		0	禁止多字访问
		1	使能多字访问与 FIFO
6-4	INITDLY		对第一个发送启动 SPI 延时
		0	不对第一个 SPI 发送延迟
		1h	控制器等待 4 个 SPI 总线时钟
		2h	控制器等待 8 个 SPI 总线时钟
		3h	控制器等待 16 个 SPI 总线时钟
		4h	控制器等待 32 个 SPI 总线时钟
		5h-Fh	保留
3	SYSTEM_TEST		使能系统测试模式
		0	功能模式
		1	系统测试模式(SYSTEST)
2	MS		主/从
		0	主:模块产生 SPI_SCLK 和 $\overline{\text{SPI\_SCS}}$[3:0]
		1	从:模块接收 SPI_SCLK 和 $\overline{\text{SPI\_SCS}}$[3:0]
1	PIN34		引脚模式选择
		0	$\overline{\text{SPI\_SCS}}$[n]用作片选
		1	$\overline{\text{SPI\_SCS}}$[n]没被使用。在该模式中,所有片选相关的选择都是没有意义的
0	SINGLE		单通道/多通道(只用于主模式)
		0	多个通道模式
		1	单通道模式。该位必须设置为强制 SPI_SCS[n]模式

10. McSPI通道(i)配置寄存器(MCSPI_CH(i)CONF)

MCSPI_CH(i)CONF寄存器用于配置通道(i),如图10.34和表10.30所示。

31-30	29	28	27	26-25	24
Reserved	CLKG	FFER	FFEW	TCS	SBPOL
R/W-0	R/W-0	R/W-0	R/W-0	R/W-0	R/W-0

23	22-21	20	19	18	17	16
SBE	SPIENSLV	FORCE	TURBO	IS	DPE1	DPE0
R/W-0	R/W-0	R/W-0	R/W-0	R/W-1	R/W-1	R/W-0

15	14	13-12	11-8
DMAR	DMAW	TRM	WL
R/W-0	R/W-0	R/W-0	R/W-0

7	6	5-2	1	0
WL	EPOL	CLKD	POL	PHA
R/W-0	R/W-0	R/W-0	R/W-0	R/W-0

图10.34　MCSPI_CH(i)CONF寄存器

表10.30　MCSPI_CH(i)CONF寄存器描述

位	字　段	值	描　述
31-30	Reserved	0	读返回0
29	CLKG		时钟驱动粒度。该寄存器定义了通道时钟驱动的粒度:2个或1个时钟周期粒度
		0	2个时钟粒度
		1	1个时钟粒度
28	FFER		FIFO使能接收。只有1个通道可设置该位
		0	缓冲区不用于接收数据
		1	缓冲区用于接收数据
27	FFEW		FIFO使能发送。只有1个通道可设置该位
		0	缓冲区不用于发送数据
		1	缓冲区用于发送数据
26-25	TCS		片选时间控制。该2位字段定义了CS被选定后与第一个或最后一个SPI时钟沿间的接口时钟周期数
		0	0.5个时钟周期
		1h	1.5个时钟周期
		2h	2.5个时钟周期
		3h	3.5个时钟周期
24	SBPOL		起始位极性
		0	起始位极性在SPI传输期间保持为0
		1	起始位极性在SPI传输期间保持为1

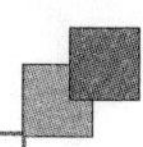

续表 10.30

位	字　段	值	描　述
23	SBE	 0 1	SPI 传输的起始位使能 默认 SPI 发送长度，即 WL 位字段 SPI 发送前加入起始位 D/CX。极性由 MCSPI_CH(i)CONF[SBPOL]定义
22-21	SPIENSLV	 0/1h/2h/3h	只用于通道 0 和从模式：检测 SPI 从选信号 只在SPI_SCS[0/1/2/3]上有检测信号
20	FORCE	 0 1	手动确认SPI_SCS[n]，以保持 SPI 字间的SPI_SCS[n]的有效性。(只用于单通道主模式) 当 MCSPI_CHCONF(i)[EPOL]=0 时，写 0 到该位以驱动SPI_SCS[n]，当 MCSPI_CHCONF(i)[EPOL]=1 时会拉高该位 当 MCSPI_CHCONF(i)[EPOL]=0 时，写 1 到该位以驱动SPI_SCS[n]，当 MCSPI_CHCONF(i)[EPOL]=1 时会拉低该位
19	TURBO	 0 1	Turbo 模式 禁止 Turbo 模式(推荐用于单 SPI 字发送) 激活 Turbo 模式，使多 SPI 字发送吞吐率最大化
18	IS	 0 1	输入选择 数据线 0(SPI_D[0])用于接收数据 数据线 1(SPI_D[1])用于接收数据
17	DPE1	 0 1	数据线 1 发送使能(SPIDATAGZEN[1]) 数据线 1(SPI_D[1]) 用于发送数据 数据线 1(SPI_D[1]) 不用于发送数据
16	DPE0	 0 1	数据线 0 发送使能(SPIDATAGZEN[0]) 数据线 0(SPI_D[0]) 用于发送数据 数据线 0(SPI_D[0]) 不用于发送数据
15	DMAR	 0 1	DMA 读请求 禁止 DMA 读请求 使能 DMA 读请求
14	DMAW	 0 1	DMA 写请求 禁止 DMA 写请求 使能 DMA 写请求

续表 10.30

位	字 段	值	描 述
13-12	TRM	 0 1h 2h 3h	发送/接收模式 发送与接收模式 只发送模式 只接收模式 保留
11-7	WL	 0-2h 3h, 4h 5h … 1Dh 1Eh 1Fh	SPI 字长 保留 4 位 5 位 6 位 … 30 位 31 位 32 位
6	EPOL	 0 1	$\overline{\text{SPI_SCS[n]}}$极性 $\overline{\text{SPI_SCS[n]}}$在活动状态下保持高电平 $\overline{\text{SPI_SCS[n]}}$在活动状态下保持低电平
5-2	CLKD	 0 1h 2h … Dh Eh Fh	SPI_SCLK 驱动频率(只用于模块是主 SPI 设备时) 除以 1 除以 2 除以 4 … 除以 8 192 除以 16 384 除以 32 768
1	POL	 0 1	SPI_SCLK 极性 SPI_SCLK 在活动状态下保持高电平 SPI_SCLK 在活动状态下保持低电平
0	PHA	 0 1	SPI_SCLK 相位 在 SPI_SCLK 奇数时钟沿锁存数据 在 SPI_SCLK 偶数时钟沿锁存数据

表 10.31　数据线配置

			TRMi		
ISi	DPEi1	DPEi0	发送和接收	只发送	只接收
0	0	0	支持	支持	支持
0	0	1	支持	支持	支持
0	1	0	支持	支持	支持
0	1	1	不支持 (不可预知的结果)	支持	不支持 (不可预知的结果)
1	0	0	支持	支持	支持
1	0	1	支持	支持	支持
1	1	0	支持	支持	支持
1	1	1	不支持 (不可预知的结果)	支持	不支持 (不可预知的结果)

11. McSPI 通道(i)状态寄存器(MCSPI_CH(i)STAT)

MCSPI_CH(i)STAT 寄存器提供 McSPI 通道 i FIFO 的发送缓冲寄存器(MCSPI_TXn)和接收缓冲寄存器(McSPI_RXn)的状态信息，如图 10.35 和表 10.32所示。

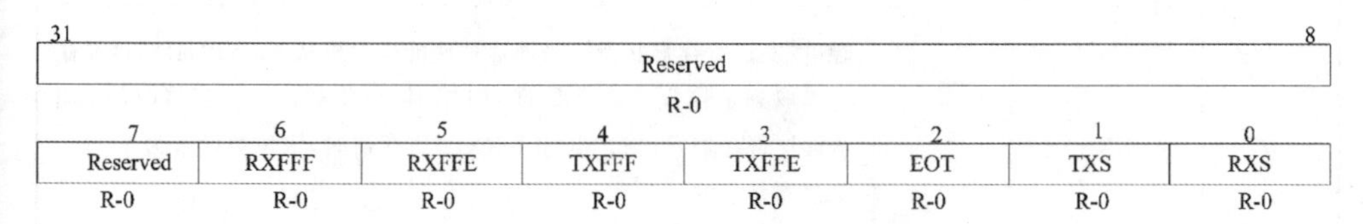

图 10.35　MCSPI_CH(i)STAT 寄存器

表 10.32　MCSPI_CH(i)STAT 寄存器描述

位	字　段	值	描　述
31-7	Reserved	0	读返回 0
6	RXFFF	 0 1	通道/FIFO 接收缓冲区充满状态 FIFO 接收缓冲区充满 FIFO 接收缓冲区没充满
5	RXFFE	 0 1	通道/FIFO 接收缓冲区空状态 FIFO 接收缓冲区不是空的 FIFO 接收缓冲区是空的

续表 10.32

位	字 段	值	描 述
4	TXFFF	 0 1	通道/FIFO 发送缓冲区充满状态 FIFO 发送缓冲区充满 FIFO 发送缓冲区没充满
3	TXFFE	 0 1	通道/FIFO 发送缓冲区空状态 FIFO 发送缓冲区不是空的 FIFO 发送缓冲区是空的
2	EOT	 0 1	通道/发送结束状态。发送的开始和结束的定义随主机对从机以及发送格式(发送/接收模式,turbo 模式)的变化而变化 当移位寄存器从发送寄存器(开始发送)载入数据时,该位自动清除 在一个 SPI 发送结束后,该位字段设置为 1
1	TXS	 0 1	通道/发送寄存器状态。当主机把 SPI 字的最重要字节写入 MCSPI_TX(i)寄存器后,该位清 0。当通道被使能或 SPI 字从 MCSPI_TX(i)寄存器传入移位寄存器时,该位被设置为 1 寄存器是满的 寄存器是空的
0	RXS	 0 1	通道/发送寄存器状态。当通道被使能或主机从 MCSPI_RX(i)寄存器读取到了接收的最重要的 SPI 节时,该位被清除。当接收的 SPI 从移位寄存器发送到 MCSPI_RX(i)寄存器时,该位被设置为 1 寄存器是空的 寄存器是满的

12. McSPI 通道(i)控制寄存器(MCSPI_CH(I)CTRL)

MCSPI_CH(I)CTRL 寄存器用于使能/禁止通道 i,如图 10.36 和表 10.33 所示。

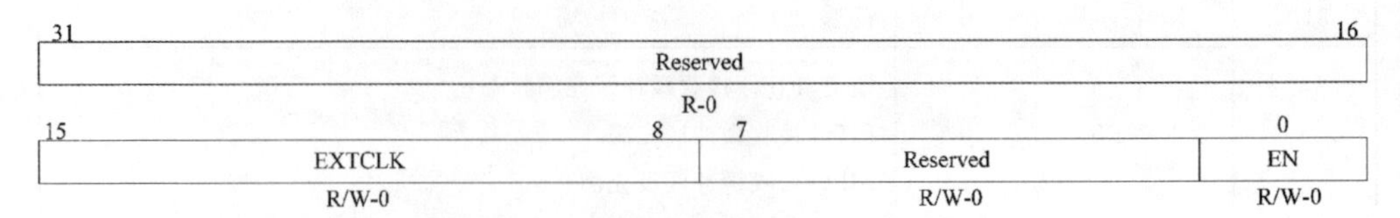

图 10.36 MCSPI_CH(I)CTRL 寄存器

表 10.33 MCSPI_CH(I)CTRL 寄存器描述

位	字 段	值	描 述
31-16	Reserved	0	保留
15-8	EXTCLK	 0 1h … FFh	时钟率扩展。 时钟率为 CLKD+1 时钟率为 CLKD+1+16 … 时钟率为 CLKD+1+4080
7-1	Reserved	0	保留
0	EN		通道 n 使能 通道 n 无效 通道 n 有效

13. McSPI 通道(i)发送寄存器(MCSPI_TX(i))

MCSPI_TX(i)寄存器包含了要发送的单个 McSPI 字，如图 10.37 和表 10.34 所示。

31 … 0
TDATA
R/W-0

图 10.37 MCSPI_TX(i)寄存器

表 10.34 MCSPI_TX(i)寄存器描述

位	字 段	值	描 述
31-0	TDATA	0～FFFF FFFFh	发送通道 i 的数据

14. McSPI 通道(i)接收寄存器(MCSPI_RX(i))

MCSPI_RX(i)寄存器包含了接收的单个 McSPI 字，如图 10.38 和表 10.35 所示。

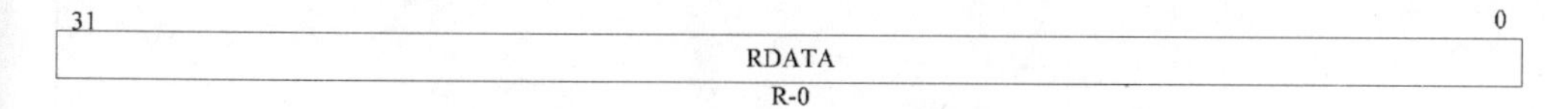

图 10.38 MCSPI_RX(i)寄存器

表 10.35 MCSPI_RX(i)寄存器描述

位	字 段	值	描 述
31-0	RDATA	0～FFFF FFFFh	接收通道 i 的数据

15. McSPI传输寄存器(MCSPI_XFERLEVEL)

MCSPI_XFERLEVEL寄存器提供采用FIFO缓冲器发送期间需求的信息参数,如图10.39和表10.36所示。

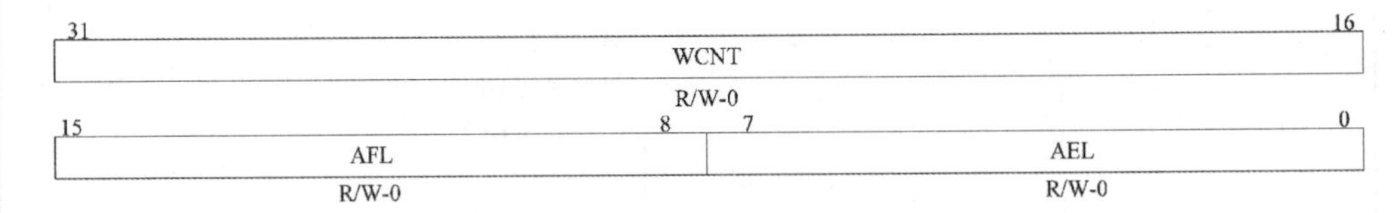

图10.39 MCSPI_XFERLEVEL寄存器

表10.36 寄存器描述MCSPI_XFERLEVEL

位	字 段	值	描 述
31-16	WCNT		SPI字计数器。保存正在使用FIFO缓存的通道上发送的SPI字。当传输开始时,读取该寄存器,返回当前SPI字传输索引
		0	不使用计数器
		1	1个SPI字
		…	…
		FFFEh	65 534个SPI字
		FFFFh	65 535个SPI字
15-8	AFL		缓冲区几乎是满的。当数据缓存中至少有n个字节时,假如想要在接收操作期间发布中断或DMA读请求,此时缓存MCSPI_XFERLEVEL[AFL]必须设置为n−1
		0	1字节
		1	2字节
		…	…
		FFh	256字节
7-0	AEL		缓存几乎是空的。当数据缓存可以接收n个字节时,假如想要在发送操作期间发布中断或DMA写请求,此时缓存MCSPI_XFERLEVEL[AEL]必须设置为n−1
		0	1字节
		1	2字节
		…	…
		FFh	256字节

16. DMA地址对齐FIFO发送寄存器(MCSPI_DAFTX)

当采用了FIFO且DMA地址对齐256位,MCSPI_DAFTX寄存器包含发送的SPI字。根据FIFO使能的通道,MCSPI_DAFTX是其中一个MCSPI_TX(i)寄存器的图像数据。MCSPI_DAFTX寄存器如图10.40和表10.37所示。

31　　　　　　　　　　　　　　　　　　　　0
DAFTDATA
R/W-0

图10.40　MCSPI_DAFTX寄存器

表10.37　MCSPI_DAFTX寄存器描述

位	字　段	值	描　述
31-0	DAFTDATA	0-FFFF FFFFh	要发送的FIFO数据与DMA 256位地址对齐。该寄存器只有在MCSPI_MODULCTRL[FDAA]设置为1且只有一个使能通道的时候，MCSPI_CH(i)CONF[FFEW]被设置时才可使用。假如不满足这些条件，则对该寄存器的任何访问都会只返回空值

17. DMA地址对齐FIFO接收寄存器(MCSPI_DAFRX)

当采用了FIFO且DMA地址对齐256位时，MCSPI_DAFRX寄存器包含接收的SPI字。根据FIFO使能的通道，MCSPI_DAFRX是其中一个MCSPI_RX(i)寄存器的图像数据。MCSPI_DAFRX寄存器如图10.41和表10.38所示。

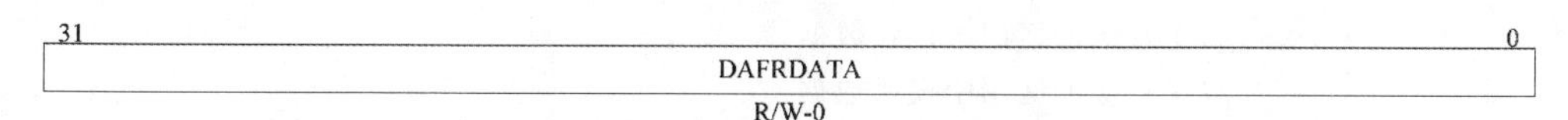

图10.41　MCSPI_DAFRX寄存器

表10.38　MCSPI_DAFRX寄存器描述

位	字　段	值	描　述
31-0	DAFRDATA	0-FFFF FFFFh	FIFO接收的数据与DMA 256位地址对齐。该寄存器只有在MCSPI_MODULCTRL[FDAA]设置为1且只有一个使能通道的MCSPI_CH(i)CONF[FFER]被设置时才可使用。假如不满足这些条件，则对该寄存器的任何访问都会只返回空值

10.11　应用编程实例

下面为SPI ROM接口的实例的部分程序代码，包括初始化、配置以及数据的读写传输。

```
#include "spirom.h"
```

```
static Uint8 spirombuf[SPIROM_PAGESIZE + 5];
static Uint8 statusbuf[8];
/ * SPIROM 初始化 * /
void spirom_init( )
{
    / *  SPI 复位  * /
    MCSPI_SYSCONFIG | = 0x02; //高通过硬件自动复位
    / *  等待复位完成 * /
    while(MCSPI_SYSSTATUS & 0x01 = = 0x00);
    / *  配置 MCSPI 模块 * /
   MCSPI_MODULCTRL = 0
    | ( 0<<8 ) //通过 MCSPI_TX(i)和 MCSPI_RX(i)寄存器管理的数据
    | ( 0<<7 ) //多个字访问禁用
    | ( 0<<4 ) //第一个 SPI 传输没有延迟
    | ( 0<<3 ) //功能模式
    | ( 0<<2 ) //主机
    | ( 0<<1 ) //SPIEN 作为片选使用
    | ( 1<<0 );//在主机模式下只有 1 个通道使用
    / *  配置 MCSPI 通道 0 * /
    MCSPI_CH0CONF = 0
    | ( 0<<29 ) //时钟分频粒度的设置
    | ( 1<<28 ) //缓冲区用于接收数据
    | ( 1<<27 ) //缓冲区用于发送数据
    | ( 1<<25 ) //CS 切换和 SPI 的第一个或最后一个沿之间有 1.5 个周期
    | ( 0<<24 ) //起始位极性
    | ( 0<<23 ) //禁止起始位
    | ( 0<<20 ) //SPI 字之间 SPIEN 有效
    | ( 0<<19 ) //Turbo 被禁止
    | ( 0<<18 ) //数据线 0 用于接收
    | ( 0<<17 ) //数据线 1 用于发送
    | ( 1<<16 ) //数据项 0 上没有数据发送
    | ( 0<<15 ) //DMA 读请求禁止
    | ( 0<<14 ) //DMA 写请求禁止
    | ( 0<<12 ) //发送和接收模式
    | ( 7<<7 ) //SPI 字长为 8
    | ( 1<<6 ) //在有效状态之间,SPIEN 保持为高电平
    | ( 8<<2 ) //时钟分频,CLKD = 8
    | ( 0<<1 ) //在有效状态之间,SPICLK 保持为高电平
    | ( 0<<0 );//在 SPICLK 的偶数边沿锁存数据
    / *  使能 MCSPI 通道 * /
    MCSPI_MODULCTRL = 0x01; //高 Enable Channel
}
```

/* 执行一个 SPI spirom 数据传输周期，缓冲区的每一字节被移出而且被来自 spirom 的数据更换 * */

```
void spirom_cycle( Uint8 *buf, Uint16 len )
{
    Uint16 i;
    /* 使能通道 */
    MCSPI_CH0CTRL = 0x01;
    /* SPIROM 访问周期 */
    MCSPI_CH0CONF |= 0x00100000;
    for ( i = 0 ; i <= len ; i++ )
    {
        /* 等待发送为空 */
        while ( (MCSPI_CH0STAT & 0x02) == 0 );
        MCSPI_TX0 = buf[i]; //高写 RX 缓冲区
        /* 等待接数据满 */
        while ( (MCSPI_CH0STAT & 0x01) == 0 );
        buf[i] = MCSPI_RX0;  //高 Read from RX buffer 0
    }
    MCSPI_CH0CONF &= ~0x00100000;
    /* 禁止通道 */
    MCSPI_CH0CTRL = 0x00;
}

/* spirom 状态 */
Uint8 spirom_status( )
{
    /* 发布读状态命令 */
    statusbuf[0] = SPIROM_CMD_RDSR;
    statusbuf[1] = 0;
    spirom_cycle( statusbuf, 2 );
    return statusbuf[1];
}

/* spirom 读 */
void spirom_read( Uint16 src, Uint32 dst, Uint32 length )
{
    Int32 i;
    Uint8 *psrc, *pdst;
    //设置命令
    spirombuf[0] = SPIROM_CMD_READ;
    spirombuf[2] = ( src >> 16 );
```

```
        spirombuf[2] = ( src >> 8 );
        spirombuf[3] = ( src >> 0 );
        //执行 spirom 读周期
        spirom_cycle( spirombuf, length + 5 );
        //复制返回的数据
        pdst = ( Uint8 * )dst;
        psrc = spirombuf + 4;
        for ( i = 0 ; i<length ; i + + )
            * pdst + + = * psrc + + ;
    }

    /* spiflash 擦除 */
    void spirom_erase( Uint32 base, Uint32 length )
    {
        Int32 bytes_left, bytes_to_erase, eraseaddr;
        eraseaddr = base;
        bytes_left = length;
        while (bytes_left > 0 )
        {
         //限制擦除单元为扇区大小
            bytes_to_erase = bytes_left;
            if (bytes_to_erase > SPIROM_SECTORSIZE)
                bytes_to_erase = SPIROM_SECTORSIZE;
            //对齐扇区边界
          if((eraseaddr&SPIROM_SECTORSIZE)! = ((eraseaddr + bytes_to_erase)&SPIROM_SEC-
TORMASK))
        bytes_to_erase - = (eraseaddr + bytes_to_erase)-((eraseaddr + bytes_to_erase)
&SPIROM_SECTORMASK);
            /* 发布 WPEN */
            spirombuf[0] = SPIROM_CMD_WREN;
            spirom_cycle(spirombuf, 0);
            //发布擦除
            spirombuf[0] = SPIROM_CMD_ERASESEC;
            spirombuf[1] = ( Uint8 )( eraseaddr >> 16 );
            spirombuf[2] = ( Uint8 )( eraseaddr >> 8 );
            spirombuf[3] = ( Uint8 )( eraseaddr );
            spirom_cycle(spirombuf, 3);
            /* 当忙的时候等待 */
            while( ( spirom_status( ) & 0x01 ) );
            /* 准备下一次迭代 */
            bytes_left - = bytes_to_erase;
            eraseaddr + = bytes_to_erase;
```

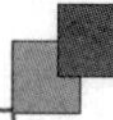


```
    }
}

/* spirom 写 */
void spirom_write( Uint32 src, Uint16 dst, Uint32 length )
{
    Int32 i;
    Int32 bytes_left;
    Int32 bytes_to_program;
    Uint8 *psrc;
    /* 源的建立 */
    psrc = ( Uint8 * )src;
    bytes_left = length;
    while ( bytes_left > 0 )
    {
        bytes_to_program = bytes_left;
        if ( bytes_to_program > SPIROM_PAGESIZE )
             bytes_to_program = SPIROM_PAGESIZE;
        /* 确保没有运行超过一个块的末尾 */
        if ( ( dst & SPIROM_PAGEMASK ) != ( ( dst + bytes_to_program ) & SPIROM_PAGE-
MASK ) )
          bytes_to_program -= (dst + bytes_to_program )-( (dst + bytes_to_program )
&SPIROM_PAGEMASK );
        /* 发布 WPEN */
        spirombuf[0] = SPIROM_CMD_WREN;
        spirom_cycle( spirombuf, 0 );
        /* 为编程操作创建命令块 */
        spirombuf[0] = SPIROM_CMD_WRITE;
        spirombuf[1] = ( Uint8 )( dst >> 16 );
        spirombuf[2] = ( Uint8 )( dst >> 8 );
        spirombuf[3] = ( Uint8 )( dst );
        for ( i = 0 ; i<bytes_to_program ; i++ )
            spirombuf[4 + i] = *psrc++ ;
        /* 执行写命令 */
        spirom_cycle( spirombuf, bytes_to_program + 3 );
        /* 当忙的时候等待 */
        while( ( spirom_status( ) & 0x01 ) );
        /* 准备下一次迭代 */
        bytes_left -= bytes_to_program;
        dst += bytes_to_program;
    }
}
```

10.12　本章小结

SPI 是一种高速的、全双工、同步的通信总线。SPI 的通信原理很简单，它以主从方式工作，这种模式通常与一个主设备和一个或多个从设备连接。SPI 通过两数据引脚接口模式或单数据引脚接口模式与单个 SPI 设备交换数据。通过寄存器 MCSPI_MODULCTRL 的 MS 位可以控制 SPI 处于主机或从机模式。除此之外，本章还讲解了 SPI 的中断和 DMA 请求以及它的复位、电源管理模块。最后还对 SPI 模块采用不同方法进行数据接收和发送的编程模型做了介绍。

10.13　思考题与习题

1. 简述 SPI 接口传输的主要特点。

2. SPI 接口与 SPI 设备之间的数据交换有哪几种传输模式？有什么主要的不同？

3. 怎么样控制 SPI 工作在主机模式或从机模式？简述 SPI 在两种工作模式下的数据传输模式，包括传输方向、通道数、通道资源以及中断事件等。

4. SPI 有哪几种操作模式？试根据本章介绍的几种传输方法的配置，分别完成对相应寄存器的配置，使得 SPI 满足指定的传输请求。

第11章

TMS320DM8168多通道缓冲串口

McBSP是TI公司生产的数字信号处理芯片的多通道缓冲串行口，在标准串行接口的基础之上对功能进行扩展，因此，具有与标准串行接口相同的基本功能，为同一系统主芯片和其他设备之间的通信提供全双工直接串行接口。由于McBSP的通用性极高，它可以适应各种外围设备和协议。本章介绍McBSP的硬件及其操作，包括McBSP有关的寄存器定义和时序图。

11.1 概　述

多通道缓冲串口(McBSP)模块为同一系统主芯片和其他设备之间的通信提供全双工直接串行接口，比如应用芯片、编解码器。由于McBSP的通用性极高，它可以适应各种外围设备和协议。

McBSP的主要特性如下：

- 与OCP-IP2.0接口兼容(32位数据总线)；
- 用于发送操作的512字节的内部缓存区(固定尺寸)；
- 用于接收操作的512字节的内部缓存区(固定尺寸)；
- 省电自动门控时钟；
- 全双工通信；
- 缓存发送和接收，允许连续的数据流；
- 用于发送和接收的独立时钟和帧信号；
- 能够产生内部事件的中断和DMA请求；
- 可与128个通道进行多通道收发；
- 多通道选择模式，允许每个通道的启动或块传输；
- 可与工业标准的编解码器(CODEC)、模拟接口芯片(AICS)以及其他串行A/D、D/A器件实现直接连接；
- 支持外部时钟信号和帧同步信号；
- 具有内部采样率发生器，可实现时钟信号和帧同步信号的产生和控制；
- 帧同步脉冲和时钟信号的可编程性；
- 支持传输的数据长度范围广：8/12/16/20/24/32 bit；

● 位重排序(发送/接收位 LSB);
● 用于标记异常/错误条件的状态位;
● 接收/发送模式的全/半循环。

为了提供与 I2S 完全兼容的功能,McBSP 支持双向帧。双相帧的局限性在于第一相和第二相的字数必须设置成 1。McBSP 定义了 4 种操作模式:

● 主动模式:McBSP 模块与接收时钟同步运行,可以根据配置和外部信号产生中断和 DMA 请求。
● 智能空闲模式:McBSP 模块处于等待状态,可以停止接口和功能时钟,不能产生中断,并且可以根据配置和外部信号产生唤醒信号。
● 强制空闲模式:McBSP 没有活动,可以停止接口和功能时钟,不能产生中断和 DMA 请求,而且唤醒功能被禁止。在进入强制空闲模式之前必须通过软件将 McBSP 禁止。
● 非空闲模式:McBSP 模块处于活动中,但是不能响应主机接口请求。

智能/强制空闲模式在 McBSP 模块中配置,由主处理器通过系统接口边沿信号请求激活。McBSP 的模块框图如图 11.1 所示。

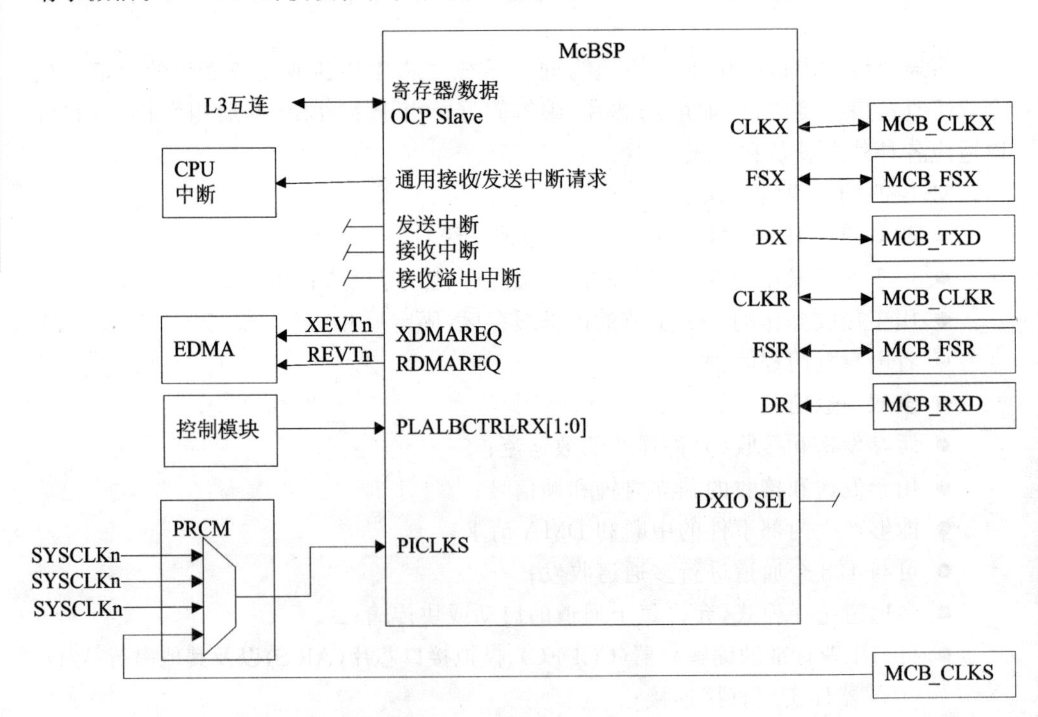

图 11.1　McBSP 的模块框图

11.2　数据传输

图 11.2 为 McBSP 数据传输路径。McBSP 接收操作和发送操作都是通过缓存(采用高达 512 字节)来完成的,输入/输出寄存器为 32 bit 的字长。

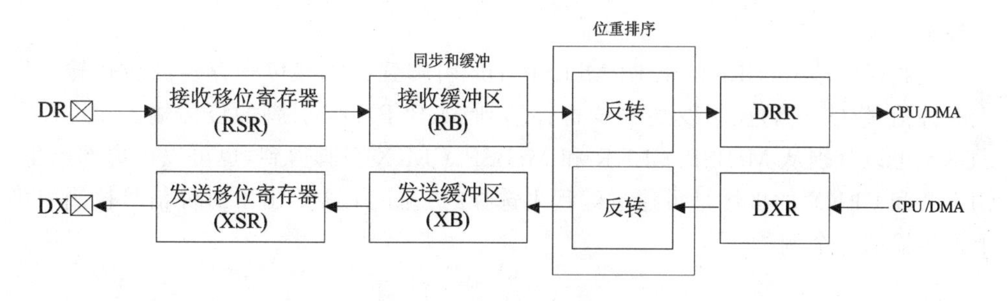

图 11.2　McBSP 数据传输路径

11.2.1　数据传输过程

接收数据到达 McBSP.DR 引脚并转入到接收移位寄存器中。当接收到一个完整字的时候,如果接收缓存没有满,就将移位寄存器的内容复制到接收缓存区。当达到接收缓存区阈值后,McBSP 确定 DMA 或中断请求,接收缓存区内容被传送到主机(CPU 或 DMA 控制器读取数据接收寄存器 DRR_REG)。

CPU 或 DMA 控制器采用字节使能输入将发送数据写入数据发送寄存器 DXR_REG(当没有使能字节时,存储器中的字节值将包含先前写入的值)中。如果在发送移位寄存器中没有先前的数据,则发送缓存区的值将会被复制到发送移位寄存器中。否则,当先前数据的最后一位从 McBSP.DX 引脚移出的时候就会将内容复制到发送移位寄存器中。

需要注意的是字节使能只能用于发送数据寄存器 DXG_REG,而且当 CPU 访问针对其他寄存器的时候,其值会被忽略。当写 DXG_REG 的时候,通过字节使能模式分别使能各个字节(例如,字节使能为“0001”,然后只能写 LSB 低位字节)。

11.2.2　位重排序(选择 LSB 优先)

通常情况下,McBSP 采用 MSB 优先发送和接收所有数据。但是,某些数据协议需要 LSB 优先传输。如果将 XCR2_REG[4:3]的 XREVERSE 设置为 01b,将数据字传送到串行端口之前需要进行 LSB 优先重排序;如果将 RCR2_REG[4:3]的 RREVERSE 设置为 01b,需在数据接收期间进行数据重排序。这个功能对于所有的 8bit 到 32bit 长度的数据都适用。

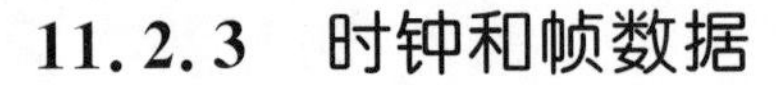

11.2.3 时钟和帧数据

1. 时钟

每次从 McBSP.DR 引脚移位到接收移位寄存器或从发送移位寄存器到 McBSP.DX 引脚移位的数据位数为1,每位数据传输的时间由时钟信号的上升沿或下降沿控制。

接收时钟信号(CLKR)控制 McBSP.DR 引脚到接收移位寄存器的位传输。发送时钟信号(CLKX)控制发送移位寄存器到 McBSP.DX 引脚的位传输。CLKR 和 CLKX 可以分别从 McBSP.CLKR 和 McBSP.CLKX 引脚得到,也可以由内部产生。CLKR 和 CLKX 的极性是可通过编程来选择的。图11.3给出了时钟信号控制引脚上位传输的一个例子。

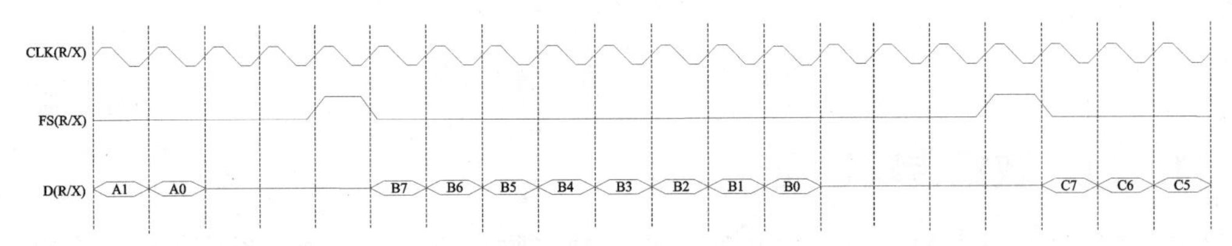

图11.3 位传输的时钟信号控制

McBSP 工作被限制在55 MHz的内部功能频率下,然而 CPU 接口(兼容 OCP 接口)工作频率可以达到110 MHz。当使用引脚驱动 CLKX 或 CLKR 时,需要选择一个合适的输入时钟频率;当使用采样率发生器获得 CLKX、CLKR 和 CLKS 时,需要选择一个合适的输入时钟频率(高达110 MHz)和分频值(CLKGDV)。

2. 串行字

移位寄存器(RSR 或 XSR)与数据引脚(McBSP.DR 或 McBSP.DX)之间的数据传输是分组进行的。每一组被称为一个串行字,而且用户可以定义串行字的长度。到达 McBSP.DR 引脚的数据位会保留在 RSR 中直到 RSR 有一个完整的串行字为止。只有这样才能将串行字传送给接收缓存区 RB,最终传送到 DRR_REG 寄存器。传输过程中,在 XSR 传送一个完整的串行字到 McBSP.DX 之后,XSR 才接收来自发送缓存 XB 的新数据。

3. 帧和帧同步

一个或多个串行字组成的更大数据单元被称为帧,用户可以定义每一帧中包含的串行字数目。一帧内的各串行字连续传输,但是帧之间允许暂停。McBSP 采用帧同步信号控制什么时候接收或发送帧数据。当一帧中产生了暂停(帧同步信号)时,

McBSP 就开始新的一帧数据的接收/发送。接收帧同步信号(FSR)启动 McBSP. DR 引脚上的帧传输;发送帧同步信号(FSX)启动 McBSP. DX 引脚上的数据传输。FSR 和 FSX 可以分别由 McBSP. FSR 和 McBSP. FSX 引脚边缘产生,也可以在 McBSP 内部生成。在 McBSP 操作过程中,帧同步信号由无效到有效表示下一帧数据的开始。基于这个原因,帧同步信号可以为时钟周期的任意数。只有当帧同步信号被检测为无效,然后为有效,才会出现下一个帧同步。

4. 检测帧同步脉冲

McBSP 可以向 CPU 产生接收和发送中断,表示内部的特定事件。为了便于检测到帧同步信号,可以发送响应帧同步脉冲的中断。与其他串口中断模式不同,这种模式在对应的串口部分处于复位状态时也可以进行操作(比如接收器处于复位状态时 RINT 仍然是有效的)。在这种情况下,FSRM/FSXM 和 FSRP/FSXP 仍然选择合适的帧同步源和极性。因此,即使串行端口在复位状态,这些信号仍然与 CPU 时钟同步,然后以 RINT 和 XINT 形式发送给 CPU。这样可以检测到新的帧同步脉冲,然后 CPU 可以将串口安全地从复位状态退出。

5. 忽略帧同步脉冲

当帧传输已经由先前的帧同步脉冲启动,McBSP 就会忽略发送/接收帧同步脉冲。McBSP 不支持错帧/字的重接收/发送。接收器或发送器会一直忽略帧同步脉冲直到有正确的帧长度和字数到达。

6. 帧　频

帧频由帧同步脉冲之间的时间来确定,由以下式子来确定:

帧频 = 时钟频率/帧同步脉冲间的时钟周期数

可以通过减小帧同步脉冲之间的时间(只由每帧的比特数来决定)来增大帧频。随着帧传输频率的增大,相邻传输的数据包之间的无效周期会减小至零。

7. 最大帧频

帧同步脉冲之间的最小时钟周期数等于每帧传输的位数,因此最大帧频计算如下:

最大帧频 = 时钟频率/每帧传输位数

图 11.4 显示了 McBSP 在最大帧频下工作的时序图。在最大帧频下,数据流连续传输,各位之间没有无效周期。

在图 11.4 中,有 1 bit 的数据延迟,并且帧同步脉冲与上一帧的最后一位重叠。实际上,这种情况实现了连续数据流传输。如果 XDATDLY = 0(0 位数据延迟),发送数据的第一位将和内部发送时钟(CLKX)是异步的。

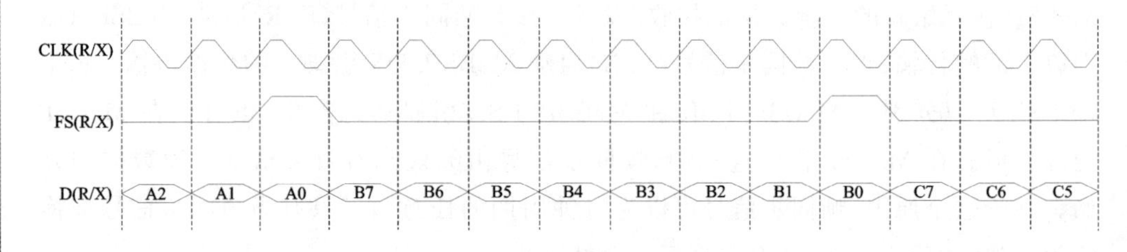

图 11.4　McBSP 在最大帧频下工作的时序图

11.2.4　帧相位

McBSP 允许用户配置一帧包含 1 个相位或 2 个相位(phase)。允许 McBSP 支持双相位是为了提供与 I2S 完全兼容的功能。双相位帧的限制是每相的字数必须设置为 1。不同帧相位的每个字的位数是可以分别指定的,以实现灵活的数据结构传输。例如,用户可以定义一帧包含传送 16 位字的第一相位,紧接着第二相位传送 32 位字。这样,用户可以组织合适数据帧,适应特定的应用,比如 I2S 协议,以达到最大的传输效率。

1. 相数、每帧的字数和位数

表 11.1 显示了接收控制寄存器(RCR1_REG 和 RCR2_REG)和发送控制寄存器(XCR1_REG 和 XCR2_REG)中用于每帧相位数、字数以及每个字的位数的控制位。当使用双相帧时,每帧包含的最大字数为 2(每相 1 个),单相位帧每帧最多传送 128 个。每个字的比特数可以为 8、12、16、20、24 或 32。

表 11.1　每帧相位、字数和字的位数

操　作	相位数
接收	1(RPHASE = 0)
接收	2(RPHASE = 1)
发送	1(XPHASE = 0)
发送	2(XPHASE = 1)

下面的注释适用于该表:

- RPHASE = RCR2_REG[15]
- XPHASE = XCR2_REG[15]
- RFRLEN1 = RCR1_REG[14:8](如果采用双相帧就清零)
- RFRLEN2 = RCR2_REG[14:8](如果采用双相帧就清零)
- XFRLEN1 = XCR1_REG[14:8](如果采用双相帧就清零)
- XFRLEN2 = XCR2_REG[14:8](如果采用双相帧就清零)
- RWDLEN1 = RCR1_REG[7:5]
- RWDLEN2 = RCR2_REG[7:5]
- XWDLEN1 = XCR1_REG[7:5]
- XWDLEN2 = XCR2_REG[7:5]

2. 单相位帧

图 11.5 给出了包含 1 个 8 bit 字的单相位帧数据传输的时序关系图。由于传输配置成 1 个数据延迟，所以 McBSP. DX 和 McBSP. DR 引脚在 FS(R/X)的一个有效时钟周期之后才可用。图中对应的寄存器控制位设置如下：

- RPHASE(RCR2_REG[15])和 XPHASE(XCR2_REG[15])= 0：单相位帧
- RFRLEN1(RCR1_REG[14:8])和 XFRLEN1(XCR1_REG[14:8])= 0：帧字数为 1
- RWDLEN1(RCR1_REG[7:5])和 XWDLEN1(XCR1_REG[7:5])= 0：8 bit 字长
- RFRLEN2(RCR2_REG[14:8])和 XWDLEN2(XCR2_REG[14:8])：忽略
- CLKRP(PCR_REG[0])和 CLKXP(PCR_REG[1])= 0：接收数据在时钟下降沿，发送数据在时钟上升沿
- FSRP(PCR_REG[2])和 FSXP(PCR_REG[3])= 0：高电平有效帧同步信号
- RDATDLY(RCR2_REG[1:0])和 XDARDLY(XCR2_REG[1:0]= 01b：1 位数据延时

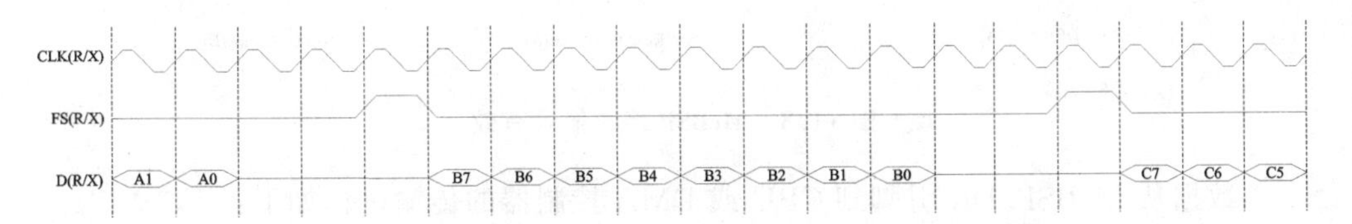

图 11.5　包含 1 个 8 bit 字的单相位帧数据传输时序图

3. 双相位帧

图 11.6 给出了双相位帧数据传输的时序关系图，其中第一相包含 1 个 16 bit 字，紧接着第二相包含 1 个 8 位字。帧的整个流数据是连续的，在字和相之间没有空隙。

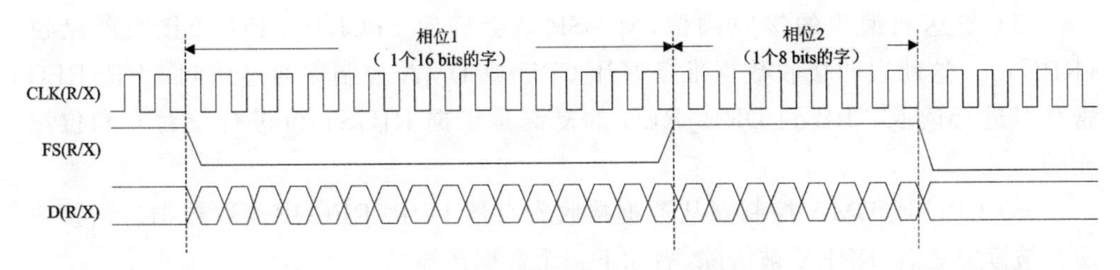

图 11.6　McBSP 数据的双相帧传输

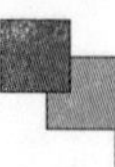

11.2.5　McBSP数据接收

图11.7和图11.8显示了McBSP的接收是怎样发生的。图11.7给出了数据接收的物理路径，图11.8给出了McBSP数据接收时序图。

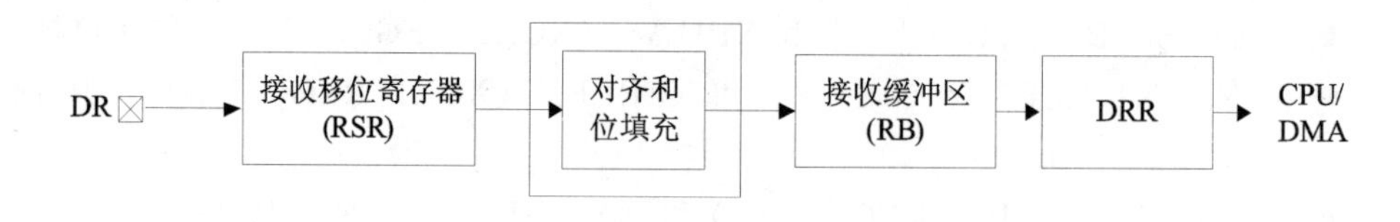

图11.7　McBSP接收数据物理路径

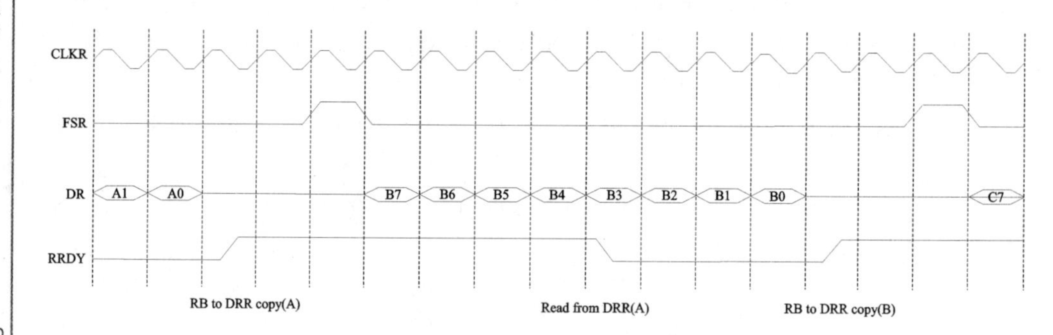

图11.8　McBSP接收信号有效

数据从McBSP.DR引脚到CPU或DMA控制器的传输过程如下：

(1) McBSP等待接收帧同步脉冲FSR。

(2) 当接收到帧同步脉冲之后，McBSP根据RCR2_REG[1:0]中RDATDLY位的设置，插入相应的时间延迟，在图11.8中为1位数据延时。

(3) McBSP接收McBSP.DR引脚的数据，并将数据移到接收移位寄存器中。

(4) 当接收到一个完整的字的时候，只要RB没有满，McBSP就将接收移位寄存器的内容复制到接收缓存区中。

(5) 当达到编程的接收阈值，McBSP就会确定SPCR1_REG的接收就绪位(RRDY)。这就表明接收数据准备好让CPU或DMA控制器通过访问DRR_REG寄存器进行读取。RB到DRR_REG的复制是根据RJUST位进行位对齐和位填充的。

(6) CPU或DMA控制器从数据接收寄存器DRR_REG中读取数据。当接收缓存被读完之后，RRDY被清除，启动下一个数据传输。

如果操作过程中没有正确定时，可能会发生错误：

- 接收器溢出；
- 接收器下溢；

● 意外的接收帧同步脉冲。

11.2.6　McBSP 数据发送

图 11.9 和图 11.10 显示了 McBSP 的数据发送是怎样发生的。图 11.9 给出了数据的物理路径，图 11.10 给出了 McBSP 数据发送时序图。

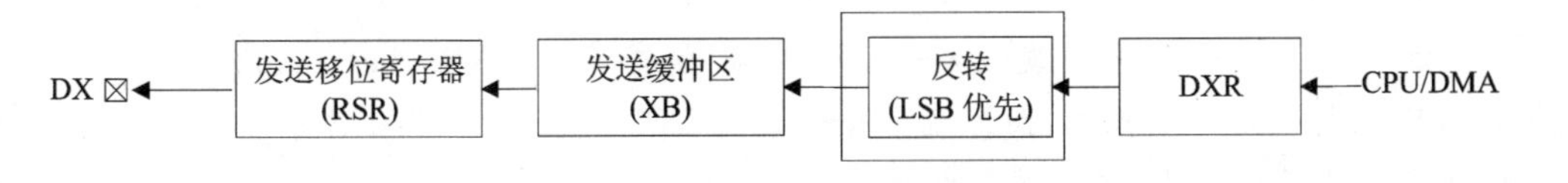

图 11.9　McBSP 发送数据物理路径

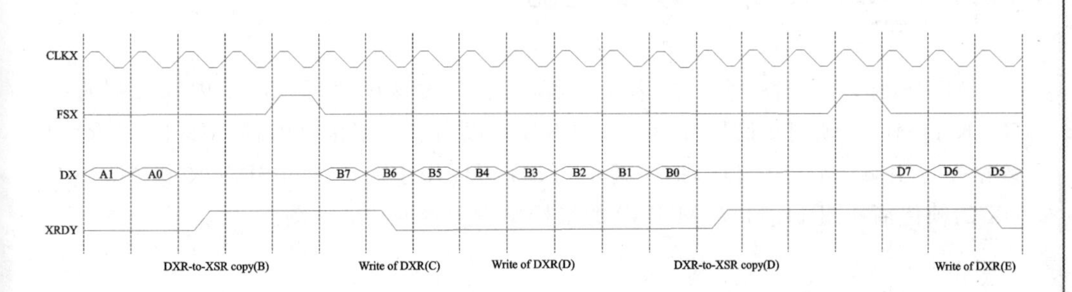

图 11.10　McBSP 发送信号有效

数据发送过程如下：

(1) CPU 或 DMA 控制器将数据写入数据发送寄存器。当发送缓存区到达，SPCR2_REG[1]寄存器的发送就绪位(XRDY)被清除，表明发送器没有准备好新的数据。

(2) 当新的数据到达 DXR_REG 寄存器，McBSP 将数据发送寄存器的内容复制到发送缓存区，同时，发送就绪位 XRDY 置位，表示发送器准备好可以接收来自 CPU 或 DMA 控制器的新数据。

(3) McBSP 等待发送帧同步脉冲 FSX。

(4) 当发送帧同步脉冲到达，McBSP 根据 XCR2_REG[1:0]寄存器的 XDATDLY 位的设置插入一定的数据延迟。在图 11.10 中为 1 位的数据延时。

(5) McBSP 将发送移位寄存器的数据移到 McBSP.DX 引脚。

当操作过程中没有正确定时，可能会发生错误：

● 发送器下溢；

● 发送器溢出；

● 意外的发送帧同步脉冲。

11.2.7 发送和接收的使能/禁止过程

在功能模式下，McBSP可以选择停止或重新启动发送/接收操作。当XCCR_ REG/RCCR_REG寄存器的发送/接收禁止位XDISABLE/RDISABLE被置位，McBSP将在下一个帧边缘停止发送/接收操作。XDISABLE/RDISABLE一旦被清除，在下一个帧边缘就重新启动发送/接收处理。

注意，不建议与查询发送/接收缓存状态寄存器(XBUFFSTAT/ RBUFF-STAT)一起使用这个机制，因为这个寄存器是CPU(OCP)时钟同步寄存器，不能反映功能时钟域的占用/空闲位置的确切数目。

11.3 McBSP采样率发生器

McBSP内部包含一个采样率发生器模块，通过该模块可以产生内部数据时钟(CLKG)和内部帧同步信号(FSG)。CLKG可以用于数据接收引脚(McBSP. DR)和数据发送引脚(McBSP. DX)的位传输，FSG可以用于启动McBSP. DR和McBSP. DX的帧传输。图11.11为McBSP的采样率发生器的功能框图。

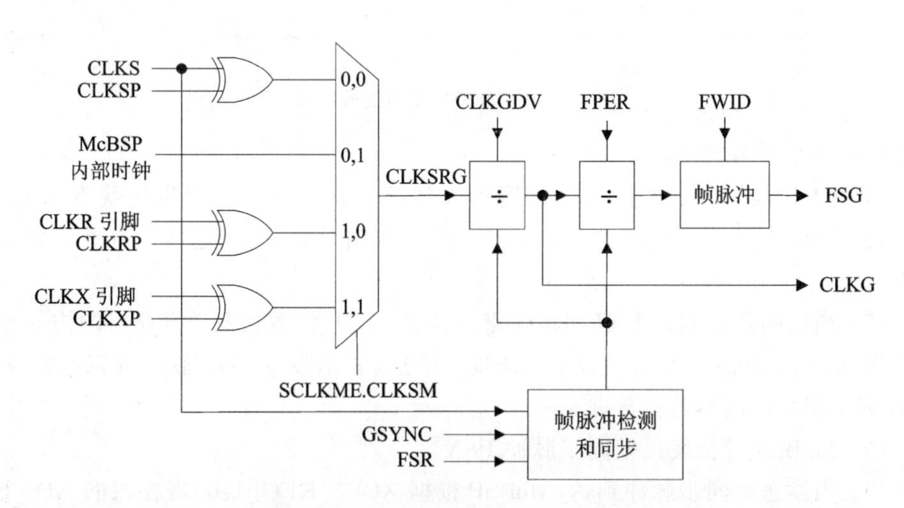

图11.11　McBSP采样率发生器框图

对于采样率发生器的时钟源(图11.11中标记为CLKSRG)可以由FCLK功能时钟(OCP接口时钟)或外部引脚(McBSP. CLKS、McBSP. CLKX、McBSP. CLKR)提供。时钟源的选择是由PCR_REG[7]寄存器的SCLKME位和SRGR2_REG[13]的CLKSM位选择。如果采用外部引脚提供时钟，可以通过SRGR2_REG[4]寄存器的CLKSP位、PCR_REG[7]寄存器的CLKXP以及PCR_REG[0]寄存器的CLKRP位来控制输入信号的极性。

采样率发生器有三级时钟分频器，使得 CLKG 和 FSG 信号具有可编程性。三级时钟分频器具有以下功能：

- 时钟分频：依据 SRGR1_REG[7:0]寄存器的 CLKGDV 位的设置对 CLKSRG 进行分频，产生 CLKG 信号；
- 帧周期控制：根据 SRGR2_REG[11:0]的 FPER 位的设置对 CLKG 分频，控制帧周期(帧周期是指从一个帧同步信号开始到下一个帧同步信号开始的时间间隔)；
- 帧同步脉冲宽度控制：根据 SRGR1_REG[15:8]寄存器的 FWID 位的设置，控制帧同步脉冲宽度。

注意：McBSP 不能够在内部功能频率高于 55 MHz 下操作。选择输入时钟频率和 CLKGDV 值，使 CLKG 的频率不高于 55 MHz。

除了三级时钟分频器外，采样率发生器还有一个帧同步脉冲检测和时钟同步模块，用来实现时钟分频信号和 McBSP. FSR 引脚输入的帧同步脉冲同步，该功能可以通过 SRGR2_[15]寄存器的 GSYNC 位使能或禁止。

在 CLKXM/CLKRM 表示时钟作为输出时，为了生成输出时钟 CLKX/CLKR，CLKG 被用作源。根据 CLKXP/CLKRP 对时钟的极性设置生成输出 CLKX/CLKR，设置如下：下降沿处 CLKX/CLKR 是 CLKG 的反转。

11.3.1　采样率发生器的时钟产生

采样率发生器产生的时钟信号 CLKG 可以用作数据接收器/发送器的时钟信号。使用采样率发生器驱动时钟分别由引脚控制寄存器(PCR_REG[8]和 PCR_REG[9])的时钟模式位(CLKRM 和 CLKXM)和极性控制位(CLKRP 和 CLKXP)控制。

当时钟模式为 1(对于接收 CLKRM = 1，对于发送 CLKXM = 1)，内部采样率发生器输出时钟(CLKG)根据极性设置驱动相应的数据时钟(CLKR 用于接收，CLKX 用于发送)。值得注意的是，当 CLKRRM =1 和 CLKXM = 1 时，McBSP 接收器和发送器时钟选择的控制还受到数字回路模式、模拟回路模式和同步接收/发送设置的影响，具体描述如表 11.2 所列。SPCR1_REG[15]寄存器的 ALB 位和 XCCR_REG 寄存器的 DLB 位分别用于控制模拟回路模式和数字回路模式，同步模式设置由 ALBRXCTRL 输入引脚控制。当使用采样率从发生器作为时钟源的时候，要确保使能采样率发生器(GRST = 1)。

表 11.2 DLB 和 ALB 对时钟模式的影响

模式位设置		影 响
CLKRM = 1	DLB = 0&ALB = 0 (禁止数字/模拟回路模式)	CLKR 为输出引脚,由采样率发生器输出时钟 CLKG 驱动
	DLB = 0&ALB = 1 (使能模拟回路模式)	CLKR 为输出引脚,由采样率发生器输出时钟 CLKG 驱动。接收功能部分内部时钟由 CLKX 输入引脚驱动。CLKX 时钟源由 CLKXM 位决定。接收帧同步信号是由 FSX 输入引脚 FSXI 驱动的。接收数据由 DX 回路引脚 DXI 驱动
	DLB = 1&ALB = 0 (使能数字回路模式)	CLKR 没有被驱动。采样率发生器和帧同步发生器需要被使能。内部发送和接收时钟由 SRG 驱动(CLKG 的极性为 CLKXP)。发送和接收帧同步信号有 FSG 驱动(FSG 的极性为 FSXP)。发送数据连接到接收输入数据。注意,在数字回路模式中,通过远程设备不能看到串行连接有效,因为 CLKREN、CLKXENFSREN、FSXEN 和 DXEN 都是无效的
	DLB = 1&ALB = 1(保留)	未定义

11.3.2 采样率发生器的帧同步信号产生

采样率发生器生成的帧同步信号可作为接收器/发送器的帧同步信号。如果接收器使用 FSG 作为帧同步信号,确保 PCR_REG[10]寄存器的 FSRM = 1。如果 FSRM = 0,接收器使用 McBSP. FSR 引脚信号作为帧同步信号。

如果想要发送器使用 FSG 作为帧同步信号,需做如下的设置:

- PCR_REG[11]寄存器的 FSXM =1:表示发送帧同步信号是由 McBSP 自身提供的,而不是由 McBSP. FSX 引脚提供。
- SRGR2_REG[12]寄存器的 FSGM = 1:表示当 FSXM =1 时,发送器选择采样率发生器提供帧同步信号。当 FSGM = 1 且 FSXM = 1,如果发送缓存不是空,就会产生发送帧同步信号 FSX;当 FSGM = 0,FPER 和 FWID 决定帧同步信号的周期和脉宽。

在这两种情况下,都必须使能采样率发生器(SPCR2_REG[6]寄存器的 GRST = 1),而且必须启用采样率发生器的帧同步逻辑,即 SPCR2_REG[7]寄存器的 FRST = 0。

1. 帧同步脉宽选择

FSG 的脉冲宽度是可编程的,通过 SRGR1_REG[15:8]寄存器的 FWID 位设置 FSG 的脉冲宽度。FSG 的脉冲宽度等于(FWID+1)个 CLKG 周期,其中 CLKG 是采样率发生器的输出时钟。

2. 帧同步脉冲周期控制

两个相邻 FSG 脉冲的开始边沿之间的时间(即帧脉冲周期)是可以控制的,根据采样率发生器配置的不同,可以采用两种方法设置帧周期:

- 如果采样率发生器采用外部时钟作为时钟,而且 SRGR2_REG[15]寄存器的 GSYNC 为 1,McBSP. FSR 引脚从无效到有效的跳变将产生一个 FSG 脉冲。此时,帧同步周期由外部设备控制。
- 当采样率发生器采用内部时钟作为时钟源,用户可以通过 SRGR2_REG[11:0]寄存器的 FPER 位控制帧周期。此时,帧脉冲周期等于(FPER+1)个 CLKG 周期,其中 CLKG 是采样率发生器的输出时钟。

3. FSG 与外部时钟的同步

当选择外部信号作为采样率发生器的输入时钟时,SRGR2_REG[15]的 GSYNC 位和 McBSP. FSR 引脚可以用来配置 FSG 脉冲的时序。将 GSYNC 设置为 1,可以保证 McBSP 和外部设备以相同的相位关系对输入时钟进行分频。同时,McBSP. FSR 引脚从无效到有效的跳变将重新同步 CLKG,并产生 FSG 信号。

11.3.3 采样率发生器输出与外部时钟同步

基于输入时钟信号,比如 FCLK 功能时钟信号或 McBSP. CLKS、McBSP. CLKR 和 McBSP. CLKX 引脚信号,采样率发生器可以生成时钟信号 CLKG 和帧同步信号 FSG。当选择外部时钟作为时钟源的时候,SRGR2_REG[15]的 GSYNC 位和 McBSP. FSR 引脚可以用来配置内部输出时钟 CLKG 和帧同步脉冲 FSG 的时序。如果希望 McBSP 和外部设备以相同的相位关系对输入时钟进行分频,应该设置 GSYNC = 1,此时:

- McBSP. FSR 引脚从无效到有效的跳变将重新同步 CLKG,并产生 FSG 信号。
- 同步之后,CLKG 总是以高电平开始。
- 无论 FSG 脉冲多长,McBSP 总是在产生 CLKG 的输入时钟的相同边沿检测 FSR。
- SRGR2_REG[11:0]寄存器的 FPER 位被忽略,因为 FSG 周期由 McBSP. FSR 引脚上的下一个帧同步脉冲来决定。
- 如果 GSYNC = 0,CLKG 自由运行且不受外部输入时钟信号的同步,FSG 的帧同步周期由 FPER 决定。

1. 发送器和接收器的同步操作

当 GSYNC = 1,发送器和接收器需满足以下条件才能同步操作:

- FSX 编程由 FSG 驱动(SRGR2_REG[12]的 FSGM = 1 且 PCR_REG[11]

的 FSXM ＝ 1)。如果输入 FSR 有合适的时序以保证能在 CLKG 的下降沿被采样,此时也可以设置 FSXM ＝ 0,并将 FSR 和 FSX 在外部相连。

● 发送器和接收器均选择 CLKG 作为时钟信号(PCR_REG[8]寄存器的 CLKRM 位和 PCR_REG[9]寄存器的 CLKXM 位都设置为 1),那么 CLKR 和 CLKX 引脚不需要再接收任何驱动源。

2. 同步实例

图 11.12 和图 11.13 给出了在 CLKS 和 FSR 的不同极性组合下,输入时钟信号和帧同步信号的时序关系图。图中假设 SRGR1_REG[15:8]寄存器的 FWID ＝ 0,即 FSG 脉冲宽度等于 1 个 CLKG 周期。此时,SRGR2_REG[11:0]寄存器的 FPER 位的设置是无效的,帧同步周期由 McBSP. FSR 引脚信号由无效到有效的跳变决定的。图中均给出当 GSYNC＝ 1 时, CLKG 在初始时已同步和未同步情况下,CLKG 后续的变化情况。图 11.13 中的 CLKG 频率较低,因为 SRGR1_REG[7:0]寄存器的 CLKGDV 分频值较大。

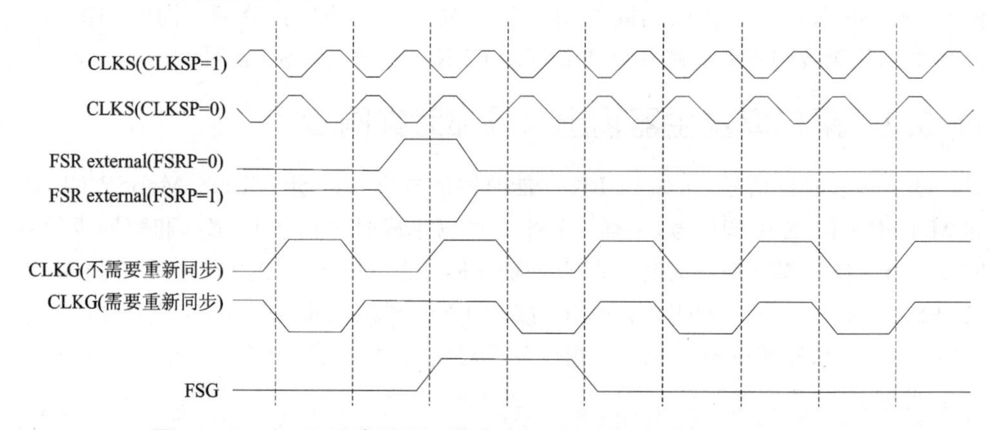

图 11.12　CLKG 同步和 FSG 的产生(GSYNC ＝ 1 且 CLKGDV ＝ 1)

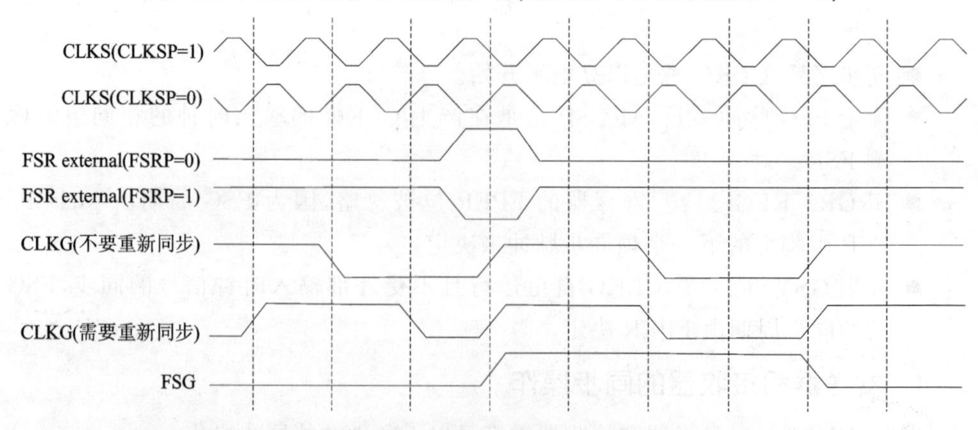

图 11.13　CLKG 同步和 FSG 的产生(GSYNC ＝ 1 且 CLKGDV ＝ 3h)

11.4 McBSP 的异常/错误条件

在 McBSP 工作过程中，可能会有几种串口事件引起系统错误，并且每种错误可能就是中断源：

- 接收器溢出（IRQSTATUS 寄存器的 ROVFLSTAT 位设置为 1，SPCR1_REG 寄存器的 RFULL 位设置为 1）：当接收缓存区已满，而且来自 McBSP. DR 的新数据移入 RSR 并将其填满，就会出现这种情况。因此，ROVFLSTAT(RFULL)指示一个错误状态，任何新的数据可以随时到来且覆盖 RSR 中的内容，导致先前数据的丢失。只要新的数据到达 McBSP. DR 且 DRR_REG 寄存器的内容没有被读取，就会继续重写 RSR。
- 异常的接收帧同步脉冲（IRQSTATUS 寄存器的 RSYNCERR 位被设置为 1，而且 SPCR1_REG 寄存器的 RSYNCERR 位也被设置为 1）：在接收过程中，当出现异常的帧同步信号时，就会出现这种情况。异常的帧同步接收信号指的是在当前帧的数据位还没有全部被接收之前开始下一帧数据的传输。接收器会忽略这个帧同步脉冲，但是会将 SPCR1_REG 的 RSYNCERR 置位。
- 接收器下溢（IRQSTATUS 寄存器的 RUNDFLSTAT 位被设置为 1）：当 DMA 控制器或 CPU 读取空的接收缓存区时，会出现这种情况。
- 发送器下溢（IRQSTATUS 寄存器的 XUNDFLSTAT 位被设置为 1，且 SPCR2_REG 寄存器的 XEMPTY 位也被设置为 1）：如果一个新的帧同步信号在发送缓存区空的时候到达，将会发送 XSR 先前的数据。这个过程将会持续到 DXR_REG 寄存器加载了新的数据（XB 缓存区不再是空的）。
- 异常的发送帧同步信号（IRQSTATUS 寄存器的 XSYNCERR 位被设置为 1，而且 SPCR1_REG 寄存器的 XSYNCERR 位也被设置为 1）：在发送过程中，当一个异常的帧同步信号到达时，就会出现这种情况。异常的帧同步发送信号指的是在当前帧的数据位还没有全部被发送之前开始下一帧数据的传输。发送器会忽略这个帧同步脉冲，但是会置位 SPCR2_REG 的 XSYNCERR。
- 发送器溢出（IRQSTATUS 寄存器的 XOVFLSTAT 位设置为 1）：当发送缓冲区已满，CPU 或 DMA 控制器向发送缓存区写数据时就会出现这种情况。

11.4.1 接收器溢出

IRQSTATUS 寄存器的 ROVFLSTAT 位设置为 1，SPCR1_REG 寄存器的 RFULL 位设置为 1。图 11.14 为接收器溢出示意图，这种情况表示接收器已经溢出并且处于错误状态。当以下所有情况都满足的时候就会将接收器设置为溢出：

- 即使 IRQSTATUS 寄存器的 RRDY 位已经置位，而且 DMA 或中断请求已

经被确认,但是 DRR_REG 没有读取;

- RB 已满;
- RSR 已满。

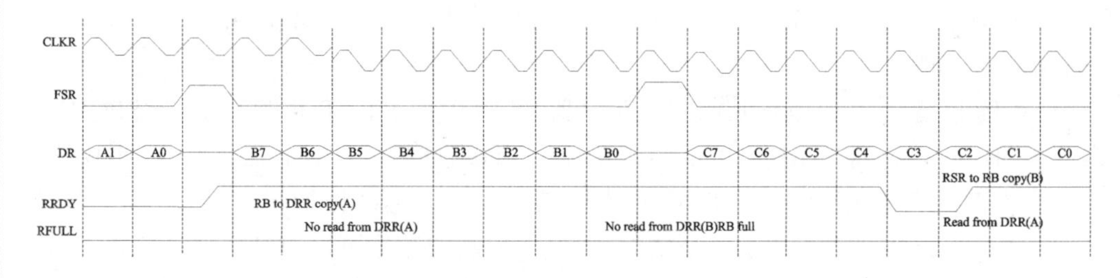

图 11.14 接收器溢出

就像前面描述的一样,到达 McBSP. DR 的数据继续被移入。只要有一个完整的字被转移到 RSR,如果 RB 没有满,就会出现 RSR 到 RB 的复制。以下任何一个事件可以清除 RFULL 位并且允许后续数据传输的正确读取:

CPU 或 DMA 控制器读取 DRR_REG;

接收器单独复位(SPCR1_REG[0]寄存器的 RRST = 0)或作为全局复位的一部分。

另外需要帧同步脉冲重启接收器。根据 IRQENABLE 寄存器的设置,这种情况下,可以生成低电平的 COMMONIRQ。向相应的状态寄存器写 1 将会清除中断。

11.4.2 异常接收帧同步脉冲

1. 接收帧同步脉冲的可能响应

如果一个帧同步脉冲在还未接收完当前所有位时就启动下一帧的同步信号,这个帧同步脉冲认为是异常帧同步脉冲,同时接收器还会置位 IRQSTATUS 寄存器的接收帧同步错误位 RSYNCERR。根据 IRQENABLE 寄存器的设置,在这种情况下可以产生低电平的 COMMONIRQ,向相应的状态寄存器写 1 将会清除中断。

采用传统模式,只有通过接收器复位或写 0 来清除 SPCR1_REG 寄存器的 RSYNCERR 位。如果想要 McBSP 通知 CPU 接收帧同步信号错误,用户可以通过 SPCR1_REG[5:4]寄存器的 RINTM 位设置。当 RINTM = 11b, McBSP 在 RSYNCERR 每次被设置的时候向 CPU 发送接收中断请求。

2. 异常接收帧同步脉冲实例

图 11.15 给出了串口正常操作期间的异常接收帧同步信号,包括数据包之间的时间间隔。注意,异常接收帧同步信号不影响数据接收过程,会被数据接收器忽略。

3. 异常接收帧同步脉冲的阻止

每个帧传输可以有 0、1 或 2 个 CLKR 周期的延迟,取决于 RCR2_REG[1:0]的

RDATDLY 位。对于每一个可能的数据延迟，图 11.16 显示了 FSR 上的帧同步脉冲怎样可以安全出现在当前帧的最后一位。

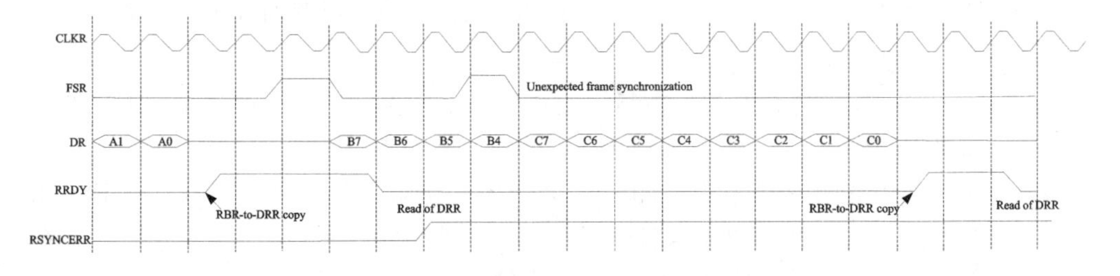

图 11.15 McBSP 接收期间的非预期的帧同步脉冲

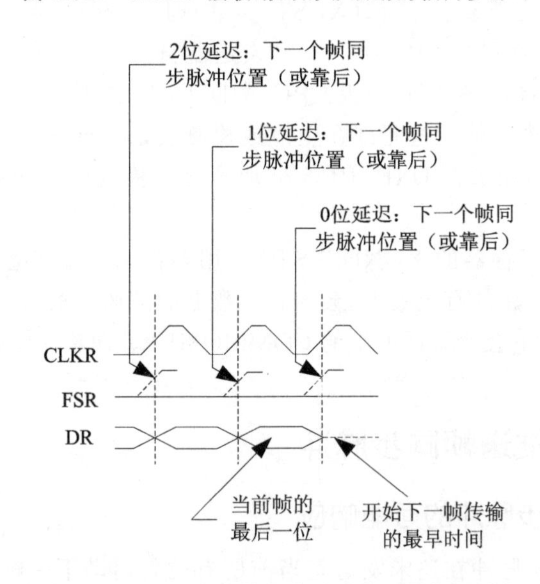

图 11.16 FSR 上的帧同步脉冲的正确出现时间

11.4.3 接收器下溢

McBSP 通过置位 IRQSTATUS 寄存器的 RUNDFLSTAT 位表示接收器下溢。当 DMA 控制器或 CPU 读取的接收缓存为空时就会出现这种错误（只有在 CPU 或 DMA 控制器没有遵循 DMA 长度、没有等待 DMA 请求或没有在读取数据之前检测缓存区状态的情况下才会发生这种情况）。根据 IRQENABLE 寄存器的设置，这种情况可以产生低电平的 COMMONIRQ，向相应的状态寄存器写 1 将会清除中断。

11.4.4 发送器下溢

McBSP 通过置位 IRQSTATUS 寄存器的 XUNDFLSTAT 位，表示发送器是空的（下溢）。同时，SPCR2_REG[2]寄存器的传统模式位 XEMPTY 会被清除。下面的任何一种事件可以让 XEMPTY ＝ 0：

- DXR_REG 还没有被加载，而且发送缓存区为空，XSR 的所有数据字从 McBSP. DX 引脚移出。
- 发送器被复位(通过全局复位将 SPCR2_REG[0]寄存器的 XRST 强制为 0)，然后重新启动。

当 DXR_REG 中的新的数据被传送给 XB 时，XEMPTY 将会被禁止(XEMPTY = 1)。如果 PCR_REG[11]寄存器的 FSXM = 1 且 SRGR2_REG[12]寄存器的 FSGM = 0，当发送缓存区不为空的时候会产生发送帧同步信号(FSX)。当 FSGM = 0，FPER 和 FWID 用来决定帧同步信号的周期和脉冲宽度。否则，发送器在 McBSP. DX 引脚发送下一帧之前等待下一个帧同步脉冲。

当发送器不再处于复位状态(XRST = 1)时，发送器会处于发送准备状态(SPCR2_REG[1]寄存器的 XRDY = 1)和发送器空的状态(XEMPTY = 0)。在内部 FSX 变成有效的高电平之前，如果 CPU 或 DMA 控制器加载 DXR_REG，就会发生 XB 到 XSR 的有效传输。这允许在生成或检测发送帧同步脉冲之前让第一帧的第一个字有效，或者，如果在 DXR_REG 被加载之前检测到发送帧同步脉冲，McBSP. DX 输出为 0。

IRQSTATUS 寄存器的 XUNDFLSTAT 用来指示下溢状态，在这种状态下由于发送过程中缺少可用的有效数据，会导致帧数据的破坏。根据 IRQENABLE 寄存器的设置，这种状态下会产生低电平的 COMMOMIRQ，向相应的状态寄存器写 1 将会清除中断。

11.4.5 异常发送帧同步脉冲

1. 接收帧同步脉冲的可能响应

如果一个帧同步脉冲在还未发送完当前所有位就启动下一帧的同步信号，这个帧同步脉冲认为是异常帧同步脉冲，同时发送器还会置位 IRQSTATUS 寄存器的发送帧同步错误位 XSYNCERR。根据 IRQENABLE 寄存器的设置，在这种情况下可以产生低电平的 COMMONIRQ，向相应的状态寄存器写 1 将会清除中断。

采用传统模式，只有通过发送器复位或写 0 才能清除 SPCR2_REG 寄存器的 XSYNCERR 位。如果想要 McBSP 通知 CPU 发送帧同步信号错误，用户可以通过设置 SPCR2_REG[5:4]寄存器的 XINTM 位来实现。当 XINTM = 11b，McBSP 在 XSYNCERR 每次被设置的时候向 CPU 发送发送中断请求。

2. 异常接收帧同步脉冲实例

图 11.17 给出了串口正常操作期间的异常发送帧同步信号，包括数据包之间的时间间隔。注意，异常发送帧同步信号不影响数据发送过程，会被数据发送器忽略。

3. 异常接收帧同步脉冲的阻止

每个帧传输可以有 0、1 或 2 个 CLKX 周期的延迟，取决于 XCR2_REG[1:0]的

XDATDLY位。对于每一个可能的数据延迟，图11.18显示了FSX上的帧同步脉冲安全出现在当前帧最后一位的情况。

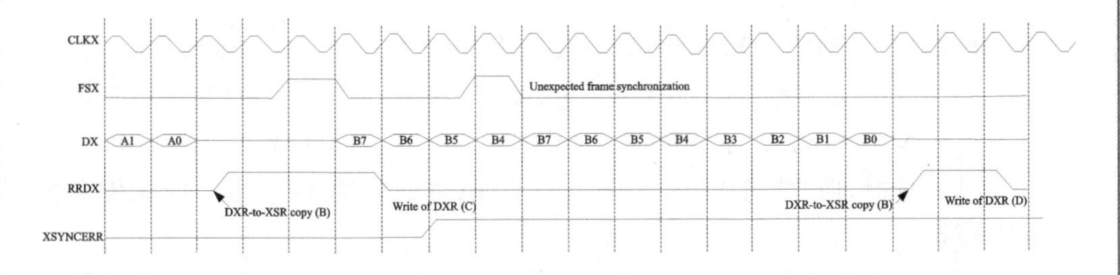

图11.17 McBSP发送期间的非预期的帧同步脉冲

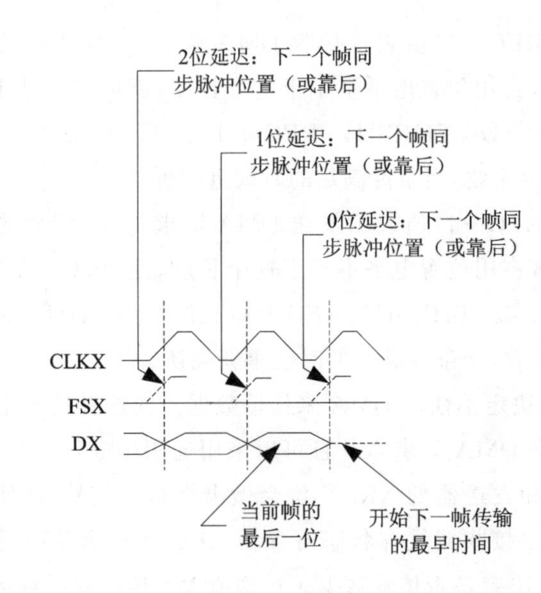

图11.18 FSX上的帧同步脉冲的正确出现时间

11.4.6 发送器溢出

McBSP通过置位IRQSTATUS寄存器的XOVFLSTAT位表示发送器溢出状态，这种状态会出现在DMA控制器或CPU向满的发送缓存区写数据的时候（只有当CPU或DMA控制器没有遵循DMA长度、没有等待DMA请求或在写数据之前没有检测缓存区状态时候会发生这种情况）。根据IRQENABLE寄存器的设置，这种状态会产生低电平的COMMONIRQ，向相应的状态寄存器写1将会清除中断。

11.5 McBSP DMA 配置

在接收 RRST 和发送 XRST 被释放之后，McBSP 的接收和发送数据 DMA 请求才有效。在复位之后，默认的 DMA 阈值(长度)为 1。将 RCCR_REG 寄存器的 RDMAEN 位和 XCCR_REG 寄存器的 XDMAEN 位置零，可以分别禁止接收和发送 DMA 请求。此时，即使有 DMA 传输挂起且 DMA 状态机没有被复位，DMA 传输请求也是无效的。

DMA 阈值和长度配置是通过 THRSH1_REG 和 THRSH2_REG 寄存器实现的，配置如下所述：

- (THRSH1_REG+1)值表示接收 DMA 请求长度(传输的长度等于阈值加1)。只要 RB 占用位置电平不小于这个长度，就可以确认 DMA 请求。在传输完配置的字数(THRSH1_REG+1)之后，接收 DMA 请求(McBSP.REVNT)将会无效，当条件满足的时候重新确认。
- (THRSH2_REG+1)值表示发送 DMA 请求长度(传输的长度等于阈值加1)。只要 XB 占用位置电平不小于这个长度，就可以确认 DMA 请求。在传输完配置的字数(THRSH2_REG+1)之后，发送 DMA 请求(McBSP.XEVNT)将会无效，当条件满足的时候重新确认。

注意，CPU 可能决定不使用 DMA 来传输数据。在这种情况下，DMA 传输必须禁止(或者 CPU 忽略 DMA 请求)，并且可以采用通用中断线。当达到阈值的时候，接收器的 RRDY 位和发送器的 XRDY 位会做出指示。此外，即使在没有达到阈值的时候，可以通过读取接收器缓存状态寄存器 RBUFFSTAT 和发送器缓存寄存器 XBUFFSTAT，CPU 决定是否传输数据。在阈值大于接收器缓存区占用位置的情况下，这种机制对于接收器的最后一个传输非常有用。由于没有中断和 DMA 请求，只能读取接收缓存区状态，在没有 DMA 中断指示下传输剩下的数据。

11.6 多通道选择模式

McBSP 的通道是用于一个串行字进行移位(移进/出)操作所对应的时隙，即一帧串行数据可以看成是 1 组时分复用的数据传输通道。McBSP 支持多达 128 个数据接收通道和 128 个数据发送通道。在接收器和发送器中，这 128 个可用通道被分为 8 个块，每个块包括 16 个通道，具体对应关系如表 11.3 所列。

表 11.3　块与通道的对应关系

块	0	1	2	3	4	5	6	7
通道	0～15	16～31	32～47	48～63	64～79	80～95	96～111	112～127

根据不同的分区模式，块被分配到不同的分区。McBSP 可以选择 2 分区模式（A 区和 B 区）和 8 分区模式（A～H 区）。在 2 分区模式中，用户可以分配一个偶数块（块 0、2、4 或 6）给 A 区，分配一个奇数块（块 1、3、5 或 7）给 B 区；在 8 分区模式中，块 0～7 分别分配给 A～H 区。接收过程和发送过程所选择的分区模式是彼此独立的，如接收模块选择 2 分区模式，发送模块可以选择 8 分区模式。

当 McBSP 采用时分复用数据流同其他 McBSP 或串行设备通信时，McBSP 可能仅需要较少的数据通道进行数据接收和发送。为了节省存储空间和总线宽度，可以使用多通道模式以阻止其余通道的数据流。每通道分区有专门的通道使能寄存器，针对选择的多通道选择模式，通道使能寄存器的每一位用于控制相应分区中对应通道的数据流。McBSP 有 1 种接收多通道选择模式和 3 种发送多通道选择模式。

在使能多通道选择模式前，必须将数据帧设计如下：

- 选择单相位帧（RCR2_REG[15]寄存器的 RPHASE = 0 且 XCR2_REG[15]寄存器的 XPHASE = 0），每帧代表一个时分复用 TDM 数据流。
- 设置帧长度（RCR1_REG[14:8]寄存器的 RFRLEN1 位和 XCR1_REG[14:8]寄存器的 XFRLEN1 位），包含要使用的最大通道号。例如，如果想要使用通道 0、15 和 39 进行数据接收，则接收帧长度至少为 40（RFRLEN1 = 39）。此时，接收器为每帧创建 40 个时隙，但每帧只接收通道 0、15 和 39 的数据。

11.6.1　8 分区模式

在接收器和发送器的多通道选择中，用户可以选择 8 分区模式或 2 分区模式。如果用户选择了 8 分区模式（对于接收 RMCME = 1，对于发送 XMCME = 1），McBSP 将依次传输 A、B、C、D、E、F、G、H 分区中各通道的数据。当帧同步脉冲到来时，接收器或发送器首先传输分区 A 中各通道数据，然后按照上述顺序传输其他各分区通道的数据，直到整个帧传输完毕。当下一个帧同步脉冲到来时，开始下一帧的传输，且仍然从分区 A 开始。

在 8 分区模式中，RPABLK/XPABLK 和 RPBBLK/XPBBLK 位是无效的，16 通道块按照下表分配给各个区，且这个分配方式是不能更改的。表 11.4 给出了 McBSP 采用 8 分区模式的一个例子，同时给出了控制各区各通道的对应的寄存器。

表11.4 8分区模式下块与分区的对应关系及其相应的控制寄存器

	分区	块：通道	通道控制寄存器
接收	A	块0：通道0～15	RCERA_REG
	B	块1：通道16～31	RCERB_REG
	C	块2：通道32～47	RCERC_REG
	D	块3：通道48～63	RCERD_REG
	E	块4：通道64～79	RCERE_REG
	F	块5：通道80～95	RCERF_REG
	G	块6：通道96～111	RCERG_REG
	H	块7：通道112～127	RCERH_REG
发送	A	块0：通道0～15	XCERA_REG
	B	块1：通道16～31	XCERB_REG
	C	块2：通道32～47	XCERC_REG
	D	块3：通道48～63	XCERD_REG
	E	块4：通道64～79	XCERE_REG
	F	块5：通道80～95	XCERF_REG
	G	块6：通道96～111	XCERG_REG
	H	块7：通道112～127	XCERH_REG

如图11.19所示的McBSP的数据传输示意图，在帧同步脉冲到来时，McBSP依次传输A、B、C、D、E、F、G、H分区中各个通道的数据，完成128字的帧传输。

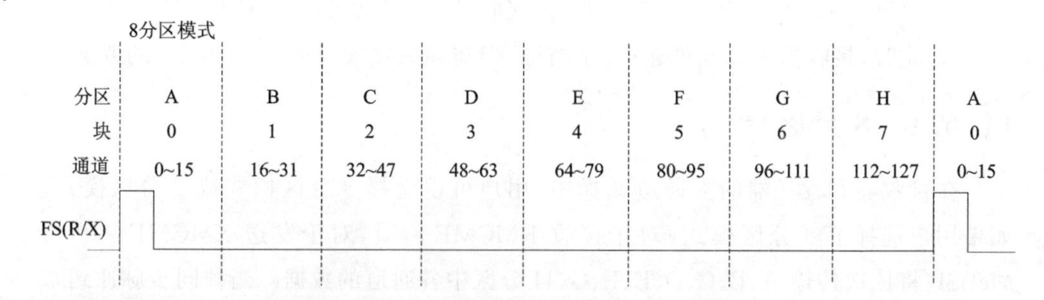

图11.19 McBSP的8分区模式数据传输

11.6.2 2分区模式

接收器和发送器可以选择使用2分区模式或8分区模式。如果用户选择使用了2分区模式(对于接收RMCME = 0，对于发送XMCME = 0)，McBSP通道采用轮换调度方式。每来一个帧同步脉冲，接收器或发送器从A区的通道开始传输，然后在A区和B区之间反复切换，直到整个帧传输完毕。当下一个帧同步脉冲到来的时

候，仍然从A区通道开始。

下面介绍分区A和分区B的块分配配置方式。

8个接收块中的2个分配给接收A区或B区，也就是说，任意给定时刻，最多可使能32个接收通道。同理，8个发送块中的2个（最多使能32个发送通道）可以分配给发送A区和B区。

对于接收：

- 设置RPABLK位，可以分配一个偶数通道块（0、2、4或6）给接收分区A。在接收多通道模式中，分区内的通道由接收通道使能寄存器A（RCERA_REG）控制。
- 设置RPBBLK位，可以分配一个奇数通道块（1、3、5或7）给接收分区B。在接收多通道模式中，分区内的通道由接收通道使能寄存器B（RCERB_REG）控制。

对于发送：

- 设置XPABLK位，可以分配一个偶数通道块（0、2、4或6）给发送分区A。在发送多通道模式中，分区内的通道由发送通道使能寄存器A（XCERA_REG）控制。
- 设置XPBBLK位，可以分配一个奇数通道块（1、3、5或7）给发送分区B。在发送多通道模式中，分区内的通道由发送通道使能寄存器B（XCERB_REG）控制。

图11.20给出了A区通道和B区通道交替的例子。通道0～15被分配给了A区，通道16～31被分配给了B区。在帧同步脉冲到来时，McBSP从A区通道开始传输，然后在B区和A区之间交替传输，直到完成整个帧数据的传输。

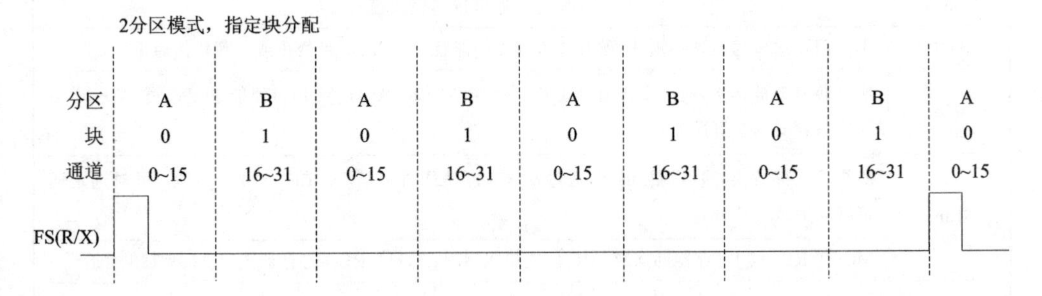

图11.20　A区通道和B区通道交替

11.6.3　接收多通道选择模式

通过MCR1_REG[0]中的RMCM位来选择所有通道或选定通道进行数据接收。当RMCM = 0，所有的128通道都被使能且不能被禁止，此时为常规工作模式；当RMCM = 1，使能接收多通道选择模式，在这种模式下：

- 通道可以被单独使能或禁止。只有通道使能寄存器 RCER[A,H]_REG 选定的通道才能被使能。各通道与 RCER[A,H]_REG 寄存器的对应关系与接收分区模式相关(2 分区/8 分区),由 MCR1_REG[9]寄存器的 RMCME 位定义。
- 在多通道模式下,如果某一通道被禁止,该通道接收的数据不会被传送到接收缓存区 RB,因此不会将接收器准备位 RRDY 置位。同样,不会产生 DMA 同步事件(REVT)。此时,如果接收器中断模式位 RINTM = 00b,McBSP 也不会向 CPU 发送中断信号。

以下给出在接收多通道模式下,McBSP 处理各通道数据的示例。该示例假设仅仅使能通道 0、15 和 39,帧长度设置为 40:

(1) 接收通道 0 从 McBSP. DR 引脚移入的数据;

(2) 忽略通道 1～14 接收的数据;

(3) 接收通道 15 从 McBSP. DR 引脚移入的数据;

(4) 忽略通道 16～38 接收的数据;

(5) 接收通道 39 从 McBSP. DR 引脚移入的数据。

11.6.4 发送多通道选择模式

通过设置 MCR2_REG[1:0]寄存器 XMCM 位来选择所有通道或选定通道进行数据发送。McBSP 有 3 种发送多通道选择模式(XMCM = 01b、XMCM = 10b 和 XMCM = 11b),如表 11.5 所列。

表 11.5 XMCM 对发送多通道选择模式的控制

XMCM	发送多通道选择模式模式
00b	不使用发送多通道选择模式;所有通道都被使能且非屏蔽;不可禁止或屏蔽任何通道
01b	所有通道都被禁止,通过发送通道使能寄存器(XCER[A,H]_REG)使能选定通道;某一通道使能后就成为非屏蔽通道
10b	所有通道都被使能,但均被屏蔽,通过发送通道使能寄存器(XCER[A,H]_REG)可对选定通道解除屏蔽
	MCR2_REG[9]寄存器的 XMCME 位决定 XCER[A,H]_REG 寄存器选定 32 或 128 通道
11b	该模式用于同步发送和接收
	所有发送通道均被禁止,通过接收通道使能寄存器(RCER[A,H]_REG)可以使能选定通道;通道一旦被使能,该通道是被屏蔽的,通过发送通道使能寄存器(XCER[A,H]_REG)可对选定通道解除屏蔽
	MCR2_REG[9]寄存器的 XMCME 位决定 RCER[A,H]_REG 寄存器和 XCER[A,H]_REG 寄存器选定 32 或 128 通道

以下给出了在发送多通道选择模式下,McBSP 处理通道数据的实例。该示例设

置多通道模式选择位 XMCM = 01b，只使能通道 0、15 和 39，帧长度设置为 40：

(1) 将通道 0 中的数据移进 McBSP. DX 引脚；

(2) 在通道 1～14 时间段，将 McBSP. DX 引脚设置为高阻态；

(3) 将通道 15 中的数据移进 McBSP. DX 引脚；

(4) 在通道 16～38 时间段，将 McBSP. DX 引脚设置为高阻态；

(5) 将通道 39 中的数据移进 McBSP. DX 引脚。

1. 通道禁止/使能、屏蔽/非屏蔽

在发送过程中，通道可能有以下 3 种模式：

- 使能且非屏蔽(可以启动发送且最终能完成发送)；
- 使能且屏蔽(可以启动发送但不能最终完成发送)；
- 禁止(不能启动发送)。

表 11.6 McBSP 发送通道控制模式

使能通道	通道可以启动发送，通过 XB 将数据从数据发送寄存器(DXR_REG)传送到发送移位寄存器 XSR
屏蔽通道	通道不能完成数据发送，McBSP. DX 引脚被置成高阻状态，不能从 McBSP. DX 引脚上将按数据移出
	在对称式发送和接收系统中，允许通过共享串行总线来禁止发送通道。对于接收通道不需要这个特性，因为多通道同时接收不会引起总线冲突
禁止通道	通道被禁止同时也被屏蔽
	因为没有从 DXR 到 XB 的复制发生，SPCR2_REG[1]寄存器的 XRDY 为不会被设置。所以，不会产生 DMA 同步事件(XEVT)，此时，如果发送器中断模式位 XINTM = 00b，McBSP 也不会向 CPU 发送中断信号
	不会影响 SPCR2_REG[2]寄存器的 XEMPTY 位
非屏蔽通道	通道没有被屏蔽，可以将 XSRs 中的数据从 McBSP. DX 引脚移出

2. 不同 XMCM 值对应的 McBSP 引脚状态

图 11.21 给出了不同 XMCM 值时对应的 McBSP 引脚状态。在所有情况下，发送帧配置如下：

(1) XPHASE = 0：单相帧(多通道选择模式下必须选择单相位帧)；

(2) XFRLEN 1 = 0000011b：每帧 4 个串行字；

(3) XWDLEN1 = 000b：每个串行字长为 8 位；

(4) XMCME = 0：2 分区模式(只有 A 区和 B 区)。

当 XMCM = 11b 时，发送和接收是同步的，也即是说接收器对应位的设置(RPHASE、RFRLEN1、RWDLEn1 和 RMCME)必须分别与发送器对应位的设置(RPHASE、RFRLEN1、RWDLEn1 和 RMCME)是一样的。在图 11.21 中，箭头表示各种事件发生位置，在任何可能的地方，都会有这些事件发生的时间窗。

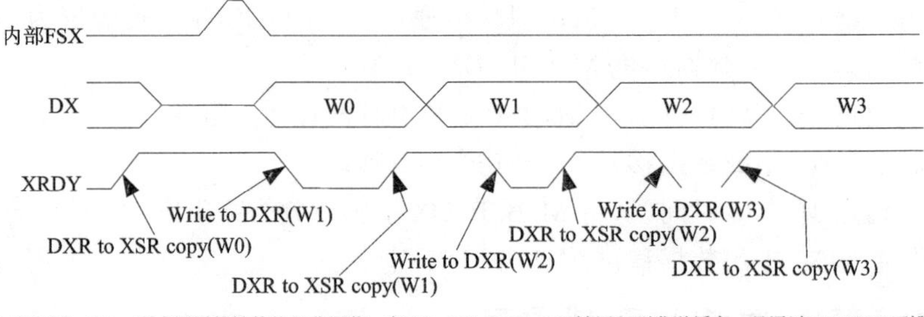

(a) XMCM = 00b：所有通道均被使能且非屏蔽。字W0、W1、W2、W3被写入到发送缓存，且通过McBSP.DX引脚传输

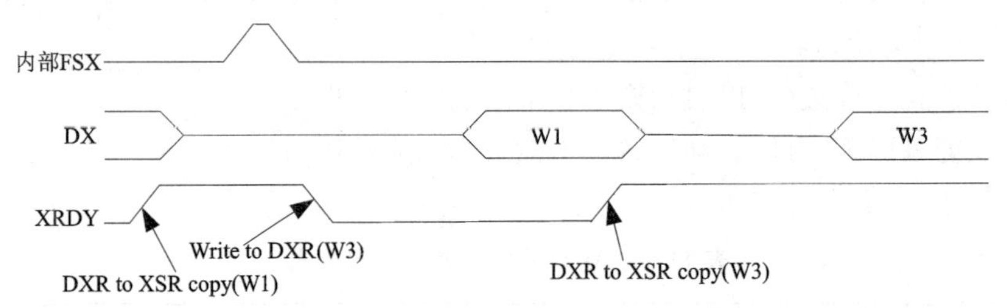

(b) XMCM = 01b、XPABLK = 00b、XCERA = 1010b：只有通道1和3被使能且未被屏蔽。字W1、W3被写入到发送缓存，且通过McBSP.DX引脚传输

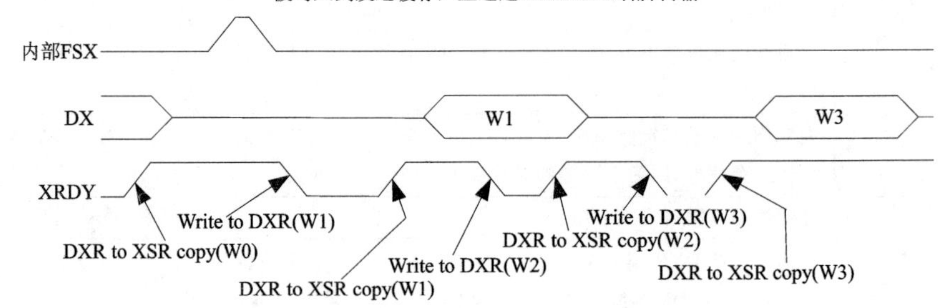

(c) XMCM = 10b、XPABLK = 00b、XCERA = 1010b：所有通道被使能，只有1和3未被屏蔽字W0、W1、W2、W3被写入到发送缓存，且通过McBSP.DX引脚传输

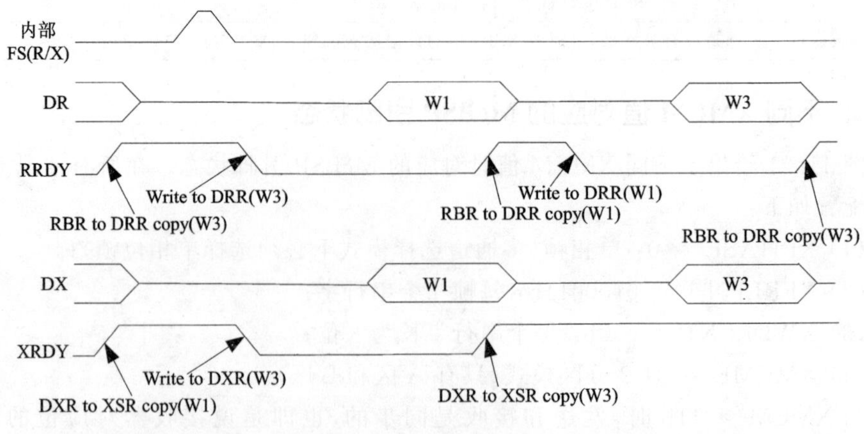

(d) XMCM = 11b、RPABLK = 00b、XPABLK = x、RCERA = 1010b：接收/发送通道1和3使能，但只有3未被屏蔽。字W1、W3被写入到发送缓存，且通过McBSP.DX引脚传输

图 11.21　不同 XMCM 值时对应的 McBSP 引脚状态

11.7　McBSP 全/半循环模式

1. 发送全循环模式

当 XCCR[11]寄存器的 XFULL_CYCLE 位被配置成全循环(Full Cycle)模式时,按照配置的 CLKX 边沿对 FSX 进行采样,而且数据也是在同样的配置边沿传输。数据在 CLKX 正向边沿传输,FSX 在 CLKX 正向边沿采样。发送全循环模式见图 11.22。

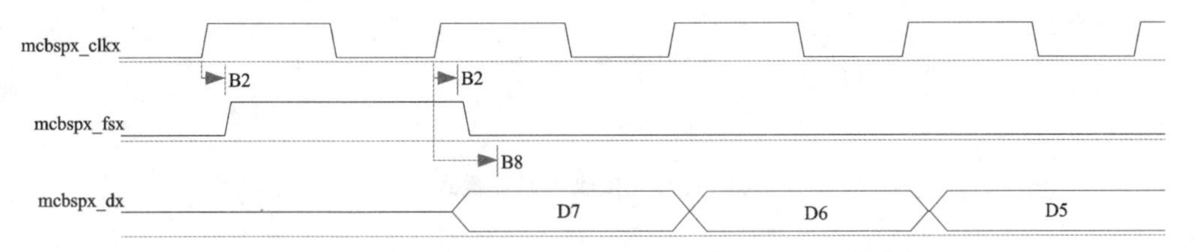

图 11.22　发送全循环模式

2. 发送半循环模式

当 XCCR[11]寄存器的 XFULL_CYCLE 位被配置成半循环(Half cycle)模式时,按照配置 CLKX 边沿的反向对 FSX 进行采样,而且数据在下一个配置边沿传输。数据在 CLKX 正向边沿传输,FSX 在 CLKX 负向边沿采样。发送半循环模式见图 11.23。

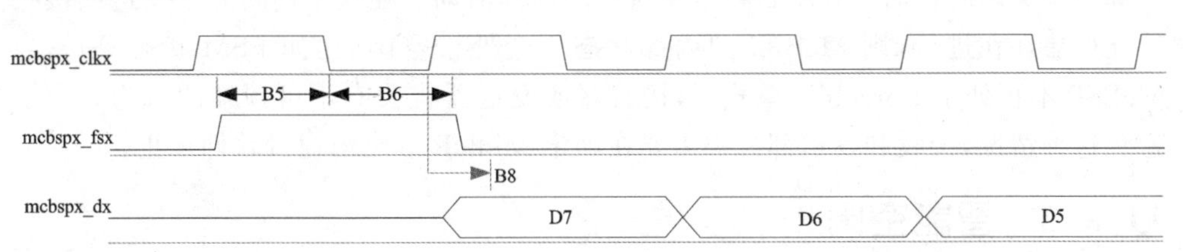

图 11.23　发送半循环模式

3. 接收全循环模式

当 RCCR[11]寄存器的 RFULL_CYCLE 位被配置成全循环模式时,按照配置的 CLKR 边沿对 FSR 进行采样,而且数据在相同的配置边沿传输。数据在 CLKR 负向边沿采样,FSR 在 CLKR 负向边沿采样。接收全循环模式见图 11.24。

4. 接收半循环模式

当 RCCR[11]寄存器的 RFULL_CYCLE 位被配置成半循环模式时,按照配置 CLKR 边沿的反向对 FSR 进行采样,而且数据在相同的配置边沿传输。数据在

CLKR负向边沿采样,FSR在CLKR正向边沿采样。接收半循环模式见图11.25。

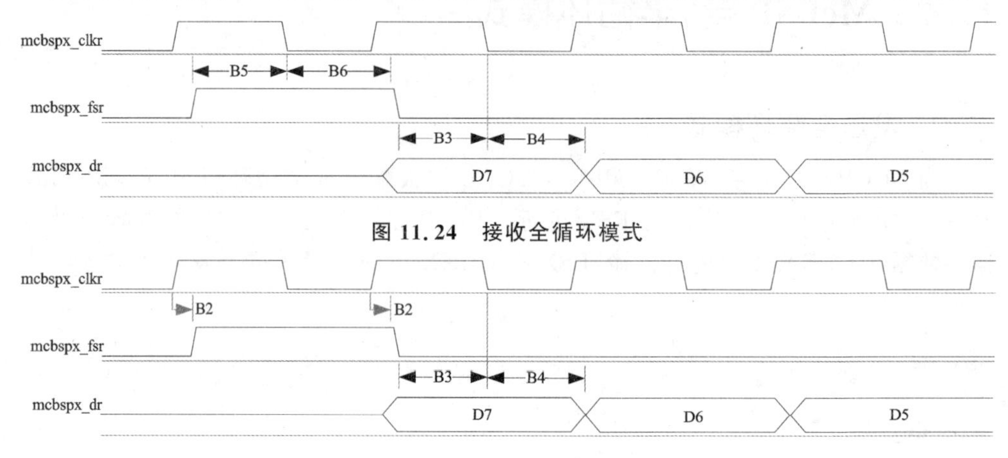

图11.24 接收全循环模式

图11.25 接收半循环模式

11.8 电源管理

11.8.1 强制空闲

当被配置成强制空闲(ForceIdle)模式,McBSP不管模块的内部状态如何,立即响应(根据OCP的描述规则)McBSP.MIDLEREQ。进入到这种模式下,当电源管理外部模块关闭时钟时,McBSP将停止所有的内部活动。在这个期间如果发送或接收功能模块还在进行,则McBSP的内部状态不会处于空闲(比如FSM状态等)。当McBSP不再处于ForceIdle模式时,接收器或发送器将会有不可预知的行为。为了避免这种情况,接收和发送部分都需要在确定MidleReq之前通过软件禁止。

11.8.2 智能空闲

当配置成智能空闲(SmartIdle)模式时,唤醒(WAKEUP)源是中断源的一部分,通过设置WAKEUPEN寄存器中相应的位使能。

对于接收WAKEUP,有3种可能的配置方案:

(1) RRDYEN:当RB到达阈值寄存器的值(THRSH1_REG+1)时,McBSP就会产生McBSP.WAKEUP请求。通过设置IRQENABLE寄存器中对应的位,当从空闲模式退出时,McBSP向CPU发送McBSP.COMMONIRQ中断请求(RRDY一旦由0变为1就会产生中断,表示接收数据已经准备好被读取)。

(2) REOFEN:在每帧的最后,McBSP产生McBSP.WAKEUP请求。通过设置IRQENABLE寄存器中对应的位,当从空闲模式退出时,McBSP向CPU发送McBSP.COMMONIRQ中断请求。

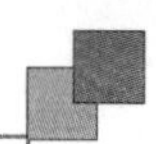

(3) RSYNCERREN：当检测到异常接收帧同步时，McBSP 就会产生 McBSP. WAKEUP 请求。通过设置 IRQENABLE 寄存器中对应的位，当从空闲模式退出时，McBSP 向 CPU 发送 McBSP. COMMONIRQ 中断请求(RSYNCERR 一旦由 0 变为 1 就会产生中断，表示发生了接收错误)。

对于发送 WAKEUP，有 4 种可能的配置方案：

(1) XRDYEN：当 XB 到达阈值寄存器的值(THRSH2_REG+1)时，McBSP 就会产生 McBSP. WAKEUP 请求。通过设置 IRQENABLE 寄存器中对应的位，当从空闲模式退出时，McBSP 向 CPU 发送 McBSP. COMMONIRQ 中断请求(XRDY 一旦由 0 变为 1 就会产生中断，表示发送缓存数据已经准备好接收新的数据)。

(2) XEOFEN：在每帧的最后，McBSP 产生 McBSP. WAKEUP 请求。通过设置 IRQENABLE 寄存器中对应的位，当从空闲模式退出时，McBSP 向 CPU 发送 McBSP. COMMONIRQ 中断请求。

(3) XFSXEN：当 McBSP 处于空闲模式下，如果检测到发送帧同步脉冲，McBSP 就会产生 McBSP. WAKEUP 请求。通过设置 IRQENABLE 寄存器中对应的位，当从空闲模式退出时，McBSP 向 CPU 发送 McBSP. COMMONIRQ 中断请求。

(4) XSYNCERREN：当检测到异常发送帧同步时，McBSP 就会产生 McBSP. WAKEUP 请求。通过设置 IRQENABLE 寄存器中对应的位，当从空闲模式退出时，McBSP 向 CPU 发送 McBSP. COMMONIRQ 中断请求(XSYNCERR 一旦由 0 变为 1 就会产生中断，表示发生了发送错误)。

11.9 编程模式

11.9.1 初始化 McBSP

McBSP 的初始化过程如下：

(1) 设置 SPCR1_REG[0]寄存器的 RRST = 0、SPCR2_REG[7]寄存器的 FRST = 0 和 SPCR2_REG[0]寄存器的 XRST = 0。如果系统刚刚退出全局复位状态，这一步可以省略。

(2) 当 McBSP 处于复位状态时，根据需要配置 McBSP 的配置寄存器(不是数据寄存器)。

(3) 等待 2 个时钟周期以保证内部同步。

(4) 设置 SPCR1_REG[0]寄存器的 RRST 位和 SPCR2_REG[0]寄存器的 XRST 位为 1，将串口使能。要保证在设置 SPCR1_REG 和 SPCR2_REG 寄存器的复位位的时候，不能改变寄存器的其他位的设置。否则需要改变步骤 2 的配置设置。

(5) 按照需要设置数据获取(比如写 DXR_REG 寄存器)。

(6) 如果需要内部生成帧同步信号，设置 SPCR2_REG[7]寄存器 FRST 位为 1。

(7) 等待 2 个 CLKG 时钟周期,使接收器和发送器处于有效状态。

在步骤 1 或 5 中,可以通过修改对应的位,将发送器和接收器置于/退出复位状态。在正常的操作过程中,如果需要,可以采用上述步骤实现对接收器/发送器的复位/初始化,也可采用上述步骤对采样率发生器进行复位。操作过程中,需注意以下几个问题:

- XRST 或 RRST 的低电平持续时间至少为 2 个 CLKR/CLKX 时钟周期。
- 只有当 McBSP 相应模块处于复位状态时,寄存器(SPCR1_REG、PCR_REG、RCR1_REG、RCR2_REG、XCR1_REG、XCR2_REG、SRGR1_REG 和 SRGR2_REG)才可以改变。
- 在大多数情况下,只有当发送器使能时(XRST = 1),CPU 或 DMA 控制器才能加载数据发送寄存器(DXR_REG)。当这些寄存器用于回写内部数据时除外。
- 在多通道选择模式下,只要通道控制寄存器(MCR1_REG、MCR2_REG、RCERA-RCERH_REG 和 XCERA-XCERH_REG)的某些位没有被当前数据传输使用,就可以在任何时候修改这些位。
- 可以通过将 SPCR2_REG[6]寄存器的 GRST 位清除为 0,以完成采样率发生器的复位。

11.9.2 复位/初始化采样率发生器

复位和初始化采样率发生器步骤如下:

1. 复位 McBSP 和采样率发生器

在全局复位过程中,采样率发生器、接收器和发送器的复位标志位(GRST、RRST 和 XRST)自动被设置为 0。此外,在正常操作过程中,如果 McBSP 没有使用 CLKG 和/或 FSG,则可以通过设置 SPCR2_REG[6]寄存器的 GRST = 0 来复位采样率发生器。根据用户系统需要,用户可以单独复位数据接收器(SPCR1_REG[0]寄存器的 RRST= 0)和数据发送寄存器(SPCR2_REG[0]寄存器的 XRST = 0)。

2. 对影响采样率发生器的寄存器进行编程

根据应用的需要,可以对采样率寄存器(SPCR1_REG 和 SPCR2_REG)进行编程设置。如果需要的话,其他控制寄存器可以加载期望的值。采样率发生器编程完毕后,需等待 2 个 CLKSRG 时钟周期,以确保内部的正确同步。

3. 使能采样率发生器(退出复位状态)

设置 SPCR2_REG[2]寄存器的 GRST = 1 来使能采样率发生器。在采样率发生器被使能之后,需等待 2 个 CLKG 时钟周期使采样率发生器逻辑稳定。在下一个 CLKSRG 的上升沿,CLKG 变为 1,并依据设定的分频值输出时钟信号。该分频值等于(输入时钟频率/(CLKGDV+1)),其中输入时钟频率是由PCR_REG[7]寄存器的SCLKME位和SRGR2_REG[13]寄存器的CLKSM位按照表11.7的配置确定的。

表11.7　采样率发生器的输入时钟选择

SCLKME位	CLKSM位	输入时钟
0	0	McBSP.CLKS引脚信号
0	1	McBSP_FCLK时钟
1	0	McBSP.CLKR引脚信号
1	1	McBSP.CLKX引脚信号

4. 根据需要使能接收器和发送器

通过设置RRST = 1和XRST = 1分别将数据接收器和发送器退出复位状态并使能。

5. 根据需要使能采样率发生器帧同步逻辑模块

DXR_REG数据装载完毕之后,如果需要内部生成帧同步脉冲,设置SPCR2_REG[6]寄存器的GRST = 1。在(FPER+1)个CLKG时钟周期之后,将产生一个高电平有效的FSG同步脉冲。

11.9.3　配置数据传输DMA请求

按照如下步骤配置McBSP接收/发送数据DMA请求:

(1) 根据需要的接收DMA请求长度(传输长度等于阈值加1)写THRSH1_REG寄存器。只要RB占用位置大于或等于THRESH1_REG+1,就可以确认DMA请求。在配置的THRSH1_REG+1个串行字都被传输完之后,接收DMA请求(McBSP.REVNT)就会无效,条件满足之后再重新启动。需要注意的是,在传输字数超出了编程的DMA长度时,不管接收缓存为空的状态,McBSP会响应命令并执行传输。当接收缓存区为空时,如果已经通过IRQENSTAT_REG寄存器的RUNDFL_EN位使能,那么数据传输访问就会触发溢出中断。

(2) 根据需要的发送DMA请求长度(传输长度等于阈值加1)写THRSH2_REG寄存器。只要XB占用位置大于或等于THRESH2_REG+1,就可以确认DMA请求。在配置的THRSH2_REG+1个串行字都被传输完之后,发送DMA请求(McBSP.XEVNT)就会无效,条件满足之后再重新启动。需要注意的是,在传输字数超出了编程的DMA长度时,不管发送缓存为空的状态,McBSP会响应命令并执行传输。当发送缓存区为空时,如果已经通过IRQENSTAT_REG寄存器的XOVFL_EN位使能,那么数据传输访问就会触发溢出中断。

11.9.4 中断配置

McBSP 提供了 2 种中断方案：

- 通过采用通用接收/发送中断线的 OCP 兼容中断请求方案；
- 采用 3 条中断请求线：接收、发送以及接收溢出中断线。

可以通过 IRQENABLE 寄存器配置 OCP 兼容中断。当设置 IRQSTATUS 位和对应的 IRQENABLE 位为 1 时，就可以确认中断线。将 IRQSTATUS 寄存器的某一位写 1 就会清除这一位。

有以下几种情况，可以配置生成中断：

- 发送缓存区溢出：当发送缓存区溢出时，XOVFLSTAT 位被设置为 1；在溢出条件下写入的数据会被清除。
- 发送缓存区下溢：当发送数据缓存区位空时，XUNDFLSTAT 位被设置为 1，需要发送新的数据。
- 达到发送缓存区的阈值：当发送缓存区占用位置等于或大于 THRSH2_REG+1 的值时，XRDY 位被设置为 1。
- 帧发送结束：当完成整帧数据的发送时，XEOF 位被设置为 1。
- 发送帧同步脉冲：当新的发送帧同步脉冲到来时，XFSX 位被设置为 1。
- 发送帧同步脉冲错误：检测到错误的发送帧同步脉冲时，XSYNCERR 位被设置为 1。
- 接收缓存区溢出：当接收缓存区溢出时，ROVFLSTAT 位被设置为 1；在溢出条件下写入的数据会被清除。
- 接收缓存区下溢：当接收数据缓存区位空时，RUNDFLSTAT 位被设置为 1。
- 达到接收缓存区的阈值：当接收缓存区占用位置等于或大于 THRSH1_REG+1 的值时，RRDY 位被设置为 1。
- 帧接收结束：当完成整帧数据的接收时，REOF 位被设置为 1。
- 接收帧同步脉冲：当新的接收帧同步脉冲到来时，RFSX 位被设置为 1。
- 接收帧同步脉冲错误：检测到错误的接收帧同步脉冲时，RSYNCERR 位被设置为 1。

11.9.5 接收器/发送器配置

配置 McBSP 接收器/发送器需完成下列操作：

(1) 将 McBSP 接收器/发送器复位；

(2) 根据相应的接收/发送操作，配置相应的 McBSP 寄存器；

(3) 使能 McBSP 接收器/发送器。

当配置 McBSP 接收器/发送器时，需要完成下列操作，每个操作都需要配置 1

个或多个 McBSP 寄存器。注意 SRG 是采样率发生器。

全局设置：

- 设置接收器/发送器相关引脚作为 McBSP 引脚。
- 使能/禁止数字回路模式。
- 使能/禁止模拟回路模式。
- 使能/禁止同步发送-接收模式。
- 使能/禁止接收/发送多通道选择模式。

数据设置：

- 设置接收/发送帧相位(1 相或 2 相)。
- 设置接收/发送串行字长。
- 设置接收/发送帧长度(如果是双相帧,则每相一个字)。
- 使能/禁止接收/发送帧同步忽略功能。
- 设置接收/发送数据延迟。
- 设置接收/发送符号扩展和对齐模式。
- 设置接收/发送中断模式。

帧同步设置：

- 设置接收/发送帧同步模式。
- 设置接收/发送帧同步极性。
- 设置采样率发生器(SRG)帧同步周期和脉冲宽度。

时钟设置：

- 设置接收/发送时钟模式。
- 设置接收/发送时钟极性。
- 设置 SRG 时钟分频参数。
- 设置 SRG 时钟同步模式。
- 设置 SRG 时钟模式(选择输入时钟)。
- 设置 SRG 输入时钟极性。

1. 接收器/发送器的复位和使能

接收器/发送器配置的第一步是对接收器/发送器进行复位,最后一步是使能接收器/发送器。有以下两种方法可以对串口各模块进行复位：

(1) 全局复位将接收器、发送器和采样率发生器处于复位状态。当设备退出复位时,GRST = FRST = RRST = XRST = 0,McBSP 各模块仍处于复位状态。

(2) 串口发送器和接收器可以通过 SPCR1_REG 寄存器的 RRST 和 XRST 位分别复位。采样率发生器可以通过 SPCR2_REG[6]寄存器的 GRST 位进行复位。

2. 设置接收器/发送器相关引脚作为McBSP引脚

为确定接收器/发送器的相关引脚是McBSP引脚还是通用I/O引脚，需要设置PCR_REG[12]寄存器的RIOEN/XIOEN位。

3. 使能/禁止同步发送-接收模式

ALBCTRLRX输入引脚是用于配置同步发送-接收模式。通过编程控制模块AUD_CTRL寄存器来确定ALBCTRLX[0/1]。

ALBCTRLX[0]控制连接到功能接收输入时钟(当ALBCTRLX[0] = 1的时候，CLKR与CLKX输入引脚CLKXI连接)的多路复用器；ALBCTRLX[1]控制连接到接收帧同步(当ALBCTRLX[1] = 1的时候，FSR与FSX输入引脚FSXI连接)的多路复用器。

4. 使能/禁止模拟回路模式

SPCR1_REG[15]寄存器的ALB位确定模拟回路模式打开或关闭。在模拟回路模式中，接收信号通过多路复用器内部连接到对应的发送回路信号(DR与DXI引脚的发送回路数据连接，FSR与输入引脚FSXI的FRX连接，CLKR与输入引脚CLKXI的CLKX连接)。这种模式下允许对串口进行测试，McBSP接收自己发送的数据。

5. 使能/禁止数字回路模式

寄存器XCCR_REG的DLB位用于使能/禁止数字回路模式。在数字回路模式中，接收器信号(DR、FSR、CLKR)通过多路复用器与相应的发送器各回路信号(DXO引脚数据、FSXO输入引脚的FRX、CLKXO输入引脚的CLKX)连接。在这种模式下，可以使用串口测试功能，McBSP接收自己发送的数据。注意在数字回路模式中，采样率发生器和帧同步生成器需要被使能，用于产生CLKX和FSX信号。

6. 使能/禁止接收/发送多通道选择模式

MCR1_REG[0]/MCR2_REG[1:0]寄存器的RMCM/XMCM位决定是否使能接收/发送多通道选择模式。

7. 设置接收/发送帧相位

RCR2_REG[0]/XCR2_REG[15]寄存器的RPHASE/XPHASE位决定接收/发送数据帧是1相还是2相。当选择为双相位帧时，每相的字数为1。

8. 设置接收/发送串行字长

RCR1_REG[7:5]寄存器的RWDLEN1位和RCR2_REG[7:5]寄存器的RWDLEN2位(XCR1_REG[7:5]寄存器的XWDLEN1位和XCR2_REG[7:5]寄存

器的 XWDLEN2 位)分别用于确定接收(发送)数据帧相位 1 和相位 2 的串行字的位数。

每帧数据可以有 1 相或 2 相,取决于 RPHASE/XPHASE 位的值。如果选择了单相帧,RWDLEN1/XWDLEN1 用于选择接收/发送帧的每个串行字的位数;如果选择了双相帧,对于接收,必须将 RWDLEN1 位和 RWDLEN2 位清 0(每相字数为 1),对于发送,XWDLEN1 决定相位 1 帧的串行字的长度,XWDLEN2 决定相位 2 帧的串行字长。

9. 设置接收/发送帧长度

RCR1_REG[14:8]寄存器的 RFRLEN1 位和 RCR2_REG[14:8]寄存器的 RFRLEN2 位(XCR1_REG[14:8]寄存器的 XFRLEN1 位和 XCR2_REG[14:8]寄存器的 XFRLEN2 位)分别用于确定接收(发送)数据帧的 1 相位帧和 2 相位帧的串行字数。

接收/发送帧长度指的是接收/发送帧的串行字的个数。每帧可以有 1 个或 2 个相位,取决于写入到 RPHASE/XPHASE 位的值。如果选择单相位帧(RPHASE = 0/XPHASE = 0),帧长度与相位 1 的长度相等;如果选择双相位帧(RPHASE = 1/XPHASE = 1),帧长度为 2(每个相位帧包括 1 个串行字)。

在选择单相位帧的时候,7 位 RFRLEN1/XFRLEN1 位域允许每相位高达 128 个串行字。表 11.8 列出了帧长度的计算。这个长度与串行字数、逻辑时隙或每个帧同步脉冲相关。

表 11.8 接收/发送帧长度的计算

	RPHASE	RFRLEN1	RFRLEN2	帧长度
接 收	0	0~127	忽略	RFRLEN1 + 1
	1	0	0	2
	XPHASE	XFRLEN1	XFRLEN2	帧长度
发 送	0	0~127	忽略	XFRLEN1 + 1
	1	0	0	2

用(w—1)对 RFRLEN/XFRLEN 域编程,其中 w 表示每帧的串行字数。例如,如果想要相位 1 的帧长度为 128,那么 RFRLEN1/XFRLEN1 加载的值为 127。

10. 设置接收/发送反向模式

RCR2_REG[4:3]寄存器的 RREVERSE 位域(XCR2_REG[4:3]寄存器的 XREVERSE 位域)用于决定 McBSP 接收(发送)模块是否采用反向数据传输选择(LSB 优先)。

11. 设置接收/发送数据延迟

RCR2_REG[1:0]/ XCR2_REG[1:0]寄存器的 RDATDLY/XDATDLY 位域用

于指定接收/发送帧的数据延迟长度。在检测到帧同步信号有效时对应的第一个时钟标志着一帧的开始。相对于帧起始位置,真正数据开始传输可以有一定的时间延迟,该延迟被称为数据延迟。RDATDLY/XDATDLY 指定接收/发送数据延迟的具体时钟周期数。数据延迟可以为 0 到 2 个数据延迟,分别对应于 RDATDLY/XDATDLY = 00b、01b、10b。图 11.26 给出了不同数据延迟情况下的数据传输示例。图中传输的 8 位数据每位分别用 B7、B6、B5 等标注。由于数据通常比帧同步脉冲滞后一个时钟周期,通常选择 1 位数据延迟。

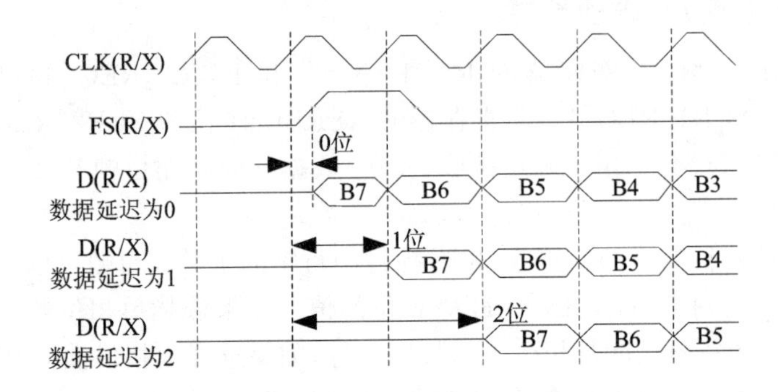

图 11.26 不同数据延迟情况下的数据传输示例

0 位数据延迟:

正常情况下,在内部串行时钟(CLKR/X)的边沿采样帧同步脉冲,在下一个时钟周期或更后的时钟周期(取决于数据延迟的值)接收或发送数据。但是在 0 位数据延迟的情况下,必须在和帧同步脉冲相同的时钟周期内准备好接收或发送数据。

接收过程中,当检测到内部 FSR 帧同步脉冲有一高电平有效时,开始在第一个时钟下降沿对接收数据进行采样,因此接收是没有问题的。但是,数据发送必须在内部 CLKX 的上升沿,该时钟还产生帧同步信号。因此,为了保证发送过程的正确,在检测到帧发送同步脉冲(FSX)时,要发送的数据应该在 XSR1 中准备好。发送器一旦检测到 FSX 为高有效状态时,就立即开始从 McBSP. DX 引脚发送数据。

2 位数据延迟:

带有 2 个数据延迟的接口方式允许 McBSP 与数据流中带有帧位的不同类型的设备连接。在有 2 个数据延迟的数据流的接收过程中(1 个数据延迟后出现帧位,2 个数据延迟后出现数据),串行口实际上丢弃了数据流中的帧位,如图 11.27 所示,图中传输的 8 位数据每位分别用 B7、B6、B5 等标注。

12. 设置接收符号扩展和对齐模式

SPCR1_REG[14:13]寄存器的 RJUST 位用于确定 McBSP 接收的数据是否属于扩展信号,并且确定其对齐方式。

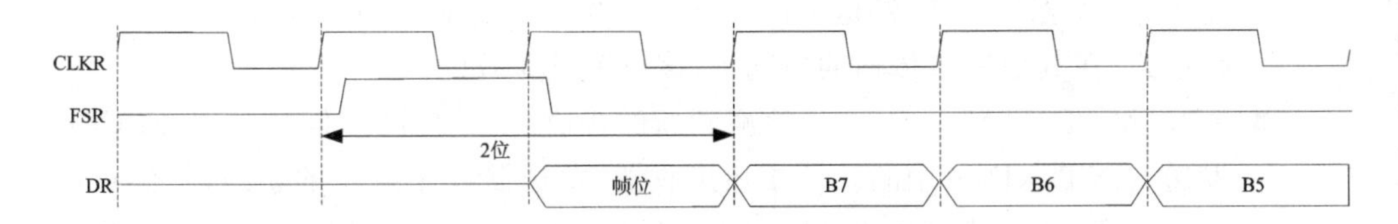

图 11.27 2 位数据延迟用于帧位的跳跃

RJUST 位域用于确定 RB 的数据传送到 DRR_REG 寄存器时采取何种对齐方式(左对齐或右对齐),并确定 DRR_REG 寄存器的其余位是使用 0 填充还是符号填充。表 11.9、11.10 给出了不同的 RJUST 值设置对 DRR_REG 的影响。表 11.9 中接收串行字长为 12 位,假定接收数据为 ABCh。表 11.10 中接收串行字长为 20 位,假定接收数据为 ABCDEh。

表 11.9 不同 RJUST 设置对 DRR_REG 中数据格式的影响(字长为 12 位)

RJUST	对齐方式	扩展位	DRR_REG 的值
00b	右对齐	高位用 0 填充	0000 0ABCh
01b	右对齐	高位用符号位填充	FFFF FABCh
10b	左对齐	低位用 0 填充	ABC0 0000h
11b	保留	保留	保留

表 11.10 不同 RJUST 设置对 DRR_REG 中数据格式的影响(字长为 20 位)

RJUST	对齐方式	扩展位	DRR_REG 的值
00b	右对齐	高位用 0 填充	000A BCDEh
01b	右对齐	高位用符号位填充	FFFA BCDEh
10b	左对齐	低位用 0 填充	ABCD E000h
11b	保留	保留	保留

13. 设置接收/发送中断模式

SPCR1_REG[5:4]/ SPCRX_REG[5:4]寄存器的 RINTM/XINTM 位域用于决定哪个事件向 CPU 请求接收/发送中断。接收/发送中断(RINT/XINT)可以通知 CPU 串口的状态变化。接收/发送中断可以有 4 种配置方式:

- RINTM/XINTM = 00:当 RRDY/XRDY 由 0 变为 1 时,就会向 CPU 发送 RINT 中断。无论 RINTM/XINTM 的值如何变化,CPU 均可以通过读取 RRDY/XRDY 的值来判断当前的状态。
- RINTM/XINTM = 01:在接收/发送多通道选择模式下,当一帧数据传输完毕之后，会向 CPU 发送 RINT/XINT 中断。这种设置只适用于多通道选择模式，在其他串口传输的情况下，该设置是无效的。

- RINTM/XINTM = 10：当检测到新的接收/发送帧同步信号时，会向 CPU 发送 RINT/XINT 中断。即便在接收器/发送器处于复位的状态，依然可以在检测到帧同步脉冲的时候向 CPU 发送中断。这是通过将到来的帧同步脉冲与 CPU 时钟同步并且通过 RINT/XINT 发送来实现的。
- RINTM = 11：当检测到帧同步脉冲错误的时候，RSYNCERR/XSYNCERR 会被置位，同时会向 CPU 发送 RINT/XINT 中断。无论 RINTM/XINTM 为何值，CPU 均可以通过读取 RSYNCERR/XSYNCERR 的值来判断当前的状态。

McBSP 也提供了通用中断线 McBSP. COMMONIRQ，可以通过设置 IRQENABLE 寄存器来设置。为了使能通用中断线，以上的所有设置在 IRQENABLE 寄存器中都有对应的使能位。RRDYEN/XRDYENRDYEN 相当于 RINTM/XINTM = 00，REOFEN/XEOFEN 相当于 RINTM/XINTM = 01（无论是否为多通道选择模式，中断时由帧传输完毕产生），RFSREN/XFSREN 相当于 RINTM/XINTM = 10，RSYNCERREN/XSYNCERREN 相当于 RINTM/XINTM = 11。通用中断有自己的状态寄存器。

14. 设置接收/发送帧同步模式

PCR_REG[10]寄存器的 FSRM 位、SRGR2_REG[15]寄存器的 GSYNC 位、SPCR1_REG[15]寄存器的 ALB 位以及 XCCR_REG 寄存器的 DLB 位用于确定接收帧同步的源和 McBSP. FSR 功能。

PCR_REG[11]寄存器的 FSXM 位、SRGR2_REG[12]寄存器的 FSGM 位用于确定发送帧同步模式。

表 11.11 给出了如何选择接收/发送帧同步信号源以及不同设置下对 McBSP. FSR /McBSP. FSX 引脚的影响。

McBSP. FSR 的极性是由 FSRP 决定的，在数字回路模式下（DLB = 1）和模拟回路模式下（ALB = 1），发送帧同步信号同时作为接收帧同步信号；同时，在模拟回路模式下，内部接收时钟信号（CLKR）和内部接收帧同步信号（FSR）与内部发送计数器、CLKX 以及 FSX 连接。对于发送帧同步模式，有 3 种选择：

（1）外部帧同步输入；

（2）采样率发生器帧同步信号（FSG）；

（3）通过发送缓存区 XP 空状态对采样率发生器帧同步 FSG 进行选通。

表 11.11 FSRM 和 GSYNC 的不同设置对帧同步信号和 McBSP.FSR 引脚的影响

	FSRM	GSYNC	接收帧同步信号源	McBSP.FSR 引脚状态
接收	0	0 或 1	通过 McBSP.FSR 引脚，McBSP 引进外部帧同步信号；被用作内部 FSR 之前，按照 FSRP 的设置将该帧同步信号反向	输入
	1	0	内部 FSR 是由采样率发生器帧同步信号 FSG 驱动	输出。在从 McBSP.FSR 引脚驱动输出之前，按照 FSRP 对 FSG 反向
	1	1	内部 FSR 是由采样率发生器帧同步信号 FSG 驱动	输入。McBSP.FSR 引脚的外部帧同步输入用作同步 CLKG 时钟并生成 FSG 脉冲
发送	FSXM	FSGM	发送帧同步信号源	McBSP.FSX 引脚状态
	0	0 或 1	通过 McBSP.FSX 引脚，McBSP 引进外部帧同步信号；被用作内部 FSX 之前，按照 FSXP 的设置将该帧同步信号反向	输入
	1	1	内部 FSX 是由采样率发生器帧同步信号 FSG 驱动	输出。在从 McBSP.FSX 引脚驱动输出之前，按照 FSXP 对 FSG 反向
	1	0	XB 为空的状态引起 McBSP 不会产生发送帧同步脉冲。一旦发送缓存不为空，考虑到 FWID 和 FPER 会产生帧同步信号。当缓存区为空时，生成的帧同步信号被选通	输出。在输出到 McBSP.FSX 引脚之前，生成的帧同步脉冲按照 FSXP 定义进行反转

15. 设置接收/发送帧同步极性

PCR_REG[2]/ PCR_REG[3]寄存器的 FSRP/FSXP 位用于确定帧同步脉冲 McBSP.FSR/ McBSP.FSX 引脚为高有效还是低有效。

接收帧/发送帧同步信号可以由采样率发生器内部产生，也可以由外部信号源驱动，具体选择哪种方式是由寄存器 PCR_REG 中的 FSRM/FSXM 位控制的。另外，FSR/FSX 还受寄存器 SRGR2_REG 中的 GSYNC/FSGM 位的设置的影响。同样，接收/发送时钟引脚可以由寄存器 PCR_REG[8]/ PCR_REG[9]中的 CLKRM/CLKXM 位设置为输入或输出。

当 FSR 和 FSX 作为输入时(FSXM = FSRM = 0，外部帧同步脉冲)，McBSP 分别在内部 CLKR 和 CLKX 时钟的下降沿检测 FSR 和 FSX。同样，在内部 CLKR 时钟的下降沿对到达 McBSP.DR 引脚上的接收数据进行采样。注意，这些内部时钟信号可以由外部 CLKR/CLKX 引脚提供，也可以由 McBSP 内部的采样率发生器时钟(CLKG)提供。

当 FSR 和 FSX 作为输出时，它们由采样率发生器驱动。FSR 和 FSX 分别在内部时钟 CLKR 和 CLKX 的上升沿产生(转变成有效状态)。同样,McBSP 引脚的数据在内部时钟 CLKX 的上升沿被锁存输出。

引脚控制寄存器(PCR_REG)中的 FSRP、FSXP、CLKRP 和 CLKXP 分别控制 FSR、FSX、CLKR 和 CLKX 信号的极性。McBSP 内部的帧同步信号(内部 FSR 和 FSX)都是高电平有效。如果 McBSP 的帧同步信号由外部引脚提供(FSR 和 FSX 是输入引脚)且 FSRP = FSXP = 1,则外部输入的低电平有效的帧同步信号经反转之后送到接收器(内部 FSR)和发送器(内部 FSX);同理,如果使用内部帧同步信号(FSR 和 FSX 是输出引脚)且 GSYNC = 0,则内部高电平有效的帧同步信号经反转之后送到 FSR 和 FSX 引脚。

发送时钟极性位 CLKXP 设置发送数据的时钟边缘,数据总是在内部 CLKX 的上升沿发送。如果 CLKXP = 1 且选择外部时钟(CLKXM = 0 且 CLKX 是输入),外部下降沿触发输入时钟在送到发送器之前被反转,变成上升沿触发时钟;如果 CLKXP = 1 且选择内部时钟(CLKXM = 1 且 CLKX 是输出引脚),则内部时钟 CLKX(上升沿触发)在送到 McBSP. CLKX 引脚之前被反转。

类似的,接收时钟极性位 CLKRP 设置采样接收数据的时钟边缘。接收数据总是在内部时钟 CLKR 的下降沿被采样。因此,如果 CLKRP = 1 且选择外部时钟(CLKRM = 0 且 CLKR 是输入引脚),则 CLKR 引脚的上的外部上升沿触发时钟在送入接收器之前被反转,变成下降沿触发时钟信号;如果 CLKRP = 1 且选择内部时钟(CLKRM = 1),则内部下降沿触发时钟在 McBSP. CLKR 引脚上发送出去之前被取反,变成上升沿触发时钟。

在接收器和发送器采用相同的时钟(CLKRP = CLKXP)的系统中,接收器和发送器采用相反的边沿以保证数据建立的时间和保持时间的有效性。图 11.28 给出了发送器和接收器采用同一时钟的例子。例子中,外部串行设备在上升沿输出数据,McBSP 的接收器在同一时钟周期的下降沿对数据进行采样。

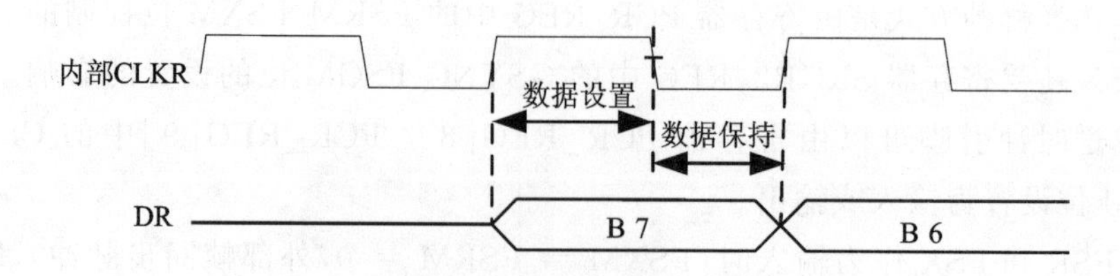

图 11.28　数据在上升沿外部锁定且上升沿采样

16. 设置 SRG 帧同步周期和脉冲宽度

SRGR2_REG[11:0]寄存器的 FPER 位域用于设置 SRG 帧同步信号的周期,SRGR1_REG[15:8]寄存器的 FWID 位用于设置 SRG 脉冲宽度。采样率发生器可以产生时钟信号 CLKG 和帧同步信号 FSG。如果采样率发送器提供接收/发送帧同步，用户必须设置 FPER 和 FWID。

帧同步 FSG 周期是指从帧同步脉冲的开始到下一帧同步脉冲的开始的时间段，等于(FPER+1)个 CLKG 周期。12 位 FPER 控制位允许设置的帧同步周期范围为 1～4 096 个 CLKG 周期。因此，一帧最多可包含 4096 位数据。当 GSYNC = 1 时，FPER 的设置被忽略。

FSG 脉冲宽度等于(FWID+1)个 CLKG 周期。8 位 FWID 控制位允许设置的帧脉冲宽度范围为 1～256 个 CLKG 周期。注意，FWID 的值应该小于设定的串行字长。FPER 和 FWID 的值被加载到递减计数器。12 位 FPER 计数器从编程的设定值 4.95 递减，8 位 FWID 计数器从编程的设定值 255 递减。

图 11.29 给出了帧同步周期为 16 个 CLKG 时钟周期(FPER = 15 或 0000 1111b)和帧同步脉冲为 2 个 CLKG 周期时的时序图。

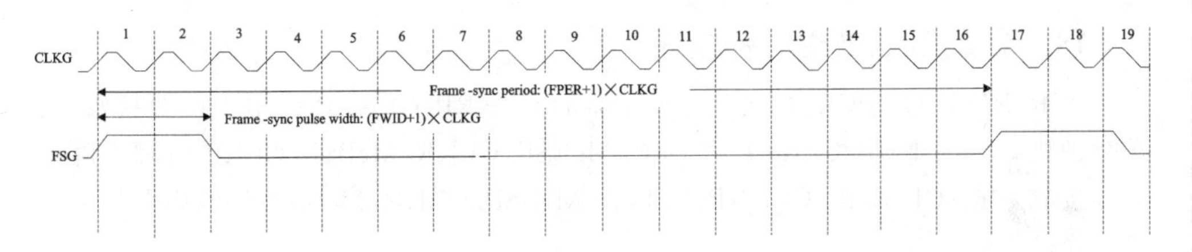

图 11.29　帧同步周期为 16 个 CLKG 时和帧同步脉冲为 2 个 CLKG 周期时的时序图

当采样率发生器退出复位状态时，FSG 处于无效状态。当 GRST = 1 且 FSGM = 1 时，McBSP 采样率发生器会产生一个帧同步脉冲。帧同步脉冲宽度计数器初始值为(FWID+1)，每一个 CLKG 时钟进行减 1 计算，直到为 0，此时 FSG 变为低电平。帧周期计数器初始值为(FPER+1)，每一个 CLKG 时钟进行减 1 计数，直到为 0，此时 FSG 变为高电平，表示新的一帧。

17. 设置接收/发送时钟模式

PCR_REG[8]寄存器的 CLKRM 位、SPCR1_REG[15]和 XCCR_REG 寄存器的 DLB 位用于设置接收时钟模式。PCR_REG[9]寄存器的 CLKXM 位用于设置发送时钟模式。

表 11.12 给出了如何选择不同的源来提供接收时钟信号以及对 McBSP. CLKR 引脚的影响。对于接收，CLKRP 位用于确定 McBSP. CLKR 引脚信号的极性；对于发送，采样率发生器创建时钟信号 CLKG，CLKG 来源于外部输入时钟。在数字回路模式下(DLB = 1)或模拟回路模式下(ALB = 1)，发送/接收时钟信号也可以用作接收/发送时钟信号。

表11.12　CLKRM/CLKXM对接收/发送时钟信号和McBSP.CLKR/McBSP.CLKX引脚的影响

	CLKRM	接收时钟源	McBSP.CLKR引脚状态
接收	0	McBSP.CLKR引脚作为输入，由外部时钟驱动；在使用外部时钟信号之前，按照CLKRP的定义对其反转	输入
	1	采样率发生器时钟CLKG驱动内部时钟CLKR	输出。极性根据CLKRP的设置进行取反输出到McBSp.CLKR引脚
	CLKXM	发送时钟源	McBSP.CLKX引脚状态
发送	0	内部CLKX是由McBSP.CLKX引脚上的外部时钟驱动，在使用之前按照CLKXP定义进行反转	输入
	1	采样率发生器时钟CLKG驱动内部时钟CLKR	输出。极性根据CLKXP的设置进行取反输出到McBSp.CLKX引脚

18. 设置接收/发送时钟极性

PCR_REG[0]/ PCR_REG[1]寄存器的CLKRP/CLKXP位用于设置接收/发送时钟极性。CLKRP/CLKXP为0，在McBSP.CLKR/McBSP.CLXP引脚下降沿采样接收数据；CLKRP/ CLKXP为1，在McBSP.CLKR/McBSP.CLXP引脚上升沿采样接收数据。

接收/发送帧同步脉冲可以由内部采样率发生器产生或由外部源产生，这是由PCR_REG[10]/ PCR_REG[11]寄存器的FSRM/FSXM模式编程来确定。SRGR2_REG[15]/ SRGR2_REG[12]寄存器的GSYNC/FSGM位也可以影响FSR/FSX。同理，通过PCR_REG[8]/ PCR_REG[9]寄存器的CLKRM/CLKXM模式位来选择接收/发送时钟为输入或输出。

19. 设置SRG时钟分频参数

SRGR1_REG[7:0]的CLKGDV位用于设置采样率发生器的时钟分频参数。McBSP采样率发生器第一级分频器对输入时钟进行分频，该分频器采用了一个计数器，该计数器被CLKGDV加载，且包含分频比的值；第一级分频产生数据位时钟CLKG，CLKG作为第二级和第三级分频器的输入信号；CLKG的频率等于采样率发生器输入时钟频率的1/(CLKGDV+1)。因此，采样率发生器输入时钟被1～256的值分频。CLKG的占空比为50%。

20. 设置SRG时钟同步模式

SRGR2_REG[15]寄存器的GSYNC用于设置SRG时钟同步模式。

21. 设置SRG时钟模式(选择输入时钟)

PCR_REG[7]寄存器的SCLKME位和SRGR2_REG[13]寄存器的CLKSM位

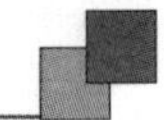

用于设置 SRG 时钟模式。

采样率发生器可以产生用于接收器或/和发送器的时钟信号 CLKG，但是 CLKG 是来自于一个输入时钟。

22. 设置 SRG 输入时钟极性

SRGR2_REG[14]寄存器的 CLKSP 位、PCR_REG[1]寄存器的 CLKXP 位和 PCR_REG[0]寄存器的 CLKRP 位用于设置输入时钟极性。

采样率发生器可以为发送器或/和接收器产生时钟信号 CLKG 和帧同步信号 FSG。为了生成 CLKG 和 FSG，采样率发生器必须通过输入时钟信号来驱动，该输入时钟信号可以来自 McBSP_FCLK 时钟或 McBSP. CLKS、McBSP. CLKX、McBSP. CLKR 引脚的外部时钟信号。如果采用外部引脚输入，必须通过设置合适的极性位为引脚选择极性（用于 McBSP. CLKS 引脚的 CLKSP、用于 McBSP. CLKX 引脚的 CLKXP、用于 McBSP. CLKR 引脚的 CLKRP）。引脚的极性用于决定在输入时钟的上升沿或下降沿产生 CLKG 和 FSG 的跳变。

11.10　McBSP 引脚的通用 I/O 设置

表 11.13 给出了如何将 McBSP 引脚作为通用 I/O 引脚。除开 XRST 和 RRST，表中提到的所有位都在引脚控制寄存器（PCR_REG）中。XRST 和 RRST 位分别在串口控制寄存器 SPCR2_REG[0]和 SPCR1_REG[0]中。

对于接收引脚 McBSP. CLKR、McBSP. FSR 和 McBSP. DR，必须满足以下条件才可以配置成通用 I/O：

(1) 串口接收器处于复位状态（SPCR1_REG[0]的 RRST = 0）；

(2) 串口接收器的通用 I/O 被使能（PCR_REG[12]寄存器的 RIOEN = 1）。

可以通过 CLKRM 和 FSRM 位分别将 McBSP. CLKR 和 McBSp. FSR 引脚配置成输入或输出，但是 McBSP. DR 引脚只能被配置成输入引脚。表 11.13 给出了 PCR_REG 寄存器的哪些位用于这些引脚的读写。

对于发送引脚 McBSP. CLKX、McBSP. FSX 和 McBSP. DX，必须满足以下条件才可以配置成通用 I/O：

(1) 串口发送器处于复位状态（SPCR2_REG[0]的 XRST = 0）；

(2) 串口发送器的通用 I/O 被使能（PCR_REG[12]寄存器的 XIOEN = 1）。

可以通过 CLKXM 和 FSXM 位分别将 McBSP. CLKX 和 McBSp. FSXR 引脚配置成输入或输出，但是 McBSP. DX 引脚只能被配置成输出引脚。

对于 McBSP. CLKS 引脚，所有的复位和 I/O 使能条件必须满足：

(1) 接收器和发送器都需要处于复位状态（RRST = 0 且 XRSR = 0）；

(2) 接收器和发送器的通用 I/O 都需要被使能（RIOEN = 1 且 XIOEN = 1）。

McBSP.CLKS 引脚只能被配置成输入引脚，通过读取 PCR_REG 寄存器的 CLKS_STAT 位来获取 McBSP.CLKS 引脚信号的状态。

表 11.13 McBSP 引脚作为通用 I/O 引脚

引 脚	使能通用 I/O 配置	输入配置	输入值读取位
McBSP.CLKX	XRST = 0 XIOEN = 1	CLKXM = 0	CLKXP
McBSP.FSX	XRST = 0 XIOEN = 1	FSXM = 0	FSXP
McBSP.DX	XRST = 0 XIOEN = 1	从不	不提供
McBSP.CLKR	RRST = 0 RIOEN = 1	CLKRM = 0	CLKRP
McBSP.FSR	RRST = 0 RIOEN = 1	FSRM = 0	FSRP
McBSP.DR	RRST = 0 RIOEN = 1	通常	DR_STAT
McBSP.CLKS	RRST = XRST = 0 RIOEN = XIOEN	通常	CLKS_STAT

11.11 McBSP 寄存器

McBSP 模块的相关寄存器如表 11.14 所列。下面介绍的寄存器中的标志含义为：R/W = 读/写、R = 只读、—n = 复位后的值。

表 11.14 McBSP 寄存器

偏移地址	名 称	功 能
000h	REVNB	寄存器的版本
010h	SYSCONFIG_REG	系统配置寄存器
020h	EOI	中断停止寄存器
024h	IRQSTATUS_RAW	中断状态 RAW 寄存器
028h	IRQSTATUS	中断状态寄存器
02Ch	IRQENABLE_SET	中断使能设置寄存器
030h	IRQENABLE_CLR	中断使能清除寄存器
034h	DMARXENABLE_SET	DMA Rx 使能设置寄存器
038h	DMATXENABLE_SET	DMA Tx 使能设置寄存器
03Ch	DMARXENABLE_CLR	DMA Rx 使能清除寄存器
040h	DMATXENABLE_CLR	DMA Tx 使能清除寄存器
048h	DMARXWAKE_EN	DMA Rx 唤醒使能寄存器
04Ch	DMATXWAKE_EN	DMA Tx 唤醒使能寄存器
100h	DRR_REG	McBSP 数据接收寄存器
108h	DXR_REG	McBSP 数据发送寄存器
110h	SPCR2_REG	McBSP 串口控制寄存器 2

续表 11.14

偏移地址	名 称	功 能
114h	SPCR1_REG	McBDP 串口控制寄存器 1
118h	RCR2_REG	McBSP 接收控制寄存器 2
11Ch	RCR1_REG	McBSP 接收控制寄存器 1
120h	XCR2_REG	McBSP 发送控制寄存器 2
124h	XCR1_REG	McBSP 发送控制寄存器 1
128h	SRGR2_REG	McBSP 采样率发生器寄存器 2
12Ch	SRGR1_REG	McBSP 采样率发生器寄存器 1
130h	MCR2_REG	McBSP 多通道寄存器 2
134h	MCR1_REG	McBSP 多通道寄存器 1
138h	RCERA_REG	McBSP 接收通道使能寄存器分区 A
13Ch	RCERB_REG	McBSP 接收通道使能寄存器分区 B
140h	XCERA_REG	McBSP 发送通道使能寄存器分区 A
144h	XCERB_REG	McBSP 发送通道使能寄存器分区 B
148h	PCR_REG	McBSP 引脚控制寄存器
14Ch	RCERC_REG	McBSP 接收通道使能寄存器分区 C
150h	RCERD_REG	McBSP 接收通道使能寄存器分区 D
154h	XCERC_REG	McBSP 发送通道使能寄存器分区 C
158h	XCERD_REG	McBSP 发送通道使能寄存器分区 D
15Ch	RCERE_REG	McBSP 接收通道使能寄存器分区 E
160h	RCERF_REG	McBSP 接收通道使能寄存器分区 F
164h	XCERE_REG	McBSP 发送通道使能寄存器分区 E
168h	XCERF_REG	McBSP 发送通道使能寄存器分区 F
16Ch	RCERG_REG	McBSP 接收通道使能寄存器分区 G
170h	RCERH_REG	McBSP 接收通道使能寄存器分区 H
174h	XCERG_REG	McBSP 发送通道使能寄存器分区 G
178h	XCERH_REG	McBSP 发送通道使能寄存器分区 H
190h	THRSH2_REG	McBSP 发送缓存区阈值寄存器(DMA 或 IRQ 触发)
194h	THRSH1_REG	McBSP 接收缓存区阈值寄存器(DMA 或 IRQ 触发)
1A0h	IRQSTATATUS	McBSP 中断状态寄存器(OCP 兼容 IRQ 线)
1A4h	IRQENABLE	McBSP 中断使能寄存器(OCP 兼容 IRQ 线)
1A8h	WAKEUPEN	McBSP 唤醒使能寄存器
1AC	XCCR_REG	McBSP 发送配置控制寄存器
1B0h	RCCR_REG	McBSP 接收配置控制寄存器
1B4h	XBUFFSTAT_REG	McBSP 发送缓存区状态寄存器
1B8h	RBUFFSTAT_REG	McBSP 接收缓存区状态寄存器
1C0h	STATUS_REG	McBSP 状态寄存器

1. 系统配置寄存器(SYSCONFIG_REG)

系统配置寄存器(SYSCONFIG)各位的定义如图 11.30 和表 11.15 所示。

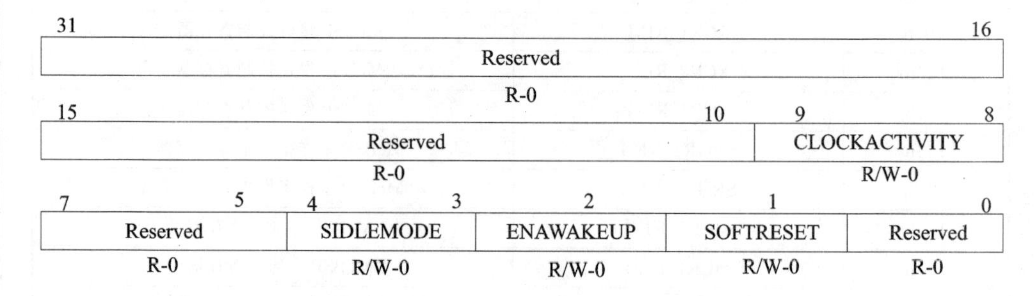

图 11.30 系统配置寄存器(SYSCONFIG_REG)

表 11.15 系统配置寄存器(SYSCONFIG_REG)功能描述

位	名 称	值	描 述
31－10	Reserved	0	保留
9－8	CLOCKACTIVITY	Bit 8 0 1 Bit 9 0 1	OCP 接口时钟 0-可以关闭 OCP 时钟 在唤醒时间段内，保持 OCP 时钟 为功能时钟 可以关闭功能时钟 在唤醒时间段内，保持功能时钟
7－5	Reserved	0	保留
4－3	SIDLEMODE	 0 1h 2h 3h	从接口电源管理，req/ack 控制： 强制空闲 非空闲 智能空闲 智能空闲唤醒
2	ENAWAKEUP	 0 1	唤醒特征控制 禁止唤醒 使能唤醒功能
1	SOFTRESET	 0 1 	McBSPLP 全局软件复位 读：复位完成，没有挂起有效； 写：没有动作 读：复位正在进行(软件或其他) 写：启动软件复位
0	Reserved	0	保留

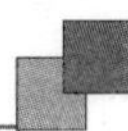

2. 中断结束寄存器(EOI)

中断结束寄存器(EOI)各位的定义如图11.31和表11.16所示。

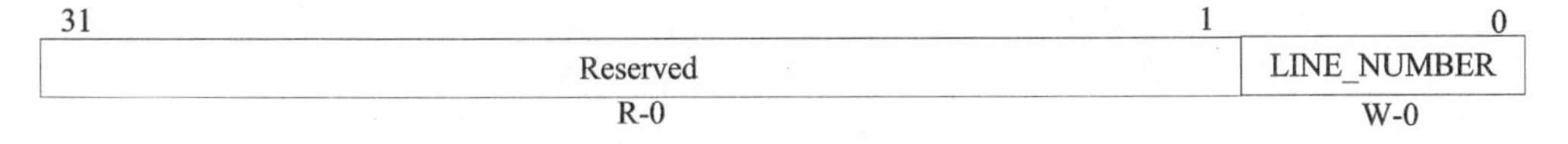

图11.31　中断结束寄存器(EOI)

表11.16　中断结束寄存器(EOI)功能描述

位	名　称	值	描　述
31-1	Reserved	0	保留
0	LINE_NUMBER		软件中断结束(EOI控制)

3. 中断状态原始寄存器/中断状态寄存器(IRQSTATUS_RAW/IRQSTATUS)

该寄存器可提供中断处理的内核状态信息并显示所有(使能或没使能的)活动事件。寄存器字段是可读写的。对其中一位写1可设置它为1,而写0将不会有变化。只有被使能的有效事件可以实际触发IRQ输出线上的中断请求。图11.32与表11.17对中断状态原始寄存器(IRQSTATUS_RAW)进行了描述。

31-16							
Reserved							
R-0							
15	14	13	12	11	10	9	8
Reserved	XEMPTYEOF	Reserved	XOVFLSTAT	XUNDFLSTAT	XRDY	XEOF	XFSX
R-0	R/W-0	R-0	R/W-0	R/W-0	R/W-0	R/W-0	R/W-0
7	6	5	4	3	2	1	0
XSYNCERR	Reserved	ROVFLSTAT	RUNDFLSTAT	RRDY	REOF	RFSR	RSYNCERR
R/W-0	R-0	R/W-0	R/W-0	R/W-0	R/W-0	R/W-0	R/W-0

图11.32　中断状态原始寄存器

表11.17　中断状态原始寄存器功能描述

位	字　段	值	描　述
31－15	Reserved	0	保留
14	XEMPTYEOF		帧结束时发送缓冲区空(当完成一帧数据的发送时,XEMPTYEOF被设置为1且发送缓冲区为空)
		0	在帧结束时发送缓冲区不为空
		1	在帧结束时发送缓冲区为空;写1将会清除该位
13	Reserved	0	保留
12	XOVFLSTAT		发送缓冲区溢出(XOVFLSTAT会设置为1;溢出时写入的数据会被丢弃)
		0	发送缓冲区没溢出
		1	发送缓冲区溢出;对该位写1会清除该位

续表 11.17

位	字 段	值	描 述
11	XUNDFLSTAT		发送缓冲区下溢(当发送数据缓冲区为空且需要发送新数据时,XUNDFLSTAT 会设置为 1)
		0	需要发送新数据时,发送数据缓冲区不为空
		1	需要发送新数据时,发送数据缓冲区为空;写 1 会清除该位
10	XRDY		达到发送缓冲区阈值值(当发送缓冲区可用区域大于或等于 THRSH2_REG 值时,XRDY 位会被设置为 1)
		0	发送缓冲区占用区域低于 THRSH2_REG 值
		1	发送缓冲区占用区域大于或等于 THRSH2_REG 值;对该位写 1 会清除该位
9	XEOF		帧发送结束(当完成一帧数据的发送时,XEOF 被设置为 1)
		0	没有完成一帧的发送
		1	完成一帧的发送;对该位写 1 会清除该位
8	XFSX		发送帧同步(当确认新的发送帧同步时,设置 XFSX 为 1)
		0	没有确认新的发送帧同步
		1	确认了新的发送帧同步;对该位写 1 会清除该位
7	XSYNCERR		发送帧同步错误(当检测到发送帧同步错误时,设置为 1)
		0	未检测到发送帧同步错误
		1	检测到发送帧同步错误;对该位写 1 会清除该位
6	Reserved	0	保留
5	ROVFLSTAT		接收缓冲区溢出(当接收缓冲区溢出时,ROVFLSTAT 会设置为 1;溢出时写入的数据会被丢弃)
		0	接收缓冲区没溢出
		1	接收缓冲区溢出;对该位写 1 会清除该位
4	RUNDFLSTAT		接收缓冲区下溢(当读接收数据寄存器执行操作时接收缓冲区为空时,设置 RUNDFLSTAT 为 1)
		0	读接收缓冲区时,接收缓冲区不为空
		1	读接收缓冲区时,接收缓冲区为空;写 1 会清除该位
3	RRDY		达到接收缓冲区阈值(当接收缓冲区占有的区域大于或等于 THRSH1_REG 值时,RRDY 位会被设置为 1)
		0	接收缓冲区占用区域低于 THRSH1_REG 值
		1	接收缓冲区占用区域大于或等于 THRSH1_REG 值;对该位写 1 会清除该位
1	RFSR		接收帧同步(当确认新的接收帧同步时,设置 RFSR 为 1)
		0	没有确认新接收帧同步
		1	确认了新接收帧同步;对该位写 1 会清除该位
0	RSYNCERR		接收帧同步错误(当检测到接收帧同步错误时,设置为 1)
		0	未检测到接收帧同步错误
		1	检测到接收帧同步错误;对该位写 1 会清除该位

4. 中断使能设置/清除寄存器(IRQENABLE_SET/IRQENABLE_CLR)

中断使能设置寄存器的每个1位字段可使能一个专门的中断事件,从而触发中断请求。对其中一位写1会使能该字段,而写0无效,寄存器的值不会改变。中断使能清除寄存器的每个1位字段可清除一个专门的中断事件。对其中一位写1会禁止该中断,而写0无效,寄存器值不会改变。IRQENABLE_SET/IRQENABLE_CLR寄存器的位域及其描述与IRQSTATUS_RAW/IRQSTATUS相同。

5. DMA Rx/DMA Tx使能设置寄存器(DMARXENABLE_SET/DMATXENABLE_ SET)

所有1位字段可使能1个接收/发送DMA请求。对其中一位写1会设置该位为1,而写0无效,寄存器值不会改变。注意R/XCCR_REG. RDMAEN字段是全局(从)DMA使能器,默认是禁止的。R/XCCR_REG. RDMAEN字段也应该设置为1来使能接收/发送DMA请求。

图11.33　DMA Rx/Tx使能设置寄存器

表11.18　DMA Rx/Tx使能设置寄存器功能描述

位	字　段	值	描　述
31－1	Reserved	0	保留
0	DMARX_ENABLE_SET/ DMATX_ENABLE_SET		接收/发送DMA通道使能设置

6. DMA Rx/DMA Tx使能清除寄存器(DMARXENABLE_CLR/DMATXENABLE_ CLR)

所有1位字段可禁止1个接收/发送DMA请求。对其中一位写1会清除该位为0。设置DMAR/TX_ENABLE_CLEAR字段为1的另一种结果是DMA RX/TX请求和唤醒线复位。对其中一位写0会无效,寄存器值不会改变。图11.34与表11.19对DMA Rx/Tx使能清除寄存器(DMAR/TXENABLE_CLR)进行了描述。

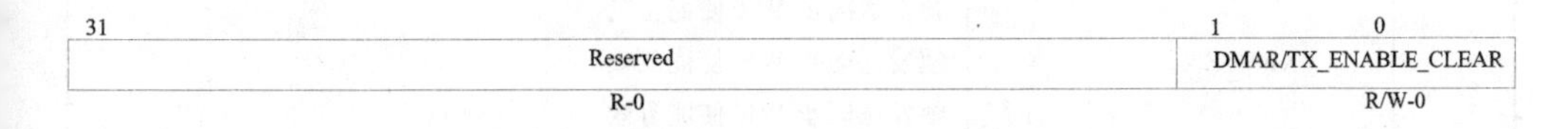

图11.34　DMA Rx/Tx使能清除寄存器

表 11.19 DMA Rx/Tx 使能清除寄存器功能描述

位	字 段	值	描 述
31-1	Reserved	0	保留
0	DMARX_ENABLE_CLEAR/ DMATX_ENABLE_CLEAR		接收/发送 DMA 通道使能清除

7. DMA Rx/DMA Tx/McBSP 唤醒使能寄存器(DMARXWAKE_EN/DMATXWAKE_EN/WAKEUPEN)

所有1位字段可使能1个指定的(同步)DMA请求源,用于产生异步唤醒(在合适的唤醒线上)。注意SYSCONFIG_REG.ENAWAKEUP字段是全局(从)唤醒使能器,默认是禁止的。

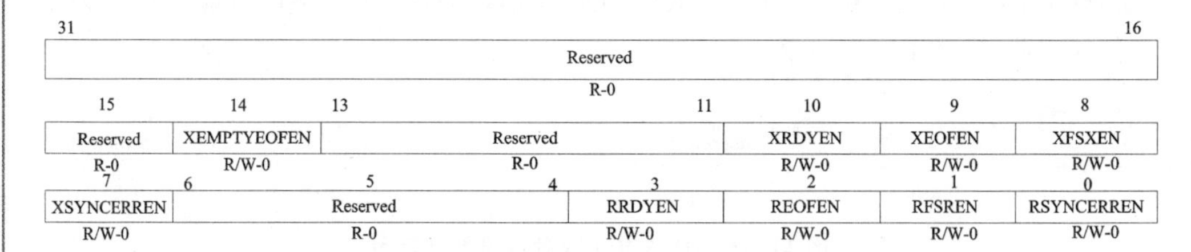

图 11.35 DMA Rx/DMA Tx/McBSP 唤醒使能寄存器

表 11.20 DMA Rx/DMA Tx/McBSP 唤醒使能寄存器功能描述

位	字 段	值	描 述
31-15	Reserved	0	保留
14	XEMPTYEOFEN		帧结束处发送器缓冲区为空使能位
		0	帧结束处发送器缓冲区为空 WK 使能无效
		1	帧结束处发送器缓冲区为空 WK 使能有效
13-11	Reserved	0	保留
10	XRDYEN		达到发送缓冲区阈值 WK 使能位
		0	达到发送缓冲区阈值 WK 使能无效
		1	达到发送缓冲区阈值 WK 使能有效
9	XEOFEN		帧发送结束 WK 使能位
		0	帧发送结束 WK 使能无效
		1	帧发送结束 WK 使能有效
8	XFSXEN		帧发送同步 WK 使能位
		0	帧发送同步 WK 使能无效
		1	帧发送同步 WK 使能有效
7	XSYNCERREN		帧发送同步错误 WK 使能位
		0	帧发送同步错误 WK 使能无效
		1	帧发送同步错误 WK 使能有效

续表 11.20

位	字　段	值	描　述
6-4	Reserved	0	保留
3	RRDYEN		接收缓冲区阈值唤醒使能位
		0	接收缓冲区阈值唤醒使能无效
		1	接收缓冲区阈值唤醒使能有效
2	REOFEN		帧接收结束 WK 使能位
		0	帧接收结束 WK 使能无效
		1	帧接收结束 WK 使能有效
1	RFSREN		帧接收同步 WK 使能位
		0	帧接收同步 WK 使能无效
		1	帧接收同步 WK 使能有效
0	RSYNCERREN		帧接收同步错误 WK 使能位
		0	帧接收同步错误 WK 使能无效
		1	帧接收同步错误 WK 使能有效

8. McBSP 数据接收/发送寄存器(DRR_REG/DXR_REG)

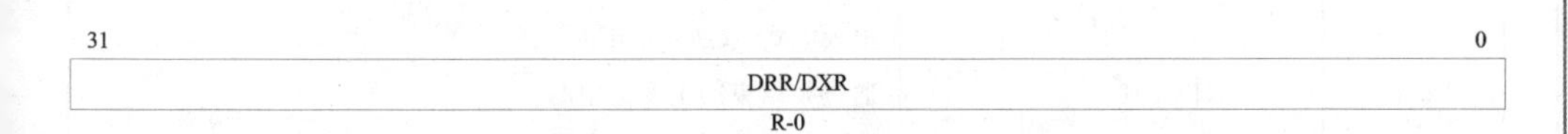

图 11.36　McBSP 数据接收/发送寄存器

表 11.21　McBSP 数据接收/发送寄存器功能描述

位	字　段	值	描　述
31-0	DRR/DXR	0	数据接收/发送寄存器

9. McBSP 串行端口控制寄存器 2(SPCR2_REG)

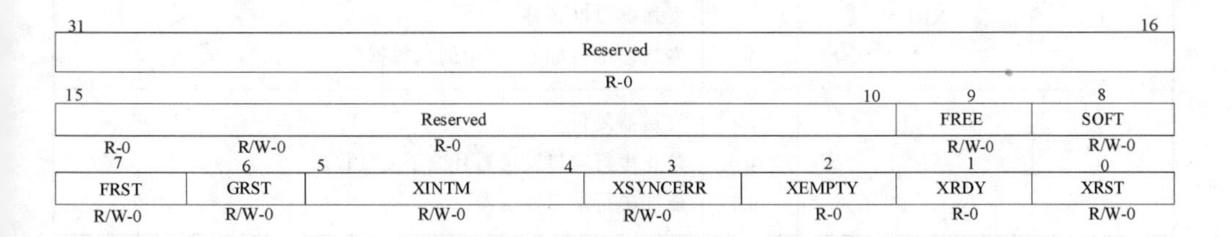

图 11.37　McBSP 串行端口控制寄存器 2

表11.22 McBSP串行端口控制寄存器2功能描述

位	字　段	值	描　述
31-10	Reserved	0	保　留
9	FREE	 0 1	自由运行模式 禁止自由运行模式 使能自由运行模式
8	SOFT	 0 1	Soft位 禁止SOFT模式：MSuspend有效时，McBSP模块立即停止活动 使能SOFT模式：当MSuspend有效时，McBSP模块在完成当前操作后冻结自己的状态
7	FRST	 0 1	帧同步发生器复位 帧同步逻辑复位 在(FPER+1)个CLKG时钟后产生帧同步信号FSG
6	GRST	 0 1	采样率发生器复位 复位SRG SRG退出复位
5-4	XINTM	 0 1h 2h 3h	发送中断模式 由XRDY驱动发送中断 通过帧结束产生发送中断 通过新的帧同步产生发送中断 通过XSYNCERR产生发送中断
3	XSYNCERR	 0 1	发送同步错误 无同步错误 McBSP检测到同步错误
2	XEMPTY	 0 1	发送移位寄存器XSR为空 XSR为空 XSR非空
1	XRDY	 0 1	准备好发送 发送器没准备好 发送器准备好DXR中的新数据
0	XRST	 0 1	发送器复位 禁止串行端口发送器且处于复位状态 使能串行端口发送器

10. McBSP串行端口控制寄存器1(SPCR1_REG)

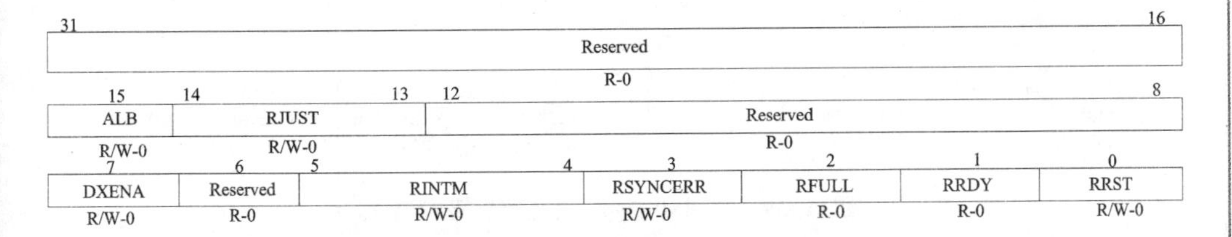

图11.38 McBSP串行端口控制寄存器1

表11.23 McBSP串行端口控制寄存器1功能描述

位	字 段	值	描 述
31-16	Reserved	0	保留
15	ALB	 0 1	模拟环回模式 禁止模拟环回模式 使能模拟环回模式
14-13	RJUST	 0 1h 2h 3h	接收标记扩展与对齐模式 右对齐,以0填充DRR的MSB位 右对齐,标记扩展DRR的MSB位 左对齐,以0填充DRR的LSB位 保留
12-8	Reserved	0	保留
7	DXENA	 0 1	DX使能器 关闭DX使能器 打开DX使能器
6	Reserved	0	保留
3	RSYNCERR	 0 1	接收同步错误 无同步错误 McBSP检测到同步错误
2	RFULL	 0 1	接收移位寄存器(RSR[1,2])已满 RB还没满 RB已满且RSR也充满了新数据
1	RRDY	 0 1	接收器准备 接收器没准备好 接收器准备好读取的数据
0	RRST	 0 1	接收器复位 禁止串行端口接收器且处于复位状态 使能串行端口接收器

11. McBSP 接收/发送控制寄存器 2(RCR2_REG / XCR2_REG)

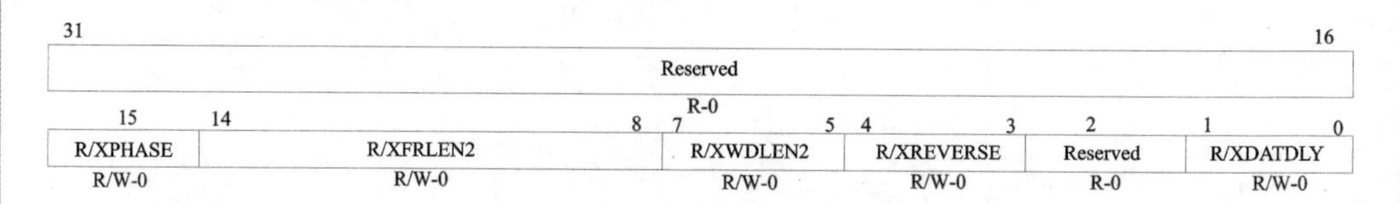

图 11.39 McBSP 接收/发送控制寄存器 2

表 11.24 McBSP 接收/发送控制寄存器 2 功能描述

位	字 段	值	描 述
31-16	Reserved	0	保留
15	RPHASE/ XPHASE	 0 1	接收/发送相位 单相位帧 双相位帧
14-8	RFRLEN2/ XFRLEN2		接收/发送帧长度 2 选择单相位帧:不用关心 RFRLEN2 值 选择双相位帧:第二相位 RFRLEN2=000 0000-1 个字
7-5	RWDLEN2/ XWDLEN2	 0 1h 2h 3h 4h 5h 6h 7h	接收/发送字长 2 8 位 12 位 16 位 20 位 24 位 32 位 保留(不用) 保留(不用)
4-3	RREVERSE/ XREVERSE	 0 1h 2h 3h	接收/发送翻转模式 数据从 MSB 位开始传输 数据从 LSB 位开始传输 保留(不用) 保留(不用)
2	Reserved	0	保留
1-0	RDATDLY/ XDATDLY	 0 1h 2h 3h	接收/发送数据延时 0 位数据延时 1 位数据延时 2 位数据延时 保留

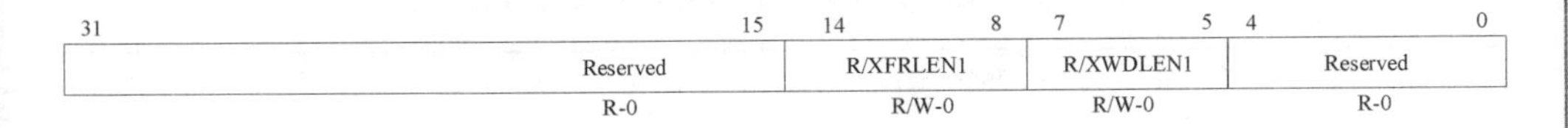

图 11.40　McBSP 接收/发送控制寄存器 1

12. McBSP 接收/发送控制寄存器 1(RCR1_REG/XCR1_REG)

表 11.25　McBSP 接收/发送控制寄存器 1 功能描述

位	字　段	值	描　述
31-15	Reserved	0	保留
14-8	RFRLEN1/ XFRLEN1		接收/发送帧长度 1 选择单相位帧长度： 每帧 RFRLEN1＝000 0000 - 1 字 每帧 RFRLEN1＝000 0001 - 2 字 每帧 RFRLEN1＝111 1111 - 128 字 选择双相位帧长度：每相位 RFRLEN1＝000 0000 - 1 字
7-5	RWDLEN1/ XWDLEN1	 0 1h 2h 3h 4h 5h 6h 7h	接收/发送字长 1 8 位 12 位 16 位 20 位 24 位 32 位 保留(不用) 保留(不用)
4 -0	Reserved	0	保留

13. McBSP 采样率产生寄存器 2(SRGR2_REG)

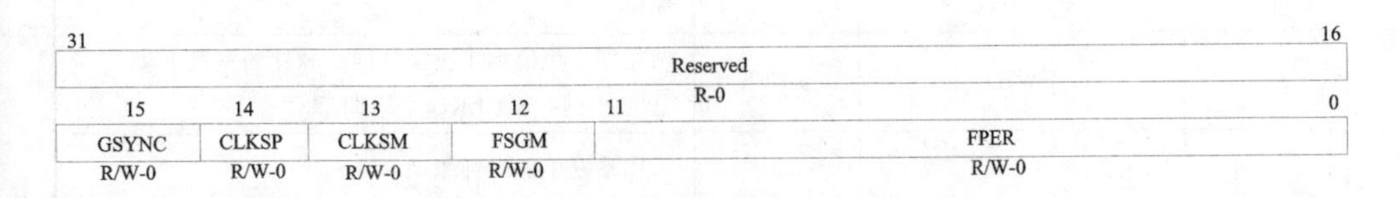

图 11.41　McBSP 采样率产生寄存器 2

表11.26 McBSP采样率产生寄存器2功能描述

位	字 段	值	描 述
31-16	Reserved	0	保留
15	GSYNC	 0 1	采样率发生器(SRG)同步 SRG时钟(CLKG)正自由运行 SRG时钟(CLKG)正在运行,但是CLKG被重新同步且帧同步信号(FSG)只在检测到接收帧同步信号(FSR)后才产生
14	CLKSP	 0 1	CLKS极性时钟沿选择;只在外部时钟(CLKS)驱动SRG时钟(CLKSM=0)时才使用 CLKG和FSG的上升沿 CLKG和FSG的下降沿
13	CLKSM	0	McBSP SRG时钟模式 SCLKME=0:CLKS引脚输出SRG时钟 SCLKME=1:CLKRI引脚输出SRG时钟
		1	SCLKME=0:OCP引脚输出SRG时钟 SCLKME=1:CLKXI引脚输出SRG时钟
12	FSGM	 0 1	采样率发生器发送帧同步模式;只在PCR的FSXM=1时才使用 当发送缓冲区不为空时产生发送帧同步信号(FSX);当FSGM=0时,FPER和FWID用于决定帧同步周期和宽度 SRG帧同步信号,FSG驱动发送帧同步信号(FSX)
11-0	FPER	0-FFFh	帧周期。该值加1决定下一个帧同步信号什么时候有效 范围:1到4096个CLKG周期

14. McBSP采样率产生寄存器1(SRGR1_REG)

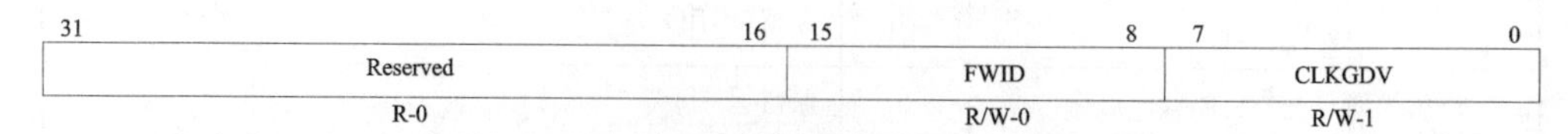

图11.42 McBSP采样率产生寄存器1

表11.27 McBSP采样率产生寄存器1功能描述

位	字 段	值	描 述
31-16	Reserved	0	保留
15-8	FWID	0-FFh	帧宽度。该值加1决定帧同步脉冲的宽度FSG 范围:1到256 CLKG个周期
7-0	CLKGDV	1-FFh	采样率发生器时钟驱动 该值用作产生所需SRG时钟频率的分频数。默认值为1

15. McBSP 多通道寄存器 2/1(MCR2_REG / MCR1_REG)

31–16
Reserved
R-0

15–10	9	8–7	6–5	4–2	1–0
Reserved	X/RMCME	X/RPBBLK	X/RPABLK	Reserved	X/RMCM
R-0	R/W-0	R/W-0	R/W-0	R-0	R/W-0

图 11.43　McBSP 多通道寄存器 2/1

表 11.28　McBSP 多通道寄存器 2/1 功能描述

位	字　段	值	描　述
31-10	Reserved	0	保留
9	XMCME	0	XMCME 发送多通道分区模式位 0 只在发送通道可以单独禁止/使能或屏蔽/去屏蔽的情况下，XMCME 才可以使用。X/RMCME 决定 32 通道或 128 通道可被单独选择 2 分区模式(legacy only)：只有分区 A 和 B 可以使用 假如 XMCM = 01b 或 10b，就分别按 XPABLK 和 XPBBLK 位分配 16 个通道给分区 A 与 B 假如 XMCM = 11b(对于同步发送与接收)，就分别按 XPABLK 和 XPBBLK 位分配 16 个通道给接收分区 A 与 B 可以用以下发送通道使能寄存器控制通道
		1	XCERA：分区 A 通道 XCERB：分区 B 通道 8 分区模式：所有分区(A 到 H)都被用到。可以在 XMCM 位选择的发送多通道选择模式下控制 128 个通道。可以用以下发送通道使能寄存器控制通道 XCERA：通道 0 到 15；XCERB：通道 16 到 31；XCERC：通道 32 到 47；XCERD：通道 48 到 63；XCERE：通道 64 到 79；XCERF：通道 80 到 95；XCERG：通道 96 到 111；XCERH：通道 112 到 127

续表 11.28

位	字　段	值	描　述
9	RMCME	0	RMCME 接收多通道划分模式位 0 RMCME 只在接收通道可以单独禁止/使能的情况下才可以使用(RMCM= 1)。RMCME 决定只有 32 通道还是所有 128 通道可被单独选择 2 分区模式(legacy only):只有分区 A 和 B 可以使用 分别按 RPABLK 和 RPBBLK 位分配 16 个通道给分区 A 与 B 可以用以下接收通道使能寄存器控制通道 RCERA:分区 A 通道 RCERB:分区 B 通道
		1	8 分区模式,与 XMCME 相同
8-7	XPBBLK/ RPBBLK	0 1h 2h 3h	发送分区 B 的块 分块 1:通道 16 到 31 分块 3:通道 48 到 63 分块 5:通道 80 到 95 分块 7:通道 112 到 127
6-5	XPABLK/ RPABLK	0 1h 2h 3h	发送分区 A 的块 分块 0:通道 0 到 15 分块 2:通道 32 到 47 分块 4:通道 64 到 79 分块 6:通道 96 到 111
4-2	Reserved	0	保留
1-0	XMCM/ RMCM	0 1h 2h 3h	发送多通道选择使能 所有通道在无屏蔽下全被使能 所有通道都被禁止且默认情况下也被屏蔽 所有通道被使能但被屏蔽 所有通道被禁止,因而默认为屏蔽状态

16. NcBSP 接收通道使能寄存器分区 A－H(RCERA－H_REG)

31　　　　　　　　16	15　　　　　　　　0
Reserved	RCERA-H
R-0	R/W-0

图 11.44　McBSP 接收通道使能寄存器分区 A－H

表 11.29　McBSP 接收通道使能寄存器分区 A－H 功能描述

位	字　段	值	描　述
31-16	Reserved	0	保留
15-0			接收通道使能
	RCERA	0-FFFFh	RCERA n ＝ 0:禁止分区 A 的偶数块的第 n 个通道的接收 RCERA n ＝ 1:使能分区 A 的偶数块的第 n 个通道的接收
	RCERB	0-FFFFh	RCERB n ＝ 0:禁止分区 B 的奇数块的第 n 个通道的接收 RCERB n ＝ 1:使能分区 B 的奇数块的第 n 个通道的接收
	RCERC	0-FFFFh	RCERC n ＝ 0:禁止分区 C 的第 2 块的第 n 个通道的接收 RCERC n ＝ 1:使能分区 C 的第 2 块的第 n 个通道的接收
	RCERD	0-FFFFh	RCERD n ＝ 0:禁止分区 D 的第 3 块的第 n 个通道的接收 RCERD n ＝ 1:使能分区 D 的第 3 块的第 n 个通道的接收
	RCERE	0-FFFFh	RCERE n ＝ 0:禁止分区 E 的第 4 块的第 n 个通道的接收 RCERE n ＝ 1:使能分区 E 的第 4 块的第 n 个通道的接收
	RCERF	0-FFFFh	RCERF n ＝ 0:禁止分区 F 的第 5 块的第 n 个通道的接收 RCERF n ＝ 1:使能分区 F 的第 5 块的第 n 个通道的接收
	RCERF	0-FFFFh	RCERG n ＝ 0:禁止分区 G 的第 6 块的第 n 个通道的接收 RCERG n ＝ 1:使能分区 G 的第 6 块的第 n 个通道的接收
	RCERH	0-FFFFh	RCERH n ＝ 0:禁止分区 H 的第 7 块的第 n 个通道的接收 RCERH n ＝ 1:使能分区 H 的第 7 块的第 n 个通道的接收

17. McBSP 发送通道使能寄存器分区 A－H(XCERA－H_REG)

31　　　　16	15　　　　0
Reserved	XCERA-H
R-0	R/W-0

图 11.45　McBSP 发送通道使能寄存器分区 A－H

表11.30　McBSP发送通道使能寄存器分区A－H功能描述

位	字　段	值	描　述
31-16	Reserved	0	保留
15-0			发送通道使能
	XCERA	0-FFFFh	RCERA n = 0:禁止分区A的偶数块的第n个通道的发送 RCERA n = 1:使能分区A的偶数块的第n个通道的发送
	XCERB	0-FFFFh	RCERB n = 0:禁止分区B的奇数块的第n个通道的发送 RCERB n = 1:使能分区B的奇数块的第n个通道的发送
	XCERC	0-FFFFh	RCERC n = 0:禁止分区C的第2块的第n个通道的发送 RCERC n = 1:使能分区C的第2块的第n个通道的发送
	XCERD	0-FFFFh	RCERD n = 0:禁止分区D的第3块的第n个通道的发送 RCERD n = 1:使能分区D的第3块的第n个通道的发送
	XCERE	0-FFFFh	RCERE n = 0:禁止分区E的第4块的第n个通道的发送 RCERE n = 1:使能分区E的第4块的第n个通道的发送
	XCERF	0-FFFFh	RCERF n = 0:禁止分区F的第5块的第n个通道的发送 RCERF n = 1:使能分区F的第5块的第n个通道的发送
	XCERF	0-FFFFh	RCERG n = 0:禁止分区G的第6块的第n个通道的发送 RCERG n = 1:使能分区G的第6块的第n个通道的发送
	XCERH	0-FFFFh	RCERH n = 0:禁止分区H的第7块的第n个通道的发送 RCERH n = 1:使能分区H的第7块的第n个通道的发送

18. McBSP引脚控制寄存器(PCR_REG)

31–16
Reserved
R-0

15	14	13	12	11	10	9	8
Reserved	IDLE_EN	XIOEN	RIOEN	FSXM	FSRM	CLKXM	CLKRM
R-0	R/W-0	R/W-0	R/W-0	R/W-0	R/W-0	R/W-0	R/W-0

7	6	5	4	3	2	1	0
SCLKME	CLKS_STAT	DX_STAT	DR_STAT	FSXP	FSRP	CLKXP	CLKRP
R/W-0	R-0	R/W-0	R-0	R/W-0	R/W-0	R/W-0	R/W-0

图11.46　McBSP引脚控制寄存器

表11.31 McBSP引脚控制寄存器功能描述

位	字　段	值	描　述
31-15	Reserved	0	保留
14	IDLE_EN	 0 1	空闲使能。该位允许停止McBSP模块中的所有时钟 McBSP在运行中 当IDLE_EN=1且它的电源域处于空闲模式(强制空闲或智能空闲)时,McBSP中的时钟就会被关闭
13	XIOEN	 0 1	只在SPCR[1, 2]中的XRST=0时的发送通用I/O模式 DX、FSX和CLKX配置为串行端口引脚,而不是通用I/O引脚 DX是通用输出;FSX和CLKX是通用I/O
12	RIOEN	 0 1	SPCR[1, 2]中的RRST=0时的接收通用I/O模式(legacy) DR、FSR、CLKR和CLKS配置为串行端口引脚,而不是通用I/O DR和CLKS是通用输出;FSR和CLKR是通用I/O。CLKS引脚受接收器的RRST和RIOEN信号影响
11	FSXM	 0 1	发送帧同步模式 帧同步信号来源于外部设备 帧同步由SRG帧同步模式决定(SRGR2中的位FSGM)
10	FSRM	 0 1	接收帧同步模式 帧同步信号来源于外部设备。FSR是输入引脚 帧同步由SRG内部产生。除了SRGR中的GSYNC=1,FSR是输出引脚
9	CLKXM	 0 1	发送时钟模式。当设置了数字循回模式(McBSPi. McBSP_ XCCR_REG[5] DLB=1)后,CLKXM位就被忽视。内部发送时钟(不是mcbspi_clkx引脚)由内部SRG驱动且mcbspi_clkx引脚处于高阻状态 发送时钟由外部时钟驱动且CLKX为输入引脚 CLKX是由SRG驱动的输出引脚
8	CLKRM	 0 1	接收时钟模式 情况1:没有设置SPCR1中的模拟回环模式(ALB=0) 接收时钟(CLKR)作为输入而且由外部时钟驱动 情况2:设置SPCR1中的模拟回环模式(ALB=1) 接收时钟(不是CLKR引脚)由发送时钟(CLKX)驱动,CLKX是基于PCR的CLKXM位的。CLKR引脚处于高阻状态 情况1:没有设置SPCR1中的模拟回环模式(ALB=0) CLKR作为输出而且由内部采样率发生器驱动 情况2:设置SPCR1中的模拟回环模式(ALB=1) CLKR是由发送时钟驱动的输出引脚。发送时钟由PCR的CLKRM位确定

续表 11.31

位	字 段	值	描 述
7	SCLKME		SCLKME 采样率发生器输入时钟模式位 0。采样率发生器可产生 CLKG 时钟信号，频率为：输入时钟频率/(CLKGDV + 1) SCLKME 与 CLKSM 一起用于选择输入时钟
		0	CLKSM = 0：CLKS 引脚上的信号 CLKSM = 1：McBSP_OCP 时钟
		1	CLKSM = 0：CLKR 引脚上的信号 CLKSM = 1：CLKX 引脚上的信号
6	CLKS_STAT		CLKS 引脚状态。当作为通用输入时，表示 CLKS 引脚的信号值
		0	CLKS 引脚上的信号为低电平
		1	CLKS 引脚上的信号为高电平
5	DX_STAT		DX 引脚状态。当作为通用输出时，表示 DX 引脚的信号值
		0	驱动 DX 引脚为低电平
		1	驱动 DX 引脚为高电平
4	DR_STAT		DR 引脚状态。当作为通用输入时，表示 DR 引脚的信号值
		0	DR 引脚信号为低电平
		1	DR 引脚信号为高电平
3	FSXP		发送帧同步极性
		0	帧同步脉冲 FSX 为高电平有效
		1	帧同步脉冲 FSX 为低电平有效
2	FSRP		接收帧同步极性
		0	帧同步脉冲 FSR 为高电平有效
		1	帧同步脉冲 FSR 为低电平有效
1	CLKXP		发送时钟极性
		0	在 CLKX 上升沿驱动发送数据
		1	在 CLKX 下降沿驱动发送数据
0	CLKRP		接收时钟极性
		0	在 CLKR 下降沿采样接收数据
		1	在 CLKR 上升沿采样接收数据

19. McBSP 发送缓冲区阈值寄存器(THRSH2_REG)

31–12	11–0
Reserved	XTHRESHOLD
R-0	R/W-0

图 11.47 McBSP_THRSH2_REG

表 11.32　McBSP_THRSH2_REG 功能描述

位	字　段	值	描　述
31-12	Reserved	0	保留
11-0	XTHRESHOLD	0	发送缓冲区阈值 假如发送缓冲区中的可用区域大于或等于 XTHRESHOLD+1 就会触发 DMA 请求(假如使能)中断有效(假如使能)(XTHRESHOLD+1)也表示发送数据 DMA 请求期间传输的字数

20. McBSP 接收缓存阈值寄存器(THRSH1_REG)

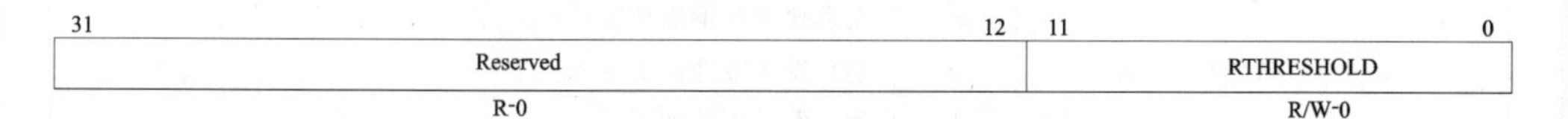

图 11.48　McBSP_THRSH1_REG

表 11.33　McBSP_THRSH1_REG 功能描述

位	字　段	值	描　述
31-12	Reserved	0	保留
11-0	RTHRESHOLD	0-7FFh	接收缓冲区阈值 假如接收缓冲区中的占用的区域大于或等于 RTHRESHOLD+1 就会触发 DMA 请求(假如使能)中断有效(假如使能)。(RTHRESHOLD+1)也表示接收数据 DMA 请求期间传输的字数

21. McBSP 中断使能寄存器(IRQENABLE)

31-16							
Reserved							
R-0							
15	14	13	12	11	10	9	8
Reserved	XEMPTYEOFEN	Reserved	XOVFLEN	XUNDFLEN	XRDYEN	XEOFEN	XFSXEN
R-0	R/W-0	R-0	R/W-0	R/W-0	R/W-0	R/W-0	R/W-0
7	6	5	4	3	2	1	0
XSYNCERREN	Reserved	ROVFLEN	RUNDFLEN	RRDYEN	REOFEN	RFSREN	RSYNCERREN
R/W-0	R-0	R/W-0	R/W-0	R/W-0	R/W-0	R/W-0	R/W-0

图 11.49　McBSP_IRQENABLE_REG

表 11.34　McBSP_IRQENABLE_REG 功能描述

位	字　段	值	描　述
31-15	Reserved	0	保留
14	XEMPTYEOFEN	 0 1	帧结束发送缓冲区为空使能位 禁止帧结束发送缓冲区为空 使能帧结束发送缓冲区为空
13	Reserved	0	保留
12	XOVFLEN	 0 1	发送缓冲区溢出使能位 禁止发送缓冲区溢出 使能发送缓冲区溢出
11	XUNDFLEN	 0 1	发送缓冲区下溢使能位 禁止发送缓冲区下溢 使能发送缓冲区下溢
10	XRDYEN	 0 1	达到发送缓冲区阈值使能位 禁止达到发送缓冲区阈值 使能达到发送缓冲区阈值
9	XEOFEN	 0 1	帧发送结束使能位 禁止帧发送结束 使能帧发送结束
8	XFSXEN	 0 1	发送帧同步使能位 禁止发送帧同步 使能发送帧同步
7	XSYNCERREN	 0 1	发送帧同步错误使能位 禁止发送帧同步错误 使能发送帧同步错误
6	Reserved	0	保留
5	ROVFLEN	 0 1	接收缓冲区溢出使能位 禁止接收缓冲区溢出 使能接收缓冲区溢出
4	RUNDFLEN	 0 1	接收缓冲区下溢使能位 禁止接收缓冲区下溢 使能接收缓冲区下溢
3	RRDYEN	 0 1	接收缓冲区阈值使能位 禁止接收缓冲区阈值 使能接收缓冲区阈值

续表 11.34

位	字 段	值	描 述
2	REOFEN	 0 1	帧接收结束使能位 禁止帧接收结束 使能帧接收结束
1	RFSREN	 0 1	接收帧同步使能位 禁止接收帧同步 使能接收帧同步
0	RSYNCERREN	 0 1	接收帧同步错误使能位 禁止接收帧同步错误 使能接收帧同步错误

22. McBSP 发送配置控制寄存器(XCCR_REG)

31-16							
Reserved							
R-0							

15	14	13-12	11	10-8
EXTCLKGATE	PPCONNECT	DXENDLY	XFULL_CYCLE	Reserved
R/W-0	R/W-0	R/W-1	R/W-0	R-0

7-6	5	4	3	2-1	0
Reserved	DLB	Reserved	XDMAEN	Reserved	XDISABLE
R-0	R/W-0	R-0	R/W-1	R-0	R/W-0

图 11.50 McBSP_XCCR_REG

表 11.35 McBSP_XCCR_REG 功能描述

位	字 段	值	描 述
31-16	Reserved	0	保留
15	EXTCLKGATE	 0 1	外部时钟门使能(只用于 CLKX 与 FSX 主机模式) 禁止外部时钟门控 使能外部时钟门控
14	PPCONNECT	 0 1	pair-to-pair 连接 无 pair-to-pair 连接。当无帧发送时,DX 引脚呈高阻状态 pair-to-pair 连接。当 DXENO 引脚总是设置为 0 时,忽略帧边界,设置三态缓存为输出
13-12	DXENDLY		当 McBSPi. McBSP_SPCR1_REG[7] DXENA 位设置为 1 时,该字段选择以下附加延时
		0	8 ns
		1h	14 ns(默认)
		2 h	14 ns(默认)
		3 h	28 ns

续表 11.35

位	字 段	值	描 述
11	XFULL_CYCLE	 0 1	选择发送全循环模式 McBSP 模块工作于发送半循环模式(在发送数据时钟的反向边沿采样发送帧同步信号) McBSP 模块工作于发送全循环模式(在发送数据时钟的相同边沿采样发送帧同步信号)
10-6	Reserved	0	保留
5	DLB	 0 1	数字环回。当该位被设置时,发送 FSX、CLKX 和 DX 分别连接到 FSR、CLKR 和 DR 无 DLB 有 DLB
4	Reserved	0	保留
3	XDMAEN	 0 1	发送 DMA 使能位 打开外部 DMA 请求 关闭外部 DMA 请求
2-1	Reserved	0	保留
0	XDISABLE	 0 1	发送禁止位。当该位被设置时,在下一个帧边界停止发送 发送进程不会在下一个帧边界停止 发送进程会在下一个帧边界停止

23. McBSP 接收配置控制寄存器(RCCR_REG)

31-12	11	10-4	3	2-1	0
Reserved	RFULL_CYCLE	Reserved	RDMAEN	Reserved	RDISABLE
R-0	R/W-1	R-0	R/W-1	R-0	R/W-0

图 11.51 McBSP_RCCR_REG

表 11.36 McBSP_RCCR_REG 功能描述

位	字 段	值	描 述
31-12	Reserved	0	保留
11	RFULL_CYCLE	 0 1	接收全循环模式选择 McBSP 模块工作于接收半循环模式(在接收数据时钟的反向边沿采样接收帧同步信号) McBSP 模块工作于接收全循环模式(在接收数据时钟的相同边沿采样接收帧同步信号)
10-4	Reserved	0	保留

续表 11.36

位	字 段	值	描 述
3	RDMAEN	 0 1	接收 DMA 使能位 打开外部发送 DMA 请求 关闭外部发送 DMA 请求
2-1	Reserved	0	保留
0	RDISABLE	 0 1	接收禁止位。当该位被设置时，在下一个帧边界停止接收 接收进程不会在下一个帧边界停止 接收进程会在下一个帧边界停止

24. McBSP 发送缓存状态寄存器(XBUFFSTAT_REG)

图 11.52 McBSP_XBUFFSTAT_REG

表 11.37 McBSP_XBUFFSTAT_REG 功能描述

位	字 段	值	描 述
31-8	Reserved	0	保留
7-0	XBUFFSTAT	80h	发送缓冲区状态(表示发送缓存中可用区域) XBUFFSTAT 值反映 OCP 时钟域的缓冲区状态，它可比发送状态机监测到的可用区域实际值小

25. McBSP 接收缓存状态寄存器(RBUFFSTAT_REG)

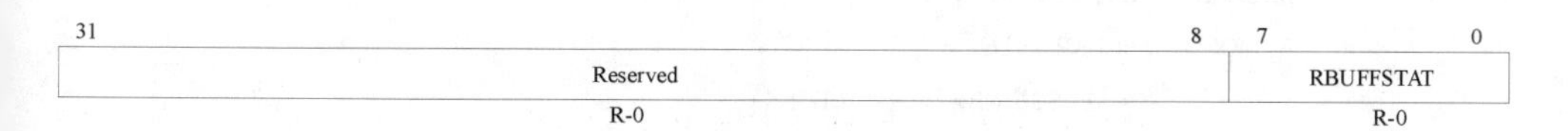

图 11.53 McBSP_RBUFFSTAT_REG

表 11.38 McBSP_RBUFFSTAT_REG 功能描述

位	字 段	值	描 述
31-8	Reserved	0	保留
7-0	RBUFFSTAT	0	接收缓冲区状态(表示接收缓存中可用区域)。RBUFFSTAT 值反映 OCP 时钟域的缓冲区状态，它可比接收状态机监测到的可用区域实际值小

26. McBSP_STATUS_REG

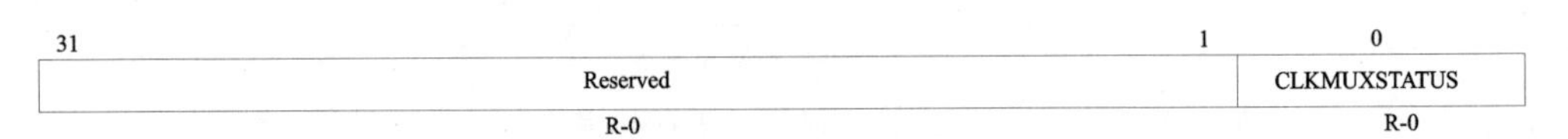

图 11.54　McBSP_STATUS_REG

表 11.39　McBSP_STATUS_REG 功能描述

位	字　段	值	描　述
31-1	Reserved	0	保留
0	CLKMUXSTATUS		在退出智能空闲模式后，表示完成 McBSP AUDIOBUFFER 时钟多路复用。当该位设置为 1 时，多路复用进程完成后才应答对不同寄存器的访问。为避免这种状况，当 McBSP 准备好时，可对状态寄存器采取轮询来评估。须注意的是只在 McBSP 具有 AUDIOBUFFER 时，该信息才有关

11.12　McBSP 应用实例

下面的例子用于实现 McBSP 的初始化和对音频接口的配置。

```
/* 程序主要功能 */
   /*--------------------------------------------------*
    *  McBSP 配置
    *  配置音频接口
    *  配置时钟
    *  Master Clock = External input to AHCLKXCTL = 24.576 MHz   *
    *  AHCLKX = 24.576 MHz / 1                                    *
    *  ACLKX = AHCLKR / 16                                        *
    *           = 1.536 MHz        (BCLK)                         *
    *   AFSX = ACLKX / 32      (16 - bit word for R and L channel) *
    *         = 48KHz            (WCLK)                           *
    *--------------------------------------------------*/
#include "evm816x.h"
#include "evm816x_MCBSP.h"
#include "aic3106.h"
Int16  initMcbsp( )
{
MCBSP2_GBLCTL   = 0; //复位
MCBSP2_RGBLCTL = 0; // 复位 RX
MCBSP2_XGBLCTL = 0; //复位 TX
```

```
// 接收寄存器配置
    MCBSP2_RMASK = 0xffffffff; //无校验
    MCBSP2_RFMT   = 0x00018078; //配置 MSB 16 位,1 - delay (对于 I2S),no pad,CFGBus
    MCBSP2_AFSRCTL = 0x00000113; // 2 - slot TDM,下降沿(Left channel low), INTERNAL
                                FS,Width:word
    MCBSP2_ACLKRCTL = 0x000000A0; // 上升沿,内部 CLK (来自 TX)
    MCBSP2_AHCLKRCTL = 0x00000000; // INT CLK (来自 TX)
    MCBSP2_RTDM   = 0x00000003; // Slots 0 & 1 used
    MCBSP2_RINTCTL = 0x00000000; // 不使用
    MCBSP2_RCLKCHK = 0x00FF0008; // 255 - MAX 0 - MIN,div - by - 256
// 发送寄存器配置
    MCBSP2_XMASK = 0xffffffff; // 没有使用位填充
    MCBSP2_XFMT = 0x00018078; //配置 MSB 16bit,1 - delay,no pad,CFGBus
    MCBSP2_AFSXCTL= 0x00000113; // 2 - slot TDM,下降沿,INTERNAL FS, Width ->word
    MCBSP2_ACLKXCTL = 0x000000AF; //发送/接收 sync,上升沿, 内部 CLK,16 分频
    MCBSP2_AHCLKXCTL   = 0x00000000; // EXTERNAL CLK,1 分频
    MCBSP2_XTDM = 0x00000003; // Slots 0,1 used
    MCBSP2_XINTCTL = 0x00000000; // Not used
    MCBSP2_XCLKCHK   = 0x00FF0008; // 255 - MAX 0 - MIN, div - by - 256

    MCBSP2_SRCTL0 = 0x000D; // MCBSP2.AXR0 --> DIN  (To Codec)
    MCBSP2_SRCTL1 = 0x000E; // MCBSP2.AXR1 <-- DOUT (From Codec)
    MCBSP2_PFUNC   = 0; // 所有 MCBSPs
    MCBSP2_PDIR    = 0x14000001; // 除开 AXR0,ACLKX1,AFSX1 的所有输入

    MCBSP2_DITCTL = 0x00000000; //默认
    MCBSP2_DLBCTL = 0x00000000; // 默认
MCBSP2_AMUTE   = 0x00000000; // 默认
// 启动 McBSP 部分
    MCBSP2_XGBLCTL |= GBLCTL_XHCLKRST_ON; //开始发送
    while ( ( MCBSP2_XGBLCTL & GBLCTL_XHCLKRST_ON ) ! = GBLCTL_XHCLKRST_ON ); // 查询
是否启动
    MCBSP2_RGBLCTL |= GBLCTL_RHCLKRST_ON; // 开始接收
    while ( ( MCBSP2_RGBLCTL & GBLCTL_RHCLKRST_ON ) ! = GBLCTL_RHCLKRST_ON );
    MCBSP2_XGBLCTL |= GBLCTL_XCLKRST_ON; // 开 TX Clk
    while ( ( MCBSP2_XGBLCTL & GBLCTL_XCLKRST_ON ) ! = GBLCTL_XCLKRST_ON );
    MCBSP2_RGBLCTL |= GBLCTL_RCLKRST_ON; // 开 RX Clk
    while ( ( MCBSP2_RGBLCTL & GBLCTL_RCLKRST_ON ) ! = GBLCTL_RCLKRST_ON );
    MCBSP2_XSTAT = 0x0000ffff; // 清空
    MCBSP2_RSTAT = 0x0000ffff; // 清空
    MCBSP2_XGBLCTL |= GBLCTL_XSRCLR_ON; // 开始存入 TX 寄存器数据
    while ( ( MCBSP2_XGBLCTL & GBLCTL_XSRCLR_ON ) ! = GBLCTL_XSRCLR_ON );
```

```
MCBSP2_RGBLCTL |= GBLCTL_RSRCLR_ON; // 开始存入 RX 寄存器数据
while ( ( MCBSP2_RGBLCTL & GBLCTL_RSRCLR_ON ) ! = GBLCTL_RSRCLR_ON )
//为了不释放状态机不断的写 a0
    MCBSP2_XBUF0 = 0;
    MCBSP2_RBUF1 = 0;
    MCBSP2_XGBLCTL |= GBLCTL_XSMRST_ON;   // 打开发送状态机
    while ( ( MCBSP2_XGBLCTL & GBLCTL_XSMRST_ON ) ! = GBLCTL_XSMRST_ON );
    MCBSP2_RGBLCTL |= GBLCTL_RSMRST_ON;  // 打开开接收状态机
    while ( ( MCBSP2_RGBLCTL & GBLCTL_RSMRST_ON ) ! = GBLCTL_RSMRST_ON );
MCBSP2_XGBLCTL |= GBLCTL_XFRST_ON;  //发送同步
while ( ( MCBSP2_XGBLCTL & GBLCTL_XFRST_ON ) ! = GBLCTL_XFRST_ON );
    MCBSP2_RGBLCTL |= GBLCTL_RFRST_ON;  //接收同步
    while ( ( MCBSP2_RGBLCTL & GBLCTL_RFRST_ON ) ! = GBLCTL_RFRST_ON );
// 开始发送
    while( ! ( MCBSP2_SRCTL0 & 0x10 ) );  //检查是否准备完毕
    MCBSP2_XBUF0 = 0;
// 循环存储 5 秒
    data_left = 0;
    data_right = 0;
    for ( sec = 0 ; sec <5 ; sec ++ )
    {
        for ( msec = 0 ; msec < 1000 ; msec ++ )
        {
            for ( sample = 0 ; sample < 48 ; sample ++ )
            {
                while ( ! ( MCBSP2_SRCTL1 & 0x20 ) ); // 等待
                data_right = MCBSP2_RBUF1_32BIT;  // RX 右通道接收数据
                while ( ! ( MCBSP2_SRCTL0 & 0x10 ) ); // 等待
                MCBSP2_XBUF0_32BIT =  data_left;  // 接收左通道接收
                while ( ! ( MCBSP2_SRCTL1 & 0x20 ) ); // 等待左通道接收
                data_left = MCBSP2_RBUF1_32BIT;  // 数据存入左通道
                while ( ! ( MCBSP2_SRCTL0 & 0x10 ) ); // 等待右通道接收
                MCBSP2_XBUF0_32BIT = data_right; // 数据传给 BUFFER
            }
        }
    }
// 关闭 McBSP
    MCBSP2_SRCTL0 = 0; // 关闭串行设备
    MCBSP2_SRCTL1 = 0;
    MCBSP2_GBLCTL = 0; //全局复位
    return 0;
}
```

11.13　本章小结

McBSP 包括一个数据通道和一个控制通道，通过 7 个引脚与外部设备连接。数据发送引脚 DX 负责数据的发送，数据接收引脚 DR 负责数据的接收，发送时钟引脚 CLKX，接收时钟引脚 CLKR，发送帧同步引脚 FSX 和接收帧同步引脚 FSR 提供串行时钟和控制信号。McBSP 是在标准串行接口的基础之上对功能进行扩展，因此，具有与标准串行接口相同的基本功能。它可以和其他 DSP 器件、编码器等其他串口器件通信。本章主要从数据传输、采样率发生器、多通道选择模式、DMA 配置、错误异常、编程模式等方面对 McBSP 的传输原理及其使用进行详细的介绍。

11.14　思考题与习题

(1) 简述 McBSP 接口的传输特点及主要特性。

(2) 在 McBSP 接口的数据传输过程中，需要进行哪些方面的传输配置？

(3) McBSP 的位重排序有几种方式？怎么配置？

(4) 简述 McBSP 的单相帧数据传输与双相帧数据传输。

(5) 试说明 McBSP 的数据发送与数据接收的传输过程。

(6) 采样率发生器模块的主要作用的是什么？

(7) McBSP 主要有哪些异常/错误中断源？分别简单解释每种异常/错误。

(8) 解释 McBSP 的多通道模式及其分区模式。举例说明在接收/发送多通道模式下，McBSP 对通道数据的处理。

(9) 描述 McBSP 在 Full/Half cycle 模式下的数据传输。

(10) 自己指定 McBSP 的传输要求，包括数据传输方向、位传输顺序、帧相位、多通道模式等，根据传输时序图以及相应的寄存器说明，完成对 McBSP 的传输初始化和配置。

(11) 怎样将 McBSP 的接收、发送和时钟引脚配置成通用输入输出。

第12章

TMS320DM8168 多媒体片内外围设备

本章详细介绍 TMS320DM8168 多媒体片内外围设备，包括高清视频处理子系统、多通道音频串行接口、HDMI 接口以及千兆以太网，阐述了其硬件结构和功能特性。

12.1 高清视频处理子系统

12.1.1 概　述

DM8168 的高清视频处理子系统（HDVPSS）采用 TI 最新开发的算法、灵活的复合和融合引擎、各种高质量的外部视频接口实现视频/图像的采集与显示处理。

图 12.1 为 HDVPSS 的结构图。

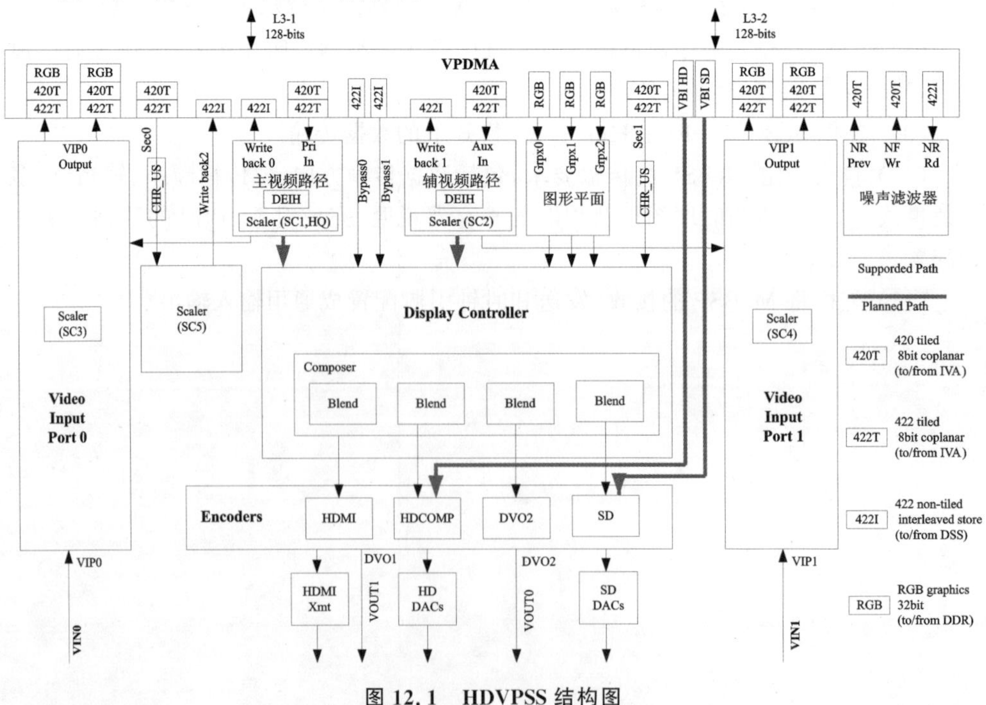

图 12.1　HDVPSS 结构图

缩略词：

COMP：Compositer，复合器；

DEI：De-Interlacer，去隔行；

DEIH：High quality De-Interlacer，高质量去隔行；

DVO：Digital Video Output，数字视频输出；

GRPX：Graphics Pipeline，图形流水线；

HD：High Definition，高清；

HDCOMP：High Definition Component，高清分量；

HDMI：High Definition Multimedia Interface，高清多媒体接口；

HDVPSS：High Definition Video Processing Subsystem，高清视频处理子系统；

NF：Noise Filter，噪声滤波；

NTSC：National Television System Committee，NTSC 标准；

PAL：Phase Alternating Line，PAL 标准；

SC：Scaler，缩放；

SD：Standard Definition，标清；

SDK：Software Development Kit，软件开发包；

TILER：Tiling and Isometric Lightweight Engine for Rotation，平铺和等容积轻量级旋转引擎；

VENC：Video Encoder，视频编码器；

VIP：Video Input Port，视频输入接口；

VPDMA：Video Port Direct Memory Access，视频接口 DMA。

表 12.1 列出了 HDVPSS 的数据格式，注意对于 422T 输入，YUV422I_YUYV 数据格式的最大输入数据宽度是 960 个像素。

表 12.1　HDVPSS 数据格式

名　称	数据格式	排　列	TILER 支持
422I	YUV422I_YUYV	单个 buffer：Y U Y V Y U Y V	不支持
420T	YUV420SP_UV	Y buffer：Y Y Y Y UV buffer：U V U V	Y：8 bit UV：16 bit
422T	YUV422SP_UV	Y buffer：Y Y Y Y UV buffer：U V U V	Y：8 bit UV：16 bit
422T	YUV422I_YUV	单个 buffer：Y U Y V Y U Y V	不支持

12.1.2　功能特性

1. 整体特性

● 2 个独立的视频采集输入端口，采集时钟高达 165 MHz。每个 VIP 支持缩放、像素格式转换、高达1个1080p 60或8通道复用D1数据。

- 两个视频处理引擎,实现去隔行、图像缩放、降噪及格式转换(图像尺寸比例转换、像素格式转换)。
- HDVPSS接收HDVICP2的视频解码数据,并调整成其他数据格式。这些调整包括(但不限于)平面与光栅数据格式转换、扫描格式转换、宽高比转换及帧大小转换。
- 3个独立的图形处理引擎,具有缩放、alpha融合、色彩键控功能。
- 4个独立的COMP(3HD+1SD),支持视频和图形的叠加,提供多种组合方式。每个复合器支持5个显示叠加(2个视频+3个图形)、alpha融合、色彩键控及显示重组。
- 4个视频编码器(2个数字HD、1个模拟HD及1个模拟SD),同时支持3路HD(高达1080p60)和1路SD显示。
- HDVPSS能够有效地处理视频和图形,创建高品质的用户接口,包括(但不限于)去隔行、缩放、降噪、alpha融合、色彩键控、闪烁过滤及像素格式转换。
- 兼容HDMI 1.3a传输,频率达到162 MHz。

2. 视频处理功能

- 两条并行的视频处理流水线(主流水线和辅流水线),支持并发视频流的处理。
- 主视频处理流水用作全尺寸HD显示。主视频处理流水采用高质量视频处理技术,单像素的运动自适应时域、空域降噪,运动自适应去隔行,边缘定向缩放,空域边缘增强。
- 辅助视频处理流水用作HD/SD视频输出处理。辅助视频流水使用区域-高效处理算法,包括运动自适应3D去隔行算法和非边缘自适应缩放算法。
- 对于422光栅输入源,NF噪声滤波算法采用内存与内存之间的时域/空域滤波算法,产生420 tiled输出信号。
- 支持420(色度对齐、半平面、帧/场)和422(色度对齐、半平面、帧/场)的视频输入格式。YUV420是HDVICP2的视频输出格式,也是外部数字视频信号的数据采集格式。
- 支持扫描格式转换(隔行与逐行之间相互转换)。隔行转换成逐行信号中采用了高质量运动自适应3D去隔行技术,矫正场景中的静态和动态景物。
- 视频处理后,可输出给复合器或者外部存储器。当输出给外部存储器时,采用多通道处理模式,高效地对多个输入进行切换。
- 主辅视频处理流水都支持向外部存储的回写功能,使得基于内存处理的帧缩放功能独立于视频帧显示时序。
- 支持色彩键控(透明)。

3. 图形功能

- 支持 3 个独立生成的基于区域的图形层。
- 每个图形层都支持全屏分辨率图形。
- 每个图形流水线都包含了图形缩放器，该缩放器针对图形应用进行了优化，支持图形缩放范围从 0.25× 到 4×，缩放步长为 0.01。
- 支持的图形格式包括：32-bit(ARGB8888、RGBA8888)、24-bit(RGB888、ARGB6666、RGBA6666)、16-bit(ARGB1555、RGB565、ARGB4444、RGBA5551、RGB4444)、位图(1/2/4/8-bit 颜色查找表，即 CLUT 表)。
- 支持整体和像素级的 alpha 融合(256 等级)。对于像素级的融合，alpha 值可以从像素源或者 CLUT 表得到。
- 支持色彩键控(透明)。
- 每一图形层都支持对单像素的掩码屏蔽(用一个分离 bit 屏蔽平面屏蔽像素)。

4. HD/SD 复合特性

- 支持 4 个独立控制的复合器(HDMI/DVO1、HDComp、DVO2、SD)，用于驱动相关的编码显示输出。
- HDComp 支持视频和图形层的复合，提供全尺寸视频显示、图形显示叠加以及 HD 视频在图形上叠加显示输出的功能。
- SD 复合支持视频显示、图形显示叠加、SD 视频在图形上叠加显示输出。
- 每一个输入层都有一个显示优先级，决定了显示融合的顺序。
- 每一个输出支持独立层显示控制。
- 复合器支持两个图形层之间的 256 级 alpha 融合。

5. HD/SD 视频信号编码特性(视频显示)

- 1 个 HDMI 1.3a 兼容接口。
- 2 个 DVO(VOUT)接口，支持 1080p60、8/16/24 YCbCr/RGB 格式。
- VOUT0 支持 10/20/30 bit，VOUT1 仅支持 20 bit。
- 每个 VOUT 支持内嵌或分离的同步输出。
- HD 复合器：适合所有 CEA 770.3-D 定义的要求。
- SD 复合视频/S-Video(NTSC/PAL)：适合 ITU-R BT.470-6(TBD：支持 SECAM)定义的要求。
- 支持 VESA 分辨率，频率高达 165 MHz。注意支持的最大行宽度是 1920 像素，而且宽和高值必须是偶数。
- 同时支持 HD 和 SD 输出。
- 2 个视频时钟，支持 2 个独立的 HD 显示，第 3 个 HD 显示的时钟由其中 1 个决定。

6. 视频采集特性

- HDVPSS 支持2个独立的外部可配置视频输入端口,频率高达165 MHz。
- 每一个视频输入采集口都可被配置成一个16 bit输入通道(Y和Cb/Cr分离),或者配置成两不同时钟独立的8 bit输入通道(Y/C输入数据交错)。另外有一个VIP口可配置成24 bit的RGB采集模式。
- 支持视频内同步和外同步两种同步方式。
- 视频采集端口通道支持像素-像素或行-行的复用数据流(de-multiplexing)。
- 16 bit模式下输入数据速度可达1920×1200 60Hz(165 Mhz)。
- 每个视频采集口都支持非复合数据流的上/下采样缩放(如两路8 bit输入数据中的一路或者一路16 bit输入数据)。注意如果数据源来自外部视频解码器或者摄像机,则只能实现下采样缩放功能。
- 每个视频采集口具有一个可编程颜色空间转换器,实现24 bit RGB与YCb-Cr颜色空间的转换。
- VIP支持RGB、YUV422、YUV420数据存储格式。
- 每一个视频采集口都支持非复合输入数据流的色度分量(YUV422到YUV420)的下采样功能。复合视频流的颜色下采样是以帧数据为单位,通过内存操作的方式实现的,该部分功能在HDVPSS之外实现。

7. 色度上采样模块:CHR_US

色度上采样模块用于将YCbCr 4:2:0输入数据格式转换成YCbCr 4:2:2数据格式输出,通过采用Catmull-Rom算法的内插值滤波器实现。

- 输入:YUV420半平面tiled存储、YUV422半平面tiled存储、YUV420半平面非tiled存储、YUV422半平面非tiled存储、YUV422 YUYV交错非tiled存储。
- 输出:YUV422 YUYV交错非tiled存储。
- 支持隔行和逐行扫描输入。
- 支持4:2:2旁路输入模式。

8. 其他特性

- HDVPSS支持2个附加的视频输入源,视频源格式是YUV420或YUV422 Tiled格式,用作内存到内存操作和SD输出显示。
- HDVPSS支持2个旁路的视频输入源,视频源格式是YUV422的YUYV交错的非Tiled格式,用于显示。
- HDVPSS支持下面的视频数据显示(没有处理要执行,也就是说没有缩放、去隔行和格式转换处理):附加的第1个视频源仅以SD显示、2个旁路视频源以 YUV422 YUYV 交错格式显示。

● HDVPSS 支持视频数据的回写(内存到内存),如下:

① 附加的第 0 个视频输入源的缩放视频,保存为 YUV422 YUYV 交错格式视频;

② 辅助流水线 DEI 视频通道的缩放视频,保存为 YUV422 YUYV 交错格式视频;

③ 主流水线 DEIH 输出的独立缩放视频,保存为 YUV420 视频,使用 VIN0 端口的缩放器和色度下采样器资源;

④ 主流水线 DEIH 视频通道的缩放视频,保存为 YUV422 YUYV 交错格式视频;

⑤ 辅助流水线 DEI 输出的独立缩放视频,保存为 YUV420 视频,使用 VIN1 端口缩放器和色度下采样器资源。

12.1.3　去隔行模块

去隔行(DEI)模块用于将输入的隔行数据格式转换成逐行数据格式。

1. 特　性

● 输入:YUV420 半平面 tiled 存储、YUV422 半平面 tiled 存储、YUV420 半平面非 tiled 存储、YUV422 半平面非 tiled 存储、YUV422 YUYV 交错非 tiled 存储。

● 输出:输出总是与缩放输入(scalar input)一致。

● 运动自适应(DEI)。

● 边缘定向内插值(EDI)。

● 错误编辑检测(BED)。

● 隔行旁路:对于隔行扫描输入,通过旁路配置,DEI 模块可以直接将输入数据转换成输出,没有任何内部处理。

2. 功能描述

DEI 主要是将隔行视频源转换成逐行格式,是 DEIH 模块的功能简化模块。DEI 不执行时域降噪,而且限制在 4 场运动检测。与 DEIH 相比,DEI 采用一个简单的算法(规模更小)实现边缘定向内插值。DEI 可以将高达 1080i 的视频源转换成 1080p 的视频输出。

3. 操作模式

DEI 有以下 3 种操作模式:

● 隔行旁路模式:亮度和色度输入缓冲在 DEI(没有处理)之后,发送给存储器。

● 逐行旁路模式:顶层和底层的 YUV 数据流组合成一个连续的帧,并且作为帧数据(未经其他任何处理)发送给后续的存储器。

- 去隔行模式：DEI 采用替代域 YUV 数据，通过内插技术发送连续的帧数据。DEI 支持 4 种内插模式，实现隔行扫描图片向逐行扫描图片的转换。

4. 插值模式

(1) 插值模式 0

在模式 0 下，插值字段是通过原始 YUV 数据的简单线性平均。即是说，通过对顶部行和底部行的平均实现插值线性。MDT(运动检测)模式的设置不会影响输出。

(2) 插值模式 1

在模式 1 中，内插字段是通过当前场的前后两场数据的像素平均来创建的。换句话说，如果当前场是顶场，那么其内插的底场是通过当前顶场的前后底场的像素平均来创建的。MDT 的设置不会影响结果。

(3) 插值模式 2(EDI)

模式 2 是一个边缘辅助隔行模式，通过一个 2×7(H×W)帧窗口的亮度信息实现边缘检测，可以检测 45°到 135°之间的 7 种可能边缘。大于 135°的斜线边缘当作 135°处理，同理，低于 45°的斜线边缘当作 45°处理。采用沿着检测边缘的原始亮度数据作为亮度内插。MDT 模块的运动矢量值(MV)用来从查找表中选择混合系数，这个查找表是关于从当前场进行 2D 内插和从当前场的两个相邻场进行 3D 内插的融合方式。色度融合(blending)的方式与亮度略微有些不同，因为 MV 是基于亮度计算的，所以进行色度融合还需要考虑其他相关的信息。在这个模式下，边缘检测插值仅应用于亮度，对于色度内插需要采用垂直内插。

(4) 插值模式 3(EDI)

在这个模式中，边缘检测方法的使用与模式 2 类似。唯一的区别是边缘检测内插可以同时用于亮度和色度。色度插值同样是根据基于亮度信息得到的边缘矢量。色度插值稍有差别的原因是色度数据的下采样。

5. 运动检测：MDT

MDT 模块得到的运动值仅仅是基于亮度信息计算的，运动值用来决定 2D 和 3D 内插结果怎样进行融合。DEI 的运动检测模块支持 4 场模式。

12.1.4 高质量去隔行模块

高质量去隔行(DEIH)模块用来将输入的隔行数据格式转换成逐行数据格式。

1. 特 性

- 输入：YUV420 半平面 tiled 存储、YUV422 半平面 tiled 存储、YUV420 半平面非 tiled 存储、YUV422 半平面非 tiled 存储、YUV422 YUYV 交错非 tiled 存储。
- 输出：输出总是与缩放输入(scalar input)一致。

- 运动自适应去隔行：基于亮度和色度的运动检测、两种运动检测模式(4 场和 5 场)。
- 时域降噪(TNR)：EDI 之前进行运动方向性 3D 降噪、允许亮度和色度的降噪。
- 边缘定向内插(EDI)。
- 空域降噪(SNR)。
- 错误编辑检测(BED)。
- TNR 支持逐行输入隔行旁路：对于隔行扫描输入，该模块可以直接将输入数据传给旁路配置输出，没有任何的内部处理。

DEIH 主要用于将隔行视频源转换成逐行视频格式，包含了时域降噪、4/5 场运动检测、精细边缘检测功能等，边缘检测模块可以生成一个高质量的去隔行输出。DEIH 可以实现将分辨率高达 1080i 的视频源转换成 1080p 的视频输出。

2. 操作模式

DEIH 有以下 4 种操作模式：

- 隔行旁路模式；
- 逐行旁路模式；
- 逐行模式；
- 去隔行模式。

在隔行旁路模式中，亮度和色度输入缓冲在 DEIH(没有处理)之后，发送给存储器。

在逐行旁路模式中，顶层和底层的 YUV 数据流组合成一个连续的帧，并且作为帧数据发送给后续的存储器。

在逐行模式中，数据处理包括 2D(空域)降噪和 3D(时域)降噪，并且这两种降噪模式可以独立使能。如果启动了 3D 降噪，顶层和底层 YTNR 和 UVTNR(滤波的 Y 和 UV)被传送到外部存储器，而且在一场延迟之后，还需要将这些数据返回到 DEIH 模块。顶层和底层的 YUV 数据流是独立的，在传送之前整合成一帧图像。

在去隔行模式中，DEIH 采用替代域 YUV 数据，通过内插技术发送连续的帧数据。在进行隔行图像转换的时候，DEIH 支持 4 种插值模式、3 种运动检测模式、3D 时域降噪和 2D 空域降噪。

3. 插值模式

(1) 插值模式 0

在模式 0 下，插值字段是通过原始 YUV 数据的简单线性平均。就是说，通过对顶部行和底部行的平均实现线性插值。MDT(运动检测)模式的设置不会影响输出，可以独立应用 TNR 和 SNR。

(2) 插值模式 1

在模式 1 中,内插字段是通过当前场的前后两场数据的像素平均来创建的。换句话说,如果当前场是顶场,那么其内插的底场是通过当前顶场的前后底场的像素平均来创建的。MDT 的设置不会影响结果,可以独立应用 TNR 和 SNR。

(3) 插值模式 2

模式 2 是一个边缘辅助隔行模式,通过一个 2×7(H×W)帧窗口的亮度信息实现边缘检测。它可以检测 45°到 135°之间的 7 种可能边缘。大于 135°的斜线边缘当作 135°处理,同理,低于 45 度°的斜线边缘当作 45°处理。采用沿着检测边缘的原始亮度数据作为亮度内插。色度插值与此类似,是根据基于亮度信息获得的边缘矢量。

(4) 插值模式 3

模式 3 是一种边缘辅助隔行扫描模式,通过一个 17×2(W×H)的帧窗进行边缘检测,边缘检测范围在 11.3°到 168.7°之间,而且带有 1/8 像素分辨率。亮度插值采用了两种模式:4-tap 垂直插值和沿着检测边缘的 2-tap 插值。色度插值采用基于亮度信息的像素分辨率边缘矢量。

4. 运动检测

MDT 模块得到的运动值仅仅是基于亮度信息计算的,运动值用来决定 2D 和 3D 内插结果怎样进行融合。

TNR 模块采用运动值来确定混合系数,该混合系数是关于当前场的 YUV 和当前帧的 YTNR/UVTNR。在 TNR 模块中计算基于亮度数据和色度数据的 MV,Y 或 UV 中较大的 MV 用来确定融合因子。SNR 模块采用 MV 来决定 Sigma 滤波器怎样进行数据融合,该 MV 是由 TNR 模块提供的。下面讨论的 MDT 模式仅适用于 MDT 模块,对于 TNR 确定 MV 没有任何影响。

在 DEIH 中有两种运动检测模式:4 场(4-field)模式和 5 场(5-field)模式。

(1) 4 - field 模式

MV 首先由 y_f0(当前 Y)和 y_f2(2 场延迟后的 Y)决定。利用最大 MV 和基于 1 场延迟数据的 MV(MV_f1)来计算每个像素的整体 MV。除开 y_f0 和 y_f2,y_f1 也可以用来检测场景变换。在高级模式下,也可以用来检测慢运动。因为这种运动检测模式使用了 3 个场的亮度数据和一个场延迟 MV,因此 MV 来自于 4 场的亮度数据,所以叫做 4-field 模式。在 YUV 输入与 YUV 输出之间有一个场延迟,插值处理的当前场指的是 YUV_f1 数据。

(2) 5 - field 模式

同 4-field 模式一样,MV 首先由 y_f0 和 y_f2 决定,但是同时采用 MV_f1 和 MV_f2 作为每个像素 MV 计算的输入。场景变化中采用的是 yuv_f3,而不是 yuv_f1。MV 来自于 5 场亮度数据,所以叫做 5-field 模式。在 YUV 输入和 YUV 输出之间有 2 个场延迟,插值处理的当前场指的是 yuv_f2。

5. 时域降噪

时域降噪滤波器(TNR)是一个3D噪声滤波器,采用IIR滤波技术。对于插值图片,IIR滤波器使用两场之间的像素延迟以及两个相邻顶场或底场的像素。当DEIH在逐行扫描模式时候,一帧图像会被分成顶场和底场,同时TNR就在顶场和底场上做处理。在逐行扫描格式中,TNR数据需要延迟1场而不是2场。

6. 空域降噪

空域降噪(SNR)是2D噪声滤波器,是在插值之后对图像帧进行处理。SNR不区分DEIH是在逐行扫描模式还是在隔行扫描模式,包括两种滤波算法:脉冲噪声滤波器和Sigma滤波器。

脉冲噪声滤波器的主要目的是去除图像分离的斑点。为了达到这个目的,通过检测的脉冲噪声数量,自适应的选择一组中值滤波器。高斯噪声滤波器是针对高斯噪声的。Sigma滤波器是边缘滤波器,仅仅包括当前像素的相邻像素,这些相邻像素的值在当前像素的一个给定范围内。

12.1.5 视频复合模块

视频复合器(COMP)模块用来将输入视频源与图形源融合成单个流数据,用于驱动视频编码器(VENC)。

1. 特　性

- 4个独立控制的融合器。
- 支持4路显示:3路HD和1路SD。
- 每个输出支持5个输入层:2个视频层和3个图形层。
- 支持2个视频输入层的256级级联alpha融合、支持3个图形输入层的融合。
- 对于输入层,支持显示优先级编程。
- 支持背景色彩编程。

2. 功能描述

COMP模块具有4个独立控制的融合器,每个可以将高达5个输入层(2个视频层和3个图形层)进行融合得到一个输出。每个融合器都与4个视频编码器中的1个是对应的,用来驱动显示数据。在表12.2中列出了每个融合器对输入层的访问权限。

表 12.2　融合器对输入层的访问权限

输入层\融合器	HDMI	HDCOMP	DVO2	SD
主 HD 视频	Yes	No	Yes	No
HDCOMP 视频	No	Yes	No	No
SD 视频	No	No	No	Yes
HD 辅视频	Yes	Yes	Yes	No
GPRX0	Yes	Yes	Yes	Yes
GPRX1	Yes	Yes	Yes	Yes
GPRX2	Yes	Yes	Yes	Yes

每个输入层可以与 HDVPSS 的一个或多个 VENCs 关联，与同一个 VENC 关联的输入层应该有相同的大小和类型(逐行或隔行)。这表明如果一个输入层共享多个 VENCs，则所有的这些编码器有相同的大小、类型和帧速率。例如，如果 1080p HDMI 的输出包括主视频输入和带有图形叠加的辅视频输入，那么主辅视频输入都必须是 1080p，图形层也必须是 1080p。如果另一个融合器设置成 480i，它就不能使用主辅视频输入，必须使用不同的图形输入。VENC 关联的输入层组合在一起，根据用户编程的显示优先级顺序表进行重新排序，并采用重叠层之间的内嵌 alpha 值进行融合。

(1) 输入源

COMP 模块的每个融合器可以接收 5 个输入源，并将融合的输出传送到对应的 VENC。单个融合器连接的所有输入应该满足：

- 通过在上游模块(upstream module)形成一个窗口(如图 12.2 所示)实现显示尺寸与对应 VENC 的相同。注意它没有限制要求外部存储器的实际输入视频有同样的尺寸。例如，存储器的视频 0 可以为 1920×1080，视频 1 可以为 720×480。如果输入源大小与显示尺寸不一样，就在显示中的剩余部分插入如图 12.2 所示的颜色。
- 带有优先级信息，用于最终显示数据流的重排序(仅适用于图形输入)。
- 带有 alpha 值，用于通过优先级别与其他进行融合。

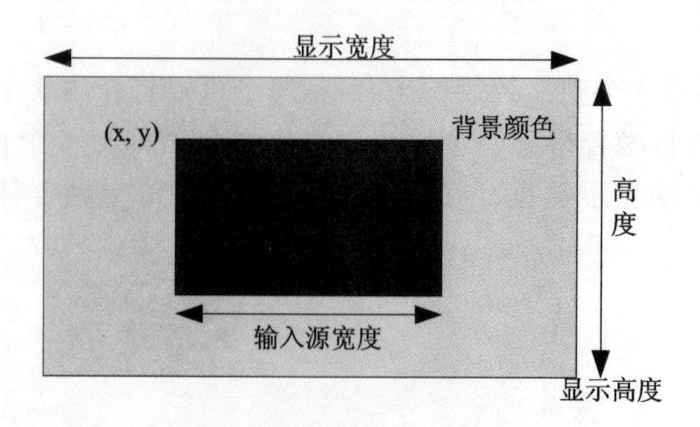

图 12.2　上游模块窗口颜色

(2) 融合器

复合器首先将两个输入视频源融合成单个输出视频，然后重新组合视频和图形。允许显示优先级的灵活编程，最后将所有的一起融合生成单个显示输出到VENC模块。当有两个输入源，融合输入1(input1)和输入2(input2)，最终的输出计算如下：

$$\text{Blended\_output}=\begin{cases}(a)*\text{input1}+(1-a)*\text{input2} & \text{如果input1是顶层，i2nput是底层}\\(1-b)*\text{input1}+(b)*\text{input2} & \text{如果input2是顶层，i1nput是底层}\end{cases}$$

其中a和b分别是input1和input2的alpha值，输出的顺序(顶层和底层)是由这两个输入的优先级决定的。

(3) 背景颜色

COMP模块的背景颜色是可编程的，可以将其配置成的RGB格式(R、G、B分别都为10 bit)，所有alpha值为0的像素都被这种RGB颜色替代。如果视频的底层没有被使能，视频顶层就与背景进行融合。如果顶层和底层都没使能，那么背景颜色就用作视频alpha融合输出。对于SD通道，只有一个视频流接入，并且与背景颜色进行融合。

12.1.6 图形模块

图形模块(GRPX)是一个包括RGB或位映射数据的图形处理器，为视频COMP模块创建显示平面的输入。

1. 特 性

- 非tiled存储。
- 输入：RGB565、RGB888、ARGB1555、ARGB4444、ARGB6666、ARGB8888、RGBA4444、RGBA6666、RGBA8888、可配置CLUT的位图数据(8/4/2/1 bit)、非tiled存储、优化的stenciling表(1 bit掩码)。
- 输出：输出数据格式为ARGB32。
- 宽、高及其位置(X&Y)参数。
- 显示优先级。
- 缩放使能/禁止。
- 缩放比例属性。
- Stenciling使能/禁止。
- 支持全局、色彩和像素级融合。
- 可配置的色度键控选择。
- 边界盒使能。

2. 功能描述

GRPX模块接收RGB或位图数据、应用属性，将数据输出传送到COMP模块。

(1) 显示优先级：Disp_Priority

图形管道之间的显示优先级别用来变换2个GRPX管道的顺序。GRPX模块只是简单的将每个像素数据对应的这些值随着像素一起传送到COMP模块，然后COMP应用它们来对2个GRPX数据进行重排序。两个GRPX输出的显示输出格式和速率应该是相同的。

(2) 缩放器：Scaler

GRPX缩放器包括5抽头/8相(5-tap/8-phase)水平和4抽头/8相垂直的多相滤波器。

(3) 防闪烁滤波器：Anti-Flicker Filter Implementation

当数据被放大或缩小，垂直多相滤波器可以提供抗闪烁滤波。即使数据不需要被缩放，缩放器仍然使能，执行缩放比率为1的垂直低通滤波。

(4) Stenciling

VPDMA发送1 bit，用于那些具有"stenciling"特性使能的像素。这1 bit将该像素的alpha值强制为0，便于屏蔽该像素(即像素透明)。在给矩形图形分配任意掩模形状的应用中可以使用这一特性。

(5) 边界盒融合：Boundary Box Blending

GRPX模块支持像素alpha值重写，这些像素组成1像素宽的边界盒。该边界盒有一个半透明alpha值(默认值为80h)，这样可以使边缘的闪烁最小化。每个边界像素有一个可编程边界盒alpha值。

(6) 融合：Blending

GRPX支持0(透明)到255级(完全不透明)的融合，包括以下4种融合模式：

- 非融合(no-blending)；
- 全局(global)；
- CLUT；
- 像素。

当选择no-blending时，GRPX将每个alpha强制为FFh。在global融合中，给每个像素分配了可编程的alpha值。对于像素色彩融合，分别采用CLUT映射或内嵌的alpha(ARGB格式源)。

(7) 透明度处理：Transparency Handling

GRPX模块支持透明模式，便于决定每个像素的alpha值如何设置。当透明模式使能时，每个像素的色彩与可编程透明色彩(RGB888)进行比较，用于决定该像素是否透明。如果色彩匹配，那么alpha值就强制为00h，否则，alpha保持原来编程的值。在比较的过程中，可以分配LSB位掩码，通知该模块被屏蔽的LSBs。GRPX支持3种不同的LSB掩码：屏蔽LSB bit[0]、屏蔽LSB bit[1:0]、屏蔽LSB bit[2:0]。例如，如果选择屏蔽LSB bit[2:0]，则RGB数据的前5位与编程透明RGB色彩对应的5位进行比较。

因为alpha值也会有与RGB色彩相同的缩放方式，因此所有融合/透明度相关的任务遵循以下顺序：

- no-blending(强制 alpha 为 FFh)和 global 融合(强制 alpha 为编程的 global 融合级别)的应用；
- 透明度检测：对于透明像素，强制 alpha 值为 0；
- Stenciling 应用：强制屏蔽像素(stencil 为 1)的 alpha 值为 0；
- 缩放 alpha 值(如果缩放使能)；
- 边界盒融合(强制 alpha 为编程的边界盒融合级别)。

12.1.7　高清视频编码器

HDVPSS 有 3 个视频编码器(HD_VENC)，用来编码来自 COMP 模块的的有效的视频数据，并通过生成时序信号控制数据流，将编码后的数据传送给 30 bit 宽的 DVO 端口。

1. 特　性

- 两个独立的数字视频输出端口(DVO1 和 DVO2)；
- DVO 端口支持高达 165 MHz 的数据输出速率；
- DVO1(VOUT1)端口支持 20 bit 内嵌同步或分离同步的输出；
- DVO2(VOUT2)端口支持 10/20/30 bit 内嵌同步或分离同步的输出；
- 显示的时序生成器：生成 OSD(On Screen Display)的 VS、HS、FID、HBI、VBI 和 ACT_VID 显示时序；
- 模拟输出仅支持内嵌同步；
- 色彩空间转换。

2. 功能描述

HD_VENC 包括两个模块：

- OSD；
- 编码器。

OSD 采用编码器模块生成的同步信号从 COMP 模块获取数据。在 DM8168 中，HD_VENC 支持数字(HDMI/DVO1，DVO2)或模拟(HDCOMP)输出，但是不能同时支持。表 12.3 列出了可能的显示端口和对应的 VENC。

表 12.3　显示端口和 VENC 名称

显示端口名称	类　型	VENC 名称	PINMUX 端口名称
HDMI/DVO1	数字	HDMI	VOUT1
DVO2	数字	DVO2	VOUT2
HDCOMP	模拟	HDCOMP	没有应用
SD	模拟	SD	没有应用

(1) OSD 接口

OSD 和视频显示编码器之间的接口包括 1 个 30 bit 的数据总线、1 个像素时钟、5 个同步信号。在默认情况下，视频有效期间的每个上升沿到来时，从 OSD 模块将 30 bit 的 RGB 视频数据传送给编码器。表 12.4 列出了 OSD 接口的所有控制信号。

表 12.4　OSD 接口信号

信号名称	描　述
FID	场 ID 信号。在隔行和逐行扫描模式下，每场和每帧分别在 1 和 0 之间切换
VS	垂直同步信号，是一个单行的长脉冲。在隔行和逐行扫描模式下，该脉冲分别表示每场和每帧的第一行
VBI	垂直空白信号。在非有效视频期间，变为 1；在有效视频期间，保持为 0
HS	水平同步信号
HBI	这是一个 4 像素宽的高电平有效信号，每一行视频就会出现一次该信号
ACT_VID	这是一个有效视频合格信号。当此信号为高时，编码器期望在 1 个时钟延迟之后来自 OSD 的有效视频数据

(2) 数字视频输出：DVO

表 12.5 列出了 DVO 支持的所有格式。

表 12.5　DVO 格式

格　式	Bits
单数据流 656	YCbCr - 10 - bits
双数据流 656	Y/CbCr - 20 - bits
三数据流 656	Y/Cb/Cr/R/G/B - 30 - bits
YUV422 20 - bits 输出的离散同步	Y/CbCr - 20 - bits
30-bits 输出的离散同步 i	Y/Cb/Cr/R/G/B - 30 - bits

DVO 可以输出内嵌同步和分离同步。在内嵌同步时，DVO 支持单/双/三数据流。在分离模式下，DVO 输出如下同步信号：

- HS(水平同步信号)；
- VS(垂直同步信号)；
- ACT_VID(有效的视频数据)；
- FID(场 ID 信号)。

(3) 色彩空间转换：CSC

CSC 模块通过 3×3 矩阵，将输入数据从一个颜色空间转换成另一个色彩空间。

(4) DAC 接口

在 DM8168 中有 3 个 12 bit 的视频 DAC。有效数字视频及其同步信号在数字领域直接进行合成并发送给 DAC 模块。在分量视频格式中，将同步信号插入 Y 通

道或 G 通道。在 ITU 和 SMPTE 标准中，也允许将同步信号插入到 R、B、Pb 和 Pr 通道。DM8168 只实现了前一种同步信号方式。

12.1.8　噪声滤波模块

噪声滤波器(NR)用来降低视频序列的噪声，便于提高视频图像的质量和压缩效率。

1. 特　性

- 输入：YUV422 YUYV 交错非 tiled 存储器；
- 输出：YUV420 半平面 tiled 存储器，YUV420 半平面非 tiled 存储器；
- 空域视频噪声滤波；
- 空域视频噪声滤波旁路；
- 时域视频噪声滤波；
- 时域视频噪声滤波旁路；
- 色度下采样。

2. 功能描述

NF 模块是时域、空域 IIR 滤波器和色度下采样的组合。空域滤波器处理当前帧中的邻近像素。为了同时实现空域和时域降噪，时域滤波器处理已经滤波的帧。

NF 模块对 YUV422 的光栅输入源实行内存到内存的时域空域噪声滤波算法，并产生 YUV420 的 tiled 输出源。NF 主要的应用模式是作为视频输入端口处理的一部分。在这个应用模式下，视频输入端口采集外部视频源并以 YUV422 光栅格式送到存储器，从存储器中将数据源送回到 NF 模块进行噪声滤波之后，再将 YUV420 的 tiled 格式数据传送到存储器。

NF 模块可以被配置成空域/时域滤波、空域滤波、时域滤波或旁路模式。当某一个滤波功能使能，NF 先前滤波后的输出需要使用一个额外的输入来实现噪声降低。如果 NF 模块选择了旁路模式，则不需要 NF 先前的滤波输出，而且 NF 模块只实现 YUV422 到 YUV420 的色度下采样。

12.1.9　高质量缩放和普通缩放

高质量缩放(SC_H)和普通缩放(SC)用于将输入视频缩放成其他分辨率。

1. 特　性

- 输入：DEI 输出，VIP 输出的色度上采样输出；
- 输出：YUV422 YUYV 交错式；
- 水平/垂直裁剪；
- 水平多相滤波器；

- 多相滤波器/垂直平滑均值滤波器；
- 可以放大到分辨率为水平 1 920 个像素、垂直 1 080 个像素。

2. 功能描述

缩放器对图像大小进行调整，将输入图像调整到输出所需的尺寸。它可以进行全高清(1080p)的缩放，并且输出全高清(1080p)。SC_H 是高级配置版本，用来进行高质量缩放和边缘定向垂直缩放，仅用于主视频流数据。SC 是一个中级配置版本，在没有边缘定向缩放下保持好的缩放质量。SC 应用于辅视频流数据和 HDVPSS 的所有其他回写数据。SC_H 和 SC 都经过以下 3 个步骤：

- 修饰；
- 垂直缩放；
- 水平缩放。

(1) 修饰器：Trimmer

在将输入视频传输给缩放子模块之前，可以通过对修饰器编程重新定义一个新的源图像，可以实现小区域缩小、平移/扫描或去除视频中不必要的部分。

(2) 垂直缩放

垂直缩放具有多相滤波器和平滑均值滤波器。多相滤波器可以实现任何图像放大和 3/16(优先选择)的图像缩小。平滑均值滤波器仅仅可以实现 1/2(或更小)的图像缩小。基于用户设置的“use_rav”参数在两种滤波器中选择，主要是在处理效率以及结果清晰度做一个权衡。

(3) 多相滤波器

在 SC_H 和 SC 中，垂直多相缩放是通过 32 bit 的 32 相/5 抽头多相滤波器实现的。对于 SC_H，增加 2 抽头边缘定向双线性滤波器，利用源图像的边缘信息可以提高质量。只有在 SC_H 才会用到双线性插值，在输出图像中采用两行源数据生成丢失的行数据。由于图像缩小的混叠效应，只有在图像放大中才会用到这种缩放。

(4) 平滑均值滤波器

在多相滤波器使用中经常会有许多抽头，便于小比例图像缩小中获得好的质量，这需要使用很多行缓冲器。在 HDVPSS 中，针对缩放参数很小(比如缩放比例小于 0.5)的图像缩小，有一个加权平滑均值滤波器。这种高度优化的设计仅仅需要一个用于亮度的行缓冲器和一个用于色度的行缓冲器，同样也达到可以接受的质量要求。平滑均值滤波器的输出是基于垂直方向上的当前行和以前的行像素的加权平均。

(5) 水平缩放

水平缩放通过使用 32 相/7 抽头(2 组 1/2 抽取)的多相滤波器实现。水平缩放的通用配置如下：

对于图像放大，采用多相缩放进行输入视频的插值；

对于图像缩小，输入视频进行 2 抽取，直到缩放因子降到 1/2 到 1 之间。然后，

基于缩放因子,对多相滤波器进行所选系数的配置。

12.1.10 标清视频编码器

标清视频编码器(SD_VENC)将数字分量 YCbCr/RGB 视频信号进行转换,以符合各种 TV 标准的模拟视频。

1. 特　性

- 主时钟输入 27 MHz;
- 支持 PAL/NTSC 标准;
- 复合视频输出(CVBS);
- S 端子输出(Y/C);
- 色彩空间转换。

2. 功能描述

SD_VENC 模块与同步信号发生器建立的水平/垂直同步信号是同步操作的。对于模拟视频输出,需要指定 525i 或 625i 的 TV 格式。格式设置指定相关的时序参数,比如同步上升/下降的建立时间、有效视频的上升/下降时间、垂直同步和均衡脉冲位置。

(1) 色彩空间转换

将 2 倍插值数据送给色彩空间转换器(CSC)并将其转换成所需的色彩格式。

(2) DAC 输出

SD_VENC 模块支持 4 通道、12 bit 的 DAC 输入的数字输出。

12.1.11 视频输入解析模块

视频输入解析模块(VIP - Parser)用来将视频数据捕获进 HDVPSS 模块。

1. 特　点

- 输入

YUV422 8 bit 内嵌同步模式(除开 BT.1120);
YUV422 8 bit 分离同步模式;
YUV422 16 bit 内嵌同步模式;
YUV422 16 bit 分离同步模式;
YUV422 8 bit 2×/4×像素同步模式;
YUV422 8 bit 4×行同步模式;
RGB 24 bit 内嵌同步模式;
RGB 24 bit 分离同步模式;
YUV444 24 bit 内嵌同步模式;

YUV444 24 bit 分离同步模式。

● 输出

YUV422 YUYV 交错格式；

YUV420 半平面格式；

RGB 24 bit 交错格式；

YUV422 半平面格式。

● VIP 子系统有两个 165 MHz 的视频捕捉实例。
● VIP0 是一个 16/24 bit 通道，VIP1 是 16 bit 通道。
● 每个 VIP 支持 2 个像素时钟输入域(PortA 和 PortB)。
● 端口 A 像素时钟域支持 24 bit 输入数据总线。
● 端口 B 像素时钟域支持 8 bit 输入数据总线。
● 每个 VIP 可以在双 8 bit 采集通道。
● 内嵌同步数据接口模式支持单个(单独一个通道的视频源)或复用源(多个视频源通道的复合)的输入。
● 分离的同步数据接口仅支持单一源的输入。
● 两个像素时钟输入源可以单独配置成内嵌或分离同步的任何组合。
● 复用数据仅能出现在内嵌同步模式。
● 包含内嵌垂直辅助数据的空像素会尽可能地被存储在每个视频源的专门缓冲中。
● 色度空间转换(CSC)。
● 色度下采样。
● 缩放。
● 复用数据不能进行色度空间转换、色度下采样及缩放。

2. 功能描述

VIP 解析子模块采集捕获来自外部的视频源数据，然后解析子模块将捕捉到的数据送到 VIP 模块做进一步处理，包括色度空间转换、缩放及色度下采样，最后将视频数据写到外部的 DDR 内存。对输入视频流做色度空间转换、缩放及色度下采样是可选的。如果在捕捉时不使用 VIP 的缩放和色度下采样模块，也可以用于内存到内存的操作。

(1) 模拟视频

数字视频是基于模拟视频的，一行 NTSC 模式视频的格式如图 12.3 所示。

(2) 数字视频

数字视频是基于对模拟视频的扫描。BT601 使用不同的同步信号用以指定一场和一行的开始。BT656 和 BT1120 使用同步字内嵌在数据流中，以指明一行和一场的开始。

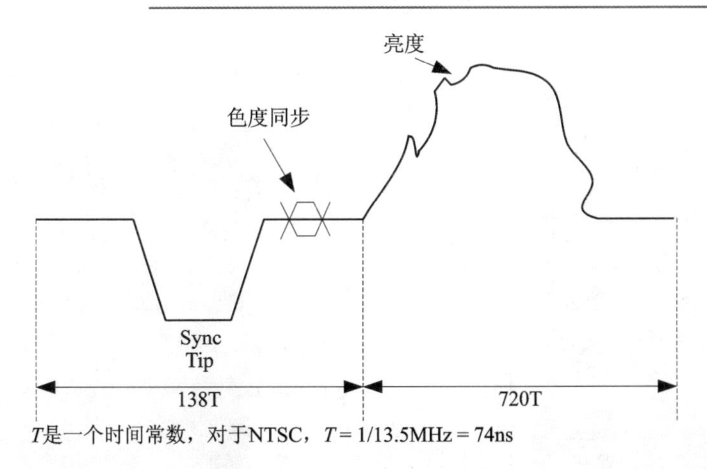

图 12.3　1 行 NTSC 模式视频的格式

数字化的视频如图 12.4 所示。

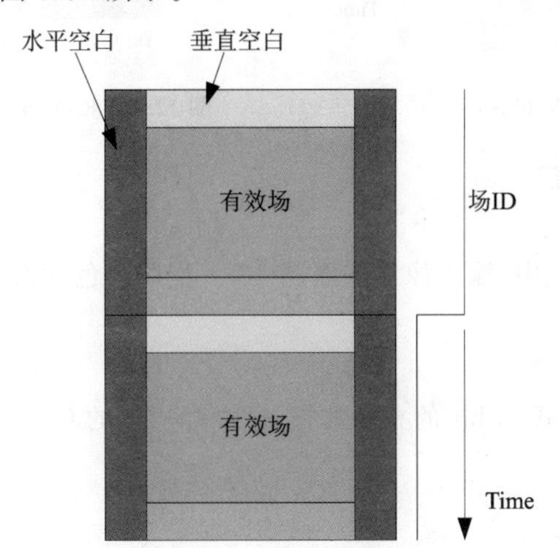

图 12.4　数字化视频格式

将同步字编码到视频流中,可以更加灵活地增加一些非视频相关的数据,即辅助数据(Ancillary Data)。另外,内嵌在数字流中的代码字也能被用作多通道视频复用一个数据流的类型标识,这个功能对于多路视频的输入是非常有用的。

图 12.5 显示了将 EAV(End-of-Active-Video 有效视频结束)和 SAV(Start-of-Active-Video 有效视频开始)代码字加入到视频流中。在 EAV 和 SAV 之间的时间间隔等于水平空闲(Horizoning Blanking)时间,在 SAV 到下一个 EAV 之间的时间间隔等于有效视频时间或垂直空闲时间(Vertical Blanking)。

在 BT656 和 BT1120 内嵌 EAV/SAV 代码字中,有 3 个 bit 是非常重要的：F(场)、H(水平空)、V(垂直空)。

图 12.6 显示了 F、V、H 标记在图像中的不同位置时的值。F 是图像场标识,对于逐行视频,F 总是 0,V 指明垂直空区域,H 指明水平空位置。

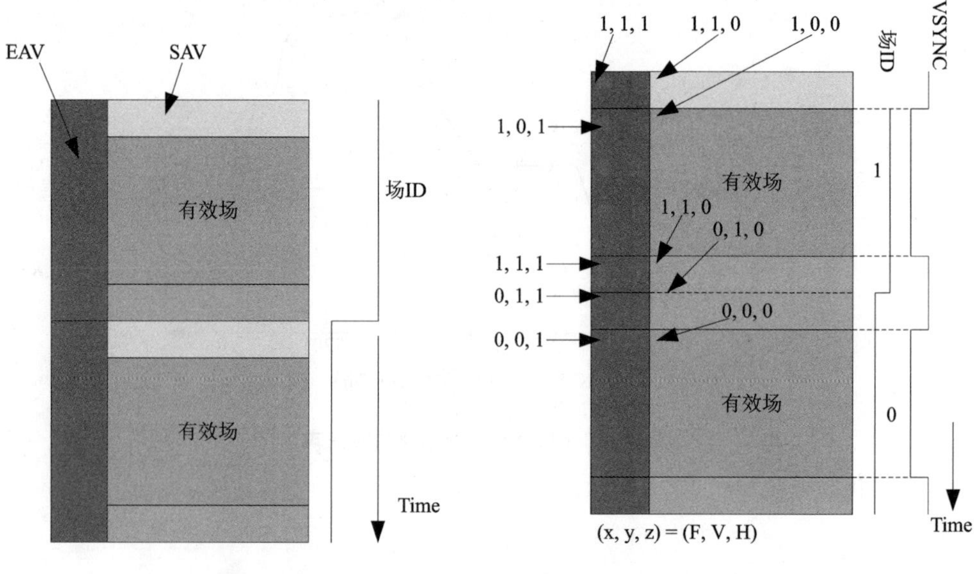

图 12.5　EAV 和 SAV　　　　图 12.6　EAV/SAV 的 F,V 和 H 标志

(3) 输入数据接口

① 8 bit 接口模式

在 8 bit 接口模式中,输入像素按照图 12.7 复用。色度格式为 4:2:2,Cb/Cr 被称为色度,Y 是亮度。

② 16 bit 数据接口

在 16 bit 接口模式,8 bit 的亮度数据总线和 8 bit 的 Cb/Cr 色度复用总线,如图 12.8 所示。

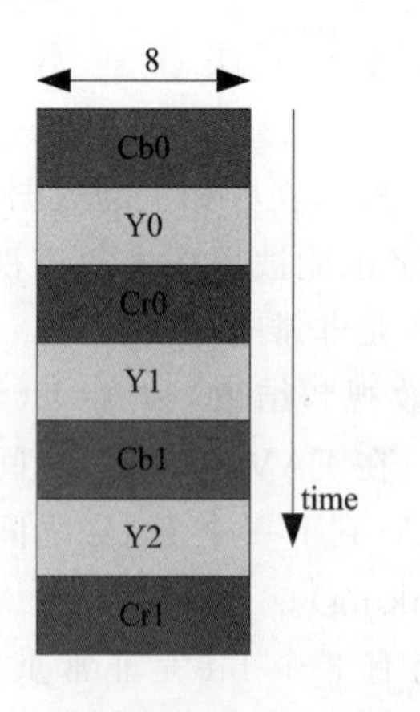

图 12.7　8 bit 接口离散同步像素复用

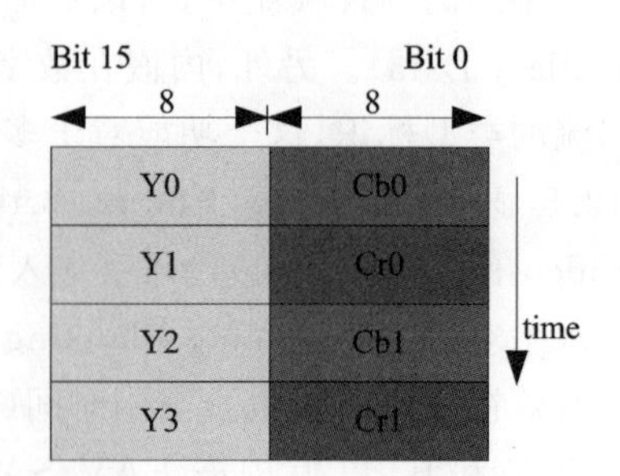

图 12.8　16 bit 接口离散同步像素复用

③ 24 bit 数据接口

在 24 bit 模式，传送 RGB 数据。3 个分量打包在数据总线上，并且送到 VPDMA，如图 12.9 所示。24 bit 亮度 VPI 通过 VPDMA 传输 3 个分量，以打包的方式存储在 DDR 中，3 个分量没有被硬件分离。

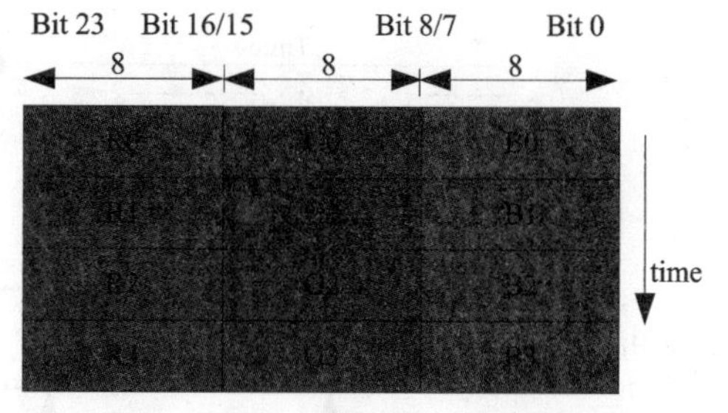

图 12.9　24 bit 接口 RGB 离散同步

(4) 输入端口和 24 位数据总线的共享

VIP 解析器支持 2 个独立的像素时钟输入域：Port A 和 Port B，Port A 支持一个单独的 24 bit 数据总线，而 Port B 支持一个单独的 8bit 数据总线。在 DM8168 上，有 24 个引脚用来被 Port A 和 B 使用。

从芯片级来看，两个 VIP 实例并不是一模一样的。VIP0 是一个 24 bit 接口，而 VIP1 是一个 16 bit 接口，每个端口的配置如表 12.6 所列，每个端口能独立配置为离散同步或内嵌同步。

表 12.6　有效输入端口配置

PortA	PortB	PortA	PortB
8 bit	Off	8 bit	8 bit
16 bit	Off	Off	8 bit
24 bit	Off		

(5) 帧缓冲

VIP/VPDMA 支持 DDR 中的有效视频帧缓冲。YUV422 数据总是存储在打包的像素缓冲里，YUV420 数据存储在亮度平面和 CbCr 平面缓冲里。亮度帧缓冲是一个平面存储区域，每行宽度是输出的图像宽度，单位是像素(1 字节/像素)，帧缓冲包含输出图片尺寸格式的有效视频行数。色度对帧缓冲是 CbCr 像素对的存储平面，每个像素是一个字节。对于 YUV420 存储，输出图像有效亮度视频为 N 行，CbCr 是 N/2 行。

(6) 源复用

为了充分利用视频捕捉端口的带宽并节省引脚，可以将多个视频源数据流通过一定的方法复合到一个视频捕捉端口输入，然后通过 VIP 解析分离出各个通道数据。实际应用中可能需要处理多路，如 16 路视频，这时需要使用源复用技术。

① 2－way 复用

2－way 复用是指两个内嵌同步视频流按照一个像素/时钟一次交错，如图 12.10所示。

2 个原始数据流中的同步码字 FF－00－00－XX 被复制。在 2－way 复用模式中，两个视频源的尺寸必须是一样的，同样，垂直辅助数据尺寸也必须是相同的。但

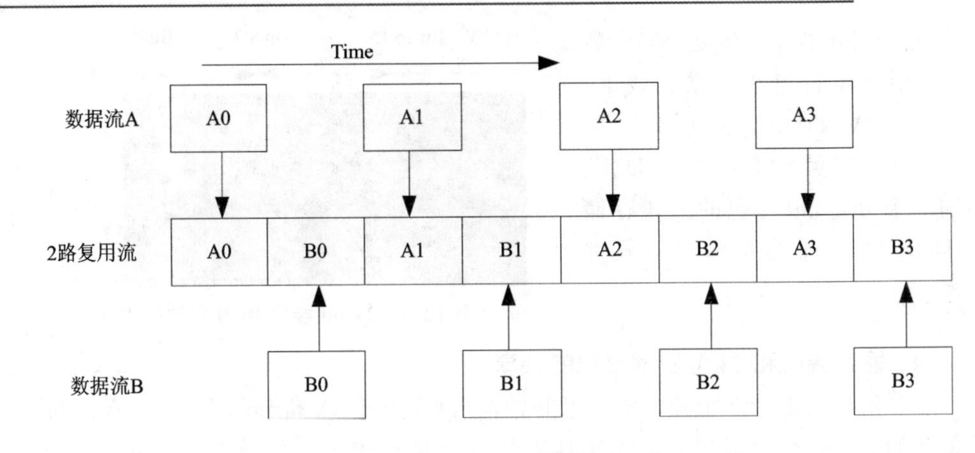

图 12.10　2 路复用

是在相邻的时钟周期里，两个视频流不必传送同样位置的像素，也就是说两个视频可以不同步。

② 4－way 复用

4－way 复用是 4 个内嵌同步视频流复用成一个视频流，如图 12.11 所示。

4 个原始数据流中的同步码字被复制。同 2－way 复用一样，4 个视频源的尺寸必须是一样的，垂直辅助数据区域的尺寸也必须是相同的，然而在相邻的时钟周期里，4 个流不必传送相同位置的像素，也就是说 4 个视频可以不同步。

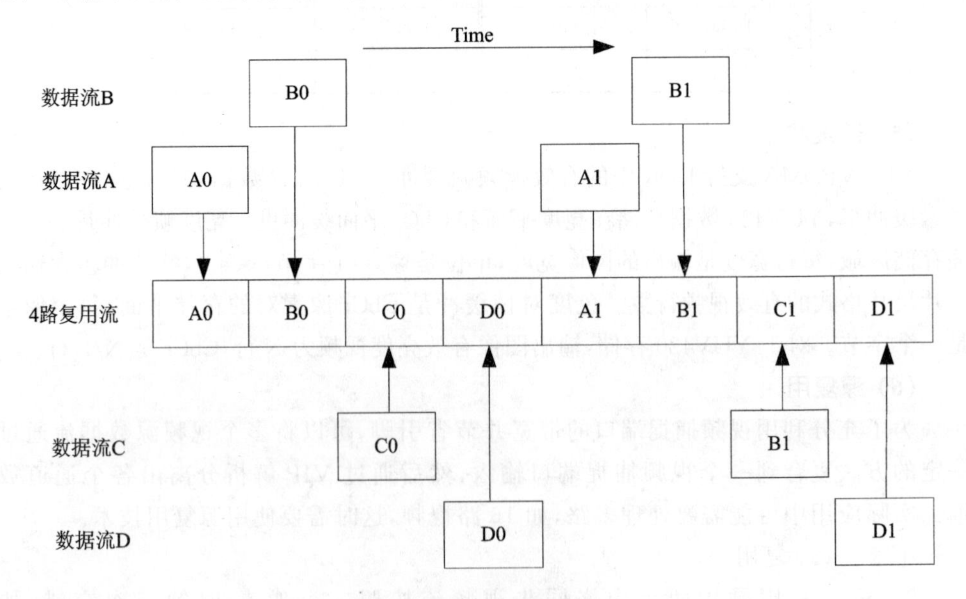

图 12.11　4 路复用

③ 行复用

在行复用中，n 个不同的视频源一次送到 VIP。使用一个修改版本的内嵌同步，用于在一个码流中区分出不同视频源。图 12.12 显示了 2 个源行复用的例子。

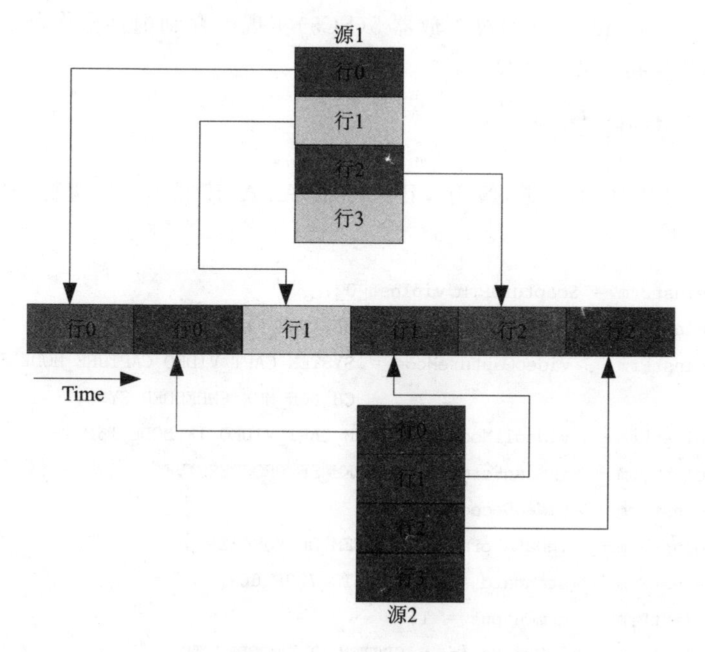

图 12.12　行复用例子

④ 嵌入式同步多用模式和数据总线宽度

内嵌同步复用模式的有效组合和数据总线宽度见表 12.7。

表 12.7　有效嵌入同步复用模式和数据总线宽

数据总线	1 路复用	2 路复用	4 路复用	行复用
8 bit	Yes	Yes	Yes	Yes
16 bit	Yes	No	No	No
24 bit	Yes	No	No	No

12.1.12　其他视频输入端口

1. 旁路视频输入端口

旁路视频输入端口的输入为 YUV422 YUYV 交错非 tiled 存储器。HDVPSS 有两个独立的旁路视频输入端口：旁路 0 和旁路 1，两个端口都用于无需任何处理的显示。

2. 第二视频输入端口

第二视频输入端口的输入为：YUV420 半平面 Tiled 内存、YUV422 半平面 Tiled 内存、YUV420 半平面非 Tiled 内存、YUV422 半平面非 Tiled 内存、YUV422

YUYC 交织非 Tiled 内存。HDVPSS 有 2 个第二视频输入端口，Secondary 0 和 Secondary 1。Secondary 0 通过缩放器 5(SC5)实现内存到内存操作，Secondary 1 通过 SD_VENC 直接用做 SD 显示。

12.1.13　应用实例

(1) 对于 1080P 单通道，使用 VIP0 的 POATA，按照 16 bit 进行采集时，配置代码如下。

```
pCaptureInstPrm = &capturePrm.vipInst[0];
pCaptureInstPrm->vipInstId = SYSTEM_CAPTURE_INST_VIP0_PORTA;
pCaptureInstPrm->videoCaptureMode = SYSTEM_CAPT_VIDEO_CAPTURE_MODE_SINGLE_
                                    CH_NON_MUX_EMBEDDED_SYNC;
pCaptureInstPrm->videoIfMode = SYSTEM_CAPT_VIDEO_IF_MODE_16BIT;
pCaptureInstPrm->inScanFormat = SYSTEM_SF_PROGRESSIVE;
pCaptureInstPrm->videoDecoderId = 0;
pCaptureInstPrm->inDataFormat = SYSTEM_DF_YUV422P;
pCaptureInstPrm->standard = SYSTEM_STD_720P_60;
pCaptureInstPrm->numOutput = 1;
pCaptureInstPrm->inScanFormat = SYSTEM_SF_PROGRESSIVE;
pCaptureOutPrm = &pCaptureInstPrm->outParams[0];
pCaptureOutPrm->dataFormat = SYSTEM_DF_YUV422I_YUYV;
pCaptureOutPrm->scEnable = FALSE;
pCaptureOutPrm->scOutWidth = 0;
pCaptureOutPrm->scOutHeight = 0;
pCaptureOutPrm->outQueId = 0;
```


(2) DEI 去隔行模块的配置代码如下。

```
Void set_sd_dei_prm(DeiLink_CreateParams * deiPrm)
{
    UInt32 i, outId, chId;
    UInt32 outIdList[] = { DEI_LINK_OUT_QUE_DEI_SC,
                    DEI_LINK_OUT_QUE_VIP_SC,
                     DEI_LINK_OUT_QUE_VIP_SC_SECONDARY_OUT,
                     DEI_LINK_OUT_QUE_DEI_SC_SECONDARY_OUT,
                     DEI_LINK_OUT_QUE_DEI_SC_TERTIARY_OUT
                      };
    DeiLink_OutputScaleFactor outScaleFactorSc;
    deiPrm->comprEnable = FALSE;
    deiPrm->setVipScYuv422Format = FALSE;
    deiPrm->inputDeiFrameRate = 60;
    deiPrm->outputDeiFrameRate = 60;
```

```
deiPrm->enableDeiForceBypass = FALSE;
deiPrm->enableForceInterlacedInput   = FALSE;
deiPrm->enableLineSkipSc = FALSE;
deiPrm->enableDualVipOut = FALSE;
deiPrm->enableInputFrameRateUpscale = FALSE;
for(i = 0; i<OSA_ARRAYSIZE(outIdList); i++)
{
    outId = outIdList[i];
    deiPrm->enableOut[outId] = TRUE;
    deiPrm->tilerEnable[outId] = FALSE;
    if(outId == DEI_LINK_OUT_QUE_VIP_SC)
        deiPrm->tilerEnable[outId] = TILER_ENABLE_ENCODE;
    if(outId == DEI_LINK_OUT_QUE_VIP_SC_SECONDARY_OUT)
        deiPrm->tilerEnable[outId] = TILER_ENABLE_ENCODE;
    if(outId == DEI_LINK_OUT_QUE_VIP_SC_SECONDARY_OUT /* CIF encode */
          ||
       outId == DEI_LINK_OUT_QUE_DEI_SC_SECONDARY_OUT /* SCD */
        )
    {
        /* 1/2 scaling */
        outScaleFactorSc.scaleMode = DEI_SCALE_MODE_RATIO;
        outScaleFactorSc.ratio.widthRatio.numerator = 1;
        outScaleFactorSc.ratio.widthRatio.denominator = 2;
        outScaleFactorSc.ratio.heightRatio.numerator = 1;
        outScaleFactorSc.ratio.heightRatio.denominator = 2;
    }
    else
    {
        /* 1:1 scaling */
        outScaleFactorSc.scaleMode = DEI_SCALE_MODE_RATIO;
        outScaleFactorSc.ratio.widthRatio.numerator = 1;
        outScaleFactorSc.ratio.widthRatio.denominator = 1;
        outScaleFactorSc.ratio.heightRatio.numerator = 1;
        outScaleFactorSc.ratio.heightRatio.denominator = 1;
    }

    for(chId = 0; chId<DEI_LINK_MAX_CH; chId++)
    {
      deiPrm->outScaleFactor[outId][chId] = outScaleFactorSc;
    }
    deiPrm->inputFrameRate[outId] = 30;
    deiPrm->outputFrameRate[outId] = 30;
```

```
            deiPrm->numBufsPerCh[outId] = NUM_BUFS_PER_CH_DEI;
            deiPrm->generateBlankOut[outId] = FALSE;
            if(outId == DEI_LINK_OUT_QUE_DEI_SC_SECONDARY_OUT)
            {
                deiPrm->inputFrameRate[outId] = 15;
                deiPrm->outputFrameRate[outId] = 5;
            }
            else
            if(outId == DEI_LINK_OUT_QUE_DEI_SC_TERTIARY_OUT)
            {
                deiPrm->inputFrameRate[outId] = 15;
                deiPrm->outputFrameRate[outId] = 1;
            }
        }
    }
```

(3) DEIH 去隔行模块的配置代码如下。

```
Void set_hd_dei_prm (DeiLink_CreateParams * deiPrm, DeiLink_OutputScaleFactor * out-
ScalerFactorDeiSc,DeiLink_OutputScaleFactor * outScalerFactorVipSc)
    {
        UInt32 i, outId, chId;
        UInt32 outIdList[] = { DEI_LINK_OUT_QUE_DEI_SC, DEI_LINK_OUT_QUE_VIP_SC };
        deiPrm->comprEnable = FALSE;
        deiPrm->setVipScYuv422Format = FALSE;
        deiPrm->inputDeiFrameRate = 30;
        deiPrm->outputDeiFrameRate = 30;
        deiPrm->enableDeiForceBypass = TRUE;
        deiPrm->enableForceInterlacedInput   = FALSE;
        deiPrm->enableLineSkipSc = FALSE;
        deiPrm->enableDualVipOut = FALSE;
        deiPrm->enableInputFrameRateUpscale = FALSE;
        for(i = 0; i<OSA_ARRAYSIZE(outIdList); i++)
        {
            outId = outIdList[i];
            deiPrm->enableOut[outId] = TRUE;
            deiPrm->tilerEnable[outId] = FALSE;
            if(outId == DEI_LINK_OUT_QUE_VIP_SC)
                deiPrm->tilerEnable[outId] = TILER_ENABLE_ENCODE;
            for(chId = 0; chId<DEI_LINK_MAX_CH; chId++)
            {
                if(outId == DEI_LINK_OUT_QUE_VIP_SC)
                    deiPrm->outScaleFactor[outId][chId] = * outScalerFactorVipSc;
```

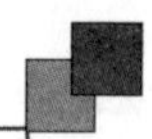

```
        if(outId == DEI_LINK_OUT_QUE_DEI_SC)
            deiPrm->outScaleFactor[outId][chId] = *outScalerFactorDeiSc;
    }
    deiPrm->inputFrameRate[outId] = 30;
    deiPrm->outputFrameRate[outId] = 30;
    deiPrm->numBufsPerCh[outId] = NUM_BUFS_PER_CH_DEI;
    deiPrm->generateBlankOut[outId] = FALSE;
  }
}
```

(4) 对于高清视频编码,1080P高清单通道视频采集的配置代码如下。

```
EncLink_ChCreateParams *pLinkChPrm;
EncLink_ChDynamicParams *pLinkDynPrm;
VENC_CHN_DYNAMIC_PARAM_S *pDynPrm;
VENC_CHN_PARAMS_S *pChPrm;
/* Primary Stream Params - D1 */
pLinkChPrm   = &encPrm.chCreateParams[0];
pLinkDynPrm = &pLinkChPrm->defaultDynamicParams;
pChPrm = &gVencModuleContext.vencConfig.encChannelParams[0];
pDynPrm = &pChPrm->dynamicParam;
pLinkChPrm->format = IVIDEO_H264HP;
pLinkChPrm->profile = gVencModuleContext.vencConfig.h264Profile[0];
pLinkChPrm->dataLayout = VCODEC_FIELD_SEPARATED;
pLinkChPrm->fieldMergeEncodeEnable = FALSE;
pLinkChPrm->enableAnalyticinfo = pChPrm->enableAnalyticinfo;
pLinkChPrm->enableWaterMarking = pChPrm->enableWaterMarking;
pLinkChPrm->maxBitRate = pChPrm->maxBitRate;
pLinkChPrm->encodingPreset = pChPrm->encodingPreset;
pLinkChPrm->rateControlPreset = pChPrm->rcType;
pLinkChPrm->enableSVCExtensionFlag = pChPrm->enableSVCExtensionFlag;
pLinkChPrm->numTemporalLayer = pChPrm->numTemporalLayer;
pLinkDynPrm->intraFrameInterval = pDynPrm->intraFrameInterval;
pLinkDynPrm->targetBitRate = pDynPrm->targetBitRate;
pLinkDynPrm->interFrameInterval = 1;
pLinkDynPrm->mvAccuracy = IVIDENC2_MOTIONVECTOR_QUARTERPEL;
pLinkDynPrm->inputFrameRate = pDynPrm->inputFrameRate;
pLinkDynPrm->rcAlg = pDynPrm->rcAlg;
pLinkDynPrm->qpMin = pDynPrm->qpMin;
pLinkDynPrm->qpMax = pDynPrm->qpMax;
pLinkDynPrm->qpInit = pDynPrm->qpInit;
pLinkDynPrm->vbrDuration = pDynPrm->vbrDuration;
pLinkDynPrm->vbrSensitivity = pDynPrm->vbrSensitivity;
```

(5) NF 模块的配置代码如下。

```
nsfPrm.bypassNsf = FALSE;
nsfPrm.inputFrameRate = 30;
nsfPrm.outputFrameRate = 30;
nsfPrm.tilerEnable = FALSE;
nsfPrm.inQueParams.prevLinkId = gVcapModuleContext.captureId;
nsfPrm.inQueParams.prevLinkQueId = 0;
nsfPrm.numOutQue = 1;
nsfPrm.outQueParams[0].nextLink = gMultiCh_VcapVencVdisObj.ipcOutVpssId;
nsfPrm.numBufsPerCh = 6;
```

12.2 多声道音频串行接口

12.2.1 概 述

多声道音频串行接口(McASP)作为优化的通用音频串行端口,便于多通道音频应用。McASP 用于时分复用(TDM)、I2S 音频通信协议和数字音频传输(DIT)。McASP 有很大的灵活性,可以无缝连接到索尼/飞利浦数字接口(S/PDIF)传输物理层组件。McASP 包括发送和接收两个部分,这两部分可以同步操作或拥有完全独立的主时钟、位时钟和帧同步,并且采用不同位流格式的传输模式。McASP 还包含了串行器,可以单独使能作为发送还是接收。McASP 模块本身不支持组件之间的数字音频接口接收模式(DIR),但 McASP 接收器的特定 TDM 模式允许与外部 DIR 组件(例如 S/PDIF 到 I2S 格式转换器)的简单连接。

1. 特 点

- 发送和接收拥有分别独立的时钟生成器模块。时钟的灵活性允许 McASP 以不同的速率接收和发送,例如,McASP 可以以 48 kHz 速率接收数据,但是以 96 kHz 速率或 192 kHz 速率进行输出上采样。
- 独立的发送和接收模块,每个模块包含:
  - 可编程的时钟和帧同步生成器;
  - 2 到 32 个的 TDM 流和 384 个时隙;
  - 支持的时隙大小为 8/12/16/20/24/28/32 位;
  - 位操作的数据格式化。
- 独立分配的串行数据引脚。
- 无缝连接到音频模数转换器(ADC)、数模转换器(DAC)、编解码器、数字音频接口接收器(DIR)以及 S/PDIF 传输物理层组件。
- 多种 I2S 和其他类似的位流格式。

- 集成了数字音频接口传输器(DIT)(多达 10 个传输引脚):
  - S/PDIF、ICE60958 - 1、ACE - 3 格式;
  - 增强的通道状态/用户数据 RAM。
- 384 时隙 TDM,带有扩展数字音频接口接收器(DIR):对于 DIR,外部 DIR 接收器集成电路应该与 I2S 输出格式一起使用,并且与 McASP 接收模块连接。
- 全面的错误检测与恢复。
  - 由于系统不能满足实时性要求导致的发送器数据不足和接收器溢出;
  - TDM 模块的提前或延迟帧同步;
  - 发送和接收的高频时钟超出范围;
  - 外部错误信号引起的 AMUTEIN 输入;
  - 由于错误编程导致的 DMA 错误。
- 根据 McASP 实例的应用,有多达 16 个串行数据引脚。每个串行器有对应的传输(Tx)和接收(Rx)通道,并且支持:
  - 16 个数据通道,且每个通道可以配置为发送或接收;
  - 每个串行器有 1 个 32 位缓冲区,用于发送和接收操作;
  - 每个串行器有 1 个发送中断请求(AXINT)和 1 和接收中断请求(ARINT)连接。

2. 支持的协议

McASP 支持多种协议:

- 发送模块支持:
  - 多种 I2S 以及类似的位流结构;
  - 从 2 到 32 时隙的 TDM 流;
  - S/PDIF、IEC60958-1、AES-3 格式。
- 接收模块支持:
  - 多种 I2S 以及类似的位流结构;
  - 从 2 到 32 时隙的 TDM 流;
  - 384 时隙的 TDM 流,专门用于与外部 DIR 的简单连接,DIR 采用 I2S 协议将 DIR 帧传输到 McASP。

发送和接收部分可以独立编程,支持以下基本串行协议的选择:

- 可编程时钟和帧同步极性(上升沿和下降沿):ACLKR/X、AHCLKR/X 和 AFSR。
- 时隙长度(每个时隙的位数):8、12、16、20、24、28 和 32 位。
- 字长(每个字的位数):8、12、16、20、24、28 和 32 位,总是等于或少于规定的时隙长度。

- 第一位数据延迟：0、1 或 2 位时钟。
- 插槽内部字左/右对齐。
- 位顺序：MSB 或 LSB。
- 位掩码/旋转功能。
  - 内部自动对齐数据(Q31 或整数格式)；
  - 自动掩蔽不重要的位(设置为 0 或 1,或扩展值)。

McASP 的 DIT 模式,传输模块还具有其他功能。

- 每帧的传输模式只支持 384 个时隙。
- 双向编码 3.3 V 输出。
- 支持消费者和专业应用。
- 通道状态 RAM(384 bits)。
- 用户数据 RAM(384 bits)。
- 子帧 A、B 的独立有效位。

在 I2S 模式下,发送和接收部分支持同时传输所有串行数据引脚的 192 kHz 立体声道。在 DIT 模式下,发送器可以同时支持所有串行数据引脚的 192 kHz 的帧速率(注意 DIT 的内部位时钟比 I2S 模式等效的位时钟要快 2 倍,这是由于要产生双向标记编码数据的需要)。McASP 本身不支持 DIR 模式(即接收 S/PDIF 格式)。但为了允许 DIR 模式,McASP 可以通过外部器件(即外部 DIR 组件)实现 DIR 输入到 I2S 输出的转换。为了在这种情况下便于接收,将 McASP 的 TDM 模式接收器逻辑进行扩展,支持非标准的 384 时隙 TDM 流。

3. 功能结构

图 12.13 为 McASP 主要的模块框图,McASP 有独立的接收/发送时钟生成器和帧同步生成器。

图 12.14 到图 12.18 为 McASP 在数字音频编解码的应用实例。

4. 行业标准接口

(1) TDM 格式

McASP 发射器和接收器通过 TDM 传输模式支持多路复用的同步时分复用格式。在这种传输模式下,支持多种串行数据格式,包括使用 I2S 协议与设备兼容的格式。

① TDM

TDM 格式主要用在集成电路之间的通信,这些集成电路在相同的 PCB 或同台设备的其他 PCB 上。例如,处理器与 1 个或多个 ADC、DAC 或 S/PDIF 接收设备之间的通信。

TDM 格式包括基本同步串行传输的 3 部分：时钟(CLK)、数据(AXRn)和帧同

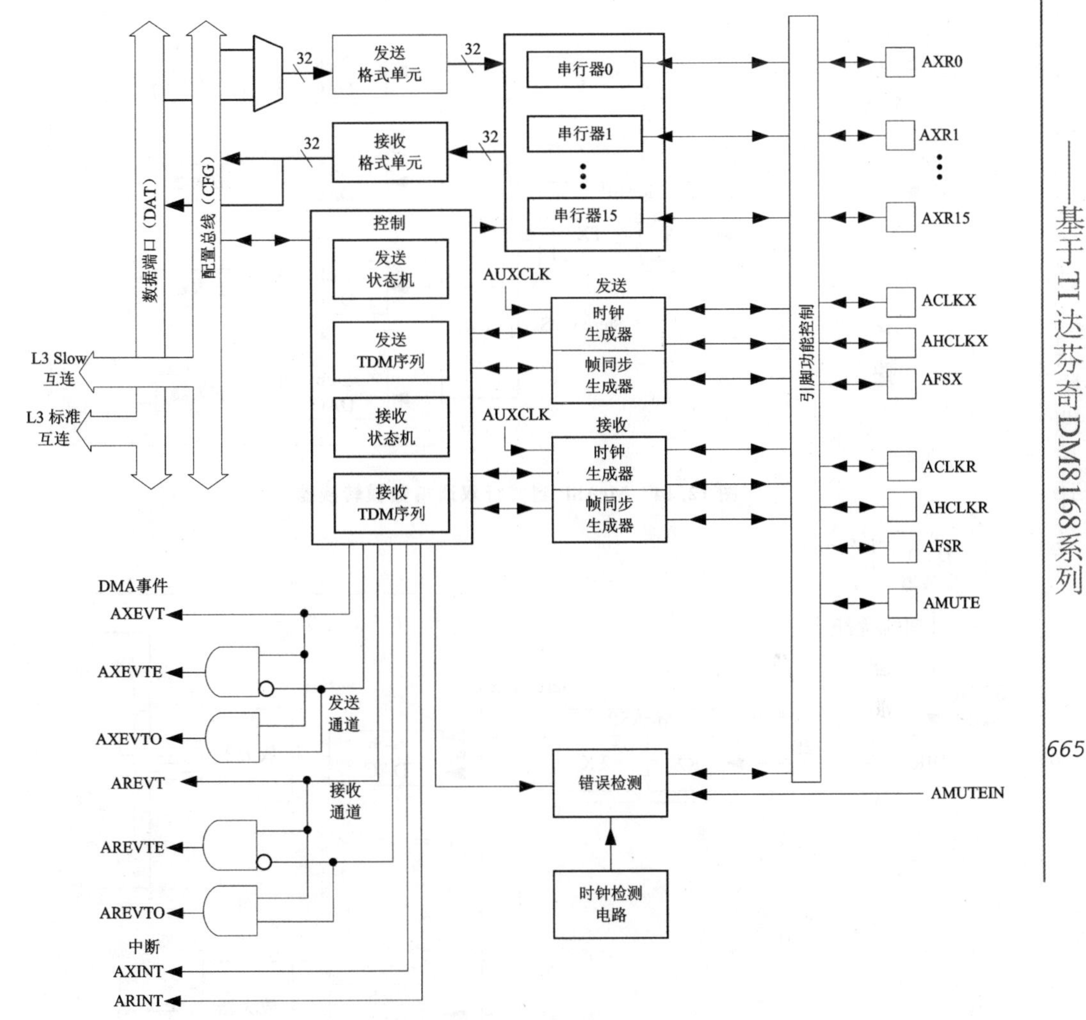

图 12.13　McASP 结构框图

步(FS)，在 TDM 模式下，所有的数据位(AXRn)与串行时钟(ACLKX 或 ACLKR)同步。数据位被打包成字(word)或单元(slot)，单元通常也被称为时隙或通道。通过帧同步信号(AFSX 或 AFSR)指定每个 TDM 帧。数据的传输是连续的且具有周期性，因为 TDM 格式通常用于具有固定采样率的数据转换之间的通信。

在时隙之间没有延迟，在时隙 N 的最后一位就紧接着下一个串行时钟周期的时隙 N+1 的第一位，最后一个时隙的最后一位之后紧接着下一个串行时钟周期的第一个时隙的第一位。但是，帧同步在第一个时隙的第一位基础上有 0、1 或 2 个周期的延迟偏移。系统的发射器和接收器的每个时隙的位数应该是相同的，因为时隙边界不是由帧同步信号确定的(虽然帧同步标记时隙 0 以及一个新的帧的开始)。图

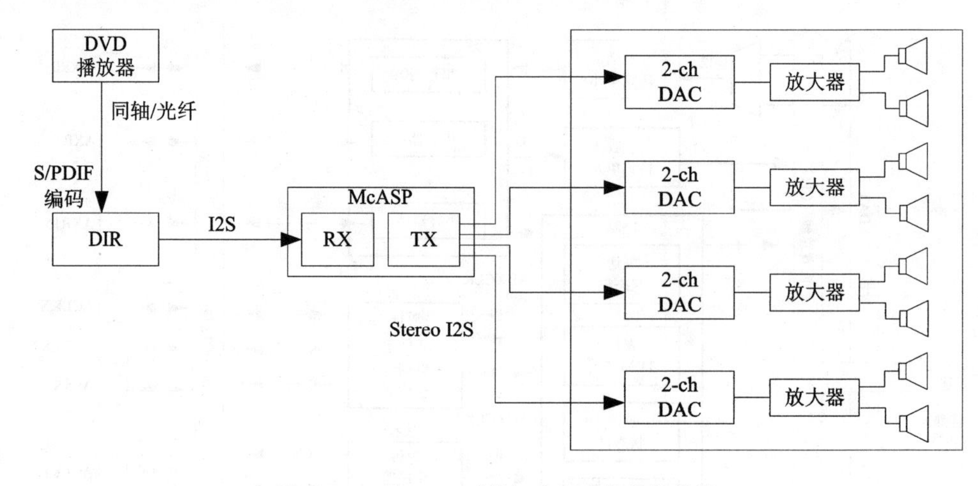

图 12.14　McASP 到并行双通道数模转换器

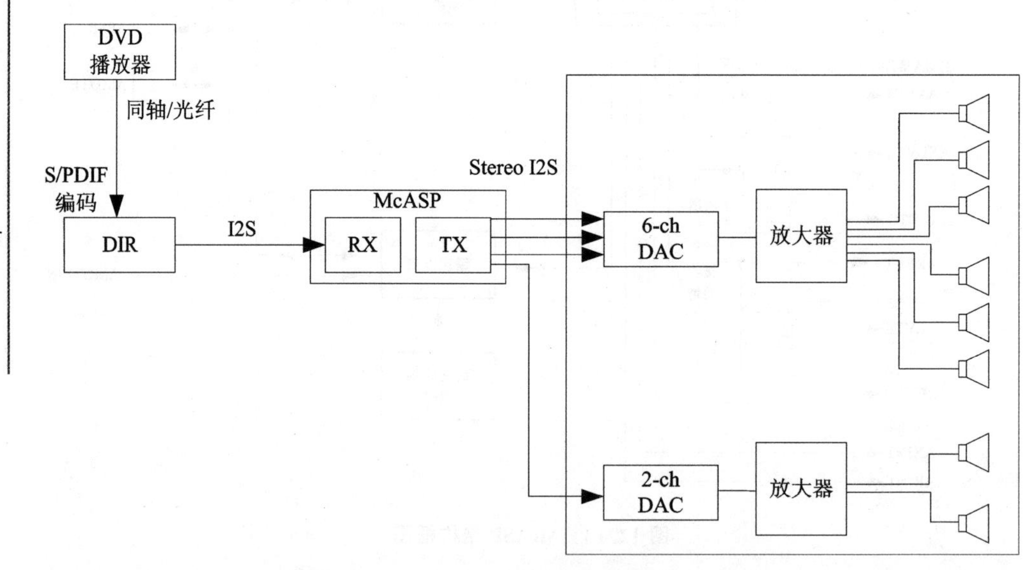

图 12.15　McASP 到 6 通道和并行双通道数模转换器

12.19 所示为 TDM 格式，图 12.20 所示为不同位的帧同步延迟。

在一个典型的音频系统中，在每个数据转换采样周期 f_s 之间传输帧数据。为了支持多通道，可以选择在每帧里包括多个时隙（以更高的位时钟速率运行）或选择采用额外的数据引脚，便于传输相同数量的通道（以较慢的位时钟速率运行）。例如，一个特定的 6 通道 DAC 可以被设计成在一个单一的串行数据引脚 AXRn 上传输，如图 12.19 所示。在这种情况下，串行时钟必须运行得足够快，以便在每个帧周期里传输所有 6 个通道。类似的 6 通道 DAC 也可以使用 3 个串行数据引脚 AXR[0－2]，在每个采样周期传输每个引脚的 2 通道数据。在后面这种情况下，如果采样周期仍

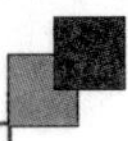

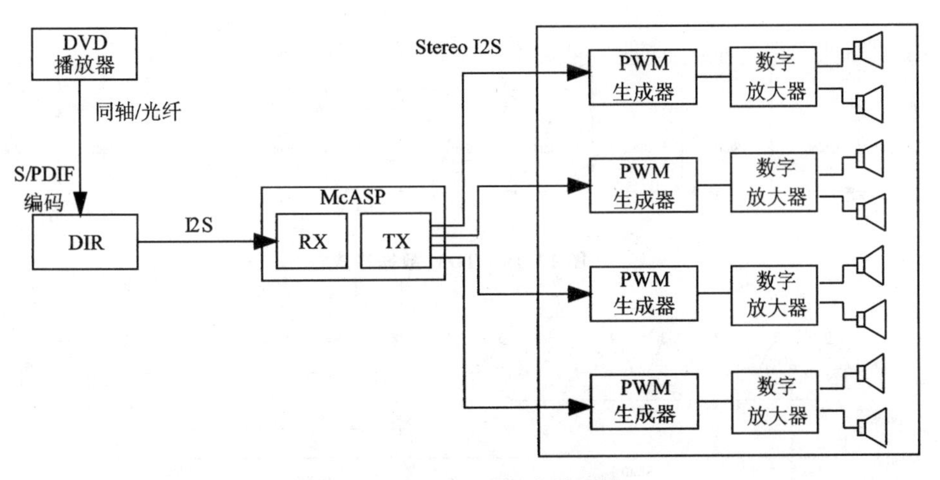

图 12.16　McASP 到数字放大器

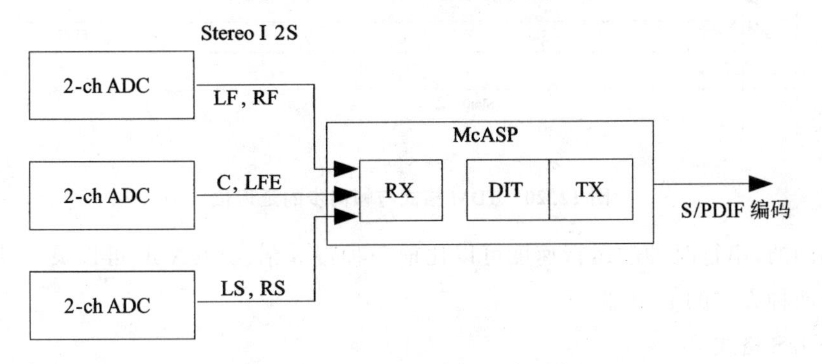

图 12.17　McASP 作为数字音频编码器

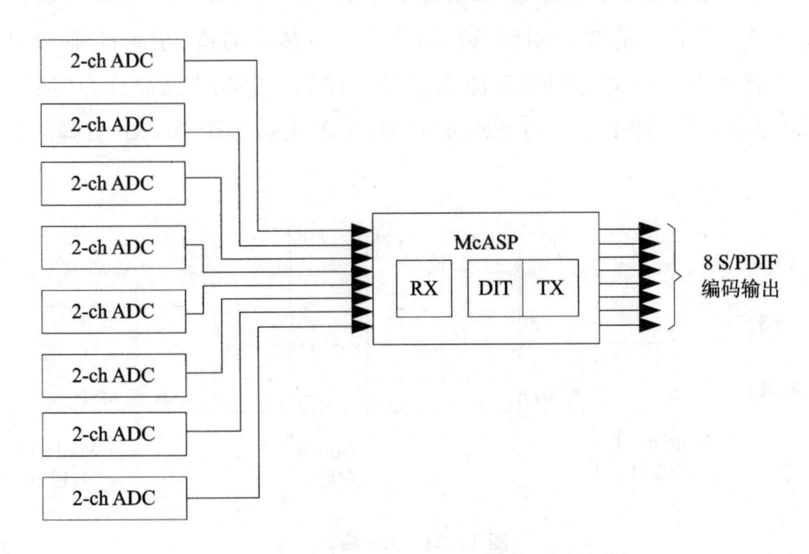

图 12.18　McASP 作为 16 通道数字处理器

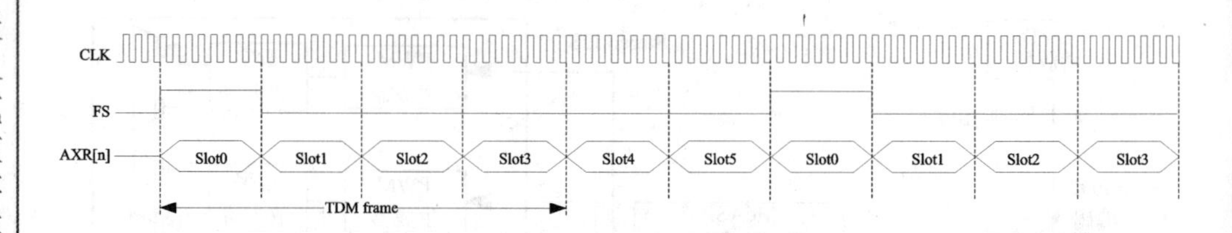

图 12.19　TDM 数据格式

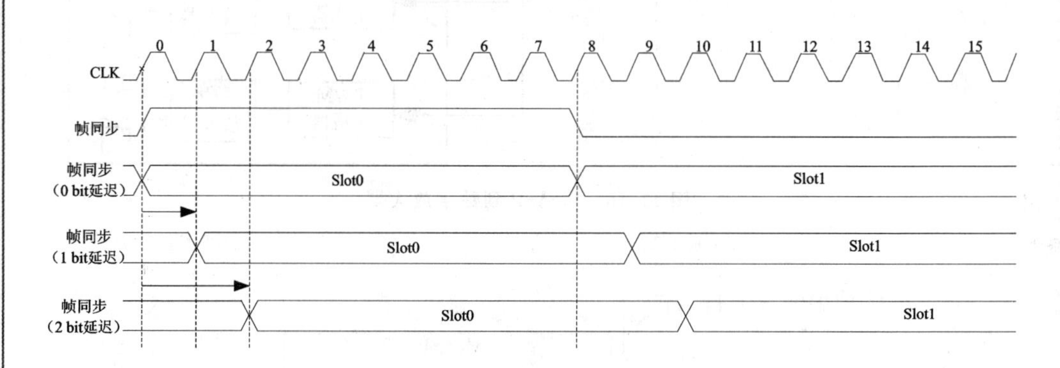

图 12.20　TDM 格式与帧同步的延迟位

然是相同的，串行时钟的运行速度可以比前一种慢 3 倍。McASP 可以灵活使用，支持以上两种方式的 DAC。

② I2S 格式

I2S 广泛应用在音频接口。当每帧有 2 个时隙，McASP 的 TDM 传输模式支持 I2S 格式，I2S 是专门为在单一引脚 AXRn 上传输立体声通道(左或右)而设计的。帧宽度在 I2S 格式中的持续时间与时隙大小是一样的。"Slot"也被称为"通道"，帧信号也称为"字选择"。图 12.21 为 I2S 协议，McASP 支持多个 AXRn 引脚的多路立体声通道传输。

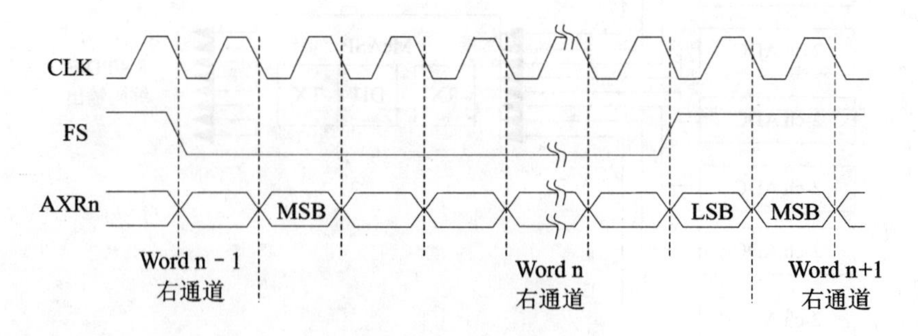

图 12.21　I2S 格式

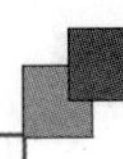

(2) S/PDIF编码格式

McASP发送器支持3.3V双向标记编码输出的S/PDIF格式。McASP的DIT传输模式支持S/PDIF格式。

在S/PDIF格式中,采用BMC对数字信号编码。时钟、帧和数据都被嵌入到数据引脚AXRn信号中。在BMC系统中,每个数据位在引脚上被编码成两个逻辑状态(00、01、10或11)。这两个逻辑状态形成一个单元,单元的持续时间叫做时间间隔,与数据位的持续时间相同。逻辑1表示2个时间间隔里信号的两次转换,与逻辑状态01或10单元对应。逻辑0表示1个时间间隔里信号的1次转换,与逻辑状态00或11单元对应。除此之外,单元开始的逻辑电平与前一个单元结束相反。图12.22和表12.8展示了怎样将数据编码成BMC格式。

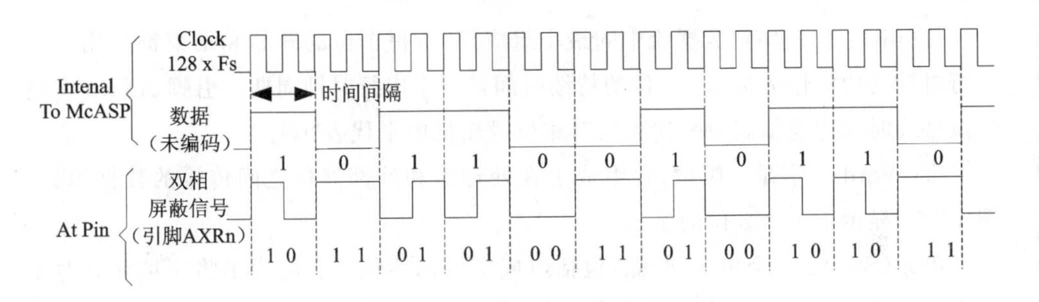

图12.22　数据BMC编码

表12.8　BMC编码

数据(未编码)	AXRn引脚原数据	BMC编码AXRn输出数据
0	0	11
0	1	00
1	0	10
1	1	01

5. 术语定义

在音频引脚(AXRn)上的输入和输出的发送或接收串行位流是1和0的长序列。但是该序列是具有层次结构的组织,可以通过帧数据、单元、字和位来描述。基本的同步串行接口包括3个重要的组成部分:时钟、帧同步和数据。图12.23为其中两个基本部分:时钟ACLK和数据AXRn,该时钟对于发送接口和接收接口都适用,图12.13中没有指定时钟是发送(ACLKX)时钟或接收(ACLKR)时钟。在使用中,发送器采用ACLKX作为串行时钟,接收器采用ACLKP作为串行时钟。当

McASP 的发送器和接收器配置成同步操作时，接收器也可以选择 ACLKX 作为串行时钟。

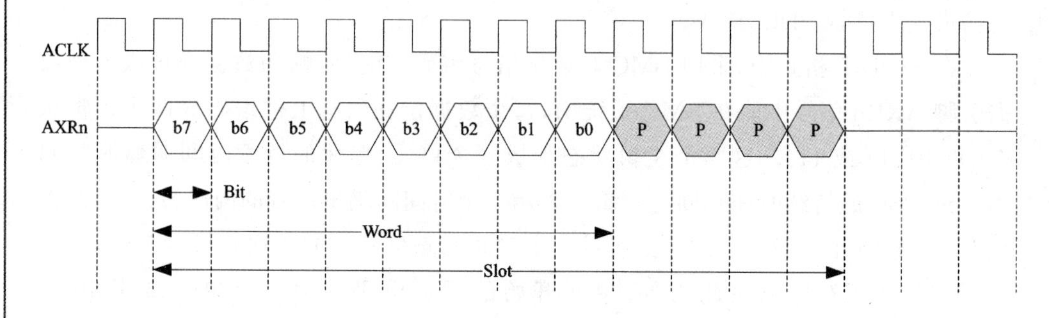

图 12.23 Bit, Word 和 Slot 的定义

位(Bit)：位是串行数据流中的最小组成部分，每个位的开始和结束都是用一个串行时钟的边沿作为标志。1 位的持续时间是一个串行时钟周期。引脚 AXRn 在整个位持续时间为逻辑高电平代表"1"，相反逻辑低电平代表"0"。

字(Word)：字是一组位，它组成了在处理器和外部器件之间传输的数据单元。图 12.23 显示了 1 个 8 位的字。

单元(Slot)：一个单元(时隙)包括组成字的那些位。有时为了将字填充到对于处理器和外部器件接口合适的位数，单元也包括那些用来填充字的附加位。在图 12.23 中，音频数据包含有效的 8 位数据，并且用 4 个 0 填充，便于满足与外部连接设备之间的协议。在一个单元内，这些位可以是最高位或最低位先进或先出。当字的长度小于单元长度时，字可以排列到单元的左边(开始)也可以排在单元的右边(末尾)。不属于字的附加位可以用 0、1 或者字中的一位(一般是 MSB 或 LSB)来填充。单元内位序和字对齐方式如图 12.24 所示。

同步串行接口的第 3 个基本组成是帧同步信号，也称为帧同步(FS)。

帧：根据确定的协议，1 帧包括多个 Slot。图 12.25 显示了 1 帧数据及其定义。该帧同步信号对于发送接口和接收接口都适用，图 12.25 中没有指定帧同步是发送(ACLKX)的帧同步或接收(ACLKR)的帧同步。在使用中，发送器采用 AFSX 作为串行时钟，接收器采用 AFSR 作为串行时钟。当 McASP 的发送器和接收器配置成同步操作时，接收器也可以选择 AFSX 作为串行时钟。

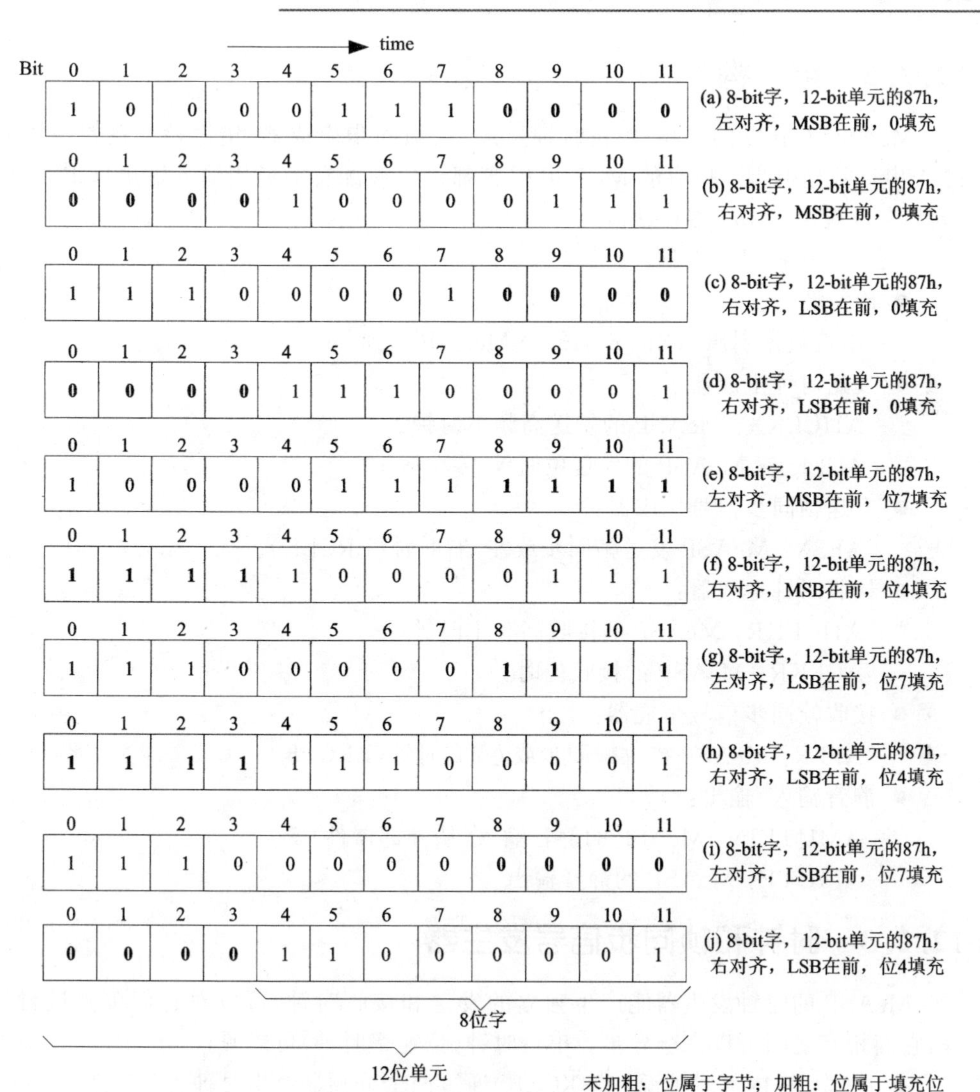

图 12.24　单元内位序和字对齐方式

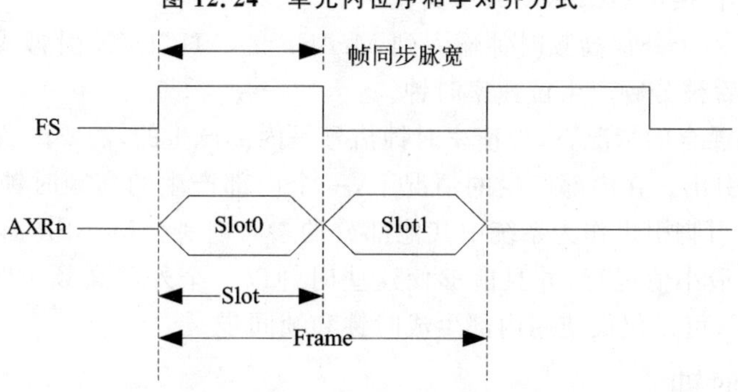

图 12.25　帧和帧同步宽度的定义

12.2.2 结　构

McASP有独立的接收/发送时钟生成器、帧同步生成器、错误检测逻辑块以及16个串行数据引脚。所有的McASP引脚都可以被配置为通用输入输出(GPIO)引脚(如果没有用于串行端口功能)。

McASP包括以下引脚：

- 串行器：
  - 串行数据引脚AXR[n]：每个McASP达到16个。
- 发送时钟生成器：
  - AHCLKX：McASP的发送高频主时钟。
  - ACLKX：McASP的发送位时钟。
- 发送帧同步信号生成器：
  - AFSX：McASP发送帧同步或左/右时钟(LRCLK)。
- 接收时钟生成器：
  - AHCLKR：McASP的接收高频主时钟。
  - ACLKR：McASP的接收位时钟。
- 接收帧同步信号生成器：
  - AFSR：McASP接收帧同步或左/右时钟(LRCLK)。
- 静音输入/输出：
  - AMUTEIN：McASP的静音输入(从外部器件)。
  - AMUTE：McASP的静音输出。

12.2.3 时钟和帧同步信号发生器

McASP的时钟发生器能产生独立的发送和接收时钟,可以对它们单独进行编程,它们相互之间可以完全异步。串行时钟(位速率时钟)可以源自：

- 内部：将内部时钟源(AUXCLK)通过两个分频器产生时钟。
- 外部：直接由ACLKR/X引脚输入。
- 混合：一个外部高频时钟输入到McASP的AHCLKX引脚或AHCLKR引脚,然后被分频产生位速率时钟。

在内部和混合的情况下,位速率时钟信号是内部产生的,需要由ACLKX引脚或ACLKR引脚引出。在内部产生的情况下,一个内部产生的高频时钟由ACLKX引脚或ACLKR引脚引出作为系统中其他部分的参考时钟。McASP需要以位时钟和帧同步信号的最小值运行,并且能够使这些时钟以一个外部高频主时钟作为基准。在DIT模式下,可以仅仅使用内部生成时钟和帧同步。

1. 发送时钟

发送时钟ACLKX,如图12.26所示。可以由外部ACLKX引脚输入或者内部

产生，通过 CLKXM 位来选择。如果选择了内部产生（CLKXM ＝ 1），通过一个可编程位时钟分频器将发送高频主时钟（AHCLKX）进行分频。

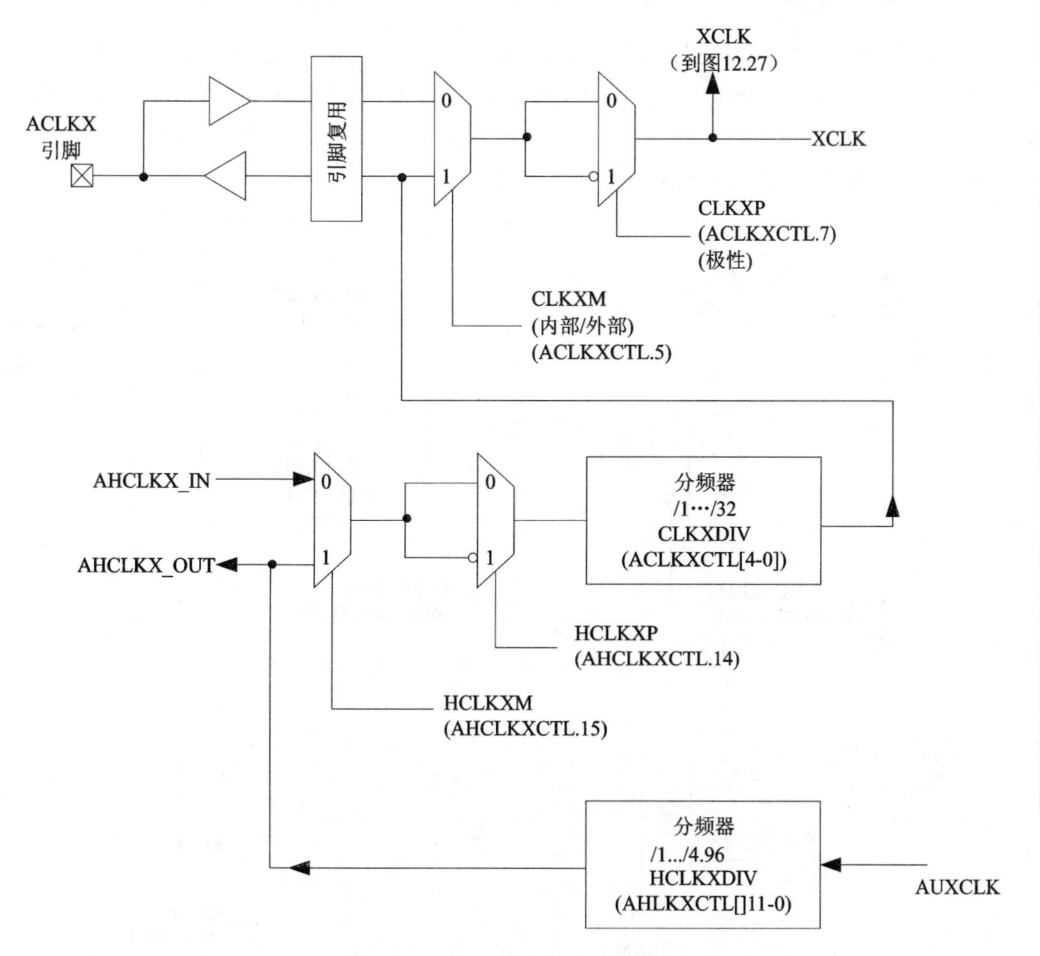

图 12.26 发送时钟生成器

McASP 内部总是在内部发送时钟的上升沿（XCLK）处发送数据。CLKXP 复用确定 ACLKX 是否需要反相成 XCLK。如果 CLKXP ＝ 0，CLKXP 直接将 ACLKX 转换成 XCLK，导致 McASP 在 ACLKX 的上升沿发送数据。如果 CLKXP ＝ 1，CLKX 将 ACLKX 倒相转换成 XCLK，导致 McASP 在 ACLKX 的下降沿发送数据。

发送高频主时钟 AHCLKX 可以由外部 AHCLKX 引脚输入或内部产生，通过 HCLKXM 位来选择。如果选择内部产生（HCLKXM ＝ 1），通过一个可编程高频时钟分频器（HCLKXDIV）将 McASP 内部时钟源 AUXCLK 进行分频。AHCLKX 引脚可以输出发送高频主时钟（不是必需的），也可以作为系统上其他设备的时钟。

通过以下两个寄存器进行发送时钟配置的控制：

● ACLKXCTL；

● AHCLKXCTL。

2. 接收时钟

McASP 接收时钟发生器是与传输时钟发生器相似(但是完全独立)。接收器可以选择 ACLKX 和 AFSX 同步操作，这是通过传输时钟寄存器(ACLKXCTL)的 ASYNC 位清零来实现的(见图 12.27)。接收器同样可以进行与传输器相同的配置，比如不同的极性(CLKRP)和帧同步信号延迟。

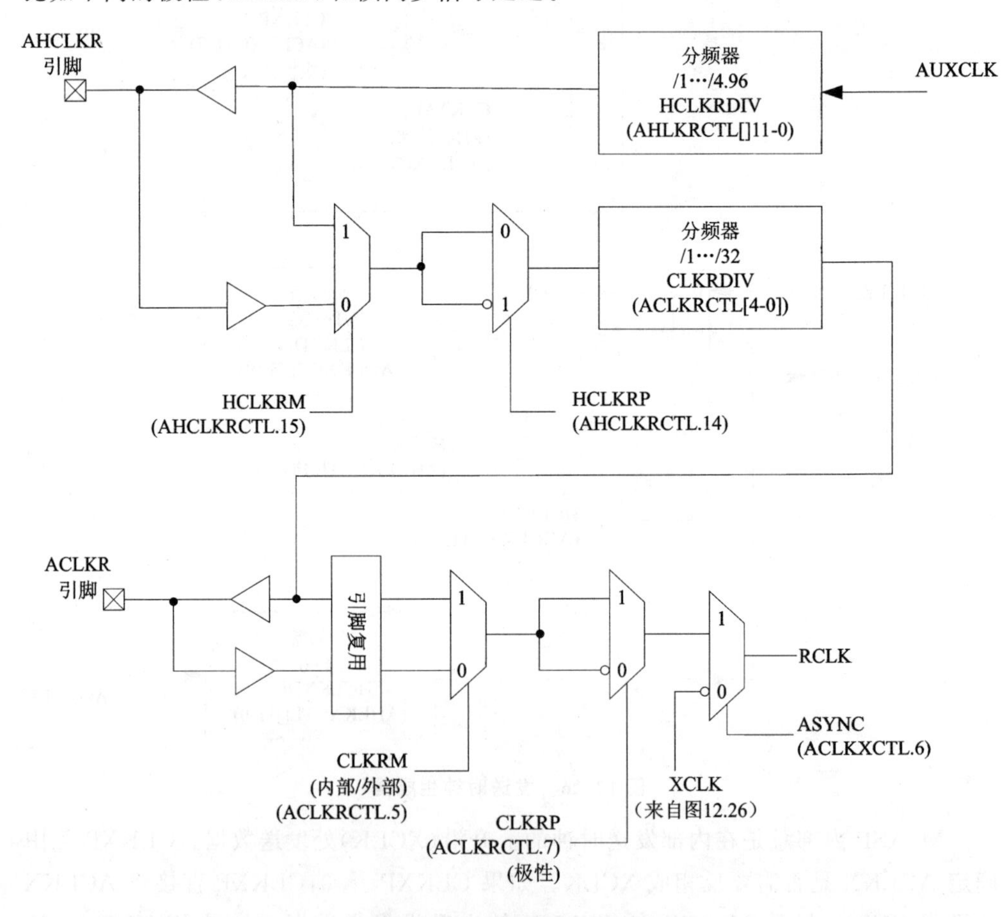

图 12.27　接收时钟生成器

通过以下两个寄存器进行发送时钟配置的控制：

● ACLKRCTL；

● AHCLKRCTL。

如果接收器位时钟(ACLKR)是内部生成(但是与 XCLK 异步)，那么 ACLKRCTL 寄存器的 CLKRM 位必须被设置为 1。因此，可编程位时钟分频器(ACLKRCTL 寄存器的 CLKRDIV 位域)将源信号分频。如果接收高频主时钟 AHCLKR 也源于内部生成，AHCLKRCTL 寄存器的 HCLKRM 位必须被设置为 1。

因此，可编程高频时钟分频器（AHCLKRCTL 寄存器的 HCLKLRDIY 位域）将 McASP 内部时钟源 AUXCLK 进行分频。

接收器高频主时钟 AHCLKR 可以从 AHCLKR 引脚输出（不是必须），该引脚也可以在系统其他设备上使用。无论 AHCLKR 是内部或外部生成，高频时钟的极性可以通过 HCLKRP 位编程为上升沿或下降沿。

3. 帧同步信号发生器

帧同步信号发生器有两种不同的模式：突发式和 TDM 式，它的功能框图如图 12.28 所示。帧同步信号的模式选择是通过对接收和发送帧同步信号控制寄存器（AFSRCT 和 AFSXCTL）的编程来控制的。这些选择包括：

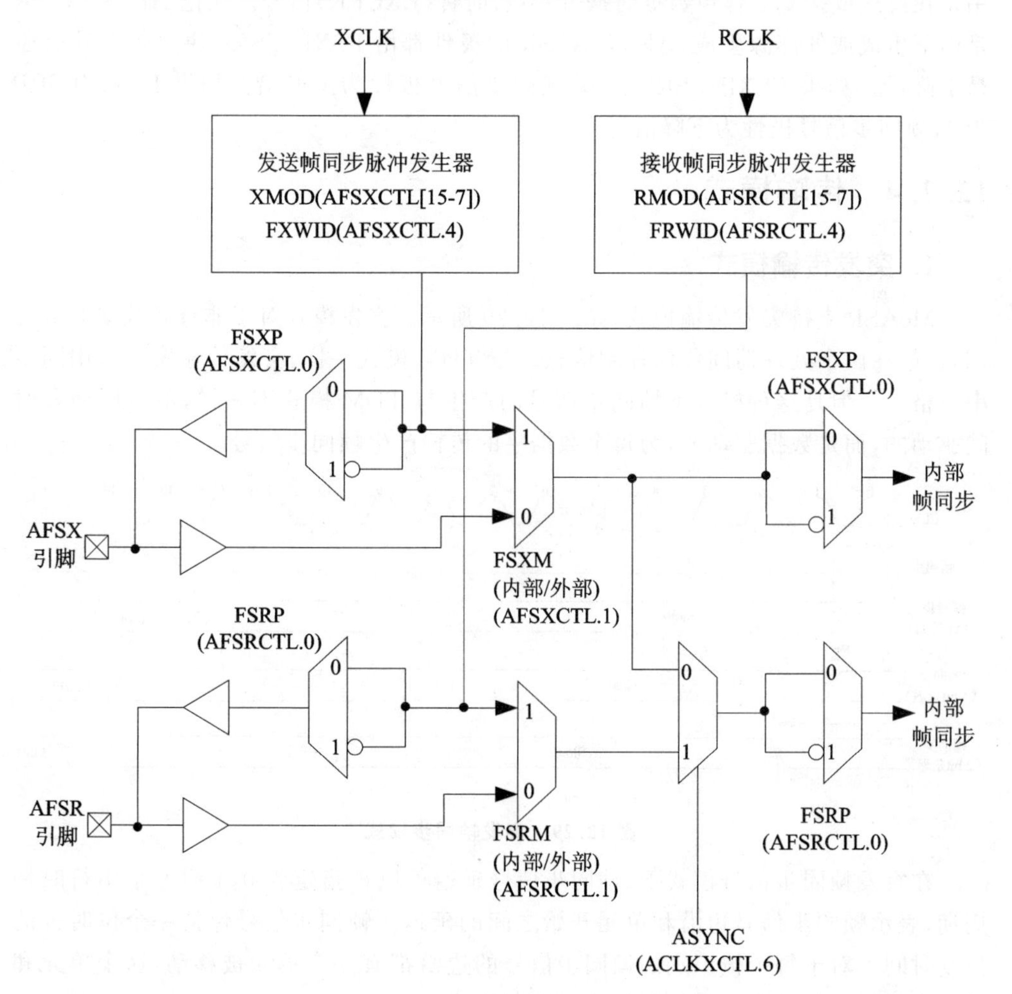

图 12.28　帧同步信号发生器

● 通过配置 AFSXCTL[1] FSXM/ AFSRCTL[1] FSRM 来确定发送/接收的

内部产生或外部产生。

- 帧同步信号极性：通过配置 AFSXCTL[0] FSXP /AFSRCTL[0] FSRP 来确定发送/接收的帧同步信号极性为上升沿或下降沿。
- 帧同步信号宽度：通过 AFSXCTL[4] FXWID/AFSRCTL[4] FRWID 来配置发送/接收的帧同步信号宽度为 1 位或 1 个字。
- 位延迟：在第一个数据位前的 0、1 或 2 个时钟周期。
- 选择接收器内部帧同步的源（AFSX 或 AFSR），这是通过 ACLKXCTL[6] ASYNC 位实现的，该位用来确定接收器的内部时钟源。

发送帧同步信号引脚为 AFSX，接收帧同步引脚为 AFSR。这些引脚的典型应用是在发送或接受立体声数据时携带左/右时钟(LRCLK)信号。无论 AFSX/AFSR 是内部生成或外部源生成，AFSX/AFSR 的极性都由 FSXP/FSRP 决定是上升沿还是下降沿。如果 FSXP/FSRP 为 0，帧同步信号极性为上升沿。如果 FSXP/FSRP 为 1，帧同步信号极性为下降沿。

12.2.4 传输模式

1. 突发传输模式

McASP 支持突发传输模式，如图 12.29 所示。突发模式对于非音频数据非常有用，例如在两个处理器间传输控制信息。与 TDM 模式一样，突发传输模式采用同步串行格式。但是这种模式下帧同步信号的产生与 TDM 模式不一样，不是周期和时间驱动的，而是数据驱动的，为每个数据字的传输产生帧同步信号。

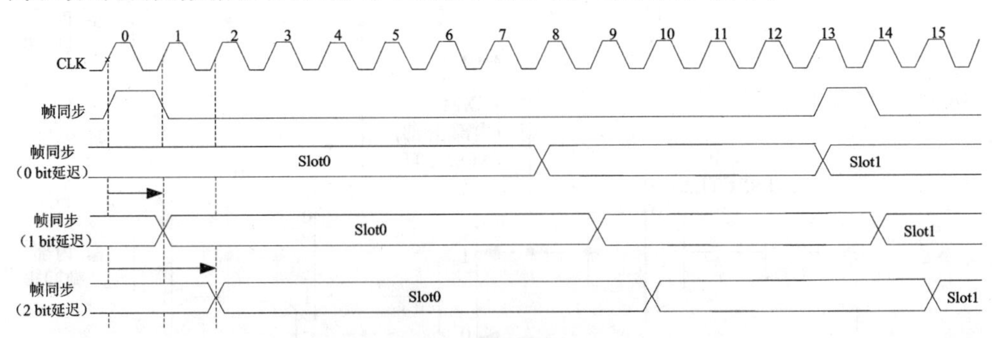

图 12.29 突发帧同步模式

在突发帧同步信号模式下，帧同步信号延迟可以被指定为 0，1 或 2 个串行时钟周期，表示帧同步信号边沿和单元开始之间的延迟。帧同步信号保持一个位时钟的持续时间。对于每个被识别的帧同步信号的边沿都有一个单元被移动，这个单元和下一个帧同步信号前的附加数据块都被忽略。

对于发送来说，当在内部产生发送用帧同步信号时，帧同步信号是在前一个传输结束并且所有的 XBUF[n]（将每个串行器都设置为发送器）都被新数据更新后开始的。对于接收来说，当在内部产生接收用帧同步信号时，帧同步信号是在前一传输结束并且所有的 RBUF[n](将每个串行器都设置为接收器)都被读出后开始的。对于突发模式，控制寄存器必须按照规定来配置。

2. TDM 传输模式

TDM 传输模式发送数据需要进行一组引脚设置，包括：

- ACLKX：发送位时钟。
- AFSX：发送帧同步信号(通常叫做左/右时钟)。
- 1 个或多个串行数据引脚 AXRn，且串行器配置成发送。

发送器可以选择接收 ACLKX 位时钟作为输入，也可以通过对 AHCLKX 高频主时钟分频生成 ACLKX 位时钟。发送器可以内部生成 AHCLKX 或接收 AHCLKX 作为输入。

同理，TDM 传输模式接收数据也需要进行一组引脚设置，包括：

- ACLKR：接收位时钟。
- AFSR：接收帧同步信号(通常叫做左/右时钟)。
- 一个或多个串行数据引脚 AXRn，且串行器配置成接收。

接收器可以选择接收 ACLKR 位时钟作为输入，也可以通过对 AHCLKR 高频主时钟分频生成 ACLKR 位时钟。接收器可以内部生成 AHCLKR 或接收 AHCLKR 作为输入。

(1) TDM 时隙

McASP 的 TDM 模式可以扩展支持多处理器应用程序，最高达到每帧 32 个时隙。对于每个时隙，通过配置 XTDM 和/或 RTDM，McASP 也可以配置成参与或非活动状态(这允许在同一个 TDM 串行总线上进行多处理器通信)。TDM 定序器(sequencer)在帧同步信号开始处计数，在 TDM 模式中用于将发送和接收分开。对于每个时隙，TDM 定序器检测 XTDM 或 RTDM 各自的位，确定 McASP 在这个时隙是发送还是接收。如果发送/接收位是有效的，那么在这个时隙里 McASP 功能正常。否则，McASP 处于非活动状态，不会发生缓冲区更新，而且也不会发生任何 DMA 事件。发送引脚被自动设置为高阻抗状态、0 或 1，通过 SRCT[n]的 DISMOD 位来决定。

图 12.30 显示了什么时候产生发送 DMA 事件 AXEVT。在前一个时隙(slot N-1)期间产生有效时隙(slot N)的发送 DMA 事件，无论前一个时隙是有效或无效。

在有效时隙(slot N)期间。如果下一个时隙(slot N+1)也是被配置成有效的，从 XRBUF[n]复制到 XRSR[n]生成时隙 N+1 的 DMA 事件。如果时隙 N+1 是无效的，则 DMA 事件会延迟到时隙 M-1，其中时隙 M 是下一个有效的时隙。时隙 M 的 DMA 事件在时隙 M-1 的第一位开始生成。

(2) 连接外部 DIR 的 384 时隙 TDM 模式

McASP 接收器也支持 384 时隙的 TDM 模式，便于支持 S/PDIF、AES-3、IEC-

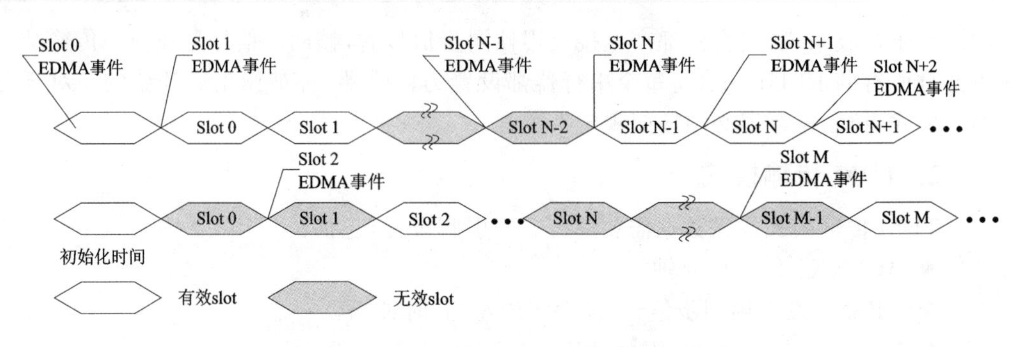

图 12.30　TDM单元中产生发送DMA事件

60958接收器IC,该IC的块(块对应的McASP帧)尺寸大小为384。采用384时隙TDM模式的优点是可以同步对S/PDIF、AES-3、IEC-60958产生中断。接收TDM时隙寄存器(RTDM)在接受DIR块期间应该全部编程为1。为了在DIR模式下接收数据,通常需要以下引脚:

- ACLKR:接收位时钟。
- AFSR:接收帧同步信号。在这种模式下,AFSR应该与DIR连接,DIR输出块信号的开始,而不是输出LRCLK。
- 一个或多个串行数据引脚AXRn,串行器被配置成接收。

在这种特殊的DIR模式下,控制寄存器可以只被配置为TDM模式,除开设置AFSRCTL的RMOD为386,用于接收384个时隙。

3. DIT传输模式

除适合在同一系统内的芯片之间传输音频数据TDM传输模式和突发传输模式外,McASP的数字音频接口(DIT)传输模式也支持以S/PDIF,AES-3或IEC-60958格式传输音频数据。这些格式是用来在不同系统之间通过光缆或同轴电缆传送音频数据的。DIT模式仅仅适用于配置为发送器的串行器,对于配置为接收器的串行器不适用。

12.2.5　串行器

图12.31为串行器的框图及其与McASP其他单元的接口。串行器负责将串行数据移入或移出McASP,对于每个串行器(XRSNn),包括一个移位寄存器(XRSR)、数据缓存器(XRBUF)和控制寄存器(SRCTL),还有一个指定的串行数据引脚(AXRn)。控制寄存器允许将串行器配置成发送、接收或无效。当配置成发送时,串行器将数据移出到串行数据引脚AXRn。当配置成接收时,串行器将AXRn引脚的数据移入McASP。

对于接收,数据通过AXR[n]引脚移入移位寄存器XRSR。当所有数据都被移入XRSR之后,接着就将数据复制到数据缓存XRBUF中。然后处理器就可以通过RBUF

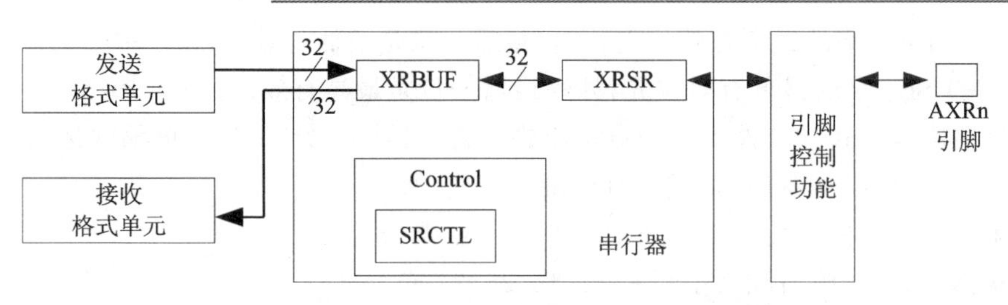

图 12.31　独立的串行器及其与 McASp 的连接

寄存器(用于接收的 XRBUF 的别名)读取数据。当处理器从 RBUF 读取数据,McASP 通过接收格式单元传递 RBUF 的数据,而且将格式化数据返回到处理器。

对于发送,处理器通过向 XBUF 寄存器(用于发送的 XRBUF 的别名)中写入数据,在实际到达 XRBUF 寄存器之前,这些数据通过发送格式化单元传递。接着数据从 XRBUF 复制到 XRSR 中,然后从 AXR[n]引脚移出(与串行时钟同步)。

在 DIT 模式中,除开数据,串行器也进行 DIT 指定信息的移出。串行器的配置是通过 SRCTL[n]控制的。通过将 SRCTL[1:0] SRMOD 设置为 0,可以让串行器 n 无效。对于发送串行器,SRCTLn[3:2] DISMOD 位域定义 AXRn 引脚在无效时隙期间的输出状态(高、低或三态)。通过设置 SRCTLn[1:0]为 1,配置串行器 n 的发送功能,设置为 2h 配置接收功能。

12.2.6　格式化单元

McASP 有两个数据格式化单元,一个用作发送,另一个用作接收。因为所有的发送器使用同一个数据格式化单元,因此 McASP 一次只能支持一种发送格式。例如,当 McASP 在串行器 1 上发送"左对齐"格式时,就不会在串行器 0 上以"I2S 格式"发送。同样的,McASP 的接收部分也是一次只支持一种接收格式,并且这种格式对于所有的接收串行器都适用。然而,McASP 可以以一种格式发送而以一种完全不同的格式接收。

格式化单元包括 3 个部分:

- 位屏蔽和填充(屏蔽位,进行符号扩展)。
- 旋转(字内对齐数据)。
- 位翻转(选择是 MSB 在前还是 LSB 在前)。

McASP 发送器支持的串行格式包括:

- 时隙大小为 8、12、16、20、24、28、32 位。
- 字大小小于时隙大小。
- 对齐方式:当时隙位数多于字位数,则:
  - 左对齐:先将字移出,其余的填充;
  - 右对齐:填充位先移出,字占据时隙的最后位。
- 位移出顺序:

- MSB：字的最高有效位先移出，最后一位是最低有效位；
- LSB：字的最低有效位先移除，最后一位是最高有效位。

这些串行格式的硬件支持来自位流格式寄存器(R/X)FMT 的可编程选项：

- XRVRS：位翻转(1)或没有位翻转(0)。
- XROT：向右旋转 0、4、8、12、16、20、24 或 28 位。
- XSSZ：接收时隙大小为 8、12、16、20、24 或 28 位。

图 12.32 和图 12.33 为接收和发送格式化单元的框图。接收和发送格式单元的数据流的 3 阶段的顺序是不一样的。如图 12.33 所示，发送格式化单元(TFU)的数据可以来自于配置端口(CFG)或数据端口(DATA)。通过 RFMT[3] RBUSEL 位来确定数据来源，且根据选择的端口类型，数据的传输行为也不同。

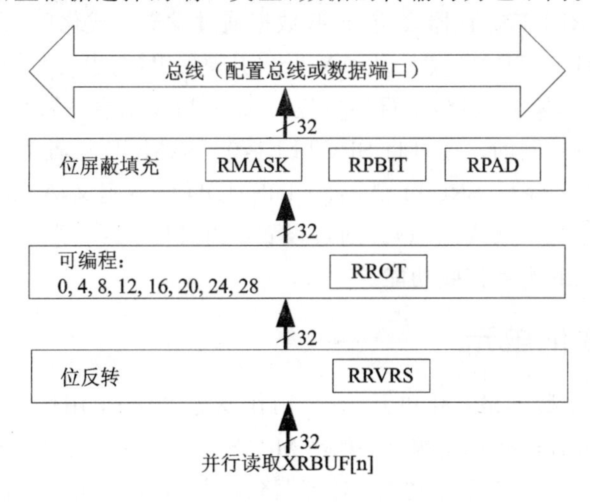

图 12.32　接收格式单元

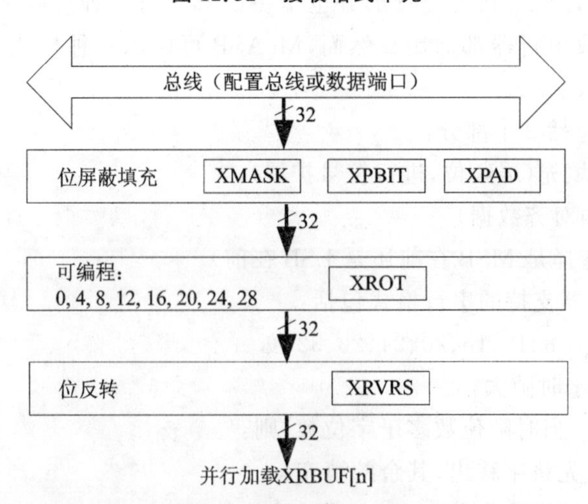

图 12.33　发送格式单元

位屏蔽和填充部分包括一个完整的32位屏蔽寄存器,该寄存器允许选定位通过这个阶段保持不变或者被屏蔽掉,然后插入1个0/1或者原来的32位中的其中一位来填充被屏蔽的位。在最后一种选择中,当符号位被选择用来填充剩余位时,允许进行符号扩展。

旋转部分进行4的倍数(0到28位之间)的位旋转,可以通过(R/X)FMT寄存器编程进行控制。

注意:这是一个旋转过程,不是移位过程,因此在旋转操作中,第0位被移位到第31位。

位翻转部分可以让32位全部直接通过,保持不变,也可以交换他们,这对于MSB在前或者LSB在前的数据格式都是允许的。如果没有使能位翻转,McASP就会默认以LSB在前的次序进行发送和接收。

注意(R/X)FMT的(R/X)DATDLY位也可以决定数据的格式。例如:对于I2S格式和左对齐格式之间的差别就是由帧同步信号的边沿和单元的第一个数据位之间的延迟决定的。对于I2S格式,(R/X)DATDLY需要设置为1个时钟延迟,然而左对齐格式就需要设置为0个时钟延迟。(R/X)FMT的各种不同组合意味着McASP可以支持多种数据格式。

12.2.7 时钟检查电路

音频系统中最普遍的误差源是片外DIR电路不稳定引起的串行时钟错误。为了迅速检查出时钟错误,在McASP中包含了一个用于发送和接收时钟的时钟检查电路。时钟检查电路可以检测时钟错误并能从错误时钟中恢复。对于它的使用与编程请参考相关器件数据手册。

12.2.8 引脚功能控制

除了AMUTEIN以外的McASP的所有引脚都是双向(输入/输出)引脚。而且,这些双向引脚既可以作为McASP引脚使用也可以作为通用输入/输出(GPIO)引脚。由下列寄存器来控制引脚功能:

- 引脚功能寄存器(PFUNC):选择引脚是作为McASP引脚还是GPIO引脚。
- 引脚方向寄存器(PDIR):选择引脚是输入还是输出。
- 引脚数据输入寄存器(PDIN):显示引脚的输入数据。
- 引脚数据输出寄存器(PDOUT):如果引脚被配置为通用(GPIO)输出口(PFUNC[n] = 1 and PDIR[n] = 1),那么数据就会由此引脚输出。在引脚被配置为McASP引脚时(PFUNC[n] = 0)此寄存器不可用。
- 引脚数据设置寄存器(PDSET):PDOUT的别名。向PDSET[n]写入1就会将相应PDOUT[n]设置为1。写入0没有影响。仅在引脚配置为GPIO输出时(PFUNC[n] = 1,PDIR[n] = 1)此寄存器可用。

● 引脚数据清除寄存器(PDCLR):PDOUT 的别名。向 PDCLR[n]写入一个 1 就会将相应 PDOUT[n]设置为 0。写入 0 没有影响。仅在引脚配置为 GPIO 输出时(PFUNC[n] = 1,PDIR[n] = 1)此寄存器可用。

图 12.34 为 McASP 的引脚控制框图。

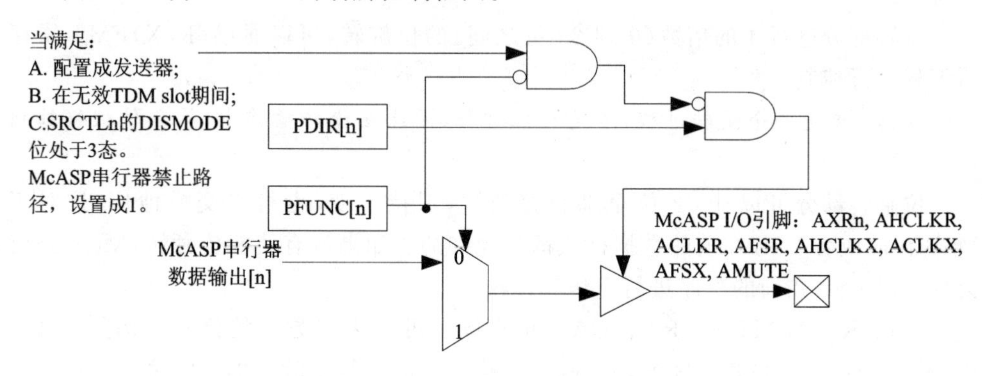

图 12.34 McASP I/O 引脚控制

即使 McASP 引脚被用作串行通道功能(非通用输入输出口),也必须正确地设置 McASP GPIO 寄存器 PFUNC 和 PDIR。串行端口功能包括:

● 时钟引脚(ACLKX, ACLKR, AHCLKX, AHCLKR, AFSX, AFSR),作为时钟输入和输出。

● 串行数据引脚(AXRn),用于发送或接收。

● AMUTE 引脚,用于静音输出信号。

当使用这些引脚的串行通道功能时,必须将每个引脚的 PFUNC[n]清零。同时,有些输出要求确定 PDIR[n]为 1,比如时钟引脚作为时钟输出使用时,串行数据引脚作为发送使用时,以及 AMUTE 作为静音输出使用时都有这样的要求。时钟输入和配置为接收的串行器必须设置 PDIR[n]为 0。

PFUNC 和 PDIR 不控制 AMUTEIN 信号,通常与芯片级中断引脚绑定。如果作为静音输入,这个引脚需要在合适的外设中配置为输入。

引脚方向的独立控制(通过 PDIR)以及内部或外部时钟(通过 CLKRM/CLKXM)的选择是非常重要的。根据特定的设备和应用,可能选择一个外部时钟(CLKRM 为 0),同时将内部时钟分频器使能,在 PDIR 寄存器(PDIR[ACLKR] = 1)选择时钟引脚为输出。在这种情况下,位时钟作为输出(PDIR[ACLKR] = 1)且连接到 ACLKR 引脚。但是,由于 CLKRM = 0,位时钟然后会作为外部时钟源被传送回 McASP 模块。这样可能会使 McASP 内部时钟和外部器件的时钟之间产生较小的偏差,从而产生更加均衡的设置并且为特定系统保持一定时间,进一步可以允许更高的串行时钟速率接口。

12.2.9 数据发送和接收

处理器通过向 XBUF 寄存器写数据为 McASP 发送操作服务，通过从 RBUF 寄存器读取数据为接收操作服务。McASP 设置状态标志，通知处理器什么时候准备好数据。XBUF 和 RBUF 寄存器可以通过以下两个外设端口的任意一个访问：

- 数据端口(DAT)：专门用于设备上的数据传输。
- 配置总线(CFG)：用于数据传输和外设配置控制。

通过数据端口和配置总线，CPU 或者 DMA 可以用来服务 McASP。

1. 数据就绪状态和事件/中断的产生

(1) 发送数据就绪

发送数据就绪标志即 XSTAT 寄存器中的 XDATA 位反映了 XBUF 寄存器的状态。当从 XRBUF[n]缓冲器向 XRSR[n] 移位寄存器传输数据时，XDATA 标志位被置位，表示 XBUF 是空的并准备好接收从处理器来的新数据了。当 XDATA 位被写入 1 或者所有被配置为发送器的串行器都被处理器写入数据，标志位就会被清零。

图 12.35 为 AXEVT 在 McASP 边界产生时对应时序的详细信息。

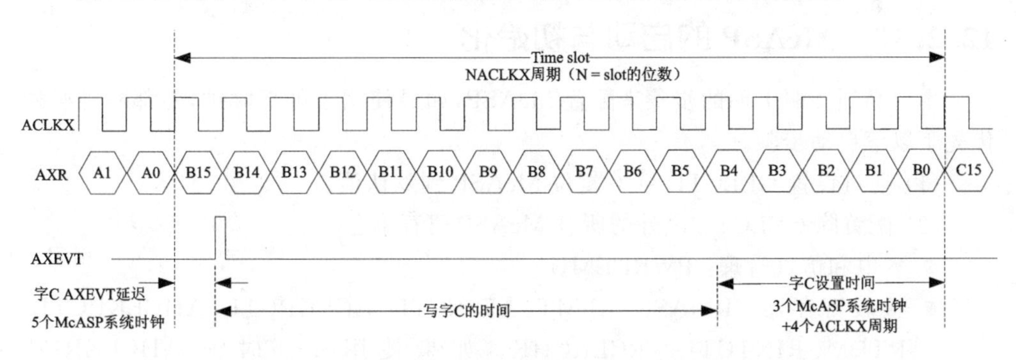

图 12.35　发送 DMA 事件(AXEVT)的处理服务时间

在这个例子中，当字 A 的最后一位(A0)被发送出去时，McASP 将 XDATA 标志位置位，并产生一个 AXEVT 事件。然而，在 AXEVT 被激活前还需要 5 个 McASP 系统时钟(即 AXEVT 延迟)。紧接在 AXEVT 之后，处理器开始对 McASP 服务，向 XBUF 写入字 C(DSP 服务时间)。处理器必须在 McASP 所要求的建立时间之前向 XBUF 写入字 C(建立时间)。

(2) 接收数据就绪

接收数据就绪标志即 RSTAT 寄存器中的 RDATA 位反映了 XBUF 寄存器的状态。当从 XRSR[n] 移位寄存器向 XRBUF[n]缓冲器传输数据时，RDATA 标志位被置位，表示 RBUF 中包含接收的数据并准备好让处理器来读取数据。当 RDATA 位被写入 1 或者所有被配置为接收器的串行器都被读出，标志位就会被清零。

图 12.36 为 AREVT 在 McASP 边界产生时对应时序的详细信息。

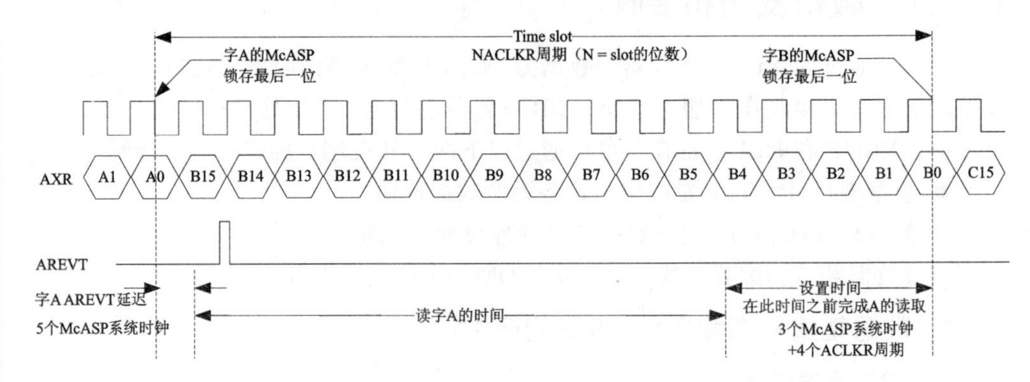

图 12.36　接收 DMA 事件(AREVT)的处理服务时间

在这个例子中，当接收到字 A 的最后一位(A0)时，McASP 将 RDATA 标志位置位，并产生一个 AREVT 事件。然而，在 AREVT 被激活前还需要 5 个 McASP 系统时钟(即 AREVT 延迟)。紧接着 AREVT 之后，处理器开始对 McASP 服务，从 XBUF 读取字 A(DSP 服务时间)。处理器必须在 McASP 所要求的建立时间之前从 XBUF 读取字 A(建立时间)。

12.2.10　McASP 的启动与初始化

用户必须按照下面的步骤来配置 McASP，如果使用了外部时钟，外部时钟必须优先于以下启动步骤。

(1) 通过设置 GBLCTL ＝ 0 复位 McASP 到默认值。

(2) 配置除 GBLCTL 之外的所有 McASP 寄存器。

- 省电和仿真管理：PWRDEMU。
- 接收寄存器：RMASK、RFMT、AFSRCTL、ACLKRCTL、AHCLKRCTL、RTDM、RINTCTL、RCLKCHK。如果使用外部时钟 AHCLKR 或 ACLKR，那么为了 GBLCTL 寄存器的正确同步，必须提前提供时钟信号。
- 发送寄存器：XMASK、XFMT、AFSXCTL、ACLKXCTL、AHCLKXCTL、XTDM、XINTCTL、XCLKCHK。如果使用外部时钟 AHCLKX 或 ACLKX，那么为了 GBLCTL 寄存器的正确同步，必须提前提供时钟信号。
- 串行器寄存器：SRCTL[n]。
- 全局寄存器：PFUNC、PDIR、DITCTL、DLBCTL、AMUTE。注意只有在前面步骤中时钟和帧设置完后才能对 PDIR 进行设置。这是因为如果一个时钟引脚被配置为输出，时钟引脚就开始以时钟控制寄存器所定义的速率输出时钟信号。因此必须确保在将引脚设置为输出前对时钟控制寄存器进行正确配置。这一要求对帧同步信号引脚也同样适用。
- DIT 寄存器：对于 DIT 模式的操作，要启动寄存器 DITCSRA[n]、DITC-

SRB[n]、DITUDRA[n]和 DITUDRB[n]。

(3) 启动高频串行时钟 AHCLKX 或 AHCLKR。

- 通过设置 GBLCTL 中接收器的 RHCLKRST 位或发送器的 XHCLKRST 位分别使内部高频串行时钟分频器退出复位。GBLCTL 中所有其他位都保持 0。
- 在继续进行操作前对 GBLCTL 进行一次读操作,确保写入的数据成功加载到 GBLCTL。

(4) 启动串行时钟 ACLKX 或 ACLKR。如果使用外部串行时钟,可以跳过这一步。

- 通过设置 GBLCTL 中接收器的 RCLKRST 位或发送器的 XCLKRST 位,使各自的内部串行时钟分频器退出复位。GBLCTL 中所有其他位都保持以前的状态不变。
- 在继续进行操作前对 GBLCTL 进行一次读操作,确保写入的数据成功加载到 GBLCTL。

(5) 按要求设置数据获取。

- 如果对 McASP 使用 DMA,那么在 McASP 退出复位前启动数据获取并在这一步开始 DMA 操作。
- 如果对 McASP 使用 CPU 中断,按要求使能发送或接收中断。
- 如果对 McASP 使用 CPU 查询,那么在这一步就不需要进行任何操作。

(6) 激活串行器。

- 在开始之前,通过写入 XSTAT = FFFFh 和 RSTAT = FFFFh 分别清除发送和接收状态寄存器。
- 通过设置 GBLCTL 中接收器的 RSRCLR 位或发送器的 XSRCLR 位,使各自的串行器退出复位。GBLCTL 中所有其他位都保持以前的状态不变。
- 在继续进行操作前对 GBLCTL 进行一次读操作,确保写入的数据成功加载到 GBLCTL。

(7) 确保所有的发送缓冲器在工作。

(8) 状态机退出复位。

- 通过设置 GBLCTL 中接收器的 RSMRST 位或发送器的 XSMRST 位使状态机退出复位。GBLCTL 中所有其他位都保持以前的状态不变。
- 在继续进行操作前对 GBLCTL 进行一次读操作,确保写入的数据成功加载到 GBLCTL。

(9) 帧同步信号发生器退出复位。

- 通过设置 GBLCTL 中接收器的 RFRST 位或发送器的 XFRST 位使帧同步信号发生器退出复位。
- 在继续进行操作前对 GBLCTL 进行一次读操作,确保写入的数据成功加载到GBLCTL。

(10) 只要接收到第一个帧同步信号,McASP就开始传输数据。

- McASP与帧同步信号边沿同步,而不是跟帧同步信号电平同步。

12.2.11 McASP寄存器

表12.9列出了McASP的控制寄存器,通过设备的配置总线访问这些寄存器。

表12.9 通过配置总线访问的McASP寄存器

偏移地址	缩写	寄存器描述
0h	REV	修订识别寄存器
10h	PFUNC	引脚功能寄存器
14h	PDIR	引脚方向寄存器
18h	PDOUT	引脚数据输出寄存器
1Ch	PDIN	读返回:引脚数据输入寄存器
1Ch	PDSET	写:引脚数据设置寄存器
20h	PDCLR	引脚数据清除寄存器
44h	GBLCTL	全局控制寄存器
48h	AMUTE	音频静音控制寄存器
4Ch	DLBCTL	数字回环控制寄存器
50h	DITCTL	DIT模式控制器
60h	RGBLCTL	接收器全局控制寄存器
64h	RMASK	接收格式单元位屏蔽寄存器
68h	RFMT	接收位流格式寄存器
6Ch	AFSRCTL	接收帧同步控制寄存器
70h	ACLKRCTL	接收时钟控制寄存器
74h	AHCLKRCTL	接收高频时钟控制寄存器
78h	RTDM	接收TDM时隙寄存器
7Ch	RINTCTL	接收器中断控制寄存器
80h	RSTAT	接收器状态寄存器
84h	RSLOT	当前接收TDM时隙寄存器
88h	RCLKCHK	接收时钟检测控制寄存器
8Ch	REVTCTL	接收DMA事件控制寄存器
A0h	XGBLCTL	发送器全局控制寄存器
A4h	XMASK	发送格式单元位屏蔽寄存器
A8h	XFMT	发送位流格式寄存器

续表 12.9

偏移地址	缩写	寄存器描述
ACh	AFSXCTL	发送帧同步控制寄存器
B0h	ACLKXCTL	发送时钟控制寄存器
B4h	AHCLKXCTL	发送高频时钟控制寄存器
B8h	XTDM	发送 TDM 时隙 0-31 寄存器
BCh	XINTCTL	发送器中断控制寄存器
C0h	XSTAT	发送器状态寄存器
C4h	XSLOT	当前发送 TDM 时隙寄存器
C8h	XCLKCHK	发送时钟检测控制寄存器
CCh	XEVTCTL	发送器 DMA 事件控制寄存器
100h	DITCSRA0	左(偶数 TDM 时隙)通道状态寄存器(DIT 模式)0
…	…	…
114h	DITCSRA5	左(偶数 TDM 时隙)通道状态寄存器(DIT 模式)5
118h	DITCSRB5	右(奇数 TDM 时隙)通道状态寄存器(DIT 模式)0
…	…	…
12Ch	DITCSRB0	右(奇数 TDM 时隙)通道状态寄存器(DIT 模式)5
130h	DITUDRA0	左(偶数 TDM 时隙)通道用户数据寄存器(DIT 模式)0
…	…	…
144h	DITUDRA5	左(偶数 TDM 时隙)通道用户数据寄存器(DIT 模式)5
148h	DITUDRB0	右(奇数 TDM 时隙)通道用户数据寄存器(DIT 模式)0
…	…	…
15Ch	DITUDRB5	右(奇数 TDM 时隙)通道用户数据寄存器(DIT 模式)5
180h	SRCTL0	串行器控制寄存器 0
…	…	…
1BCh	SRCTL15	串行器控制寄存器 15
200h	XBUF0	串行器 0 的发送缓冲寄存器
…	…	…
23Ch	XBUF15	串行器 15 的发送缓冲寄存器
280h	RBUF0	串行器 0 的接收缓冲寄存器
…	…	…
2BCh	RBUF15	串行器 0 的接收缓冲寄存器

12.3　高清晰度多媒体接口

12.3.1　概　述

高清晰度多媒体接口封装(HDMI_WP)模块用于封装 HDMI,提供与 HDMI TXPHY 模块的兼容性和接口。HDMI_WP 模块包含 HDMI IP 的逻辑支持(包括 HDMI 内核(HDMI_CORE)和 CEC 内核)。HDMI_WP 还包括一个额外的从端口,用于配置和音频数据流的缓冲。图 12.37 展示了 HDMI 模块的结构框图。

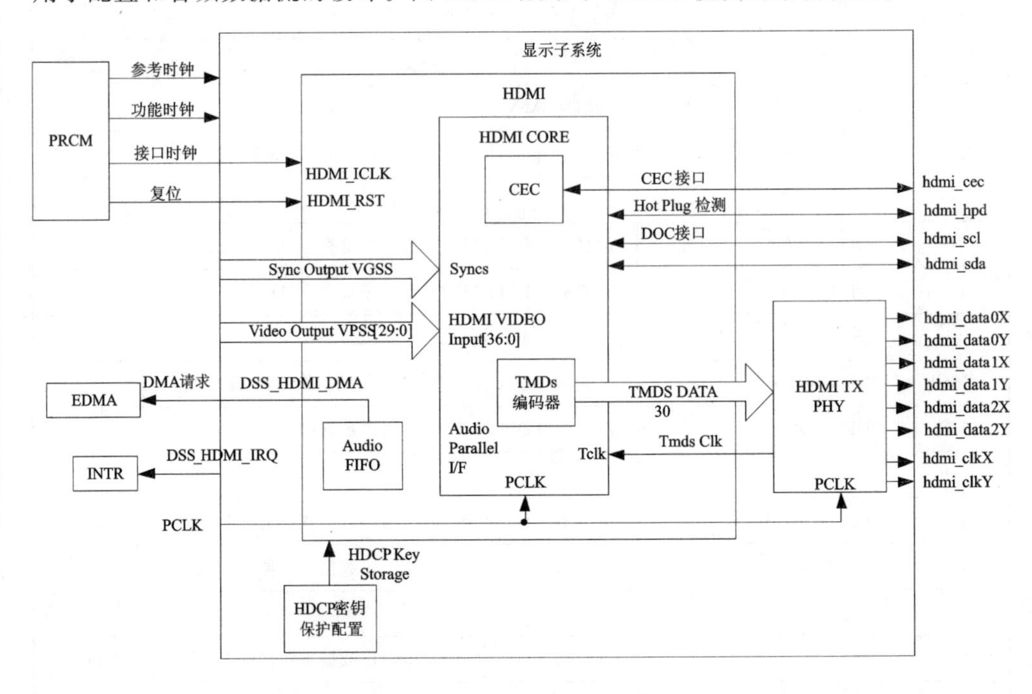

图 12.37　HDMI 结构框图

HDMI 的主要特性包括:

- 兼容 HDMI 1.3、HDCP 1.2 以及 DVI 1.0。
- 支持 EIA/CEA-861-D 视频格式。
- 支持 VESA DMT 视频格式。
- 支持深色模式:
  - 高达 1080p 60 Hz 的每分量视频信号 10 bit(10 bit/component)的颜色深度;
  - 高达 720p/1080i 60 Hz 的每分量视频信号 12bit 的颜色深度。
- 支持 165 MHz 的像素时钟(1920×1080p 60 Hz)。
- 视频格式:24 bit RGB。

- 支持非压缩多通道(多达 8 通道)音频。
- 连接主 I2C 接口,用于显示数据通道(DDC)。
- 消费者电子控制(CEC)接口。
- 集成高带宽数字内容保护(HDCP)加密引擎,用于传输受保护的音视频内容(通过软件进行认证)。
- 集成传输最小化差分信号(TMDS)和 TER4 编码器。
- 集成 TMDS 物理层(PHY)(3 个 TMDS 差分数据通道和 TMDS 差分时钟通道)。
  - 每个通道高达 1.856 25 Gbps(720p/1080i 60 Hz,10 bit/分量,分辨率较低的为 12 bit/分量);
  - 337.5 Mbps(576p 50 Hz/480p 60 Hz,10 bit/分量)。

HDMI 模块的结构框图如图 12.38 所示。

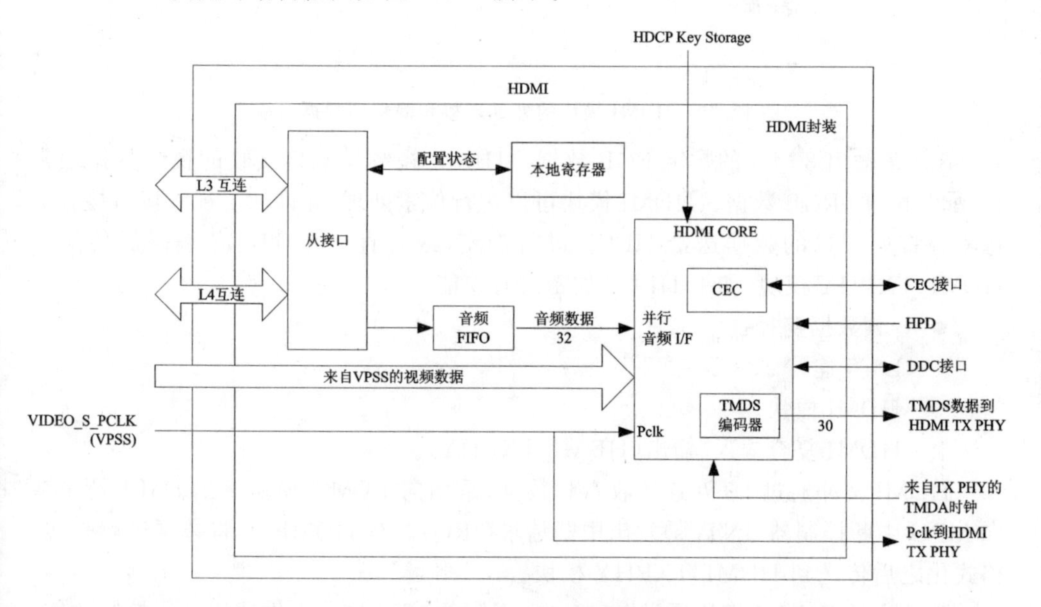

图 12.38　HDMI 模块的结构框图

下面介绍 HDMI 的连接选项,包括所有可能的接口,介绍每种情况采用的协议和数据格式。图 12.39 显示了 HDMI 模块的外部连接和简化的数据路径。

通过 HDMI 连接的以下路径传输视频和音频数据:

- 视频数据路径:
  - 视频处理子系统(VPSS);
  - HDMI 模块;
  - HDMI 复合输入/输出(HDMI_TXPHY)。

VPSS 模块给 HDMI 提供同步信号,同时一起发送 30 bit 像素数据给 HDMI。

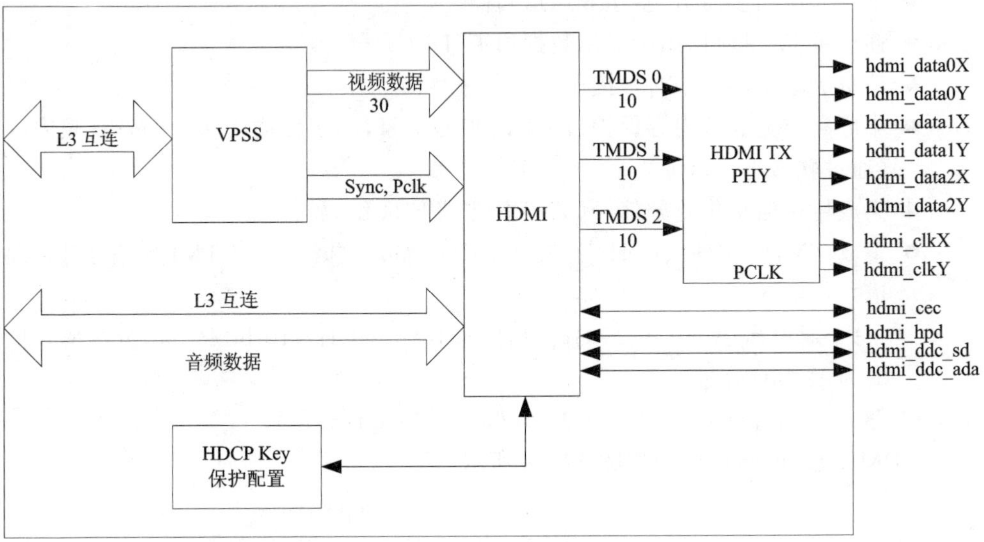

图 12.39 HDMI 模块的外部连接和简化的数据路径

VPSS通常输出30 bit的数字RGB数据。HDMI视频从端口接收的视频数据通常也是30 bit的RGB数据。HDMI模块可以进行像素处理，允许加工视频接口接收的像素。将处理过的数据送给HDCP进行加密，或者直接在TDMS编码后传送给HDMI_TXPHY模块(如果HDCP加密没有使能)。

- 音频数据路径：
  - L3 互连；
  - HDMI 模块；
  - HDMI 复合输入/输出(HDMI_TXPHY)。

HDMI缓冲通过L3互连接收音频数据，采用向EDMA模块发出DMA请求或向MPU中断控制器(INTCs)发出中断请求(IRQ)。在HDMI中，将数据进行打包、格式化之后传送到HDMI_TXPHY模块。

除此之外，HDMI模块通过hdmi_cec引脚的CEC协议提供通用远程控制功能，允许不同消费类电子产品之间的常用通信，这些电子产品是通过HDMI电缆与该系统连接的。HDMI模块可以驱动显示数据通道(DDC)总线，DDC总线支持hdmi_ddc_scl和hdmi_ddc_sda引脚的多种I2C命令。HDMI模块hdmi_hpd引脚上支持热插拔检测(HPD)功能，允许检测出连接的电视显示器。

12.3.2 结 构

1. 时钟配置

(1) 时钟域

HDMI模块有3个主要的时钟域：

- L3 时钟域：由 PRCM 模块产生，运行频率为 DSS_L3_ICLK，而且与其他时钟同步。
- TCLK 时钟域：运行频率为 TMDS_CLK，由 HDMI_TXPHY 模块产生。
- PCLK 时钟域：VPSS 到 HDMI_WP 的输入以 PCLK 时钟运行，PCLK 时钟由 VPSS Venc 产生。

(2) CEC 接口时钟配置

CEC 接口模块的时钟(CEC_DDC_CLK)是在 HDMI 内部通过对 DSS_HDMI 时钟(48 MHz)分频产生的，分频参数值是由如表 12.10 所示的 HDMI_WP_CLK[5:0] CEC_DIV 位域决定的。CEC 协议需要的时钟频率为 2 MHz，通过将 CEC_DIV 位域设置为 18h 可以获得该频率。

表 12.10 CEC 时钟生成

参考时钟	HDMI_WP_CLK[5:0] CEC_DIV	CEC Clock
DSS_HDMI	0	门控
—	1	自由运行
—	…	…
—	18 h	2 MHz
—	…	…

(3) 超时功能

HDMI 提供了 DSS_HDMI 时钟的超时功能。如果 HDMI_WP_CLK[16] OCP_TIME_OUT_DIS 位被清零且没有给 HDMI 模块提供 DSS_HDMI 时钟，那么就会产生 OCP_TIME_OUT_INTR 中断。可以通过向 HDMI_WP_CLK[16] OCP_TIME_OUT_DIS 位写 1 禁止超时功能。默认情况下，这个选择是使能的。

2. 信 号

表 12.11 描述了 HDMI 模块的信号。

表 12.11 HDMI 模块的信号

信 号	I/O	描 述	功 能
hdmi_data0x、hdmi_data0y	O	数据传输通道 0	TMDS 串行数据输出
hdmi_data1x、hdmi_data1y	O	数据传输通道 1	TMDS 串行数据输出
hdmi_data2x、hdmi_data2y	O	数据传输通道 2	TMDS 串行数据输出
hdmi_clockx、hdmi_clocky	O	时钟传输通道	TMDS 时钟输出
hdmi_cec	I/O	CEC 接口线	CEC 接口输入/输出
hdmi_hpd	I	输入监测	用于连接 HDMI 热插拔引脚来检测连接的显示器的存在
hdmi_scl	I/O	DDC I2C 时钟线	DDC 时钟输入/输出
hdmi_sda	I/O	DDC I2C 时钟线	DDC 时钟输入/输出

3. TXPHY 功能

(1) 概　述

在任何 HDMI link 传输之前，必须配置 HDMI_TXPHY 模块。只有在提供 TMDS 时钟的时候，HDMI 才能发挥全部的功能。在 PCLK 中有一个锁相环(PLL)作为输入，并且根据寄存器配置提供所需的 TCLK。

HDMI_TXPHY 接收来自 HDMI 的 TMDS 并行编码数据(30 bit)，然后为传输进行数据的序列化准备。HDMI_TXPHY 是带有 4 个单向通道模块的复合 I/O，包括 3 个数据通道模块和 1 个时钟通道模块。每个通道有两个数据填充(DX 和 DY)，形成一个差分对，并且与 HDMI 的串行输出传输信号对应。数据填充采用点对点互连方式与外部 HDMI 接收器的互补通道连接。

每个数据通道的最大传输速率为 1.856 25 Gbps，且通道模块功能和位置是可以配置的。即是说，每个通道模块可以选择为时钟通道或数据通道，而且每个通道的 DX/DY 数据填充可以配置为正极性(DP)和负极性(DN)引脚。

(2) 时钟域

HDMI_TXPHY 模块有以下时钟域：

- TMDS 时钟域：这是与 HDMI 模块的数据接口时钟，用于采样 HDMI_TXPHY 输入接收的数据。
- HFBITCLK 时钟域：串行数据传输的高频时钟。
- REFCLK 时钟域：这是一个 48 MHz 的自由运行时钟(DDS_HDMI)，用于开关电容电路的参考。

(3) TXPHY RX 连接检测

HDMI_TXPHY 可以检测上拉 3.3 V 的任何时钟线和数据线。当外部 HDMI 接收器与该设备连接时，就会出现这种情况。可以通过 TMDS_CNTL2[0] RSEN 读取信息。

(4) TXPHY 数据接口

输入接口：HDMI_TXPHY 模块的 D0 到 D2 用于接收 30 bit 并行数据，且在 TMDS 时钟的上升沿处采样这些数据。

输出接口：差分输出 DX/DY 上的串行数据的顺序为：首先 LSB，最后是 MSB。时钟线上的 TMDS 时钟在 10 bit 串行数据开始的时候处于下降沿。

4. 视频输入/输出模式编程

HDMI 发送器的寄存器必须根据选择的输入视频总线模式和输出视频格式编程，如图 12.40 所示。

- 只有当 DE 发生器使能的时候，DE 参数才需要编程。不推荐将 DE 发生器使能。
- HDMI 转换 YCbCr 数据以及输出 0-255 的 RGB(PC 模式)数据时，都需要将

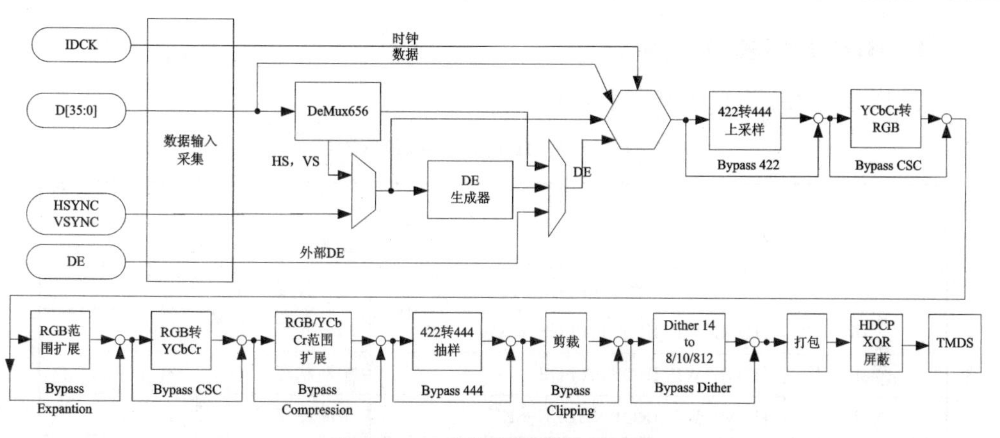

图 12.40　发送器视频数据处理

RANGE 设置为 1。当输出为 16-235 RGB(CE 模式)，将 RANGE 清零。

- 将 WIDE_BUS 设置成每个输入通道的位数。
- 将 DITHER_MODE 设置成每个视频输出通道支持的位数；在默认情况下，HDMI 发送器对输入进行去抖(如果 DITHER 使能)或截断为 8 bit(如果 DITHER 禁止)。
- 内核一旦通电，PB_CTRL1 和 PB_CTRL2 应该编程。
- 当 DE 发生器没有被使能(建议使用)，应该将 IADJUST 寄存器的 DE_ADJ 清零。
- TEST_TXCTRL 寄存器的 DIV_ENC_BYP 始终编程为 0。
- TMDS_CNTL9 寄存器的 ten_bit_bypass 和 BIST_CNTL 寄存器的 enc_byp 为 1。
- 编程 HDMI 寄存器，然后将 VPSS 的 VENC 使能，所有的时序由 VPSS 的 VENC 模块提供。

12.3.3　HDMI 寄存器

表 12.12 列出了 HDMI 寄存器的基地址偏移。

表 12.12　HDMI 寄存器

基地址偏移	模　块
0000h	HDMI 封装寄存器(HDMI Wrapper Registers)
0400h	HDMI 内核系统寄存器(HDMI Core System Registers)
0800h	HDMI IP 核色域寄存器(HDMI IP Core Gamut Registers)
0900h	HDMI IP 核音视频寄存器(HDMI IP Core CEC Registers)
0D00h	HDMI IP 核 CEC 寄存器(HDMI IP Core CEC Registers)
2000h	HDMI PHY 寄存器(HDMI PHY Registers)

1. HDMI封装寄存器

表12.13列出了HDMI封装寄存器。

表12.13 HDMI封装寄存器

地址偏移	缩 写	寄存器名
00h	HDMI_WP_REVISION	IP修订版本寄存器
10h	HDMI_WP_SYSCONFIG	时钟管理配置
24h	HDMI_WP_IRQSTATUS_RAW	Raw中断寄存器
28h	HDMI_WP_IRQSTATUS	中断状态
2Ch	HDMI_WP_IRQENABLE_SET	中断使能
30h	HDMI_WP_IRQENABLE_CLR	中断禁止
44h	HDMI_WP_DEBOUNCE	故障寄存器
50h	HDMI_WP_VIDEO_CFG	HDMI Wrapper视频配置
70h	HDMI_WP_CLK	时钟配置
80h	HDMI_WP_AUDIO_CFG	FIFO的音频配置
84h	HDMI_WP_AUDIO_CFG2	DMA的音频配置
88h	HDMI_WP_AUDIO_CTRL	音频FIFO控制
8Ch	HDMI_WP_AUDIO_DATA	FIFO的TX数据

2. HDMI内核系统寄存器

表12.14列出了HDMI内核系统寄存器。

表12.14 HDMI内核系统寄存器

地址偏移	缩 写	寄存器名
00h	VND_IDL	供应商ID寄存器
04h	VND_IDH	供应商ID寄存器
08h	DEV_IDL	设备ID寄存器
0Ch	DEV_IDH	设备ID寄存器
10h	DEV_REV	设备修订版本寄存器
14h	SRST	软件复位寄存器
20h	SYS_CTRL1	系统控制寄存器1
24h	SYS_STAT	系统状态寄存器
28h	SYS_CTRL3	Legacy寄存器
34h	DCTL	数据控制寄存器
3Ch	HDCP_CTRL	HDCP控制寄存器

续表 12.14

地址偏移	缩 写	寄存器名
40h-50h	BKSV_0 - BKSV_4	HDCP BKSV 寄存器
54h-70h	AN_0 - AN_7	HDCP AN 寄存器
74h-84h	AKSV_0 - AKSV_4	HDCP AKSV 寄存器
88h	RI1	HDCP Ri 寄存器
8Ch	RI2	HDCP Ri 寄存器
90h	RI_128_COMP	HDCP Ri 128 比较寄存器
94h	I_CNT	HDCP I 寄存器寄存器
98h	RI_STAT	Ri 状态寄存器
9Ch	RI_CMD	Ri 命令寄存器
A0h	RI_START	Ri 线启动寄存器
A4h	RI_RX_L	来自 RX 的 Ri 寄存器
A8h	RI_RX_H	来自 RX 的 Ri 寄存器
ACh	RI_DEBUG	Ri 调试寄存器
C8h	DE_DLY	视频 DE 延迟寄存器
C8h	DE_DLY	视频 DE 延迟寄存器
CCh	DE_CTRL	视频 DE 控制寄存器
D0h	DE_TOP	视频 DE 顶场寄存器
D8h	DE_CNTL	视频 DE 计数寄存器
DCh	DE_CNTH	视频 DE 计数寄存器
E0h	DE_LINL	视频 DE 行寄存器
E4h	DE_LINH_1	视频 DE 行寄存器
E8h	HRES_L	视频 H 分辨率寄存器
ECh	HRES_H	视频 H 分辨率寄存器
F0h	VRES_L	视频 V 分辨率寄存器
F4h	VRES_H	视频 V 分辨率寄存器
F8h	IADJUST	视频隔行调整寄存器
FCh	POL_DETECT	视频 SYNC 极性检测寄存器
100h	HBIT_2HSYNC1	视频 Hbit 到 HSYNC 寄存器
104h	HBIT_2HSYNC2	视频 Hbit 到 HSYNC 寄存器
108h	FLD2_HS_OFSTL	视频场 2 HSYNC 偏移寄存器
10Ch	FLD2_HS_OFSTH	视频场 2 HSYNC 偏移寄存器
110h	HWIDTH1	视频 HSYNC 长度寄存器
114h	HWIDTH2	视频 HSYNC 长度寄存器

续表 12.14

地址偏移	缩　写	寄存器名
118h	VBIT_TO_VSYNC	视频 Vbit 到 VSYNC 寄存器
11Ch	VWIDTH	视频 VSYNC 长度寄存器
120h	VID_CTRL	视频控制寄存器
124h	VID_ACEN	视频有效使能寄存器
128h	VID_MODE	视频模式 1 寄存器
12Ch-134h	VID_BLANK1-3	视频消隐寄存器 1-3
13Ch	VID_DITHER	视频模式 2 寄存器
140h	RGB2XVYCC_CT	RGB_2_xvYCC 控制寄存器
144h	R2Y_COEFF_LOW	RGB_2_xvYCC 转换 R_2_Y 寄存器
148h	R2Y_COEFF_UP	RGB_2_xvYCC 转换 R_2_Y 寄存器
14Ch	G2Y_COEFF_LOW	RGB_2_xvYCC 转换 G_2_Y 寄存器
150h	G2Y_COEFF_UP	RGB_2_xvYCC 转换 G_2_Y 寄存器
154h	B2Y_COEFF_LOW	RGB_2_xvYCC 转换 B_2_Y 寄存器
158h	B2Y_COEFF_UP	RGB_2_xvYCC 转换 B_2_Y 寄存器
15Ch	R2CB_COEFF_LOW	RGB_2_xvYCC 转换 R_2_Cb 寄存器
160h	R2CB_COEFF_UP	RGB_2_xvYCC 转换 R_2_Cb 寄存器
164h	G2CB_COEFF_LOW	RGB_2_xvYCC 转换 G_2_Cb 寄存器
168h	G2CB_COEFF_UP	RGB_2_xvYCC 转换 G_2_Cb 寄存器
16Ch	B2CB_COEFF_LOW	RGB_2_xvYCC 转换 B_2_Cb 寄存器
170h	B2CB_COEFF_UP	RGB_2_xvYCC 转换 B_2_Cb 寄存器
174h	R2CR_COEFF_LOW	RGB_2_xvYCC 转换 R_2_Cr 寄存器
178h	R2CR_COEFF_UP	RGB_2_xvYCC 转换 R_2_Cr 寄存器
17Ch	G2CR_COEFF_LOW	RGB_2_xvYCC 转换 G_2_Cr 寄存器
180h	G2CR_COEFF_UP	RGB_2_xvYCC 转换 G_2_Cr 寄存器
184h	B2CR_COEFF_LOW	RGB_2_xvYCC 转换 B_2_Cr 寄存器
188h	B2CR_COEFF_UP	RGB_2_xvYCC 转换 B_2_Cr 寄存器
18Ch	RGB_OFFSET_LOW	RGB_2_xvYCC RGB 输入偏移寄存器
190h	RGB_OFFSET_UP	RGB_2_xvYCC RGB 输入偏移寄存器
194h	Y_OFFSET_LOW	RGB_2_xvYCC 转换 Y 输出寄存器
198h	Y_OFFSET_UP	RGB_2_xvYCC 转换 Y 输出寄存器
19Ch	CBCR_OFFSET_LOW	RGB_2_xvYCC 转换 CbCr 输出寄存器
1A0h	CBCR_OFFSET_UP	RGB_2_xvYCC 转换 CbCr 输出寄存器
1C0h	INTR_STATE	中断状态寄存器

续表 12.14

地址偏移	缩 写	寄存器名
1C4h-1D0h	INTR1-4	中断源寄存器
1D4h-1E0h	INT_UNMASK1-4	中断非屏蔽寄存器
1E4h	INT_CTRL	中断控制寄存器
240h	XVYCC2RGB_CTL	xvYCC_2_RGB控制寄存器
244h	Y2R_COEFF_LOW	xvYCC_2_RGB转换Y_2_R寄存器
248h	Y2R_COEFF_UP	xvYCC_2_RGB转换Y_2_R寄存器
24Ch	CR2R_COEFF_LOW	xvYCC_2_RGB转换Cr_2_R寄存器
250h	CR2R_COEFF_UP	xvYCC_2_RGB转换Cr_2_R寄存器
254h	CB2B_COEFF_LOW	xvYCC_2_RGB转换Cr_2_B寄存器
258h	CB2B_COEFF_UP	xvYCC_2_RGB转换Cr_2_B寄存器
25Ch	CR2G_COEFF_LOW	xvYCC_2_RGB转换Cr_2_G寄存器
260h	CR2G_COEFF_UP	xvYCC_2_RGB转换Cr_2_G寄存器
264h	CB2G_COEFF_LOW	xvYCC_2_RGB转换Cb_2_G寄存器
268h	CB2G_COEFF_UP	xvYCC_2_RGB转换Cb_2_G寄存器
26Ch	YOFFSET1_LOW	xvYCC_2_RGB转换Y偏移寄存器
270h	YOFFSET1_UP	xvYCC_2_RGB转换Y偏移寄存器
274h	OFFSET1_LOW	xvYCC_2_RGB转换偏移1寄存器
278h	OFFSET1_MID	xvYCC_2_RGB转换偏移1寄存器
27Ch	OFFSET1_UP	xvYCC_2_RGB转换偏移1寄存器
280h	OFFSET2_LO	xvYCC_2_RGB转换偏移2寄存器
284h	OFFSET2_UP	xvYCC_2_RGB转换偏移2寄存器
288h	DCLEVEL_LO	xvYCC_2_RGB转换直流电平寄存器
28Ch	DCLEVEL_UP	xvYCC_2_RGB转换直流电平寄存器
3B0h	DDC_MAN	DDC I2C说明书寄存器
3B4h	DDC_ADDR	DDC I2C目标从机地址寄存器
3B8h	DDC_SEGM	DDC I2C目标段地址寄存器
3BCh	DDC_OFFSET	DDC I2C目标偏移地址寄存器
3C0h	DDC_COUNT	DDC I2C数据计数寄存器
3C4h	DDC_COUNT	DDC I2C数据计数寄存器
3C8h	DDC_STATUS	DDC I2C状态寄存器
3CCh	DDC_CMD	DDC I2C命令寄存器
3D0h	DDC_DATA	DDC I2C数据寄存器
3D4h	DDC_FIFOCN	DDC I2C FIFO计数寄存器
3E4h	EPST	ROM状态寄存器
3E8h	EPCM	ROM命令寄存器

3. HDMI IP 核色域寄存器

表 12.15 列出了 HDMI IP 核色域寄存器。

表 12.15 HDMI IP 核色域寄存器

地址偏移	缩 写	寄存器名
00h	GAMUT_HEADER1	色域元数据寄存器
04h	GAMUT_HEADER2	
08h	GAMUT_HEADER3	
0Ch-78h	GAMUT_DBYTE_0-GAMUT_DBYTE_27	

4. HDMI IP 核音视频寄存器

表 12.16 列出了 HDMI IP 核音视频寄存器。

表 12.16 HDMI IP 核音视频寄存器

地址偏移	缩 写	寄存器名
04h	ACR_CTRL	ACR 控制寄存器
08h	FREQ_SVAL	ACR 音频频率寄存器
0Ch-14h	N_SVAL1-3	ACR N 软件值寄存器
18h-20h	CTS_SVAL1-3	ACR CTS 软件值寄存器
24h-2Ch	CTS_HVAL1	ACR CTS 硬件值寄存器
50h	AUD_MODE	音频模式寄存器中
54h	SPDIF_CTRL	音频 S/PDIF 控制寄存器
60h	HW_SPDIF_FS	音频 S/PDIF 提取 Fs 和长度寄存器
64h	SWAP_I2S	音频 I2S 通道交换寄存器
6Ch	SPDIF_ERTH	音频错误阈值寄存器
70h	I2S_IN_MAP	音频 I2S 数据映射寄存器
74h	I2S_IN_CTRL	音频 I2S 控制寄存器
78h-88h	I2S_CHST0-5	音频 I2S 通道状态寄存器
8Ch	ASRC	音频采样率转换寄存器
90h	I2S_IN_LEN	音频 I2S 输入长度寄存器
BCh	HDMI_CTRL	HDMI 控制寄存器
C0h	AUDO_TXSTAT	音频路径状态寄存器
CCh-D4h	AUD_PAR_BUSCLK_1-3	音频输入数据率调整寄存器
F0h	TEST_TXCTRL	测试控制寄存器
F4h	DPD	掉电诊断寄存器

续表 12.16

地址偏移	缩　写	寄存器名
F8h-FCh	PB_CTRL1-2	数据包缓冲控制 1-2 寄存器
100h	AVI_TYPE	
104h	AVI_VERS	
108h	AVI_LEN	数据包寄存器
10Ch	AVI_CHSUM	
110h-148h	AVI_DBYTE_0-AVI_DBYTE_14	
180h	SPD_TYPE	
184h	SPD_VERS	
188h	SPD_LEN	SPD 信息帧寄存器
18Ch	SPD_CHSUM	
190h-1F8h 6	SPD_DBYTE_0-SPD_DBYTE_2	
200h	AUDIO_TYPE	音频信息帧寄存器
204h	AUDIO_VERS	
208h	AUDIO_LEN	
20Ch	AUDIO_CHSUM	
210h-234h	AUDIO_DBYTE_0-AUDIO_DBYTE_9	
280h	MPEG_TYPE	
284h	MPEG_VERS	
288h	MPEG_LEN	MPEG 信息帧寄存器
28Ch	MPEG_CHSUM	
290h-2F8h	MPEG_DBYTE_0- MPEG_DBYTE_26	
300h-378h	GEN_DBYTE_0 - GEN_DBYTE_30	通用数据包寄存器
37Ch	CP_BYTE1	通用控制数据包寄存器
380h-3F8h	GEN2_DBYTE_0 - GEN2_DBYTE_30	通用数据包 2 寄存器
3FCh	CEC_ADDR_ID	CEC 从 ID 寄存器

5. HDMI IP 核 CEC 寄存器

表 12.17 列出了 HDMI IP 核 CEC 寄存器。

表 12.17 HDMI IP 核 CEC 寄存器

地址偏移	缩 写	寄存器名
00h	CEC_DEV_ID	CEC 设备 ID 寄存器
04h	CEC_SPEC	CEC 规格寄存器
08h	CEC_SUFF	CEC 规格说明寄存器
0Ch	CEC_FW	CEC 固件版本寄存器
10h-1Ch	CEC_DBG_0-3	CEC 调试寄存器 0-3
20h	CEC_TX_INIT	CEC Tx 初始化寄存器
24h	CEC_TX_DEST	CEC Tx 目标寄存器
38h	CEC_SETUP	CEC 设置寄存器
3Ch	CEC_TX_COMMAND	CEC Tx 命令寄存器
40h-78h	CEC_TX_OPERAND_0-CEC_TX_OPERAND_14	CEC Tx 操作数寄存器
7Ch	CEC_TRANSMIT_DATA	CEC 发送数据寄存器
88h	CEC_CA_7_0	CEC 采集 ID0 寄存器
8Ch	CEC_CA_15_8	CEC 采集 ID0 寄存器
90h-94h	CEC_INT_ENABLE_0-1	CEC 中断使能寄存器 0-1
98h-9Ch	CEC_INT_STATUS_0-1	CEC 中断状态寄存器
B0h	CEC_RX_CONTROL	CEC RX 控制寄存器
B4h	CEC_RX_COUNT	CEC RX 计数寄存器
B8h	CEC_RX_CMD_HEADER	CEC RX 命令头寄存器
BCh	CEC_RX_COMMAND	CEC RX 命令寄存器
C0h-F8h	CEC_RX_OPERAND_0-CEC_RX_OPERAND_14	CEC RX 操作数寄存器

6. HDMI PHY 寄存器

表 12.18 列出了 HDMI PHY 寄存器。

表 12.18 HDMI IP 核 CEC 寄存器

地址偏移	缩 写	寄存器名
04h	TMDS_CNTL2	TMDS 控制寄存器
08h	TMDS_CNTL3	TMDS 控制寄存器
0Ch	BIST_CNTL	BIST 控制寄存器
20h	TMDS_CNTL9	TMDS 控制寄存器

12.4 以太网接口

12.4.1 概 述

以太网媒体访问控制器(EMAC)控制从系统到物理层PHY的打包数据流。管理数据输入输出(MDIO)模块控制PHY配置和状态监控。

EMAC和MDIO模块都是通过自定义接口与系统内核连接,允许高效的数据发送和接收。EMAC控制模块是EMAC/MDIO外设不可或缺的,用于连接到同一网络的设备和主机之间的数据移动,并且符合以太网协议。

1. 特 点

EMAC/MDIO具有以下特点:

- 同步10/100/1 000 Mbps操作。
- G/MII到PHY的接口。
- 全双工千兆操作(不支持半双工)。
- EMAC作为内部或外部设备存储空间的DMA主机。
- 硬件错误处理,包括CRC。
- 8个带有VLAN标记判别的接收通道,支持接收服务质量(QOS: quality-of-service)。
- 8个带有轮循或固定优先级的发送通道,支持发送QOS。
- 收集Ether-Stats和802.3-Stats RMON统计信息。
- 基于每个通道来选择产生发送CRC。
- 可以在单个通道上选择接收广播帧。
- 可以在单个通道上选择接收多播帧。
- 可以在单个通道上选择接收混杂(Promiscuous)接收模式帧(不匹配MAC地址的帧),包括所有帧(完好帧、短帧、错误帧)。
- 硬件流控制。
- 8 K字节的本地EMAC描述符内存,允许外设不用CPU来操作描述符。描述符内存保持足够的信息,用于传输多达512个以太网包(无需CPU干预)。
- 可编程的中断逻辑允许驱动软件限制背靠背的中断产生,实现在单次中断服务程序中做更多的工作。
- TI自适应性能优化,以改善半双工的运行性能。
- 可配置的接收地址匹配/过滤、接收FIFO深度、发送FIFO深度。
- 支持仿真。
- 回环模式。

2. 功能方框图

图 12.41 显示了 EMAC/MDIO 的 3 个主要功能模块：

- EMAC 控制模块。
- EMAC 模块。
- MDIO 模块。

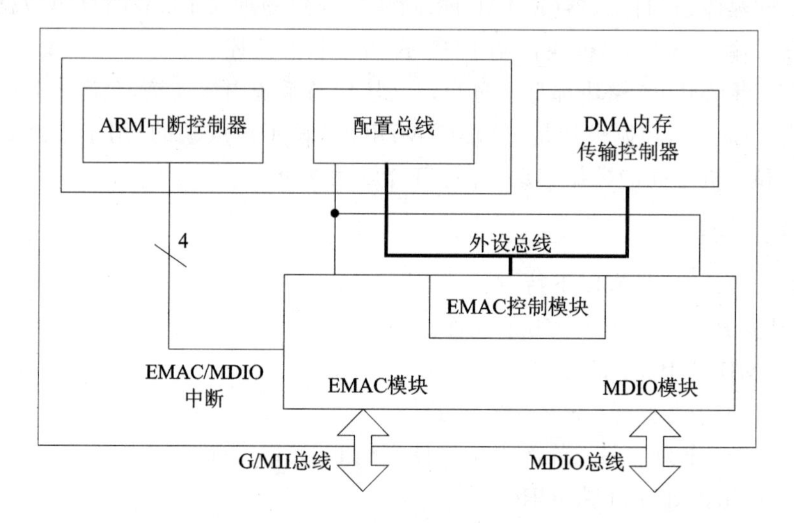

图 12.41　EMAC 和 MDIO 框图

EMAC 控制模块是器件内核处理器和 EMAC/MDIO 模块的主接口。EMAC 控制模块包含必要的组件，便于 EMAC 高效使用器件内存和控制器件中断。同时，EMAC 控制模块内置 8K 字节的内部 RAM，用于 EMAC 缓冲描述符。

MDIO 模块实现 802.3 串行管理接口，可以通过两线制的共享总线来查询和控制连接在器件上的多达 32 个 PHY。Host 软件使用 MDIO 模块配置 PHY 的自动协商(negotiation)系数，获得协商结果，并配置 EMAC 模块正确操作所要求的参数。MDIO 接口的操作对用户几乎是透明的，几乎不需要内核 CPU 服务。

EMAC 模块提供了一个高效的处理器和网络之间的通信接口。EMAC 支持半双工的 10Base-T(10 Mbps)和 100BaseTx(100 Mbps)以及全双工的 100BaseT，并带有硬件的流控制和服务质量 QOS 支持。

3. EMAC 和 MDIO 方框图

图 12.41 还显示了 EMAC 控制模块和 CPU 之间的主接口，与器件内核的连接如下：

- EMAC 控制模块总线允许 EMAC 模块通过 DMA 内存传输控制器读写片内外内存。
- EMAC 控制模块、EMAC 和 MDIO 都有自己的控制寄存器，通过器件配置总

线将这些寄存器作为内存映射到器件内存空间。同时，控制模块内部 RAM 也被映射到同一个范围。

- 在控制模块里将 EMAC 和 MDIO 中断组合成一个中断，然后传送到 ARM 中断控制器。

EMAC 和 MDIO 中断在控制模块中组合，因此应用软件和设备驱动只需要监控控制模块中断。EMAC 控制模块组合 EMAC 和 MDIO 中断并且通过 ARM 中断控制器向 ARM 产生 4 个独立的中断。

4. 工业标准兼容性

EMAC 遵从 IEEE802.3 标准：规定 CSMA/CD 存取方法和物理层。IEEE802.3 标准还被 ISO/IEC 采用，并称之为 ISO/IEC8802-3：2000E。EMAC 与这个标准不同的是不采用发送编码错误信号(MTXER)，采用的是：如果在一个发送帧出现下溢情况，EMAC 将帧 CRC 反向，用于故意产生一个错误检测，以便网络检测到错误发送帧。

12.4.2　结　构

1. 时钟控制

按照 IEEE802.3 标准，收发时钟的频率是固定的，如下：

- 10 Mbps 为 2.5 MHz；
- 100 Mbps 为 25 MHz；
- 1000 Mbps 为 125 MHz。

EMAC 逻辑电路与外设时钟(SYSCLK5)是同步的。可以通过应用软件来控制 MDIO 时钟，即编程 MDIO 控制寄存器(CONTROL)的分频系数。

(1) MII 时钟

在 10/100 Mbps 时，收发时钟源由外部的 PHY 通过 MTCLK 和 MRCLK 引脚来提供。这些时钟对于 EMAC 来说是输入，运行在 10 Mbps 时为 2.5 MHz，而 100 Mbps为 25 MHz。在 1000 Mbps 时候不使用 MII 时钟接口。出于时序方面的考虑，数据接收和发送分别参考 MTCLK 和 MRCLK。

(2) GMII 时钟

在 10/100 Mbps 模式下，收发时钟源与 MII 时钟一样，由外部的 PHY 通过 MTCLK 和 MRCLK 引脚来提供。在 1000 Mbps 操作时，接收时钟由外部 PHY MRCLK 引脚提供。对于发送来说，时钟源与数据同步，由 EMAC 提供，这个时钟输出在 GMTCLK 引脚上。

EMAC 内部以 148.5 MHz 时钟运行，出于时序方面的考虑，在 10/100 Mbps 模式下的数据发送和接收分别参考 MTCLK 和 MRCLK。对于 1000 Mbps 模式，接收时序是一样的，而发送时序参考 GMTCLK。

2. 内存映射

EMAC 内置有用于保持以太网收发包信息的内部 2K×32 bit RAM 存储器，用于存储缓冲描述符(描述符长度是 4 个字(16 个字节))，并且 EMAC 或 CPU 可以访问这个 RAM。8K 本地存储器可以保持足够的信息，从而无需 CPU 的干预就可以传输多达 52 个以太网包。

包缓冲描述符(packet buffer descriptors，以下简称 Descriptor)也能放置在处理器的片内内存或外部 EMIF(DDR)里。与内部存储器相比，把描述符放置在 EMAC 放置在系统内存中会影响高速缓存的性能和吞吐量。描述符放置在内部存储器中，高速缓存的性能会有所改善。然而描述符放在本地 EMAC 内存中，EMAC 吞吐量会更好。

3. 信号描述

DM8168 既支持 MII 接口(10/100 Mbps)，也支持 GMII 接口(10/100/1000 Mbps)。图 12.42 显示了设备通过 GMII 接口与 EMAC/MDIO 的连接，这个连接可以以 10/100/1000 模式运行。在 1000 Mbps 模式下，GMII 仅支持全双工模式。在 10/100 Mbps 模式下，GMII 与 MII 一样，数据总线传输数据的低 4 位。GMII 接口的各个 EMAC 和 MDIO 信号如图 12.42 所示。

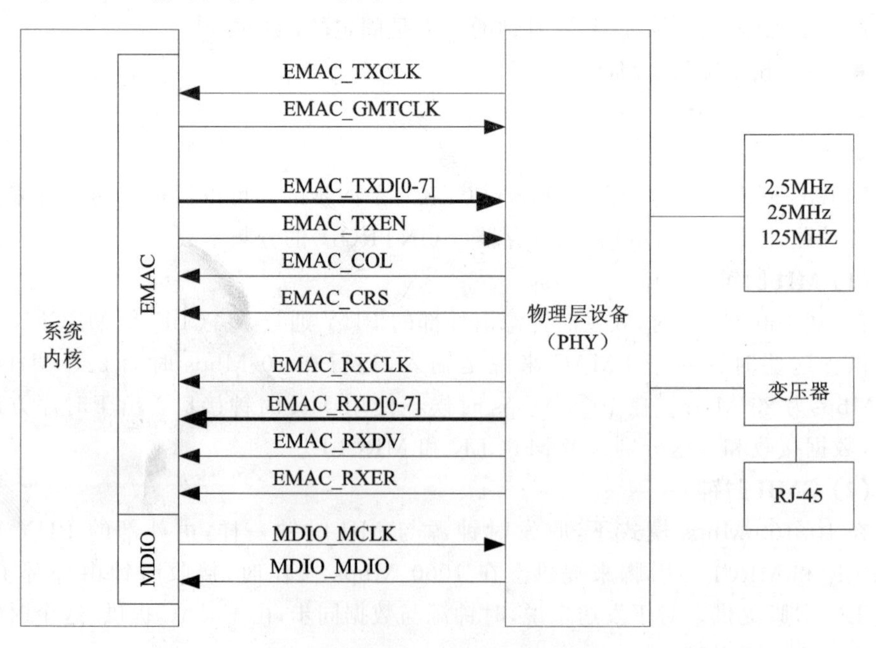

图 12.42 GMII 连接结构框图

EMAC_TXCLK(输入)：发送时钟是一个连续的时钟，提供 10/100 Mbps 模式下发送操作的定时基准。EMAC_TXD 和 EMAC_TXEN 信号在 10/100 MHz 时参

考这个时钟。时钟由 PHY 产生，在 10 Mbps 时时钟频率为 2.5 MHz，在 100 Mbps 时为 25 MHz。

EMAC_GMTCLK（输出）：GMII 源异步发送时钟由 EMAC 产生，仅在 1000 Mbps模式下使用，用于提供连续的 125 MHz 频率的发送时钟。EMAC_TXD 和 EMAC_TXEN 信号在 1000Mbps 下连接到这个时钟。

EMAC_TXD[0:7]（输出）：8 bit 发送数据。数据信号与 EMAC_TXCLK（10/100 Mbps模式）/EMAC_GMTCLK（1000 Mbps 模式）同步。

EMAC_TXEN（输出）：发送数据使能。表示 EMAC_TXD[0:7]引脚产生有效数据供 PHY 使用，信号与 EMAC_TXCLK（10/100 Mbps）/EMAC_GMTCLK（1000 Mbps）同步。

EMAC_COL（输入）：冲突检测。这个信号由 PHY 确定，表示 PHY 检测到网络有冲突，这个信号维持到冲突消失。该信号不需要与 EMAC_TXCLK 或 EMAC_RXCLK 同步，且只有在半双工模式下才有意义。

EMAC_CRS（输入）：载波检测。这个信号由 PHY 确定，表示网络不是空闲，处于发送或接收状态。该信号在接收或发送都是空闲时才会消失，不需要与 EMAC_TXCLK 或 EMAC_RXCLK 同步，且只有在半双工模式下才有意义。

EMAC_RXCLK（输入）：接收时钟。接收时钟是一个连续的时钟，由 PHY 产生，提供接收操作的定时基准，在 10 Mbps 模式的时钟频率为 2.5 MHz，100 Mbps 为 25 MHz，1 000 Mbps 为 125 MHz。EMAC_RXD、EMAC_RXDV 和 EMAC_RXER 信号都参考这个时钟。

EMAC_RXD[0:7]（输入）：8 bit 接收数据。信号与 EMAC_RXCLK 同步。

EMAC_RXDV（输入）：接收数据有效。表示 EMAC_RXD[0:7]引脚上存在有效数据供 EMAC 使用，信号与 EMAC_RXCLK 同步。

EMAC_RXER（输入）：接收数据错误。表示在接收到的帧里有一个错误。

MDIO_MCLK（输出）：管理数据串行时钟。这个信号由 MDIO 产生，用于同步 MDIO 的数据存取操作，由 MDIO 控制寄存器的 CLKDIV 位控制时钟频率。

MDIO_MDIO（输入/输出）：管理数据输入输出。在 MDIO_MDIO 同步下，从 PHY 读写数据，每次存取由帧的开始、读写标记、PHY 地址、寄存器地址和数据位组成。

12.4.3　EMAC 控制模块

EMAC 控制模块的基本功能如图 12.43 所示，它是 EMAC/MDIO 模块与系统其他部分的接口，并且内置本地内存，用于存储描述符，有助于避免对系统内存的竞争。其他功能包括总线仲裁、中断控制和频率（spacing）逻辑控制。

1. 本地内存

EMAC 控制器包含 8 KB 的本地内存，使得 EMAC 的工作更加独立于 CPU。

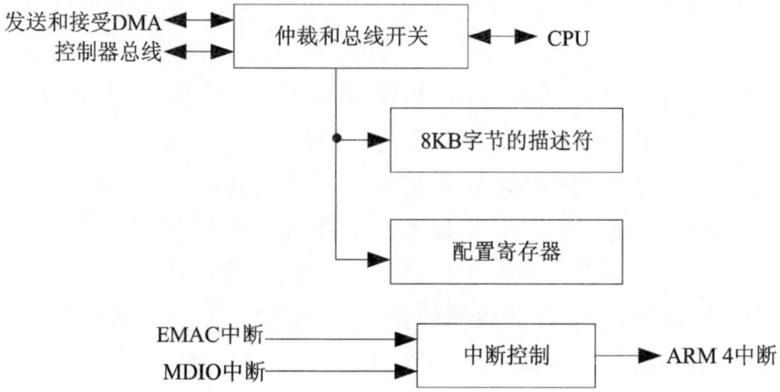

图 12.43　EMAC 控制模块结构框图

当 EMAC 发布对描述符内存读写请求的时候，可以防止内存溢出。内存读写实际的以太网数据包的时候受到 EMAC 内部 FIFOs 的保护。描述符是 16 字节的内存结构，包含了以太网包缓冲的信息（这个包缓冲可能是一个完整或一部分以太网包）。由于有 8 KB 内存用于描述符的存储，在被应用和驱动程序服务之前，EMAC 模块可以收发多达 512 个包。

2. 总线仲裁

EMAC 控制模块进行的总线仲裁操作对系统其他部分是透明的，用于：

- 在 CPU 和 EMAC 总线对内部描述符内存的访问时候进行仲裁；
- 在内部 EMAC 总线对系统内存存取的时候进行仲裁。

3. 中断控制

EMAC 控制模块由 EMAC 和 MDIO 模块产生的多个中断进行组合，形成 4 个独立的中断信号，如表 12.19 所列，通过 CPU 中断控制器映射成一个中断。4 个独立的中断源可以由每个通道的 CMRXTHRESHINTEN、CMRXINTEN、CMTX-INTEN、CMMISCINTEN 寄存器分别使能。

表 12.19　EMAC 控制模块中断

ARM 事件	缩　写	源
24	MAC_RXTH	EMAC 接收阈值
25	MAC_RX	EMAC 接收
26	MAC_TX	EMAC 发送
27	MAC_MISC	EMAC 其他

(1) 发送脉冲中断

EMAC 控制模块接收来自 EMAC 模块的 8 个独立的发送中断，分别对应 8 个发送通道，并且将它们组合成一个发送脉冲中断发送给 CPU，且这个发送脉冲中断

的频率是可控的。8个独立的发送悬挂中断由EMAC控制模块来选择，通过设置EMAC控制模块发送中断使能寄存器(CMTXINTEN)的1位或更多位来使能。被屏蔽的中断状态可以在EMAC控制模块发送中断状态寄存器(CMTXINTSTAT)中读到。当接收到一个发送脉冲中断，ISR(中断服务程序)执行以下动作：

- 读CMTXINTSTAT，确定是哪个通道引起的中断。
- 处理中断通道接收到的包。
- 将应用软件处理的最后一个包的最后一个缓冲描述符的地址写到相应的CPGMAC发送通道n，完成指针寄存器(TXnCP)。
- 写2h/1h到EMAC模块的MAC中断结束矢量寄存器(MACEOIVECTOR)，表示发送中断处理结束。

接收脉冲中断与发送脉冲类似，只是把相应的寄存器做修改。

(2) 接收阈值脉冲中断

EMAC控制模块接收来自EMAC模块的8个独立的接收阈值中断，分别对应8个接收通道中断，并且将它们组合成一个接收脉冲中断发送给CPU，且这个接收阈值脉冲中断的频率是不可控的。8个独立的接收阈值悬挂中断由EMAC控制模块来选择，通过设置EMAC控制模块接收阈值中断使能寄存器(CMRXTHRESINTEN)的1位或更多位来使能。被屏蔽的中断状态可以在EMAC控制模块接收阈值中断状态寄存器(CMRXTHRESHINTSTAT)中读到。当接收到一个接收阈值脉冲中断，ISR(中断服务程序)执行以下动作：

- 读CMRXTHRESHINTSTAT，确定是哪个通道引起的中断。
- 处理中断通道接收到的包。
- 将应用软件处理的最后一个包的最后一个缓冲描述符的地址写到相应的CPGMAC发送通道n，完成指针寄存器(RXnCP)。
- 写0h到EMAC模块的MAC中断结束矢量寄存器(MACEOIVECTOR)，表示接收阈值中断处理结束。

(3) 混合脉冲中断

EMAC控制模块接收来自EMAC模块的STATPEND和HOSTPEND中断，以及来自MDIO_LINKINT和MDIO_USERRINT中断，将这4个中断组合成一个混合脉冲中断发往CPU，混合中断的频率是不可控的。4个独立的中断是由EMAC控制模块来选择的，通过设置混合中断使能寄存器(CMMISCINTEN)的1位或更多位来使能，被屏蔽的中断状态在EMAC控制混合中断状态寄存器(CMMISCINTSTAT)中读到。

4. 中断频率

接收或发送的脉冲中断的频率是可调的，接收阈值和混合中断不可调整频率。中断频率可调的这一特性可以限制在给定时间段内向CPU发送中断的次数。对于负荷很重的系统，中断以很高的频率产生，这时减少中断的服务负荷对系统的性能是很有效的。接收和发送脉冲中断包含独立的中断频率调整子模块，且每个子模块默认是禁止的，允许传送选择的中断。

中断频率调整模块对每ms间隔发生的中断次数进行计数，将计数结果与设定值比较。设定值由寄存器CMTXINTMAX和CMRXINTMAX来设定，基于比较的结果来动态调整中断阻塞的时间长短。4 μs脉冲经过预分频计数器产生1 ms间隔，预分频计数器由EMAC控制模块中断控制寄存器（CMINICTRL）的INTPRESCALE域来设置。如果发送脉冲的速率小于设定在CMTXINTMAX中的目标发送脉冲中断速率，那么向CPU发送的中断不会被阻塞。如果发送脉冲中断大于目标速率，中断频率将被调整到CMTXINTMAX的设定值，这个值在2到63之间，表示发给CPU的目标中断数目。向CPU发送接收中断脉冲也是类似的，独立于发送中断脉冲处理。

12.4.4　MDIO模块

MDIO用来管理多达32个连接在MAC上的PHY器件，DM8168只允许每次连接单个PHY到EMAC。MDIO模块的操作很少需要CPU的干预。

MDIO连续查询32个MDIO地址来枚举所有的PHY，只要检测到一个PHY，就读取MDIO的PHY连接状态寄存器（LINK），用于监测PHY的连接状态。如果连接事件出现变化，就存储在MDIO模块，并且可以向CPU产生中断。事件的存储使得CPU无需不断访问MDIO来查询PHY的连接状态。当CPU必须对MDIO模块进行访问操作用于配置的时候，MDIO的读写操作是独立于CPU的，使得CPU可以通过查询或中断来得知操作是否完成。

1. MDIO模块组件

如图12.44所示，MDIO模块通过MDIO和MDCLK两个引脚与PHY组件连接，通过EMAC模块和配置总线与CPU连接。MDIO模块组成如下：

- MDIO时钟发生器：基于EMAC控制模块的外设时钟（SYSCLK5）的分频来控制MDIO时钟，MDIO时钟频率高达2.5 MHz。因为外设时钟SYSCLK5的频率可变，因此应用软件或驱动可以控制MDIO时钟的分频数。
- PHY的检测及其连接状态的监测：通过查询所有32个MDIO地址来枚举PHY，查询是否在某一特定地址上有PHY响应，即PHY的连接。
- 有效PHY的监测：一旦PHY被认为处于使用中，MDIO模块通过读取MDIO PHY状态寄存器，检测PHY的连接状态。当连接事件改变，可以存储在MDIO中，作为可选的中断发送给CPU。这就使得系统查询PHY的连接状态时无需连续执行访问MDIO。
- PHY寄存器用户存取：当CPU必须存取MDIO用于配置的时候，软件通过用户存取寄存器 USERACCESSn 向连接的 PHY 发送访问请求。

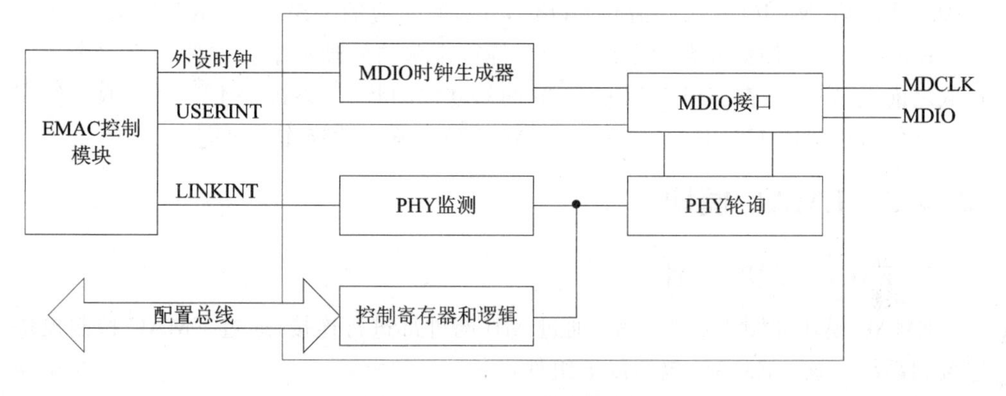

图 12.44 MDIO 模块框图

2. MDIO 模块操作

MDIO 模块实现 802.3 串行管理接口对以太网 PHY 的查询和控制，使用共享的 2-线总线。MDIO 模块独立执行对多达 32 个 PHY 的自动检测并记录当前的连接状态，查询所有的 32 个 MDIO 地址。

应用软件使用 MDIO 模块来配置连接在 EAMC 的 PHY 的自动协商参数，获得协商结果，并配置 EMAC 要求的参数。在 DM8168 中，可以自动查询和控制连接到系统的以太网 PHY。MDIO 用户 PHY 选择寄存器（USERPHYSELn）的 PHYADRMON 位指定 PHY 的 MII 地址。可以对 MDIO 模块编程，以便 PHY 连接状态改变事件触发 CPU 中断，这是通过设置 USERPHYSELn 的 LINKINTENB 位来实现的。对 PHY 寄存器读写是通过 USERACCESSn（MDIO 用户存取寄存器）实现的。

MDIO 模块上电后处于空闲状态，直到将 MDIO 控制寄存器的 ENABLE 位使能。这时，也应该配置 MDIO 时钟分频和前缀模式选择。默认情况下，MDIO 前缀模式是使能的，但当连接的 PHY 不要求前缀的时候，也可以禁止。一旦 MDIO 被使能，MDIO 接口状态机连续查询所有可能的 32 个 PHY 地址的 PHY 连接状态，并记录 MDIO PHY 实时状态寄存器（ALIVE）和连接状态寄存器（LINK）的结果。如果 PHY 响应读请求，则在 ALIVE 中设置连接 PHY 的对应位。如果 PHY 响应且当前处于连接状态，则设置 LINK 对应的位。另外，应用软件使用 USERACCESSn 发起的对 PHY 寄存器的读操作会引起 ALIVE 的更新。

USERPHYSELn 用来跟踪连接 PHY 地址的连接状态，如果 USERPHYSELn 的 LININTENB 位使能，PHY 的连接状态的改变会设置 MDIO 的连接状态，并改变中断寄存器（LINKINTRAW 和 LINKINTMASKED）的相应位。

当 MDIO 使能的时候，HOST 使用 USERACCESSn 寄存器的 DATA、PHYADR、REGADR 和 WRITE 位，并通过 MII 管理接口发送一个读写请求。当应用软件设置 USERACCESSn 的 GO 位的时候，MDIO 模块开始处理且无需 CPU 的干预。处理完成之后，MDIO 模块会清除 GO 位，并设置对应的 USERINTRAW 位。

Round-robin 仲裁方案用于调度处于等待排队的处理请求。软件发起一个新的存取之前，一定要检查 USERACCESSn 的 GO 位的状态，以确保上一个存取已经完成。软件可以使用 USERACCESSn 的 ACK 位来确定读操作是否完成。

12.4.5　EMAC 模块

1. EMAC 模块的组件

EMAC 模块如图 12.45 所示，通过 MII 与外部进行连接，通过 EMAC 控制模块连接到系统内核。EMAC 包括以下组件：

- 接收通道：接收 DMA 引擎、接收 FIFO 以及 MAC 接收器。
- 发送通道：发送 DMA 引擎、发送 FIFO 以及 MAC 发送器。
- 统计逻辑。
- SRAM。
- 中断控制器。
- 控制寄存器和逻辑。
- 时钟和复位逻辑。

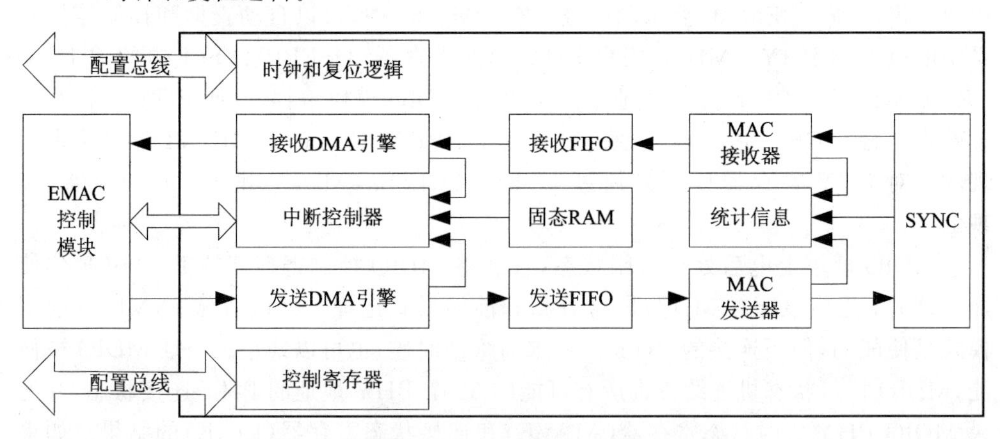

图 12.45　EMAC 模块框图

接收 DMA 引擎是接收 FIFO 与系统内核的接口，通过 EMAC 控制模块的总线仲裁连接 CPU，这个 DMA 引擎完全独立于设备的 DMA。接收 FIFO 的组成包括 68 个单元，每个单元有 64 个字节及其相关的控制逻辑。MAC 接收器检测并处理输入的网络帧，去除帧封装并把它们送到接收 FIFO。MAC 接收器还检测错误并将统计值送到统计 RAM 中。

发送 DMA 引擎是发送 FIFO 和 CPU 之间的接口，通过 EMAC 控制模块的总线仲裁连接 CPU。发送 FIFO 的组成包括 24 个单元，每个单元有 64 字节及其相关的控制逻辑。这使得一个 1 518 字节的包发送的时候不可能溢出。MAC 发送器将来自发送 FIFO 的帧数据格式化,并通过 CSMA/CD 访问协议发送数据。如果需要,可以自动添加帧 CRC。MAC 发送器也可以检测发送错误,并将统计结果发送给统计寄存器。

2. EMAC 模块操作

复位、初始化、配置之后,运行在 HOST 上的应用软件可以启动发送操作。发送操作是由 HOST 向 SRAM 中的相应发送通道头描述符指针写来启动的。发送 DMA 控制器然后会读取内存包链表中的第一个包,并将包以突发 64 字节单元方式写入发送 FIFO 中。当写入到发送 FIFO 的单元数达到阈值(阈值设置在 FIFO 控制寄存器 FIFOCONTROL 的 TXCELLTHRESH),或者一个完整的包被写入到发送 FIFO,MAC 发送器就会启动包的发送。同步子模块按照 802.3 协议将包发送到 MII 接口。

接收操作是在 HOST 初始化和配置之后,通过 HOST 向相应的接收通道头描述符指针写来启动的。同步子模块接收数据包并按照以太网相关协议解开数据包,并将数据送到 MAC 接收器,MAC 接收器检查地址匹配并处理错误。接收到的包然后以 64 字节单元方式写到接收 FIFO。接收 DMA 控制器然后将包数据写入到内存。

EMAC 的操作是独立于 CPU 的,它由一组映射到内存的寄存器来配置和控制。数据包信息的通信使用 16 字节的描述符,这些描述符是放在 EMAC 控制模块的 8 KB 的 RAM 中。

对于发送操作,每 16 字节描述符描述片内外的一个包或包碎片。对于接收操作,每 16 字节的描述符代表一个包的缓冲或缓冲碎片。无论是发送还是接收,一个以太网包可能跨域一个或多个内存碎片,每个碎片由一个 16 字节的描述符来表示。一般来说,每个接收缓冲仅一个描述符,但是发送包可能被拆分成碎片,这取决于软件结构。

每当发送和接收操作完成的时候,会向 CPU 发送中断。然而当还有资源可用的时候,CPU 并没有必要去服务中断。换句话说就是,EMAC 连续接收以太网包直到接收描述符列表用完为止。对于发送操作来说,发送描述符仅在为了恢复相关内存缓冲才需要被服务。所以,如果有实时任务需要执行,延迟对 EMAC 中断的服务是可能的。

12.4.6 媒体独立接口 MII

1. 数据接收

接收控制：PHY 接收到的数据被解析并输出到 EMAC 的接收 FIFO,数据解析包括前缀和帧起始分隔符的检测和去除、获取地址和帧长度、数据处理、错误检测并报告、循环冗余检测(CRC)以及产生统计控制信号。地址检测和帧过滤在MII接口的外部执行。

接收帧间间隔：802.3标准要求数据包有间隙(IPG),IPG的长短是24个MII时钟周期(96 bit时间)。但是EMAC可以容忍缩短的IPG(2个MII时钟),需要有正确的前缀和起始帧分隔符。帧间的间隔必须满足(按以下顺序)：

① 1个IPG;

② 7个字节的前缀(所有字节为55h);

③ 1个字节的帧起始分隔符(5Dh)。

接收流控制：当使能并触发接收流控制的时候,接收流控制被启动,用于限制EMAC进行更多的帧接收。DM8168实行两种方式的接收流控制：

- 接收缓冲流控制;
- 接收FIFO流控制。

当使能并触发接收缓冲流控制的时候,基于可用的自由缓冲数目来阻止更进一步的帧接收。接收缓冲流控制在半双工模式下发布流控制冲突,而在全双工模式下发布IEEE802.3x暂停帧。在任何使能的接收通道RXn FREEBUFFER寄存器中的自由缓冲数目小于等于RXn FLOWTHRESH规定的阈值的时候,接收缓冲流控制被触发。RXn FREEBUFFER是接收通道自由缓冲计数寄存器,RXn FLOWTHRESH是接收通道流控制阈值寄存器。接收流控制独立于接收QOS,二者都使用自由缓冲值。

2. 数据发送

EMAC将数据从发送FIFO中送到PHY,而且数据同步于发送时钟。当FIFO有TXCELLTHESH个单元或者一个完整包的时候,就开始发送。

发送控制：如果一个发送包上检测到冲突,那么将会输出阻塞序列。如果冲突来的比较迟(在头64个字节之后),那么冲突就被忽略。否则,控制器在重试帧发送之前会后退。全双工操作时,载波感知(MCRS)和冲突感知(MCOL)模式会被禁止。

CRC插入：如果SOP缓冲描述符PASSCRC标志被清除,EMAC会产生并附着一个32位的以太网CRC到发送数据上。EMAC产生CRC时,允许数据末端的CRC(或占位符),但不是必须的,而且不应该将缓冲字节计数值包括在这个CRC字节。如果SOP缓冲描述符的PASSCRC标志为1,那么发送数据的最后4个字节作为帧CRC,且应该包括在缓冲字节计数值内。MAC不对输出的CRC进行任何错误检测。

自适应性能优化：EMAC包含自适应性能优化(APO),可以通过MAC控制寄存器(MACCONTROL)的TXPACE位来使能。TXPACE为1时,将提高性能的发送频度控制使能。自适应性能控制在帧发送中引入延迟,用于减少重负荷(表现为帧延缓和冲突)下发生冲突的可能,提高成功发送的机会。当帧受到延迟、单次冲突、连续冲突的时候，频率计数器加载的初值为 31。一帧发送成功之后（无延迟、单次冲突、多次冲突和连续冲突），频率计数器减 1，一直减到 0。在频率计数器使能的时候，如果其值为 0，那么可以尝试发送新的帧（一个 IPG 之后）。

发送流控制：输入暂停帧在被使能的时候，可以阻止 EMAC 进一步发送帧。输入暂停帧仅在 MAC 控制寄存器（MACCONTROL）的 FULLDUPLEX 和 TXFLOWEN 位是 1 的时候才起作用。暂停帧在半双工模式下并不起作用，而且在使能的时候，这个帧通常会被过滤，不会被传输到内存。如果 RXCMFEN 位为 1，MAC 控制帧被传输到内存。EXFLOWEN 和 FULLDUPLEX 位影响 MAC 控制帧是否起作用，但是不影响 MAC 控制帧是否传输到内存或过滤。暂停帧是 MAC 控制帧的一个子集，操作码为 0001h。只有满足以下条件，输入暂停帧对 EMAC 才有效：

- MACCONTROL 的 TXFLOWEN 位等于 1；
- 帧长度为 64～RXMAXLEN；
- 帧不包括 CRC 错误或对齐/代码错误。

从操作码后面的两个字节获得有效帧的暂停时间，并装载到 EMAC 发送暂停时间定时器中，然后就开始传输暂停时间周期。如果有效暂停帧被收到的时候帧处于前一个发送暂停阶段，那么：

- 如果目的地址不等于保留的多播地址或任何使能/禁止通道的单播地址，那么发送暂停定时器就立即到期；
- 如果新的暂停时间是 0，那么发送暂停定时器立刻到期。否则，EMAC 发送暂停定时器立刻被设置为新的暂停时间，任何前一暂停帧的余下暂停时间都被舍弃。

12.4.7　EMAC/MDIO 寄存器

表 12.20 为 EMAC/MDIO 模块的基地址偏移。

表 12.20　EMAC/MDIO 寄存器

描　述	基地址偏移
EMAC 控制模块	0000 0900h
EMAC 模块	0000 0000h
MDIO 模块	0000 0800h

1. EMAC 控制模块寄存器

表 12.21 列出了 EMAC 控制模块的内存映射寄存器。

表 12.21 EMAC 控制模块寄存器

地址偏移	缩 写	寄存器描述
0h	CMIDVER	标志和版本寄存器
4h	CMSOFTRESET	软件复位寄存器
8h	CMEMCONTROL	仿真控制寄存器
Ch	CMINTCTRL	中断控制寄存器
10h	CMRXTHRESHINTEN	接收阈值中断使能寄存器
14h	CMRXINTEN	接收中断使能寄存器
18h	CMTXINTEN	发送中断使能寄存器
1Ch	CMMISCINTEN	其他中断使能寄存器
40h	CMRXTHRESHINTSTAT	接收阈值中断状态寄存器
44h	CMRXINTSTAT	接收中断状态寄存器
48h	CMTXINTSTAT	发送中断状态寄存器
4Ch	CMMISCINTSTAT	其他中断状态寄存器
70h	CMRXINTMAX	每毫秒接收中断寄存器
74h	CMTXINTMAX	每毫秒发送中断寄存器

2. EMAC 寄存器

表 12.22 列出了 EMAC 的内存映射寄存器。

表 12.22 EMAC 寄存器

地址偏移	缩 写	寄存器描述
0h	CPGMACIDVER	标志和版本寄存器
4h	TXCONTROL	发送控制寄存器
8h	TXTEARDOWN	发送拆解寄存器
14h	RXCONTROL	接收控制寄存器
18h	RXTEARDOWN	接收拆解寄存器
80h	TXINTSTATRAW	发送中断状态(非屏蔽)寄存器
84h	TXINTSTATMASKED	发送中断状态(屏蔽)寄存器
88h	TXINTMASKSET	发送中断屏蔽设置寄存器
8Ch	TXINTMASKCLEAR	发送中断清除寄存器
90h	MACINVECTOR	MAC 输入向量寄存器
94h	MACEOIVECTOR	MAC 中断向量结束寄存器
A0h	RXINTSTATRAW	接收中断状态(非屏蔽)寄存器
A4h	RXINTSTATMASKED	接收中断状态(屏蔽)寄存器

续表 12.22

地址偏移	缩　写	寄存器描述
A8h	RXINTMASKSET	接收中断屏蔽设置寄存器
ACh	RXINTMASKCLEAR	接收中断屏蔽清除寄存器
B0h	MACINTSTATRAW	MAC中断状态(非屏蔽)寄存器
B4h	MACINTSTATMASKED	MAC中断状态(屏蔽)寄存器
B8h	MACINTMASKSET	MAC中断屏蔽设置寄存器
BCh	MACINTMASKCLEAR	MAC中断屏蔽清除寄存器
100h	RXMBPENABLE	接收多播/广播/混杂通道使能寄存器
104h	RXUNICASTSET	接收单播使能设置寄存器
108h	RXUNICASTCLEAR	接收单播清除寄存器
10Ch	RXMAXLEN	接收最大长度寄存器
110h	RXBUFFEROFFSET	接收缓冲器偏移寄存器
114h	RXFILTERLOWTHRESH	接收滤波器低优先级帧阈值寄存器
120h-13Ch	RX(0-7)FLOWTHRESH	接收通道0-7流量控制阈值寄存器
140h-15Ch	RX(0-7)FREEBUFFER	接收通道0-7空闲缓冲计数寄存器
160h	MACCONTROL	MAC控制寄存器
164h	MACSTATUS	MAC状态寄存器
168h	EMCONTROL	仿真控制寄存器
16Ch	FIFOCONTRO	FIFO控制寄存器
170h	MACCONFIG	MAC配置寄存器
174h	SOFTRESET	软复位寄存器
1D0h	MACSRCADD	MAC源地址低字节寄存器
1D4h	MACSRCADD	MAC源地址高字节寄存器
1D8h	MACHASH1	MAC Hash地址寄存器1
1DCh	MACHASH2	MAC Hash地址寄存器2
1E0h	BOFFTEST	返回测试寄存器
1E4h	TPACETEST	发送Pacing算法测试寄存器
1E8h	RXPAUSE	接收暂停定时寄存器
1ECh	TXPAUSE	发送暂停定时寄存器
500h	MACADDRLO	MAC地址低字节寄存器
504h	MACADDRHI	MAC地址高字节寄存器
508h	MACINDEX	MAC索引寄存器
600h-61Ch	TX(0-7)HDP	发送通道(0-7) DMA头描述符指针寄存器
620h-63Ch	RX(0-7)HDP	接收通道(0-7) DMA头描述符指针寄存器
640h-65Ch	TX(0-7)CP	发送通道 (0-7)完成指针寄存器
660h-67Ch	RX(0-7)CP	接收通道 (0-7)完成指针寄存器

3. MDIO 寄存器

表 12.23 列出了 MDIO 的内存映射寄存器。

表 12.23 MDIO 寄存器

地址偏移	缩 写	寄存器描述
0h	VERSION	MDIO 版本寄存器
4h	CONTROL	MDIO 控制寄存器
8h	ALIVE	PHY Alive 状态寄存器
Ch	LINK	PHY 连接状态寄存器
10h	LINKINTRAW	MDIO 连接状态变化中断(非屏蔽)寄存器
14h	LINKINTMASKED	MDIO 连接状态变化中断(屏蔽)寄存器
20h	USERINTRAW	MDIO 用户命令完成中断(非屏蔽)寄存器
24h	USERINTMASKED	MDIO 用户命令完成中断(屏蔽)寄存器
28h	USERINTMASKSET	MDIO 用户命令完成屏蔽设置寄存器
2Ch	USERINTMASKCLEAR	MDIO 用户命令完成屏蔽清除寄存器
80h	USERACCESS0	MDIO 用户访问寄存器 0
84h	USERPHYSEL0	MDIO 用户 PHY 选择寄存器 0
88h	USERACCESS1	MDIO 用户访问寄存器 1
8Ch	USERPHYSEL1	MDIO 用户 PHY 选择寄存器 1

12.4.8 应用编程实例

下面这段程序是采用 MII 接口的数据传输例子的部分程序。

```
#include "emac.h"
#define TX_BUF      128
#define RX_BUF      128
static Uint8 packet_data[TX_BUF];
static Uint8 packet_buffer1[RX_BUF];
static Uint8 packet_buffer2[RX_BUF];
/*采用 pDescBase 基地址,可以使用指针索引偏移*/
static EMAC_Desc * pDescBase = ( EMAC_Desc * ) EMAC_RAM_BASE;
/*允许 ISR 与应用程序通信*/
extern volatile Int32 RxCount;
extern volatile Int32 TxCount;
extern volatile Int32 ErrCount;
extern volatile EMAC_Desc *pDescRx;
extern volatile EMAC_Desc *pDescTx;
static Int16 verify_packet( EMAC_Desc * pDesc, Uint32 size, Uint32 flagCRC );
```

```
/ * PHY 检测 * /
Uint16 mii_phy_detect( Uint16  * phyaddr )
{
    Uint16 num = 0, i;
    / *  复位  * /
    EMAC_SOFTRESET = 1;
    while( EMAC_SOFTRESET ! = 0 );
    _waitusec( 100 );
     MDIO_CONTROL = 0x40000020; // 使能 MII 接口
    _waitusec( 100000 );
    / *  PHYs 检测  * /
      for (i = 0; i<32;i ++ )
      {
            if((MDIO_ALIVE & (1 << i)) ! = 0)
            {
                printf(" PHY found at address % d\n", i);
                 * phyaddr ++  = i;
            }
      }
    return num;
}

/ *  获取 PHY 寄存器 * /
Uint16 mii_phy_getReg( Int16 phynum, Int16 regnum )
{
    Uint16 value;
    MDIO_USERACCESS0 = 0            // 读 Phy Id 1
        | ( 1 << 31 )               // [31] Go
        | ( 0 << 30 )               // [30] 读
        | ( 0 << 29 )               // [29] 应答
        | ( regnum << 21 )          // [25-21] PHY 寄存器地址
        | ( phynum << 16 )          // [20-16] PHY 地址
        | ( 0 << 0 );               // [15-0] 数据
    while( MDIO_USERACCESS0 & 0x80000000 ); // 等待结果
    value = MDIO_USERACCESS0;
    return value;
}

/ * PHY 寄存器设置 * /
void mii_phy_setReg( Int16 phynum, Int16 regnum, Uint16 data )
{
    MDIO_USERACCESS0 = 0            // 读 Phy Id 1
```

```
        | ( 1 << 31 )              // [31] Go
        | ( 1 << 30 )              // [30] 写
        | ( 0 << 29 )              // [29] 应答
        | ( regnum << 21 )         // [25-21] PHY 寄存器地址
        | ( phynum << 16 )         // [20-16] PHY 地址
        | ( data << 0 );           // [15-0] 数据
    while( MDIO_USERACCESS0 & 0x80000000 ); // 等待结果
}

/* EMAC MII 初始化 */
Int16 emac_mii_init( Int16 phynum )
{
    Int16 i;
    volatile Uint32 * pReg;
    /* 以太网复位 */
    EMAC_SOFTRESET = 1;
    while( EMAC_SOFTRESET ! = 0 );
    _waitusec( 100 );
      EMAC_EWSOFTRESET = 1;
    while( EMAC_EWSOFTRESET ! = 0 );
    _waitusec( 100 );
    /* 初始化 PHY/MDIO */
    MDIO_CONTROL = 0x4000003f; // 使能 MII 接口 ( MDIOCLK < 12.5 MHz )
    _waitusec( 1000 );
    mii_phy_setReg( phynum, 0,  0xa100 ); // 强制 100 mbit,全双工
    mii_phy_setReg( phynum, 28, 0x74f0 ); // 使能 LINKINT LED、RX/TX
    printf( " In MII mode\n" );
    mii_phy_setReg( phynum, 19, 0x8001 ); // 使能 MII loopback
    mii_phy_setReg( phynum, 18, 0x0000 ); // 强制 MDI 模式,没有 MDI 协商
    mii_phy_setReg( phynum, 22, 0x1810 ); // MII 接口模式
    /* 等待连接 */
    printf( " Waiting for link...\n" );
    while( ( mii_phy_getReg( phynum, 1 ) & 0x20 ) == 0 );
    printf( " Link Detected\n" );
    /* EMAC 初始化 */
    /* 1. 禁止 RX/TX 中断 */
    EMAC_EWRXEN = 0x00000000;
    EMAC_EWTXEN = 0x00000000;
    /* 2. 清除 MAC 控制、发送/接收控制 */
    EMAC_MACCONTROL = 0;
    EMAC_RXCONTROL = 0;
    EMAC_TXCONTROL = 0;
```

```
/* 3. 初始化所有 16 头描述符指针 RXnHDP&TXnHDP 为零 */
EMAC_RX0HDP = 0;
   EMAC_RX1HDP = 0;
   EMAC_RX2HDP = 0;
   EMAC_RX3HDP = 0;
   EMAC_RX4HDP = 0;
   EMAC_RX5HDP = 0;
   EMAC_RX6HDP = 0;
   EMAC_RX7HDP = 0;
   EMAC_TX0HDP = 0;
   EMAC_TX1HDP = 0;
   EMAC_TX2HDP = 0;
   EMAC_TX3HDP = 0;
   EMAC_TX4HDP = 0;
   EMAC_TX5HDP = 0;
   EMAC_TX6HDP = 0;
   EMAC_TX7HDP = 0;
/* 4. 通过写 0 清除所有统计寄存器 */
pReg = &EMAC_RXGOODFRAMES;
for ( i = 0 ; i < 36 ; i++ )
      *pReg++ = 0;
/* 5. 设置本地以太网媒体控制器,确认编程所有 8 个 MAC 地址 */
EMAC_MACINDEX   = 0x00;
EMAC_MACADDRHI = 0x03020100;  // 只需要第一次写
EMAC_MACADDRLO = 0x0504;
EMAC_MACINDEX   = 0x01;
EMAC_MACADDRLO = 0x1504;
EMAC_MACINDEX   = 0x02;
EMAC_MACADDRLO = 0x2504;
EMAC_MACINDEX   = 0x03;
EMAC_MACADDRLO = 0x3504;
EMAC_MACINDEX   = 0x04;
EMAC_MACADDRLO = 0x4504;
EMAC_MACINDEX   = 0x05;
EMAC_MACADDRLO = 0x5504;
EMAC_MACINDEX   = 0x06;
EMAC_MACADDRLO = 0x6504;
EMAC_MACINDEX   = 0x07;
EMAC_MACADDRLO = 0x7504;
/* 6. 初始化接收通道 N */
/* 7. 没有组播寻址 */
EMAC_MACHASH1 = 0;
```

```
EMAC_MACHASH2 = 0;
/* 8. 设置RX缓冲区偏移为0,有效数据总是在第1字节 */
EMAC_RXBUFFEROFFSET = 0;
/* 9. 在通道0-7使能单播RX */
EMAC_RXUNICASTSET = 0xFF;
/* 10. Setup the RX( M )ulticast ( B )roadcast ( P )romiscuous channel */
/* Enable multi-cast, broadcast and frames with errors */
EMAC_RXMBPENABLE = 0x01e02020;
/* 11. 在MACCONTROL中设置合适的配置位,注意不要设置MIIEN位 */
EMAC_MACCONTROL = 0
    | ( 0 << 15 )        // 100 MHz MII
    | ( 0 << 9 )         // 轮询
    | ( 0 << 6 )         // TX pacing禁止
    | ( 0 << 5 )         // GMII RX & TX
    | ( 0 << 4 )         // TX流禁止
    | ( 0 << 3 )         // RX流禁止
    | ( 0 << 1 )         // 回写禁止 Loopback disabled
    | ( 1 << 0 );        // 全双工
/* 12. 清除所有没有使用的通道中断位 */
EMAC_RXINTMASKCLEAR = 0xFF;
EMAC_TXINTMASKCLEAR = 0xFF;
/* 13. 使能RX&TX通道中断位 */
EMAC_RXINTMASKSET = 0xFF;
EMAC_TXINTMASKSET = 0xFF;
/* 使能HOST错误和Statistics中断 */
EMAC_MACINTMASKSET = 0
    | ( 1 << 1 )  // Host Erro中断屏蔽
    | ( 1 << 0 ); // Statistics中断屏蔽
/* 14. 初始化接收和发送描述符表队列 */
/* 15. 写指针到接收缓冲区描述符表的头部 */
EMAC_MACSRCADDRLO = 0x03020100;  // bytes 0, 1
EMAC_MACSRCADDRHI = 0x0405;      //bytes 2-5 - channel 0
/* 16. 使能RX&TXDMA控制器,然后设置MIIEN */
EMAC_RXCONTROL = 1;
EMAC_TXCONTROL = 1;
EMAC_MACCONTROL |= ( 1 << 5 );
/* 17. 在EWCTL中使能中断 */
EMAC_EWRXEN = 0x00000001; // 使能通道0的接收中断
EMAC_EWTXEN = 0x00000001; // 使能通道0的发送中断
return 0;
}
```

12.5　本章小结

本章介绍 DM8168 主要的多媒体片内外围设备，包括高清视频处理子系统 HDVPSS、多声道音频串行接口、HDMI 接口、以太网几个方面。详细介绍了各个模块的结构和功能原理，可以为 DM8168 的多媒体应用开发提供技术参考。特别是 DM8168 的高清视频处理子系统采用 TI 最新开发的算法、灵活的复合和融合引擎、各种高质量的外部视频接口实现视频/图像的采集与显示处理，提供了强大的视频处理能力，为 DM8168 在视频领域的应用提供了高性能的前端处理。

12.6　思考题与习题

1. HDVPSS 子系统的主要作用是什么？包括哪些组成部分？可以为视频应用开发提供哪些具体的功能？请举例说明。

2. 解释什么是隔行扫描和逐行扫描。HDVPSS 系统的 DEI 和 DEIH 两种去隔行模块有什么不同？

3. 简述 DEI 和 DEIH 模块的几种插值模式。

4. 解释 DEIH 模式下的两种运动检测模式。

5. 什么是视频图像复合？HDVPSS 的 COMP 有什么功能？

6. GRPX 模块在视频复合器 COMP 中起什么作用？请具体描述。

7. 描述缩放的具体含义及其实现方式。

8. 请举例说明视频输入解析模块 VIP 在视频数据处理中的作用。

9. BT656 和 BT1120 使用同步字内嵌在数据流中，是怎样实现图像的行场数据识别的？

10. 多声道音频串行接口有什么作用？简述其数据传输的主要特点。

11. TDM 模式在 McASP 的数据接收和发送传输过程中起什么作用？描述 TDM 数据格式的组成部分与组成方式。

12. 音频引脚 AXRn 上的输入和输出数据序列的层次结构是什么样的？解释每个层次的组成元素。

13. McASP 有哪几种传输模式？请分别加以描述。

14. McASP 的串行器的作用是什么？怎样实现 McASP 数据的移入移出？

15. 分别简述 EMAC 模块和 MDIO 模块的主要作用。

16. 按照介绍的步骤完成对 McASP 的配置，列出具体的配置程序。

第13章

TMS320DM8168 I2C 总线接口

这一章介绍了 I2C 总线控制模块,它为 CPU 和任意 I2C 总线兼容设备提供接口。连接到 I2C 总线上的外部组件可以通过两线 I2C 接口向 CPU 串行发送 8bit 数据或串行接收来自 CPU 的 8 bit 数据。

13.1 简 介

13.1.1 概 述

I2C 总线控制模块,它为 CPU 和任意通过 I2C 串行总线连接的 I2C 总线兼容设备之间提供接口。连接到 I2C 总线上的外部组件可以通过两线 I2C 接口向 CPU 串行发送 8 bit 数据或串行接受来自 CPU 的 8 bit 数据。

I2C 总线是一种多主机总线,支持多主机模式,用于多于一个主机尝试控制总线,但不破坏报文。通过串行数据线和串行时钟线在连接到总线的器件间传递信息。每个 I2C 器件都有一个唯一的地址识别,而且由器件的功能决定作为发送器或接收器。除了发送器和接收器外,I2C 器件在执行数据传输时也可以被看作是主机或从机。主机是初始化总线的数据传输并产生允许传输的时钟信号的器件。此时,任何被寻址的器件都被认为是从机。

13.1.2 功能模块

图 13.1 展示了一个带有多个 I2C 兼容设备的系统。它通过 I2C 串行端口将所有设备都连接起来,并且这种连接是双向的。

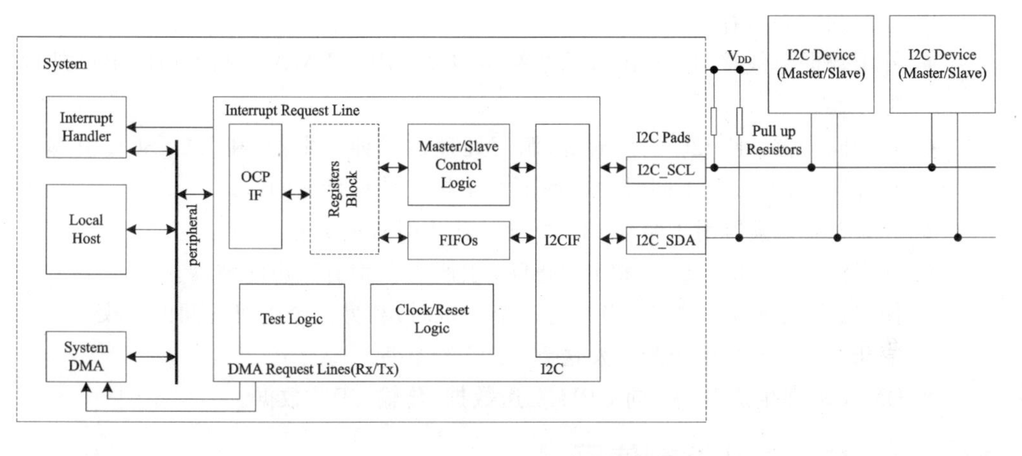

图 13.1　I2C 功能结构图

13.1.3 特　征

多主机 I2C 控制器有以下特征：

- 与飞利浦 I2C 规范 2.1 版兼容；
- 支持标准模式(高达 100 Kbps)和快速模式(高达 400 Kbps)；
- 7 位和 10 位器件寻址模式；
- 启动/重启/停止；
- 多主机发送器/从接收器模式；
- 多主机接收器/从发送器模式；
- 主机发送/接收和接收/发送模式相结合；
- 内置 32 字节可读可写的 FIFO 缓冲；
- 有使能/禁用模块的能力；
- 可编程时钟生成器；
- 8 位的数据地址；
- 专为低功耗设计；
- 两个 DMA 通道；
- 丰富的中断源。

13.2 结　构

I2C 外设包括以下基本模块：

- 串行接口：一个数据引脚(I2C_SDA)和一个时钟引脚(I2C_SCL)。
- 数据寄存器：暂时保存 I2C_SDA 引脚和 CPU 或 DMA 控制器之间的传输数据。

- 控制和状态寄存器。
- 外围数据总线接口：外围数据总线接口使 CPU/ DMA 控制器访问 I2C 外设寄存器。
- 时钟同步器：使 I2C 输入时钟(源于处理器时钟发生器)和 I2C_SCL 引脚的时钟同步，并且使不同时钟速率下的主机的数据传输同步。
- 分频器：分频器用于驱动 I2C 外设的输入时钟的分频。
- 噪声滤波器：I2C_SCL 和 I2C_SDA 引脚上分别有噪声滤波器。
- 仲裁器：处理 I2C 外设(当它是一个主机时)和另一个主机之间的冲突。
- 中断产生逻辑：用于产生发送到 CPU 的中断。
- DMA 事件生成逻辑：向 CPU 发送数据，传输 CPU 数据。

13.2.1　I2C 主从控制信号

通过串行数据(SDA)线和串行时钟 (SCL)线在连接到 I2C 总线的器件间传递信息。I2C 总线可携带器件和其他连接到 I2C 总线的器件之间的信息。SDA 和 SCL 是双向引脚，它们必须通过一个上拉电阻连接到正电源电压。当总线是空闲状态时，这两个引脚都是高电平，而且两个引脚的驱动有漏极功能以便来执行所需的线与(wire-AND)功能。图 13.2 是多个 I2C 模块的一个例子，它们都是从一个设备连接到其他设备的两路传输的模块。

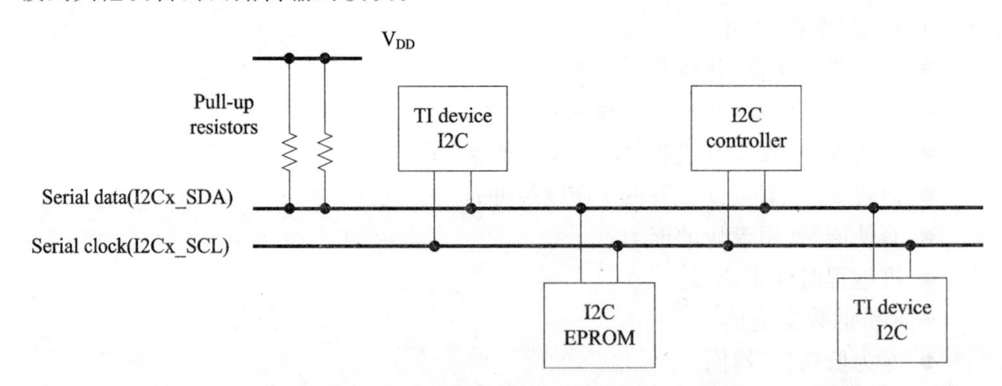

图 13.2　多 I2C 模块连接

表 13.1　信号引脚

名　称	I2C 模式	
	默认操作模式	描　述
I2C_SCL	输入/输出	I2C 串行时钟线。漏极输出缓冲，需要外部上拉电阻(Rp)
I2C_SDA	输入/输出	I2C 串行数据线。漏极输出缓冲，需要外部上拉电阻(Rp)

13.2.2　I2C复位及其数据有效性

1. 复　位

I2C模块可以通过以下3种方法复位：

● 设备复位导致所有寄存器被复位为默认值。

● 通过设置I2C_SYSC中SRST位进行软件复位，这种复位与设备复位具有相同的功能，所有寄存器都重置成上电复位值。

● 在I2C_CON中的I2C_EN位可用于重置I2C模块。当器件复位后，该位置0，I2C_EN＝0可以使I2C模块的功能部分保持在复位状态，同时可以访问全部配置寄存器。I2C_EN = 0不会将寄存器重置为上电复位值。表13.2为I2C信号复位状态。

表13.2　I2C信号复位状态

引　脚	输入/输出/高阻	系统复位	I2C复位 (I2C_EN = 0)
SDA	输入/输出/高阻	高阻	高阻
SCL	输入/输出/高阻	高阻	高阻

2. 数据的有效性

在SDA线上的数据必须在时钟的高电平期间是稳定的，只能在SCL线的时钟信号为低电平时改变数据线上的高低电平状态。图13.3为I2C总线上的位传输。

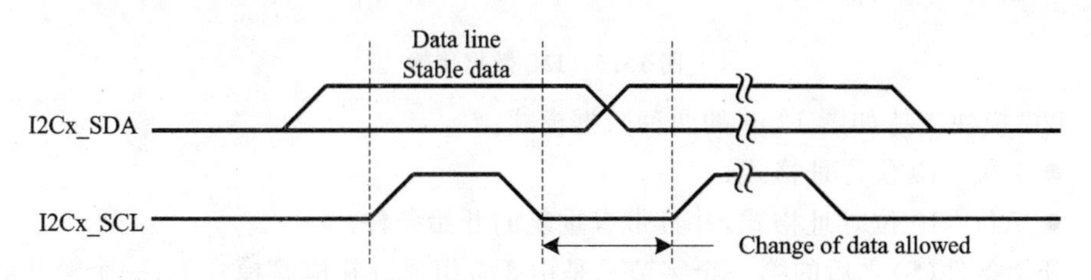

图13.3　I2C总线上的位传输

13.2.3　I2C操作

1. 开始和停止条件

I2C模块被配置为主机时，可以产生开始(START)和停止(STOP)条件。

● 开始条件：当SCL为高时，SDA状态由高向低的转换(下降沿)。

● 停止条件：当SCL为高时，SDA状态由低向高的转换(上升沿)。

● 在开始(BB = 1)之后，总线将会处于忙(Busy)状态；在停止(BB = 0)之后，总线将会处于空闲(Free)状态。

图 13.4 为开始和停止条件事件。

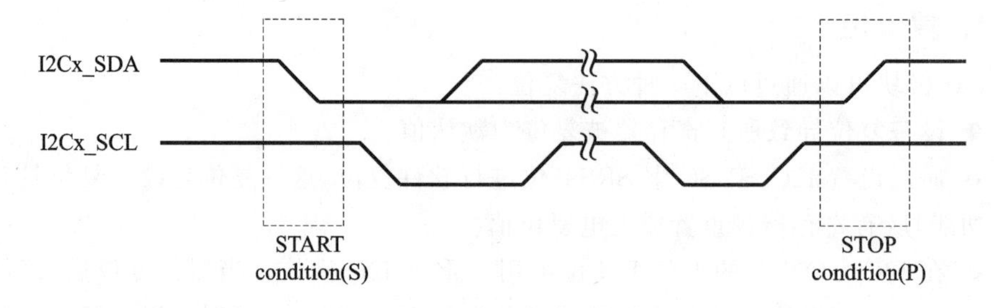

图 13.4　开始和停止条件事件

2. 串行数据格式

I2C 控制器工作在 8 位字数据格式(最后一个写访问支持字节格式),SDA 线上的每个字节长度都是 8 位。可以发送或接收的字节数是由 DCOUNT 寄存器的值限制的,而且数据传输以 MSB 优先。在接收模块中,它每个字节后还附着 I2C 模块的应答位(Acknowledge bit)。

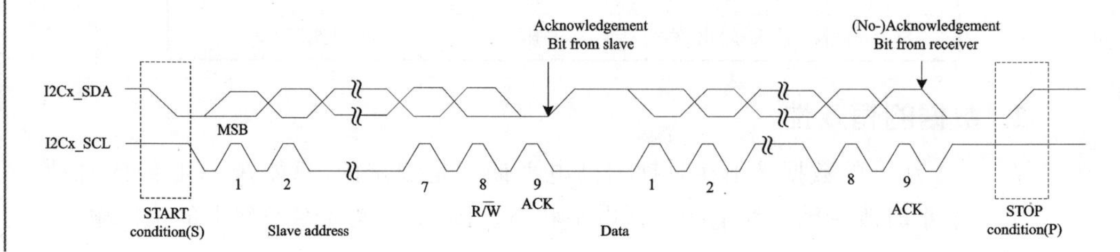

图 13.5　I2C 数据传输

I2C 模块支持如图 13.6 的两种数据模式。

- 7 位/ 10 位寻址格式;
- 7 位/ 10 位寻址格式,并且带有重复的开始条件。

开始条件(S)之后的第一个字节总是由 8 位组成。在应答模式下,一个额外的确认位是插入到每个字节后。在 7 位的地址格式中,第一个字节是由 7 个 MSB 从地址位和 1 个 LSB R/$\overline{\text{W}}$ 位组成。在 10 位的地址格式中,第一个字节是由 7 个 MSB 从地址位和 1 个 LSBR/$\overline{\text{W}}$ 位组成,例如 11110XX,其中 XX 是 10 位地址的两个 MSB,这里的 1 个 LSBR/$\overline{\text{W}}$ 为 0。地址字节中的 R/$\overline{\text{W}}$ 位表示下一个字节数据的传输方向。如果 R/$\overline{\text{W}}$ 为 0,主机把数据写入到所选的从机。如果为 1,主机将数据从从机读取出来。图 13.6 为 I2C 数据传输格式。

3. 主发送器

在这种模式下,数据按照前面描述的数据格式组合并且在串行时钟 SCL 的时钟脉冲同步下从串行数据引脚 SDA 移出。当传输完 1 个字节后需要处理器干预时

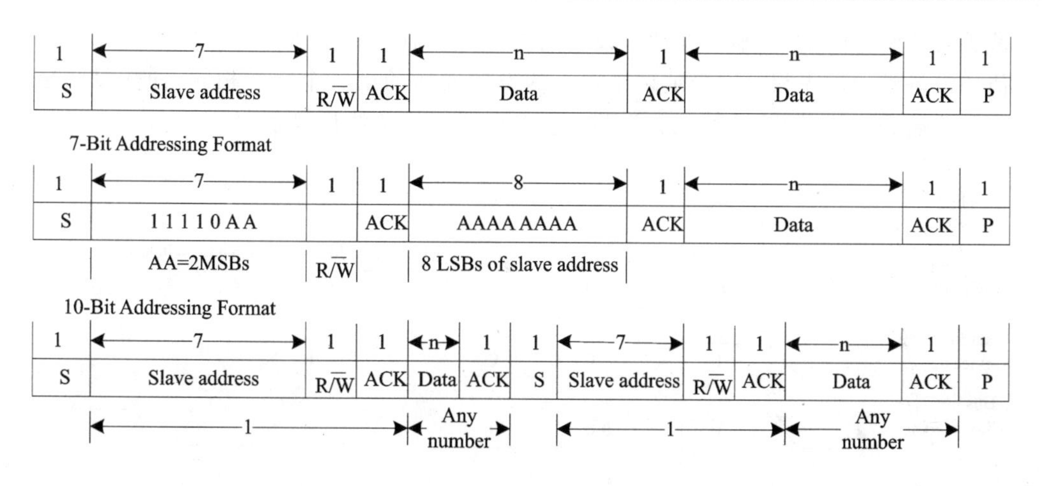

图 13.6　I2C 数据传输格式

(XUDF),时钟脉冲被禁止而且 SCL 保持为低电平。

4. 主接收器

这种模式只能从主发送器模式进入。在任何的地址格式下,如果 R/$\overline{W}$ 为高电平,当从地址字节和 R/$\overline{W}$ 位发送完成后,进入主接收器模式。在 SCL 时钟脉冲同步下,移入 SDA 总线接收的串行数据。当传输完 1 个字节后需要处理器干预时(ROVR),时钟脉冲被禁止而且 SCL 保持为低电平。在传输结束后,它将产生停止条件。

5. 从发送器

这种模式只能从从接收器模式进入。在任何的地址格式下,如果 R/$\overline{W}$ 为高电平,如果从地址字节与本身地址相同且 R/$\overline{W}$ 位已经发送,就进入从发送器模式。从发送器将数据从数据线 SDA 上转移出去,并且与主机产生的时钟脉冲同步。从发送器不产生时钟,但是在需要 CPU 干预的情况下(XUDF),可以保持时钟线 SCL 为低电平。

6. 从接收器

在这种模式下,在主机产生的时钟脉冲同步下,移入从总线 SDA 接收的串行数据。从接收器不产生时钟脉冲,但是当接收完一个字节后需要 CPU 干预的情况下(ROVR),可以保持时钟线 SCL 为低电平。

13.2.4　仲　裁

如果两个或两个以上的主发送器在同一总线同时开始传输,仲裁程序就将会被调用。仲裁程序通过发送器竞争使用串行总线的数据。当发送器检测到总线上一个高电平变为低电平,它将切换到从接收器模式,设置仲裁丢失(AL)标志,并且产生仲裁丢失中断。图 13.7 显示在两个设备间的仲裁过程。仲裁程序给传输最低二进制值的设备赋予优先权。两个或两个以上的设备发送的第一个字节相同,仲裁程序会优先传输后面的字节。图 13.7 为两个主发送器之间的仲裁程序。

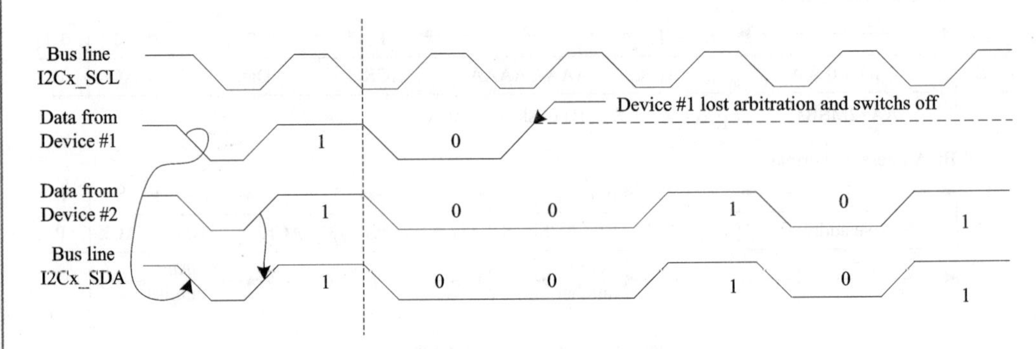

图 13.7　两个主发送器之间的仲裁程序

13.2.5　I2C 时钟产生和同步

在正常条件下,只有一个主机产生时钟信号 SCL。但是在仲裁过程中,有两个或两个以上的主机并且时钟必须要同步,因此可以比较输出数据。时钟线的线与功能意味着首先产生一个低时钟周期的设备将优先于其他设备。在这个高/低电平转换中,强制其他设备产生它们自己的低周期时钟。拥有最长低电平周期的设备将保持时钟周期为低,同时,其他已经完成低电平周期的设备必须等待释放时钟线之后,才可以开始高电平周期。因此,通过这样可以获得时钟线的同步信号,其中最慢的设备决定低电平周期长度,最快的设备决定高电平周期长度。

如果一个设备控制时钟线太长时间,导致所有的时钟发生器进入等待阶段。在这种方式下,从机可以减慢快速主机,低速的设备可以产生足够的时间来存储接收的字节或准备要发送的字节。图 13.8 为两个 I2C 时钟发生器同步。

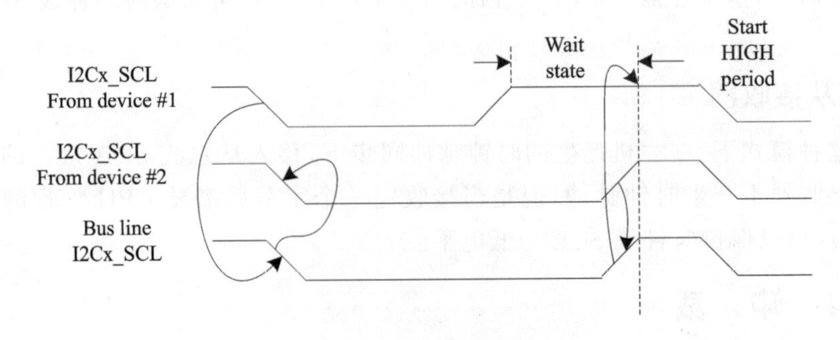

图 13.8　两个 I2C 时钟发生器同步

13.2.6 预分频器

根据 I2C 必须使用的模式(在 F/S 操作模式下,推荐 24MHz 的内部时钟 ICLK),I2C 模块在 12~100 MHz 的功能时钟频率(SCLK)下运行。注意功能时钟频率直接影响 I2C 总线的性能和时序。用于 I2C 逻辑的内部时钟 ICLK 是通过 I2C 分频器模块产生的,该分频器包括 4 bit 的 I2C_PSC 寄存器,用于将系统时钟 SCLK 进行分频,得到 I2C 模块需要的时钟。

13.2.7 噪声滤波器

在 F/S 模式操作情况下,噪声滤波器用来抑制不大于 50 ns 的噪声。无论总线速率是多少,噪声滤波器总是一个 ICLK 周期。对于 FS 模式(预分频器=4,ICLK=24 MHZ),抑制尖峰的最大宽度为 41.6 ns。为了确保正确的滤波,必须设定相应的预分频器。

13.2.8 I2C 中断与 DMA 事件

1. I2C 中断

I2C 模块产生 12 种类型的中断:从机寻址、总线空闲(停止条件检测)、访问出错、开始条件、仲裁丢失、没有响应、通用呼叫、寄存器访问准备、数据接收和发送、接收和发送 draining。在 I2C_IRQENABLE_SET 和 I2C_IRQSTATUS_RAW 寄存器中分别定义这 12 个中断的中断屏蔽和中断标识。注意,所有这 12 个中断事件共享同一硬件中断线。

- 寻址从机中断(AAS):用来通知本地主机一个外部主机作为从机寻址该模块。当发生 AAS 中断时,CPU 可以检查 I2C_ACTOA 状态寄存器来检查外部主机访问该模块使用的 4 个地址。
- 总线空闲中断(BF):用来通知本地主机 I2C 总线变得空闲(当检测到总线上的停止条件),这样该模块可以启动自己的 I2C 处理。
- 启动条件中断(STC):在正处于空闲模式下检测到在总线上的可能的启动条件(同步或异步的)。
- 访问出错中断(AERR):执行数据读/写访问时,RX FIFO/TX FIFO 为空。
- 仲裁丢失中断(AL):I2C 仲裁程序丢失。
- 没有响应中断(NACK):当 I2C 主机没有接收到来自接收器的确认。
- 通用呼叫中断(GC):设备检测到的所有地址是零(8 位)。
- 寄存器访问准备中断(ARDY):执行完编程的所有地址、数据、命令,并且状态位已更新。这个中断是用来让 CPU 知道 I2C 寄存器已经准备好访问。
- 接收中断/状态(RRDY)中断:CPU 可以从 I2C_DATA 寄存器读取接收到

的数据。

- 发送中断/状态(XRDY)中断：当发送数据已经从SDA引脚移出后,CPU需要放置更多的数据到I2C_DATA寄存器。
- 接收draining中断(RDR)：当传输长度不是阈值的倍数时,通知CPU读取剩余的数据量并且使能draining机制。
- 发送draining中断(XDR)：当传输长度不是阈值的倍数时,通知CPU它写剩余的数据并且使能draining机制。
- 当中断信号被激活时,本地主机必须读I2C_IRQSTATUS_RAW寄存器,用于确定中● 断类型,然后处理中断请求,并且在这些寄存器里写入正确的值来清除中断标志。

2. DMA事件

I2C模块可以生成两个DMA请求事件：读事件(I2C_DMA_RX)和写事件(I2C_DMA_TX)。DMA控制器通过I2C_DMA_RX和I2C_DMA_TX来同步读取I2C_DATA的接收数据或者把发送数据写到I2C_DATA寄存器。DMA读/写请求的产生与RRDY和XRDY是相同的。根据FIFO管理部分,激活I2C总线的DMA读写请求信号。

13.2.9 FIFO管理

I2C模块实现两个内部32位FIFO,并且带有RX和TX模式下的双时钟。FIFO的深度是由BUFSTAT.FIFODEPTH寄存器确定的。

(1) FIFO中断模式操作

在FIFO中断模式中(通过I2C_IRQENABLE_SET寄存器使能相关的中断),接收器和发送器的状态是通过中断信号通知处理器。当达到接收/发送FIFO阈值(I2C_BUF.TXTRSH或者I2C_BUF.RXTRSH决定)时,这些中断被使能。中断信号通知本地主机传输数据到目的地(在接收模式下,传输数据来源于I2C模块;在发送模式下,数据从任何源传输到I2C FIFO)。图13.9和图13.10分别从FIFO管理角度来说明接收和发送操作。

注意在图13.9中,RRDY条件说明产生RRDY中断的条件已经满足,当这个信号有效时就会产生中断请求,并且它只能通过CPU在相应的中断标志写1才可以清除。如果清除先前的中断后,仍然满足中断产生条件,就会产生其他中断请求。

在接收模式,RRDY中断不会产生直到FIFO到达接收阈值。一旦变为低电平,只有当本地主机已经处理足够多的字节数让FIFO电平低于阈值,中断才会变无效。对于每一个中断,可以将本地主机读取的字节数配置为RX FIFO的阈值加1。

注意在图13.10中,XDRY条件说明产生XRDY中断的条件已经满足。当条件满足时(当TX FIFO是空或者没有达到TX FIFO阈值并且TX FIFO中还有数据传

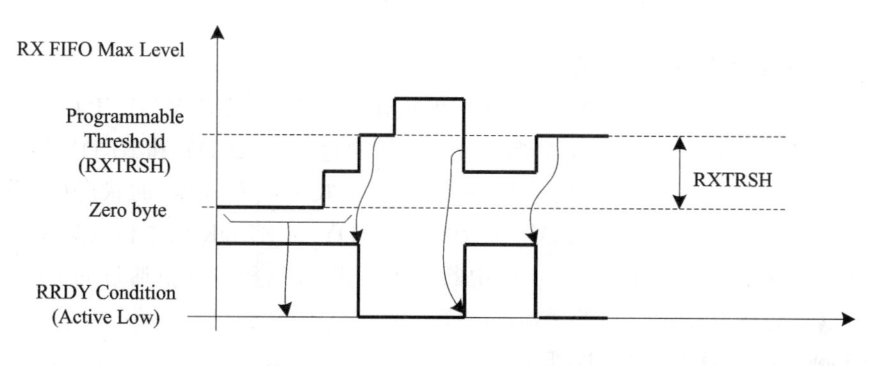

图 13.9 接收 FIFO 中断请求产生

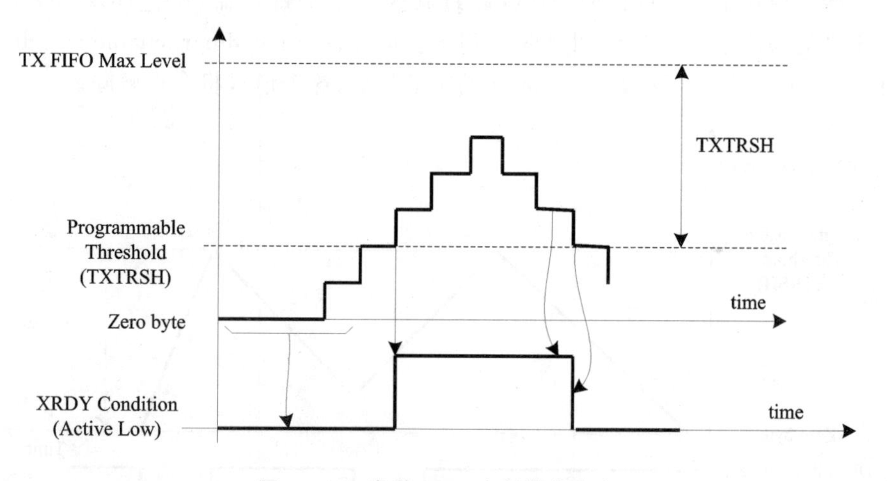

图 13.10 发送 FIFO 中断请求产生

输),就会生成中断请求。只有在传输完配置字节数后,通过 CPU 在相应的中断标志写 1 清除中断请求。如果清除先前的中断后,中断条件仍然满足,就会产生其他中断请求。

注意在中断模式下,该模块给 CPU 应用提供两个选项来处理中断:

- 当检测到一个中断请求(XRDY 或者 RRDY),CPU 可以写一个字节数据到 FIFO 或从 FIFO 读取一个字节,然后清除中断。该模块将不会重新确认新的中断,除非不再满足中断生成条件。
- 当检测到一个中断请求(XRDY 或者 RRDY),可以编程 CPU 来读/写 FIFO 阈值(I2C_BUF. TXTRSH + 1 或 I2C_BUF. RXTRSH + 1)指定数目的字节。在这种情况下,当 XRDY 和 RRDY 的条件再次满足时,中断条件将被清除,下一个中断将会被重新确认。

如果使用第二种服务方式,当传输长度不与 FIFO 阈值相等,要实施一个额外的机制(draining 功能)。在从 TX 模式下,由于在配置时间里不知道传输长度,不可以使用 draining 功能,而且外部主机可以通过不响应一个数据字节在任何位置中止传输。

(2) FIFO轮流检测模式操作

在FIFO轮流检测模式下(I2C_IRQENABLE_SET. XRDY_IE、I2C_IRQENABLE_SET. RRDY_IE和DMA都无效),可以通过查询XRDY和RRDY的状态寄存器(I2C_IRQSTATUS_RAW)来检查该模块(接收器或发送器)的状态(如果使用了draining功能,也可以查询XDR和RDR),XRDY和RRDR标志位可以准确反映中断条件。这种模式可以替代FIFO中断操作模式,在这种模式下通过向CPU发送中断可以自动获取接收器和发送器的状态。

(3) FIFO的DMA模式操作

在接收模式中,一旦接收FIFO超过其阈值电平寄存器(I2C_BUF. RXTRSH+1)定义的阈值电平,就会产生DMA请求。通过设置i2c_dmarxenable_clr. dmarx_enable_clear,DMA读取阈值电平定义的字节数后,这个请求将会被解除。

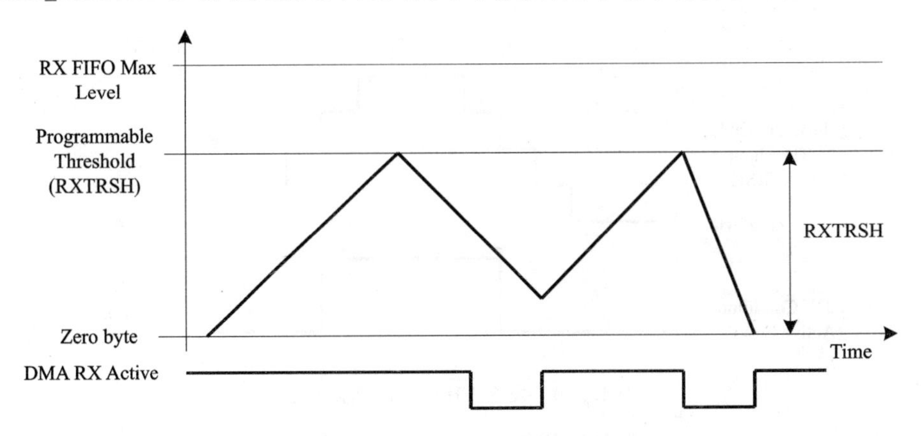

图13.11 接收FIFO DMA请求产生

在发射模式中,当发送FIFO为空时,DMA请求会自动被响应。通过设置i2c_dmatxenable_clr. dmatx_enable_clear,DMA将阈值寄存器(I2C_BUF. TXTHRS+1)定义的字节数写入FIFO后,这个请求将会被解除。如果写入的字符少于阈值寄存器(I2C_BUF. TXTHRS+1)定义的数量,这个请求将仍然有效。图13.12和图13.13说明了DMA TX在不同TXTRSH值下的传输。

需要注意的是在DMA模式下也有可能有长度不为FIFO阈值的倍数的数据传输。在这种情况下,DMA的draining特征同样可以用于传送额外的字节。

在I2C从RX模式,本地主机可以将RX编程为期望的阈值,如果没有达到阈值,在I2C传输结束时本地主机也可以使用FIFO的draining特征,从FIFO提取剩余字节。

在I2C从TX模式下,由于传输长度在配置期间可能不知道,TX FIFO阈值应设置为1(默认下I2C_BUF. TXTRSH= 0)。在这种方式下将会产生中断请求,这个

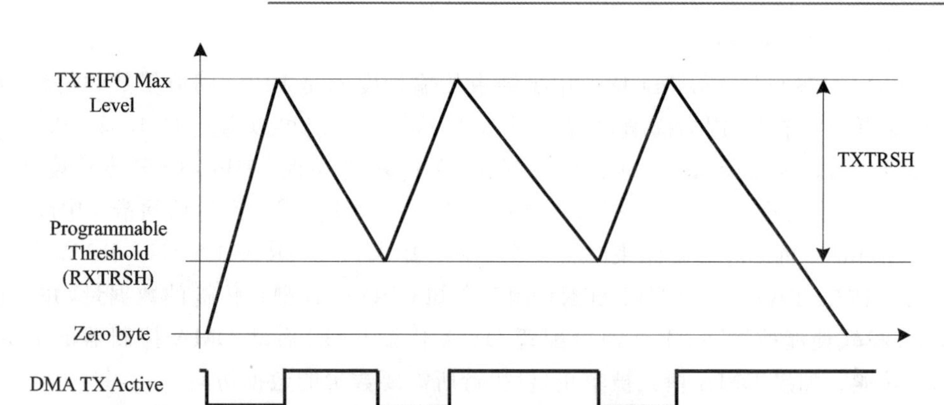

图 13.12 发送 FIFO DMA 请求产生(高阈值)

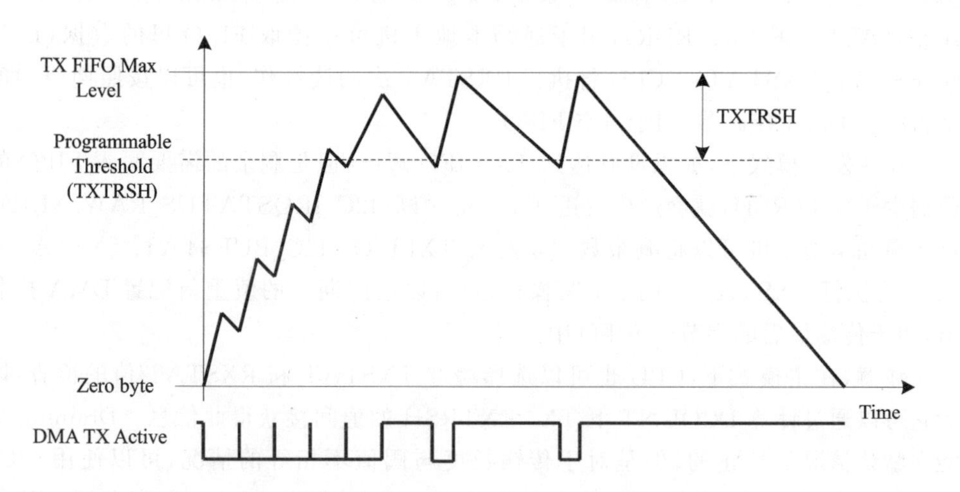

图 13.13 发送 FIFO DMA 请求产生(低阈值)

中断请求是 I2C 总线上传输的远程 I2C 主机为每个字节请求的中断。这种配置阻止 I2C 内核向 CPU 或 DMA 控制器请求额外数据,该数据最终不会由外部主机从 FIFO 提取(可以在任何时间结束传输)。如果 TX 阈值没有设置为 1,那么只有当外部主机需要一个字节且 FIFO 为空时,该模块才会产生中断或确认 DMA 请求。然而,在这种情况 TX FIFO 在传输结束时需要被清除。

I2C 模块向用户提供清除 RX 或 TX FIFO 的可能,这是通过 I2C_BUF. RXFIFO_CLR 和 I2C_BUF. TXFIFO_CLR 寄存器实现的,就像 FIFO 的软件复位,在 DMA 模式下,这些位也会让 DMA 状态机复位。

当模块被设置为发送器时,可以使用 FIFO 清除功能,在传输过程中间,外部接收器产生 NACK 响应,并且 TX FIFO 中有数据还在等待传输。在 I2C 功能域,阈值可以始终认为等于 1。这意味着只要 FIFO 中有数据,I2C 内核可以在 I2C 总线上开始传输数据。

(4) Draining 特性

I2C 内核通过 Draining 特征用于结束传输长度不是 FIFO 阈值倍数的传输，并且传输剩余字节数(因为阈值没有达到)。Draining 功能可以阻止 CPU 或 DMA 控制器尝试访问多个不必要的 FIFO(例如，在传输结束时，FIFO 中字节长度小于 DMA 配置的长度将会产生一个 DMA RX 请求)。否则，将会产生访问错误中断。

Draining 机制在传输结束时将会产生一个中断(I2C_IRQSTATUS_RAW. RDR 或 I2C_IRQSTATUS_RAW. XDR)，用于通知 CPU 检查剩余传输的数据量，并且在 DMA 模式使能前提下(重新通过配置 DMA 传输长度)启动 DMA 控制器的 Draining 功能。如果 DMA 模式被禁止，仅执行所需要数量的数据访问。

在接收主/从模式下，如果没有达到 RX FIFO 阈值，但是在 I2C 总线上传输已经结束，并且在 FIFO 仍然有剩余数据，那么就会产生接收 draining 中断(I2C_IRQSTATUS_RAW. RDR)，用于通知本地主机可以读取 FIFO 里的数据(I2C_BUFSTAT. RXSTAT)。CPU 将执行 RXSTAT 次的读操作，也可以按照期望的值重新配置 DMA 控制器，用于清空 FIFO。

在主发送模式下，如果没有达到 TX FIFO 阈值，但是剩余的需要写入 FIFO 的数据少于 TXTRSH，就会产生发送 draining 中断(I2C_IRQSTATUS_RAW. XDR)，用于通知本地主机可以将剩余数据量写入 TXFIFO (I2C_BUFSTAT. TXSTAT)。CPU 将执行 TXSTAT 次的字节写操作，也可以按照期望的值重新配置 DMA 控制器，用于传输最后的字节到 FIFO 中。

注意，在主模式下，CPU 也可以选择跳过 TXSTAT 和 RXSTAT 值的检查，因为它可以通过计算 DCOUNT 下 TX/ RXTRSH 的值间接获得此信息。Draining 功能在默认情况是禁止的，但是对于传输长度与阈值不相等的情况，可以使用 I2C_IRQENABLE_SET. XDR_IE 或 I2C_IRQENABLE_SET. RDR_IE 寄存器来使能(默认禁止)。

13. I2C 的编程

(1) 模块启动前的配置

- 预分频器设置，获得约 12 MHz 的 I2C 模块时钟(I2C_PSC = x;这个值是根据系统时钟频率计算的)。
- I2C 时钟设置，获得 100 Kbps 或 400 Kbps(SCLL= x 且 SCLH = x，这些值是根据系统时钟频率计算的)。
- 在 I2C 工作模式(F/ S 模式)的情况下，配置自己的地址(I2C_OA = x)。
- I2C 模块退出复位(I2C_CON:I2C = 1)。

(2) 程序的初始化

- 配置 I2C 模式寄存器(I2C_CON)的位。
- 如果使用中断发送/接收数据，就使能中断屏蔽(I2C_IRQENABLE_SET)。

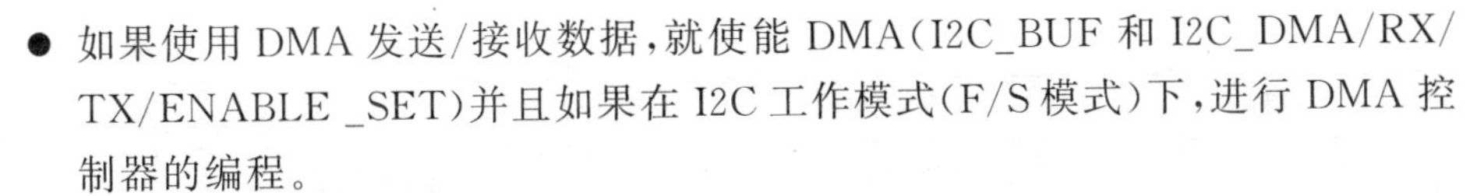

● 如果使用 DMA 发送/接收数据，就使能 DMA(I2C_BUF 和 I2C_DMA/RX/TX/ENABLE _SET)并且如果在 I2C 工作模式(F/S 模式)下，进行 DMA 控制器的编程。

(3) 配置从地址和数据计数器寄存器

在主模式下，配置从地址(I2C_SA= X)与传输的字节数(I2C_CNT= X)。

(4) 启动传输

查询 I2C 状态寄存器(I2C_IRQSTATUS_RAW)的总线忙(BB)位。在 I2C 处于 F/S 操作模式下，如果 BB 位被清除为 0(总线不繁忙)，配置 START/STOP(I2C_CON:STT/ I2C_CON:STP 条件来启动传输)。

(5) 接收数据

查询 I2C 状态寄存器(I2C_IRQSTATUS_RAW)中的数据接收准备中断标志位 RRDY，使用 RRDY 中断(I2C_IRQENABLE_SET. RRDY_IE 设置)或使用 DMA RX(I2C_BUF. RDMA _ EN)读取数据接收寄存器 I2C_DATA 中的数据。如果传输长度不等于 FIFO 阈值，就使用 Draining 特征(通过 I2C_IRQENABLE_SET. RDR_IE 启动 I2C_IRQSTATUS_RAW. RDR)。

(6) 发送数据

查询 I2C 状态寄存器(I2C_IRQSTATUS_RAW)中的发送数据准备中断标志位(XRDY)。使用 XRDY 中断(设置 I2C_IRQENABLE_SET. XRDY_IE)或使用 DMA TX(I2C_BUF. XDMA _EN)将数据写入数据传输寄存器(I2C_DATA)。如果传输长度不等于 FIFO 阈值，那么使用 Draining 特性(通过 I2C_IRQENABLE_SET. XDR_IE 启用 I2C_IRQSTATUS_RAW. XDR)。

13.3　I2C 寄存器

表 13.3 列出了 I2C 模块寄存器。

注：为了兼容性，所有定义为保留位必须通过软件写为 0。读寄存器时，任何保留位返回值为 0。

表 13.3　I2C 模块寄存器

地址偏移	缩　写	寄存器名称
00h	I2C_REVNB_LO	模块版本寄存器 (低字节)
04h	I2C_REVNB_HI	模块版本寄存器 (高字节)
10h	I2C_SYSC	系统配置寄存器
20h	I2C_EOI	I2C 中断结束寄存器
24h	I2C_IRQSTATUS_RAW	I2C 初始状态寄存器
28h	I2C_IRQSTATUS	I2C 状态寄存器

续表 13.3

地址偏移	缩　写	寄存器名称
2Ch	I2C_IRQENABLE_SET	I2C 中断使能设置寄存器
30h	I2C_IRQENABLE_CLR	I2C 中断使能清零寄存器
34h	I2C_WE	I2C 唤醒使能寄存器
38h	I2C_DMARXENABLE_SET	DMA 接收使能设置寄存器
3Ch	I2C_DMATXENABLE_SET	DMA 发送使能设置寄存器
40h	I2C_DMARXENABLE_CLR	DMA 接收使能清零寄存器
44h	I2C_DMATXENABLE_CLR	DMA 发送使能清零寄存器
48h	I2C_DMARXWAKE_EN	DMA 接收唤醒寄存器
4Ch	I2C_DMATXWAKE_EN	DMA 发送唤醒寄存器
90h	2C_SYSS	系统状态寄存器
94h	I2C_BUF	缓冲配置寄存器
98h	I2C_CNT	数据计数寄存器
9Ch	I2C_DATA	数据访问寄存器
A4h	I2C_CON	I2C 配置寄存器
A8h	I2C_OA	I2C 自身地址寄存器
ACh	I2C_SA	I2C 从地址寄存器
B0h	I2C_PSC	I2C 时钟预分频寄存器
B4h	I2C_SCLL	I2C SCL 低电平时间寄存器
B8h	I2C_SCLH	I2C SCL 高电平时间寄存器
BCh	I2C_SYSTEST	系统测试寄存器
C0h	I2C_BUFSTAT	I2C 状态缓冲寄存器
C4h	I2C_OA1	I2C 自身地址 1 寄存器
C8h	I2C_OA2	I2C 自身地址 2 寄存器
CCh	I2C_OA3	I2C 自身地址 3 寄存器
D0h	I2C_ACTOA	有效自身地址寄存器
D4h	I2C_SBLOCK	I2C 时钟阻塞使能寄存器

1. I2C_REVNB_LO 寄存器

这个只读寄存器包含模块的硬编码版本号，写该寄存器没有任何效果。

- I2C 中断控制器的中断向量寄存器(I2C_IV)版本为 1.x。
- I2C 中断控制器的状态寄存器位(I2C_IRQSTATUS_RAW)版本为 2.x。

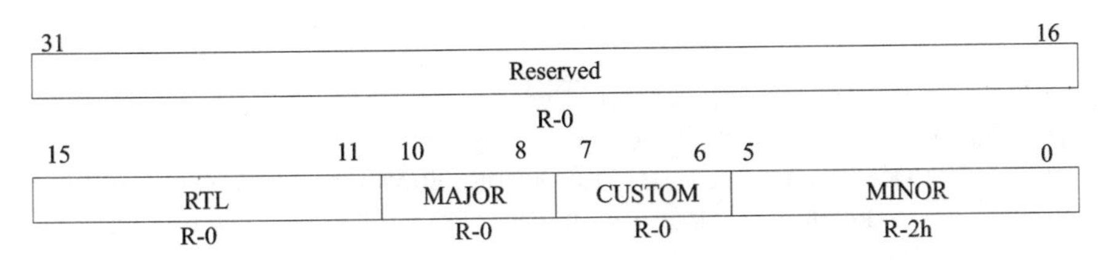

图 13.14　I2C_REVNB_LO 寄存器(模块版本)(LOW BYTES)

表 13.4　I2C_REVNB_LO 寄存器描述

位	位　域	值	描　述
31～16	Reserved	0	保留
15～11	RTL	0～1Fh	RTL 版本
10～8	MAJOR	0～7h	主版本号。当有大量特征改变时，该字段会改变。该字段不会因为错误修复或小特征改变而改变
7～6	CUSTOM	0～3h	表示用于特定设备的版本号。避免使用标准的芯片支持库(CSL)/驱动
5～0	MINOR	0～3Fh	次版本号。当增加或减少功能时，该字段会改变。该字段不会因为错误修复或主要特征改变而改变

2. I2C_REVNB_HI 寄存器

复位对该寄存器的返回值没有影响。

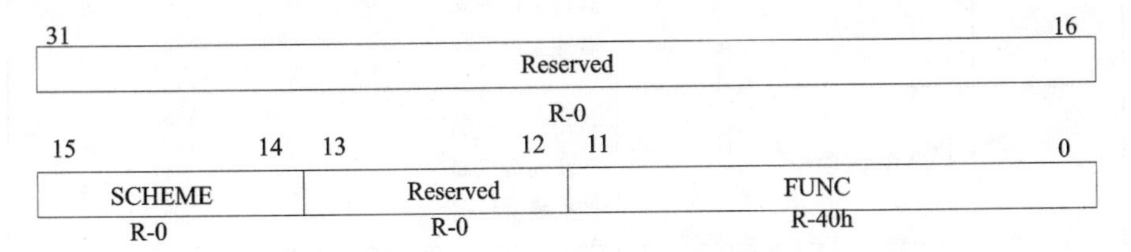

图 13.15　I2C_REVNB_LO 寄存器(模块版本)(HIGH BYTES)

表 13.5　I2C_REVNB_HI 寄存器描述

位	字　段	值	描　述
31～16	Reserved	0	保留
15～14	SCHEME	0～3h	用来区分老方案与现在的方案备用位编码未来方案
13～12	Reserved	0～3h	读取返回 1h
11～0	FUNC	0～FFFh	功能：表示软件兼容模块系列

3. I2C_SYSC 寄存器

该寄存器允许控制外围接口的各种参数。

31~16
Reserved
R-0

15~10	9~8	7~5	4~3	2	1	0
Reserved	CLKACTIVITY	Reserved	IDLEMODE	ENAWAKEUP	SRST	AUTOIDLE
R-0	R/W-0	R-0	R/W-0	R/W-0	R/W-0	R/W-1

图13.16 I2C_SYSC寄存器(系统配置)

表13.6 I2C_SYSC寄存器(系统配置)字段描述

位	位 域	值	描 述
31~10	Reserved	0	保留
9~8	CLKACTIVITY	 0h 1h 2h 3h	时钟有效选择位 可以断开两个时钟 只有接口/OCP时钟必须保持有效；系统时钟可以断开 只有系统时钟必须保持有效；接口/OCP时钟可以断开 这两个时钟必须保持有效
7~5	Reserved	0	读取返回0h
4~3	IDLEMODE	 0h 1h 2h 3h	空闲模式选择位 强制空闲模式 非空闲模式 智能空闲模式 智能空闲唤醒
2	ENAWAKEUP	 0 1	启用唤醒控制位 禁止唤醒机制 使能唤醒机制
1	SRST	 0 1	软复位位 普通模式 该模块被复位
0	AUTOIDLE	 0 1	自动空闲位 禁止自动空闲机制 使能自动空闲机制

4. I2C_EOI

如果一个新的中断事件等待响应，当使用脉冲输出，允许在中断线上产生新的脉冲。

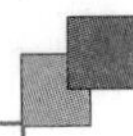

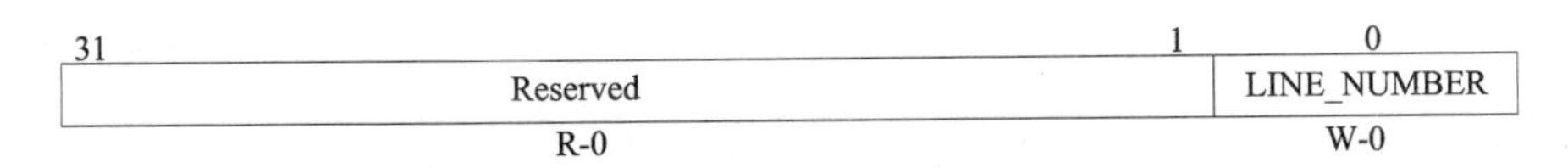

图 13.17　I2C_EOI 寄存器(I2C 中断结束)

表 13.7　I2C_EOI 寄存器(I2C 中断结束)字段描述

位	位　域	描　述
31-1	保留	保留
0	LINE_NUMBER	软件中断结束(EOI)控制,写中断输出量

5. I2C_IRQSTATUS_RAW 寄存器

这个寄存器提供了中断处理的核心状态信息,显示所有活动事件。该寄存器是可读写的,写入1时,该位将会被设置为1,即触发中断(主要用于调试)。写入0时将没有影响,寄存器的值将不会被修改。只有使能的时候,活动的事件将在IRQ输出线触发一个实际的中断请求。

6. I2C_IRQSTATUS 寄存器

该寄存器提供中断控制的核心状态信息,表示所有有效使能事件,并屏蔽掉其他事件。该寄存器是可读写的,向某位写入1将此位清零,即清除中断。写入0无效,即寄存器的值不会改变。只有使能的有效事件会在中断输出线上触发实际的中断请求。I2C_IRQSTATUS 寄存器的位域及其描述与 I2C_IRQSTATUS_RAW 相同,如图 13.18 和表 13.8 所示。

31-16							
Reserved							
R-0							
15	14	13	12	11	10	9	8
Reserved	XDR	RDR	BB	ROVR	XUDF	AAS	BF
R-0	R/W-0	R/W-0	R-0	R/W-0	R/W-0	R/W-0	R/W-0
7	6	5	4	3	2	1	0
AERR	STC	GC	XRDY	RRDY	ARDY	NACK	AL
R/W-0	R/W-0	R/W1C-0	R/W1C-0	R/W1C-0	R/W1C-0	R/W1C-0	R/W-0

图 13.18　I2C_IRQSTATUS_RAW 寄存器

表 13.8　I2C_IRQSTATUS_RAW 字段描述

位	位　域	值	描　述
31-15	Reserved	0	写入0,以便后续的兼容性。读取返回0
14	XDR		I2C主发送器模式,发送 draining IRQ 状态,复位后值为低
		0	发送 draining 无效
		1	发送 draining 使能

续表 13.8

位	位 域	值	描 述
13	RDR	 0 1	I2C 接收模式,接收 draining IRQ 状态,复位后值为低 接收 draining 无效 接收 draining 使能
12	BB	 0 1	这个只读位指示串行总线的状态 总线空闲 总线被占用
11	ROVR	 0 1	接收溢出状态,向这个位写入数据是无效的,只用于 I2C 接收模式 正常操作接收溢出
10	XUDF	0 1	发送溢出状态,向这个位写入数据是无效的,只用于 I2C 发送模式 正常操作 发送溢出
9	AAS	 0 1	从 IRQ 状态地址。仅限于 I2C 模式 无动作 地址识别
8	BF	 0 1	复位后为低电平 无动作 总线空闲
7	AERR	 0 1	IRQ 状态的访问错误,仅限于 I 2C 模式,复位后为低电平 无操作 访问错误
6	STC	 0 1	开始条件 IRQ 状态,仅限于 I2C 模式,复位后为低电平 无操作 检测开始条件
5	GC	 0 1	普通呼叫中断状态 没检测到普通呼叫 检测到普通呼叫地址
4	XRDY	 0 1	发送数据准备 IRQ 状态 发送正在进行 发送数据准备

续表 13.8

位	位　域	值	描　述
3	RRDY	 0 1	仅限I2C接收模式,复位后为低电平 没有到达接收FIFO阈值 接收数据准备进行读操作(达到RX FIFO阈值)
2	ARDY	 0 1	仅限于I2C模式。当这个只读/清除位置1表示编程数据和命令(接收或发送,主或从)已被执行且状态为已被更新 无操作 访问准备
1	NACK	 0 1	不确认IRQ状态,复位后为低电平 正常操作 检测到不确认状态
0	AL	 0 1	仲裁丢失中断状态 正常操作 检测到仲裁丢失

7. I2C_IRQENABLE_SET 寄存器(I2C中断使能设置)

所有位使能一个特殊中断来触发中断请求。向这个位写入1将使能这个位域。写入0无效,即寄存器的值不会改变。对于I2C_IRQENABLE_SET寄存器内部所有位域,I2C中断源给出的小部分描述是有效的。

8. I2C_IRQENABLE_CLR 寄存器(I2C中断使能清除)

每一位清除一个指定的中断事件。向某位写入1禁止中断,写入0无效,即寄存器的值不会改变。I2C_IRQENABLE_CLR寄存器的位域与I2C_IRQENABLE_SET相同,如图13.19和表13.9所示。

31–16
Reserved
R-0

15	14	13	12	11	10	9	8
Reserved	XDR_IE	RDR_IE	Reserved	ROVR	XUDF	AAS_IE	BF_IE
R-0	R/W-0	R/W-0	R-0	R/W-0	R/W-0	R/W-0	R/W-0

7	6	5	4	3	2	1	0
AERR_IE	STC_IE	GC_IE	XRDY_IE	RRDY_IE	ARDY_IE	NACK_IE	AL_IE
R/W-0	R/W-0	R/W-0	R/W-0	R/W-0	R/W-0	R/W-0	R/W-0

图 13.19　I2C_IRQENABLE_SET 寄存器(I2C中断使能设置)

表 13.9　I2C_IRQENABLE_SET 寄存器字段描述

位	filed	值	描　述
31～15	Reserved	0	
14	XDR_IE	 0 1	发送 draining 中断使能设置 发送 draining 中断禁止 发送 draining 中断使能
13	RDR_IE	 0 1	接收 draining 中断使能设置 接收 draining 中断禁止 接收 draining 中断使能
12	Reserved	0	保留
11	ROVR	 0 1	接收溢出使能设置 接收溢出中断禁止 接收溢出中断使能
10	XUDF	 0 1	发送下溢使能设置 发送下溢中断禁止 发送下溢中断使能
9	AAS_IE	 0 1	从中断使能设置地址 禁止从中断地址 使能从中断地址
8	BF_IE	 0 1	总线空闲中断使能设置 总线空闲中断禁止 总线空闲中断使能
7	AERR_IE	 0 1	访问错误中断使能设置 访问错误中断禁止 访问错误中断使能
6	STC_IE	 0 1	开始条件中断使能设置 开始条件中断禁止 开始条件中断使能
5	GC_IE	 0 1	普通呼叫中断使能设置 普通呼叫中断禁止 普通呼叫中断使能
4	XRDY_IE	 0 1	发送数据准备中断使能设置 发送数据准备中断禁止 发送数据准备中断使能

续表 13.9

位	filed	值	描　述
3	RRDY_IE	 0 1	接收数据准备中断使能设置 接收数据准备中断禁止 接收数据准备中断使能
2	ARDY_IE	 0 1	寄存器访问准备中断使能设置 寄存器访问准备中断禁止 寄存器访问准备中断使能
1	NACK_IE	 0 1	不确认中断使能设置 不确认中断禁止 不确认中断使能
0	AL_IE	 0 1	仲裁丢失中断使能设置 仲裁丢失中断禁止 仲裁丢失中断使能

9. I2C_WE 寄存器(I2C 唤醒使能)

I2C_WE 寄存器中的每个 1 - bit 位使能指定的 IRQ 中断源,产生异步唤醒。当某一位被设置为 1,如果 I2C 控制器捕获到对应的事件,则将向本地主机发送唤醒信号。

注意:不需要访问错误唤醒事件,因为只有在该模块为有效模式且有中断信号生成时,才会出现该事件。除了当功能时钟停止时异步检测到开始条件唤醒,其余的唤醒事件都要求功能时钟使能。

31～16
Reserved
R-0

15	14	13	12	11	10	9	8
Reserved	XDR_WE	RDR_WE	Reserved	ROVR_WE	XUDF_WE	AAS_WE	BF_WE
R-0	R/W-0	R/W-0	R-0	R/W-0	R/W-0	R/W-0	R/W-0

7	6	5	4	3	2	1	0
Reserved	STC_WE	GC_WE	Reserved	RRDY_WE	ARDY_WE	NACK_WE	AL_WE
R-0	R/W-0	R/W-0	R-0	R/W-0	R/W-0	R/W-0	R/W-0

图 13.20　I2C_WE 寄存器

表 13.10　I2C_WE 寄存器字段描述

位	位　域	值	描　述
31～15	Reserved	0	保留
14	XDR_WE	 0 1	发送 draining 唤醒使能 发送 draining 唤醒禁止 发送 draining 唤醒使能

续表 13.10

位	位　域	值	描　述
13	RDR_IE	 0 1	接收 draining 唤醒使能 接收 draining 唤醒禁止 接收 draining 唤醒使能
12	Reserved	0	保留
11	ROVR	 0 1	接收溢出唤醒使能 接收溢出唤醒禁止 接收溢出唤醒使能
10	XUDF	 0 1	发送下溢唤醒使能 发送下溢唤醒禁止 发送下溢唤醒使能
9	AAS_IE	 0 1	从中断使能设置地址 禁止从中断地址 使能从中断地址
8	BF_IE	 0 1	总线空闲中断唤醒使能 总线空闲唤醒禁止 总线空闲唤醒使能
7	Reserved	0	保留
6	STC_IE	 0 1	开始条件中断唤醒使能 开始条件唤醒禁止 开始条件唤醒使能
5	GC_IE	 0 1	普通呼叫中断唤醒使能 普通呼叫唤醒禁止 普通呼叫唤醒使能
4	Reserved	0	保留
3	RRDY_IE	 0 1	接收/发送数据准备中断唤醒使能 接收数据准备唤醒禁止 接收数据准备中唤醒使能
2	ARDY_IE	 0 1	寄存器访问准备唤醒使能 寄存器访问准备唤醒禁止 寄存器访问准备唤醒使能
1	NACK_IE	 0 1	不确认数据唤醒使能 不确认数据唤醒禁止 不确认数据唤醒使能
0	AL_IE	 0 1	仲裁丢失唤醒使能 仲裁丢失唤醒禁止 仲裁丢失唤醒使能

10. I2C_DMARXENABLE_SET 寄存器(接收 DMA 使能设置)

该寄存器的每 1-bit 位域使能一个接收 DMA 请求。写 1 到该位域将其设置为 1。写 0 将没有影响,寄存器值不被修改。

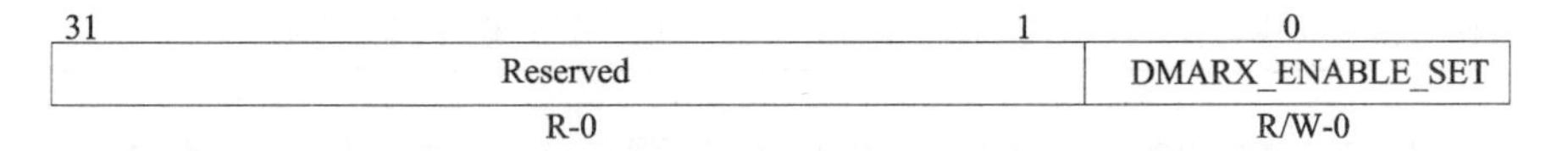

图 13.21　I2C_DMARXENABLE_SET 寄存器

表 13.11　I2C_DMARXENABLE_SET 寄存器字段描述

位	位　域	值	描　述
31～1	Reserved	0	保留
0	DMARX_ENABLE_SET	0-1	接收 DMA 通道使能设置

11. I2C_DMATXENABLE_SET 寄存器(DMA 发送使能设置)

该寄存器的每 1-bit 位域使能一个发送 DMA 请求。写 1 到该位域将其设置为 1。写 0 将没有影响,寄存器值不被修改。

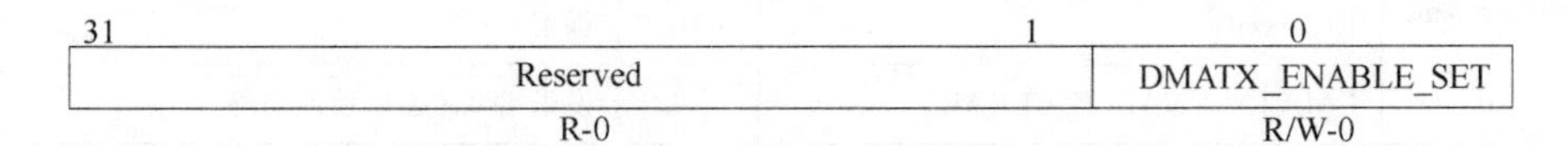

图 13.22　I2C_DMATXENABLE_SET 寄存器

表 13.12　I2C_DMATXENABLE_SET 寄存器字段描述

位	位　域	值	描　述
31～1	Reserved	0	保留
0	DMATX_ENABLE_SET	0-1	发送 DMA 通道使能设置

12. I2C_DMARXENABLE_CLR 寄存器(DMA 接收使能清除)

该寄存器的每一位禁止一个接受 DMA 请求。写 1 到某一位将它清零,写 1 到 DMARX_ENABLE_CLEAR 将对 DMA RX 请求和唤醒线进行重置,写 0 将没有任何效果,寄存器的值不会被修改。

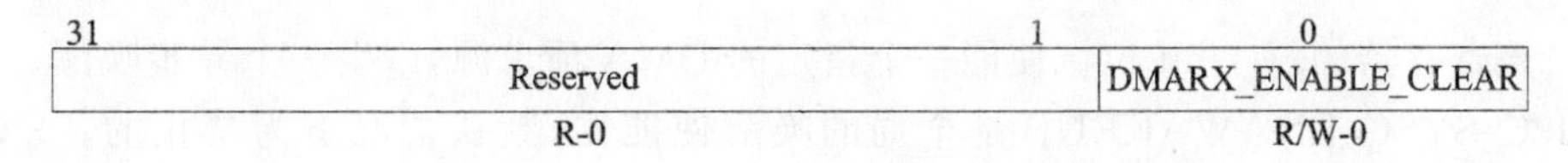

图 13.23　I2C_DMARXENABLE_CLR 寄存器

表13.13　I2C_DMARXENABLE_CLR寄存器字段描述

位	位　域	值	描　述
31～1	Reserved	0	保留
0	DMARX_ENABLE_CLEAR	0-1	接收DMA通道使能清除

13. I2C_DMATXENABLE_CLR寄存器(DMA发送使能清除)

该寄存器的每一位禁止一个发送DMA请求。写1到某一位将它清零,写1到DMATX_ENABLE_CLEAR将对DMA TX请求和唤醒线进行重置,写0将没有任何效果,寄存器的值不会被修改。

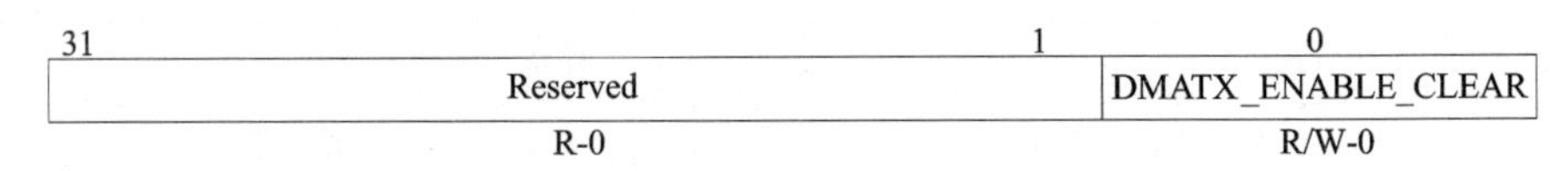

图13.24　I2C_DMATXENABLE_CLR寄存器

表13.14　I2C_DMATXENABLE_CLR寄存器字段描述

位	位　域	值	描　述
31～1	Reserved	0	保留
0	DMATX_ENABLE_CLEAR	0-1	发送DMA通道使能清除

14. I2C_DMARXWAKE_EN寄存器(DMA接收唤醒)

该寄存器的每一位使能一个指定的DMA请求源,产生一个异步唤醒。注意I2C_SYSC.ENAWAKEUP是全局的唤醒使能器,默认情况下为禁止的。

31～16							
Reserved							
R-0							
15	14	13	12	11	10	9	8
Reserved	XDR	RDR	Reserved	ROVR	XUDF	AAS	BF
R-0	R/W-0	R/W-0	R-0	R/W-0	R/W-0	R/W-0	R/W-0
7	6	5	4	3	2	1	0
Reserved	STC	GC	Reserved	RRDY	ARDY	NACK	AL
R-0	R/W-0	R/W-0	R-0	R/W-0	R/W-0	R/W-0	R/W-0

图13.25　I2C_DMARXWAKE_EN寄存器

15. I2C_DMATXWAKE_EN寄存器(DMA发送唤醒)

该寄存器的每1-bit位域使能一个指定的DMA请求源,产生一个异步唤醒。注意I2C_SYSC.ENAWAKEUP是全局的唤醒使能器,默认情况下为禁止的。I2C_DMATXWAKE_ EN寄存器的位域与I2C_DMARXWAKE_EN一样。

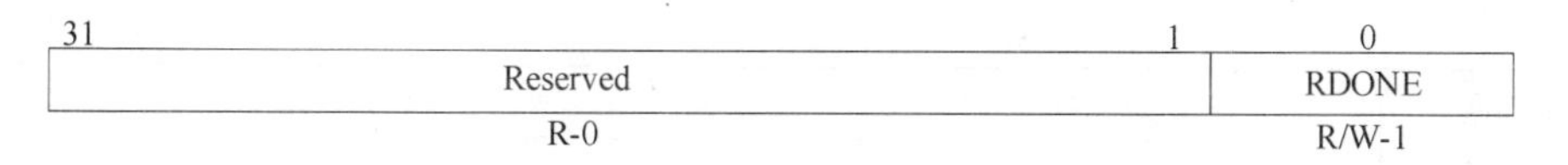

图 13.26　I2C_SYSS 寄存器

16. I2C_SYSS 寄存器(系统状态)

表 13.15　I2C_SYSS 寄存器字段描述

位	位　域	值	描　述
31～1	Reserved	0	保留
0	RDONE	 0 1	复位完成位，表示复位的状态 内部模块复位正在运行 复位完成

17. I2C_BUF 寄存器(缓冲器配置)

这个读/写寄存器使能 DMA 传输并且允许配置 FIFO 阈值。

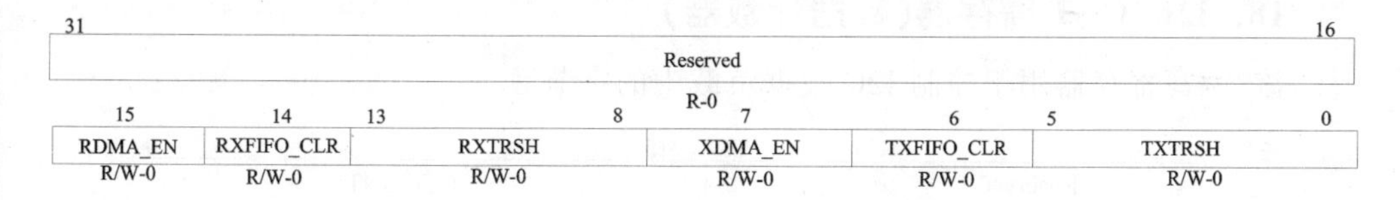

图 13.27　I2C_BUF 寄存器

表 13.16　I2C_BUF 寄存器字段描述

Bit	位　域	值	描　述
31～16	Reserved	0	保留位
15	RDMA_EN	 0 1	接收 DMA 通道使能 接收 DMA 通道禁止 接收 DMA 通道使能
14	RXFIFO_CLR	 0 1	接收 FIFO 清除 一般模式 Rx FIFO 复位
13-8	RXTRSH	0-3Fh 0 1 … 3Fh	RX 模式下 FIFO 缓冲器阈值 接收阈值 ＝ 1 接收阈值 ＝ 2 … 接收阈值 ＝ 64

续表 13.16

Bit	位　域	值	描　述
7	XDMA_EN	 0 1	传输 DMA 通道使能 传输 DMA 通道禁止 传输 DMA 通道使能
6	TXFIFO_CLR	 0 1	传输 FIFO 清除 一般模式 Tx FIFO 复位
5～0	TXTRSH	0～3Fh 0 1 … 3Fh	TX 模式下 FIFO 缓冲器的阈值 发送阈值 = 1 发送阈值 = 2 … 发送阈值 = 64

18. I2C_CNT 寄存器(数据计数器)

该读/写寄存器用于控制 I2C 数据负载中的字节数。

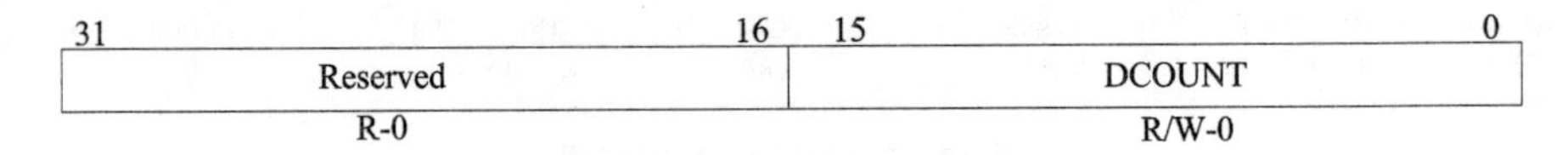

图 13.28　I2C_CNT 寄存器

表 13.17　I2C_CNT 寄存器字段描述

位	字　段	值	描　述
31～16	Reserved	0	保留
15～0	DCOUNT	0-FFFFh 0 1 … … FFFFh	数据计数。只用于 I2C 主模式(接收或发送；F/S)。复位后的值为 0(所有 16 位) 数据计数器 = 65 536 字节(2^{16}) 数据计数器 = 1 字节 … 数据计数器 = 65 535 字节($2^{16}-1$)

19. I2C_DATA 寄存器(数据访问)

该寄存器作为本地主机访问 FIFO 的入口点。

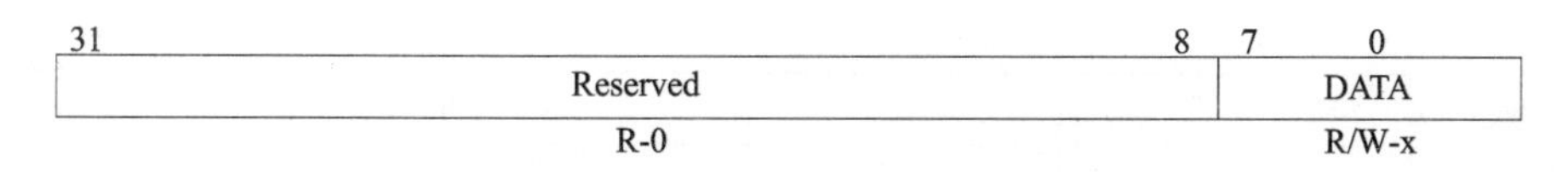

图 13.29　I2C_DATA 寄存器

表 13.18　I2C_DATA 寄存器字段描述

位	字　段	值	描　述
31-8	Reserved	0	保留
7-0	DATA	0-FFh	发送/接收数据 FIFO 端点。读取时，该寄存器包含接收的 I2C 数据。写入时，该寄存器包含通过 I2C 发送的数据。在 SYSTEST 回路模式（I2C_SYSTEST：TMODE = 11）中，该寄存器也是数据接收入口点

20. I2C_CON 寄存器（I2C 配置）

31-16
Reserved
R-0

15	14	13-12	11	10	9	8
I2C_EN	Reserved	OPMODE	STB	MST	TRX	XSA
R/W-0	R-0	R/W-0	R/W-0	R/W-0	R/W-0	R/W-0

7	6	5	4	3-2	1	0
XOA0	XOA01	XOA02	XOA3	Reserved	STP	STT
R/W-0	R/W-0	R/W-0	R-0	R-0	R/W-0	R/W-0

图 13.30　I2C_CON 寄存器

表 13.19　I2C_CON 寄存器字段描述

位	字　段	值	描　述
31～16	Reserved	0	保留
15	I2C_EN	 0 1	I2C 模块使能 复位控制器。FIFO 被清除且所有的状态位被设置为它们的默认值 模块被使能
14	Reserved	0	保留
13-12	OPMODE	 0 1h 2h 3h	操作模式选择，该两位选择模块操作模式 I2C 快速/标准模式 保留 保留 保留

续表 13.19

<table>
<tr><th>位</th><th>字　段</th><th>值</th><th>描　述</th></tr>
<tr><td>11</td><td>STB</td><td>
0
1</td><td>起始字节模式(只用于 I2C 主模式)
普通模式
开始字节模式</td></tr>
<tr><td>10</td><td>MST</td><td>
0
1</td><td>主/从模式(只用于 I2C 模式)
从模式
主模式</td></tr>
<tr><td>9</td><td>TRX</td><td>
0
1</td><td>发送/接收模式(只用于 I2C 主模式)
接收模式
发送模式
操作模式定义如下：
<table>
<tr><td>MST</td><td>TRX</td><td>操作模式</td></tr>
<tr><td>0</td><td>x</td><td>从接收模式</td></tr>
<tr><td>0</td><td>x</td><td>从发送模式</td></tr>
<tr><td>1</td><td>0</td><td>主接收模式</td></tr>
<tr><td>1</td><td>1</td><td>主发送模式</td></tr>
</table></td></tr>
<tr><td>8</td><td>XSA</td><td>
0
1</td><td>扩展从地址(只用于 I2C 模式)
7 位地址模式
10 位地址模式</td></tr>
<tr><td>7</td><td>XOA0</td><td>
0
1</td><td>扩展本机地址 0(只用于 I2C 模式)
7 位地址模式
10 位地址模式</td></tr>
<tr><td>6</td><td>XOA1</td><td>
0
1</td><td>扩展本机地址 1(只用于 I2C 模式)
7 位地址模式
10 位地址模式</td></tr>
<tr><td>5</td><td>XOA2</td><td>
0
1</td><td>扩展本机地址 2(只用于 I2C 模式)
7 位地址模式
10 位地址模式</td></tr>
<tr><td>4</td><td>XOA3</td><td>
0
1</td><td>扩展本机地址 3(只用于 I2C 模式)
7 位地址模式
10 位地址模式</td></tr>
<tr><td>3-2</td><td>Reserved</td><td>0</td><td>保留</td></tr>
<tr><td>1</td><td>STP</td><td>
0
1</td><td>停止条件(只用于 I2C 主模式)
无动作或没检测到停止条件
检测到停止条件</td></tr>
</table>

续表 13.19

位	字 段	值	描 述
0	STT	 0 1	起始条件(只用于I2C主模式) 无动作或没检测到起始条件 检测到停止条件

21. I2C_OA 寄存器

这个寄存器被用来指定模块的7位或10位I2C基地址。

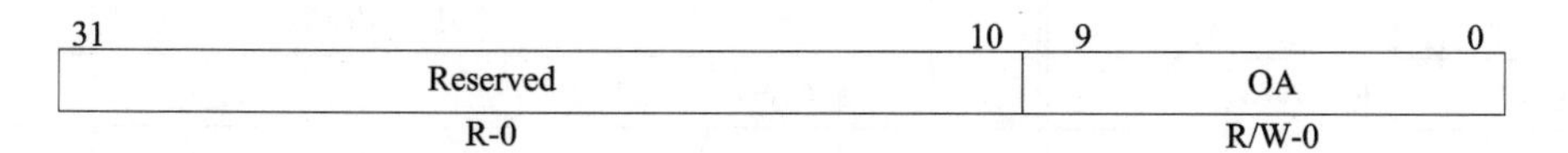

图 13.31 I2C_OA 寄存器

表 13.20 I2C_OA 寄存器字段描述

位	域	值	描 述
31～10	Reserved	0	保留
9-0	OA	0-3FFh	地址。这个域可以按照以下两种方式设定: 当XOA被置为1,在OA[9:0]上编入10位地址 当XOA被清零,在OA[6:0]上编入7位地址。这种情况下,OA[9:7]位必须被应用软件清0

22. I2C_SA 寄存器

这个寄存器被用来指定模块的7位或10位I2C基地址(从地址)。

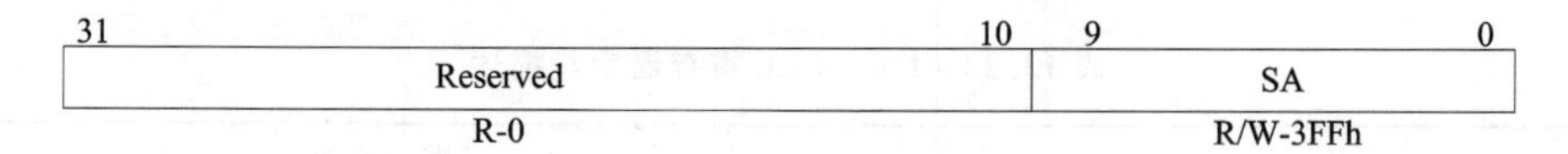

图 13.32 I2C_SA 寄存器

表 13.21 I2C_SA 寄存器字段描述

位	域	值	描 述
31～10	Reserved	0	保留
9-0	SA	0-3FFh	地址。这个域可以按照以下两种方式设定: 当XOA被置为1,在SA[9:0]上编入10位地址 当XOA被清零,在SA[6:0]上编入7位地址。这种情况下,SA[9:7]位必须被应用软件0

23. I2C_PSC 寄存器

这个寄存器用来指定 I2C 外围内核的内部时钟。

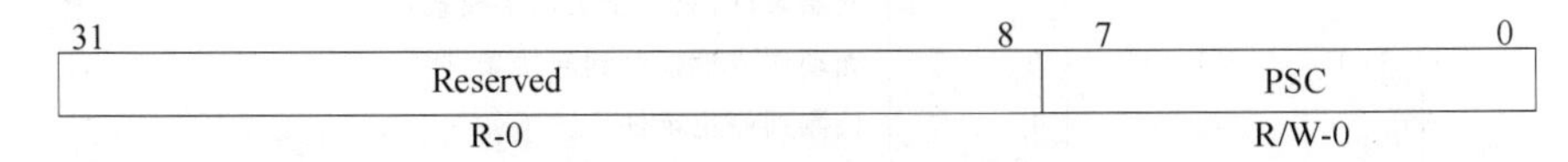

图 13.33　I2C_PSC 寄存器

表 13.22　I2C_PSC 寄存器字段描述

位	域	值	描　述
31-8	Reserved	0	保留
7-0	PSC	0-FFh 0h 1h — — FFh	快速/标准模式预分频采样时钟分频值 1 分频 2 分频 256 分频

24. I2C_SCLL 寄存器

这个寄存器用来决定主模式中 SCL 为低电平的时间。

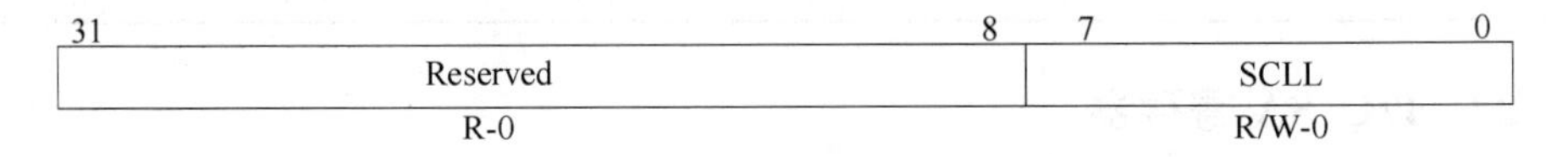

图 13.34　I2C_SCLL 寄存器

表 13.23　I2C_SCLL 寄存器字段描述

位	域	值	描　述
31-8	Reserved	0	保留
7-0	SCLL	0-FFh	快速/标准模式下，SCL 低电平时间。仅限于 I2C 主模式(FS)

25. I2C_SCLH 寄存器

这个寄存器用来决定主模式中 SCL 为高电平的时间。

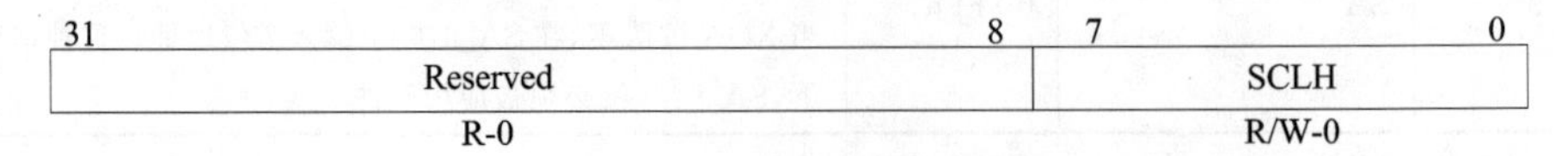

图 13.35　I2C_SCLH 寄存器

表 13.24　I2C_SCLH 寄存器字段描述

位	域	值	描　述
31-8	Reserved	0	保留
7-0	SCLH	0-FFh	快速/标准模式 SCL 为高电平的时间。仅限于 I2C 主模式(FS)

26. I2C_SYSTEST 寄存器(系统测试)

该寄存器通过重写某些外设标准功能,便于系统级测试。允许 SCL 计数器测试、控制与 I/O 引脚连接的信号或当模块配置为系统测试(SYSTEST)模式时,产生数字回环自测。在调试模式中它也提供停止功能。

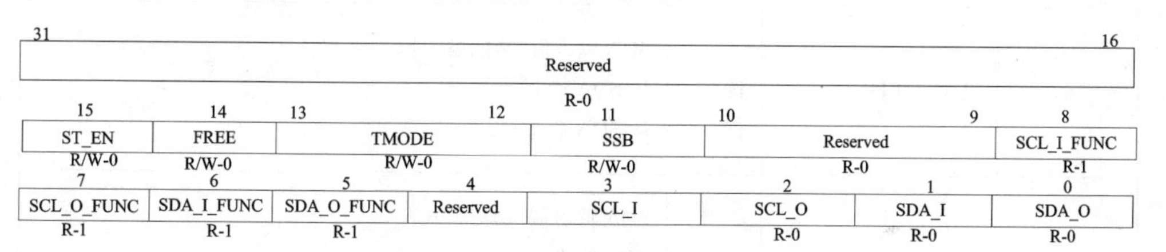

图 13.36　I2C_SYSTEST 寄存器

表 13.25　I2C_SYSTEST 寄存器字段描述

位	字　段	值	描　述
31～16	Reserved	0	保留
15	ST_EN	 0 1	系统测试使能 正常模式。寄存器的其他位为只读 系统测试使能。允许设置其他系统测试寄存器位
14	FREE	 0 1	自由运行模式(在断点处) 停止模式(断点条件下) 自由运行模式
13-12	TMODE	 0 1h 2h 3h	测试模式选择 功能测试(默认) 保留 SCL 计数器 (SCLL、SCLH、PSC)测试 回环模式选择,SDA/SCL IO 模式选择
11	SSB	 0 1	设置状态位 无动作 设置所有状态位为 1

续表 13.25

位	字　段	值	描　述
10-9	Reserved		保留
8	SCL_I_FUNC	读 0 读 1	SCL 输入值(功能模式) 从 SCL 读 0 从 SCL 读 1
7	SCL_O_FUNC	读 0 读 1	SCL 输出值(功能模式) SCL 输出 0 SCL 输出 1
6	SDA_I_FUNC	读 0 读 1	SDA 输入值(功能模式) 从 SDA 读 0 从 SDA 读 1
5	SDA_O_FUNC	读 0 读 1	SDA 输出值(功能模式) SDA 输出 0 SDA 输出 1
4	Reserved	0	保留
3	SCL_I	读 0 读 1	SCL 感知输入值 从 SCL 读 0 从 SCL 读 1
2	SCL_O	读 0 读 1	SCL 驱动输出值 迫使 SCL 输出低电平 SCL 输出为高阻抗状态
1	SDA_I	读 0 读 1	SDA 线感知输入值 从 SDA 读 0 从 SDA 读 1
0	SDA_O	0 1	SDA 线驱动输出值 向 SDA 写 0 向 SDA 写 1

27. I2C_BUFSTAT 寄存器(I2C 缓存状态)

该只读寄存器用于反映 FIFO 内部缓存状态。

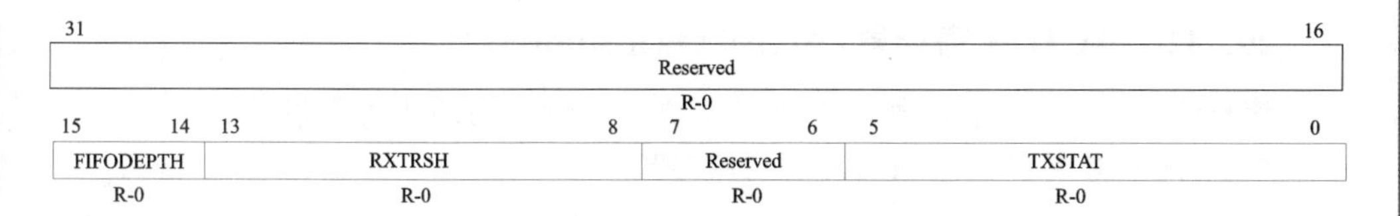

图 13.37　I2C_BUFSTAT 寄存器

表 13.26　I2C_BUFSTAT 寄存器字段描述

位	字　段	值	描　述
31～16	Reserved	0	保留
15～14	FIFODEPTH	 0 1h 2h 3h	内部 FIFO 缓存深度 8 字节 FIFO 16 字节 FIFO 32 字节 FIFO 64 字节 FIFO
13-8	RXSTAT	0-3Fh	RX 缓存状态，表示 I2C 传输结束时从 FIFO 发送的字节数
7-6	Reserved	0	保留
5-0	TXSTAT	0-3Fh	TX 缓存状态，表示要写入 TX FIFO 的数据还剩下的字节数

28. I2C_OA1- I2C_OA3 寄存器(OA1-OA3)(Own Address 1-3)

该寄存器用于指定第一个可选的 I2C 7 位或 10 位地址。

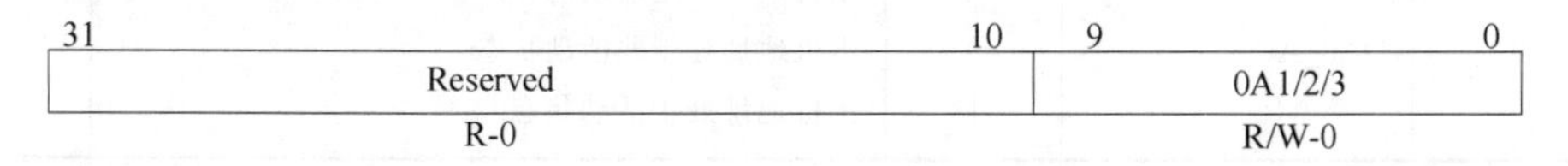

图 13.38　I2C_OA1 寄存器

表 13.27　I2C_OA1 寄存器字段描述

位	字　段	值	描　述
3-10	Reserved	0	保留
9-0	OA1/2/3	0-3FFh	本机地址 1/2/3。该字段可指定： 当 XOA1/2/3 设置为 1 时，OA1/2/3 [9:0]是一个 10 位地址 当 XOA1/2/3 被清为 0 时，OA1/2/3 [6:0] 是一个 7 位地址，这种情况下 OA1/2/3 [9:7]必须被软件清 0

29. I2C_ACTOA 寄存器(Active Own Address)

该只读寄存器用于表示外部主机对模块寻址时采用的 4 个本机地址的其中一个。当 AAS 有效时,CPU 可以读取该寄存器。

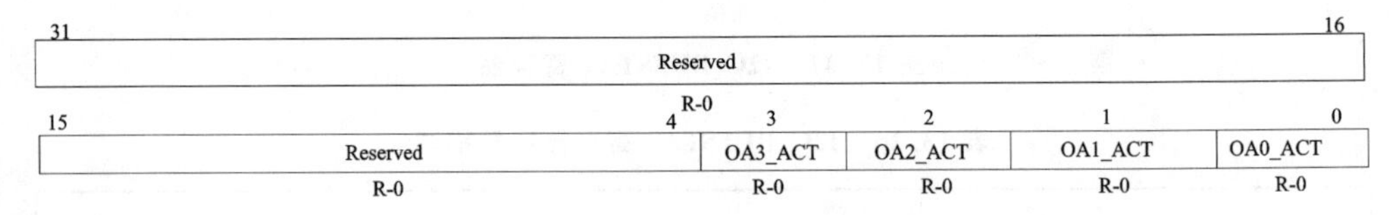

图 13.39　I2C_ACTOA 寄存器

表 13.28　I2C_ACTOA 寄存器字段描述

位	字　段	值	描　述
31-4	Reserved	0	保留
3	OA3_ACT		本机地址 3 是活动的
		0	本机地址处于非活动状态
		1	本机地址处于活动状态
2	OA2_ACT		本机地址 2 是活动的
		0	本机地址处于非活动状态
		1	本机地址处于活动状态
1	OA1_ACT		本机地址 1 是活动的
		0	本机地址处于非活动状态
		1	本机地址处于活动状态
0	OA0_ACT		本机地址 0 是活动的
		0	本机地址处于非活动状态
		1	本机地址处于活动状态

30. I2C_SBLOCK 寄存器(I2C 时钟阻塞使能)

该读/写寄存器控制从模式下的 I2C 时钟特征的自动阻塞,用于本机配置 4 个本机地址的其中一个。当内核被当作从机寻址时,它必须在寻址相位之后立刻阻塞 I2C 时钟(保持 SCL 为低电平)。

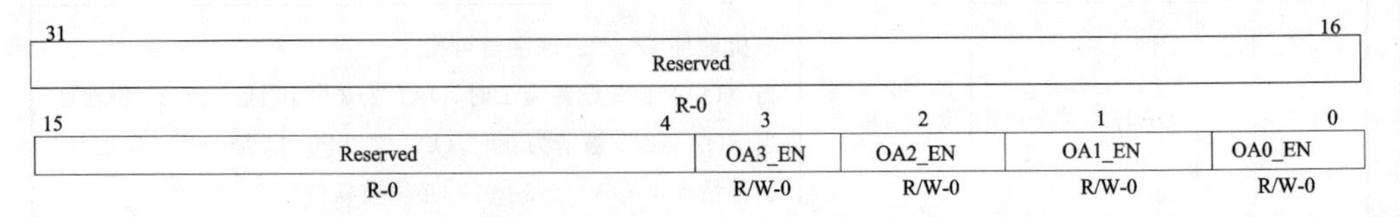

图 13.40　I2C_SBLOCK 寄存器

表 13.29 I2C_SBLOCK 寄存器字段描述

位	字 段	值	描 述
31-4	Reserved	0	保留
3	OA3_EN	 0 1	使能本机地址 3 的 I2C 时钟阻塞 释放 I2C 时钟 阻塞 I2C 时钟
2	OA2_EN	 0 1	使能对本机地址 2 的 I2C 时钟阻塞 释放 I2C 时钟 阻塞 I2C 时钟
1	OA1_EN	 0 1	使能对本机地址 1 的 I2C 时钟阻塞 释放 I2C 时钟 阻塞 I2C 时钟
0	OA0_EN	 0 1	使能对本机地址 0 的 I2C 时钟阻塞 释放 I2C 时钟 阻塞 I2C 时钟

13.4 I2C 应用举例

1. 下面这段程序主要应用于 i2cmapper 的测试。

```
#include "evm816x.h"
#include "evm816x_i2c.h"
#include "stdio.h"
Int16 EVM816X_MSP430_getReg( Int16 reg, Uint16 *regval )
{
    volatile Int16 retcode;
    Uint8 msg[2];
    /* 发送信息 */
    msg[0] = (Uint8)(reg & 0xff);
    if ( retcode = EVM816X_I2C0_write( 0x25, msg, 1) )
        return retcode;
    if ( retcode = EVM816X_I2C0_read( 0x25, msg, 1 ) )
        return retcode;
    *regval = msg[0];
    /* 等待 1 s */
    _waitusec( 1000 );
    return 0;
}
```

```
/* i2cmapper_test( ); 显示有效的 I2C 地址 */
Int16 i2cmapper_test( )
{
    Uint8 cmd[5];
    Int16 i, j;
    printf("This test prints out all the I2C0 devices detected.\n");
    for (i = 0; i < 127; i++ )
    {
        /* IIC 写 */
        cmd[0] = 3 & 0x007F; // 7 位设备地址
        cmd[1] = 0;
        j = EVM816X_I2C0_read( i, cmd, 1 ); /* EVM816X_I2C0_write( i, cmd, 1 ); */
        if (j == 0)
          printf("I2C address %x is valid\n",i);
        else
          {
              EVM816X_I2C0_init( );
              I2C0_STAT |= 2;
          }
          EVM816X_waitusec(50000);
    }
    return 0;
}
```

2. 下面的例子为I2C EEPROM接口的数据读写。

```
#include "eeprom.h"
/* 初始化 I2C EEPROM */
Int16 EEPROM_init( )
{
    EVM816X_I2C0_init( );
    return 0;
}

/* 从 I2C EEPROM 读取 */
Int16 EEPROM_read( Uint32 src, Uint32 dst, Uint32 length )
{
    Uint8 addr[2];
    Uint8 *input = ( Uint8 * )dst;
    addr[0] = src >> 8;          // HIGH 地址
    addr[1] = src & 0xff;        // LOW 地址
    /* 发送 16-bit 地址 */
    if ( EVM816X_I2C0_write( EEPROM_I2C_ADDR, addr, 2 ) )
```

```
        return -1;
    /* 等待 EEPROM 处理 */
    _waitusec( 1000 );
    /* 读取数据 */
    if ( EVM816X_I2C0_read ( EEPROM_I2C_ADDR, input, length ) )
        return -1;
    return 0;
}

/* 写 I2C EEPROM */
Int16 EEPROM_write( Uint32 src, Uint32 dst, Uint32 length )
{
    Uint16 i;
    Uint8 cmd[64 + 2];
    Uint8 * psrc8 = ( Uint8 * )src;
    Uint8 * pdst8 = &cmd[2];
    cmd[0] = dst >> 8;          // HIGH address
    cmd[1] = dst & 0xff;        // LOW address
    /* 数据填充 */
    for ( i = 0 ; i < length ; i++ )
        *pdst8++ = *psrc8++;
    /* 发送 16-bit 地址和数据 */
    if ( EVM816X_I2C0_write( EEPROM_I2C_ADDR, cmd, 2 + length ) )
        return -1;
    /* 等待 EEPROM 处理 */
    _waitusec( 1000 );
    return 0;
}
```

13.5 本章小结

I2C总线是两线式串行总线,用于连接微控制器及其外围设备,是微电子通信控制领域广泛采用的一种总线标准。它是同步通信的一种特殊形式,具有接口线少,控制方式简单,器件封装形式小,通信速率较高等优点。本章详细介绍了DM8168的I2C总线结构、I2C总线的主从控制、数据传输有效性和开始停止条件、仲裁程序调用、时钟产生与同步、中断与DMA等方面。

13.6 思考题与习题

1. I2C总线数据传输有什么特点?

2. 简述I2C总线结构和功能特征。
3. I2C模块有哪几种复位方法?
4. 满足什么条件SDA线上的数据才是有效的?
5. 简述I2C模块主机工作模式下的开始停止条件。
6. 在什么情况下仲裁程序会被调用?仲裁程序是怎样处理这种情况的?

第 14 章

TMS320DM8168 其他片内外围设备

14.1 SATA 接口

14.1.1 概 述

串行 ATA(SATA)继承了并行 ATA/ATAPI(PATA/PATAPI)控制器,PATA/PATAPI控制器已经用作便携式计算机与磁盘驱动器间的通信媒介几十年了。在这些年,PATA 接口持续满足新的应用需求,但其吞吐率已发展到了技术极限。PATA 控制器已经到了需要重大改变以满足即将到来的应用需求的地步,这就导致了 SATA 控制器的产生。SATA 控制器应用 PATA 使用过的相同逻辑命令结构来设计,但拥有完全崭新的物理特征。SATA 控制器采用 2 对高速差分线,而不是并行 16 位低速接口。SATA 接口控制器拥有 2 个 AHCI 模式的 HBA 端口,并且每个 HBA 端口可以以 1.5 Gbps 和 3.0 Gbps 的速度与数据存储设备连接。AHCI 用于描述系统内存结构,包括一个通用区域和入口表。该通用区域用于控制和状态,入口表用于描述一个命令清单和一个描述符表指针。命令清单包括用于对 SATA 编程的信息,描述符表指针用于在系统内存和设备之间的数据传输。

SATA 控制器解决了 PATA 接口在架构、吞吐率和协议上的缺点。PATA 需要长度不超过 18 英尺的 40/80 线的并行电缆,最新的 PATA 的最大传输率达 133 Mbps。SATA 不仅增加热插拔和命令队列功能,还将并行物理接口转换成高速串行格式。串行格式使用两个传输速率达 3 Mbps 的差分对,从而使每个 HBA 端口的初始吞吐率达 300 Mbps。

根据 PATA 控制器的处理角色以及满足未来需求的这一目的,SATA 控制器采用了两种可选的操作模式:Legacy 模式和 AHCI 模式。Legacy 模式与 PATA 控制器在协议/驱动上是类似的,但 AHCI 模式是一种与 Legacy 不同的新的模式,克服了 Legacy 模式的缺点,并扩展了 PATA 功能。DM8168 支持的 SATA 控制器只支持 AHCI 操作模式,即 AHCI 控制器支持的设备不支持 Legacy 操作模式。AHCI 本质是一种 PCI 类设备,作为系统内存总线和 SATA 设备之间的数据传输引擎,经常作为嵌入式设备的共有特征被集成到了内核芯片中。

SATA 通过硬件端口倍增器允许添加多达 15 个设备到单个主控制器端口。软件不再直接通过任务文件与设备通信，换句话说，所有设备与系统内存间的数据通信通过 HBA 实现的，对于系统内存 HBA 可以作为总线。无论传输是 DMA 类型还是 PIO 类型(不建议使用 PIO 命令类型。所有的传输应该使用 DMA，除非这种传输只能通过 PIO 命令执行，这种情况仍然通过 AHCI 主控端口而不是 CPU 来完成)，HBA 会获取并存储数据到内存，不需要 CPU 的干预。SATA 控制器中不存在像 PATA 一样把数据从系统内存移进移出的数据端口，用于 AHCI 写的软件不允许采用任何 Legacy 机制给设备编程。

SATA 接线较传统的并行 ATA 接线要简单得多，而且容易收放，对机箱内的气流及散热有明显改善。SATA 的物理设计，可说是以光纤通道作为蓝本，所以采用四芯接线；需求的电压则大幅度减低至 250 mV(最高 500 mV)，较传统并行 ATA 接口的 5V 少 20 倍。

SATA 同 PATA 一样，广泛应用在 PC、便携式设备和嵌入式设备中，用于把主控制器与外部数据存储设备或 CD/音频设备连接，支持热插拔和端口倍增器(PM)。PM 增加了与 HBA 端口相连的设备数，最多可达 15 个。换句话说，如果使用 2 个 PM，那么总共 30 个设备可以与两个可用 HBA 端口相连。注意在使用 PM 的情况下，此时单个 HBA 端口提供的带宽将与端口倍增器连接的所有设备共享。SATA 的两个 HBA 端口总共有 6 Gbps 的原始数据吞吐率。

SATA 支持的主要特点有：

- 支持 Synopsys DWH SATA 1.5Gbps 和 3Gbps 速度内核；
- 支持 AHCI 控制器(规范版本 1.1)；
- 支持 2 个 HBA 端口；
- 集成 TI SERDES PHY；
- 内置/集成 Rx 和 Tx 数据缓存；
- 支持所有 SATA 电源管理特点；
- 每个端口配有内部 DMA 引擎；
- 最多用于 32 个入口的硬件辅助原生命令队列(NCQ)；
- 32 位寻址；
- 支持端口倍增器，带有基于命令的切换机制；
- 支持 LED 功能(每个端口一个)。

SATA 不支持的主要特点有：

- Legacy 操作模式；
- 主/从配置类型；
- 远端(Far-end)模拟循回；
- 消息信号中断；
- 64 位寻址。

SATA 子系统(SATASS)包含一个串行 ATA 主机，该串行 ATA 内置有 DMA，使用 AHCI 标准与 SATA 设备通信，不支持 Legacy 操作模式。图 14.1 展示了 SATA 子系统的结构图(内核和集成的 TI PHY(SERDES))。

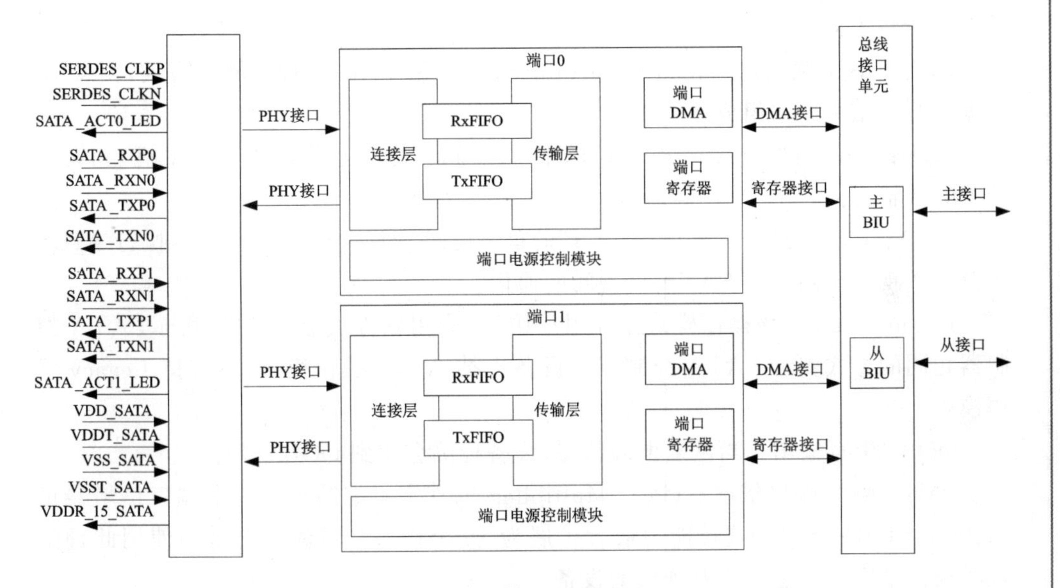

图 14.1　SATA 子系统的结构图

SATA 子系统支持以下工业标准：

- SATA 修订版本 2.6 Gold 标准；
- AHCI 修订版本 1.1。

SATA 子系统不支持以下工业标准：

- Synopsys Design Ware Core DWC AHCI 控制器版本 1.30；
- TI SERDES PHY。

以下是本章用到的一些术语的简要解释：

AHCI：高级主控制器接口(用于实现支持新的特征，如 NCQ)。DM8168 只支持这种操作模式而不支持 Legacy 模式。当把数据从系统内存移进移出时，可以会减少 CPU/软件花费。需注意的是系统软件需将命令队列中的排序过的和没排序过的命令进行区分。

ATA/ATAPI：ATA/ATAPI 接口。

CF：一种数据存储设备。

Device：与 SATA 控制器相连的外部 SATA 或 ATAPI 设备。

DMA：DMA 处于 SATA 控制器而不是处理器 EDMA 系统中。

DWORD：DWORD 是 32 位数据。

Command List：命令表是 32 个命令的一个内存缓冲。每个命令进入到一个命令槽(command slot)。当需要 NCQ 功能时，会使用到命令表。

Command Slot：命令槽是命令表的一部分，是一个命令的存储缓存，共有 32 个命令槽。

D2H：D2H是“device to HBA”的首字母缩写词，用来指示设备到HBA（主机）的FIS传输方向。

FIS：FIS是帧信息结构（Frame Information Structure）的字母缩写词，由CRC数据和起始结束原语组成。

H2D：H2D是“HBA to device”的字母缩写词，用来显指示HBA（主机）到设备的FIS传输方向。

HBA：HBA是“host bus adapter”的首字母缩写词。SATA控制器执行AHCI规范以实现系统内存与SATA设备间的通信。

Legacy Mode：该操作模式允许用户访问（应用软件或驱动），采用与PATA控制器相同的方式查看SATA控制器。设备支持AHCI操作模式，不支持Legacy操作模式。

OOB：带宽输出。当恢复电源状态，设备检测会用到OOB信号。

PM：PM是端口倍增器（Port Multiplier）的首字母缩写词。一个端口倍增器可以让一个HBA端口的连接能力最大扩展为15个设备。需注意的是当使用此种配置时操作带宽会分配给所有连接的设备。

PMP：PMP是端口倍增器端口（Port Multiplier Port）的首字母缩写词。

PRD：PRD是物理区域描述符（physical region descriptor）的首字母缩写词。符合ATA/ATAPI Host适配器标准的DMA引擎使用PRD表数据结构。DMA传输时，PRD描述作为数据源或目的的内存区域。PRD表也常作为分散/聚集表。

SATA控制器：串行ATA控制器，也即HBA。

System Memory：处于SATA控制器外部，但是内置SATA控制器DMA或CPU访问该存储器。

14.1.2　SATA控制器体系结构

1. 时钟控制

SATA控制器使用了250 MHz的内部时钟（SYSCLK5），用于功能使用和保持功能运行。在低电压掉电事件中，还处于运行状态的时钟必须确保部分控制器接口仍处于运行状态并时刻保持控制器工作的连续性。同时，检测从掉电模式唤醒的事件时必须对h/w逻辑输入时钟。对SATA控制器和资源的访问是通过27 MHz主输入时钟源的SYSCLK5输出实现的。用于SATA控制器的SYSCLK5由PRCM（电源，复位与时钟管理）模块控制，且必须在访问SATA控制器前启动。但保持活动的时钟是经常打开的，所以不能在控制器边界上控制该时钟。只要设备处于正常操作状态，就不能关闭该时钟。

PHY需要一个高质量低抖动的外部差分时钟作为时钟输入，且该输入时钟应该在 60 MHz 到 375 MHz 之间(依据支持使用的倍增器而定),推荐选用同时满足 SATA与 PCIe 外围要求的输入时钟差分频率,强烈推荐使用 100 MHz 输入差分时钟源,因为该输入时钟源频率满足绝大部分 PCIe 系统要求。

输入频率需要按照支持的 PHY PLL 倍增器而定。SERDES 设备中的两个 HBA 端口共享 PLL,通过 P0PHYCR 寄存器来控制 PLL 和 PHY 的操作,即采用端口 0 PHY 控制寄存器对时钟设置的编程会应用到两个端口,且 P1PHYCR 中的各字段是保留的。根据 PLL 倍增器值对 P0PHYCR 寄存器的 MPY 字段编程,且 PLL 倍增器是基于输入频率时钟的。需注意的是 PHY PLL 输出频率的准确性对于 SATA 控制器是非常重要的,应该严格保证为 1.5GHz (用于 3Gbps 和 1.5 Gbps 的速率)。

表 14.1　P0PHYCR 的 MPY 位域

MPY 值	影　响	MPY 值	影　响
0	4x	8h	15x
1h	5x	9h	16x
2h	6x	Ah	16.5x
3h	8x	Bh	20x
4h	8.25x	Ch	22x
5h	10x	Dh	25x
6h	12x	Eh	保留
7h	12.5x	Fh	保留

2. 信号描述

SATA 把数据线(两对差分数据线)与每个端口指示器的设备活动结合在一起。如果需要设备检测信号和接设备电源指示的信号,但是没有用于这些任务的专门信号,就可以通过 GPIO 实现。电源引脚和用于给冷 SATA 设备上电的逻辑需在设备外面进行处理。表 14.2 概述了可用的 SATA 模块信号。

表 14.2　SATA 模块信号

终端名称	从 HBA 方向(输入/输出)	描　述
SATA_RXP0	输入	端口 0 接收数据正差分信号
SATA_RXN0	输入	端口 0 接收数据负差分信号
SATA_TXP0	输入	端口 0 发送数据正差分信号
SATA_TXN0	输入	端口 0 发送数据负差分信号
SATA_RXP1	输入	端口 1 接收数据正差分信号

续表 14.2

终端名称	从 HBA 方向（输入/输出）	描　述
SATA_RXN1	输入	端口 1 接收数据负差分信号
SATA_TXP1	输入	端口 1 发送数据正差分信号
SATA_TXN1	输入	端口 1 发送数据负差分信号
SERDES_CLKP	输入	PHY 参考正差分信号
SERDES_CLKN	输入	PHY 参考负差分信号
SATA_ACT0_LED	输出	HBA 端口 0 设备有效指示
SATA_ACT1_LED	输出	HBA 端口 1 设备有效指示
VDD_SATA		
VSS_SATA		
VDDT_SATA		
VSST_SATA		

3. DMA

每个 HBA 端口包含两个 DMA 引擎，其中一个 DMA 引擎用于从命令列表中获取命令，而另一 DMA 有一个控制突发传输的寄存器 P#DMACR（每个 HBA 端口都有一个，此处# ＝0 或 1），用于把 FIS 移出或移入系统内存，该 DMA 用于传输系统内存与连接 SATA 设备间的所有信息。

用户可以编写最大 burst size，可以自由发布在系统总线上用于读写，DMA 将会（以增量 DWORD）发布小于或等于编程大小的处理事务，这可以让全系统吞吐效率的 burst size 得到高效优化。需注意的是编写的 burst size 比传输量大，虽然是有效的，但是没有意义的，因为 DMA 最大 burst size 为传输大小。用户也可以对接收和发送的传输大小进行编程，该传输大小是 DMA 工作的最小数据量。例如有一个来自设备到主机的 FIS，直到接收 FIFO 中的数据量达到 RX_TRANSACTION_SIZE（RXTS），DMA 才会开始传输数据到系统内存。在发送期间，DMA 将会从系统内存中以增量 TX_TRANSACTION_SIZE（TXTS）读取数据到发送 FIFO 中。需注意的是传输可能会被分成多个基 burst size 的突发传输。

4. 传输层

传输层处理 SATA 协议的所有传输层功能。在接收期间，它会通过 Rx FIFO 从连接层接收 FIS，对其类型编码并通过 DMA 端口把它送到合适的位置。在发送期间，它会通过 Tx FIFO 传输 DMA 端口的 FIS 到连接层。传输层也会传送连接层错误并且检测传输层错误，传递到系统中。

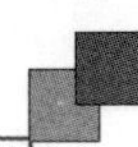

5. FIFOs

传输层也包含Tx和Rx FIFO，这些FIFO用作串行域和总线时钟域之间的异步数据缓存。在流控制必须被声明前，这些FIFO大小会影响子系统缓存数据的能力。FIFO也会影响DMA端口的最大可编程传输和突发量大小。Tx FIFO大小为64 DWORDS（256字节），而Rx FIFO大小为128 DWORDS(512字节）。

6. 连接层

连接层保持连接，支持所有SATA连接层功能，包括：

- OOB发送信号；
- 帧协议与仲裁；
- 帧打包与解包；
- CRC计算（接收和发送）；
- 8位/10位编解码；
- 流控制；
- 帧应答和状态；
- 数据宽度转化；
- 数据加解扰；
- 原语传输；
- 原语检测与丢弃；
- 电源管理。

7. PHY

SATASS包含一个集成TI SERDES宏并作为PHY，处理所有的串行化/反串行化、符号对齐以及Rx OOB信号检测。

8. 引脚复用

引脚复用技术用于尽可能以最小的封装提供最大数量的外围功能。因此SATA控制器外围信号与PCIe外围设备以及GPIO模块（GPIO30/31）共享SERDES时钟输入引脚（SERDES_CLKP/N）。SERDES被SATA和PCIe两个外围设备共同使用，所以推荐使用可完全满足外围设备的100 MHz差分输入时钟源。

9. 电源管理

SATA控制器可以处于减少电源消耗的模式，从而在闲置或没有使用的情况下保存电量，主要的外围设备电源管理是通过PRCM单元控制的。PRCM作为处理器上所有外围设备电源管理的主控制器。更多关于PRCM电源管理步骤的详情，见PRCM模块章节。

在SATA外围设备使用期间，SATASS支持SATA规范中的工业标准的掉电模式(部分和睡眠低电压模式),这些模式允许通过对部分 SERDES PHY 掉电和关闭连接层时钟来省电。端口电源控制模块用于进入和退出该掉电模式(即端口电压控制掉电模式),该模式可能会关闭常规功能时钟。

注意:当 SATA 通信处于空闲模式时,即当没有磁盘活动发生时,数据通信仍然保持活跃,主机和设备以不断协调的速度发送逻辑同步原语和加扰数据。对于功耗敏感的应用,磁盘未活动期间不期望有电量消耗,所以为了省电,希望将通信接口置于电气空闲模式(部分或睡眠),直到需要数据传输有效。

10. 复位

SATA 控制器通过 PRCM 复位。PRCM 模块的使用详情请参考 PRCM 章节。SATA 控制器支持的其他复位类型(HBA 复位,端口复位和软件复位)详情参见 AHCI 标准规范 1.1。

11. 连接单个或多个设备的

SATA 控制器支持 2 个 HBA 端口,每个 HBA 端口可以通过端口倍增器与一个或多个 SATA 设备连接。需注意的是在连接多个设备的情况下,可用带宽会被所有设备共享。另外在外部 SATA 接口器件需要端口倍增器和电源供应时,应该提供外部设备。没有专门用于控制电源的信号,也没有绑定设备检测,但可以使用 GPIO 引脚来完成这些。

(1) 连接单个设备

假如直接与一个设备连接,那就不需要端口倍增器。软件必须保证命令头(Command Header)中的 PMP 字段和 FIS 中的 PM_PORT 字段一直处于清除状态。假如外部 SATA 设备不是自供电的,系统设计者应该给外部 SATA 设备引入适当电源供应,详情查看 SATA 规范。

(2)连接多个设备

除了增加一个端口倍增器和软件初始化外,与多个设备相连的操作和与单个设备相连的操作非常相似。在访问连接设备之前,用户软件需检测和配置 PM。用户软件需引入 FIS 的端口倍增器端口(PMP)字段,用于从 15 个可被 HBA 连接与访问的设备中选取一个。详情参考 AHCI 规范说明版本 1.1。

12. 初始化

上电后需进行正确的 HBA 初始化,以确保 SATA 控制器外围设备正确工作。通过给只能写一次的寄存器执行写操作开始初始化进程(该初始化步骤在 AHCI 规范的固件初始化中有说明),其编程值由支持的应用而定。需注意的是由固件初始化使能的特点只是 SATA 子系统支持的一部分特点。该固件初始化与个人计算机的 BIOS 相似,且允许用户软件使能或禁止某些功能。

软件可以继续运行软件要求的正常初始化。初始化细节与步骤参见 AHCI 规范。一般而言，通过软件初始化完成的每个操作都必须配置和执行AHCI控制器需要的资源，这些任务包括PHY初始化，分配结构和命令槽，FIS和数据存储需要的内存，最后通过使能接收FIS DMA结束。此时软件会轮询设备以确保在使能命令DMA前，设备检测和速度协议已经正确完成。

需注意的是DMA配置/初始化应该在设备检测和速度协议之后开始。假如开始早了，RESET会移除用户编写的值而采用默认值(即推荐值)。改变DMA配置的唯一可取时间就是用户对系统资源访问进行优先级排序的时候，而且仍然需要"PHY准备"("PHY Ready")状态被设置后(换句话说，就是设备检测和速度协议完成后)才可以完成。当修改DMA配置时也需要没有运行DMA命令(即此时P0CMD.ST = 0)。

(1) 初始化(固件和软件)

软件通过读取HBA性能寄存器(CAP)、端口执行寄存器(PI)、AHCI版本寄存器(VS)、全局参数1寄存器(GPARAM1R)、全局参数2寄存器(GPARAM2R)和端口参数寄存器(PPARAMR)获得子系统性能信息。此时软件应该执行以下步骤来配置每个要操作的端口：

(1) 执行所有固件性能写操作。

(2) 按照AHCI规范设置所有存储结构。

(3) 使用端口PHY控制寄存器(P#PHYCR)配置PHY：

- 设置MPY位作为PLL乘法因子(选择的乘法因子值应该对应1.5 GHz频率，该频率足够满足GEN1和GEN2的速度)；
- 设置LOS = 1(使能丢失信号检测)；
- 设置ENPLL = 1(使能PLL)。

(4) 设置端口命令表基地址寄存器(P#CLB)。

(5) 设置端口FIS基地址寄存器(P#FB)。

(6) 设置端口命令寄存器(P#CMD)中的对应位。

(7) 对端口串行ATA控制寄存器(P#SCTL)编程。

(8) 等待设备检测和速度协议结束。

(9) 对端口DMA控制寄存器(P#DMACR)编程。

(10) 使能适当的中断。

(11) 使能P#CMD的FIS接收功能。

(12) 如果必要可对设备轮询。

(2) 发布命令

一旦配置好了主机和设备就可以执行以下步骤来发布命令：

(1) 在系统内存中产生适当的FIS。

(2) 产生PRD。

(3) 把命令排列到命令表中(端口命令表基址寄存器(P#CLB)所在的位置)。更多细节见AHCI规范说明版本1.1。

13. 中断支持

AHCI控制器既支持使能事件发生才产生中断的标准中断源,也支持其他不同类型方式产生的中断,通过批量或定时产生中断来最小化中断负载。后者的处理用到了命令完成结合(CCC: Command Completion Coalescing)方法,详情参考AHCI规范说明版本1.1。

(1) CCC

CCC功能用于减少高负荷系统中中断和命令完成的开销,可以显著减少每个完成的中断数,同时确保命令完成最小服务质量。当软件指定已经完成的命令数或指定超时无效时,通过硬件产生中断,以允许软件处理全部命令。通过设置CCC端口寄存器(CCC_PORTS)的对应位完成编程,需注意的是设备支持2个HBA端口。

① 基于定时器终止的CCC中断

当CCC被使能并且期望接收中断的方法是基于定时结束条件时,用户需要通过OCP周期计数对TIMER1MS寄存器编程来传达1 ms的时间分辨率,其中OCP周期计数源于供给SATA控制器的OCP时钟频率。

例如,假如用户想每15 ms产生中断,对于250 MHz的OCP总线时钟频率,1 ms的周期计数编程应该是250 000,即250 MHz/1000=250 000,而CCC_CTL.TV则编程为非零值(本例中为15)。当CCC_CTL.EN被设置为1时(CCC被使能),CCC会每15 ms或每15×250 000=3 750 000个OCP周期定时性地产生中断。

注意:确保CCC寄存器(CCC_CTL)的EN位被清零(在对该位编程前CCC是被禁止的)。

② 基于计数完成的CCC中断

当CCC被使能且期望接收中断的方法是基于计数完成,即用非零值对CCC控制寄存器(CCC_CTL)的CC位编程且CCC中断被使能(CCC_CTL的EN位被设置为了1),则当接收到编程定好的中断数时,SATA会产生一个中断。

注意:确保命令完成结合控制寄存器(CCC_CTL)的EN位被清零(在对该位编程前CCC是被禁止的)。

(2) Non-CCC配置

对于标准中断,每个被使能事件都会产生一个中断。更多细节见AHCI规范。

在确保禁止CCC后,CCC控制寄存器(CCC_CTL)的EN位被清零。为了让SATA内核对照中断源,中断应该在全局(设置HBA控制寄存器(GHC)的IE位为1)和端口通过使能中断位得到想要的中断。位于端口的使能位控制处理中断源的处理器对应的中断包。只要CPU中断处理程序配置得合适,当使能事件发生时CPU就能接收到中断。

14. EDMA事件支持

SATA控制器使用自己内置的DMA,不需要使用处理器的EDMA。

14.1.3 SATA寄存器

表14.3列出了SATA的寄存器。

表14.3 SATA控制器寄存器

地址偏移	缩写	寄存器描述
0h	CAP	HBA功能寄存器
4h	GHC	全局HBA控制寄存器
8h	IS	中断状态寄存器
Ch	PI	端口执行寄存器
10h	VS	AHCI版本寄存器
14h	CCC_CTL	CCC控制寄存器
18h	CCC_PORTS	CCC端口寄存器
A0h	BISTAFR	BIST有效FIS寄存器
A4h	BISTCR	BIST控制寄存器
A8h	BISTFCTR	BIST FIS计数寄存器
ACh	BISTSR	BIST状态寄存器
B0h	BISTDECR	BIST DWORD错误计数寄存器
E0h	TIMER1MS	BIST DWORD错误计数寄存器
E8h	GPARAM1R	全局参数1寄存器
ECh	GPARAM2R	全局参数2寄存器
F0h	PPARAMR	端口参数寄存器
F4h	TESTR	测试寄存器
F8h	VERSION	版本寄存器
FCh	IDR	ID寄存器
100h	P0CLB	端口0命令列表基地址寄存器
108h	P0FB	端口0 FIS基地址寄存器

14.1.4 SATA应用举例

下面这段程序为SATA接口的配置及其测试程序。

```
#include "stdio.h"
#include "evm816x.h"
#include "ahci.h"
```

```
#include "sata.h"
Uint32 sata_test(void)
{
    Uint32 i;
    printf("\nAn External SATA Hard Drive is required for this test.\n");//打印信息
    printf("The test Spins up, Writes to and then Reads from the SATA device and veri-
fies the written data. \n\n");//打印信息
    /* SATA 初始化 */
    //固件配置
    swCtrlFeatures.capSMPS = 1;                    // 配置输入管脚
    swCtrlFeatures.capSSS = 1;                     // 为了防止 HBA 掉电置 1
    swCtrlFeatures.piPi = 1;                       // 提供一个 HBA 端口
    swCtrlFeatures.p0cmdEsp = 0;                   // 支持 eSATA
    swCtrlFeatures.p0cmdCpd = 0;                   // 测试
    swCtrlFeatures.p0cmdMpsp = 0;                  // 测试
    swCtrlFeatures.p0cmdHpcp = 0;                  // 配置 HPCP
    if(chceckSysMemorySize())
    for(;;);                                       // 死循环
    //清掉所有存储器作为系统存储器
    clearCmdList();                                // 清除 CMD 清单
    clearCmdTables();                              // 清除 CMD 标志位
    clearRcvFis();                                 // 清除 FIS 标志
    clearDmaBuffers();                             // 清除 DMA 寄存器
    invokeHBAReset();                              // HBA 复位
    /* 初始化 SATA 寄存器 */
    performFirmwareInit();
    /* 启动磁盘存储 */
    printf(" Spin up SATA drive... \n");
    if(spinUpDeviceAndWaitForInitToComplete())
    {
        printf(" Disk spin - up failed. \n\n");
        return 1;
    }
    else
        printf(" Disk spin-up success. \n\n");
    cfgDmaSetting();                               // 配置 DMA 端口的寄存器
  initIntAndClearFlags();                        // 屏蔽 CCC，设计每 1 ms 清除中断和初始化
    enableDisableInt(PORTint, ENABLE, 0xFFC000FF);   //屏蔽初始化
    /*充满寄存器 */
    initMemory((Uint32 *) &prdTableDataBuff[0], (PRDLENGTH * DATABUFFERLEN/4),
0x10001000, 0x00020002);
    /* 屏蔽读寄存器 */
```

```
    initMemory((Uint32 * ) &prdTableDataBuff[1], (PRDLENGTH * DATABUFFERLEN/4),
0xDEADDEAD, 0x00000000);
    /* 给硬盘写数据 */
    printf(" Writing to HDD... \n");
    performDmaWrite(0x10);   // 28 - Bit LBA Address = 0x10
    /* 从硬盘读数据 */
    printf(" Reading from HDD... \n");
    performDmaRead(0x10);   // 28 - Bit LBA Address = 0x10
    /* 数据检测 */
    printf(" Comparing Data... \n\n");
    for(i = 0;i<(DATABUFFERLEN * PRDLENGTH);i++)
        if(prdTableDataBuff[0][0][i] != prdTableDataBuff[1][0][i])
        {
            printf(" DATA ERROR \n\n");
            return 1;
        }
    return 0;
}
```

14.2 SD/SDIO 接口

14.2.1 概 述

DM8168包含一个安全数据/安全数字I/O(SD/SDIO)主控制器,为本地主机LH(如微控制单元MPU或DSP)与SD/SDIO卡之间提供接口,并在LH最小干预下处理SD/SDIO事务。SD/SDIO主控制器处理SD/SDIO传输级协议、数据打包、增加循环码校验(CRC)和起始/结束位并且检查传输语法的正确性。该应用接口可以发送SD/SDIO命令,并且轮询适配器状态或等待中断请求,该中断请求在异常或操作结束警告的情况下被返回。该应用接口也可以读取卡响应或标志寄存器,可以屏蔽单个中断源。所有这些操作可以通过对控制寄存器的读写来实现。SD/SDIO主控制器支持两个DMA通道,图14.2给出了SD/SDIO控制器结构图。

SD/SDIO主控制器的主要特点有:

- 内置1024字节的缓冲,用于读写。
- 完全兼容SD物理层规范2.00版本定义的SD命令/响应集。
- 完全兼容SDIO规范2.00版本E1部分定义的SDIO命令/响应集和中断/读等待模式。
- 完全兼容SD卡规范A2部分定义的SD主控制器标准规范2.00版本。
- 完全兼容CE-ATA标准规范定义的CE-ATA命令/响应集。

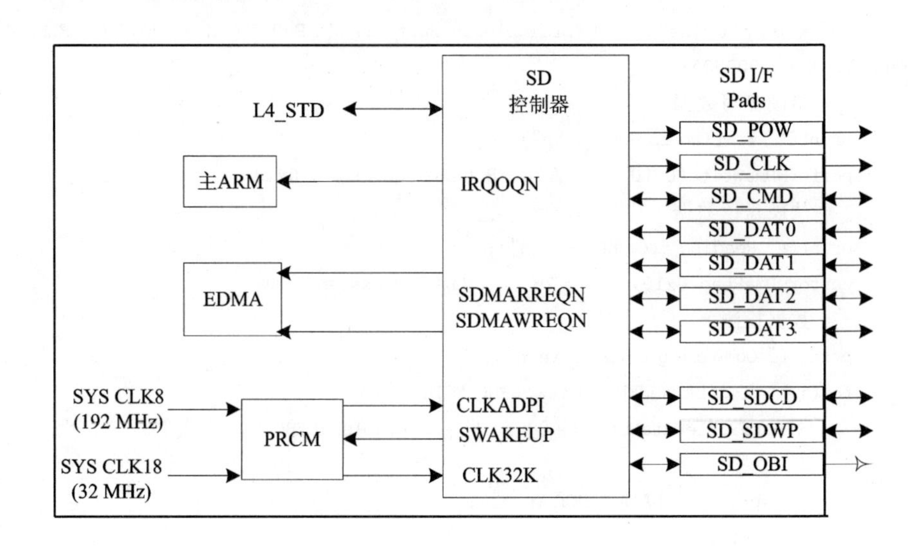

图 14.2　SD/SDIO1 控制器结构图

- 完全兼容 MMCA 规范的 ATA。
- 支持 CE－ATA 标准规范定义的命令完成信号(CCS)和命令完成信号禁止(CCSD)管理。
- 灵活的架构允许支持新的命令结构。
- 支持：
  - 用于 SD/SDIO 卡的 1 位或 4 位传输模式；
  - 3.3 V 卡；
  - 内置 1024 字节读写缓冲；
  - 32 位访问总线，用于扩大总线吞吐率；
  - 用于多中断源事件的单中断线；
  - 两个从 DMA 通道(一个用于 TX，另一个用于 RX)；
  - 可编程时钟生成器；
  - SDIO 读等待和挂起/恢复功能；
  - 块间隙停止；
  - SDA 2.0 A2 可编程模式。
- 支持的数据传输率。
  - 96 MHz 功能时钟源输入；
  - 高达 192 Mbps(24 MByte/s)的 4 位数据传输的高速 SD 模式；
  - 高达 24 Mbps(3 MByte/s)的 1 位数据传输的默认 SD 模式。

14.2.2 SD/SDIO 功能模式

SD/SDIO 主控制器可以支持一个 SD 卡或一个 SDIO 卡,单个控制器不支持其他的组合(如两个 SD 卡)。

1. SD/SDIO 连接 SD/SDIO 卡

图 14.3 展示了 SD/SDIO1 主控制器与一个 SD 或 SDIO 卡相连以及它相关的外围连接。

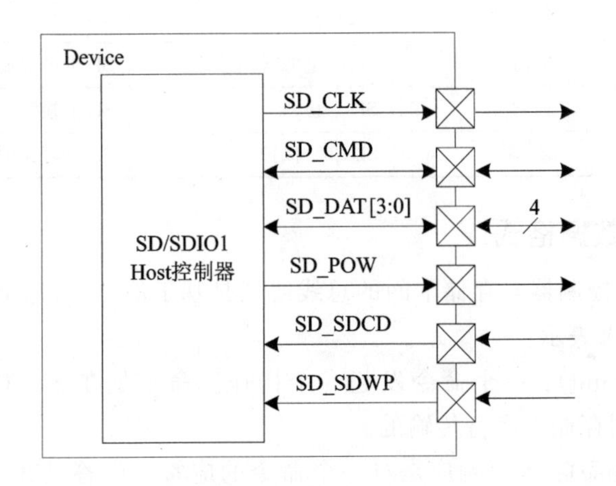

图 14.3 SD1 与 SD 卡相连

上图用到以下 SD/SDIO 控制器引脚：

- SD_CLK：该引脚从 SD 控制器给内存卡提供时钟。
- SD_CMD：该引脚用于给被连接的存储卡与 SD/SDIO 控制器之间提供两路通信。在该引脚上,SD/SDIO 控制器向连接的存储卡传输命令,并且该存储卡在这个引脚上给出这个命令的响应。
- SD_DAT3-0：依据选择的卡的类型,用户可能需要连接 1 或 4 条数据线。控制寄存器(SD_HCTL)的数据传输宽度(DTW)位用于设置 DAT 引脚数(数据总线宽度)。
- SD_POW：用于控制 SD 卡电源供应的开/关。当该引脚是高电平时,表示 SD 卡电源供应打开。
- SD_SDCD：该输入引脚用于 SD/SDIO 载波检测,在硬件开关的间隙上接收该信号。
- SD_SDWP：该输入引脚用于 SD/SDIO 卡的写保护,在硬件开关的间隙上接收该信号。该引脚只能用于卡侧面有机械滑片的 SD/SDIO 卡。

表 14.4 列出了这些引脚的概述。

表 14.4 SD/SDIO 控制器引脚与描述

引　脚	类　型	1 位模式	4 位模式
SD_CLK	输出	时钟线	时钟线
SD_CMD	输入/输出	命令线	命令线
SD_DAT0	输入/输出	数据线 0	数据线 0
SD_DAT1	输入/输出	(没用到)	数据线 1
SD_DAT2	输入/输出	(没用到)	数据线 2
SD_DAT3	输入/输出	(没用到)	数据线 3
SD_POW	输出	SD 卡电源输出使能	SD 卡电源输出使能
SD_SDCD	输入	SD 卡检测	SD 卡检测
SD_SDWP	输入	SD 卡写保护	SD 卡写保护

2. 协议和数据格式

SD/SDIO 主控制器与存储卡间的总线协议是基于消息的，每个消息都是通过以下其中一个部分来表示：

命令(Command)：一个命令发起一个操作。命令是在 SD_CMD 线上从 SD/SDIO 主控制器到存储卡串行传输的。

响应(Response)：一个响应是对一个命令的应答。应答是在 SD_CMD 线上从存储卡到 SD/SDIO 主控制器串行传输的。

数据(Data)：数据是在 DATA 线上从 SD/SDIO 主控制器到存储卡或从存储卡到 SD/SDIO 主控制器传输的。

忙碌(Busy)：只要 SD_DAT0 信号被编程为数据接收模式，SD_DAT0 信号处于低电平状态。

CRC 状态(CRC status)：当执行写传输时，存储卡通过 SD_DAT0 线发出 CRC 结果。当在有效数据线上发生传输错误时，存储卡在 SD_DAT0 线上发送一个负 CRC 状态。当所有有效数据线成功传输时，存储卡在 SD_DAT0 线上发送一个正 CRC 状态并开始数据编程步骤。

(1) 协　议

SD/SDIO 接口只支持面向块的操作，并且有专门的面向块操作命令。SD/SDIO 卡规范的 E1 部分对该 SD/SDIO 卡支持的命令和编程序列进行了详细说明。

(2) 数据格式

命令标记编码方案：命令包总是以 0 开始而以 1 结束，第二位是主命令的发送位 bit 1。命令包的内容包括命令检索(6 位编码)和一个 32 位编码的协议(如一个地址)，该内容是通过 7 位 CRC 校验和(见图 14.4)保护的。

应答标记编码方案：应答包总是以 0 开始而以 1 结束，第二位是存储卡的发送

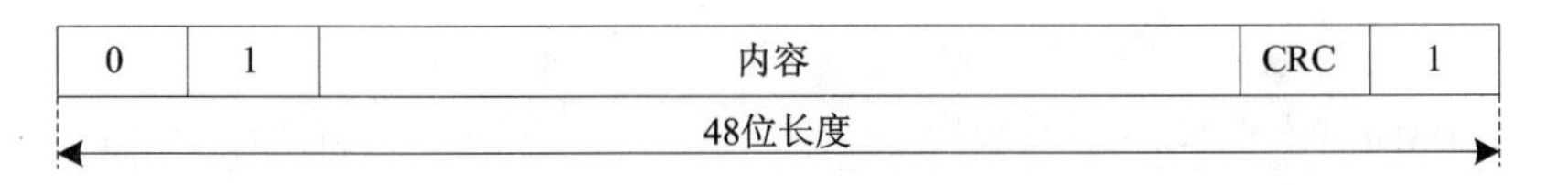

图 14.4　命令标记格式

位 bit 0。每种类型的响应(R1,R2,R3,R4,R5 和 R6) 内容是不同的,并且该内容是通过 7 位 CRC 校验和保护的。根据发送给存储卡命令的类型,SD_CMD 寄存器必须进行不同地配置,以避免命令响应标记错误的 CRC 或索引错误(见表 14.5)。更多关于响应类型的细节,见 SD 卡规范或 SDIO 卡规范。图 14.5 和图 14.6 分别描述了 48 位和 136 位响应包。

表 14.5　响应类型概述

响应类型 SD_CMD[17:16] RSP_TYPE	索引检查使能 SD_CMD[20] CICE	CRC 检查使能 SD_CMD[19] CCCE	响应类型
00	0	0	无响应
01	0	1	R2
10	0	0	R3 (R4 为 SD 卡)
10	1	1	R1,R6,R5 (R7 为 SD)
11	1	1	R1b, R5b

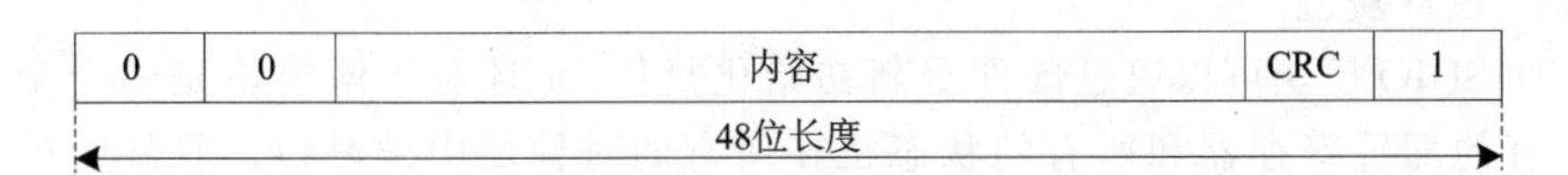

图 14.5　48 位响应包(R1,R3,R4,R5,R6)

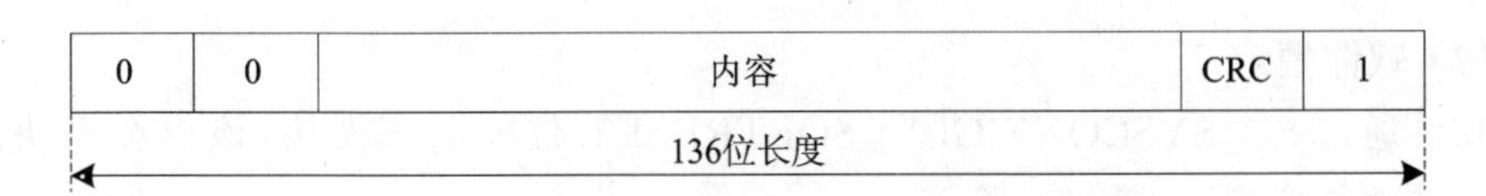

图 14.6　136 位响应包(R2)

数据标记编码方案:数据标记总是以 0 开始而以 1 结束(见图 14.7、图 14.8、图 14.9)。

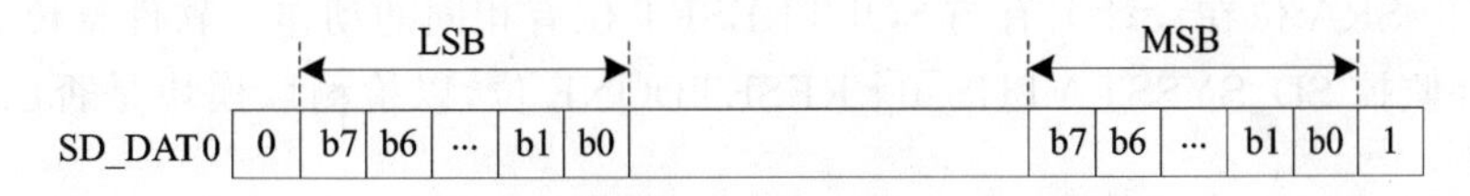

图 14.7　连续传输数据包(1 位)

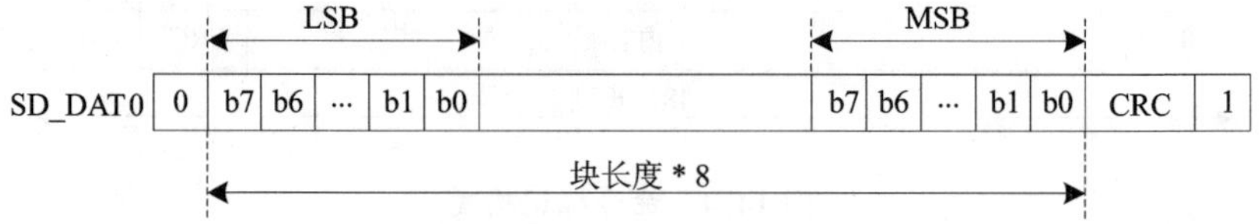

SD_DAT0 | 0 | b7 | b6 | … | b1 | b0 | | b7 | b6 | … | b1 | b0 | CRC | 1
LSB MSB 块长度*8

图14.8 块传输数据包(1位)

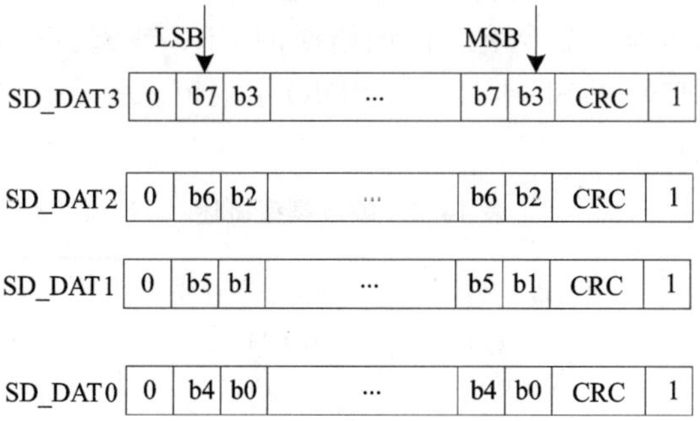

SD_DAT3 | 0 | b7 | b3 | … | b7 | b3 | CRC | 1
SD_DAT2 | 0 | b6 | b2 | … | b6 | b2 | CRC | 1
SD_DAT1 | 0 | b5 | b1 | … | b5 | b1 | CRC | 1
SD_DAT0 | 0 | b4 | b0 | … | b4 | b0 | CRC | 1
LSB MSB

图14.9 块传输数据包(4位)

14.2.3 复位、电源管理与中断请求

1. 复位

(1) 硬件复位

SD/SDIO模块可以通过硬件重新初始化复位，而且对于该模块是一个全局复位，所有的配置寄存器和所有的状态机在所有的时钟域中被复位。软件监控SD_SYSSTATUS[0] RESETDONE位，用于检测该模块在硬件复位之后是否已准备好被使用。

(2) 软件复位

软件通过SD_SYSCONFIG[1] SOFTRESET位控制该模块，该位在模块逻辑上有与硬件复位相同的影响，除了：

- 去抖逻辑；
- SD_PSTATE、SD_CAPA和SD_CUR_CAPA寄存器。

SOFTRESET位是高电平有效，通过硬件自动将该位初始化为0。SD_SYSCTL[24] SRA位在设计上有与SOFTRESET位有相同的动作。软件复位后，可以通过软件监控SD_SYSSTATUS[0] RESETDONE位，以检测该模块是否已准备好被使用。

此外，还提供了两个局部软件复位：SD_SYSCTL[26] SRD和SD_SYSCTL[25] SRC。这两个复位分别对于重新初始化数据或命令进程是很有用的，可以防止线上冲突。当它们被设置为1时，复位完成以下步骤后复位进程会自动释放：

- SD_SYSCTL[26] SRD位完成所有限定的用于处理接口与功能数据传输的状态机和状态管理的复位。
- SD_SYSCTL[25] SRD位完成所有限定的用于处理接口与功能数据传输的状态机和状态管理的复位。

2. 电源管理

SD/SDIO主控制器可以进入不同的模式实现省电,即:

- 正常模式;
- 空闲模式。

这两种模式是相互独立的(该模块可以处于正常模式或空闲模式)。SD/SDIO主控制器与PRCM模块握手协议兼容。当SD/SDIO电源域关闭时,唤醒电源域和不同SD/SDIO时钟的唯一方法是:对于每个SD/SDIO接口,通过不同的GPIO线监测SD_DAT1输入引脚状态。

(1) 正常模式

当满足以下条件会自动选通时接口和功能时钟:

- SD_SYSCONFIG[0] AUTOIDLE位被设置为1。

当满足以下条件时停止自动选通时接口和功能时钟:

- 发生通过L3(或L4)互连的寄存器访问;

唤醒事件发生(来自SDIO卡的中断)

- SD/SDIO接口开始处理。

尽管此时SD_SYSCONFIG[0] AUTOIDLE位被清除为0,SD/SDIO主控制器进入低功耗状态,此时功能时钟被关闭且只允许内部读写访问。

(2) 空闲模式

在PRCM模块请求时,提供给SD/SDIO的时钟被关闭。SD/SDIO主控制器遵循PRCM模块握手协议,包括:

- 系统电源管理空闲请求;
- SD/SDIO主控制器空闲应答;
- SD/SDIO主控制器唤醒请求。

空闲应答根据SD_SYSCONFIG[4:3] SIDLEMODE位的不同而不同:

- 0h:强制空闲(Force-idle)模式。SD/SDIO主控制器无条件应答系统电源管理请求。
- 1h:非空闲(No-idle)模式。SD/SDIO主控制器忽视系统电源管理请求且正常运行,就像这个请求没有被应答一样。
- 2h:智能空闲(Smart-idle)模式。SD/SDIO主控制器依据自己内部状态应答系统电源管理请求。
- 3h:智能空闲—可唤醒(Smart-idle wake-up-capable)模式。SD/SDIO主控

制器依据自己内部状态应答系统电源管理请求。可是当处于空闲状态时(与IRQ 或 DMA 请求有关),该模块可能会产生唤醒事件。

在智能空闲模式下,不管 SD/SDIO 主控制器 SD_SYSCONFIG[9:8] CLOCKACTIVITY 位的值,允许关闭 OCP 和功能时钟。

(3) 正常模式到智能空闲模式的转换

当 SD_SYSCONFIG[4:3] SIDLEMODE 被设置为 2h 或 3h 时,智能空闲模式被激活。当 PRCM 根据自己内部状态发送一个空闲请求时,SD/SDIO 主控制器进入空闲模式。以下条件保证后,SD/SDIO 主控制器应答 PRCM 空闲请求:

- 当前多个/单块传输完成;
- 所有中断或 DMA 请求被确定;
- SD_dat1 信号上没有卡中断。

只要 SD/SDIO 主控制器没有应答空闲请求,假如一个事件发生,SD/SDIO 主控制器仍然可以产生中断或 DMA 请求。在这种情况下,该模块会忽视 PRCM 空闲请求。

一旦 SD/SDIO 主控制器应答了 PRCM 空闲请求:

- 假如处于智能模式,该模块不会确定任何新的中断或 DMA 请求;
- 假如处于智能空闲可唤醒模式,可能会产生与中断或 DMA 请求相关的唤醒事件。

(4) 智能空闲模式到标准模式的转换

当 PRCM 使空闲请求无效时,SD/SDIO 主控制器会检测空闲周期的结束。对于唤醒事件,在 SD_STAT 寄存器中会有与之对应的中断状态。假如 SD_ISE 寄存器的相关使能位被设置,SD/SDIO 主控制器退出智能模时,就会进行唤醒与中断(或DMA 请求)间的转换。

通过 SD_HCTL 和 SD_ISE 寄存器访问,中断和唤醒事件可实现独立使能/禁止控制,必须通过软件保持整体的一致性。

当 SD_IE[8] CIRQ_ENABLE 对应位被使能时,随着 CIRQ 位中的唤醒事件,中断状态寄存器 SD_STAT 寄存器会被更新。此时还处于原始智能空闲模式到标准模式转换的唤醒事件会被转换成为它对应的中断或 DMA 请求。(SD_STAT 寄存器被更新且中断信号状态也改变)。

当 PRCM 空闲请求无效时,该模块会转回正常模式,此时模块已完全正常运行。

(5) 强制空闲模式

当 SD_SYSCONFIG[4:3] SIDLEMODE 位被清 0 后,强制空闲模式就被激活。强制空闲模式是一种 SD/SDIO 主控制器无条件响应 PRCM 空闲请求的空闲模式。此外,在该模式下 SD/SDIO 主控制器无条件使中断无效且使 DMA 请求有效。

从正常模式到强制空闲模式的转换不会影响 SD_STAT 寄存器中的每个位。在强制空闲模式下,中断和 DMA 请求不会被确定,可以关闭接口时钟(OCP)和功能时

钟(CLKADPI)。

注意：在强制空闲模式下，命令或数据传输期间的 PRCM 空闲请求会导致预想不到的结果。当处于空闲模式时，只要 OCP 时钟有效，任何对模块的访问都会产生错误。

当 PRCM 空闲请求无效时，该模块会退出强制空闲模式。然后模块转回正常模式此时模块已完全正常运行，可以在一个时钟周期后确定中断和 DMA 请求线。

(6) 本地电源管理

表 14.6 展示了应用于 SD/SDIO 模块的电源管理特性。

表 14.6　本地电源管理特征

特　征	寄存器	描　述
时钟自动选通	SD_SYSCONFIG AUTOIDLE 位	该位允许模块内部的本地能耗优化，即在接口有效时选通 OCP 时钟或 CLKADPI
从空闲模式	SD_SYSCONFIG SIDLEMODE 位	强制空闲，无空闲和智能空闲模式
时钟活动	SD_SYSCONFIG CLOCKACTIVITY 位	具体配置细节见表 14.4 所列
主旁路模式	SD_SYSCONFIG STANDYBYMODE 位	强制空闲，无空闲和智能空闲模式
全局唤醒使能	SD_SYSCONFIG ENAWAKEUP 位	该位允许模块级唤醒功能
唤醒源使能	SD_HCTL 寄存器	每个事件源产生唤醒信号，该寄存器就会保持高有效位

注意：PRCM 模块没有读取 CLOCKACTIVITY 设置的硬件方法。因此，软件必须确保 CLOCKACTIVITY 与时钟 PRCM 控制位的一致。

表 14.7　时钟活动设置

<table>
<tr><th rowspan="2">CLOCKACTIVITY 值</th><th colspan="2">当模块处于 IDLE 状态时的时钟状态</th><th rowspan="2">当模块处于 IDLE 状态时的可用特征</th><th rowspan="2">唤醒事件</th></tr>
<tr><th>OCP 时钟</th><th>CLKADPI</th></tr>
<tr><td>0000</td><td>OFF</td><td>OFF</td><td>无</td><td rowspan="4">卡中断</td></tr>
<tr><td>10</td><td>OFF</td><td>ON</td><td>无</td></tr>
<tr><td>01</td><td>ON</td><td>OFF</td><td>无</td></tr>
<tr><td>11</td><td>ON</td><td>ON</td><td>全部</td></tr>
</table>

3. 中断请求

几个内部模块事件可以各产生一个中断，每个中断都有一个状态位，一个中断使能位和一个信号状态位，即：

- 每种中断状态都会在 SD_STAT 寄存器中被自动更新，表示需要哪一个服务。
- SD_IE 寄存器的中断状态使能位会使能/禁止 SD_STAT 寄存器的自动

更新。

- SD_ISE 寄存器的中断信号使能位使能/禁止中断线 IRQ(从 SD/SDIO 主控制器到 MPU 子系统中断控制器)的中断请求传输。

假如 SD_IE 寄存器中中断状态被禁止,此时不会传输对应的中断请求且也可以忽略 SD_ISE 寄存器中对应的中断信号使能。当一个中断事件发生时,SD_STAT 寄存器中对应的状态位会被自动设为 1(SD/SDIO 主控制器更新此状态位)。假如随后 SD_ISE 寄存器中的中断采用屏蔽,那么该中断请求就会被无效。当该中断源还没有被服务时,如果 SD_STAT 寄存器的该中断状态被清除且从 SD_ISE 寄存器中移除对应的屏蔽,则该中断状态在 SD_STAT 寄存器中不会再次被确定且 SD/SDIO 主控制器不会传输该中断请求。

注意:假如缓冲写准备中断(BWR)或缓冲只读准备中断(BRR)没有被服务并在 SD_STAT 寄存器中被清除且对应的屏蔽也被清除,此时 SD/SDIO 主控制器会在没有更新 SD_STAT 状态或传输中断请求的情况下等待该中断服务。

表 14.8 列出了可以引起模块中断的事件标志和屏蔽。

表 14.8 事 件

事件标志	事件屏蔽	映射到	描 述
SD_STAT[29] BADA	SD_IE[29] BADA_ENABLE	IRQ	错误访问数据空间。在对数据寄存器(SD_DATA)的读/写访问期间,当不允许缓存读 /写(SD_ PSTATE[11/10] BRE/BWE = 0)时,该位置 1
SD_STAT[28] CERR	SD_IE[28] CERR_ENABLE	IRQ	卡错误。当响应类型 R1、R1b、R6、R5 或 R5b 中有一处错误时,该位被设置
SD_STAT[25] ADMAE	SD_IE[25] ADMAE_ENABLE	IRQ	AMDA 错误。AMDA 建立数据传输期间,当主控制器检测到错误时,该位被设置
SD_STAT[24] ACE	SD_IE[24] ACE_ENABLE	IRQ	Auto CMD12 错误。当 Auto CMD12 错误状态寄存器中的某一位从 0 变为 1 时,该位被设置
SD_STAT[22] DEB	SD_IE[22] DEB_ENABLE	IRQ	数据结束位错误。在 DAT 线上读数据的结束位或在写模式下的 CRC 状态的结束位检测到 0 时,该位被设置
SD_STAT[21] DCRC	SD_IE[21] DCRC_ENABLE	IRQ	数据 CRC 错误。当块读命令后的数据相位响应中出现 CRC16 错误,或者块写命令期间的“010”位置标记出现 3 - bitCRC 状态时,该位被设置
SD_STAT[20] DTO	SD_IE[20] DTO_ENABLE	IRQ	数据超时错误。该位会根据以下条件自动设置:R1b、R5b 响应忙碌超时;写 CRC 状态后响应忙碌超时; 写 CRC 状态超时;读数据超时

续表 14.8

事件标志	事件屏蔽	映射到	描　述
SD_STAT[19] CIE	SD_IE[19] CIE_ENABLE	IRQ	命令检索错误。当响应检索与先前发出的对应命令检索不同时,该位被自动设置
SD_STAT[18] CEB	SD_IE[18] CEB_ENABLE	IRQ	命令结束位错误。当在一个命令响应的结束位检测到 0 时,该位被自动设置
SD_STAT[17] CCRC	SD_IE[17] CCRC_ENABLE	IRQ	命令 CRC 错误。当在命令响应中有一个 CRC7 错误时,该位被自动设置
SD_STAT[16] CTO	SD_IE[16] CTO_ENABLE	IRQ	命令超时错误。当命令结束位开始的 64 个时钟周期内没有接收响应时,该位被自动设置
SD_STAT[15] ERRI	SD_IE[15] ERRI_ENABLE	IRQ	错误中断。假如错误中断状态寄存器(SD_STAT[24:15])的任何一位被设置,该位被自动置 1
SD_STAT[10] BSR	SD_IE[10] BSR_ENABLE	IRQ	Boot 状态接收中断。当 SD_CON[18] BOOT_CF0 被设置为 1 或 2h 且在 dat0 线上接收到 boot 状态时,该位被自动设置
SD_STAT[8] CIRQ	SD_IE[8] CIRQ_ENABLE	IRQ	卡中断。该位只用于 SD、SDI 和 CE-ATA 卡。在 1 位模式,中断源是异步的(可以是一个异步唤醒源)。在 4 位模式,中断周期中采集中断源。在 CE-ATA 模式中,数据传输结束后的一个周期中在卡驱动 CMD 线为 0 时检测到中断源
SD_STAT[5] BRR	SD_IE[5] BRR_ENABLE	IRQ	缓存读准备。在一个卡读操作期间,当由 SD_BLK[10:0] BLEN 指定的块被完整写入缓存时,该位被自动设置
SD_STAT[4] BWR	SD_IE[4] BWR_ENABLE	IRQ	缓存写准备。在对卡的一个写操作中,当主机卡完整写由 SD_BLK[10:0] BLEN 指定的块时,该位被自动设置
SD_STAT[3] DMA	SD_IE[3] DMA_ENABLE	IRQ	DMA 中断。当 AMDA 指令中需要一个中断且在数据传输完成后,该位被自动设置
SD_STAT[2] BGE	SD_IE[2] BGE_ENABLE	IRQ	块间隙事件。当在块间隙处需要(SD_HCTL[16] SBGR)停止时,如果读写操作期间在块间隙处已经停止处理,该位被自动设置
SD_STAT[1] TC	SD_IE[1] TC_ENABLE	IRQ	传输完成。当完成读写请求或块间隙期间出现由于停止请求(SD_HCTL[16] SBGR)导致的处理停止,该位总是被设置
SD_STAT[0] CC	SD_IE[0] CC_ENABLE	IRQ	命令完成。在 SD_PSTATE[0] CMDI 出现 1 到 0 的转换时,该位被设置

(1) 中断驱动操作

SD_IE寄存器中中断使能位必须被设置，从而使能模块内部中断源。当一个中断事件发生时，中断线会被确定且LH必须：

- 读SD_STAT寄存器来识别发生的事件。
- 对SD_STAT寄存器的对应位写1，从而清除中断状态并释放中断线（假如该写操作进行读操作，则会返回一个0）。

注意：

- 在SD_STAT寄存器中，不能清除卡中断(CIRQ)和错误中断(ERRI)位。
- SD_STAT[8] CIRQ状态位必须通过禁止SD_IE[8] CIRQ_ENABLE位（被清除为0）来屏蔽，此时中断程序必须清除CCCR寄存器的SDIO中断源。
- 当所有的状态位SD_STAT[31:16]被清除时，SD_STAT[15] ERRI位会自动被清除。

(2) 轮 询

当事件的中断能力在SD_ISE寄存器中被禁止了，中断线不会有效：

- 在SD_STAT寄存器中软件可以轮询状态位，以检测对应事件的发生时间。
- 对SD_STAT寄存器对应位写1会清除中断状态且不会影响中断线状态。

14.2.4 DMA模式

该设备只支持DMA从模式，控制器通过两个独立的请求(SDMAWREQN和SDMARREQN)从属于DMA传输。

1. DMA从模式操作

SD/SDIO控制器可以和一个DMA控制器连接。在系统级，可以执行本地主机(LH)的数据传输。该模块不支持SD卡规范和SD主控制器标准说明中指定的宽DMA访问SD卡（大于1024字节）。

假如以下条件满足，就会发布DMA请求：

- SD_CMD[0] DE位被设置为1，从而触发初始化DMA请求（当运行数据传输命令时，必须完成写操作）。
- SD_cmd线上发出一个命令。
- SD/SDIO控制器的缓冲区有足够的空间，可以写一个完整的块(BLEN写)。

2. DMA接收模式

在一个DMA块的读操作（单个或多个）中，当一个完整的块被写入到缓冲区时，请求信号SDMARREQN会被确定为有效电平，SD_BLK[10:0] BLEN字段指定块传输的大小。当sDMA已经从缓冲区读取出一个单字时，SDMARREQN信号会被确定为无效电平。每个块只能发送一个请求；DMA控制器可以产生1-slot读访问或几个DMA突发，在该情况下DMA控制器必须根据BLEN字段定义的块大小管理突发访问数。

假如 sDMA 没有正确读取 BLEN 字节且也还没有准备好新的完整块，则内部屏蔽新的 DMA 请求。当 DMA 访问是 32 位时，sDMA 读取次数是 BLEN/4 取整再加一。

接收缓冲绝不会溢出。在块大小超过 512 字节的多块传输中，当缓冲区满时，CLK 时钟信号会立刻停止直到 sDMA 或 MPU 在缓冲区执行了一个完整的块读访问。

由图 14.10 可知：

- DMA 传输大小 = 1 - slot 或突发的 BLEN 缓冲大小；
- 每块有一个 DMA 请求。

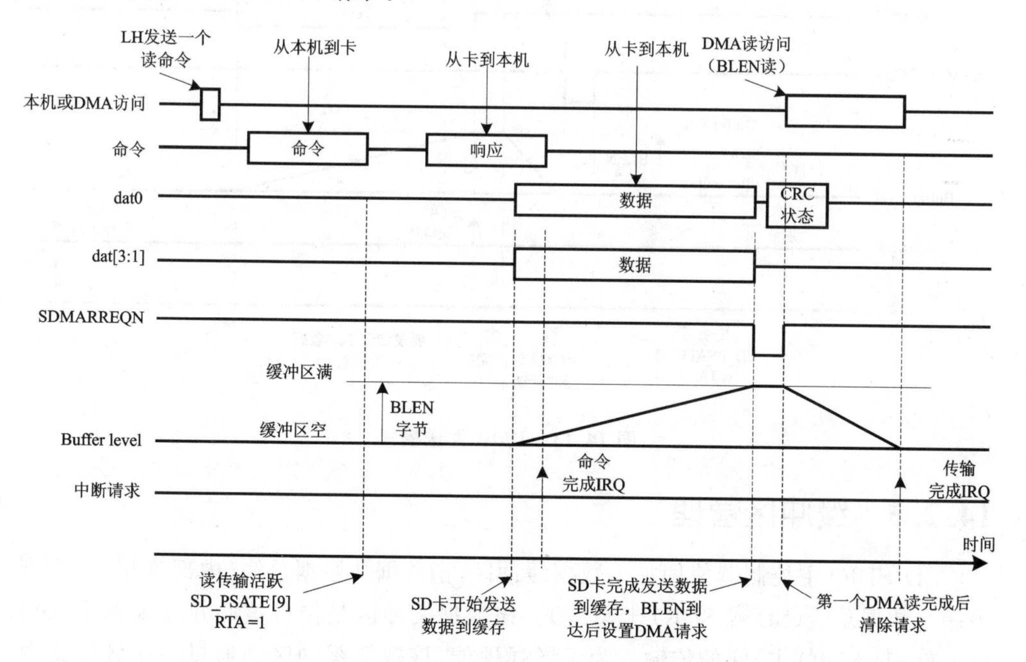

图 14.10　DMA 接收模式

3. DMA 发送模式

在一个 DMA 块写操作(单个或多个)中，当一个完整的块被写入到了缓冲区时，请求信号 SDMAWREQN 会被确定为有效电平。SD_BLK[10:0] BLEN 字段定义了块传输大小。当 sDMA 已经写入了一个单字到缓冲区时，SDMAWREQN 信号被确定为无效电平。每个块只能发送一个请求；DMA 控制器可以产生单次写访问或多个写 DMA 突发，在该情况下 DMA 控制器必须根据 BLEN 字段定义的块大小管理突发访问数。

假如 sDMA 没有正确写 BLEN 字节数据(当 DMA 访问是 32 位时，sDMA 读取数是(BLEN/4)的整数再加一)，且缓冲区中没有足够的内存空间用于读取完整块，则内部屏蔽新的 DMA 请求。

由图 14.11 可知：

- DMA 传输大小 = 1 - slot 或突发的 BLEN 缓冲大小；
- 每块有一个 DMA 请求。

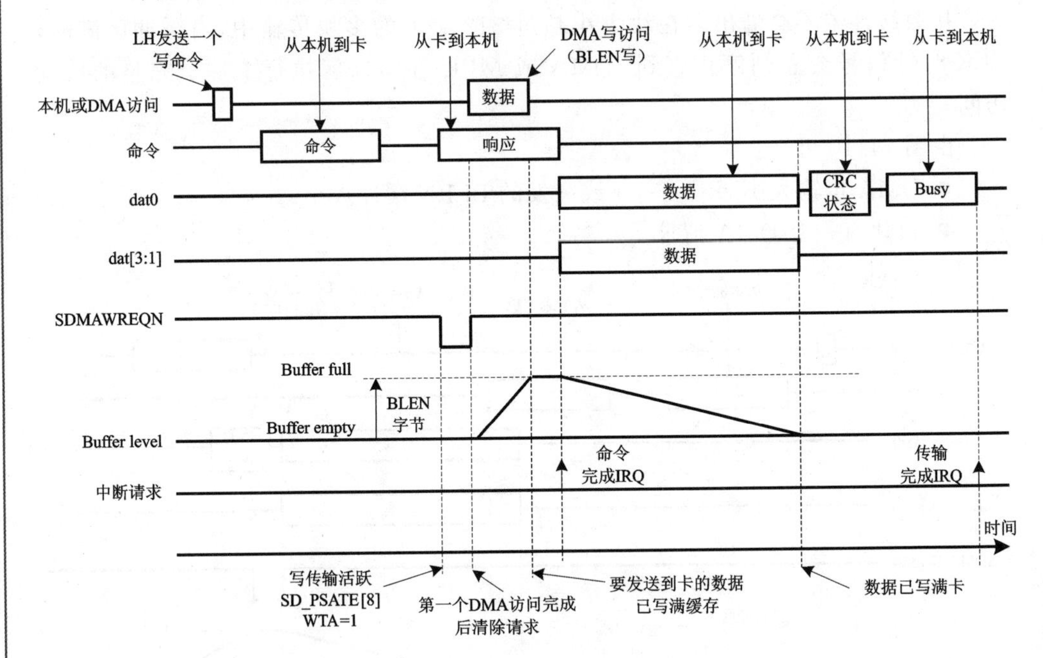

图 14.11　DMA 发送模式

14.2.5　缓冲区管理

SD/SDIO 主控制器使用一个数据缓冲区，把数据从数据总线（内部连接）传输到另一个数据总线（SD 或 SDIO 卡总线）。该数据缓冲区是接口核心并保证两个接口（L4 和 SD/SDIO 卡）间的传输。为了增强性能，该数据缓冲区会通过一个预取寄存器和一个 post-write 缓冲区完成操作，且该 post-write 缓冲区不会被主控制器访问。预取寄存器的读访问时间比该数据缓冲区快，允许数据通过预载入预取寄存器，加速从数据缓冲区读取数据。

数据缓存区、预取缓冲区和 post-write 缓冲区的入口点是 32 位 SD_DATA 寄存器。SD_DATA 寄存器的写访问之后紧跟着 D_DATA 寄存器的读访问，与 post-write 缓冲区的写访问之后紧跟着预取缓冲区的读访问是一致的。因此，写入到 SD_DATA 寄存器的数据与从 SD_DATA 寄存器读取的数据是不同的。

对 SD_DATA 寄存器的 32-bit 读写访问数据块大小为 SD_BLK[10:0]，这个访问数等于 BLEN 的四舍五入结果再除以 4。主控制器支持的最大数据块大小是通过 SD_CAPA[17:16] 寄存器的 MBL 的硬编码实现的，而且不能被改变。只能当缓冲读使能状态被设置为 1(SD_PSTATE[11] BRE)时,才允许对 SD_DATA 寄存器的读访问,否则它将被标记为一个错误访问(SD_STAT[29] BADA)。只能当缓冲写使能状态被设置为 1 时(SD_PSTATE[10] BWE),才允许对 SD_DATA 寄存器的写访问,否则它将被标记为一个错误访问(SD_STAT[29] BADA)且该数据不会被写入。

数据缓冲区有两种操作模式,用于存储和读取数据缓存的第一和第二部分,即:

- 当传输的数据块大小不大于 MEM_SIZE/2 时,两个数据总线之间会发生两次数据传输。SD/SDIO 控制器以乒乓方式使用数据缓冲区的两个部分,因此数据缓冲区第一和第二部分数据的存储与读取可以自动地相互转换。这样数据可以从一个部分被读取(例如,在互联总线上通过 DMA 读访问),同时数据(例如,来自 SD/SDIO 卡的)也正被存入另一个部分,反之亦然。当 BLEN 不大于 200h(即≤512 字节)时,该缓冲区两部分各大小均为 BLEN(即 32 位×BLEN/4)。不超过 2 倍的 32 位× BLEN/4 可以被使用。
- 当传输的数据块大小大于 MEM_SIZE/2 时,两个数据总线之间会发生 1 次数据传输。SD/SDIO 主控制器把整个数据缓冲区当作一个部分使用。在该模式下,如果当两个数据总线之间发生两次数据传输时,该访问会标记为错误访问(SD_STAT[29] BADA)。

注意:在数据传输前,需要配置 SD_CMD[4] DDIR 位,用于表示传输方向。图 14.12 和图 14.13 分别表示读写访问的缓冲区管理。

(1) 内存大小、块长度与缓冲区管理关系

块最大长度和系统指定的缓冲区管理是根据内存大小设定的(见表 14.9)。

表 14.9　内存大小,BLEN 和缓存关系

内存大小 [5:2] MEMSIZE 字节	512	1024	2048	4096
支持大最大块长度	512	1024	2048	2048
最大块长度双重缓存	N/A	BLEN <= 512	BLEN <=1024	BLEN <=2048
块长度单缓存	BLEN <= 512	512 < BLEN <= 1024	1024 < BLEN <= 2048	N/A

(2) 数据缓冲区状态

以下中断状态寄存器和状态寄存器定义数据缓存状态:

- 中断状态寄存器:
  - SD_STAT[29] BADA 错误访问数据空间;
  - SD_STAT[5] BRR 缓冲区读准备;

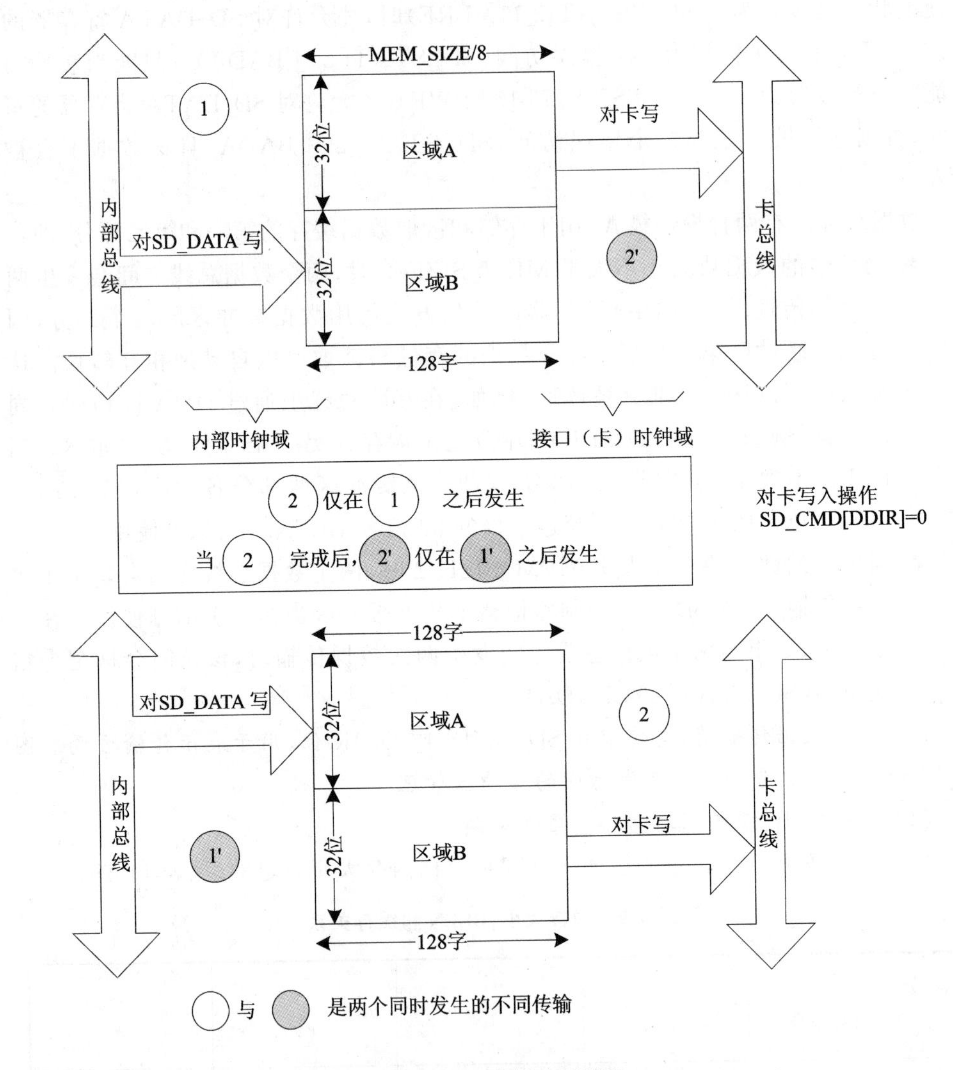

图 14.12 写缓冲区管理

- SD_STAT[4] BWR 缓冲区写准备。

● 状态寄存器：

- SD_PSTATE[11] BRE 缓冲区读使能；
- SD_PSTATE[10] BWE 缓冲区写使能。

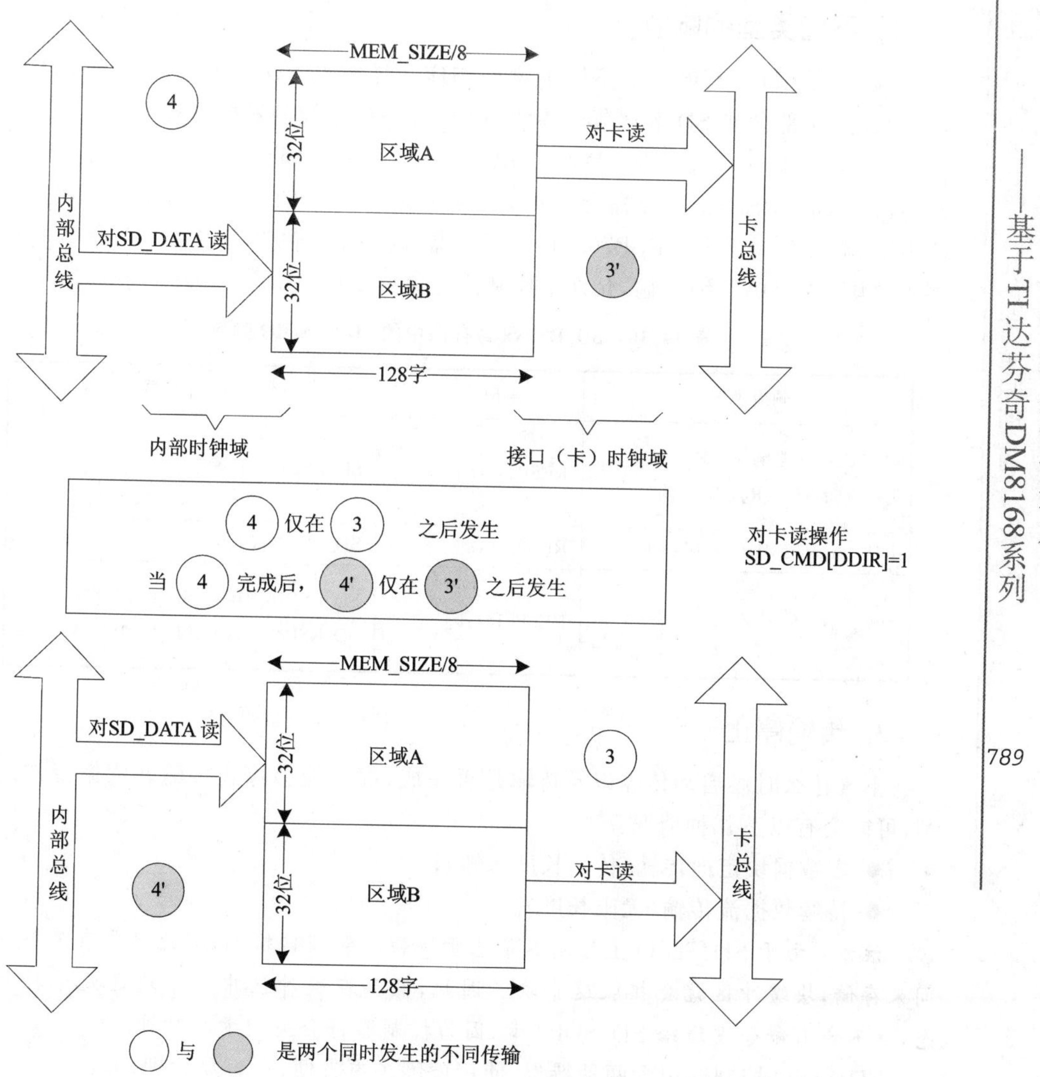

图 14.13 读缓冲区管理

14.2.6 传输过程

传输过程根据命令类型的不同而不同，可以有命令响应和数据库，也可以没有命令响应和数据。

1. 不同类型的命令

对 SD 或 SDIO 卡有专门的不同类型的命令。详情见 SD 卡规范说明、SDIO 卡规范说明的 E1 部分或 SD 卡规范说明的 A2 部分、SD 主控制器标准规范。

2. 不同类型的响应

SD或SDIO卡有专门的不同类型的响应。详情见SD卡规范说明、SDIO卡规范说明的E1部分或SD卡规范说明的A2部分、SD主控制器标准规范。

表14.10展示了怎样将SD与SDIO的响应存储于SD_RSPxx寄存器。当主控制器修改SD_RSPxx寄存器部分时，会保护未被更改的位。主控制器会把Auto CMD12响应存储于SD_RSP76[31:0]寄存器，因为主控制器可以在一个命令下拥有多个的块数据DAT线传输，允许主控制器避免重复写Auto CMD12响应。

表14.10 SD_RSPxx寄存器中的SD和SDIO响应

响应类型	响应字段	响应寄存器
R1、R1b（正常响应）、R3、R4、R5、R5b、R6、R7	RESP[39:8]	SD_RSP10[31:0]
R1b（Auto CMD12响应）	RESP[39:8]	SD_RSP76[31:0]
R2	RESP[127:0]	SD_RSP76[31:0]、SD_RSP54[31:0]、SD_RSP32[31:0]、SD_RSP10[31:0]

3. 传输停止

不管什么时候启动传输以及传输是否完成，都可能会停止传输。依据传输的类型，可能会有以下几种情况：

- 多数据块定向传输（传输长度未知）；
- 持续数据流传输（无限长度）。

注意：由于SD/SDIO主控制器是基于块粒度管理传输的，因此只要有足够的空间来存储，块缓冲区就会接收这个块。因此，假如在缓冲区中一个块还处于挂起状态，就不会有命令发送给SD/SDIO卡，因为控制器将会关闭卡的时钟。

SD/SDIO控制器包含两种特点，使传输停止更方便，更容易管理，即：

- Auto CMD12（只能用于SD卡）：通过设置SD_CMD[2] ACEN位为1来启动该特性。当Auto CMD12功能使能且预期的数据块数目被交换之后，SD/SDIO控制器将自动发送CMD12命令。
- 在块间隙停止：可以通过设置SD_HCTL[16] SBGR位为1来使能。当该特征被使能后，该功能将会保持传输直到块边界传输结束。假如需要停止传输，软件可以运用这个特点给SD/SDIO卡发送CMD12命令。

表14.11展示了停止传输的通用方法，表明发送命令和特性使能。

表 14.11　SD/SDIO 控制器传输停止命令概述

<table>
<tr><th colspan="2" rowspan="2"></th><th colspan="2">等待传输</th><th colspan="2">读传输</th></tr>
<tr><th>SD</th><th>SDIO</th><th>SD</th><th>SDIO</th></tr>
<tr><td colspan="2">单个块</td><td>传输结束自动等待 TC</td><td>传输结束自动等待 TC</td><td>传输结束自动等待 TC</td><td>传输结束自动等待 TC</td></tr>
<tr><td rowspan="3">多个块(有限个或无限个)</td><td>编程的块边界之前</td><td>发送 CMD12；等待 TC</td><td>发送 CMD52；等待 TC</td><td>发送 CMD12；等待 TC</td><td>发送 CMD52;等待 TC</td></tr>
<tr><td rowspan="2">传输结束后停止</td><td rowspan="2">Auto CMD12 有效,传输结束自动等待 TC</td><td rowspan="2">设置 SD_HCTL[16]SBGR 位为 1。发送 CMD52 等待 TC</td><td rowspan="2">Auto CMD12 有效,传输结束自动等待 TC</td><td>假如支持 READ_WAIT：在块间隙停止;等待 TC</td></tr>
<tr><td>假如不支持 READ_WAIT：发送 CMD52 等待 TC</td></tr>
</table>

注意：SD/SDIO 控制器会在块边界上给 SD/SDIO 卡发送停止命令,尽管此时命令已经被写入控制寄存器中。

4. 输出信号产生

依据 SD_HCTL[2] HSPE 位的值,可以在上升沿或下降沿处产生 SD/SDIO 输出信号,可达到更好的时序性能,同时也增大数据传输频率。

(1) 时钟下降沿产生输出信号

控制器在默认情况下处于该模式下,在这种情况下,SD_HCTL[2] HSPE 位会被清 0。图 14.14 展示了模块在时钟下降沿产生输出信号。

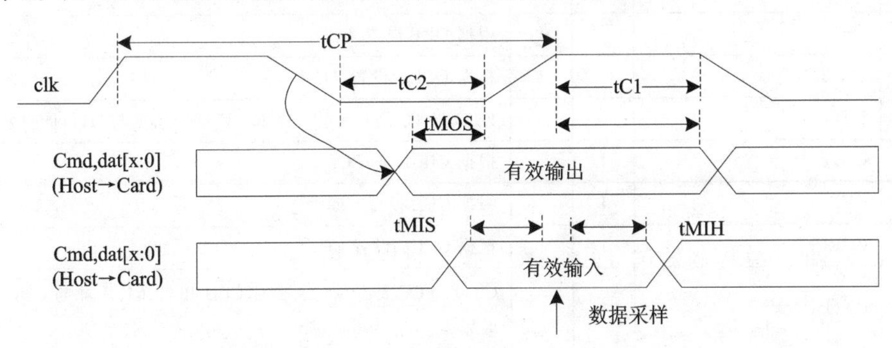

图 14.14　下降沿输出驱动

(2) 时钟上升沿产生输出信号

该模式增加了设置时间并允许达到更高的总线频率,可通过设置 SD_HCTL[2] HSPE 位为 1 来使能。将控制器设置为该模式,用于支持 SDR 传输。注意：当 SD_CON[19] DDR 被设置为 1 时,不要在双重数据率模式下使用该功能。图 14.15 展示了模块在时钟上升沿产生输出信号。

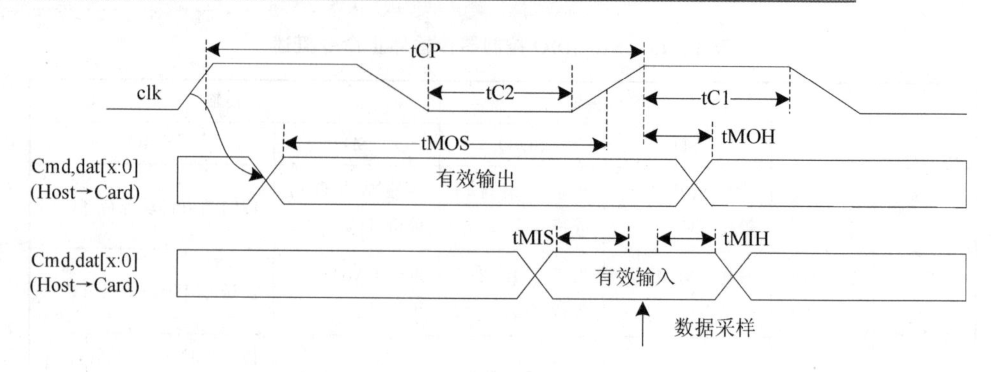

图 14.15　上升沿输出驱动

14.2.7　传输/命令状态和错误报告

SD/SDIO 主控制器中的标志表示与 SD/SDIO 卡的通信状态，即：

- （命令、数据或响应）超时；
- CRC。

错误情况下会产生中断。详情见表 14.12 和寄存器描述。

表 14.12　错误检测的 CC 和 TC 值

SD_STAT 寄存器中保存的错误		CC	TC	描　述
29	BADA			与 CC 或 RC 无关。BADA 与寄存器访问有关，它的确认与正在运行的传输无关
28	CERR	1		根据 CERR 设置 CC
22	DEB		1	根据 DEB 设置 TC
21	DCRC		1	根据 DCRC 设置 TC
20	DTO			DTO 与 TC 是互斥的。DCRC 和 DEB 不能与 DTO 同时发生
19	CIE	1		根据 CIE 设置 CC
18	CEB	1		根据 CEB 设置 CEB
17	CCRC	1		根据 CCRC 设置 CC
16	CTO			CTO 和 CC 是互斥的。CIE，CEB 和 CERR 不能与 CTO 同时发生

SD_STAT[21] DCRC 事件可以在以下情况下被确定：

- R1b、R5b 响应忙碌超时；
- 写 CRC 状态后忙碌超时；
- 写 CRC 状态超时；
- 读数据超时；
- 引导应答超时。

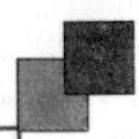

1. R1b、R5b 响应忙碌超时

图 14.16 展示了当 R1b 或 R5b 响应忙碌超时确定 DCRD 事件条件。

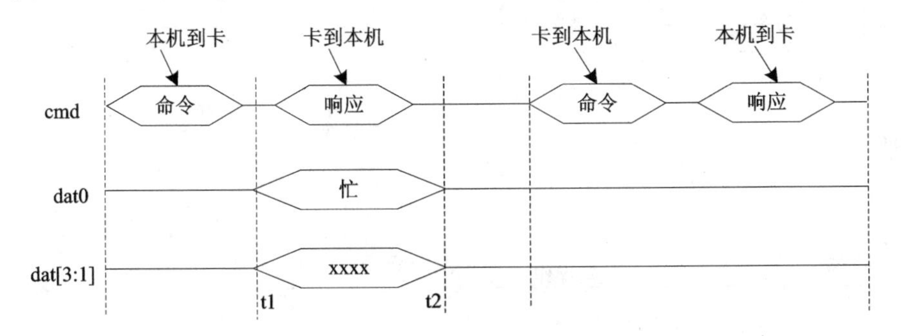

图 14.16 R1b、R5b 响应忙碌超时

t1：在 R1b、R5b 响应后，加载数据超时计数器并启动。

t2：数据超时计数器停止。假如它为 0，就会产生 SD_STAT[21] DCRC 事件。

2. 写 CRC 状态后忙碌超时

图 14.17 展示了当写 CRC 状态后忙碌超时确定 DCRD 事件条件。

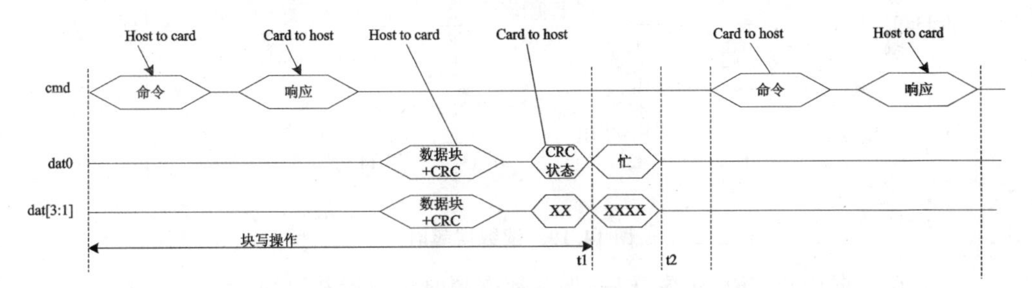

图 14.17 写 CRC 状态后忙碌超时

t1：在 CRC 状态后，加载数据超时计数器并启动。

t2：数据超时计数器停止。假如它为 0，就会产生 SD_STAT[21] DCRC 事件。

3. 写 CRC 状态超时

图 14.18 展示了当 CRC 状态超时确定 DCRD 事件条件。

t1：在数据块和 CRC 值发送后，加载数据超时计数器并启动。

t2：数据超时计数器停止。假如它为 0，就会产生 SD_STAT[21] DCRC 事件。

4. 读数据超时

图 14.19 展示了当读数据超时确定 DCRD 事件条件。

t1：在命令发送后，加载数据超时计数器并启动。

t2：数据超时计数器停止。假如它为 0，就会产生 SD_STAT[21] DCRC 事件。

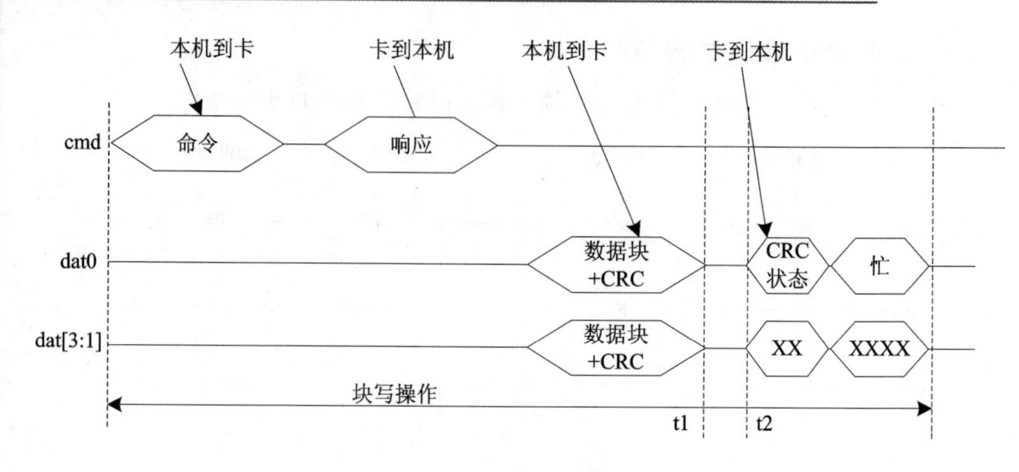

图 14.18　写 CRC 状态超时

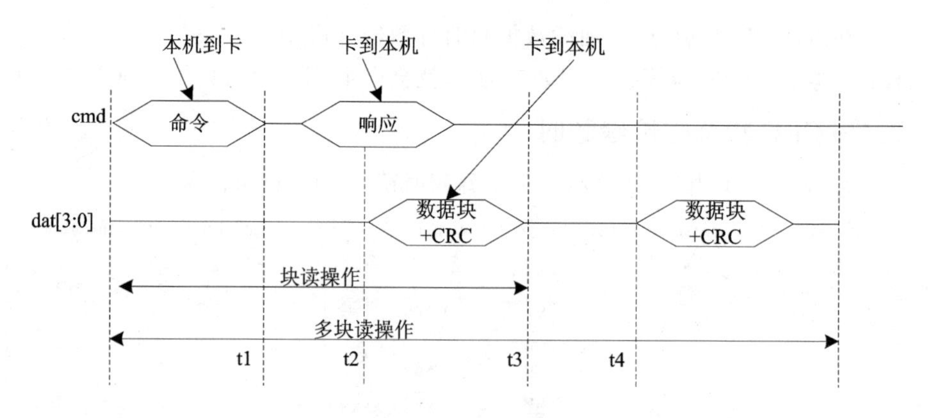

图 14.19　读数据超时

t3：在数据块和 CRC 值发送后，加载数据超时计数器并启动。

t4：数据超时计数器停止。假如它为 0，就会产生 SD_STAT[21] DCRC 事件。

5. 引导应答超时

图 14.20 展示了当导入应答超时且采用 CMD0 时确定 DCRD 事件条件。

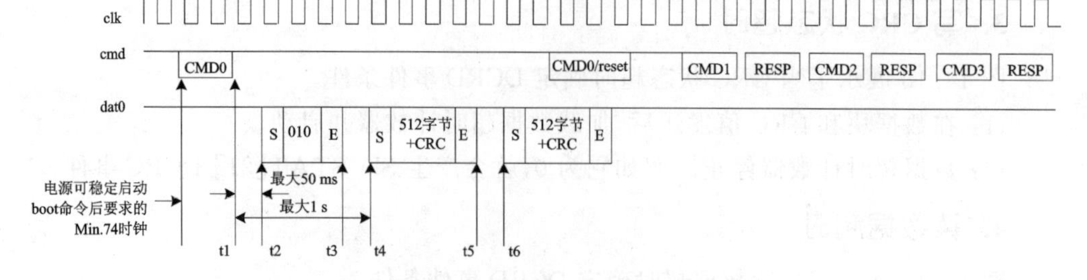

图 14.20　使用 CMD0 时引导应答超时

t1：在 CMD0 被使用后，加载数据超时计数器并启动。

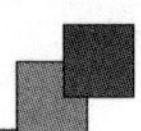

t2：数据超时计数器停止。假如它为 0，就会产生 SD_STAT[21] DCRC 事件。

t3：加载数据超时计数器并启动。

t4：数据超时计数器停止。假如它为 0，就会产生 SD_STAT[21] DCRC 事件。

t5：在数据和 CRC 值发送后，加载数据超时计数器并启动。

t6：数据超时计数器停止。假如它为 0，就会产生 SD_STAT[21] DCRC 事件。

图 14.21 展示了当导入应答超时且 CMD0 线保持为低电平时确定 DCRD 事件条件。

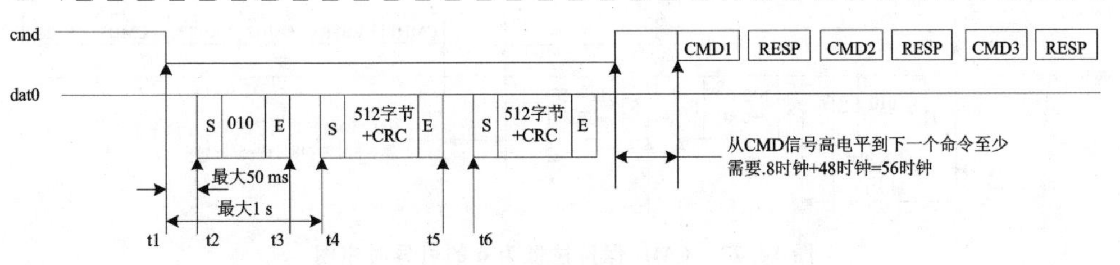

图 14.21　CMD 保持低电平时引导应答超时

t1：在 CMD0 线被拉低为 0 后，加载数据超时计数器并启动。

t2：数据超时计数器停止。假如它为 0，就会产生 SD_STAT[21] DCRC 事件。

t3：加载数据超时计数器并启动。

t4：数据超时计数器停止。假如它为 0，就会产生 SD_STAT[21] DCRC 事件。

t5：在数据和 CRC 值发送后，加载数据超时计数器并启动。

t6：数据超时计数器停止。假如它为 0，就会产生 SD_STAT[21] DCRC 事件。

14.2.8　SD/SDIO 卡引导模式管理

引导操作模式（Boot Operation Mode）允许 SD/SDIO 主控制器在上电后，通过保持 CMD 为低电平（或以专门的协议发送 CMD0 命令）在发送 CMD1 命令前从连接的从机上读取引导数据。根据寄存器的设置，可以从引导区域或用户区域读取引导数据。上电引导定义了通过 SD/SDIO 主控制器访问引导码的方式，而不用上级软件驱动，从而减小控制器获取引导码的时间。

发布引导命令有两种方式：

(1) CMD0 引导模式

图 14.22 展示了使用 CMD0 的引导时序图。

(2) CMD 保持为低的引导模式

图 14.23 展示了 CMD 保持拉低为 0 的引导时序图。

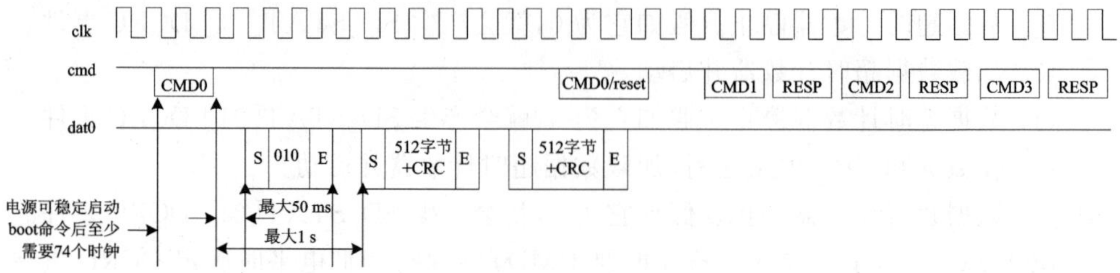

图 14.22 CMD0 引导时序图

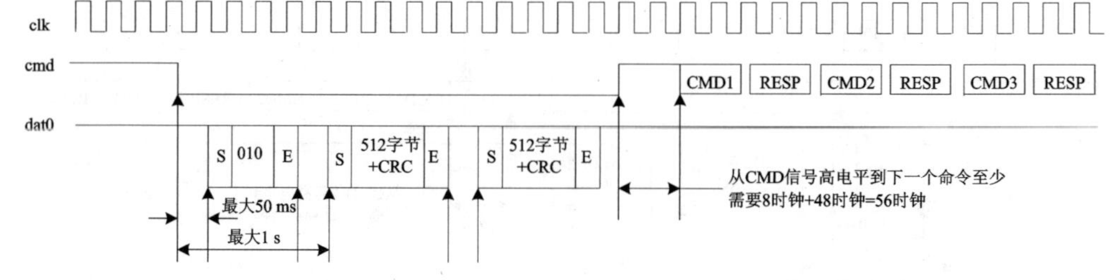

图 14.23 CMD 保持拉低为 0 的引导时序图

14.2.9 Auto CMD12 时序

随着 UHS 定义 SD 卡时钟的更高频率达到 208,SD 标准为自动 CMD12(Auto CMA12)的"结束位"到达引入指定的时序。

1. 写传输期间的 Auto CMD12 定时

规定第 2 到 8 周期的名为 Ncrc 的范围用于 SDR50 和 SDR104 卡的写数据传输,例如当 CRC 状态"结束位"到达后 Auto CMD12 的"结束位"将会到达。

图 14.24 展示了写传输时的 Auto CMD12 时序。主控制器有 18 个时钟周期的范围用于确保 CRC 状态到达后 Auto CMD12 的"结束位"的到达。这个范围与总线配置、DDR 或标准传输和 1/4/8 位传输无关。

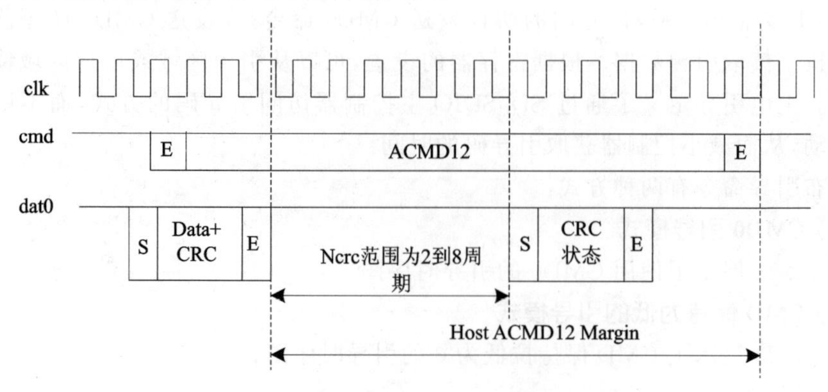

图 14.24 写传输时的 Auto CMD12 时序

2. 读传输期间的 Auto CMD12 定时

在 UHS 高速情况下,2 个连续的卡间隙时间由 2 个周期扩展为 4 个,这给主机 Auto CMD12(Host Auto CMD12)增加了更多的灵活性,从而可以接收到最后完整可靠的数据块。SD 控制器只遵循 SD UHS 规范定义的"左边界情况"。图 14.25 展示了读传输时的 Auto CMD12 时序。

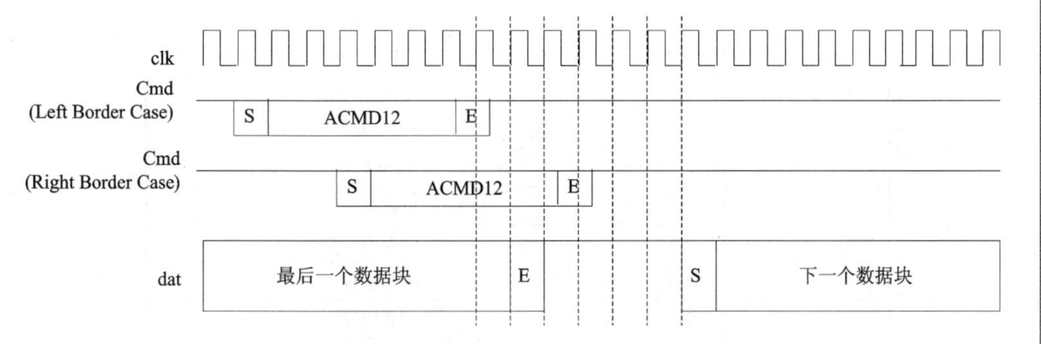

图 14.25　读传输时的 Auto CMD12 时序

14.2.10　SD/SDIO 寄存器

表 14.13 列举了 SD/SDIO 寄存器。

表 14.13　SD/SDIO 寄存器

地址偏移量	缩写词	寄存器名
0	SD_HL_REV	IP 版本识别器
4h	SD_HL_HWINFO	硬件配置
10h	SD_HL_SYSCONFIG	时钟管理配置
110h	SD_SYSCONFIG	系统配置
114h	SD_SYSSTATUS	系统状态
124h	SD_CSRE	卡状态响应错误
128h	SD_SYSTEST	系统测试
12Ch	SD_CON	配置
130h	SD_PWCNT	电源计数器
200h	SD_SDMASA	SDMA 系统地址
204h	SD_BLK	传输长度配置
208h	SD_ARG	命令参数
20Ch	SD_CMD	命令和传输模式
210h	SD_RSP10	命令响应 0 和 1
214h	SD_RSP32	命令响应 2 和 3
218h	SD_RSP54	命令响应 4 和 5

续表14.13

地址偏移量	缩写词	寄存器名
21Ch	SD_RSP76	命令响应6和7
220h	SD_DATA	数据
224h	SD_PSTATE	当前状态
228h	SD_HCTL	主机控制
22Ch	SD_SYSCTL	SD系统控制
230h	SD_STAT	SD中断状态
234h	SD_IE	SD中断使能
238h	SD_ISE	SD中断使能设置
23Ch	SD_AC12	Auto CMD12错误状态
240h	SD_CAPA	功能
248h	SD_CUR_CAPA	最大电流能力
250h	SD_FE	强制事件
254h	SD_ADMAES	ADMA错误状态
258h	SD_ADMASAL	ADMA系统地址低位
25Ch	SD_ADMASAH	ADMA系统地址高位
2FCh	SD_REV	版本

14.3 本章小结

本文介绍DM8168的SATA接口和SD/SDIO接口。SATA接口结构简单，支持热插拔、传输速度快、执行效率高。与传统的PATA相比，不论在接口的物理设计上，还是传输速率、协议上，SATA都发生了很大变化。SDIO是定义在SD标准上的一种外设接口，DM8168包含SD/SDIO主控制器，为本地主机LH（如微控制单元MPU或DSP）与SD/SDIO卡之间提供接口，并在LH最小干预下处理SD/SDIO事务，处理SD/SDIO传输级协议、数据打包、增加循环码校验（CRC）和起始/结束位并且检查传输语法的正确性。

14.4 思考题与习题

1. 与并行ATA比较，SATA接口有什么优点？
2. DM8168的SATA控制器支持哪种操作模式？请简要说明该模式的特点。
3. SATA控制器怎样实现与多个SATA设备连接？
4. SD/SDIO主控制器的作用是什么？
5. 简述SD/SDIO主控制器与SD/SDIO卡之间的总线协议。

第15章

TMS320DM8168 集成开发环境

本章主要介绍 TMS320DM8168 的集成开发环境，以 TI 推出的业界领先的 CCS 集成型开发环境升级版 CCS IDE v5 讲解 DM8168 的软件开发。CCS 包含适用于每个 TI 器件系列的编译器、源码编辑器、项目构建环境、调试器、描述器、仿真器以及多种其他功能，极大地方便了 DSP 芯片的开发与设计，是目前使用最为广泛的 DSP 开发软件之一。

15.1 CCS 集成开发环境概述

15.1.1 简 介

Code Composer Studio（简称 CCS）包含一整套用于开发和调试嵌入式应用的工具。它包含适用于每个 TI 器件系列的编译器、源码编辑器、项目构建环境、调试器、描述器、仿真器以及多种其他功能。CCS 集成开发环境（IDE）提供了单个用户界面，可帮助用户完成应用开发流程的每个步骤。借助于精密的高效工具，用户能够利用熟悉的工具和界面快速上手并将功能添加至他们的应用。

Code Composer Studio IDE 基于 Eclipse 开源软件框架之上，Eclipse 为构建软件开发环境提供了出色的软件框架，并且逐渐成为备受众多嵌入式软件供应商青睐的标准框架。CCS 将 Eclipse 软件框架的优点和 TI 先进的嵌入式调试功能相结合，为嵌入式开发人员提供了一个引人注目、功能丰富的开发环境。

CCS 有两种工作模式：软件仿真器模式和硬件在线编程模式。

软件仿真器模式：CCS 可以工作在纯软件仿真环境中，就是由 CCS 在 PC 机内存中构造一个虚拟的硬件环境，可以调试、运行程序。但一般软件无法构造硬件资源的外设，所以软件仿真通常用于调试算法和进行效率分析等。在使用软件仿真方式工作时，无需连接板卡和仿真器等硬件。

硬件在线编程模式：开发程序可以实时运行在硬件平台上，通过仿真器与硬件开发板连接，实现对应用程序的在线编程和调试。

15.1.2 CCS 组成及功能

CCS 的开发系统主要由以下组件构成：

- CCS 代码生成工具；
- CCS 集成开发环境；
- DSP/BIOS 实时内核插件及其应用程序接口 API；
- 实时数据交换的 RTDX 插件以及相应的程序接口 API；
- 由 TI 公司以外的第三方提供的各种应用模块插件。

CCS 的功能十分强大，它集成了代码的编辑、编译、连接和调试等诸多功能，而且支持 C/C++和汇编的混合编程。CCS 的构成及接口如图 15.1 所示，其主要功能如下：

- 具有集成可视化代码编辑界面，用户可通过其界面直接编写 C、汇编、.cmd 文件等；
- 含有集成代码生成工具，包括汇编器、优化 C 编译器、连接器等，将代码的编辑、编译、连接和调试等诸多功能集成到一个软件环境中；
- 高性能编辑器支持汇编文件的动态语法加亮显示，使用户很容易阅读代码，发现语法错误；
- 工程项目管理工具可对用户程序实行项目管理。在生成目标程序和程序库的过程中，建立不同程序的跟踪信息，通过跟踪信息对不同的程序进行分类管理；
- 基本调试工具具有装入执行代码、查看寄存器、存储器、反汇编、变量窗口等功能，并支持 C 源代码级调试；
- 断点工具，能在调试程序的过程中，完成硬件断点、软件断点和条件断点的设置；
- 探测点工具，可用于算法的仿真，数据的实时监视等；
- 分析工具，包括模拟器和仿真器分析，可用于模拟和监视硬件的功能、评价代码执行的时钟；
- 数据的图形显示工具，可以将运算结果用图形显示，包括显示时域/频域波形、眼图、星座图、图像等，并能进行自动刷新；
- 提供 GEL 工具。利用 GEL 扩展语言，用户可以编写自己的控制面板/菜单，设置 GEL 菜单选项，方便直观地修改变量，配置参数等；
- 支持多 DSP 的调试；
- 支持 RTDX 技术，可在不中断目标系统运行的情况下，实现 DSP 与其他应用程序的数据交换；
- 提供 DSP/BIOS 工具，增强对代码的实时分析能力。

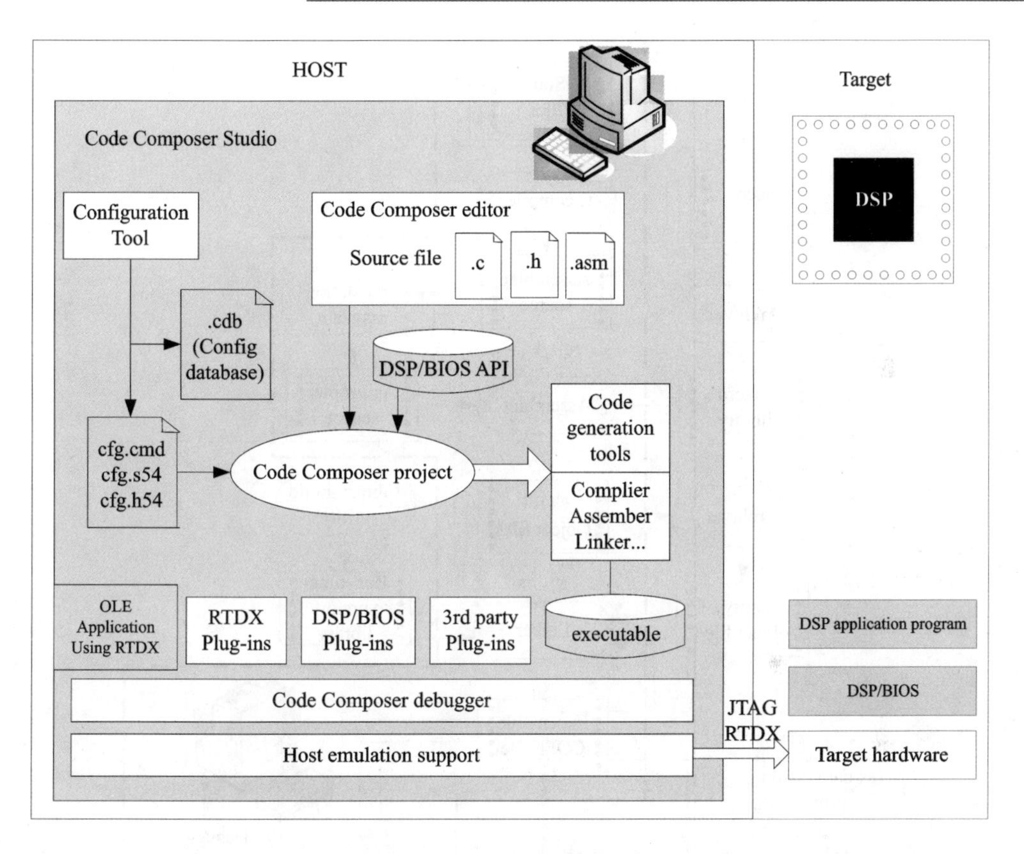

图 15.1　CCS 构成及接口

15.1.3　代码产生工具

代码生成工具奠定了 CCS 所提供的开发环境的基础。图 15.2 是一个典型的软件开发流程图，图中阴影部分表示通常的 C 语言开发途径，其他部分是为了强化开发过程而设置的附加功能。

(1) C 编译器(C compiler)：产生汇编语言源代码，其细节参见 TMS320C674x 最优化 C 编译器用户指南。

(2) 汇编器(assembler)：把汇编语言源文件翻译成机器语言目标文件，机器语言格式为公用目标格式(COFF)，其细节参见 TMS320C674x 汇编语言工具用户指南。

(3) 连接器(linker)：把多个目标文件组合成单个可执行目标模块。它一边创建可执行模块，一边完成重定位以及决定外部参考。连接器的输入是可重定位的目标文件和目标库文件，有关连接器的细节参见 TMS320C674x 最优化 C 编译器用户指南和汇编语言工具用户指南。

(4) 归档器(archiver)：允许用户把一组文件收集到一个归档文件中。归档器也

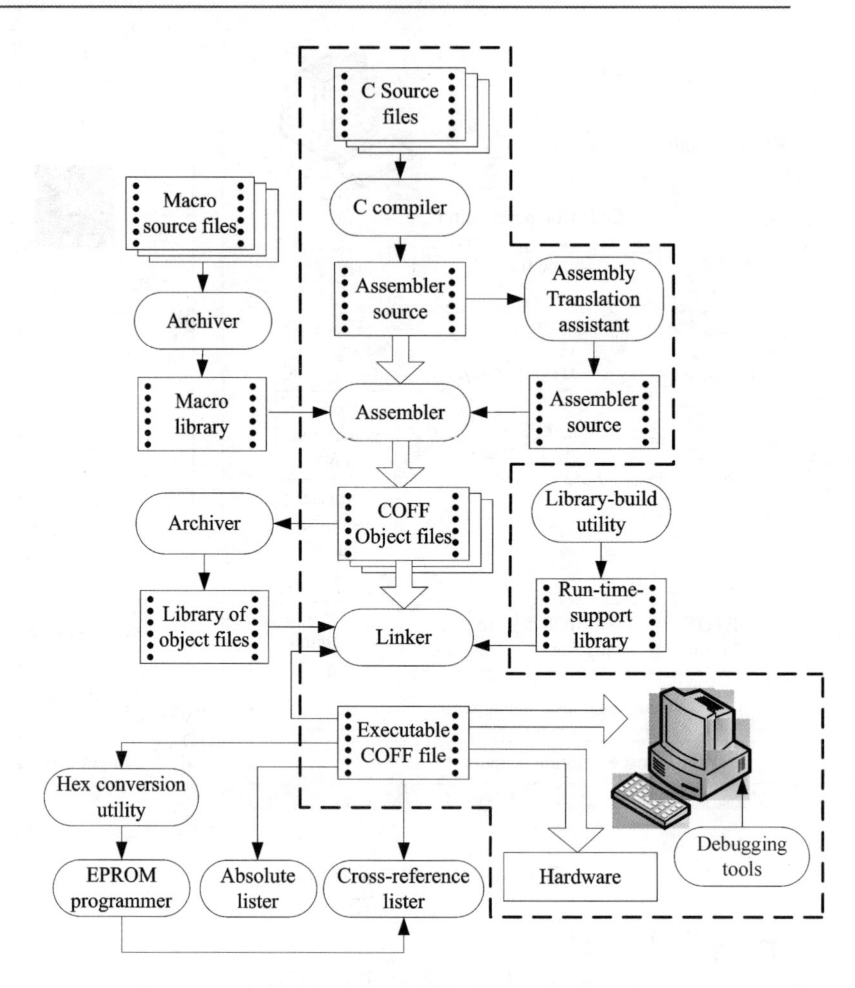

图 15.2　软件开发流程

允许用户通过删除、替换、提取或添加文件来调整库，其细节参见 TMS320C674x 汇编语言工具用户指南。

（5）助记符到代数汇编语言转换公用程序（mnimonic_to_algebric assembly translator utility）：把含有助记符指令的汇编语言源文件转换成含有代数指令的汇编语言源文件，其细节参见 TMS320C674x 汇编语言工具用户指南。

（6）建库程序（library_build utility）：建立满足用户自己要求的"运行支持库"，其细节参见 TMS320C674x 最优化 C 编译器用户指南。

（7）运行支持库（run_time_support libraries）：它包括 C 编译器所支持的 ANSI 标准运行支持函数、编译器公用程序函数、浮点运算函数和 C 编译器支持的 I/O 函数，其细节参见 TMS320C674x 最优化 C 编译器用户指南。

（8）十六进制转换公用程序（hex conversion utility）：它把 COFF 目标文件转换成 TI-Tagged、ASCII-hex、Intel、Motorola-S、或 Tektronix 等目标格式，可以把转换

好的文件下载到EPROM编程器中，其细节参见TMS320C674x汇编语言工具用户指南。

交叉引用列表器(cross_reference lister)：它用目标文件产生参照列表文件，可显示符号及其定义，以及符号所在的源文件，其细节参见TMS320C674x汇编语言工具用户指南。

(9) 绝对列表器(absolute lister)：它输入目标文件，输出.abs文件，通过汇编.abs文件可产生含有绝对地址的列表文件。如果没有绝对列表器，这些操作将需要冗长乏味的手工操作才能完成。

15.1.4 CCS集成开发环境

CCS集成开发环境允许编辑、编译和调试目标程序。

1. 编辑源程序

CCS允许编辑C源程序和汇编语言源程序，还可以在C语句后面显示汇编指令的方式来查看C源程序。集成编辑环境支持下述功能：

- 用彩色加亮关键字、注释和字符串；
- 以圆括弧或大括弧标记C程序块，查找匹配块或下一个圆括弧或大括弧；
- 在一个或多个文件中查找和替代字符串，能够实现快速搜索；
- 取消和重复多个动作；
- 获得"上下文相关"的帮助；
- 用户定制的键盘命令分配。

2. 创建应用程序

通过File菜单中的新建工程命令来创建一个新的应用程序，CCS工程支持的文件格式为C源程序、汇编源程序、目标文件、库文件、连接命令文件和包含文件。新工程里面按照文件的类型将文件分别装入include、libraries、source文件夹，连接命令文件.cmd不属于这3个文件。

编译、汇编和连接文件时，可以分别指定各个文件的选项。在CCS中，可以选择完全编译或增量编译，可以编译单个文件，也可以扫描出工程文件的全部包含文件从属树，也可以利用传统的makefiles文件编译。

3. 调试应用程序

CCS提供下列调试功能：

- 设置可选择步数的断点；
- 在断点处自动更新窗口；
- 查看变量；
- 观察和编辑存储器和寄存器；

- 观察调用堆栈；
- 对流向目标系统或从目标系统流出的数据采用探针工具观察，并收集存储器映象；
- 绘制选定对象的信号曲线；
- 估算执行统计数据；
- 观察反汇编指令和 C 指令。

CCS 提供 GEL 语言，可以对 DSP 器件进行初始化。它允许开发者向 CCS 菜单中添加功能，根据 DSP 的对象不同，设置不同的初始化程序。

15.2　Code Composer Studio IDE v5

德州仪器（TI）宣布推出业界领先的 CCS 集成型开发环境升级版 Code Composer Studio IDE v5。升级版 CCS IDE v5 可进一步简化嵌入式软件开发工作，其用户界面有了重大改进，安装包缩小达 5 倍，即能简化开发，也可加速设置，完全可以支持 32 位与 64 位的 Windows 与 Linux 系统。CCS IDE v5 兼容于 TI 丰富嵌入式处理产品系列中的众多器件，包括单核与多核数字信号处理器（DSP）、微控制器、视频处理器以及微处理器等。

CCS 经典的版本号有 CCS v 3.1、CCS v3.3，目前最新版本号已经更新到了 5.x。

1. CCS v3.3

CCS v3.3 不仅功能强大且方便易用。软件可一步安装完成，支持在统一会话中多个处理器运行。CCS v3.3 的界面设置和用户使用体验与前代产品一致，尽可能缩短了用户熟悉使用的时间，且便于更新升级与维护。为了简化技术升级工作，CCS v3.3还能与软件的较老版本同时运行工作。

相对于此前的技术，新软件为 SoC 多处理系统提供了更高的集成价值。除了支持 TI 的 TMS320C6000、TMS320C5000 与 TMS320C2000 DSP 平台外，CCS v3.3 还能更好地显示 ARM 处理器的存储器使用情况，这对采用基于达芬奇技术的多处理器系统的开发人员来说尤其有用。ARM 存储器管理单元（MMU）的表格化显示功能可反映物理与虚拟地址情况，并提供了保护信息显示完整的地址映射。过滤与排序功能则令编程人员能有重点的检查域、过程或存储域，以进行深入具体的分析。正是以上强大且方便易用的特性 ，让 CCSV3.3 全面取代了 CCS v2.2。

2. CCS v4

随着 TI 新产品的不断推出，TI 在 CCS 基础上推出了 CCS 4.0、CCS 4.1、CCS 4.2。CCS 4.x 系列开发环境对 TI 最新推出的产品有着更好的支持。CCS v4 和 CCS v3.3

的主要区别如表15.1所列。

表15.1 CCS v4与CCS v3.3的对比

功 能	CCS v3.3	CCS v4
Eclipse开源码框架	×	√
支持TI新平台,如Netra、C6C8148、ARM37xx	×	√
支持XDS560 Trace	部分功能	完整功能
支持DSP/BIOS功能(支持ARM9、Cortex M3)	×	√
支持Cortex-A平台Linux内核驱动程序调试	×	√
支持全新的调试脚本,如perl	×	√
支持CCS即配置即调试功能	×	√
支持调用第三方编译器	×	√
提供多处理器调试功能以及综合视窗解决方案	需多个IDE窗口	只需一个IDE窗口

CCS v4能够与TI广泛的嵌入式产品系列中的各种处理器实现全面兼容,如微处理器、数字信号处理器(DSP)以及基于ARM的OMAP应用处理器等,从而显著简化各种处理器开发的通用环境。该IDE能够以不足100美元的超低价格提供多种低成本JTAG选项,其中包括XDS100类仿真器以及相应的CCS许可证,可为开发提供一个低成本切入点,使用户能在今后需要的情况下升级至具有更高性能的调试解决方案。

CCS v4的主要特性与优势:

- 高级代码开发环境,采用高级编辑器加速设计与问题解决的进程,并具有代码自动完成、代码折叠、源代码更改的本地历史记录、标记以及将任务与原代码行进行关联等功能。此外,开发人员还可直接在原生格式中观看影像与视频。
- 高级GUI框架,可通过采用完全自定义的菜单、工具条以及"快速查看"功能创建视窗,来简化数据与项目的管理,从而使开发人员能够定义适用于特定任务的功能与视图,如在多个处理器中进行编辑或调试等。
- 多处理器调试,可智能管理多个内核的状态与信息,而且不会在每个内核都需要独立调试器的情况下发生混淆。超过1200个第三方插件可支持众多产品的开发,其中包括静态代码分析、源代码控制、建模以及脚本开发等。
- 高度灵活的项目环境,使开发人员能够针对每个单个项目使用的编译器与DSP/BIOS版本进行控制,从而使项目处于"维护"模式,以便继续利用其部署的工具,同时还可使新项目能够充分利用最新的技术进步成果。
- 调试服务器脚本接口,可实现常用任务的自动运行,如代码验证及分析。
- 更新管理员工具,可自动管理工具更新。

3. CCS v5

德州仪器(TI)宣布推出业界领先的 CCS 集成型开发环境升级版 Code Composer Studio IDE V5,主要是针对用户对于 CCS v4 的反馈：

- 需要更小。
  - CCS DVD 映像太大(下载大于 1 GB,安装 4 GB);
  - 需要下载很多不必要的东西。
- 需要更快。
  - CCS 比较迟缓;
  - 启动时间和调试器的响应速度有待提高。
- 需要更简易。
  - 用户界面过于杂乱;
  - 很难找出如何开始。

因此,对于 5.1 的目标是使 CCS“更小,更快,更简易”。CCS v5.1 的下载大小是 1.2 GB 并且使用动态下载,根据用户的选择,相应的软件包被下载并自动安装,用户可以在以后添加更多的功能或者下载完整的 DVD 映像。CCS v5 加快了常用任务,包括启动 CCS、启动调试会话(Debug Session)、创建一个新项目(良好的初始体验)等。CCS v5 提高了响应速度,包括单步执行(Stepping,在各种视图打开的状态)、表达式(Expressions)和绘图(Graph)视图的连续刷新、存储目标配置(Target Configuration)以及加载/烧录程序到闪存等。CCS v5 划分了运行模式,并且可以在两种模式(简易模式和高级模式)间随意切换。在默认情况下,CCS v5 打开简易模式,简化了菜单选项、构建选项以及工具栏按钮的用户界面。在高级模式下,使用默认的 Eclipse 透视图,与 CCS v4 类似,推荐给会添加其他 Eclipse 插件到 IDE 的用户使用。CCS v5 的以下增强特性可加速产品上市进程：

- 简化的用户界面可为开发人员显示何时需要何种调用,从而可简化并加速开发;
- 更简洁的下载安装,只下载安装设计所需的组件,无需为无用的组件花费不必要的时间,可帮助开发人员快速为新器件添加支持;
- Eclipse 开源框架可帮助开发人员通过第三方插件定制环境,加速嵌入式设计方案的故障排除、分析以及配置文件进程;
- 集成型浏览器 Resource Explorer,有助于使用 TI control SUITE、StellarisWare、MSP430 微处理器 Grace 1.1 以及其他软件平台上的丰富范例代码;
- 视频教程向您介绍如何充分利用各种特性;
- 从前版 CCS IDE 直接升级,支持软件重复使用。

CCS v5 的更新与改进主要体现在以下几个方面：

(1) Eclipse：更新的 Eclipse 及 CDT(C/C++ Development Tooling)、使用“原版”的 Eclipse 和 CDT。

● CCS v5.1 使用的 Eclipse 3.7，CCS v4 使用 Eclipse 3.2。
 - 5 年间的修复和增强。

● 关键项目。
 - 编辑器，检索器(Editor/Indexer)改善；
 - 拖放支持；
 - 支持在连接文件时使用宏(可移植项目)；
 - 动态语法检查；
 - 从 Eclipse 内搜索插件；
 - 警告和错误在控制台的输出上更明显 CCS v5 是基于原版的 Eclipse；
 - 使用未修改版本的 Eclipse，TI 直接把改进提交到开源社区，TI 对 Eclipse 的贡献。
 案例：打开多个调试会话视图的实例；使调试视图定在一个特定的调试上下文；在调试视图给 CPU 分组；给于“断点”视图更灵活的层次结构(添加更多的列，等等)

● 把其他供应商或 TI 工具的 Eclipse 插件拖放到现有的 Eclipse 环境。
 - 更好的 Eclipse 插件的兼容性。

● 用户可以使用 Eclipse 的所有最新功能与改进。
 - 随时更新到新的 Eclipse。

(2) 提升可用性：透视图(Perspectives)、视图(Views)、创建项目、使用连接资源(Linked Resources)。

● 简化的透视图(如图 15.3 所示)。

● 简化的视图：清爽，简洁，更多自定义选项；没有额外的“线程”节点；没有“CIO/目标”(CIO/target)错误节点；“项目/目标配置”(Project / Target Configuration)节点下直接显示多个 CPU 设备；可以自定义选择显示更多 JTAG 的层次结构；可以收合到单行来优化屏幕空间(“面包屑”模式)。

● 简化新项目向导，可以一页完成(如图 15.4 所示)：指定一个特定的设备型号和连接类型，向导将会自动创建目标配置文件。

● 连接文件到项目：可以通过连接将工程所需的文件(.c、.asm、.obj、.lib、.cmd)添加到工程中(如图 15.5 所示)。

(3) 项目管理的变化。

● “激活的项目”(Active project)是选定的项目上下文。
 - 在“项目资源管理器”(Project Explorer)单击另一个项目会自动将其变为“Active project”；
 - 在没有选定的项目上下文的情况下单击“调试”(Debug)按钮，将会开启最后

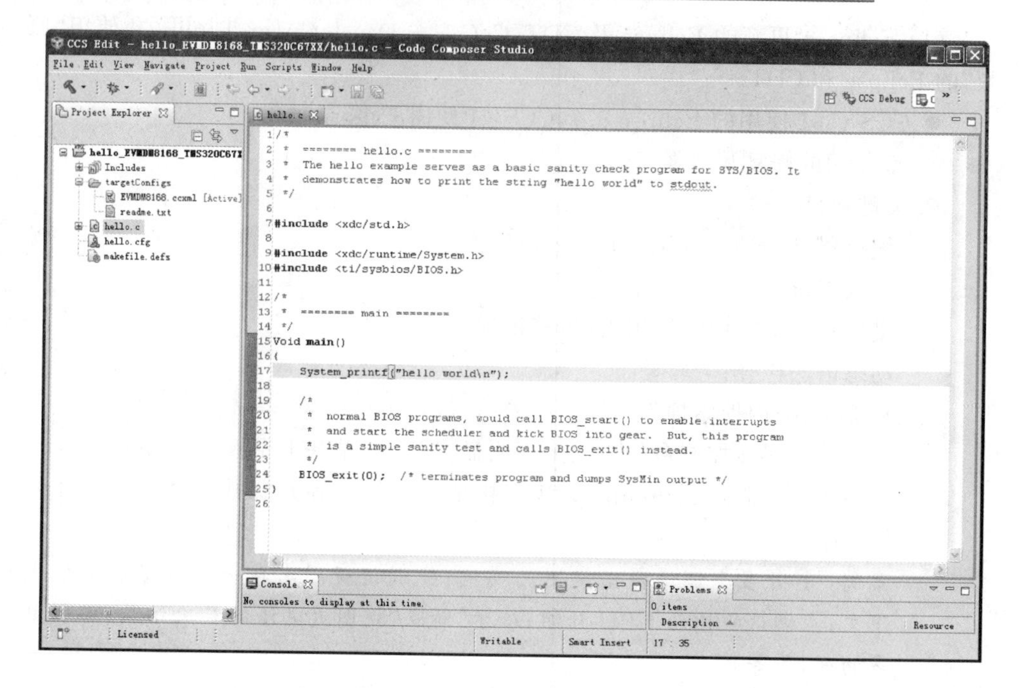

图 15.3　CCS v5 简化的透视图

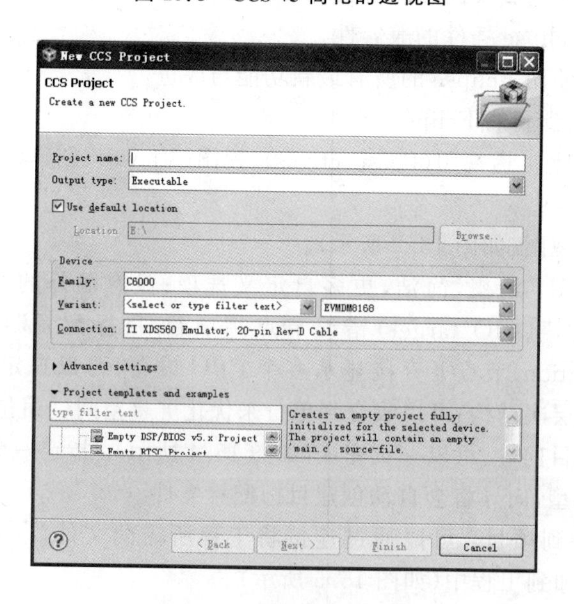

图 15.4　新项目建立向导

一个被调试的项目的调试会话。

● 在项目级别管理连接资源(项目属性页面)。

- 在项目级别创建连接资源路径变量;

- 编辑/转换/删除一个项目的连接资源。

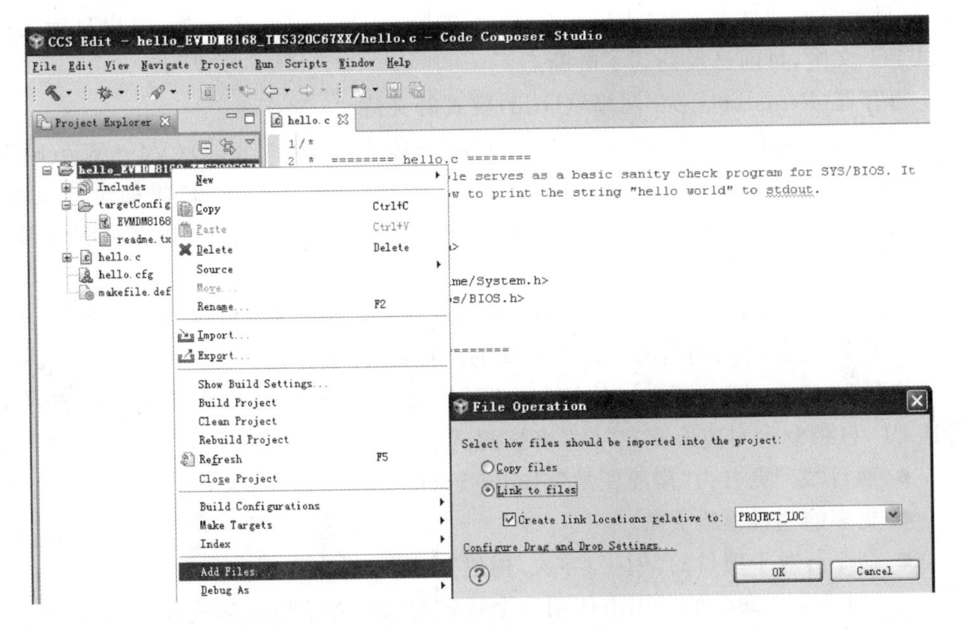

图 15.5　连接文件到工程

● “C/ C++项目”视图更名为“项目资源管理器”(如图 15.6 所示)。

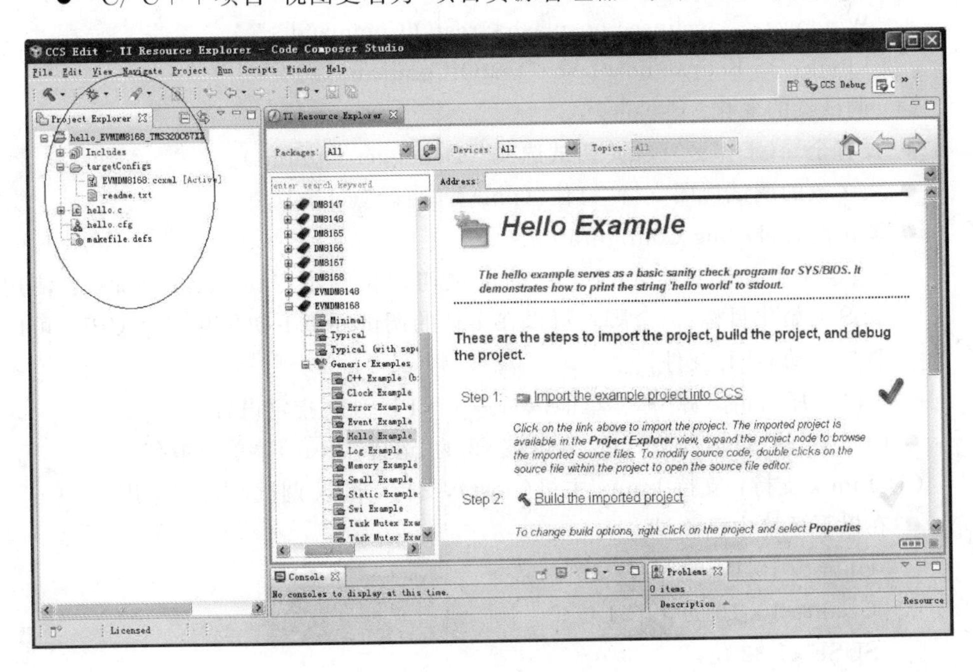

图 15.6　项目资源管理器

视图的变化主要体现在：

断点(Breakpoint)：取消了在试图内列的就地编辑(使用断点属性页)；过滤视

图，只显示当前调试上下文(debug context)的断点；与调试视图连接，突出显示当前调试上下文中，目前已经到达了的断点。

寄存器(Register)：无"网格"(Grid)模式的支持。

变量(Variables)(V4→Local (本地))和表达式(Expressions)(V4→Watch(观察))：这些视图已被重命名为标准的 Eclipse 名称；在表达式视图"添加全局变量"(Add global variables)的功能；表达式格式(Hex、Dec、Bin、Char)可以在视图级别调整；默认值因类型而定。

反汇编(Disassembly)：无反汇编显示风格上的变化支持；可选择连接到激活的调试上下文，更新视图到当前调试上下文的地址；跟踪表达式。

控制台(Console)：不支持从控制台运行 GEL 命令(使用脚本控制台)；有一个可选 CI /O 控制台对应所有 CPU (多核调试)。

- 项目"宏"更名为"构建变量"(Build Variables)。
- 更多的项目模板支持。
- 命令行对于项目的"创建/导入/构建"命令语法改变。
  - CCS v4：命令的调用由使用一个特定的. jar 执行 Java 来完成；
    >jre\ bin\ java-jar startup. jar <restOfCommand>
  - CCS v5：使用"eclipsec. exe"或"eclipse"。
    Windows：> eclipsec-nosplash<restOfCommand>
    Linux：> Eclipse-nosplash<restOfCommand>

(4) 调试器的变化。

- 设有全局(工作区)级的"调试选项"(Debugger Options)。
- 大多数的调试视图支持"钉住"(pin)和"克隆"(clone)。
- 调试配置(Debug Configurations)。
  - 指定在启动调试会话时运行的调试初始化脚本(JavaScript 文件)：使用 DSS 初始化目标；一个脚本可以在多核的调试环境下初始化多个 CPU；可以替换启动 GEL 文件；
  - 在"程序/目标/源"标签里能以每一个 CPU 独立指定设置。
- CCS v4 的"目标"(Target)菜单被 v5 的"运行"(Run)菜单所取代。

(5) Linux 支持：支持 Linux 主机(host)，支持 Linux 调试(内核/应用)。

- 在以下环境中已测试：
  - Ubuntu 10. 04 的 32 位；
  - Ubuntu 10. 10 的 32/64 位；
  - SUSE 11 32 位。
- CCS 依赖于一些库(因分布版本而异)。
- 并非所有的功能在 Linux 上都有支持。
  - 跟踪(Trace)：内核跟踪(XDS560T)；嵌入式跟踪缓冲(ETB：Embedded

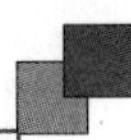

Trace Buffer);系统跟踪模块(STM: System Trace Module)。

● 请注意,并非所有的仿真器在Linux上都有支持。

- SD DSK/EVM板载仿真器,XDS560 PCI不支持。

● 大多数USB/LAN的仿真器都支持。

- XDS100、SD510USB/USB+、560v2、BH 560m/BP/LAN。

● CCS支持Windows和Linux主机电脑。

● 通过集成的GDB调试Linux应用程序。

● 通过JTAG调试Linux内核。

(6) 多核调试。

● 指定一个JavaScript来执行多CPU初始化。

- 用于在各个CPU上执行GEL命令,加载程序,运行过去的初始化例程。

● 一些设置在相同CPU可见的调试会话之间持续存在。

- CCS v4中这一行为由脚本完成,V5中有明确的GUI来控制这种行为。

● 没有"同步模式"(Synchronous Mode)按钮。

- 命令可以被发送到动态创建的自定义CPU组。

● 调试会话之间保存创建的自定义CPU组。

● 状态视图(Status view)在同一视图中显示所CPU的状态信息(包括路由器(routers))。

(7) 系统分析器(System Analyzer)。

● 在任何时间,观测整个系统的应用程序,操作系统和硬件。

● 把多个内核的软硬件仪器的输出关联到一个全局的时间轴。

● 系统的分析器是由两个核心组件构成。

- UIA(统一仪表体系结构: Unified Instrumentation Architecture): 目标端日志记录(logging),运行控制(runtime control)和数据运动(data movement)工具包。

- DVT(数据分析和可视化技术: Data Analysis and Visualization Technology): 主机端运行控制,数据采集(data collection),数据解码(data decoding),数据分析(data analysis)和数据可视化(data visulization)工具。

15.3 CCS v5应用窗口、菜单与工具栏

CCS是一个可视化的开发环境,提供了非常友好的应用程序界面及丰富的调试工具。采用统一用户界面,可帮助开发人员顺利完成应用开发流程的每个步骤。

15.3.1 CCS v5应用窗口

CCS v5的整个应用程序窗口由主菜单、工具条、项目资源管理器、编辑窗口、反

汇编窗口、寄存器显示窗口和变量查看窗口等构成，图 15.7 为 CCS v5 集成开发环境窗口示例。

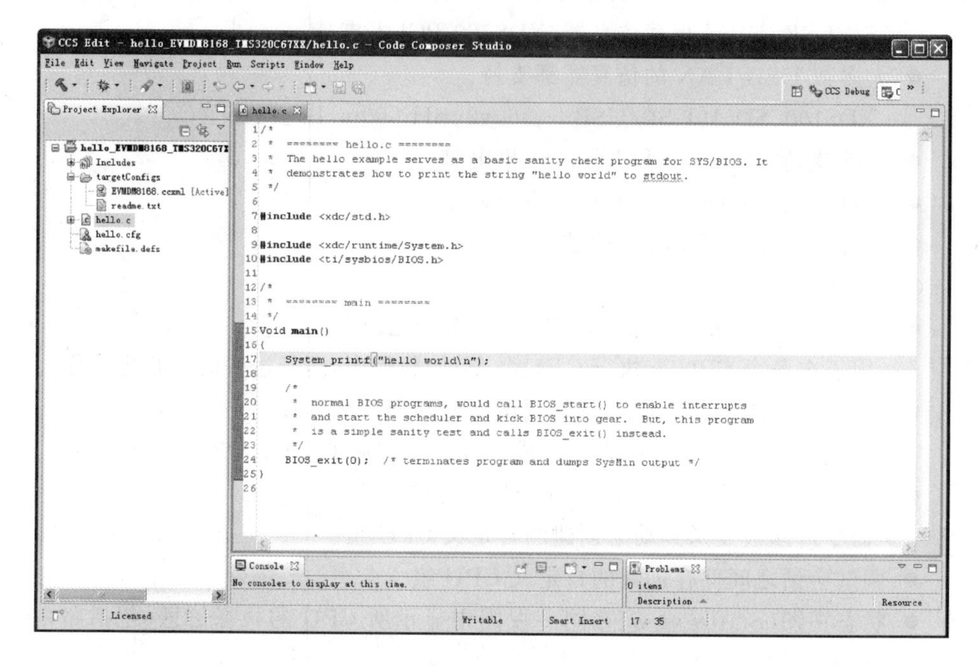

图 15.7　CCS v5 应用窗口示例

CCS 集成开发环境的部分窗口如下：

- 用户可以通过 Windows 菜单来管理各窗口；
- 工程窗口用来组织用户的若干查询，从而构成一个项目，用户可以从工程列表中选中需要编辑和调试的特定程序；
- 在源程序编辑/调试窗口中用户既可以编辑程序，也可以设置断点、探针，调试程序；
- 反汇编窗口可以帮助用户查看机器指令，查找错误；
- 内存和寄存器显示窗口可以查看、编辑内存单元和寄存器。

15.3.2　CCS v5 菜单

CCS 的菜单提供了 CCS 操作的方法以及与文件相关的命令，包括 File、Edit、View、Navigate、Project、Run、Scripts、Window 和 Help 菜单。File 菜单提供了与文件和工程新建、输出、保存、关闭命令、目标配置文件和 DSP/BIOS 配置文件的新建以及工程的导入导出等命令；Edit 提供了复制、粘贴、剪切、操作取消、字符串查找以及内容帮助等命令；View 菜单用于提供资源管理器、图形用户界面编辑器、工程管理器、变量、表达式、寄存器、汇编程序、内存查看窗口、断点查看窗口，用于显示程序运行的中间和最终结果；Project 菜单提供集成了与工程文件操作和编译相关的一系列命令,比如CCS工程新建、CCS例子工程导入、工程编译、编译配置等功能;Run菜单用于程序的调试,包括程序的运行、断点、单步运行等一系列与工程调试相关的命令;Help菜单下提供了CCS的一些技术支持以及用户指导。

15.4　CCS v5的安装配置与使用

CCS安装包可以在TI官网上下载,在安装过程中软件安装路径及文件命名不能出现中文或空格字符,安装完成之后需要一个license破解文件才能正常使用CCS。下面以CCS v5.4为例讲解CCS v5的安装。

15.4.1　安装CCS v5

(1) 在工作盘中新建CCS 5.4文件,用于软件的安装,运行下载的CCS安装应用程序(setup.exe)。

(2) 选择"I accept the terms of license agreement",单击"Next"进入下一步,如图15.8所示。

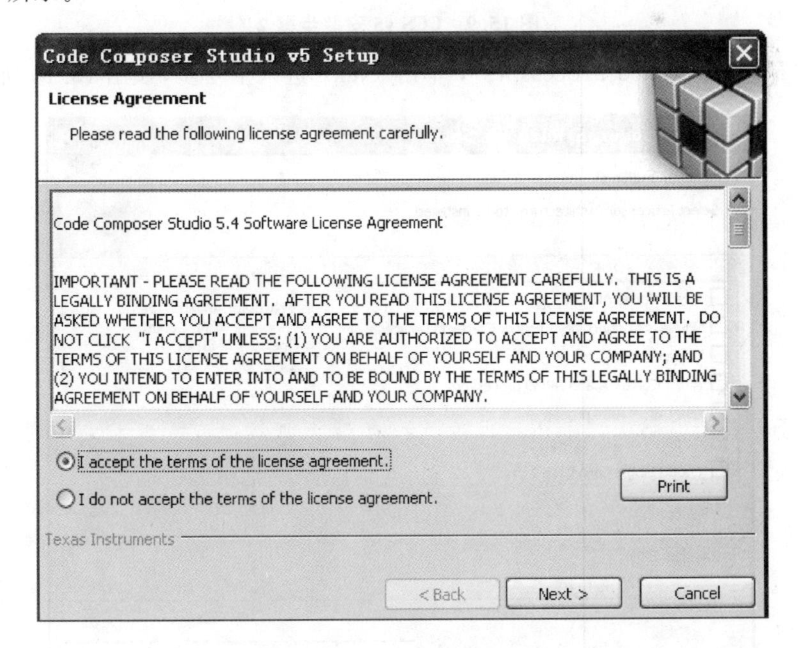

图15.8　CCS v5安装步骤1

(3) 选择CCS v5软件安装路径到新建的CCS 5.4文件,注意不要有中文路径和文件名,单击"Next"进入下一步,如图15.9所示。

(4) 安装类型选择"Custom",单击"Next"进入下一步。

(5) 根据用户的具体应用需求选择处理器,比如选择"C6x DSP + ARM proces-

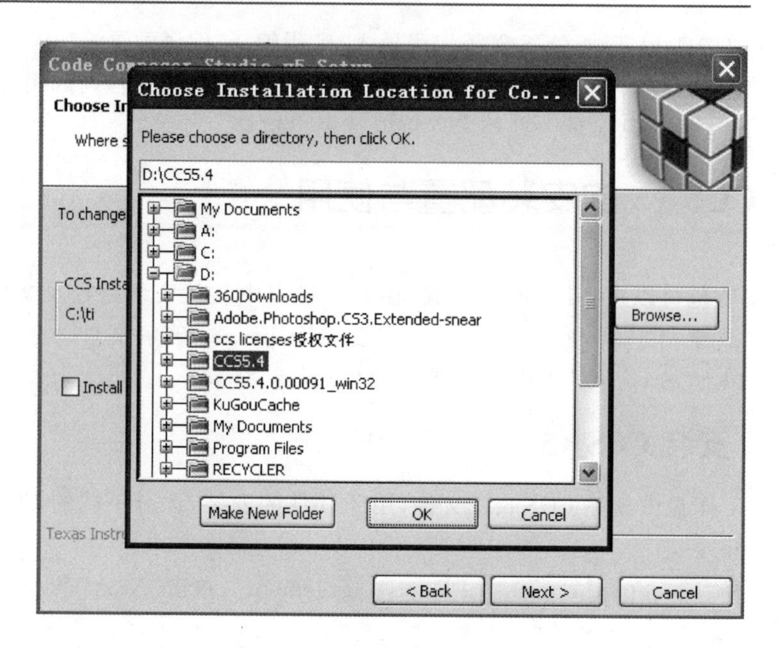

图 15.9　CCS v5 安装步骤 2

sors”和“DaVinci Video Processors”，单击“Next”进入下一步，如图 15.10 所示。

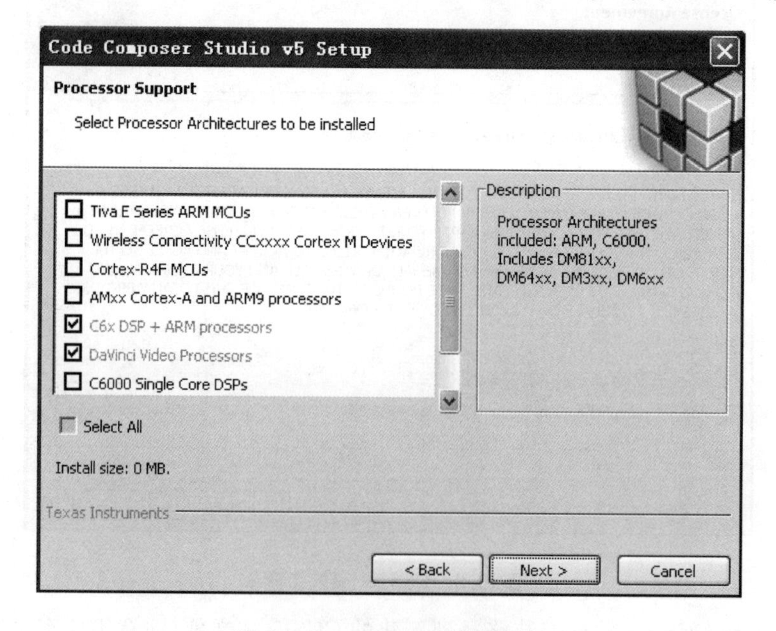

图 15.10　CCS v5 安装步骤 3

(6) 选择组件，包括编译工具、设备软件、软件仿真，单击“Next”进入下一步，如图 15.11 所示。

(7) 选择仿真器，单击“Next”进入下一步，如图 15.12 所示。

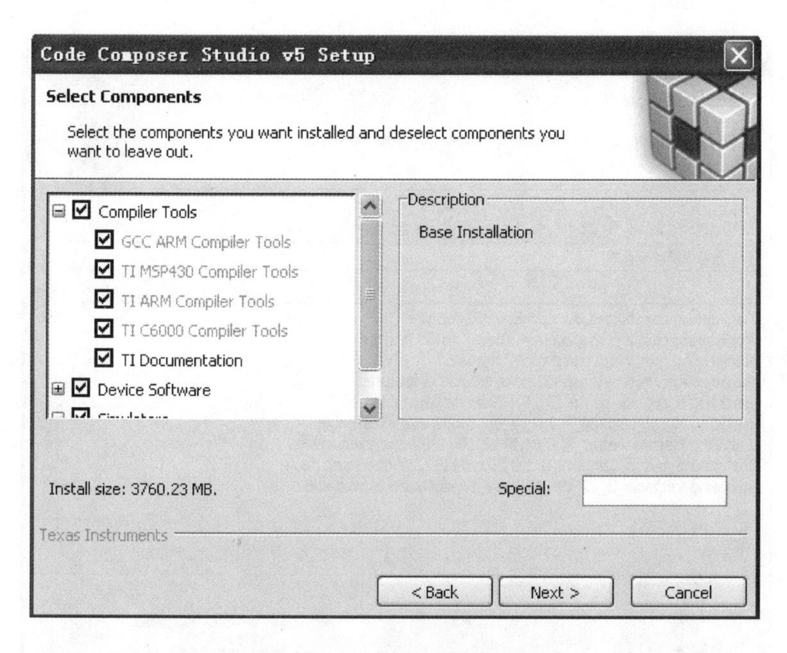

图 15.11　CCS v5 安装步骤 4

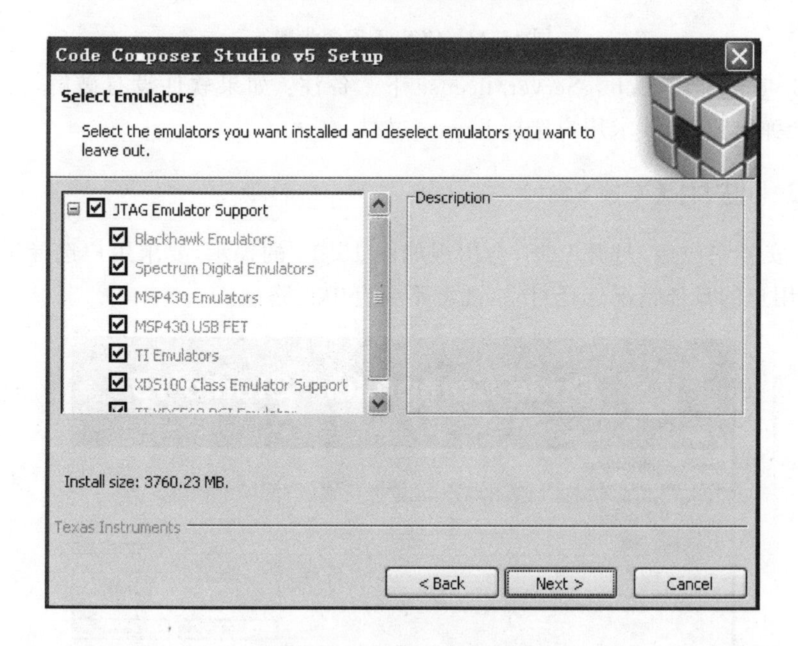

图 15.12　CCS v5 安装步骤 5

(8) CCS 进入安装过程，等待一段时间到安装结束，如图 15.13 所示。

(9) 当软件安装完成后出现“click to finish”，单击完成便安装成功。

(10) 文件破解：把许可证文件“CCS v5-China-University-Site_License.lic”复制

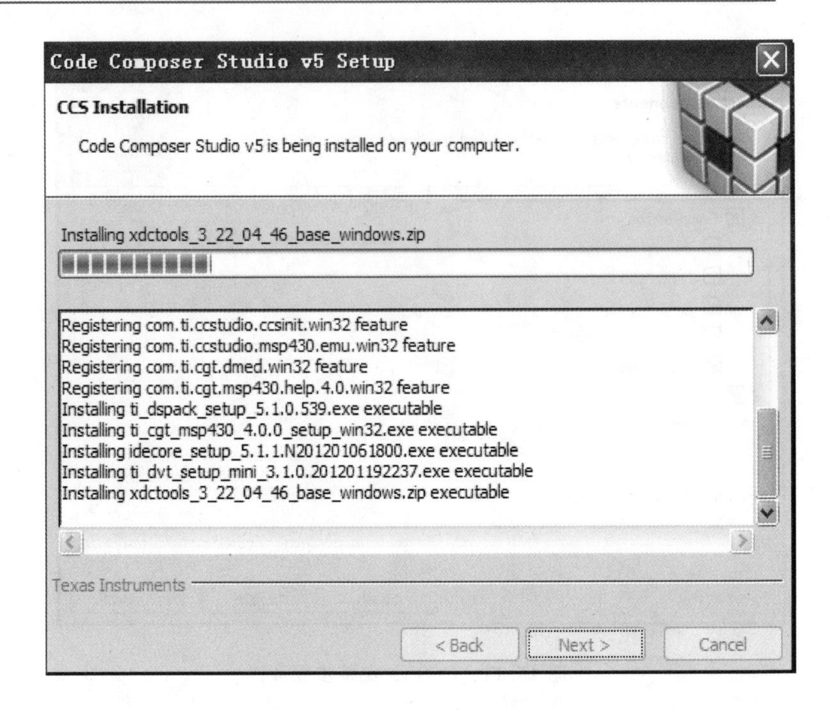

图 15.13 CCS v5 安装步骤 6

到/ccsv5/ ccs_base/DebugServer/license下。备注：如果软件没有破解，打开CCS软件时会弹出窗口，要求用户选择license文件。

15.4.2 使用CCS v5

(1) 安装完成后，打开CCS，会出现如图15.14的提示，要求用户选择工作区目录，根据用户的具体情况选择目录，注意不要有中文路径。

图 15.14 CCS v5 的使用 1

(2) 完成上面操作以后，会出现TI Resource Explorer，如图15.15所示，根据选择的器件不同会稍有不同。

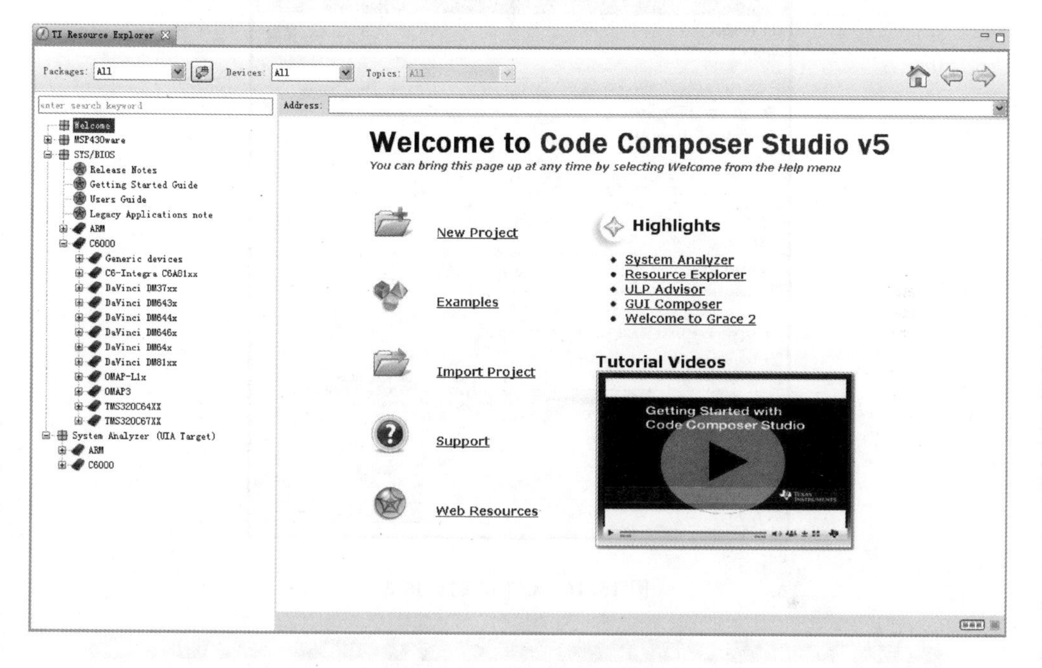

图 15.15 CCS v5 的使用 2

(3) 利用CCS v5新建工程。

① 首先打开CCS v5并确定工作区间,然后选择File→New→CCS Project或者Project→ New CCS Project弹出如图15.4所示对话框。

② 在Project name中输入新建工程的名称CCSproject1;在Output type中有两个选项:Executable和Static library,前者为构建一个完整的可执行程序,后者为静态库。在此保留为Executable;在Device部分选择器件的型号:在此Family选择C6000,Variant选择DaVinci DM81xx,芯片选择EVMDM8168,Connection选择TI XDS560 Emulator,20-pins Rev-D Cable;选择空工程,然后单击Finish完成新工程的创建,如图15.16所示。

③ 创建的CCSproject1工程将显示在Project Explorer中,如图15.17所示。

④ 添加文件。

新建文件:在工程名上右键单击,可以新建源文件、头文件、类等,选择New→Header File/Source File,如图15.18所示。在弹出的新建文件对话框中键入文件名,注意新建头文件必须以.h结尾,新建源文件注意必须以.c结尾。这样就添加文件到工程中,可以对文件进行编辑。

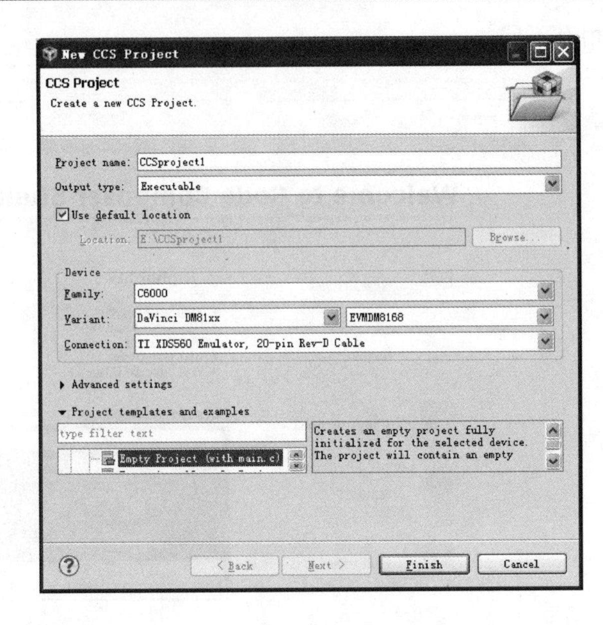

图 15.16　CCSv5 的使用 3

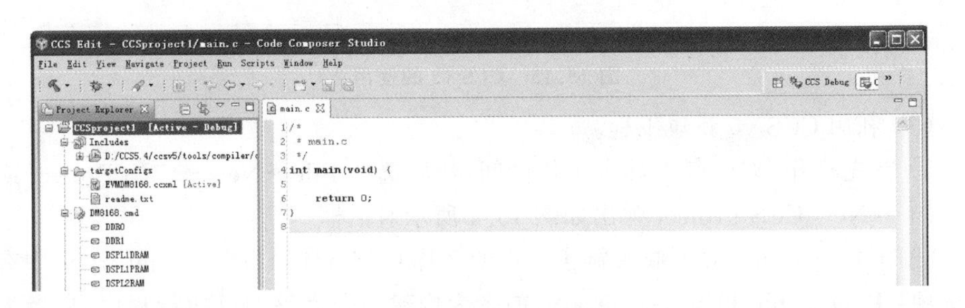

图 15.17　CCS v5 的使用 4

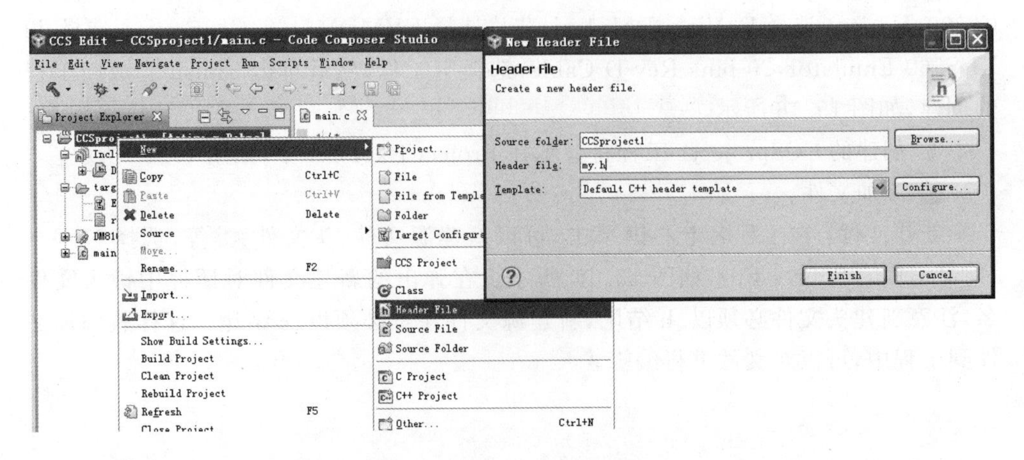

图 15.18　CCS v5 的使用 5

导入已有文件：在工程名上右键单击，选择 Add Files，找到所需导入的文件位置，单击打开，如图 15.19 所示。若已用其他编程软件(例如 IAR)，完成了整个工程的开发，该工程无法直接移植入 CCS v5，但可以通过在 CCS v5 中新建工程，并根据以上步骤新建或导入已有. h 和. c 文件，从而完成整个工程的移植。

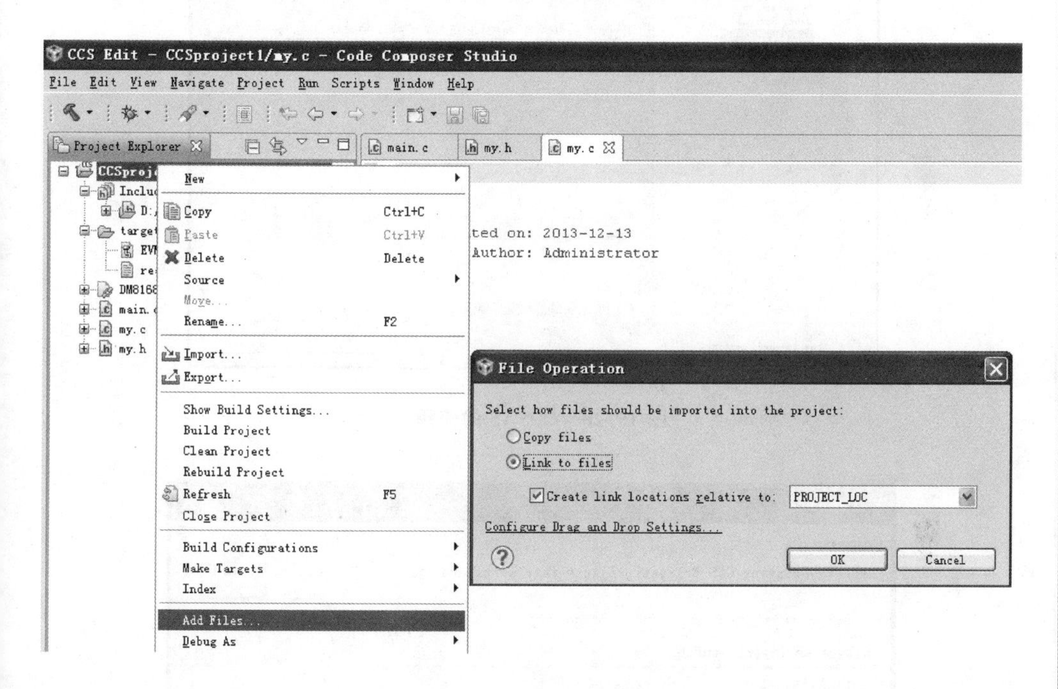

图 15.19 CCS v5 的使用 6

⑤ 设置头文件路径。

在 TI 提供的实例代码中，头文件通常是以共享的形式提供的。有时新建一个工程或者更改了工程目录，会出现编译报错的情况，比如头文件打不开或者变量没有定义等，这时候可能是某些文件没有添加进去。可以通过以下方法添加头文件目录：右击工程名→Properties，选择 Build→Include Options，有一个 # include 搜索路径，添加上路径即可，如图 15.20 所示。

(4) 利用 CCS V5 导入工程。

可以通过 CCS v5 将已有的工程直接导入，选择 File→Import，弹出图 15.21 所示的对话框，展开 Code Composer Studio 选择 Existing CCS Eclipse Projects 或 Legacy CCS v3. 3 Eclipse Project。(也可以单击 Projec→Import Existing CCS Eclipse Proejct 或 Import Legacy CCS v3. 3 Project，选择相应的工程目录即可导入)。

单击"Next"进入如图 15.22 所示的对话框，通过 Select search-directory 选项，单击 Browse 选择需导入的工程所在目录，选择要导入的工程。

(5) 编译工程。

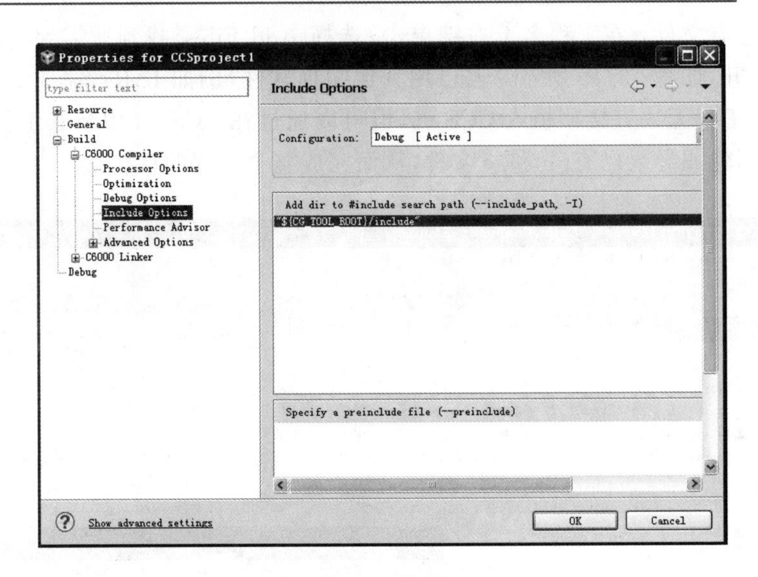

图 15.20 CCS v5 的使用 7

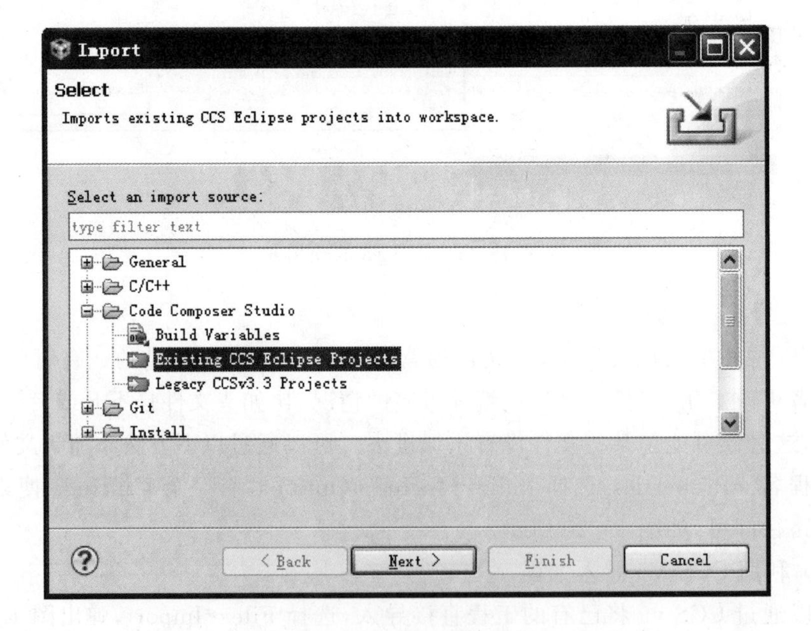

图 15.21 CCS v5 的使用 8

选择 Project→Build project 或者右击工程名选择 Build Project，或者单击如图15.23所示的小锤子编译工程。编译没有错误产生，可以进行下载调试；如果程序有错误，将会在 Problems 窗口显示，根据显示的错误修改程序，并重新编译，直到无错误提示。

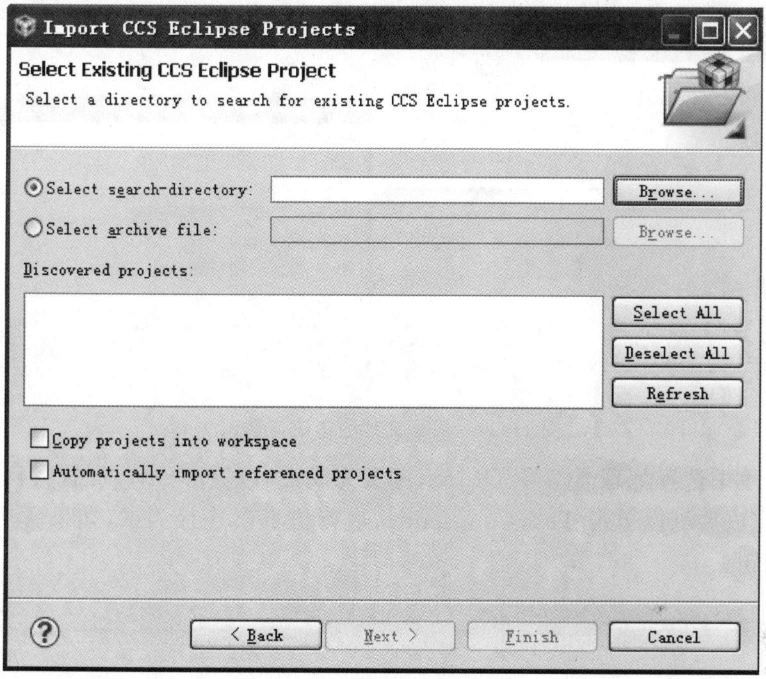

Import CCS Eclipse Projects
Select Existing CCS Eclipse Project
Select a directory to search for existing CCS Eclipse projects.
Select search-directory:　Browse...
Select archive file:　Browse...
Discovered projects:
Select All
Deselect All
Refresh
Copy projects into workspace
Automatically import referenced projects
< Back　Next >　Finish　Cancel

图 15.22　CCS v5 的使用 9

图 15.23　编译工具

如果编译报错的话，可以根据错误提示进行修改。但是有时候非常确信代码没有问题，CCS 在编译的时候还是会报错。建议用户可以做如下尝试：右击工程文件，选择 Clean Project，再尝试编译。

(6) 调　试。

① 目标配置文件的创建与配置。

在开始调试(Debug)之前，有必要确认目标配置文件(Target Configuration File)是否已经创建并配置正确。创建目标配置文件步骤如下：

右键单击项目名称，并选择 NEW→Target Configuration File，或选择 File→New→Target Configuration File，弹出目标配置文件对话框，在 File name 中键入后缀为 .ccxml 的配置文件名，如图 15.24 所示。

单击 Finish，将打开目标配置编辑器，选择仿真器，选择平台，如图 15.25 所示。将 Connection 选项选择为 TI XDS560 Emulator，20-pin Rev-D Cable，在 Board or

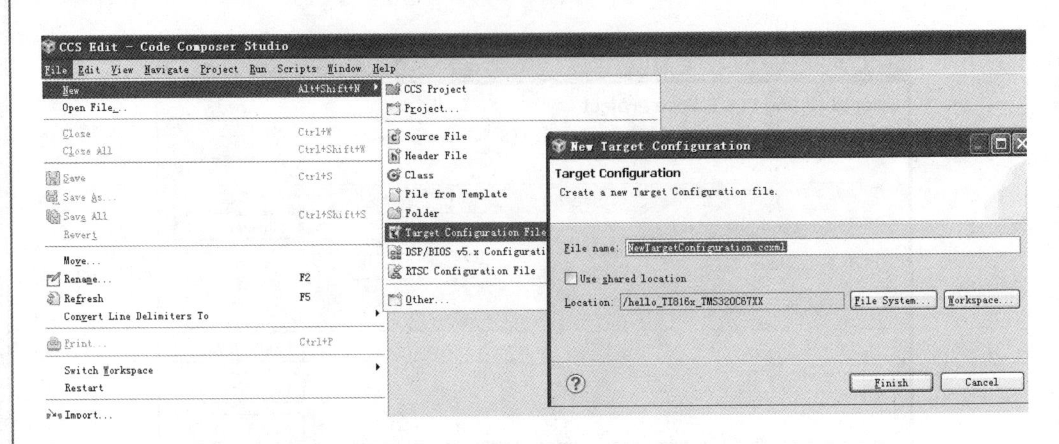

图15.24　目标文件的创建与调试1

Device菜单中选择处理器型号TI816x；配置完成之后，单击Save，配置将自动设为活动模式；完成后可以单击Test Connection，进行仿真器连接测试，如果成功，说明硬件没有问题。

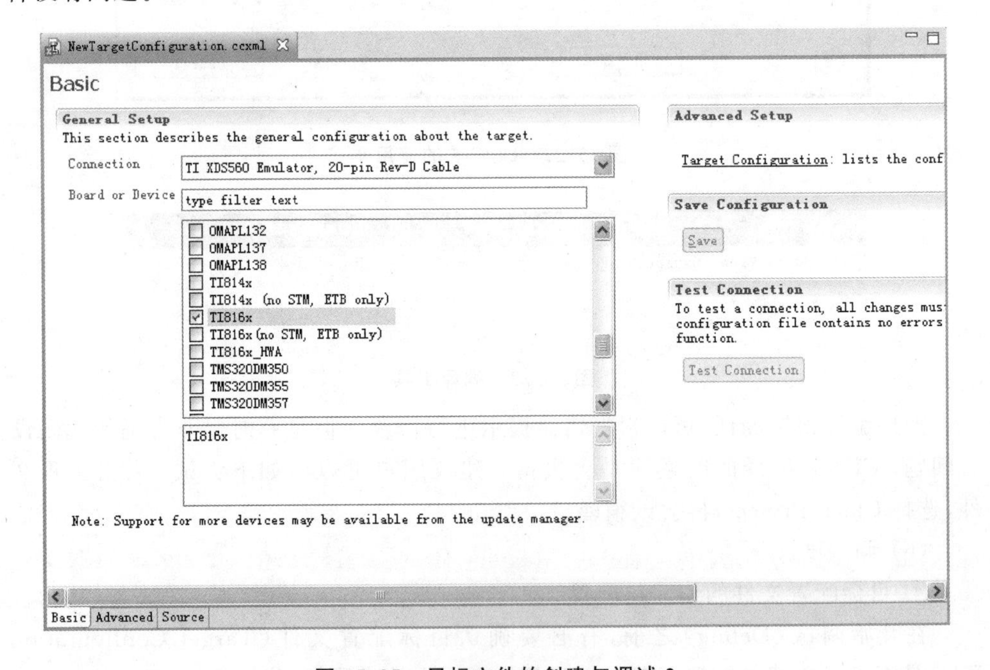

图15.25　目标文件的创建与调试2

一个项目可以有多个目标配置，但只有一个目标配置在活动模式。要查看系统上所有现有目标配置，只需要去View→Target Configurations查看，在相应的.ccxml文件上面右击选择Set as Default，如图15.26所示。

② 启动调试器。

完成目标配置文件的创建与配置之后，单击绿色的Debug按钮 进行下载调

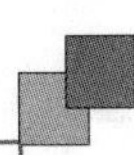

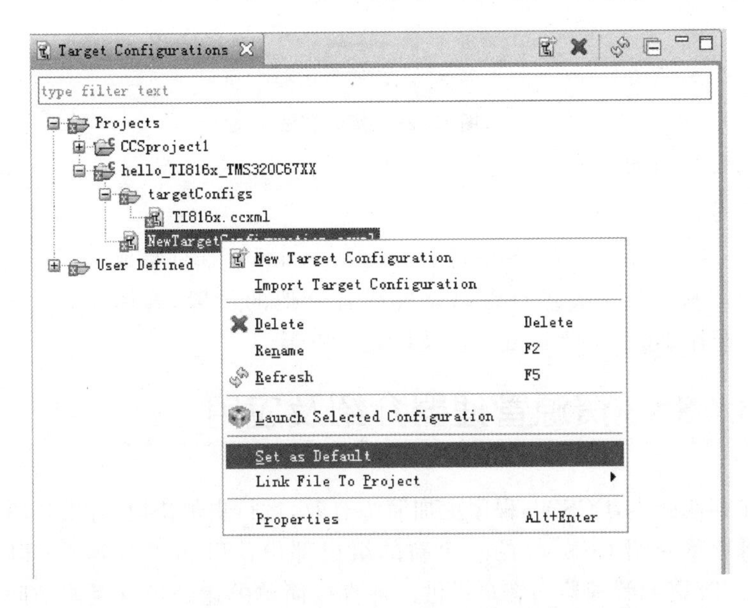

图 15.26　目标文件的创建与调试 3

试。图 15.27 为调试工具栏，可以执行运行、退出 Debug 模式、单步运行(多种)、CPU 复位、Restart、刷新等功能。

图 15.27　调试工具栏

单击运行图标运行程序，观察显示的结果；在程序调试的过程中，可通过设置断点来调试程序：选择需要设置断点的位置，右击鼠标选择 Breakpoints→Breakpoint，断点设置成功后将显示图标，可以通过双击该图标来取消该断点。程序运行的过程中可以通过单步调试按钮配合断点单步的调试程序，单击重新开始图标定位到 main()函数，单击复位按钮复位。可通过中止按钮返回到编辑界面。

在程序调试的过程中，可以通过 CCS v5 的 View 菜单选择 View→Variable/Expressions/ Registers/Disassembly/Memory Browser/ Break points 分别查看变量、表达式、寄存器、汇编程序、内存查看窗口、断点查看窗口等信息，显示出程序运行的结果，以便和预期的结果进行比较，从而顺利地调试程序。

单击如图 15.28 所示的红框，可以进行实时调试，可以在 Expressions 窗口实时查看变量，或者通过 Graph 查看波形等。

在 CCS v5 中提供了一个小插件用于查看代码运行的周期。进入调试模式后，单击工具栏的 run→clock→Enable，在 CCS 左下角会出现 :0，即可激活小插件。首先在中断开始部分设置断点，然后在中断最后设置断点，通过 clock 来计算两个断

图 15.28　实时调试

点之间有多少个周期。

(7) 烧写 Flash。

不同于 CCS v3.3,CCS v5 中将 flash-programmer 插件集成了。直接单击 后即可完成烧写。如果要进行密码设置或者其他的设置,选择 Tools→On→chip Flash,可以选择要擦除的 Flash 段以及设置密码等。

15.5　CCS v5 资源管理器介绍及应用

较以往其他版本,CCS v5 程序更加简练有效,运行更加快捷,开发环境也更加直观。这里将着重介绍 CCS v5 的一个新的组成部份：TI 资源管理器(TI Resource Explorer)。TI 资源管理器向客户提供一种直接简单的途径进行资源访问。在它基于 GUI 的用户界面中,客户可直接打开 PDF 文件,将代码示例直接导入 IDE 中。它还能够在网上自动更新内容。

(1) CCS v5 具有很强大的功能,并且其内部资源也非常丰富,可以应用其内部资源进行 MSP430 单片机、SYS/BIOS 的开发。这里演示 CCS v5 资源管理器的应用,如图 15.29 所示,通过 View→TI Resource Explorer 打开 CCS v5 的欢迎界面。

图 15.29　TI 欢迎窗口界面

(2) 利用 New Project 连接可以新建 CCS 工程,具体新建步骤可以参考 15.4.2

节(使用 CCS v5)；利用 Examples 连接可以搜索到示例程序资源；利用 Import Project 连接可以导入已有 CCS 工程文件，具体导入步骤可以参考 15.4.2 节(使用 CCSv5)；利用 Support 连接可以在线获得技术支持；利用 Web Resources 连接可以进入 CCSv5 的网络教程，学习 CCSv5 的有关知识。

(3) 在“Packages”下拉菜单下选择 ALL，进入 CCSv5 资源管理器，如图 15.30 所示。在左列资源浏览器中，包含 MSP430Ware、SYS/BIOS(因安装 CCS 所选处理器不同而不同)。MSP430Ware 将所有的 MSP430 MCU 器件的代码范例、数据表与其他设计资源整合成一个便于使用的程序包，基本上包含了成为一名 MSP430 MCU 专家所需要的一切。下面展开 MSP430Ware 软件库，简单介绍其资源库。对于 SYS/BIOS 资源库类似，后面再做介绍。

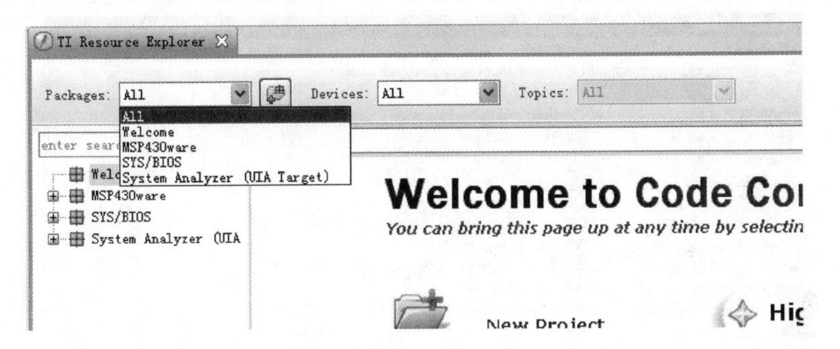

图 15.30　CCS v5 资源管理器窗口

(4) MSP430ware。

① 展开 MSP430ware，其包含 3 个方面内容：MSP430 单片机资源、开发装置资源以及 MSP430 资源库。

② 展开 MSP430 单片机资源，得到如图 15.32 所示的界面，展开 MSP430F5xx/6xx，其中包含 F5xx/6xx 系列的用户指导、数据手册、勘误表以及示例代码。

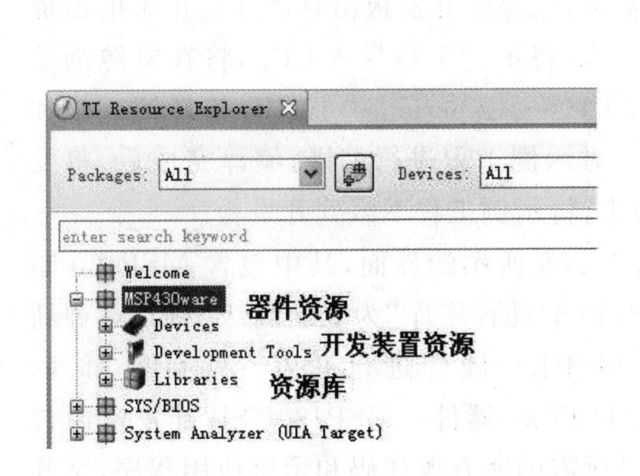

图 15.31　MSP430ware 界面

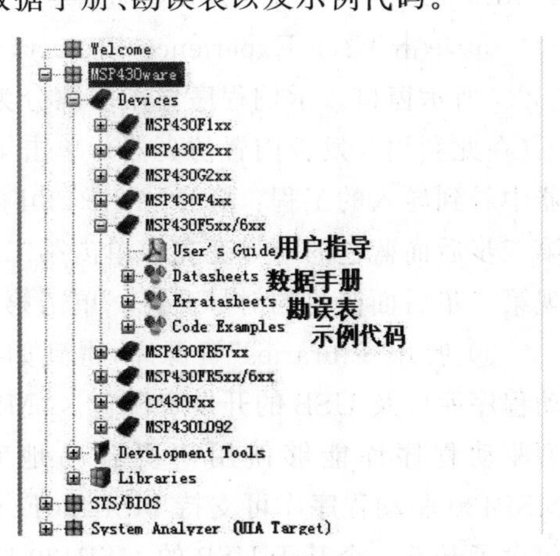

图 15.32　MSP430 单片机资源管理图

③ 展开 Code Examples，在下拉选项上选择 MSP430F552x，在右面窗口中，将得到 MSP430F552x 有关各内部外设的应用程序资源，如图 15.33 所示。若用户想要在 ADC 模块的基础上，开发 MSP430，首先可以选择一个有关 ADC 的工程，作为讲解，在此选择第二个工程：MSP430F55xx_adc_01.c。单击该工程名称，将会弹出一个对话框，选择单片机型号，在此选择 MSP430F5529，单击 OK。之后用户将在工程浏览器中，看到导入的工程：MSP430F55xx_adc_01，用户可以在此基础上进行单片机的开发。

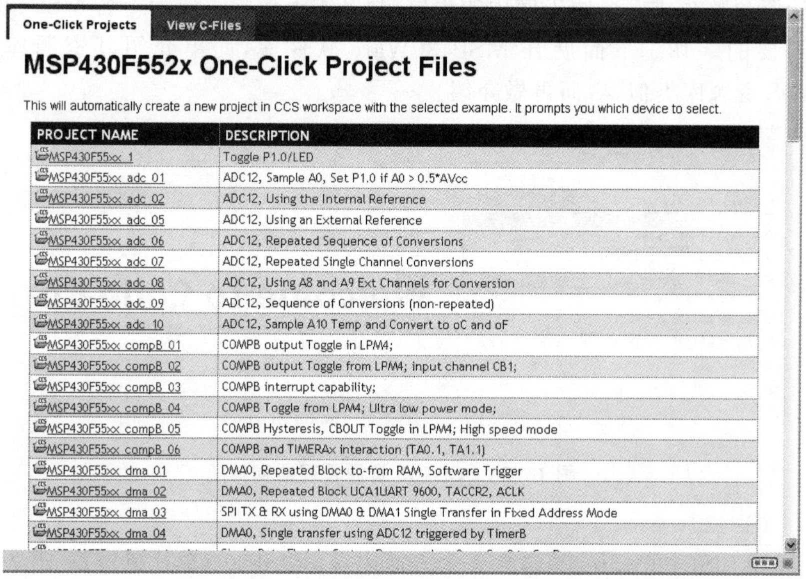

One-Click Projects　View C-Files

MSP430F552x One-Click Project Files

This will automatically create a new project in CCS workspace with the selected example. It prompts you which device to select.

PROJECT NAME	DESCRIPTION
MSP430F55xx_1	Toggle P1.0/LED
MSP430F55xx_adc_01	ADC12, Sample A0, Set P1.0 if A0 > 0.5*AVcc
MSP430F55xx_adc_02	ADC12, Using the Internal Reference
MSP430F55xx_adc_05	ADC12, Using an External Reference
MSP430F55xx_adc_06	ADC12, Repeated Sequence of Conversions
MSP430F55xx_adc_07	ADC12, Repeated Single Channel Conversions
MSP430F55xx_adc_08	ADC12, Using A8 and A9 Ext Channels for Conversion
MSP430F55xx_adc_09	ADC12, Sequence of Conversions (non-repeated)
MSP430F55xx_adc_10	ADC12, Sample A10 Temp and Convert to oC and oF
MSP430F55xx_compB_01	COMPB output Toggle in LPM4;
MSP430F55xx_compB_02	COMPB output Toggle from LPM4; input channel CB1;
MSP430F55xx_compB_03	COMPB interrupt capability;
MSP430F55xx_compB_04	COMPB Toggle from LPM4; Ultra low power mode;
MSP430F55xx_compB_05	COMPB Hysteresis, CBOUT Toggle in LPM4; High speed mode
MSP430F55xx_compB_06	COMPB and TIMERAx interaction (TA0.1, TA1.1)
MSP430F55xx_dma_01	DMA0, Repeated Block to-from RAM, Software Trigger
MSP430F55xx_dma_02	DMA0, Repeated Block UCA1UART 9600, TACCR2, ACLK
MSP430F55xx_dma_03	SPI TX & RX using DMA0 & DMA1 Single Transfer in Fixed Address Mode
MSP430F55xx_dma_04	DMA0, Single transfer using ADC12 triggered by TimerB

图 15.33　MSP430F552x 应用程序资源

④ 展开 Development Tools 开发装置资源，得到如图 15.34 所示的界面，其中包含 MSP-EXP430F5529 开发板资源。

⑤ 单击 User Experience Project（Code Limited），在右面窗口中将得到如图 15.35所示窗口。示例程序导入步骤分为 4 步，在保证开发板仿真器连接正确的前提下（在此利用开发板内置仿真器），单击第一步，将示例工程导入 CCS，将在资源浏览器中看到导入的工程：MSP- EXP430F5529 User Experience_16KB，并且第一步和第三步后面蓝色的对号变亮。单击第二步，对示例工程进行编译，编译完成后，将发现第二步后面蓝色的对号变亮。单击第四步，将示例工程下载到开发板。

⑥ 展开“Libraries”资源库，得到如图 15.36 所示的界面，其中包含 MSP430 驱动程序库以及 USB 的开发资源包。“MSP430 驱动程序库”为全新高级 API，这种新型驱动程序库能够使用户更容易地对 MSP430 硬件进行开发。就目前而言，MSP430 驱动程序库可支持 MSP430F5xx 和 F6xx 器件。MSP430USB 开发资源包包含了开发一个基于 USB 的 MSP430 项目所需的所有源代码和示例应用程序，该开发资源包只支持 MSP430USB 设备。

图 15.34　MSP430 开发装置资源管理图

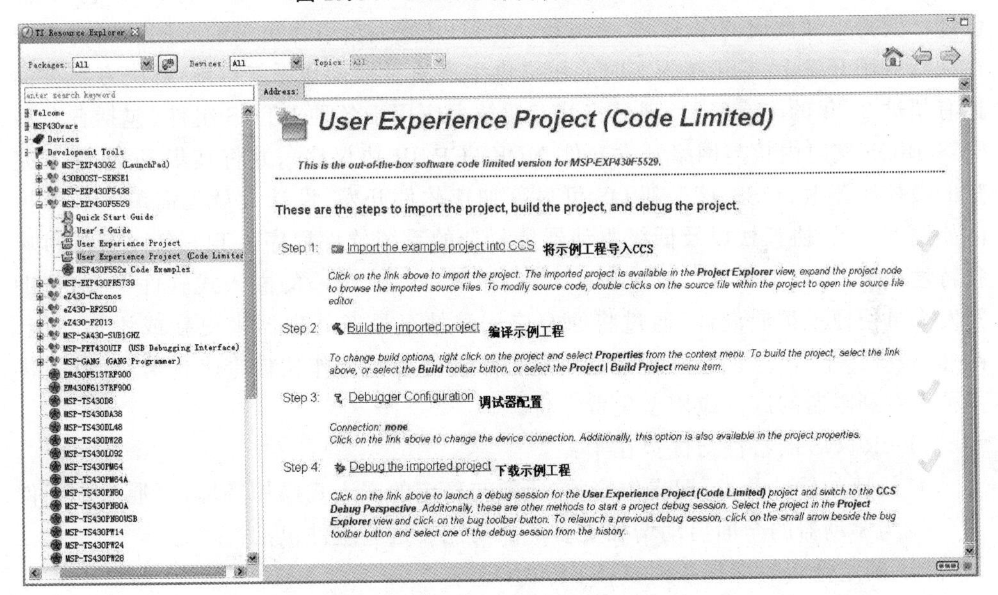

图 15.35　MSP-EXP430F5529 原板载程序资源

图 15.36　资源库管理图

(5) 对于SYS/BIOS的资源管理器的内容与MSP430类似,包括处理器的芯片资源、用户指导、示例代码等,用户可以查询CCS v5的资源管理器做对比,这里不再继续深入。

15.6 开发SYS/BIOS程序

15.6.1 SYS/BIOS实时操作系统

德州仪器宣布推出面向MCU平台、基于抢占式多线程内核的完整实时操作系统TI-RTOS(即SYS/BIOS),加大对嵌入式处理软件及工具产业环境的投入。软件设计已变得更加便捷的今天,微控制器(MCU)开发人员可将更多的时间和精力集中在独特应用开发上。TI在为实时应用提供生产质量级操作系统(OS)解决方案方面拥有超过20年的丰富经验,现已将其专业技术应用于各种RTOS组件(包括普及型SYS/BIOS实时内核与网络开发套件NDKTCP/IP协议栈),并将其集成,创建了完整的微控制器RTOS。该最新OS可显著加速软件开发,设计人员无需编写和维护诸如调度工具、协议栈以及低级驱动器等复杂的系统软件程序。TI-RTOS的市场独特性在于,可在整个TI完整MCU产品系列中提供统一的嵌入式软件平台,帮助开发人员便捷地扩展设计,通过将原有应用移植至最新处理器来更新或添加功能。此外,该统一平台还可为TI设计网络软件产业环境的合作伙伴带来优势,为其提供一种无专利限制的广泛应用型免费平台。

TI-RTOS的特性与优势在于:

- 便捷的软件开发,即提供完整、成熟与稳定的嵌入式操作环境,可通过中间件与驱动器的全面启动增加更多产品功能。这些组件包括:
  - 确定性实时多任务内核(SYS/BIOS);
  - TCP/IP协议栈,包括网络应用;
  - USB、EMAC、MMC/SD主机及器件协议栈以及类驱动器;
  - 与CRTS文件I/O功能全面集成的FAT兼容型文件系统;
  - 以太网、USB、UART、I2C与SD器件驱动器;
  - 双核器件的低开销内核间通信机制。
- 直接开始软件开发,实现网络连接:提供已集成并经过测试的组件。用户无需拼凑代码,也不会出现组件版本不匹配问题,可确保其应用在多线程环境下工作。
- 使用新功能便捷改进现有软件基础:添加新任务不会中断重要系统功能的实时响应。
- 在双核器件间移动函数,优化性能:在ARM与C28x DSP内核上使用相同的TI-RTOS内核。

- 接受高稳健文档与示例来扩展设计，包括适用于多任务开发与集成的示例和API，有助于评估 TI－RTOS 并获得培训。
- 支持片上存储器限制：RTOS 基于支持小型封装的模块化架构，可便捷地移除应用不需要的软件功能。此外，组件也可扩展，可进一步降低存储器需求。
- 可在熟悉的环境中无缝开发：TI-RTOS 全面集成于 TI CCS 集成型开发环境，提供电路板支持套件与开发套件，包括 TI MCU LaunchPads 等。
- 通过 TI 广泛的设计网络软件开发商网络获得专用软件：Interniche 和 Simma software 等合作伙伴可提供更多配合 TI-RTOS 工作的通信协议栈。
- 无提前支付或运行时许可证费，提供免费支持：由 TI 提供直接支持的全面 C 语言源代码。

SYS/BIOS 是一个比 DSP/BIOS 更好的更新的实时操作系统，SYS/BIOS 早期的版本叫 DSP/BIOS，SYS/BIOS 可以在 DSP 以外的处理器上应用。DSP/BIOS 是由 TI 提供的、广泛用于各种信号处理器（DSP）和微控制器（MCU）的实时操作系统。CCS 中集成一个简易的嵌入式实时操作系统 DSP/BIOS，能够大大方便用户编写多任务应用程序。DSP/BIOS 拥有很多实时嵌入式操作系统的功能，如任务的调度，任务间的同步和通信，内存管理，实时时钟管理，中断服务管理等，用户可以编写复杂的多线程程序，并且会占用更少的 CPU 和内存资源。DSP/BIOS 本身占用很少的资源，而且是可剪裁的，它只把直接或间接调用的模块和 API 连接到目标文件中，因此在多数应用中是可以接受的。它提供底层的应用程序接口，支持系统实时分析、线程管理、调用软件中断、周期函数以及后台运行函数以及外部硬件中断和多种外设的管理。利用 DSP/BIOS 编写代码，借助 CCS 提供的多种分析与评估工具，比如代码执行时间统计、显示输出、各线程占用 CPU 的时间统计等，可以直观地分析各部分代码的运行开销，高效地调试实时应用程序，缩短软件开发时间，而且 DSP/BIOS 是构建于已被证实为有效的技术之上的，创建的应用程序稳定性好，软件标准化程度高，可重复使用，因此减少了软件的维护费用。

15.6.2 开发 SYS/BIOS 程序

1. 安装 SYS/BIOS

在安装 CCS 的时候，为了可以使用 SYS/BIOS 6.35，所有的组件（component）需要作为 CCS 安装的一部分而被选择，还需要确保 XDStools 和 SYS/BIOS 6.35 的复选框被选中。如果用户需要单独安装 SYS/BIOS，在 Windows 系统上，将 SYS/BIOS 的安装在 CCS 安装的顶层文件中。也就是说，在包含 CCS v5 文件夹和其他安装组件的文件夹中安装 SYS/BIOS，在安装完 SYS/BIOS 之后，应该重启 CCS 软件。

2. 利用 TI 资源管理器创建 SYS /BIOS 工程

(1) 打开 CCS v5。

如果没有显示 TI Resource Explorer 窗口，通过 View→TI Resource Explorer 打开资源管理器窗口。

(3) 展开 SYS/BIOS 处理器和相应的示例程序选项，比如 SYS/BIOS－＞C6000－＞DaVinci DM81xx→DM8168→Generic Examples，如图 15.37 所示。

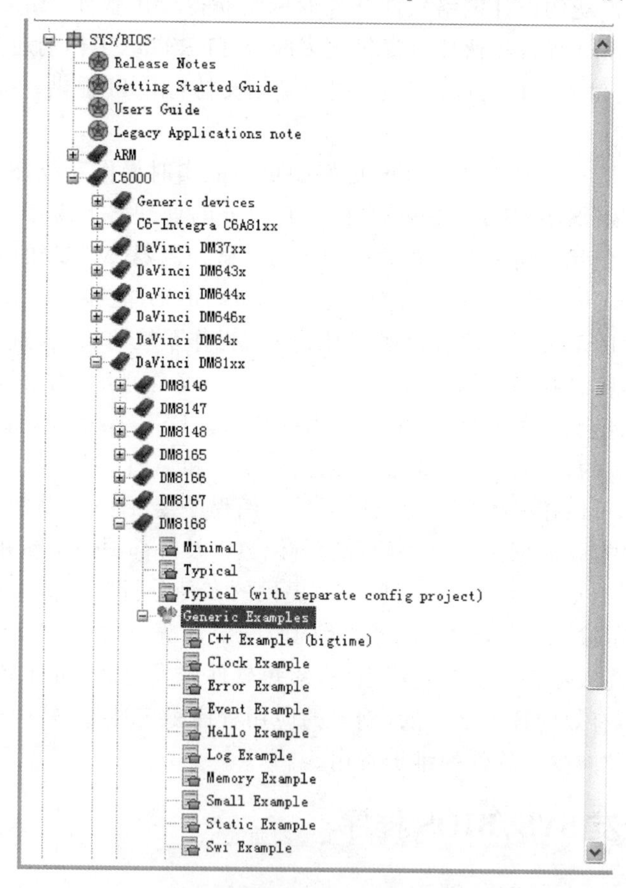

图 15.37 SYS/BIOS 处理器和相应的示例程序选项

(4) 选择想要创建的工程实例，每个工程实例在首页的右上方都有相应的说明。可以选择通用实例来开始 SYS/BIOS，比如 Log Example 或 Task Mutex Example。

(5) 如果用户准备好创建自己的应用程序，可以根据目标板的存储器限制选择"Minimal"或"Typical"实例，对于有些器件系列，器件有指定的 SYS/BIOS 模板(如果有其他软件组件使用 SYS/BIOS，比如 IPC，用户可以为那个组件选择模板)。

(6) 选择 SYS/BIOS 工程示例。单击"Step 1"连接将工程导入 CCS 中，在弹出的新建工程对话框中选择仿真器和 SYS/BIOS 版本等配置，这样在工程管理器视图

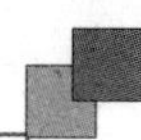

中就新增加一个工程。

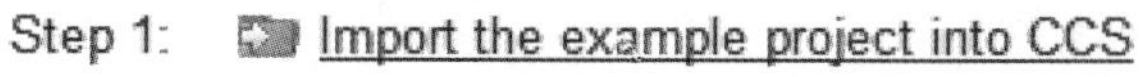

Step 1: Import the example project into CCS

图 15.38　导入 CCS 工程

(7) 当用户已经准备好编译工程，使用资源管理器的"Step 2"连接。如果想要更改编译选项，右击工程名并选择 Properties，比如可以更改编译器、连接器和 RTSC 选项等。

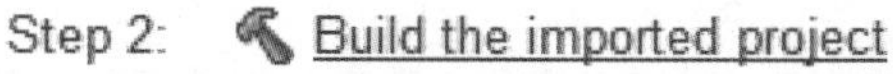

Step 2: Build the imported project

图 15.39　编译工程

(8) 使用资源管理器的"Step 3"连接来更改与平台的连接配置。对于选定的工程实例，当前的配置显示在资源管理器页面。如果想要使用仿真器(Simulator)而不是硬件连接，可以通过 CCS 的 View→Target Configurations 并找到工程的.ccxml 文件，双击该文件打开 Target Configurations 文件编辑，更改所需要的 Connections 并保存。

Step 3: Debugger Configuration

15.40　配置的更改

(9) 单击"Step 4"启动 Log Example 工程的调试并切换到 CCS 调试视图。除此之外，也可以通过其他方法开始调试工程，比如选中工程资源管理器的工程，单击调试工具栏的调试按钮。要重新启动先前的调试，单击调试工具按钮旁边的小箭头并选择历史记录中的一个。

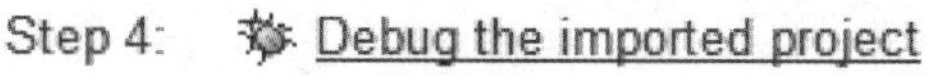

Step 4: Debug the imported project

15.41　工程的调试

3. 通过新建工程向导创建 SYS/BIOS 工程

(1) 打开 CCS v5。

(2) 通过 File→New→CCS Project 打开新建工程向导，如图 15.42 所示。

(3) 在新建工程对话框中，输入工程名，比如创建 SYS/BIOS 的"log"例子，可以输入工程名为"bioslog"。

(4) 选择器件系列 Family，比如 C6000；进一步选择器件的具体类型，比如 Variant选择 Davinci DM81xx 就可以缩小 C6000 的选择范围；然后选择具体的使用的处理器，比如选择 DM8168。

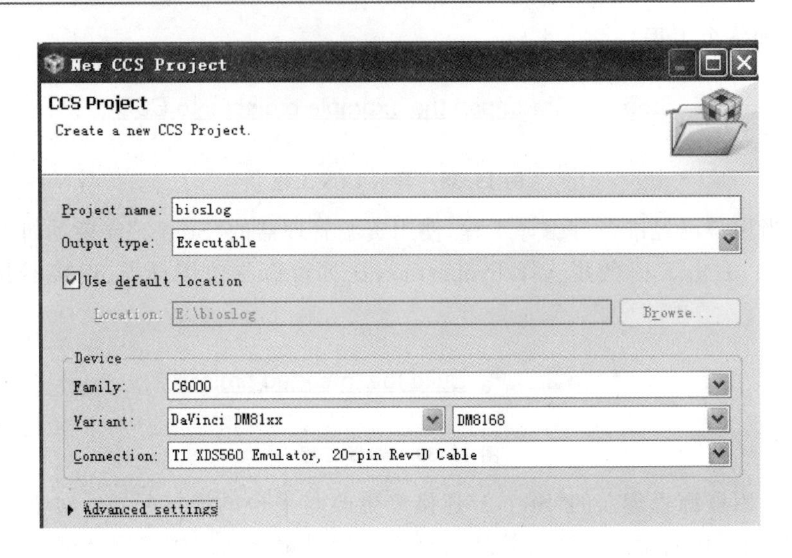

图 15.42 新建工程向导

(5) 还需要选择 Connection 类型来指定 emulator 或 simulator。根据所选设备的不同,还可以在高级设置(Advanced settings)设置设备的字节序等选项。

(6) 在项目模板和示例(Project Templates and examples)中,展开 SYS/BIOS 到 Generic Examples 列表查看可选的例子,如图 15.43 所示。当选择了一个模板之后,在右边会出现工程的一个简短的描述。在此可以选择 Log Example。

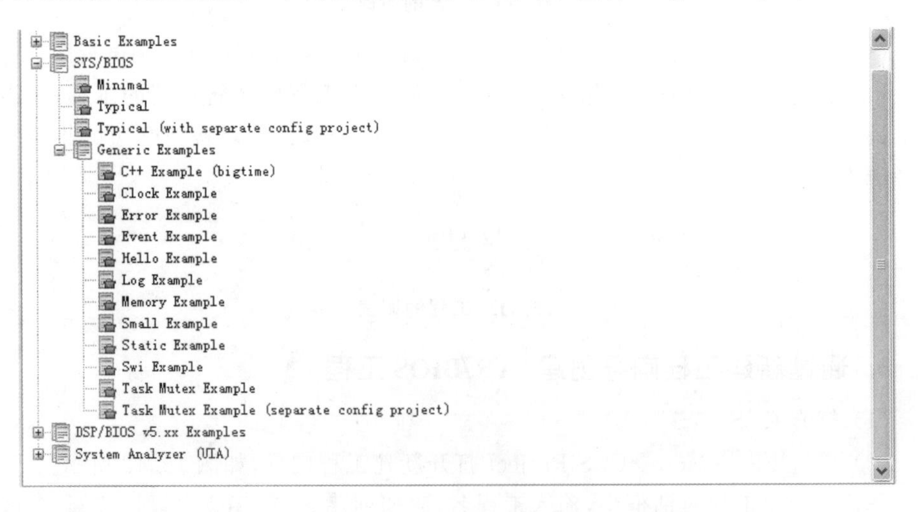

图 15.43 可选的例子

(7) 在"RTSC Configurations Settings"页面,确定 XDCtools、SYS/BIOS 的版本以及其他用户想要使用的产品。在默认情况下,选择的是安装的最新版本,如图 15.44所示。

(8) 在"RTSC Configurations Settings"页面,单击 Platform 的下拉箭头,CCS

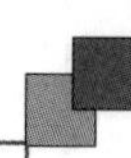

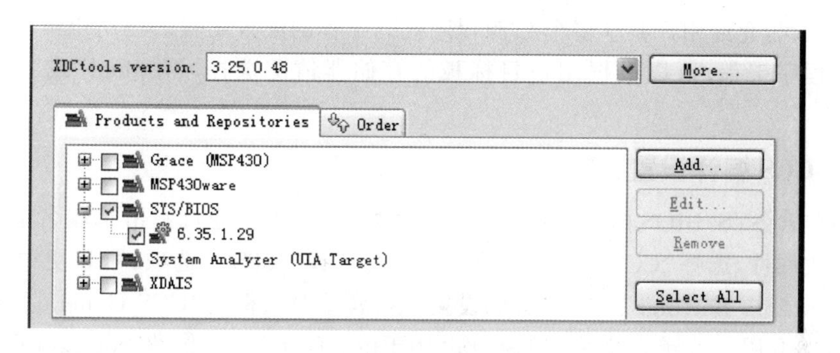

图 15.44　RTSC 的设置

会扫描的会扫描到可用平台的软件包，如图 15.45 所示。

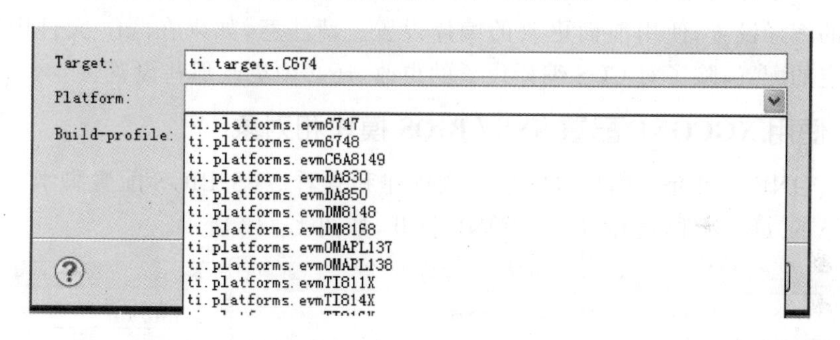

图 15.45　可用平台软件

4. SYS/BIOS 示例

以下 SYS/BIOS 例子对于大多数目标板都是可用的：

- C++ Example(bigtime)；
- Clock Example；
- Error Example；
- Event Example；
- Hello Example；
- Log Example；
- Memory Example；
- Small Example；
- Static Example；
- Swi Example；
- Task Mutex Example；
- Task Mutex Example(separate config project)。

对于某些器件系列，还提供了指定的 SYS/BIOS 模板。采用单独的配置工程模板创建两个工程，一个包含 C 源文件，一个包含 SYS/BIOS 配置文件，将应用程序分成两个工程,允许用户共享多个 C 源程序代码工程的配置工程。当用户组准备好创建应用程序工程,可以根据用户目标板的存储器情况选择“Minimal”或“Typical”实例。

5. CCS 编译设置

当包含 SYS/BIOS 配置文件的工程创建好之后,可以通过右击工程名选择属性项来更改属性,选择“CCS General”类别,然后选择“RTSC”选项,可以更改“RTSC Configurations Settings”页面配置的设置。在属性对话框的“CCS General”类别里,General tab 用于编译器设置,RTSC tab 用于由 XDCtools 提供的“configuro”实用工具处理.cfg 文件。如果 C 源代码和 SYS/BIOS 配置文件存储在不同的工程中,注意每个工程的编译设置必须匹配或兼容,如果更改配置工程的编译设置,也必须更改应用程序的编译设置,使用前面更改的编译设置。请注意,如果在.cfg 文件中有任意平台指定的配置,除了对 CCS 编译设置的更改,还必须更改那些设置。

6. 使用 XGCONF 配置 SYS / BIOS 模块和对象

XGCONF 工具允许用户以图形方式创建和查看 SYS/BIOS 配置脚本。右击工程视图下的.cfg 文件,选择以 XGCONF 打开,如图 15.46 所示。

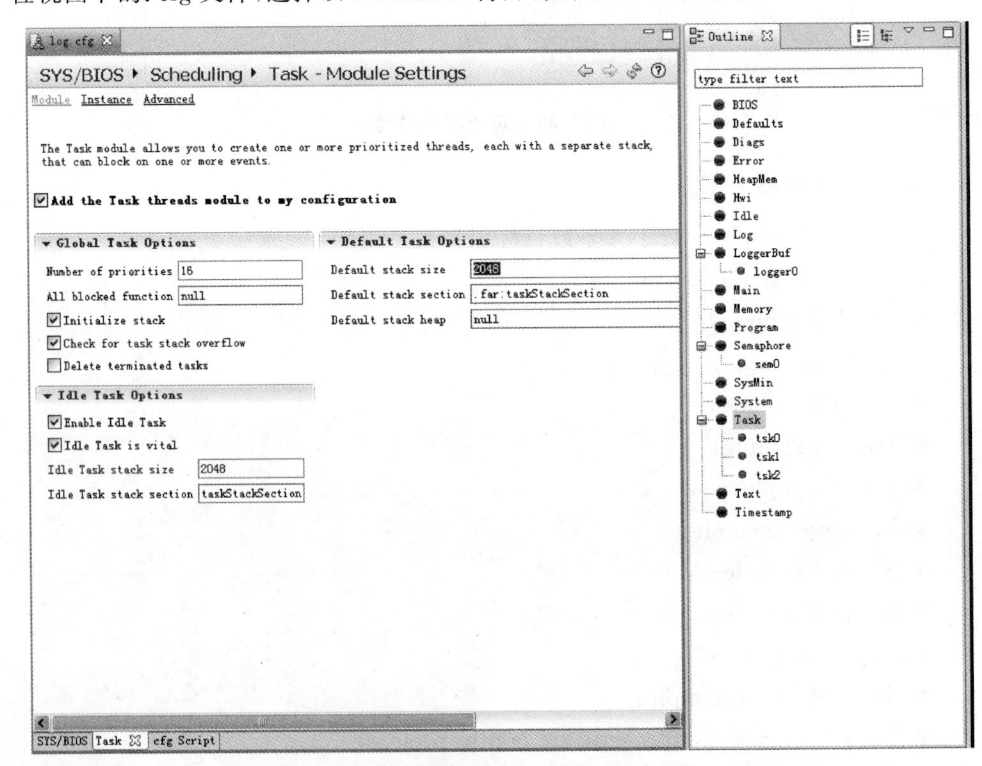

图 15.46 使用 XGCONF 配置 SYS/ BIOS 模块和对象

15.7　本章小结

本章主要介绍 DM8168 的集成开发环境，为后续的 DM8168 的应用开发和硬件调试提供基础。CCS 包含一整套用于开发和调试嵌入式应用的工具，包含适用于每个 TI 器件系列的编译器、源码编辑器、项目构建环境、调试器、描述器、仿真器以及多种其他功能。本章主要介绍了 CCS IDE v5 版本的开发环境，包括功能、安装配置与使用以及 DSP/BIOS 程序的开发，每部分都结合相关的例子做介绍。

15.8　思考题与习题

1. 与以前的 CCS 版本比较，CCS v5 增加了哪些新的功能？

2. 在 CCS 开发环境下，完成新建工程、添加文件、目标配置文件的创建与配置，熟悉 CCS 的安装与使用。

3. 以某一实际的器件为开发平台，在 CCS 资源管理器的现有例程上，比如"Hello Example"等，完成例程的调试。也可以自己编写相关的应用程序并在平台上运行，熟悉 CCS 的应用。

第 16 章

Ubuntu 操作系统下 DM8168 开发

16.1 Ubuntu10.04.4 操作系统

Ubuntu(乌班图)基于 Debian GNU/Linux,支持 x86、amd64(即 x64)和 ppc 架构,由全球化的专业开发团队(Canonical Ltd)打造的开源 GNU/Linux 操作系统,成为众多 Linux 开发爱好者喜爱的开发选择。TI 推荐用户使用 Ubuntu10.04.4 LTS 版本的操作系统进行开发。本章节主要讲述 Ubuntu 操作系统的安装,以及针对 DM8168 进行的环境配置,包括 NFS 服务与 TFTP 服务的安装、交叉编译工具的安装等。

16.1.1 Ubuntu10.0.04 操作系统的安装

用户可以在网址 http://old-releases.ubuntu.com/releases/lucid 下载 TI 推荐的 Ubuntu10.04.4 LTS 桌面版本,根据用户的 PC 机的 CPU 版本选择对应镜像文件 ubuntu- 10.04.4-desktop-i386.iso 或者 ubuntu-10.04.4-desktop-amd64.iso 进行下载。将下载的镜像文件刻录至光盘或者解压至 U 盘中,通过光盘或者 U 盘进行安装。需要注意的是,如果 PC 机中安装过 Windows 操作系统或者别的操作系统,请手动调整分区,建议整理出 20 G 容量空闲磁盘(未分区)以便进行系统安装。

安装过程共分为 6 步:

第一步:选择安装语言,推荐选择英语。

第二步:设置地理位置,以便 Ubuntu 自动适应当地国家显示习惯。

第三步:设置键盘布局,推荐使用默认设置——美式键盘(USA)。

第四步:选择安装磁盘分区,这里需要用户根据 PC 机的情况选择不同的方案,如果是空白磁盘,用户可以自己创建安装分区、交换区,然后进行下一步安装。如果 PC 机已有操作系统,推荐在未分区的空闲磁盘中进行安装。

第五步:设置使用者信息与密码。

第六步:开始安装,约 20 分钟左右可以完成安装(安装时间与 PC 性能有关)。

用户进入 Ubuntu 操作系统中后,首先应该设置当前的网络环境,以便于进行所用软件下载。单击桌面左上方的 system 按钮,选择 preference,在扩展菜单中选择 Network Connections,弹出如图 16.1 所示的对话框:

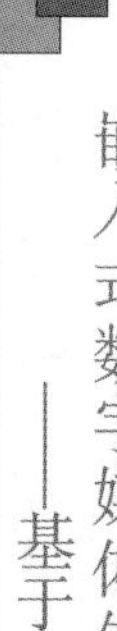

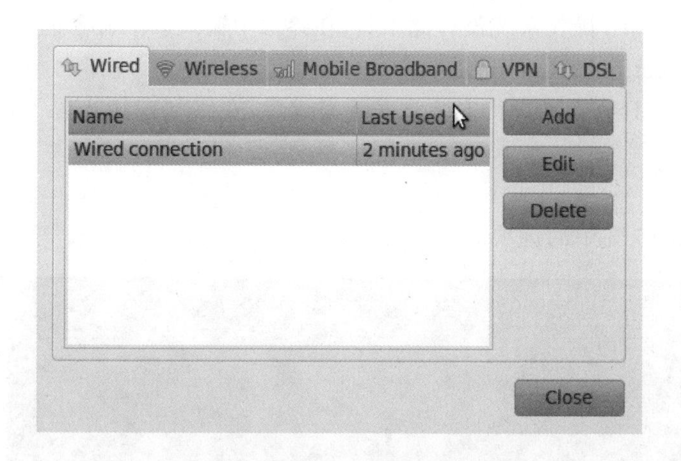

图 16.1 Network Connections 网络环境配置对话框

在有线网络连接以后，wired 栏中会提示已有的连接，单击右侧 Edit 对网络进行配置，如图 16.2 所示：

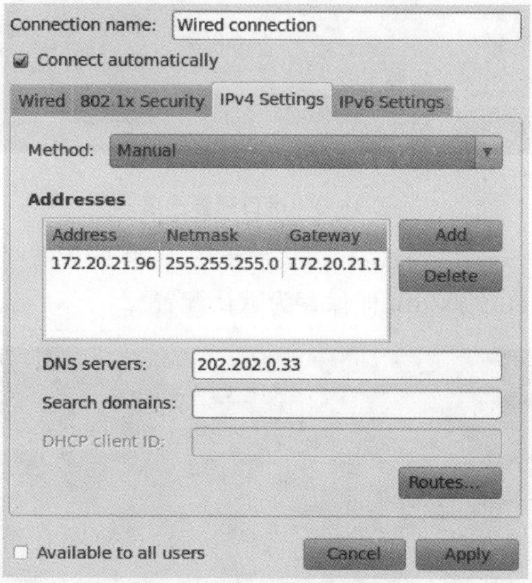

图 16.2 网络环境配置

在 ubuntu 操作系统可以连接至互联网时，在终端中输入如下命令并按回车，以更新资源列表：

sudo apt-get update

该命令会要求输入密码，即安装 Ubuntu 时第五步所设定的密码。

16.1.2 终端工具 minicom

minicom 是 Linux 下一款用于与设备进行通信的串口工具，用于 PC 与 DM8168

进行通信。Ubuntu 操作系统没有此工具，在终端中输入以下命令进行下载：

sudo apt-get install minicom

minicom 工具会自动进行安装。安装完成后，在终端内输入以下命令对串口进行配置：

minicom-s

出现如图 16.3 中的选项。

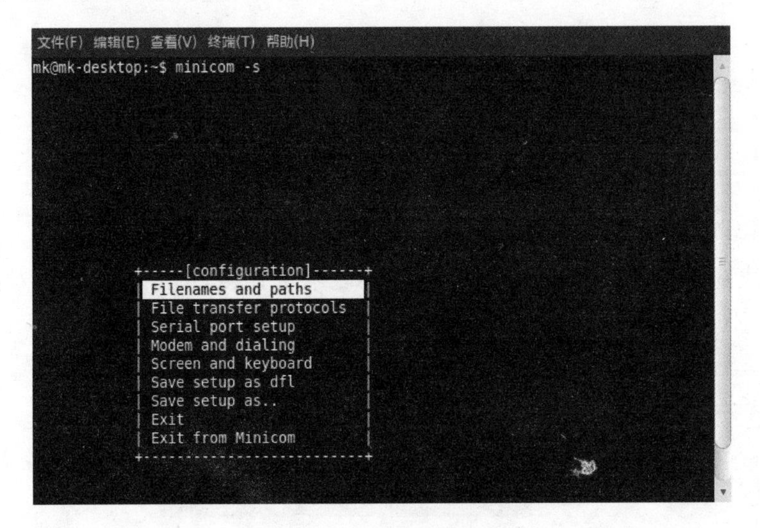

图 16.3　串口配置选项

通过方向键选择 serial port setup，按照下图 16.4 的配置进行串口设置，返回上级菜单后选择 Save setup as dfl，即保存为默认配置。

```
文件(F) 编辑(E) 查看(V) 终端(T) 帮助(H)

+-----------------------------------------------------------------------+
| A -    Serial Device      : /dev/ttyS0                                |
| B - Lockfile Location     : /var/lock                                 |
| C -   Callin Program      :                                           |
| D -  Callout Program      :                                           |
| E -    Bps/Par/Bits       : 115200 8N1                                |
| F - Hardware Flow Control : Yes                                       |
| G - Software Flow Control : No                                        |
|                                                                       |
|    Change which setting?                                              |
+-----------------------------------------------------------------------+
         | Screen and keyboard      |
         | Save setup as dfl        |
         | Save setup as..          |
         | Exit                     |
         | Exit from Minicom        |
         +--------------------------+
```

图 16.4　串口配置

经过上述配置后，使用串口连接 TI DM8168EVM，在终端中输入以下命令打开 minicom 工具：

minicom

打开 TI DM8168EVM 电源开关后，会在 minicom 中显示启动信息，也可以通过 minicom 工具对 DM8168 进行操作。

16.1.3 NFS与TFTP

NFS 是 Network File System 的缩写，即网络文件系统。一种使用于分散式文件系统的协定，由 Sun 公司开发，于 1984 年向外公布。功能是通过网络让不同的机器、不同的操作系统能够彼此分享个别的数据，让应用程序在客户端通过网络访问位于服务器磁盘中的数据。通过 NFS，可以将 DM8168 的文件系统建立在 PC 机上，内核启动过程中通过网线加载位于 PC 机上的文件系统，也可以将 PC 机中的某个文件夹挂载到 DM8168 的文件系统中去，极大地方便了软件开发。

在 Ubuntu10.04.4LTS 中 NFS 服务的安装与配置十分方便，通过以下命令进行安装：

apt-get install nfs-kernel-server

安装完成后，需要手动指定 NFS 的目录位置，一般设定为某个共享目录，或者直接设定为 DM8168 的文件系统目录。编辑配置文件 exports，位于/etc 目录下：

Gedit/etc/exports

添加如下路径，其中 rfs_816x 为 DM8168 DVRRDK 开发包的文件系统目录，“*”后面设定该目录的属性。

/home/mk/dvrrdk/DVRRDK_04.01.00.02/target/rfs_816x *(rw, nohide, insecure, no_subtree_ check, async, no_root_squash, sync)

最后更新 NFS 的共享目录，在终端中输入以下命令：

exports-r

至此，NFS 服务已经完成配置。需要注意的是，上述安装以及配置步骤在 Ubuntu10.4.04 LTS 版本下进行，对于其他操作系统未进行测试。

TFTP(Trivial File Transfer Protocol，简单文件传输协议)是 TCP/IP 协议族中的一个用来在客户机与服务器之间进行简单文件传输的协议，提供不复杂、开销不大的文件传输服务。通过 TFTP 可以方便的对 DM8168 的 Nand Flash 进行烧写。

通过下面命令进行 TFTP 的安装：

apt-get install tftpd-hpa

完成 TFTP 的安装后，需要建立 TFTP 目录，该目录下的所有文件是可以被 DM8168 在 Uboot 阶段访问。在 home 目录下新建一个文件夹，假设命名为 tftphome。用户可以将任意位置的文件夹作为 TFTP 目录。

编辑 tftpd-hpa 文件：

gedit /etc/default/tftpd-hpa

修改其中的 TFTP_DIRECTORY="/home/tftphome",至此,TFTP 安装与配置已经完成。

16.1.4 交叉编译工具

TI 建议开发者在进行 DM8168 软件开发时,使用的交叉编译工具为 Code Sourcery,安装文件为 arm-2009q1-203-arm-none-linux-gnueabi.bin,该可执行文件可以在 http:// processors. wiki. ti. com/index. php/Installing_CodeSourcery_Lite 网页中进行下载。需要注意的是,如果不安装此交叉编译工具,将会导致 EZSDK 开发包不能安装。

16.2 EZSDK5.03 开发包

TI 为开发者提供了一套开发软件包 EZSDK,用户可以在 TI 官网免费下载,通过开发包用户可以迅速展开测试与开发工作。本书中使用的为 EZSDK5.03 版本。

16.2.1 在 ubuntu 中安装 EZSDK

在安装交叉编译工具之后,即可进行 EZSDK 的安装,双击安装文件 ezsdk_dm816x-evm_ 5_03_01_15_setuplinux 进行安装,安装过程中提示用户选择交叉编译工具目录以及开发包安装位置,安装完成后,EZSDK 文件结构图如图 16.5 所示。

名称	大小	类型
bin	13 项	文件夹
board-support	7 项	文件夹
component-sources	16 项	文件夹
docs	6 项	文件夹
dsp-devkit	2 项	文件夹
etc	1 项	文件夹
example-applications	5 项	文件夹
filesystem	2 项	文件夹
linux-devkit	14 项	文件夹
usr	2 项	文件夹
ezsdk_5_03_01_15_dm816x_Release_Notes.pdf	303.5 KB	PDF 文档
Makefile	26.6 KB	Makefile
Rules.make	7.4 KB	纯文本文档
setup.sh	831 字节	shell 脚本

图 16.5 EZSDK 文件结构

在安装完成之后,建议用户对整个开发包进行一次完整编译。在开发包根目录下,使用如下命令:

sudo make

用户也可以根据 makefile 内容,通过编译选项进行编译,部分主要编译的选项如表 16.1 所列。

表 16.1 编译的选项

编译命令	备 注
components	为了下面列举的这些编译,编译这个组件
apps	编译所有的 Examples, Demos 和 Applications
cmem	编译 CMEM 内核模块
syslink	配置和编译 SYS Link,用于 HLOS
linux	编译 Linux 内核 uImage 和模块
u-boot	编译 u-boot boot loader
psp-examples	编译 driver examples
osal	编译 OSAL
matrix	编译 matrix application launcher
omx	编译 OMX 和 OMX IL Clients
omtb	编译 OMTB IL Clients
media-controller-utils	编译媒体控制器 utils
edma3lld	编译 EDMA3LLD 库
sgx-driver	编译 SGX 内核模块
gstomx	编译 TI GST OpenMax 插件
all	重新所有

更多具体信息请查看 EZSDK 根目录下的 makefile。

16.2.2 编译 UBOOT 与配置启动参数

根据用户的 DM8168 板卡配置,对于 DDR2 与 DDR3 内存芯片,UBOOT 应该作出对应修改。EZSDK 中 UBOOT 的默认配置是应用于 DDR3,如果用户板卡使用的为 DDR2 芯片,应从以下几点做出修改。

UBOOT 的根目录是:

ti-ezsdk_dm816x-evm_5_03_01_15/board-support/u-boot-2010.06-psp04.00.01.13.patch1。

1. 修改 UBOOT 根目录下的 arch/arm/include/asm/arch-ti81xx/clocks_ti816x.h,修改 DDR_PLL 的值定义修改为 400。

```
-#define DDR_PLL_400
/* Values supported 400, 531, 675, 796 */
```

2. 修改 UBOOT 根目录下的 include/configs/ti8168_evm.h,注释 #define CONFIG_TI816X_ EVM_DDR3,确定 #define CONFIG_TI816X_EVM_DDR2 没有被注释。

```
[...]
//#define CONFIG_TI816X_EVM_DDR3
U-Boot */
 #define CONFIG_TI816X_EVM_DDR2
U-Boot */
[...]
```

DM8168常用的启动方式有SD卡启动与Nand Flash启动，针对这两种启动方式，UBOOT的编译也有不同。

对于Nand Flash启动，UBOOT需要烧写至Nand Flash，其编译方法如下：

在UBOOT根目录下，在终端中依次运行下面命令：

```
$ make CROSS_COMPILE=arm-none-linux-gnueabi- ARCH=arm distclean
$ make CROSS_COMPILE=arm-none-linux-gnueabi- ARCH=arm ti8168_evm_config_nand
$ make CROSS_COMPILE=arm-none-linux-gnueabi- ARCH=arm u-boot.ti
```

编译会生成二进制文件u-boot.noxip.bin和u-boot.bin。其中u-boot.noxip.bin可以用于烧写至Nand Flash中的UBOOT文件，同时该文件也是SD卡启动方式中启动第二阶段所需要的UBOOT文件。

对于SD卡启动，由于支持SD启动的ROM boot loader限制了加载的二进制文件大小最大为128K。因此，TI的工程师设计了SD卡启动时所采用的2阶段引导策略。在启动的第一阶段中，RBL从SD卡加载一个最小的版本U-Boot(仅能够够支持SD的UBOOT，u-boot.min.sd/MLO)。第二阶段使用第一阶段的UBOOT从SD卡中加载实际的二进制u-boot文件。其编译步骤如下：

在UBOOT根目录下，在终端中依次输出如下命令：

```
$ make CROSS_COMPILE=arm-none-linux-gnueabi-ARCH=arm distclean
$ make CROSS_COMPILE=arm-none-linux-gnueabi-ARCH=arm ti8168_evm_min_sd
$ make CROSS_COMPILE=arm-none-linux-gnueabi- ARCH=arm u-boot.ti
```

编译会生成二进制文件u-boot.min.sd，需要将其命名为MLO，即SD卡启动方式中第一阶段的最小版本UBOOT。第二阶段的UBOOT编译方法与Nand Flash方式启动的UBOOT编译方法一致。

在UBOOT中需要设置启动参数与启动命令，通过UBOOT完成对DM8168若干参数的配置所用以及linux内核进行加载若干参数的配置。主要由bootargs和bootcmd组成，默认的UBOOT会在3秒倒计时后自动加载内核，如果bootargs和bootcmd配置正确，则内核可以正确的被加载以及启动。

在UBOOT倒计时可以通过minicom键入任意按键来中断内核加载与启动，进而对bootcmd和bootargs进行配置，这些配置存储在Nand Flash中。详细配置过程将在后文中进行介绍。

16.2.3 如何配置与编译内核

linux 内核是可以进行配置,进行驱动的增加或移除,通过裁剪内核,可以对个人制作的板卡实现针对性的优化,是嵌入式操作系统灵活性与可裁剪性的体现。

DM8168 所用 linux 内核版本为 linux2.6.37,内部集成了各种常用的驱动,它的根目录位于 EZSDK 开发包中的 board-supprot/linux-2.6.37-psp04.00.01.13.patch2 目录下,以为 DM8168 添加常见的 USB 转串口芯片 cp210x 驱动为例,配置步骤如下:

首先确保交叉编译工具已经加入到环境变量中去,对于 EZSDK 的编译工具,可以在终端中输入 arm-none 然后按 Tab 键进行测试,如果编译工具已经添加进如环境变量,那么终端中会在 arm-none 后面自动追加"-linux-gnueabi-",输入的变成 arm-none-linux-gnueabi-,此时再次按下 Tab 键,将在终端中出现以 arm-none 开头的各种编译工具,如图 16.6 所示:

```
文件(F) 编辑(E) 查看(V) 终端(T) 帮助(H)
mk@mk-desktop:~$ arm-none-linux-gnueabi-
arm-none-linux-gnueabi-addr2line  arm-none-linux-gnueabi-gprof
arm-none-linux-gnueabi-ar         arm-none-linux-gnueabi-ld
arm-none-linux-gnueabi-as         arm-none-linux-gnueabi-nm
arm-none-linux-gnueabi-c++        arm-none-linux-gnueabi-objcopy
arm-none-linux-gnueabi-c++filt    arm-none-linux-gnueabi-objdump
arm-none-linux-gnueabi-cpp        arm-none-linux-gnueabi-ranlib
arm-none-linux-gnueabi-g++        arm-none-linux-gnueabi-readelf
arm-none-linux-gnueabi-gcc        arm-none-linux-gnueabi-size
arm-none-linux-gnueabi-gcc-4.3.3  arm-none-linux-gnueabi-sprite
arm-none-linux-gnueabi-gcov       arm-none-linux-gnueabi-strings
arm-none-linux-gnueabi-gdb        arm-none-linux-gnueabi-strip
arm-none-linux-gnueabi-gdbtui
mk@mk-desktop:~$ arm-none-linux-gnueabi-
```

图 16.6 arm-none 开头的各种编译工具

如果没有出现上述的内容,则说明 CodeSourcery 安装过程中没有为用户自动添加环境变量成功。在终端中输入以下命令手动将编译工具加入环境变量:

$ export PATH=/opt/codesourcery/arm-2009q1/bin:$PATH

其中/opt/codesourcery/arm-2009q1/bin 为作者的安装位置,用户请根据自己的安装位置进行修改,/opt/codesourcery/arm-2009q1/bin 目录下包含如图 16.7 所示的文件。

上述步骤完成后,在终端中进入 linux 内核的根目录,输入以下命令对内核进行配置:

make CROSS_COMPILE=arm-none-linux-gnueabi- ARCH=arm menuconfig

将出现如图 16.8 所示的配置界面。

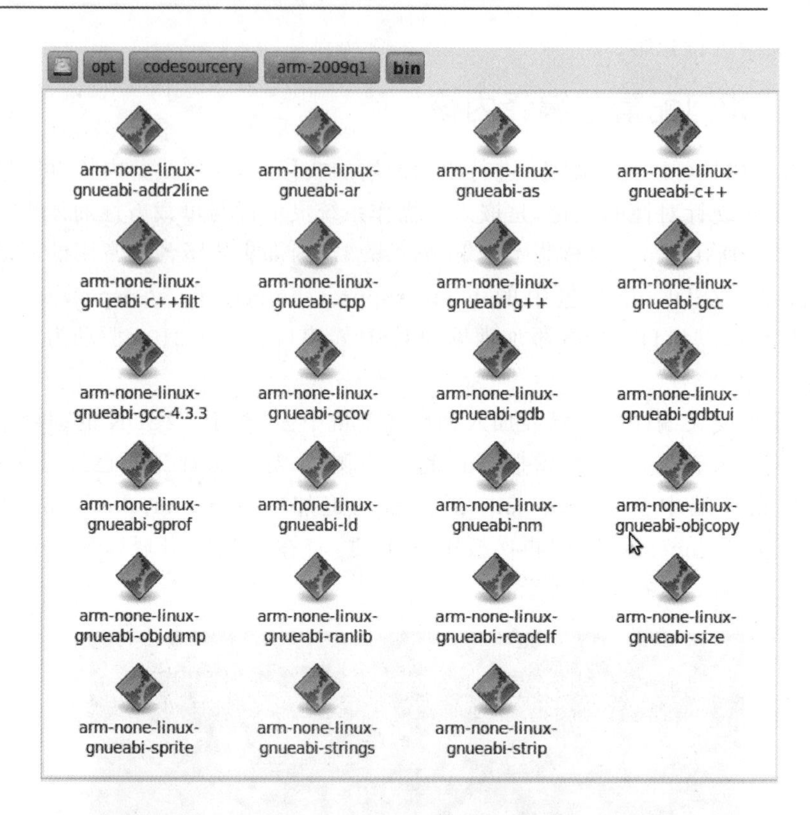

图16.7 /opt/codesourcery/arm-2009q1/bin目录下的文件

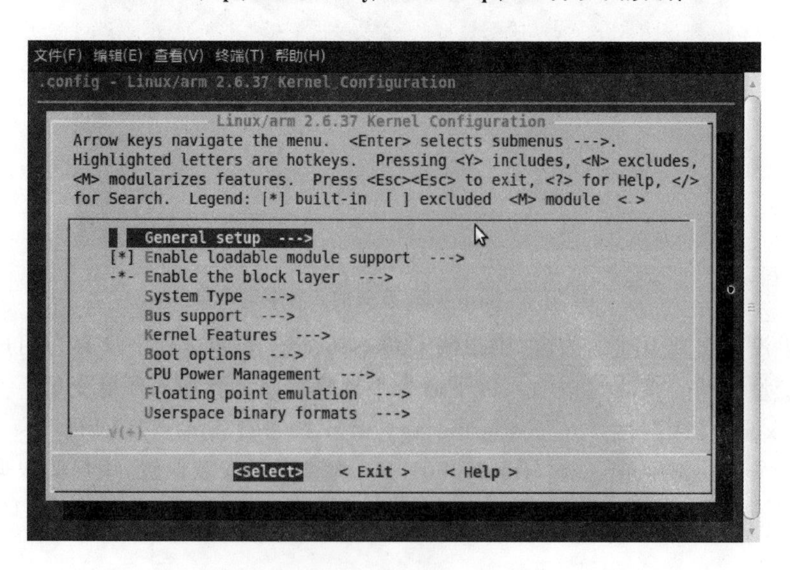

图16.8 配置界面

使用方向键进行上下移动，当前位置会显示为蓝色高亮，按回车键进入子菜单，按空格键是选项前出现 * 号，此时表示选中此项。

依次进入 Device Driver 子菜单，进入 USB Support 子菜单，通过键盘或者鼠标滚轮选择 USB Serial Converter support 子菜单，按空格键使其前面括号内标记为 *，如图 16.9 所示。

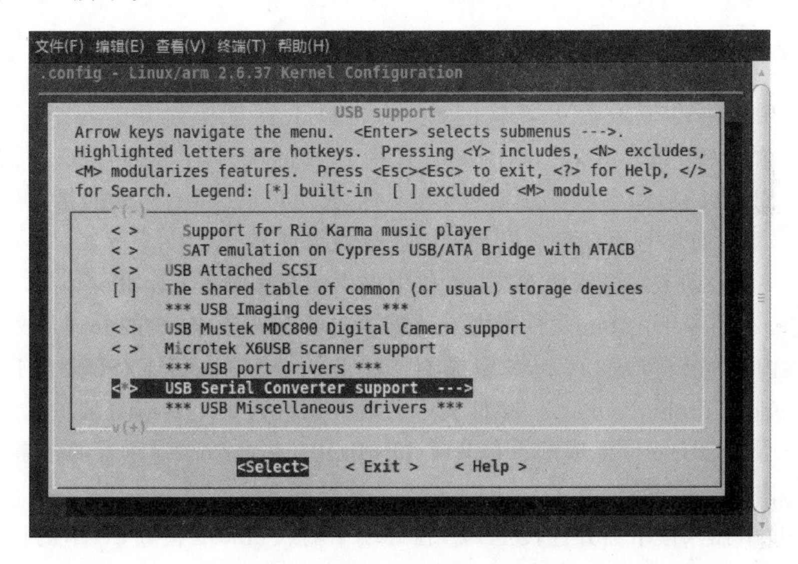

图 16.9　USB Support 子菜单

按回车进入该子菜单，选中在 cp210x 的选项，如图 16.10 所示。

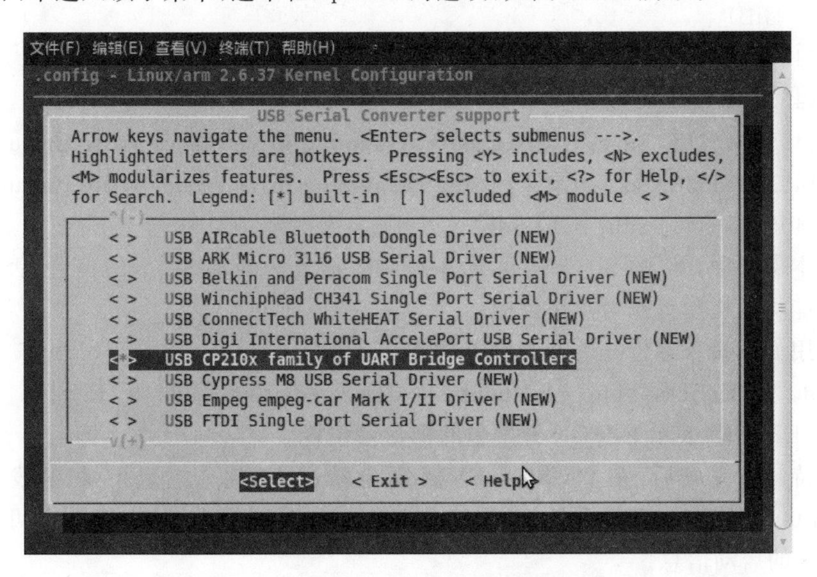

图 16.10　USB Serial Converter support 子菜单

然后使用方向键选择 Exit，最终会弹出配置已经更改，是否保存的对话框，选择

yes,至此已经为内核中加入usb转串口芯片cp210x系列的驱动。使用下面的命令开始对内核进行编译。

make CROSS_COMPILE=arm-none-linux-gnueabi- ARCH=arm uImage

最终生成的内核文件uImage位于内核目录下的/arch/arm/boot文件夹下。

16.2.4 以SD卡方式启动DM8168

建议用户使用4Gb以上容量的SD卡,SD卡被重新划分为两个区,分别为BOOT区和ROOTFS区,其中BOOT区中存放的文件有MLO、uboot、uImage、boot.scr(SD卡的启动参数配置文件)等文件,ROOTFS区中存放的是DM8168的文件系统,里面有各种驱动模块以及可以运行的工具。

制作SD启动卡需要依赖EZSDK包中提供的制作脚本mksdboot.sh,该脚本位于EZSDK根目录下的bin文件夹内。此脚本主要完成对SD卡的分区与文件写入,从该脚本内容可以发现,该脚本完成对SD卡的分区后,将EZSDK根目录下的board-support/prebuilt-images/文件夹中的对应文件拷贝至对应分区中。用户可以将前文中所述方法编译生成的UBOOT和uImage在该脚本中原有的位置替换,从而可以制作自己的SD启动卡。

将SD卡插入读卡器并连接至PC,在终端中输入dmesg检查SD卡的挂载位置,例如:

[1455.646297] sd 4:0:0:0: [sdb] 15523840 512-byte logical blocks: (7.94 GB/7.40 GiB)

[1455.647409] sd 4:0:0:0: [sdb] Write Protect is off

[1455.647414] sd 4:0:0:0: [sdb] Mode Sense: 03 00 00 00

[1455.647418] sd 4:0:0:0: [sdb] Assuming drive cache: write through

[1455.653535] sd 4:0:0:0: [sdb] Assuming drive cache: write through

[1455.653546] sdb: sdb1 sdb2

在本例子中,8G的SD卡挂载于/dev/sdb,请务必确定SD卡的位置,否则脚本将有可能将本机硬盘作为操作目标。

使用如下命令运行mksdboot.sh脚本:

sudo ${EZSDK}/bin/mksdboot.sh--device /dev/sdb--sdk ${EZSDK}

${EZSDK}表示EZSDK开发包的根目录位置。

等待脚本完成后,在DM8168 EVM断电情况下,插入SD卡,调整拨码开关SW3为0000010111(高位到低位)。打开minicom并开启电源,在终端中可以看到DM8168的启动信息。

16.2.5 以Nand Flash方式启动DM8168

将编译生成的UBOOT、内核、文件系统烧写进入Nand Flash,可以实现Nand

DM8168从Nand Flash启动。

DM8168EVM中的Nand Flash的分配格式如下所示：

```
+--------------+-->0x00000000-> U-Boot start
|
|-->0x0025FFFF-> U-Boot end
|
|-->0x00260000-> ENV start
|
|-->0x0027FFFF-> ENV end
|
|-->0x00280000-> Linux Kernel start
|
|-->0x006BFFFF-> Linux Kernel end
|
|-->0x006C0000-> Filesystem start
|
|-->0x0CEDFFFF-> Filesystem end
|
|-->0x0CEE0000-> Free start
|
+--------------+--->0x10000000-> NAND end (Free end)
```


首先是UBOOT的烧写，可以使用SD卡启动方式启动到UBOOT时，按任意键进入UBOOT使用TFTP进行烧写，也可以使用CCS5.4直接对Nand Flash进行烧写。本书方法讲述如何在UBOOT中对Nand Flash进行烧写。

从SD卡启动，进入UBOOT以后，需要对EVM的IP地址与服务端的IP地址进行设定以使用TFTP传输文件至DDR。

此时启动模式是SD卡启动，SW3拨码为0000010111(9～0高位到低位)，SW4的nand拨码为1。插入SD卡，打开minicom，启动，中断uboot加载内核，设置EVM以及服务器的ip并保存。

```
TI8168_EVM# setenv ipaddr 172.20.21.97
TI8168_EVM# setenv serverip 172.20.21.96
TI8168_EVM# saveenv
UBOOT的烧写：
TI8168_EVM# mw.b 0x81000000 0xFF 0x260000
TI8168_EVM# tftp 0x81000000 u-boot.noxip.bin
TI8168_EVM# nand erase 0x0 0x260000
TI8168_EVM# nandecc hw 2
TI8168_EVM# nand write.i 0x81000000 0x0 0x260000
TI8168_EVM# nandecc hw 0
```

烧写 uImage 至 NAND。

改变启动模式为 nand 启动，SW3 拨码为 0010010010(9～0 高位到低位)，SW4 的 nand 拨码为 1. uboot 启动后中断加载内核。

```
TI8168_EVM# mw.b 0x81000000 0xFF 0x440000
TI8168_EVM# tftp 0x81000000 <kernel_image>
TI8168_EVM# nand erase 0x00280000 0x00440000
TI8168_EVM# nand write
```

文件系统的烧写，文件系统支持 ubifs 和 jffs2，对开发包提供的文件系统目录使用 MTD_Utilities 工具进行文件系统的制作。

```
TI8168_EVM# mw.b 0x81000000 0xFF 0x0C820000
TI8168_EVM# tftp 0x81000000 <filesystem_image
TI8168_EVM# nand erase clean 0x006C0000 0x0C820000
TI8168_EVM# nand write 0x81000000 0x006C0000 <image_size>
```

注意，所有的烧写文件计算大小时需要按照 2 字节对齐。

在所有烧写完成后，需要设置 bootargs 与 bootcmd

```
TI8168_EVM# setenv bootcmd 'nand read 0x81000000 0x00280000<uboot_size>;bootm
0x81000000'
TI8168_EVM# setenv bootargs 'console = tty02, 115200n8 noinitrd notifyk.vpssm3 =
0xBF900000 root = /dev/mtdblock7 rw rootfstype = jffs2 mem = 100M earlyprintk'
TI8168_EVM# saveenv
```

重启 DM8168，即可成功启动。

16.3 应用程序开发

16.3.1 hello word

在 DM8168 上运行第一个测试程序，在终端中输出“hello，world!”。

创建一个空文件，重命名为 hello. c，写入以下代码：

```
#include<stdio.h>
void main()
{
    printf("hello, world! \n");
}
```

使用交叉编译工具进行编译，在终端中输入 arm-none-linux-gnueabi-gcc -o hello hello. c。

即可对 hello. c 进行交叉编译，生成二进制执行文件 hello，将其复制至 EVM 的

SD 卡中,在终端运行该程序即可看到打印出来的信息。

用户可以自行编辑 makefile 文件,使用 makefile 可以方便的对工程进行编译。makefile 基本格式如下:

```
CROSS_COMPILE = arm - none - linux - gnueabi -
src =  hello.c
all:
    $ (CROSS_COMPILE)gcc  - o hello $ (src)
```

16.3.2　视频采集显示

DM8168 可以通过 V4L2(Video for linux 2)对视频进行采集,TI 提供了 DM8168 的 V4L2 驱动,用户可以 V4L2 的 API 进行视频的采集显示。

DM8168 EVM 的 EIO 子卡中支持 YPbPr 模拟分量视频输入,模拟视频经过视频解码芯片 TVP7002 传输至 DM8168 的 VIP(Video input port)引脚,在 V4L2 中已经将底层接口封装成标准的 API,用户根据视频源格式对解码器进行配置,采集视频通过 HDMI 输出显示。

DM8168 经典的 V4L2 采集显示流程图如图 16.11 所示。

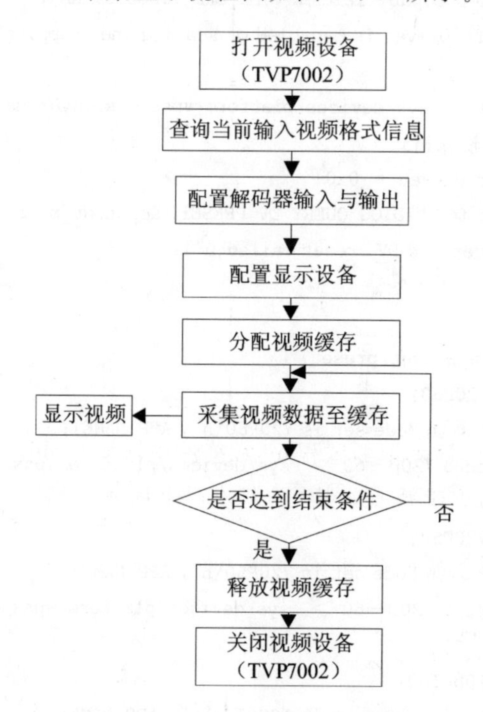

图 16.11　V4L2 采集显示流程

配置解码器的代码如下:

```
static int initCapture(void)
{
    int mode = O_RDWR;
    /* 打开设备 */
    capt.fd = open((const char *)CAPTURE_DEVICE, mode);
    if (capt.fd == -1) {
        printf("failed to open capture device\n");
        return -1;
    }
    /* 查询输入视频信息 */
    if (ioctl(capt.fd, VIDIOC_QUERYCAP, &capt.cap)) {
        printf("Query capability failed\n");
        exit(2);
    } else    {
        printf("Driver Name: %s\n", capt.cap.driver);
        printf("Driver bus info: %s\n", capt.cap.bus_info);
        if (capt.cap.capabilities & V4L2_CAP_VIDEO_CAPTURE)
            printf("Driver is capable of doing capture\n");
        if (capt.cap.capabilities & V4L2_CAP_VIDEO_OVERLAY)
            printf("Driver is capabled of scaling and cropping\n");
    }
    system("echo 0 > /sys/devices/platform/vpss/display0/enabled");
    /*查询当前的输入格式*/
    capt.dv_preset.preset = 0x0;
    if (ioctl(capt.fd, VIDIOC_QUERY_DV_PRESET, &capt.dv_preset)) {
        printf("Querying DV Preset failed\n");
        exit(2);
    }
    switch (capt.dv_preset.preset) {
    case V4L2_DV_720P60:
        printf("%s:\n Mode set is 720P60\n", APP_NAME);
        system ("echo 720p-60 > /sys/devices/platform/vpss/display0/mode");
        break;
    case V4L2_DV_720P50:
        printf("%s:\n Mode set is 720P50\n", APP_NAME);
        system ("echo 720p-60 > /sys/devices/platform/vpss/display0/mode");
        break;
    case V4L2_DV_1080I60:
        printf("%s:\n Mode set is 1080I60\n", APP_NAME);
        system ("echo 1080p-60 > /sys/devices/platform/vpss/display0/mode");
        break;
    case V4L2_DV_1080I50:
```

```
            printf(" %s:\n Mode set is 1080I50\n", APP_NAME);
            system ("echo 1080p-60 > /sys/devices/platform/vpss/display0/mode");
            break;
        case V4L2_DV_1080P60:
            printf(" %s:\n Mode set is 1080P60\n", APP_NAME);
            system ("echo 1080p-60 > /sys/devices/platform/vpss/display0/mode");
            break;
        case V4L2_DV_1080P50:
            printf(" %s:\n Mode set is 1080P50\n", APP_NAME);
            system ("echo 1080p-60 > /sys/devices/platform/vpss/display0/mode");
            break;
        case V4L2_DV_1080P30:
            printf(" %s:\n Mode set is 1080P30\n", APP_NAME);
            system ("echo 1080p-60 > /sys/devices/platform/vpss/display0/mode");
            break;
        default:
            printf(" %s:\n Mode set is %d\n", APP_NAME, capt.dv_preset.preset);
        }
    /* 配置解码器 */
        if (ioctl(capt.fd, VIDIOC_S_DV_PRESET, &capt.dv_preset)) {
            printf("Setting DV Preset failed\n");
            exit(2);
        }
        system("echo 1 > /sys/devices/platform/vpss/display0/enabled");
        return 0;
}
```

配置 HDMI 输出的代码如下：

```
static int initDisplay(void)
{
    int mode = O_RDWR;
    struct v4l2_capability cap;
    /* Open display driver */
    disp.fd = open((const char *)DISPLAY_DEVICE, mode);
    if (disp.fd == -1) {
        printf("failed to open display device\n");
        return -1;
    }
    if (ioctl(disp.fd, VIDIOC_QUERYCAP, &disp.cap)) {
        printf("Query capability failed for display\n");
```

```
        exit(2);
    } else {
        printf("Driver Name: %s\n", cap.driver);
        printf("Driver bus info: %s\n", cap.bus_info);
        if (cap.capabilities & V4L2_CAP_VIDEO_OUTPUT)
            printf("Driver is capable of doing capture\n");
        if (cap.capabilities & V4L2_CAP_VIDEO_OVERLAY)
            printf("Driver is capabled of scaling and cropping\n");
    }
    return 0;
}
```

16.4　本章小结

本章主要介绍Ubuntu操作系统下DM8168的开发，主要从以下几个方面讲解了DM8168的开发。首先是Ubuntu10.0.04操作系统的安装，还包括Linux系统下的串口通信工具minicom、网络文件系统NFS、文件传输协议TFTP、交叉编译工具的安装与配置；然后讲解了DM8168的开发工具EZSDK的安装、UBOOT启动参数的配置机器编译、DM8168的Linux内核的配置与编译、DM8168的两种启动方式等；最后根据以上介绍的DM8168的开发环境和开发工具的安装与配置，以具体的两个应用程序开发为例，讲解DM8168的开发流程。

16.5　思考题与习题

1. Ubuntu10.0.04操作系统的安装需要注意哪些问题？
2. 简述终端工具minicom的作用。
3. NFS与TFTP在DM8168的文件系统和文件传输中发挥什么作用？怎样安装和配置？
4. 简述交叉编译工具的用途。在DM8168中采用什么交叉编译工具？
5. 怎样编译DM8168的UBOOT并配置启动参数？
6. linux内核有什么特点？举例说明DM8168的内核编译与配置。
7. DM8168有几种启动方式？
8. DM8168怎样实现对视频的实时采集显示？

第17章

TMS320DM8168 硬件设计参考

17.1 DM8168 供电电源的设计

DM8168 有以下几个电压区域：1 V 自适应域（AVS）是所有模块的主电压域，1 V恒定区域为内存、PLLs、DACs、DDR IOs、HDMI 和 USB PHYs 供电，1.8 V 恒定区域为 PLLs、DACs、HDMI 和 USB PHYs 供电，3.3 V 恒定区域为 IOs 和 USB PHY 供电，1.5 V 恒定区域为 DDR IOs、PCIe 和 SATA SERDES 供电，0.9 V 恒定区域为 USB PHY 供电。这些域定义了核逻辑共享同样的电源电压的模块组，每个电压域由专用的供电电压通道来供电。

DM8168 的 1 V 自适应域和 1 V 恒定电压域有 7 个电源域，这 7 个域给它们的相应模块里的内核逻辑和 SRAM 供电，所有别的电压域仅有 Always - On 电源域。在 1 V 自适应和恒定电压域内，每个电源域（除了 Always - On 域外），都有一个内部的电源开关，以便实现对这个区域供电与否的控制，在上电时，除了 Always - On 域外的所有域电源会被切断。因为在每个电压域都会有一个 Always - On 域，所以在器件工作过程中，需要将所有电源都提供上。

器件包含 SmartReflex 模块，通过调整外部供电电源的电源，实现功耗最小化。基于器件的处理、温度和期望的性能，SmartReflex 模块给 Host 处理器建议提高或降低每个域的电源电压，以降低功耗，在 Host 处理器与外部可调电源之间的通信链路是一个系统级的决策，可以通过 GPIO 或 I2C 来实现。SmartReflex 核心是自适应电源（AVS：adaptive voltage scaling）。基于硅处理和温度，SmartReflex 模块制导软件调整核的 1 V 电源在一个期望的范围，这个技术称为 AVS（Adaptive voltage Scaling），AVS 有助于在不同操作条件下减少器件功耗。

在 DM8168 EVM 板由一个 12 V DC 的电压源产生如表 17.1 所列的电源。

表 17.1 DM8168 电源

电源名称	电压值(V)	器件名称	器件用途
EVM_12V	12	电源插座	电源输入
EVM_5V0	5.0	U16，TPS65232	5.0 V 供电
EVM_3V3	3.3	U16，TPS65232	3.3 V 供电

续表 17.1

电源名称	电压值(V)	器件名称	器件用途
EVM_1V8_A	1.8	U10,TPS65001	模拟电源
EVM_1V8_D	1.8	U10,TPS65001	数字电源
EVM_1V5	1.5	U33,TPS54620	1.5 V 供电
EVM_1V0_AVS	1.0	U29,TPS40041	核使用的电压
EVM_1V0_CON	1.0	U16,TS65232	1.0 V 供电
EVM_0V9	0.9	U10,TPS65001	USB PHY 电源
EVM_DDR_VTT	0.75	U58, TPS51200	DDR3 供电
EVM_DDR_REF_OUT	0.75	U58, TPS51200	DDR3 参考电源
CPU_DEVOSC	1.8	U55,TPS77001	时钟电路电源

DM8168 的电源供电必须按照以下顺序上电：3.3 V、1 V AVS、1 V Constant、1.8 V、1.5 V、0.9 V。每个电源必须在前一个电源达到其额定值的 80%之后 0 ms～50 ms 之间开始上升。由于 DM8168 功耗较大，因此产生电压 EVM_1V0_AVS 的 TPS40041 芯片必须由 GPIO 控制来调节大小，如果采用固定电源的方法，则要做好散热工作。图 17.1 为 DM8168 的上电时序图。

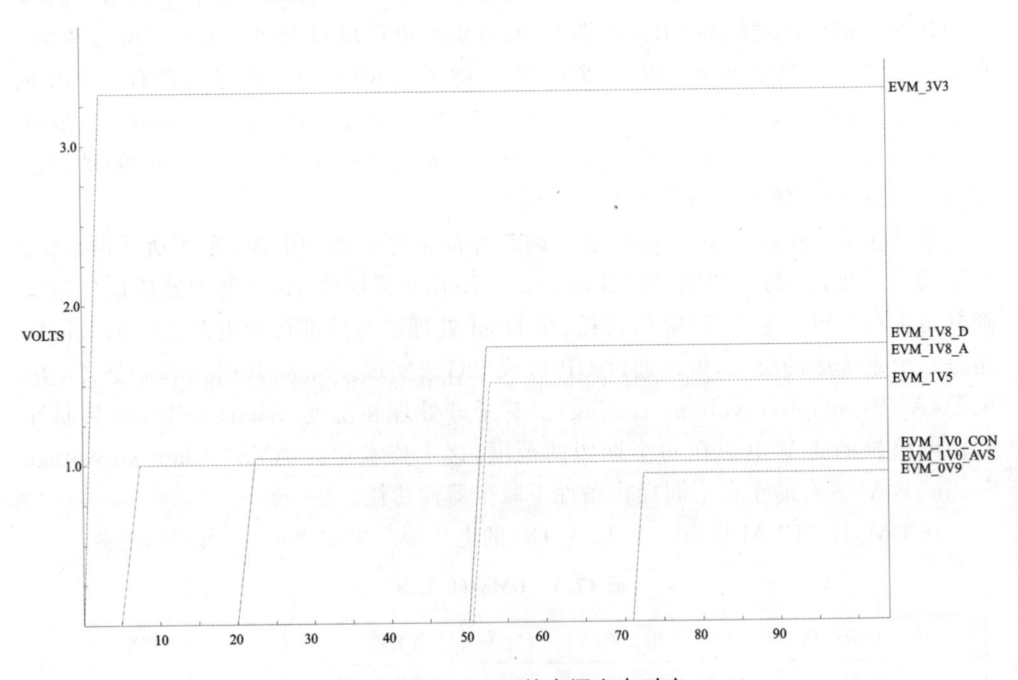

图 17.1 DM8168 的电源上电时序

推荐的去耦电容都是 0.1 μF 的，去耦电容的封装尺寸越小，效果越好。在高速 PCB 设计中，去耦电容起着重要的作用，它的放置位置也很重要。这是因为在电源向负载短时间供电中，电容中的存储电荷可防止电压下降，如电容放置位置不恰当可使线阻抗过大，影响供电。同时电容在器件的高速切换时可滤除高频噪声。我们在高速 PCB 设计中，一般在电源的输出端和芯片的电源输入端各加一个去耦电容，其中靠近电源端的电容值一般较大(如 10 μF)，这是因为 PCB 中我们一般用的是直流电源，为了滤除电源噪声电容的谐振频率可以相对较低；同时大电容可以确保电源输出的稳定性。对于芯片接电源的引脚处所加的去耦电容来说，其电容值一般较小(如 0.1 μF)，这是因为 DM8168 在高速地工作时，噪声频率一般都比较高，这就要求所加去耦电容的谐振频率要高，即去耦电容的容值要小。

17.2　DM8168 复位与时钟电路

DM8168 的复位管脚有：/RESET(PIN：G33)，/POR(PIN：F37)，/TRST(PIN：K36)，/RSTOUT(PIN：G37)。/TRST 经过一个 4.7 kΩ 下拉电阻接地，受外部仿真器控制。而对于 DM8168 的/RESET 引脚，EMU_RSTn 是经过 4.7 kΩ 上拉电阻接到 EVM_3V3，受外部仿真器控制。EXP_WARM_RESET 是经过一个上拉电阻接到 EVM_3V3，这个信号的来源是由外部给出。因此，DSP 的/RESET 脚在评估板上的处理，仅仅就是受仿真器或外部控制。对于/POR，WD_OUT 是 DM8168 本身的看门狗输出。OPT_SW2 是 SW5 跳线开关的一个，用于允许或禁止 DM8168 看门狗起作用。合上时禁止看门狗。

CPU_PORz 来自复位芯片 U32：TPS3808G09。由该芯片产生上电复位信号，按钮复位也由该芯片产生。PCI_PORz 由 SW5 的 1－4 决定这个信号的来源。

上电复位(POR)由/POR 脚发起，用来复位整个芯片，包括测试和仿真逻辑。POR 常被称为冷启动，因为在芯片上电周期中，必须保持/POR 为低，但是，发起一个上电复位，并不需要芯片处于上电周期。

在上电复位期间，必须按照下面的顺序：等待电源达到正常的操作条件，同时保持/POR 为低；等待输入时钟源 SERDES_CLKN/P 稳定(如果被系统使用)，同时保持/POR 为低；一旦电源和输入时钟稳定，/POR 必须继续保持低电平至少 32 个 DEV_MXI 周期，在/POR 为低期间，下面的事情会发生：所有的脚进入 Hi－Z 模式；PRCM 为芯片内的所有模块断言复位；PRCM 开始用旁路模式的 PLLs 传播这些时钟带芯片；/POR 现在可以变高，一旦/POR 变高，紧接着就会：BOOT 脚被锁定；对 ARM Cortex-A8 的复位会被解除，MPU 时钟运行；所有其他域的复位被解除，域时钟开始运行；每个外设的时钟、复位、掉电状态由 PRCM 缺省配置来决定；ARM Cortex-A8 开始从默认的地址(Boot ROM)执行程序。

外部热复位由/RESET 脚来发起，这将复位芯片中除了 ARM Cortex-A8 中断控制器、测试和仿真模块以外的所有部分。在热复位期间，仿真任务继续有效。在热复位期间，必须按照下面的顺序：电源供电并且输入时钟稳定；/RESET 脚必须保持低电平至少 32 个 EV_MXI 周期；在/RESET 脚为低电平期间，会发生下面事件：所有脚，除了测试和仿真脚外，进入 HI－Z 模式；PRCM 为芯片内的所有模块断言复位，除了 ARM Cortex-A8 中断控制器、测试和仿真；断言/RSTOUT；/RESET 脚现在可以变高，一旦/RESET 脚变高，随之会：BOOT 脚被锁定；对 ARM Cortex-A8 和那些不具有局部处理器的模块的复位会被解除，除了 ARM Cortex-A8 中断控制器、测试和仿真；解除/RSTOUT；每个外设的时钟、复位、掉电状态由 PRCM 缺省配置来决定；ARM Cortex-A8 开始从缺省的地址(Boot ROM)执行程序；由于 ARM Cortex-A8 中断控制器不受热复位的影响，应用软件必须清除 ARM Cortex-A8 所有的悬挂中断。

表 17.2 为 DM8168 的复位信号的详细信息。

表 17.2　DM8168 的复位信号

信号名称	引　脚	类　型	描　述
CLKOUT	F1	O	芯片的时钟输出，能被作为系统时钟供别的器件使用。在评估板山接到了 J20 的一个插脚上
DEV_MXI/DEV_CLKIN	A19	I	芯片内部晶振电路的输入，如果使用外部时钟，这个脚是外部时钟的输入
DEV_MXO	C19	O	片内部晶振电路的输出，如果内部晶振电路被旁路，这个脚应该悬空
DEVOSC_DVDD18	E19	S	一个单独的电源，由 U55：TPS77018DBV 将 EVM_3V3 转换为 1.8 V 来提供。即使内部晶振电路被旁路，这个脚也应该接到 1.8 V 电源上
DEVOSC_VSS	B19	GND	这个脚在评估板上并没有接到系统地上。但是如果内部晶振电路如果被旁路，这个脚应该接到系统地上
CLK32	H37	I	RTC 时钟输入，由 U15：32.768 kHz 有源晶振提供

17.3　DDR3 的 PCB 布线技术

处理器包含两个独立的 DDR3 EMIFS。本文的规则针对 EMIFS 的 DDR[0]，这样如果对两个 EMIF 口，需要实现两次。PCB 布线通常将 DDR[1]设成 DDR[0]的半镜像，除非 DDR3 器件不能翻转放在 PCB 的对面。两个 EMIF 口的要求是一样的。

DDR3 接口按照 DDR3 器件的宽度变化而变化，总线宽度可能是 16 位或者是 32 位，16 位 DDR 器件看起来像是两个 8 位器件。16 位宽的接口与 32 位宽的接口非常接近，仅移去了 DDR 内存的高字节，不适用的 DQS 不接。当不适用 DDR 接口

的时候，合适的处理方法是通过1 kΩ电阻将DQS的正反向向脚拉到DDR_1V5（DQS的正向端）和地（DQS的反向端）上。其他所有的没有用的DDR脚悬空。

DDR3接口布线的最小叠层是4层，当然可以增加层以便别的电路走线和增加SI/EMI性能，或者可以减少PCB板尺寸。表17.3和表17.4分别为最少DCB量层和6层PCB叠层。

表17.3 最少PCB叠层

层数	类型	描述
1	信号	顶层布线
2	平面层	分裂的电源层
3	平面层	全地线层
4	信号	底层布线

表17.4 6层PCB叠层

层数	类型	描述
1	信号	顶层布线
2	平面层	地
3	平面层	分裂的电源层
4	平面层	分裂的电源层或内部布线
5	平面层	地
6	信号	底层

注意：

(1) 地层最好覆盖在电源参考层，确信包括旁路电源，以调节返回电流，作为线路切换布线层。

(2) 在DDR布线区域内，无线路跨越参考层的切割区域。高速信号线跨越参考层的切割缝会产生巨大的返回电流，会造成干扰。

(3) 参考层直接同信号层相邻，可以使返回电流环的路径最短。

(4) 一个18 mil的焊盘假设过孔通道是最经济的BGA避让。如果附加的层可以用于布线，一个20 mil的焊盘也可以使用。18 mil的焊盘需要最小的层数避让。

(5) 对于DDR3器件的BGA焊盘尺寸，见DDR3器件手册。

PCB中用于DDR3电路布线的区域应该同别的信号隔离，所以就有了DDR3的禁布区域。这个区域的尺寸随DDR放置和DDR布线而变化。非DDR3信号不应该布在禁布区域内的DDR信号层。非DDR信号可以布在这一区域，但是需要通过地线层来隔离。在这个区域内，地线参考层不应该被打断，另外，1.5 V DDR3应该覆盖整个禁布区，如图17.2所示。

DDR3的正常工作需要大容量的旁路电容，这些旁路电容的应该尽可能放置在器

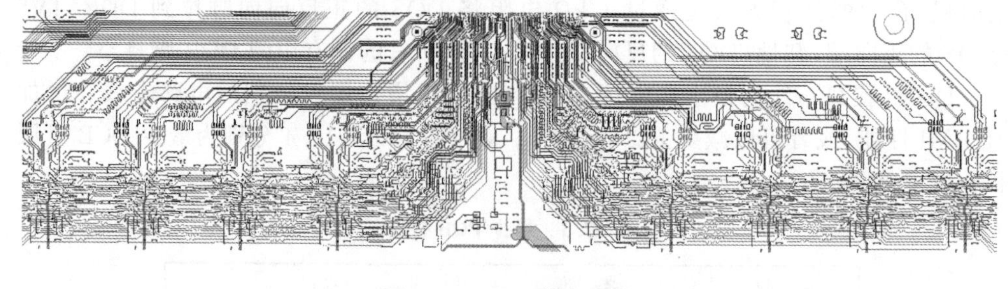

图 17.2 DDR 禁布区域

件附近，如图 17.3 所示。但是应该优先考虑放置高速旁路电容。同样 DDR3 的工作也需要大量的高速旁路电容。在这里高速旁路电容的使用应该遵循以下一些原则：

(1) 尽可能多地使用高速旁路电容。

(2) 尽可能将旁路电容放置的离元件对应管脚近的地方。

(3) 高速旁路电容的尺寸尽可能小。

(4) 连线旁路电容的过孔尽可能的大。

(5) 尽可能不要共享旁路电容的接地或电源的过孔。

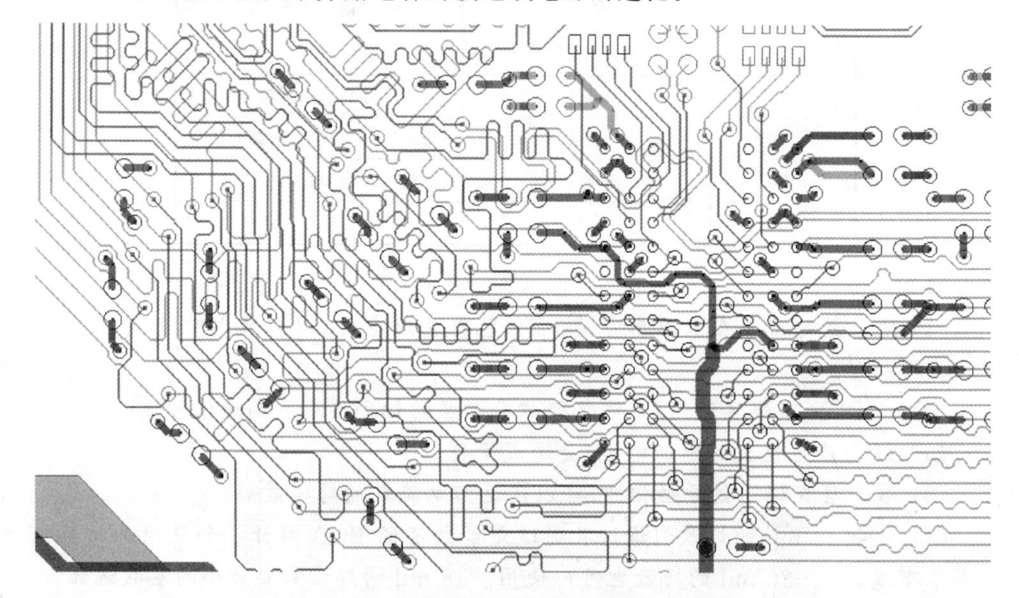

图 17.3 大量的旁路电容尽可能地靠近器件

CK 和 ADDR_CTRL 网络的偏差直接减少信号的建立和保持时间，因此这个偏差必须得到控制才可以，唯一的方法就是 PCB 布线的长度要匹配，走线尽可能短，建立这个最大长度的度量是曼哈顿距离，当连接两点之间的走线仅是水平和垂直线段的时候，PCB 上两点之间的曼哈顿距离是两点间的长度。DQS 和 DQ/DM 网络的差别，直接导致信号的建立和保持时间发生变化，因此，必须对这个差别加以控制，实际中仅有的方法就是控制 PCB 走线的长度，使其尽可能短且一致。

17.4 PCIe 的 PCB 布线技术

PCIe 数据信号线必须保证 100 Ω 的差分阻抗以及 60 Ω 的单端阻抗，要求单端阻抗是因为差分信号在 PCB 上紧耦合是非常困难的，因此单端阻抗变得重要。

这些阻抗受走线线宽、信号距离、参考平面、介质材料等影响，通过 PCB 设计工具尽可能接近 100 Ω 的差分阻抗和 60 Ω 的单端阻抗。为了获得最好的精度，需要 PCB 厂家的支持，以确保阻抗的匹配。

通常，紧耦合的差分信号线并不是 PCB 的一个优势，当差分信号紧耦合的时候，紧间隔和线宽的控制是必要的，非常小的宽度和间隔的变化，可能会导致阻抗的剧烈变换，所以紧阻抗控制在批量生产中是非常困难的。

松耦合 PCB 差分信号，使得阻抗控制显得容易，宽的线和空间间隔使得障碍物避让更容易，线宽变化对阻抗的影响也不是非常剧烈，因此 ，在整个信号长度范围内，易于维持一个精准的阻抗。较宽的线也减少信号的畸变，因此，具有较好的信号完整性。图 17.4 为 PCIC 差分信号。

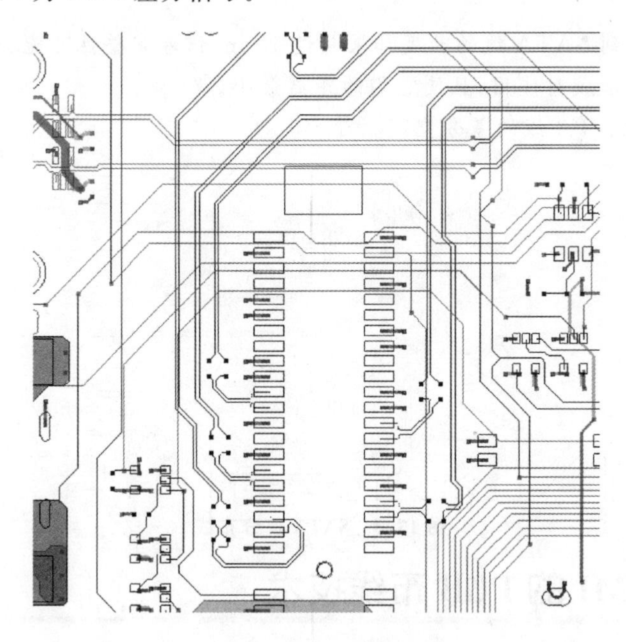

图 17.4 PCIe 差分信号

17.5 SATA 的 PCB 布线技术

SATA 数据信号线的走线与 PCIe 相似，SATA 数据信号线必须保证 100 Ω 的差分阻抗以及60 Ω的单端阻抗，要求单端阻抗是因为差分信号在PCB上紧耦合是非常困难的，因此单端阻抗变得重要。

这些阻抗受走线线宽、信号距离、参考平面、介质材料等影响，通过PCB设计工具尽可能接近100 Ω的差分阻抗和60 Ω的单端阻抗。为了获得最好的精度，需要PCB厂家的支持，以确保阻抗的匹配。表17.5为SAPA数据信号布线参数；图17.5为SATA差分布线。

表17.5 SATA数据信号布线参数

参 数	MIN	TYP	MAX	单 位
处理器到SATA线的长度			10	in
SATA线允许的分叉数目			0	个
TX/RX差分对阻抗	80	100	120	Ω
TX/RX单端阻抗	51	60	69	Ω
每个SATA线上允许的过孔数目			3	个
SATA差分对距离其他线的间隔	2 * DS			

注意：

(1) 处理器到SATA线的长度如果超过10 in，信号完整性可能会受到影响。

(2) 过孔必须成对使用，且使它们的距离最小。

(3) DS是SATA线的差分空间。

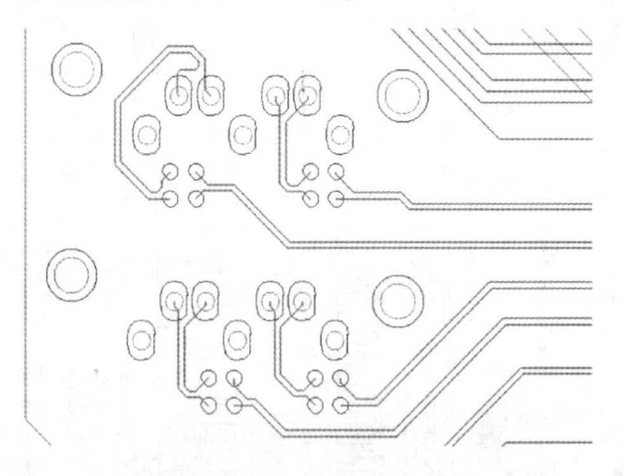

图17.5 SATA差分布线

17.6 HDMI的PCB布线技术

HDMI总线有3个独立的部分：TMDS高速数字视频接口，显示数据通道DDC，消费电子控制CEC。DDC和CEC是低速设备，这些信号布线无特殊要求，而TMDS通道是高速差分对，因此布线必须仔细，以确保良好的信号完整性。

HDMI差分信号线必须保证100 Ω的差分阻抗以及60 Ω的单端阻抗，要求单端阻抗是因为差分信号在PCB上紧耦合是非常困难的，因此单端阻抗变得重要。

这些阻抗受走线线宽、信号距离、参考平面、介质材料等影响，通过PCB设计工具尽可能接近100 Ω的差分阻抗和60 Ω的单端阻抗。为了获得最好的精度，需要PCB厂家的支持，以确保阻抗的匹配。

通常，紧耦合的差分信号线并不是PCB的一个优势，当差分信号紧耦合的时候，紧间隔和线宽的控制是必要的，非常小的宽度和间隔的变化，可能会导致阻抗的剧烈变换，所以紧阻抗控制在批量生产中是非常困难的。

松耦合PCB差分信号，使得阻抗控制显得容易，宽的线和空间间隔使得障碍物避让更容易，线宽变化对阻抗的影响也不是非常剧烈，因此，在整个信号长度范围内，易于维持一个精准的阻抗。较宽的线也减少信号的畸变，因此，具有较好的信号完整性。

表17.6为TMDS数据信号面线参数图17.6为HDMI TMDS线时。

表17.6　TMDS数据信号布线参数

参　数	MIN	TYP	MAX	单　位
处理器到HDMI线的长度			7000	mil
TMDS线允许的分叉数目			0	个
TX/RX差分对阻抗	90	100	110	Ω
TX/RX单端阻抗	54	60	66	Ω
每个TMDS线上允许的过孔数目			3	个
TMDS差分对距离其他线的间隔	2 * DS			

注意：

(1) 过孔必须成对使用，且使它们的距离最小。

(2) DS是TMDS线的差分空间。

(3) 每个TMDS通道都有自己的屏蔽层，这个屏蔽层应该接地以便为TMDS信号提供一个返回电流路径。

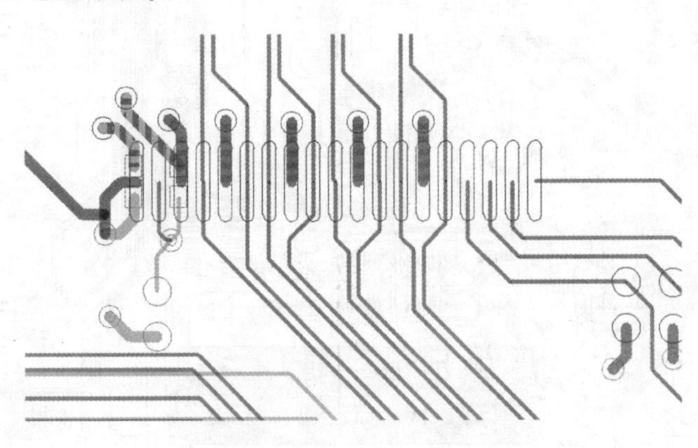

图17.6　HDMI TMDS线对

图17.7为DU8168核心板的PCB;图17.8为DM168核心板的实物图。

DM8168核心板的PCB和实物图如图17.7和17.8所示。

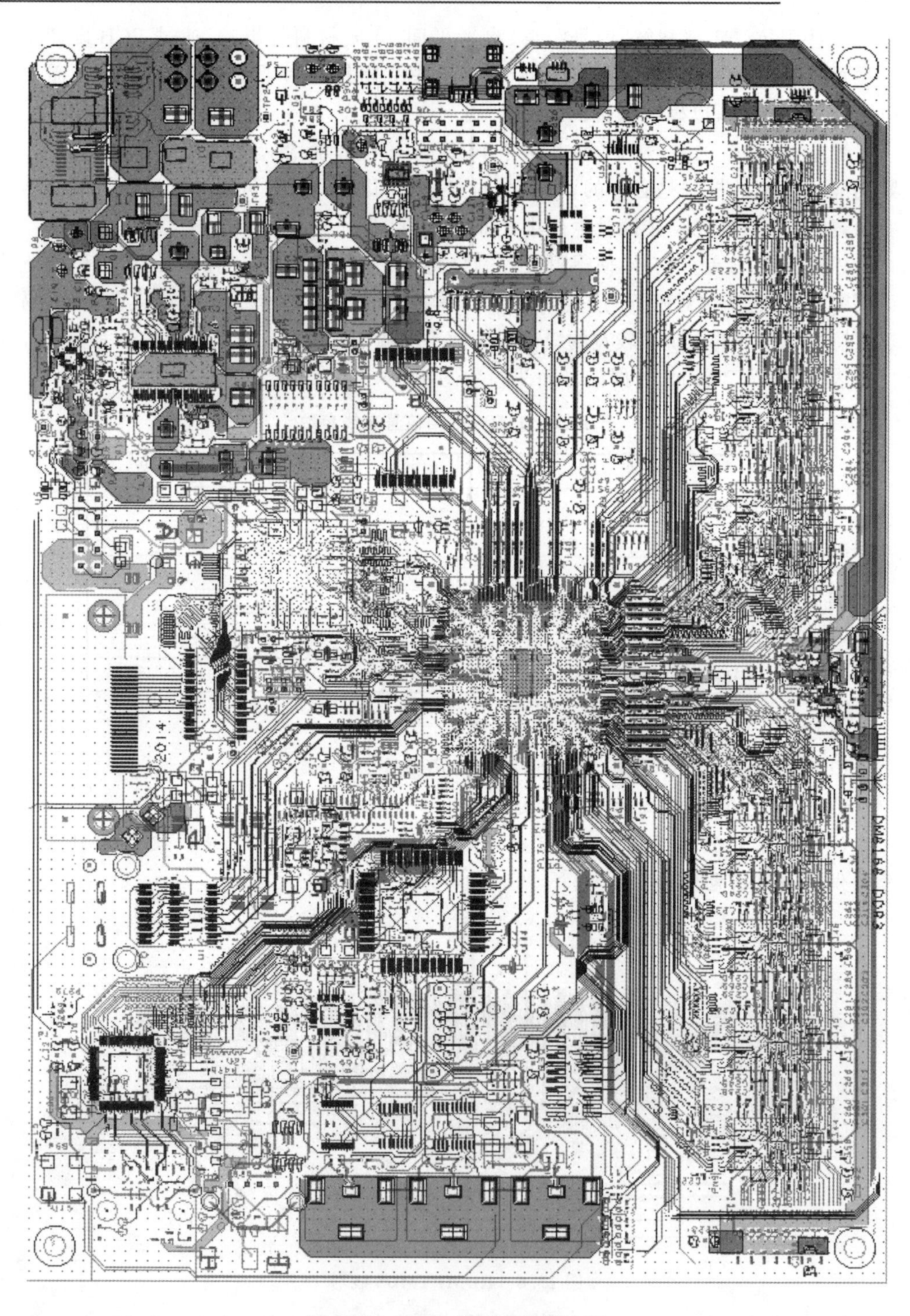

图 17.7 DM8168 核心板的 PCB

图 17.8　DM8168 核心板的实物图

17.7 TMS320DM8168 CCS调试

17.7.1 CCS测试DDR3

本小节以TMS320DM8168EVM板为例,介绍DM8168在CCS平台下的调试实例。首先介绍使用CCS对DDR3与NAND Flash进行测试的步骤。

(1) bootmode[4:0]需要设置全0。

(2) 打开ccs-5.3软件。

(3) 双击View→Target Configurations下面的New Target Configuration.ccxml,如果不存在就创建,选XDS100v2和EVMDM8168,点save然后选择Test Connection,最后一行是The JTAG DR Integrity scan-test has succeeded。

(4) Select "Debug Perspective" in CCS if not there already: "Window → OpenPerspect-ive → Debug"。

(5) 选择View→Target Configurations下面User Defined 'NewTargetConfiguration.ccxml'右键,选择Launch Selected Configuration,这样就进入调试会话。

(6) View→Debug然后选择Texas XDS100V2 USB Emulator_0/CortexA8,点右键"Connect Target"。

(7) 下载gel文件: http://processors.wiki.ti.com/index.php/File:DM816x_gel.zip。

(8) Select"Tools → GEL Files" in CCS; 右键"Load GEL"调出脚本双击显示在Script窗口,Scripts → NETRA External Memory → do_all,成功后显示: PRCM for OCMCRAM0/1 Initialization Done。

(9) DVRRDK_03.50.00.05\ti_tools\linux_lsp\collaterals\host-tools\src\nandflash-04.04.00.02.tar.gz是我们需要的工程,解压到桌面,选择File→Import→Code Composer Studio→Existing CCS/CCE Eclipse Project。

(10) Project菜单选择Clean然后单击Build All。

(11)"Run → Load → Load Program"选择ddr.out。

(12) Run → Resume或者F8。

接下来DM8168执行程序,对DDR3进行快速测试与全部测试。

17.7.2 CCS测试NAND Flash

对NAND Flash测试可以在测试DDR的基础上接着完成。

1. “Run → Load → Load Program”选择 nandflash. out。

2. Run → Resume 或者 F8。

3. 接下来 DM8168 执行程序，对 NAND Flash 进行测试。

4. View→Debug 右键 XDS100V2 CortexA8，'Disconnect Target'，断电。

以上是 CCS 通过仿真器连接 DM8168 并下载程序调试的例子，在新板测试时可以用这个方法对 DM8168 的外围硬件进行测试。

17.7.3　CCS 烧写 UBOOT

在嵌入式操作系统中，UBOOT 是在操作系统内核运行之前运行。可以初始化硬件设备、建立内存空间映射图，从而将系统的软硬件环境带到一个合适状态，以便为最终调用操作系统内核准备好正确的环境。

烧写用到的工具是 nand-flash-writer. out。它的源码路径在 ${EZSDK}/board-support/ host-tools/src/nandflash-<version>. tar. gz。解压后导入到 ccs 进行编译后得到 nand-flash- writer. out。

接下来：

(1) 导入 8168. gel 文件

(2) 将 u-boot. noxip. bin 先存放在电脑中

(3) Run→ Load → Load Program ，选择 nand-flash-writer. out。

(4) Run→Resume，或 F8。

console 栏中输出：

Choose your operation

Enter 1 → To Flash an Image

Enter 2 → To ERASE the whole NAND

Enter 3 → To EXIT\n

输入 1 并回车，提示 Enter image file path，再输入 u-boot. noxip. bin 的路径。简洁方法是在源码中直接改写烧写路径，注释掉输入 path 环节，输入 2 可以擦除 NAND Flash。

17.8　本章小结

本章主要结合 DM81638 核心板的开发经验，从硬件设计和软件调试层面介绍 DM8168 的开发。硬件层面上讲述了 DM8168 的电源设计和复位时钟电路，并且从 DDR3、PCIe、SATA 和 HDMI 几个模块概述其 PCB 布线技术。在硬件设计基础上，讲述 DM8168 在 CCS 平台下的调试，包括使用 CCS 对 DDR3 与 NAND Flash 进行测试。

17.9 思考题与习题

1. DM8168 有哪几个电压域？DM8168 系统的上电顺序是怎样的？
2. DM8168 的 SmartReflex 模块的作用是什么？
3. 在上电复位期间，DM8168 执行哪些操作？
4. DDR3 的 PCB 布线需要注意哪些？DDR3 的高速旁路电容需遵循哪些原则？
5. PCIe 和 SATA 数据信号线的差分阻抗和单端阻抗的怎样配置？

第18章 视频编码系统开发实例

DM8168是目前TI推出的DAVINCI系列中最先进的数字媒体处理器。它包含一个主频高达1.2 GHz的ARM Cortex-A8 RISC处理器和一个最高时钟频率可以达到1.0 GHz的TMS320C674x浮点(Floating-Point)超长指令字(Very Long Instruction Word)DSP。ARM Cortex-A8内核采用ARM v7架构,是一种顺序执行的双发射超标量微处理器内核,并且带有NEON向量/浮点协处理器。TMS320C674x浮点超长指令字DSP基于哈佛体系结构,拥有64个通用寄存器和6个ALU(Arithmetic Logic Unit)功能单元。除此之外,DM8168还包含了专门针对高清视频采集与处理的高清视频处理子系统HDVPSS和高清视频图像协处理器HDVICP2。此外DM8168 EVM还集成了丰富的外设,包括PCI Express、SATA 2.0、千兆位以太网、DDR2/DDR3接口,NAND/NOR Flash等。针对视频处理接口,该EVM支持DVI输入、分量视频输入、复合视频输入、HDMI视频输出、并扩展了并行数据输入接口等多种方式。本章讲述在TMS320DM8168平台上实现视频编码的开发实例,包括开发环境的搭建、H.264算法在DM8168的实现以及基于DM8168的高清视频编码协处理器的视频编码。

18.1 视频编码算法简介

18.1.1 概 述

随着信息技术日新月异的发展,人类已经跨入了信息时代。作为信息时代最重要的标志,多媒体通信,特别是多媒体信息中最直观、最生动的视频信息的通信给人们的生活带来了很大的便捷,使人们可以图文并茂地交流信息,获得直观而完整的印象。

众所周知,视频信息具有一系列优点,如直观性、确切性、高效性、广泛性等。但是视频信息量太大,例如,一幅640×48分辨率的彩色图像(24比特每像素),其数据量约为0.75 Mbit,如帧速率为30 fps,则需要传输的数码率为22.5 Mbps,视频信号高数据量问题已成为视频信号记录和实时通信的一个瓶颈问题。高清视频带来的数据量更大,以720p视频为例,当帧速率为25 fps时,每秒视频图像所占用的比特数为1280×720×3×8×25=527.3 Mbit。高清视频的应用受到存储器容量大小以及信道带宽的限制,单纯依靠扩大存储器容量,增大通信信道来解决该问题是不现实的,因此,要使视频得到有效的应用,不论是存储还是传输都必须对采集到的视频图像进行压缩。但是,视频压缩编码效率和视频编码质量这两者是相互矛盾的,因此,视频编码技术是既要有较大的压缩比,又要保证一定的视频质量。

视频编码技术在这样的背景下发展迅速并且日趋成熟,在工业生产和生活中得到广泛应用,其标志是几个关于视频编码标准的制定,包括国际电信联盟ITU((International Telecommunication Union)制定的视频压缩标准H.261、H.263和H.264,国际化标准组织ISO/IEC(International Standard Organization/International ElectroTechnical Commission)的编码标准MPEG-1、MPEG-2和MPEG-4。这些视频编码标准相互融合,又根据编码对象的不同各自引入不同的编码技术,代表了现阶段视频压缩技术的发展水平。

H.264是由ITU-T的VCEG和ISO/IEC的MPEG的联合视频组(JVT)于2003年3月开发的标准,也称为MPEG-4/AVC,它作为MPEG-4的第10部分,是"高级视频编码"。作为新的高质量低码率视频编码标准,H.264与H.263或MPEG-4标准相比,在相同质量下码率为原来的一半左右,换句话说就是在相同码率下,其信噪比明显提高。同时具有良好的"网络友好性",适应于不同的网络和不同的传输环境,并且具有很强的差错恢复能力和时延控制能力。H.264获得更高性能的代价是引进许多计算复杂度的大的技术,比如分层设计、多帧参考、多模式运动估计、改进的帧内预测等,这些都显著提高了预测精度,从而获得比其他标准好得多的压缩性能,但是也提高了算法的计算复杂度,影响编码实时性。具统计,H.264编码的计算复杂度大约相当于H.263的2倍。

18.1.2 视频编码基本原理

如上所述,视频信号由于信息量大,传输网络带宽要求高,就像一辆庞大的货车只有在宽阔的马路上才能行驶一样。于是出现一个问题:能否将视频信号在传送前先进行压缩编码,即进行视频源压缩编码,然后在网络上进行传送,以便节省传送带宽和存储空间。这里有两个要求:

(1) 必须压缩在一定的带宽内,即视频编码器应具有足够的压缩比。

(2) 视频信号压缩之后,应保持一定的视频质量。这个视频质量有两个标准:一个为主观质量,由人从视觉上进行评定;一个为客观质量,通常用信噪比(S/N)表示。

如果不问质量,一味地压缩,虽然压缩比很高,但压缩后严重失真,显然达不到要求;反之,如只讲质量,压缩比太小,也不符合要求。当然,在以上两个要求下,视频编码器的实现应力求简单、易实现、成本低、可靠性高,这也是基本的要求。

了解了视频信息的优越性,视频信号压缩的必要性,也提出了视频压缩的目标(要求),那么实现这些目标的可能性以及如何实现成为关键问题。

1. 视频压缩可能性分析

众所周知，一幅图像由许多个所谓像素的点组成，如图18.1中的一个小圆表示一个像素，大量的统计表明，同一幅图像中像素之间具有较强的相关性，两个像素之间的距离越短，则其相关性越强，通俗地讲，即两个像素的值越接近。换言之，两个相邻像素的值发生突变的概率极小，“相等、相似或缓变”的概率则极大。

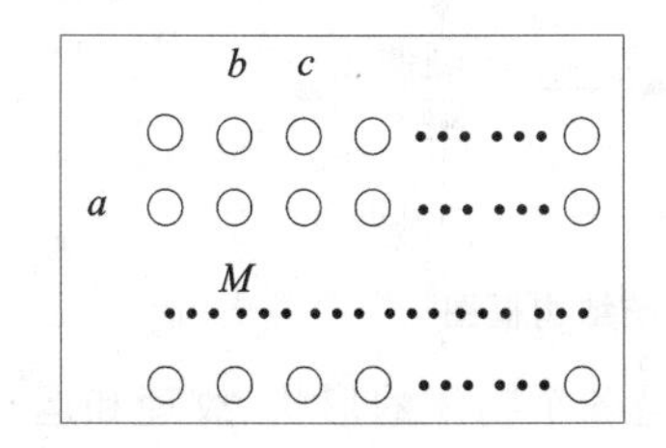

图18.1　像素相关性

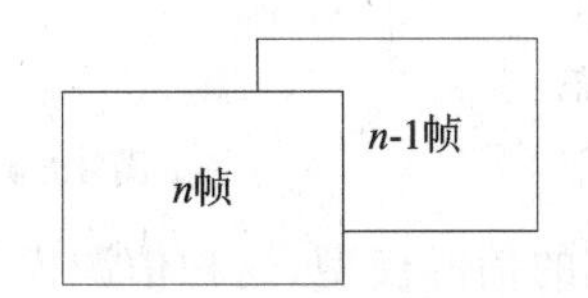

图18.2　帧间相关性

因此，可利用这种像素间的相关性（空间相关性）进行压缩编码。例如当前像素M（设为立即传送的像素）可用前一个像素a或b、c，或三者的线性加权来预测。这些a,b,c被称为参考像素。在实际传送时，把实际像素M（当前值）和参考像素（预测值）相减，简单起见传送$M-a$，到了接收端再把$(M-a)+a = M$，由于a是已传送的（在接收端被存储），于是得到当前值。由于M与a相似，$(M-a)$值很小，视频信号被压缩，这种压缩方式称为帧内预测编码。不仅如此，还可以利用图18.2所示的帧间相关性（时间相关性）编码，即相邻两帧图像之间的相关性。由此可见，利用像素之间（帧内）的相关性和帧间的相关性，即找到相应的参考像素或参考帧作为预测值，可以实现视频压缩编码。

除此之外，大量统计表明，视频信号中包含着能量上占大部分的直流和低频成分，即图像的平坦部分，也有少量的高频成分，即图像的细节。因此，可以用另一种方法进行视频编码，将图像经过某种数学变换后，得到变换域中的图像（如图18.3所示），其中u,v分别是空间频率坐标，用“o”表示的低频和直流占图像能量中的大部分，而高频成分（用“O”表示）则是少量的，于是可用较少的码表示直流低频以及高频，而“O”则不用编码，从而完成了图像的压缩编码。

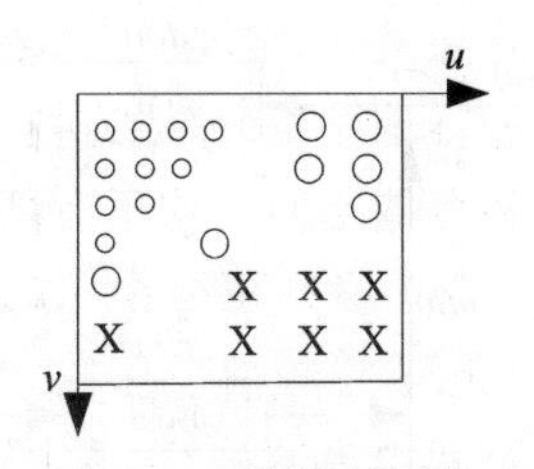

图18.3　变换域图像

2. 视频压缩编码基本结构

视频编码系统的基本结构如图18.4所示。

由图18.4可见，视频编码方法与可采用的信源模型有关。如果采用一幅图像由许多像素构成的信源模型，这种信源模型的参数就是每个像素的亮度和色度的幅度值。对这些参数进行压缩编码技术称为基于波形的编码。如果采用一个分量有几个

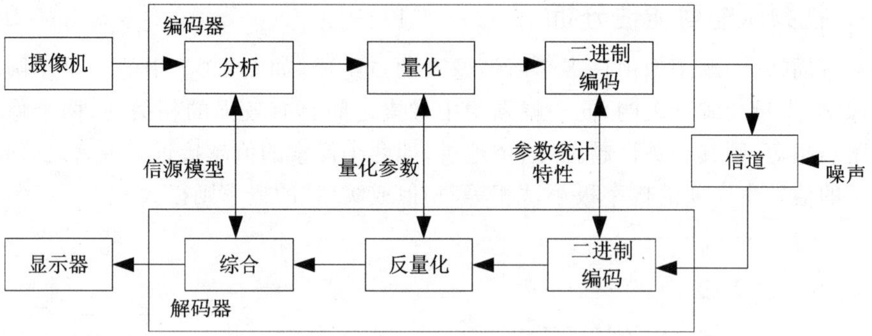

图 18.4　视频编码系统结构框图

物体构成的信源模型，这种信源模型的参数就是各个物体的形状、纹理和运动。对这些参数进行压缩编码的技术被称为基于内容的编码。

由此可见，根据采用信源模型，视频编码可以分为两大类，基于波形的编码和基于内容的编码。它们利用不同的压缩编码方法，得到相应的量化前的参数，再对这些参数进行量化，用二进制码表示其量化值，最后，进行无损熵编码进一步提高码率。解码则为编码的逆过程。

3. 预测编码

按以上原理可得预测编码框图，如图 18.5 所示，这种预测编码也称为差分脉冲编码(DPCM)。其中，$x(n)$为当前像素的实际值，$p(n)$为其预测值，d(n)为差值或残差值。该差值经量化后得到残差量化值 $q(n)$。预测值 $p(n)$经预测器得到，预测器输入为已存储在预测器内前面的各像素，和当前值，它们的加权和即为下一个预测器输出。由图 16.5 可见，解码输出 $x'(n)$与原始信号 $x(n)$之间有个因量化而产生的量化误差。

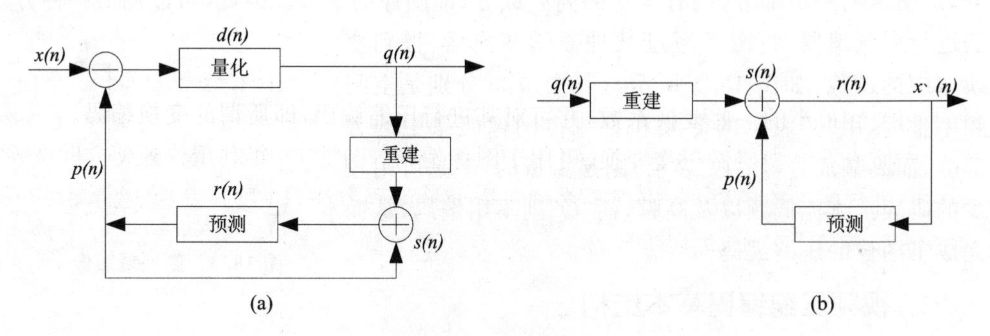

图 18.5　预测编码

现在进一步说明预测法压缩视频信息。大量统计表明，由于相关性的存在，邻近像素值之差很小。其差值信号的概率分布如图 18.6 所示。可见该差值信号的方差是比较小的。由于图像的误差信号 $d(n)$方差相对图像信号本身方差较小，其量化器的动态范围可以缩小，相应的量化分层数目就可减少，每个像素的编码比特数也显著下降，而且不致视频质量明显降低，达到视频压缩的目的。

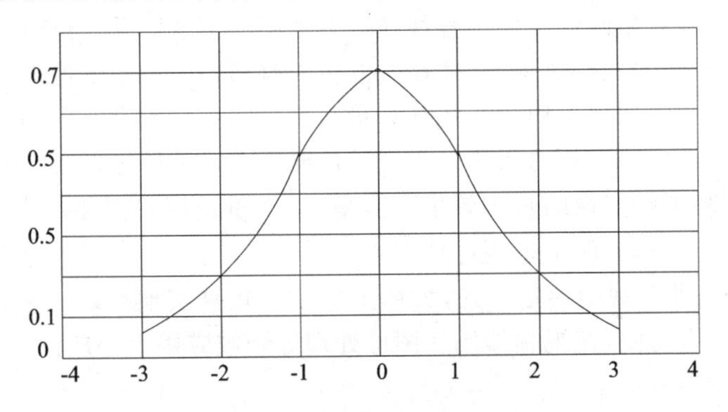

图 18.6　预测残差概率分布

预测编码包括帧内和帧间预测。帧内预测就是当前像素(当前块)的预测值只来自于当前帧，由当前帧的相邻像素来预测当前像素(当前块)的值，从而完成空间冗余的压缩。帧间预测编码编码效率比帧内更高，在帧间预测编码中，由于活动图像邻近帧(参考帧)中的景物存在着一定的相关性。因此，可将活动图像分成若干块或宏块，并设法搜索出每个块或宏块在邻近帧图像中的位置，并得出两者之间的空间位置的相对偏移量(运动矢量)和预测残差值。运动矢量和经过运动匹配后得到的预测误差共同发送到解码端，在解码端按照运动矢量指明的位置，从已经解码的邻近参考帧图像中找到相应的块或宏块，和预测误差相加后就得到了块或宏块在当前帧中的位置。通过帧间预测可以去除帧间冗余度，使得视频传输的比特数大为减少。

4. 变换编码

绝大多数图像都有一个共同的特征：平坦区域和内容缓慢变化区域占据一幅图像的大部分，而细节区域和内容突变区域则占小部分。也可以说，图像中直流和低频区占大部分，高频区占小部分。这样，空间域的图像变换到频域或所谓的变换域，会产生相关性很小的一些变换系数，并可对其进行压缩编码，即所谓的变换编码。

变换中有一类叫做正交变换，可用于图像编码。自 1968 年利用快速傅立叶变换(FFT)进行图像编码以来，出现了多种正交变换编码方法，如 K-L 变换、离散余弦变换(DCT)等等。其中，编码编码性能以 K-L 变换最理想，但缺乏快速算法，且变换矩阵随图像而异，不同图像需计算不同的变换矩阵，因而只用来参考比较。DCT 编码性能最接近于 K-L 变换，略次而已，具有快速算法，广泛应用于图像编码。

5. 视频质量评定

对压缩后的视频图像质量进行评定还没有一个固定的标准。在视频编码与图像处理领域也现了一些广泛采用的评定标准，主流的有主观质量评定、峰值信噪比 PSNR(Peak Signal Noise Rate)。

主观质量评定主要采用人眼对图像的主观感受作为评价依据，依赖于人眼的视觉系统。人眼的主观感受越好，视频图像的质量也就越高。由于每个人的视觉系统和经验都不一样，对相同的图像内容往往会有不同的主观感受，自然得到的评定结果也不一样。在实际的操作过程中，往往选取多人对相同的视频图像进行评定，并将评定结果量化后，按照加权平均的方式计算最后的结果。该结果相对接近视频的实际效果，能够真实地反映视频的质量。主观质量评定方式是最接近人眼的主观感受的，能够真实地反映视频图像的真实效果。但是，主观质量评定需要耗费大量的人力与时间，在通常情况下，一般不采用这种方式。

PSNR是一种客观的评定方式，大体上能够比较真实地反映视频的实际视觉效果，计算过程较为简便，在视频编码和图像处理等领域应用十分广泛。PSNR的计算公式如下：

$$PSNR=10\lg(2^n-1)^2/MSE$$

其中，MSE(Mean Square Error)是原始图像与编解码之后的图像之间的均方误差，n为每个象素的比特数，PSNR的单位是分贝(dB)。一般情况下，PSNR值越大，图像的质量也就越好。在某些特殊的情况下，也会出现PSNR值较大的图像实际效果较差的情况。

18.1.3 H.264视频编码算法

H.264视频编码标准集中了以往编码标准的优点并吸收了以往标准制定中累积的经验。作为新一代视频压缩算法，H.264视频标准没有详细地明确定义一个完整的编码器，而是定义了编码码流的语法和对码流进行解码的方法。这种广义的范围限制极大提高了标准使用的自由度，应用中可以使用各自最适合的方式进行性能优化。它通过限制比特流，定义视频编解码过程中的语法单元，使得给定的编码码流经过符合标准的解码器解码都会得到相同的输出结果。

H.264着重在压缩的高效率和传输的高可靠性，因而其应用面十分广泛，具体说来，H.264支持3个不同档次：

(1) 基本档次：利用I片和P片支持帧内和帧间编码，支持利用基于上下文的自适应的变长编码进行的熵编码(CAVLC)。主要用于可视电话、会议电视、无线通信等实时视频通信；

(2) 扩展档次：支持码流之间有效切换(SP和SI片)、改进误码性能(数据分割)，但不支持隔行视频和CABAC；

(3) 主要档次：支持隔行视频，采用B片的帧间编码和采用加权预测的帧内编码；支持利用基于上下文的自适应的算术编码(CABAC)。主要用于数字广播电视与数字视频存储。

1. H.264的分层结构

H.264的码流结构和以往的视频标准不同，H.261-H.263标准定义的码流结构共分 4 层，自上而下分别为：图像层、块组层、宏块层、和块层。而制定 H.264 的主要目标有两个：一是较高的视频压缩比，另一个是具有良好的网络亲和性，可适用于各种传输网络。为此，如图 18.7 所示，H.264 的功能分为两层，即视频编码层(VCL)和网络抽象层(NAL)。其中，视频编码层负责表达视频图像的核心内容压缩编码部分；网络提取层负责以恰当方式对数据信息进行打包和传送，以满足网络的要求，因此它对不同网络有不同的适应能力。H.264 在视频编码层和网络提取层之间进行了概念性分割，定义了一个基于分组方式的接口，从而更好地适应网络传输。

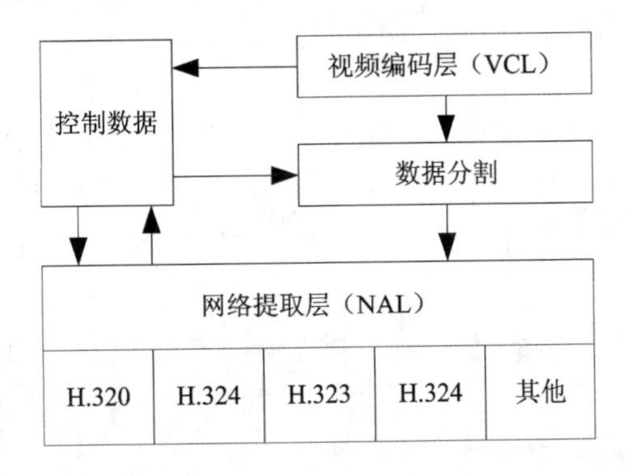

图 18.7　H.264 分层结构

视频编码层独立于网络，通过包括时域空域预测、运动补偿、变换编码和墒编码等编码压缩单元完成对视频信息的压缩，通过基于块的运动混合编码和块、宏块和片的语法句法定义等实现视频内容的高效表达；网络提取层是 H.264 专为网络传输设计，能适应不同网络中的视频传输，封装数据时使用下层网络的分段特性。把网络提取层产生的比特字符串适配到各种不同的网络环境中，包括组帧、逻辑信道信令、定时信息的利用或序列结束信号等。网络提取层从视频压缩系统将与网络相关的信息抽象出来，使网络对于视频编码层是透明的。对网络提取层的基本处理过程基本分为两步：首先将视频编码层输出的原始编码数据封装成通用格式即网络提取层单元(NALU)，方便使用于面向包和流的网络传输系统；然后为适应不同的传送网络，利用分组网络传输控制协议将 NAL 单元封装成不同的封装格式。

2. H.264 编码器结构

如图 18.8 所示，H.264 在编码框架上还是和以前标准一样，采用运动补偿加变换编码的混合编码模式，因此它含有先前标准的一些特点同时技术上具有闪亮之处。混合编码算法的基本思想是：一方面通过帧间预测来减少时间统计相关性；另一方面通过对预测残差信号进行变换编码来减少空间统计相关性。其中主要包括预测编码、变换编码和熵编码，对这 3 种编码方法分别采用了不同的编码技术，通过运动补偿预测、DCT 变换和熵编码分别减少图像时间域、空间域和频率域上的冗余度。H.264编码效率的提高不是单靠某一项技术的优化实现的，而是由各种不同关键技术带来的性能改进而共同产生的。

3. H.264 编码器关键技术

H.264 编码器的不同主要体现在各个功能模块的细节上，这也是 H.264 有优异编码性能的关键所在。H.264 视频压缩的关键技术包括：基于块的多模式帧内预

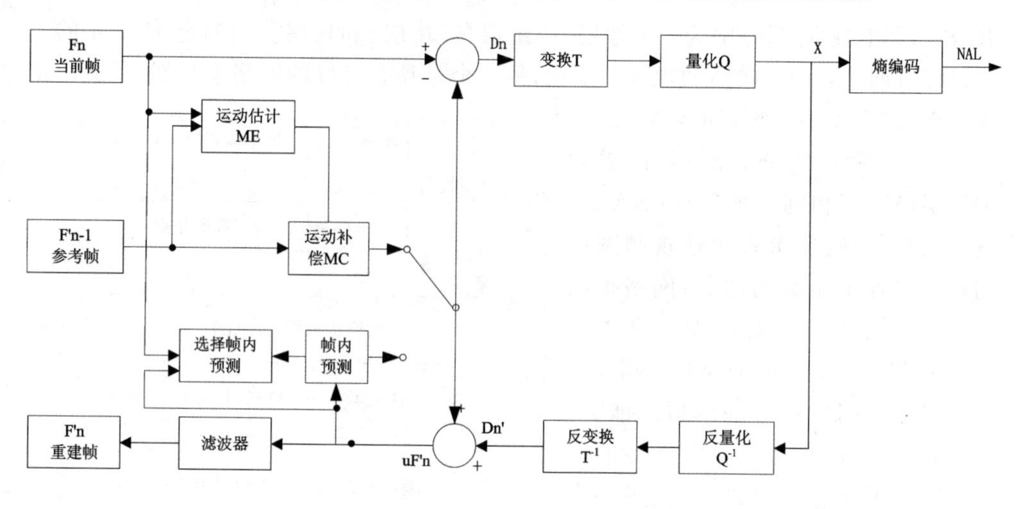

图 18.8 H.264 编码器框架

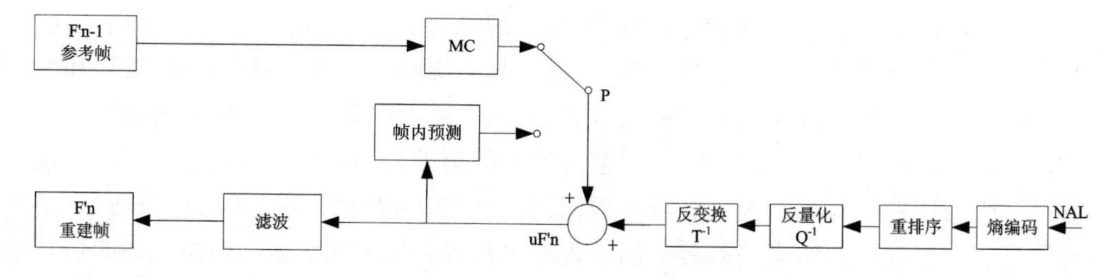

图 18.9 H.264 解码器框架

测、树状结构帧间预测、SP/SI 帧技术、整数变换、CAVLC 和 CABAC 熵编码、码率控制、去方块滤波等。

(1) 帧内预测

与传统的帧内编码相比，H.264 帧内预测编码充分利用相邻宏块间的相关性，而不只是利用宏块内部像素之间的相关性，提高编码效率。在帧内预测模式中，预测块 P 是基于已编码重建块和当前块形成的。对亮度像素而言，有两种预测模式：帧内 4×4 和帧内 16×16。如图 18.10 所示，4×4 亮度子块有 9 种可选预测模式，独立预测每一个 4×4 亮度子块，适用于带有大量细节的图像编码；16×16 亮度块有 4 种预测模式，预测整个 16×16 亮度块，适用于平坦区域图像编码；对于色度块，也有 4 种预测模式，类似于 16×16 亮度块预测模式。编码器通常选择使 P 块和编码块之间差异最小的预测模式。

(2) 帧间预测

帧间预测是利用已经编码的图像作为参考帧，来预测当前帧的亮度块或者色度块的过程。帧间预测包括两个方面，运动估计（Motion Estimation）和运动补偿（Motion Compensation）。在时间上相近的若干图像帧之间的内容具有很大的相关性，这种相关性称为时间冗余。帧间预测的主要目的就是消除时间冗余。同时，研究表

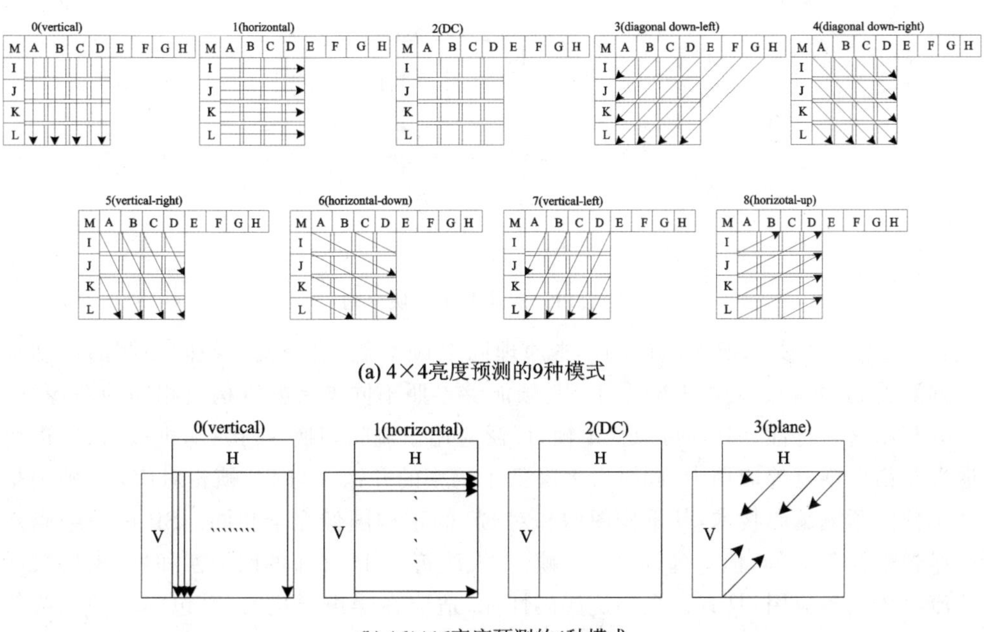

(a) 4×4亮度预测的9种模式

(b) 16×16亮度预测的4种模式

图 18.10　帧内预测模式

明帧间时间冗余度远大于帧内空间冗余度和编码冗余度，因此，帧间预测是 H.264 视频压缩编码系统中重要组成模块，直接影响到整个算法的编码性能和编码效率。

如图 18.11 所示，H.264 支持 7 种不同的宏块大小：16×16、16×8、8×16、8×8、8×4、4×8、4×4。为了获得更好的压缩效果，一般要对较大的宏块进行分割。如图 2.5 所示，帧间预测中亮度分量的每个宏块(16×16)可以有 4 种分割方式：16×16、16×8、8×16、8×8。当宏块大小为 8×8 时可以进一步分割为：8×8、8×4、4×8、4×4。采用这种树状分割方式，为帧间预测提供了多种可选的组合方式。通常情况下，如果采用大尺寸分割，则运动估计与运动补偿的次数较少，但是图像残差包含的冗余信息较多；如果采用小尺寸分割，则残差图像包含较少的冗余，但是运动估计与补偿的次数会增加。分割尺寸的选择影响了压缩性能，因此，在图像较平滑的区域，往往采用较大的宏块分割；在图像细节较多的区域，采用较小的宏块分割。

宏块的色度成分(Cr 和 Cb)则为相应亮度的一半(水平和垂直各一半)。色度块采用和亮度块同样的分割模式，只是尺寸减半(水平和垂直方向都减半)。例如，8×16 的亮度块相应色度块尺寸为 4×8，8×4 亮度块相应色度块尺寸为 4×2 等。色度块的 MV 也是通过相应亮度 MV 水平和垂直分量减半而得。

(3) SP/SI 帧技术

当前视频编码标准主要包括 3 种的帧类型：I 帧、P 帧和 B 帧。随着 H.264/AVC 为了顺应视频流的带宽自适应性和抗误码性能的要求，又定义了两种新的帧类

	16x16	16x8	8x16	8x8
M types	0	0 / 1	0 1	0 1 / 2 3

	8x8	8x4	4x8	4x4
8x8 types	0	0 / 1	0 1	0 1 / 2 3

图 18.11 宏块及子宏块分割

型：SP 帧和 SI 帧。SP 帧编码的基本原理同 P 帧类似，仍是基于帧间预测的运动补偿预测编码，两者之间的差异在于 SP 帧能够参照不同参考帧重构出相同的图像帧。充分利用这一特性，SP 帧可取代 I 帧，广泛应用于流间切换、拼接、随机接入、快进快退以及错误恢复等应用中，同时大大降低了码率的开销。与 SP 帧相对应，SI 帧则是基于帧内预测编码技术，其重构图像和对 SP 的重构图像完全相同。SP 帧的编码效率尽管略低于 P 帧，但却远远高于 I 帧，大大改善了 H.264 的网络亲和性，支持灵活的流媒体服务应用，具有很强的抗误码性能，适应在噪声干扰大、丢包率高的无线信道中传输。

(4) 整数变换与量化

为了进一步节省图像传输码率，需要对图像信号进行压缩，一般方法为去除图像信号中的相关性及减小图像编码的动态范围，通常采用变换编码及量化。变换编码将图像时域信号变换成频域信号，在频域中图像信号能量大部分集中在低频区域，相对时域信号，码率有较大的下降。H.264 对图像或预测残差采用了 4×4 整数离散余弦变换技术，避免了以往标准中使用的通用 8×8 离散余弦变换逆变换经常出现的失配问题。量化过程根据图像的动态范围大小确定量化参数，既保留图像必要的细节，又减少码流。

在图像编码中，变换编码和量化从原理上讲是两个独立的过程。但在 H.264 中，将两个过程中的乘法合二为一，并进一步采用整数运算，减少编解码的运算量，提高图像压缩的实时性，这些措施对峰值信噪比（PSNR）的影响很小，一般低于 0.02dB，可不计。H.264 中整数变换及量化具体过程如图 18.12 所示。

(5) 熵编码

熵编码是 H.264 视频编码的最后一个重要环节，主要将量化后的数据进行编码，进一步减少信息冗余。熵编码是基于信息论模型的，是一种无损编码。根据信息论的原理，信息的多少是用熵来描述的，熵的定义为：

$$H(X) = -\sum_{i=1}^{n} p(x_i)\log_2 p(x_i)$$

其中，$X=\{x_i\}$为一组信号序列，x_i 为序列中的第 i 个符号，$p(x_i)$为 x_i 在序列中出现的概率，H 为熵，单位用比特(bit)来表示。

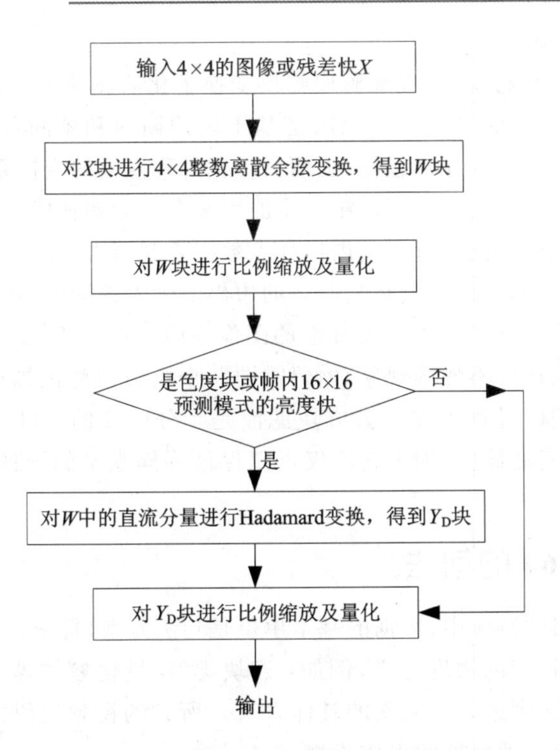

图 18.12 视频编码变换编码和量化过程

H.264 有两种不同熵编码方法：CAVLC(基于上下文自适应的可变长编码)和 CABAC(基于上下文的自适应二进制算术熵编码)。CAVLC 利用相邻块非零系数数目的相关性将最经常出现的信息符号用短码字表示，最不经常出现的信息符号用长码字表示来进行压缩，进一步减少数据中的冗余信息，编码的过程主要包括对非零系数编码所需表格的选择和对拖尾系数后缀长度的更新；CABAC 主要为整个输入流分配一个码字，并不是对每个字符分配一个码字，用区间递进的方法寻找被分配的码字，从第一个符号确定的初始区间(0,1)开始，输入流被逐个字符读入，在新字符出现后递归地划分当前区间，处理完最后一个字符得到最终区间，在最终区间内任挑选一个数作为输出。

(6) 码率控制

在 H.264 视频编码标准中仅仅规定了编码后比特流的句法结构和解码器的结构，而对于编码器的结构和实现模式没有具体的规定。然而无论编码器的结构如何，相应的视频编码的控制都是编码器实现的核心问题。在对数字视频信号进行压缩编码时，编码器通过相应的编码控制算法以确定各种编码模式，如宏块的划分类型、运动矢量以及量化参数等，已选定的各种编码模式进一步确定了编码器输出比特流的比特率和失真度。H.264 编码器采用了基于 Lagrangian 优化算法的编码控制模型，其编码性能相较于以往的所有编码标准有了重大提高。

(7) 去方块滤波

H.264 视频编码标准中，在编解码器反变换量化后图像会出现方块效应。其产生的原因有两个。最重要的一个原因是基于块的帧内和帧间预测残差的 DCT 变换。变换系数的量化过程相对粗糙，因而反量化过程恢复的变换系数带有误差，会造成在图像块边界上的视觉不连续。第二个原因来自于运动补偿预测。运动补偿块可能是从不是同一帧的不同位置上的内插样点数据复制而来。因为运动补偿块的匹配不可能是绝对准确的，所以就会在复制块的边界上产生数据不连续。当然，参考帧中存在的边界不连续也被复制到需要补偿的图像块内。尽管 H.264 采用较小的 4×4 变换尺寸可以降低这种不连续现象，但仍需要一个去方块滤波器以最大程度提高编码性能。因此在编码过程中加入去方块滤波是十分必要的。H.264 标准引入了环路滤波器，采用环路滤波器，因为它不仅可以保证不同水平的图像质量，而且不消耗额外的帧缓存。

18.1.4　H.264 的句法

在编码器输出的码流中，数据的基本单位是句法元素，每个句法元素由若干比特组成，它表示某个特定的物理意义，例如：宏块类型、量化参数等。句法表征句法元素的组织结构，语义阐述句法元素的具体含义。所有的视频编码标准都是通过定义句法和语义来规范编解码器的工作流程。

编码器输出的比特码流中，每个比特都隶属某个句法元素，也就是说，码流是由一个个句法元素依次衔接组成的，码流中除了句法元素并不存在专门用于控制或同步的内容。在 H.264 定义的码流中，句法元素被组织成有层次的结构，分别描述各个层次的信息。图 18.13 表现了这种结构。

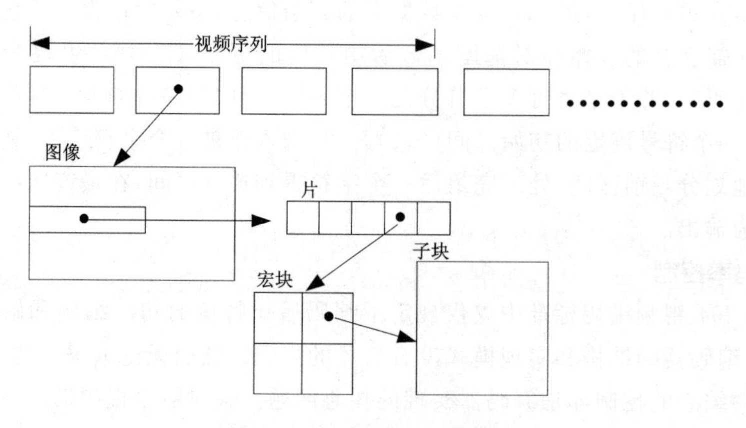

图 18.13　句法元素的分层结构

句法元素的分层结构有助于更有效地节省码流。例如，在一个图像中，经常会在各个片之间有相同的数据，如果每个片都同时携带这些数据，势必会造成码流的浪费。更为有效的做法是将该图像的公共信息抽取出来，形成图像一级的句法元素，而在片级只携带该片自身独有的句法元素。在 H.264 中,句法元素共被组织成序列、图像、片、宏块、子宏块五个层次。H.264 的分层结构是经过精心设计的,与以往的视频编码标准的分层结构(如图 18.14 所示)相比有很大的改进,这些改进主要针对传输中的错误掩藏,在有误码发生时可以提高图像重建的性能。在以往的标准中,分层的组织结构如同 TCP/IP 协议的结构,每一层都有头部,然后在每层的数据部分包含该层的数据。在这样的结构中,每一层的头部和它的数据部分形成管理与被管理的强依赖关系,头部的句法元素是该层数据的核心,而一旦头部丢失,数据部分的信息几乎不可能再被正确解码出来。尤其在序列层及图像层,由于网络中 MTU(最大传输单元)大小的限制,不可能将整个层的句法元素全部放入同一个分组中,这个时候如果头部所在的分组丢失,该层其他分组即使能被正确接收也无法解码,造成资源浪费。

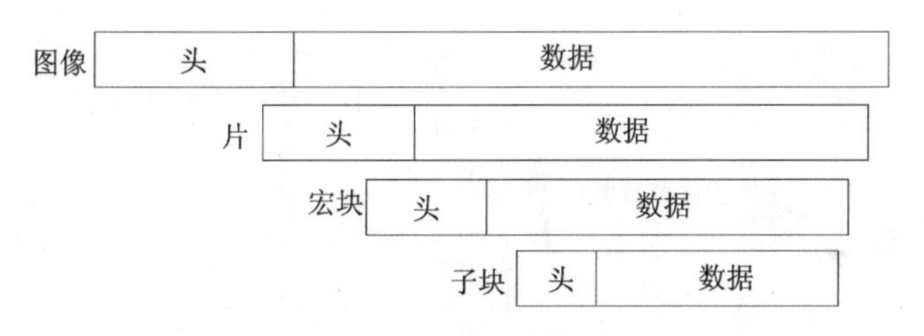

图 18.14 以往标准中句法元素的分层结构

在 H.264 中,分层结构最大的不同是取消了序列层和图像层,并将原本属于序列和图像头部的大部分句法元素游离出来形成序列和图像两级参数集,其余的部分则放入片层。参数集是一个独立的数据单位,不依赖于参数集外的其他句法元素。图 18.15 描述了参数集与参数集外句法元素的关系,在图中我们可以看到,参数集只在片层句法元素需要的时候被引用,而且,一个参数集并不对应某个特定的图像或序列,同一个序列参数集可以被多个序列中的图像参数集引用,同理,同一个图像参数集也可以被多个图像引用。只在编码器认为需要更新参数集的内容时,才会发送出新的参数集。在这种机制下,由于参数集是独立的,可以被多次重发或者采用特殊技术加以保护。

在图 18.15 的描述中,参数集与参数集外部的句法元素处于不同信道中,这是 H.264 的一个建议,我们可以使用更安全但成本更昂贵的通道来传输参数集,而使用成本低但不够可靠的信道传输其他句法元素,只需要保证片层中的某个句法元素需要引用某个参数集时,那个参数集已经到达解码器,也就是参数集在时间上必须先被传送。当然,在条件不允许的情况下,我们也可以采用妥协的办法:在同一个物理信道中传输所有的句法元素,但专门为参数集采用安全可靠的通信协议,如 TCP。当然,H.264 也允许我们为包括参数集在内的所有句法元素指定同样的通信协议,但这时所有参数集必须被多次重发,以保证解码器最终至少能接收到一个。在参数集和片使用同个物理信道的情况下,图 18.15 中的信道 1 和信 2 应该被理解为逻辑

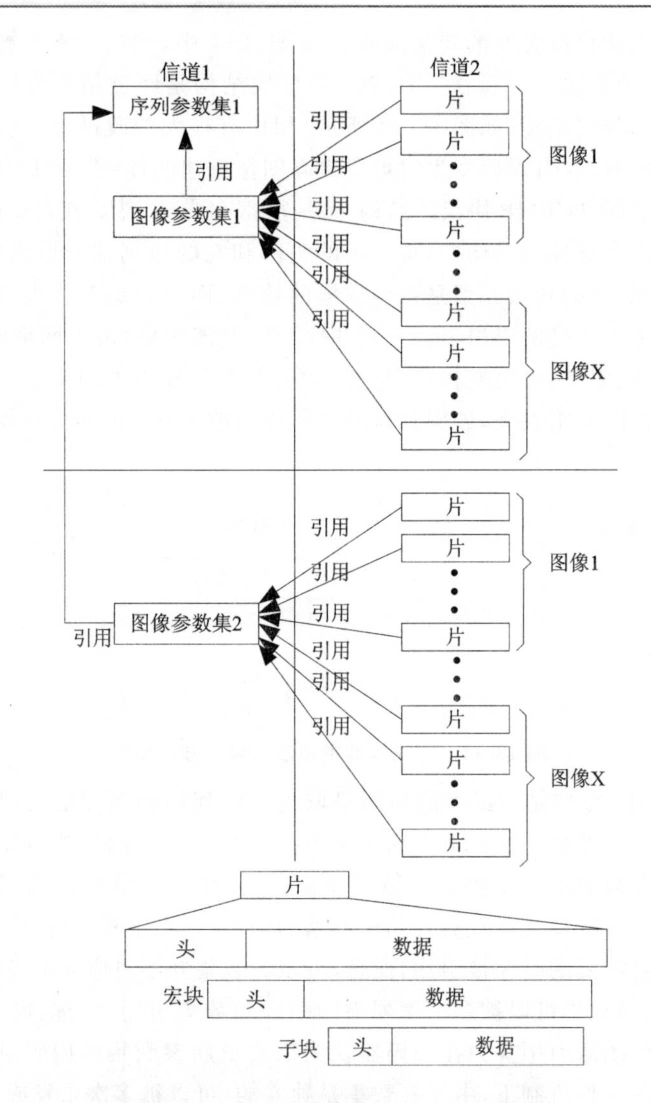

图 18.15 参数集与参数集外句法元素的关系

上的信道，因为从逻辑上看，参数集与其他句法元素还是处于各自彼此独立的信道中。

H.264 在片层增加了新的句法元素指明所引用的参数集的编号，同时因为取消了图像层，片成为了信道 2 中最上层的独立的数据单位，每个片必须自己携带关于所属图像的编号、大小等基本信息，这些信息在同一图像的每个片中都必须是一致的。在编码时，H.264 的规范要求将参数集、片这些独立的数据单位尽可能各自完整地放入一个分组中被传送。H.264 片层以下的句法元素的结构大体上和以往标准类似，但在相当多的细节上有所改进，所有的改进的目的不外乎两个：在错误发生时防止错误扩散以及减少冗余信息提高编码效率。从表面上看来，H.264 关于参数集和

片层的结构增加了编码后数据的冗余度(比如参数集必须多次重发,又如每个片都必须携带一部分相同的关于整个图像的信息,而这些数据完全是重复的),降低了编码效率,但这些技术的采用使得通信的鲁棒性大大增强,当数据传输中出现丢包,能够将使错误限制在最小范围,防止错误的扩散,解码后对错误的掩藏和恢复也能起到很好的作用。一个片的丢失将不会影响其他片的解码,还可以通过该片前后的片来恢复该片的数据。

图 18.15 所示的码流的结构是一种简化的模型,这个模型已经能够正确工作,但还不够完善,不适合复杂的场合。在复杂的通信环境中,除了片和参数集外还需要其他的数据单位来提供额外的信息。图 18.16 描述了在复杂通信中的码流中可能出现的数据单位。如前文所述,参数集可以被抽取出来使用其他信道。

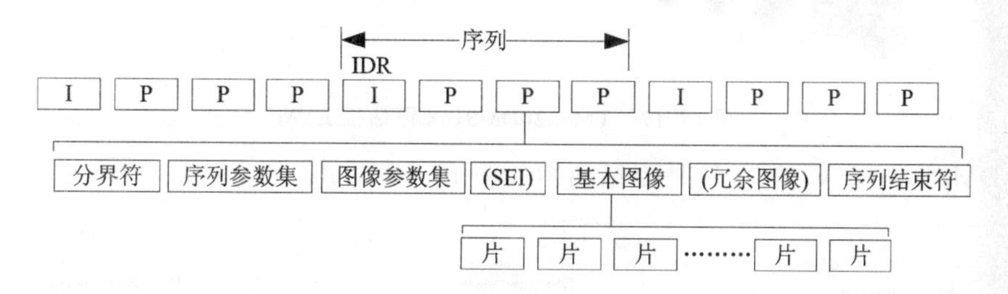

图 18.16　复杂通信 H.264 码流中的数据单位

在图 18.16 中我们看到,一个序列的第一个图像叫做 IDR 图像(立即刷新图像),IDR 图像都是 I 图像。H.264 引入 IDR 图像是为了解码的重同步,当解码器解码到 IDR 图像时,立即将参考帧队列清空,将已解码的数据全部输出或 c 抛弃,重新查找参数集,开始一个新的序列。这样,如果在前一个序列的传输中发生重大错误,如严重的丢包,或其他原因引起数据错位,在这里可以获得重新同步。IDR 图像之后的图像永远不会引用IDR 图像之前的图像的数据来解码。要注 IDR 图像和 I 图像的区别,IDR 图像一定是 I 图像,但 I 图像不一定是 IDR 图像。一个序列中可以有很多的 I 图像,I 图像之后的图像可以引用 I 图像之间的图像做运动参考。

18.2　TMS320DM8168 评估板

与 Spectrum Digital 联合开发的 TMS320DM8168 评估板 EVM(以下简称 DM8168 EVM)的实物图如图 18.17 所示。

DM8168 EVM 为 TI 的高性能视频 SOC,其中包含 1 个主频为 1 GHz 的 C674x DSP、1 个主频为 1.2 GHz 的 Cortex-A8、3 个 HDVICP2、1 个 3D 图形加速器以及丰富的外设。扩展 I/O 子卡带有用于 DVI 输入、分量视频输入、复合视频输入、HDMI Tx、串行端口、以太网和音频输出的连接器。SD 卡包含了示例软件和软件开发包 SDK,同时提供 DM8168 EVM 的软硬件开发资料。

图 18.17 TMS320DM8168 评估板 EVM

DM8168 EVM 的 CPU 体系结构图如图 18.18 所示。

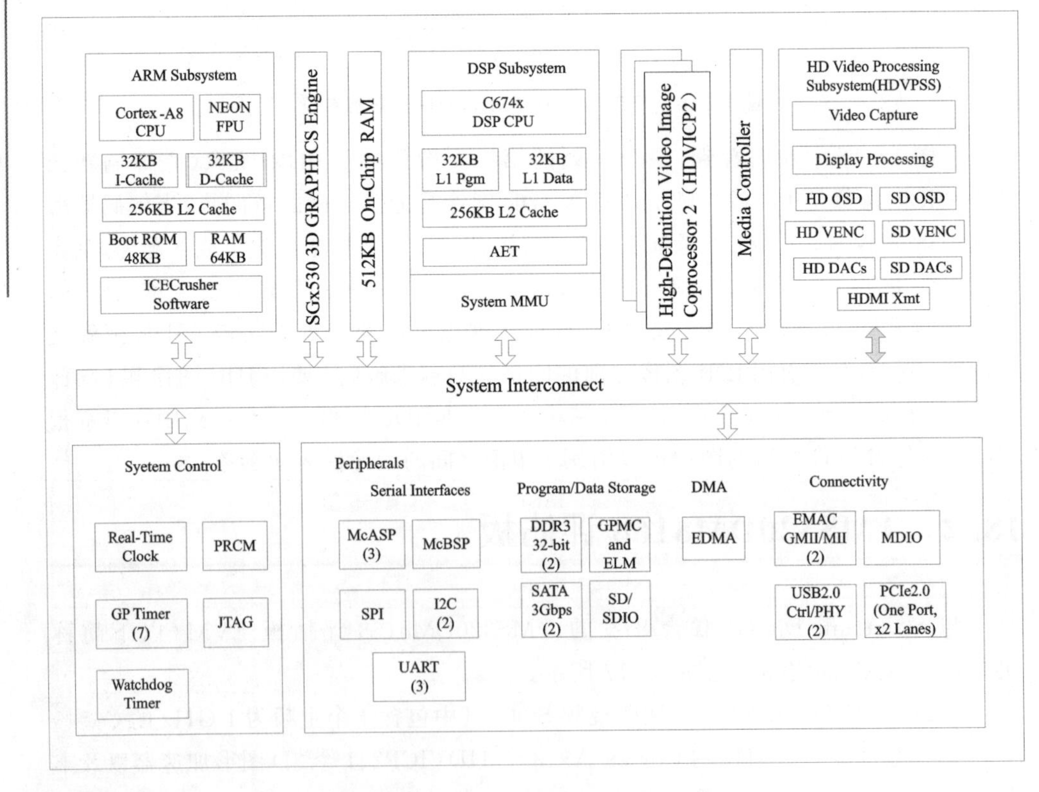

图 18.18 DM8168 EVM 结构图

DM8168 EVM 的主要描述如表 18.1 所列。

表 18.1　DM8168 EVM 的主要参数集及性能描述

应用场合	视频编码、解码、转码和速率转换、视频安全、视频会议、视频基础设施、媒体服务器和数字标牌等
操作系统	Linux、Android、DSP/BIOS
DSP	1 个 C674x
DSP 指令类型	定点、浮点
DSP 最大频率	1 GHz
DSP 峰值 MMACS	12 000
ARM CPU	1 个 ARM Cortex-A8
ARM 最大频率	1.2 GHz
ARM 最大 MIPs	2 400
图形加速器	1 个 3D 图形加速器
视频加速器	3 个 HDVICP2
视频功能	解码、编码、多通道、转码、多种格式、图像分析、图像增强、去隔行、缩放
TI 视频编解码器	H.264 BP/MP/HP、MPEG-4、MPEG-2、JPEG/MJPEG
视频分辨率/帧速率	1080p、60fps 或更小
TI 音频编解码器	AAC-LC/HE、G.711、MP3
片上 L1 高速缓存	64 KB (ARM Cortex-A8)、64 KB (DSP)
片上 L2 高数缓存	256 KB (ARM Cortex-A8)、256 KB (DSP)
其他片上存储	512 KB
通用目的存储	1 个 16 bit GPMC、NAND 闪存、NOR 闪存、伪 SRAM、SRAM
DRAM	2 个 32bit(DDR2-800/DDR3-1600)
USB	2
EMAC	2×10/100/1000
PCI/PCIe	1 2-IANE
SATA	2
MMC/SD	1 SD/SDIO
UART(SCI)	3
I2C	2
McBSP	1
McASP	3
SPI	1
DMA(Ch)	是

续表 18.1

应用场合	视频编码、解码、转码和速率转换、视频安全、视频会议、视频基础设施、媒体服务器和数字标牌等
LCD	2
HDMI	1
视频端口(可配置)	1 HDMI TX、2 Input、2 Output、3 HD DACS、4 SD DACs
I/O 支持(V)	1.8、3.3
引脚/封装	1031FCBGA

18.3　开发环境的搭建

18.3.1　视频编码硬件系统

视频压缩平台主要由视频源和压缩平台组成，通过采集卡采集视频源，然后经过视频压缩处理并且将压缩码流存储在存储载体中。系统的整体方案结构图如图18.19所示。视频压缩平台是系统的核心部件，主要负责视频信号的采集、压缩编码、显示并控制视频流按一定规律进行存储和传输。存储载体部件采用存储经压缩平台压缩编码过的视频数据，比如采用的是硬盘存储载体。监视器主要是实时显示经过视频压缩平台采集到的视频图像。

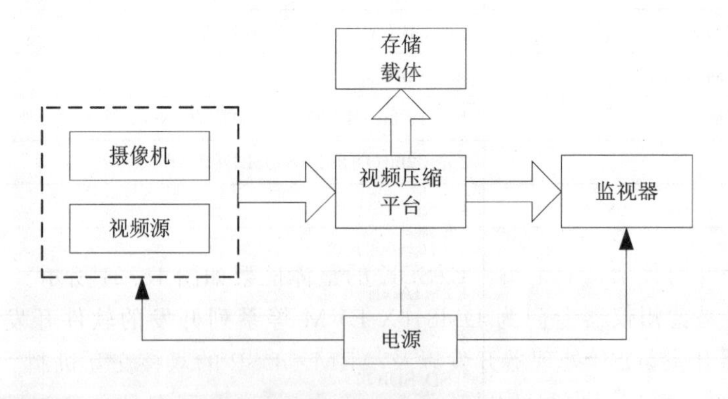

图 18.19　视频编码方案设计框图

在具体的硬件实现上，选用美国德州仪器提供的 DM8168 EVM 来实现对视频源数据的处理。该处理器为双核异构处理器，同时配备一个高清视频处理子系统，包括双通道高清视频采集子系统(HSVPSS)、高清视频压缩子系统以及高清视频显示子系统等模块，为视频通信的应用提供了一个最佳选择。图 18.20 为系统的总体设计框图。

该系统主要分为以下几部分：视频源、视频采集与格式转换部分、视频核心处理

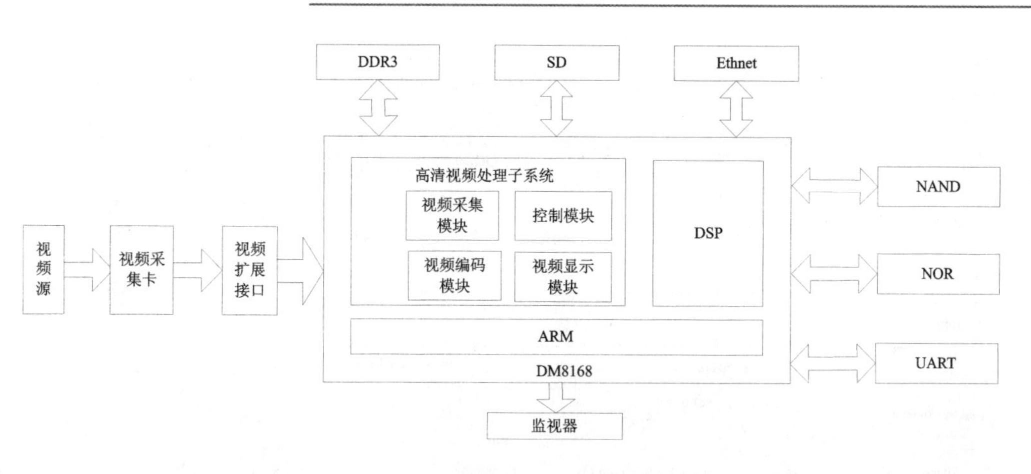

图 18.20　系统的总体设计框图

模块 DM8168、压缩视频流存储、监视器以及其他外设。主要工作流程如下：视频采集卡采集摄像机输入的视频数据并转换成符合 DM8168 的视频输入格式，对于模拟色差分量视频输入，经过 THS7368 芯片滤波后传输至 TVP7002 芯片，将其视频格式转换成 BT1120，输出至 HDVPSS 的 VIP0（与 Camera Link 通道复用），TVP7002 还可以通过 I2C 总线被 DM8168 访问与配置；DM8168 作为主控制器和处理器负责对外部视频进行采集、压缩、显示和存储；监视器则显示所采集到的视频图像；Linux 操作系统在 ARM 端运行，主要完成系统的整体控制与 I/O 处理。开发单独的 ARM 端应用程序，与开发其他嵌入式系统的应用程序类似。

18.3.2　EZSDK 开发工具

系统软件方面，TI 提供了 EZSDK 开发工具和嵌入式 Linux 操作系统。EZSDK 是基于 Ubuntu10.04 桌面操作系统的一种软件开发工具（Software Development Kit），包含多种驱动与应用程序的源代码，支持 ARM 处理器与 DSP 处理器的交叉编译，并支持这两种架构的汇编。EZSDK 的整体框架如图 18.21 所示。

EZSDK 是德州仪器专门为 DM816X-EVM 等系列开发的软件开发工具，支持 ARM 处理器开发、DSP 处理器开发以及 ARM+DSP 的双核交互机制。EZSDK 提供了为 DM8168 处理器定制的嵌入式 Linux 内核，包含了多种接口与模块的驱动。Linux 操作系统在 ARM 端运行，主要完成系统的整体控制与 I/O 处理。开发单独的 ARM 端应用程序，与开发其他嵌入式系统的应用程序类似。EZSDK 包含了由第三方 CodeSourcery 提供的 Linux 开发包 linux-devkit，能够在桌面计算机上完成源代码的交叉编译。DSP 端的程序运行在 DSP/BIOS 上，需要满足 xDAIS-DM（有时也简称为 xDM）算法标准。EZSDK 为 DSP 开发提供了编译工具包 dsp-devkit 和 DSP/BIOS（Basic Input/Output System）操作系统。DM8168 的 ARM 端与 DSP 端进行交互，是通过 Codec Engine 机制来完成的，Codec Engine 是连接 ARM Cortex-

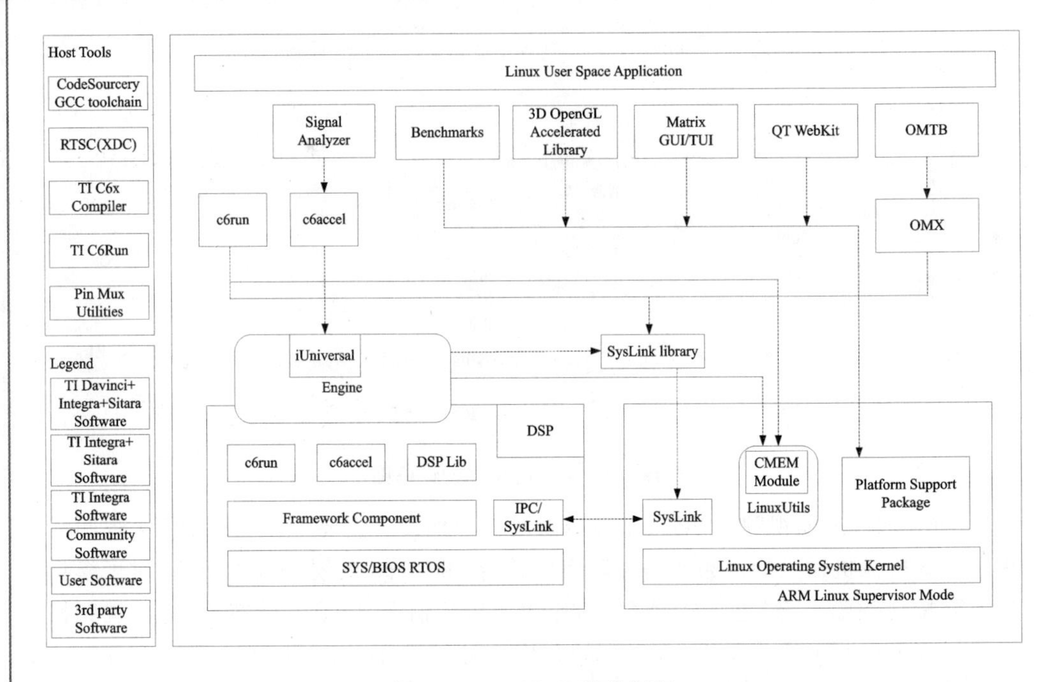

图 18.21 EZSDK 整体框架

A8 与 DSP 的桥梁。应用程序在 ARM 端通过 Codec Engine 的 API 来加载 DSP 端的代码,从而完成双核的协同运行。Codec Engine 包含一个 CMEM 模块,可以在操作系统之外分配一段连续的内存空间,作为 ARM 与 DSP 的共享数据区域。在下一章的算法实现中,应用了 Codec Engine 机制来完成 ARM+DSP 的协同编码。

除了以上工具以外,EZSDK 还提供了 OMX(OpenMAX)组件、XDC(Express DSP Component)组件、OSAL(Operating System Abstract Layer)组件和 Graphics-sdk 组件等。OMX 组件主要提供了 OpenMAX IL 层的具体实现和多种应用的源代码。开发者可以根据具体的需要对给定的应用示例进行修改,使其满足实际的应用需求。本章重点使用 OMX 组件及其提供的算法框架来完成视频编码。XDC 是编译和打包的工具,能够创建实时软件组件包 RTSC(Real Time Software Component)。与 GCC 和 Javac 等编译器类似的是,XDC 能够根据源文件和库文件生产可执行文件。除此之外,XDC 还具有自动性能优化和版本控制的功能,并能够根据提供的配置脚本产生代码,在编译 Code Engine 中的 Codec、Server 和 Engine 等可执行程序时十分有效。OSAL 为一个抽象的操作系统提供了一个应用程序接口,使用户能够方便地为多种软硬件平台开发代码。为了加强软件的可重用性,过去一般采用条件编译的方式,OSAL 是一种新的软件重用技术。OSAL 运行在操作系统与应用程序之间,抽象了操作系统底层的细节。基于 OSAL API 设计的应用程序可以在多种平台上运行,而不用考虑具体的硬件平台与系统软件。Graphics-sdk 组件是 3D 图形引擎的开发工具包,提供了多种 OpenGL API 函数来操作物理图形引擎。

18.3.3　Linux 操作系统

为使系统工作流畅,各模块相互协同工作,整个系统采用 Linux 操作系统进行资源管理和调度。由于 Linux 操作系统源码公开,开发者可以根据其设计需要对系统内核进行裁剪和添加,同时,内核接口灵活可见,对于新设备可以方便的添加其硬件驱动程序,在嵌入式领域内得到了广泛的应用。

Linux 操作系统最初是由 Linus Torvalds 设计的一种开源的类 Unix 系统,在 GNU、商业机构以及开源支持者的推动下,已经发展成为一种主流的操作系统,广泛应用在桌面计算机、服务器和大型主机上。Linux 系统性能稳定,具有较小的内核、优秀的内存管理机制和先进的文件系统,并支持多种处理器平台和多线程技术,已经被移植在多种嵌入式平台上。与 Vxworks、QNX 等商业的嵌入式操作系统相比,Linux 的源代码开放,可以被自由使用和修改。由于嵌入式系统平台繁多且外设接口复杂,基于开源的 Linux 系统可以方便地定制符合需要的操作系统。我们主要从开发者的角度,从 Linux Shell、BootLoader、文件操作、Linux 线程和设备驱动开发等方面讲述了编码器实现涉及到的操作系统问题。

1. Linux Shell

在 DM8168-EVM 嵌入式平台上,有限的处理器资源无法提供 GNOME、KDE 和 XFCE 等图形用户界面,用户可以与内核交互的工具主要是 Shell。在类 Unix 操作系统中,主流的 Shell 有 CSH(C Shell)、ZSH(Z Shell)、KSH(Korn Shell)和 BASH(Bourne Again Shell)等。Linux 系统一般采用 BASH(在 Linux 文件系统中的位置为/bin/sh)作为标准的 Shell。BASH 具有 POSIX 标准 Shell 命令解释器的大部分常用功能,是一种强大的 Linux 命令行解释器。BASH 可以使用＜和＞完成输入输出的重定向(Redirection)功能,并可以使用|来实现数据管道(Pipe)。下文给出了 DM8168-EVM 平台中使用到的 BASH 命令:

ls:列出目录中的所有文件和文件夹。

　-a,-all 列出所有文件,包含隐藏文件和文件夹。

　-A 列出除了当前目录与上层目录的所有文件和文件夹。

　-l 列出文件的详细信息,包括文件权限、创建时间和文件大小等。

　-R,-recursive,递归列出所有子目录的内容。

minicom:串口通信工具,(要保证串口连接正确,EVM 板正常运行)。

ps:列出进程。

　-a 列出当前终端下的所有程序,包括其他用户的程序。

　-A,-e 显示所有进程。

　-e 列出进程,并显示使用的环境变量。

cp:文件复制。

cp fa fb 将文件 fa 复制到 fb。

-r 对文件夹进行复制。

mv:文件移动。

-l 交互方式操作。如果 mv 导致目标文件的覆盖,会出现系统提示。

-f 禁止交互操作。

cd:改变工作目录。

cd /media/sda1 进入磁盘 sda1。

make:编译命令。其选项根据 Makefile 的内容进行选择。

sh:运行 Shell 脚本。

sh ./shell_script.sh 运行当前目录下的 shell_script.sh 脚本。

2. Bootloader

Bootloader 主要负责系统硬件初始化以及程序引导功能,其中 UBOOT 为最常用的 Bootloader 引导程序,它是一种两阶段的 Bootloader,其第一阶段主要完成以下几个功能:(1) 硬件设备初始化,包括关闭 watchdog,关中断,将 CPU 工作模式设为超级用户管理模式(SVC),关闭存储器映射 MMU 等功能;(2) 加载并复制 Bootloader 第二阶段代码到 RAM 空间中,这段程序在 cpu/start.s 中完成;(3) 程序跳转到第二阶段入口,执行第二阶段的程序。第二阶段主要完成以下功能:(1) 初始化第二阶段程序所需要使用到的硬件设备,包括存储器,特定外设,Flash 等;(2) 检测系统内存映射,将内核镜像文件和根文件系统从 Flash 中读取到 RAM 空间中,从 RAM 中读取内核和文件系统为启动做准备;(3) 为内核设置启动参数,并调用内核,启动整个系统。

3. 文件操作与设备驱动

Linux 操作系统是一个文件操作系统,它对外设的操作即是对文件的操作,例如对摄像头数据的读取只需要对/dev/video0 设备节点的操作即可,即文件操作。数据通常都是以各种格式的文件存储在磁盘上的,这种就是普通文件,例如各种可执行二进制文件、文本文件和视频数据等。目录是一种特殊的文件,其大小通常为 4KB,主要存储其他文件的 i 节点(inode)的数量与名称。设备驱动的功能即是将硬件设备映射成设备文件,对硬件设备的操作即当成文件的操作,方便应用程序开发者的上层应用程序开发,读取一个硬件设备的数据只需要使用 open(),read(),write(),close() 等文件操作函数即可。Linux 内核对硬件的初始化是通过 file_operations()这一内核结构体函数来完成的,该结构体定义了许多函数指针,用于硬件设备访问操作,加入到内核中成为驱动程序,主要函数指针如下:

```
struct file_operations
{
struct module * owner;   //指向该模块使用者的结构指针
```

```
loff_t ( * llseek) (struct file *  filp , loff_t, int); //用于调整文件读写位置
ssize_t ( * read) (struct file * , char * , size_t, loff_t * ); //在设备中读取数据
ssize_t ( * write) (struct file * , const char * , size_t, loff_t * ); //向设备发送数据
int ( * ioctl)(struct inode * , struct file * , unsigned int, unsigned long); //对设备
定义一种特殊命令用于设备操作
int ( * open)(struct inode * , sstruct file * ); //该指针函数用于打开硬件设备,是对硬
件设备使用的第一个操作
Int ( * release) (struct inode * , sstruct file * ); //当最后一个进程关闭时系统内核
调/用该函数,用于释放资源
}
```

上述结构体函数为设备驱动主要执行函数,其他函数指针如 int (* fsync),int (* fssync),int (* select),int (* mmap)等函数指针不常用,在需要使用时在其应用结构体使用中重新定义,因此,在进行设备驱动程序设计时需要注重以下几个函数设计:

```
struct file_operations * * * _ops = {
.owner = THIS_MODULE,
.llseek =  * * * _llseek,
.read =  * * * _read,
.write =  * * * _write,
.ioctl =  * * * _ioctl,
.open =  * * * _open,
.release =  * * * _release,
};
```

其中,* * * 代表所设计驱动程序名称,根据用户自定义,在不使用的函数指针在定义时设置为 NULL。

为适应不同的处理器平台,Linux 系统定义了不同的处理器编译器构架,针对 X86 体系,普遍采用的是 gcc 编译工具,DM8168 处理器平台采用 arm-none-linux-gnueabi-gcc 交叉编译工具,在程序的移植过程中,需将编译工具设置为 DM8168 交叉编译工具,否则在程序使用过程中造成应用程序无法执行。在编译选项的设定过程中,有可能在调用某些系统库函数出现找不到的情况,解决办法是在编译选项中加上一lm 这一选项,使用该选项系统会连接到 Linux 系统支持的库函数,便于调用。

4. Linux 线程

线程的创建是通过 pthread_create()函数来实现的,该函数的定义包含在 pthread.h 头文件中。pthread_create()函数的定义如下:

```
int pthread_create(pthread_t * thread, pthread_attr_t * attr, void * ( * start_rou-
tine)(void * ), void * arg)
```

第一个参数是一个 pthread_t 指针。当一个线程创建时,操作系统会将描述符写入该指针指向的变量,该指针相当于线程的句柄,供应用程序的后续操作使用。第二个参数用于设置线程的属性。如果不需要设置线程属性,可以将该参数简单地设置为 NULL。最后两个参数分别为线程执行的函数地址以及参数。第三个参数的类型说明了,传递的函数地址类型为 void 指针,同时函数的返回也为 void 指针。

pthread_join()函数使主线程阻塞,等待子线程执行结束。pthread_join()函数的定义如下:

```
int pthread_join(pthread_t th, void * * thread_return)
```

第一个参数为线程的描述符,从 pthread_create()函数获得。第二个参数为指针的指针,该指针指向线程的返回值。当函数调用成功,返回值为 0,否则返回错误号。

在一个多线程的进程中,除了需要考虑线程的阻塞之外,还要考虑线程之间的互斥(Mutex)。在线程的同步(Synchronization)过程中,线程之间往往会互相干扰,造成数据的不一致。pthread. h 头文件定义了若干个函数来保证线程之间的互斥。

```
int pthread_mutex_init(pthread_mutex_t * mutex, const pthread_mutexattr_t * mutexattr);
int pthread_mutex_lock(pthread_mutex_t * mutex));
int pthread_mutex_unlock(pthread_mutex_t * mutex);
int pthread_mutex_destroy(pthread_mutex_t * mutex);
```


pthread_mutex_init()函数可以对一个互斥量进行初始化。其中,第一个参数为互斥量的指针,第二个参数为互斥量属性,可以简单地设置为 NULL。pthread_mutex_lock()和 pthread_mutex_unlock()用来定义互斥区。前者对线程的工作区进行加锁,防止其他线程干扰。互斥区域结束之后,后者对工作区进行解锁。如果不需要互斥量,可以使用 pthread_mutex_destroy()进行释放。

18.3.4 开发环境的搭建

(1) 推荐在 Ubuntu10.0.04 操作系统下进行 TI 的 DM8168 的开发,建议具备的硬件有 TI DM816、扩展 I/O 子卡、高清分量视频源、HDMI 显示器及线缆、网线、和安装有 Ubuntu10.0.04 操作系统的电脑一台。

(2) 使用 TI 提供的 EZSDK5.03(可以到 TI 官网免费下载最新版本)开发套件进行开发,所需的的编译工具为 arm-2009q1-203-arm-none-linux-gnueabi.bin,安装编译器后就可以安装 ezsdk_dm816x-evm_5_03_01_15_setuplinux。建议安装完成后在 EZSDK 根目录下进行一次完整编译。

(3) 安装串口工具 minicom,DM8168 的输出信息可以打印到电脑终端中。在终端中通过下面的命令来安装:

```
host $ sudo apt-get install minicom
```

安装完成后,在终端中输入命令:

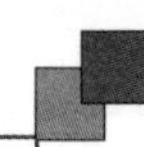

host $ minicom - s

弹出 minicom 设置界面，选择串口设置，将串口设备修改为/dev/ttyS0，按回车保存并回到上级界面，设定为默认配置。

18.3.5　SD 卡启动 DM8168

(1) 安装完成 EZSDK 以后，在电脑上用读卡器插入 SD 卡，在{EZSDK}\bin 目录下运行 mksdboot.sh：

host $ sudo ${EZSDK}/bin/mksdboot.sh —device /dev/sdb —sdk ${EZSDK}

然后等待脚本运行结束，成功完成后再拔掉 SD 卡。

注意：请运行脚本之前用 dmesg 命令确认 SD 的挂载点是否为/dev/sdb。

(2)关闭 DM8168 电源，SW3 拨码开关配置为 0000010111(高位到低位)，插入 SD 卡，并且连接串口。

(3)在终端中用下面命令打开 minicom：

host $ minicom

打开电源，可以在终端中看到 DM8168 的启动信息。

18.4　基于 ARM+DSP 的视频编码系统

18.4.1　Codec Engine

DM8168 处理器是 TI 基于 DaVinci 技术设计的，将 ARM Cortex-A8 通用处理器与 C674x 数字信号处理器集成到一片独立的 SOC(System On Chip)芯片上，结合了通用处理器的控制功能和 DSP 强大的运算能力，为嵌入式领域的多媒体处理器提供了一种高性能 SOC 解决方案。通常情况下，ARM 为主处理器，负责 I/O 设备的访问与控制，以及与 DSP 的通信和进程的管理，采用 Linux 作为操作系统。DSP 作为从处理器，运行 DSP/BIOS 系统，负责大量的数据运算和视频图像的处理。由于 ARM 与 DSP 采用不同的硬件架构，并且运行不同的操作系统，开发者无法通过操作系统的处理器管理来分配运算任务使其协同工作。为此，TI 为 DaVinci 系列处理器开发了 Codec Engine 软件框架(Software Framework)，来解决处理器之间的通信问题。

1. Codec Engine 概述

TI 的第一颗 DaVinci 芯片(处理器)DM6446 已经问世之后，TI 又陆续推出了 DM643x，DM35x，DM6467，OMAP353x，DM81x 等一系列 ARM+DSP、ARM+视频协处理器或 ARM+DSP+协处理器的多媒体处理器平台。很多有很强 DSP 开发经验或 ARM 开发经验的工程师都转到达芬奇或通用 OMAP(OMAP353x)平台上开发视频监控、视频会议及便携式多媒体终端等产品。如何实现 ARM 和 DSP 或协处理器的通信和协同工作就是开发这些平台的关键。TI 的数字视频软件开发包(EZSDK/DVSDK)提供了 Codec Engine 这样一个软件模块来实现 ARM 和 DSP 或协处理器的协同工作。如图 18.22 所示，Codec Engine 是连接 ARM 和 DSP 或协处理器的桥梁，是介于应用层(ARM 侧的应用程序)和信号处理层(DSP 侧的算法)之间的软件模块。

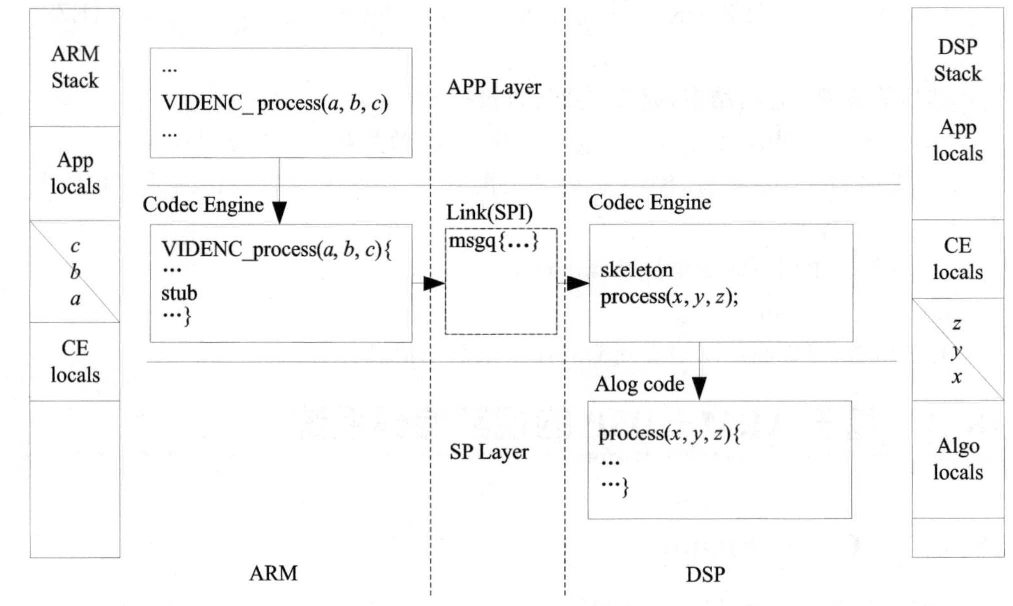

图 18.22　达芬奇软件结构框架

ARM 应用程序调用 Codec Engine 的 VISA API，如图中 VIDENC_process(a, b, c)。VISA API 调用相关的 Codec 存根函数，由存根函数调用引擎上的 Engine API 函数，也就是服务提供者接口(SPI)，所以在 apps 的程序中会条用一次 CERuntime_init()来初始化。由于实际的 Codec 算法在远端(DSP 端)，所以必须由引擎把信号进行封装，Codec Engine 的 stub (ARM 侧)会把参数 a, b, c 以及要调用 DSP 侧 process 这个信息通过引擎 CE 的操作系统抽象层 OSAL 打包。然后通过 syslink 底层通信机制将打包后的数据发送出去，数据通过消息队列(message queue)传递到 DSP 端。Codec Engine 的 skeleton(DSP 侧)会解开这个参数包，把参数 a, b, c 转换成 DSP 侧对应的参数 x, y, z(比如 ARM 侧传递的是虚拟地址，而 DSP 只能认物理地址)。最后，DSP Server 会根据解析出来的参数，调用相应的 xDM Codec 算法。因此，Server 在编译时 main.c 需要调用一次 CERuntime_init()初始化引擎，DSP 端才知道如何调用本地的 xDM 算法和其他的方法。这一整个过程对用户来说是透明的，也就是说应用程序只需要调用 Linux 端的 VISA API 接口函数即可，接下来的内

部工作由引擎CE和服务器CS来解决。经过算法处理后的数据以同样的方式发送到app端供上层应用程序使用。

有一些其他的必要模块在通信过程中必需用到，如底层DSP\Link(DSP，ARM多核通信模块)，VISA(算法调用接口模块)，CMEM模块(连续内存分配模块)，LPM(电源管理模块)。

2. Codec Engine基本原理

Codec Engine实现处理间通信的基本原理就是远程过程调用RPC(Remote Procedure Call)。过程调用分为两种：远程过程调用和局部过程调用LPC(Local Procedure Call)。LPC是指，一个处理器发出的命令在相同的处理器上执行。而RPC指，一个处理器发出的命令在其他的处理器上执行。

如图18.23所示，在RPC中，发出命令的处理器被称作客户端(Client)，执行命令的处理器被称作服务器(Server)。客户端通过物理通信介质(Physical Communication Medium)，在通信协议的基础上将待执行的命令和参数传递给服务器。服务器在完成命令的执行以后，就会返回一个消息到客户端，并传递过程的返回值。物理通信介质也可以称作处理器间通信IPC(Inter-Processor Communication)层。如果是通用计算机之间的物理通信介质，IPC就是典型的IP网络。在嵌入式处理器领域，IPC有可能是PCI总线、SATA接口或者共享存储器(Shared Memory)。DM8168处理器就是采用共享存储器作为IPC层，采用DSPLink作为通信协议。

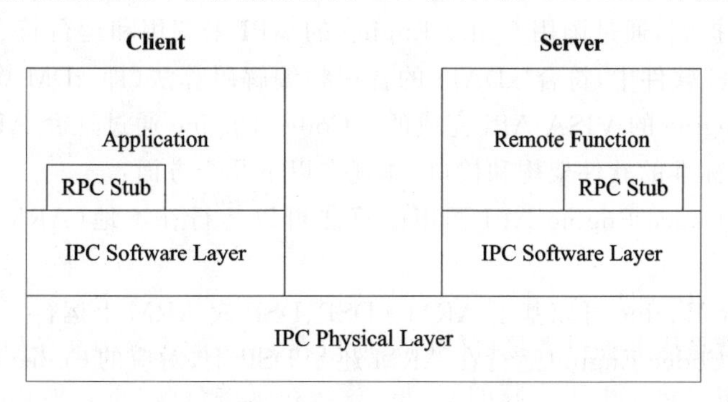

图18.23　基于RPC的软件系统结构框架

从图18.21可以看出，在每一次的RPC调用中，都有一个客户端存根函数(Stub Function)和服务器存根函数。应用程序(图中的Application模块)调用客户端存根函数与LPC调用类似。不同的是，客户端不会处理调用的函数，而是将命令与所需的参数打包成消息(Message)，并通过IPC层发送到服务器端。服务器端的IPC软件层接受到消息之后，将其传递给上层的RPC存根函数。服务器端的存根函数将消息解码成命令与参数的形式，使其成为一个标准的LPC函数。远程函数(图中的Remote Function模块)执行完毕之后，服务器端的存根函数会将返回值打包成消息，通过IPC层传递到客户端的存根函数。

在 Codec Engine 的实现中，对 RPC 的概念进行了扩展，在引擎功能层(Engine Functional Layer)之上建立了一个 VISA 软件层(VISA Software Layer)与其相连，如图 18.24 所示。引擎功能层主要负责算法对象的初始化，而 VISA 层是引擎功能层的接口，它定义了创建、删除和使用一个算法对象的具体过程。任意满足 xDM (Express DSP Software for Digital Media)接口标准的 DSP 算法，都可以通过 VISA 层来创建、删除或者应用。

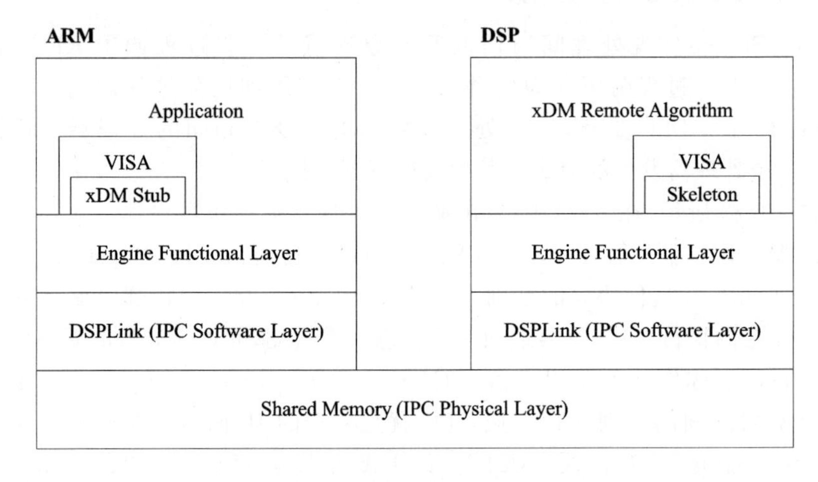

图 18.24　Codec Engine Framework 结构

前面我们提到，通过调用 Codec Engine 的 API 来调用和运行符合 xDAIS 的算法。在 DaVinci 软件中，符合 xDAIS 的音视频编解码算法(即 xDM 算法)的调用是通过 Codec Engine 的 VISA API 完成的。Codec Engine 通过这套 API 为算法的执行提供了一个标准的软件架构和接口，体现在以下几个方面：

(1) 通过 Codec Engine API 调用的算法可以运行在本地(ARM 侧)或者远端(DSP 侧)。

(2) Codec Engine 可以基于 ARM+DSP、DSP 或 ARM 上运行。

(3) 无论 Codec Engine 运行在 ARM 还是 DSP 上，对应的 Codec Engine API 都是完全一致的。

(4) Codec Engine 的 API 与操作系统无关。比如 Linux、VxWorks 和 WinCE 环境下的 Codec Engine API 都是完全一致的。

Codec Engine 是介于应用程序和具体算法之间的软件模块，其中的 VISA API 通过 stub 和 skeleton 访问 Engine SPI 最终调用具体的算法。因此，Codec Engine 的工作是通过完成 VISA API 的任务来体现的。Codec Engine 框架提供了创建(Create)、控制(Control)、处理(Process)和删除(Delete)4 个 VISA 函数。每一个 VISA 函数都有自己的骨架(Skeleton)(CE Framework 称 DSP 端的存根函数为骨架)，并且每一个算法只有唯一的一组骨架。采用 Codec Engine 框架实现的 H.264

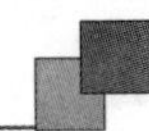

编码器就使用到了以上4个VISA函数。

3. 数据一致性问题

Codec Engine采用DSP/BIOS Link作为处理器间的通信机制，即从ARM端到DSP端的RPC调用。它是通过共享存储器和内部终端来实现的。两个处理器同时指定一个预先定义好的地址作为ARM到DSP的消息存放地址，指定另一个地址作为DSP到ARM的消息存放地址。当一个处理器向另一个处理器发送消息时，会将消息写入预定义地址，并给该处理器发送一个中断信号，提示消息可用。当另一个处理器接收到消息并且处理之后，就会将共享存储器标记为可用，可以写入另一条消息。这种IPC方法可以使用指针的方式，有效地传递较大缓冲区的数据块。由于数据缓存已经在共享存储区域中，只需要一个指针就能完成整个数据缓存区的传递。但是，共享存储区的结构不能保证ARM中虚拟存储器以及处理器高速缓存(Cache)的数据一致性(Data Coherency)。

ARM处理器的内存管理单元MMU，主要依据转换表将物理地址转换成虚拟地址(Virtual Address)。这样可以使处理器将物理上不连续的存储器片段，映射到虚拟的连续缓存区，来解决内存碎片的问题。但是，DM8168处理器上的DSP内核没有内存管理单元，无法将不连续的物理内存映射到连续的虚拟内存块。为了解决这个问题，在Codec Engine框架中有一个驱动模块(即CMEM模块)，可以在ARM端分配连续的物理地址。通过CMEM分配的内存区域均可以被DSP访问，这样可以有效地解决DSP到ARM的消息传递问题。此外，ARM处理器中的MMU创建的虚拟地址是不能够被DSP使用的，可以在指针打包发送给DSP之前，通过客户端的存根函数将指针转换成物理地址。

18.4.2　算法实现

H.264仅仅对编码后的码流结构及解码器做了标准化，对编码器各个部分的具体实现方法未作规定，这促进了各开发商对编码器的灵活实现，目前比较流行的开源编码器主要有三种：JM，x264及T264。JM是H.264的官方参考模型，由德国hhi研究所负责开发，是官方测试模型，实现了H.264所有的特性，程序结构冗余，忽视编码复杂度，适合做学术研究；x264是网上自由组织联合开发的兼容264标准码流的编码器，摒弃对编码性能贡献微小但计算复杂度极高的特性，实用性强；T264是中国视频编码自由组织联合开发的264编码器，它吸收了x264、xvid的优点，编码器输出标准的264码流，性能低。这里选择x264作为编码器，并将移植到DM8168。

1. ARM端实现

ARM Cortex-A8作为原始视频的读取、编码后的视频流存储、与C674x DSP的一起完成视频编码以及处理器间的数据传递。对于分辨率为$W \times H$的YUV420 Planar格式的视频，其Y分量的分辨率为$W \times H$，其他两个色度分量U和V的分辨

率均为 $W/2 \times H/2$。Planar 格式的视频数据存放较为简单，每帧视频都是按照YUV 的次序顺序存放的，即先放 $W \times H$ 个像素的 Y 分量，再分别存放 $W/2 \times H/2$ 个像素的 U 和 V 分量。

(1) 文件读取

定义两个文件描述符 in 和 out，分别表示输入的原始视频与输出的 H.264 码流。如果输入的文件名为 inFile，输出文件名为 outFile，打开文件的方式如下：

```
if ((in = fopen(inFile, "rb")) == NULL) {//以二进制读的方式打开文件 inFile
    printf("App -> ERROR: can't read file %s\n", inFile);//输出错误信息
    goto end;//如果打开失败，跳转到结束
}
if ((out = fopen(outFile, "wb")) == NULL) {//以二进制写的方式打开文件 outFile
    printf("App -> ERROR: can't write to file %s\n", outFile);//输出错误信息
    goto end;//如果打开失败，跳转到结束
}
```

文件访问结束之后，需要通过操作文件描述符来关闭文件。关闭 inFile 与 outFile 的方式如下：

```
fclose(in);
fclose(out);
```


对视频文件的读写操作是通过 fread 与 fwrite 函数来完成的。由于视频的容量较大，通常每读入一帧视频，经过编码之后再写入存储设备中。如果通过宏定义输入帧的的大小为 IFRAMESIZE，编码帧的大小为 encoded_size，则文件的读写操作的实现方式如下：

```
fread( in_buffer, IFRAMESIZE, 1, in ));//读入一帧视频数据到 in_buffer
fwrite( encoded_buffer, encoded_size, 1, out );//写入一帧视频到 outFile
```

其中 in_buffer 为输入视频缓冲区，encoded_buffer 为编码视频缓冲区。

(2) 共享存储区的分配

在 Codec Engine Framework 下，为了保证 DSP 能够访问分配到的缓冲区，内存分配是通过 OSAL 中的 Memory_alloc()函数来实现的。内存分配方式如下：

```
Memory_AllocParams allocParams;//定义分配参数结构体
//设置分配参数
allocParams.type = Memory_CONTIGPOOL;
allocParams.flags = Memory_NONCACHED;
allocParams.align = BUFALIGN;
allocParams.seg = 0;
inBuf = (XDAS_Int8 *)Memory_alloc(IFRAMESIZE, &allocParams);
encodedBuf = (XDAS_Int8 *)Memory_alloc(EFRAMESIZE, &allocParams);
```

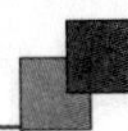

使用 Memory_alloc()函数分配的内存空间,采用 Memory_free()函数释。

```
if (in_buffer) {
        Memory_free(in_buffer, IFRAMESIZE, &allocParams);
}
```

(3) RPC 调用

Codec Engine Framework 提供了 8 组 VISA API 函数来完成 ARM 与 DSP 的通信,包括 4 组编码函数: VIDENC、IMGENC、SPHENC 和 AUDENC,4 组解码函数: VIDDEC、IMGDEC、SPHDEC 和 AUDDEC。这里仅使用到 VIDENC 对应的一组 API 函数,包括 VIDENC_create()、VIDENC_control()、VIDENC_process()和 VIDENC_delete(),分别对应算法的创建、控制、处理和删除。

创建一个 DSP 算法,需要先使用 Engine_open()打开一个 DSP 引擎:

```
Engine_Attrs attrs;//定义引擎参数结构体
Engine_Handle ce = NULL;//定义引擎句柄
Engine_initAttrs(&attrs);//初始化引擎参数
attrs.procId = procId;
ce = Engine_open(engineName, &attrs, NULL);//打开引擎
```

如果定义一个编码器句柄 enc,就可以根据 DSP 引擎句柄来创建一个编码器:

```
enc = VIDENC_create(ce, encoderName, NULL);
if (enc == NULL) {
    fprintf(stderr, "%s: error: can't open codec %s\n",
        progName, encoderName);
    goto end;
}
```

对于创建成功的编码器 enc,通过 VIDENC_control()函数发送 XDM_GETSTATUS 命令,来查询编码器的状态:

```
status = VIDENC_control(enc, XDM_GETSTATUS, &encDynParams, &encStatus);//查询编码器状态
```

如果输入缓冲区为 inBufDesc,输出缓冲区为 encodedBufDesc,就可以使用 VIDENC_process()函数向 DSP 编码器传递输入输出缓冲区,以及输入输出参数: encInArgs 和 encOutArgs。inBufDesc 和 encodedBufDesc 分别与 in_buffer 和 encoded_buffer 相关。VIDENC_process()函数的实体是在 DSP 端实现的,通过该 VISA API 的调用,就可以实现算法在 DSP 端实现并在 ARM 返回。

```
status = VIDENC_process(enc,&inBufDesc, &encodedBufDesc, &encInArgs, &encOutArgs);
```

编码过程结束之后,通过 VIDENC_delete()函数来删除编码器 enc,完成 DSP 引擎的释放。

2. DSP 端实现

ARM 处理器将原始视频数据写入共享存储区，C674x DSP 通过共享存储器，获得每一帧的原始视频数据，经过编码之后再将 H.264 码流写入共享存储器。为了简化开发，采用 Codec Engine 提供的 videnc_copy 示例进行修改，并添加相关的编码算法。

(1) 算法模块的接口定义

DSP 端的编码器实现主要涉及到 VIDENCCOPY_TI 模块的初始化、分配、激活和释放等过程。VIDENCCOPY_TI 模块的定义如下：

```
#define IALGFXNS
    &VIDENCCOPY_TI_IALG, /*模块 ID*/
    VIDENCCOPY_TI_activate, /* 激活 */
    VIDENCCOPY_TI_alloc, /*分配 */
    NULL, /* control (NULL => no control ops) */
    VIDENCCOPY_TI_deactivate,/*去激活*/
    VIDENCCOPY_TI_free, /* 释放*/
    VIDENCCOPY_TI_initObj, /* 初始化*/
    NULL,
    NULL /* numAlloc (NULL => IALG_MAXMEMRECS) */
IVIDENC_Fxns VIDENCCOPY_TI_VIDENCCOPY = {
    {IALGFXNS},
    VIDENCCOPY_TI_process,/*处理(对应 ARM 端的 VISA API)*/
    VIDENCCOPY_TI_control, /*控制(对应 ARM 端的 VISA API)*/
};
```

其中，IALGFXNS 宏定义的接口都是在 DSP 端的内部实现的，不涉及与 ARM 端的 IPC 通信。VIDENCCOPY_TI_process 与 VIDENCCOPY_TI_control 接口分别对应 ARM 端的 VISA API 函数 VIDENC_process()和 VIDENC_control()函数的实体。编码器需要修改的接口主要有 VIDENCCOPY_TI_initObj、VIDENCCOPY_TI_free、和 VIDENCCOPY_TI_process。

(2) VIDENCCOPY_TI_initObj 接口实现

VIDENCCOPY_TI_initObj 接口主要对 DSP 算法运行之前进行初始化，对应的是接口函数 VIDENCCOPY_TI_initObj()。函数 VIDENCCOPY_TI_initObj()的定义如下：

```
Int VIDENCCOPY_TI_initObj(IALG_Handle handle, const IALG_MemRec memTab[], IALG_Handle
p, const IALG_Params *algParams)
{
init();
return (IALG_EOK);
```

```
}
```

init()函数主要对编码器参数进行初始化，包括视频图像的分辨率、运动估计算法、原始视频的色彩空间，并打开 X264 编码器。

(3) VIDENCCOPY_TI_free 接口实现

VIDENCCOPY_TI_free 接口是由 VIDENCCOPY_TI_free()函数实现的，用于对 VIDENCCOPY_TI 模块的释放。VIDENCCOPY_TI_free()函数的实现如下：

```
Int VIDENCCOPY_TI_free(IALG_Handle handle, IALG_MemRec memTab[])
{VIDENCCOPY_TI_alloc(NULL, NULL, memTab);
x264_encoder_close( x264_handle );
return (1);
}
```

编码器在函数的主体部分加入了 x264_encoder_close()函数，在编码结束之后关闭 x264 编码器。x264_encoder_close()函数的功能是完成所有分配的存储区的内存释放、宏块类型的统计和 PSNR 的计算等。

(4) VIDENCCOPY_TI_process 接口实现

VIDENCCOPY_TI_process()函数是编码器实现的主体。该函数通过调用 X264 的编码函数，就可以对共享存储区的 inBufs 缓冲区进行编码，并将 H.264 码流写入 outBufs 缓冲区。VIDENCCOPY_TI_process()函数的关键代码如下：


```
XDAS_Int32 VIDENCCOPY_TI_process(IVIDENC_Handle h, XDM_BufDesc * inBufs, XDM_BufDesc
* outBufs, IVIDENC_InArgs * inArgs, IVIDENC_OutArgs * outArgs)
{
    XDAS_Int32 curBuf;
    XDAS_UInt32 minSamples;
    /* validate arguments - this codec only supports "base" xDM. */
if ((inArgs->size != sizeof(*inArgs)) || (outArgs->size != sizeof(*out-
Args)))
        return (IVIDENC_EFAIL);
    /* outArgs->bytesGenerated reports the total number of bytes generated */
    outArgs->bytesGenerated = 0;
    for(curBuf = 0; (curBuf < inBufs->numBufs) && (curBuf < outBufs->numBufs);
curBuf++)
{
minSamples = inBufs->bufSizes[curBuf]<outBufs->bufSizes[curBuf]? inBufs->
bufSizes [curBuf]: outBufs->bufSizes[curBuf];
    /* process the data: read input, produce output */
encode_frame( inBufs, outBufs );//调用 X264 的编码函数
    outArgs->bytesGenerated += minSamples;
}
```

```
    /* 对 outArgs 结构体的其他属性赋值 */
    outArgs->extendedError = 0;
    outArgs->encodedFrameType = 0;
    outArgs->inputFrameSkip = IVIDEO_FRAME_ENCODED;
    outArgs->reconBufs.numBufs = 0;//reconBufs 缓冲区的数量为 0
    return (IVIDENC_EOK);
}
```

3. 移植与优化

在将 x264 移植到 DM8168 过程中，我们需要处理以下几个问题：冗余代码的去除、x264 主文件的重写、数据类型和头文件的修改。

(1) 冗余代码的去除

x264 源代码包含多种处理器平台的汇编代码和大量的与 DM8168 平台无关的处理代码，应当对代码进行精简处理：

① 针对 Baseline 档次的编码级别，在该档次中没有用到 B 帧，所以删除所有与 B 帧相关的语句及函数，如：数组 i_mb_b_cost_table[19]，x264_mb_analyse_inter_b8x8()等。

② 因为菱形算法的速度最快，所以采用优化过的菱形算法作为搜索算法，并删除其他的算法。

③ 删除与命令行输入的相关代码，所有参数均在 x264_param_default(¶m) 函数中设置。

④ 删除原代码中用来记录编码信息的函数，如 x264_log()函数等，和编码完全无关，去除这些函数有利于加快编码速度。

⑤ 原 x264 代码中为 X86 平台提供了很多优化加速代码，这些代码在 DM8168 平台上不适用，所以删除这些代码，如 x264_cpu_detect()等函数。

(2) x264 主文件的重写

针对 DM8168 平台，按照编码流程，需要重写主文件。重写后的主文件主要流程如图 18.25 所示。

(3) 数据类型和头文件的修改

DM8168 的 DSP 编译器和 VC 环境下运行的数据类型并不是完全相同的，因此需要对数据类型做相应的修改。例如，VC 中的_int64 数据类型在 DSP 编译器中并不存在，需要相应修改为 long 类型；源代码中调用函数 x264_mdate()来记录时间，该函数所用到的头文件在 DM8168 编译器中无效，通过加载 time. h 头文件中的 clock()函数来代替 x264_mdate()，并修改相应的计算公式。

x264 在 DM8168 平台的优化主要是根据 DM8168 平台的具体特点对代码数据结构的优化、循环的优化、代码功能的精简以及代码的并行处理机制的实现。主要包括内联函数的使用、大循环的拆分、代码的线性汇编重写等。

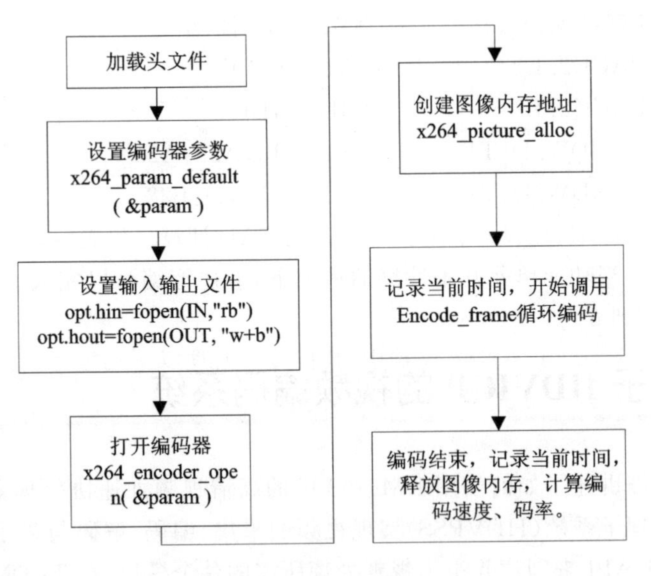

图 18.25 重写 x264 主文件

① 内联函数的使用。函数在调用的过程中，会发生寄存器的出栈与入栈。过度频繁的栈操作会浪费大量的时钟周期，影响程序的整体性能。在一些调用频繁的子函数前添加"inline"关键字，编译器在编译的过程中，会将这些子函数编译进主函数体中，从而成为一个整体，不会发生频繁的函数调用。

② 大循环的拆分。程序运行时，指令的访问并不是杂乱无序的，而是在一段时间内会集中访问部分指令，这就是程序的局部性原理。广泛采用的 cache 技术就是根据程序的局部性原理设计的，目的是减少存储器访问时间。将大循环进行拆分，可以增大 cache 的命中率，对代码的整体性能提升有很大帮助。

③ 代码的线性汇编重写。高清视频编码中包含大量的计算过程，主要有运动估计中的块匹配、离散余弦变换、SAD 的计算等。将这些模块对应的 C 语言代码用 DM8168 平台上的汇编重写，能够有效地提高运算效率，改善程序的整体性能。C674x DSP 包含 8 个功能单元(Functional Unit)，能够并行地进行多路运算，可以很大程度上提高运算效率。例如：

```
        MV. L1          A6,A5
        MV. D1X         B4,A6
        MV. D2X         A5,B4
||      LDNDW. D1T1     *A4,A31:A30
||      MVK. S2         0X0101,B1
||      MVK. S1         0X0101,A1
||      ZERO. L1        A5
||      ZERO. L2        B5
```

```
        LDNDW.D2T2        *B4,B31:B30
||      PACK2.L1          A1,A1,A1
||      PACK2.L2          B1,B1,B1
        LDNDW.D1T1        *A4[1],A29:A28
        LDNDW.D2T2        *B4[1],B29:B28
```

以上汇编代码取自宏块大小为 16×16 的 SAD 计算。||表示该行指令与上一行指令并行执行。当功能单元互不冲突的情况下，上述汇编可以完成 6 条指令的并行执行，加速比达到 6。

18.5　基于 HDVICP 的视频编码系统

本案例详细讲述了如何使用 DM8168 中的高清视频加速协处理器（HDVICP2）和高清视频处理子系统（HDVPSS）实现视频的采集、编码、解码与显示。通过 TI 推出的 OpenMax API 来创建并组织视频处理所需的各个模块，在 TI DM8168EVM 上实现视频数据的实时压缩与显示。

18.5.1　OpenMAX

DM8168 中 HDVPSS(高清视频处理子系统)与 HDVICP2(高清视频压缩处理器子系统)可以对视频进行实时采集、显示、编码与存储。OpenMax 是一个多媒体应用程序的标准，由 NVIDIA 公司和 Khronos™ 在 2006 年推出。OpenMAX 提供了 3 层接口：应用层 AL（Application Layer）、集成层 IL（Integration Layer 和开发层 DL(Development Layer)。图 18.26 给出了 OpenMAX 的 3 层接口之间的层次关系。TI 使用了 OpenMax 标准的应用层（Application Layer）和集成层（Integration Layer）。在集成层集成了 HDVPSS 子系统与 HDVICP2 子系统并开放接口，本案例使用该层标准接口进行多媒体程序开发。

TI OpenMax 模块主要由以下的几个子模块组成：视频采集模块（VFCC：Video Frame Capture Component）、视频显示模块（VFDC：Video Frame Display Component）、视频帧处理模块（VFPC：Video Frame Processing Component）、控制模块（CTRL）、视频解码模块（VDEC：Video Decode Component）、视频编码模块（VENC ：Video Encode Component）。

VENC 组件：如图 18.27 所示，该模块可以实现视频编码并输出 H.264 码流。该模块目前支持 MPEG－4、H.264 等较新视频编码标准，最大支持 1080p60 格式编码。

VFDC 组件：该模块接收上个模块发送过来的数据，并通过 HDMI 输出，最大支持 1 080P 60 格式输出。VFDC 视频显示模块名称为：OMX.TI.VPSSM3.VFDC，它的功能是在显示器上显示存储在存储器中的图像数据，该模块含有一个输入端口，没有

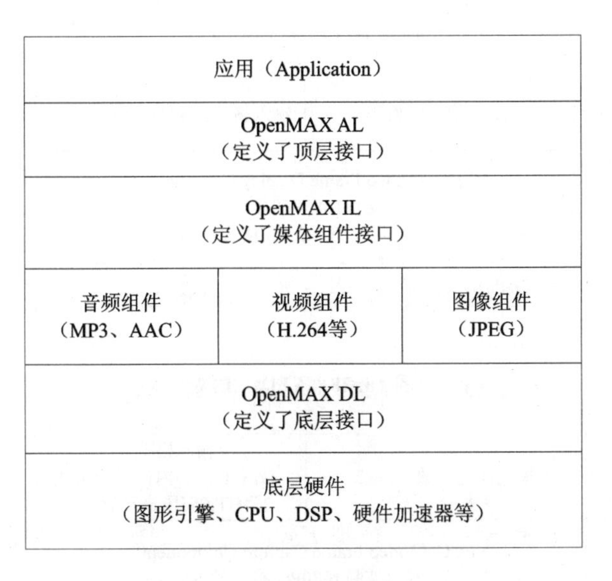

图 18.26 OpenMAX 的层次关系

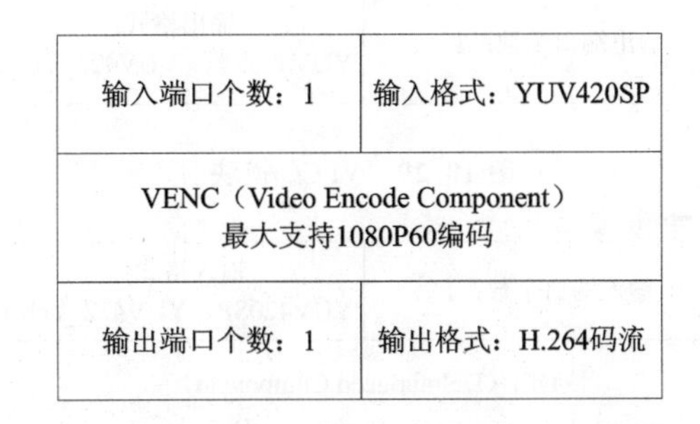

图 18.27 VENC 模块

输出端口。OMX 模块在多媒体控制器上实现，其 API 可以通过 A8 处理器运行操作系统 Linux 得到。当 VFDC 显示完一帧图像过后，该帧所占的缓存数据将会被释放。VFDC 模块使用的线程通常情况下为休眠状态，当从显示驱动器的回调函数中获得所发出的事件激活状态时，VFDC 模块将会被激活，从存储器中顺序读出图像数据将其显示到外部显示器上。

VFCC 组件：该模块通过接受 VIP1(Video Input Port)端口输出，可以采集单路或者两路视频，最大支持 1080P60 视频输入。视频输入端口缓存数据捕获中断服务程序在周期性时钟信号的作用下不停的对缓冲区可用数据进行检测，并返回检测结果。该事件检测触发程序为 VFCC 模块的一个线程，当检测到有可用数据时，模块线程会触发采集程序顺序捕获缓冲区中的数据送到该模块的输出端口，供其他模块使用所采集到的视频数据，其中该模块的时钟频率是可配置的。

VFPC - DEI 组件：该模块可以作为用来对视频做去隔行处理，可以输出 YUV420SP 和 YUV422_YCbCr 两种格式。在实现过程中，DEI 模块的一个输入，两个输出端口都需要进行设置，否则程序在运行过程会出现错误。

输入端口个数：1	输入格式：YUV422_YCbCr
VFDC（Video Frame Display Component） 支持1080P60显示 支持隔行YCbCr422格式显示	
输出端口个数：NA	输出格式：NA

图18.28 VFDC模块

采集通道个数：1或2	输入格式： 1路BT.1120内嵌场合格式 2路BT.656内嵌场合格式
VFCC（Video Frame Capture Component） 最高支持1080P60格式输入	
输出端口个数：1	输出格式： YUV420SP、YUV422_YCbCr

图18.29 VFCC模块

输入端口个数：1	输入格式： YUV420SP、YUV422_Ycbcr
DEI（DeInterlaced Component）	
输出端口个数：2	输出格式： YUV420SP、YUV422_Ycbcr

图18.30 DEI模块

18.5.2 系统总体设计

案例中VFCC、VFPC和VFDC组件在高清视频采集子系统HDVPSS部分运行，VENC组件在HDVICP2上运行。VFCC模块采集VIP1端口输出的内嵌场行YUV422数据，输出YUV420SP格式的视频数据至DEI模块。DEI的输出端口1输出YUV422_YCbCr格式的视频数据，传递给VFDC显示模块；输出端口2输出YUV420SP格式的视频数据，传递给VENC模块进行编码。VFDC模块接受数据后通过HDMI显示，VENC接受数据后生成H.264码流进行存储。系统框架如图18.31所示。

系统组件的程序设计的总体流程如图18.32所示。

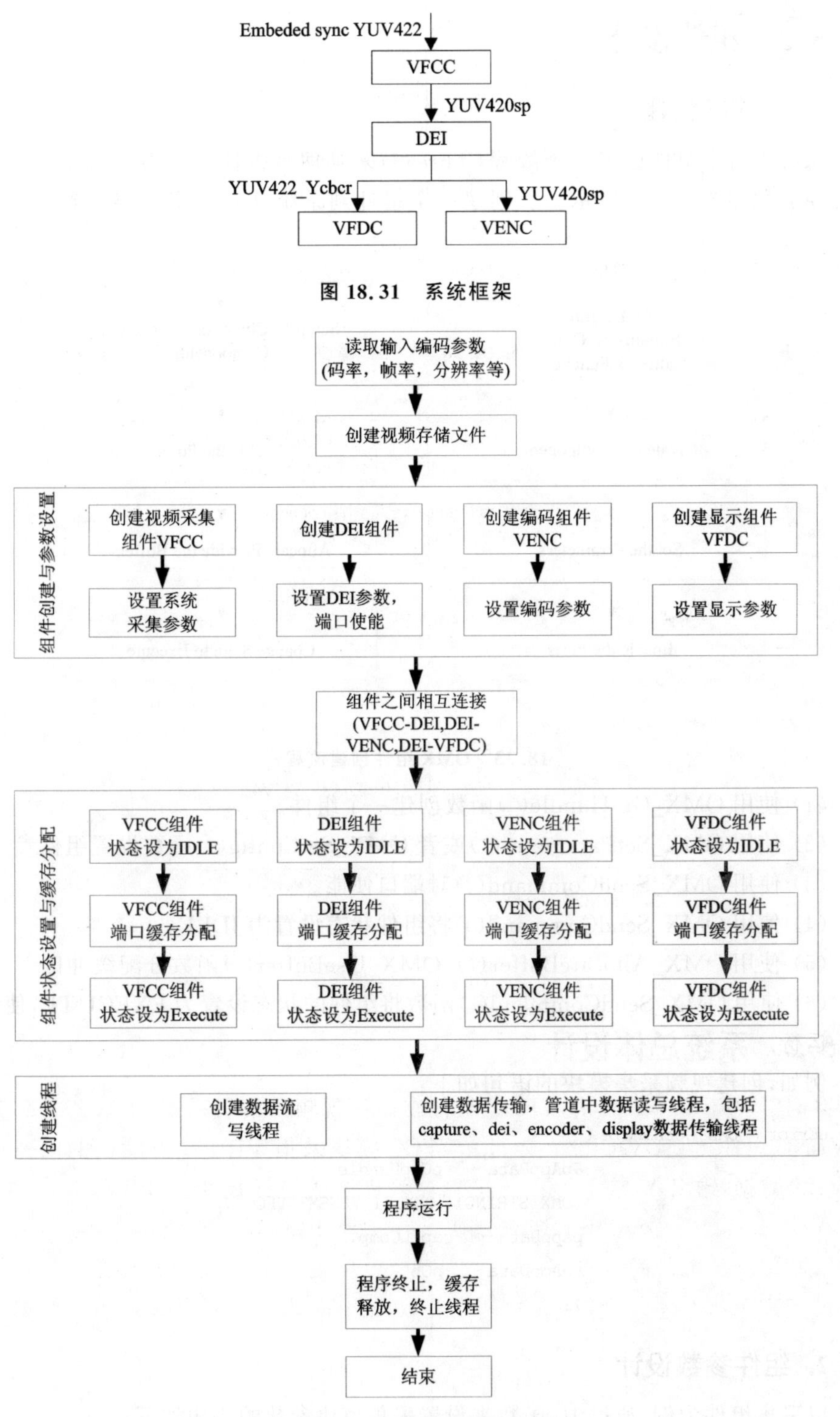

图 18.32　系统程序设计流程图

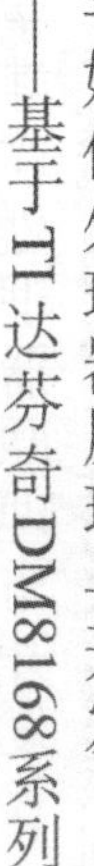

18.5.3　组件设计

1. 组件的创建

系统为每个组件创建一个线程(Thread)来管理该组件的状态。每个组件的状态变换流程如图 18.33 所示。从创建一个组件到系统开始采集编码大致经过 6 个步骤:

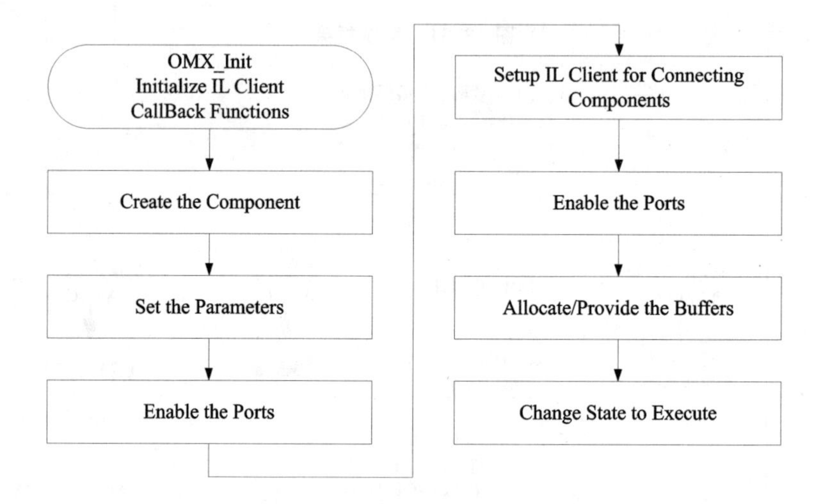

18.33　OMX 组件创建流程

(1) 使用 OMX_GetHandle( )函数创建一个组件。

(2) 使用 OMX_SetParameter( )或者 OMX_SetConfig( )函数设置组件参数。

(3) 使用 OMX_SendCommand( )对端口使能。

(4) 使用 OMX_SendCommand( )将组件状态设置为 IDLE。

(5) 使用 OMX_AllocateBuffer( )/OMX_UseBuffer( )函数分配缓冲区。

(6) 使用 OMX_SendCommand( )函数将组件的状态设置为 EXECUTE,使组件开始运行。

例如,创建视频采集模块的语句如下:

```
eError = OMX_GetHandle (
                              &pAppData->pCapHandle,
                              (OMX_STRING) "OMX.TI.VPSSM3.VFCC",
                              pAppData->capILComp,
                              &pAppData->pCb
                              );
```

2. 组件参数设计

以采集组件为例,通过 IL 函数来设置采集模块参数的语句如下:

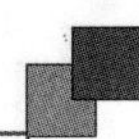


```
IL_ClientSetCaptureParams (pAppData);
```

DM8168 有两个 VIP 接口，VIP1 和 VIP2，每个端口又可以配置为两个 8 位的端口，分别为 VIP1A、VIP1B、VIP2A 和 VIP2B，支持的输入视频格式 YUV422 8/16 位嵌入式同步信号(embedded sync)。在硬件设计阶段与信号源生成阶段，已将输入视频信号连接到 VIP1A 接口中，数据输入位数为 16 位，输入格式为 YUV422，因此，VFCC 组件配置如下：

```
sHwPortId.eHwPortId = OMX_VIDEO_CaptureHWPortVIP1_PORTA; //端口
sHwPortParam.eCaptMode = OMX_VIDEO_CaptureModeSC_NON_MUX; //模式
sHwPortParam.eVifMode = OMX_VIDEO_CaptureVifMode_16BIT; //位数 16 位
sHwPortParam.eInColorFormat = OMX_COLOR_FormatYCbYCr; //图像颜色空间
sHwPortParam.eScanType = OMX_VIDEO_CaptureScanTypeProgressive; //扫描方式
sHwPortParam.nMaxHeight = 1920;//分辨率
sHwPortParam.nMaxWidth = 1080;
sHwPortParam.nMaxChnlsPerHwPort = 1;
```

3. 组件注销

当程序结束时，系统要先将组件的状态机设置为 LOADED 状态，接着释放缓冲区并删除组件。注销组件的流程如图 18.34 所示。

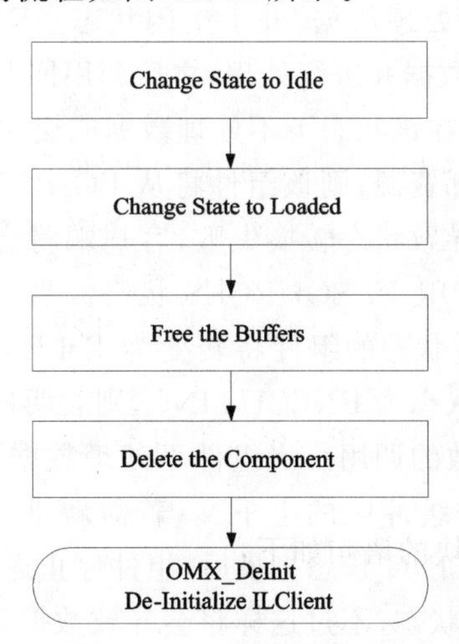

图 18.34 组件注销流程

18.5.4 组件状态转换

OMX 的每个组件都有一系列的状态装换，这些组件的状态转换在 IL 层的客户端完成，如图 18.35 所示。每个组件的初始状态都设定为 UNLOADED 状态，通过调用 OMX 核可以从 UNLOADED 状态转换成 LOADED 状态，其他状态的转换则通过组件的直接通信实现。

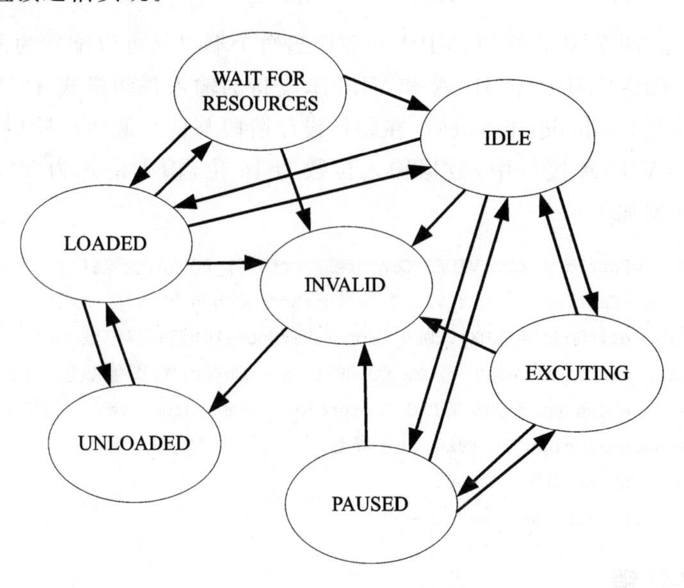

图 18.35 OMX 状态转换

不同的状态机代表组件不同的运行状态，IDLE 状态表示该组件已经有它所需要的所有静态数据，但是不处理数据，处于空闲状态。EXECUTING 状态表示组件马上去接收 Buffer 是中的数据并进行处理，之后调用回调函数。PAUSED 状态用于保护组件中的上下文，组件在该状态下不处理数据或交换数据。

如果组件需要获取外部资源，则该组件将从 LOADED 状态转换为 IDLE 状态，如果由于缺少可用资源而导致状态转换失败，客户端将会再次尝试获取资源或者将组件状态转换为 WAIT FOR RESOURCES 状态。当外部资源可以使用时，处于 WAIT FOR RESOURCES 状态的组件将转变为 IDLE 状态，例如用一组信号量集表示资源可获取。若组件状态为 EXECUTING，则表明该组件即将对缓冲区内的数据进行处理并等待回调函数的调用。当组件不处理数据和交换数据时，该组件将设定为 PAUSED 状态以保护缓冲区的上下文，若需新进入数据处理状态，则将状态 PAUSED 转换为 EXECUTING 状态。最后，组件停止运行则将 EXECUTING 状态转换为 PAUSED 或 IDLE 状态，不过这样将会导致数据丢失。

18.6 本章小结

本章主要结合作者的开发经验，介绍了在 DM8168 评估板上的视频压缩系统的开发实例。为了让读者更好的理解该应用开发的过程，首先简单介绍了视频压缩的基本原理以及 DM8168 EVM 的硬件资源和特性；然后从硬件和软件两个方向介绍压缩编码系统的组成和开发环境的搭建；DM8168 是 ARM＋DSP＋HDVICP 的多核异构处理器，本章主要从两个方面讲解在 DM8168 平台实现对视频的压缩编码：基于 ARM+DSP 的编码系统和基于 HDVICP 的编码系统。前者需要利用 TI 的 Codec Engine 双核通信机制，因此本章结合 DM8168 介绍了 Codec Engine 通信原理并且从算法实现上介绍系统开发。后者主要是应用 EZSDK 开发工具中的 OpenMAX 模块来开发。

18.7 思考题与习题

1. 视频图像可以实现数据压缩的根本原因和基本原理是什么？
2. 简述 H.264 编码器编码的基本过程？
3. 描述 H.264 编码之后的码流结构？
4. 试分析视频编码硬件系统中各个组成部分的作用？
5. DM8168 的双核异构架构分别运行什么操作系统？有什么优点？
6. Bootloader 引导程序的作用是什么？
7. 熟悉 DM8168 的 SD 卡启动方式。
8. DM8168 通过什么机制实现 ARM 和 DSP 之间的通信？简述该机制实现通信的过程。
9. Codec Engine 是怎样解决数据一致性问题的？
10. 在移植编码程序的时候，一般可以通过哪些方法进行优化？
11. 使用 OpenMAX 进行系统开发的主要设计流程包括哪些？

书中常用术语缩写解释

AINTC：ARM interrupt controller，ARM 中断控制器
ALU：Arithmetic-logic unit，算术逻辑单元
API：Application programming interface，应用程序编程接口
DDR：Double data rate，双倍数据率
DMM：Dynamic memory manager，动态内存管理
DSP ：Digital signal processing/ processor，数字信号处理/器
EDMA：Enhanced direct memory access，增强型直接内存访问
EMAC：Ethernet media access controller，以太网媒体访问控制器
FIFO：First input first output，先入先出
GPIO：General purpose input output，通用输入输出
GPMC：General-purpose memory controller，通用内存控制器
HD：High definition，高清晰度
HDMI：High-definition multimedia interface，高清多媒体接口
HDVICP：High-definition video image coprocessor，高清视频图像协处理器
HDVPSS：High-definition video processing subsystem，高清视频处理子系统
I2C：Inter-integrated circuit，内部集成电路/I2C 总线
IDE：Integrated development environment，集成开发环境
MAC：Multiply accumulate，乘法累加器
McASP：Multichannel audio serial port，多声道音频串行端口
McBSP：Multichannel buffered serial port，多通道缓存串口
MDIO：Management data input/output，管理数据输入输出
MMU：Memory management unit，内存管理单元
MPU：Microprocessor unit，微处理器单元
PCIe：Peripheral component interconnect express，外围设备互联接口
PLL：Phase locked loop，锁相环
PRCM：Power、reset and clock management，电源、复位和时钟管理
QDMA：Quick DMA，快速存储器访问
RTC：Real-time clock，实时时钟
SATA：Serial Advanced Technology Attachment，串行高级技术附件

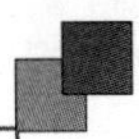

SPI：Serial Peripheral Interface，串行外围设备接口

TI：Texas Instruments，德州仪器

VISA：Video、Image、Speech、Audio，视频、图像、语音、音频

VLIW：Very long instruction word，超长指令字

附　录　重庆大学 DM8168 高清视频处理实验照片

PHILIPS
SAMSUNG

参考文献

[1] TMS320DM816x DaVinci Digital Video Processors Technical Reference Manual [R]. Texas Instruments Incorporated, America, 2013.

[2] TMS320DM816x DaVinci Video Processors. Texas Instruments Incorporated [R], America, 2013.

[3] TMS320C674x DSP CPU and Instruction Set Reference Guide[R]. Texas Instruments Incorporated, America, 2010.

[4] TMS320DM816x DaVinci Digital Media Processors Silicon Errata (Rev 2.1 & Earlier) [R]. Texas Instruments Incorporated, America, 2015.

[5] DaVinci? DM8168 and DM8148 Digital Media Processors[R]. Texas Instruments Incorporated, America, 2011.

[6] TI software makes development easy for DM8168 and DM8148 DaVinci? digital media processors[R]. Texas Instruments Incorporated, America, 2011.

[7] Software and Hardware Design Challenges due to Dynamic Raw NAND Market [R]. Texas Instruments Incorporated, America, 2011.

[8] "Get smart" with TI's embedded analytics technology[R]. Texas Instruments Incorporated, America, 2011.

[9] Improve Perceptual Video Quality: Skin－Tone Macroblock Detection[R]. Texas Instruments Incorporated, America, 2012.

[10] Remote display technology enhances the cloud's user experience[R]. Texas Instruments Incorporated, America, 2012.

[11] DM81x Design Network Partners[R]. Texas Instruments Incorporated, America, 2012.

[12] USB 2.0 电路板设计及布线指南[R]. 美国:德州仪器公司应用报告,2013.

[13] Introduction to TMS320C6000 DSP Optimization[R]. Texas Instruments Incorporated, America, 2011.

[14] DM816x Easy CYG Package PCB Escape Routing[R]. Texas Instruments Incorporated, America, 2015.

[15] C6Run DSP Software Development Tool[R]. Texas Instruments Incorporated, America, 2010.

[16] USB 2.0 Board Design and Layout Guidelines[R]. Texas Instruments Incorporated, America, 2014.
[17] SYS/BIOS (TI－RTOS Kernel) v6.41 User's Guide[R]. Texas Instruments Incorporated, America, 2014.
[18] Canny Edge Detection Implementation on TMS320C64x/64x＋ Using VLIB [R]. Texas Instruments Incorporated, America, 2009.
[19] Richard Blum. Linux 命令行与 shell 脚本编程大全[M]. 北京:人民邮电出版社,2012.[20] 宋宝华. Linux 设备驱动开发详解. 2 版[M]. 北京:人民邮电出版社,2010.
[21] 牛金海. Code Composer Studio(CCS) 集成开发环境(IDE)入门指导书[M]. 上海:上海交通大学出版社, 2010.
[22] 德州仪器公司. TMS320DM816x DaVinci 视频处理器[R]. 美国:德州仪器公司应用报告,2012.